線性代數(第二版)

ELEMENTARY LINEAR ALGEBRA: A MATRIX APPROACH – 2nd Edition

Lawrence E. Spence
Arnold J. Insel 原著
Stephen H. Friedberg

江大成、林俊昱、陳常侃 編譯

全華圖書股份有限公司 印行

原著序

為回應線性代數基礎課程不能滿足學生需求所引起的關切，線性代數課程研究小組(Linear Algebra Curriculum Study Group)於 1990 年一月成立。在美國國家科學基金會(National Science Foundation)的贊助下，於同年八月在威廉瑪麗學院(College of William and Mary)舉辦了一場大學線性代數課程專題研討會，與會者包括來自各數學系及其它需要學習線性代數的各學科代表。

會中商討出對於課程的建議準則[1]已於 1993 年一月出版並且啓發了眾多教科書的編纂，當然本書亦包含在內。在建議案的核心課程大綱中，抽象的向量空間概念被視為是補充教材。而本書相較於其他各書之獨特處，就是在引介抽象的向量空間之前就完全建立起 R^n 中的線性代數觀念，此舉的道理在於我們同意以下線性代數課程研究小組所提出的論點：

此外，過分強調抽象層次可能會使初學的學生難以招架，以致到課程結束時都還無法有效地理解或掌握基礎觀念，但這些往往是他們在日後進階課程或事業上所需要的。

雖然我們相信線性代數基礎課程是通往數學理論和證明的大門，但這還是可以在不討論抽象向量空間下完成。況且，就算抽象向量空間是包含在線性代數基礎課程內，我們也認為先在比較熟悉的 R^n 背景下全盤的介紹基本要旨，會讓抽象向量空間的教學更有效率。不過，我們撰寫的方向確實是達到銜接的功效，使得已經在 R^n 中討論過的相關主題能夠在教學上馬上轉換至抽象向量空間來思考。(稍後的課程綱要範本包含這種做法的具體方式建議)

雖然本書一直到第七章向量空間的介紹前都不會用到微積分，但我們希望閱讀本書的學生對數學能有一定程度的了解(修過一年微積分)。本書的核心主題可以很輕鬆的於一學期課程中全部教授，但其內容同時也適合供兩學季(two-quarter)制的課程使用。

---

[1] David Carlson, Charles R. Johnson, David C. Lay, and A. Duane Porter."The Linear Algebra Curriculum Study Group Recommendations for the First Course in Linear Algebra."*The College Mathematics Journal*, 24 (1993), pp. 41 - 46.

教學方法

本書適用於矩陣導向型課程，正如線性代數課程研究小組所推薦一般。根據我們的經驗，此類課程能更有效的增進對線性代數觀念的理解並滿足各學科學生之所需。課程一開始將先探討矩陣、向量、及線性方程組，並逐漸引入更複雜的觀念及更一般的原理如線性獨立、子空間以及基底等。正如所述，本書於介紹抽象的向量空間之前將會先發展所有在 R^n 下的線性代數核心內容。這種做法提供學生更多機會在面對抽象空間概念之前，先在熟悉的歐式幾何平面(Euclidean plane)和三維空間下將觀念視覺化。

我們的方法是從矩陣的秩(rank)出發。此概念會貫穿書中其它所有的模型。例如，矩陣的秩一開始是被用來檢測線性方程組之解是否是存在且唯一的；之後，被用來測試集合是否彼此線性獨立，或是否為 R^n 空間的展延集(spanning sets)。而接下來在第二章，則被用來決定線性轉換為一對一映射或蓋射(onto)。

即便使用本書授課可能比傳統課程花在研讀抽象數學的時間來得少，但對於抽象代數及線性代數的抽象進階課程(例如我們的另一本教科書 Linear Algebra, 4/E, ISBN:978-0130084514)，仍為出色的基礎先修課程。

運算工具

線性代數課程研究小組推薦，於線性代數基礎課程中引進運算工具的輔助。在我們的經驗中，運算工具的使用，不論是透過電腦軟體或是計算機，都可大大幫助使用本書的課程教學，免除學生沈重的計算，並且讓他們專注於觀念的理解上。

本書大部分的章節都包含可用 MATLAB 或類似工具的實作習題，並且各章末均包含更多的技術習題。MATLAB 的使用者可至我們的網站下載資料檔案及 M-files。

為了讓使用運算工具的人更方便，我們在附錄 D 中增加了 MATLAB 的簡介來提供充分的背景知識，讓學生可以處理本書之計算及技術類習題。

例題及練習題

我們的例題可激發出定義及理論結果的發展動機，並加以具體闡明。它們是寫給學生自行閱讀的，故指導者不需要在課堂中討論每個例題。事實上，在我們自己的教學中，我們幾乎從未討論書中的例題；相反地我們讓學生自行去閱讀它們而使用相似例子作教學。很多例題均伴隨相似的練習題，可以讓學生測試他們對書中內容的了解。這些練習題的詳解都涵蓋在本書中，以幫助學生實作各章節的習題。

習題

我們覺得本書第一版已經有著大量的計算類習題，然而有些努力的學生還想要更多。因此，我們在這一版中大量的增加了計算類習題。如同在第一版，除了有特別標示運用運算工具的習題之外，我們所有計算類習題均經過設計，以使計算上出現的都是「漂亮」的數字。此舉是要幫助學生更專注在線性代數的觀念上，而非計算本身。

多數章節包含大約 20 個是非題，設計來測試學生對各節觀念的了解。我們聽從了回饋的建議，將是非題移至無須太多思考的計算類習題之後，讓學生在遇到是非題前可以先從做計算類習題中獲得信心。所有是非題的解答都包含在本書中，讓學生可以自行檢測他們是否誤解了一些觀念。

對於證明導向性課程，我們也準備了數量可觀的證明題。此部份按照困難度編排。

最後，各章都以一組複習題結尾，提供該章所有內容重點的練習。習題的設計是用來讓學生準備各章考試。如前所述，各章結尾及大多數章節的習題組中均附有技術題。

關於各節的習題推薦列表，請參考我們的網站。

應用

本書包含多種應用，且都會先解釋先決的觀念及條件。這些應用包括了經濟(Leontief 輸出入模型)、電路(電流通過電路網絡)、人口變化(Leslie 矩陣)、交通流、排程((0,1)矩陣)、人類學、Google 搜尋、計數問題(差分方程)、捕食及獵捕模型及簡諧運動(微分方程組)、最小平方近似法、電腦圖學、主成分分析，及音樂(應用三角多項式)上等等。

這些應用彼此完全獨立，因此可根據教師及學生需要來教授相關部分。雖然，我們並不特別講述其中任何一種應用，但我們相信透過應用上的示範，對本書核心教材的理解及其內容價值都將能得到提昇。

內容編排

在第一章，學生將學習認識矩陣、向量，及線性方程組。從向量線性組合的研討，自然的導引到一組向量的展延(span)及線性相依／線性獨立的觀念。向量的秩(rank)和零消次數(nullity)將在此介紹，且用來決定是否一方程組有解及有多少解。

在第二章，我們介紹矩陣運算、逆矩陣，以及線性轉換。在此我們強調矩陣及線性轉換的關係，爲的是使矩陣可被用來解答一線性轉換爲一對一映射或是蓋射。

由於我們主要是在特徵值(eigenvalues)的前提中使用行列式(determinants)，所以我們會在第三章中簡單扼要的介紹它。

重要的課題如子空間、基底及維度將包含在第四章中。我們會根據這些觀念在此討論座標系統及線性轉換的矩陣表示法。

雖然第三章和第四章可以對調，但我們寧可在子空間之前先說明行列式。如此一來，座標轉換的討論就能夠很容易銜接第五章的對角化概念。第五章包含了關於特徵值、特徵向量、矩陣對角化，及線性轉換的重要結果。

接下來有了第六章對正交性的介紹，我們便可以強調向量幾何、矩陣，及線性轉換。正交投影(orthogonal projections)及最小平方線(least-squares lines)的重要應用說明了這些觀念的實用性。接著我們將會討論到正交矩陣和運算子，以及對稱矩陣。本章最後將以矩陣的奇異值分解(singular value decomposition)及主成分分析(principal component analysis)和電腦圖學之應用來總結。

在第七章我們介紹抽象向量空間。由於我們之前已詳盡奠定了歐式幾何空間(Euclidean spaces)的根基，所以大部分在前幾章的觀念，展延、線性獨立、子空間便可以很容易推廣。在這裡，我們主要著重於函數及矩陣空間。這種方式的一個漂亮應用，比如，用拉格朗日內插多項式(Lagrange interpolating polynomials)來找出多項式空間之基底時便可看到。微分運算子及積分在此視爲線性轉換之特例來探討。最後，我們介紹內積空間，應用葛雷-史密特程序(Gram -Schmidt process)來產生勒壤得多項式(Legendre polynomials)。而最小平方論及三角函數多項式則被運用於探索樂譜音符上的週期運動。

儘管我們傾向於在完全建立 R^n 中所有核心概念之後才介紹抽象向量空間，但本書的寫作方式使其能夠提早出現，以與 R^n 中相關的觀念互相對照。細節請參見以下課程綱要範本。

我們也在書中加入了一些選讀主題，如矩陣的 LU、QR 及奇異值分解，對稱矩陣之譜分解(spectral decomposition)、拉格朗日內插多項式、區塊相乘、穆耳-潘洛斯(Moore - Penrose)廣義逆矩陣及二次式。此外，相關主題之許多應用亦遍及全書。

課程綱要範本

下表列出本書對應「線性代數課程研究小組核心課程綱要」之章節：

線性代數課程研究小組核心課程綱要

矩陣加乘(4 天：1.1、1.2、2.1、2.5 節)

線性方程組(5 天：1.3、1.4、2.3、2.4、2.6 節)

行列式(2 天：3.1 及 3.2 節)

R^n 之特性(10 天：1.2、1.6、1.7、4.1、4.2、4.3、2.7、2.8、6.1 及 6.2 節)

特徵值及特徵向量(4 天：5.1、5.2、5.3 及 6.5 節)

更多關於正交性(3 天：6.2、6.3、及 6.4 節)

建議課程綱要(一學期三學分課程)

第 1 章：1.1、1.2、1.3、1.4、1.6、1.7 節

第 2 章：2.1、2.3、2.4、2.7、2.8 節

第 3 章：3.1、3.2 節(省略選讀教學內容)

第 4 章：4.1、4.2、4.3、4.4 節

第 5 章：5.1、5.2、5.3 節

第 6 章：6.1、6.2、6.3、6.4、6.5 節

補充教材選自 1.5、2.2、2.6、5.5、6.6、6.7、7.1、7.2、7.3、7.5 節

建議課程綱要(一學期三學分課程，並整合 R^n 抽象向量空間)

第 1 章：1.1、1.2、1.3、1.4、1.6、1.7 節

第 2 章：2.1、2.3、2.4、2.7、2.8 節

第 3 章：3.1、3.2 節(省略選讀教學內容)

第 4 章：4.1、7.1、7.2、4.2、4.3、4.4、7.3 節

第 5 章：5.1、5.2、7.4、5.3 節

第 6 章：6.1、6.2、6.3、6.4、7.5、6.5 節

建議課程綱要(兩學季三學分課程)

第 1 章：1.1、1.2、1.3、1.4、1.5、1.6、1.7 節

第 2 章：2.1、2.3、2.4、2.5、2.6、2.7、2.8 節

第 3 章：3.1、3.2 節

第 4 章：4.1、4.2、4.3、4.4、4.5 節

第 5 章：5.1、5.2、5.3、5.5 節

第 6 章：6.1、6.2、6.3、6.4、6.5、6.6 節

補充教材選自 2.2、6.6、6.7、7.1、7.2、7.3、7.4、7.5 節

補充資料

學生解答手冊(*Student Solutions Manual*) (ISBN 0-13-239734-X)可供學生購買。此手冊包含所有是非題解及超過半數的奇數題之解答。

教師解答手冊(*Instructor's Solutions Manual*)包含所有習題詳解，授課教師可向本書之出版商索取。

致謝

此第二版已根據下列評論者的建議大幅改進:Adam Avilez (Mesa Community College)、Roe Goodman (Rutgers University)、Chungwu Ho (Evergreen Valley College)、Steve Kaliszewski (Arizona State University)、Noah Rhee (University of Missouri-Kansas City)，及 Edward Soares (College of the Holy Cross)。我們特別感謝 Jane Day (San Jose State University)所提供的許多詳盡指教。

此外，我們受惠於總編 Paul Trow 所提供對於許多章節初稿編輯上及數學上的重要建議，以及 W.R. Winfrey (Concord College)爲每章撰寫應用簡介。最後，我們要表達我們對資深編輯 Holly Stark 及 Pearson Prentice Hall 的高級管理編輯 Scott Disanno 的感謝。感謝他們對本書撰寫及製作上的幫助。

關於本書的最新資訊，可參考我們在全球資訊網上的首頁。

我們非常歡迎讀者意見回饋，其可透過電子郵件或一般郵寄傳達給我們。我們的首頁及電子郵件地址如下：

首頁：**http://www.cas.ilstu.edu/math/matrix**

E-mail：**matrix@math.ilstu.edu**

LAWRENCE E. SPENCE
ARNOLD J. INSEL
STEPHEN H. FRIEDBERG

給學生的話

線性代數主要在於考慮向量 (*vectors*) 和矩陣 (*matrices*)，及一種特殊的函數：定義在向量上的線性轉換 (*linear transformations*)。由於向量出現於多種不同環境，線性代數可應用於許多不同學科。事實上，這是應用數學中最重要的工具之一。在本書中，我們呈現線性代數在經濟學、物理學、生物學、統計學、電腦圖學，及其他領域的應用。

如同大多的數學領域，線性代數有其術語及標記符號。爲了使你能夠很順利的研讀線性代數，你必須能夠以其語言及符號解決問題和溝通觀念。發展這些能力不但需要修課或是閱讀本書，更需要主動參與此課程內容。一個最好的學習方式爲，利用做習題來更深入了解數學。大多章節都包含與例題相似的練習題。這些是預先設計讓你在開始做習題前，閱讀本書章節時，用來練習一些基本運算和觀念。這些練習題的詳細解答均包含在每節結尾。本書每習題組，一開始提供了基本運算的題目與測試是否了解每節重要觀念的是非題。接著，則爲推測、釋意和辯證類的習題。最後，多數題組以技術類習題結尾。這些不同類型的習題將幫助你對線性代數在不同層面的學習。做習題不只可幫助檢測是否已了解了重要觀念，更提供你練習所學到的術語和符號的機會。基於此，時常做習題爲學習本科目成功的基本要素。

在線性代數前的許多數學課，大多強調於計算。但在線性代數，則期望你了解做爲計算根本之觀念與事實。爲了學習這些觀念，必須能夠去使用線性代數中的術語及標記；因此我們以學習重要專有名詞之定義及以例題說明來開始。我們通常可發現本文中的關鍵結果包含在「方框」中的定理或陳述。請對此特別注意，並確定你全面了解其所說的。之後試著用自己的話來說明。如果不能用文字來溝通此概念，則你可能對其並不完全了解。

此外，我們提供四個特別建議，希望使你在線性代數上獲得更多更好的學習。

◆ **在課堂討論「前」，詳細閱讀每節**：一些學生僅使用教科書於做習題時，把他們當成例題參考來源。此作法並不能讓他們從教科書或課堂討論中得到最大獲益。在課堂討論前閱讀內容，你將能對即將討論的課程內容有一概觀，且知道哪些是你了解或不了解的。這個將使你能更積極地參與課堂討論。儘管有些學習發生在當你自己重做文中的例題，但這並不足以讓你眞正了解課程教材。在課堂討論前閱讀內容，將有助於你更快速的學習教材以及準備實作練習題。

◆ **定期對每堂課做準備**：你不能期待僅靠每週一次的上課來學好鋼琴。長時間且細心的練習是必須的。學習線性代數也是這樣的。至少，你必須研讀課堂上所教的教材。然而，目前課程經常是建立在之前的教材上，而這些是必須事先溫習的。通常，在課堂上所教過的教材都有練習題可實作。此外，你應該事先閱讀來準備下一堂課。每堂新課程通常先介紹幾個必須學習的重要觀念或定義，以讓接續的章節更容易了解。因此即使學習上只落後一天，也會阻礙對之後新教材的理解。許多線性代數的觀念是很深的；要完全了解這些觀念需要時間。而要在一天內吸收包含整章的教材，幾乎是不可能的。爲了能順利學習，應該每次馬上學習所提出的新內容，而不是等到比較不忙或考試逼近時才開始。

◆ **向自己和他人提問**：數學不是一門觀賞式的運動。僅可利用研讀和詢問的互相影響來學習。當一個新的課題被介紹，一些問題很自然的會被提出。例如：這樣做的目的是什麼？新的課題和之前的有何關聯？什麼樣的例題可以說明此課題？對於一新理論，有人可能會問：爲什麼這是眞確的？這跟之前理論有何關係？爲什麼這理論有用？確定除非是你自己相信，否則不要接受其爲眞確。如果你沒有辦法被說服一個陳述是眞確的，你應該詢問更深入的細節。

◆ **經常複習**：當你試著去了解一新教材，或許認知到你忘了之前所學的，或是你並不是那麼的了解。靠著重新再學一次教材，你不僅是對之前課題獲得更深入的了解，你更是讓你自己更快更深入的學習新的想法。當一些新的觀念被介紹時，搜尋其相關的觀念或結果，並將其寫下。這使你更加容易的看到一些新觀念和之前的關聯性。並且，用寫的來表達想法以幫助你學習。因爲當你寫下時，你必須更小心的思考教材。一個好方法來測試你對每節教科書的了解，是詢問自己是否可以闔上書，用寫的來解釋此節內容。如果不能，你將在重讀章節內容後獲得更多幫助。

我們希望你能順利成功的學習線性代數，並且能從中學習到對你日後課程及事業有幫助的觀念和技術。

譯者序

首先，感謝全華圖書公司再次給予筆者一個機會，可以處理本人深感興趣主題的書籍。以前博士論文的主題大量牽涉到最小平方法和向量空間的概念，正好都是線性代數的範疇，在審譯本書時，熟悉的感覺油然而生。而且，有一些有趣的課題，如排列組合，微分方程式，和統計，都能轉化為矩陣代數的形式來做解釋，讓人不得不佩服原文作者在取材及解說方面的功力。

再者，也當然要感謝負責審譯的 **江大成**老師(1 至 4 章) 及 **林俊昱**老師，有這兩位學有專精的老師共同費心參與，本書的審譯作業才得以順利進行；並謝謝兩位老師海涵由筆者代為撰譯者序。

最後，在審譯本書期間，特別的感謝 **北臺灣科學技術學院電子工程系** 同仁的鼓勵與支持，在此一併致謝。

本書原文書文筆流暢，內容難易適中，解說簡潔且循序漸進，實為線性代數的一本好教科書。筆者在此處特別向線性代數的同好者推薦本書。

陳常侃

於北臺灣科學技術學院電子工程系

編輯部序

「系統編輯」是我們的編輯方針，我們所提供給讀者的，絕不只是一本書，而是關於這門學科的所有知識，由淺入深並循序漸進。

本書譯自Spence等所著之Elementary Linear Algebra: A Matrix Approach (2/E)，透過流暢的文筆，以淺顯易懂的方式向讀者介紹線性方程組，線性轉換，線性空間 (向量空間)，矩陣，行列式等最基礎的內容；而正交性，特徵值 (特徵向量)，最小平方法，對稱矩陣等亦有所著墨；也有設計MATLAB習題供實作演練，實屬優良的線性代數教材。

本書適合作爲公私立大學、科技大學與技術學院等，相關科系必修或選修之「線性代數」課程使用，亦可供作高中數理資優生的數學進階參考教材。若對本書內容及其他方面有任何意見，歡迎來函聯繫，我們將竭誠爲您服務。

目錄

1 簡介

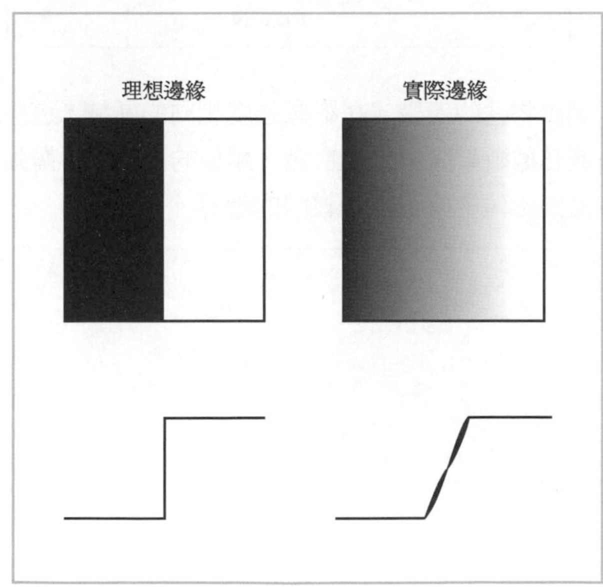

電腦在處理數位影像時，不論是衛星或X光照片，它都必須要能夠分辨物體的邊緣。影像的邊緣，它們是影像強度的劇烈改變或不連續，代表了影像中不同區域的界線，所以它們是影像的重要基本特性。它們通常代表了影像中物體的實際範圍或是一個平面上光與影的交界，或其它有意義的區域。

左側最下方的兩張圖展現出理想的與實際的影像邊緣的強度變化。當由左向右移動，我們可看到，實際的的影像強度快速變化，但不是立即。原則上，我們藉由找尋短距離內的大幅變化，以找出邊緣所在。

不過，數位影像是離散的而非連續的：它是一個由非負元素所所組成的矩陣，提供影像中每一畫素灰階的數值描述，矩陣中元素的值可由 0 到 1 變化，相對於全白到全黑的畫素。我們必須對其離散形式的導數進行分析，以度量影像強度在兩個方向的變化率。

Sobel 矩陣 $S_1 = \begin{bmatrix} -1 & 0 & 1 \\ -2 & 0 & 2 \\ -1 & 0 & 1 \end{bmatrix}$ 及 $S_2 = \begin{bmatrix} 1 & 2 & 1 \\ 0 & 0 & 0 \\ -1 & -2 & -1 \end{bmatrix}$ 提供了一個度量此種強度變化的方法。將 Sobel 矩陣 S_1 及 S_2 用於以原影像中每一畫素爲中心的 3×3 子影像。就可得到該畫素週邊分別在水平及垂直方向的強度變化。由此可獲得一對有序的數據，其爲平面上之向量，代表了該畫素強度變化的大小及方向。我們可將此向量視爲是，微積分中雙變數函數之梯度向量的離散形式。

將原來的每一畫素換成此向量的長度，並選取一合適的門檻值。然後將所有長度超過門檻值的畫素設爲黑色，所有其它畫素設爲白色，這樣就得到所謂的截斷影像(*thresholded image*)。(參見下列影像)

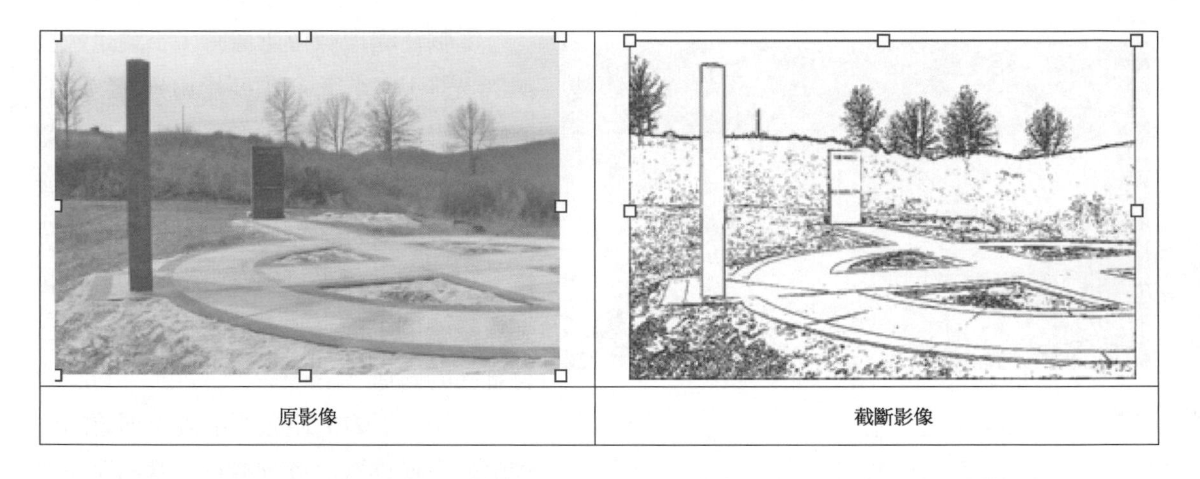

原影像　　截斷影像

特別留意截斷影像如何強調出物件的邊緣。在影像強度相同的區域，這些向量的長度爲零，所以此種區域在截斷影像中呈現白色。類似的，對於影像強度變化甚大的物件邊緣處，在截斷影像中就可得到較暗的邊界。

CHAPTER

1 矩陣、向量、及線性方程組

線性代數最常被用於解線性方程組，它的應用遍及於各種學門，如物理、生物、經濟、工程及社會學等。本章將介紹求解線性方程組最有效率的演算法，**高斯消去法(Gaussian Elimination)**。絕大多數的數學應用軟體(例如 MATLAB)均使用此演算法，或此演算法的變化形式。

我們可以利用被稱爲**矩陣(matrices)**及**向量(vectors)**的陣列，將線性方程組表示成緊緻的形式。更重要的是，這些陣列的算術性質，讓我們可以計算方程組的解，或確定它沒有解。本章將先建立矩陣及向量的基本性質。在第 1.3 與 1.4 節，我們開始探討線性方程組。在第 1.6 與 1.7 節，我們將介紹向量的另外兩個重要概念，也就是產生集合與線性獨立，這兩個概念是用於說明線性方程組之解的存在性與唯一性。

1.1 矩陣與向量

許多不同形式的數據資料，它們最佳的呈現方式是二維的陣列，例如數據表。

舉例來說，有一家公司，旗下有兩間書店，每間書店都販售報紙、雜誌、及書籍。假定兩間書店在七月及八月的銷售額(以百元美金爲單位)如下表所示：

	七月	
書店	1	2
報紙	6	8
雜誌	15	20
書	45	64

及

	八月	
書店	1	2
報紙	7	9
雜誌	18	21
書	52	68

七月份表的第一行，顯示了書店 1 在七月份銷售了價值 1500 美金的雜誌以 4500 美金的書籍。我們可以將七月份的銷售額更簡單的表示成

$$\begin{bmatrix} 6 & 8 \\ 15 & 20 \\ 45 & 64 \end{bmatrix}$$

這樣一個由實數所構成的矩形陣列就叫做**矩陣(matrix)**。[1]習慣上，在使用矩陣時，實數被稱爲是**純量(scalar)**(這個字源自 *scale*，是度量的意思)我們將實數所構成的集合記爲 R。

定義 **矩陣**(英文爲 **matrix**，複數形態爲 *matrices*)是一個由純量構成的矩形陣列。如果一個矩陣有 m 列 n 行，則我們說此矩陣的**大小**爲 m 乘 n，記爲 $m{\times}n$。如果 $m=n$，則稱此矩陣爲**方陣(square)**。位於第 i 列及第 j 行的純量，則稱爲此矩陣的**元素(entry)**(i, j)。

若 A 是一個矩陣，我們將其元素(i, j)記爲 a_{ij}。如果 A 和 B 兩個矩陣，其大小相同且相對位置的元素都一樣，則稱這兩個矩陣爲**相等(equal)**，亦即，對所有的 i 及 j，$a_{ij}=b_{ij}$。符號記爲 $A=B$。

在我們書店的例子中，以下矩陣包含了七月與八月的銷售額：

$$B=\begin{bmatrix} 6 & 8 \\ 15 & 20 \\ 45 & 64 \end{bmatrix} \quad 及 \quad C=\begin{bmatrix} 7 & 9 \\ 18 & 31 \\ 52 & 68 \end{bmatrix}$$

留意其中 $b_{12}=8$ 且 $c_{12}=9$，所以 $B \neq C$。B 及 C 都是 $3{\times}2$ 的矩陣。由於這些矩陣特殊的來源，所以又叫做盤存矩陣(*inventory matrices*)。

以下爲另一些矩陣的例子

$$\begin{bmatrix} \frac{2}{3} & -4 & 0 \\ \pi & 1 & 6 \end{bmatrix}，\begin{bmatrix} 3 \\ 8 \\ 4 \end{bmatrix}，\begin{bmatrix} -2 & 0 & 1 & 1 \end{bmatrix}$$

第一個矩陣的大小爲 $2{\times}3$，第二個爲 $3{\times}1$，第三個矩陣的大小爲 $1{\times}4$。

練習題 1.

令 $A=\begin{bmatrix} 4 & 2 \\ 1 & 3 \end{bmatrix}$。

(a) A 的元素(1, 2)爲何？

(b) a_{22} 爲何？

---

[1] James Joseph Sylvester (1814-1897)在 1850 年代確定了 *matrix* 此一用詞。

有時我們要的只是矩陣中一部份的資訊。舉例來說，假設我們只對七月份雜誌與書籍的銷售額有興趣。則相關的資訊位於 B 的最後兩列；也就是以下所定義的矩陣 E

$$E = \begin{bmatrix} 15 & 20 \\ 45 & 64 \end{bmatrix}$$

E 叫做 B 的**子矩陣(submatrix)**。一般而言，刪除掉矩陣 M 的整列或整行，或同時刪除列與行，可得到它的子矩陣。但要組成 M 的子矩陣，也可以不刪任一列，或任一行。再舉一個例子，如果我們刪去矩陣 B 的第一列及第二行，可得如下子矩陣

$$\begin{bmatrix} 15 \\ 45 \end{bmatrix}$$

矩陣的和與純量積

矩陣不僅是方便儲存資訊。它們的用處在於其**算術運算(arithmetic)**能力。舉例來說，假設我們想知道兩間店在七及八月，銷售報紙、雜誌、及書籍的總數。很自然的，我們可以組成一個矩陣，使其每一個元素分別為 B 及 C 矩陣相對元素的和，亦即

$$\begin{array}{l} \text{書店} \\ \text{報紙} \\ \text{雜誌} \\ \text{書} \end{array} \begin{array}{c} \begin{array}{cc} 1 & \quad 2 \end{array} \\ \begin{bmatrix} 13 & 17 \\ 33 & 51 \\ 97 & 132 \end{bmatrix} \end{array}$$

若 A 及 B 為 $m \times n$ 矩陣，則 A 及 B 之**和(sum)**，記做 $A+B$，是將 A 及 B 之相對元素兩兩相加所得的 $m \times n$ 矩陣；也就是說，$A+B$ 是一個 $m \times n$ 矩陣，且其元素(i, j)為 $a_{ij}+b_{ij}$。要注意，A 及 B 的大小必須一樣，它們的和才有定義。

以我們書店的例子來說，若七月的每一項銷售量都加倍，則新的七月銷售矩陣為

$$\begin{bmatrix} 12 & 16 \\ 30 & 40 \\ 90 & 128 \end{bmatrix}$$

我們將此矩陣記為 $2B$。

令 A 為 $m \times n$ 矩陣而 c 是一個純量。則**純量積(scalar multiple)** cA 是一個 $m \times n$ 矩陣，其元素(i, j)為 ca_{ij}。特別說明，$1A=A$。我們將矩陣$(-1)A$ 記做$-A$，而矩陣 $0A$ 則記為 O。對於一個所有元素均為 0 的 $m \times n$ 矩陣 O，我們稱其為 $m \times n$ **零矩陣(zero matrix)**。

例題 1

求矩陣 $A+B$、$3A$、$-A$、及 $3A+4B$，其中

$$A=\begin{bmatrix}3 & 4 & 2\\ 2 & -3 & 0\end{bmatrix} \quad 及 \quad B=\begin{bmatrix}-4 & 1 & 0\\ 5 & -6 & 1\end{bmatrix}$$

解 我們有

$$A+B=\begin{bmatrix}-1 & 5 & 2\\ 7 & -9 & 1\end{bmatrix}，3A=\begin{bmatrix}9 & 12 & 6\\ 6 & -9 & 0\end{bmatrix}，-A=\begin{bmatrix}-3 & -4 & -2\\ -2 & 3 & 0\end{bmatrix}$$

以及

$$3A+4B=\begin{bmatrix}9 & 12 & 6\\ 6 & -9 & 0\end{bmatrix}+\begin{bmatrix}-16 & 4 & 0\\ 20 & -24 & 4\end{bmatrix}=\begin{bmatrix}-7 & 16 & 6\\ 26 & -33 & 4\end{bmatrix}$$

和我們所定義的矩陣加法一樣，我們也可以定義**減法(subtraction)**。對任兩個大小相同的矩陣 A 及 B，我們定義 $A-B$ 爲，將 A 中每一個元素減去 B 中相對位置的元素。也就是說，$A-B$ 的元素(i, j)爲 $a_{ij}-b_{ij}$。而對所有的矩陣 A，$A-A=O$。

若，如例題 1 所示，我們有

$$A=\begin{bmatrix}3 & 4 & 2\\ 2 & -3 & 0\end{bmatrix}，B=\begin{bmatrix}-4 & 1 & 0\\ 5 & -6 & 1\end{bmatrix}，及 \quad O=\begin{bmatrix}0 & 0 & 0\\ 0 & 0 & 0\end{bmatrix}$$

則

$$-B=\begin{bmatrix}4 & -1 & 0\\ -5 & 6 & -1\end{bmatrix}，A-B=\begin{bmatrix}7 & 3 & 2\\ -3 & 3 & -1\end{bmatrix}，且 \quad A-O=\begin{bmatrix}3 & 4 & 2\\ 2 & -3 & 0\end{bmatrix}$$

練習題 2.

令 $A=\begin{bmatrix}2 & -1 & 1\\ 3 & 0 & -2\end{bmatrix}$ 且 $B=\begin{bmatrix}1 & 3 & 0\\ 2 & -1 & 4\end{bmatrix}$。求下列矩陣：

(a) $A-B$

(b) $2A$

(c) $A+3B$

到目前爲止，我們定義了矩陣加法與純量積的運算。線性代數的功能就只基於這些運算間的自然關係，這些關係敘述如下面的第一個定理。

定理 1.1

(矩陣加法與純量乘法的性質) 令 A、B、及 C 為 $m \times n$ 矩陣，並令 s 及 t 為任意純量則

(a) $A + B = B + A$　　(矩陣加法的交換律)

(b) $(A + B) + C = A + (B + C)$　　(矩陣加法的結合律)

(c) $A + O = A$

(d) $A + (-A) = O$

(e) $(st)A = s(tA)$

(f) $s(A + B) = sA + sB$

(g) $(s + t)A = sA + tA$

證明　在此我們證明(b)及(f)，其餘留做習題。

(b) 等式兩邊均為 $m \times n$ 矩陣。我們必須證明 $A + (B + C)$ 的每一個元素與 $A + (B + C)$ 相對應的元素均相等。考慮元素 (i, j)。依據矩陣加法的定義，$(A + B) + C$ 矩陣的元素 (i, j)，是 $A + B$ 矩陣的元素 (i, j)，$a_{ij} + b_{ij}$，與 C 矩陣的元素 (i, j)，c_{ij}，之和。因此，其值為 $(a_{ij} + b_{ij}) + c_{ij}$。同樣的，$A + (B + C)$ 矩陣的元素 (i, j) 為 $a_{ij} + (b_{ij} + c_{ij})$。因為純量加法適用結合律，$(a_{ij} + b_{ij}) + c_{ij} = a_{ij} + (b_{ij} + c_{ij})$。因此 $(A + B) + C$ 的元素 (i, j) 等於 $A + (B + C)$ 的元素 (i, j)，故(b)得證。

(f) 等式兩側均為 $m \times n$ 矩陣。與(b)的證明一樣，我們考慮每一矩陣的元素 (i, j)。$s(A + B)$ 的元素 (i, j) 定義為 $A + B$ 的元素 (i, j)，$a_{ij} + b_{ij}$，再乘上 s。此乘積等於 $s(a_{ij} + b_{ij})$。$sA + sB$ 的元素 (i, j) 則為，sA 的元素 (i, j)，sa_{ij}，與 sB 元素 (i, j)，sb_{ij}，之和。兩者之和為 $sa_{ij} + sb_{ij}$。因為 $s(a_{ij} + b_{ij}) = sa_{ij} + sb_{ij}$，故(f)得證。……■

因為矩陣加法的結合律，兩個或兩個以上矩陣相加，可以不用括弧而不虞混淆。所以我們用 $A + B + C$ 取代 $(A + B) + C$ 及 $A + (B + C)$。

矩陣轉置

在書店的例子中，我們也可能將七月份的銷售額記成如下形式：

書店	報紙	雜誌	書
1	6	15	45
2	8	20	64

此種記錄方式可得矩陣

$$\begin{bmatrix} 6 & 15 & 45 \\ 8 & 20 & 64 \end{bmatrix}$$

將其與下式比較

$$B = \begin{bmatrix} 6 & 8 \\ 15 & 20 \\ 45 & 64 \end{bmatrix}$$

第一個矩陣的列，恰爲 B 的行，第一個矩陣的行則恰爲 B 的列。此一新矩陣叫做 B 的**轉置(transpose)**。以通式表示，一個 $m \times n$ 矩陣 A 的轉置，是一個 $n \times m$ 的矩陣，記做 A^T，它的元素(i, j)恰爲 A 的元素(j, i)。

書店例子中的矩陣 C 及其轉置爲

$$C = \begin{bmatrix} 7 & 9 \\ 18 & 31 \\ 52 & 68 \end{bmatrix} \quad 及 \quad C^T = \begin{bmatrix} 7 & 18 & 52 \\ 9 & 31 & 68 \end{bmatrix}$$

練習題 3.

令 $A = \begin{bmatrix} 2 & -1 & 1 \\ 3 & 0 & -2 \end{bmatrix}$ 且 $B = \begin{bmatrix} 1 & 3 & 0 \\ 2 & -1 & 4 \end{bmatrix}$。求下列矩陣：

(a) A^T

(b) $(3B)^T$

(c) $(A+B)^T$

以下定理顯示了矩陣轉置保留了矩陣加法與純量積的運算：

定理 1.2

(轉置的性質) 令 A 及 B 爲 $m \times n$ 矩陣，並令 s 爲任意純量。則

(a) $(A+B)^T = A^T + B^T$。

(b) $(sA)^T = sA^T$。

(c) $(A^T)^T = A$。

證明　我們在此證明(a)，其餘留爲習題。

(a) 等號兩側的所有矩陣均爲 $n \times m$ 矩陣。所以我們要證明$(A+B)^T$的元素(i, j)等於 $A^T + B^T$ 的元素(i, j)。由轉置的定義可知，$(A+B)^T$的元素(i, j)等於 $A+B$ 的元素(j, i)，即 $a_{ji}+b_{ji}$。在另一方面，$A^T + B^T$的元素(i, j)等於，A^T的元素(i, j)加上 B^T的元素(i, j)，也就是 $a_{ji}+b_{ji}$。因爲$(A+B)^T$與 $A^T + B^T$ 的元素(i, j)相等，故(a)得證。■

向量

僅有一列的矩陣叫做**列向量(row vector)**，僅有一行的矩陣則叫做**行向量(column vector)**。向量(*vector*)一詞用於行向量與列向量均可。向量的元素稱做**分量(components)**。在本書中我們通常都使用行向量，所有具有 n 個分量的向量所成之集合記做 R^n。

我們用粗體小寫字母代表向量如 $\mathbf{u}$ 及 $\mathbf{v}$，並將 $\mathbf{u}$ 的第 i 個分量記做 u_i。例如，若 $\mathbf{u}=\begin{bmatrix}2\\-4\\7\end{bmatrix}$，則 $u_2=-4$。偶爾，我們會用 n 維形式的$(u_1, u_2, \cdots, u_n)$來表示屬於 R^n 的向量 $\mathbf{u}$。

因為向量是特殊形式的矩陣，我們可以將向量相加，或乘以一個純量。此種情形下，我們將這兩種向量的運算叫做**向量加法(vector addition)**與**純量積(scalar multiplication)**。這些運算滿足定理 1.1 所列的性質。特別的是，在 R^n 中所有分量均為零的向量記為 $\mathbf{0}$，被稱為**零向量(zero vector)**。對所有屬於 R^n 的向量 $\mathbf{u}$，都滿足 $\mathbf{u}+\mathbf{0}=\mathbf{u}$ 且 $0\mathbf{u}=\mathbf{0}$。

例題 2

令 $\mathbf{u}=\begin{bmatrix}2\\-4\\7\end{bmatrix}$ 且 $\mathbf{v}=\begin{bmatrix}5\\3\\0\end{bmatrix}$。則

$$\mathbf{u}+\mathbf{v}=\begin{bmatrix}7\\-1\\7\end{bmatrix},\quad \mathbf{u}-\mathbf{v}=\begin{bmatrix}-3\\-7\\7\end{bmatrix},\text{且}\quad 5\mathbf{v}=\begin{bmatrix}25\\15\\0\end{bmatrix}。$$

對一個矩陣而言，將它的各行及各列當成向量來看，經常會有其便利之處。例如矩陣 $\begin{bmatrix}2 & 4 & 3\\0 & 1 & -2\end{bmatrix}$，其**各列**為[2 4 3]和[0 1 −2]，而其**各行**則是 $\begin{bmatrix}2\\0\end{bmatrix}$、$\begin{bmatrix}4\\1\end{bmatrix}$、及 $\begin{bmatrix}3\\-2\end{bmatrix}$。

因為矩陣的行比列重要，在此我們要引入一個特別的標記方式。當我們使用大寫字母代表矩陣時，利用其相對的粗體小寫字母再加下標 j，來代表該矩陣的第 j 行。所以，若 A 是一個 $m\times n$ 矩陣，它的第 j 行記做

$$\mathbf{a}_j=\begin{bmatrix}a_{1j}\\a_{2j}\\\vdots\\a_{mj}\end{bmatrix}$$

向量幾何

在許多不同的應用中，[2]將向量以幾何的方式表示成一個有指向，或箭頭的線段，自有其方便之處。舉例來說，若 $\mathbf{v}=\begin{bmatrix}a\\b\end{bmatrix}$ 是屬於 R^2 的向量，我們可以在 xy 平面上，用一個由原點到點(a,b)的箭頭來代表 $\mathbf{v}$，如圖 1.1 所示。

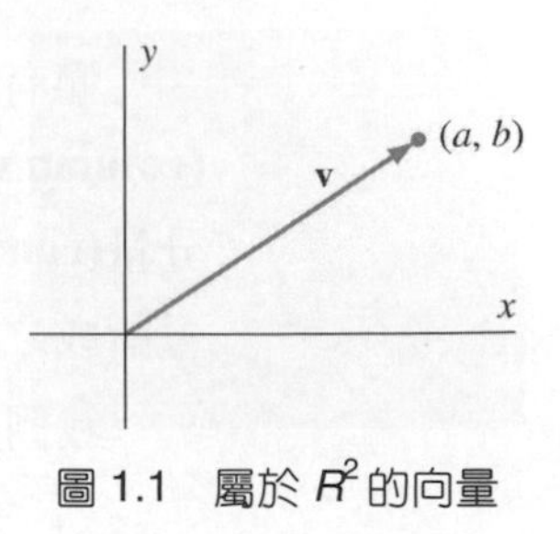

圖 1.1 屬於 R^2 的向量

例題 3

速度向量 一艘小艇，在靜止的水中以每小時 20 哩的速度向東北方前進。這小艇的速度 $\mathbf{u}$ 是一個指向此小艇移動方向的向量，而其長度為 20，即此小艇的速率。如果以正 y 軸代表北方，正 x 軸代表東方，則此小艇的方向與 x 軸成 45°。(見圖 1.2)我們可以用幾何關係計算 $\mathbf{u}=\begin{bmatrix}u_1\\u_2\end{bmatrix}$ 的各分量：

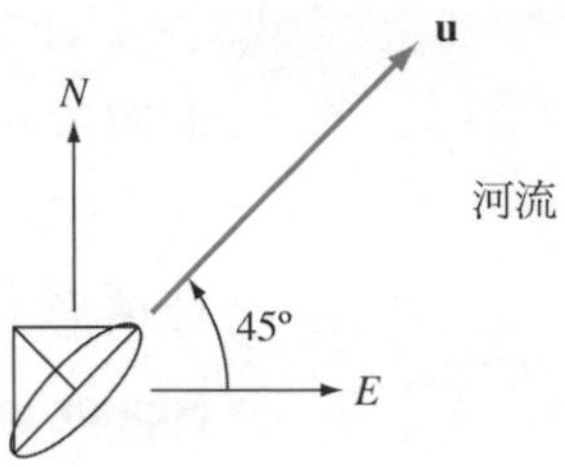

圖 1.2

$$u_1=20\cos 45^\circ=10\sqrt{2} \qquad 且 \qquad u_2=20\sin 45^\circ=10\sqrt{2}$$

因此 $\mathbf{u}=\begin{bmatrix}10\sqrt{2}\\10\sqrt{2}\end{bmatrix}$，其單位為每小時哩數。

向量加法與平行四邊形定律

我們可以用作圖的方式表現出向量的相加，其中用到箭頭以及**平行四邊形定律 (parallelogram law)**。[3]要將兩非零向量 $\mathbf{u}$ 及 $\mathbf{v}$ 相加，首先以 $\mathbf{u}$ 及 $\mathbf{v}$ 為兩鄰邊做一平行四邊形。則兩向量之和 $\mathbf{u+v}$ 就是此平行四邊形對角線箭頭，如圖 1.3 所示。

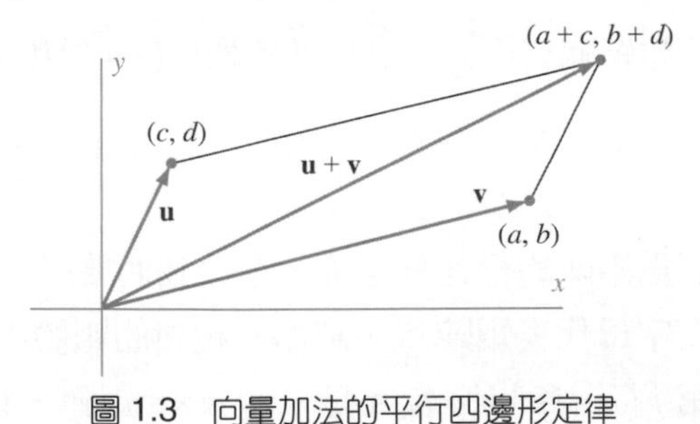

圖 1.3 向量加法的平行四邊形定律

[2] 直到十九世紀晚期，向量才在物理界獲得重視。由 Oliver Heaviside (1850-1925)和 Josiah Willard Gibbs (1839-1903)所建立的向量代數勝過了四元代數，成為物理學家共通的語言。

[3] 在亞歷山大的 Heron(公元第一世紀)所著的 *Mechanics* 一書中，出現了對平行四邊形定律的驗證。

要結合不同速度，可以將代表它們的向量相加。

例題 4

想像前例中的小艇現在航行在河中，水流爲每小時 7 哩，向東。和前面一樣，船首指向東北方，且其相對於河水的速率爲每小時 20 哩。此時，我們前面所計算出來的向量 $\mathbf{u}=\begin{bmatrix}10\sqrt{2}\\10\sqrt{2}\end{bmatrix}$，代表小艇相對於河水的速度(以每小時哩數爲單位)。要求出小艇相對河岸的速度，向量 **u** 必須再加上代表河水流速的向量 **v**。因爲河水以每小時 7 哩的速率向東流，其速度向量爲 $\mathbf{v}=\begin{bmatrix}7\\0\end{bmatrix}$。我們可以用平行四邊形定理來表示 **u** 及 **v** 的和，如圖 1.4 所示。小艇相對河岸的速度(以每小時哩數爲單位)爲向量

$$\mathbf{u}+\mathbf{v}=\begin{bmatrix}10\sqrt{2}+7\\10\sqrt{2}\end{bmatrix}$$

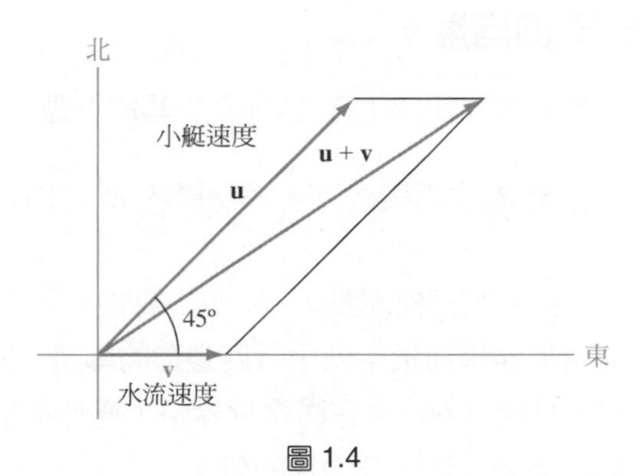

圖 1.4

我們可用畢氏定理以求得小艇的速率，它告訴我們，終點爲(p, q)的向量，其長度爲 $\sqrt{p^2+q^2}$。事實上 **u+v** 的分量分別爲 $p=10\sqrt{2}+7$ 和 $q=10\sqrt{2}$，所以可得小艇的速率爲

$$\sqrt{p^2+q^2}\approx 25.44\ \text{mph}$$

純量乘法

利用箭號，我們同樣可以用圖形來表示純量乘法。若 $\mathbf{v}=\begin{bmatrix}a\\b\end{bmatrix}$ 爲一向量，且 c 是一個純量，則純量積仍是一個向量，其方向與 **v** 相同，但其長度爲 c 乘上 **v** 的長度，如圖 1.5(a)所示。若 c 爲負數，則 $c\mathbf{v}$ 指向 **v** 的反方向，且其長度爲 $|c|$

乘以 **v** 的長度，如圖 1.5(b)所示。兩個向量中，如果其中一個是另一個向量與純量的乘積，則我們說兩向量為平行**(parallel)**。

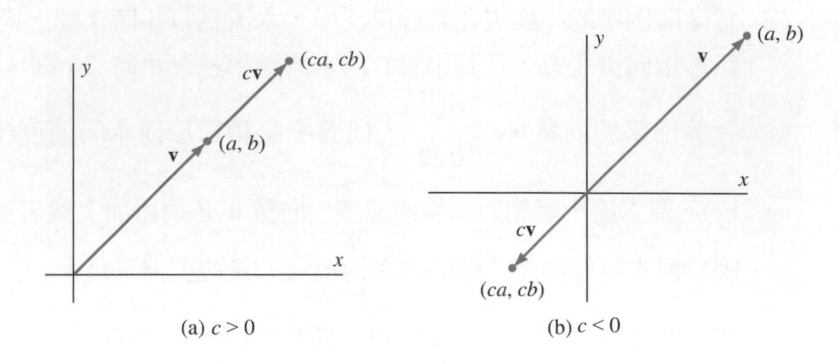

圖 1.5　向量的純量乘法

屬於 R^3 的向量 v

如果我們用 R^3 來代表所有排列在一起的三數所構成的集合，則在 R^2 中成立的幾何觀念在 R^3 中同樣成立。一個屬於 R^3 的向量 $\mathbf{v}=\begin{bmatrix}a\\b\\c\end{bmatrix}$ 可以表示成，在 xyz 座標系中，由原點指向端點$(a,\ b,\ c)$的箭號，見圖 1.6(a)。和 R^2 一樣，我們可將 R^3 中的兩個非零向量當做平行四邊形的鄰邊，並且用平行四邊形定律表示兩向量之和，見圖 1.6(a)。在眞實世界中，運動都是三度空間的，我們可以用屬於 R^3 的向量來表示速度及力等的量。

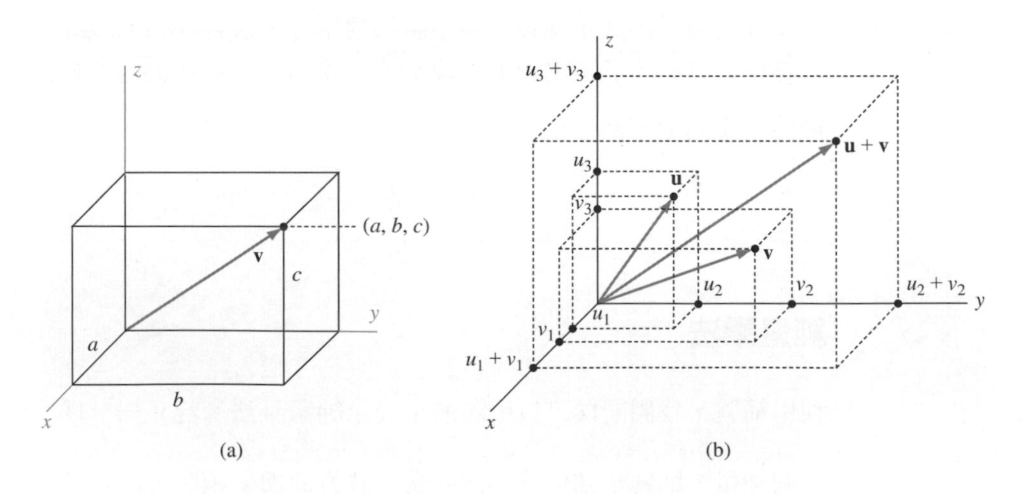

圖 1.6　屬於 R^3 的向量

習　題

在習題 1 至 12 中，求所示各矩陣，已知

$$A=\begin{bmatrix}2 & -1 & 5\\ 3 & 4 & 1\end{bmatrix} \quad 及 \quad B=\begin{bmatrix}1 & 0 & -2\\ 2 & 3 & 4\end{bmatrix}。$$

1. $4A$　　2. $-A$　　3. $4A-2B$
4. $3A+2B$　　5. $(2B)^T$　　6. A^T+2B^T
7. A+B　　8. $(A+2B)^T$　　9. A^T
10. $A-B$　　11. $-(B)^T$　　12. $-(B)^T$

在習題 13 至 24 中，若存在的話，求出各矩陣，已知

$$A=\begin{bmatrix}3 & -1 & 2 & 4\\ 1 & 5 & -6 & -2\end{bmatrix} \quad 及 \quad B=\begin{bmatrix}-4 & 0\\ 2 & 5\\ -1 & -3\\ 0 & 2\end{bmatrix}。$$

13. $-A$　　14. $3B$　　15. $(-2)A$
16. $(2B)^T$　　17. $A-B$　　18. $A-B^T$
19. z　　20. $3A+2B^T$　　21. $(A+B)^T$
22. $(4A)^T$　　23. $B-A^T$　　24. $(B-A)^T$

在習題 25 至 28 中，設 $A=\begin{bmatrix}3 & -2\\ 0 & 1.6\\ 2\pi & 5\end{bmatrix}$

25. 求 a_{12}。　　26. 求 a_{21}。
27. 求 $\mathbf{a}_1$。　　28. 求 $\mathbf{a}_2$。

在習題 29 至 32，設 $C=\begin{bmatrix}2 & -3 & 0.4\\ 2e & 12 & 0\end{bmatrix}$。

29. 求 $\mathbf{c}_1$。　　30. 求 $\mathbf{c}_3$。
31. 求 C 之第一列。
32. 求 C 之第二列。

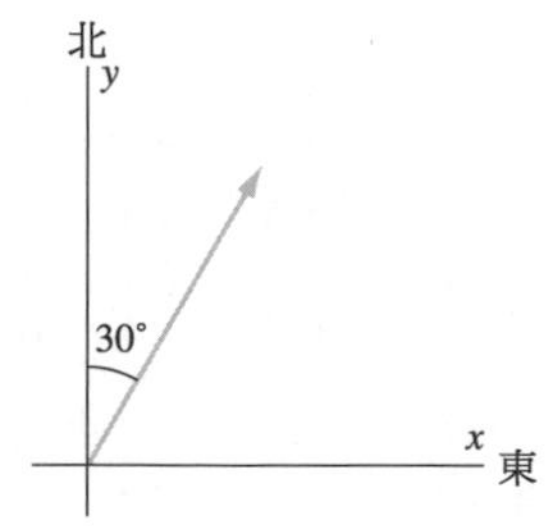

圖 1.7　飛機的上視圖

33. 一架飛機以 300mph 的對地速度飛行，方向為北偏東 30°。(見圖 1.7)此外，該飛機同時以 10mph 的速率爬昇。求一個屬於 R^3 的向量，以代表此飛機的速度(以 mph 為單位)。
34. 一名泳者在靜止的水中，以 2mph 的速率游向東北方。
 (a) 求出此泳者的速度，要附圖。
 (b) 一股 1mph 朝北的水流影響了泳者的速度。求出此泳者新的速度與速率，要附圖。
35. 駕駛保持她的飛機對正東北方，同時維持 300mph 的空速(飛機相對週邊空氣的速度)。風是由西向東吹，風速為 50mph。
 (a) 求飛機對地的速度(以 mph 為單位)。
 (b) 求飛機對地的速率(以 mph 為單位)。
36. 假設一項醫學研究包含了 20 名對象，$1\le i\le 20$，定義第 i 個人的血壓、心搏率、及膽固醇值分別為向量 $\mathbf{u}_i$ 的各個分量。給出向量 $\frac{1}{20}(\mathbf{u}_1+\mathbf{u}_2+\cdots+\mathbf{u}_{20})$ 的意義。

是非題

在習題 37 至 56 中，問各命題是否為真。

37. 不同矩陣要相加，其大小必須一樣，其和才有定義。
38. 兩矩陣之和的轉置，等於兩矩陣轉置後之和。
39. 每個向量都是矩陣。
40. 零矩陣的純量積為純量 0。
41. 矩陣轉置後的大小與之前一樣。
42. 一個矩陣的子矩陣可能為向量。
43. 若 B 為 3×4 矩陣，則它的各列為 4×1 向量。
44. 一個矩陣的元素(3, 4)位於第三行第四列。
45. 零矩陣的每個元素都是 0。
46. 一個 $m\times n$ 矩陣共有 $m+n$ 個元素。
47. 若 $\mathbf{v}$ 及 $\mathbf{w}$ 為向量，並滿足 $\mathbf{v}=-3\mathbf{w}$，則 $\mathbf{v}$ 及 $\mathbf{w}$ 相平行。
48. 若 A 和 B 為任意 $m\times n$ 矩陣，則 $A-B=A+(-1)B$。
49. A^T 的元素(i,j)等於 A 的元素(j,i)。
50. 若 $A=\begin{bmatrix}1 & 2\\ 3 & 4\end{bmatrix}$ 且 $B=\begin{bmatrix}1 & 2 & 0\\ 3 & 4 & 0\end{bmatrix}$，則 $A=B$。
51. 對任意矩陣 A，$3A$ 所有元素的總和等於 A 的所有元素的總合再乘三。
52. 矩陣的相加適用交換律。
53. 矩陣相加適用結合律。

54. 對任意 $m \times n$ 矩陣 A 和 B，以及任意純量 c 和 d，都有 $(cA+dB)^T = cA^T + dB^T$ 。

55. 若 A 為矩陣，則對任意純量 c，cA 的大小與 A 相同。

56. 若 A 是一個矩陣，且 $A+A^T$ 有定義，則 A 是一個方陣。

---

57. 令 A 及 B 為大小相同的矩陣。
    (a) 證明，$A+B$ 的第 j 行是 $\mathbf{a}_j+\mathbf{b}_j$。
    (b) 證明，對任意純量 c，cA 的第 j 行是 $c\mathbf{a}_j$。

58. 對任意 $m \times n$ 矩陣 A，證明 $0A=O$，為 $m \times n$ 零矩陣。

59. 對任意 $m \times n$ 矩陣 A，證明 $1A=A$。

60. 證明定理 1.1(a)。 61. 證明定理 1.1(c)。

62. 證明定理 1.1(d)。 63. 證明定理 1.1(e)。

64. 證明定理 1.1(g)。 65. 證明定理 1.2(b)。

66. 證明定理 1.2(c)。

對一個方陣 A，若對所有的 $i \neq j$ 都有 $a_{ij}=0$，則 A 叫做**對角矩陣**(diagonal matrix)。習題 67 至 70 就是關於對角矩陣。

67. 證明，一個零方陣為對角矩陣。

68. 證明，若 B 是一個對角矩陣，則對任意純量 c，cB 也是對角矩陣。

69. 證明，若 B 是一個對角矩陣，則 B^T 也是對角矩陣。

70. 證明，若 B 及 C 為大小相同之對角矩陣，則 $B+C$ 為對角矩陣。

若 $A=A^T$ 則稱(方)矩陣 A 為**對稱**(symmetric)。習題 71 至 78 是關於對稱矩陣。

71. 寫出 2×2 與 3×3 對稱矩陣的例子。

72. 證明，一個對稱矩陣的元素(i,j)等於元素(j,i)。

73. 證明，零方陣為對稱。

74. 證明，若 B 為對稱矩陣，則對任意純量 c，cB 也是對稱矩陣。

75. 證明，若 B 為方陣，則 $B+B^T$ 為對稱。

76. 證明，若 B 及 C 為 $n \times n$ 對稱矩陣，則 $B+C$。

77. 一個對稱方陣的子矩陣，是否必然是對稱矩陣？驗證你的答案。

78. 證明，對角矩陣為對稱。

對矩(方)陣 A，若 $A^T=-A$，則稱為**斜對稱**(skew - symmetric)。習題 79 至 81 為關於斜對稱矩陣的特性。

79. 對一個斜對稱矩陣，關於其元素(i,i)，何者必定為真？驗證你的答案。

80. 寫出一個 2×2 斜對稱矩陣 B 的例子。然後證明，任何 2×2 斜對稱矩陣都是 B 的純量倍數。

81. 證明，所有的 3×3 矩陣都可寫成是對稱矩陣與斜對稱矩陣的和。

82.[4] 一個 $n \times n$ 矩陣 A 的**跡**(trace)記做 trace(A)，定義為

$$\text{trace}(A) = a_{11} + a_{22} + \cdots + a_{nn}$$

證明，對任意 $n \times n$ 矩陣 A 及 B 和純量 c，下列敘述為真：
    (a) $\text{trace}(A+B) = \text{trace}(A) + \text{trace}(B)$
    (b) $\text{trace}(cA) = c \cdot \text{trace}(A)$
    (c) $\text{trace}(A^T) = \text{trace}(A)$

83. 機率向量的各分量均為非負值，且分量和為 1。證明，若 $\mathbf{p}$ 及 $\mathbf{q}$ 為機率向量，且 a 和 b 為非負純量，並有 $a+b=1$，則 $a\mathbf{p}+b\mathbf{q}$ 亦為機率向量。

利用有矩陣運算功能的計算機，或類似 MATLAB 的電腦軟體，求解以下問題：

84. 已知矩陣

$$A = \begin{bmatrix} 1.3 & 2.1 & -3.3 & 6.0 \\ 5.2 & 2.3 & -1.1 & 3.4 \\ 3.2 & -2.6 & 1.1 & -4.0 \\ 0.8 & -1.3 & -12.1 & 5.7 \\ -1.4 & 3.2 & 0.7 & 4.4 \end{bmatrix}$$

及

$$B = \begin{bmatrix} 2.6 & -1.3 & 0.7 & -4.4 \\ 2.2 & -2.6 & 1.3 & -3.2 \\ 7.1 & 1.5 & -8.3 & 4.6 \\ -0.9 & -1.2 & 2.4 & 5.9 \\ 3.3 & -0.9 & 1.4 & 6.2 \end{bmatrix}$$

    (a) 求 $A+2B$。
    (b) 求 $A-B$。
    (c) 求 A^T+B^T。

---

4 此習題將用於 2.2、7.1、及 7.5 節(分別在 115, 495, 533 頁)。

練習題解答

1. (a) A 的元素(1,2)為 2。

   (b) A 的元素(2, 2)為 3。

2. (a) $A-B=\begin{bmatrix}2 & -1 & 1\\3 & 0 & -2\end{bmatrix}-\begin{bmatrix}1 & 3 & 0\\2 & -1 & 4\end{bmatrix}$

   $=\begin{bmatrix}1 & 4 & -1\\1 & 1 & -6\end{bmatrix}$

   (b) $2A=2\begin{bmatrix}2 & -1 & 1\\3 & 0 & -2\end{bmatrix}=\begin{bmatrix}4 & -2 & 2\\6 & 0 & -4\end{bmatrix}$

   (c) $A+3B=\begin{bmatrix}2 & -1 & 1\\3 & 0 & -2\end{bmatrix}+3\begin{bmatrix}1 & 3 & 0\\2 & -1 & 4\end{bmatrix}$

   $=\begin{bmatrix}2 & -1 & 1\\3 & 0 & -2\end{bmatrix}+\begin{bmatrix}3 & 9 & 0\\6 & -3 & 12\end{bmatrix}$

   $=\begin{bmatrix}5 & 8 & 1\\9 & -3 & 10\end{bmatrix}$

3. (a) $A^T=\begin{bmatrix}2 & 3\\-1 & 0\\1 & -2\end{bmatrix}$

   (b) $(3B)^T=\begin{bmatrix}3 & 9 & 0\\6 & -3 & 12\end{bmatrix}^T=\begin{bmatrix}3 & 6\\9 & -3\\0 & 12\end{bmatrix}$

   (c) $(A+B)^T=\begin{bmatrix}3 & 2 & 1\\5 & -1 & 2\end{bmatrix}^T=\begin{bmatrix}3 & 5\\2 & -1\\1 & 2\end{bmatrix}$

1.2 線性組合、矩陣－向量相乘、及特殊矩陣

在本節中，我們將探討一些矩陣運算的應用，並介紹矩陣與向量的相乘。

假設線性代數的班上有 20 名學生，學期中舉行了兩次期中考、一次隨堂考和一次期末考。令 $\mathbf{u}=\begin{bmatrix}u_1\\u_2\\\vdots\\u_{20}\end{bmatrix}$，其中 u_i 代表第 i 名學生第一次期中考的成績。同樣的，我們將向量 $\mathbf{v}$、$\mathbf{w}$ 及 $\mathbf{z}$ 分別定義為第二次期中考、隨堂考、及期末考的成績。假設，老師計算學生的學期成績時，一次期中考的成績是隨堂考成績的兩倍，而期末考成績則為一次期中考成績的三倍。因此，兩次期中考、隨堂考、及期末考的權重分別為 2/11、2/11、1/11、6/11(所有權重的和應為一)。現在考慮以下向量

$$\mathbf{y}=\frac{2}{11}\mathbf{u}+\frac{2}{11}\mathbf{v}+\frac{1}{11}\mathbf{w}+\frac{6}{11}\mathbf{z}$$

第一個分量 y_1 代表第一個學生的學期成績，第二個分量 y_2 代表第二個學生的學期成績，餘此類推。其中 $\mathbf{y}$ 是純量乘上 $\mathbf{u}$、$\mathbf{v}$、$\mathbf{w}$、及 $\mathbf{z}$ 的和。此種形式的向量和是如此重要，故有其專有定義。

定義　向量 $\mathbf{u}_1, \mathbf{u}_2, \cdots, \mathbf{u}_k$ 的**線性組合(linear combination)**是一個具有以下形式的向量

$$c_1\mathbf{u}_1+c_2\mathbf{u}_2+\cdots+c_k\mathbf{u}_k$$

其中 $c_1, c_2, \cdots, c_k$ 為純量。這些純量叫做線性組合的**係數(coefficients)**。

注意到，單一向量的線性組合就是該向量乘上純量。

在前一個例子中，學生學期成績的向量 $\mathbf{y}$ 是向量 $\mathbf{u}$、$\mathbf{v}$、$\mathbf{w}$、及 $\mathbf{z}$ 的線性組合，各係數則爲權重。誠然，不同的加權平均可得成績的不同線性組合。

特別留意到，

$$\begin{bmatrix}2\\8\end{bmatrix}=(-3)\begin{bmatrix}1\\1\end{bmatrix}+4\begin{bmatrix}1\\3\end{bmatrix}+1\begin{bmatrix}1\\-1\end{bmatrix}$$

因此 $\begin{bmatrix}2\\8\end{bmatrix}$ 是 $\begin{bmatrix}1\\1\end{bmatrix}$、$\begin{bmatrix}1\\3\end{bmatrix}$、及 $\begin{bmatrix}1\\-1\end{bmatrix}$ 的線性組合，並以-3、4、及 1 爲係數。我們也可以寫成

$$\begin{bmatrix}2\\8\end{bmatrix}=\begin{bmatrix}1\\1\end{bmatrix}+2\begin{bmatrix}1\\3\end{bmatrix}-1\begin{bmatrix}1\\-1\end{bmatrix}$$

此方程式同樣將 $\begin{bmatrix}2\\8\end{bmatrix}$ 表示成 $\begin{bmatrix}1\\1\end{bmatrix}$、$\begin{bmatrix}1\\3\end{bmatrix}$、及 $\begin{bmatrix}1\\-1\end{bmatrix}$ 的線性組合，但此時係數爲 1、2、及-1。所以，在將一個向量表示成其它向量的線性組合時，其係數組不必然是唯一的。

例題 1

(a) $\begin{bmatrix}4\\-1\end{bmatrix}$ 是否爲 $\begin{bmatrix}2\\3\end{bmatrix}$ 及 $\begin{bmatrix}3\\1\end{bmatrix}$ 的線性組合。

(b) $\begin{bmatrix}-4\\-2\end{bmatrix}$ 是否爲 $\begin{bmatrix}6\\3\end{bmatrix}$ 及 $\begin{bmatrix}2\\1\end{bmatrix}$ 的線性組合。

(c) $\begin{bmatrix}3\\4\end{bmatrix}$ 是否爲 $\begin{bmatrix}3\\2\end{bmatrix}$ 及 $\begin{bmatrix}6\\4\end{bmatrix}$ 的線性組合。

解 (a) 我們尋找純量 x_1 及 x_2 使其滿足

$$\begin{bmatrix}4\\-1\end{bmatrix}=x_1\begin{bmatrix}2\\3\end{bmatrix}+x_2\begin{bmatrix}3\\1\end{bmatrix}=\begin{bmatrix}2x_1\\3x_1\end{bmatrix}+\begin{bmatrix}3x_2\\1x_2\end{bmatrix}=\begin{bmatrix}2x_1+3x_2\\3x_1+x_2\end{bmatrix}$$

也就是，求以下方程組的解

$$\begin{aligned}2x_1 + 3x_2 &= 4\\ 3x_1 + x_2 &= -1\end{aligned}$$

因爲這兩個方程式代表平面上互不平行的線，所以恰有一解，即 $x_1=-1$ 和 $x_2=2$。因此，$\begin{bmatrix}4\\-1\end{bmatrix}$ 是(且爲唯一)向量 $\begin{bmatrix}2\\3\end{bmatrix}$ 及 $\begin{bmatrix}3\\1\end{bmatrix}$ 的線性組合，即

$$\begin{bmatrix}4\\-1\end{bmatrix}=(-1)\begin{bmatrix}2\\3\end{bmatrix}+2\begin{bmatrix}3\\1\end{bmatrix}$$

(見圖 1.8。)

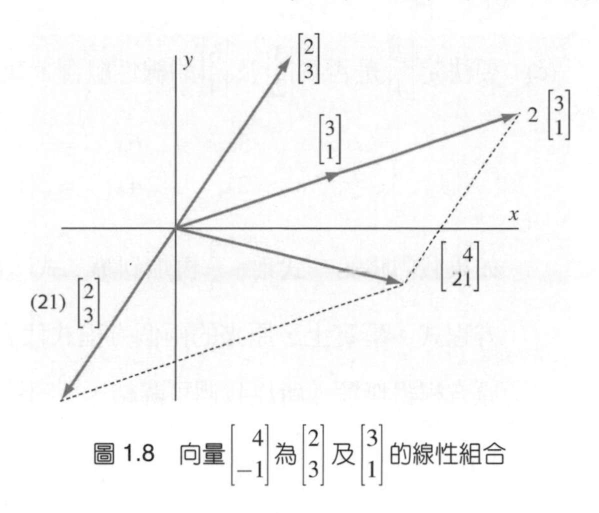

圖 1.8　向量$\begin{bmatrix} 4 \\ -1 \end{bmatrix}$為$\begin{bmatrix} 2 \\ 3 \end{bmatrix}$及$\begin{bmatrix} 3 \\ 1 \end{bmatrix}$的線性組合

(b) 要確定$\begin{bmatrix} -4 \\ -2 \end{bmatrix}$是否為$\begin{bmatrix} 6 \\ 3 \end{bmatrix}$及$\begin{bmatrix} 2 \\ 1 \end{bmatrix}$的線性組合，我們進行類似的計算並獲得以下方程組

$$\begin{aligned} 6x_1 + 2x_2 &= -4 \\ 3x_1 + x_2 &= -2 \end{aligned}$$

因為第一個方程式恰好是第二式的兩倍，所以只需求解 $3x_1 + x_2 = -2$。此方程式代表平面上的一條線，線上任一點的座標值均為一組解。例如，我們可以令 $x_1 = -2$ 則 $x_2 = 4$。如此我們可得

$$\begin{bmatrix} -4 \\ -2 \end{bmatrix} = (-2)\begin{bmatrix} 6 \\ 3 \end{bmatrix} + 4\begin{bmatrix} 2 \\ 1 \end{bmatrix}$$

故有無限多組解。(見圖 1.9。)

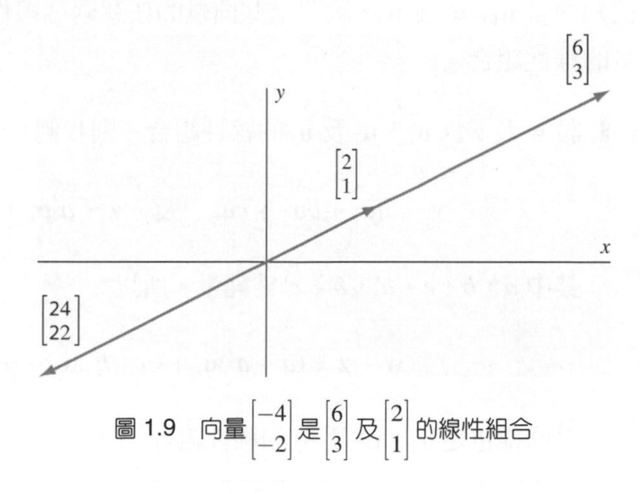

圖 1.9　向量$\begin{bmatrix} -4 \\ -2 \end{bmatrix}$是$\begin{bmatrix} 6 \\ 3 \end{bmatrix}$及$\begin{bmatrix} 2 \\ 1 \end{bmatrix}$的線性組合

(c) 要決定$\begin{bmatrix}3\\4\end{bmatrix}$是否為$\begin{bmatrix}3\\2\end{bmatrix}$及$\begin{bmatrix}6\\4\end{bmatrix}$的線性組合，我們必須求解方程組

$$\begin{aligned}3x_1 + 6x_2 &= 3\\ 2x_1 + 4x_2 &= 4\end{aligned}$$

如果我們將第一式乘$-\frac{2}{3}$再加到第二式，我們可得 $0=2$ 是一個無解的方程式。事實上，原來的兩個方程式代表了平面上兩條平行線，所以原方程組無解。所以我們可歸結，$\begin{bmatrix}3\\4\end{bmatrix}$不是$\begin{bmatrix}3\\2\end{bmatrix}$和$\begin{bmatrix}6\\4\end{bmatrix}$的線性組合。(見圖 1.10。)

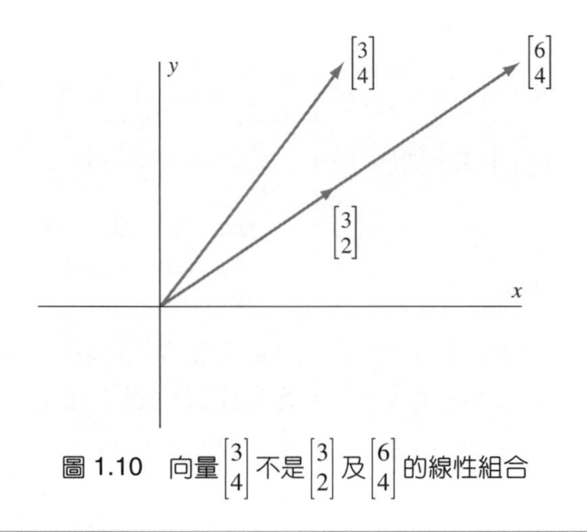

圖 1.10　向量$\begin{bmatrix}3\\4\end{bmatrix}$不是$\begin{bmatrix}3\\2\end{bmatrix}$及$\begin{bmatrix}6\\4\end{bmatrix}$的線性組合

例題 2

已知向量 $\mathbf{u}_1$、$\mathbf{u}_2$ 及 $\mathbf{u}_3$，證明這些向量的任意兩個線性組合之和，同樣是這些向量的線性組合。

解 設 $\mathbf{w}$ 及 $\mathbf{z}$ 為 $\mathbf{u}_1$、$\mathbf{u}_2$ 及 $\mathbf{u}_3$ 的線性組合。則我們有

$$\mathbf{w} = a\mathbf{u}_1 + b\mathbf{u}_2 + c\mathbf{u}_3 \quad 及 \quad \mathbf{z} = a'\mathbf{u}_1 + b'\mathbf{u}_2 + c'\mathbf{u}_3$$

其中 a，b，c，a'，b'，c' 為純量。所以

$$\mathbf{w} + \mathbf{z} = (a + a')\mathbf{u}_1 + (b + b')\mathbf{u}_2 + (c + c')\mathbf{u}_3$$

這同樣也是 $\mathbf{u}_1$、$\mathbf{u}_2$ 及 $\mathbf{u}_3$ 的線性組合。

標準向量

我們可將 R^2 中的任一向量 $\begin{bmatrix} a \\ b \end{bmatrix}$ 表示成向量 $\begin{bmatrix} 1 \\ 0 \end{bmatrix}$ 與 $\begin{bmatrix} 0 \\ 1 \end{bmatrix}$ 的線性組合，如下所示：

$$\begin{bmatrix} a \\ b \end{bmatrix} = a\begin{bmatrix} 1 \\ 0 \end{bmatrix} + b\begin{bmatrix} 0 \\ 1 \end{bmatrix}$$

向量 $\begin{bmatrix} 1 \\ 0 \end{bmatrix}$ 與 $\begin{bmatrix} 0 \\ 1 \end{bmatrix}$ 叫做 R^2 的**標準向量(standard vectors)**。同樣的，我們可將 R^3 中的任一向量 $\begin{bmatrix} a \\ b \\ c \end{bmatrix}$ 表示成向量 $\begin{bmatrix} 1 \\ 0 \\ 0 \end{bmatrix}$、$\begin{bmatrix} 0 \\ 1 \\ 0 \end{bmatrix}$、及 $\begin{bmatrix} 0 \\ 0 \\ 1 \end{bmatrix}$ 的線性組合，如下所示：

$$\begin{bmatrix} a \\ b \\ c \end{bmatrix} = a\begin{bmatrix} 1 \\ 0 \\ 0 \end{bmatrix} + b\begin{bmatrix} 0 \\ 1 \\ 0 \end{bmatrix} + c\begin{bmatrix} 0 \\ 0 \\ 1 \end{bmatrix}$$

向量 $\begin{bmatrix} 1 \\ 0 \\ 0 \end{bmatrix}$、$\begin{bmatrix} 0 \\ 1 \\ 0 \end{bmatrix}$、及 $\begin{bmatrix} 0 \\ 0 \\ 1 \end{bmatrix}$ 稱做 R^3 的**標準向量(standard vectors)**。

寫成通式，我們定義 R^n 的**標準向量**為

$$\mathbf{e}_1 = \begin{bmatrix} 1 \\ 0 \\ \vdots \\ 0 \end{bmatrix},\ \mathbf{e}_2 = \begin{bmatrix} 0 \\ 1 \\ \vdots \\ 0 \end{bmatrix},\ \cdots,\ \mathbf{e}_n = \begin{bmatrix} 0 \\ 0 \\ \vdots \\ 1 \end{bmatrix}$$

(見圖 1.11。)

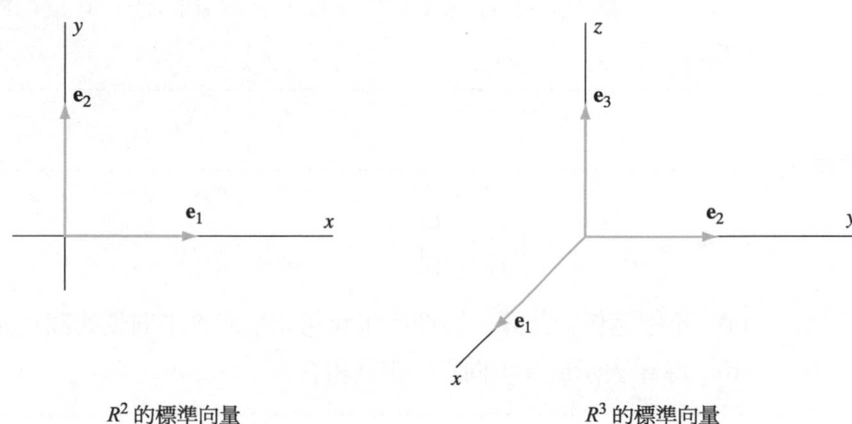

R^2 的標準向量　　R^3 的標準向量

圖 1.11

由前述方程式很容易看出，R^n 中的每一個向量都是 R^n 的標準向量的線性組合。事實上，對 R^n 中的任何向量 **v**，

$$\mathbf{v} = v_1\mathbf{e}_1 + v_2\mathbf{e}_2 + \cdots + v_n\mathbf{e}_n$$

(見圖 1.13。)

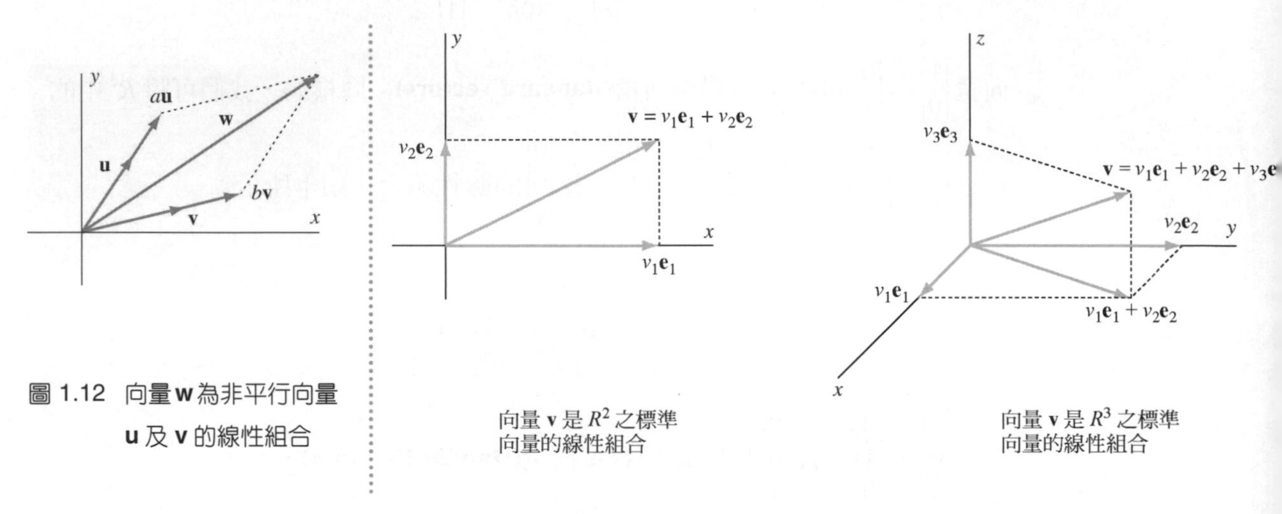

圖 1.12 向量 **w** 為非平行向量 **u** 及 **v** 的線性組合

向量 **v** 是 R^2 之標準向量的線性組合

向量 **v** 是 R^3 之標準向量的線性組合

圖 1.13

現在令 **u** 及 **v** 爲非平行向量，並令 **w** 爲 R^2 中的任一向量。由 **w** 的端點開始，以 a**u** 及 b**v** 爲兩邊構成一個平行四邊形，使得 **w** 爲其對角線。因此可得 **w**=a**u**+b**v**，亦即 **w** 爲向量 **u** 及 **v** 的線性組合。(見圖 1.12。)更一般化的講法，以下命題爲眞：

> 若 **u** 及 **v** 爲 R^2 中的任意非平行向量，則 R^2 中的任一向量均爲 **u** 及 **v** 的線性組合。

練習題 1.

令 $\mathbf{w} = \begin{bmatrix} -1 \\ 10 \end{bmatrix}$ 且 $S = \left\{ \begin{bmatrix} 2 \\ 1 \end{bmatrix}, \begin{bmatrix} 3 \\ -2 \end{bmatrix} \right\}$。

(a) 不經過任何計算，解釋爲何 **w** 可以寫成 S 中向量的線性組合。

(b) 將 **w** 表示成 S 中向量的線性組合。

假設一家園藝用品店出售三種不同比例的混合草籽。豪華型爲 80%的牧草和 20%的裸麥，標準型爲 60%的牧草混合 40%的裸麥，而經濟型則是 40%的牧草配 60%的裸麥。要記錄這些資訊，可以用以下的 2×3 矩陣：

$$B = \begin{bmatrix} .80 & .60 & .40 \\ .20 & .40 & .60 \end{bmatrix} \begin{matrix} \text{牧草} \\ \text{裸麥} \end{matrix}$$

（各行依序為：豪華型　標準型　經濟型）

有一位顧客想要購買一批攪拌均勻的草籽，包括 5 磅的牧草籽和 3 磅的裸麥籽。自然就產生了以下兩個問題：

1. 是否能夠利用三種既有的混合型，組合出顧客所要的牧草與裸麥的份量，而不至會有多餘的？
2. 如果可行，則每一型各要加入多少？

令所用的豪華型、標準型、及經濟型草籽分別爲 x_1、x_2 及 x_3 磅。則我們有

$$\begin{aligned} .80x_1 + .60x_2 + .40x_3 &= 5 \\ .20x_1 + .40x_2 + .60x_3 &= 3 \end{aligned}$$

這是一個由包含**三個未知數的兩個線性方程式所構成的聯立方程組(system of two linear equations in three unknowns)**。找出此方程組的解，就回答了第二個問題。在第 1.3 與 1.4 節中，我們對解一般形式方程組的技巧會有詳細說明。

利用矩陣符號，我們可將方程式寫成

$$\begin{bmatrix} .80x_1 + .60x_2 + .40x_3 \\ .20x_1 + .40x_2 + .60x_3 \end{bmatrix} = \begin{bmatrix} 5 \\ 3 \end{bmatrix}$$

再用矩陣的運算來重寫此方程式，利用 B 的各行如

$$x_1 \begin{bmatrix} .80 \\ .20 \end{bmatrix} + x_2 \begin{bmatrix} .60 \\ .40 \end{bmatrix} + x_3 \begin{bmatrix} .40 \\ .60 \end{bmatrix} = \begin{bmatrix} 5 \\ 3 \end{bmatrix}$$

則問題一可以改寫爲：$\begin{bmatrix} 5 \\ 3 \end{bmatrix}$是否爲 B 的各行，$\begin{bmatrix} .80 \\ .20 \end{bmatrix}$、$\begin{bmatrix} .60 \\ .40 \end{bmatrix}$、及$\begin{bmatrix} .40 \\ .60 \end{bmatrix}$，的線性組合？在稍前練習題 1 前的框格中的結果，提供了肯定的答案。因爲這些向量沒有任兩個是相互平行的，故$\begin{bmatrix} 5 \\ 3 \end{bmatrix}$爲其中任兩向量的線性組合。

矩陣－向量相乘

利用**矩陣－向量乘積(matrix-vector products)**可以簡單的表示出線性方程組。在前一個例子中，我們用 $\mathbf{x} = \begin{bmatrix} x_1 \\ x_2 \\ x_3 \end{bmatrix}$ 代表變數，並定義矩陣－向量乘積 $B\mathbf{x}$ 爲線性組合

$$B\mathbf{x}=\begin{bmatrix}.80 & .60 & .40\\ .20 & .40 & .60\end{bmatrix}\begin{bmatrix}x_1\\ x_2\\ x_3\end{bmatrix}=x_1\begin{bmatrix}.80\\ .20\end{bmatrix}+x_2\begin{bmatrix}.60\\ .40\end{bmatrix}+x_3\begin{bmatrix}.40\\ .60\end{bmatrix}$$

此定義讓我們可以用另一種方式陳述前一個例子的第一個問題：是否存在有某一向量 $\mathbf{x}$，可使得 $\begin{bmatrix}5\\ 3\end{bmatrix}$ 等於 $B\mathbf{x}$？特別說明一點，矩陣－向量乘積要有意義，則矩陣 B 之行的數目必須與向量 $\mathbf{x}$ 分量的數目相等。矩陣－向量乘積的一般用定義如下。

定義 令 A 爲 $m\times n$ 矩陣且 $\mathbf{v}$ 爲 $n\times 1$ 向量。我們定義 A 與 $\mathbf{v}$ 的矩陣－向量乘積，記爲 $A\mathbf{v}$，是 A 的各行的線性組合，而其係數則爲 $\mathbf{v}$ 的各相對分量。即

$$A\mathbf{v}=v_1\mathbf{a}_1+v_2\mathbf{a}_2+\cdots+v_n\mathbf{a}_n$$

如同之前所指出的，$A\mathbf{v}$ 要存在，則 A 的行數必須等於 $\mathbf{v}$ 的分量數。例如，設

$$A=\begin{bmatrix}1 & 2\\ 3 & 4\\ 5 & 6\end{bmatrix} \quad 及 \quad \mathbf{v}=\begin{bmatrix}7\\ 8\end{bmatrix}$$

在此 A 有兩行，而 $\mathbf{v}$ 有兩個分量。則

$$A\mathbf{v}=\begin{bmatrix}1 & 2\\ 3 & 4\\ 5 & 6\end{bmatrix}\begin{bmatrix}7\\ 8\end{bmatrix}=7\begin{bmatrix}1\\ 3\\ 5\end{bmatrix}+8\begin{bmatrix}2\\ 4\\ 6\end{bmatrix}=\begin{bmatrix}7\\ 21\\ 35\end{bmatrix}+\begin{bmatrix}16\\ 32\\ 48\end{bmatrix}=\begin{bmatrix}23\\ 53\\ 83\end{bmatrix}$$

回到前面園藝用品店的例子，假設店中共有 140 磅草籽的庫存：60 磅爲豪華型，50 磅爲標準型，而 30 磅爲經濟型。令 $\mathbf{v}=\begin{bmatrix}60\\ 50\\ 30\end{bmatrix}$ 代表以上資訊。此時矩陣－向量乘積

$$B\mathbf{v}=\begin{bmatrix}.80 & .60 & .40\\ .20 & .40 & .60\end{bmatrix}\begin{bmatrix}60\\ 50\\ 30\end{bmatrix}$$

$$=60\begin{bmatrix}.80\\ .20\end{bmatrix}+50\begin{bmatrix}.60\\ .40\end{bmatrix}+30\begin{bmatrix}.40\\ .60\end{bmatrix}$$

草籽 (lb)

$$=\begin{bmatrix}90\\ 50\end{bmatrix}\begin{matrix}\text{牧草}\\ \text{裸麥}\end{matrix}$$

則代表了，在店中 140 磅的草籽中，每種草籽各有幾磅。例如，共有 90 磅的牧草籽，因爲 90= .80(60)+.60(50)+.40(30)。

還有另一種方法可計算矩陣－向量乘積，它較依賴 A 中的各別元素而非行。考慮以下例子：

$$A\mathbf{v} = \begin{bmatrix} a_{11} & a_{12} & a_{13} \\ a_{21} & a_{22} & a_{23} \end{bmatrix} \begin{bmatrix} v_1 \\ v_2 \\ v_3 \end{bmatrix}$$

$$= v_1 \begin{bmatrix} a_{11} \\ a_{21} \end{bmatrix} + v_2 \begin{bmatrix} a_{12} \\ a_{22} \end{bmatrix} + v_3 \begin{bmatrix} a_{13} \\ a_{23} \end{bmatrix}$$

$$= \begin{bmatrix} a_{11}v_1 & + & a_{12}v_2 & + & a_{13}v_3 \\ a_{21}v_1 & + & a_{22}v_2 & + & a_{23}v_3 \end{bmatrix}$$

請留意，其中向量 $A\mathbf{v}$ 的第一個分量是 A 中第一列各元素，與 $\mathbf{v}$ 相對應各分量乘積的和。相同的，向量 $A\mathbf{v}$ 的第二個分量是 A 中第二列各元素，與 $\mathbf{v}$ 之各相對應分量乘積的和。使用這種方法計算矩陣－向量積，我們可省略前面說明的中間步驟。例如，設

$$A = \begin{bmatrix} 2 & 3 & 1 \\ 1 & -2 & 3 \end{bmatrix} \quad 及 \quad \mathbf{v} = \begin{bmatrix} -1 \\ 1 \\ 3 \end{bmatrix}$$

則

$$A\mathbf{v} = \begin{bmatrix} 2 & 3 & 1 \\ 1 & -2 & 3 \end{bmatrix} \begin{bmatrix} -1 \\ 1 \\ 3 \end{bmatrix} = \begin{bmatrix} (2)(-1)+(3)(1)+(1)(3) \\ (1)(-1)+(-2)(1)+(3)(3) \end{bmatrix} = \begin{bmatrix} 4 \\ 6 \end{bmatrix}$$

一般而言，當 A 是一個 $m \times n$ 矩陣，且 $\mathbf{v}$ 是屬於 R^n 的向量，你可利用此方法以求得 $A\mathbf{v}$。此時，$A\mathbf{v}$ 的第 i 個分量爲

$$[a_{i1}a_{i2}\cdots a_{in}] \begin{bmatrix} v_1 \\ v_2 \\ \vdots \\ v_n \end{bmatrix} = a_{i1}v_1 + a_{i2}v_2 + \cdots + a_{in}v_n$$

它是 A 的第 i 列與 $\mathbf{v}$ 的矩陣－向量乘積。矩陣－向量積 $A\mathbf{v}$ 之各分量的計算方式爲

$$A\mathbf{v} = \begin{bmatrix} a_{11} & a_{12} & \cdots & a_{1n} \\ a_{21} & a_{22} & \cdots & a_{2n} \\ \vdots & & & \vdots \\ a_{m1} & a_{m2} & \cdots & a_{mn} \end{bmatrix} \begin{bmatrix} v_1 \\ v_2 \\ \vdots \\ v_n \end{bmatrix} = \begin{bmatrix} a_{11}v_1 & + & a_{12}v_2 & + & \cdots & + & a_{1n}v_n \\ a_{21}v_1 & + & a_{22}v_2 & + & \cdots & + & a_{2n}v_n \\ & & & & \vdots & & \\ a_{m1}v_1 & + & a_{m2}v_2 & + & \cdots & + & a_{mn}v_n \end{bmatrix}$$

練習題 2.

令 $A=\begin{bmatrix}2 & -1 & 1\\ 3 & 0 & -2\end{bmatrix}$ 且 $\mathbf{v}=\begin{bmatrix}3\\ 1\\ -1\end{bmatrix}$。求以下各向量：

(a) $A\mathbf{v}$

(b) $(A\mathbf{v})^T$

例題 3

一個社會學家想要研究，在都會區因為人口在市區與郊區間遷移所造成的人口變遷。根據經驗，她發現，在任何一年，原住市區人口的 15%會搬到郊區，而原住郊區人口的 3%會搬進市區。為求簡化，我們假設整個都會區的人口總數維持穩定。此資訊可表示為以下矩陣：

$$\begin{array}{cc} & \text{來自} \\ & \begin{array}{cc}\text{市區} & \text{郊區}\end{array} \\ \text{到}\ \begin{array}{c}\text{市區}\\ \text{郊區}\end{array} & \begin{bmatrix}.85 & .03\\ .15 & .97\end{bmatrix} = A\end{array}$$

在此指出，A 的所有元素均不為負，而各行元素的和均為 1。此種矩陣叫做**統計矩陣(stochastic matrix)**。假設目前有 50 萬人住在市區，70 萬人住在郊區。社會學家想要知道，明年居住在各區的人數各為多少。圖 1.14 描述了當年到次年的人口變化。由此可知，明年會住在市區的人口數(以千人為單位)為 $(.85)(500)+(.03)(700)=446$，而居住在郊區的人口數則為 $(.15)(500)+(.97)(700)=754$ 千人。

若令 $\mathbf{p}$ 代表目前市區與郊區的人口數，我們有

$$\mathbf{p}=\begin{bmatrix}500\\ 700\end{bmatrix}$$

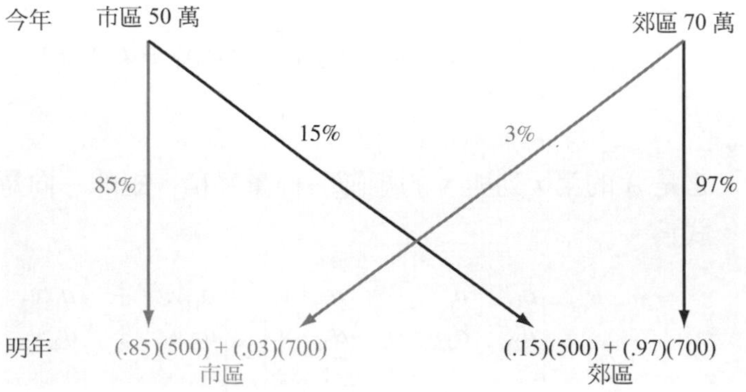

圖 1.14 市區與郊區間的遷移

要知道次年的人口數，我們可以計算矩陣－向量乘積：

$$A\mathbf{p}=\begin{bmatrix}.85 & .03\\ .15 & .97\end{bmatrix}\begin{bmatrix}500\\700\end{bmatrix}=\begin{bmatrix}(.85)(500)+(.03)(700)\\(.15)(500)+(.97)(700)\end{bmatrix}=\begin{bmatrix}446\\754\end{bmatrix}$$

換句話說，$A\mathbf{p}$ 向量爲次年的人口數。如果我們要求兩年後的人口數，我們可將 A 乘上向量 $A\mathbf{p}$。亦即，兩年後的人口數爲 $A(A\mathbf{p})$。

單位矩陣

設 $I_2=\begin{bmatrix}1 & 0\\0 & 1\end{bmatrix}$ 且 $\mathbf{v}$ 爲 R^2 中之任意向量。則

$$I_2\mathbf{v}=\begin{bmatrix}1 & 0\\0 & 1\end{bmatrix}\begin{bmatrix}v_1\\v_2\end{bmatrix}=v_1\begin{bmatrix}1\\0\end{bmatrix}+v_2\begin{bmatrix}0\\1\end{bmatrix}=\begin{bmatrix}v_1\\v_2\end{bmatrix}=\mathbf{v}$$

所以，R^2 中任何向量 $\mathbf{v}$ 乘上 I_2 都不會有所改變。在更一般化的情形下此性質也成立。

定義　對任意正整數 n，$n\times n$ 的**單位矩陣** I_n，其各行是 R^n 中的標準向量 $\mathbf{e}_1,\mathbf{e}_2,\cdots,\mathbf{e}_n$。

例如，

$$I_2=\begin{bmatrix}1 & 0\\0 & 1\end{bmatrix}\quad 及 \quad I_3=\begin{bmatrix}1 & 0 & 0\\0 & 1 & 0\\0 & 0 & 1\end{bmatrix}$$

因爲 I_n 的行就是 R^n 的標準向量，所以很容易就可得到，對 R^n 中任何向量 $\mathbf{v}$ 都有 $I_n\mathbf{v}=\mathbf{v}$。

旋轉矩陣

考慮 R^2 中的一個點 $P_0=(x_0, y_0)$，其極座標爲(r,α)，其中 $r\geq 0$ 且 α 爲線段 $\overline{OP_0}$ 與正 x 軸之夾角。(見圖 1.15)則 $x_0=r\cos\alpha$ 且 $y_0=r\sin\alpha$。假設，將 $\overline{OP_0}$ 旋轉 θ 角成爲 $\overline{OP_1}$，其中 $P_1=(x_1, y_1)$。則$(r,\alpha+\theta)$爲 P_1 點的極座標，因此

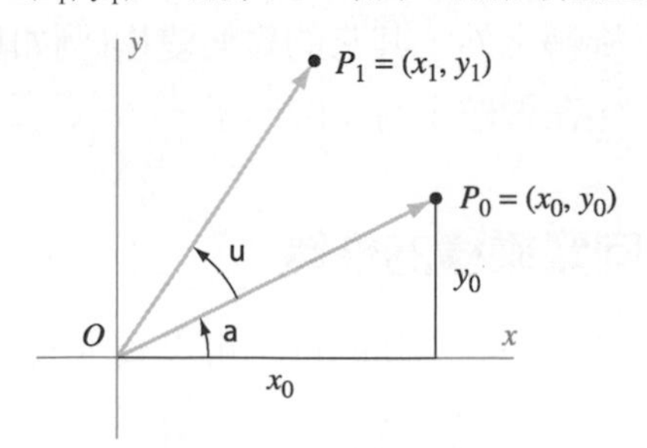

圖 1.15　將一個向量旋轉 θ 角

$$\begin{aligned} x_1 &= r\cos(\alpha+\theta) \\ &= r(\cos\alpha\cos\theta - \sin\alpha\sin\theta) \\ &= (r\cos\alpha)\cos\theta - (r\sin\alpha)\sin\theta \\ &= x_0\cos\theta - y_0\sin\theta \end{aligned}$$

同樣的，$y_1 = x_0\sin\theta + y_0\cos\theta$。我們可以利用矩陣－向量乘法將這些方程式表示成矩陣方程式。若定義 A_θ 爲

$$A_\theta = \begin{bmatrix} \cos\theta & -\sin\theta \\ \sin\theta & \cos\theta \end{bmatrix}$$

則

$$A_\theta\begin{bmatrix} x_0 \\ y_0 \end{bmatrix} = \begin{bmatrix} \cos\theta & -\sin\theta \\ \sin\theta & \cos\theta \end{bmatrix}\begin{bmatrix} x_0 \\ y_0 \end{bmatrix} = \begin{bmatrix} x_0\cos\theta - y_0\sin\theta \\ x_0\sin\theta + y_0\cos\theta \end{bmatrix} = \begin{bmatrix} x_1 \\ y_1 \end{bmatrix}$$

我們將 A_θ 稱做 θ **旋轉矩陣(θ-rotation matrix)**，或簡稱爲**旋轉矩陣(rotation matrix)**。對任意向量 **u**，向量 A_θ**u** 是將 **u** 旋轉 θ 角之後的結果，如果 $\theta>0$ 則爲逆時鐘旋轉，若 $\theta<0$ 就是順時鐘旋轉。

例題 4

要將向量$\begin{bmatrix} 3 \\ 4 \end{bmatrix}$旋轉 30°，我們要求出 $A_{30^\circ}\begin{bmatrix} 3 \\ 4 \end{bmatrix}$；即，

$$\begin{bmatrix} \cos 30^\circ & -\sin 30^\circ \\ \sin 30^\circ & \cos 30^\circ \end{bmatrix}\begin{bmatrix} 3 \\ 4 \end{bmatrix} = \begin{bmatrix} \frac{\sqrt{3}}{2} & -\frac{1}{2} \\ \frac{1}{2} & \frac{\sqrt{3}}{2} \end{bmatrix}\begin{bmatrix} 3 \\ 4 \end{bmatrix} = \begin{bmatrix} \frac{3\sqrt{3}}{2} - \frac{4}{2} \\ \frac{3}{2} + \frac{4\sqrt{3}}{2} \end{bmatrix} = \frac{1}{2}\begin{bmatrix} 3\sqrt{3}-4 \\ 3+4\sqrt{3} \end{bmatrix}$$

因此，向量$\begin{bmatrix} 3 \\ 4 \end{bmatrix}$旋轉 30°之後成爲$\frac{1}{2}\begin{bmatrix} 3\sqrt{3}-4 \\ 3+4\sqrt{3} \end{bmatrix}$。

有趣的是 0°旋轉矩陣 A_{0°，它不會改變原向量，也就是 $A_{0^\circ} = I_2$。這是很合理的，因爲任何向量乘上 I_2 同樣不會改變。

除了旋轉之外，其它的幾何變換(例如反射與投影)也可以用矩陣－向量乘積來表示。在習題中有相關例子。

矩陣－向量乘積的性質

我們要知道，一個矩陣的行，可以表示成該矩陣與標準向量的矩陣－向量積。例如，設 $A = \begin{bmatrix} 2 & 4 \\ 3 & 6 \end{bmatrix}$，則

$$A\mathbf{e}_1 = \begin{bmatrix} 2 & 4 \\ 3 & 6 \end{bmatrix}\begin{bmatrix} 1 \\ 0 \end{bmatrix} = \begin{bmatrix} 2 \\ 3 \end{bmatrix} \quad 及 \quad A\mathbf{e}_2 = \begin{bmatrix} 2 & 4 \\ 3 & 6 \end{bmatrix}\begin{bmatrix} 0 \\ 1 \end{bmatrix} = \begin{bmatrix} 4 \\ 6 \end{bmatrix}$$

一般化的結果則如定理 1.3 之(d)所述。

對任何 $m\times n$ 的矩陣 A，$A\mathbf{0}=\mathbf{0}'$，其中 $\mathbf{0}$ 是 $n\times 1$ 的零向量，而 $\mathbf{0}'$爲 $m\times 1$ 的零向量。這很容易看出來，因爲矩陣－向量積 $A\mathbf{0}$ 是 A 的行乘上零之和。同樣的，一個 $m\times n$ 的零矩陣 O，對任何 $n\times 1$ 的向量 $\mathbf{v}$ 都有 $O\mathbf{v}=\mathbf{0}'$。[見定理 1.3 的(f)與(g)]

定理 1.3

(矩陣－向量積的性質) 令 A 及 B 爲 $m\times n$ 矩陣，並令 $\mathbf{u}$ 及 $\mathbf{v}$ 爲屬於 R^n 的向量，則

(a) $A(\mathbf{u}+\mathbf{v}) = A\mathbf{u} + A\mathbf{v}$ 。

(b) $A(c\mathbf{u}) = c(A\mathbf{u}) = (cA)\mathbf{u}$ ，c 爲任意純量。

(c) $(A+B)\mathbf{u} = A\mathbf{u} + B\mathbf{u}$.

(d) $A\mathbf{e}_j = \mathbf{a}_j$ ，$j=1,2,\ \cdots,n$，其中 $\mathbf{e}_j$ 爲 R^n 的第 j 個標準向量。

(e) 若 B 是一個 $m\times n$ 矩陣，且對所有屬於 R^n 的 $\mathbf{w}$ 均有 $B\mathbf{w}=A\mathbf{w}$，則 $B=A$。

(f) $A\mathbf{0}$ 爲 $m\times 1$ 零向量。

(g) 若 O 爲 $m\times n$ 零矩陣，則 $O\mathbf{v}$ 爲 $m\times 1$ 的零向量。

(h) $I_n\mathbf{v}=\mathbf{v}$。

證明　在此證明(a)項，其餘留爲習題。

(a)　因爲 $\mathbf{u}+\mathbf{v}$ 的第 i 個分量爲 u_i+v_i，所以有

$$\begin{aligned} A(\mathbf{u}+\mathbf{v}) &= (u_1+v_1)\mathbf{a}_1 + (u_2+v_2)\mathbf{a}_2 + \cdots + (u_n+v_n)\mathbf{a}_n \\ &= (u_1\mathbf{a}_1+u_2\mathbf{a}_2+\cdots+u_n\mathbf{a}_n)+(v_1\mathbf{a}_1+v_2\mathbf{a}_2+\cdots+v_n\mathbf{a}_n) \\ &= A\mathbf{u} + A\mathbf{v} \end{aligned}$$

■

經由重複應用定理 1.3 的(a)及(b)，也就是 A 及線性組合 $\mathbf{u}_1, \mathbf{u}_2, \cdots, \mathbf{u}_k$ 的矩陣－向量積，可得向量 $A\mathbf{u}_1, A\mathbf{u}_2, \cdots, A\mathbf{u}_k$ 的線性組合。亦即，

對任何 $m\times n$ 矩陣 A、任何純量 $c_1, c_2, \cdots, c_k$、以及任何屬於 R^n 的向量 $\mathbf{u}_1, \mathbf{u}_2, \cdots, \mathbf{u}_k$，必有

$$A(c_1\mathbf{u}_1 + c_2\mathbf{u}_2 + \cdots + c_k\mathbf{u}_k) = c_1A\mathbf{u}_1 + c_2A\mathbf{u}_2 + \cdots + c_kA\mathbf{u}_k$$

習　題

求習題 1 至 16 之矩陣－向量積。

1. $\begin{bmatrix} 3 & -2 & 1 \\ 4 & 0 & 2 \end{bmatrix}\begin{bmatrix} 1 \\ -2 \\ 5 \end{bmatrix}$

2. $\begin{bmatrix} 1 & -3 \\ 0 & 2 \\ -1 & 4 \end{bmatrix}\begin{bmatrix} 1 \\ 2 \end{bmatrix}$

3. $\begin{bmatrix} 2 & -1 & 3 \\ 1 & 0 & -1 \\ 0 & 2 & 4 \end{bmatrix}\begin{bmatrix} 2 \\ 1 \\ 2 \end{bmatrix}$

4. $\begin{bmatrix} 4 & 2 \\ 7 & -3 \end{bmatrix}\begin{bmatrix} 5 \\ 1 \end{bmatrix}$

5. $\begin{bmatrix} 1 & 0 \\ 0 & 1 \end{bmatrix}\begin{bmatrix} a \\ b \end{bmatrix}$

6. $\begin{bmatrix} 2 & 1 & 3 \end{bmatrix}\begin{bmatrix} -2 \\ 4 \\ 6 \end{bmatrix}$

7. $\begin{bmatrix} 3 & 0 \\ 2 & 1 \end{bmatrix}^T\begin{bmatrix} 4 \\ 5 \end{bmatrix}$

8. $\begin{bmatrix} 1 & 0 & 0 \\ 0 & 1 & 0 \\ 0 & 0 & 1 \end{bmatrix}\begin{bmatrix} a \\ b \\ c \end{bmatrix}$

9. $\begin{bmatrix} s & 0 & 0 \\ 0 & t & 0 \\ 0 & 0 & u \end{bmatrix}\begin{bmatrix} a \\ b \\ c \end{bmatrix}$

10. $\begin{bmatrix} 4 \\ 2 \\ -3 \end{bmatrix}^T\begin{bmatrix} 2 \\ -1 \\ 0 \end{bmatrix}$

11. $\begin{bmatrix} 2 & -3 \\ -4 & 5 \\ 3 & -1 \end{bmatrix}\begin{bmatrix} 4 \\ 2 \end{bmatrix}$

12. $\begin{bmatrix} 3 & -3 \\ -2 & 4 \\ 1 & 2 \end{bmatrix}\begin{bmatrix} 0 \\ 1 \end{bmatrix}$

13. $\begin{bmatrix} 3 & -1 & 4 \\ -2 & 6 & -1 \end{bmatrix}\begin{bmatrix} 0 \\ 1 \\ 0 \end{bmatrix}$

14. $\begin{bmatrix} 2 & -3 & 4 \\ -4 & 5 & -2 \\ 3 & -1 & 0 \end{bmatrix}\begin{bmatrix} 1 \\ 1 \\ 1 \end{bmatrix}$

15. $\left(\begin{bmatrix} 3 & 0 \\ -2 & 4 \end{bmatrix}^T + \begin{bmatrix} 1 & 2 \\ 3 & -3 \end{bmatrix}^T\right)\begin{bmatrix} 4 \\ 5 \end{bmatrix}$

16. $\left(\begin{bmatrix} 3 & 0 \\ -2 & 4 \end{bmatrix} + \begin{bmatrix} 1 & 2 \\ 3 & -3 \end{bmatrix}\right)\begin{bmatrix} 4 \\ 5 \end{bmatrix}$

在習題 17 至 28 中，角 θ 與向量 $\mathbf{u}$ 為已知。寫出相對的旋轉矩陣，並求出將 $\mathbf{u}$ 旋轉 θ 角之結果。繪圖並化簡答案。

17. $\theta=45°$，$\mathbf{u}=\mathbf{e}_2$

18. $\theta=0°$，$\mathbf{u}=\mathbf{e}_1$

19. $\theta=60°$，$\mathbf{u}=\begin{bmatrix} 3 \\ 1 \end{bmatrix}$

20. $\theta=30°$，$\mathbf{u}=\begin{bmatrix} 1 \\ 2 \end{bmatrix}$

21. $\theta=210°$，$\mathbf{u}=\begin{bmatrix} -1 \\ -3 \end{bmatrix}$

22. $\theta=135°$，$\mathbf{u}=\begin{bmatrix} 2 \\ -1 \end{bmatrix}$

23. $\theta=270°$，$\mathbf{u}=\begin{bmatrix} -2 \\ 3 \end{bmatrix}$

24. $\theta=330°$，$\mathbf{u}=\begin{bmatrix} 4 \\ 1 \end{bmatrix}$

25. $\theta=240°$，$\mathbf{u}=\begin{bmatrix} -3 \\ -1 \end{bmatrix}$

26. $\theta=150°$，$\mathbf{u}=\begin{bmatrix} 5 \\ -2 \end{bmatrix}$

27. $\theta=300°$，$\mathbf{u}=\begin{bmatrix} 3 \\ 0 \end{bmatrix}$

28. $\theta=120°$，$\mathbf{u}=\begin{bmatrix} 0 \\ -2 \end{bmatrix}$

在習題 29 至 44 中，向量 $\mathbf{u}$ 與集合 S 為已知。如果可以的話，將 $\mathbf{u}$ 寫成 S 中向量的線性組合。

29. $\mathbf{u}=\begin{bmatrix} 1 \\ 1 \end{bmatrix}$，$S=\left\{\begin{bmatrix} 1 \\ 0 \end{bmatrix}, \begin{bmatrix} 0 \\ 1 \end{bmatrix}\right\}$

30. $\mathbf{u}=\begin{bmatrix} 1 \\ -1 \end{bmatrix}$，$S=\left\{\begin{bmatrix} 4 \\ -4 \end{bmatrix}\right\}$

31. $\mathbf{u}=\begin{bmatrix} 1 \\ -1 \end{bmatrix}$，$S=\left\{\begin{bmatrix} 4 \\ 4 \end{bmatrix}\right\}$

32. $\mathbf{u}=\begin{bmatrix} 1 \\ 1 \end{bmatrix}$，$S=\left\{\begin{bmatrix} 1 \\ 0 \end{bmatrix}, \begin{bmatrix} 0 \\ -1 \end{bmatrix}\right\}$

33. $\mathbf{u}=\begin{bmatrix} 1 \\ 1 \\ 2 \end{bmatrix}$，$S=\left\{\begin{bmatrix} 1 \\ 0 \\ 1 \end{bmatrix}, \begin{bmatrix} 1 \\ 0 \\ -1 \end{bmatrix}\right\}$

34. $\mathbf{u}=\begin{bmatrix} 1 \\ 1 \end{bmatrix}$，$S=\left\{\begin{bmatrix} 1 \\ 0 \end{bmatrix}, \begin{bmatrix} 0 \\ -1 \end{bmatrix}, \begin{bmatrix} 0 \\ 0 \end{bmatrix}\right\}$

35. $\mathbf{u}=\begin{bmatrix} -1 \\ 11 \end{bmatrix}$，$S=\left\{\begin{bmatrix} 1 \\ 3 \end{bmatrix}, \begin{bmatrix} 2 \\ -1 \end{bmatrix}\right\}$

36. $\mathbf{u}=\begin{bmatrix} 1 \\ 1 \end{bmatrix}$，$S=\left\{\begin{bmatrix} 1 \\ 0 \end{bmatrix}, \begin{bmatrix} 0 \\ -1 \end{bmatrix}, \begin{bmatrix} 1 \\ 1 \end{bmatrix}\right\}$

37. $\mathbf{u}=\begin{bmatrix} 3 \\ 8 \end{bmatrix}$，$S=\left\{\begin{bmatrix} 1 \\ 2 \end{bmatrix}, \begin{bmatrix} 2 \\ 3 \end{bmatrix}, \begin{bmatrix} -2 \\ -5 \end{bmatrix}\right\}$

38. $\mathbf{u}=\begin{bmatrix} a \\ b \end{bmatrix}$，$S=\left\{\begin{bmatrix} 1 \\ 1 \end{bmatrix}, \begin{bmatrix} 2 \\ -1 \end{bmatrix}\right\}$

39. $\mathbf{u}=\begin{bmatrix} 3 \\ 5 \\ -5 \end{bmatrix}$，$S=\left\{\begin{bmatrix} 2 \\ 0 \\ -1 \end{bmatrix}, \begin{bmatrix} -1 \\ 1 \\ 0 \end{bmatrix}\right\}$

40. $\mathbf{u}=\begin{bmatrix} 2 \\ -2 \\ 8 \end{bmatrix}$，$S=\left\{\begin{bmatrix} 0 \\ 1 \\ 2 \end{bmatrix}, \begin{bmatrix} -1 \\ 3 \\ 0 \end{bmatrix}\right\}$

41. $\mathbf{u}=\begin{bmatrix} 3 \\ -2 \\ 1 \end{bmatrix}$，$S=\left\{\begin{bmatrix} 2 \\ -1 \\ 2 \end{bmatrix}, \begin{bmatrix} 3 \\ -2 \\ 1 \end{bmatrix}, \begin{bmatrix} -4 \\ 1 \\ 3 \end{bmatrix}\right\}$

42. $\mathbf{u}=\begin{bmatrix} 5 \\ 6 \\ 7 \end{bmatrix}$，$S=\left\{\begin{bmatrix} 1 \\ 0 \\ 0 \end{bmatrix}, \begin{bmatrix} 0 \\ 1 \\ 0 \end{bmatrix}, \begin{bmatrix} 0 \\ 0 \\ 1 \end{bmatrix}\right\}$

43. $\mathbf{u}=\begin{bmatrix}-4\\-5\\-6\end{bmatrix}$，$S=\left\{\begin{bmatrix}1\\0\\0\end{bmatrix},\begin{bmatrix}0\\1\\0\end{bmatrix},\begin{bmatrix}0\\0\\1\end{bmatrix}\right\}$

44. $\mathbf{u}=\begin{bmatrix}-1\\3\\2\end{bmatrix}$，$S=\left\{\begin{bmatrix}1\\-1\\1\end{bmatrix},\begin{bmatrix}0\\-2\\3\end{bmatrix},\begin{bmatrix}-1\\3\\2\end{bmatrix}\right\}$

是非題

在習題 45 至 64 中，決定各命題是否為真。

45. 向量的線性組合，是純量乘以向量之和。
46. 線性組合的各係數，一定可以選用正的純量。
47. R^2中的任何向量都可以寫成是R^2的標準向量的線性組合。
48. R^2 中的任何向量都可表示成兩個互不平行向量的線性組合。
49. 零向量爲任何之非空向量集合的線性組合。
50. 一個 2×3 矩陣和一個 3×1 向量的矩陣－向量積是一個 3×1 向量。
51. 一個 2×3 矩陣和一個 3×1 向量的矩陣－向量積等於該矩陣各列的線性組合。
52. 一個矩陣乘上標準向量，等於一個標準向量。
53. 旋轉矩陣 $A_{180°}$等於$-I_2$。
54. 一個$m\times n$矩陣與一個向量的矩陣－向量積是一個屬於 R^n 的向量。
55. R^2 中的任何向量都可表示成兩個互相平行向量的線性組合。
56. R^2 中的任何向量 $\mathbf{v}$ 都可寫成是標準向量的線性組合，並以 $\mathbf{v}$ 的各分量爲線性組合的係數。
57. 凡是只有一個非零分量的向量就叫做標準向量。
58. 若 A 爲 $m\times n$ 矩陣、$\mathbf{u}$ 爲屬於 R^n 的向量、且 c 爲一純量，則 $A(c\mathbf{u})=c(A\mathbf{u})$。
59. 若 A 爲 $m\times n$ 矩陣，則在 R^n 中只有向量 $\mathbf{u}=0$ 可使得 $A\mathbf{u}=0$。
60. 對任何屬於 R^2 的向量 $\mathbf{u}$，將 $\mathbf{u}$ 旋轉 θ 角之後的向量爲 $A_\theta\mathbf{u}$。
61. 若 $\theta>0$，則 $A_\theta\mathbf{u}$ 是一個將 $\mathbf{u}$ 順時鐘旋轉 θ 角的向量。
62. 若 A 爲 $m\times n$ 矩陣且 $\mathbf{u}$ 及 $\mathbf{v}$ 爲屬於 R^n 的向量並滿足 $A\mathbf{u}=A\mathbf{v}$，則 $\mathbf{u}=\mathbf{v}$。
63. 一個 $m\times n$ 矩陣 A 及一個屬於 R^n 的向量 $\mathbf{u}$ 的矩陣－向量積等於 $u_1\mathbf{a}_1+u_2\mathbf{a}_2+\cdots+u_n\mathbf{a}_n$。
64. 一個矩陣，若所有元素的值都是非負的，且所有元素的和爲 1，則這個矩陣稱爲統計矩陣。
65. 利用矩陣－向量積以證明，若 $\theta=0°$，則對所有屬於 R^2 的 $\mathbf{v}$ 都有，$A_\theta\mathbf{v}=\mathbf{v}$。
66. 利用矩陣－向量積以證明，若 $\theta=180°$，則對所有屬於 R^2 的 $\mathbf{v}$ 都有，$A_\theta\mathbf{v}=-\mathbf{v}$。
67. 利用矩陣－向量積以證明，對任意角 θ 和 β 以及任何屬於 R^2 的向量 $\mathbf{v}$，$A_\theta(A_\beta\mathbf{v})=A_{\theta+\beta}\mathbf{v}$。
68. 對所有屬於 R^2 的向量 $\mathbf{u}$ 以及任意角度 θ，求 $A_\theta^T(A_\theta\mathbf{u})$ 和 $A_\theta(A_\theta^T\mathbf{u})$。
69. 假設某一都會區，計有 40 萬人口住在市區，以及 30 萬人口居住在郊區。利用例題 3 的統計矩陣以求
    (a) 一年之後，居住於市區與郊區的人口數；
    (b) 兩年之後居住市區與郊區的人口數。
70. 令 $A=\begin{bmatrix}1&2&3\\4&5&6\\7&8&9\end{bmatrix}$ 且 $\mathbf{u}=\begin{bmatrix}a\\b\\c\end{bmatrix}$。將 $A\mathbf{u}$ 表示爲 A 之各行的線性組合。

在習題 71 至 74 中，令 $A=\begin{bmatrix}-1&0\\0&1\end{bmatrix}$ 且 $\mathbf{u}=\begin{bmatrix}a\\b\end{bmatrix}$。

71. 證明，$A\mathbf{u}$ 是 $\mathbf{u}$ 對 y 軸的反射。
72. 證明，$A(A\mathbf{u})=\mathbf{u}$。
73. 將 A 修改爲矩陣 B，讓 $B\mathbf{u}$ 成爲 $\mathbf{u}$ 相對於 x 軸的反射。
74. 令 C 代表 $\theta=180°$的旋轉矩陣。
    (a) 求 C。
    (b) 利用習題 73 的矩陣 B 以證明
    $$A(C\mathbf{u})=C(A\mathbf{u})=B\mathbf{u}\quad 及$$
    $$B(C\mathbf{u})=C(B\mathbf{u})=A\mathbf{u}$$
    (c) 用旋轉與反射矩陣來表示以上方程式。

在習題 75 至 79 中，令 $A=\begin{bmatrix}1&0\\0&0\end{bmatrix}$ 且 $\mathbf{u}=\begin{bmatrix}a\\b\end{bmatrix}$。

75. 證明，$A\mathbf{u}$ 是 $\mathbf{u}$ 在 x 軸上的投影。
76. 證明，$A(A\mathbf{u})=\mathbf{u}$。
77. 證明，若 $\mathbf{v}$ 爲終點位於 x 軸的任意向量，則 $A\mathbf{v}=\mathbf{v}$。

78. 修改 A 以得到矩陣 B，使得 $B\mathbf{u}$ 爲 $\mathbf{u}$ 在 y 軸上的投影。

79. 令 C 爲相對於 $\theta=180°$的旋轉矩陣。(見習題74(a)。)

(a) 證明 $A(C\mathbf{u})=C(A\mathbf{u})$。

(b) 以幾何的方式表達(a)之結果。

80. 令 $\mathbf{u}_1$ 及 $\mathbf{u}_2$ 爲屬於 R^n 之向量。.證明，此二向量之任兩個線性組合的和，也是此二向量的線性組合。

81. 令 $\mathbf{u}_1$ 和 $\mathbf{u}_2$ 是屬於 R^n 的向量。令 $\mathbf{v}$ 及 $\mathbf{w}$ 爲 $\mathbf{u}_1$ 及 $\mathbf{u}_2$ 的線性組合。證明，$\mathbf{v}$ 和 $\mathbf{w}$ 的任何線性組合，同時也是 $\mathbf{u}_1$ 及 $\mathbf{u}_2$ 的線性組合。

82. 令 $\mathbf{u}_1$ 和 $\mathbf{u}_2$ 爲屬於 R^n 的向量。證明，此二向量線性組合的純量倍，同樣也是此二向量的線性組合。

83. 證明定理 1.3.之(b)。

84. 證明定理 1.3.之(c)。

85. 證明定理 1.3.之(d)。

86. 證明定理 1.3.之(e)。

87. 證明定理 1.3.之(f)。

88. 證明定理 1.3.之(g)。

89. 證明定理 1.3.之(h)。

在習題 90 及 91 中，使用有矩陣計算功能的計算機或類似 *MATLAB* 的電腦軟體以求解。

90. 參考習題 69，求 10 年後市區與郊區人口各爲多少。

91. 已知矩陣

$$A=\begin{bmatrix}2.1 & 1.3 & -0.1 & 6.0\\ 1.3 & -9.9 & 4.5 & 6.2\\ 4.4 & -2.2 & 5.7 & 2.0\\ 0.2 & 9.8 & 1.1 & -8.5\end{bmatrix}$$

和

$$B=\begin{bmatrix}4.4 & 1.1 & 3.0 & 9.9\\ -1.2 & 4.8 & 2.4 & 6.0\\ 1.3 & 2.4 & -5.8 & 2.8\\ 6.0 & -2.1 & -5.3 & 8.2\end{bmatrix}$$

以及向量

$$\mathbf{u}=\begin{bmatrix}1\\-1\\2\\4\end{bmatrix} \quad 和 \quad \mathbf{v}=\begin{bmatrix}7\\-1\\2\\5\end{bmatrix}$$

(a) 求 $A\mathbf{u}$；

(b) 求 $B(\mathbf{u}+\mathbf{v})$；

(c) 求；

(d) 求 $A(B\mathbf{v})$。

練習題解答

1. (a) S 中的向量爲 R^2 中的非平行向量。

(b) 要將 $\mathbf{w}$ 表示爲 S 中向量的線性組合，我們必須求得純量 x_1 及 x_2 使滿足

$$\begin{bmatrix}-1\\10\end{bmatrix}=x_1\begin{bmatrix}2\\1\end{bmatrix}+x_2\begin{bmatrix}3\\-2\end{bmatrix}=\begin{bmatrix}2x_1 + 3x_2\\ x_1 - 2x_2\end{bmatrix}$$

也就是說，我們必須解方程組：

$$\begin{aligned}2x_1 + 3x_2 &= -1\\ x_1 - 2x_2 &= 10\end{aligned}$$

利用基本代數可得，$x_1=4$ 且 $x_2=-3$。

所以

$$\begin{bmatrix}-1\\10\end{bmatrix}=4\begin{bmatrix}2\\1\end{bmatrix}-3\begin{bmatrix}3\\-2\end{bmatrix}$$

2. (a) $A\mathbf{v}=\begin{bmatrix}2 & -1 & 1\\ 3 & 0 & -2\end{bmatrix}\begin{bmatrix}3\\1\\-1\end{bmatrix}=\begin{bmatrix}4\\11\end{bmatrix}$

(b) $(A\mathbf{v})^T=\begin{bmatrix}4\\11\end{bmatrix}^T=\begin{bmatrix}4 & 11\end{bmatrix}$

1.3 線性方程組

一個變數(未知數)爲 $x_1, x_2, \cdots, x_n$ 的**線性方程式(linear equation)**可寫成如下形式

$$a_1x_1 + a_2x_2 + \cdots + a_nx_n = b$$

其中 $a_1, a_2, \cdots, a_n$ 及 b 爲實數。純量 $a_1, a_2, \cdots, a_n$ 稱做**係數(coefficients)**，而 b 叫做此方程式的**常數項(constant term)**。例如，$3x_1 - 7x_2 + x_3 = 19$ 是一個變數爲 x_1、x_2、及 x_3 的線性方程式，其係數爲 3、-7、及 1，而常數項爲 19。方程式 $8x_2 - 12x_5 = 4x_1 - 9x_3 + 6$ 也是線性方程式，因爲它可寫成

$$-4x_1 + 8x_2 + 9x_3 + 0x_4 - 12x_5 = 6$$

但在另一方面

$$x_1 + 5x_2x_3 = 7 \text{ ，} 2x_1 - 7x_2 + x_3^2 = -3 \text{ ，及 } \quad 4\sqrt{x_1} - 3x_2 = 15$$

則不是線性方程式，因爲它們包含了變數相乘、變數平方、以及變數的平方根。

而**線性方程組**則爲一組 m 個具有同樣 n 個變數的線性方程式，其中 m 及 n 爲正整數。我們可將此種方程組寫成以下形式

$$\begin{array}{ccccccccc} a_{11}x_1 & + & a_{12}x_2 & + & \cdots & + & a_{1n}x_n & = & b_1 \\ a_{21}x_1 & + & a_{22}x_2 & + & \cdots & + & a_{2n}x_n & = & b_2 \\ & & & & \vdots & & & & \\ a_{m1}x_1 & + & a_{m2}x_2 & + & \cdots & + & a_{mn}x_n & = & b_m \end{array}$$

其中 a_{ij} 代表第 i 個方程式中 x_j 的係數。

例如，在 1.2 節練習題 1 後，我們得到以下方程組，它有兩個以 x_1、x_2、及 x_3 爲變數的線性方程式：

$$\begin{array}{ccccccc} .80x_1 & + & .60x_2 & + & .40x_3 & = & 5 \\ .20x_1 & + & .40x_2 & + & .60x_3 & = & 3 \end{array} \qquad (1)$$

線性方程組之變數 $x_1, x_2, \cdots, x_n$ 的**解(solution)**，是一個屬於 R^n 的向量 $\begin{bmatrix} s_1 \\ s_2 \\ \vdots \\ s_n \end{bmatrix}$，當所有的 x_i 都換成 s_i 時，可同時滿足方程組中所有的方程式。例如，$\begin{bmatrix} 2 \\ 5 \\ 1 \end{bmatrix}$ 是方程組(1)的解，因爲

$$.80(2) + .60(5) + .40(1) = 5 \quad \text{且} \quad .20(2) + .40(5) + .60(1) = 3$$

一個線性方程組所有的解所成的集合稱做該方程組的**解集合(solution set)**。

練習題 1.

求(a) $\mathbf{u}=\begin{bmatrix}-2\\3\\2\\1\end{bmatrix}$ 及(b) $\mathbf{v}=\begin{bmatrix}5\\8\\1\\3\end{bmatrix}$ 是否爲以下線性方程組之解。

$$\begin{aligned} x_1 + 5x_3 - x_4 &= 7 \\ 2x_1 - x_2 + 6x_3 &= 8 \end{aligned}$$

包含兩個二元線性方程式之方程組

包含兩個變數 x 及 y 的線性方程式，其形式爲 $ax+by=c$。當 a 及 b 至少有一個不爲零，此爲 xy 平面上的直線方程式。因此，兩個以 x 及 y 爲變數的線性方程式所構成的方程組，包含一對方程式，各代表平面上的一條直線。

$$a_1x+b_1y=c_1 \qquad \text{是直線 } L_1 \text{ 的方程式}$$
$$a_2x+b_2y=c_2 \qquad \text{是直線 } L_2 \text{ 的方程式}$$

就幾何的觀點來說，此種方程組的解，就是同時位於直線 L_1 與 L_2 上的點。共有三種可能的情形。

如果兩條線相異且平行，則它們沒有交點。此種情況下該方程組無解。(見圖 1.16。)

如果兩條線相異且不平行，則兩條線有唯一的交點。此時該方程組恰有一組解。(見圖 1.17。)

最後，若兩線重合，則 L_1 及 L_2 上的每一點都同時滿足兩個方程式，所以 L_1 及 L_2 上的每一點都是方程組的解。此時則有無限多組解。(見圖 1.18。)

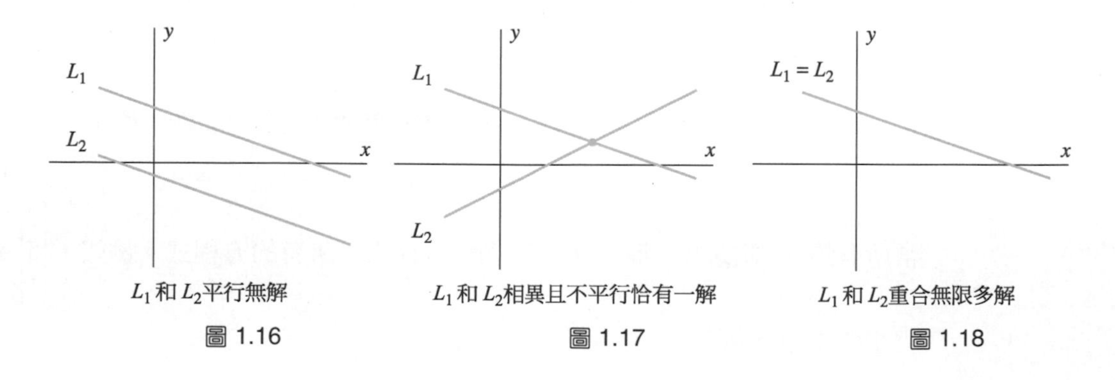

L_1 和 L_2 平行無解　　L_1 和 L_2 相異且不平行恰有一解　　L_1 和 L_2 重合無限多解

圖 1.16　　圖 1.17　　圖 1.18

我們馬上就會看到，不論一個方程組有多少個變數及方程式，其解集合一定恰有三種可能。

每一個線性方程組都一定是無解、恰有一組解、或有無限多組解。

具有一組或一組以上解的線性方程組稱為**一致(consistent)**；反之則稱為**不一致(inconsistent)**。圖 1.17 與 1.18 所示為一致的方程組，而圖 1.16 所示則為不一致的方程組。

基本列運算

要求出線性方程組的解集合，或確定它是不一致的，我們要用具有相同解但較容易求解的方程組來取代原方程組。兩個方程組若具有完全一樣的解，則稱為**等價(equivalent)**。

現在我們介紹產生較簡單之等價方程組的程序。它基本上是利用一種在高中代數課程中所教過的方法來求解線性方程組。為說明此程序，我們求解下面包含三個線性方程式且變數為 x_1、x_2、及 x_3 的方程組：

$$\begin{aligned} x_1 - 2x_2 - x_3 &= 3 \\ 3x_1 - 6x_2 - 5x_3 &= 3 \\ 2x_1 - x_2 + x_3 &= 0 \end{aligned} \qquad (2)$$

簡化的第一步是消去除了第一式之外，其餘各式中的 x_1。為此目的，我們將第一式乘上適當的數再加到第二及第三式，使它們 x_1 的係數為 0。將第一式乘－3 再加到第二式可使其 x_1 的係數為 0。

$$\begin{array}{rcrcrcrl} -3x_1 & + & 6x_2 & + & 3x_3 & = & -9 & (-3\text{乘}1\text{式}) \\ 3x_1 & - & 6x_2 & - & 5x_3 & = & 3 & (2\text{式}) \\ \hline & & & - & 2x_3 & = & -6 & \end{array}$$

同樣的，將第一式乘－2 再加到第三式可使新第三式的 x_1 係數為 0。

$$\begin{array}{rcrcrcrl} -2x_1 & + & 4x_2 & + & 2x_3 & = & -6 & (-2\text{乘}1\text{式}) \\ 2x_1 & - & x_2 & + & x_3 & = & 0 & (3\text{式}) \\ \hline & & 3x_2 & + & 3x_3 & = & -6 & \end{array}$$

現在我們用 $-2x_3 = -6$ 取代第二式，並用 $3x_2 + 3x_3 = -6$ 取代第三式，以將方程組(2)轉換成下列方程組：

$$\begin{aligned} x_1 - 2x_2 - x_3 &= 3 \\ -2x_3 &= -6 \\ 3x_2 + 3x_3 &= -6 \end{aligned}$$

在本例中，使第二式 x_1 項係數為 0 的運算同時也使其 x_2 的係數為 0。(這並非通例，第三式就不是這樣。)若再將第二式與第三式對調，則可得以下方程組：

$$\begin{aligned} x_1 - 2x_2 - x_3 &= 3 \\ 3x_2 + 3x_3 &= -6 \\ -2x_3 &= -6 \end{aligned} \qquad (3)$$

將第三式兩側各乘上 $-\frac{1}{2}$ 即可解得 x_3(或將兩側同除－2，效果一樣)。這樣就得到

$$\begin{aligned} x_1 - 2x_2 - x_3 &= 3 \\ 3x_2 + 3x_3 &= -6 \\ x_3 &= 3 \end{aligned}$$

將第三式乘以適當的數再加到第一及第二式，可以消去兩式中的 x_3 項。如果我們將第三式加到第一式，並將第三式乘－3 再加到第二式，可得

$$\begin{aligned} x_1 - 2x_2 &= 6 \\ 3x_2 &= -15 \\ x_3 &= 3 \end{aligned}$$

現在將第二式乘上 $\frac{1}{3}$ 可解得 x_2。結果為

$$\begin{aligned} x_1 - 2x_2 &= 6 \\ x_2 &= -5 \\ x_3 &= 3 \end{aligned}$$

最後，將第二式乘 2 再加到第一式可得非常簡單的方程組

$$\begin{aligned} x_1 &= -4 \\ x_2 &= -5 \\ x_3 &= 3 \end{aligned} \qquad (4)$$

其解明顯可得。你可以檢查一下，將 x_1 代以－4、x_2 代以－5、x_3 代以 3，應可使方程組(2)為真，所以 $\begin{bmatrix} -4 \\ -5 \\ 3 \end{bmatrix}$ 是方程組(2)的一組解。事實上，我們馬上就會證明，這是它的唯一解。

在以上說明的每一步中，變數名稱並不重要。我們對方程組所做的所有運算同樣可用於矩陣。事實上，原方程組可寫成

$$\begin{aligned} x_1 - 2x_2 - x_3 &= 3 \\ 3x_1 - 6x_2 - 5x_3 &= 3 \\ 2x_1 - x_2 + x_3 &= 0 \end{aligned} \qquad (2)$$

寫成矩陣方程式爲 $A\mathbf{x}=\mathbf{b}$，其中

$$A=\begin{bmatrix}1 & -2 & -1\\ 3 & -6 & -5\\ 2 & -1 & 1\end{bmatrix}，\mathbf{x}=\begin{bmatrix}x_1\\ x_2\\ x_3\end{bmatrix}，及 \quad \mathbf{b}=\begin{bmatrix}3\\ 3\\ 0\end{bmatrix}$$

特別留意，A 的各行包含了方程組(2)中 x_1、x_2、及 x_3 的係數。因此，A 叫做方程組(2) 的**係數矩陣(coefficient matrix 或 matrix of coefficients)**。求解此方程組所須的所有資訊均包含於矩陣

$$\begin{bmatrix}1 & -2 & -1 & 3\\ 3 & -6 & -5 & 3\\ 2 & -1 & 1 & 0\end{bmatrix}$$

這叫做方程組的**增廣矩陣(augmented matrix)**。此矩陣是將係數矩陣 A 擴大以納入向量 $\mathbf{b}$。我們將增廣矩陣記爲$[A \quad \mathbf{b}]$。

若 A 爲 $m\times n$ 矩陣，則對屬於 R^n 的向量 $\mathbf{u}$，若且唯若 $A\mathbf{u}=\mathbf{b}$，則 $\mathbf{u}$ 爲 $A\mathbf{x}=\mathbf{b}$ 的解。因此，$\begin{bmatrix}-4\\ -5\\ 3\end{bmatrix}$ 爲方程組(2)的解，因爲

$$A\mathbf{u}=\begin{bmatrix}1 & -2 & -1\\ 3 & -6 & -5\\ 2 & -1 & 1\end{bmatrix}\begin{bmatrix}-4\\ -5\\ 3\end{bmatrix}=\begin{bmatrix}3\\ 3\\ 0\end{bmatrix}=\mathbf{b}$$

例題 1

對以下線性方程組

$$\begin{aligned} x_1 \; + \qquad\quad 5x_3 - x_4 &= 7\\ 2x_1 - x_2 + 6x_3 \qquad\; &= -8 \end{aligned}$$

其係數矩陣與增廣矩陣分別爲

$$\begin{bmatrix}1 & 0 & 5 & -1\\ 2 & -1 & 6 & 0\end{bmatrix} \quad 及 \quad \begin{bmatrix}1 & 0 & 5 & -1 & 7\\ 2 & -1 & 6 & 0 & -8\end{bmatrix}$$

由此可看出，方程組的第一式中缺少變數 x_2 而第二式中沒有變數 x_4(亦即，第一式中 x_2 的係數與第二式中 x_4 的係數均爲 0)。所以係數矩陣與增廣矩陣的元素(1,2)與(2,4)均爲 0。

在解方程組(2)的時候，我們使用了三種運算：調換方程式的順序、將某個方程式乘上非零的純量、並將乘過的方程式加到另一個方程式。以下定義則爲可用於增廣矩陣的類似運算。

定義 下列三種用於矩陣的運算都叫做**基本列運算**

1. 矩陣的任兩列對調。**(對調運算，interchange operation)**
2. 以非零純量同乘某列所有元素。**(比例運算，scaling operation)**
3. 將矩陣中某一列的倍數加到另一列。**(列相加運算，row addition operation)**

爲表示出如何利用列運算將矩陣 A 轉變成矩陣 B，我們使用下列符號：

1. $A \xrightarrow{r_i \leftrightarrow r_j} B$ 代表第 i 列與第 j 列對調。
2. $A \xrightarrow{c r_i \to r_i} B$ 代表第 i 列所有元素同乘以純量 c。
3. $A \xrightarrow{c r_i + r_j \to r_j} B$ 代表 c 乘以列 i 再加到列 j。

例題 2

令

$$A = \begin{bmatrix} 2 & 1 & -1 & 3 \\ 1 & 2 & 1 & 3 \\ 3 & 1 & 0 & 2 \end{bmatrix} \quad \text{及} \quad B = \begin{bmatrix} 1 & 2 & 1 & 3 \\ 0 & 1 & 1 & 1 \\ 0 & -5 & -3 & -7 \end{bmatrix}$$

下列的基本列運算步驟可將 A 轉成 B：

$$A = \begin{bmatrix} 2 & 1 & -1 & 3 \\ 1 & 2 & 1 & 3 \\ 3 & 1 & 0 & 2 \end{bmatrix} \xrightarrow{\mathbf{r}_1 \leftrightarrow \mathbf{r}_2} \begin{bmatrix} 1 & 2 & 1 & 3 \\ 2 & 1 & -1 & 3 \\ 3 & 1 & 0 & 2 \end{bmatrix}$$

$$\xrightarrow{-2\mathbf{r}_1 + \mathbf{r}_2 \to \mathbf{r}_2} \begin{bmatrix} 1 & 2 & 1 & 3 \\ 0 & -3 & -3 & -3 \\ 3 & 1 & 0 & 2 \end{bmatrix}$$

$$\xrightarrow{-3\mathbf{r}_1 + \mathbf{r}_3 \to \mathbf{r}_3} \begin{bmatrix} 1 & 2 & 1 & 3 \\ 0 & -3 & -3 & -3 \\ 0 & -5 & -3 & -7 \end{bmatrix} \xrightarrow{-\frac{1}{3}\mathbf{r}_2 \to \mathbf{r}_2} \begin{bmatrix} 1 & 2 & 1 & 3 \\ 0 & 1 & 1 & 1 \\ 0 & -5 & -3 & -7 \end{bmatrix} = B$$

我們可以連續執行數個基本列運算，只要將其符號堆疊於一個單箭號上方。這些運算依由上而下的順序執行。利用以下符號，我們可將前一個例子中的第二個矩陣轉換成第四個：

$$\begin{bmatrix} 1 & 2 & 1 & 3 \\ 2 & 1 & -1 & 3 \\ 3 & 1 & 0 & 2 \end{bmatrix} \xrightarrow[-3\mathbf{r}_1 + \mathbf{r}_3 \to \mathbf{r}_3]{-2\mathbf{r}_1 + \mathbf{r}_2 \to \mathbf{r}_2} \begin{bmatrix} 1 & 2 & 1 & 3 \\ 0 & -3 & -3 & -3 \\ 0 & -5 & -3 & -7 \end{bmatrix}$$

所有基本列運算都可逆轉。也就是說，如果我們利用基本列運算將矩陣 A 轉換成矩陣 B，則我們可對矩陣 B 施加同類型的基本列運算以得到 A。舉例來說，如果我們將 A 的兩列對調以獲得 B，則將 B 的同樣兩列對調可得 A。同樣的，如果我們將 A 的某列乘上非零常數 c 以得到 B，那麼將 B 的該列乘上 $\frac{1}{c}$ 即可得到 A。最後，如果我們將 A 的第 i 列乘上 c 再加到第 j 列以得到 B，那麼將 B 的第 i 列乘上 $-c$ 再加到第 j 列即可得到 A。

假設我們對一個增廣矩陣 $[A \quad \mathbf{b}]$ 執行一個基本列運算以獲得新矩陣 $[A' \quad \mathbf{b}']$。基本列運算的可逆性確保了 $A\mathbf{x}=\mathbf{b}$ 的解與 $A'\mathbf{x}=\mathbf{b}'$的解一樣。因此，對一個線性方程組的增廣矩陣執行基本列運算並不會改變其解集合。也就是說，每一次基本列運算會產生一個等價線性方程組的增廣矩陣。在第 1 章中我們先假設此結果為真；我們將於第 2.3 節加以證明。所以，因為線性方程組(2)與方程組(4)等價，故方程組(2)只有一組解。

最簡列梯型

我們可以利用基本列運算，將任何線性方程組化簡到很容易看出答案為止。首先，我們寫出此方程組的增廣矩陣，然後利用基本列運算將其轉換成具有特殊形式的矩陣，也就是所謂的**最簡列梯型(reduced row echelon form)**。具有此種增廣矩陣的方程組很容易求解，並與原方程組等價。

接著就定義此種特殊的矩陣形式。在以下的討論中，如果矩陣中某一列的元素全部為 0，則我們稱該列為**零列(zero row)**，反之則為**非零列(nonzero row)**。一個非零列的最左側的非零元素，稱為該列的**首項元素(leading entry)**。

定義　一個矩陣如果滿足以下三個條件，則該矩陣為**列梯型**：

1. 任何非零列，位於所有零列之上。
2. 一個非零列的首項元素所處的行，是在包含之前各列首項元素之行的右側。
3. 如果某一行中包含了某一列的首項元素，則該行中在首項元素之下的所有元素均為 0。[5]

如果一個矩陣同時又滿足以下兩個條件，則稱其為**最簡列梯型(reduced row echelon form)**。[6]

4. 如果某一行包含了某列的首項元素，則該行中所有其它元素均為 0。
5. 任何非零列的首項元素為 1。

---

[5] 條件 3 直接來自條件 2。放在定義中是為了加以強調，一般在定義列梯型時都是如此。

[6] 有些便宜的計算機就能計算最簡列梯型。使用這種計算機或電腦軟體，計算最簡列梯型的指令通常是 rref。

具有以下任一形式的矩陣均屬於最簡列梯形。在下圖中，$*$代表任意元素(可以是或不是 0)。

$$\begin{bmatrix} 1 & * & 0 & 0 & * \\ 0 & 0 & 1 & 0 & * \\ 0 & 0 & 0 & 1 & * \\ 0 & 0 & 0 & 0 & 0 \end{bmatrix} \qquad \begin{bmatrix} 1 & 0 & * & * & 0 & 0 & * \\ 0 & 1 & * & * & 0 & 0 & * \\ 0 & 0 & 0 & 0 & 1 & 0 & * \\ 0 & 0 & 0 & 0 & 0 & 1 & * \\ 0 & 0 & 0 & 0 & 0 & 0 & 0 \end{bmatrix}$$

可以看出，所有首項元素(依條件 5，必須為 1)組成一個像階梯的圖案。另外，這些首項元素 1，是該行中唯一的非零元素。同時，每一個非零列均在所有零列之上。

例題 3

下列各矩陣並不是最簡列梯型：

$$A = \begin{bmatrix} 1 & 0 & 0 & 6 & 3 & 0 \\ 0 & 0 & 1 & 5 & 7 & 0 \\ 0 & 1 & 0 & 2 & 4 & 0 \\ 0 & 0 & 0 & 0 & 0 & 1 \end{bmatrix} \qquad B = \begin{bmatrix} 1 & 7 & 2 & -3 & 9 & 4 \\ 0 & 0 & 1 & 4 & 6 & 8 \\ 0 & 0 & 0 & 2 & 3 & 5 \\ 0 & 0 & 0 & 0 & 0 & 0 \\ 0 & 0 & 0 & 0 & 0 & 0 \end{bmatrix}$$

因為矩陣 A 第三列的首項元素並不是位於第二列首項元素的右側，所以它不是最簡列梯型。但要說明的是，將 A 的第二與第三列對調就可獲得最簡列梯型。

有兩個原因使得矩陣 B 不屬於最簡列梯型。第三列的首項元素不是 1，且其第二與第三列的首項元素並非該行中的唯一非零元素。也就是說，B 的第三行中包含了第二列的第一個非零元素，但是 B 的元素(2, 3)並非第三行中的唯一非零元素。但請留意，雖然 B 並不屬於最簡列梯型，但它是屬於列梯型。

一個線性方程組，如果它的增廣矩陣屬於最簡列梯形，那很容易求解。例如，方程組

$$\begin{aligned} x_1 \qquad\qquad &= -4 \\ x_2 \qquad &= -5 \\ x_3 &= 3 \end{aligned}$$

的解馬上就可以看出來。

如果方程組有無限多組解，那麼求解就較為複雜。例如，考慮以下線性方程組

$$\begin{aligned} x_1 - 3x_2 \qquad + 2x_4 \qquad &= 7 \\ x_3 + 6x_4 \qquad &= 9 \\ x_5 &= 2 \\ 0 &= 0 \end{aligned} \tag{5}$$

此方程組的增廣矩陣為

$$\begin{bmatrix} 1 & -3 & 0 & 2 & 0 & 7 \\ 0 & 0 & 1 & 6 & 0 & 9 \\ 0 & 0 & 0 & 0 & 1 & 2 \\ 0 & 0 & 0 & 0 & 0 & 0 \end{bmatrix}$$

它屬於最簡列梯型。

因為方程組(5)中的 $0=0$ 不能提供任何有用的資訊，我們可將其省略。方程組(5)具一致性，但無法為每個變數找到一個唯一解，因為此方程組有無限多組解。但是我們可以求解某些變數，稱為**基本變數(basic variables)**，將它們表示成其它變數，稱為**自由變數(free variables)**。基本變數相對於增廣矩陣的首項係數。以方程組(5)為例，基本變數為 x_1、x_3、及 x_5，因為增廣矩陣的首項元素分別位於第 1、3、及 5 行。自由變數為 x_2 及 x_4。將自由變數及其係數移到等號右側，我們很容易解出基本變數，將其用自由變數來表示。

所得之方程式為

$$\begin{aligned} x_1 &= 7 + 3x_2 - 2x_4 \\ x_2 &\quad \text{自由變數} \\ x_3 &= 9 - 6x_4 \\ x_4 &\quad \text{自由變數} \\ x_5 &= 2 \end{aligned}$$

這是方程組(5)的**通解(general solution)**。也就是說，選取一組自由變數的值，用這組方程式可得整組解中 x_1、x_3、及 x_5 的值，而且此方程組的所有解都是此種形式，只是自由變數的值不同。例如，選擇 $x_2=0$ 及 $x_4=0$ 可得解 $\begin{bmatrix} 7 \\ 0 \\ 9 \\ 0 \\ 2 \end{bmatrix}$，若選取 $x_2=-2$ 及 $x_4=1$ 得到的解為 $\begin{bmatrix} -1 \\ -2 \\ 3 \\ 1 \\ 2 \end{bmatrix}$。

通解也可以寫成**向量形式(vector form)**如

$$\begin{bmatrix} x_1 \\ x_2 \\ x_3 \\ x_4 \\ x_5 \end{bmatrix} = \begin{bmatrix} 7+3x_2-2x_4 \\ x_2 \\ 9-6x_4 \\ x_4 \\ 2 \end{bmatrix} = \begin{bmatrix} 7 \\ 0 \\ 9 \\ 0 \\ 2 \end{bmatrix} + x_2\begin{bmatrix} 3 \\ 1 \\ 0 \\ 0 \\ 0 \end{bmatrix} + x_4\begin{bmatrix} -2 \\ 0 \\ -6 \\ 1 \\ 0 \end{bmatrix}$$

由向量式來看，很明顯的，此方程組的每一組解都是 $\begin{bmatrix}7\\0\\9\\0\\2\end{bmatrix}$ 再加上 $\begin{bmatrix}3\\1\\0\\0\\0\end{bmatrix}$ 和 $\begin{bmatrix}-2\\0\\-6\\1\\0\end{bmatrix}$ 的線性組合，其係數分別爲自由變數 x_2 及 x_4。

例題 4

求以下線性方程組之通解

$$\begin{aligned} x_1 \qquad\qquad + 2x_4 &= 7 \\ x_2 \qquad - 3x_4 &= 8 \\ x_3 + 6x_4 &= 9 \end{aligned}$$

解 因爲此方程組的增廣矩陣已經是最簡列梯型，我們可以求出，將其基本變數表示爲其餘變數的通解。在本例中，基本變數爲 x_1、x_2、及 x_3，所以我們用 x_4 來解 x_1、x_2、及 x_3。所得之通解爲

$$\begin{aligned} x_1 &= 7 - 2x_4 \\ x_2 &= 8 + 3x_4 \\ x_3 &= 9 - 6x_4 \\ x_4 & \quad \text{自由變數} \end{aligned}$$

將通解寫成向量形式如

$$\begin{bmatrix}x_1\\x_2\\x_3\\x_4\end{bmatrix}=\begin{bmatrix}7\\8\\9\\0\end{bmatrix}+x_4\begin{bmatrix}-2\\3\\-6\\1\end{bmatrix}$$

還有一種情形要考慮。假設某一線性方程組的增廣矩陣，其某一列的唯一非零元素是位於最後一行，例如

$$\begin{bmatrix}1 & 0 & -3 & 5\\0 & 1 & 2 & 4\\0 & 0 & 0 & 1\\0 & 0 & 0 & 0\end{bmatrix}$$

相對於此矩陣的方程組爲

$$\begin{aligned} x_1 \qquad\qquad - 3x_3 &= 5 \\ x_2 + 2x_3 &= 4 \\ 0x_1 + 0x_2 + 0x_3 &= 1 \\ 0x_1 + 0x_2 + 0x_3 &= 0 \end{aligned}$$

很明顯的，任何變數值都不能滿足第三式。因爲方程組的解必須同時滿足每一個方程式，所以此方程組是不一致的。更一般性的講法則是，下列敘述爲眞：

> 當一個增廣矩陣包含了某一列，此列的唯一非零元素是位於最後一行，則此矩陣所對應的線性方程組無解。

通常一個線性方程組是否爲一致，並不是很容易看得出來。但是在求得其增廣矩陣的最簡列梯型後，就變得很明顯了。

練習題 2.

一個線性方程組之增廣矩陣的最簡列梯型爲

$$\begin{bmatrix} 0 & 1 & -4 & 0 & 3 & 0 \\ 0 & 0 & 0 & 1 & -2 & 0 \\ 0 & 0 & 0 & 0 & 0 & 1 \end{bmatrix}$$

求此方程組是否爲一致，若是，求其通解。

求解線性方程組

到目前爲止，我們已瞭解了以下事實：

1. 線性方程組可以用其增廣矩陣來代表，而且對此矩陣進行的任何基本列運算都不會改變此方程組的解。
2. 一個線性方程組，如果其增廣矩陣是屬於最簡列梯型，則很容易求解。

但是還有兩個疑問。是否一定可以經由基本列運算，將一個線性方程組的增廣矩陣轉化成最簡列梯型？該形式的矩陣是否是唯一的？第一個問題的答案在第 1.4 節，該節會介紹一個演算法，可將任何矩陣轉換成最簡列梯型的演算法。第二個問題也很重要。如果同一個矩陣存在有不同的最簡列梯型(取決於所用的基本列運算的順序)，那麼同一個線性方程組就可能有不同的解答。很幸運的，下面這個重要的定理，確保了任何矩陣只會有一個最簡列梯型，其證明列於附錄 E。

定理 1.4

> 每一個矩陣，經由一系列的基本列運算，都可以被轉換成一個，而且是唯一的一個最簡列梯型。

事實上，在第 1.4 節會說明此種轉換的一個詳細程序。如果經過一系列的基本列運算之後，可將矩陣 A 轉換成具有最簡列梯型的矩陣 R，則稱 R 為 **A 的最簡列梯型**。對於線性方程組 $A\mathbf{x}=\mathbf{b}$，利用其增廣矩陣的最簡列梯型，我們可依下述步驟求得方程組之解：

求解線性方程組之步驟

1. 寫出方程組之增廣矩陣$[A \quad \mathbf{b}]$。
2. 求出$[A \quad \mathbf{b}]$的最簡列梯型$[R \quad \mathbf{c}]$。
3. 如果$[R \quad \mathbf{c}]$中有一列，其唯一非零元素位於最後一行，則 $A\mathbf{x}=\mathbf{b}$ 無解。否則方程組至少有一組解。寫出矩陣$[R \quad \mathbf{c}]$所對應之方程組，求解此方程組，將基本變數表為自由變數，以得到 $A\mathbf{x}=\mathbf{b}$ 的通解。

例題 5

求解以下線性方程組：

$$\begin{array}{rcrcrcrcrcr} x_1 & + & 2x_2 & - & x_3 & + & 2x_4 & + & x_5 & = & 2 \\ -x_1 & - & 2x_2 & + & x_3 & + & 2x_4 & + & 3x_5 & = & 6 \\ 2x_1 & + & 4x_2 & - & 3x_3 & + & 2x_4 & & & = & 3 \\ -3x_1 & - & 6x_2 & + & 2x_3 & + & & & 3x_5 & = & 9 \end{array}$$

解 此方程組的增廣矩陣為

$$\begin{bmatrix} 1 & 2 & -1 & 2 & 1 & 2 \\ -1 & -2 & 1 & 2 & 3 & 6 \\ 2 & 4 & -3 & 2 & 0 & 3 \\ -3 & -6 & 2 & 0 & 3 & 9 \end{bmatrix}$$

在 1.4 節中我們會證明此矩陣的最簡列梯型為

$$\begin{bmatrix} 1 & 2 & 0 & 0 & -1 & -5 \\ 0 & 0 & 1 & 0 & 0 & -3 \\ 0 & 0 & 0 & 1 & 1 & 2 \\ 0 & 0 & 0 & 0 & 0 & 0 \end{bmatrix}$$

因為此矩陣中，沒有任何一列的唯一非零元素位於最後一行，所以原方程組為一致。此矩陣對應之方程組為

$$\begin{array}{rcrcrcrcr} x_1 & + & 2x_2 & & & - & x_5 & = & -5 \\ & & & x_3 & & & & = & -3 \\ & & & & x_4 & + & x_5 & = & 2 \end{array}$$

在此方程組中，基本變數為 x_1、x_3、及 x_4，而自由變數為 x_2 和 x_5。我們用自由變數求解基本變數，可得

$$\begin{aligned} x_1 &= -5 - 2x_2 + x_5 \\ x_2 &\quad \text{自由變數} \\ x_3 &= -3 \\ x_4 &= 2 - x_5 \\ x_5 &\quad \text{自由變數} \end{aligned}$$

此為原線性方程組的通解。

練習題 3.

以下矩陣

$$\begin{bmatrix} 0 & 1 & -3 & 0 & 2 & 4 \\ 0 & 0 & 0 & 1 & -1 & 5 \\ 0 & 0 & 0 & 0 & 0 & 0 \end{bmatrix}$$

為某一線性方程組之增廣矩陣的最簡列梯型。寫出其相對應之方程組，並求其是否為一致。如果是，求出其通解，並寫成向量形式。

習　題

在習題 1 至 6 中，寫出(a)係數矩陣(b)增廣矩陣。

1. $\begin{aligned} -x_2 + 2x_3 &= 0 \\ x_1 + 3x_2 &= -1 \end{aligned}$

2. $2x_1 - x_2 + 3x_3 = 4$

3. $\begin{aligned} x_1 + 2x_2 &= 3 \\ -x_1 + 3x_2 &= 2 \\ -3x_1 + 4x_2 &= 1 \end{aligned}$

4. $\begin{aligned} x_1 + 2x_3 - x_4 &= 3 \\ 2x_1 - x_2 + x_4 &= 0 \end{aligned}$

5. $\begin{aligned} 2x_2 - 3x_3 &= 4 \\ -x_1 + x_2 + 2x_3 &= -6 \\ 2x_1 + x_3 &= 0 \end{aligned}$

6. $\begin{aligned} x_1 - 2x_2 + x_4 + 7x_5 &= 5 \\ x_1 - 2x_2 + 10x_5 &= 3 \\ 2x_1 - 4x_2 + 4x_4 + 8x_5 &= 7 \end{aligned}$

在習題 7 至 14 中，對以下矩陣執行所給的基本列運算。

$$\begin{bmatrix} 1 & -1 & 0 & 2 & -3 \\ -2 & 6 & 3 & -1 & 1 \\ 0 & 2 & -4 & 4 & 2 \end{bmatrix}$$

7. 對調列 1 和 3。
8. 列 1 乘 -3。
9. 2 乘列 1 加至列 2。
10. 對調列 1 及 2。
11. 列 3 乘 $\frac{1}{2}$。
12. 以 -3 乘列 3 再加到列 2。
13. 4 乘列 2 再加到列 3。
14. 2 乘列 1 再加到列 3。

在習題 15 至 22 中，對以下矩陣執行所給的基本列運算。

$$\begin{bmatrix} 1 & -2 & 0 \\ -1 & 1 & -1 \\ 2 & -4 & 6 \\ -3 & 2 & 1 \end{bmatrix}$$

15. 列 1 乘 -2。
16. 列 2 乘 $\frac{1}{2}$。
17. -2 乘列 1 再加到列 3。
18. 3 乘列 1 再加到列 4。
19. 對調列 2 和 3。
20. 對調列 2 和 4。
21. -2 乘列 2 再加到列 4。
22. 2 乘列 2 再加到列 1。

在習題 23 至 30 中，求所給之向量是否為以下方程組之解。

$$\begin{aligned} x_1 - 4x_2 \quad + 3x_4 &= 6 \\ x_3 - 2x_4 &= -3 \end{aligned}$$

23. $\begin{bmatrix} 1 \\ -2 \\ -5 \\ -1 \end{bmatrix}$ 24. $\begin{bmatrix} 2 \\ 0 \\ -1 \\ 1 \end{bmatrix}$ 25. $\begin{bmatrix} 3 \\ 0 \\ 2 \\ 1 \end{bmatrix}$ 26. $\begin{bmatrix} 4 \\ 1 \\ 1 \\ 2 \end{bmatrix}$

27. $\begin{bmatrix} 6 \\ -3 \\ 0 \\ 0 \end{bmatrix}$ 28. $\begin{bmatrix} 6 \\ 0 \\ -3 \\ 0 \end{bmatrix}$ 29. $\begin{bmatrix} 9 \\ 0 \\ -5 \\ -1 \end{bmatrix}$ 30. $\begin{bmatrix} -1 \\ -1 \\ -1 \\ 1 \end{bmatrix}$

在習題 31 至 38 中，求所給之向量是否為以下方程組之解。

$$\begin{aligned} x_1 - 2x_2 + x_3 + x_4 + 7x_5 &= 1 \\ x_1 - 2x_2 + 2x_3 \quad + 10x_5 &= 2 \\ 2x_1 - 4x_2 \quad + 4x_4 + 8x_5 &= 0 \end{aligned}$$

31. $\begin{bmatrix} 0 \\ 0 \\ 1 \\ 0 \\ 0 \end{bmatrix}$ 32. $\begin{bmatrix} 0 \\ 1 \\ 0 \\ 0 \\ 0 \end{bmatrix}$ 33. $\begin{bmatrix} 2 \\ 1 \\ 1 \\ 0 \\ 0 \end{bmatrix}$ 34. $\begin{bmatrix} 0 \\ -2 \\ 4 \\ 0 \\ -1 \end{bmatrix}$

35. $\begin{bmatrix} 1 \\ 0 \\ 1 \\ 1 \\ 0 \end{bmatrix}$ 36. $\begin{bmatrix} 0 \\ -1 \\ 0 \\ -1 \\ 0 \end{bmatrix}$ 37. $\begin{bmatrix} 0 \\ 3 \\ -1 \\ 3 \\ 0 \end{bmatrix}$ 38. $\begin{bmatrix} 0 \\ 1 \\ 0 \\ 1 \\ 0 \end{bmatrix}$

在習題 39 至 54 中，已知線性方程組增廣矩陣的最簡列梯型。求各該方程組是否為一致，如果是，求其通解。另外，在習題 47 至 54 中，寫出解的向量形式。

39. $\begin{bmatrix} 1 & -1 & 2 \end{bmatrix}$ 40. $\begin{bmatrix} 1 & 0 & -4 \\ 0 & 1 & 5 \end{bmatrix}$

41. $\begin{bmatrix} 1 & -2 & 6 \\ 0 & 0 & 0 \end{bmatrix}$ 42. $\begin{bmatrix} 1 & -4 & 5 \\ 0 & 0 & 0 \\ 0 & 0 & 0 \end{bmatrix}$

43. $\begin{bmatrix} 1 & -3 & 0 \\ 0 & 0 & 1 \\ 0 & 0 & 0 \end{bmatrix}$ 44. $\begin{bmatrix} 1 & 0 & -6 \\ 0 & 1 & 3 \\ 0 & 0 & 0 \end{bmatrix}$

45. $\begin{bmatrix} 1 & -2 & 0 & 4 \\ 0 & 0 & 1 & 3 \\ 0 & 0 & 0 & 0 \end{bmatrix}$ 46. $\begin{bmatrix} 1 & -2 & 0 & 0 \\ 0 & 0 & 1 & 0 \\ 0 & 0 & 0 & 1 \end{bmatrix}$

47. $\begin{bmatrix} 1 & 0 & 0 & -3 & 0 \\ 0 & 1 & 0 & -4 & 0 \\ 0 & 0 & 1 & 5 & 0 \end{bmatrix}$ 48. $\begin{bmatrix} 1 & 0 & -1 & 3 & 9 \\ 0 & 1 & 2 & -5 & 8 \\ 0 & 0 & 0 & 0 & 0 \end{bmatrix}$

49. $\begin{bmatrix} 0 & 1 & 0 & 0 & -3 \\ 0 & 0 & 1 & 0 & -4 \\ 0 & 0 & 0 & 1 & 5 \end{bmatrix}$ 50. $\begin{bmatrix} 1 & -2 & 0 & 0 & -3 \\ 0 & 0 & 1 & 0 & -4 \\ 0 & 0 & 0 & 1 & 5 \end{bmatrix}$

51. $\begin{bmatrix} 1 & 3 & 0 & -2 & 6 \\ 0 & 0 & 1 & 4 & 7 \\ 0 & 0 & 0 & 0 & 0 \end{bmatrix}$ 52. $\begin{bmatrix} 0 & 1 & 0 & 3 & -4 \\ 0 & 0 & 1 & 2 & 9 \\ 0 & 0 & 0 & 0 & 0 \end{bmatrix}$

53. $\begin{bmatrix} 1 & -3 & 2 & 0 & 4 & 0 \\ 0 & 0 & 0 & 0 & 0 & 1 \\ 0 & 0 & 0 & 0 & 0 & 0 \end{bmatrix}$

54. $\begin{bmatrix} 0 & 0 & 1 & -3 & 0 & 2 & 0 \\ 0 & 0 & 0 & 0 & 1 & -1 & 0 \\ 0 & 0 & 0 & 0 & 0 & 0 & 0 \end{bmatrix}$

55. 假設，包含 n 個變數，m 個線性方程式之方程組的通解，有 k 個自由變數。它有幾個基本變數？請加以解釋。
56. 假設 R 是一個最簡列梯型的矩陣。若 R 的列 4 不爲零列，且其首項元素位於第 5 行，請描述一下第 5 行。

是非題

習題 57 至 76，判斷各命題是否為真。

57. 每一線性方程組至少有一解。
58. 某些線性方程組恰有兩組解。
59. 若矩陣 A 可經由基本列運算轉換成 B，則 B 可以經由基本列運算轉換成 A。

60. 如果一個矩陣是列梯型，則每一個非零列的首項元素都是 1。
61. 如果一個矩陣是最簡列梯型，則每一個非零列的首項元素都是 1。
62. 經由一序列的基本列運算，每一個矩陣都可以轉換成最簡列梯型。
63. 經由一序列的基本列運算，每一個矩陣都可以轉換成唯一的列梯型。
64. 經由一序列的基本列運算，每一個矩陣都可以轉換成唯一的最簡列梯型。
65. 對一個線性方程組的增廣矩陣執行基本列運算，可產生一個等價方程組的增廣矩陣。
66. 如果某線性方程組之增廣矩陣，經轉換爲最簡列梯型後有一個零列，則該方程組爲一致。
67. 如果某增廣矩陣有一列，其唯一非零元素位於最後一行，則此增廣矩陣所對應之線性方程組爲不一致。
68. 若一個線性方程組具有一或多組解，則稱此方程組爲一致。
69. 一個有 n 個變數、m 個方程式的線性方程組，其係數矩陣 A 是一個 $n \times m$ 矩陣。
70. 一個線性方程組的增廣矩陣，比它的係數矩陣多一行。
71. 如果一個增廣矩陣的最簡列梯型共有 k 個非零列，其所對應之線性方程組有 m 個方程式、n 個變數，且爲一致的，則其通解中應有 k 個基本變數。
72. 線性方組 $A\mathbf{x} = \mathbf{b}$ 與線性方程組 $R\mathbf{x} = \mathbf{c}$ 的解相同，其中$[R \quad \mathbf{c}]$是$[A \quad \mathbf{b}]$的最簡列梯型。
73. 對矩陣中某一列的所有元素同乘以一個純量，是屬於基本列運算。
74. 以適當值代入通解中的自由變數，可獲得具一致性之線性方程組的所有解。
75. 如果一個線性方程組變數的數目比方程式多，則必定有無限多組解。
76. 若 A 是 $m \times n$ 矩陣，則方程組 $A\mathbf{x} = \mathbf{b}$ 之解是一個屬於 R^n 的向量 $\mathbf{u}$ 並滿足 $A\mathbf{x} = \mathbf{b}$。

77.[7] 令$[A \quad \mathbf{b}]$爲一個線性方程組的增廣矩陣。證明，若它的最簡列梯型爲$[R \quad \mathbf{c}]$，則 R 是 A 的最簡列梯型。
78. 證明，若 R 是矩陣 A 的最簡列梯型，則$[R \mathbf{0}]$是$[A \quad \mathbf{0}]$的最簡列梯型。
79. 證明，對任何 $m \times n$ 矩陣 A，方程式 $A\mathbf{x}=\mathbf{0}$ 爲一致，其中 $\mathbf{0}$ 是屬於 R^m 的零向量。
80. 令 A 爲 $m \times n$ 矩陣，它的最簡列梯型不含任何零列。證明，對任何屬於 R^m 的向量 $\mathbf{b}$，$A\mathbf{x}=\mathbf{b}$ 爲一致。
81. 一個最簡列梯型的矩陣，它的元素可分三類：非零列的首項元素必須爲 1，某些特定元素必須爲 0，其餘元素可爲任意值。假設以星號代表這些任意元素。例如，

$$\begin{bmatrix} 0 & 1 & * & 0 & * & 0 & * \\ 0 & 0 & 0 & 1 & * & 0 & * \\ 0 & 0 & 0 & 0 & 0 & 1 & * \end{bmatrix}$$

可以是一個 3×7 矩陣的最簡列梯型。對於 2×3 矩陣的最簡列梯型，可能有幾種這樣的形式？
82. 以 2×4 矩陣重做習題 81。
83. 設 B 是來自對 A 執行一個基本列運算。證明，同型的基本列運算(包括對調、尺度、或列相加運算)，可以將 A 轉換成 B 的也可將 B 轉換成 A。
84. 證明，如果將方程組中的某一方程式乘上 0，則新的方程組不一定與原方程組爲等價。
85. 令 S 代表以下線性方程組

$$\begin{aligned} a_{11}x_1 + a_{12}x_2 + a_{13}x_3 &= b_1 \\ a_{21}x_1 + a_{22}x_2 + a_{23}x_3 &= b_2 \\ a_{31}x_1 + a_{32}x_2 + a_{33}x_3 &= b_3 \end{aligned}$$

證明，若 S 的第二式乘以一個非零純量 c，則所得之新方程組與 S 等價。
86. 令 S 代表習題 85 之線性方程組。證明，若將 S 的第一式乘上 k 再加到第三式，新的方程組與 S 等價。

[7] 在 1.6 節也會用到此習題。

練習題解答

1. (a) 因為 $2(-2)-3+6(2)=5$，**u** 不是原方程組第二式的解。因此 **u** 不是本方程組的解。求解此問題的另一個方法是，將方程組寫成矩陣形式 $A\mathbf{x}=\mathbf{b}$，其中

$$A=\begin{bmatrix}1 & 0 & 5 & -1\\ 2 & -1 & 6 & 0\end{bmatrix} \quad 且 \quad \mathbf{b}=\begin{bmatrix}7\\8\end{bmatrix}$$

因為

$$\mathbf{u}=\begin{bmatrix}1 & 0 & 5 & -1\\ 2 & -1 & 6 & 0\end{bmatrix}\begin{bmatrix}-2\\3\\2\\1\end{bmatrix}=\begin{bmatrix}7\\5\end{bmatrix}\neq\mathbf{b}$$

u 不是方程組的解。

(b) 因為 $5+5(1)-3=7$ 且 $2(5)-8+6(1)=8$，**v** 滿足原方程組的各式。因此 **v** 是原方程組的解。或是使用矩陣方程式 $A\mathbf{x}=\mathbf{b}$，我們可看出 **v** 是它的解，因為

$$A\mathbf{v}=\begin{bmatrix}1 & 0 & 5 & -1\\ 2 & -1 & 6 & 0\end{bmatrix}\begin{bmatrix}5\\8\\1\\3\end{bmatrix}=\begin{bmatrix}7\\8\end{bmatrix}=\mathbf{b}$$

2. 在所給之矩陣中，其第三列的唯一非零元素位於最後一行。因此，相對於此矩陣的線性方程組是不一致的。

3. 對應之線性方程組為

$$\begin{aligned} x_2 - 3x_3 \quad + 2x_5 &= 4\\ x_4 - x_5 &= 5\end{aligned}$$

因為在所給的矩陣中，所有各列都沒有唯一非零元素位於最後一行的情形，此方程組為一致。此方程組之通解為

$$\begin{aligned} &x_1 \quad 自由變數\\ &x_2 = 4 + 3x_3 - 2x_5\\ &x_3 \quad 自由變數\\ &x_4 = 5 + x_5\\ &x_5 \quad 自由變數\end{aligned}$$

特別留意 x_1，它是自由變數而非基本變數。

向量形式的通解為

$$\begin{bmatrix}x_1\\x_2\\x_3\\x_4\\x_5\end{bmatrix}=\begin{bmatrix}0\\4\\0\\5\\0\end{bmatrix}+x_1\begin{bmatrix}1\\0\\0\\0\\0\end{bmatrix}+x_3\begin{bmatrix}0\\3\\1\\0\\0\end{bmatrix}+x_5\begin{bmatrix}0\\-2\\0\\1\\1\end{bmatrix}$$

1.4 高斯消去法

在 1.3 節中，我們知道了如何將一個線性方程組的增廣矩陣化成最簡列梯型，然後求解。在本節中，我們將介紹一個可將任意矩陣化成此種形式的程序。

假設 R 為矩陣 A 的最簡列梯型。回憶一下，R 的非零列中的第一個非零元素，就叫做該列的**首項元素(leading entry)**。R 中某一非零列的首項元素之位置，叫做 A 的**樞軸位置(pivot position)**，若某一行中有 A 的樞軸位置，該該行稱為 A 的**樞軸行(pivot column)**。例如，在本節稍後，我們會證明矩陣

$$A=\begin{bmatrix}1 & 2 & -1 & 2 & 1 & 2\\ -1 & -2 & 1 & 2 & 3 & 6\\ 2 & 4 & -3 & 2 & 0 & 3\\ -3 & -6 & 2 & 0 & 3 & 9\end{bmatrix}$$

的最簡列梯型爲

$$R=\begin{bmatrix}1&2&0&0&-1&-5\\0&0&1&0&0&-3\\0&0&0&1&1&2\\0&0&0&0&0&0\end{bmatrix}$$

在此，R 的前三列爲非零列，所以 A 有三個樞軸位置。第一個樞軸位置爲第一列、第一行，因 R 的第一列的首項元素位於第一行。第二個樞軸位置是第二列、第三行，因爲 R 的第二列的首項元素位於第三行。最後，第三個樞軸位置是第三列、第四行，因爲 R 的第三列首項元素位於第四行。因此 A 的樞軸行爲第 1、3、及 4 行。(見圖 1.19。)

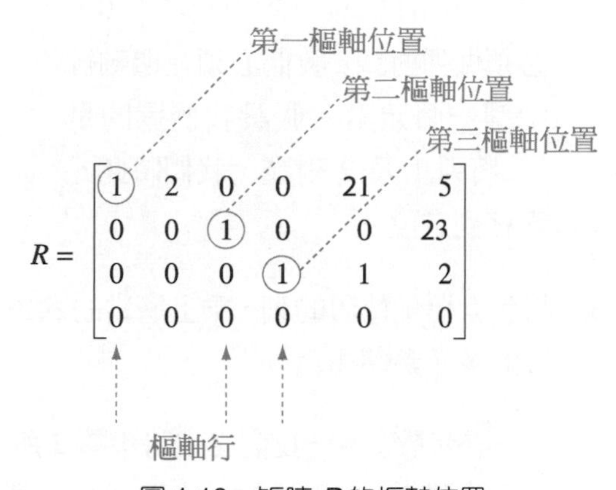

圖 1.19　矩陣 R 的樞軸位置

由矩陣的最簡列梯型，可以很容易的找出矩陣的樞軸位置與樞軸行。但是我們須要有一種方法，可以倒過來，先找出樞軸位置，再由此求出矩陣的最簡列梯型。我們用來求矩陣之最簡列梯型的演算法則叫做**高斯消去法**[8] **(Gaussian elimination)**。此演算法則可定出樞軸位置，並利用基本列運算，使某些元素化爲 0。我們假設，所討論的矩陣不爲零矩陣，因爲零矩陣的最簡列梯型仍爲零矩陣。此一程序可用來求任意非零矩陣的最簡列梯型。爲說明此演算法則，我們求以下矩陣之最簡列梯型

$$A=\begin{bmatrix}0&0&2&-4&-5&2&5\\0&1&-1&1&3&1&-1\\0&6&0&-6&5&16&7\end{bmatrix}$$

---

[8] 此方法是以 Carl Friedrich Gauss (1777-1855)命名，許多人認爲他是有史以來最偉大的數學家。他在一篇關於計算智神星(小行星 2 號)軌道的論文中，介紹了此一方法。但中國人早在約公元前 250 年就知道類似求解線性方程組的方法。

步驟 1. 找出最左側的非零行。此爲樞軸行，而且此行最頂端位置爲樞軸位置。因爲 A 的第二行是最左側非零行，故其爲第一個樞軸行。該行最頂端的位置爲第一列，所以第一個樞軸位置是第一列、第二行。

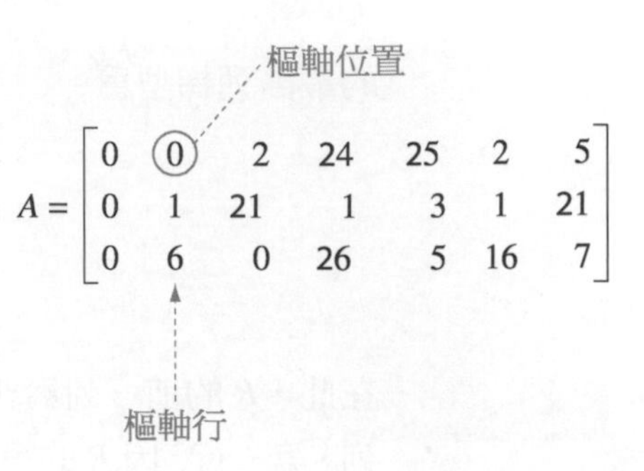

$$A=\begin{bmatrix}0 & 0 & 2 & 24 & 25 & 2 & 5\\ 0 & 1 & 21 & 1 & 3 & 1 & 21\\ 0 & 6 & 0 & 26 & 5 & 16 & 7\end{bmatrix}$$

步驟 2. 在樞軸行中，在不高於樞軸列的各元素中任選一個非零元素[9]，利用列互換運算將此元素換至樞軸位置。因爲在樞軸位置的元素爲 0，必須做列對調。我們必須在樞軸行中選一個元素。假設我們選的是 1。將列 1 及 2 對調，我們將此元素移到定位。

$$\xrightarrow{r_1\leftrightarrow r_2}\begin{bmatrix}0 & 1 & -1 & 1 & 3 & 1 & -1\\ 0 & 0 & 2 & -4 & -5 & 2 & 5\\ 0 & 6 & 0 & -6 & 5 & 16 & 7\end{bmatrix}$$

步驟 3. 將包含樞軸位置的列，乘上適當的數再加到其下各列，以將樞軸位置之下的各元素轉換爲 0。

在步驟 3 中，我們必須將步驟 2 所得矩陣的第一列乘上某數後加到列 2 及列 3，使得樞軸行中第 2 及 3 列的元素爲 0。在本例中，列 2 的元素已經是 0，所以我們只須要改變第 3 列的元素。因此我們將列 1 乘上-6 再加到列 3。此一過程通常心算即可，但我們在此列出過程以求完整。

$$\begin{array}{rrrrrrrl}0 & -6 & 6 & -6 & -18 & -6 & 6 & (-6\text{乘列}1)\\ 0 & 6 & 0 & -6 & 5 & 16 & 7 & (\text{列}3)\\ \hline 0 & 0 & 6 & -12 & -13 & 10 & 13 & \end{array}$$

此一列運算的作用是將前一個矩陣轉換成右邊的矩陣。

$$\xrightarrow{-6r_1+r_3\to r_3}\begin{bmatrix}0 & 1 & -1 & 1 & 3 & 1 & -1\\ 0 & 0 & 2 & -4 & -5 & 2 & 5\\ 0 & 0 & 6 & -12 & -13 & 10 & 13\end{bmatrix}$$

在此演算法則的步驟 1 至 4 中，我們可忽略掉矩陣中的某些列。我們以陰影的方式來表示這些列。在演算法則開始的時候，沒有任何一列被忽略。

---

[9] 若要用手算，在可能的情形下，最好在樞軸行中選取其值爲± 1的元素，以簡化後續的計算。

步驟 4. 略掉包含樞軸位置的列，及其上方的所有列。如果還有無法被忽略的列，對剩下的子矩陣重覆步驟 1 至 4。

我們現在完成了列 1，所以我們對列 1 之下的子矩陣重覆步驟 1 至 4。

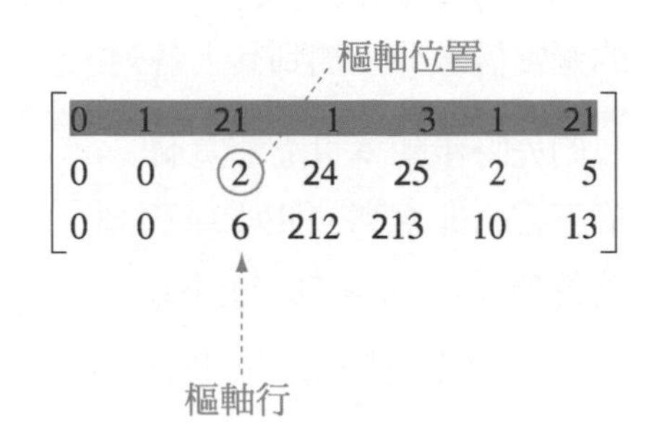

此一子矩陣最左側的非零行爲第三行，所以行 3 成爲第二個樞軸行。因爲子矩陣中第二行的最高位置是原矩陣的第二列，所以第二個樞軸位置是第 2 列、第 3 行。

因爲這個樞軸位置的元素不爲零，所以不需進行步驟 2 的列互換。所以我們進行步驟 3。我們要將列 2 乘一個適當的數再加到列 3，以使得第三列、第三行元素爲 0。以下所示就是將列 2 乘上 −3 再加到列 3：

$$
\begin{array}{rrrrrrrl}
0 & 0 & -6 & 12 & 15 & -6 & -15 & (-3 \text{ 乘列 } 2) \\
0 & 0 & 6 & -12 & -13 & 10 & 13 & (\text{列 } 3) \\
\hline
0 & 0 & 0 & 0 & 2 & 4 & -2 &
\end{array}
$$

新矩陣如右所示。

$$
\xrightarrow{-3\mathbf{r}_2+\mathbf{r}_3\rightarrow\mathbf{r}_3}
\begin{bmatrix}
0 & 1 & -1 & 1 & 3 & 1 & -1 \\
0 & 0 & 2 & -4 & -5 & 2 & 5 \\
0 & 0 & 0 & 0 & 2 & 4 & -2
\end{bmatrix}
$$

這樣就完成了列 2，所以我們對列 2 之下的子矩陣重覆步驟 1 至 4。

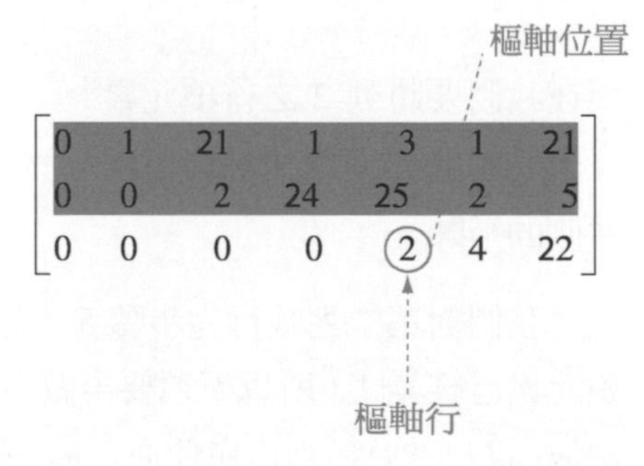

此時，行 5 是此一子矩陣中最左側的非零行。所以行 5 是第三個樞軸行，而第 3 列、第 5 行爲下一個樞軸位置。因爲在此樞軸位置的元素不爲零，故無須進行步驟 2 的列互換。此外，在此樞軸位置之下沒有其它列了，所以也不須要步驟 3。因爲列 3 之下沒有其它非零列，所以步驟 1 至 4 全部完成，此矩陣現在是列梯型。

以下兩個步驟可將此列梯型矩陣轉成*最簡*列梯型矩陣。步驟 1 至 4 是由矩陣的最上方開始向下進行，步驟 5 及 6 則是由最後一個非零列開始，向上推展。

步驟 5. 若此列的首項元素不是 1，進行適當的比例修正使其成 1。然後將此列的適當倍數分別加到其上各列，使得在樞軸位置上的所有元素為 0。

我們先將步驟 5 用於此矩陣最下方的非零列，即列 3。因為首項元素[元素(3, 5)]不為 1，我們將第三列乘上 $\frac{1}{2}$ 以使得首項元素成為 1。這樣就得到右邊的矩陣。

$$\xrightarrow{\frac{1}{2}\mathbf{r}_3 \to \mathbf{r}_3} \begin{bmatrix} 0 & 1 & -1 & 1 & 3 & 1 & -1 \\ 0 & 0 & 2 & -4 & -5 & 2 & 5 \\ 0 & 0 & 0 & 0 & 1 & 2 & -1 \end{bmatrix}$$

現在我們將第三列的適當倍數加到其上的各列，使得首項元素之上的各元素均為 0。可得右側矩陣。

$$\xrightarrow[-3\mathbf{r}_3 + \mathbf{r}_1 \to \mathbf{r}_1]{5\mathbf{r}_3 + \mathbf{r}_2 \to \mathbf{r}_2} \begin{bmatrix} 0 & 1 & -1 & 1 & 0 & -5 & 2 \\ 0 & 0 & 2 & -4 & 0 & 12 & 0 \\ 0 & 0 & 0 & 0 & 1 & 2 & -1 \end{bmatrix}$$

步驟 6. 若步驟 5 已執行到最上一列，則停止；否則在其上一列重覆步驟 5。

因為我們只對第三列執行了步驟 5 現在要以第二列重覆步驟 5。要使得此列的首項元素成為 1，我們要將列 2 乘上 $\frac{1}{2}$ 。

$$\xrightarrow{\frac{1}{2}\mathbf{r}_2 \to \mathbf{r}_2} \begin{bmatrix} 0 & 1 & -1 & 1 & 0 & -5 & 2 \\ 0 & 0 & 1 & -2 & 0 & 6 & 0 \\ 0 & 0 & 0 & 0 & 1 & 2 & -1 \end{bmatrix}$$

現在我們要將列 2 之首項元素以上的的元素換成 0。結果為右側的矩陣。

$$\xrightarrow{\mathbf{r}_2 + \mathbf{r}_1 \to \mathbf{r}_1} \begin{bmatrix} 0 & 1 & 0 & -1 & 0 & 1 & 2 \\ 0 & 0 & 1 & -2 & 0 & 6 & 0 \\ 0 & 0 & 0 & 0 & 1 & 2 & -1 \end{bmatrix}$$

我們對第二列執行完步驟 5，現在再對第一列重覆一次。本列的首項元素已經是 1，所以不須要再做步驟 5 的尺度運算。同時，本列已經是最高的一列，無須再做任何運算。原來的矩陣現在已成為最簡列梯型。

前述演算法則的步驟 1 至 4 稱為**前向算程(forward pass)**。前向算程可將一個矩陣轉成列梯型。演算法則的步驟 5 及 6 則稱做**後向算程(backward pass)**。後向算程則將該矩陣進一步轉成最簡列梯型。

例題 1

解以下線性方程組：

$$\begin{aligned} x_1 + 2x_2 - x_3 + 2x_4 + x_5 &= 2 \\ -x_1 - 2x_2 + x_3 + 2x_4 + 3x_5 &= 6 \\ 2x_1 + 4x_2 - 3x_3 + 2x_4 &= 3 \\ -3x_1 - 6x_2 + 2x_3 + 3x_5 &= 9 \end{aligned}$$

解 此方程組的增廣矩陣爲

$$\begin{bmatrix} 1 & 2 & -1 & 2 & 1 & 2 \\ -1 & -2 & 1 & 2 & 3 & 6 \\ 2 & 4 & -3 & 2 & 0 & 3 \\ -3 & -6 & 2 & 0 & 3 & 9 \end{bmatrix}$$

我們用高斯消去法以將此矩陣轉換成最簡列梯型。

運算	**所得矩陣**
第一個樞軸位置爲列 1、行 1。因爲該元素不爲零，我們將列一的適當倍數加到其它各列，以將樞軸位置之下的各元素換成 0。	$\xrightarrow[3\mathbf{r}_1+\mathbf{r}_4\to\mathbf{r}_4]{\substack{\mathbf{r}_1+\mathbf{r}_2\to\mathbf{r}_2 \\ -2\mathbf{r}_1+\mathbf{r}_3\to\mathbf{r}_3}} \begin{bmatrix} 1 & 2 & -1 & 2 & 1 & 2 \\ 0 & 0 & 0 & 4 & 4 & 8 \\ 0 & 0 & -1 & -2 & -2 & -1 \\ 0 & 0 & -1 & 6 & 6 & 15 \end{bmatrix}$
第二個樞軸位置爲列 2、行 3。因爲該位置的元素爲 0，我們將列 2 及 3 對調。	$\xrightarrow{\mathbf{r}_2\leftrightarrow\mathbf{r}_3} \begin{bmatrix} 1 & 2 & -1 & 2 & 1 & 2 \\ 0 & 0 & -1 & -2 & -2 & -1 \\ 0 & 0 & 0 & 4 & 4 & 8 \\ 0 & 0 & -1 & 6 & 6 & 15 \end{bmatrix}$
接著將列 2 乘 −1 加到列 4。	$\xrightarrow{-\mathbf{r}_2+\mathbf{r}_4\to\mathbf{r}_4} \begin{bmatrix} 1 & 2 & -1 & 2 & 1 & 2 \\ 0 & 0 & -1 & -2 & -2 & -1 \\ 0 & 0 & 0 & 4 & 4 & 8 \\ 0 & 0 & 0 & 8 & 8 & 16 \end{bmatrix}$
第三個樞軸位置在列 3、行 4。因爲此元素不爲零，我們將列 3 乘 −2 加到列 4。	$\xrightarrow{-2\mathbf{r}_3+\mathbf{r}_4\to\mathbf{r}_4} \begin{bmatrix} 1 & 2 & -1 & 2 & 1 & 2 \\ 0 & 0 & -1 & -2 & -2 & -1 \\ 0 & 0 & 0 & 4 & 4 & 8 \\ 0 & 0 & 0 & 0 & 0 & 0 \end{bmatrix}$
目前爲止，步驟 4 已完成，所以我們接著由第三列開始步驟 5。首先將列 3 乘上 $\frac{1}{4}$。	$\xrightarrow{\frac{1}{4}\mathbf{r}_3\to\mathbf{r}_3} \begin{bmatrix} 1 & 2 & -1 & 2 & 1 & 2 \\ 0 & 0 & -1 & -2 & -2 & -1 \\ 0 & 0 & 0 & 1 & 1 & 2 \\ 0 & 0 & 0 & 0 & 0 & 0 \end{bmatrix}$
然後將列 3 乘 2 再加到列 2，以及列 3 乘 −2 加到列 1。	$\xrightarrow[-2\mathbf{r}_3+\mathbf{r}_1\to\mathbf{r}_1]{2\mathbf{r}_3+\mathbf{r}_2\to\mathbf{r}_2} \begin{bmatrix} 1 & 2 & -1 & 0 & -1 & -2 \\ 0 & 0 & -1 & 0 & 0 & 3 \\ 0 & 0 & 0 & 1 & 1 & 2 \\ 0 & 0 & 0 & 0 & 0 & 0 \end{bmatrix}$

現在對列 2 執行步驟 5。我們要將列 2 乘上−1。

$$\xrightarrow{-r_2 \to r_2} \begin{bmatrix} 1 & 2 & -1 & 0 & -1 & -2 \\ 0 & 0 & 1 & 0 & 0 & -3 \\ 0 & 0 & 0 & 1 & 1 & 2 \\ 0 & 0 & 0 & 0 & 0 & 0 \end{bmatrix}$$

然後將列 2 加到列 1。

$$\xrightarrow{r_2 + r_1 \to r_1} \begin{bmatrix} 1 & 2 & 0 & 0 & -1 & -5 \\ 0 & 0 & 1 & 0 & 0 & -3 \\ 0 & 0 & 0 & 1 & 1 & 2 \\ 0 & 0 & 0 & 0 & 0 & 0 \end{bmatrix}$$

對列 1 進行步驟 5 不會造成任何改變，所以這個矩陣就是原方程組增廣矩陣的最簡列梯型。此矩陣對應於方程組

$$\begin{aligned} x_1 + 2x_2 \qquad\qquad - x_5 &= -5 \\ x_3 \qquad\qquad &= -3 \\ x_4 + x_5 &= 2 \end{aligned} \qquad (6)$$

與第 1.3 節的例題 5 一樣，此方程組的通解為

$$\begin{aligned} x_1 &= -5 - 2x_2 + x_5 \\ x_2 & \quad \text{自由變數} \\ x_3 &= -3 \\ x_4 &= 2 - x_5 \\ x_5 & \quad \text{自由變數} \end{aligned}$$

練習題 1.

求以下方程組之通解

$$\begin{aligned} x_1 - x_2 - 3x_3 + x_4 - x_5 &= -2 \\ -2x_1 + 2x_2 + 6x_3 \qquad - 6x_5 &= -6 \\ 3x_1 - 2x_2 - 8x_3 + 3x_4 - 5x_5 &= -7 \end{aligned}$$

矩陣的秩數與零消次數

我們現在來瞭解兩個關於矩陣的重要的數，由矩陣的最簡列梯型很容易求出這兩個數。如果該矩陣是一個線性方程組的增廣矩陣，這兩個數提供了與方程組之解相關的重要訊息。

定義 一個 $m \times n$ 矩陣 A 的**秩(rank)**，記為 rank$A$，定義為 A 的最簡列梯型中非零列的數目。A 的**零消次數(nullity)**，記為 nullity$A$，則定義為 $n - \text{rank}A$。

例題 2

例題 1 之矩陣

$$\begin{bmatrix} 1 & 2 & -1 & 2 & 1 & 2 \\ -1 & -2 & 1 & 2 & 3 & 6 \\ 2 & 4 & -3 & 2 & 0 & 3 \\ -3 & -6 & 2 & 0 & 3 & 9 \end{bmatrix}$$

的最簡列梯型為

$$\begin{bmatrix} 1 & 2 & 0 & 0 & -1 & -5 \\ 0 & 0 & 1 & 0 & 0 & -3 \\ 0 & 0 & 0 & 1 & 1 & 2 \\ 0 & 0 & 0 & 0 & 0 & 0 \end{bmatrix}$$

因為最簡列梯型中有三個非零列，此矩陣的秩數為 3。由矩陣的行數減去秩數，可得矩陣的零消次數為 $6-3=3$。

例題 3

矩陣

$$B=\begin{bmatrix} 2 & 3 & 1 & 5 & 2 \\ 0 & 1 & 1 & 3 & 2 \\ 4 & 5 & 1 & 7 & 2 \\ 2 & 1 & -1 & -1 & -2 \end{bmatrix}$$

之最簡列梯型為

$$\begin{bmatrix} 1 & 0 & -1 & -2 & -2 \\ 0 & 1 & 1 & 3 & 2 \\ 0 & 0 & 0 & 0 & 0 \\ 0 & 0 & 0 & 0 & 0 \end{bmatrix}$$

因為後者有兩個非零列，B 之秩數為 2。B 之零消次數為 $5-2=3$。

練習題 2.

求以下矩陣的秩數與零消次數

$$A=\begin{bmatrix} 0 & 1 & 0 & -1 & 0 & 1 & 2 \\ 0 & 0 & 1 & -2 & 0 & 6 & 0 \\ 0 & 0 & 0 & 0 & 1 & 2 & -1 \\ 0 & 0 & 0 & 0 & 0 & 0 & 0 \\ 0 & 0 & 0 & 0 & 0 & 0 & 0 \end{bmatrix}$$

由例題 2 及 3 可看出，矩陣之最簡列梯型中，每一個非零列恰好有一個樞軸位置，所以非零列的數目就等於樞軸位置的數目。因此我們可將秩的定義改寫為：

> 一個矩陣的秩等於其樞軸行的數目。
> 一個矩陣的零消次數等於其非樞軸行的數目。

故由此可知，對一個秩數為 k 的最簡列梯型矩陣，標準向量 $\mathbf{e}_1, \mathbf{e}_2, \cdots, \mathbf{e}_k$ 必定會依序出現於矩陣的各行。例如在例題 2 中，矩陣之秩為 3，而其最簡列梯型之第 1、3 及 4 行分別為

$$\mathbf{e}_1 = \begin{bmatrix} 1 \\ 0 \\ 0 \\ 0 \end{bmatrix},\ \mathbf{e}_2 = \begin{bmatrix} 0 \\ 1 \\ 0 \\ 0 \end{bmatrix},\ \mathbf{e}_3 = \begin{bmatrix} 0 \\ 0 \\ 1 \\ 0 \end{bmatrix}$$

因此，若一個 $m \times n$ 矩陣的秩為 n，則其最簡列梯型必定為 $[\mathbf{e}_1 \quad \mathbf{e}_2 \quad \cdots \quad \mathbf{e}_n]$。對於 $n \times n$ (方)矩陣的特例，

$$[\mathbf{e}_1 \quad \mathbf{e}_2 \quad \cdots \quad \mathbf{e}_n] = \begin{bmatrix} 1 & 0 & \cdots & 0 \\ 0 & 1 & \cdots & 0 \\ \vdots & \vdots & \ddots & \vdots \\ 0 & 0 & \cdots & 1 \end{bmatrix} = I_n$$

為 $n \times n$ 單位矩陣，由此可得以下重要結論：

> 如果一個 $n \times n$ 矩陣的秩為 n，則其最簡列梯型為 I_n。

將例題 1 中的方程組寫成矩陣方程 $A\mathbf{x} = \mathbf{b}$。我們求解方程組的方法是，找出增廣矩陣$[A \quad \mathbf{b}]$的最簡列梯型$[R \quad \mathbf{c}]$。方程組 $R\mathbf{x} = \mathbf{c}$ 與 $A\mathbf{x} = \mathbf{b}$ 為等價，而 $R\mathbf{x} = \mathbf{c}$ 的解很容易獲得，因為$[R \quad \mathbf{c}]$是最簡列梯型。而方程組 $A\mathbf{x} = \mathbf{b}$ 的每一個基本變數，恰好對應於$[R \quad \mathbf{c}]$中一個非零列的首項元素，所以基本變數的數目等於非零列的數目，也就是 A 的秩。同時，若 n 是 A 的行數，則 $A\mathbf{x} = \mathbf{b}$ 的自由變數的數目等於 n 減去基本變數的個數。利用之前的說明，自由變數的數目等於 $n - \text{rank}A$，也就是 A 的零消次數。原則上，

> 若 $A\mathbf{x} = \mathbf{b}$ 是一個具一致性的線性方程組的矩陣式，則
> (a) 此方程組之通解中，基本變數的數目等於 A 的秩；
> (b) 通解中自由變數的數目等於 A 的零消次數。
> 若且唯若一個具一致性的方程組之係數矩陣的零消次數為 0，則該方程組有唯一解。換一種講法，若且唯若其係數矩陣之零消次數是一個正數，則一個具一致性的方程組有無限多組解。

例題 1 之原方程組，計有 4 個包含 5 個變數的方程式。但是依據其增廣矩陣的最簡列梯型，它與包含了 3 個 5 變數方程式的方程組(6)爲等價。在例題 1 中，原方程組的第四式爲贅餘(*redundant*)，因爲它是前三個方程式的線性組合。明確的說，它是第一式乘 -3、第二式乘 2、以及第三式的和。其餘三式不爲贅餘。一般來說，增廣矩陣$[A \quad \mathbf{b}]$的秩，就是方程組 $A\mathbf{x}=\mathbf{b}$ 中不爲贅餘的方程式數目。

例題 4

考慮下面線性方程組：

$$\begin{aligned} x_1 + x_2 + x_3 &= 1 \\ x_1 \qquad + 3x_3 &= -2+s \\ x_1 - x_2 + rx_3 &= 3 \end{aligned}$$

(a) 當 r 及 s 的值爲何，可使此方程組不一致？

(b) 當 r 及 s 的值爲何，可使此方程組有無限多組解？

(c) 當 r 及 s 的值爲何，可使此方程組有唯一解？

解 對方程組的增廣矩陣使用高斯消去法以將其轉成列梯型：

$$\begin{bmatrix} 1 & 1 & 1 & 1 \\ 1 & 0 & 3 & -2+s \\ 1 & -1 & r & 3 \end{bmatrix} \xrightarrow[-\mathbf{r}_1+\mathbf{r}_3\to\mathbf{r}_3]{-\mathbf{r}_1+\mathbf{r}_2\to\mathbf{r}_2} \begin{bmatrix} 1 & 1 & 1 & 1 \\ 0 & -1 & 2 & -3+s \\ 0 & -2 & r-1 & 2 \end{bmatrix}$$

$$\xrightarrow{-2\mathbf{r}_2+\mathbf{r}_3\to\mathbf{r}_3} \begin{bmatrix} 1 & 1 & 1 & 1 \\ 0 & -1 & 2 & -3+s \\ 0 & 0 & r-5 & 8-2s \end{bmatrix}$$

(a) 若列梯型中有任一列，其唯一非零元素位於最後一行，則原方程組爲不一致。只有第三列可能出現此種情形。因此，當 $r-5=0$ 且 $8-2s\neq 0$ 時原方程組爲不一致，亦即 $r=5$ 且 $s\neq 4$。

(b) 當方程組爲一致，且通解中有一個自由變數時，原方程組有無限多組解。如果要有一個自由變數，必須 $r-5=0$，且爲使原方程組爲一致，必須 $8-2s=0$。故，在 $r=5$ 且 $s=4$ 時，原方程組有無限多組解。

(c) 令 A 爲此方程組的 3×3 係數矩陣。爲使方程組有唯一解，必須有三個基本變數，也就是說 A 的秩必須爲 3。因爲刪除上面最後一個矩陣的最後一行可得 A 的列梯型，因此 A 之秩爲 3，明確的說就是 $r-5\neq 0$，即 $r\neq 5$。

練習題 3.

考慮以下線性方程組：

$$\begin{aligned} x_1 &+ 3x_2 &= 1+s \\ x_1 &+ rx_2 &= 5 \end{aligned}$$

(a) r 及 s 的值爲何，可使此方程組爲不一致？

(b) r 及 s 的值爲何，可使此方程組有無限多組解？

(c) r 及 s 的值爲何，可使此方程組有唯一解？

以下定理列出數種互爲等價之條件[10]，可使線性方程組的解存在。

定理 1.5

(一致性檢定)以下條件爲等價：

(a) 矩陣方程 $A\mathbf{x}=\mathbf{b}$ 爲一致。

(b) 向量 $\mathbf{b}$ 是 A 之各行的線性組合。

(c) 在增廣矩陣 $[A\quad \mathbf{b}]$ 的最簡列梯型[11]中，沒有任何一列的形式爲 $[0\,0\cdots 0\,d]$，其中 $d\neq 0$。

證明 令 A 爲 $m\times n$ 矩陣，且 $\mathbf{b}$ 屬於 R^m。由矩陣–向量乘法的定義，必存在有屬於 R^n 的向量

$$\mathbf{v}=\begin{bmatrix} v_1 \\ v_2 \\ \vdots \\ v_n \end{bmatrix}$$

滿足 $A\mathbf{v}=\mathbf{b}$，若且唯若

$$v_1\mathbf{a}_1+v_2\mathbf{a}_2+\cdots+v_n\mathbf{a}_n=\mathbf{b}$$

因此，$A\mathbf{x}=\mathbf{b}$ 爲一致，若且唯若 $\mathbf{b}$ 爲 A 之各行的線性組合。所以(a)與(b)等價。

---

[10] 不同的敘述，如果在所有情形下都同時爲眞或同時爲僞，則我們稱這些敘述爲等價(*equivalent*)，或稱爲邏輯上等價(*logically equivalent*)。定理中的任何敘述倒底爲眞或僞，取決於我們所考慮的特定矩陣 A 及向量 $\mathbf{b}$。

[11] 若將(c)修改如下，則定理 1.5 仍然爲眞：在$[A\quad \mathbf{b}]$的所有列梯型中，沒有任何一列，其唯一非零元素位於最後一行。

最後，我們證明(a)與(c)等價。令$[R \quad \mathbf{c}]$爲增廣矩陣$[A \quad \mathbf{b}]$的最簡列梯型。如果敘述(c)爲僞，則 $R\mathbf{x}=\mathbf{c}$ 所對應的方程組中必有方程式

$$0x_1 + 0x_2 + \cdots + 0x_n = d$$

其中 $d \neq 0$ 。但是此方程式無解，故 $R\mathbf{x}=\mathbf{c}$ 爲不一致。另一方面，若敘述(c)爲眞，則我們可以對線性方程組 $R\mathbf{x}=\mathbf{c}$ 中的每一個方程式求得基本變數的解。這樣就得到 $R\mathbf{x}=\mathbf{c}$ 的解，同時也是 $A\mathbf{x}=\mathbf{b}$ 的解。......................■

技術考量*

要將一個矩陣化簡爲最簡列梯型，高斯消去法是最有效率的方法。但是它用到許多繁瑣的計算。事實上，將一個 $n \times (n+1)$ 矩陣化爲最簡列梯型需要 $\frac{2}{3}n^3 + \frac{1}{2}n^2 - \frac{7}{6}n$ 次算術運算。我們可以很容易的將此演算法則寫成電腦程式，或建入可程式化計算機，用以求得矩陣的最簡列梯型。但是電腦或計算機都只能儲存有限的小數位數，所以在計算過程中會引入一種很小的誤差，叫做捨入誤差(*roundoff errors*)。通常這些誤差並不明顯。但是當我們使用像高斯消去法這種有許多步驟的演算法則，這種誤差會累積，並對結果造成明顯的影響。以下例子說明了捨入誤差所可能造成的陷阱。雖然本例的計算是使用 TI-85 計算機，但不論使用任一種電腦或計算機求解線性方程組，都會出現同性質的問題。

對矩陣

$$\begin{bmatrix} 1 & -1 & 2 & 3 & 1 & -1 \\ 3 & -1 & 2 & 4 & 1 & 2 \\ 7 & -2 & 4 & 8 & 1 & 6 \end{bmatrix}$$

利用 TI-85 計算機可得其最簡列梯型爲

$$\begin{bmatrix} 1 & 0 & -1\text{E}-14 & 0 & -.999999999999 & 2 \\ 0 & 1 & -2 & 0 & 4 & 1.3\text{E}-12 \\ 0 & 0 & 0 & 1 & 2 & -1 \end{bmatrix}$$

(符號 $a\text{E}b$ 代表 $a \times 10^b$ 。)但經由手算，我們可求得第三、第五、及第六行應分別爲

---

* 本節以下部份可予略過而不影響連貫性。

$$\begin{bmatrix} 0 \\ -2 \\ 0 \end{bmatrix}, \begin{bmatrix} -1 \\ 4 \\ 2 \end{bmatrix}, \begin{bmatrix} 2 \\ 0 \\ -1 \end{bmatrix}$$

在 TI-85 型計算機上，所有數目是以 14 位數的形式儲存。因此，任何有效位數超過 14 的數，都無法完整的儲存。使用這種數再進行計算，捨入誤差會累積，並可能使得最後的計算結果出現嚴重誤差。在我們計算矩陣 A 的最簡列梯型之過程中，捨入誤差影響到元素(1, 3)、元素(1, 5)、及元素(2, 6)。在本例中，所有受影響的元素其程度都不大，我們仍可合理的認爲這些元素應分別爲 0、−1、及 0。但我們眞的能完全確定嗎？(在 2.3 節我們將學到如何檢查這些元素是否爲 0、−1、及 0。)

有時捨入誤差的出現並不是這麼明顯。考慮線性方程組

$$\begin{aligned} kx_1 &+ (k-1)x_2 = 1 \\ (k+1)x_1 &+ kx_2 = 2 \end{aligned}$$

將第二式減去第一式，我們很容易求得此方程組的解爲 $x_1 = 2-k$ 和 $x_2 = k-1$。但是當 k 夠大時，捨入誤差會引起問題。例如，當 $k = 4{,}935{,}937$，使用 TI-85 計算機可得增廣矩陣

$$\begin{bmatrix} 4935937 & 4935936 & 1 \\ 4935938 & 4935937 & 2 \end{bmatrix}$$

的最簡列梯型爲

$$\begin{bmatrix} 1 & .999999797404 & 0 \\ 0 & 0 & 1 \end{bmatrix}$$

因爲最簡列梯型的最後一列，它的唯一非零元素在最後一行，所以我們會錯誤的推論此方程組爲不一致！

對於捨入誤差的分析以及相關研究，是數學領域中的一個重要課題，但非本書所要討論的。[它屬於數學中數值分析(*numerical analysis*)這一支的研究範圍]我們鼓勵讀者在進行與矩陣相關的煩瑣計算時(例如求一個矩陣的最簡列梯型)使用科技產品。但是在使用科技產品時，還是帶一點懷疑的眼光好。因爲使用計算機或電腦來計算，並不能保證結果就是對的。不過在本書中，所有例題與習題通常都只用到簡單的數(通常爲一或二位數的整數)，以及較小的矩陣；所以這些科技產品不大可能會造成嚴重的問題。

習　題

在習題 1 至 16 中，問各方程組是否為一致，若是，求其通解。

1. $2x_1 + 6x_2 = -4$

2. $\begin{aligned} x_1 - x_2 &= 3 \\ -2x_1 + 2x_2 &= -6 \end{aligned}$

3. $\begin{aligned} x_1 - 2x_2 &= -6 \\ -2x_1 + 3x_2 &= 7 \end{aligned}$

4. $\begin{aligned} x_1 - x_2 - 3x_3 &= 3 \\ 2x_1 + x_2 - 3x_3 &= 0 \end{aligned}$

5. $\begin{aligned} 2x_1 - 2x_2 + 4x_3 &= 1 \\ -4x_1 + 4x_2 - 8x_3 &= -3 \end{aligned}$

6. $\begin{aligned} x_1 - 2x_2 - x_3 &= 3 \\ -2x_1 + 4x_2 + 2x_3 &= -6 \\ 3x_1 - 6x_2 - 3x_3 &= 9 \end{aligned}$

7. $\begin{aligned} x_1 - 2x_2 - x_3 &= -3 \\ 2x_1 - 4x_2 + 2x_3 &= 2 \end{aligned}$

8. $\begin{aligned} x_1 + x_2 - x_3 - x_4 &= -2 \\ 2x_2 - 3x_3 - 12x_4 &= -3 \\ x_1 + x_3 + 6x_4 &= 0 \end{aligned}$

9. $\begin{aligned} x_1 - x_2 - 3x_3 + x_4 &= 0 \\ -2x_1 + x_2 + 5x_3 &= -4 \\ 4x_1 - 2x_2 - 10x_3 + x_4 &= 5 \end{aligned}$

10. $\begin{aligned} x_1 - 3x_2 + x_3 + x_4 &= 0 \\ -3x_1 + 9x_2 - 2x_3 - 5x_4 &= 1 \\ 2x_1 - 6x_2 - x_3 + 8x_4 &= -2 \end{aligned}$

11. $\begin{aligned} x_1 + 3x_2 + x_3 + x_4 &= -1 \\ -2x_1 - 6x_2 - x_3 &= 5 \\ x_1 + 3x_2 + 2x_3 + 3x_4 &= 2 \end{aligned}$

12. $\begin{aligned} x_1 + x_2 + x_3 &= -1 \\ 2x_1 + x_2 - x_3 &= 2 \\ x_1 - 2x_3 &= 3 \\ -3x_1 - 2x_2 &= -1 \end{aligned}$

13. $\begin{aligned} x_1 + 2x_2 + x_3 &= 1 \\ -2x_1 - 4x_2 - x_3 &= 0 \\ 5x_1 + 10x_2 + 3x_3 &= 2 \\ 3x_1 + 6x_2 + 3x_3 &= 4 \end{aligned}$

14. $\begin{aligned} x_1 - x_2 + x_3 &= 7 \\ x_1 - 2x_2 - x_3 &= 8 \\ 2x_1 - x_3 &= 10 \\ -x_1 - 4x_2 - x_3 &= 2 \end{aligned}$

15. $\begin{aligned} x_1 - x_3 - 2x_4 - 8x_5 &= -3 \\ -2x_1 + x_3 + 2x_4 + 9x_5 &= 5 \\ 3x_1 - 2x_3 - 3x_4 - 15x_5 &= -9 \end{aligned}$

16. $\begin{aligned} x_1 - x_2 + x_4 &= -4 \\ x_1 - x_2 + 2x_4 + 2x_5 &= -5 \\ 3x_1 - 3x_2 + 2x_4 - 2x_5 &= -11 \end{aligned}$

在習題 17 至 26 中，若其存在，求可使所給之方程組不一致的 r 值。

17. $\begin{aligned} -x_1 + 4x_2 &= 3 \\ 3x_1 + rx_2 &= 2 \end{aligned}$

18. $\begin{aligned} 3x_1 + rx_2 &= -2 \\ -x_1 + 4x_2 &= 6 \end{aligned}$

19. $\begin{aligned} x_1 - 2x_2 &= 0 \\ 4x_1 - 8x_2 &= r \end{aligned}$

20. $\begin{aligned} x_1 + rx_2 &= -3 \\ 2x_1 &= -6 \end{aligned}$

21. $\begin{aligned} x_1 - 3x_2 &= -2 \\ 2x_1 + rx_2 &= -4 \end{aligned}$

22. $\begin{aligned} -2x_1 + x_2 &= 5 \\ rx_1 + 4x_2 &= 3 \end{aligned}$

23. $\begin{aligned} -x_1 + rx_2 &= 2 \\ rx_1 - 9x_2 &= 6 \end{aligned}$

24. $\begin{aligned} x_1 + rx_2 &= 2 \\ rx_1 + 16x_2 &= 8 \end{aligned}$

25. $\begin{aligned} x_1 - x_2 + 2x_3 &= 4 \\ 3x_1 + rx_2 - x_3 &= 2 \end{aligned}$

26. $\begin{aligned} x_1 + 2x_2 - 4x_3 &= 1 \\ -2x_1 - 4x_2 + rx_3 &= 3 \end{aligned}$

在習題 27 至 34 中，求 r 及 s 的值，以使得所給之線性方程組(a)無解、(b)恰有唯一解、以及(c)有無限多組解。

27. $\begin{aligned} x_1 + rx_2 &= 5 \\ 3x_1 + 6x_2 &= s \end{aligned}$

28. $\begin{aligned} -x_1 + 4x_2 &= s \\ 2x_1 + rx_2 &= 6 \end{aligned}$

29. $\begin{aligned} x_1 + 2x_2 &= s \\ -4x_1 + rx_2 &= 8 \end{aligned}$

30. $\begin{aligned} -x_1 + 3x_2 &= s \\ 4x_1 + rx_2 &= -8 \end{aligned}$

31. $\begin{aligned} x_1 + rx_2 &= -3 \\ 2x_1 + 5x_2 &= s \end{aligned}$

32. $\begin{aligned} x_1 + rx_2 &= 5 \\ -3x_1 + 6x_2 &= s \end{aligned}$

33. $\begin{aligned} -x_1 + rx_2 &= s \\ 3x_1 - 9x_2 &= -2 \end{aligned}$

34. $\begin{aligned} 2x_1 - x_2 &= 3 \\ 4x_1 + rx_2 &= s \end{aligned}$

在習題 35 至 42 中，求各矩陣的秩與零消次數。

35. $\begin{bmatrix} 1 & -1 & -1 & 0 \\ 2 & -1 & -2 & 1 \\ 1 & -2 & -2 & 2 \\ -4 & 2 & 3 & 1 \\ 1 & -1 & -2 & 3 \end{bmatrix}$

36. $\begin{bmatrix} 1 & -3 & -1 & 2 \\ -2 & 6 & 2 & -4 \\ 3 & -9 & 2 & 1 \\ 1 & -3 & 4 & -3 \\ -1 & 3 & -9 & 8 \end{bmatrix}$

37. $\begin{bmatrix} -2 & 2 & 1 & 1 & -2 \\ 1 & -1 & -1 & -3 & 3 \\ -1 & 1 & -1 & -7 & 5 \end{bmatrix}$

38. $\begin{bmatrix} 1 & 0 & -2 & -1 & 0 & -1 \\ 2 & -1 & -6 & -2 & 0 & -4 \\ 0 & 1 & 2 & 1 & 1 & 1 \\ -1 & 2 & 6 & 3 & 1 & 2 \end{bmatrix}$

39. $\begin{bmatrix} 1 & 1 & 1 & 1 \\ 1 & 2 & 4 & 2 \\ 2 & 0 & -4 & 1 \end{bmatrix}$

40. $\begin{bmatrix} 1 & 0 & 1 & -1 & 6 \\ 2 & -1 & 5 & -1 & 7 \\ -1 & 1 & -4 & 1 & -3 \\ 0 & 1 & -3 & 1 & 1 \end{bmatrix}$

41. $\begin{bmatrix} 1 & -2 & 0 & -3 & 1 \\ 2 & -4 & -1 & -8 & 8 \\ -1 & 2 & 1 & 5 & -7 \\ 0 & 0 & 1 & 2 & -6 \end{bmatrix}$

42. $\begin{bmatrix} 1 & -2 & -1 & 0 & 3 & -2 \\ 2 & -4 & -2 & -1 & 5 & 9 \\ -1 & 2 & 1 & 1 & -2 & 7 \\ 0 & 0 & 0 & 1 & 1 & 5 \end{bmatrix}$

43. 一間礦業公司，經營三個礦場，每個礦場都出產三種等級的礦石。各礦場的每日採礦量如下表所示：

	日產量		
	礦場 1	礦場 2	礦場 3
高級礦石	1ton	1ton	2tons
中級礦石	1ton	2tons	2tons
次級礦石	2tons	1ton	0tons

(a) 此公司是否能供應正好 80 噸高級、100 噸中級、以及 40 噸次級礦石？如果可以，為滿足此訂單，每一礦場各要開採幾天？

(b) 此公司是否能供應正好 40 噸高級、100 噸中級、以及 80 噸次級礦石？如果可以，為滿足此訂單，每一礦場各要開採幾天？

44. 一間公司，生產三種肥料。第一種含有重量成份 10%的氮和 3%的磷，第二種含 8%的氮和 6%的磷，第三種則含 6%的氮和 1%磷。

(a) 這家公司是否能夠經由混合現有三種肥料，以供應恰好 600 磅的訂單，但其中包含 7.5%的氮和 5%的磷？如果可以，怎麼混合？

(b) 這家公司是否能夠經由混合現有三種肥料，以供應恰好 600 磅的訂單，但其中包含 9%的氮和 3.5%的磷？如果可以，怎麼混合？

45. 有一個病人，需要每天攝取 660mg 的鎂、820IU 的維生素 D、以及 750mcg 的葉酸。經由混合三種不同的補充食品，可以獲得這些營養成份。這三種營養成份在每一種補充食品中的含量列於下表：

	補充食品		
	1	2	3
鎂(mg)	10	15	36
維生素 D (IU)	10	20	44
葉酸(mcg)	15	15	42

(a) 為能正好達到所需的營養成份攝取量，補充食品 3 的最大用量是多少？

(b) 是否能夠經由混合上述三種補充食品以提供恰好 720mg 的鎂、800IU 的維生素 D、及 750mcg 的葉酸？如果可以，怎麼混合？

46. 要混合三種等級的原油以獲得每桶$35 的原油共 100 桶，每桶含 50gm 的硫。三種等級原油的價格與硫含量列於下表：

	等級		
	A	B	C
每桶價格	$40	$32	$24
每桶含硫量	30gm	62gm	94gm

(a) 試求，所用的 C 級原油最少的條件下，各級原油各用多少來混合。

(b) 試求，所用的 C 級原油最多的條件下，各級原油各用多少來混合。

47. 求多項式函數 $f(x)=ax^2+bx+c$，其圖形通過(−1, 14)、(1, 4)、及(3, 10)三點。

48. 求多項式函數 $f(x)=ax^2+bx+c$，其圖形通過(−2, 33)、(2, −1)、及(3, −1)三點。

49. 求多項式函數 $f(x)=ax^3+bx^2+cx+d$，其圖形通過(−2, 32)、(−1, 13)、(2, 4)、及(3, 17)四點。

50. 求多項式函數 $f(x)=ax^3+bx^2+cx+d$，其圖形通過(−2, 12)、(−1, −9)、(1, −3)、及(3, 27)四點。

51. 如果矩陣 A 的第三個樞軸位置是在第 j 行，對於 A 的最簡列梯型的第 j 行，我們可知道些甚麼？請加以解釋。

52. 假設某一矩陣的第四個樞軸位置在列 i 及行 j。盡可能說一下 i 及 j 有何特別。並加以解釋。

是非題

在習題 53-72 中，決定各命題是否為真。

53. 如果在矩陣 A 的最簡列梯型中，某一行包含有某一非零列的首項元素，則 A 中與之對應的那一行是一個樞軸行。

54. 要將一個矩陣轉換成最簡列梯型，所需執行的基本列運算其順序是唯一的。

55. 在高斯消去法中，完成前向通過後，原矩陣被轉換成列梯型。

56. 高斯消去法的前向通過不需執行尺度運算。

57. 矩陣的秩等於矩陣樞軸行的數目。

58. 如果 $A\mathbf{x}=\mathbf{b}$ 是一致的，則 A 的零消次數等於 $A\mathbf{x}=\mathbf{b}$ 的通解中，自由變數的數目。

59. 存在有 5×8 矩陣，其秩爲 3 且零消次數爲 2。

60. 如果由 m 個 n 變數的線性方程式所構成的方程組，和由 p 個 q 變數線性方程式所構成的方程組爲等價，則 $m=p$。

61. 如果由 m 個 n 變數的線性方程式所構成的方程組，和由 p 個 q 變數線性方程式所構成的方程組爲等價，則 $n=q$。

62. 方程式 $A\mathbf{x}=\mathbf{b}$ 爲一致，若且唯若 $\mathbf{b}$ 是 A 之各行的線性組合。

63. 若方程式 $A\mathbf{x}=\mathbf{b}$ 爲一致，則$[A\ \ \mathbf{b}]$的秩大於 A 的秩。

64. 如果$[A\ \ \mathbf{b}]$的最簡列梯型包含一個零列，則 $A\mathbf{x}=\mathbf{b}$ 必定有無限多組解。

65. 如果$[A\ \ \mathbf{b}]$的最簡列梯型包含一個零列，則 $A\mathbf{x}=\mathbf{b}$ 必定爲一致。

66. 如果矩陣 A 的某一行是樞軸行，則在 A 的最簡列梯型中相對的該行是一個標準向量。

67. 如果 A 是一個秩爲 k 的矩陣，則向量 $\mathbf{e}_1, \mathbf{e}_2, \cdots, \mathbf{e}_k$ 會成爲 A 的最簡列梯型矩陣的各行。

68. 一個矩陣的秩與零消次數的和，等於該矩陣列的數目。

69. 假設，透過高斯消去法發現，某一矩陣 A 之第 $1, 2, \cdots, k$ 列爲樞軸列，且第 $k+1$ 列成爲零列。則列 $k+1$ 必定等於列 $1, 2, \cdots, k$ 的線性組合。

70. 一個矩陣的第三樞軸位置，位於第三列。

71. 一個矩陣的第三樞軸位置，位於第三行。

72. 若 R 是 $n\times n$ 的最簡列梯型矩陣且秩爲 n，則 $R=I_n$。

---

73. 描述一秩爲 0 的 $m\times n$ 矩陣。

74. 一個 4×7 矩陣，其秩最小可能爲何？試解釋。

75. 一個 4×7 矩陣的秩最大可能爲何？試解釋。

76. 一個 7×4 矩陣的秩最大可能爲何？試解釋。

77. 一個 4×7 矩陣的秩最小可能爲何？試解釋。

78. 一個 7×4 矩陣的秩最小可能爲何？試解釋。

79. 一個 $m\times n$ 矩陣的秩最大可能為何？試解釋。

80. 一個 $m\times n$ 矩陣的秩最小可能為何？試解釋。

81. 令 A 為 4×3 矩陣。是否有可能，對所有屬於 R^4 的 $\mathbf{b}$，$A\mathbf{x}=\mathbf{b}$ 都是一致的？試解釋。

82. 令 A 為 $m\times n$ 矩陣且 $\mathbf{b}$ 是屬於 R^m 的向量。如果 $A\mathbf{x}=\mathbf{b}$ 有唯一解，則 A 的秩應該有何特性？請驗證你的答案。

83. 我們稱一個線性方程組為欠定(*underdetermined*)，是當它的方程式數目少於變數的數目。對於欠定方程組其解的數目，我們可說些甚麼？

84. 我們稱一個線性方程組為超定(*overdetermined*)，是當它的方程式數目多於變數的數目。給出符合以下要求之超定方程組的實例，無解，恰有一解，及無限多組解。

85. 證明，若 A 是 $m\times n$ 矩陣且其秩為 m，則對所有屬於 R^m 的 $\mathbf{b}$，$A\mathbf{x}=\mathbf{b}$ 為一致。

86. 證明，矩陣方程 $A\mathbf{x}=\mathbf{b}$ 為一致，若且唯若 A 和$[A \quad \mathbf{b}]$的秩相同。

87. 令 $\mathbf{u}$ 為 $A\mathbf{x}=\mathbf{0}$ 的一解，其中 A 為 $m\times n$ 矩陣。是否 $c\mathbf{u}$ 也是 $A\mathbf{x}=\mathbf{0}$ 的解？其中 c 為任意純量。驗證你的答案。

88. 令 $\mathbf{u}$ 及 $\mathbf{v}$ 為 $A\mathbf{x}=\mathbf{0}$ 的解，其中 A 為 $m\times n$ 矩陣。是否 $\mathbf{u}+\mathbf{v}$ 也是 $A\mathbf{x}=\mathbf{0}$ 的解？驗證你的答案。

89. 令 $\mathbf{u}$ 及 $\mathbf{v}$ 為 $A\mathbf{x}=\mathbf{b}$ 的解，其中 A 為 $m\times n$ 矩陣且 $\mathbf{b}$ 是屬於 R^m 的向量。證明，$\mathbf{u}-\mathbf{v}$ 是 $A\mathbf{x}=\mathbf{0}$ 的解。

90. 令 $\mathbf{u}$ 是 $A\mathbf{x}=\mathbf{b}$ 的解，且 $\mathbf{v}$ 是 $A\mathbf{x}=\mathbf{0}$ 的解，其中 A 為 $m\times n$ 矩陣且 $\mathbf{b}$ 是屬於 R^m 的向量。證明，$\mathbf{u}+\mathbf{v}$ 是 $A\mathbf{x}=\mathbf{b}$ 的解。

91. 令 A 為 $m\times n$ 矩陣且 $\mathbf{b}$ 為屬於 R^m 的向量，可使得 $A\mathbf{x}=\mathbf{b}$ 為一致。證明，對任意純量 c，$A\mathbf{x}=c\mathbf{b}$ 為一致。

92. 令 A 為 $m\times n$ 矩陣且 $\mathbf{b}_1$ 及 $\mathbf{b}_2$ 是屬於 R^m 的向量，可使得 $A\mathbf{x}=\mathbf{b}_1$ 及 $A\mathbf{x}=\mathbf{b}_2$ 均為一致。證明，$A\mathbf{x}=\mathbf{b}_1+\mathbf{b}_2$ 為一致。

93. 令 $\mathbf{u}$ 及 $\mathbf{v}$ 為 $A\mathbf{x}=\mathbf{b}$ 的解，其中 A 是 $m\times n$ 矩陣且 $\mathbf{b}$ 是屬於 R^m 的向量。是否 $\mathbf{u}+\mathbf{v}$ 也是 $A\mathbf{x}=\mathbf{b}$ 的解？驗證你的答案。

在習題 94 至 99 中，使用有矩陣功能的計算機或諸如 *MATLAB* 的電腦軟體以求解。

在習題 94 至 96 中，對線性方程組的增廣矩陣使用高斯消去法，以檢驗其是否一致，並求其通解。

94. $$\begin{aligned} 1.3x_1+0.5x_2-1.1x_3+2.7x_4-2.1x_5&=12.9\\ 2.2x_1-4.5x_2+3.1x_3-5.1x_4+3.2x_5&=-29.2\\ 1.4x_1-2.1x_2+1.5x_3-3.1x_4-2.5x_5&=-11.9 \end{aligned}$$

95. $$\begin{aligned} x_1-x_2+3x_3-x_4+2x_5&=5\\ 2x_1+x_2+4x_3+x_4-x_5&=7\\ 3x_1-x_2+2x_3-2x_4+2x_5&=3\\ 2x_1-4x_2-x_3-4x_4+5x_5&=6 \end{aligned}$$

96. $$\begin{aligned} 4x_1-x_2+5x_3-2x_4+x_5&=0\\ 7x_1-6x_2+3x_4+8x_5&=15\\ 9x_1-5x_2+4x_3-7x_4+x_5&=6\\ 6x_1+9x_3-12x_4-6x_5&=11 \end{aligned}$$

在習題 97 至 99，求各矩陣的秩與零消次數。

97. $$\begin{bmatrix} 1.2 & 2.3 & -1.1 & 1.0 & 2.1\\ 3.1 & 1.2 & -2.1 & 1.4 & 2.4\\ -2.1 & 4.1 & 2.3 & -1.2 & 0.5\\ 3.4 & 9.9 & -2.0 & 2.2 & 7.1 \end{bmatrix}$$

98. $$\begin{bmatrix} 2.7 & 1.3 & 1.6 & 1.5 & -1.0\\ 1.7 & 2.3 & -1.2 & 2.1 & 2.2\\ 3.1 & -1.8 & 4.2 & 3.1 & 1.4\\ 4.1 & -1.1 & 2.1 & 1.2 & 0.0\\ 6.2 & -1.7 & 3.4 & 1.5 & 2.0 \end{bmatrix}$$

99. $$\begin{bmatrix} 3 & -11 & 2 & 4 & -8\\ 5 & 1 & 0 & 8 & 5\\ 11 & 2 & -9 & 3 & -4\\ 3 & 14 & -11 & 7 & 9\\ 0 & 2 & 0 & 16 & 10 \end{bmatrix}$$

練習題解答

1. 已知方程組的增廣矩陣為

$$\begin{bmatrix} 1 & -1 & -3 & 1 & -1 & -2 \\ -2 & 2 & 6 & 0 & -6 & -6 \\ 3 & -2 & -8 & 3 & -5 & -7 \end{bmatrix}$$

將高斯消去法演算法則用於增廣矩陣，使其轉換成列梯型：

$$\begin{bmatrix} 1 & -1 & -3 & 1 & -1 & -2 \\ -2 & 2 & 6 & 0 & -6 & -6 \\ 3 & -2 & -8 & 3 & -5 & -7 \end{bmatrix}$$

$$\xrightarrow[-3\mathbf{r}_1+\mathbf{r}_3\to\mathbf{r}_3]{2\mathbf{r}_1+\mathbf{r}_2\to\mathbf{r}_2} \begin{bmatrix} 1 & -1 & -3 & 1 & -1 & -2 \\ 0 & 0 & 0 & 2 & -8 & -10 \\ 0 & 1 & 1 & 0 & -2 & -1 \end{bmatrix}$$

$$\xrightarrow{\mathbf{r}_2\leftrightarrow\mathbf{r}_3} \begin{bmatrix} 1 & -1 & -3 & 1 & -1 & -2 \\ 0 & 1 & 1 & 0 & -2 & -1 \\ 0 & 0 & 0 & 2 & -8 & -10 \end{bmatrix}$$

$$\xrightarrow{\frac{1}{2}\mathbf{r}_3\to\mathbf{r}_3} \begin{bmatrix} 1 & -1 & -3 & 1 & -1 & -2 \\ 0 & 1 & 1 & 0 & -2 & -1 \\ 0 & 0 & 0 & 1 & -4 & -5 \end{bmatrix}$$

$$\xrightarrow{-\mathbf{r}_3+\mathbf{r}_1\to\mathbf{r}_1} \begin{bmatrix} 1 & -1 & -3 & 0 & 3 & 3 \\ 0 & 1 & 1 & 0 & -2 & -1 \\ 0 & 0 & 0 & 1 & -4 & -5 \end{bmatrix}$$

$$\xrightarrow{\mathbf{r}_2+\mathbf{r}_1\to\mathbf{r}_1} \begin{bmatrix} 1 & 0 & -2 & 0 & 1 & 2 \\ 0 & 1 & 1 & 0 & -2 & -1 \\ 0 & 0 & 0 & 1 & -4 & -5 \end{bmatrix}$$

最後一個矩陣對應之方程組為：

$$\begin{aligned} x_1 \quad - 2x_3 \quad + x_5 &= 2 \\ x_2 + x_3 \quad - 2x_5 &= -1 \\ x_4 - 4x_5 &= -5 \end{aligned}$$

此方程組之通解為

$$\begin{aligned} x_1 &= 2 + 2x_3 - x_5 \\ x_2 &= -1 - x_3 + 2x_5 \\ x_3 &\ \text{自由變數} \\ x_4 &= -5 + 4x_5 \\ x_5 &\ \text{自由變數} \end{aligned}$$

2. 矩陣 A 是最簡列梯型。另外，它有 3 個非零列，因此 A 之秩為 3。因為 A 共有 7 行，所以它的零消次數為 $7-3=4$ 。

3. 將高斯消去法演算法則用於所給方程組的增廣矩陣，以將其轉換成列梯型：

$$\begin{bmatrix} 1 & 3 & 1+s \\ 1 & r & 5 \end{bmatrix} \xrightarrow{-\mathbf{r}_1+\mathbf{r}_2\to\mathbf{r}_2} \begin{bmatrix} 1 & 3 & 1+s \\ 0 & r-3 & 4-s \end{bmatrix}$$

(a) 當有任何一列，它的唯一非零元素出現在最後一行，則原方程組是不一致的。只有第二列有此可能。因此當 $r-3=0$ 且 $4-s\neq 0$ 時原方程組是不一致的；亦即，當 $r=3$ 且 $s\neq 4$ 。

(b) 當原方程組是一致的，且其通解中有一個自由變數，則原方程組有無限多組解。為了要有一個自由變數，必須 $r-3=0$，為了使方程組一致則必須有 $4-s=0$。因此原方程組在 $r=3$ 且 $s=4$ 時有無限多組解。

(c) 令 A 代表方程組的係數矩陣。此方程組要有唯一解，必須有兩個基本變數，因此 A 的秩必須為 2。因為將上面矩陣的最後一行刪除就可得到 A 的列梯型，當 $r-3\neq 0$ 時 A 之秩正好為 2，也就是 $r\neq 3$ 。

1.5* 線性方程組的應用

在許多數學的應用中都會出現線性方程組。在本節中，我們介紹兩種應用範例。

Leontief 輸出入模式

在一個現代化的工業國家中，數以百計的產業提供生產所需的各種貨物與服務，這些產業通常是相互關聯的。

---

*本節以下部份可予略過而不影響連貫性。

以農業爲例，它需要各種農用機械以種植、收割農作物，而農機的製造者又需要農人生產的糧食。因爲此種交互關聯性，某一產業中的事件，如工人罷工，會對許多其它產業造成重大影響。爲能對此種複雜的交互作用有更佳的瞭解，經濟計劃人員會使用一些經濟學的數學模型，其中最重要的一個是由在俄國出生的經濟學家 Wassily Leontief 所建立的。

Leontief 於 1920 年代在柏林做學生的時候，發展出這個輸出入模型 (*input-output model*)，用以分析經濟制度。Leontief 於 1931 年抵達美國，並任教於哈佛大學，他由此開始蒐集數據，以實現其想法。最後，在二次大戰結束後，他由美國政府的統計數據中取得必要的資料，並成功的建立了一個美國經濟的模型。在預測美國戰後的經濟發展方面，這個模型經證明是非常準確的，並爲 Leontief 贏得 1973 年的諾貝爾經濟獎。

在 Leontief 的模型中，他將約 500 種提供產品或服務的產業歸併爲 42 個產業別，例如電機業。爲了要說明 Leontief 的理論，此理論可用於任何國家或地區，我們接下來要說明如何建立一個通用的輸出入模型。假設某一經濟體區分爲 n 個產業別，而產業 i 所提供之產品或服務爲 $S_i(i = 1, 2, \cdots, n)$。通常我們用金錢的單位來衡量貨品或服務的價值，並將成本固定，如此才能對各個不同產業別做比較。以鋼鐵業爲例，可以用它所生產的鋼鐵值多少百萬美元來衡量其輸出。

對任意 i 和 j，令 c_{ij} 代表需要多少的 S_i 以產生一單位的 S_j。如此構建出一個以 c_{ij} 爲元素(i, j)的 $n \times n$ 矩陣 C，就叫做經濟體的**輸出入矩陣(input-output matrix)** [或稱爲**消費矩陣(consumption matrix)**]。

用一個簡單的例子來說明此種觀念，考慮一個分爲三種產業別的經濟體：農業、製造業、及服務業。(當然，任何可代表實際經濟體的模型，例如 Leontief's 的原始模型，都必然包含遠多於此的產業別及大得多的矩陣。)假設每一美金農業的輸出，需要由農業輸入$0.10、由製造業輸入$0.20、並由服務業輸入$0.30；製造業每一美金的輸出，需要由農業輸入$0.20、由製造業輸入$0.40、並由服務業輸入$0.10；而服務業每一美金的輸出，需要由農業輸入$0.10、由製造業輸入$0.20、並由服務業輸入$0.10。

利用以上資訊，我們可以構建出輸出入矩陣：

$$\begin{array}{cccc} & \text{農業} & \text{製造業} & \text{服務業} \\ C = & \left[\begin{array}{ccc} .1 & .2 & .1 \\ .2 & .4 & .2 \\ .3 & .1 & .1 \end{array}\right] & \begin{array}{l} \text{農業} \\ \text{製造業} \\ \text{服務業} \end{array} \end{array}$$

而其中元素(i, j)代表，爲產生 j 產業每一美金的輸出，需要由 i 產業輸入的金額。現在令 x_1、x_2、及 x_3 分別代表農業、製造業、及服務業的總輸出。因爲農業的總產值爲 x_1 美金，輸出入矩陣的第一行顯示了，需要由農業輸入$.1x_1$，需要由製造業輸入$.2x_1$，並且由服務業輸入$.3x_1$。對於製造業與服務業可做同樣之敘述。圖 1.20 顯示了三個產業別間的總金錢流量。

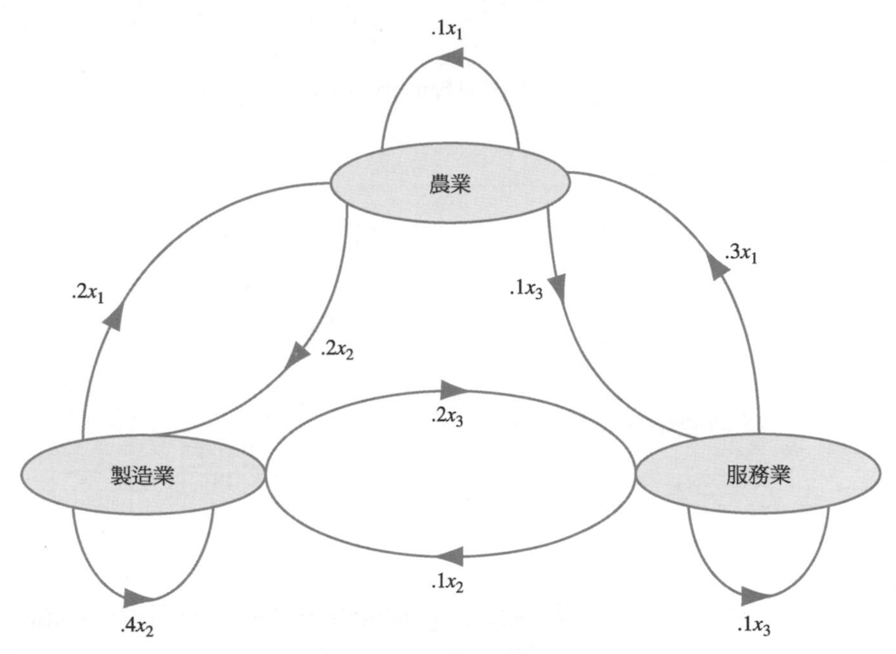

圖 1.20　產業間金錢流量

圖 1.20 中三個離開農業區的弧形箭頭，代表了農業輸出到三個產業的總量。三個弧形箭號上標示的總和$.1x_1 + .2x_2 + .1x_3$，代表農業的產值中消耗於生產過程的部份。對另兩個產業亦有同樣關係。所以向量

$$\begin{bmatrix} .1x_1 & + & .2x_2 & + & .1x_3 \\ .2x_1 & + & .4x_2 & + & .2x_3 \\ .3x_1 & + & .1x_2 & + & .1x_3 \end{bmatrix}$$

代表此經濟體的總輸出中消耗於生產過程的部份。此向量就是矩陣－向量積 $C\mathbf{x}$，其中 $\mathbf{x}$ 是所謂的**總產值向量(gross production vector)**

$$\mathbf{x} = \begin{bmatrix} x_1 \\ x_2 \\ x_3 \end{bmatrix}$$

> 若一個經濟體的輸出入矩陣爲 C，且總生產向量爲 $\mathbf{x}$，則此經濟體的總輸出中，消耗於生產過程的爲 $C\mathbf{x}$。

例題 1

假設前述的經濟體，其農業、製造業、與服務業的總輸出分別爲$100million、$150million、及$80million。則

$$C\mathbf{x}=\begin{bmatrix}.1&.2&.1\\.2&.4&.2\\.3&.1&.1\end{bmatrix}\begin{bmatrix}100\\150\\80\end{bmatrix}=\begin{bmatrix}48\\96\\53\end{bmatrix}$$

且總產值中消耗於生產過程的部份，農業爲$48million、製造業爲$96million、服務業爲$53million。

在例題 1 中，消耗於生產過程的總產值爲

$$C\mathbf{x}=\begin{bmatrix}48\\96\\53\end{bmatrix}$$

總產值中並未被生產過程所消耗的部份爲

$$\mathbf{x}-C\mathbf{x}=\begin{bmatrix}100\\150\\80\end{bmatrix}-\begin{bmatrix}48\\96\\53\end{bmatrix}=\begin{bmatrix}52\\54\\27\end{bmatrix}$$

因此 $\mathbf{x}-C\mathbf{x}$ 爲**淨產值(net production)**向量[或稱**盈餘(surplus)**]，其各分量代表各產業在生產完後剩下的輸出值。這些量是實際可於經濟體內外銷售的。

假設我們要求的是，給定某一產業的特定淨產值，則各產業的總產值應爲多少。例如，可能爲了要獲得足夠的輸出量，我們可能必須設定不同產業的生產目標。令 $\mathbf{d}$ 代表**需求向量(demand vector)**，其各分量代表我們對每一產業的需求。爲確保在生產完成後，確實有這麼多的量可供銷售，需求向量必須等於淨產值向量，即 $\mathbf{d}=\mathbf{x}-C\mathbf{x}$。利用矩陣及向量的代數，以及 3×3 單位矩陣 I_3，我們可以寫出以下公式：

$$\begin{aligned}\mathbf{x}-C\mathbf{x}&=\mathbf{d}\\I_3\mathbf{x}-C\mathbf{x}&=\mathbf{d}\\(I_3-C)\mathbf{x}&=\mathbf{d}\end{aligned}$$

因此，所需要的總產量爲方程式 $(I_3-C)\mathbf{x}=\mathbf{d}$ 的解。

> 若一個經濟體其輸出入矩陣爲 $n\times n$ 的矩陣 C，爲滿足需求 $\mathbf{d}$ 所需的總產量爲 $(I_n-C)\mathbf{x}=\mathbf{d}$ 的解。

例題 2

求，為滿足農業\$90million、製造業\$80million、及服務業\$60million 的消費需求，則例題 1 中的經濟體之總產量應為多少？

解 我們必須求解矩陣方程式 $(I_3 - C)\mathbf{x} = \mathbf{d}$，其中 C 為輸出入矩陣，且

$$\mathbf{d} = \begin{bmatrix} 90 \\ 80 \\ 60 \end{bmatrix}$$

為需求向量。因為

$$I_3 - C = \begin{bmatrix} 1 & 0 & 0 \\ 0 & 1 & 0 \\ 0 & 0 & 1 \end{bmatrix} - \begin{bmatrix} .1 & .2 & .1 \\ .2 & .4 & .2 \\ .3 & .1 & .1 \end{bmatrix} = \begin{bmatrix} .9 & -.2 & -.1 \\ -.2 & .6 & -.2 \\ -.3 & -.1 & .9 \end{bmatrix}$$

要求解之方程組的增廣矩陣為

$$\begin{bmatrix} .9 & -.2 & -.1 & 90 \\ -.2 & .6 & -.2 & 80 \\ -.3 & -.1 & .9 & 60 \end{bmatrix}$$

因此，$(I_3 - C)\mathbf{x} = \mathbf{d}$ 的解是

$$\begin{bmatrix} 170 \\ 240 \\ 150 \end{bmatrix}$$

所以能滿足此種需求的總產量為農業\$170million、製造業\$240million、及服務業\$150million。

練習題 1.

有一個小島，其經濟可劃分為三種產業，即旅遊、運輸、和服務。假設旅遊業每一美金的產出，所需的輸入為旅遊業\$0.30、運輸業\$0.10、和服務業\$0.30；運輸業每一美金的產出，所需的輸入為旅遊業\$0.20、運輸業\$0.40、以及服務業\$0.20；而服務業每一美金的產出，所需的輸入為旅遊業\$0.05、運輸業\$0.05、及服務業\$0.15。

(a) 寫出此經濟體的輸出入矩陣。

(b) 若此經濟體的總產值為旅遊業\$10million、運輸業\$15million、及服務業\$20million，則服務業來自旅遊業的輸入值為何？

(c) 如果此經濟體的總產值爲旅遊業$10million、運輸業$15million、及服務業$20million，則各產業之輸入中，消耗於生產過程的總值爲何？

(d) 若旅遊、運輸、及服務三個產業的總輸出分別爲$70million、$50million,、及$60million，每一產業的淨產值爲何？

(e) 想要剛好滿足旅遊業$30million、運輸業$50million、及服務業$40million的需求，則總產值應爲多少？

電路中之電流

在電路中接上電池之後，電路中就有電流流動。如果電流通過電阻(一個對電流造成阻力的元件)，就會出現電壓下降。這種電壓下降，服從歐姆定律(*Ohm's law*[12])此定律表示爲

$$V=RI$$

其中 V 表跨過電阻的的電壓降(以伏特爲單位)、R 爲電阻值(以歐姆爲單位)、且 I 爲電流(以安培爲單位)。

圖 1.21 所示之簡單電路包含了一個 20 伏特的電池(用 ⊣⊢ 表示)以及兩個電阻(用 ⁓⁓ 表示)，電阻值分別爲 3 歐姆和 2 歐姆。電流方向如箭頭所示。如果 I 值爲正，則電流由電池的正極(以較長的一槓表示)流向負極(以短槓代表)。爲求得 I 的值，我們要使用克希荷夫電壓定律[13] (*Kirchhoff's voltage law*)。

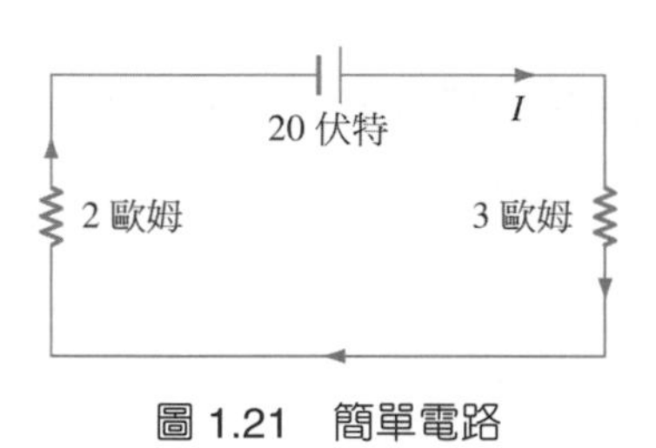

圖 1.21 簡單電路

克希荷夫電壓定律

在電路的一個封閉迴路中，任一方向電壓降的和，要等於同方向電源電壓的總和。

---

[12] Georg Simon Ohm (1787-1854)是一位德國物理學家，他所著的小冊 *Die galvanische Kette mathematisch bearbeite* 對電學的發展有重大貢獻。

[13] 是一位德國物理學家，他在電學和電磁幅射方面有重大項獻。

在圖 1.21 所示的電路中，計有兩個電壓降，一爲 $3I$ 另一爲 $2I$。它們的和爲 20，也就是電池的電壓。因此

$$
\begin{aligned}
3I + 2I &= 20 \\
5I &= 20 \\
I &= 4
\end{aligned}
$$

所以此一電路上的電流爲 4 安培。

練習題 2.

求下列電路之電流：

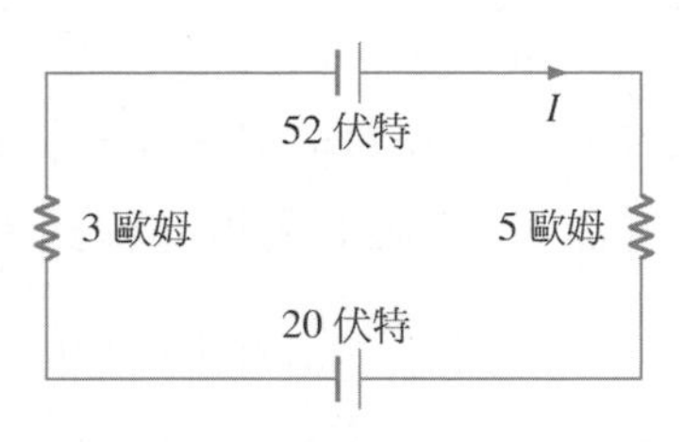

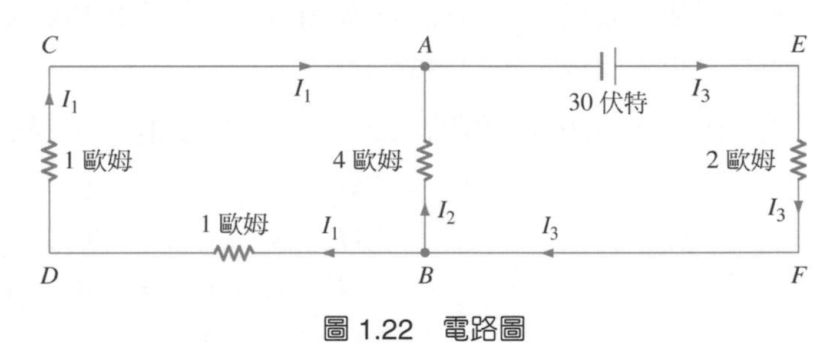

圖 1.22　電路圖

圖 1.22 是一個較複雜一些的電路。在此電路中，接點 A 及 B(以黑點表示)形成三個分岔，各有不同電流。由 B 點開始，並於封閉迴路 $BDCAB$ 中使用克希荷夫電壓定律可得 $1I_1 + 1I_1 - 4I_2 = 0$，也就是

$$2I_1 - 4I_2 = 0 \qquad (7)$$

要注意一點，因爲我們是以順時鐘方向繞行此封閉迴路，由 A 到 B 的電流是與標示的 I_2 相反。因此，跨過 4 歐姆電阻的電壓爲 $4(-I_2)$。此外，因爲此路徑中沒有電源，故三個電壓降的和爲 0。

同樣的，由封閉迴路 $BAEFB$ 可得以下方程式

$$4I_2 + 2I_3 = 30\text{，} \qquad (8)$$

再由路徑 $BDCAEFB$ 可得

$$2I_1 + 2I_3 = 30 \qquad (9)$$

在此例中，第(9)式恰為式(7)及(8)的和。因為(9)式不能提供任何(7)及(8)式以外的資訊，所以我們將其忽略。我們所考慮的所有電路都有類似情形，所以對任一迴路，當使用克希荷夫電壓定律時，如果其方程式中電流均已出現於其它方程式，我們可將之忽略。

到目前為止，我們有了兩個包含三個變數的方程式，(7)式及(8)式，如果我們要求得 I_1、I_2、及 I_3 的唯一解，必須再有一個方程式。這個方程式來自另一個克希荷夫定律。

克希荷夫電流定律

對任一接點，流入的電流等於流出的電流。

就圖 1.22 而言，克希荷夫電流定律指出，流入 *A* 點的電流，I_1+I_2，必須等於流出的電流，I_3。因此可得方程式 $I_1+I_2=I_3$，或

$$I_1+I_2-I_3=0 \qquad (10)$$

也可以對 *B* 點使用電流定律，如此可得 $I_3=I_1+I_2$。但事實上此方程式和(10)式相同，故可省略。一般而言，如對每一個接點使用電流定律，所得的方程式中會有一個為贅餘，可以省略。

因此，可用以求解圖 1.22 所示電路之電流的方程組為

$$\begin{aligned} 2I_1 - 4I_2 \qquad &= 0 \qquad (7) \\ 4I_2 + 2I_3 &= 30 \qquad (8) \\ I_1 + I_2 - I_3 &= 0 \qquad (10) \end{aligned}$$

用高斯消去法求解此方程組可得 $I_1=6$、$I_2=3$、及 $I_3=9$，因此分支電流分別為 6 安培、3 安培、及 9 安培。

練習題 3.

求下列電路中，每一分支的電流：

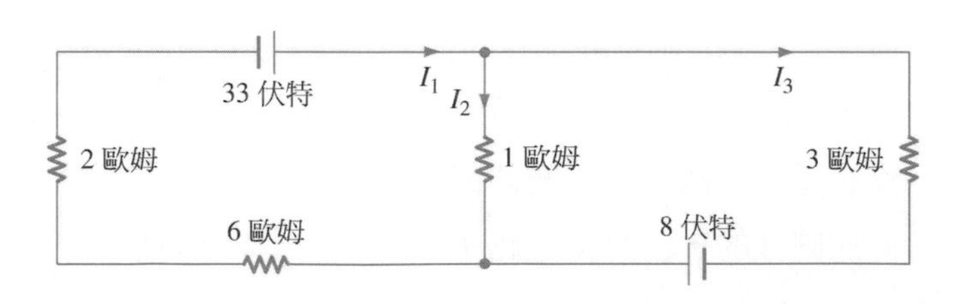

習　題

是非題

在習題 1 至 6 中，決定各命題是否為真。

1. 輸出入矩陣的元素(i, j)代表了，爲達成 j 產業每單位輸出而必須自 i 產業輸入的量。
2. 一個以 $n \times n$ 矩陣 C 爲輸出入矩陣之經濟體，爲能恰好滿足需求所需之總產值，爲 $(I_n - C)\mathbf{x} = \mathbf{d}$ 之解。
3. 若 C 爲某一經濟體之輸出入矩陣且其總產值向量爲 $\mathbf{x}$，則 $C\mathbf{x}$ 爲淨產值向量。
4. 在一電路中的任一個封閉迴路，同方向所有電壓降之代數和爲 0。
5. 在電路的每一接點處，流入接點的電流等於流出的電流。
6. 電路中每一個電阻的電壓降，等於電阻值與通過電阻之電流的乘積。

在習題 7 至 16 中，假設某一經濟體可區分為四種產業(農業、製造業、服務業、與娛樂業)其輸出入矩陣為：

	農業	製造業	服務業	娛樂業	
$C =$	.12	.11	.15	.18	農業
	.20	.08	.24	.07	製造業
	.18	.16	.06	.22	服務業
	.09	.07	.12	.05	娛樂業

7. 如果娛樂業的總產值要達到\$50million，必須由服務業輸入多少？
8. 如果農業的總產值要達到\$100million 則需要由製造業輸入多少？
9. 哪一種產業對服務業的依賴最低？
10. 哪一種產業對服務業的依賴最深？
11. 與農業最不相關的是哪一種產業？
12. 農業最依賴哪一種產業？
13. 如果此一經濟體的總產值爲農業\$30million、製造業\$40million、服務業\$30million、以及娛樂業\$20million，則每一種產業的輸入中，消耗於生產過程的總值爲多少？
14. 如果此經濟體的總產值爲農業\$20million、製造業\$30million、服務業\$20million、以及娛樂業\$10million，則每一種產業的輸入中，消耗於生產過程的總值爲多少？
15. 如果此經濟體的總產值爲農業\$30million、製造業 \$40million 、服務業 \$30 、以及娛樂業 \$20million，每一產業的淨產值爲何？
16. 如果此經濟體的總產值爲農業\$20million、製造業\$30million、服務業\$20million、以及娛樂業\$10million，每一產業的淨產值爲何？
17. 一個包含運輸、食品、與石油業的經濟體，其輸出入矩陣爲：

運輸	食品	石油	
.2	.20	.3	運輸
.4	.30	.1	食品
.2	.25	.3	石油

    (a) 當總產值爲運輸 \$40million 、食品 \$30million、以及石油\$35million 時，其淨產值爲何？
    (b) 要恰好滿足運輸 \$32million 、食品 \$48million、及石油\$24million 的需求，總產值應爲多少？

18. 某一經濟體區分爲金屬、非金屬、與服務三種產業，其輸出入矩陣如下：

金屬	非金屬	服務	
.2	.2	.1	金屬
.4	.4	.2	非金屬
.2	.2	.1	服務

    (a) 當總產值爲金屬 \$50million 、非金屬 \$60million、及服務\$40million 時，其淨產值應爲多少？
    (b) 當需求爲金屬 \$120million 、非金屬 \$180million、及服務\$150million 時，爲恰好滿足此需求，所需之總產值爲何？

19. 假設某一國家的能源生產可分爲兩類：電力與燃油。電力每一美金的輸出，需要自電力輸入 \$0.10 以及自燃油輸入\$0.30，而燃油每一美金的輸出，需要自電力輸入\$0.40 以及自燃油輸入 \$0.20。
    (a) 寫出此經濟體的輸出入矩陣。
    (b) 當總產值分別爲電力 \$60million 及燃油 \$50million，相對之淨產值爲何？
    (c) 爲滿足電力\$60million 及燃油\$72million 的需求，總產值應爲多少？

20. 設一經濟體可分爲兩種產業別：非政府與政府。非政府產業每一美金的輸出，需要自非政府輸入$0.10 以及自政府輸入$0.10，政府產業每一美金的輸出，需要自非政府輸入$0.20 以及自政府輸入$0.70。

 (a) 寫出此經濟體的輸出入矩陣。

 (b) 當總產值分別爲非政府$20million 及政府$30million 時，相對之淨產值爲何？

 (c) 當需求分別爲非政府$45million 以及政府$50million 時，總產值須爲多少才能剛好滿足此需求？

21. 考慮一個劃分爲三種產業的經濟體：金融、貨物、及服務。假設金融業每一美金的輸出，需要自金融業輸入$0.10、自貨物業輸入$0.20、及服務業$0.20；貨物業每一美金的輸出，需要自金融業輸入$0.10、自貨物業輸入$0.40、並由服務業輸入$0.20；服務業每一美金的輸出，需要自金融業輸入$0.15、自貨物業輸入$0.10、並由服務業輸入$0.30。

 (a) 當總產值爲金融業$70million、貨物業$50million、以及服務業$60million 時，相對之淨產值爲何？

 (b) 當淨產值爲金融業$40million、貨物業$50million、以及服務業$30million 時，相對之總產值是多少？

 (c) 要正好滿足對金融業$40million、貨物業$36million、以及服務業$44million 的需求，各產業的總產值應爲多少？

22. 考慮一個區分爲三種產業的經濟體：農業、製造業、及服務業。假設農業每一美金的輸出，需要自農業輸入$0.10、自製造業輸入$0.15、並由服務業輸入$0.30；製造業每一美金的輸出需要自農業輸入$0.20、自製造業輸入$0.25、並由服務業輸入$0.10；服務業每一美金的輸出需要自農業輸入$0.20、自製造業輸入$0.35、並由服務業輸入$0.10。

 (a) 當總產值爲農業$40million、製造業$50million、及服務業$30million 時，各產業的淨產值爲多少？

 (b) 要恰好滿足農業$90million、製造業$72million、及服務業$96million 的需求，各產業總產值應爲多少？

23. 令 C 代表某一經濟體的輸出入矩陣，$\mathbf{x}$ 爲總產值向量，$\mathbf{d}$ 爲需求向量，且 $\mathbf{p}$ 爲一向量，它的各分量代表每一產業所提供產品或服務的單位價格。經濟學家將向量 $\mathbf{v}=\mathbf{p}-C^T\mathbf{p}$ 叫做加值向量(value-added vector)。證明 $\mathbf{p}^T\mathbf{d}=\mathbf{v}^T\mathbf{x}$。(這個 1×1 矩陣 $\mathbf{p}^T\mathbf{d}$ 的唯一元素代表了此經濟體的本地總產值。)提示：以兩種方法求 $\mathbf{p}^T\mathbf{x}$。首先，將 $\mathbf{p}$ 換成 $\mathbf{v}+C^T\mathbf{p}$，然後將 $\mathbf{x}$ 換成 $C\mathbf{x}+\mathbf{d}$。

24. 假設輸出入矩陣

$$
\begin{array}{cccc}
 & \text{農業} & \text{礦業} & \text{紡織業} \\
\end{array}
$$

$$
C=\begin{bmatrix} .1 & .2 & .1 \\ .2 & .4 & .2 \\ .3 & .1 & .1 \end{bmatrix}\begin{matrix}\text{農業}\\ \text{礦業}\\ \text{紡織業}\end{matrix}
$$

的各行，代表了每一產業要產生一噸的輸出，需要自各產業輸入的量(以噸計)。令 p_1、p_2、及 p_3 分別代表農業、礦業、紡織業每噸產品的價格。

 (a) 說明向量 $C^T\mathbf{p}$ 的意義，其中 $\mathbf{p}=\begin{bmatrix} p_1 \\ p_2 \\ p_3 \end{bmatrix}$。

 (b) 說明 $\mathbf{p}-C^T\mathbf{p}$ 的意義。

在習題 25 至 29 中，求所給電路之每一分支的電流。

25.

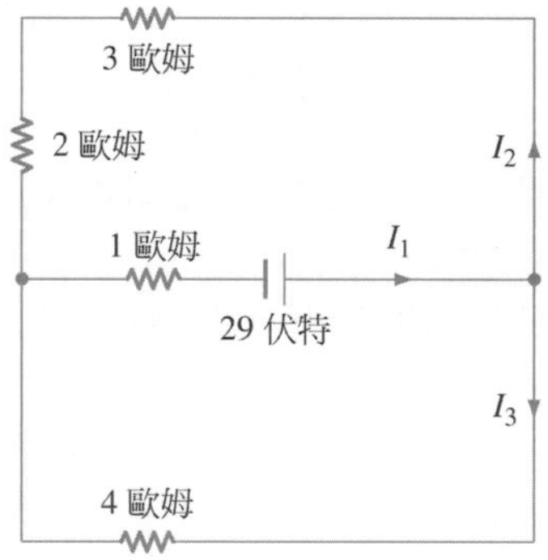

3 歐姆
2 歐姆
I_2
1 歐姆
I_1
29 伏特
I_3
4 歐姆

26.

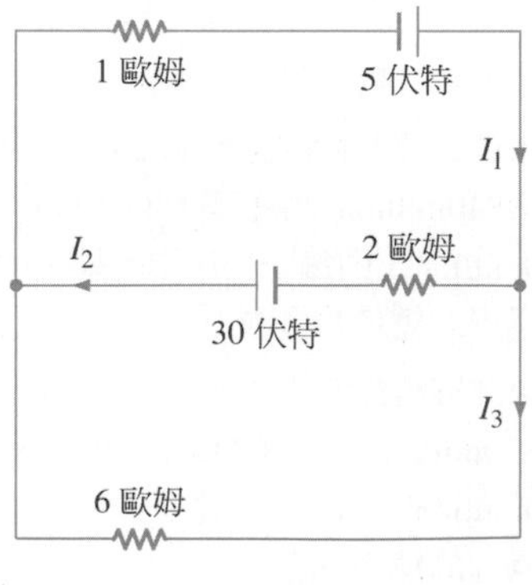

1 歐姆
5 伏特
I_1
I_2
2 歐姆
30 伏特
I_3
6 歐姆

27.

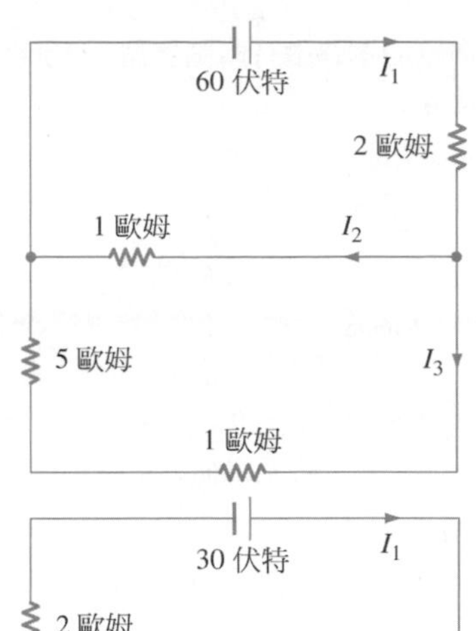

28.

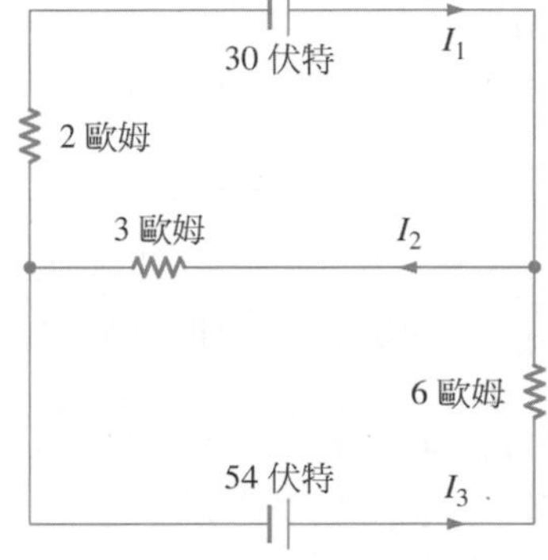

29.

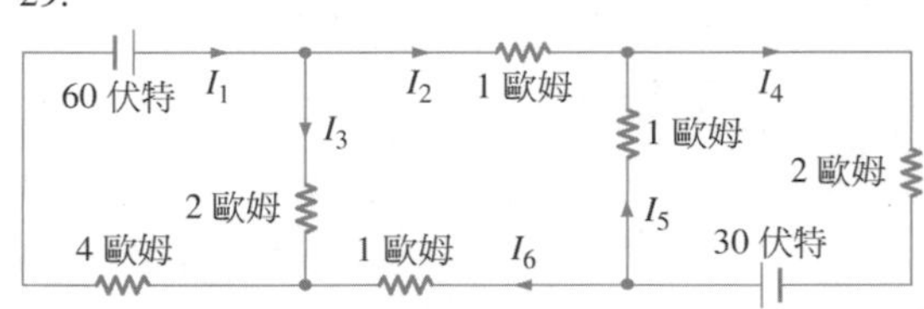

30. 在以下電路中，求 v 的值，以使 $I_2=0$：

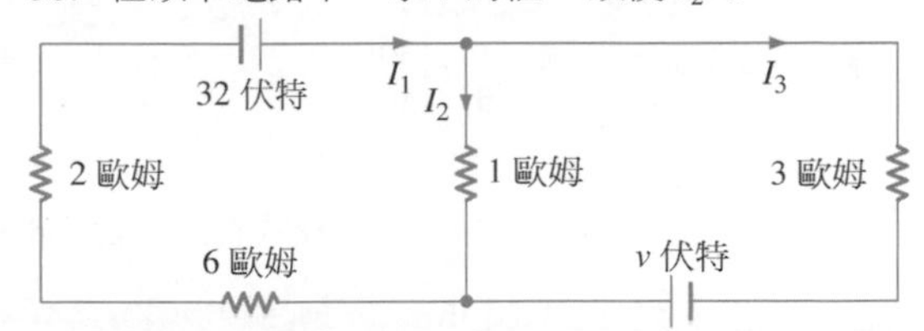

在以下各題中，使用有矩陣功能的計算機或諸如 *MATLAB* 的電腦軟體以求解：

31. 令

$$C=\begin{bmatrix} .12 & .03 & .20 & .10 & .05 & .09 \\ .21 & .11 & .06 & .11 & .07 & .07 \\ .05 & .21 & .11 & .15 & .11 & .06 \\ .11 & .18 & .13 & .22 & .03 & .18 \\ .16 & .15 & .07 & .12 & .19 & .14 \\ .07 & .23 & .06 & .05 & .15 & .19 \end{bmatrix}$$

且

$$\mathbf{d}=\begin{bmatrix} 100 \\ 150 \\ 200 \\ 125 \\ 300 \\ 180 \end{bmatrix}$$

其中 C 是一個經濟體的輸出入矩陣，它區分爲六種產業，而 $\mathbf{d}$ 是此經濟體的淨產值(以百萬美金爲單位)。求，爲產生 $\mathbf{d}$ 所需的總產值向量。

練習題解答

1. (a) 輸出入矩陣如下：

$$\begin{array}{cccccc} & \text{旅遊業} & \text{運輸業} & \text{服務業} & \\ C= & \left[\begin{array}{c} .3 \\ .1 \\ .3 \end{array}\right. & \begin{array}{c} .2 \\ .4 \\ .2 \end{array} & \left.\begin{array}{c} .05 \\ .05 \\ .15 \end{array}\right] & \begin{array}{c} \text{旅遊業} \\ \text{運輸業} \\ \text{服務業} \end{array} \end{array}$$

(b) 服務業每一美金的輸出，需要自旅遊業輸入\$0.05。因此，服務業\$20million 的輸出，需要自旅遊業輸入 20(\$0.05) = \$1 million。

(c) 每一個產業，在生產過程中所消耗掉的輸入總值爲

$$C\begin{bmatrix} 10 \\ 15 \\ 20 \end{bmatrix}=\begin{bmatrix} .3 & .2 & .05 \\ .1 & .4 & .05 \\ .3 & .2 & .15 \end{bmatrix}\begin{bmatrix} 10 \\ 15 \\ 20 \end{bmatrix}=\begin{bmatrix} 7 \\ 8 \\ 9 \end{bmatrix}$$

因此，在生產過程中，所有的輸入中，旅遊業消耗了 \$7million、運輸業消耗了 \$8million、而服務業消耗了\$9million。

(d) 總產值向量爲

$$\mathbf{x}=\begin{bmatrix} 70 \\ 50 \\ 60 \end{bmatrix}$$

所以淨產值向量爲

$$\mathbf{x}-C\mathbf{x}=\begin{bmatrix} 70 \\ 50 \\ 60 \end{bmatrix}-\begin{bmatrix} .3 & .2 & .05 \\ .1 & .4 & .05 \\ .3 & .2 & .15 \end{bmatrix}\begin{bmatrix} 70 \\ 50 \\ 60 \end{bmatrix}$$

$$=\begin{bmatrix} 70 \\ 50 \\ 60 \end{bmatrix}-\begin{bmatrix} 34 \\ 30 \\ 40 \end{bmatrix}=\begin{bmatrix} 36 \\ 20 \\ 20 \end{bmatrix}$$

因此，旅遊、運輸、與服務業的淨產值分別爲\$36million、\$20million、及\$20million。

(e) 爲滿足需求

$$\mathbf{d}=\begin{bmatrix}30\\50\\40\end{bmatrix}$$

總產值向量必須爲方程式 $(I_3-C)\mathbf{x}=\mathbf{d}$ 的解。此方程組的增廣矩陣爲

$$\begin{bmatrix}.7 & -.2 & -.05 & 30\\ -.1 & .6 & -.05 & 50\\ -.3 & -.2 & .85 & 40\end{bmatrix}$$

故淨生產向量爲

$$\begin{bmatrix}80\\105\\100\end{bmatrix}$$

因此旅遊、運輸、及服務業的總產值分別爲，\$80million、\$105million、及\$100million。

2. 沿此迴路之電壓降的代數和爲 $5I+3I=8I$。因爲由 20 伏特電瓶流出的電流方向與 I 相反，故整個迴路上的電源電壓爲 $52+(-20)=32$。因此可得 $8I=32$，所以 $I=4$ 安培。

3. 在所給的迴路中有兩個接點，分別爲下圖中的 A 及 B：

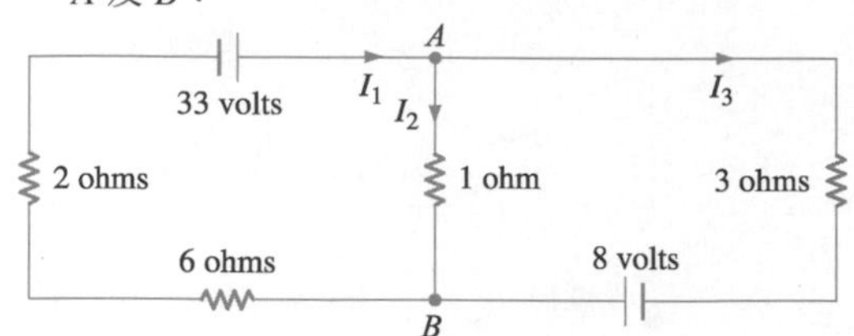

將克希荷夫電流定律用於接點 A 或 B 可得 $I_1=I_2+I_3$。將克希荷夫電壓定律用於封閉迴路 $ABDCA$ 可得

$$1I_2+6I_1+2I_1=33$$

同樣的，由閉迴路 $AEFBA$ 可得

$$3I_3+1(-I_2)=8$$

因此，可描述此一電路的線性方程組爲

$$\begin{aligned} I_1 - I_2 - I_3 &= 0\\ 8I_1 + I_2 \quad\quad &= 33\\ -I_2 + 3I_3 &= 8\end{aligned}$$

解此方程組可得 $I_1=4$、$I_2=1$、及 $I_3=3$。因此，分支電流分別爲 4 安培、1 安培、和 3 安培。

1.6 向量集合之展延

在 1.2 節中，我們將 R^n 中一組向量 $\mathbf{u}_1, \mathbf{u}_2, \cdots, \mathbf{u}_k$ 的線性組合，定義成形式爲 $c_1\mathbf{u}_1+c_2\mathbf{u}_2+\cdots+c_k\mathbf{u}_k$ 的向量，其中 $c_1, c_2\cdots, c_k$ 爲純量。對一個所有向量均屬於 R^n 的已知集合 $S=\{\mathbf{u}_1, \mathbf{u}_2, \cdots, \mathbf{u}_k\}$，我們經常需要去找出 $\mathbf{u}_1, \mathbf{u}_2, \cdots, \mathbf{u}_k$ 的所有線性組合所構成之集合。舉例來說，若 A 爲 $n\times p$ 矩陣，則能使 $A\mathbf{x}=\mathbf{v}$ 爲一致的所有屬於 R^n 的向量 $\mathbf{v}$ 所成之集合，恰好是 A 之各行的所有線性組合所成的集合。我們現在爲這種線性組合的集合定義一個特別的名字。

定義 對一個所有向量均屬於 R^n 的非空集合 $S=\{\mathbf{u}_1, \mathbf{u}_2, \cdots, \mathbf{u}_k\}$，我們定義 **$S$ 的展延或展成**爲 R^n 中 $\mathbf{u}_1, \mathbf{u}_2, \cdots, \mathbf{u}_k$ 的所有線性組合所成的集合。此一集合記做 Span$S$ 或 Span $\{\mathbf{u}_1, \mathbf{u}_2, \cdots, \mathbf{u}_k\}$。

單獨一個向量的線性組合就只是該向量的倍數而已。所以若 $\mathbf{u}$ 屬於 S，則 $\mathbf{u}$ 的所有倍數都屬於 Span$S$。因此，$\{\mathbf{u}\}$的展延包含了 $\mathbf{u}$ 的所有倍數。較特別的是，$\{0\}$的展延爲$\{0\}$。特別強調一點，即使 S 只包含一個非零向量，Span S 包含了無限多個向量。以下爲集合之展延的例子。

例題 1

描述以下 R^2 之子集合的展延：

$$S_1=\left\{\begin{bmatrix}1\\-1\end{bmatrix}\right\}，S_2=\left\{\begin{bmatrix}1\\-1\end{bmatrix},\begin{bmatrix}-2\\2\end{bmatrix}\right\}，S_3=\left\{\begin{bmatrix}1\\-1\end{bmatrix},\begin{bmatrix}-2\\2\end{bmatrix},\begin{bmatrix}2\\1\end{bmatrix}\right\}$$

及

$$S_4=\left\{\begin{bmatrix}1\\-1\end{bmatrix},\begin{bmatrix}-2\\2\end{bmatrix},\begin{bmatrix}2\\1\end{bmatrix},\begin{bmatrix}-1\\3\end{bmatrix}\right\}$$

解 S_1 之展延包含了 S_1 中向量的所有線性組合。因爲單一向量的線性組合，就只是該向量的倍數，所以 S_1 的展延就是 $\begin{bmatrix}1\\-1\end{bmatrix}$ 的所有倍數，也就是形式爲 $\begin{bmatrix}c\\-c\end{bmatrix}$ 的所有向量，其中 c 爲任意純量。這些向量全部落於 $y=-x$ 所代表的直線上，如圖 1.23 所示。

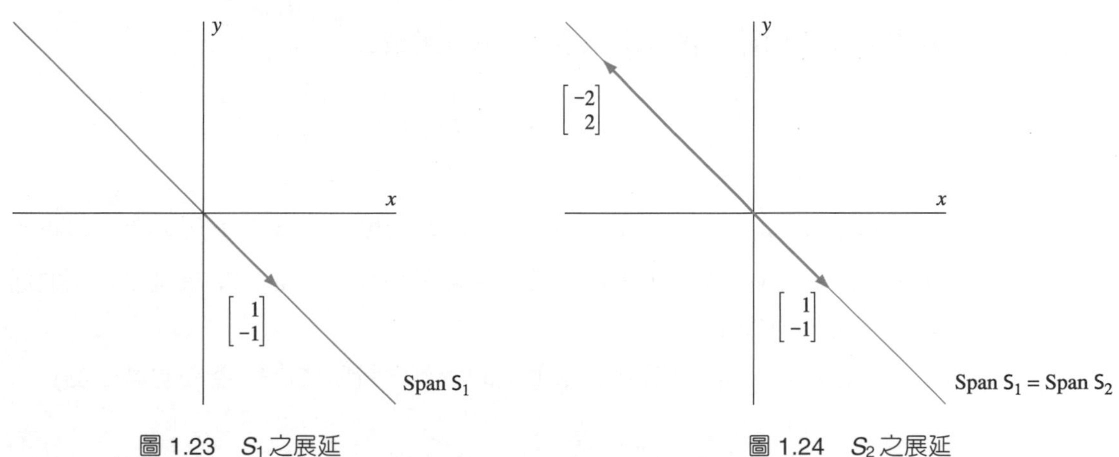

圖 1.23　S_1 之展延

圖 1.24　S_2 之展延

S_2 之展延包含了向量 $\begin{bmatrix}1\\-1\end{bmatrix}$ 及 $\begin{bmatrix}-2\\2\end{bmatrix}$ 的所有線性組合。這些向量之形式爲

$$a\begin{bmatrix}1\\-1\end{bmatrix}+b\begin{bmatrix}-2\\2\end{bmatrix}=a\begin{bmatrix}1\\-1\end{bmatrix}-2b\begin{bmatrix}1\\-1\end{bmatrix}=(a-2b)\begin{bmatrix}1\\-1\end{bmatrix}$$

其中 a 與 b 爲任意純量。取 $c=a-2b$，我們可看出，它們與 S_1 之展延中的向量一樣。因此，$\text{Span}S_2=\text{Span}S_1$。(見圖 1.24。)

S_3 之展延包含向量 $\begin{bmatrix}1\\-1\end{bmatrix}$、$\begin{bmatrix}-2\\2\end{bmatrix}$、及 $\begin{bmatrix}2\\1\end{bmatrix}$ 的所有線性組合。留意其中向量 $\begin{bmatrix}1\\-1\end{bmatrix}$ 和 $\begin{bmatrix}2\\1\end{bmatrix}$ 並不平行。因此，由 1.2 節所學可知，R^2 中的任意向量 $\mathbf{v}$ 可寫成這兩個向量的線性組合。假設某純量 a 及 b 可使得 $\mathbf{v}=a\begin{bmatrix}1\\-1\end{bmatrix}+b\begin{bmatrix}2\\1\end{bmatrix}$，則

$$\mathbf{v}=a\begin{bmatrix}1\\-1\end{bmatrix}+0\begin{bmatrix}-2\\2\end{bmatrix}+b\begin{bmatrix}2\\1\end{bmatrix}$$

所以 R^2 中的所有向量都是 S_3 中向量的線性組合。由此可知 S_3 的展延爲 R^2。最後，因爲所有屬於 R^2 的向量都是兩個互不平行的向量 $\begin{bmatrix}1\\-1\end{bmatrix}$ 和 $\begin{bmatrix}2\\1\end{bmatrix}$ 的線性組合，所以 R^2 的所有向量同時也是 S_4 中向量的線性組合。因此，S_4 的展延同樣是 R^2。

例題 2

對於 R^3 中的標準向量

$$\mathbf{e}_1=\begin{bmatrix}1\\0\\0\end{bmatrix}，\mathbf{e}_2=\begin{bmatrix}0\\1\\0\end{bmatrix}，\mathbf{e}_3=\begin{bmatrix}0\\0\\1\end{bmatrix}$$

我們可看出，$\{\mathbf{e}_1, \mathbf{e}_2\}$的展延爲以下形式向量集合

$$a\mathbf{e}_1+b\mathbf{e}_2=a\begin{bmatrix}1\\0\\0\end{bmatrix}+b\begin{bmatrix}0\\1\\0\end{bmatrix}=\begin{bmatrix}a\\b\\0\end{bmatrix}$$

因此 Span$\{\mathbf{e}_1, \mathbf{e}_2\}$爲 R^3 中 xy 平面上所有向量的集合。(見圖 1.25。)更一般化的說法是，若 $\mathbf{u}$ 及 $\mathbf{v}$ 爲屬於 R^3 的兩向量，且互不平行，則$\{\mathbf{u}, \mathbf{v}\}$的展延是一個通過原點的平面。(見圖 1.26。)

此外，Span$\{\mathbf{e}_3\}$爲 R^3 之 $\mathbf{z}$ 軸上的所有向量所成之集合。(見圖 1.25)

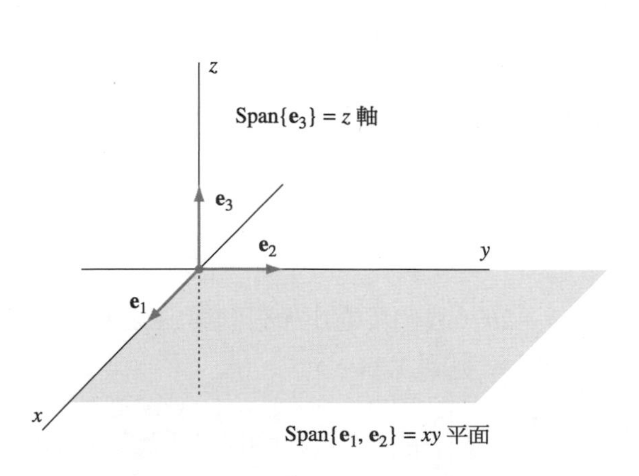

圖 1.25　在 R^3 中$\{\mathbf{e}_1, \mathbf{e}_2\}$之展延

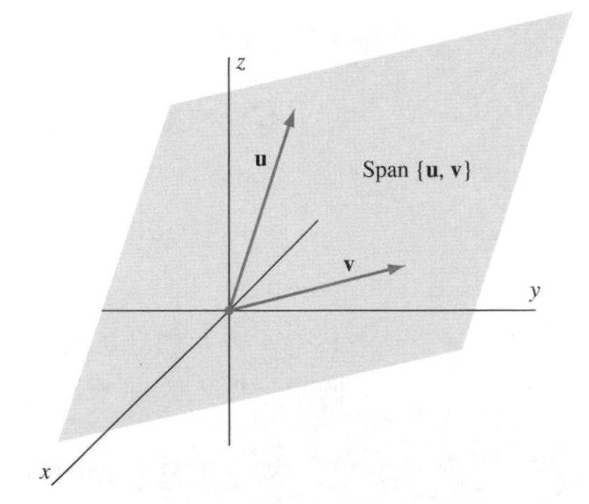

圖 1.26　$\{\mathbf{u}, \mathbf{v}\}$之展延，其中 $\mathbf{u}$ 及 $\mathbf{v}$ 為屬於 R^3 且不相平行的向量

由前面的例子我們可知，我們說「$\mathbf{v}$ 屬於 $S = \{\mathbf{u}_1, \mathbf{u}_2, \cdots, \mathbf{u}_k\}$的展延」的意義等同於我們說「$\mathbf{v}$ 等於向量 $\mathbf{u}_1, \mathbf{u}_2, \cdots, \mathbf{u}_k$ 之某一線性組合」。所以我們在本節開始處的說法可改寫成：

> 令 $S = \{\mathbf{u}_1, \mathbf{u}_2, \cdots, \mathbf{u}_k\}$爲屬於 R^n 之向量所成之集合，並令 A 是一個以 $\mathbf{u}_1, \mathbf{u}_2, \cdots, \mathbf{u}_k$ 爲各行的矩陣。對一個屬於 R^n 的向量 $\mathbf{v}$，若且唯若 $A\mathbf{x}=\mathbf{v}$ 爲一致，則 $\mathbf{v}$ 屬於 S 的展延(亦即，$\mathbf{v}$ 爲 $\mathbf{u}_1, \mathbf{u}_2, \cdots, \mathbf{u}_k$ 的線性組合)。

例題 3

向量

$$\mathbf{v} = \begin{bmatrix} 3 \\ 0 \\ 5 \\ -1 \end{bmatrix} \quad 或 \quad \mathbf{w} = \begin{bmatrix} 2 \\ 1 \\ 3 \\ -1 \end{bmatrix}$$

是否屬於下面集合之展延

$$S = \left\{ \begin{bmatrix} 1 \\ 2 \\ 1 \\ 1 \end{bmatrix}, \begin{bmatrix} -1 \\ 1 \\ -2 \\ 1 \end{bmatrix}, \begin{bmatrix} 1 \\ 8 \\ -1 \\ 5 \end{bmatrix} \right\}$$

如果是，將其表示爲 S 中向量的線性組合。

解　令 A 爲矩陣，其各行均爲屬於 S 之向量。若且唯若 $A\mathbf{x}=\mathbf{v}$ 爲一致，則向量 $\mathbf{v}$ 屬於 S 之展延。因爲$[A \quad \mathbf{v}]$的最簡列梯型爲

$$\begin{bmatrix} 1 & 0 & 3 & 1 \\ 0 & 1 & 2 & -2 \\ 0 & 0 & 0 & 0 \\ 0 & 0 & 0 & 0 \end{bmatrix}$$

由定理 1.5 可知 $A\mathbf{x}=\mathbf{v}$ 爲一致。所以 $\mathbf{v}$ 屬於 S 的展延。

要將 $\mathbf{v}$ 表示成 S 中向量的線性組合，我們必須求出 $A\mathbf{x}=\mathbf{v}$ 眞正的解。利用$[A \quad \mathbf{v}]$的最簡列梯型，我們可看出方程組的通解爲

$$\begin{aligned} x_1 &= 1 - 3x_3 \\ x_2 &= -2 - 2x_3 \\ x_3 & \quad \text{自由變數} \end{aligned}$$

例如取 $x_3=0$，我們可得

$$1\begin{bmatrix}1\\2\\1\\1\end{bmatrix}-2\begin{bmatrix}-1\\1\\-2\\1\end{bmatrix}+0\begin{bmatrix}1\\8\\-1\\5\end{bmatrix}=\begin{bmatrix}3\\0\\5\\-1\end{bmatrix}=\mathbf{v}$$

同樣的情形，若且唯若 $A\mathbf{x}=\mathbf{w}$ 為一致，則 $\mathbf{w}$ 屬於 S 之展延。因為$[A\quad \mathbf{w}]$ 的最簡列梯型為

$$\begin{bmatrix}1&0&3&0\\0&1&2&0\\0&0&0&1\\0&0&0&0\end{bmatrix}$$

由定理 1.5 可知，$A\mathbf{x}=\mathbf{w}$ 不一致。所以 $\mathbf{w}$ 不屬於 S 的展延。

練習題 1.

$\mathbf{u}=\begin{bmatrix}-1\\3\\1\end{bmatrix}$ 及 $\mathbf{v}=\begin{bmatrix}1\\1\\2\end{bmatrix}$ 是否屬於 $S=\left\{\begin{bmatrix}2\\-1\\1\end{bmatrix},\begin{bmatrix}-1\\1\\0\end{bmatrix}\right\}$ 的展延？

在以上各例子中，我們由 R^n 的子集合 S 開始，描述了集合 $V=\text{Span}S$。在其它的問題中，我們可能要反向而行。由集合 V 開始，然後求出可滿足 $\text{Span}S=V$ 的向量集合。若 V 是由 R^n 中向量所組成之集合，且 $\text{Span}S=V$，則我們說 S 是 V 的**產生集合(generating set)**，或稱 S **產生** V。因為每一個集合都包含於它本身的展延，所以 V 的產生集合必然包含於 V 中。

例題 4

令

$$S=\left\{\begin{bmatrix}1\\0\\0\end{bmatrix},\begin{bmatrix}1\\1\\0\end{bmatrix},\begin{bmatrix}1\\1\\1\end{bmatrix},\begin{bmatrix}1\\-2\\-1\end{bmatrix}\right\}$$

證明 $\text{Span}S=R^3$。

解 因為 S 包含於 R^3，所以 $\text{Span}S$ 包含於 R^3。因此，要證明 $\text{Span}S=R^3$，我們只需證明 R^3 中的任意向量 $\mathbf{v}$ 屬於 $\text{Span}S$。因此我們必須證明，對所有的 $\mathbf{v}$，$A\mathbf{x}=\mathbf{v}$ 為一致，其中

$$A=\begin{bmatrix}1&1&1&1\\0&1&1&-2\\0&0&1&-1\end{bmatrix}$$

令$[R \quad \mathbf{c}]$為$[A \quad \mathbf{v}]$的最簡列梯型。由 1.3 節的習題 77 可知，不論 $\mathbf{v}$ 為何，R 是 A 的最簡列梯型。因為

$$R=\begin{bmatrix}1&0&0&3\\0&1&0&-1\\0&0&1&-1\end{bmatrix}$$

沒有零列，所以$[R \quad \mathbf{c}]$中不可能有任何一列，其唯一非零元素位於最後一行。故由定理 1.5 可知，$A\mathbf{x}=\mathbf{v}$ 為一致，且 $\mathbf{v}$ 屬於 Span$S$。因為 $\mathbf{v}$ 為屬於 R^3 的任意向量，故得 Span$S=R^3$。

下列定理可以保證，我們在例題 4 所用的方法，可用來檢測任何 R^m 的子集合，是否為 R^m 的產生集合：

定理 1.6

關於 $m\times n$ 矩陣 A，以下命題為等價：

(a) A 之各行的展延為 R^m。

(b) 對任一屬於 R^m 的 $\mathbf{b}$，方程式 $A\mathbf{x}=\mathbf{b}$ 至少有一解(亦即，$A\mathbf{x}=\mathbf{b}$ 為一致)。

(c) A 之秩為 m，即 A 的列數。

(d) A 的最簡列梯型沒有零列。

(e) A 的每一列都有一個樞軸位置。

證明　由定理 1.5 可知，當 $\mathbf{b}$ 等於 A 之各行的線性組合時，方程式 $A\mathbf{x}=\mathbf{b}$ 為一致，命題(a)及(b)為等價。同時，因為 A 是一個 $m\times n$ 矩陣，命題(c)及(d)為等價。以上論述的細節則留待讀者自行補足。

我們現在證明命題(b)及(c)為等價。首先，令 R 代表 A 的最簡列梯型，且 $\mathbf{e}_m$ 為 R^m 中的標準向量

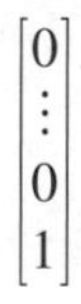

經由一序列的基本列運算，可將 A 轉換成 R。因為所有的基本列運算都是可逆的，所以同樣可經由一序列的基本列運算，將 R 轉換成 A。將後一序列的運算用於$[R \quad \mathbf{e}_m]$以得到矩陣$[A \quad \mathbf{d}]$，$\mathbf{d}$ 屬於 R^m。則方程組 $A\mathbf{x}=\mathbf{d}$ 與方程組 $R\mathbf{x}=\mathbf{e}_m$ 等價。

若(b)爲眞，則$A\mathbf{x}=\mathbf{d}$，且因而$R\mathbf{x} = \mathbf{e}_m$必定爲一致。但是定理 1.5 指出，$R$ 的最後一列不能爲零列，否則的話$[R \quad \mathbf{e}_m]$將會有一列，其唯一的非零元素位於最後一行。因爲 R 是最簡列梯型，故 R 不得有零列。由此可得 A 的秩爲 m，故得到(c)。

反過來說，假設(c)爲眞，並令$[R \quad \mathbf{c}]$代表$[A \quad \mathbf{b}]$的最簡列梯型。因爲 A 的秩爲 m，且 R 沒有非零列。因此$[R \quad \mathbf{c}]$沒有任何一列，它的唯一非零元素位於最後一行。因此，由定理 1.5 可得，對任意 b，$A\mathbf{x}=\mathbf{b}$ 爲一致。■

練習題 2.

$S=\left\{\begin{bmatrix}1\\0\\1\end{bmatrix},\begin{bmatrix}-1\\1\\2\end{bmatrix},\begin{bmatrix}1\\3\\9\end{bmatrix},\begin{bmatrix}2\\-1\\1\end{bmatrix}\right\}$是否爲 R^3 的產生集合？

縮小產生集合

在例題 3 中，經由解一個三變數、四方程式的方程組 $A\mathbf{x}=\mathbf{v}$，我們發現 $\mathbf{v}$ 屬於 S 的展延。如果 S 只包含兩個向量，則相對的方程組包含兩個變數的四個方程式。一般而論，如果要檢查一個向量是否屬於某一集合的展延，則該集合所包含的向量是愈少愈容易。以下定理建立起一個有用的性質，讓我們可以在特定情形下縮小產生集合。

定理 1.7

令 $S=\{\mathbf{u}_1, \mathbf{u}_2, \cdots, \mathbf{u}_k\}$爲來自 R^n 中的向量所成的集合，並令 $\mathbf{v}$ 爲屬於 R^n 的向量。若且唯若 $\mathbf{v}$ 屬於 S 的展延，則 $\text{Span}\{\mathbf{u}_1, \mathbf{u}_2, \cdots, \mathbf{u}_k, \mathbf{v}\}= \text{Span}\{\mathbf{u}_1, \mathbf{u}_2, \cdots, \mathbf{u}_k\}$。

證明 假設 $\mathbf{v}$ 屬於 S 的展延。則給定某些純量 $a_1, a_2, \ldots, a_k$，可得 $\mathbf{v}=a_1\mathbf{u}_1+a_2\mathbf{u}_2+\cdots+a_k\mathbf{u}_k$。若 $\mathbf{w}$ 屬於 $\text{Span}\{\mathbf{u}_1, \mathbf{u}_2, \cdots, \mathbf{u}_k, \mathbf{v}\}$，則給定某些純量 $c_1, c_2, \cdots, c_k, b$，$\mathbf{w}$ 可寫成 $\mathbf{w}=c_1\mathbf{u}_1+c_2\mathbf{u}_2+\cdots+c_k\mathbf{u}_k+b\mathbf{v}$。

在上面方程式中，以 $a_1\mathbf{u}_1+a_2\mathbf{u}_2+\cdots+a_k\mathbf{u}_k$ 代入 $\mathbf{v}$，我們可將 $\mathbf{w}$ 寫成向量 $\mathbf{u}_1, \mathbf{u}_2, \cdots, \mathbf{u}_k$的線性組合。所以$\{\mathbf{u}_1, \mathbf{u}_2, \cdots, \mathbf{u}_k, \mathbf{v}\}$的展延是包含於$\{\mathbf{u}_1, \mathbf{u}_2, \cdots, \mathbf{u}_k\}$的展延中。由另一方面來看，任何屬於 $\text{Span}\{\mathbf{u}_1, \mathbf{u}_2, \cdots, \mathbf{u}_k\}$的向量都可寫成是向量 $\mathbf{u}_1, \mathbf{u}_2, \cdots, \mathbf{u}_k, \mathbf{v}$ 的線性組合，其中 $\mathbf{v}$ 的係數爲 0；所以$\{\mathbf{u}_1, \mathbf{u}_2, \cdots, \mathbf{u}_k\}$的展延也包含於$\{\mathbf{u}_1, \mathbf{u}_2, \cdots, \mathbf{u}_k, \mathbf{v}\}$的展延之內。因此之故，兩個展延相等。相反的，設 $\mathbf{v}$ 不屬於 S 的展延。但我們知道 $\mathbf{v}$ 是屬於$\{\mathbf{u}_1, \mathbf{u}_2, \cdots, \mathbf{u}_k, \mathbf{v}\}$的

展延，因爲 $\mathbf{v} = 0\mathbf{u}_1 + 0\mathbf{u}_2 + \cdots + 0\mathbf{u}_k + 1\mathbf{v}$。所以 $\text{Span}\{\mathbf{u}_1, \mathbf{u}_2, \cdots, \mathbf{u}_k\} \neq \text{Span}\{\mathbf{u}_1, \mathbf{u}_2, \cdots, \mathbf{u}_k, \mathbf{v}\}$，因爲第二個集合包含 $\mathbf{v}$，第一個則無。 ....■

定理 1.7 提供了一種方法以減小產生集合的大小。如果 S 中的某一向量是其它向量的線性組合，可以將其自 S 中消去，而不改變 S 的展延。例如，對於例題 3 中由三個向量構成的集合 S，我們有

$$\begin{bmatrix} 1 \\ 8 \\ -1 \\ 5 \end{bmatrix} = 3\begin{bmatrix} 1 \\ 2 \\ 1 \\ 1 \end{bmatrix} + 2\begin{bmatrix} -1 \\ 1 \\ -2 \\ 1 \end{bmatrix}$$

因此 S 和以下較小之集合具有同樣的展延

$$\left\{\begin{bmatrix} 1 \\ 2 \\ 1 \\ 1 \end{bmatrix}, \begin{bmatrix} -1 \\ 1 \\ -2 \\ 1 \end{bmatrix}\right\}$$

練習題 3.

對於練習題 2 之集合 S，求能滿足 $S = R^3$ 且向量最少的子集合。

✎ 習　題

在習題 1 至 8 中，求所給之向量是否屬於 $\text{Span}\left\{\begin{bmatrix} 1 \\ 0 \\ 1 \end{bmatrix}, \begin{bmatrix} -1 \\ 1 \\ 1 \end{bmatrix}, \begin{bmatrix} 1 \\ 1 \\ 3 \end{bmatrix}\right\}$。

1. $\begin{bmatrix} -1 \\ 4 \\ 7 \end{bmatrix}$　2. $\begin{bmatrix} 0 \\ 0 \\ 1 \end{bmatrix}$　3. $\begin{bmatrix} 0 \\ 5 \\ 2 \end{bmatrix}$

4. $\begin{bmatrix} 2 \\ -1 \\ 3 \end{bmatrix}$　5. $\begin{bmatrix} -1 \\ 1 \\ 1 \end{bmatrix}$　6. $\begin{bmatrix} -3 \\ 2 \\ 1 \end{bmatrix}$

7. $\begin{bmatrix} 1 \\ 1 \\ -1 \end{bmatrix}$　8. $\begin{bmatrix} -5 \\ 3 \\ 1 \end{bmatrix}$

在習題 9 至 16 中，求所給向量是否屬於 $\text{Span}\left\{\begin{bmatrix} 1 \\ 2 \\ -1 \\ 1 \end{bmatrix}, \begin{bmatrix} 2 \\ -1 \\ 1 \\ 0 \end{bmatrix}, \begin{bmatrix} -1 \\ 2 \\ 0 \\ 3 \end{bmatrix}\right\}$。

9. $\begin{bmatrix} 0 \\ -1 \\ 1 \\ 0 \end{bmatrix}$　10. $\begin{bmatrix} 9 \\ 6 \\ 1 \\ 9 \end{bmatrix}$　11. $\begin{bmatrix} -8 \\ 9 \\ -7 \\ 2 \end{bmatrix}$

12. $\begin{bmatrix} 2 \\ 0 \\ -3 \\ 4 \end{bmatrix}$　13. $\begin{bmatrix} 4 \\ 0 \\ 5 \\ 8 \end{bmatrix}$　14. $\begin{bmatrix} -1 \\ 0 \\ 2 \\ 3 \end{bmatrix}$

15. $\begin{bmatrix} -1 \\ 2 \\ -3 \\ 5 \end{bmatrix}$　16. $\begin{bmatrix} 5 \\ -2 \\ -2 \\ -7 \end{bmatrix}$

在習題 17 至 20 中，求 r 的值，以使得 $\mathbf{v}$ 屬於 S 的展延。

17. $S=\left\{\begin{bmatrix}1\\0\\-1\end{bmatrix},\begin{bmatrix}-1\\3\\2\end{bmatrix}\right\}$，$\mathbf{v}=\begin{bmatrix}2\\r\\-1\end{bmatrix}$

18. $S=\left\{\begin{bmatrix}1\\2\\-1\end{bmatrix},\begin{bmatrix}-1\\-2\\2\end{bmatrix}\right\}$，$\mathbf{v}=\begin{bmatrix}1\\r\\2\end{bmatrix}$

19. $S=\left\{\begin{bmatrix}-1\\2\\2\end{bmatrix},\begin{bmatrix}1\\-1\\0\end{bmatrix}\right\}$，$\mathbf{v}=\begin{bmatrix}2\\r\\-8\end{bmatrix}$

20. $S=\left\{\begin{bmatrix}-1\\1\\1\end{bmatrix},\begin{bmatrix}2\\-3\\1\end{bmatrix}\right\}$，$\mathbf{v}=\begin{bmatrix}r\\4\\0\end{bmatrix}$

在習題 21 至 28 中，給定一個由 R^n 中向量所成之集合，求此集合是否為 R^n 的產生集合。

21. $\left\{\begin{bmatrix}1\\-1\end{bmatrix},\begin{bmatrix}-2\\2\end{bmatrix}\right\}$

22. $\left\{\begin{bmatrix}1\\-2\end{bmatrix},\begin{bmatrix}-2\\1\end{bmatrix}\right\}$

23. $\left\{\begin{bmatrix}1\\-4\end{bmatrix},\begin{bmatrix}3\\2\end{bmatrix},\begin{bmatrix}-2\\8\end{bmatrix}\right\}$

24. $\left\{\begin{bmatrix}-2\\4\end{bmatrix},\begin{bmatrix}1\\-2\end{bmatrix},\begin{bmatrix}-3\\6\end{bmatrix}\right\}$

25. $\left\{\begin{bmatrix}1\\0\\-2\end{bmatrix},\begin{bmatrix}-1\\1\\4\end{bmatrix},\begin{bmatrix}1\\2\\-2\end{bmatrix}\right\}$

26. $\left\{\begin{bmatrix}-1\\2\\1\end{bmatrix},\begin{bmatrix}-1\\1\\3\end{bmatrix},\begin{bmatrix}1\\-3\\1\end{bmatrix}\right\}$

27. $\left\{\begin{bmatrix}-1\\1\\2\end{bmatrix},\begin{bmatrix}0\\-1\\2\end{bmatrix},\begin{bmatrix}3\\-7\\2\end{bmatrix},\begin{bmatrix}-5\\7\\6\end{bmatrix}\right\}$

28. $\left\{\begin{bmatrix}-1\\3\\0\end{bmatrix},\begin{bmatrix}0\\1\\1\end{bmatrix},\begin{bmatrix}2\\-1\\5\end{bmatrix},\begin{bmatrix}2\\-1\\1\end{bmatrix}\right\}$

在習題 29 至 36 中，已知 $m\times n$ 矩陣 A，對任何 R^m 中的向量 $\mathbf{b}$，求方程式 $A\mathbf{x}=\mathbf{b}$ 是否為一致。

29. $\begin{bmatrix}1 & 0\\-2 & 1\end{bmatrix}$

30. $\begin{bmatrix}1 & -2\\2 & -4\end{bmatrix}$

31. $\begin{bmatrix}1 & 0 & -3\\-1 & 0 & 3\end{bmatrix}$

32. $\begin{bmatrix}1 & 1 & 2\\-1 & -3 & 4\end{bmatrix}$

33. $\begin{bmatrix}1 & -1\\0 & 1\\-2 & 2\end{bmatrix}$

34. $\begin{bmatrix}1 & 0 & -1\\2 & -1 & 1\\0 & 3 & -2\\1 & 1 & -3\end{bmatrix}$

35. $\begin{bmatrix}1 & 2 & 3\\2 & 3 & 4\\3 & 4 & 6\end{bmatrix}$

36. $\begin{bmatrix}1 & 0 & 2 & 1\\2 & 1 & 3 & 2\\3 & 4 & 4 & 5\end{bmatrix}$

在習題 37 至 44 中，已知一個由 R^n 中向量所構成之集合 S。找出 S 最小的子集合，但與 S 有相同之展延。

37. $\left\{\begin{bmatrix}1\\3\end{bmatrix},\begin{bmatrix}0\\1\end{bmatrix}\right\}$

38. $\left\{\begin{bmatrix}-1\\1\end{bmatrix},\begin{bmatrix}2\\-2\end{bmatrix},\begin{bmatrix}1\\0\end{bmatrix}\right\}$

39. $\left\{\begin{bmatrix}1\\0\\-1\end{bmatrix},\begin{bmatrix}-2\\0\\2\end{bmatrix},\begin{bmatrix}0\\1\\0\end{bmatrix}\right\}$

40. $\left\{\begin{bmatrix}1\\-1\\2\end{bmatrix},\begin{bmatrix}2\\-3\\0\end{bmatrix},\begin{bmatrix}0\\0\\0\end{bmatrix}\right\}$

41. $\left\{\begin{bmatrix}1\\-2\\1\end{bmatrix},\begin{bmatrix}-2\\4\\-2\end{bmatrix},\begin{bmatrix}0\\0\\0\end{bmatrix}\right\}$

42. $\left\{\begin{bmatrix}1\\0\\1\end{bmatrix},\begin{bmatrix}1\\1\\0\end{bmatrix},\begin{bmatrix}0\\1\\1\end{bmatrix}\right\}$

43. $\left\{\begin{bmatrix}-1\\0\\1\end{bmatrix},\begin{bmatrix}0\\1\\2\end{bmatrix},\begin{bmatrix}1\\2\\3\end{bmatrix}\right\}$

44. $\left\{\begin{bmatrix}1\\0\\0\end{bmatrix},\begin{bmatrix}1\\1\\0\end{bmatrix},\begin{bmatrix}1\\1\\1\end{bmatrix},\begin{bmatrix}0\\0\\1\end{bmatrix}\right\}$

是非題

在習題 45 至 64 中，決定各命題是否為真。

45. 令 $S=\{\mathbf{u}_1,\mathbf{u}_2,\cdots,\mathbf{u}_k\}$爲 R^n 中向量所組成之非空集合。若且唯若 $\mathbf{v}=c_1\mathbf{u}_1+c_2\mathbf{u}_2+\cdots+c_k\mathbf{u}_k$，則向量 $\mathbf{v}$ 屬於 S 的展延，其中 $c_1, c_2, \cdots, c_k$ 爲純量。
46. $\{0\}$的展延爲$\{0\}$。
47. 若 $A=[\mathbf{u}_1\mathbf{u}_2\cdots\mathbf{u}_k]$ 且矩陣方程 $A\mathbf{x}=\mathbf{v}$ 爲不一致，則 $\mathbf{v}$ 不屬於$\{\mathbf{u}_1,\mathbf{u}_2,\cdots,\mathbf{u}_k\}$的展延。
48. 設 A 是一個 $m\times n$ 矩陣，若且唯若 A 之秩爲 n，則對任何屬於 R^m 的 $\mathbf{b}$，$A\mathbf{x}=\mathbf{b}$ 爲一致。
49. 令 $S=\{\mathbf{u}_1,\mathbf{u}_2,\cdots,\mathbf{u}_k\}$爲 R^n 的子集合。若且唯若$[\mathbf{u}_1\mathbf{u}_2\cdots\mathbf{u}_k]$的秩爲 n，則 S 的展延爲 R^n。
50. R^n 的每個有限子集合都包含於其展延內。
51. 若 S_1 及 S_2 爲 R^n 的有限子集合，且可使得 S_1 包含於 SpanS_2，則 SpanS_1 包含於 SpanS_2。
52. 若 S_1 及 S_2 爲 R^n 的有限子集合，且展延相同，則 $S_1=S_2$。
53. 若 S_1 及 S_2 爲 R^n 的有限子集合，且展延相同，則 S_1 和 S_2 包含相同數目之向量。

54. 令 S 是由 R^n 中向量所構成的非空集合，並令 $\mathbf{v}$ 屬於 R^n。若且唯若 $\mathbf{v}$ 屬於 S，則 S 和 $S\cup\{\mathbf{v}\}$ 的展延爲相同。

55. 由 R^2 中兩個互不平行之向量所組成的集合，其展延爲 R^2。

56. R^n 的任何有限非空子集合的展延，包含有零向量。

57. 若 $\mathbf{v}$ 屬於 S 的展延，對任意純量 c，$c\mathbf{v}$ 也屬於 S 的展延。

58. 若 $\mathbf{u}$ 及 $\mathbf{v}$ 屬於 S 的展延，則 $\mathbf{u}+\mathbf{v}$ 也是。

59. $\{\mathbf{v}\}$的展延包含了 $\mathbf{v}$ 的所有倍數。

60. 若 S 是 R^m 的產生集合，並包含有 k 個向量，則 $k\geq m$ 。

61. 若 A 爲 $m\times n$ 矩陣，它的最簡列梯型中沒有零列，則 A 的各行可構成 R^m 的產生集合。

62. 若 $n\times n$ 矩陣 A 的各行構成 R^n 的產生集合，則 A 的最簡列梯型爲 I_n。

63. 若 A 是 $m\times n$ 矩陣並有某個屬於 R^m 的 $\mathbf{b}$ 可使得 $A\mathbf{x}=\mathbf{b}$ 爲不一致，則 $\text{rank}A<m$ 。

64. 若 S_1 包含於有限集合 S_2，且 S_1 是 R^m 的產生集合，則 S_2 也是 R^m 的產生集合。

---

65. 令 $\mathbf{u}_1=\begin{bmatrix}-1\\3\end{bmatrix}$ 且 $\mathbf{u}_2=\begin{bmatrix}1\\-2\end{bmatrix}$。
    (a) 在$\{\mathbf{u}_1,\mathbf{u}_2\}$中有多少向量？
    (b) 在$\{\mathbf{u}_1,\mathbf{u}_2\}$的展延中有多少向量？

66. 寫出三個不同的，R^3 之 xy 平面的產生集合。

67. 令 A 爲 $m\times n$ 矩陣且 $m>n$。說明，爲何對某一屬於 R^m 的 $\mathbf{b}$，$A\mathbf{x}=\mathbf{b}$ 爲不一致。

68. 對於 R^m 的產生集合中包含有多少向量，我們可說些甚麼？解釋你的答案。

69. 令 S_1 和 S_2 爲 R^n 的有限子集合，並且 S_1 是包含於 S_2。證明，若 S_1 是 R^n 的產生集合，則 S_2 也是。

70. 令 $\mathbf{u}$ 及 $\mathbf{v}$ 爲屬於 R^n 的任意向量。證明，$\{\mathbf{u},\mathbf{v}\}$ 的展延和 $\{\mathbf{u}+\mathbf{v},\mathbf{u}-\mathbf{v}\}$ 的展延相同。

71. 令 $\mathbf{u}_1,\mathbf{u}_2,\cdots,\mathbf{u}_k$ 爲屬於 R^n 的向量，且 $c_1,c_2,\cdots,c_k$ 爲非零純量。證明，$\text{Span}\{\mathbf{u}_1,\ \mathbf{u}_2,\cdots,\mathbf{u}_k\}=\text{Span}\{c_1\mathbf{u}_1,c_2\mathbf{u}_2,\cdots,c_k\mathbf{u}_k\}$ 。

72. 令 $\mathbf{u}_1,\mathbf{u}_2,\cdots,\mathbf{u}_k$ 爲屬於 R^n 的向量，且 c 是一個純量。證明，$\{\mathbf{u}_1,\ \mathbf{u}_2,\ \cdots,\ \mathbf{u}_k\}$的展延等於 $\{\mathbf{u}_1+c\mathbf{u}_2,\mathbf{u}_2,\cdots,\mathbf{u}_k\}$ 的展延。

73. 令 R 是 $m\times n$ 矩陣 A 的最簡列梯型。R 之各行的展延是否等於 A 之各行的展延？驗證你的答案。

74. 令 S_1 和 S_2 爲 R^n 的有限子集合，並且 S_1 包含於 S_2。只利用*展延*的定義以證明 $\text{Span}S_1$ 是包含於 $\text{Span}S_2$。

75. 令 S 爲 R^n 的有限子集合。證明，若 $\mathbf{u}$ 及 $\mathbf{v}$ 屬於 S 的展延，則對任意純量 c，$\mathbf{u}+c\mathbf{v}$ 也屬於 S 的展延。

76. 令 V 是 R^n 的有限子集合的展延。證明，$V=\{0\}$ 或 V 包含無限多個向量。

77. 令 B 爲一個矩陣，它來自對 A 執行一次基本列運算。證明，B 之各列的展延等於 A 之各列的展延。提示：利用習題 71 和 72。

78. 證明，A 之各列的線性組合，都可寫成是 A 的最簡列梯型之各列的線性組合。提示：利用習題 77。

在習題 79 至 82 中，利用有矩陣功能的計算機或諸如 *MATLAB* 的電腦軟體，以求出各題所給之向量，是否屬於以下集合的展延。

$$\left\{\begin{bmatrix}1.2\\-0.1\\2.3\\3.1\\-1.1\\-1.9\end{bmatrix},\begin{bmatrix}3.4\\-1.7\\0.0\\2.4\\1.7\\2.6\end{bmatrix},\begin{bmatrix}-3.1\\0.0\\2.5\\1.6\\-3.2\\1.7\end{bmatrix},\begin{bmatrix}7.7\\-1.8\\-0.2\\3.9\\3.8\\-1.0\end{bmatrix}\right\}$$

79. $\begin{bmatrix}1.0\\-1.5\\-4.6\\-3.8\\3.9\\6.4\end{bmatrix}$　　80. $\begin{bmatrix}-2.6\\-1.8\\7.3\\8.7\\-5.8\\4.1\end{bmatrix}$

81. $\begin{bmatrix}1.5\\-1.6\\2.4\\4.0\\-1.5\\4.3\end{bmatrix}$　　82. $\begin{bmatrix}-4.1\\1.5\\7.1\\5.4\\-7.1\\-4.7\end{bmatrix}$

練習題解答

1. 令 A 爲矩陣，其各行是屬於 S 的向量。則 $\mathbf{u}$ 屬於 S 的展延，若且唯若 $A\mathbf{x}=\mathbf{u}$ 是一致的。因爲$[A \quad \mathbf{u}]$的最簡列梯型是 I_3，此方程組是不一致的。因此 $\mathbf{u}$ 不屬於 S 的展延。在另一方面，$[A \quad \mathbf{v}]$的最簡列梯型是

$$\begin{bmatrix} 1 & 0 & 2 \\ 0 & 1 & 3 \\ 0 & 0 & 0 \end{bmatrix}$$

因此 $A\mathbf{x}=\mathbf{v}$ 是一致的，所以 $\mathbf{v}$ 屬於 S 的展延。事實上，由$[A \quad \mathbf{v}]$的最簡列梯型可得

$$2\begin{bmatrix} 2 \\ -1 \\ 1 \end{bmatrix}+3\begin{bmatrix} -1 \\ 1 \\ 0 \end{bmatrix}=\begin{bmatrix} 1 \\ 1 \\ 2 \end{bmatrix}$$

2. 令 A 爲矩陣，其各行是屬於 S 的向量。A 的最簡列梯型是

$$\begin{bmatrix} 1 & 0 & 0 & 9 \\ 0 & 1 & 0 & 5 \\ 0 & 0 & 1 & -2 \end{bmatrix}$$

因此 A 的秩爲 3，所以由定理 1.6，S 是 R^3 的產生集合。

3. 由練習題 2 之 A 的最簡列梯型我們可看出，A 的最後一行是其它三行的線性組合。因此，向量$\begin{bmatrix} 2 \\ -1 \\ 1 \end{bmatrix}$可由 S 中移除而不影響其展延。

所以

$$S'=\left\{\begin{bmatrix} 1 \\ 0 \\ 1 \end{bmatrix},\begin{bmatrix} -1 \\ 1 \\ 2 \end{bmatrix},\begin{bmatrix} 1 \\ 3 \\ 9 \end{bmatrix}\right\}$$

是 S 的一個子集合，並且是 R^3 的產生集合。此外，這個集合是所有可能中最小的一個，因爲再由 S'移除任一個向量，此集合就只剩兩個向量。這種情形下，以 S'之各向量做爲行的矩陣，將會是一個 3×2 矩陣，它的秩不可能是 3，所以由定理 1.6 可知，它不可能是 R^3 的產生集合。

1.7 線性相依與線性獨立

在 1.6 節中我們看到了，如果產生集合中的某些向量，是其它向量的線性組合，我們是可以縮減產生集合的大小。事實上，由定理 1.7 可知，可以刪除掉此向量而不會改變其展延。在本節中我們所考慮的問題則是，在何種情形下，產生集合無法再縮小。例如集合 $S=\{\mathbf{u}_1, \mathbf{u}_2, \mathbf{u}_3, \mathbf{u}_4\}$，其中

$$\mathbf{u}_1=\begin{bmatrix} 1 \\ -1 \\ 2 \\ 1 \end{bmatrix}，\mathbf{u}_2=\begin{bmatrix} 2 \\ 1 \\ -1 \\ -1 \end{bmatrix}，\mathbf{u}_3=\begin{bmatrix} -1 \\ -8 \\ 13 \\ 8 \end{bmatrix}，及\quad \mathbf{u}_4=\begin{bmatrix} 0 \\ 1 \\ -2 \\ 1 \end{bmatrix}$$

在此種情形下，讀者應可檢查出，$\mathbf{u}_4$ 並不是向量 $\mathbf{u}_1$、$\mathbf{u}_2$ 及 $\mathbf{u}_3$ 的線性組合。但是這並不代表我們就一定找不到一個更小的集合，具有和 S 一樣的展延，因爲 $\mathbf{u}_1$、$\mathbf{u}_2$ 及 $\mathbf{u}_3$ 中的任一個，也有可能是 S 中其它向量的線性組合。事實上，現在就正是如此，因爲

$$\mathbf{u}_3=5\mathbf{u}_1-3\mathbf{u}_2+0\mathbf{u}_4$$

因此，如果要檢查產生集合中是否有任一向量是其它向量的線性組合，我們可能要解許多個線性方程組。還好，我們有更好的方法。

在前一個例子中，我們不想靠猜測來決定 $\mathbf{u}_1$、$\mathbf{u}_2$、$\mathbf{u}_3$ 及 $\mathbf{u}_4$ 中哪一個可以表示成其它向量的線性組合，我們要將問題重新整理。我們可看出，因爲 $\mathbf{u}_3 = 5\mathbf{u}_1 - 3\mathbf{u}_2 + 0\mathbf{u}_4$，故必定有

$$-5\mathbf{u}_1 + 3\mathbf{u}_2 + \mathbf{u}_3 - 0\mathbf{u}_4 = 0$$

因此，與其試著將某一 $\mathbf{u}_i$ 寫成其它向量的線性組合，我們可以試著將 0 表示成 $\mathbf{u}_1$、$\mathbf{u}_2$、$\mathbf{u}_3$ 及 $\mathbf{u}_4$ 的線性組合。當然，如果我們令線性組合中所有係數都是 0，這一定成立。但是如果確實有一個 $\mathbf{u}_1$、$\mathbf{u}_2$、$\mathbf{u}_3$ 及 $\mathbf{u}_4$ 的線性組合等於 0 且所有係數不同時爲 0，則我們可以將某一 $\mathbf{u}_i$ 表示爲其它向量的線性組合。在本例中，方程式 $-5\mathbf{u}_1 + 3\mathbf{u}_2 + \mathbf{u}_3 - 0\mathbf{u}_4 = 0$ 讓我們能夠將 $\mathbf{u}_1$、$\mathbf{u}_2$ 及 $\mathbf{u}_3$ (但不含 $\mathbf{u}_4$)中的任一個表示爲其餘的線性組合。例如，因爲 $-5\mathbf{u}_1 + 3\mathbf{u}_2 + \mathbf{u}_3 - 0\mathbf{u}_4 = 0$，所以

$$\begin{aligned} -5\mathbf{u}_1 &= -3\mathbf{u}_2 - \mathbf{u}_3 + 0\mathbf{u}_4 \\ \mathbf{u}_1 &= \frac{3}{5}\mathbf{u}_2 + \frac{1}{5}\mathbf{u}_3 + 0\mathbf{u}_4 \end{aligned}$$

我們可看出，至少有一個向量取決於(爲其線性組合)其餘向量。此一想法激發出以下定義。

定義　一個包含 k 個屬於 R^n 的向量所成的集合 $\{\mathbf{u}_1, \mathbf{u}_2, \cdots, \mathbf{u}_k\}$，若要稱爲**線性相依(linearly dependent)**則必存在有不全爲 0 的純量 $c_1, c_2, \cdots, c_k$，滿足

$$c_1\mathbf{u}_1 + c_2\mathbf{u}_2 + \cdots + c_k\mathbf{u}_k = 0$$

在此情形下，我們也說，向量 $\mathbf{u}_1, \mathbf{u}_2, \cdots, \mathbf{u}_k$ **爲線性相依。**

對一個包含 k 個向量的集合 $\{\mathbf{u}_1, \mathbf{u}_2, \cdots, \mathbf{u}_k\}$ 若稱其爲**線性獨立(linearly independent)**則能滿足

$$c_1\mathbf{u}_1 + c_2\mathbf{u}_2 + \cdots + c_k\mathbf{u}_k = 0$$

的唯一純量組合 $c_1, c_2, \cdots, c_k$ 必爲 $c_1 = c_2 = \cdots = c_k = 0$。在此情形下，我們也說，向量 $\mathbf{u}_1, \mathbf{u}_2, \cdots, \mathbf{u}_k$ 爲**線性獨立**。

特別說明，若且唯若一集合不爲線性相依，則該集合爲線性獨立。

例題 1

證明集合

$$S_1=\left\{\begin{bmatrix}2\\3\end{bmatrix},\begin{bmatrix}5\\8\end{bmatrix},\begin{bmatrix}1\\2\end{bmatrix}\right\} \quad 和 \quad S_2=\left\{\begin{bmatrix}0\\0\end{bmatrix},\begin{bmatrix}1\\0\end{bmatrix},\begin{bmatrix}0\\1\end{bmatrix}\right\}$$

爲線性相依。

解 方程式

$$c_1\begin{bmatrix}2\\3\end{bmatrix}+c_2\begin{bmatrix}5\\8\end{bmatrix}+c_3\begin{bmatrix}1\\2\end{bmatrix}=\begin{bmatrix}0\\0\end{bmatrix}$$

爲眞，其中 $c_1=2$、$c_2=-1$、且 $c_3=1$。因爲以上線性組合中並非所有係數都是 0，故 S_1 爲線性相依。

因爲

$$1\begin{bmatrix}0\\0\end{bmatrix}+0\begin{bmatrix}1\\0\end{bmatrix}+0\begin{bmatrix}0\\1\end{bmatrix}=\begin{bmatrix}0\\0\end{bmatrix}$$

且在此線性組合中至少有一個係數不爲零，故 S_2 也是線性相依。

由例題 1 可以知道，R^n 的任何有限子集合 $S=\{0,\ \mathbf{u}_1, \mathbf{u}_2, \cdots, \mathbf{u}_k\}$，只要包含了零向量就一定是線性相依，因爲

$$1\cdot 0+0\mathbf{u}_1+0\mathbf{u}_2+\cdots+0\mathbf{u}_k=\mathbf{0}$$

是一個 S 的向量所成的線性組合，其中至少有一個非零係數。

注意

雖然方程式

$$0\begin{bmatrix}2\\3\end{bmatrix}+0\begin{bmatrix}5\\8\end{bmatrix}+0\begin{bmatrix}1\\2\end{bmatrix}=\begin{bmatrix}0\\0\end{bmatrix}$$

爲眞，但是它沒辦法告訴我們，例題 1 中的集合 S_1 到底是線性相依還是線性獨立。對任何由向量構成的集合$\{\mathbf{u}_1, \mathbf{u}_2, \cdots, \mathbf{u}_k\}$，以下類似敘述亦爲眞：

$$0\mathbf{u}_1+0\mathbf{u}_2+\cdots+0\mathbf{u}_k=\mathbf{0}$$

一個由向量構成的集合，要成爲線性相依，則必須滿足方程式

$$c_1\mathbf{u}_1+c_2\mathbf{u}_2+\cdots+c_k\mathbf{u}_k=\mathbf{0}$$

且其係數至少有一個不爲零。

因為方程式 $c_1\mathbf{u}_1+c_2\mathbf{u}_2+\cdots+c_k\mathbf{u}_k=\mathbf{0}$ 可以寫成矩陣－向量積

$$[\mathbf{u}_1\mathbf{u}_2\cdots\mathbf{u}_k]\begin{bmatrix}c_1\\c_2\\\vdots\\c_k\end{bmatrix}=\mathbf{0}$$

我們觀察到以下有用的特性：

> 若且唯若 $A\mathbf{x}=\mathbf{0}$ 存在有非零解，集合 $\{\mathbf{u}_1, \mathbf{u}_2, \cdots, \mathbf{u}_k\}$ 爲線性相依，其中 $A=[\mathbf{u}_1\quad \mathbf{u}_2\quad \cdots\quad \mathbf{u}_k]$。

例題 2

試求集合

$$S=\left\{\begin{bmatrix}1\\2\\1\end{bmatrix},\begin{bmatrix}1\\0\\1\end{bmatrix},\begin{bmatrix}1\\4\\1\end{bmatrix},\begin{bmatrix}1\\2\\3\end{bmatrix}\right\}$$

爲線性相依或線性獨立。

解 我們必須決定 $A\mathbf{x}=\mathbf{0}$ 是否有非零解，其中

$$A=\begin{bmatrix}1&1&1&1\\2&0&4&2\\1&1&1&3\end{bmatrix}$$

爲矩陣，並以 S 中的向量做爲矩陣的各行。$A\mathbf{x}=\mathbf{0}$ 的增廣矩陣爲

$$\begin{bmatrix}1&1&1&1&0\\2&0&4&2&0\\1&1&1&3&0\end{bmatrix}$$

且其最簡列梯形爲

$$\begin{bmatrix}1&0&2&0&0\\0&1&-1&0&0\\0&0&0&1&0\end{bmatrix}$$

因此方程組的通解爲

$$\begin{aligned}x_1 &= -2x_3\\x_2 &= x_3\\x_3 &\quad \text{自由變數}\\x_4 &= 0\end{aligned}$$

因爲 $A\mathbf{x}=\mathbf{0}$ 的解有一個自由變數，此線性方程組有無限多組解，任選一個非零的自由變數值可得一組非零解。例如取 $x_3=1$，可得

$$\begin{bmatrix} x_1 \\ x_2 \\ x_3 \\ x_4 \end{bmatrix} = \begin{bmatrix} -2 \\ 1 \\ 1 \\ 0 \end{bmatrix}$$

爲 $A\mathbf{x}=\mathbf{0}$ 的一個非零解。因此 S 是 R^3 的一個線性相依子集合，因爲

$$-2\begin{bmatrix} 1 \\ 2 \\ 1 \end{bmatrix} + 1\begin{bmatrix} 1 \\ 0 \\ 1 \end{bmatrix} + 1\begin{bmatrix} 1 \\ 4 \\ 1 \end{bmatrix} + 0\begin{bmatrix} 1 \\ 2 \\ 3 \end{bmatrix} = \begin{bmatrix} 0 \\ 0 \\ 0 \end{bmatrix}$$

將 $\mathbf{0}$ 表示爲 S 中向量的線性組合。

例題 3

求集合

$$S = \left\{ \begin{bmatrix} 1 \\ 2 \\ 1 \end{bmatrix}, \begin{bmatrix} 2 \\ 2 \\ 3 \end{bmatrix}, \begin{bmatrix} 1 \\ 0 \\ 1 \end{bmatrix} \right\}$$

是線性相依或線性獨立。

解 與例題 2 一樣，我們必須檢查 $A\mathbf{x}=\mathbf{0}$ 是否有非零解，其中

$$A = \begin{bmatrix} 1 & 2 & 1 \\ 2 & 2 & 0 \\ 1 & 3 & 1 \end{bmatrix}$$

有一個辦法可做到這一點而不需要眞的解出 $A\mathbf{x}=\mathbf{0}$ (如我們在例題 2 所做的)。留意到，若且唯若其通解包含一個自由變數，則方程組 $A\mathbf{x}=\mathbf{0}$ 有非零解。因爲 A 的最簡列梯形爲

$$\begin{bmatrix} 1 & 0 & 0 \\ 0 & 1 & 0 \\ 0 & 0 & 1 \end{bmatrix}$$

A 之秩爲 3，且 A 的零消次數爲 $3-3=0$。因此 $A\mathbf{x}=\mathbf{0}$ 的通解中沒有自由變數。所以 $A\mathbf{x}=\mathbf{0}$ 沒有非零解，因此 S 爲線性獨立。

在例題 3 中，我們證明一特定集合 S 爲線性獨立，而沒有實際求解線性方程組。下一個定理說明一個類似的方法，但可適用於任何集合。特別留意此定理與定理 1.6 的關係。

定理 1.8

以下關於 $m \times n$ 矩陣 A 的命題為等價：

(a) A 的各行為線性獨立。

(b) 對任一屬於 R^m 的 $\mathbf{b}$，方程式 $A\mathbf{x}=\mathbf{b}$ 至多有一解。

(c) A 的零消次數為零。

(d) A 的秩為 n，也就是 A 的行數。

(e) A 之最簡列梯形之各行是 R^m 中的相異標準向量。

(f) $A\mathbf{x}=\mathbf{0}$ 只有 $\mathbf{0}$ 一組解。

(g) A 的每一行都有一個樞軸位置。

證明　我們已看到了(a)和(f)為等價，而且很明顯的(f)和(g)為等價。為完整證明，我們要證明由(b)可得(c)、(c)可得(d)、(d)可得(e)、(e)可得(f)、且由(f)可得(b)。

(b) 可得(c)　因為 $\mathbf{0}$ 是 $A\mathbf{x}=\mathbf{0}$ 的解，(b)意謂著 $A\mathbf{x}=\mathbf{0}$ 沒有非零解。因此，$A\mathbf{x}=\mathbf{0}$ 的通解沒有自由變數。因為 A 的零消次數等於自由變數的個數，所以我們知道 A 的零消次數為零。

(c) 可得(d)　因為 $\text{rank}A + \text{nullity}A = n$，由(c)立即可得(d)。

(d) 可得(e)　若 A 之秩為 n，則 A 的每一行都是樞軸行，且因而 A 的每一行都是標準向量。且它們必須是相異的，因為每一行都必定有某一列的首項元素。

(e) 可得(f)　令 R 為 A 的最簡列梯形。如果 R 之各行是 R^m 中的相異標準向量，則 $R=[\mathbf{e}_1\ \mathbf{e}_2 \cdots \mathbf{e}_n]$。很明顯的，$R\mathbf{x}=\mathbf{0}$ 的唯一解是 $\mathbf{0}$，且因為 $A\mathbf{x}=\mathbf{0}$ 與 $R\mathbf{x}=\mathbf{0}$ 為等價，故可得 $A\mathbf{x}=\mathbf{0}$ 的唯一解是 $\mathbf{0}$。

(f) 可得(b)　令 $\mathbf{b}$ 為屬於 R^m 的任意向量。為證明 $A\mathbf{x}=\mathbf{b}$ 至多有一解，我們假設 $\mathbf{u}$ 及 $\mathbf{v}$ 均為 $A\mathbf{x}=\mathbf{b}$ 的解，然後證明 $\mathbf{u}=\mathbf{v}$。因為 $\mathbf{u}$ 及 $\mathbf{v}$ 均為 $A\mathbf{x}=\mathbf{b}$ 的解，故有

$$A(\mathbf{u}-\mathbf{v}) = A\mathbf{u} - A\mathbf{v} = \mathbf{b} - \mathbf{b} = \mathbf{0}$$

所以 $\mathbf{u}-\mathbf{v}$ 是 $A\mathbf{x}=\mathbf{0}$ 的解。因此由(f)可得 $\mathbf{u}-\mathbf{v}=\mathbf{0}$，也就是 $\mathbf{u}=\mathbf{v}$。所以就得到，$A\mathbf{x}=\mathbf{b}$ 最多有一解。……■

練習題 1.

在集合

$$S=\left\{\begin{bmatrix}-1\\0\\2\\1\end{bmatrix},\begin{bmatrix}1\\1\\-1\\-1\end{bmatrix},\begin{bmatrix}0\\2\\-1\\1\end{bmatrix},\begin{bmatrix}-1\\3\\1\\2\end{bmatrix}\right\}$$

中，是否有某向量是其它向量的線性組合？

若 $\mathbf{b}=\mathbf{0}$，我們稱方程式 $A\mathbf{x}=\mathbf{b}$ 爲**齊次(homogeneous)**。如例題 2 及 3 所示，當我們在檢查一個子集合是否爲線性獨立時，就會遇到齊次方程式。特別留意，一個齊次式不同於任意方程式，因爲 $\mathbf{0}$ 必定爲 $A\mathbf{x}=\mathbf{0}$ 的一解，所以它們一定是一致的。因此之故，對齊次式而言，它是否有解不是問題，重點是，是否 $\mathbf{0}$ 是它的唯一解。如果不是，則方程組有無限多組解。例如，對一個變數個數比方程式多的齊次線性方程組而言，其通解中必定有自由變數。因此，一個變數個數比方程式多的齊次線性方程組有無限多組解。依據定理 1.8，$A\mathbf{x}=\mathbf{0}$ 之解的數目決定了 A 之各行是線性相依或線性獨立。

爲探討齊次方程式 $A\mathbf{x}=\mathbf{0}$ 的其它性質，我們考慮以下矩陣的方程式

$$A=\begin{bmatrix}1 & -4 & 2 & -1 & 2\\ 2 & -8 & 3 & 2 & -1\end{bmatrix}$$

因爲 $[A\quad \mathbf{0}]$ 的最簡列梯形爲

$$\begin{bmatrix}1 & -4 & 0 & 7 & -8 & 0\\ 0 & 0 & 1 & -4 & 5 & 0\end{bmatrix}$$

$A\mathbf{x}=\mathbf{0}$ 的通解爲

$$\begin{aligned}x_1 &= 4x_2 - 7x_4 + 8x_5\\ x_2 &\quad \text{自由變數}\\ x_3 &= 4x_4 - 5x_5\\ x_4 &\quad \text{自由變數}\\ x_5 &\quad \text{自由變數}\end{aligned}$$

將 $A\mathbf{x}=\mathbf{0}$ 的解表成向量式可得

$$\begin{bmatrix}x_1\\x_2\\x_3\\x_4\\x_5\end{bmatrix}=\begin{bmatrix}4x_2-7x_4+8x_5\\x_2\\4x_4-5x_5\\x_4\\x_5\end{bmatrix}=x_2\begin{bmatrix}4\\1\\0\\0\\0\end{bmatrix}+x_4\begin{bmatrix}-7\\0\\4\\1\\0\end{bmatrix}+x_5\begin{bmatrix}8\\0\\-5\\0\\1\end{bmatrix}\qquad(11)$$

因此 $A\mathbf{x}=\mathbf{0}$ 的解，爲以下集合的展延

$$S=\left\{\begin{bmatrix}4\\1\\0\\0\\0\end{bmatrix},\begin{bmatrix}-7\\0\\4\\1\\0\end{bmatrix},\begin{bmatrix}8\\0\\-5\\0\\1\end{bmatrix}\right\}$$

對矩陣 A，以類似的方法，我們可以將 $A\mathbf{x}=\mathbf{0}$ 的解表示成向量的線性組合，其係數就是通解的自由變數。這種表示方式稱做 $A\mathbf{x}=\mathbf{0}$ 之通解的**向量形式 (vector form)**。此方程式的解集合，等於其通解之向量形式中之向量所成之集合的展延。

對前述的集合，由式(11)可看出，由屬於 S 的向量所構成之線性組合中，唯一等於 $\mathbf{0}$ 的線性組合，其所有係數均為零。所以 S 是線性獨立。更一般化的講法為以下命題：

> 如果用 1.3 節所述的方法獲得 $A\mathbf{x}=\mathbf{0}$ 之通解，則此通解的向量形式所包含之各向量為線性獨立。

練習題 2.

求以下方程組通解之向量形式

$$\begin{aligned} x_1 - 3x_2 - x_3 + x_4 - x_5 &= 0\\ 2x_1 - 6x_2 + x_3 - 3x_4 - 9x_5 &= 0\\ -2x_1 + 6x_2 + 3x_3 + 2x_4 + 11x_5 &= 0 \end{aligned}$$

線性相依與線性獨立集合

以下結果，提供了一個線性相依集合的有用特徵。在 2.3 節中，我們會建立一個簡單的方法以運用定理 1.9，用以將線性相依集合中某一向量寫成它之前向量的線性組合。

定理 1.9

對屬於 R^n 的向量 $\mathbf{u}_1, \mathbf{u}_2, \cdots, \mathbf{u}_k$，若且唯若 $\mathbf{u}_1=\mathbf{0}$ 或存在有 $i\geq 2$ 可使得 $\mathbf{u}_i$ 是它之前向量 $\mathbf{u}_1, \mathbf{u}_2, \cdots, \mathbf{u}_{i-1}$ 的線性組合，則 $\mathbf{u}_1, \mathbf{u}_2, \cdots, \mathbf{u}_k$ 為線性相依。

證明　首先設屬於 R^n 的向量 $\mathbf{u}_1, \mathbf{u}_2, \cdots, \mathbf{u}_k$ 為線性相依。若 $\mathbf{u}_1=\mathbf{0}$ 則完成；所以設 $\mathbf{u}_1\neq\mathbf{0}$。存在有不全為零的純量 $c_1, c_2, \cdots, c_k$，可使得

$$c_1\mathbf{u}_1+c_2\mathbf{u}_2+\cdots+c_k\mathbf{u}_k=\mathbf{0}$$

令 i 爲滿足 $c_i \neq 0$ 的最大指標。要留意 $i \geq 2$，要不然前式就會簡化成，$c_1\mathbf{u}_1 = \mathbf{0}$，但是 $c_1 \neq 0$ 且 $\mathbf{u}_1 \neq \mathbf{0}$ 故該式不成立。因此上式成爲

$$c_1\mathbf{u}_1 + c_2\mathbf{u}_2 + \cdots + c_i\mathbf{u}_u = \mathbf{0}$$

其中 $c_i \neq 0$。此式求解 $\mathbf{u}_i$，可得

$$c_i\mathbf{u}_i = -c_1\mathbf{u}_1 - c_2\mathbf{u}_2 - \cdots - c_{i-1}\mathbf{u}_{i-1}$$
$$\mathbf{u}_i = \frac{-c_1}{c_i}\mathbf{u}_1 - \frac{c_2}{c_i}\mathbf{u}_2 - \cdots - \frac{c_{i-1}}{c_i}\mathbf{u}_{i-1}$$

因此 $\mathbf{u}_i$ 爲 $\mathbf{u}_1, \mathbf{u}_2, \cdots, \mathbf{u}_{i-1}$ 的線性組合。

我們將其逆命題的證明留做習題。..■

下列性質是關於線性相依及線性獨立集合。

線性相依或線性獨立之集合的性質

1. 只包含一個非零向量的集合爲線性獨立，但$\{\mathbf{0}\}$爲線性相依。
2. 兩個向量所成之集合$\{\mathbf{u}_1, \mathbf{u}_2\}$要爲線性相依，若且唯若 $\mathbf{u}_1=\mathbf{0}$ 或 $\mathbf{u}_2$ 爲集合$\{\mathbf{u}_1\}$的展延；亦即，若且唯若 $\mathbf{u}_1 = \mathbf{0}$ 或 $\mathbf{u}_2$ 爲 $\mathbf{u}_1$ 的倍數。因此，一個由兩個向量組成的集合要是線性獨立，若且唯若一個向量是另一個的倍數。
3. 令 $S=\{\mathbf{u}_1, \mathbf{u}_2, \cdots, \mathbf{u}_k\}$爲 R^n 的一個線性獨立子集合，且 $\mathbf{v}$ 屬於 R^n。則 $\mathbf{v}$ 不屬於 S 的展延的條件爲，若且唯若$\{\mathbf{u}_1, \mathbf{u}_2, \cdots, \mathbf{u}_k, \mathbf{v}\}$是線性獨立。
4. 對所有 R^n 的子集合，若包含 n 個以上的向量，則必爲線性相依。
5. 若 S 是 R^n 的子集合，且無法由 S 中移除任一向量而能夠不改變其展延，則 S 爲線性獨立。

注意

第 2 項結論，只適用於僅包含兩個向量的集合。例如，在 R^3 中，集合$\{\mathbf{e}_1, \mathbf{e}_2, \mathbf{e}_1 + \mathbf{e}_2\}$爲線性相依，但此集合中沒有任一個向量是其它向量的倍數。

性質 1、2、及 5 可由定理 1.9 獲得。

爲驗證性質 3，由定理 1.9 可觀察到，對 $\mathbf{u}_1 \neq \mathbf{0}$，且 $i \geq 2$，沒有 $\mathbf{u}_i$ 屬於$\{\mathbf{u}_1, \mathbf{u}_2, \cdots, \mathbf{u}_{i-1}\}$的展延。如果 $\mathbf{v}$ 不屬於 S 的展延，由定理 1.9 可知，向量 $\mathbf{u}_1, \mathbf{u}_2, \cdots, \mathbf{u}_k, \mathbf{v}$ 同樣是線性獨立。反過來說，如果向量 $\mathbf{u}_1, \mathbf{u}_2, \cdots, \mathbf{u}_k, \mathbf{v}$ 爲線性獨立，則由定理 1.9，$\mathbf{v}$ 不是 $\mathbf{u}_1, \mathbf{u}_2, \cdots, \mathbf{u}_k$ 的線性組合。所以 $\mathbf{v}$ 不屬於 S 的展延。(k=2 的情形參見圖 1.27。)

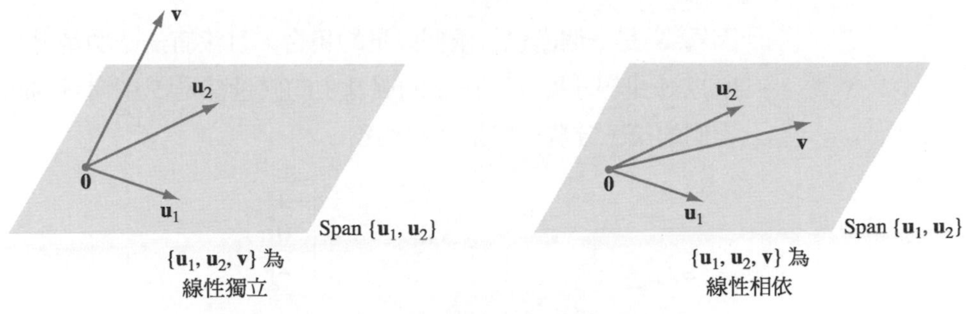

圖 1.27　三個向量之線性獨立與線性相依集合

爲說明性質 4，考慮 k 個 R^n 中向量所成的集合$\{\mathbf{u}_1, \mathbf{u}_2, \cdots, \mathbf{u}_k\}$，其中 $k > n$。則 $n \times k$ 矩陣$[\mathbf{u}_1\ \mathbf{u}_2\ \cdots\ \mathbf{u}_k]$的秩不可能爲 k，因爲它只有 n 列。因此，由定理 1.8 可知$\{\mathbf{u}_1, \mathbf{u}_2, \cdots, \mathbf{u}_k\}$爲線性相依。不過下一個例子會顯示，$R^n$ 的子集合若包含 n 個或更少的向量，可能爲線性相依或線性獨立。

例題 4

利用觀察以決定以下各集合是線性相依或線性獨立：

$$S_1 = \left\{ \begin{bmatrix} 3 \\ -1 \\ 7 \end{bmatrix}, \begin{bmatrix} 0 \\ 0 \\ 0 \end{bmatrix}, \begin{bmatrix} -2 \\ 5 \\ 1 \end{bmatrix} \right\}，S_2 = \left\{ \begin{bmatrix} -4 \\ 12 \\ 6 \end{bmatrix}, \begin{bmatrix} -10 \\ 30 \\ 15 \end{bmatrix} \right\}$$

$$S_3 = \left\{ \begin{bmatrix} -3 \\ 7 \\ 0 \end{bmatrix}, \begin{bmatrix} 2 \\ 9 \\ 0 \end{bmatrix}, \begin{bmatrix} -1 \\ 0 \\ 2 \end{bmatrix} \right\}，S_4 = \left\{ \begin{bmatrix} 2 \\ 0 \\ 1 \end{bmatrix}, \begin{bmatrix} -1 \\ 3 \\ 2 \end{bmatrix}, \begin{bmatrix} 1 \\ 1 \\ 1 \end{bmatrix}, \begin{bmatrix} 4 \\ -2 \\ 3 \end{bmatrix} \right\}$$

解　因爲 S_1 包含零向量，所以它是線性相依。

要決定僅有兩個向量的 S_2 是線性相依或線性獨立，我們只需要檢查 S_2 中的某一向量是否爲另一向量的倍數。因爲

$$\frac{5}{2}\begin{bmatrix} -4 \\ 12 \\ 6 \end{bmatrix} = \begin{bmatrix} -10 \\ 30 \\ 15 \end{bmatrix}$$

我們可看出 S_2 爲線性相依。

要檢查 S_3 是否爲線性獨立，我們考慮子集合 $S = \{\mathbf{u}_1, \mathbf{u}_2\}$，其中

$$\mathbf{u}_1 = \begin{bmatrix} -3 \\ 7 \\ 0 \end{bmatrix} \quad 及 \quad \mathbf{u}_2 = \begin{bmatrix} 2 \\ 9 \\ 0 \end{bmatrix}$$

因爲 S 是一個僅包含兩個向量的集合，且沒有任一個是另一向量的倍數，所以 S 是線性獨立。在 S 的展延中的向量都是 S 中向量的線性組合，因此它們的第三分量一定是 0。因爲

$$\mathbf{v}=\begin{bmatrix}-1\\0\\2\end{bmatrix}$$

其第三分量不爲零，所以它不屬於 S 的展延。所以由前面所列的性質 3，$S_3=\{\mathbf{u}_1,\mathbf{u}_2,\mathbf{v}\}$爲線性獨立。

最後，由性質 4 可知 S_4 是線性相依，因爲它是由 4 個屬於 R^3 的向量所成的集合。

練習題 3.

利用觀察以決定以下各集合是線性相依或線性獨立：

$$S_1=\left\{\begin{bmatrix}1\\-2\\0\end{bmatrix}\right\}，S_2=\left\{\begin{bmatrix}3\\-1\\2\end{bmatrix},\begin{bmatrix}6\\-2\\4\end{bmatrix},\begin{bmatrix}1\\2\\-1\end{bmatrix}\right\}$$

$$S_3=\left\{\begin{bmatrix}1\\3\\-2\end{bmatrix},\begin{bmatrix}2\\6\\-1\end{bmatrix}\right\}，S_4=\left\{\begin{bmatrix}1\\0\\1\end{bmatrix},\begin{bmatrix}-1\\1\\2\end{bmatrix},\begin{bmatrix}2\\1\\3\end{bmatrix},\begin{bmatrix}1\\-2\\4\end{bmatrix}\right\}$$

在本章中，我們介紹了矩陣與向量，以及它們的一些基本性質。因爲我們可以用矩陣及向量來表示線性方程組，我們可以用這些陣列來求解任何線性方程組。令人驚訝的是，方程式 $A\mathbf{x}=\mathbf{b}$ 有多少組解，同時取決於簡單和複雜兩個概念，一個簡單的概念是矩陣的秩，複雜的概念則是產生集何與線性獨立集合。定理 1.6 及 1.8 明確的說明此種情形。做爲本章的總結，下表列出了第 1.6 及 1.7 節所介紹之各種觀念的關係。我們假設 A 是一個 $m\times n$ 矩陣，其最簡列梯形爲 R。表中同一列中的性質是等價的。

A 之秩	$A\mathbf{x}=\mathbf{b}$ 有多少解	A 之行	A 的最簡列梯型 R
rank $A=m$	對每個屬於 R^m 的 $\mathbf{b}$，$A\mathbf{x}=\mathbf{b}$ 至少有一解	A 之各行是 R^m 的產生集合	R 的每一列包含一個樞軸位置
rank $A=n$	對每個屬於 R^m 的 $\mathbf{b}$，$A\mathbf{x}=\mathbf{b}$ 至多有一解	A 之各行是線性獨立的	R 的每一行包含一個樞軸位置

習　題

在習題 1 至 12 中，由觀察以決定各集合是否為線性相依。

1. $\left\{\begin{bmatrix}1\\3\end{bmatrix},\begin{bmatrix}2\\6\end{bmatrix}\right\}$

2. $\left\{\begin{bmatrix}2\\-1\end{bmatrix},\begin{bmatrix}-1\\2\end{bmatrix}\right\}$

3. $\left\{\begin{bmatrix}1\\-3\\0\end{bmatrix},\begin{bmatrix}-2\\6\\0\end{bmatrix}\right\}$

4. $\left\{\begin{bmatrix}3\\-1\\2\end{bmatrix},\begin{bmatrix}0\\0\\0\end{bmatrix},\begin{bmatrix}-2\\5\\1\end{bmatrix}\right\}$

5. $\left\{\begin{bmatrix}0\\0\\-1\end{bmatrix},\begin{bmatrix}0\\2\\1\end{bmatrix},\begin{bmatrix}-3\\7\\2\end{bmatrix}\right\}$

6. $\left\{\begin{bmatrix}1\\-4\end{bmatrix},\begin{bmatrix}2\\3\end{bmatrix},\begin{bmatrix}-5\\6\end{bmatrix}\right\}$

7. $\left\{\begin{bmatrix}-3\\12\end{bmatrix},\begin{bmatrix}1\\-4\end{bmatrix}\right\}$

8. $\left\{\begin{bmatrix}4\\3\end{bmatrix},\begin{bmatrix}-2\\5\end{bmatrix},\begin{bmatrix}2\\1\end{bmatrix}\right\}$

9. $\left\{\begin{bmatrix}5\\3\end{bmatrix}\right\}$

10. $\left\{\begin{bmatrix}3\\7\end{bmatrix},\begin{bmatrix}0\\0\end{bmatrix},\begin{bmatrix}-1\\4\end{bmatrix}\right\}$

11. $\left\{\begin{bmatrix}1\\0\\1\end{bmatrix},\begin{bmatrix}0\\2\\0\end{bmatrix},\begin{bmatrix}1\\6\\1\end{bmatrix}\right\}$

12. $\left\{\begin{bmatrix}1\\-2\\0\end{bmatrix},\begin{bmatrix}1\\0\\1\end{bmatrix},\begin{bmatrix}3\\-1\\4\end{bmatrix},\begin{bmatrix}2\\0\\-1\end{bmatrix}\right\}$

在習題 13 至 22 中，已知集合 S。經由觀察以找出，S 的所有子集合中所含向量最少，但展延與 S 的展延一樣的子集合。

13. $\left\{\begin{bmatrix}1\\-2\\3\end{bmatrix},\begin{bmatrix}-2\\4\\-6\end{bmatrix}\right\}$

14. $\left\{\begin{bmatrix}1\\0\\2\end{bmatrix},\begin{bmatrix}3\\-1\\1\end{bmatrix}\right\}$

15. $\left\{\begin{bmatrix}-3\\2\\0\end{bmatrix},\begin{bmatrix}1\\6\\0\end{bmatrix},\begin{bmatrix}0\\0\\0\end{bmatrix}\right\}$

16. $\left\{\begin{bmatrix}0\\0\\1\end{bmatrix},\begin{bmatrix}0\\1\\2\end{bmatrix},\begin{bmatrix}1\\2\\3\end{bmatrix},\begin{bmatrix}2\\3\\4\end{bmatrix}\right\}$

17. $\left\{\begin{bmatrix}2\\-3\\5\end{bmatrix},\begin{bmatrix}4\\-6\\10\end{bmatrix},\begin{bmatrix}1\\0\\2\end{bmatrix}\right\}$

18. $\left\{\begin{bmatrix}1\\0\\-1\end{bmatrix},\begin{bmatrix}-3\\0\\3\end{bmatrix},\begin{bmatrix}5\\0\\-5\end{bmatrix},\begin{bmatrix}-6\\0\\6\end{bmatrix}\right\}$

19. $\left\{\begin{bmatrix}4\\3\end{bmatrix},\begin{bmatrix}-2\\5\end{bmatrix},\begin{bmatrix}2\\1\end{bmatrix}\right\}$

20. $\left\{\begin{bmatrix}1\\2\\-3\end{bmatrix},\begin{bmatrix}4\\-6\\2\end{bmatrix},\begin{bmatrix}-2\\3\\-1\end{bmatrix},\begin{bmatrix}-3\\-6\\9\end{bmatrix}\right\}$

21. $\left\{\begin{bmatrix}-2\\0\\3\end{bmatrix},\begin{bmatrix}0\\4\\0\end{bmatrix},\begin{bmatrix}-4\\1\\6\end{bmatrix}\right\}$

22. $\left\{\begin{bmatrix}2\\1\\0\end{bmatrix},\begin{bmatrix}3\\2\\1\end{bmatrix},\begin{bmatrix}5\\3\\1\end{bmatrix}\right\}$

在習題23至30中，決定各集合是否為線性獨立。

23. $\left\{\begin{bmatrix}1\\-1\\-2\end{bmatrix},\begin{bmatrix}-1\\0\\1\end{bmatrix},\begin{bmatrix}1\\2\\1\end{bmatrix}\right\}$

24. $\left\{\begin{bmatrix}1\\-1\\1\end{bmatrix},\begin{bmatrix}-1\\0\\2\end{bmatrix},\begin{bmatrix}2\\1\\1\end{bmatrix}\right\}$

25. $\left\{\begin{bmatrix}1\\2\\0\\-1\end{bmatrix},\begin{bmatrix}1\\-3\\1\\-2\end{bmatrix},\begin{bmatrix}1\\2\\-2\\3\end{bmatrix}\right\}$

26. $\left\{\begin{bmatrix}-1\\0\\1\\2\end{bmatrix},\begin{bmatrix}-2\\1\\1\\-3\end{bmatrix},\begin{bmatrix}-4\\1\\3\\1\end{bmatrix}\right\}$

27. $\left\{\begin{bmatrix}1\\0\\0\\-2\end{bmatrix},\begin{bmatrix}0\\1\\-1\\0\end{bmatrix},\begin{bmatrix}1\\0\\1\\1\end{bmatrix},\begin{bmatrix}0\\1\\0\\1\end{bmatrix}\right\}$

28. $\left\{\begin{bmatrix}1\\0\\1\\0\end{bmatrix},\begin{bmatrix}-1\\1\\0\\1\end{bmatrix},\begin{bmatrix}1\\-1\\1\\0\end{bmatrix},\begin{bmatrix}3\\-1\\0\\-3\end{bmatrix}\right\}$

29. $\left\{\begin{bmatrix}1\\-1\\-1\\2\end{bmatrix},\begin{bmatrix}-1\\0\\1\\-1\end{bmatrix},\begin{bmatrix}-1\\-4\\1\\3\end{bmatrix},\begin{bmatrix}0\\1\\-2\\1\end{bmatrix}\right\}$

30. $\left\{\begin{bmatrix}-1\\0\\1\\-1\end{bmatrix},\begin{bmatrix}1\\0\\-2\\0\end{bmatrix},\begin{bmatrix}0\\-2\\1\\2\end{bmatrix},\begin{bmatrix}1\\-1\\-1\\2\end{bmatrix}\right\}$

在習題 31 至 38 中，已知一線性相依集合 S。將 S 中某一向量寫成其它向量的線性組合。

31. $\left\{\begin{bmatrix}-1\\1\\2\end{bmatrix},\begin{bmatrix}3\\-3\\-6\end{bmatrix},\begin{bmatrix}0\\1\\2\end{bmatrix}\right\}$

32. $\left\{\begin{bmatrix}0\\0\\0\end{bmatrix},\begin{bmatrix}-2\\3\\-4\end{bmatrix},\begin{bmatrix}4\\-3\\2\end{bmatrix}\right\}$

33. $\left\{\begin{bmatrix}0\\1\\1\end{bmatrix},\begin{bmatrix}1\\0\\-1\end{bmatrix},\begin{bmatrix}4\\5\\1\end{bmatrix}\right\}$

34. $\left\{\begin{bmatrix}1\\2\\-1\end{bmatrix},\begin{bmatrix}-1\\-3\\2\end{bmatrix},\begin{bmatrix}4\\6\\-2\end{bmatrix}\right\}$

35. $\left\{\begin{bmatrix}1\\-1\end{bmatrix},\begin{bmatrix}0\\1\end{bmatrix},\begin{bmatrix}3\\-2\end{bmatrix},\begin{bmatrix}1\\4\end{bmatrix}\right\}$

36. $\left\{\begin{bmatrix}1\\0\\3\end{bmatrix},\begin{bmatrix}2\\-1\\1\end{bmatrix},\begin{bmatrix}5\\-4\\-5\end{bmatrix}\right\}$

37. $\left\{\begin{bmatrix}1\\2\\-1\end{bmatrix},\begin{bmatrix}0\\1\\-1\end{bmatrix},\begin{bmatrix}-1\\-2\\0\end{bmatrix},\begin{bmatrix}2\\1\\-2\end{bmatrix}\right\}$

38. $\left\{\begin{bmatrix}1\\0\\-1\\-1\\1\end{bmatrix},\begin{bmatrix}-1\\1\\1\\0\\1\end{bmatrix},\begin{bmatrix}-1\\-1\\2\\1\\0\end{bmatrix},\begin{bmatrix}0\\-1\\3\\-2\\7\end{bmatrix}\right\}$

在習題 39 至 50 中，如果可能的話，找出可使所給之集合為線性相依之 r 的值。

39. $\left\{\begin{bmatrix}1\\-1\end{bmatrix},\begin{bmatrix}-3\\3\end{bmatrix},\begin{bmatrix}4\\r\end{bmatrix}\right\}$

40. $\left\{\begin{bmatrix}-2\\0\\1\end{bmatrix},\begin{bmatrix}1\\0\\-3\end{bmatrix},\begin{bmatrix}-1\\1\\r\end{bmatrix}\right\}$

41. $\left\{\begin{bmatrix}-2\\0\\1\end{bmatrix},\begin{bmatrix}1\\1\\-3\end{bmatrix},\begin{bmatrix}-1\\1\\r\end{bmatrix}\right\}$

42. $\left\{\begin{bmatrix}1\\0\\-1\\1\end{bmatrix},\begin{bmatrix}0\\-1\\2\\1\end{bmatrix},\begin{bmatrix}-1\\1\\1\\0\end{bmatrix},\begin{bmatrix}-1\\9\\r\\-2\end{bmatrix}\right\}$

43. $\left\{\begin{bmatrix}2\\1\end{bmatrix},\begin{bmatrix}5\\3\end{bmatrix},\begin{bmatrix}r\\0\end{bmatrix}\right\}$

44. $\left\{\begin{bmatrix}2\\1\\0\end{bmatrix},\begin{bmatrix}5\\3\\0\end{bmatrix},\begin{bmatrix}r\\0\\r\end{bmatrix}\right\}$

45. $\left\{\begin{bmatrix}2\\-1\end{bmatrix},\begin{bmatrix}1\\3\end{bmatrix},\begin{bmatrix}8\\r\end{bmatrix}\right\}$

46. $\left\{\begin{bmatrix}-1\\3\\2\end{bmatrix},\begin{bmatrix}2\\5\\r\end{bmatrix}\right\}$

47. $\left\{\begin{bmatrix}1\\2\\-1\end{bmatrix},\begin{bmatrix}2\\1\\-3\end{bmatrix},\begin{bmatrix}-1\\7\\r\end{bmatrix}\right\}$

48. $\left\{\begin{bmatrix}-1\\2\\1\end{bmatrix},\begin{bmatrix}0\\1\\2\end{bmatrix},\begin{bmatrix}1\\2\\r\end{bmatrix}\right\}$

49. $\left\{\begin{bmatrix}1\\2\\3\\-1\end{bmatrix},\begin{bmatrix}3\\1\\6\\1\end{bmatrix},\begin{bmatrix}-1\\3\\-2\\r\end{bmatrix}\right\}$

50. $\left\{\begin{bmatrix}0\\-1\\2\\1\end{bmatrix},\begin{bmatrix}1\\2\\-1\\3\end{bmatrix},\begin{bmatrix}0\\0\\0\\0\end{bmatrix},\begin{bmatrix}-1\\0\\r\\-1\end{bmatrix}\right\}$

在習題 51 至 62 中，寫出各方程組之通解的向量形式。

51. $x_1 - 4x_2 + 2x_3 = 0$

52. $\begin{aligned} x_1 \quad\quad + 5x_3 &= 0\\ x_2 - 3x_3 &= 0\end{aligned}$

53. $\begin{aligned} x_1 + 3x_2 \quad\quad + 2x_4 &= 0\\ x_3 - 6x_4 &= 0\end{aligned}$

54. $\begin{aligned} x_1 \quad\quad + 4x_4 &= 0\\ x_2 - 2x_4 &= 0\end{aligned}$

55. $\begin{aligned} x_1 \quad\quad + 4x_3 - 2x_4 &= 0\\ -x_1 + x_2 - 7x_3 + 7x_4 &= 0\\ 2x_1 + 3x_2 - x_3 + 11x_4 &= 0\end{aligned}$

56. $\begin{aligned} x_1 - 2x_2 - x_3 - 4x_4 &= 0\\ 2x_1 - 4x_2 + 3x_3 + 7x_4 &= 0\\ -2x_1 + 4x_2 + x_3 + 5x_4 &= 0\end{aligned}$

57. $\begin{aligned} -x_1 + 2x_3 - 5x_4 + x_5 - x_6 &= 0\\ x_1 - x_3 + 3x_4 - x_5 + 2x_6 &= 0\\ x_1 + x_3 - x_4 + x_5 + 4x_6 &= 0\end{aligned}$

58. $\begin{aligned} -x_1 \quad\quad - 2x_3 - x_4 - 5x_5 &= 0\\ - x_2 + 3x_3 + 2x_4 \quad\quad &= 0\\ -2x_1 + x_2 + x_3 - x_4 + 8x_5 &= 0\\ 3x_1 - x_2 - 3x_3 - x_4 - 15x_5 &= 0\end{aligned}$

59. $\begin{aligned} x_1 + x_2 + x_4 &= 0\\ x_1 + 2x_2 + 4x_4 &= 0\\ 2x_1 \quad\quad - 4x_4 &= 0\end{aligned}$

60. $\begin{aligned} x_1 - 2x_2 + x_3 + x_4 + 7x_5 &= 0\\ x_1 - 2x_2 + 2x_3 \quad\quad + 10x_5 &= 0\\ 2x_1 - 4x_2 \quad\quad + 4x_4 + 8x_5 &= 0\end{aligned}$

61. $\begin{aligned} x_1 + 2x_2 - x_3 \quad\quad + 2x_5 - x_6 &= 0\\ 2x_1 + 4x_2 - 2x_3 - x_4 \quad\quad - 5x_6 &= 0\\ -x_1 - 2x_2 + x_3 + x_4 + 2x_5 + 4x_6 &= 0\\ x_4 + 4x_5 + 3x_6 &= 0\end{aligned}$

62. $\begin{aligned} x_1 - x_2 \quad\quad - 2x_4 - x_5 + 4x_6 &= 0\\ 2x_1 - 2x_2 - x_3 - 7x_4 - x_5 + 5x_6 &= 0\\ -x_1 + x_2 + x_3 + 5x_4 + x_5 - 3x_6 &= 0\\ x_3 + 3x_4 + x_5 - x_6 &= 0\end{aligned}$

是非題

在習題 63 至 82 中，決定各命題是否為真。

63. 若 S 爲線性獨立，則 S 中任何向量都不是其它向量的線性組合。
64. 如果 $A\mathbf{x}=\mathbf{0}$ 只有 $\mathbf{0}$ 一組解，則 A 的各行是線性獨立的。
65. 若 A 的零消次數爲 0，則 A 之各行是線性相依的。
66. 若 A 的最簡列梯形之各行，是相異之標準向量，則 $A\mathbf{x}=\mathbf{0}$ 的唯一解爲 $\mathbf{0}$。
67. 若 A 是一個秩爲 n 的 $m\times n$ 矩陣，則 A 之各行是線性獨立的。
68. 齊次式一定是一致的。
69. 齊次式一定有無限多組解。
70. 如果 $A\mathbf{x}=\mathbf{0}$ 之通解的向量形式是得自 1.3 節的方法，則出現在此向量形式中之各向量爲線性獨立。
71. 對任意向量 $\mathbf{v}$，$\{\mathbf{v}\}$ 是線性相依的。
72. 一個 R^n 中向量所成之集合，若且唯若其中某一向量是另一向量的倍數，則該集合爲線性相依。
73. 如果 R^n 的某一子集合爲線性相依，則必定包含至少 n 個向量。
74. 若一個 3×4 矩陣的各行是相異的，則它們爲線性相依。
75. 要使線性方程組 $A\mathbf{x}=\mathbf{b}$ 爲齊次，則 $\mathbf{b}$ 必須等於 $\mathbf{0}$。
76. 若某一 R^n 的子集合包含超過 n 個向量，則其爲線性相依。

77. 如果一個 $m\times n$ 矩陣 A 的每一行都有一個樞軸位置，則對任何屬於 R^n 的 $\mathbf{b}$，$A\mathbf{x}=\mathbf{b}$ 爲一致。

78. 如果一個 $m\times n$ 矩陣 A 的每一列都有一個樞軸位置，則對任何屬於 R^n 的 $\mathbf{b}$，$A\mathbf{x}=\mathbf{b}$ 爲一致。

79. 若 $c_1\mathbf{u}_1+c_2\mathbf{u}_2+\cdots+c_k\mathbf{u}_k=\mathbf{0}$，其中 $c_1=c_2=\cdots=c_k=0$，則 $\{\mathbf{u}_1, \mathbf{u}_2, \cdots, \mathbf{u}_k\}$ 爲線性獨立。

80. R^n 的任何子集合，若包含 $\mathbf{0}$ 則爲線性相依。

81. R^n 之標準向量所成之集合爲線性獨立。

82. 在 R^n 中，線性獨立之向量數目最大爲 n。

---

83. 求 2×2 矩陣 A，使得 $A\mathbf{x}=\mathbf{0}$ 唯一的解爲 $\mathbf{0}$。

84. 求 2×2 矩陣 A，使得 $A\mathbf{x}=\mathbf{0}$ 有無限多組解。

85. 找出 R^3 中線性獨立之子集合 $\{\mathbf{u}_1, \mathbf{u}_2\}$ 及 $\{\mathbf{v}\}$ 的實例，並使得 $\{\mathbf{u}_1, \mathbf{u}_2, \mathbf{v}\}$ 爲線性相依。

86. 令 $\{\mathbf{u}_1, \mathbf{u}_2, \cdots, \mathbf{u}_k\}$ 是一個 R^n 中向量的線性獨立集合，並令 $\mathbf{v}$ 爲屬於 R^n 的向量，且可使得 $\mathbf{v}=c_1\mathbf{u}_1+c_2\mathbf{u}_2+\cdots+c_k\mathbf{u}_k$，而 $c_1, c_2, \cdots, c_k$ 爲純量且 $c_1\neq0$。證明 $\{\mathbf{v}, \mathbf{u}_2, \cdots, \mathbf{u}_k\}$ 爲線性獨立。

87. 令 $\mathbf{u}$ 和 $\mathbf{v}$ 是 R^n 中的相異向量。證明，若且唯若集合 $\{\mathbf{u}+\mathbf{v}, \mathbf{u}-\mathbf{v}\}$ 爲線性獨立，則集合 $\{\mathbf{u}, \mathbf{v}\}$ 爲線性獨立。

88. 令 $\mathbf{u}$、$\mathbf{v}$、及 $\mathbf{w}$ 爲 R^n 中相異向量。證明，若且唯若 $\{\mathbf{u}+\mathbf{v}, \mathbf{u}+\mathbf{w}, \mathbf{v}+\mathbf{w}\}$ 爲線性獨立，則 $\{\mathbf{u}, \mathbf{v}, \mathbf{w}\}$ 爲線性獨立。

89. 證明，若 $\{\mathbf{u}_1, \mathbf{u}_2, \cdots, \mathbf{u}_k\}$ 是 R^n 的一個線性獨立子集合，且 $c_1, c_2, \cdots, c_k$ 爲非零純量，則 $\{c_1\mathbf{u}_1, c_2\mathbf{u}_2, \cdots, c_k\mathbf{u}_k\}$ 同樣爲線性獨立。

90. 經由證明 $\mathbf{u}_1=\mathbf{0}$ 或在 $i\geq2$ 時 $\mathbf{u}_i$ 屬於 $\{\mathbf{u}_1, \mathbf{u}_2, \cdots, \mathbf{u}_{i-1}\}$ 的展延，以完成定理 1.9 的證明。提示：分別考慮兩種情形，$\mathbf{u}_1=\mathbf{0}$，以及 $\mathbf{u}_i$ 屬於 $\{\mathbf{u}_1, \mathbf{u}_2, \cdots, \mathbf{u}_{i-1}\}$ 的展延。

91.[14] 證明，對 R^n 的任何線性獨立子集合，其非空子集合亦爲線性獨立。

92. 證明，若 S_1 是 R^n 的一個線性相依子集合，且包含於有限集合 S_2，則 S_2 亦爲線性相依。

93. 令 $S=\{\mathbf{u}_1, \mathbf{u}_2, \cdots, \mathbf{u}_k\}$ 是一個由 R^n 中向量所組成的非空集合。證明，若 S 爲線性獨立，則 Span$S$ 中的所有向量都可寫成 $c_1\mathbf{u}_1+c_2\mathbf{u}_2+\cdots+c_k\mathbf{u}_k$，其中 $c_1, c_2, \cdots, c_k$ 爲一組*特定*純量。

94. 寫出，並證明習題 93 的逆命題。

95. 令 $S=\{\mathbf{u}_1, \mathbf{u}_2, \cdots, \mathbf{u}_k\}$ 爲 R^n 的非空子集合，且 A 爲 $m\times n$ 矩陣。證明，若 S 爲線性相依，且 $S'=\{A\mathbf{u}_1, A\mathbf{u}_2, \cdots, A\mathbf{u}_k\}$ 包含 k 個相異向量，則 S' 爲線性相依。

96 .如果將上題中的線性相依改成線性獨立，寫出一個實例使其不成立。

97. 令 $S=\{\mathbf{u}_1, \mathbf{u}_2, \cdots, \mathbf{u}_k\}$ 是一個 R^n 的非空子集合，且 A 是一個秩爲 n 的 $m\times n$ 矩陣。證明，若 S 是線性獨立集合，則集合 $\{A\mathbf{u}_1, A\mathbf{u}_2, \cdots, A\mathbf{u}_k\}$ 同樣爲線性獨立。

98. 令 A 及 B 爲 $m\times n$ 矩陣，且對 A 進行一次基本列運算可得 B。證明，若 A 之各列爲線性獨立，則 B 之各列亦爲線性獨立。

99. 證明，對一個最簡列梯形矩陣，它的各非零列爲線性獨立。

100. 證明，若且唯若 $m\times n$ 矩陣 A 之秩爲 m，則 A 的各列爲線性獨立。提示：利用習題 98 及 99。

在習題 101 至 104 中，使用有矩陣功能的計算機或諸如 *MATLAB* 的電腦軟體，以求出各集合是否為線性相依。如果該集合為線性相依，將其中某向量寫成其它向量的線性組合。

101. $\left\{\begin{bmatrix}1.1\\2.3\\-1.4\\2.7\\3.6\\0.0\end{bmatrix}, \begin{bmatrix}-1.7\\4.2\\6.2\\0.0\\1.3\\-4.0\end{bmatrix}, \begin{bmatrix}-5.7\\8.1\\-4.3\\7.2\\10.5\\2.9\end{bmatrix}, \begin{bmatrix}-5.0\\2.4\\1.1\\3.4\\3.3\\6.1\end{bmatrix}, \begin{bmatrix}2.9\\-1.1\\2.6\\1.6\\0.0\\3.2\end{bmatrix}\right\}$

102. $\left\{\begin{bmatrix}1.2\\-5.4\\3.7\\-2.6\\0.3\\1.4\end{bmatrix}, \begin{bmatrix}-1.7\\4.2\\6.2\\0.0\\1.3\\-4.0\end{bmatrix}, \begin{bmatrix}-5.0\\2.4\\1.1\\3.4\\3.3\\6.1\end{bmatrix}, \begin{bmatrix}-0.6\\4.2\\2.4\\-1.0\\8.3\\-2.2\end{bmatrix}, \begin{bmatrix}2.4\\-1.4\\0.0\\5.6\\2.3\\-1.0\end{bmatrix}\right\}$

103. $\left\{\begin{bmatrix}21\\25\\-15\\42\\17\\10\end{bmatrix}, \begin{bmatrix}10\\-33\\29\\87\\-66\\11\end{bmatrix}, \begin{bmatrix}32\\-21\\15\\-11\\25\\16\end{bmatrix}, \begin{bmatrix}13\\32\\-19\\17\\-15\\22\end{bmatrix}, \begin{bmatrix}26\\18\\-37\\0\\-7\\22\end{bmatrix}, \begin{bmatrix}16\\18\\21\\19\\-15\\24\end{bmatrix}\right\}$

104. $\left\{\begin{bmatrix}21\\25\\-15\\42\\17\\10\end{bmatrix}, \begin{bmatrix}10\\-33\\29\\87\\-66\\11\end{bmatrix}, \begin{bmatrix}-21\\11\\23\\-10\\0\\2\end{bmatrix}, \begin{bmatrix}-14\\3\\15\\0\\45\\15\end{bmatrix}, \begin{bmatrix}14\\3\\-7\\32\\-28\\-3\end{bmatrix}, \begin{bmatrix}-8\\21\\30\\-17\\34\\7\end{bmatrix}\right\}$

---

[14] 此習題將用於 7.3 節。

練習題解答

1. 令 A 為矩陣，其各行是屬於 S 的向量。因為 A 的最簡列梯形為 I_4，由定理 1.8 可知，A 的各行是線性獨立的。因此 S 是線性獨立，所以 S 中沒有任何向量可寫成其它向量的線性組合。

2. 此方程組之增廣矩陣為

$$\begin{bmatrix} 1 & -3 & -1 & 1 & -1 & 0 \\ 2 & -6 & 1 & -3 & -9 & 0 \\ -2 & 6 & 3 & 2 & 11 & 0 \end{bmatrix}$$

因為此矩陣的最簡列梯形為

$$\begin{bmatrix} 1 & -3 & 0 & 0 & -2 & 0 \\ 0 & 0 & 1 & 0 & 1 & 0 \\ 0 & 0 & 0 & 1 & 2 & 0 \end{bmatrix}$$

此方程組的通解為

$$\begin{aligned} x_1 &= 3x_2 + 2x_5 \\ x_2 & \quad \text{自由變數} \\ x_3 &= -x_5 \\ x_4 &= -2x_5 \\ x_5 & \quad \text{自由變數} \end{aligned}$$

為獲得其向量形式，我們將通解表示成向量的線性組合，並以自由變數做為係數。

$$\begin{bmatrix} x_1 \\ x_2 \\ x_3 \\ x_4 \\ x_5 \end{bmatrix} = \begin{bmatrix} 3x_2 + 2x_5 \\ x_2 \\ -x_5 \\ -2x_5 \\ x_5 \end{bmatrix} = x_2 \begin{bmatrix} 3 \\ 1 \\ 0 \\ 0 \\ 0 \end{bmatrix} + x_5 \begin{bmatrix} 2 \\ 0 \\ -1 \\ -2 \\ 1 \end{bmatrix}$$

3. 利用 1.7 節定理 1.9 下的性質 1，S1 為線性獨立。由 1.7 節定理 1.9 下的性質 2，S_2 的最前面兩個向量為線性相依。因此由定理 1.9 可知，S_2 為線性相依。
由第 1.7 節定理 1.9 下的性質 2，S3 為線性獨立。
由第 1.7 節定理 1.9 下的性質 4，S4 為線性獨立。

本章複習題

是非題

在習題 1 至 17 中，求各命題是否為真。

1. 若 B 為 3×4 矩陣，則它的每一行是 1×3 向量。
2. 一個屬於 R^n 的向量 $\mathbf{v}$，它的所有純量倍數都是 $\mathbf{v}$ 的線性組合。
3. 如果向量 $\mathbf{v}$ 是在某一 R^n 的有限子集合 S 的展延之內，則 $\mathbf{v}$ 是 S 中向量的線性組合。
4. 一個 $m \times n$ 矩陣 A 和一個屬於 R^n 的向量，兩者的矩陣－向量乘積，是 A 之各行的線性組合。
5. 一個具一致性的線性方程組，其係數矩陣的秩，等於此方程組通解中基本變數的數目。
6. 一個具一致性的線性方程組，其係數矩陣的零消次數，等於此方程組通解中自由變數的數目。
7. 每一個矩陣，都可經由一序列的基本列運算，以轉換成一個，且是唯一的一個，基本列梯型矩陣。
8. 如果一個線性方程組的增廣矩陣，它的最簡列梯型的最後一列只有一個非零元素，則此方程組是不一致的。
9. 如果一個線性方程組的增廣矩陣，它的最簡列梯型的最後一列的元素都是零，則此方程組有無限多組解。
10. R^n 的零向量，屬於 R^n 的每一個有限子集合的展延。
11. 如果一個 $m \times n$ 矩陣 A 的秩為 m，則 A 的各列是線性獨立的。
12. 對一個 $m \times n$ 矩陣 A 之各行所成的集合，若且唯若 A 之秩為 m，則它是 R^m 的產生集合。
13. 如果一個 $m \times n$ 矩陣的各行為線性相依，則該矩陣的秩小於 m。
14. 若 S 是 R^n 的一個線性獨立子集合，且 $\mathbf{v}$ 是一個屬於 R^n 的向量且可使 $S \cup \{\mathbf{v}\}$ 為線性相依，則 $\mathbf{v}$ 在 S 的展延之中。
15. 一個 R^n 的子集合，若包含有 n 個以上向量則必定為線性相依。
16. 一個 R^n 的子集合，若包含有少於 n 個的向量則必定為線性獨立。
17. 一個 R^n 的子集合，若是線性相依則必定包含有 n 個以上的向量。

18. 判斷以下各項說法是否誤用專有名詞。如果是，解釋錯在何處：
    (a) 一個不一致的矩陣
    (b) 矩陣的解
    (c) 等價矩陣
    (d) 線性方程組的零消次數
    (e) 一個矩陣的展延
    (f) 線性方程組的產生集合
    (g) 齊子矩陣
    (h) 線性獨立矩陣
19. (a) 如果 A 是 $m\times n$ 矩陣且其秩爲 n，則對於任何屬於 R^m 的 $\mathbf{b}$，我們對 $A\mathbf{x}=\mathbf{b}$ 有多少解，能說些甚麼？
    (b) 如果 A 是 $m\times n$ 矩陣且其秩爲 m，則對於任何屬於 R^m 的 $\mathbf{b}$，我們對 $A\mathbf{x}=\mathbf{b}$ 有多少解，能說些甚麼？

在習題 20 至 27 中，利用以下矩陣以求出各題所給之運算式，或說明為何所給之運算式沒有定義：

$$A=\begin{bmatrix}1&3\\-2&4\\0&2\end{bmatrix},\quad B=\begin{bmatrix}2&-1\\0&3\\4&1\end{bmatrix},\quad C=\begin{bmatrix}1\\5\end{bmatrix},$$

及　$D=[1-12]$

20. $A+B^T$　　21. $A+B$
22. BC　　23. AD^T
24. $2A-3B$　　25. A^TD^T
26. A^T-B　　27. C^T-2D
28. 一艘小艇，在河中以 10mph 的速度平行河岸，向西南方航行。在此同時，一名乘客以 2mph 的速度由船的東南側走向西北側。求此乘客相對於河岸的速度與速率。
29. 一家連鎖超市共有十間店。對每一個 i 必有 $1\leq i\leq 10$，我們定義 4×1 向量 $\mathbf{v}_i$，令它的各分量分別代表第 i 間店去年一月的農產品、肉品、乳製品、和加工食品的銷售額。說明向量$(0.1)(\mathbf{v}_1+\mathbf{v}_2+\cdots+\mathbf{v}_{10})$的意義。

在習題 30 至 33 中，求矩陣－向量乘積。

30. $\begin{bmatrix}3&1\\0&-1\\1&2\end{bmatrix}\begin{bmatrix}4\\1\end{bmatrix}$　　31. $\begin{bmatrix}1&3&1&2\\1&-1&4&0\end{bmatrix}^T\begin{bmatrix}-1\\1\end{bmatrix}$

32. $A_{45^\circ}\begin{bmatrix}2\\-1\end{bmatrix}$　　33. $A_{-30^\circ}\begin{bmatrix}2\\-1\end{bmatrix}$

34. 假設

$$\mathbf{v}_1=\begin{bmatrix}2\\1\\3\end{bmatrix}\quad 及\quad \mathbf{v}_2=\begin{bmatrix}-1\\3\\6\end{bmatrix}$$

將 $3\mathbf{v}_1-4\mathbf{v}_2$ 表示成一個 3×2 矩陣和一個屬於 R^2 之向量的乘積。

在習題 35 至 38 中，問所給的向量 $\mathbf{v}$ 是否屬於以下集合的展延

$$S=\left\{\begin{bmatrix}-1\\5\\2\end{bmatrix},\begin{bmatrix}1\\3\\4\end{bmatrix},\begin{bmatrix}1\\-1\\1\end{bmatrix}\right\}$$

如果是，將 $\mathbf{v}$ 寫成是 S 中向量的線性組合。

35. $\mathbf{v}=\begin{bmatrix}5\\3\\11\end{bmatrix}$　　36. $\mathbf{v}=\begin{bmatrix}1\\4\\3\end{bmatrix}$

37. $\mathbf{v}=\begin{bmatrix}1\\1\\2\end{bmatrix}$　　38. $\mathbf{v}=\begin{bmatrix}2\\10\\9\end{bmatrix}$

在習題 39 至 44 中，各方程組是否為一致，如果是，求其通解。

39. $x_1+2x_2-x_3=1$

40. $$\begin{aligned}x_1+x_2+x_3&=3\\-2x_1+4x_2+2x_3&=7\\2x_1-x_2-4x_3&=2\end{aligned}$$

41. $$\begin{aligned}x_1+2x_2+3x_3&=1\\2x_1+x_2+x_3&=2\\x_1-4x_2-7x_3&=4\end{aligned}$$

42. $$\begin{aligned}x_1+3x_2+2x_3+x_4&=2\\2x_1+x_2+x_3-x_4&=3\\x_1-2x_2-x_3-2x_4&=4\end{aligned}$$

43. $$\begin{aligned}x_1+x_2+2x_3+x_4&=2\\2x_1+3x_2+x_3-x_4&=-1\end{aligned}$$

44. $$\begin{aligned}2x_1+4x_2-2x_3+2x_4&=4\\2x_1+x_2+4x_3+2x_4&=1\\4x_1+6x_2+x_3+2x_4&=1\end{aligned}$$

在習題 45 至 48 中，求各矩陣的秩與零消次數。

45. $\begin{bmatrix}1&2&-3&0&1\end{bmatrix}$　　46. $\begin{bmatrix}1&2&-3&0&1\\0&0&0&0&0\end{bmatrix}$

47. $\begin{bmatrix}1&2&1&-1&2\\2&1&0&1&3\\-1&-3&1&2&4\end{bmatrix}$　　48. $\begin{bmatrix}2&3&4\\1&2&1\\-1&1&2\\3&0&2\end{bmatrix}$

49. 一間水果運輸公司計有三種水果包裝。第一種包裝包含了 10 個橘子、10 個葡萄柚，第二種包裝包含了 10 個橘子、15 個葡萄柚、和 10 個蘋果，第三種包裝則有 5 個橘子、10 個葡萄柚、和 5 個蘋果。若庫存共有 500 個橘子、750 個葡萄柚、和 300 個蘋果，則三種包裝各可組成多少？

在習題 50 至 53 中，已知一集合，其向量均屬於 R^n。求該集合是否為 R^n 的產生集合。

50. $\left\{\begin{bmatrix}1\\1\\-1\\1\end{bmatrix},\begin{bmatrix}1\\0\\0\\2\end{bmatrix},\begin{bmatrix}1\\3\\-2\\1\end{bmatrix}\right\}$ 51. $\left\{\begin{bmatrix}-1\\1\\1\end{bmatrix},\begin{bmatrix}1\\-1\\1\end{bmatrix},\begin{bmatrix}1\\1\\-1\end{bmatrix}\right\}$

52. $\left\{\begin{bmatrix}1\\0\\1\end{bmatrix},\begin{bmatrix}1\\1\\-1\end{bmatrix},\begin{bmatrix}2\\1\\3\end{bmatrix}\right\}$ 53. $\left\{\begin{bmatrix}1\\2\\1\end{bmatrix},\begin{bmatrix}1\\-1\\1\end{bmatrix},\begin{bmatrix}1\\1\\1\end{bmatrix},\begin{bmatrix}0\\1\\0\end{bmatrix}\right\}$

在習題 54 至 59 中，已知一個 $m\times n$ 矩陣 A。試求，是否對任何屬於 R^n 的 $\mathbf{b}$，方程式 $A\mathbf{x}=\mathbf{b}$ 都為一致。

54. $\begin{bmatrix}1&2\\3&6\end{bmatrix}$ 55. $\begin{bmatrix}1&1\\3&2\end{bmatrix}$

56. $\begin{bmatrix}1&-1&1\\2&0&1\end{bmatrix}$ 57. $\begin{bmatrix}-1&1&1\\1&-1&1\\1&1&-1\end{bmatrix}$

58. $\begin{bmatrix}1&2&1\\3&0&-3\\-1&1&2\end{bmatrix}$ 59. $\begin{bmatrix}1&2&1\\2&-3&1\\-1&1&2\\0&1&2\end{bmatrix}$

在習題 60 至 63 中，決定各個集合是線性相依或線性獨立。

60. $\left\{\begin{bmatrix}1\\3\\2\end{bmatrix},\begin{bmatrix}1\\-1\\2\end{bmatrix},\begin{bmatrix}3\\1\\6\end{bmatrix}\right\}$ 61. $\left\{\begin{bmatrix}1\\-1\\2\\0\end{bmatrix},\begin{bmatrix}0\\1\\2\\3\end{bmatrix},\begin{bmatrix}1\\0\\1\\1\end{bmatrix}\right\}$

62. $\left\{\begin{bmatrix}2\\3\\5\\7\end{bmatrix},\begin{bmatrix}4\\6\\10\\14\end{bmatrix}\right\}$

63. $\left\{\begin{bmatrix}22.40\\6.02\\6.63\end{bmatrix},\begin{bmatrix}9.11\\1.76\\9.27\end{bmatrix},\begin{bmatrix}3.14\\2.72\\1.41\end{bmatrix},\begin{bmatrix}31\\37\\41\end{bmatrix}\right\}$

在習題 64 至 67 中，已知線性相依集合 S。將 S 中的某一向量寫成集合中其它向量的線性組合。

64. $\left\{\begin{bmatrix}1\\-1\\3\end{bmatrix},\begin{bmatrix}1\\2\\1\end{bmatrix},\begin{bmatrix}2\\4\\2\end{bmatrix}\right\}$ 65. $\left\{\begin{bmatrix}1\\2\\3\end{bmatrix},\begin{bmatrix}1\\-1\\2\end{bmatrix},\begin{bmatrix}3\\3\\8\end{bmatrix}\right\}$

66. $\left\{\begin{bmatrix}3\\1\\4\\1\end{bmatrix},\begin{bmatrix}3\\0\\5\\1\end{bmatrix},\begin{bmatrix}3\\3\\2\\1\end{bmatrix}\right\}$ 67. $\left\{\begin{bmatrix}1\\-1\\1\\2\end{bmatrix},\begin{bmatrix}1\\0\\1\\0\end{bmatrix},\begin{bmatrix}1\\1\\1\\1\end{bmatrix},\begin{bmatrix}1\\-1\\1\\-1\end{bmatrix}\right\}$

在習題 68 至 71 中，寫出所給線性方程組之通解的向量形式。

68. $x_1 + 2x_2 - x_3 + x_4 = 0$

69. $$\begin{aligned}x_1 + 2x_2 - x_3 &= 0\\ x_1 + x_2 + x_3 &= 0\\ x_1 + 3x_2 - 3x_3 &= 0\end{aligned}$$

70. $$\begin{aligned}2x_1 + 5x_2 - x_3 + x_4 &= 0\\ x_1 + 3x_2 + 2x_3 - x_4 &= 0\end{aligned}$$

71. $$\begin{aligned}3x_1 + x_2 - x_3 + x_4 &= 0\\ 2x_1 + 2x_2 + 4x_3 - 6x_4 &= 0\\ 2x_1 + x_2 + 3x_3 - x_4 &= 0\end{aligned}$$

72. 令 A 爲 $m\times n$ 矩陣，令 $\mathbf{b}$ 爲屬於 R^m 的向量，並且設 $\mathbf{v}$ 是 $A\mathbf{x}=\mathbf{b}$ 的解。
   (a) 證明，若 $\mathbf{w}$ 是 $A\mathbf{x}=\mathbf{0}$ 的解，則 $\mathbf{v}+\mathbf{w}$ 是 $A\mathbf{x}=\mathbf{b}$ 的解。
   (b) 證明，對 $A\mathbf{x}=\mathbf{b}$ 的任一解 $\mathbf{u}$，會有一個 $A\mathbf{x}=\mathbf{0}$ 的解 $\mathbf{w}$ 可使得 $\mathbf{u}=\mathbf{v}+\mathbf{w}$。

73. 假設 $\mathbf{w}_1$ 和 $\mathbf{w}_2$ 爲 R^n 中向量 $\mathbf{v}_1$ 和 $\mathbf{v}_2$ 的線性組合，並且 $\mathbf{w}_1$ 和 $\mathbf{w}_2$ 是線性獨立。證明 $\mathbf{v}_1$ 和 $\mathbf{v}_2$ 爲線性獨立。

74. 令 A 爲 $m\times n$ 矩陣，且其最簡列梯型爲 R。描述一下，以下各矩陣的最簡列梯型：
   (a) $[A\quad \mathbf{0}]$
   (b) $[\mathbf{a}_1\quad \mathbf{a}_2\cdots\ \mathbf{a}_k]$，$k<n$
   (c) cA，其中 c 爲非零純量
   (d) $[I_m\quad A]$
   (e) $[A\quad cA]$，其中 c 爲任意純量

本章 Matlab 習題

在下列習題中，使用 *MATLAB*(或類似軟體)或有矩陣功能的計算機。並參考附錄 D 的表 D.1、D.2、D.3、D.4、及 D.5 所列的 *MATLAB* 函數。

1. 令

$$A=\begin{bmatrix} 2.1 & 3.2 & 6.1 & -2.3 \\ 1.3 & -2.5 & -1.7 & 1.5 \\ -1.2 & 1.5 & 4.3 & 2.4 \\ 4.1 & 2.0 & 5.1 & 4.2 \\ 6.1 & -1.4 & 3.0 & -1.3 \end{bmatrix}$$

利用 A 和另一向量的矩陣－向量積，求下列 A 之各行的線性組合：

(a) $1.5\mathbf{a}_1-2.2\mathbf{a}_2+2.7\mathbf{a}_3+4\mathbf{a}_4$

(b) $2\mathbf{a}_1+2.1\mathbf{a}_2-1.1\mathbf{a}_4$

(c) $3.3\mathbf{a}_2+1.2\mathbf{a}_3-\mathbf{a}_4$

2. 令

$$A=\begin{bmatrix} 1.3 & 2.1 & -3.3 & 4.1 \\ 6.1 & 2.4 & -1.3 & -3.1 \\ -2.2 & 5.1 & 3.2 & 2.1 \\ 2.2 & 6.1 & 7.2 & -5.1 \end{bmatrix}$$

$$B=\begin{bmatrix} 2.1 & -1.1 & 1.2 & 4.2 \\ -4.6 & 8.1 & 9.2 & -3.3 \\ 2.5 & 5.2 & -3.3 & 4.2 \\ -0.7 & 2.8 & -6.3 & 4.7 \end{bmatrix}$$

且

$$\mathbf{v}=\begin{bmatrix} 3.2 \\ -4.6 \\ 1.8 \\ 7.1 \end{bmatrix}$$

(a) 求 $3A-2B$ 。

(b) 求 $A-4B^T$ 。

(c) 求 $P=\frac{1}{2}(A+A^T)$ 。

(d) 求 $Q=\frac{1}{2}(A-A^T)$ 。

(e) 求 P^T 及 Q^T，並從而得到，(c)中的 P 爲對稱，且(d)中的 Q 爲斜對稱。然後求 $P+Q$。它會等於甚麼？

(f) 求 $A\mathbf{v}$。

(g) 求 $B(A\mathbf{v})$。

(h) 求 $A(B\mathbf{v})$。

(i) 計算線性組合

$$3.5\mathbf{a}_1-1.2\mathbf{a}_2+4.1\mathbf{a}_3+2\mathbf{a}_4$$

求一向量 $\mathbf{w}$ 使得 $A\mathbf{w}$ 等於這個線性組合。

(j) 令 M 爲 4×4 矩陣，它的第 j 行是 $B\mathbf{a}_j$，其中 $1\le j\le 4$ 。驗證，對所有的 j，$M\mathbf{e}_j=B(A\mathbf{e}_j)$；以及 $M\mathbf{v}=B(A\mathbf{v})$。明確敘述並證明此結果適用所有 R^4 中的向量。

3. 令 A_θ 代表旋轉 θ 度的旋轉矩陣，如 1.2 節所定義的。在下列計算中，可應用附錄 D 的表 D.5 所述的 MATLAB 引入函數 rotdeg：

(a) 求 $A_{20^\circ}\begin{bmatrix}1\\3\end{bmatrix}$ 。

(b) 求 $A_{30^\circ}\left(A_{20^\circ}\begin{bmatrix}1\\3\end{bmatrix}\right)$ 。

(c) 求 $A_{50^\circ}\begin{bmatrix}1\\3\end{bmatrix}$ 。

(d) 求 $A_{-20^\circ}\left(A_{20^\circ}\begin{bmatrix}1\\3\end{bmatrix}\right)$ 。

(e) 對 $A_{\theta1+\theta2}$ 以及它和 $A_{\theta1}$ 及 $A_{\theta2}$ 的關係提出一個假說，其中 θ_1 和 θ_1 可爲任意角。

(f) 證明你的假說。

(g) 對 A_θ 和 $A_{-\theta}$ 之間的關係提出一個假說，θ 爲任意角。

(h) 證明你的假說。

4. 令

$$A=\begin{bmatrix} 1.1 & 2.0 & 4.2 & 2.7 & 1.2 & 0.1 \\ 3.1 & -1.5 & 4.7 & 8.3 & -3.1 & 2.3 \\ 7.1 & -8.5 & 5.7 & 19.5 & -11.7 & 6.7 \\ 2.2 & 4.0 & 8.4 & 6.5 & 2.1 & -3.4 \end{bmatrix}$$

(a) 利用基本列運算以將 A 轉換成最簡列梯型。[特別說明，在附錄 D 的表 D.4 中所介紹的 MATLAB 函數指令 A(i,:)正可用於此一用途。例如，要將 A 的列 i 和列 j 對調，輸入三個指令 temp = A(i,:) 、A(i,:) = A(j,:) 、和 A(j,:) = temp .要將 A 的列 i 全部乘以純量 c，輸入指令 A(i,:) = c * A(i,:) 。要將 A 的列 i 乘上 c 再加到列 j，輸入指令 A(j,:) = A(j,:) + c * A(i,:) 。

(b) 用專門的方法直接求 A 的最簡列梯型。[舉例來說，若使用 MATLAB 則直接輸入 rref(A)。]將結果與(a)的答案比較。

5. 使用習題 4 中的矩陣 A 和以下向量 $\mathbf{b}$，求線性方程組 $A\mathbf{x}=\mathbf{b}$ 是否爲一致。如果是，求其通解：

(a) $\mathbf{b}=\begin{bmatrix}-1.0\\2.3\\8.9\\1.6\end{bmatrix}$ (b) $\mathbf{b}=\begin{bmatrix}1.1\\2.1\\3.2\\-1.4\end{bmatrix}$

(c) $\mathbf{b}=\begin{bmatrix}3.8\\2.9\\1.1\\12.0\end{bmatrix}$ (d) $\mathbf{b}=\begin{bmatrix}1\\1\\-1\\2\end{bmatrix}$

6. 令

$$C=\begin{bmatrix}0.10 & 0.06 & 0.20 & 0.13 & 0.18\\0.05 & 0.12 & 0.14 & 0.10 & 0.20\\0.12 & 0.21 & 0.06 & 0.14 & 0.15\\0.11 & 0.10 & 0.15 & 0.20 & 0.10\\0.20 & 0.10 & 0.20 & 0.05 & 0.17\end{bmatrix}$$

及

$$\mathbf{d}=\begin{bmatrix}80\\100\\150\\50\\60\end{bmatrix}$$

其中 C 是某一區分爲五種產業之經濟體的輸出入矩陣，而 $\mathbf{d}$ 是此經濟體的淨產值，單位爲十億美元。求，爲產製出 $\mathbf{d}$ 所需的總產值向量，每一分量都以十億美元爲單位，在小數點以下保留四位，其後四捨五入。

7. 求下列各集合是線性相依或線性獨立。如果是線性相依，將集合中的某一向量寫成集合中其它向量的線性組合。

(a) $S_1=\left\{\begin{bmatrix}1\\2\\-1\\3\\2\\1\end{bmatrix},\begin{bmatrix}1\\0\\1\\1\\0\\1\end{bmatrix},\begin{bmatrix}2\\1\\-1\\2\\0\\1\end{bmatrix},\begin{bmatrix}3\\-1\\1\\2\\-1\\1\end{bmatrix},\begin{bmatrix}0\\1\\1\\2\\2\\1\end{bmatrix}\right\}$

(b) $S_2=\left\{\begin{bmatrix}2\\1\\-1\\1\\3\\1\end{bmatrix},\begin{bmatrix}1\\2\\1\\1\\0\\-1\end{bmatrix}\begin{bmatrix}-1\\1\\4\\1\\-1\\2\end{bmatrix},\begin{bmatrix}2\\1\\1\\-1\\2\\3\end{bmatrix},\begin{bmatrix}-2\\1\\0\\1\\-1\\-2\end{bmatrix}\right\}$

8. 求以下各向量，是否屬於習題 7 之(a)所定義之 S_1 的展延。如果該向量屬於 S_1 的展延，將其表示爲 S_1 中向量的線性組合。

(a) $\begin{bmatrix}14\\2\\-1\\12\\-1\\5\end{bmatrix}$ (b) $\begin{bmatrix}4\\3\\-2\\7\\3\\2\end{bmatrix}$ (c) $\begin{bmatrix}10\\6\\-5\\13\\3\\5\end{bmatrix}$ (d) $\begin{bmatrix}1\\6\\-5\\4\\3\\1\end{bmatrix}$

2 簡介

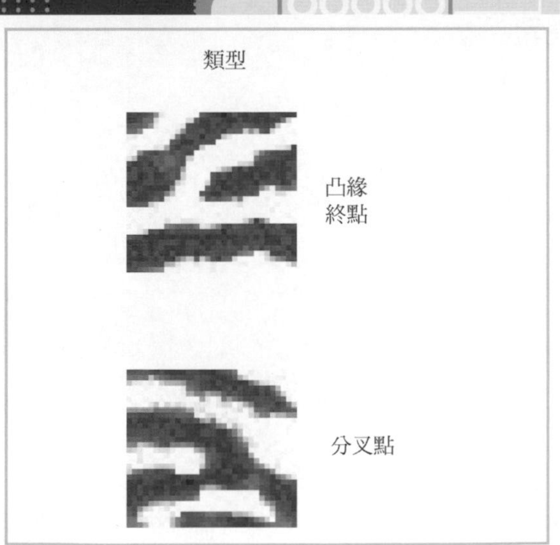

在二十世紀早期，指紋辨識被接受成爲有效的個人識別方式，並成爲標準的法醫學工具。法醫學對指紋辨識須求的快速膨脹，產生了數量龐大的指紋卡。大量的指紋檢驗人員奮力工作，以滿足指紋判讀的需求。在過去的數十年中，經由指紋自動辨識系統(*Automatic Fingerprint Identification Systems*，*AFIS*)的建立，執法單位的工作效率得以大幅提昇，並節省下聘用、訓練指紋判讀人員的經費。此一技術同時也讓指紋辨識成爲一種無須監督的實用工具。

執法單位所做的指紋辨識是利用指紋特徵(*minutiae*)的位置與種類，指尖處的磨擦凸紋(*friction ridges* 或簡稱凸紋)是絕不重覆的。分析通常集中在一對這種特徵：凸紋終點(*ridge endpoints*)和分叉點(*bifurcation points*)。左側每一個圖的中央各顯示了一種特徵，圖中凸紋是白色背景中的黑色區域。辨識的重點就是由指紋中找出這些特徵，這原本是靠檢驗人員來做。

AFIS 通常利用數位影像來進行分析，這些影像通常來自指紋掃描器。原始的影像會經過前處理階段以擷取凸紋像素，再轉換成二進位值(所有像素非 0 即 1)，再將其變細，使成爲一組單一像素寬的曲線，約略爲凸紋的中心線，如下圖所示。有幾個特徵標上了藍色方塊。

類似$\begin{bmatrix} 0 & 0 & 0 \\ 0 & 1 & 1 \\ 0 & 0 & 0 \end{bmatrix}$和$\begin{bmatrix} 0 & 0 & 1 \\ 0 & 1 & 0 \\ 0 & 0 & 0 \end{bmatrix}$的矩陣可用以偵測凸紋終點。將各元素表示爲0＝白色及 1＝黑色，這些矩陣代表了凸紋終點處像素的可能組合。

同樣的，類似$\begin{bmatrix} 1 & 0 & 1 \\ 0 & 1 & 0 \\ 0 & 1 & 0 \end{bmatrix}$和$\begin{bmatrix} 1 & 0 & 0 \\ 0 & 1 & 1 \\ 1 & 0 & 0 \end{bmatrix}$的矩陣則可用來尋找分叉點。

偵測的過程，需要將這些矩陣掃過整個影像，以找出與這些矩陣相符的 3×3 像素區塊。一個符合點代表一個終點。

對於這種所有元素不是 0 就是 1 的(0, 1)矩陣，它的其它應用在 2.2 節中會有介紹。

CHAPTER

2　矩陣及線性轉換

在 1.2 節中，我們利用矩陣–向量乘法進行了各種的計算，包含了向量的旋轉、人口的遷移、及草籽的混合等。在這些例子中，我們將數據如平面上的點、人口分佈、及草籽的混合等表示成向量，然後利用矩陣–向量乘法，列出轉換這些向量的規則。

在需要重覆執行同一程序的情形下，我們經常會用到，將矩陣–向量乘法的結果再用於下一次的矩陣–向量乘法。此種計算讓我們對矩陣乘法的定義做進一步延伸，以包含不同大小的矩陣相乘。

在本章中，我們將介紹此種矩陣乘法的延伸定義，並探討它的一些基本性質與應用。(第 2.1-2.4 節)在本章的稍後，我們由泛函的觀點來探討對應於矩陣–向量乘法的規則。這就引導出線性轉換(*linear transformation*)的定義(第 2.7 及 2.8 節)。在此我們可瞭解到，線性轉換的泛函性質，是如何對應到本章前段所介紹的矩陣乘法的性質。

2.1　矩陣乘法

在許多不同應用中，我們需要在矩陣－向量積 $A\mathbf{v}$ 的左邊再乘上 A，以得到新的矩陣－向量積 $A(A\mathbf{v})$。例如 1.2 節的例題 3，$A\mathbf{p}$ 代表一年後都會區人口分佈。要求兩年後的人口分佈，我們要在 $A\mathbf{p}$ 的左邊再乘上 A 以獲得 $A(A\mathbf{p})$。在其它的問題中，我們可能需要將矩陣－向量積 $B\mathbf{v}$ 再乘上不一樣的矩陣 C 以獲得乘積 $C(B\mathbf{v})$。以下即為此種乘積的例子。

例題 1

回想一下 1.2 節草籽的例子，

$$B = \begin{array}{c} \\ \end{array}\begin{matrix} \text{豪華型} & \text{標準型} & \text{經濟型} \\ \end{matrix}$$

$$B = \begin{bmatrix} .80 & .60 & .40 \\ .20 & .40 & .60 \end{bmatrix} \begin{matrix} \text{牧草} \\ \text{裸麥} \end{matrix}$$

列出了豪華型、標準型、及經濟型中牧草籽與裸麥籽的比例，而且

$$\mathbf{v} = \begin{bmatrix} 60 \\ 50 \\ 30 \end{bmatrix}$$

為各型分別庫存有多少磅。則 $B\mathbf{v}$ 是一個向量，它的分量為，將庫存的三型草籽加以混合後，共有幾磅的牧草籽與裸麥籽。因為

$$B\mathbf{v} = \begin{bmatrix} .80 & .60 & .40 \\ .20 & .40 & .60 \end{bmatrix} \begin{bmatrix} 60 \\ 50 \\ 30 \end{bmatrix} = \begin{bmatrix} 90 \\ 50 \end{bmatrix}$$

所以我們知道，全部混合後的草籽中，計有 90 磅的牧草籽，與 50 磅的裸麥籽。

接下來，假設有一本種子手冊，其中有一個表告訴我們，分別在潮濕與乾燥的環境下，牧草與裸麥的發芽率。這個表是以如下矩陣 A 的形式出現：

$$\begin{matrix} & \text{牧草} & \text{裸麥} & \end{matrix}$$

$$A = \begin{bmatrix} .80 & .70 \\ .60 & .40 \end{bmatrix} \begin{matrix} \text{潮濕} \\ \text{乾燥} \end{matrix}$$

元素(1, 1)，其值為.80，代表在潮濕環境下 80%的牧草會發芽，而元素(1, 2)之值為.70，代表在潮濕環境下 70%的裸麥會發芽。同時假設，我們有 y_1 磅的牧草籽和 y_2 磅的裸麥籽混合在一起。則 $.80y_1 + .70y_2$ 就是在潮濕環境下會發芽的種子的總重(以磅為單位)。同樣的，$.60y_1 + .40y_2$ 代表在乾燥環境下會發芽的種子的總重。留意一下可看出，這兩個式子是矩陣－向量積 $A\mathbf{v}$ 的元素，其中 $\mathbf{v} = \begin{bmatrix} y_1 \\ y_2 \end{bmatrix}$。

讓我們將此與前面的計算結合起來。因為 $B\mathbf{v}$ 向量的分量為一個混合批中牧草籽與裸麥籽的量，而矩陣－向量積的分量

$$A(B\mathbf{v}) = \begin{bmatrix} .80 & .70 \\ .60 & .40 \end{bmatrix} \begin{bmatrix} 90 \\ 50 \end{bmatrix} = \overset{\text{發芽草籽重(磅)}}{\begin{bmatrix} 107 \\ 74 \end{bmatrix}} \begin{matrix} \text{潮濕} \\ \text{乾燥} \end{matrix}$$

則代表了，在兩種不同天候條件下預期會發芽之草籽的量。因此，在潮濕的天候下，我們預期有 107 磅的草籽會發芽，在乾燥天候則有 74 磅。

在上述例子中，我們在一個矩陣－向量積的左側再乘上一個矩陣。觀察此一程序，可以對矩陣乘法的定義再加以延伸。

令 A 是 $m\times n$ 矩陣，且 B 是 $n\times p$ 矩陣。則，對任意 $p\times 1$ 向量 $\mathbf{v}$，乘積 $B\mathbf{v}$ 爲 $n\times 1$ 向量，因此新的乘積 $A(B\mathbf{v})$爲 $m\times 1$ 向量。這就引申出以下問題：是否存在有 $m\times p$ 的矩陣 C，對任意 $p\times 1$ 向量 $\mathbf{v}$ 都可滿 $A(B\mathbf{v})=C\mathbf{v}$ 足 $A(B\mathbf{v})=C\mathbf{v}$？

由矩陣－向量乘法的定義與定理 1.3，我們有

$$\begin{aligned}A(B\mathbf{v}) &= A(v_1\mathbf{b}_1 + v_2\mathbf{b}_2 + \cdots + v_p\mathbf{b}_p)\\ &= A(v_1\mathbf{b}_1) + A(v_2\mathbf{b}_2) + \cdots + A(v_p\mathbf{b}_p)\\ &= v_1A\mathbf{b}_1 + v_2A\mathbf{b}_2 + \cdots + v_pA\mathbf{b}_p\\ &= [A\mathbf{b}_1\ A\mathbf{b}_2\ \cdots\ A\mathbf{b}_p]\mathbf{v}\end{aligned}$$

令 C 爲 $m\times p$ 矩陣 $[A\mathbf{b}_1\ A\mathbf{b}_2\ \cdots\ A\mathbf{b}_p]$－也就是第 j 行爲 $\mathbf{c}_j=A\mathbf{b}_j$ 的矩陣。則對所有屬於 R^p 的 $\mathbf{v}$，都有 $A(B\mathbf{v})=C\mathbf{v}$。此外，由定理 1.3(e)，$C$ 是唯一具此性質的矩陣。因爲可用這樣簡單的方法來結合矩陣 A 及 B 故得到以下定義。

定義　令 A 爲 $m\times n$ 矩陣且 B 爲 $n\times p$ 矩陣。我們定義**(矩陣)乘積** AB 爲 $m\times p$ 矩陣，它的第 j 行爲 $A\mathbf{b}_j$。也就是，

$$C = [A\mathbf{b}_1\ A\mathbf{b}_2\ \cdots\ A\mathbf{b}_p]$$

特別的是，若 A 是一個 $m\times n$ 矩陣，且 B 是一個 $n\times 1$ 行向量，則矩陣乘積 AB 是有定義的，且和 1.2 節的矩陣－向量乘積的定義相同。

基於此一定義與之前的討論，我們得到兩個矩陣和一個向量相乘的結合律 (*associative law*)。(見圖 2.1。)

> 對任意 $m\times n$ 矩陣 A、$n\times p$ 矩陣 B、及任意 $p\times 1$ 向量 $\mathbf{v}$，
>
> $$(AB)\mathbf{v} = A(B\mathbf{v})$$

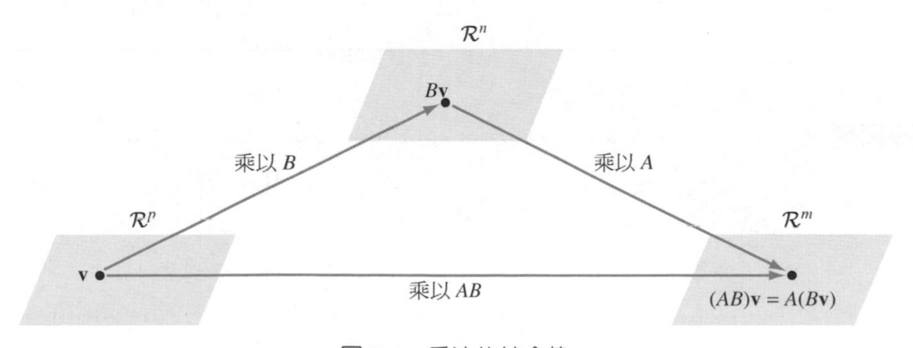

圖 2.1　乘法的結合律

在本節稍後，我們會將此結合律推廣到大小相容的任三個矩陣相乘。(見定理 2.1(b))

特別留意一點，若將 A 和 B 的大小並列寫在一起如，$(m\times n)(n\times p)$，其中間的兩個維度必須一樣，而外側的兩個維度則是乘積 AB 的大小。以符號表示爲：

$$(m\times n)(n\times p) = (m\times p)$$

練習題 1.

設 A 爲 2×4 矩陣且 B 爲 2×3 矩陣。

(a) 乘積 BA^T 是否有定義？如果有，其大小爲何？

(b) 乘積 A^TB 是否有定義？如果有，其大小爲何？

例題 2

令

$$A=\begin{bmatrix}1 & 2\\ 3 & 4\\ 5 & 6\end{bmatrix} \quad 及 \quad B=\begin{bmatrix}-1 & 1\\ 3 & 2\end{bmatrix}$$

其中 A 有 2 行，而 B 有 2 列。則 AB 是一個 3×2 矩陣，其第一與第二行分別爲

$$A\mathbf{b}_1=\begin{bmatrix}1 & 2\\ 3 & 4\\ 5 & 6\end{bmatrix}\begin{bmatrix}-1\\ 3\end{bmatrix}=\begin{bmatrix}5\\ 9\\ 13\end{bmatrix} \quad 及 \quad A\mathbf{b}_2=\begin{bmatrix}1 & 2\\ 3 & 4\\ 5 & 6\end{bmatrix}\begin{bmatrix}1\\ 2\end{bmatrix}=\begin{bmatrix}5\\ 11\\ 17\end{bmatrix}$$

因此

$$AB=[A\mathbf{b}_1\ \ A\mathbf{b}_2]=\begin{bmatrix}5 & 5\\ 9 & 11\\ 13 & 17\end{bmatrix}$$

練習題 2.

已知 $A=\begin{bmatrix}2 & -1 & 3\\ 1 & 4 & -2\end{bmatrix}$ 及 $B=\begin{bmatrix}-1 & 0 & 2\\ 0 & -3 & 4\\ 3 & 1 & -2\end{bmatrix}$，求 AB。

例題 3

我們回到本節的例題 1，並令矩陣 $A=\begin{bmatrix}.80 & .70\\ .60 & .40\end{bmatrix}$。由 1.2 節的相關例題可得

$B=\begin{bmatrix}.80 & .60 & .40\\ .20 & .40 & .60\end{bmatrix}$ 且向量 $\mathbf{v}=\begin{bmatrix}60\\50\\30\end{bmatrix}$。則

$$AB=\begin{bmatrix}.80 & .70\\ .60 & .40\end{bmatrix}\begin{bmatrix}.80 & .60 & .40\\ .20 & .40 & .60\end{bmatrix}=\begin{bmatrix}.78 & .76 & .74\\ .56 & .52 & .48\end{bmatrix}$$

並因而

$$(AB)\mathbf{w}=\begin{bmatrix}.78 & .76 & .74\\ .56 & .52 & .48\end{bmatrix}\begin{bmatrix}60\\50\\30\end{bmatrix}=\begin{bmatrix}107\\74\end{bmatrix}$$

這和例題 1 所得的結果一樣，但之前我們是計算 $A(B\mathbf{w})$。

例題 4

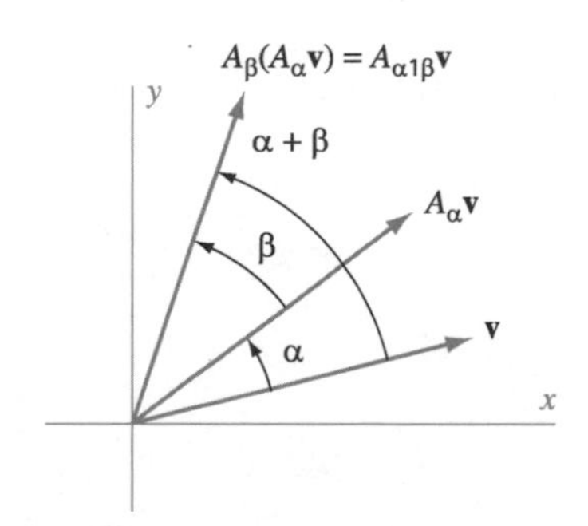

圖 2.2　在 R^2 中旋轉 **v** 兩次

回顧 1.2 節所述的旋轉矩陣 A_θ。令 $\mathbf{v}$ 為非零向量，並令 α 及 β 代表角度。則 $A_\beta(A_\alpha\mathbf{v})=(A_\beta A_\alpha)\mathbf{v}$ 代表將 $\mathbf{v}$ 先轉 α 角，再轉 β 角。由圖 2.2 我們可看出，將 $\mathbf{v}$ 先轉 β 角再轉 α 角，或是將 $\mathbf{v}$ 旋轉 $\alpha+\beta$ 角，結果都一樣。因此

$$(A_\beta A_\alpha)\mathbf{v}=(A_\alpha A_\beta)\mathbf{v}=A_{\alpha+\beta}\mathbf{v}$$

因為對所有屬於 R^2 的向量 $\mathbf{v}$，此方程式都成立，利用定理 1.3(e)可得以下結果

$$A_\beta A_\alpha=A_\alpha A_\beta=A_{\alpha+\beta}$$

雖然例題 4 顯示出，對旋轉矩陣而言 $A_\beta A_\alpha = A_\alpha A_\beta$ 是成立的，但在任意向量乘積中，AB 和 BA 極少會相等。

矩陣乘法不適用交換律

對任意矩陣 A 及 B，AB 不一定等於 BA。

事實上，若 A 是 $m \times n$ 矩陣，且 B 是 $n \times p$ 矩陣，則除非 $p=m$，否則 BA 沒有定義。若 $p=m$，則 AB 為 $m \times n$ 矩陣而 BA 為 $n \times n$ 矩陣。所以，即使 AB 和 BA 兩個乘積都是有定義的，但兩者的大小也不一定一樣。但即使 $m=n$，AB 仍不一定等於 BA，下個例子就是此種情形。

例題 5

令

$$A = \begin{bmatrix} 0 & 0 & 1 \\ 0 & 1 & 0 \\ 1 & 0 & 0 \end{bmatrix} \quad 及 \quad B = \begin{bmatrix} 0 & 1 & 0 \\ 1 & 0 & 0 \\ 0 & 0 & 1 \end{bmatrix}$$

則

$$(AB)\mathbf{e}_1 = A(B\mathbf{e}_1) = A\mathbf{e}_2 = \mathbf{e}_2 \quad 及 \quad (BA)\mathbf{e}_1 = B(A\mathbf{e}_1) = B\mathbf{e}_3 = \mathbf{e}_3，$$

所以 $AB \neq BA$。(見圖 2.3。)

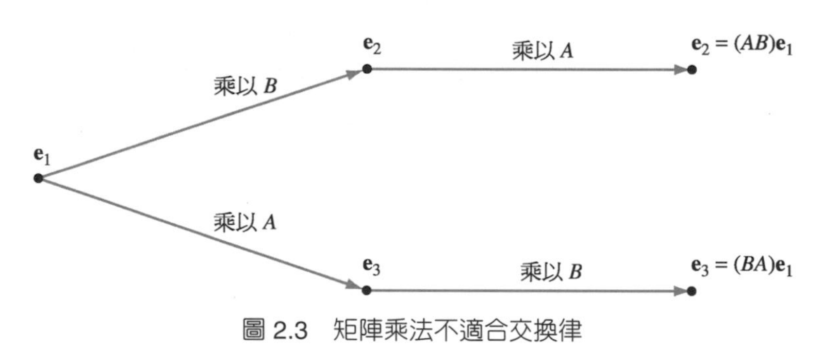

圖 2.3 矩陣乘法不適合交換律

我們對矩陣乘法的定義告訴我們，可經由計算 AB 之各行以得到矩陣乘積，如例題 2 所示。不過，有一種方法，可以計算單一元素而不需要先求出其所屬的一整行。這通常叫做列－行法則(*row-column rule*)，如果我們只要求乘積中的某幾個特定元素，這方法會很有用。我們可以看出來，AB 的元素(i, j)是它的第 j 行$(A\mathbf{b}_j)$的第 i 個分量。此元素等於

$$[a_{i1}a_{i2}\cdots a_{in}]\begin{bmatrix} b_{1j} \\ b_{2j} \\ \vdots \\ b_{nj} \end{bmatrix} = a_{i1}b_{1j} + a_{i2}b_{2j} + \cdots + a_{in}b_{nj}$$

它是 A 的第 i 列與 B 的第 j 行的乘積。此公式可用下圖來描述：

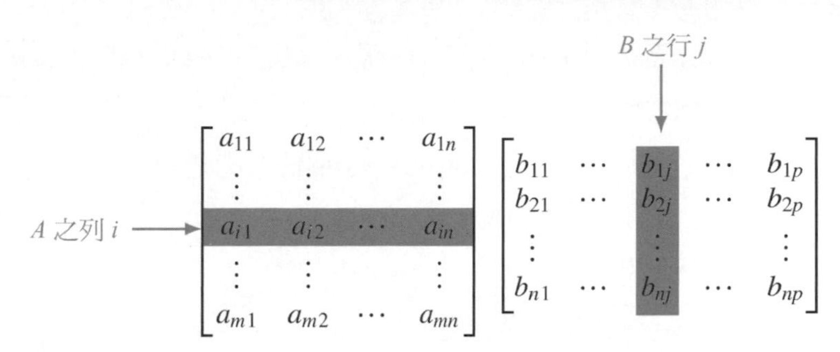

矩陣乘積之元素$(i,\ j)$的列－行法則

要計算矩陣乘積 AB 的元素(i,j)，依前圖所示定出 A 的第 i 列及 B 的第 j 行。A 的第 i 列由左向右，B 的第 j 行由上往下，將列與行中相對應的元素兩兩相乘。然後將乘積相加就得到 AB 的元素(i,j)。以符號表示，AB 的元素(i,j)爲

$$a_{i1}b_{1j} + a_{i2}b_{2j} + \cdots + a_{in}b_{nj}$$

爲說明此一程序，我們計算例題 2 中 AB 的元素(2, 1)。在此例中，我們將 A 的第二列的每個元素，和 B 的第一行的相對應元素相乘，再將結果累加，就得到

$$[3\quad 4]\begin{bmatrix} -1 \\ 3 \end{bmatrix} = (3)(-1) + (4)(3) = 9$$

這是 AB 的元素(2, 1)。

在 1.2 節介紹的單位矩陣，任何矩陣與之相乘仍維持不變。[見定理 2.1(e) 及習題 56。]例如我們設 $A = \begin{bmatrix} 1 & 2 & 3 \\ 4 & 5 & 6 \end{bmatrix}$。則

$$I_2A = \begin{bmatrix} 1 & 0 \\ 0 & 1 \end{bmatrix}\begin{bmatrix} 1 & 2 & 3 \\ 4 & 5 & 6 \end{bmatrix} = \begin{bmatrix} 1 & 2 & 3 \\ 4 & 5 & 6 \end{bmatrix} = A$$

且

$$AI_3 = \begin{bmatrix} 1 & 2 & 3 \\ 4 & 5 & 6 \end{bmatrix}\begin{bmatrix} 1 & 0 & 0 \\ 0 & 1 & 0 \\ 0 & 0 & 1 \end{bmatrix} = \begin{bmatrix} 1 & 2 & 3 \\ 4 & 5 & 6 \end{bmatrix} = A$$

同時，任何矩陣乘零矩陣，結果爲零矩陣，因爲乘積的每一行都是零向量。[見定理 1.3(f)]

下面的定理總合了矩陣乘法的各種性質，並說明了矩陣乘法與其它矩陣運算之間的關係。

定理 2.1

令 A 及 B 爲 $k\times m$ 矩陣，C 爲 $m\times n$ 矩陣，且 P 和 Q 爲 $n\times p$ 矩陣。則以下命題均爲眞：

(a) $s(AC)=(sA)C=A(sC)$，s 爲任意純量。

(b) $A(CP)=(AC)P$。 (矩陣乘法的結合律)

(c) $(A+B)C=AC+BC$。 (右分配律)

(d) $C(P+Q)=CP+CQ$。 (左分配律)

(e) $I_kA=A=AI_m$。

(f) 任意向量與零向量之乘積爲零向量。

(g) $(AC)^T=C^TA^T$。

證明 我們證明(b)、(c)、及(g)。其餘留作習題。

(b) 首先看到，$A(CP)$及$(AC)P$ 兩者都是 $k\times p$ 矩陣。令 $\mathbf{u}_j$ 代表 CP 的行 j。因爲 $\mathbf{u}_j=C\mathbf{p}_j$，$A(CP)$的行 j 爲 $A\mathbf{u}_j=A(C\mathbf{p}_j)$。另外，依據本節練習題 1 前的方框中的結果，$(AC)P$ 的行 j 爲$(AC)\mathbf{p}_j=A(C\mathbf{p}_j)$。由此可知，$A(CP)$與$(AC)P$ 相對應的行相等。因此 $A(CP)=(AC)P$。

(c) $(A+B)C$ 和 $AC+BC$ 都是 $n\times k$ 矩陣，所以我們比對兩矩陣相對應的行。對任意的 j 值，$A\mathbf{c}_j$ 和 $B\mathbf{c}_j$ 分別爲 AC 和 BC 的第 j 行。但是由定理 1.3(c)，$(A+B)C$ 的第 j 行是

$$(A+B)\mathbf{c}_j=A\mathbf{c}_j+B\mathbf{c}_j$$

而且這也是 $AC+BC$ 的第 j 行。因此(c)得證。

(g) $(AC)^T$ 和 C^TA^T 均爲 $n\times k$ 矩陣，所以我們可比對兩矩陣相對應之元素。$(AC)^T$ 的元素(i, j)是 AC 的元素(j, i)，也就是

$$[a_{j1}a_{j2}\cdots a_{jm}]\begin{bmatrix}c_{1i}\\c_{2i}\\\vdots\\c_{mi}\end{bmatrix}=a_{j1}c_{1i}+a_{j2}c_{2i}+\cdots+a_{jm}c_{mi}$$

同時，C^TA^T 的元素(i, j)是 C^T 的列 i 與 A^T 的行 j 的乘積，即

$$[c_{1i}c_{2i}\cdots c_{mi}]\begin{bmatrix} a_{j1} \\ a_{j2} \\ \vdots \\ a_{jm} \end{bmatrix} = c_{1i}a_{j1} + c_{2i}a_{j2} + \cdots + c_{mi}a_{jm}$$

因爲上面兩個式子是相等的，故$(AC)^T$的元素(i, j)等於 C^TA^T的元素(i, j)。故(g)得證。………■

矩陣乘法的結合律，定理 2.1(b)，讓我們在標記多個矩陣相乘時，可以省略括弧。因此，對矩陣 A、B、及 C 相乘，我們通常寫做 ABC。

如果 A 是 $n \times n$ 矩陣，我們可以讓 A 自乘任意多次。和實數一樣，我們也使用指數的記法 A^k，以代表 A 自乘 k 次。同時規定 $A^1 = A$ 及 $A^0 = I_n$。

例題 6

回憶一下，在第 1.2 節的例題 3 中，我們用統計矩陣 $A = \begin{bmatrix} .85 & .03 \\ .15 & .97 \end{bmatrix}$ 以探討市區與郊區間的人口遷移問題。在那個例題中，如果 $\mathbf{p}$ 的分量代表市區與郊區目前的人口數，則 $A\mathbf{p}$ 的分量代表了市區與郊區次年的人口數。將該例題的計算延伸到往後的年度，我們可看到，向量 $A^2\mathbf{p} = A(A\mathbf{p})$ 的各分量爲兩年後市區與郊區的人口數。以通式表示，對任意正整數 m，向量 $A^m\mathbf{p}$ 的各分量是 m 年之後，市區與郊區的人口數。例如，若 $\mathbf{p} = \begin{bmatrix} 500 \\ 700 \end{bmatrix}$(與 1.2 節之例題 3 一樣)，則代表十年後市區與郊區人口數的向量爲

$$A^{10}\mathbf{p} \approx \begin{bmatrix} 241.2 \\ 958.8 \end{bmatrix}$$

(各數值經四捨五入)

社會學家可能需要依據此種年度變化，以找出長期變化趨勢。以矩陣乘法來說，此問題就是探討在 m 增加時，向量 $A^m\mathbf{p}$ 的變化。對矩陣有更深入的瞭解之後，在第 5 章會討論，我們就能夠更容易的探討此種長期人口遷移問題。

如果 A 及 B 爲列數相同的兩矩陣，則我們用$[A \quad B]$代表一個矩陣，其各行是依序排列 A 的各行再接著排 B 的各行。我們將 $[A \quad B]$ 稱爲**增廣矩陣 (augmented matrix)**。例如，若

$$A = I_2 = \begin{bmatrix} 1 & 0 \\ 0 & 1 \end{bmatrix} \quad 及 \quad B = \begin{bmatrix} 2 & 0 & 1 \\ -1 & 3 & 1 \end{bmatrix}$$

則$[A \quad B]$爲 2×5 矩陣

$$[A \quad B]=\begin{bmatrix}1 & 0 & 2 & 0 & 1\\0 & 1 & -1 & 3 & 1\end{bmatrix}$$

偶爾，會在增廣矩陣$[A \quad B]$中加一條垂直線，用以分隔 A 之各行與 B 之各行。因此，對矩陣 A 和 B，我們可寫成

$$[A \quad B]=\left[\begin{array}{cc|ccc}1 & 0 & 2 & 0 & 1\\0 & 1 & -1 & 3 & 1\end{array}\right]$$

由於我們對矩陣乘法的定義方式，我們很容易看出來，若 P 是 $m\times n$ 矩陣，且 A 和 B 是列數爲 n 的矩陣，則 $P[A \quad B]=[PA \quad PB]$。

例題 7

令

$$A=I_2=\begin{bmatrix}1 & 0\\0 & 1\end{bmatrix}，B=\begin{bmatrix}2 & 0 & 1\\-1 & 3 & 1\end{bmatrix}，及 \quad P=\begin{bmatrix}1 & 2\\2 & -1\\0 & 1\end{bmatrix}$$

利用公式 $P[A \quad B]=[PA \quad PB]$以計算 $P[A \quad B]$乘積。

解 我們可觀察到 $PA=PI_2=P$ 且

$$PB=\begin{bmatrix}1 & 2\\2 & -1\\0 & 1\end{bmatrix}\begin{bmatrix}2 & 0 & 1\\-1 & 3 & 1\end{bmatrix}=\begin{bmatrix}0 & 6 & 3\\5 & -3 & 1\\-1 & 3 & 1\end{bmatrix}$$

因此

$$P[A \quad B]=[PA \quad PB]=\left[\begin{array}{cc|ccc}1 & 2 & 0 & 6 & 3\\2 & -1 & 5 & -3 & 1\\0 & 1 & -1 & 3 & 1\end{array}\right]$$

練習題 3.

令

$$A=\begin{bmatrix}1 & 3 & -1\\2 & 5 & 4\end{bmatrix}，B=\begin{bmatrix}2 & -2\\0 & 3\\-4 & 1\end{bmatrix}，及 \quad C=\begin{bmatrix}3 & 0 & -1\\2 & 1 & 5\\-6 & 0 & 2\end{bmatrix}$$

求 $A[B \quad C]$的第四行，但不要計算出整個矩陣。

特殊矩陣

我們簡單的介紹一下，在本書後面會用到的一些具有特殊性質的矩陣。首先介紹對角矩陣(*diagonal matrices*)，它之所以重要，是因爲它的簡單性。若 $i = j$，則矩陣 A 的元素(i, j)稱做**對角元素(diagonal entry)**。所有對角元素組成 A 的**對角線(diagonal)**。如果一個方陣 A，它所有的非對角元素都是零，則稱爲**對角矩陣(diagonal matrix)**。例如，單位矩陣和零方陣都是對角矩陣。

如果 A 和 B 爲 $n \times n$ 對角矩陣，則 AB 同樣是 $n \times n$ 對角矩陣。同時，AB 的對角元素等於 A 和 B 之相對應的對角元素兩兩相乘。(見習題 60。)

例如，設

$$A = \begin{bmatrix} 1 & 0 & 0 \\ 0 & 2 & 0 \\ 0 & 0 & 3 \end{bmatrix} \quad 及 \quad B = \begin{bmatrix} 3 & 0 & 0 \\ 0 & -1 & 0 \\ 0 & 0 & 2 \end{bmatrix}$$

則

$$AB = \begin{bmatrix} 3 & 0 & 0 \\ 0 & -2 & 0 \\ 0 & 0 & 6 \end{bmatrix}$$

在第 5 章中，對角與非對角方陣間的關係會做更深入探討，到時我們將會看到，在許多情況下，一個普通的方陣可以用對角矩陣來替代，這樣不僅讓理論說明變簡單，也可簡化計算。

特別留意一點，所有的對角矩陣必定等於它的轉置矩陣。若 $A^T = A$，則我們稱(方)矩陣 A 爲**對稱(symmetric)**。舉例來說，對角矩陣爲對稱。另一個例子，令

$$A = \begin{bmatrix} 1 & 2 & 4 \\ 2 & 3 & -1 \\ 4 & -1 & 5 \end{bmatrix}$$

則

$$A^T = \begin{bmatrix} 1 & 2 & 4 \\ 2 & 3 & -1 \\ 4 & -1 & 5 \end{bmatrix}^T = \begin{bmatrix} 1 & 2 & 4 \\ 2 & 3 & -1 \\ 4 & -1 & 5 \end{bmatrix} = A$$

所以 A 爲對稱。表成通式，方陣 A 爲對稱若且唯若對所有的 i 和 j 均 $a_{ij} = a_{ji}$。

習 題

在習題 1 至 3 中，問是否每個矩陣乘積 AB 均有定義。如果有，求出其大小。

1. A 爲 2×3 矩陣，且 B^T 爲 2×3 矩陣。
2. A 爲 2×4 矩陣，且 B 爲 4×6 矩陣。
3. A^T 爲 3×3 矩陣，且 B 爲 2×3 矩陣。
4. 舉出一組矩陣 A 及 B 的實例，使得 BA 有定義，但 AB 沒有定義。

在習題 5 至 20 中，利用下列已知矩陣計算各題之結果，或說明該題為何沒有定義：

$$A=\begin{bmatrix}1 & -2\\3 & 4\end{bmatrix}\quad B=\begin{bmatrix}7 & 4\\1 & 2\end{bmatrix}\quad C=\begin{bmatrix}3 & 8 & 1\\2 & 0 & 4\end{bmatrix}$$

$$\mathbf{x}=\begin{bmatrix}2\\3\end{bmatrix}\qquad \mathbf{y}=\begin{bmatrix}1\\3\\-5\end{bmatrix}\qquad \mathbf{z}=[7\quad -1]$$

5. $C\mathbf{y}$　6. $B\mathbf{x}$　7. $\mathbf{xz}$
8. $B\mathbf{y}$　9. $AC\mathbf{x}$　10. $A\mathbf{y}^T$
11. AB　12. AC　13. BC
14. BA　15. CB^T　16. CB
17. A^3　18. A^2　19. C^2
20. B^2

在習題 21 至 24 中，利用習題 5 至 20 所給的矩陣 A、B、C、及 $\mathbf{z}$。

21. 驗證 $I_2C=CI_3=C$ 。
22. 驗證 $(AB)C=A(BC)$ 。
23. 驗證 $(AB)^T=B^TA^T$ 。
24. 驗證 $\mathbf{z}(AC)=(\mathbf{z}A)C$ 。

在習題 25 至 32 中，利用下列矩陣，求各題所指定之矩陣乘積的特定元素或行，而不要計算出整個矩陣：

$$A=\begin{bmatrix}1 & 2 & 3\\2 & -1 & 4\\-3 & -2 & 0\end{bmatrix},\ B=\begin{bmatrix}-1 & 0\\4 & 1\\3 & -2\end{bmatrix},\ C=\begin{bmatrix}2 & 1 & -1\\4 & 3 & -2\end{bmatrix}$$

25. AB 的元素(3, 2)　26. BC 的元素(2, 1)
27. CA 的元素(2, 3)　28. CB 的元素(1, 1)
29. AB 的行 2　30. BC 的行 3
31. CA 的行 1　32. CB 的行 2

是非題

習題 33 至 50，問各命題是否為真。

33. 兩個 $m\times n$ 矩陣的乘積是有定義的。
34. 對任意矩陣 A 及 B，若 AB 有定義，則乘積 BA 也一定有定義。
35. 對任意矩陣 A 及 B，若乘積 AB 與 BA 兩者都有定義，則 $AB=BA$。
36. 若 A 是方陣，則 A^2 是有定義的。
37. 若 A 及 B 爲矩陣，若且唯若 A 及 B 爲方陣，則 AB 及 BA 均有定義。
38. 若 A 是 $m\times n$ 矩陣且 B 是 $n\times p$ 矩陣，則 $(AB)T=A^TB^T$。
39. 存在有非零矩陣 A 及 B 可使得 $AB=BA$。
40. 對任意矩陣 A 和 B 且其乘積 AB 是有定義的，則 AB 的第 j 行，等於 A 和 B 的第 j 行的矩陣－向量積。
41. 對任意矩陣 A 及 B 且其乘積 AB 是有定義的，則 AB 的元素 (i, j) 等於 $a_{ij}b_{ij}$。
42. 對任意矩陣 A 及 B 且其乘積 AB 是有定義的，則 AB 的元素 (i, j) 等於，A 的第 i 行，和 B 的第 j 列的對應元素乘積的和。
43. 若 A、B、及 C 爲矩陣且 $A(BC)$ 是有定義的，則 $A(BC)=(AB)C$ 。
44. 若 A 及 B 爲 $m\times n$ 矩陣且 C 是 $n\times p$ 矩陣，則 $(A+B)C=AB+BC$ 。
45. 若 A 及 B 爲 $n\times n$ 矩陣，則其乘積 AB 的對角元素爲 $a_{11}b_{11}, a_{22}b_{22}, \cdots, a_{nn}b_{nn}$。
46. 若乘積 AB 是有定義的，且 A 和 B 兩者之一爲零矩陣，則 AB 是零矩陣。
47. 若乘積 AB 是有定義的，且 AB 是零矩陣，則 A 和 B 兩者之一爲零矩陣。
48. 若 A_α 和 A_β 都是 2×2 旋轉矩陣，則 $A_\alpha A_\beta$ 是 2×2 旋轉矩陣。
49. 兩個對角矩陣的乘積也是對角矩陣。
50. 在一個對稱的 $n\times n$ 矩陣中，對所有的 $i=1, 2, \cdots, n$ 及 $j=2, 2,\cdots, n$，其元素 (i, j) 等於元素 (j, i)。

51. 令

$$\begin{array}{cc} & \text{由} \\ & \begin{array}{cc}\text{市區} & \text{郊區}\end{array} \\ \text{到}\ \begin{array}{c}\text{市區} \\ \text{郊區}\end{array} & \begin{bmatrix} .85 & .03 \\ .15 & .97 \end{bmatrix} = A \end{array}$$

是例題 6 中用來預測市區與郊區間人口遷移的統計矩陣。假設，70%的市區居民住在獨戶住宅(相對於集合住宅或公寓)以及 95%郊區居民住在獨戶住宅中。

(a) 求一個 2×2 矩陣 B 可使得，若市區人口數爲 v_1 且郊區人口數爲 v_2，則 $B\begin{bmatrix} v_1 \\ v_2 \end{bmatrix} = \begin{bmatrix} u_1 \\ u_2 \end{bmatrix}$，其中 u_1 爲居住獨戶住宅人口數，且 u_2 爲居住集合住宅人口數。

(b) 解釋 $BA\begin{bmatrix} v_1 \\ v_2 \end{bmatrix}$ 的重要性。

52. 居住在市區的車主中，有 60%開小客車、30%開廂型車，以及 10%開休旅車。居住在郊區的車主中，30%開小客車、50%開廂型車、以及 20%開休旅車。在所有車輛中(包含市區與郊區)，60%的小客車、40%的廂型車、以及 50%的休旅車是深色的。

(a) 求矩陣 B，當住在市區的車主爲 v_1，住在郊區的車主爲 v_2 時，可使得 $B\begin{bmatrix} v_1 \\ v_2 \end{bmatrix} = \begin{bmatrix} u_1 \\ u_2 \\ u_3 \end{bmatrix}$，其中 u_1 人開小客車、u_2 人開廂型車、u_3 人開休旅車。

(b) 求矩陣 A 可使得 $A\begin{bmatrix} u_1 \\ u_2 \\ u_3 \end{bmatrix} = \begin{bmatrix} w_1 \\ w_2 \end{bmatrix}$，其中 u_1、u_2、及 u_3 與(a)中相同，w_1 代表開深色車的人數，w_2 代表開淺色(深色以外的)的人數。

(c) 求矩陣 C 使得 $\begin{bmatrix} w_1 \\ w_2 \end{bmatrix} = C\begin{bmatrix} v_1 \\ v_2 \end{bmatrix}$，其中 v_1 及 v_2 與(a)中相同，而 w_1 及 w_2 則如(b)所述。

53. 有某一所小學，經調查發現，在某一上學日吃營養午餐的學生，在第二天有 30%仍購買營養午餐，0%改爲帶便當。另外，在某一上學日帶當的學生中，在下一個上學日有 40%仍帶便當，但有 60%改爲購買營養午餐。

(a) 求一個矩陣 A 可使得，若在某一天有 u_1 名學生吃營養午餐，u_2 名學生帶便當，則有 $A\begin{bmatrix} u_1 \\ u_2 \end{bmatrix} = \begin{bmatrix} v_1 \\ v_2 \end{bmatrix}$，其中 v_1 及 v_2 分別代表在下一個上學日吃營養午餐和帶便當的學生數。

(b) 假設在上學的第一大，有 $u_1 = 100$ 的學生買營養午餐，有 $u_2 = 200$ 的學生帶便當。求 $A\begin{bmatrix} u_1 \\ u_2 \end{bmatrix}$、$A^2\begin{bmatrix} u_1 \\ u_2 \end{bmatrix}$、及 $A^3\begin{bmatrix} u_1 \\ u_2 \end{bmatrix}$。說明每一項的意義。

(c) 要完成此題，你須使用有矩陣功能的計算機或諸如 MATLAB 的電腦軟體。使用(b)中的符號，求 $A^{100}\begin{bmatrix} u_1 \\ u_2 \end{bmatrix} = \begin{bmatrix} w_1 \\ w_2 \end{bmatrix}$。說明此結果的意義。現在求 $A\begin{bmatrix} w_1 \\ w_2 \end{bmatrix}$，並與 $\begin{bmatrix} w_1 \\ w_2 \end{bmatrix}$ 做比較。解釋此結果。

54. 證明定理 2.1 之(a)。

55. 證明定理 2.1 之(d)。

56. 證明定理 2.1 之(e)。

57. 證明定理 2.1 之(f)。

58. 令 $A = A_{180^\circ}$，並令 B 是一個可將 R^2 對 x 軸反射的矩陣，亦即，

$$B = \begin{bmatrix} 1 & 0 \\ 0 & -1 \end{bmatrix}$$

求 BA，並解釋，一個向量 $\mathbf{v}$ 乘上 BA 的幾何效果爲何。

59. 我們稱矩陣 A 爲**下三角矩陣**(lower triangular)的條件是，當 $i<j$ 時，A 的元素(i, j)爲零。證明，若 A 和 B 都是 $n\times n$ 下三角矩陣，則 AB 也是下三角矩陣。

60. 令 A 爲 $n\times n$ 矩陣。

(a) 證明，A 爲對角矩陣，若且唯若它的第 j 行等於 $a_{jj}\mathbf{e}_j$。

(b) 利用(a)以證明，若 A 和 B 均爲 $n\times n$ 對角矩陣，則 AB 也是對角矩陣，它的第 j 行爲 $a_{jj}b_{jj}\mathbf{e}_j$。

61. 我們稱矩陣 A 爲**上三角矩陣**(upper triangular)的條件是，當 $I>j$ 時 A 的元素(i, j)爲零。證明，若 A 和 B 均爲 $n\times n$ 上三角矩陣，則 AB 也是上三角矩陣。

62. 令 $A=\begin{bmatrix}1 & -1 & 2 & -1\\ -2 & 1 & -1 & 3\\ -1 & -1 & 4 & 3\\ -5 & 3 & -4 & 7\end{bmatrix}$。求一個 4×2 非零矩陣 B，其秩為 2，可使得 $AB=O$。

63. 求 $n\times n$ 矩陣 A 和 B 的實例，可使得 $AB+O$ 但 $BA\neq O$。

64. 令 A 和 B 為 $n\times n$ 矩陣。證明，AB 和 BA 的秩相等，或不相等。

65. 回憶一下 1.1 節的習題 82 對矩陣的跡所做的定義。證明，若 A 是 $m\times n$ 矩陣且 B 是 $n\times m$ 矩陣，則 $\text{trace}(AB)=\text{trace}(BA)$。

66. 令 $1\leq r$、$s\leq n$ 為整數，E 為 $n\times n$ 矩陣，且其元素(r, s)的值為 1，其餘元素均為 0。令 B 為 $n\times n$ 矩陣。用 B 之元素來描述 EB。

67. 證明，若 A 是 $k\times m$ 矩陣，B 是 $m\times n$ 矩陣，且 C 是 $n\times p$ 矩陣，則$(ABC)^T=C^TB^TA^T$。

68. (a) 令 A 及 B 為大小相同之對稱矩陣。證明，AB 為對稱，若且唯若 $AB=BA$。
    (b) 求對稱之 2×2 矩陣 A 和 B 使得 $AB\neq BA$。

在習題 69 至 72 中，使用有矩陣功能的計算機，或諸如 *MATLAB* 的電腦軟體以求解。

69. 令 A_θ為θ－旋轉矩陣。
    (a) 令 $\theta=\pi/2$，以手算求 A_θ^2。
    (b) 令 $\theta=\pi/3$，求 A_θ^3。
    (c) 令 $\theta=\pi/8$，求 A_θ^8。
    (d) 利用前面各小題的結果，對 A_θ^k 提出一假說，其中 $\theta=\pi/k$。
    (e) 繪一圖形以支持你在(d)中的假說。

70. 令 A、B、及 C 為 4×4 隨機矩陣。
    (a) 顯示出其分配律 $A(B+C)=AB+AC$。
    (b) 檢查以下方程式是否成立，
    $$(A+B)^2=A^2+2AB+B^2$$
    (c) 對任意 $n\times n$ 矩陣 A 及 B，提出一個$(A+B)^2$之等式應為何的假說。驗證你的假說。
    (d) 若(b)中的等式要普遍成立，則對 AB 和 BA 之間應有何關係提出一個假說。
    (e) 證明你在(d)中的假說。

71. 令 A 為例題 6 人口分佈範例中所用的統計矩陣。
    (a) 驗證例題中所給的 $A^{10}\mathbf{p}$ 是否正確。
    (b) 求市區與郊區 20 年後的人口數。
    (c) 求市區與郊區 50 年後的人口數。
    (d) 對市區與郊區最終的人口分佈做一合理的推估。

72. 令 A 及 B 為 4×4 隨機矩陣。
    (a) 求出 AB 的最簡列梯型，以獲得 AB 和它的秩。
    (b) 求出 BA 的最簡列梯型，以獲得 BA 和它的秩。
    (c) 將你的答案與習題 64 的解做比較。

練習題解答

1. (a) 因為 B 是 2×3 矩陣且 A^T 是 4×2 矩陣，故乘積 BA^T 沒有定義。
   (b) 因為 A^T 是 4×2 矩陣且 B 是 2×3 矩陣，乘積 A^TB 有定義。其大小為 4×3。

2. 矩陣 AB 是 2×3 矩陣。其第一行是
$$\begin{bmatrix}2 & -1 & 3\\ 1 & 4 & -2\end{bmatrix}\begin{bmatrix}-1\\ 0\\ 3\end{bmatrix}=\begin{bmatrix}-2+0+9\\ -1+0-6\end{bmatrix}=\begin{bmatrix}7\\ -7\end{bmatrix},$$
它的第二行是
$$\begin{bmatrix}2 & -1 & 3\\ 1 & 4 & -2\end{bmatrix}\begin{bmatrix}0\\ -3\\ 1\end{bmatrix}=\begin{bmatrix}0+3+3\\ 0-12-2\end{bmatrix}=\begin{bmatrix}6\\ -14\end{bmatrix},$$
第三行是
$$\begin{bmatrix}2 & -1 & 3\\ 1 & 4 & -2\end{bmatrix}\begin{bmatrix}2\\ 4\\ -2\end{bmatrix}=\begin{bmatrix}4-4-6\\ 2+16+4\end{bmatrix}=\begin{bmatrix}-6\\ 22\end{bmatrix}$$
因此 $AB=\begin{bmatrix}7 & 6 & -6\\ -7 & -14 & 22\end{bmatrix}$。

3. 因為 $[B\quad C]$ 的第四行是 $\mathbf{e}_2$，$A[B\quad C]$ 的第四行是
$$A\mathbf{e}_2=\mathbf{a}_2=\begin{bmatrix}3\\ 5\end{bmatrix}$$

2.2* 矩陣乘法之應用

在本節中，我們介紹四種矩陣乘法的應用。

Leslie 矩陣與族群數變遷

一個動物群落中的族群數量，取決於群落中不同年齡動物的生育及死亡率。舉例來說，一個哺乳動物群落中，其成員的壽命小於 3 年。為研究此群落的生育率，我們將雌獸分成三個年齡組：小於 1 歲的、介於 1 到 2 歲之間的、以及 2 歲的。我們由該群落的死亡率知道，新生的雌獸中有 40%可活到 1 歲，1 歲的雌獸中有 50%可活到 2 歲。我們只需觀察，每一年齡組中的雌獸生育雌性後代的數量，因一個群落中的雌性與雄性後代的數量是成一定的比例。假設小於 1 歲的雌獸不會生育，介於 1 到 2 歲之間的平均生育兩隻雌獸，而 2 歲年齡組的平均生育一隻雌獸。令 x_1、x_2、及 x_3 分別代表第一、第二、及第三年齡組的雌獸數量，並令 y_1、y_2、及 y_3 為各年齡組中次年的雌獸數量。表 2.1 顯示了由當年到次年的數量變化。

表 2.1

齡	當年	次年
0-1	x_1	y_1
1-2	x_2	y_2
2-3	x_3	y_3

向量 $\mathbf{x} = \begin{bmatrix} x_1 \\ x_2 \\ x_3 \end{bmatrix}$ 為當年度群落中雌獸的**族群分佈(population distribution)**。我們可以利用上述資訊以預估次年的族群分佈，也就是向量 $\mathbf{y} = \begin{bmatrix} y_1 \\ y_2 \\ y_3 \end{bmatrix}$。特別看到，次年小於一歲的雌獸族群數 y_1，就是今年度出生的雌獸數目。因為目前介於 1-2 歲之間的雌獸數量為 x_2，而其中每一隻平均會生育 2 隻雌性後代，而 2 至 3 歲的雌獸數量為 x_3，其中每一隻平均生育一隻雌性後代，所以得到以下代表 y_1 的公式：

$$y_1 = 2x_2 + x_3$$

---

*本節可略過而不影響連貫性。

而 y_2 爲次年第二年齡組中雌獸的數量。因爲這些雌獸今年是屬於第一年齡組，所以牠們之中只有 40%會活到次年，因此 $y_2 = 0.4x_1$。同樣的，$y_3 = 0.5x_2$。將這三個等式寫在一起就是

$$\begin{aligned} y_1 &= \quad\quad 2.0x_2 + 1.0x_3 \\ y_2 &= 0.4x_1 \\ y_3 &= \quad\quad 0.5x_2 \end{aligned}$$

這三個等式可以寫成一個矩陣方程式 $\mathbf{y} = A\,\mathbf{x}$，其中 $\mathbf{x}$ 及 $\mathbf{y}$ 是前面定義的族群分佈，A 爲 3×3 矩陣

$$A = \begin{bmatrix} 0.0 & 2.0 & 1.0 \\ 0.4 & 0.0 & 0.0 \\ 0.0 & 0.5 & 0.0 \end{bmatrix}$$

舉例來說，設 $\mathbf{x} = \begin{bmatrix} 1000 \\ 1000 \\ 1000 \end{bmatrix}$；每一個年齡組今年各有 1000 隻雌獸。則

$$\mathbf{y} = A\mathbf{x} = \begin{bmatrix} 0.0 & 2.0 & 1.0 \\ 0.4 & 0.0 & 0.0 \\ 0.0 & 0.5 & 0.0 \end{bmatrix} \begin{bmatrix} 1000 \\ 1000 \\ 1000 \end{bmatrix} = \begin{bmatrix} 3000 \\ 400 \\ 500 \end{bmatrix}$$

所以一年之後，計有 3000 隻小於一歲的雌獸，400 隻介於 1 到 2 歲之間，以及 500 隻大於 2 歲的雌獸。

對任意正整數 k，給定一個初始族群分佈 $\mathbf{p}_0$，令 $\mathbf{p}_k$ 代表 k 年之後的族群分佈。在以上例子中，

$$\mathbf{p}_0 = \mathbf{x} = \begin{bmatrix} 1000 \\ 1000 \\ 1000 \end{bmatrix} \quad 及 \quad \mathbf{p}_1 = \mathbf{y} = \begin{bmatrix} 3000 \\ 400 \\ 500 \end{bmatrix}$$

則對任意正整數 k，我們有 $\mathbf{p}_k = A\mathbf{p}_{k-1}$。因此

$$\mathbf{p}_k = A\mathbf{p}_{k-1} = A^2\mathbf{p}_{k-2} = \cdots = A^k\mathbf{p}_0$$

用這種方式，我們可以對族群趨勢做長期預測。例如，要預測 10 年後的族群分佈，我們計算 $\mathbf{p}_{10} = A^{10}\mathbf{p}_0$。因此

$$\mathbf{p}_{10} = A^{10}\mathbf{p}_0 = \begin{bmatrix} 1987 \\ 851 \\ 387 \end{bmatrix}$$

其中每一個數都四捨五入到整數位。如果以 10 年爲一間距重覆此一步驟，我們可以發現(四捨五入到整數位)

$$\mathbf{p}_{20}=\begin{bmatrix}2043\\819\\408\end{bmatrix} \quad 及 \quad \mathbf{p}_{30}=\mathbf{p}_{40}=\begin{bmatrix}2045\\818\\409\end{bmatrix}$$

看起來族群在 30 年後趨於穩定。事實上，向量

$$\mathbf{z}=\begin{bmatrix}2045\\818\\409\end{bmatrix}$$

正好滿足 $A\mathbf{z}=\mathbf{z}$。此種情形下，族群分佈 $\mathbf{z}$ 為穩定，也就是它不會逐年改變。

一般而論，一個群落中的族群數目是否會穩定，是取決於它的存活率與生育率(例如習題 12 至 15)。習題 10 則是一個沒有非零穩態族群分佈的範例。

我們可將此情形推廣到任意動物群落。假設我們將群落中的雌性分成 n 個年齡組，其中 x_i 為第 i 組的數量。每一年齡組涵蓋的時間不一定是一年，但各組的間距必須一樣。令 $\mathbf{x}=\begin{bmatrix}x_1\\x_2\\\vdots\\x_n\end{bmatrix}$ 為群落中雌性的族群分佈，p_i 代表第 i 組中有多少雌性可存活到進入第$(i+1)$組，而 b_i 代表第 i 組中每一成員生育雌性後代的平均數。若 $\mathbf{y}=\begin{bmatrix}y_1\\y_2\\\vdots\\y_n\end{bmatrix}$ 是下一個時間區段的族群數，則

$$\begin{array}{lclclclcl}
y_1 & = & b_1x_1 & + & b_2x_2 & + & \cdots & + & b_nx_n\\
y_2 & = & p_1x_1 & & & & & & \\
y_3 & = & & & p_2x_2 & & & & \\
\vdots & & & & & & & & \\
y_n & = & & & & & p_{n-1}x_{n-1} & &
\end{array}$$

因此，對

$$A=\begin{bmatrix}b_1 & b_2 & \cdots & & b_n\\ p_1 & 0 & \cdots & & 0\\ 0 & p_2 & \cdots & & 0\\ \vdots & \vdots & & & \vdots\\ 0 & 0 & \cdots & p_{n-1} & 0\end{bmatrix}$$

我們有

$$\mathbf{y}=A\mathbf{x}$$

矩陣 A 叫做族群的 **Leslie 矩陣**。這個名稱來自 P.H.Leslie，他在 1940 年代提出此一矩陣。所以，若 $\mathbf{x}_0$ 為初始族群分佈，則 k 個時間區段後的分佈為

$$\mathbf{y}_k=A^k\mathbf{x}_0$$

練習題 1.

某一種哺乳動物的壽命最長爲 2 年，但是此種動物的雌性只有 25%可存活到 1 歲。假設，每一個一歲以下的雌性個體，平均可生育 0.5 個雌性後代，而 1 到 2 歲之間的個體，平均生育 2 個雌性後代。

(a) 寫出此族群的 Leslie 矩陣。

(b) 假設，今年計有 200 個 1 歲以下的雌性個體，以及 200 個 1 到 2 歲之間的雌性。求次年與兩年後的族群分佈。

(c) 假設向量 $\begin{bmatrix} 400 \\ 100 \end{bmatrix}$ 代表今年雌性個體的族群分佈。關於未來所有的族群分佈，你能說些甚麼？

(d) 假設今年雌性總數爲 600。爲使族群分佈每年固定不變，各年齡組應各有多少雌性？

交通流量分析

圖 2.4 代表一個單向路網的交通流量，箭頭表示車流方向。每一條街道在交叉點上方標示的數字，代表由交叉點流入該街道的車流量。例如，離開 P_1 的車流中有 30%流向 P_4，而其它的 70%流向 P_2。而所有離開 P_5 的車流都流向 P_8。

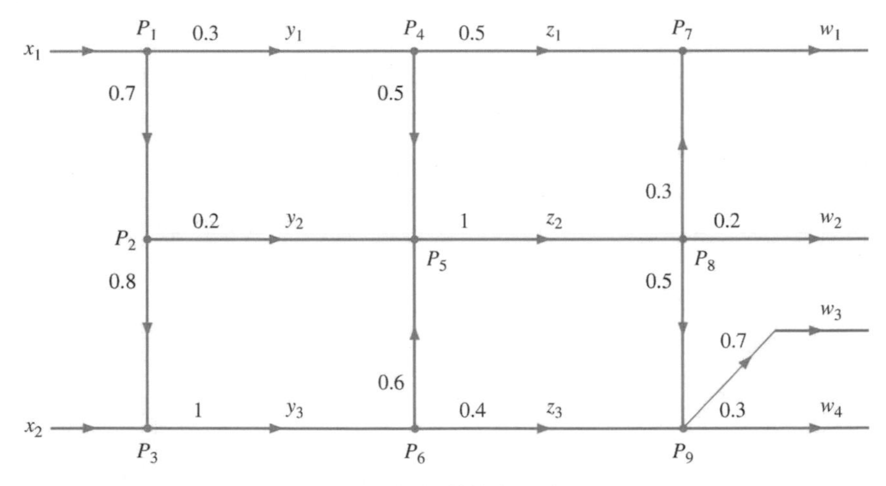

圖 2.4　單行道的交通流量

假設在某一天，x_1 輛車由 P_1 的左邊進入路網，而 x_2 輛車由 P_3 的左側進入。令 w_1、w_2、w_3、及 w_4 代表由出口向右離開路網的車輛數。我們希望求出各個 w_i 的值。乍看之下，此問題好像十分困難，因爲有太多道路。不過，如果我們將此問題拆解爲幾個較簡單的問題，我們可以分別解出這些簡單的問題，再將它們的解合併以獲得 w_i 的值。

首先，我們由路網中包含交叉點 P_1、P_2、及 P_3 的部份開始。令 y_1、y_2、及 y_3 分別代表三條路線上東向離開的車輛數。爲求得 y_1，我們知道所有進入 P_1 的車輛，有 30%繼續駛向 P_4。因此 $y_1=0.30x_1$。同時，$0.7x_1$ 的車輛在 P_1 右轉，而這些車輛的 20%在 P_2 左轉。因爲這些車輛是唯一這樣行進的，所以 $y_2=(0.2)(0.7)x_1=0.14x_1$。再來，因爲進入 P_2 的車輛有 80%繼續駛向 P_3，其數量爲 $(0.8)(0.7)x_1=0.56x_1$。最後，所有由左側進入 P_3 的車輛都使用 P_3 到 P_6 之間的道路，所以 $y_3=0.56x_1+x_2$。整理之後可得

$$\begin{aligned} y_1 &= 0.30x_1 \\ y_2 &= 0.14x_1 \\ y_3 &= 0.56x_1 + x_2 \end{aligned}$$

我們可將此方程組寫成矩陣式 $\mathbf{y}=A\mathbf{x}$，其中

$$\mathbf{y}=\begin{bmatrix} y_1 \\ y_2 \\ y_3 \end{bmatrix} \quad A=\begin{bmatrix} 0.30 & 0 \\ 0.14 & 0 \\ 0.56 & 1 \end{bmatrix} \quad \text{且} \quad \mathbf{x}=\begin{bmatrix} x_1 \\ x_2 \end{bmatrix}$$

現在考慮下一組交叉點，P_4、P_5、及 P_6。如果我們令 z_1、z_2、及 z_3 分別代表經由 P_4、P_5、及 P_6，向右離開的車流量，則經過類似的分析可得

$$\begin{aligned} z_1 &= 0.5y_1 \\ z_2 &= 0.5y_1 + y_2 + 0.6y_3 \\ z_3 &= 0.4y_3 \end{aligned}$$

或 $\mathbf{z}=B\mathbf{y}$，其中

$$\mathbf{z}=\begin{bmatrix} z_1 \\ z_2 \\ z_3 \end{bmatrix} \quad \text{及} \quad B=\begin{bmatrix} 0.5 & 0 & 0 \\ 0.5 & 1 & 0.6 \\ 0 & 0 & 0.4 \end{bmatrix}$$

最後，如果我們設

$$\mathbf{w}=\begin{bmatrix} w_1 \\ w_2 \\ w_3 \\ w_4 \end{bmatrix} \quad \text{及} \quad C=\begin{bmatrix} 1 & 0.30 & 0 \\ 0 & 0.20 & 0 \\ 0 & 0.35 & 0.7 \\ 0 & 0.15 & 0.3 \end{bmatrix}$$

經由同樣的程序，我們可得 $\mathbf{w}=C\mathbf{z}$。因此得到

$$\mathbf{w}=C\mathbf{z}=C(B\mathbf{y})=(CB)A\mathbf{x}=(CBA)\mathbf{x}$$

令 $M=CBA$，則

$$M=\begin{bmatrix}1 & 0.30 & 0\\0 & 0.20 & 0\\0 & 0.35 & 0.7\\0 & 0.15 & 0.3\end{bmatrix}\begin{bmatrix}0.5 & 0 & 0\\0.5 & 1 & 0.6\\0 & 0 & 0.4\end{bmatrix}\begin{bmatrix}0.30 & 0\\0.14 & 0\\0.56 & 1\end{bmatrix}=\begin{bmatrix}0.3378 & 0.18\\0.1252 & 0.12\\0.3759 & 0.49\\0.1611 & 0.21\end{bmatrix}$$

舉例來說，若 1000 輛車經由 P_1 進入路網，2000 輛由 P_3 進入，則對於 $\mathbf{x}=\begin{bmatrix}1000\\2000\end{bmatrix}$，我們有

$$\mathbf{w}=M\mathbf{x}=\begin{bmatrix}0.3378 & 0.18\\0.1252 & 0.12\\0.3759 & 0.49\\0.1611 & 0.21\end{bmatrix}\begin{bmatrix}1000\\2000\end{bmatrix}=\begin{bmatrix}697.8\\365.2\\1355.9\\581.1\end{bmatrix}$$

事實上，在任一條路線上行駛的車輛數必定是一個整數，不會像 $\mathbf{w}$ 一樣。因為以上計算都是依據百分比，不能指望答案會絕對正確。例如，約有 698 輛車由 P_7 離開路網，以及 365 輛車由 P_8 離開。

我們可將同樣的分析用於交通流率(*rates*)，例如，每小時幾輛車，而不是針對車輛總數。

最後，此種分析也可用於不同的問題，例如一組管路中的液體流量或是一個經濟體中的金錢流動。習題中還有其它例子。

練習題 2.

一間中西部的連鎖超市，分由日本與南韓進口醬油。由日本進口的醬油中，50% 運到西雅圖，其餘的運到舊金山。由南韓進口的醬油中，60%運到舊金山，其餘運到洛衫磯。運到西雅圖的醬油全數運到芝加哥；運到舊金山的醬油中，30%轉送芝加哥，70%到聖路易；運到洛衫磯的則全數轉送聖路易。假設來自日本與南韓的醬油，運送速率分別為每年 10,000 及 5,000 桶。求每年有多少桶醬油送到芝加哥與聖路易。

(0, 1)矩陣

矩陣可用來探討不同物件間的特定關係。例如，假設有五個國家，每個國家各自與某些國家維持外交關係。為組織這些關係，我們用一個 5×5 矩陣 A，定義如下。對 $1\le i\le 5$ ，我們令 $a_{ii}=0$，對 $i\neq j$，

$$a_{ij}=\begin{cases}1 & \text{若}i\text{國與}j\text{國維持外交關係}\\0 & \text{若否}\end{cases}$$

我們可以看出來，A 中所有元素都是 0 或 1。一個所有元素不是 0 就是 1 的矩陣就叫做**(0, 1)矩陣**，而且它們頗爲重要。

爲說明之用，設

$$A=\begin{bmatrix}0&0&1&1&0\\0&0&0&1&1\\1&0&0&0&1\\1&1&0&0&0\\0&1&1&0&0\end{bmatrix}$$

在這裡，$A=A^T$；亦即，A 爲對稱。在此出現對稱是因爲，它所代表的關係是對稱的。(也就是，如果 i 國與 j 國保有外交關係，則 j 國也同樣保有和 i 國的外交關係)許多不同性質的關係，都存在有此種對稱性。圖 2.5 是此種關係的圖形表示，圖中若國家 i 與國家 j 有外交關係時，代表國家的黑點以線段連接。[圖 2.5 所示的圖形稱做無方向性圖(*undirected graph*)，習題 21 及 26 中所定義的關係則會導出有方向性圖(*directed graphs*)]

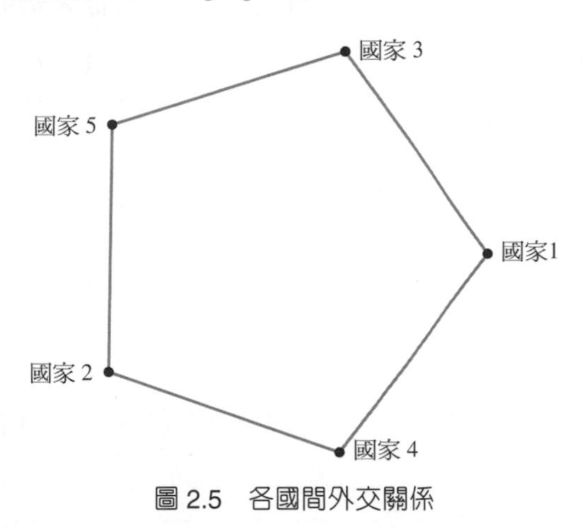

圖 2.5　各國間外交關係

讓我們來考慮矩陣 $B=A^2$ 之元素的意義；例如，

$$b_{23}=a_{21}a_{13}+a_{22}a_{23}+a_{23}a_{33}+a_{24}a_{43}+a_{25}a_{53}$$

等式右側各項的形式爲 $a_{2k}a_{k3}$。只有在兩個因子都是 1 的時候，此項才會是 1－也就是說，唯有在國家 2 與國家 k 保有外交關係，同時國家 k 又和國家 3 有外交關係時。因此 b_{23} 代表了，有多少國家連接(*link*)在國家 2 與國家 3 之間。要知道所有元素，我們求出

$$B=A^2=\begin{bmatrix}2&1&0&0&1\\1&2&1&0&0\\0&1&2&1&0\\0&0&1&2&1\\1&0&0&1&2\end{bmatrix}$$

因為 $b_{23}=1$，所以在國家 2 與國家 3 之間恰好有一個國家。仔細檢視一下 A 中的元素可知 $a_{25}=a_{53}=1$，由此可知是國家 5 連接於兩國之間。(其它的推衍留做習題)經由觀察圖 2.5，看看有多少種方式可透過兩個線段以由國家 i 到國家 j，我們可直接看出 A^2 中的元素(i, j)。

再看一下 A 的其它次方，我們可獲得更多資訊。例如，我們可以證明，若 A 為 $n\times n$ 的(0, 1)矩陣，且 $A+A^2+\cdots+A^{n-1}$ 的元素(i, j)不為零，則必定存在有一種國家排序，由國家 i 排到國家 j，在此排序中任兩個相鄰國家都有外交關係。利用此一序列，國家 i 和國家 j 之間，可以只透過有外交關係的各國進行溝通。反過來說，若 $A+A^2+\cdots+A^{n-1}$ 的元素(i, j)是零，則國家 i 與國家 j 之間不可能進行此種溝通。

例題 1

考慮一組三個國家，其中國家 3 分別與國家 1 及 2 都有外交關係，但國家 1 及 2 之間並沒有外交關係。它們的關係可以表示成 3×3 的(0, 1)矩陣

$$A=\begin{bmatrix}0&0&1\\0&0&1\\1&1&0\end{bmatrix}$$

在此例中我們有

$$A+A^2=\begin{bmatrix}1&1&1\\1&1&1\\1&1&2\end{bmatrix}$$

所以國家 1 和 2 之間雖然沒有外交關係但仍可溝通。在此例中它們連接的序列為 1、3、2。

(0, 1)矩陣也可用來解決排課的問題。舉例來說，假設一所有 m 名學生的小型學院，行政人員要為她的 n 門課安排課表。此種規劃的重點是要避免將受歡迎的課程安排在同一時段。為將時間衝突降至最低，他們對學生做了調查。他們問學生，下學期最想選的課為何。此一調查的結果可寫成矩陣形式。定義 $m\times n$ 矩陣 A 如下：

$$a_{ij}=\begin{cases}1 & \text{學生}\,i\,\text{要選課程}\ j\\ 0 & \text{其它}\end{cases}$$

在此種情形下，矩陣乘積 A^TA 提供了關於排課時間的重要資訊。我們先由矩陣元素的表示方法開始。令 $B=A^T$ 及 $C=A^TA=BA$。則，茲舉一例，

$$\begin{aligned} c_{12} &= b_{11}a_{12} + b_{12}a_{22} + \cdots + b_{1k}a_{k2} + \cdots + b_{1m}a_{m2} \\ &= a_{11}a_{12} + a_{21}a_{22} + \cdots + a_{k1}a_{k2} + \cdots + a_{m1}a_{m2} \end{aligned}$$

等式右邊的各項，其形式為 $a_{k1}a_{k2}$。現在，唯有在 $a_{k1}=1$ 且 $a_{k2}=1$ 時，才有 $a_{k1}a_{k2}=1$；亦即學生 k 希望選課程 1 及課程 2。所以 c_{12} 代表了想要同時選課程 1 及 2 的學生數。以通式表示，當 $i \neq j$，c_{ij} 代表想要同時選課程 i 與課程 j 的學生人數。另外，c_{ii} 代表想要選課程 i 的學生人數。

例題 2

假設我們共有 10 名學生和五門課程。對於課程喜好度調查之結果如下：

	課程代號				
學生	1	2	3	4	5
1	1	0	1	0	1
2	0	0	0	1	1
3	1	0	0	0	0
4	0	1	1	0	1
5	0	0	0	0	0
6	1	1	0	0	0
7	0	0	1	0	1
8	0	1	0	1	0
9	1	0	1	0	1
10	0	0	0	1	0

令 A 為 10×5 矩陣，其各元素來自上表。則

$$A^T A = \begin{bmatrix} 4 & 1 & 2 & 0 & 2 \\ 1 & 3 & 1 & 1 & 1 \\ 2 & 1 & 4 & 0 & 4 \\ 0 & 1 & 0 & 3 & 1 \\ 2 & 1 & 4 & 1 & 5 \end{bmatrix}$$

由此矩陣我們可看出，有四名學生想要同時選課程 3 及課程 5。其餘任兩門課程，最多只有兩名學生想要同時選。此外，我們也看到，有四名學生要選課程 1、三人想要課程 2、…等等。因此，A^TA 的跡(trace)(見 1.1 節習題 82)等於對這五門課的總需求數(每名學生每選一門課計一次)，如果課程都能排在不同時間的話。

留意到 A 雖然不對稱，但矩陣 A^TA 是對稱的。因此我們只需計算元素(i, j)與元素(j, i)中的一個，以節省計算量。

最後再提一點，(0, 1)矩陣的許多特性，同樣可用於非對稱的關係。

練習題 3.

假設有四個設有機場的城市。我們定義 4×4 矩陣 A 為

$$a_{ij} = \begin{cases} 1 & \text{如果由城市}\,i\,\text{到城市}\,j\,\text{有直飛班機} \\ 0 & \text{若否} \end{cases}$$

(a) 證明 A 為(0, 1)矩陣。

(b) 寫出 A^2 的元素(2, 3)。

(c) 若

$$A = \begin{bmatrix} 0 & 1 & 1 & 0 \\ 1 & 0 & 0 & 1 \\ 1 & 0 & 0 & 0 \\ 0 & 1 & 0 & 0 \end{bmatrix}$$

求 A^2。

(d) 由城市 2 到城市 3，只中停一次的航班有多少？

(e) 由城市 1 到城市 2，只中停二次的航班有多少？

(f) 是否任兩城市間都可飛航。

人類學的應用

在此一應用中，[1] 我們看到，矩陣乘法在研究納齊茲(Natchez)印地安人婚姻法律上的美妙應用。

在此種族中，所有人分成四個階級：Suns、Nobles、Honoreds、和 *michy-miche-quipy* (MMQ)。各階級的歸屬有明確的規定。此一規律完全取決於父母的階級，它規定父母中至少有一人來自 MMQ 階級。另外，子女的階級則依據父母的另一方的階級，如表 2.2。

表 2.2

母親 MMQ		父親 MMQ	
父親	子女	母親	子女
Sun	Noble	Sun	Sun
Noble	Honored	Noble	Noble
Honored	MMQ	Honored	Honored
MMQ	MMQ	MMQ	MMQ

[1] 此一例子來自 Samuel Goldberg 的 Introduction to Difference Equations (with Illustrative Examples from Economics, Psychology, and Sociology), Dover Publications, Inc., New York, 1986, pp.238-241.

我們感興趣的，是這些階級的長期分佈－也就是數代之後各階級的人數多寡。很明顯的，如果 MMQ 階級人數變得太少，就會出現存續的問題。爲簡化問題，我們做了以下假設：

1. 在每一代，每一個階級，男性、女性的人數相當。
2. 每一成人恰好結一次婚。
3. 每一對父母都恰有一兒、一女。

由於假設 1，我們只需要追蹤每一個階級、每一代的男性人數。爲此之故，我們引入以下符號：

$$
\begin{aligned}
s_k &= \text{第}k\text{代男性Suns的人數} \\
n_k &= \text{第}k\text{代男性Nobles的人數} \\
h_k &= \text{第}k\text{代男性Honoreds的人數} \\
m_k &= \text{第}k\text{代男性MMQ的人數}
\end{aligned}
$$

我們的首要目標是，找出各階級的第 k 代與第$(k-1)$代人數的關係。因爲每一個男性的 Sun 必定有同爲 Sun 的母親，(反之亦然)我們得以下公式

$$s_k = s_{k-1} \tag{1}$$

每一男性 Noble 必定有一個 Sun 的父親，或 Noble 的母親，利用此一事實可得

$$n_k = s_{k-1} + n_{k-1} \tag{2}$$

此外，每一個 Honored 男性必定有一個 Noble 父親或 Honored 母親。因此

$$h_k = n_{k-1} + h_{k-1} \tag{3}$$

最後，假設 3 則保證了每一代的男性(及女性)的總人數不變。

$$s_k + n_k + h_k + m_k = s_{k-1} + n_{k-1} + h_{k-1} + m_{k-1} \tag{4}$$

將等式(1)、(2)、及(3)的右側代入(4)，我們得到

$$
\begin{aligned}
&s_{k-1} + (s_{k-1} + n_{k-1}) + (n_{k-1} + h_{k-1}) + m_k \\
&= s_{k-1} + n_{k-1} + h_{k-1} + m_{k-1}
\end{aligned}
$$

這代表了

$$m_k = -s_{k-1} - n_{k-1} + m_{k-1} \tag{5}$$

等式(1)、(2)、(3)、和(5)建立了每一個階級第 k 代男性人數與前一代人數之間的關係。如果令

$$\mathbf{x}_k = \begin{bmatrix} s_k \\ n_k \\ h_k \\ m_k \end{bmatrix} \quad 及 \quad A = \begin{bmatrix} 1 & 0 & 0 & 0 \\ 1 & 1 & 0 & 0 \\ 0 & 1 & 1 & 0 \\ -1 & -1 & 0 & 1 \end{bmatrix}$$

則所有的關係可以表示成矩陣方程式

$$\mathbf{x}_k = A\mathbf{x}_{k-1}$$

因爲此方程式必須對所有的 k 都成立，故有

$$\mathbf{x}_k = A\mathbf{x}_{k-1} = AA\mathbf{x}_{k-2} = \cdots = A^k\mathbf{x}_0$$

爲求得 A^k，令 $B = A - I_4$。我們留在習題中讓讀者去證明，對所有的正整數 k，

$$A^k = I + kB + \frac{k(k-1)}{2}B^2, \quad k \geq 2$$

(見習題 24)因此，實際執行矩陣乘法，我們得到

$$x_k = \begin{bmatrix} s_0 & & & & \\ n_0 & + & ks_0 & & \\ h_0 & + & kn_0 & + & \dfrac{k(k-1)}{2}s_0 \\ m_0 & - & kn_0 & - & \dfrac{k(k+1)}{2}s_0 \end{bmatrix} \qquad (6)$$

由(6)式很容易看出來，如果一開始沒有 Suns 和 Nobles(也就是 $n_0 = s_0 = 0$)，每一階級的人數會一直維持不變。在另一方面，我們再看 $\mathbf{x}_k$ 的最後一個元素。我們可以推論，除非 $n_0 = s_0 = 0$，否則 MMQ 階級的人數會減少到不足以完成婚配。此時，這種社會秩序就會瓦解。

習 題

是非題

在習題 1 至 9 中，決定各命題是否為真。

1. 如果 A 是一個 Leslie 矩陣且 $\mathbf{v}$ 代表族群分佈，則 $A\mathbf{v}$ 的每一個元素必定大於 $\mathbf{v}$ 中的相對元素。
2. 對任何族群分佈 $\mathbf{v}$，若 A 爲族群的 Leslie 矩陣，則隨著 n 的變大，$A^n\mathbf{v}$ 會趨近一個特定的族群分佈。
3. 在 Leslie 矩陣中，元素(i, j)等於第 i 年齡組中每一成員所生育的雌性子女的平均數。
4. 在 Leslie 矩陣中，元素$(i+1,\ i)$代表第 i 年齡組的雌性中，有多少比例會存活到下一個年齡組。
5. 在本節關於交通流量的應用中，必須用到矩陣乘法的結合律。
6. 若 A 及 B 爲矩陣，且 $\mathbf{x}$、$\mathbf{y}$、$\mathbf{z}$ 爲向量，並滿足 $\mathbf{y} = A\mathbf{x}$ 及 $\mathbf{z} = B\mathbf{y}$，則 $\mathbf{z} = (AB)\mathbf{x}$。
7. 一個(0, 1)矩陣，它的所有元素都是 0 或 1。
8. 一個(0, 1)矩陣是一個方陣，且它的所有元素都是 0 或 1。

9. 所有(0, 1)矩陣都是對稱矩陣。

習題 10 至 16 是關於 *Leslie* 矩陣。

10. 經由對一個老鼠群落的觀察，研究人員發現，所有動物在三年內死亡。對於那些雌性的後代，有 60%活超過 1 年。在這些當中，20%可活到第二個生日。所有小於一歲的雌性，平均生育三個雌性後代。所有 1 到 2 歲之間的雌性，在此一年齡階段平均生育二個雌性後代。滿 2 歲以上的雌性都不會生育。
    (a) 建構一個可描述此狀況的 Leslie 矩陣。
    (b) 假設向量 $\begin{bmatrix}100\\60\\30\end{bmatrix}$ 代表目前的雌性族群分佈。求明年的族群分佈。同時，求四年後的族群分佈。
    (c) 證明此一老鼠群落沒有非零穩態族群分佈。提示：令 A 是 Leslie 矩陣，並設 $\mathbf{z}$ 為穩態族群分佈。則 $A\mathbf{z}=\mathbf{z}$。此式相當於 $(A-I_3)\mathbf{z}=0$。求解此一齊次線性方程組。

11. 假設某一動物群落中的雌性區分為兩個年齡層，並假設其族群分佈的 Leslie 矩陣為

$$\begin{bmatrix}0 & 1\\1 & 0\end{bmatrix}$$

    (a) 第一個年齡層中的雌性可存活到第二年齡層的比例是多少？
    (b) 每一年齡層的雌性平均生育多少雌性後代？
    (c) 若 $\mathbf{x}=\begin{bmatrix}a\\b\end{bmatrix}$ 是此群落中之雌性目前的族群分佈，描述未來所有的族群分佈。

在習題 12 至 15 中，利用有矩陣功能的計算機或諸如 *MATLAB* 的電腦軟體以求解。

12. 某一個蜥蜴的群落中，其壽命小於 3 年。我們將所有雌蜥區分為三個年齡層：1 歲以下、1 歲、及 2 歲。再進一步假設，新生雌蜥能存活到 1 歲的比例為.5，而 1 歲的雌蜥可存活到 2 歲的比例為 q。同時假設，小於 1 歲的雌蜥不會生育，1 歲的雌蜥則平均生育 1.2 隻小雌蜥，而 2 歲的雌蜥則平均生育 1 隻小雌蜥。假設一開始有 450 隻小於 1 歲的雌蜥、220 隻 1 歲的雌蜥、和 70 隻 2 歲的雌蜥。
    (a) 寫出此一蜥蜴群落的 Leslie 矩陣 A。
    (b) 若 $q=.3$，50 年後族群數會變成怎樣？
    (c) 如果 $q=.9$，則 50 年後族群數會變成怎麼樣？
    (d) 利用試誤法以找出一個 q 值，使得此蜥蜴群落的族群分佈可達到非零穩態。此穩態分佈為何？
    (e) 對於(d)中所求得的 q，如果起始分佈變成 200 隻 1 歲以下的雌蜥、360 隻 1 歲雌蜥、和 280 隻 2 歲雌蜥，則結果如何？
    (f) q 值為何，可使 $(A-I_3)\mathbf{x}=0$ 有非零解？
    (g) 利用(f)中求得的 q，求 $(A-I_3)\mathbf{x}=0$ 的通解。這和(d)及(e)中的穩態分佈有何關係？

13. 某一蝙蝠群落，其壽命小於 3 年。將雌蝙蝠區分為三個年齡層：小於 1 歲的、1 歲的、和 2 歲的。進一步假設，新生雌性存活到 1 歲的比例為 q，且 1 歲的雌性能存活到 2 歲的比例是.5。同時假設小於 1 歲的雌性不會生育，1 歲的雌性則平均生育 2 隻雌性後代，2 歲的雌性則平均生育 1 隻雌性後代。假設在開始的時候有 300 隻小於 1 歲的雌性、180 隻 1 歲的、和 130 隻 2 歲的。
    (a) 寫出此一蝙蝠群落的 Leslie 矩陣 A。
    (b) 如果 $q=.8$，則 50 年後族群數會變成怎麼樣？
    (c) 如果 $q=.2$，50 年後族群數會變成怎樣？
    (d) 利用試誤法以找出一個 q 值，使得此蝙蝠群落的族群分佈可達到非零穩態。此穩態分佈為何？
    (e) 對於(d)中所求得的 q，如果起始分佈變成 200 隻 1 歲以下的雌蜥、360 隻 1 歲雌蜥、和 280 隻 2 歲雌蜥，則結果如何？
    (f) q 值為何，可使 $(A-I_3)\mathbf{x}=0$ 有非零解？
    (g) 利用(f)中求得的 q，求 $(A-I_3)\mathbf{x}=0$ 的通解。這和(d)及(e)中的穩態分佈有何關係？

14. 某一田鼠群落，其壽命小於 3 年。將雌田鼠區分為三個年齡層：小於 1 歲的、1 歲的、和 2 歲的。進一步假設，新生雌性存活到 1 歲的比例為.1，且 1 歲的雌性能存活到 2 歲的比例是.2。同時假設小於 1 歲的雌性不會生育，1 歲的雌性則平均生育 b 隻雌性後代，

2 歲的雌性則平均生育 10 隻雌性後代。假設在開始的時候有 150 之小於 1 歲的雌性、300 隻 1 歲的雌性、和 180 隻 2 歲的雌性。

(a) 寫出此一田鼠群落的 Leslie 矩陣 A。

(b) 若 $b=10$，50 年後族群數會變成怎樣？

(c) 若 $b=4$，50 年後族群數會變成怎樣？

(d) 利用試誤法以找出一個 b 值，使得此田鼠群落的族群分佈可達到非零穩態。此穩態分佈爲何？

(e) 對於(d)中所求得的 b 值，如果初始族群數變成 80 隻小於 1 歲的雌性、200 隻 1 歲的雌性、和 397 隻 2 歲雌性，結果會如何？

(f) b 值爲何，可使$(A-I_3)\mathbf{x}=0$ 有非零解？

(g) 令 $\mathbf{p}=\begin{bmatrix}p_1\\p_2\\p_3\end{bmatrix}$ 爲任意族群向量，並令 b 的值如(f)所得。經過一段時間之後，$\mathbf{p}$ 會趨近於穩態族群分佈 $\mathbf{q}$。將 $\mathbf{q}$ 表示成 p_1、p_2 和 p_3。

15. 某一松鼠群落，其壽命小於 3 年。將雌松鼠區分爲三個年齡層：小於 1 歲的、1 歲的和 2 歲的。進一步假設，新生雌性存活到 1 歲的比例爲.2，且 1 歲的雌性能存活到 2 歲的比例是.5。同時假設小於 1 歲的雌性不會生育，1 歲的雌性則平均生育 2 隻雌性後代，2 歲的雌性則平均生育 b 隻雌性後代。假設在開始的時候有 240 之小於 1 歲的雌性、400 隻 1 歲的雌性、和 320 隻 2 歲的雌性。

(a) 寫出此一松鼠群落的 Leslie 矩陣 A。

(b) 若 $b=3$，50 年後族群數會變成怎樣？

(c) 若 $b=9$，50 年後族群數會變成怎樣？

(d) 利用試誤法以找出一個 b 值，使得此松鼠群落的族群分佈可達到非零穩態。此穩態分佈爲何？

(e) 對於(d)中所求得的 b 值，如果初始族群數變成 100 隻小於 1 歲的雌性、280 隻 1 歲的雌性、和 400 隻 2 歲雌性，結果會如何？

(f) b 值爲何，可使$(A-I_3)\mathbf{x}=0$ 有非零解？

(g) 令 $\mathbf{p}=\begin{bmatrix}p_1\\p_2\\p_3\end{bmatrix}$ 爲任意族群向量，並令 b 的值如(f)所得。經過一段時間之後，$\mathbf{p}$ 趨近於穩態族群分佈 $\mathbf{q}$。將 $\mathbf{q}$ 表示成 p_1、p_2、和 p_3。

16. 某一志工社團的最大會員年限爲 3 年。每一個第一年及第二年的會員，招募一個新人，並於次年成爲會員。第一年的會員中，50%放棄會員資格，進入第二年的會員中，有 70%放棄。

(a) 寫出一個 3×3 矩陣 A，使得 x_i 代表志工社團現有會員中屬於第 i 年的會員人數，而 y_i 代表一年後的第第 i 年的會員人數，則 $\mathbf{y}=A\mathbf{x}$。

(b) 假設此志工社團中有 60 名第一年會員、20 名第二年會員、以及 40 名第三年會員。求次年，以及兩年後的會員人數分佈。

習題 17 和 18 會用到交通流量範例中所用的技巧。

17. 某一醫學基金會有兩個金錢來源：捐款及基金利息。收到捐款當中，30%用於募款的開銷，基金利息中只有 10%用於基金管理。其餘的錢(淨收入)，40%用於研究，60%用於維持醫療服務。這三種支出中(研究、醫療、和募款)，分用於材料與人事的費用，詳列如表 2.3。求一矩陣 M，當 p 代表捐款金額，q 代表利息所得時，$M\begin{bmatrix}p\\q\end{bmatrix}=\begin{bmatrix}m\\f\end{bmatrix}$，其中 m 及 f 分別爲材料及人事成本。

表 2.3

	研究	醫療	募款
材料	80%	50%	70%
人事	20%	50%	30%

18. 將水由 P_1 及 P_2 點打入一管路系統，如圖 2.6 所示。在接點 P_3、P_4、P_5、P_6、P_7、及 P_8 處，管路分叉，水流量依圖示的比例流入不同管路。假設流入 P_1 及 P_2 的水流量分別爲每分鐘 p 及 q 加侖，經由 P_9、P_{10}、和 P_{11} 流出的水量分別爲每分鐘 a、b、及 c 加侖。求矩陣 M，使得流出向量爲

$$\begin{bmatrix} a \\ b \\ c \end{bmatrix} = M \begin{bmatrix} p \\ q \end{bmatrix}$$

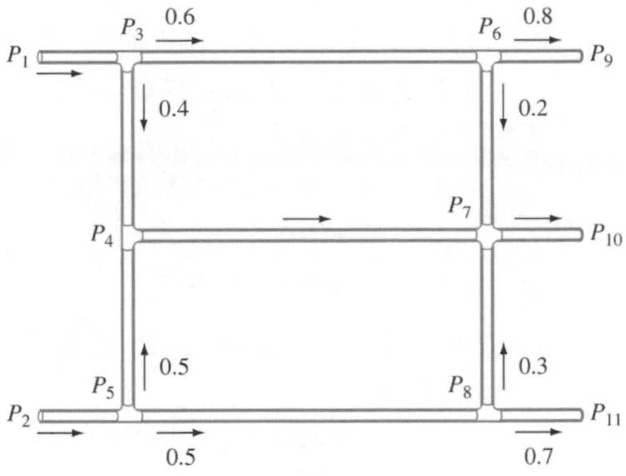

圖 2.6

習題 19 至 23 與(0, 1)矩陣有關。

19. 依據我們在練習題 3 所得的對(0, 1)矩陣的瞭解，假設現在有五個城市，已知其相對的矩陣 A 的區塊形式爲(見 2.1 節)

$$A = \begin{bmatrix} B & O_1 \\ O_2 & C \end{bmatrix}$$

其中 B 爲 3×3 矩陣，O_1 爲 3×2 零矩陣，O_2 爲 2×3 零矩陣，且 C 是 2×2 矩陣。

(a) 關於連接各城市的航班，矩陣 A 能告訴我們甚麼？

(b) 利用區塊乘法以求得 A^2、A^3、及 A^k，k 爲任意正整數。

(c) 用你在(b)所得的答案說明各城市間航班的情形。

20. 回憶一下(0, 1)矩陣

$$A = \begin{bmatrix} 0 & 0 & 1 & 1 & 0 \\ 0 & 0 & 0 & 1 & 1 \\ 1 & 0 & 0 & 0 & 1 \\ 1 & 1 & 0 & 0 & 0 \\ 0 & 1 & 1 & 0 & 0 \end{bmatrix}$$

它的各元素代表了各國與其它國家的外交關係。

(a) 那幾對國家維持有外交關係？

(b) 透過國家 3 連接到國家 1 的有幾個國家？

(c) 說明一下 A^3 的元素(1, 4)的意義。

21. 假設有一組四個人，以及一個 4×4 矩陣 A 定義爲

$$a_{ij} = \begin{cases} 1 & \text{若} i \neq j \text{且第} i \text{人喜歡第} j \text{人} \\ 0 & \text{其他情況.} \end{cases}$$

如果 $a_{ij} = a_{ji} = 1$，我們說第 i 人與第 j 人是朋友，也就是互相喜歡對方。假設 A 爲

$$\begin{bmatrix} 0 & 1 & 0 & 1 \\ 1 & 0 & 1 & 0 \\ 0 & 1 & 0 & 1 \\ 1 & 1 & 1 & 0 \end{bmatrix}$$

(a) 列出各對朋友。

(b) 對 A^2 的元素加以說明。

(c) 令 B 爲 4×4 矩陣並定義爲

$$b_{ij} = \begin{cases} 1 & \text{若第} i \text{人與第} j \text{人是朋友} \\ 0 & \text{其他情況} \end{cases}$$

求矩陣 B。B 是否對稱？

(d) 小集團指的是三或更多人所成的集合，其中每一個成員和所有其它成員都是朋友。證明，第 i 人屬於小集團，若且唯若 B^3 中的元素(i, i)爲正。

(e) 利用電腦軟體或計算機進行矩陣運算，以找出這四個人中有幾個小集團。

習題 22 和 23 與排課的範例有關。

22. 假設學生對一組課程的喜好如下表所示：

	課程代號				
學生	1	2	3	4	5
1	1	0	0	0	1
2	0	0	1	1	0
3	1	0	1	0	0
4	0	1	0	0	0
5	1	0	0	0	1
6	0	1	0	0	1
7	1	0	0	0	1
8	0	1	1	0	1
9	1	0	0	1	1
10	0	0	1	1	0

(a) 寫出有最多學生想要的所有課程配對。

(b) 寫出有最少學生想要的所有課程配對。

(c) 建構一個矩陣，使它的對角元素代表喜歡各個課程的學生人數。

23. 令 A 爲例題 2 中的矩陣。

(a) 驗證以下說明：當 $i \neq j$，AA^T 的元素(i, j)代表，學生 i 和 j 同時喜歡的課程數。

(b) 證明，AA^T的元素(1, 2)為 1 且 AA^T的元素(9, 1)是 3。

(c) 利用(a)的說法與排課範例中的數據，闡釋(b)的答案。

(d) 說明 AA^T的對角元素有何特殊意義？

習題 24 和 25 是關於人類學的應用。

24. 回憶一下二項式公式，以 a 和 b 為純量，k 為任意正整數：

$$(a+b)^k = a^k + ka^{k-1}b + \cdots + \frac{k!}{i!(k-i)!}a^{k-i}b^i + \cdots + b^k$$

其中 $i!$(i 階乘)為 $i! = 1 \cdot 2 \cdots (i-1) \cdot i$。

(a) 設 A 和 B 為 $m \times m$ 可交換矩陣，亦即 $AB=BA$。證明，對 $k=2$ 及 $k=3$，二項式公式對 A 和 B 同樣成立。明確的講，證明

$$(A+B)^2 = A^2 + 2AB + B^2$$

且

$$(A+B)^3 = A^3 + 3A^2B + 3AB^2 + B^3$$

(b) 用數學歸納法，將(a)之結果推廣到任意正整數 k。

(c) 對 2.2 節末最後公式(6)前的矩陣 A 及 B，證明 $B^3=O$ 且 A 和 B 適合交換律。利用(b)以證明

$$A^k = I_4 + kB + \frac{k(k-1)}{2}B^2 \text{ ，} k \geq 2$$

在習題 25 和 26，利用有矩陣功能的計算機或諸如 *MATLAB* 的電腦軟體來求解。

25. 參考課文中關於納齊茲印地安人的範例，假設一開始有 100 名男性的 Sun、200 男性 Noble、300 男性 Honored、和 8000 男性 MMQ。

(a) 在 $k=1$、2、及 3 代之後，每一階級各有多少男性？

(b) 用電腦計算，在 $k=9$、10、和 11 代之後，每一階級各有多少男性。

(c) 如果納齊茲印地安人維持這種婚姻法律，那麼由(b)中的答案，你認為他們的未來會如何？

(d) 製作一個代數的證明，以顯示出在某一 k 代之後，將沒有足夠的 MMQ 可和其它階級維持婚配。

26. 假設有一組六個人，每一個人都有一件通訊工具。我們定義一個 6×6 矩陣 A 如下：當 $1 \leq i \leq 6$，令 $a_{ii}=0$；當 $i \neq j$，

$$a_{ij} = \begin{cases} 1 & \text{若第}i\text{人可以發發訊息給第}j\text{人} \\ 0 & \text{其他情況} \end{cases}$$

(a) 證明 A 是一個(0, 1)矩陣。

(b) 說明一下，若 $a_{32}a_{21}$ 等於 1，所代表的意義為何。

(c) 證明，A_2的元素(3, 1)代表共有多少種方式，成員 3 可以透過二階段發訊息可成員 1，也就是成員 3 可以發訊息給幾個人，而這些人是可以將訊息轉給人員 1 的。*提示：*考慮下式中有多少不等於零的項

$$a_{31}a_{11} + a_{32}a_{21} + \cdots + a_{36}a_{61}$$

(d) 將(c)的答案對 A^2的元素(i, j)做一般化。

(e) 將(d)的答案一般化到 A^m的元素(i, j)。

現在假設

$$A = \begin{bmatrix} 0 & 0 & 0 & 1 & 0 & 1 \\ 1 & 0 & 1 & 1 & 0 & 0 \\ 0 & 1 & 0 & 1 & 0 & 0 \\ 1 & 0 & 1 & 0 & 0 & 0 \\ 1 & 1 & 1 & 0 & 0 & 1 \\ 0 & 0 & 1 & 1 & 0 & 0 \end{bmatrix}$$

(f) 是否有哪個成員無法以一階段接收任何人的訊息？驗證你的答案。

(g) 成員 1 分別經由 1、2、3、4 階段送訊息給成員 4 各有幾種方式？

(h) 我們可以證明，$A+A^2+\cdots A^m$ 的元素(i, j)等於成員 i 有多少種方法，可以最多 m 階段的方式送訊息給成員 j。利用此結果以求出，成員 3 共有多少種方法，可以不超過四階段的方式送訊息給成員 4。

練習題解答

1. (a) $A=\begin{bmatrix}0.50 & 2\\ 0.25 & 0\end{bmatrix}$

(b) 今年的雌性族群分佈為 $\begin{bmatrix}200\\200\end{bmatrix}$，因此明年的雌性族群分佈為

$$A\begin{bmatrix}200\\200\end{bmatrix}=\begin{bmatrix}0.50 & 2\\ 0.25 & 0\end{bmatrix}\begin{bmatrix}200\\200\end{bmatrix}=\begin{bmatrix}500\\50\end{bmatrix}$$

且 2 年後的雌性族群分佈為

$$A\begin{bmatrix}500\\50\end{bmatrix}=\begin{bmatrix}0.50 & 2\\ 0.25 & 0\end{bmatrix}\begin{bmatrix}500\\50\end{bmatrix}=\begin{bmatrix}350\\125\end{bmatrix}$$

(c) 因為

$$A\begin{bmatrix}400\\100\end{bmatrix}=\begin{bmatrix}0.50 & 2\\ 0.25 & 0\end{bmatrix}\begin{bmatrix}400\\100\end{bmatrix}=\begin{bmatrix}400\\100\end{bmatrix}$$

族群分佈並不會逐年改變。

(d) 令 x_1 和 x_2 分別代表第一及第二年齡層的雌性數量。因為次年的族群分佈與當年相同，$A\mathbf{x}=\mathbf{x}$，因此

$$\begin{bmatrix}0.50 & 2\\ 0.25 & 0\end{bmatrix}\begin{bmatrix}x_1\\x_2\end{bmatrix}=\begin{bmatrix}0.50x_1+2x_2\\0.25x_1\end{bmatrix}=\begin{bmatrix}x_1\\x_2\end{bmatrix}$$

因此 $x_1=4x_2$ 但是 $x_1+x_2=600$，且因而 $4x_2+x_2=5x_2=600$，由此可得 $x_2=120$。最後，$x_1=4x_2=480$。

2. 令 z_1 和 z_2 分別代表送往芝加哥和聖路易的醬油的比例。則

$$\begin{bmatrix}z_1\\z_2\end{bmatrix}=\begin{bmatrix}1 & 0.3 & 0\\ 0 & 0.7 & 1\end{bmatrix}\begin{bmatrix}0.5 & 0.0\\ 0.5 & 0.6\\ 0 & 0.4\end{bmatrix}\begin{bmatrix}10000\\5000\end{bmatrix}=\begin{bmatrix}7400\\7600\end{bmatrix}$$

3. (a) 很明顯的，A 的每個元素不是 0 就是 1，所以 A 是(0, 1)矩陣。

(b) A^2 的元素(2, 3)是

$$a_{21}a_{13}+a_{22}a_{23}+a_{23}a_{33}+a_{24}a_{43}$$

代表項的形式為 $a_{2k}a_{k3}$，它等於 1 或 0。若且唯若 $a_{2k}=1$ 且 $a_{k3}-1$，此項等於 1。因此之故，此項等於 1，若且唯若在城市 2 和城市 k 之間有直飛航班，以及在城市 k 與城市 3 之間有直飛航班。亦即，$a_{2k}a_{k3}=1$ 代表了，在城市 2 與 3 之間有中停一站的航班(飛機在城市 k 中停)。因此 A^2 的元素(2, 3)代表了由城市 2 到 3 之間，中停一站的航班數。

(c) $A^2=\begin{bmatrix}2&0&0&1\\0&2&1&0\\0&1&1&0\\1&0&0&1\end{bmatrix}$

(d) 因為 A^2 的元素(2, 3)是 1，由城市 2 到城市 3 有一班中停一站的航班。

(e) 我們計算 A^3 以找出，由城市 1 到城市 2，有多少中停二站的航班。我們有

$$A^3=\begin{bmatrix}0&3&2&0\\3&0&0&2\\2&0&0&1\\0&2&1&0\end{bmatrix}$$

因為 A^3 的元素(1, 2)是 3，所以共有三個航班是由城市 1 到城市 2 並且中停二站。

(f) 由 A 的元素，我們可看出，在城市 1 和 2、城市 1 和 3、以及城市 2 和 4 之間有直飛航班。由 A^2 可看出，在城市 1 和 4 以及城市 2 和 3 之間有航班。最後，由 A^3 可知，在城市 3 和 4 之間有航班。所以我們的結論是，任兩城市之間都有班機飛航。

2.3 可逆性與基本矩陣

在本節中，我們要介紹可逆矩陣(*invertible matrix*)的概念，並檢視一些特殊的可逆矩陣，也就是和基本列運算關係緊密的基本矩陣(*elementary matrices*)。

對任何實數 $a\neq 0$，必存在有唯一的實數 b，稱做 a 的乘法逆元素(*multiplicative inverse*)，滿足 $ab=ba=1$。例如，若 $a=2$，則 $b=1/2$。對矩陣而

言，單位矩陣 I_n 是乘法單位元，所以很自然的，我們要問的是，對甚麼樣的矩陣 A，會存在有矩陣 B，可使得 $AB = BA = I_n$。特別留意到，最後一個等式只有在 A 和 B 都是 $n \times n$ 矩陣時才可能成立。上面的討論引發出以下定義：

定義 稱 $n \times n$ 矩陣 A 為**可逆(invertible)**的條件是，存在有 $n \times n$ 矩陣 B 可使得 $AB = BA = I_n$。此時，B 叫做 A 的**逆矩陣(inverse)**。

若 A 是一個可逆的矩陣，則其逆矩陣是唯一的。若 B 和 C 都是 A 的逆矩陣，則 $AB = BA = I_n$ 且 $AC = CA = I_n$。因此

$$B = BI_n = B(AC) = (BA)C = I_nC = C$$

當 A 為可逆，我們將 A 的唯一的逆矩陣記做 A^{-1}，所以 $AA^{-1} = A^{-1}A = I_n$。注意以上敘述和 $2 \cdot 2^{-1} = 2^{-1} \cdot 2 = 1$ 之間的相似性，其中 2^{-1} 是實數 2 的乘法逆元素。

例題 1

令 $A = \begin{bmatrix} 1 & 2 \\ 3 & 5 \end{bmatrix}$ 及 $B = \begin{bmatrix} -5 & 2 \\ 3 & -1 \end{bmatrix}$。則

$$AB = \begin{bmatrix} 1 & 2 \\ 3 & 5 \end{bmatrix}\begin{bmatrix} -5 & 2 \\ 3 & -1 \end{bmatrix} = \begin{bmatrix} 1 & 0 \\ 0 & 1 \end{bmatrix} = I_2$$

且

$$BA = \begin{bmatrix} -5 & 2 \\ 3 & -1 \end{bmatrix}\begin{bmatrix} 1 & 2 \\ 3 & 5 \end{bmatrix} = \begin{bmatrix} 1 & 0 \\ 0 & 1 \end{bmatrix} = I_2$$

所以 A 是可逆的，且 B 是 A 的逆矩陣，亦即 $A^{-1} = B$。

練習題 1.

若 $A = \begin{bmatrix} -1 & 0 & 1 \\ 1 & 2 & -2 \\ 2 & -1 & -1 \end{bmatrix}$ 且 $B = \begin{bmatrix} 4 & 1 & 2 \\ 3 & 1 & 1 \\ 5 & 1 & 2 \end{bmatrix}$，是否 $B = A^{-1}$？

因為在上述定義中，矩陣 A 和 B 的角色一樣，所以如果 B 是 A 的逆矩陣，則 A 同樣是 B 的逆矩陣。因此，在例題 1 中我們同樣有

$$B^{-1} = A = \begin{bmatrix} 1 & 2 \\ 3 & 5 \end{bmatrix}$$

就和實數 0 沒有乘法逆元素一樣，$n \times n$ 的零矩陣 O 也沒有逆矩陣，對任何 $n \times n$ 矩陣 B，$OB=O \neq I_n$。除此之外還有一些方陣是不可逆的，例如 $A = \begin{bmatrix} 1 & 1 \\ 2 & 2 \end{bmatrix}$。若令 $B = \begin{bmatrix} a & b \\ c & d \end{bmatrix}$ 為任意 2×2 矩陣，則

$$AB = \begin{bmatrix} 1 & 1 \\ 2 & 2 \end{bmatrix}\begin{bmatrix} a & b \\ c & d \end{bmatrix} = \begin{bmatrix} a+c & b+d \\ 2a+2c & 2b+2d \end{bmatrix}$$

因為最右側矩陣的第二列是第一列的兩倍，所以它絕對不會是單位矩陣 $\begin{bmatrix} 1 & 0 \\ 0 & 1 \end{bmatrix}$。所以 B 不可能是 A 的逆矩陣，因此 A 是不可逆的。

在下一節中我們將會學到，何種矩陣是可逆的，以及如何求逆矩陣。在本節中，我們討論一些可逆矩陣的基本性質。

一個實數的倒數可用於求解方程式。例如，在解方程式 $2x=14$ 時，我們可將其兩側同乘上 2 的倒數：

$$\begin{aligned} 2^{-1}(2x) &= 2^{-1}(14) \\ (2^{-1}2)x &= 7 \\ 1x &= 7 \\ x &= 7 \end{aligned}$$

以同樣的方式，如果 A 是可逆的 $n \times n$ 矩陣，我們可以用 A^{-1} 來解一個矩陣方程式，此方程式包含了 A 乘上未知矩陣。例如，若 A 為可逆，則我們可依下述方式求解 $A\mathbf{x}=\mathbf{b}$：[2]

$$\begin{aligned} A\mathbf{x} &= \mathbf{b} \\ A^{-1}(A\mathbf{x}) &= A^{-1}\mathbf{b} \\ (A^{-1}A)\mathbf{x} &= A^{-1}\mathbf{b} \\ I_n\mathbf{x} &= A^{-1}\mathbf{b} \\ \mathbf{x} &= A^{-1}\mathbf{b} \end{aligned}$$

> 如果 A 是可逆的 $n \times n$ 矩陣，則對所有屬於 R^n 的 $\mathbf{b}$，$A\mathbf{x}=\mathbf{b}$ 有唯一解 $A^{-1}\mathbf{b}$。

在利用 A 的逆矩陣求解線性方程組的時候，我們可觀察到，A^{-1}「逆轉」了 A 的作用；亦即，若 A 為可逆的 $n \times n$ 矩陣，且 $\mathbf{u}$ 是屬於 R^n 的向量，則

---

[2] 如果其係數矩陣是可逆的，雖然可以用逆矩陣來求解方程組，但我們在第一章中所介紹的方法，效率要好得多。

$A^{-1}(A\mathbf{u})=\mathbf{u}$。(見圖 2.7。)

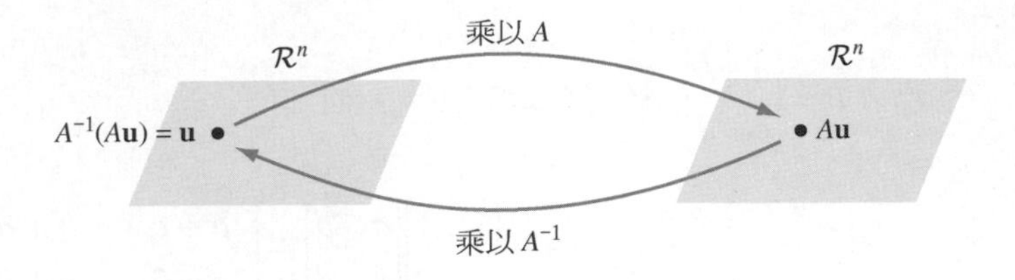

圖 2.7 乘上一個矩陣及其逆矩陣

例題 2

利用逆矩陣以求解線性方程組

$$\begin{aligned} x_1 + 2x_2 &= 4 \\ 3x_1 + 5x_2 &= 7 \end{aligned}$$

解 此方程組等同矩陣方程式 $A\mathbf{x}=\mathbf{b}$，其中

$$A=\begin{bmatrix}1 & 2\\ 3 & 5\end{bmatrix}，\mathbf{x}=\begin{bmatrix}x_1\\ x_2\end{bmatrix}，及 \quad \mathbf{b}=\begin{bmatrix}4\\ 7\end{bmatrix}$$

在例題 1 中我們看到，A 是可逆的。因此要求解 $\mathbf{x}$，我們在等號兩側由左邊乘上

$$A^{-1}=\begin{bmatrix}-5 & 2\\ 3 & -1\end{bmatrix}$$

如下：

$$\begin{bmatrix}x_1\\ x_2\end{bmatrix}=\mathbf{x}=A^{-1}\mathbf{b}=\begin{bmatrix}-5 & 2\\ 3 & -1\end{bmatrix}\begin{bmatrix}4\\ 7\end{bmatrix}=\begin{bmatrix}-6\\ 5\end{bmatrix}$$

由此得 $x_1=-6$ 且 $x_2=5$ 為此方程組的唯一解。

練習題 2.

利用練習題 1 的答案以求解以下線性方程組：

$$\begin{aligned} -x_1 \qquad\quad + x_3 &= 1 \\ x_1 + 2x_2 - 2x_3 &= 2 \\ 2x_1 - x_2 - x_3 &= -1 \end{aligned}$$

例題 3

回想一下旋轉矩陣

$$A_\theta = \begin{bmatrix} \cos\theta & -\sin\theta \\ \sin\theta & \cos\theta \end{bmatrix}$$

曾出現於 1.2 節以及 2.1 節的例題 4。留意一下，當 $\theta = 0°$，$A_\theta = I_2$。此外，對任意角 α，

$$A_\alpha A_{-\alpha} = A_{\alpha+(-\alpha)} = A_{0°} = I_2$$

同樣的，$A_{-\alpha}A_\alpha = I_2$。所以 A_α 滿足可逆矩陣的定義，其逆矩陣為 $A_{-\alpha}$。因此 $(A_\alpha)^{-1} = A_{-\alpha}$。

看待 $A_{-\alpha}A_\alpha$ 的另一種方式是，它代表先旋轉 α 角，然後再轉 $-\alpha$ 角，這樣它實際旋轉的角度為 $0°$。這和乘上單位矩陣的效果一樣。

以下定理給出一逆矩陣的有用性質：

定理 2.2

令 A 及 B 為 $n \times n$ 矩陣。

(a) 若 A 為可逆的，則 A^{-1} 也是可逆的，且 $(A^{-1})^{-1} = A$。

(b) 如果 A 和 B 為可逆的，則 AB 也是可逆的，且 $(AB)^{-1} = B^{-1}A^{-1}$。

(c) 如果 A 是可逆的，則 A^T 也是可逆的，且 $(A^T)^{-1} = (A^{-1})^T$。

證明　(a) 為逆矩陣定義的必然結果。

(b) 假設 A 及 B 為可逆的。則

$$(AB)(B^{-1}A^{-1}) = A(BB^{-1})A^{-1} = AI_nA^{-1} = AA^{-1} = I_n$$

同樣的，$(B^{-1}A^{-1})(AB) = I_n$。因此 AB 滿足可逆矩陣的定義，且其逆矩陣為 $B^{-1}A^{-1}$；亦即 $(AB)^{-1} = B^{-1}A^{-1}$。

(c) 設 A 為可逆的。則 $A^{-1}A = I_n$。利用定理 2.1(g)，我們得

$$A^T(A^{-1})^T = (A^{-1}A)^T = I_n^T = I_n$$

同樣的，$(A^{-1})^T A^T = I_n$。因此 A^T 滿足可逆矩陣的定義，且其逆矩陣為 $(A^{-1})^T$；亦即 $(A^T)^{-1} = (A^{-1})^T$。 ■

定理 2.2 的(b)可以輕易的延伸到兩個以上矩陣的相乘。

令 $A_1, A_2, \cdots, A_k$ 為 $n \times n$ 矩陣。則乘積 $A_1A_2\cdots A_k$ 是可逆的，且

$$(A_1A_2\cdots A_k)^{-1} = (A_k)^{-1}(A_{k-1})^{-1}\cdots(A_1)^{-1}$$

基本矩陣

有一件事很有趣，所有的基本列運算都可用矩陣乘法來做。例如，我們要將底下的矩陣

$$A=\begin{bmatrix} a & b \\ c & d \end{bmatrix}$$

將其列 2 乘上純量 k，可利用矩陣乘法

$$\begin{bmatrix} 1 & 0 \\ 0 & k \end{bmatrix}\begin{bmatrix} a & b \\ c & d \end{bmatrix}=\begin{bmatrix} a & b \\ kc & kd \end{bmatrix}$$

同時，我們也可用以下矩陣乘法來對調列 1 及 2

$$\begin{bmatrix} 0 & 1 \\ 1 & 0 \end{bmatrix}\begin{bmatrix} a & b \\ c & d \end{bmatrix}=\begin{bmatrix} c & d \\ a & b \end{bmatrix}$$

利用以下矩陣乘法，我們可將 A 的列 1 乘上 k 再加到列 2

$$\begin{bmatrix} 1 & 0 \\ k & 1 \end{bmatrix}\begin{bmatrix} a & b \\ c & d \end{bmatrix}=\begin{bmatrix} a & b \\ ka+c & kb+d \end{bmatrix}$$

矩陣

$$\begin{bmatrix} 1 & 0 \\ 0 & k \end{bmatrix}，\begin{bmatrix} 0 & 1 \\ 1 & 0 \end{bmatrix}，及 \quad \begin{bmatrix} 1 & 0 \\ k & 1 \end{bmatrix}$$

爲基本矩陣(*elementary matrices*)的例子。表示成通式，一個 $n\times n$ 矩陣 E，如果可以經由一次簡單的基本列運算，就從 I_n 得到 E，則 E 可稱爲**基本矩陣**。

例如矩陣

$$E=\begin{bmatrix} 1 & 0 & 0 \\ 0 & 1 & 0 \\ 2 & 0 & 1 \end{bmatrix}$$

是一個基本矩陣，因爲對 I_3 做一次基本列運算就可得到 E，也就是將 I_3 的第一列乘 2 再加到第三列。但是若

$$A=\begin{bmatrix} 1 & 2 \\ 3 & 4 \\ 5 & 6 \end{bmatrix}$$

則

$$EA=\begin{bmatrix} 1 & 0 & 0 \\ 0 & 1 & 0 \\ 2 & 0 & 1 \end{bmatrix}\begin{bmatrix} 1 & 2 \\ 3 & 4 \\ 5 & 6 \end{bmatrix}=\begin{bmatrix} 1 & 2 \\ 3 & 4 \\ 7 & 10 \end{bmatrix}$$

可是，將 A 的第一列乘 2 再加到第三列，我們就可以獲得 EA。這和我們由 I_3 得到 E 所用的基本列運算一樣。對三種基本列運算中的任一種，此關係都成立。

> 令 A 為 $m\times n$ 矩陣，並令 E 為 $m\times n$ 基本矩陣，它是得自對 I_m 執行一次基本列運算。則，對 A 執行完全一樣的基本列運算，就可得到 EA 的乘積。

練習題 3.

求滿足 $EA=B$ 的基本矩陣 E，其中 $A=\begin{bmatrix}3 & -4 & 1\\ 2 & 5 & -1\end{bmatrix}$ 及 $B=\begin{bmatrix}3 & -4 & 1\\ -4 & 13 & -3\end{bmatrix}$。

在 1.3 節曾指出，所有的基本列運算都是可逆的。例如，將 A 的第一列乘二再加到第三列可得一新矩陣；將新矩陣的第一列乘－2 再加到第三列，就可回復為 A。此種逆運算的概念，提供了一個方法來求得基本矩陣的逆矩陣。為瞭解實際做法，我們考慮前面的矩陣 E。令

$$F=\begin{bmatrix}1 & 0 & 0\\ 0 & 1 & 0\\ -2 & 0 & 1\end{bmatrix}$$

是一個基本矩陣，它是將 I_3 的第一列乘－2 再加到第三列而得到的。如果將這個基本列運算施加於 E，則會得到 I_3，因此 $FE=I_3$。同樣的，$EF=I_3$。因此 E 為可逆的，且 $E^{-1}=F$。以上做法可用於任何基本矩陣並得到以下結果：

> 所有的基本矩陣都是可逆的。此外，基本矩陣的逆矩陣同樣是基本矩陣。

基本矩陣的價值在於，它讓我們可以利用矩陣乘法的知識來分析基本列運算的理論性質。既然我們可以經由一序列的基本列運算，將一個矩陣轉換成最簡列梯形，我們也可以在矩陣左側乘上一序列的基本矩陣以達成此種轉換，每乘一個，相當一次基本列運算。因此之故，若 A 為 $m\times n$ 矩陣，且其最簡列梯形為 R，則存在有基本矩陣 $E_1, E_2, \cdots, E_k$，可使得

$$E_k E_{k-1}\cdots E_1 A = R$$

令 $P=E_k E_{k-1}\cdots E_1$。則 P 為基本矩陣的乘積，所以依據定理 2.2 下的方框中的結果，P 是一個可逆矩陣。同時，$PA=R$。這樣就得到以下結果：

定理 2.3

> 令 A 為 $m\times n$ 矩陣，且其最簡列梯形為 R。則存在有可逆的 $m\times n$ 矩陣 P 可使得 $PA=R$。

由此一定理可得出以下結果,它驗證了我們解矩陣方程所用的列消去法(如 1.4 節所述):

推論 矩陣方程式 $A\mathbf{x}=\mathbf{b}$ 和 $R\mathbf{x}=\mathbf{c}$ 有相同的解,其中$[R \quad \mathbf{c}]$爲增廣矩陣$[A \quad \mathbf{b}]$的最簡列梯形。

證明 由定理 2.3,存在有可逆矩陣 P 可使得 $P[A \quad \mathbf{b}]=[R \quad \mathbf{c}]$。因此

$$[PA \quad P\mathbf{b}]=P[A \quad \mathbf{b}]=[R \quad \mathbf{c}]$$

並因而 $PA=R$ 且 $P\mathbf{b}=\mathbf{c}$。因爲 P 是可逆的,所以可得 $A=P^{-1}R$ 且 $\mathbf{b}=P^{-1}\mathbf{c}$。

假設 $\mathbf{v}$ 是 $A\mathbf{x}=\mathbf{b}$ 的解。則 $A\mathbf{v}=\mathbf{b}$,所以

$$R\mathbf{v}=(PA)\mathbf{v}=P(A\mathbf{v})=P\mathbf{b}=\mathbf{c}$$

因此 $\mathbf{v}$ 是 $R\mathbf{x}=\mathbf{c}$ 的解。相反的,假設 $\mathbf{v}$ 是 $R\mathbf{x}=\mathbf{c}$ 的解。則 $R\mathbf{v}=\mathbf{c}$,故因而

$$A\mathbf{v}=(P^{-1}R)\mathbf{v}=P^{-1}(R\mathbf{v})=P^{-1}\mathbf{c}=\mathbf{b}$$

因此 $\mathbf{v}$ 是 $A\mathbf{x}=\mathbf{b}$ 的解。因此方程式 $A\mathbf{x}=\mathbf{b}$ 和 $R\mathbf{x}=\mathbf{c}$ 具有相同的解。......■

做爲上述推論的一個特例,我們可看到若 $\mathbf{b}=\mathbf{0}$,則 $\mathbf{c}=\mathbf{0}$。因此 $A\mathbf{x}=\mathbf{0}$ 和 $R\mathbf{x}=\mathbf{0}$ 爲等價。

行對應性質

在 1.7 節中,我們發現,若 R^n 的子集合 S,包含了 n 個以上的向量,則該集合爲線性相依,因此 S 必有一向量是其它向量的線性組合。但是我們還沒學到,到底集合中那個向量是其它向量的線性組合。當然,我們可以解許多個線性方程組以找到答案,不過這種做法太沒有效率。

爲說明另一種方法,考慮集合

$$S=\left\{\begin{bmatrix}1\\-1\\2\\-3\end{bmatrix},\begin{bmatrix}2\\-2\\4\\-6\end{bmatrix},\begin{bmatrix}-1\\1\\-3\\2\end{bmatrix},\begin{bmatrix}2\\2\\2\\0\end{bmatrix},\begin{bmatrix}1\\3\\0\\3\end{bmatrix},\begin{bmatrix}2\\6\\3\\9\end{bmatrix}\right\}$$

因爲 S 是 R^4 的子集合,並且包含有五個向量,我們知道其中至少有一個向量是其它向量的線性組合。因此 $A\mathbf{x}=\mathbf{0}$ 有非零解,其中矩陣

$$A=\begin{bmatrix}1&2&-1&2&1&2\\-1&-2&1&2&3&6\\2&4&-3&2&0&3\\-3&-6&2&0&3&9\end{bmatrix}$$

的各行是集合中的各向量。但是我們剛證明了，$A\mathbf{x}=\mathbf{0}$ 的解和 $R\mathbf{x}=\mathbf{0}$ 的解是一樣的，其中

$$R=\begin{bmatrix}1 & 2 & 0 & 0 & -1 & -5\\ 0 & 0 & 1 & 0 & 0 & -3\\ 0 & 0 & 0 & 1 & 1 & 2\\ 0 & 0 & 0 & 0 & 0 & 0\end{bmatrix}$$

是 A 的最簡列梯形(在 1.4 節求出)。因為 $A\mathbf{x}=\mathbf{0}$ 的任何解，都是使 A 之各行線性組合為 $\mathbf{0}$ 的係數，由此可知，同樣的係數也是 R 之各行

$$S'=\left\{\begin{bmatrix}1\\0\\0\\0\end{bmatrix},\begin{bmatrix}2\\0\\0\\0\end{bmatrix},\begin{bmatrix}0\\1\\0\\0\end{bmatrix},\begin{bmatrix}0\\0\\1\\0\end{bmatrix},\begin{bmatrix}-1\\0\\1\\0\end{bmatrix},\begin{bmatrix}-5\\-3\\2\\0\end{bmatrix}\right\}$$

之線性組合的係數，反之亦然。因此之故，若 A 之行 j 為 A 之其它各行的線性組合，則 R 之行 j 同樣是 R 之其它各行的線性組合，且係數相同，反之亦然。例如，在 S' 中可明顯看出 $\mathbf{r}_2=2\mathbf{r}_1$ 及 $\mathbf{r}_5=-\mathbf{r}_1+\mathbf{r}_4$。雖然較不明顯，$S$ 也有同樣的關係：$\mathbf{a}_2=2\mathbf{a}_1$ 及 $\mathbf{a}_5=-\mathbf{a}_1+\mathbf{a}_4$。

上述之觀察可以整合為行對應性質(*column correspondence property*)。

行對應性質

令 A 為矩陣且 R 是它的最簡列梯形。如果 R 的行 j 是 R 的其它各行的線性組合，則 A 的行 j 也是 A 的其它各行的線性組合，並有同樣之係數，反之亦然。

練習題 4.

對上述矩陣 A，利用行對應性質以將 $\mathbf{a}_6$ 表示成其它各行的線性組合。

行對應性質與以下定理的證明列於附錄 E：

定理 2.4

對任意矩陣 A，以下敘述均為真：

(a) A 的各樞軸行是線性獨立。

(b) A 中的每一個非樞軸行，是 A 中在它之前的樞軸行之線性組合，而此線性組合的係數就是 A 的最簡列梯形中相對應之行的各元素。

舉例來說，在上述矩陣 A 及 R 中，第一、第三、和第四行為樞軸行，所以這幾行是線性獨立。此外，R 的第五行是前面各樞軸行的線性組合。實際上，

$\mathbf{r}_5=(-1)\mathbf{r}_1+0\mathbf{r}_3+1\mathbf{r}_4$。因此定理 2(b)保證了，此關係式對 A 的相對各行也同樣成立，也就是，

$$\mathbf{a}_5=(-1)\mathbf{a}_1+0\mathbf{a}_3+1\mathbf{a}_4$$

例題 4

矩陣 A 的最簡列梯形為

$$R=\begin{bmatrix}1 & 2 & 0 & -1\\ 0 & 0 & 1 & 1\\ 0 & 0 & 0 & 0\end{bmatrix}$$

求 A，已知 A 的第一及第三行為

$$\mathbf{a}_1=\begin{bmatrix}1\\2\\1\end{bmatrix} \quad 及 \quad \mathbf{a}_3=\begin{bmatrix}2\\2\\3\end{bmatrix}$$

解 因為 R 的第一及第三行是樞軸行，它們也是 A 的樞軸行。我們看到 R 的第二行為 $2\mathbf{r}_1$，因此利用行對應性質，A 的第二行是

$$\mathbf{a}_2=2\mathbf{a}_1=2\begin{bmatrix}1\\2\\1\end{bmatrix}=\begin{bmatrix}2\\4\\2\end{bmatrix}$$

除此之外，R 的第四行為 $\mathbf{r}_4=(-1)\mathbf{r}_1+\mathbf{r}_3$，所以再一次由行對應性質可得，

$$\mathbf{a}_4=(-1)\mathbf{a}_1+\mathbf{a}_3=(-1)\begin{bmatrix}1\\2\\1\end{bmatrix}+\begin{bmatrix}2\\2\\3\end{bmatrix}=\begin{bmatrix}1\\0\\2\end{bmatrix}$$

因此

$$A=\begin{bmatrix}1 & 2 & 2 & 1\\ 2 & 4 & 2 & 0\\ 1 & 2 & 3 & 2\end{bmatrix}$$

練習題 5.

假設 A 的最簡列梯形是

$$R=\begin{bmatrix}1 & -3 & 0 & 5 & 3\\ 0 & 0 & 1 & 2 & -2\\ 0 & 0 & 0 & 0 & 0\end{bmatrix}$$

如果 A 的第一及第三行分別為 $\mathbf{a}_1=\begin{bmatrix}1\\-1\\2\end{bmatrix}$ 和 $\mathbf{a}_3=\begin{bmatrix}2\\0\\-1\end{bmatrix}$，求 A。

習　題

對習題1至8中的各個矩陣A及B，求是否$B=A^{-1}$。

1. $A=\begin{bmatrix}1 & 2\\ 1 & -1\end{bmatrix}$及$B=\begin{bmatrix}1 & 0.5\\ 1 & -1\end{bmatrix}$

2. $A=\begin{bmatrix}1 & 2\\ 3 & 5\end{bmatrix}$及$B=\begin{bmatrix}-5 & 2\\ 3 & -1\end{bmatrix}$

3. $A=\begin{bmatrix}1 & 2 & 1\\ 1 & 1 & 2\\ 2 & 3 & 4\end{bmatrix}$及$B=\begin{bmatrix}2 & 5 & -3\\ 0 & -2 & 1\\ -1 & -1 & 1\end{bmatrix}$

4. $A=\begin{bmatrix}1 & 1 & 2\\ 0 & 1 & 1\\ 0 & 0 & 1\end{bmatrix}$及$B=\begin{bmatrix}1 & -1 & 1\\ 1 & 2 & 1\\ -1 & 0 & -1\end{bmatrix}$

5. $A=\begin{bmatrix}1 & -2 & 1 & 0\\ 2 & -2 & 1 & 0\\ 1 & -1 & 0 & -1\\ -1 & 0 & -1 & -1\end{bmatrix}$及

   $B=\begin{bmatrix}-1 & 1 & 0 & 0\\ 0 & -1 & 1 & -1\\ 2 & -3 & 2 & -2\\ -1 & 2 & -2 & 1\end{bmatrix}$

6. $A=\begin{bmatrix}1 & 2 & 2 & 2\\ 1 & 1 & 1 & 2\\ 2 & 3 & 2 & 3\\ 3 & 5 & 7 & 7\end{bmatrix}$及$B=\begin{bmatrix}2 & 4 & -4 & -9\\ -1 & -1 & 1 & 4\\ 1 & 1 & -2 & -3\\ -1 & -2 & 3 & 4\end{bmatrix}$

7. $A=\begin{bmatrix}1 & -1 & 2 & -1\\ -1 & 2 & -4 & 3\\ -2 & 2 & -2 & 3\\ -2 & 1 & -1 & 1\end{bmatrix}$及

   $B=\begin{bmatrix}2 & 1 & -1 & 2\\ 9 & 5 & -4 & 6\\ 1 & 1 & -1 & 1\\ -4 & -2 & 1 & -2\end{bmatrix}$

8. $A=\begin{bmatrix}1 & 1 & 2 & 2\\ 2 & 1 & 1 & 2\\ 2 & 1 & 2 & 3\\ 2 & 2 & 2 & 4\end{bmatrix}$及$B=\begin{bmatrix}1 & -1 & 2 & -1\\ 6 & -4 & 3 & -2\\ -2 & 2 & -2 & 1\\ -2 & 1 & -1 & 1\end{bmatrix}$

習題9至14，求各矩陣表示式的值，其中A及B是可逆的3×3矩陣並且

$$A^{-1}=\begin{bmatrix}1 & 2 & 3\\ 2 & 0 & 1\\ 1 & 1 & -1\end{bmatrix}\quad 且\quad B^{-1}=\begin{bmatrix}2 & -1 & 3\\ 0 & 0 & 4\\ 3 & -2 & 1\end{bmatrix}$$

9. $(A^T)^{-1}$　10. $(B^T)^{-1}$　11. $(AB)^{-1}$

12. $(BA)^{-1}$　13. $(AB^T)^{-1}$　14. $(A^TB^T)^{-1}$

在習題15至22中，求各基本矩陣的逆矩陣。

15. $\begin{bmatrix}1 & 0\\ 1 & 1\end{bmatrix}$　16. $\begin{bmatrix}1 & -3\\ 0 & 1\end{bmatrix}$

17. $\begin{bmatrix}1 & 0 & 0\\ -2 & 1 & 0\\ 0 & 0 & 1\end{bmatrix}$　18. $\begin{bmatrix}0 & 0 & 1\\ 0 & 1 & 0\\ 1 & 0 & 0\end{bmatrix}$

19. $\begin{bmatrix}1 & 0 & 0 & 0\\ 0 & 4 & 0 & 0\\ 0 & 0 & 1 & 0\\ 0 & 0 & 0 & 1\end{bmatrix}$　20. $\begin{bmatrix}1 & 0 & 0\\ 0 & 1 & 0\\ 0 & 0 & 4\end{bmatrix}$

21. $\begin{bmatrix}1 & 0 & 0 & 0\\ 0 & 0 & 0 & 1\\ 0 & 0 & 1 & 0\\ 0 & 1 & 0 & 0\end{bmatrix}$　22. $\begin{bmatrix}1 & 0 & 0 & 0\\ 0 & 1 & 0 & 2\\ 0 & 0 & 1 & 0\\ 0 & 0 & 0 & 1\end{bmatrix}$

在習題23至32中，求基本矩陣E以使得$EA=B$。

23. $A=\begin{bmatrix}1 & 2\\ 3 & 4\end{bmatrix}$及$B=\begin{bmatrix}-1 & -2\\ 3 & 4\end{bmatrix}$

24. $A=\begin{bmatrix}-1 & 5\\ 2 & 3\end{bmatrix}$及$B=\begin{bmatrix}-1 & 5\\ 0 & 13\end{bmatrix}$

25. $A=\begin{bmatrix}2 & -3\\ 7 & 10\end{bmatrix}$及$B=\begin{bmatrix}7 & 10\\ 2 & -3\end{bmatrix}$

26. $A=\begin{bmatrix}1 & 2 & -3\\ -1 & 4 & 5\end{bmatrix}$及$B=\begin{bmatrix}1 & 2 & -3\\ 1 & -4 & -5\end{bmatrix}$

27. $A=\begin{bmatrix}3 & 2 & -1\\ -1 & 0 & 6\end{bmatrix}$及$B=\begin{bmatrix}-1 & 0 & 6\\ 3 & 2 & -1\end{bmatrix}$

28. $A=\begin{bmatrix}-2 & 1 & 4\\ 1 & -3 & 2\end{bmatrix}$及$B=\begin{bmatrix}0 & -5 & 0\\ 1 & -3 & 2\end{bmatrix}$

29. $A=\begin{bmatrix}1 & -1 & 2\\ 2 & -3 & 1\\ 0 & 4 & 5\end{bmatrix}$及$B=\begin{bmatrix}1 & -1 & 2\\ 2 & -3 & 1\\ -10 & 19 & 0\end{bmatrix}$

30. $A=\begin{bmatrix}1 & 2 & -2\\ 3 & -1 & 0\\ -1 & 1 & 6\end{bmatrix}$及$B=\begin{bmatrix}1 & 2 & -2\\ 3 & -1 & 0\\ 0 & 3 & 4\end{bmatrix}$

31. $A=\begin{bmatrix}1 & 2 & 3\\ 4 & 5 & 6\\ 7 & 8 & 9\end{bmatrix}$及$B=\begin{bmatrix}1 & 2 & 3\\ 7 & 8 & 9\\ 4 & 5 & 6\end{bmatrix}$

32. $A=\begin{bmatrix} 1 & 2 & 3 & 4 \\ -1 & 1 & 3 & 2 \\ 2 & -1 & 0 & 4 \end{bmatrix}$ 及

$B=\begin{bmatrix} 1 & 2 & 3 & 4 \\ -1 & 1 & 3 & 2 \\ 0 & -5 & -6 & -4 \end{bmatrix}$

是非題

在習題 35 至 52 中，決定各命題是否為真。

33. 所有方陣均爲可逆的。
34. 可逆矩陣必爲方陣。
35. 基本矩陣是可逆的。
36. 若 A 和 B 是滿足 $AB=I_n$ 的矩陣，n 爲某數，則 A 和 B 都是可逆的。
37. 如果 B 和 C 都是矩陣 A 的逆矩陣，則 $B=C$。
38. 如果 A 和 B 都是可逆的 $n\times n$ 矩陣，則 AB^T 是可逆的。
39. 一個可逆矩陣可以有一個以上的逆矩陣。
40. 對任意矩陣 A 和 B，若 A 是 B 的逆矩陣，則 B 是 A 的逆矩陣。
41. 對任意矩陣 A 和 B，若 A 是 B^T 的逆矩陣，則 A 是 B^{-1} 的轉置。
42. 若 A 和 B 是可逆的 $n\times n$ 矩陣，則 AB 也是可逆的。
43. 若 A 和 B 是可逆的 $n\times n$ 矩陣，則$(AB)^{-1}= A^{-1}B^{-1}$。
44. 所謂基本矩陣，是可以經由對單位矩陣進行一序列的基本列運算而得到的矩陣。
45. 一個 $n\times n$ 基本矩陣，最多可有 $n+1$ 非零元素。
46. 兩個 $n\times n$ 基本矩陣的乘積，是一個 $n\times n$ 基本矩陣。
47. 所有基本矩陣都是可逆的。
48. 若 A 和 B 都是 $m\times n$ 矩陣，且 B 是對 A 執行一次基本列運算的結果，則會有一個 $m\times n$ 基本矩陣 E，可使得 $B=EA$。
49. 如果 R 是矩陣 A 的最簡列梯型，則存在有可逆矩陣 P，可使得 $PA=R$。
50. 令 R 爲矩陣 A 的最簡列梯型。若 R 的行 j 是 R 前面各行的線性組合，則 A 的行 j 是 A 的前面各行的線性組合。
51. 一個矩陣的各樞軸行是線性獨立的。
52. 一個矩陣的每一行都是它的各樞軸行的線性組合。

53.[3] 令 A_α爲α－旋轉矩陣。證明$(A_\alpha)^T=(A_\alpha)^{-1}$。

54. 令 $A=\begin{bmatrix} a & b \\ c & d \end{bmatrix}$。

(a) 設 $ad-bc\neq 0$，且

$$B=\frac{1}{ad-bc}\begin{bmatrix} d & -b \\ -c & a \end{bmatrix}$$

證明 $AB=BA=I_2$，並因而 A 爲可逆且 $B=A^{-1}$。

(b) 證明(a)的逆命題：若 A 是可逆的，則 $ad-bc\neq 0$。

55. 證明，基本矩陣的乘積是可逆的。

56. (a) 令 A 是 $n\times n$ 可逆矩陣，並令 $\mathbf{u}$ 和 $\mathbf{v}$ 爲屬於 R^n 的向量且 $\mathbf{u}\neq\mathbf{v}$。證明 $A\mathbf{u}\neq A\mathbf{v}$。

(b) 求一個 2×2 矩陣 A 及兩個屬於 R^2 且相異的向量 $\mathbf{u}$ 和 $\mathbf{v}$，可使得 $A\mathbf{u}=A\mathbf{v}$。

57. 令 Q 爲 $n\times n$ 可逆矩陣。證明，若且唯若 $\{Q\mathbf{u}_1,Q\mathbf{u}_2,\cdots,Q\mathbf{u}_k\}$ 是線性獨立，則 R^n 的子集合$\{\mathbf{u}_1,\mathbf{u}_2,\cdots,\mathbf{u}_k\}$爲線性獨立。

58. 證明定理 2.2(a)。

59. 證明，若 A、B、及 C 是可逆的 $n\times n$ 矩陣，則 ABC 是可逆的，且 $(ABC)^{-1}=C^{-1}B^{-1}A^{-1}$。

60. 令 A 和 B 爲 $n\times n$ 矩陣且 A 和 AB 均爲可逆的。經由將 B 寫成兩個可逆矩陣的乘積，以證明它是可逆的。

61. 令 A 和 B 爲 $n\times n$ 矩陣並且 $AB=I_n$。證明 A 的秩爲 n。提示：可利用定理 1.6。

62. 證明，若 A 是 $m\times n$ 矩陣且 B 是 $n\times p$ 矩陣，則 $\text{rank}\ AB\leq\text{rank}\ B$。提示：證明，若 B 的第 k 行不是 B 的樞軸行，則 AB 的第 k 行也不是 AB 的樞軸行。

---

3 此習題之結果將用於 4.4 節。

63. 證明，若 B 是一個 $n \times n$ 矩陣且秩爲 n，則存在有 $n \times n$ 矩陣 C 可使得 $BC=I_n$。提示：可利用定理 1.6。

64. 證明，若 A 和 B 爲 $n \times n$ 矩陣且 $AB=I_n$，則 B 是可逆的且 $A=B^{-1}$。提示：利用習題 62 及 63。

65. 證明，若 $n \times n$ 矩陣的秩爲 n，則它是可逆的。提示：利用習題 63 及 64。

66. 令 $M = \begin{bmatrix} A & O_1 \\ O_2 & B \end{bmatrix}$，其中 A 和 B 爲方陣，且 O_1 和 O_2 爲零矩陣。證明，若且唯若 A 和 B 均爲可逆的，則 M 爲可逆的。提示：想一下 M 的最簡列梯型。

在習題 67 至 74 中，已知矩陣 A 的最簡列梯型，及某些關於 A 之各行的資訊，求矩陣 A。

67. $R=\begin{bmatrix} 1 & 0 & 1 \\ 0 & 1 & 2 \end{bmatrix}$、$\mathbf{a}_1=\begin{bmatrix} 3 \\ -1 \end{bmatrix}$ 及 $\mathbf{a}_2=\begin{bmatrix} 2 \\ 5 \end{bmatrix}$。

68. $R=\begin{bmatrix} 1 & 2 & 0 & -3 & 0 & 1 \\ 0 & 0 & 1 & 2 & 0 & 2 \\ 0 & 0 & 0 & 0 & 1 & 3 \\ 0 & 0 & 0 & 0 & 0 & 0 \end{bmatrix}$、$\mathbf{a}_1=\begin{bmatrix} 2 \\ 0 \\ -1 \\ 1 \end{bmatrix}$、

$\mathbf{a}_3=\begin{bmatrix} 1 \\ -1 \\ 2 \\ 0 \end{bmatrix}$、及 $\mathbf{a}_5=\begin{bmatrix} 2 \\ 3 \\ 0 \\ 1 \end{bmatrix}$。

69. $R=\begin{bmatrix} 1 & -1 & 0 & 0 & 1 \\ 0 & 0 & 1 & 0 & 2 \\ 0 & 0 & 0 & 1 & 3 \end{bmatrix}$、$\mathbf{a}_2=\begin{bmatrix} 1 \\ -2 \\ 1 \end{bmatrix}$、

$\mathbf{a}_3=\begin{bmatrix} 1 \\ -1 \\ 0 \end{bmatrix}$、及 $\mathbf{a}_4=\begin{bmatrix} 4 \\ 1 \\ 3 \end{bmatrix}$。

70. $R=\begin{bmatrix} 1 & 2 & 0 & 1 & 0 & 1 \\ 0 & 0 & 1 & -1 & 0 & -1 \\ 0 & 0 & 0 & 0 & 1 & 1 \\ 0 & 0 & 0 & 0 & 0 & 0 \end{bmatrix}$、$\mathbf{a}_2=\begin{bmatrix} 2 \\ 4 \\ 6 \\ -2 \end{bmatrix}$、

$\mathbf{a}_4=\begin{bmatrix} 1 \\ 3 \\ -1 \\ 1 \end{bmatrix}$、$\mathbf{a}_6=\begin{bmatrix} 2 \\ -1 \\ -1 \\ 2 \end{bmatrix}$。

71. $R=\begin{bmatrix} 1 & 2 & 0 & 4 \\ 0 & 0 & 1 & 3 \end{bmatrix}$、$\mathbf{a}_2=\begin{bmatrix} 2 \\ 4 \end{bmatrix}$、及 $\mathbf{a}_3=\begin{bmatrix} 3 \\ 5 \end{bmatrix}$。

72. $R=\begin{bmatrix} 1 & -1 & 0 & -2 & -3 & 2 \\ 0 & 0 & 1 & 3 & 4 & -4 \\ 0 & 0 & 0 & 0 & 0 & 0 \end{bmatrix}$、$\mathbf{a}_2=\begin{bmatrix} -1 \\ -1 \\ -1 \end{bmatrix}$、

及 $\mathbf{a}_5=\begin{bmatrix} -3 \\ 5 \\ 1 \end{bmatrix}$。

73. $R=\begin{bmatrix} 1 & -1 & 0 & -2 & 0 & 2 \\ 0 & 0 & 1 & 3 & 0 & -4 \\ 0 & 0 & 0 & 0 & 1 & 1 \end{bmatrix}$、$\mathbf{a}_2=\begin{bmatrix} -1 \\ 0 \\ -1 \end{bmatrix}$、

$\mathbf{a}_4=\begin{bmatrix} 1 \\ 6 \\ -2 \end{bmatrix}$、及 $\mathbf{a}_6=\begin{bmatrix} -1 \\ -7 \\ 3 \end{bmatrix}$。

74. $R=\begin{bmatrix} 1 & 0 & 0 & -3 & 1 & 3 \\ 0 & 1 & 0 & 2 & -1 & -2 \\ 0 & 0 & 1 & 0 & 0 & -1 \\ 0 & 0 & 0 & 0 & 0 & 0 \end{bmatrix}$、$\mathbf{a}_1=\begin{bmatrix} 1 \\ 2 \\ -1 \\ 0 \end{bmatrix}$、

$\mathbf{a}_5=\begin{bmatrix} 1 \\ 3 \\ -2 \\ -1 \end{bmatrix}$、及 $\mathbf{a}_6=\begin{bmatrix} 4 \\ 9 \\ -6 \\ -3 \end{bmatrix}$。

在習題 75 至 78 中，將所列的各行寫成

$$A=\begin{bmatrix} 1 & -2 & 1 & -1 & -2 \\ 2 & -4 & 1 & 1 & 1 \\ 3 & -6 & 0 & 6 & 9 \end{bmatrix}$$

之各樞軸行的線性組合。

75. $\mathbf{a}_2$　　76. $\mathbf{a}_3$　　77. $\mathbf{a}_4$　　78. $\mathbf{A}_5$

在習題 79 至 82 中，將所列的各行寫成是

$$B=\begin{bmatrix} 1 & 0 & 1 & -3 & -1 & 4 \\ 2 & -1 & 3 & -8 & -1 & 9 \\ -1 & 1 & -2 & 5 & 1 & -6 \\ 0 & 1 & -1 & 2 & 1 & -3 \end{bmatrix}$$

之各樞軸行的線性組合。

79. $\mathbf{b}_3$　　80. $\mathbf{b}_4$　　81. $\mathbf{b}_5$　　82. $\mathbf{b}_6$

83. 設 $\mathbf{u}$ 和 $\mathbf{v}$ 是 R^3 中的線性獨立向量。求 $A=[\mathbf{a}_1\mathbf{a}_2\mathbf{a}_3\mathbf{a}_4]$ 的最簡列梯型，已知

$$\mathbf{a}_1=\mathbf{u}，\mathbf{a}_2=2\mathbf{u}，\mathbf{a}_3=\mathbf{u}+\mathbf{v}，\mathbf{a}_4=\mathbf{v}$$

84. 令 A 爲 $n \times n$ 可逆矩陣，並令 $\mathbf{e}_j$ 爲 R^n 的第 j 個標準向量。

(a) 證明，A^{-1} 的第 j 行是 $A\mathbf{x}=\mathbf{e}_j$ 的解。

(b) 爲何由(a)的結果可知 A^{-1} 是唯一的？

(c) 爲何由(a)的結果可知 rank $A=n$？

85. 令 A 是一個矩陣，且其最簡列梯型為 R。利用行對應性質以證明以下各小題：

(a) A 的某一行為 $\mathbf{0}$，若且唯若它在 R 中相對應的行為 $\mathbf{0}$。

(b) A 之各行所成的集合是線性獨立的，若且唯若 R 中相對應各行的集合是線性獨立的。

86. 令 R 是一個最簡列梯型的 $m \times n$ 矩陣。求 R^T 之各行與 R^TR 之各行的關係。驗證你的答案。

87. 令 R 是一個最簡列梯型的 $m \times n$ 矩陣，且 $\text{rank } R = r$。證明以下各小題：

(a) R^T 的最簡列梯型是 $n \times m$ 矩陣 $[\mathbf{e}_1\ \mathbf{e}_2 \cdots \mathbf{e}_r\ \mathbf{0} \cdots \mathbf{0}]$，其中 $\mathbf{e}_j$ 是 R^n 的第 j 個標準向量，$1 \leq j \leq r$。

(b) $\text{rank } R^T = \text{rank } R$。

88. 令 A 為 $m \times n$ 矩陣且其最簡列梯型為 R。則存在有可逆矩陣 P 可使得 $PA=R$，以及可逆矩陣 Q 可使得 QR^T 是 R^T 的最簡列梯型。用 A 來描述 PAQ^T。驗證你的答案。

89. 令 A 和 B 為 $m \times n$ 矩陣。證明下列條件為等價。

(a) A 和 B 的最簡列梯型相同。

(b) 有一個 $m \times n$ 可逆矩陣 P 可使得 $B=PA$。

90. 令 A 為 $n \times n$ 矩陣。找出一個 A 的性質，與以下敘述等價：若且唯若 $B=C$，則 $AB=AC$。驗證你的答案。

91. 令 A 為 2×3 矩陣，並令 E 為對 I_2 做一次基本列運算之後的矩陣。證明，對 A 進行同樣的基本列運算，可以由 A 得到 EA。提示：分別對三種基本列運算證明此一命題。

92. 令 A 及 B 為 $m \times n$ 矩陣。證明下列條件為等價：

(a) A 和 B 的最簡列梯型相同。

(b) 方程組 $A\mathbf{x}=\mathbf{0}$ 與 $B\mathbf{x}=\mathbf{0}$ 等價。

我們可以類比於 1.3 節的基本列運算的定義，另外定義一個基本行運算。下列各種對矩陣的運算叫做**基本行運算(elementary column operation)**：將矩陣的任兩行互換、將任一行乘上一個非零純量、將某一乘過的行加到矩陣的另一行。

93. 令 E 是一個 $n \times n$ 矩陣。證明 E 是基本矩陣，若且唯若 E 可得自對 I_n 做單一基本行運算。

94. 證明，若一個矩陣 E 是來自對 I_n 進行一次基本行運算，則對任何 $m \times n$ 矩陣 A，對 A 進行同樣的基本行運算，可以得到乘積 AE。

在習題 95 至 99 中，使用有矩陣功能的計算機或諸如 MATLAB 的電腦軟體以求解。

95. 令

$$A = \begin{bmatrix} 1 & 1 & 0 & -1 \\ 0 & 1 & 1 & 2 \\ 2 & 1 & 0 & -3 \\ -1 & -1 & 1 & 1 \end{bmatrix}$$

令 B 是將 A 的 1、3 列對調後的矩陣，並令 C 是將 A 的 2、4 列對調後的矩陣。

(a) 證明 A 是可逆的。

(b) 證明 B 和 C 是可逆的。

(c) 將 B^{-1} 和 C^{-1} 與 A^{-1} 做比較。

(d) 現在令 A 為任意 $n \times n$ 可逆矩陣，並令 B 為將 A 的列 i 和列 j 對調後的矩陣，其中 $1 \leq i < j \leq n$。對 B^{-1} 和 A^{-1} 之間的關係提出一個假說。

(e) 證明你在(d)的假說。

96. 令

$$A = \begin{bmatrix} 15 & 30 & 17 & 31 \\ 30 & 66 & 36 & 61 \\ 17 & 36 & 20 & 35 \\ 31 & 61 & 35 & 65 \end{bmatrix}$$

(a) 證明 A 是對稱且可逆的。

(b) 證明 A^{-1} 是對稱且可逆的。

(c) 證明，所有對稱且可逆的矩陣，其逆矩陣同樣是對稱且可逆的。

97. 令

$$A = \begin{bmatrix} 1 & 2 & 0 & 3 \\ 2 & 5 & -1 & 8 \\ 2 & 4 & 1 & 6 \\ 3 & 6 & 1 & 8 \end{bmatrix}$$

(a) 利用它們的最簡列梯型，證明 A 和 A^2 是可逆的。

(b) 求 A^2 的逆矩陣，並證明它等於 $(A^{-1})^2$。

(c) 比照(b)對 A^3 做出類似的命題，並加以證明。

(d) 將(c)中的結果一般化，並證明對可逆矩陣的 n 次方皆成立。

98. 考慮方程組 $A\mathbf{x}=\mathbf{b}$。

$$\begin{aligned} x_1 + 3x_2 + 2x_3 + x_4 &= 4 \\ x_1 + 2x_2 + 4x_3 &= -3 \\ 2x_1 + 6x_2 + 5x_3 + 2x_4 &= -1 \\ x_1 + 3x_2 + 2x_3 + 2x_4 &= 2 \end{aligned}$$

(a) 求 A 的逆矩陣，並用以解此方程組。

(b) 藉由驗證你的答案是否滿足 $A\mathbf{x}=\mathbf{b}$，以證明你的答案是對的。

99. 本題的目的是在說明習題 84 中所介紹的求逆矩陣的方法。在習題 97 中，已求出以下矩陣的逆矩陣

$$A=\begin{bmatrix} 1 & 2 & 0 & 3 \\ 2 & 5 & -1 & 8 \\ 2 & 4 & 1 & 6 \\ 3 & 6 & 1 & 8 \end{bmatrix}$$

(a) 解方程組 $A\mathbf{x}=\mathbf{e}_1$，並將結果與 A^{-1} 的第一行相比。

(b) 以向量 $\mathbf{e}_2$、$\mathbf{e}_3$ 和 $\mathbf{e}_4$ 重覆(a)。

練習題解答

1. 因為

$$AB=\begin{bmatrix} -1 & 0 & 1 \\ 1 & 2 & -2 \\ 2 & -1 & -1 \end{bmatrix}\begin{bmatrix} 4 & 1 & 2 \\ 3 & 1 & 1 \\ 5 & 1 & 2 \end{bmatrix}=\begin{bmatrix} 1 & 0 & 0 \\ 0 & 1 & 0 \\ 0 & 0 & 1 \end{bmatrix}$$

且

$$BA=\begin{bmatrix} 4 & 1 & 2 \\ 3 & 1 & 1 \\ 5 & 1 & 2 \end{bmatrix}\begin{bmatrix} -1 & 0 & 1 \\ 1 & 2 & -2 \\ 2 & -1 & -1 \end{bmatrix}=\begin{bmatrix} 1 & 0 & 0 \\ 0 & 1 & 0 \\ 0 & 0 & 1 \end{bmatrix}$$

$$B=A^{-1}$$

2. 此線性方程組可寫成矩陣式 $A\mathbf{x}=\mathbf{b}$，其中 A 來自練習題 1，且

$$\mathbf{b}=\begin{bmatrix} 1 \\ 2 \\ -1 \end{bmatrix}$$

因為練習題 1 之中的矩陣 B 等於 A^{-1}，我們有

$$\begin{bmatrix} x_1 \\ x_2 \\ x_3 \end{bmatrix}=\mathbf{x}=A^{-1}\mathbf{b}=\begin{bmatrix} 4 & 1 & 2 \\ 3 & 1 & 1 \\ 5 & 1 & 2 \end{bmatrix}\begin{bmatrix} 1 \\ 2 \\ -1 \end{bmatrix}=\begin{bmatrix} 4 \\ 4 \\ 5 \end{bmatrix}$$

因此 $x_1=4$、$x_2=4$、及 $x_3=5$。

3. 矩陣 B 是將 A 的列 1 乘 -2 再加到列 2。將 I_2 的列 1 乘 -2 再加到列 2 可得基本矩陣 $E=\begin{bmatrix} 1 & 0 \\ -2 & 1 \end{bmatrix}$。此矩陣具有 $EA=B$ 的性質。

4. 由矩陣 R，很明顯的 $\mathbf{r}_6=-5\mathbf{r}_1-3\mathbf{r}_3+2\mathbf{r}_4$。所以，依據行對應性質可得 $\mathbf{a}_6=-5\mathbf{a}_1+2\mathbf{a}_4-3\mathbf{a}_3$。

5. 令 $\mathbf{r}_1$, $\mathbf{r}_2$, $\mathbf{r}_3$, $\mathbf{r}_4$ 和 $\mathbf{r}_5$ 代表 R 的各行。R 的樞軸行是行 1 和 3，所以 A 的樞軸行是行 1 和 3。R 其它各行都是樞軸行的線性組合。事實上，$\mathbf{r}_2=-3\mathbf{r}_1$、$\mathbf{r}_4=5\mathbf{r}_1+2\mathbf{r}_3$、及 $\mathbf{r}_5=3\mathbf{r}_1-2\mathbf{r}_3$。因此由行對應性質可得，$A$ 的行 2 為

$$\mathbf{a}_2=-3\mathbf{a}_1=-3\begin{bmatrix} 1 \\ -1 \\ 2 \end{bmatrix}=\begin{bmatrix} -3 \\ 3 \\ -6 \end{bmatrix}$$

同樣的，A 的第四與第五行分別為

$$\mathbf{a}_4=5\mathbf{a}_1+2\mathbf{a}_3=5\begin{bmatrix} 1 \\ -1 \\ 2 \end{bmatrix}+2\begin{bmatrix} 2 \\ 0 \\ -1 \end{bmatrix}=\begin{bmatrix} 9 \\ -5 \\ 8 \end{bmatrix}$$

和

$$\mathbf{a}_5=3\mathbf{a}_1-2\mathbf{a}_3=3\begin{bmatrix} 1 \\ -1 \\ 2 \end{bmatrix}-2\begin{bmatrix} 2 \\ 0 \\ -1 \end{bmatrix}=\begin{bmatrix} -1 \\ -3 \\ 8 \end{bmatrix}$$

因此

$$A=\begin{bmatrix} 1 & -3 & 2 & 9 & -1 \\ -1 & 3 & 0 & -5 & -3 \\ 2 & -6 & -1 & 8 & 8 \end{bmatrix}$$

2.4 矩陣的逆轉

在本節中，我們將說明那些矩陣爲可逆的，以及如何求得其逆矩陣。爲此我們要用到之前所學的可逆及基本矩陣。下個定理會告訴我們，何時一個矩陣是可逆的。

定理 2.5

令 A 是一個 $n \times n$ 矩陣。若且唯若 A 的最簡列梯型爲 I_n，則 A 爲可逆的。

證明 首先，假設 A 是可逆的。考慮任意一個屬於 R^n 的向量 $\mathbf{v}$，能使得 $A\mathbf{v}=\mathbf{0}$。則由 2.3 節例題 2 前的方框中的結果，$\mathbf{v}=A^{-1}0=0$。因此 $A\mathbf{x}=\mathbf{0}$ 唯一的解是 0，而且由定理 1.8 得 $\text{rank}\, A=n$。不過由於 1.4 節例題 4 前倒數第二個方框中的結果可知，A 的最簡列梯型必定等於 I_n。

反過來說，假設 A 的最簡列梯型等於 I_n。則由定理 2.3，存在有可逆的 $n \times n$ 矩陣 P 可使得 $PA=I_n$。所以

$$A=I_nA=(P^{-1}P)A=P^{-1}(PA)=P^{-1}I_n=P^{-1}$$

但是由定理 2.2，P^{-1} 是可逆的矩陣，故因此 A 爲可逆的。 ■

定理 2.5 可用來檢驗矩陣的可逆性，方法如下：要決定一個 $n \times n$ 矩陣是否爲可逆，求其最簡列梯型 R。如果 $R=I_n$，則此矩陣是可逆的；若 $R \neq I_n$ 則此矩陣是不可逆的。

例題 1

用定理 2.5 檢測以下矩陣是否爲可逆：

$$A=\begin{bmatrix}1 & 2 & 3\\ 2 & 5 & 6\\ 3 & 4 & 8\end{bmatrix} \quad 及 \quad B=\begin{bmatrix}1 & 1 & 2\\ 2 & 1 & 1\\ 1 & 0 & -1\end{bmatrix}$$

你應該可看出 A 的最簡列梯型爲 I_3。因此由定理 2.5 知，A 是可逆的。在另一方面，B 的最簡列梯型爲

$$\begin{bmatrix}1 & 0 & -1\\ 0 & 1 & 3\\ 0 & 0 & 0\end{bmatrix}$$

所以由定理 2.5，B 是不可逆的。

求逆矩陣的演算法則

定理 2.5 不僅只提供方法以決定矩陣是否爲可逆，對一個可逆矩陣，定理 2.5 也提供方法以實際求出它的逆矩陣。我們知道，利用基本列運算，我們可以將任何 $n\times n$ 矩陣 A 轉換成它的最簡列梯型 R。將同樣的運算用於 $n\times 2n$ 矩陣$[A \ \ I_n]$，可將其轉換成一個 $n\times 2n$ 的矩陣$[R\ B]$，B 是一個 $n\times n$ 矩陣。因此，存在有一個可逆矩陣 P 可使得 $P[A \ \ I_n] = [R\ B]$。因而

$$[R \quad B]=P[A \quad I_n]=[PA \quad PI_n]=[PA \quad P]$$

由此可知 $PA=R$ 且 $P=B$。如果 $R \neq I_n$，則由定理 2.5 可知，A 是不可逆的。另一方面，若 $R = I_n$，則同樣由定理 2.5 可知，A 是可逆的。另外，因爲 $PA=I_n$ 且 $P=B$，所以可知 $B= A^{-1}$。因此我們得到以下演算法則，可計算一個矩陣的逆矩陣：

> **求逆矩陣的演算法則**
>
> 令 A 是一個 $n\times n$ 矩陣。利用基本列運算，以將$[A \ \ I_n]$轉換成$[R \ \ B]$，其中 R 是一個最簡列梯型的矩陣。則
>
> (a) $R=I_n$，此時 A 爲可逆的且 $B= A^{-1}$；或
>
> (b) $R \neq I_n$，此時 A 爲不可逆。

例題 2

我們利用以上演算法則以計算例題 1 中矩陣 A 的逆矩陣 A^{-1}。此演算法則需要我們利用基本列運算將$[A \ \ I_3]$轉換成$[I_2 \ \ B]$形式的矩陣。因此，我們用 1.4 節的高斯消去法以將 A 轉換成它的最簡列梯型 I_3，但是每一個基本列運算都是用於整個 3×6 矩陣。

$$[A \quad I_3]=\left[\begin{array}{ccc|ccc}1&2&3&1&0&0\\2&5&6&0&1&0\\3&4&8&0&0&1\end{array}\right]\xrightarrow[-3r_1+r_3\to r_3]{-2r_1+r_2\to r_2}\left[\begin{array}{ccc|ccc}1&2&3&1&0&0\\0&1&0&-2&1&0\\0&-2&-1&-3&0&1\end{array}\right]$$

$$\xrightarrow{2r_2+r_3\to r_3}\left[\begin{array}{ccc|ccc}1&2&3&1&0&0\\0&1&0&-2&1&0\\0&0&-1&-7&2&1\end{array}\right]$$

$$\xrightarrow{-r_3\to r_3}\left[\begin{array}{ccc|ccc}1&2&3&1&0&0\\0&1&0&-2&1&0\\0&0&1&7&-2&-1\end{array}\right]$$

$$\xrightarrow{-3r_3+r_1\to r_1}\left[\begin{array}{ccc|ccc}1&2&0&-20&6&3\\0&1&0&-2&1&0\\0&0&1&7&-2&-1\end{array}\right]$$

$$\xrightarrow{-2r_2+r_1\to r_1}\left[\begin{array}{ccc|ccc}1&0&0&-16&4&3\\0&1&0&-2&1&0\\0&0&1&7&-2&-1\end{array}\right]=[I_3 \quad B]$$

因此

$$A^{-1}=B=\begin{bmatrix}-16 & 4 & 3\\ -2 & 1 & 0\\ 7 & -2 & -1\end{bmatrix}$$

在以上的討論中，若$[R \quad B]$是最簡列梯型，則 R 也是。(見習題 73)如果有一台可求得最簡列梯型的計算機或電腦，這一點是很有用的。在這種情形下，我們只要找出$[A \quad I_n]$的最簡列梯型$[R \quad B]$。則和以前一樣，必有以下兩者之一

(a) $R=I_n$，此時 A 爲可逆且 $B=A^{-1}$；或

(b) $R \neq I_n$，此時 A 爲不可逆。

例題 3

爲闡釋前段的內容，我們檢驗

$$A=\begin{bmatrix}1 & 1\\ 2 & 2\end{bmatrix}$$

是否可逆。如果是依靠手算，我們將$[A \quad I_2]$轉換成矩陣$[R \quad B]$，使得 R 爲最簡列梯型：

$$[A \quad I_2]=\begin{bmatrix}1 & 1 & 1 & 0\\ 2 & 2 & 0 & 1\end{bmatrix}\xrightarrow{-2\mathbf{r}_1+\mathbf{r}_2\to\mathbf{r}_2}\begin{bmatrix}1 & 1 & 1 & 0\\ 0 & 0 & -2 & 1\end{bmatrix}=[R \quad B]$$

因爲 $R \neq I_2$，A 爲不可逆。

在這個例子中，$[R \quad B]$並非最簡列梯型，因爲其元素(2, 3)爲－2。如果你是用計算機或電腦來將$[A \quad I_2]$轉換成最簡列梯型，會執行一些額外的步驟以得到矩陣

$$[R \quad C]=\begin{bmatrix}1 & 1 & 0 & 0.5\\ 0 & 0 & 1 & -0.5\end{bmatrix}$$

再一次，我們可看出 A 是不可逆的，因爲 $R \neq I_2$。如果用手算的話，你不需要執行這些額外的步驟，一旦你能確定 $R \neq I_2$ 就可停止計算了。

練習題 1.

求矩陣

$$A=\begin{bmatrix}1 & -2 & 1\\ 2 & -1 & -1\\ -2 & -5 & 7\end{bmatrix} \quad 及 \quad B=\begin{bmatrix}1 & 1 & 0\\ 3 & 4 & 1\\ -1 & 4 & 4\end{bmatrix}$$

是否爲可逆矩陣。如果是，求其逆矩陣。

練習題 2.

考慮以下線性方程組

$$\begin{aligned} x_1 - x_2 + 2x_3 &= 2 \\ x_1 + 2x_2 \qquad &= 3 \\ -x_2 + x_3 &= -1 \end{aligned}$$

(a) 將此方程組寫成 $A\mathbf{x}=\mathbf{b}$ 形式的矩陣方程。

(b) 證明 A 是可逆的，並求出 A^{-1}。

(c) 利用(b)的答案求解此方程組。

雖然下面的定理包含了很長一列的命題，但大部份均可輕易的由以上結果推得。其中關鍵的一點是，當 A 是 $n\times n$ 矩陣，則 A 之最簡列梯型會等於 I_n 的條件是，若且唯若 A 的每一列都有一個樞軸位置，以及若且唯若 A 之每一行都有一個樞軸位置。因此對 $n\times n$ 矩陣的特殊情況，若且唯若 A 的最簡列梯型等於 I_n，則定理 1.6 及 1.8 中的每一個命題均爲眞。所以這些命題全部都是等價的。

定理 2.6

(可逆矩陣定理，Invertible Matrix Theorem) 令 A 是一個 $n\times n$ 矩陣。以下命題爲等價：

(a) A 爲可逆的。

(b) A 的最簡列梯型爲 I_n。

(c) A 之秩等於 n。

(d) A 之各行的展延爲 R^n。

(e) 對所有屬於 R^n 的 $\mathbf{b}$，方程式 $A\mathbf{x}=\mathbf{b}$ 爲一致的。

(f) A 的零消次數等於零。

(g) A 之各行爲線性獨立。

(h) $A\mathbf{x}=\mathbf{0}$ 唯一的解爲 $\mathbf{0}$。

(i) 存在有 $n\times n$ 矩陣 B 可滿足 $BA=I_n$。

(j) 存在有 $n\times n$ 矩陣 C 可滿足 $AC=I_n$。

(k) A 是基本矩陣的乘積。

證明　由定理 2.5 可得命題(a)及(b)爲等價。因爲 A 是 $n\times n$ 矩陣，由定理 1.6 可得，命題(b)與(c)、(d)、及(e)均等價。同樣的，由定理 1.8 可知，命題(b)與(f)、(g)、和(h)爲等價。因此，(a)與(b)到(h)的每一個命題都等價。

證明，由(a)可得(k)：A 是可逆矩陣的假設，意謂了 A 的最簡列梯型爲 I_n。則和定理 2.5 的證明一樣，必存在有可逆的 $n \times n$ 矩陣 P 可使得 $PA=I_n$ (定理 2.3)。因此 $A=P^{-1}$，而且定理 2.3 前面的討論顯示出，P 是數個可逆矩陣的乘積。因此 P^{-1} 是這些基本矩陣之逆矩陣的乘積(以反向順序)，它們每一個也都是基本矩陣。由此可知，A 是基本矩陣的乘積，因此，由(a)可得(k)。

證明，由(k)可得(a)：假設 A 是基本矩陣的乘積。因爲基本矩陣是可逆的，A 既然是可逆矩陣的乘積，故 A 是可逆的，如此得到(a)。因此命題(a)和(k)爲等價。

接著還要證明(a)和(i)及(j)爲等價。

很明顯的，當 $B=A^{-1}$，由(a)可得(i)。反向來說，假設(i)成立。令 $\mathbf{v}$ 爲屬於 R^n 的任意向量，並可使 $A\mathbf{v}=\mathbf{0}$。則

$$\mathbf{v} = I_n\mathbf{v} = (BA)\mathbf{v} = B(A\mathbf{v}) = B\mathbf{0} = \mathbf{0}$$

故由(i)可得(h)。但由(h)可得(a)，所以由(i)可得(a)。因此，命題(a)及(i)爲等價。

很明顯的，當 $C=A^{-1}$，由(a)可得(j)。反向來說，假設(j)成立。令 $\mathbf{v}$ 爲屬於 R^n 的任意向量且 $\mathbf{v} = C\mathbf{b}$。則

$$A\mathbf{v} = A(C\mathbf{b}) = (AC)\mathbf{b} = I_n\mathbf{b} = \mathbf{b}$$

故由(j)可得(e)。但是由(e)可得(a)，所以由(j)可得(a)。因此(a)和(j)爲等價。

因此，在可逆矩陣定理中的所有命題都是等價的。 .... ■

可逆矩陣定理中的(i)及(j)是可逆性定義中的兩個條件。由可逆矩陣定理可知，要證明一個方陣是否爲可逆，我們只需驗證這些條件中的一個。例如，假設已知 $n \times n$ 矩陣 A，另有 $n \times n$ 矩陣 C 可使得 $AC=I_n$。由可逆矩陣定理知道，A 是可逆的，我們可將等號兩側分別由左側乘上 A^{-1}，可得方程式 $A^{-1}(AC)=A^{-1}I_n$，再化簡爲 $C=A^{-1}$。同樣的，若對某一矩陣 B，滿足 $BA=I_n$，則由可逆矩陣定理，A 是可逆的。

$$B = BI_n = B(AA^{-1}) = (BA)A^{-1} = I_nA^{-1} = A^{-1}$$

特別留意到，在可逆矩陣定理的命題(i)及(j)中的矩陣 B 和 C 必須是方陣。存在有不爲方陣的矩陣 A 及 C，它們的乘積 AC 是單位矩陣。例如，令

$$A=\begin{bmatrix}1 & 1 & 0\\1 & 2 & 1\end{bmatrix} \quad 及 \quad C=\begin{bmatrix}2 & 1\\-1 & -1\\0 & 2\end{bmatrix}$$

則

$$AC=\begin{bmatrix}1 & 1 & 0\\1 & 2 & 1\end{bmatrix}\begin{bmatrix}2 & 1\\-1 & -1\\0 & 2\end{bmatrix}=\begin{bmatrix}1 & 0\\0 & 1\end{bmatrix}=I_2$$

但是，A 和 C 當然是不可逆的。

求* $A^{-1}B$

當 A 為可逆的 $n\times n$ 矩陣且 B 為任意 $n\times p$ 矩陣，我們可以將求逆矩陣的演算法則加以延伸，以計算，$A^{-1}B$。考慮 $n\times(n+p)$矩陣 $[A \quad B]$。設我們利用基本列運算，將此矩陣轉換成矩陣 $[I_c \quad C]$。和求逆矩陣的演算法則一樣，存在有 $n\times n$ 的可逆矩陣 P 可使得

$$[I_n \quad C]=P[A \quad B]=[PA \quad PB]$$

由此可得 $PA = I_n$ 且 $C = PB$。因此 $P = A^{-1}$，故 $C = A^{-1}B$。所以我們可得以下演算法則：

> **求 $\mathbf{A^{-1}B}$ 的演算法則**
> 令 A 是一個可逆的 $n\times n$ 矩陣且 B 為 $n\times p$ 矩陣。假設經由基本列運算，$n\times(n+p)$ 的矩陣 $[A \quad B]$ 被轉換成最簡列梯型的矩陣 $[I_c \quad C]$。則 $C = A^{-1}B$。

例題 4

利用前述演算法則以計算，$A^{-1}B$，其中

$$A=\begin{bmatrix}1 & 2 & 1\\2 & 5 & 1\\2 & 4 & 1\end{bmatrix} \quad 及 \quad B=\begin{bmatrix}2 & -1\\1 & 3\\0 & 2\end{bmatrix}$$

解　我們利用基本列運算以將 $[A \quad B]$ 轉換成最簡列梯型 $[I_3 \quad A^{-1}B]$。

---

*本節以下部份可省略而不會影響連續性。

$$[A\quad B]=\left[\begin{array}{ccc|cc}1&2&1&2&-1\\2&5&1&1&3\\2&4&1&0&2\end{array}\right]\xrightarrow[-2r_1+r_3\to r_3]{-2r_1+r_2\to r_2}\left[\begin{array}{ccc|cc}1&2&1&2&-1\\0&1&-1&-3&5\\0&0&-1&-4&4\end{array}\right]$$

$$\xrightarrow{-r_3\to r_3}\left[\begin{array}{ccc|cc}1&2&1&2&-1\\0&1&-1&-3&5\\0&0&1&4&-4\end{array}\right]\xrightarrow[-r_3+r_1\to r_1]{r_3+r_2\to r_2}\left[\begin{array}{ccc|cc}1&2&0&-2&3\\0&1&0&1&1\\0&0&1&4&-4\end{array}\right]$$

$$\xrightarrow{-2r_2+r_1\to r_1}\left[\begin{array}{ccc|cc}1&0&0&-4&1\\0&1&0&1&1\\0&0&1&4&-4\end{array}\right]$$

因此

$$A^{-1}B=\begin{bmatrix}-4&1\\1&1\\4&-4\end{bmatrix}$$

求 $A^{-1}B$ 的演算法則的用途之一，是求解數個係數矩陣相同的線性方程組。假設 $A\mathbf{x}=\mathbf{b}_i$，$1\le i\le k$，就是這樣子的一群線性方程組，並假設 $\mathbf{x}_i$ 爲第 i 個方程組的解。令

$$X=[\mathbf{x}_1\quad \mathbf{x}_2\quad \cdots\quad \mathbf{x}_k]\quad 及\quad B=[\mathbf{b}_1\quad \mathbf{b}_2\quad \cdots\quad \mathbf{b}_k]$$

則 $AX=B$，且因而 $X=A^{-1}B$。

所以，若 A 及 B 和例題 4 的一樣，且 $\mathbf{b}_1$ 和 $\mathbf{b}_2$ 爲 B 的行，則 $A\mathbf{x}=\mathbf{b}_1$ 和 $A\mathbf{x}=\mathbf{b}_2$ 的解是

$$\mathbf{x}_1=\begin{bmatrix}-4\\1\\4\end{bmatrix}\quad 及\quad \mathbf{x}_2=\begin{bmatrix}1\\1\\-4\end{bmatrix}$$

逆矩陣的詮釋

考慮方程組 $A\mathbf{x}=\mathbf{b}$，其中 A 是 $n\times n$ 可逆矩陣。通常，我們需要瞭解，不同的常數 $\mathbf{b}$，對方程組的解會造成何種影響。爲瞭解會發生甚麼，令 $P=A^{-1}$。則

$$[\mathbf{e}_1\quad \mathbf{e}_2\quad \cdots\quad \mathbf{e}_n]=I_n=AP=A[\mathbf{p}_1\quad \mathbf{p}_2\quad \cdots\quad \mathbf{p}_n]=[A\mathbf{p}_1\quad A\mathbf{p}_2\quad \cdots\quad A\mathbf{p}_n]$$

由此得到，對每一個 j，$A\mathbf{p}_j=\mathbf{e}_j$。假設 $\mathbf{u}$ 是 $A\mathbf{x}=\mathbf{b}$ 的解，並假定我們將 $\mathbf{b}$ 的第 k 個分量 b_k 換成 b_k+d，其中 d 爲純量。我們將 $\mathbf{b}$ 換成 $\mathbf{b}+d\mathbf{e}_k$，以獲得新方程組 $A\mathbf{x}=\mathbf{b}+d\mathbf{e}_k$。留意其中

$$A(\mathbf{u}+d\mathbf{p}_k)=A\mathbf{u}+dA\mathbf{p}_k=\mathbf{b}+d\mathbf{e}_k$$

所以 $\mathbf{u}+d\mathbf{p}_k$ 是 $A\mathbf{x}=\mathbf{b}+d\mathbf{e}_k$ 的解。這個解與原來的解差了 $d\mathbf{p}_k$；也就是說，$d\mathbf{p}_k$ 代表了，當 $\mathbf{b}$ 的第 k 個分量增加了 d 之後，$A\mathbf{x}=\mathbf{b}$ 的解所改變的量。

對這種因向量 $\mathbf{b}$ 改變，而使得解改變的情形，Leontief 輸出入模型(在 1.5 節討論過)提供了一個實例。一個計畫經濟體，可能需要計算總生產向量，它對應到數個需求向量。例如，我們可能需要比較，增加需求向量的效果

$$\mathbf{d}_1=\begin{bmatrix}90\\80\\60\end{bmatrix}\quad 到\quad \mathbf{d}_2=\begin{bmatrix}100\\80\\60\end{bmatrix}$$

如果 C 是此經濟體的輸出入矩陣，且 I_3-C 是可逆的 [4]，則很容易做這種比較。在此種情形下，如 2.3 節所述，$(I_3-C)\mathbf{x}=\mathbf{d}_1$ 的解是 $(I_3-C)^{-1}\mathbf{d}_1$。所以能滿足需求 $\mathbf{d}_2$ 的總生產向量爲

$$(I_3-C)^{-1}\mathbf{d}_1+10\mathbf{p}_1$$

其中 $\mathbf{p}_1$ 是 $(I_3-C)^{-1}$ 的第一行。對於 1.5 節之例題 2 所述的經濟體，我們有

$$(I_3-C)^{-1}=\begin{bmatrix}1.3 & 0.475 & 0.25\\0.6 & 1.950 & 0.50\\0.5 & 0.375 & 1.25\end{bmatrix}\quad 及\quad (I_3-C)^{-1}\mathbf{d}_1=\begin{bmatrix}170\\240\\150\end{bmatrix}$$

所以能滿足需求 $\mathbf{d}_2$ 的總生產向量爲

$$(I_3-C)^{-1}\mathbf{d}_1+10\mathbf{p}_1=\begin{bmatrix}170\\240\\150\end{bmatrix}+10\begin{bmatrix}1.3\\0.6\\0.5\end{bmatrix}=\begin{bmatrix}183\\246\\155\end{bmatrix}$$

例題 5

對於 1.5 節之例題 2 的輸出入矩陣與需求，求需要多少額外的輸入，才能讓服務業的需求由$6 千萬增加到$7 千萬。

解 服務業的需求每增加一單位所須的額外輸入，是上述矩陣 $(I_3-C)^{-1}$ 的第三行。因此服務業的需求增加$1 千萬，需要額外輸入

---

[4] 在實務上，C 的每一行所有元素的和會小於 1，因爲每一美金產値的輸出，通常所需的輸入總値會小於$1。這種情形下，我們可證明 I_n-C 是可逆的，且所有元素都不爲負數。

$$10\begin{bmatrix}0.25\\0.50\\1.25\end{bmatrix}=\begin{bmatrix}2.5\\5.0\\12.5\end{bmatrix}$$

也就是，額外由農業輸入\$2.5million、由製造業輸入\$5million、以及由服務業輸入\$12.5million。

練習題 3.

令 A 是一個 $n\times n$ 可逆矩陣，且 $\mathbf{b}$ 是屬於 R^n 的向量。假設 $\mathbf{x}_1$ 是方程式 $A\mathbf{x}=\mathbf{b}$ 的解。

(a) 證明，對任何屬於 R^n 的向量 $\mathbf{c}$，向量 $\mathbf{x}_1+A^{-1}\mathbf{c}$ 是 $A\mathbf{x}=\mathbf{b}+\mathbf{c}$ 的解。

(b) 對於 1.5 節之例題 2 中的輸出入矩陣與需求向量，利用(a)的結果求，如果農業需求增加\$5million、製造業需求增加\$4million、且服務業增加\$2million，則總生產量需要增加多少。

習　題

在習題 1 至 18 中，決定各矩陣是否為可逆。如果是，求其逆矩陣。

1. $\begin{bmatrix}1&3\\1&2\end{bmatrix}$

2. $\begin{bmatrix}1&2\\2&4\end{bmatrix}$

3. $\begin{bmatrix}1&-3\\-2&6\end{bmatrix}$

4. $\begin{bmatrix}2&-4\\-3&6\end{bmatrix}$

5. $\begin{bmatrix}2&3\\3&5\end{bmatrix}$

6. $\begin{bmatrix}6&-4\\-3&2\end{bmatrix}$

7. $\begin{bmatrix}1&-2&1\\1&0&1\\1&-1&1\end{bmatrix}$

8. $\begin{bmatrix}1&3&2\\2&5&5\\1&3&1\end{bmatrix}$

9. $\begin{bmatrix}1&1&2\\2&-1&1\\2&3&4\end{bmatrix}$

10. $\begin{bmatrix}2&-1&2\\1&0&3\\0&1&4\end{bmatrix}$

11. $\begin{bmatrix}2&-1&1\\1&-3&2\\1&7&-4\end{bmatrix}$

12. $\begin{bmatrix}1&-1&1\\1&-2&0\\2&-3&2\end{bmatrix}$

13. $\begin{bmatrix}0&2&-1\\1&-1&2\\2&-1&3\end{bmatrix}$

14. $\begin{bmatrix}1&-2&1\\1&2&-1\\1&4&-2\end{bmatrix}$

15. $\begin{bmatrix}1&0&0&1\\0&1&1&0\\1&0&1&0\\0&1&0&1\end{bmatrix}$

16. $\begin{bmatrix}1&2&1&-1\\2&5&1&-1\\1&3&1&2\\2&4&2&-1\end{bmatrix}$

17. $\begin{bmatrix}1&1&1&0\\1&1&0&1\\1&0&1&1\\0&1&1&1\end{bmatrix}$

18. $\begin{bmatrix}1&-1&1&-2\\-1&3&-1&0\\2&-2&-2&3\\9&-5&-3&-1\end{bmatrix}$

在習題 19 至 26，利用求 $A^{-1}B$ 的演算法則。

19. $A=\begin{bmatrix}1&2\\2&3\end{bmatrix}$ 且 $B=\begin{bmatrix}1&-1&2\\1&0&1\end{bmatrix}$

20. $A=\begin{bmatrix}-1&2\\2&-3\end{bmatrix}$ 且 $B=\begin{bmatrix}4&-1\\1&2\end{bmatrix}$

21. $A=\begin{bmatrix}2&2\\2&1\end{bmatrix}$ 且 $B=\begin{bmatrix}2&4&2&6\\0&-2&8&-4\end{bmatrix}$

22. $A=\begin{bmatrix}1&-1&1\\2&-1&4\\2&-2&3\end{bmatrix}$ 且 $B=\begin{bmatrix}3&-2\\1&-1\\4&2\end{bmatrix}$

23. $A=\begin{bmatrix}-2&3&7\\-1&1&2\\1&1&2\end{bmatrix}$ 且 $B=\begin{bmatrix}2&0&1&-1\\1&2&-2&1\\3&1&1&3\end{bmatrix}$

24. $A=\begin{bmatrix}3&2&4\\4&1&4\\4&2&5\end{bmatrix}$ 且 $B=\begin{bmatrix}1&-1&0&-2&-3\\1&-1&2&4&5\\1&-1&1&1&1\end{bmatrix}$

25. $A=\begin{bmatrix}1&0&1&1\\0&1&1&-1\\0&0&1&-1\\0&0&0&1\end{bmatrix}$ 且 $B=\begin{bmatrix}2&1&-1\\0&1&1\\1&0&1\\3&1&2\end{bmatrix}$

26. $A=\begin{bmatrix}5&2&6&2\\0&1&0&0\\4&2&5&2\\0&0&0&1\end{bmatrix}$ 且

$B=\begin{bmatrix}1&0&-1&-3&1&4\\2&-1&-1&-8&3&9\\-1&1&1&5&-2&-6\\0&1&1&2&-1&-3\end{bmatrix}$

在習題27至34中，已知矩陣A。求(a)A的最簡列梯型R，及(b)可滿足$PA=R$的可逆矩陣P。

27. $\begin{bmatrix}1&-1&2\\-2&1&-1\end{bmatrix}$　28. $\begin{bmatrix}1&1&-1\\1&-1&2\\1&0&1\end{bmatrix}$

29. $\begin{bmatrix}-1&0&2&1\\0&1&1&-1\\2&3&-1&-5\end{bmatrix}$　30. $\begin{bmatrix}1&-2&1&-1&-2\\2&-4&1&1&1\end{bmatrix}$

31. $\begin{bmatrix}2&1&0&-2\\0&1&-1&0\\-1&-2&2&1\\1&3&1&0\end{bmatrix}$

32. $\begin{bmatrix}1&-1&0&-1&2\\-1&1&1&-2&1\\5&-5&-3&4&1\end{bmatrix}$

33. $\begin{bmatrix}1&0&1&2&1\\0&1&-1&-1&0\\1&1&-2&7&4\\2&1&3&-3&-1\end{bmatrix}$

34. $\begin{bmatrix}1&0&-1&-3&1&4\\2&-1&-1&-8&3&9\\-1&1&1&5&-2&-6\\0&1&1&2&-1&-3\end{bmatrix}$

是非題

在習題35至54中，問各命題是否為真。

35. 若且唯若一個矩陣的最簡列梯型是一個單位矩陣，則該矩陣爲可逆的。
36. 對兩任意矩陣A及B，若$AB=I_n$，n爲正整數，則A爲可逆的。
37. 對任意兩個$n\times n$矩陣A及B，若$AB=I_n$，則$BA=I_n$。
38. 對任意兩個$n\times n$矩陣A及B，若$AB=I_n$，則A爲可逆的且$A^{-1}=B$。
39. 如果一個$n\times n$矩陣的秩爲n，則它是可逆的。
40. 一個$n\times n$矩陣如果是可逆的，則它的秩爲n。
41. 若且唯若一個方陣的最簡列梯型中沒有零列，則它是可逆的。
42. 若A爲$n\times n$矩陣，且$A\mathbf{x}=0$的唯一解爲0，則A是可逆的。
43. 若且唯若一個$n\times n$矩陣的各行爲線性獨立，則該矩陣爲可逆。
44. 若且唯若一個$n\times n$矩陣的各列爲線性獨立，則該矩陣爲可逆。
45. 如果一個方陣中有某一行的元素全部是零，則它是不可逆的。
46. 如果一個方陣中有某一列的元素全部是零，則它是不可逆的。
47. 任何可逆的矩陣都可寫成是基本矩陣的乘積。
48. 如果A和B是可逆的$n\times n$矩陣，則$A+B$是可逆的。
49. 若A是$n\times n$矩陣並能使得$A\mathbf{x}=\mathbf{b}$爲一致，其中$\mathbf{b}$是屬於R^n的向量，則對每一個屬於R^n的$\mathbf{b}$，$A\mathbf{x}=\mathbf{b}$有唯一解。
50. 若A是一個可逆的$n\times n$矩陣，且$[A\ \ B]$的最簡列梯型爲$[I_n\ \ C]$，則$C=B^{-1}A$。
51. 若$[A\ \ I_n]$的最簡列梯型爲$[R\ \ B]$，則$B=A^{-1}$。
52. 若$[A\ \ I_n]$的最簡列梯型爲$[R\ \ B]$，則B是可逆矩陣。
53. 如果$[A\ \ I_n]$的最簡列梯型是$[R\ \ B]$，則BA等於A的最簡列梯型。
54. 設A爲可逆矩陣且$\mathbf{u}$是$A\mathbf{x}=\begin{bmatrix}5\\6\\7\\8\end{bmatrix}$的解。則$A\mathbf{x}=\begin{bmatrix}5\\6\\9\\8\end{bmatrix}$的解和$\mathbf{u}$差了$2\mathbf{p}_3$，其中$\mathbf{p}_3$是$A^{-1}$的第三行。

---

55. 直接證明，由可逆矩陣定理中的(a)可得命題(e)及(h)。

在習題56至63中，給定一線性方程組。

(a) 將各方程組寫成 $A\mathbf{x}=\mathbf{b}$ 的矩陣形式。

(b) 證明 A 是可逆的，並求出 A^{-1}。

(c) 利用 A^{-1} 求解各方程組。

56. $\begin{aligned} x_1 + 2x_2 &= 9 \\ 2x_1 + 3x_2 &= 3 \end{aligned}$

57. $\begin{aligned} -x_1 - 3x_2 &= -6 \\ 2x_1 + 5x_2 &= 4 \end{aligned}$

58. $\begin{aligned} x_1 + x_2 + x_3 &= 4 \\ 2x_1 + x_2 + 4x_3 &= 7 \\ 3x_1 + 2x_2 + 6x_3 &= -1 \end{aligned}$

59. $\begin{aligned} -x_1 + x_3 &= -4 \\ x_1 + 2x_2 - 2x_3 &= 3 \\ 2x_1 - x_2 + x_3 &= 1 \end{aligned}$

60. $\begin{aligned} x_1 + x_2 + x_3 &= -5 \\ 2x_1 + x_2 + x_3 &= -3 \\ 3x_1 + x_3 &= 2 \end{aligned}$

61. $\begin{aligned} 2x_1 + 3x_2 - 4x_3 &= -6 \\ -x_1 - x_2 + 2x_3 &= 5 \\ -x_2 + x_3 &= 3 \end{aligned}$

62. $\begin{aligned} x_1 - x_3 + x_4 &= 3 \\ 2x_1 - x_2 - x_3 &= -2 \\ -x_1 + x_2 + x_3 + x_4 &= 4 \\ x_2 + x_3 + x_4 &= -1 \end{aligned}$

63. $\begin{aligned} x_1 - 2x_2 - x_3 + x_4 &= 4 \\ x_1 + x_2 - x_4 &= -2 \\ -x_1 - x_2 + x_3 + x_4 &= 1 \\ -3x_1 + x_2 + 2x_3 &= -1 \end{aligned}$

64. 令 $A=\begin{bmatrix}1 & 1\\ 1 & 2\end{bmatrix}$。

(a) 驗證，$A^2-3A+I_2=O$。

(b) 令 $B=3I_2-A$。利用 B 以證明 A 是可逆的，且 $B=A^{-1}$。

65. 令 $A=\begin{bmatrix}1 & -1 & 0\\ 2 & 3 & -1\\ -1 & 0 & 1\end{bmatrix}$。

(a) 驗證 $A^3-5A^2+9A-4I_3=O$。

(b) 令 $B=14(A^2-5A+9I_3)$。利用 B 以證明 A 是可逆的，且 $B=A^{-1}$。

(c) 說明，如何由(a)中的方程式得到(b)中的 B。

66. 令 A 爲可滿足 $A^2=I_n$ 的 $n\times n$ 矩陣。證明 A 爲可逆，且 $A^{-1}=A$。

67. 令 A 爲可滿足 $A^k=I_n$ 的 $n\times n$ 矩陣，k 爲某一正整數。

(a) 證明 A 爲可逆的。

(b) 將 A^{-1} 表示成 A 的冪次。

68. 證明，若 A 是 $m\times n$ 矩陣，且 P 是可逆的 $m\times n$ 矩陣，則 rank PA=rank A。提示：將2.3節的習題62應用到 PA 和 $P^{-1}(PA)$。

69. 令 B 爲 $n\times p$ 矩陣。證明下列命題：

(a) 對任意最簡列梯型的 $m\times n$ 矩陣 R，rand RB $\leq$rank R。提示：利用最簡列梯型的定義。

(b) 若 A 爲任意 $m\times n$ 矩陣，則 rand AB $\leq$rank A。提示：利用習題68和69(a)。

70. 證明，若 A 是 $m\times n$ 矩陣，且 Q 是可逆的 $n\times n$ 矩陣，則 rand AQ = rank A。提示：將習題69(b)的結果用於 AQ 及 $(AQ)Q^{-1}$。

71. 證明，對任意矩陣 A，rank A^T = rank A。提示：利用2.3節的習題70、習題87，以及定理2.2和2.3。

72. 利用可逆矩陣定理以證明，對任何包含有 n 個屬於 R^n 之向量的子集合 S，若且唯若 S 是 R^n 的產生集合，則 S 爲線性獨立。

73. 令 R 與 S 是兩個列數相同的矩陣，並設$[RS]$是最簡列梯型。證明，R 是最簡列梯型。

74. 考慮線性方程組 $A\mathbf{x}=\mathbf{b}$，其中

$$A=\begin{bmatrix}1 & 2 & 3\\ 2 & 3 & 4\\ 3 & 4 & 5\end{bmatrix} \quad 及 \quad \mathbf{b}=\begin{bmatrix}20\\ 30\\ 40\end{bmatrix}$$

(a) 用高斯消去法求解此矩陣方程。

(b) 在TI-85型計算機上，可得 $A^{-1}\mathbf{b}$ 的值爲

$$A^{-1}\mathbf{b}=\begin{bmatrix}8\\ 10\\ 4\end{bmatrix}$$

但這不是 $A\mathbf{x}=\mathbf{b}$ 的解。原因爲何？

75. 利用以下矩陣重複習題74：

$$A=\begin{bmatrix}1 & 2 & 3\\ 2 & 3 & 4\\ 6 & 7 & 8\end{bmatrix},\ \mathbf{b}=\begin{bmatrix}5\\ 6\\ 10\end{bmatrix},\ A^{-1}\mathbf{b}=\begin{bmatrix}0\\ -8\\ 3\end{bmatrix}$$

76. 利用以下矩陣重複習題 74：

$$A=\begin{bmatrix}1&2&3\\4&5&6\\7&8&9\end{bmatrix}，\mathbf{b}=\begin{bmatrix}15\\18\\21\end{bmatrix}，A^{-1}\mathbf{b}=\begin{bmatrix}-9\\8\\4\end{bmatrix}$$

77. 在 1.5 節的習題 19(c)中，要讓燃油的淨產值增加\$3million，則由各類的輸入需要增加多少？

78. 在 1.5 節的習題 20(c)中，要讓非政府業別的淨產值增加\$1million，則由各業別的輸入需要增加多少？

79. 在 1.5 節的習題 21(b)中，要讓服務業的淨產值增加\$40million，則由各產業的輸入需要增加多少？

80. 在 1.5 節的習題 22(b)中，要讓製造業的淨產值增加\$24million，則由各產業的輸入需要增加多少？

81. 設有某一個經濟體，其輸出入矩陣 C 滿足，I_n-C 爲可逆，且 $(I_n-C)^{-1}$ 的所有元素均爲正。如果必需要增加此經濟體中某一產業別的淨產值，這對此經濟體各產業的總產值會造成何種影響？

82. 利用矩陣的轉置修改計算 $A^{-1}B$ 的演算法則，以建立一個計算 AB^{-1} 的演算法則，並驗證你的方法。

83. 令 A 爲 $m\times n$ 矩陣，且其最簡列梯型爲 R。
    (a) 證明，若 rank $A=m$，則有一個唯一的 $m\times m$ 矩陣 P，可使得 $PA=R$。同時，P 是可逆的。提示：對每一個 j，令 $\mathbf{u}_j$ 代表 A 的第 j 個樞軸行。證明，$m\times m$ 矩陣 $U=[\mathbf{u}_1\ \mathbf{u}_2\ \cdots\ \mathbf{u}_m]$是可逆的。然後令 $PA=R$ 並證明 $P=U^{-1}$。
    (b) 證明，若 rank $A<m$，則存在有一個以上可逆的 $m\times m$ 矩陣 P 可滿足 $PA=R$。提示：存在有一個不同於 I_m 的 $m\times m$ 基本矩陣 E，可使得 $E=R$。

令 A 及 B 為 $n\times n$ 矩陣。如果有某一可逆矩陣 P 可使得 $B=P^{-1}AP$，則我們說 A 相似於 B。習題 84 至 88 與此有關。

84. 令 A、B、及 C 爲 $n\times n$ 矩陣。證明下列敘述：
    (a) A 相似於 A。
    (b) 若 A 相似於 B，則 B 相似於 A。
    (c) 若 A 相似於 B 且 B 相似於 C，則 A 相似於 C。

85. 令 A 爲 $n\times n$ 矩陣。
    (a) 證明，若 A 相似於 I_n，則 $A=I_n$。
    (b) 證明，若 A 相似於 O，$n\times n$ 零矩陣，則 $A=O$。
    (c) 假設有某純量 c 可使得 $B=cI_n$。[矩陣 B 叫做純量矩陣(*scalar matrix*)。]如果 A 相似於 B，則 A 有何特性？

86. 假設 A 和 B 爲 $n\times n$ 矩陣，並且 A 相似於 B。證明，若 A 爲可逆的，則 B 也是可逆的，且 A^{-1} 相似於 B^{-1}。

87. 假設 A 和 B 爲 $n\times n$ 矩陣，並且 A 相似於 B。證明 A^T 相似於 B^T。

88. 假設 A 和 B 爲矩陣，並且 A 相似於 B。證明 rank $A=$ rank B。提示：利用習題 68 及 70。

在習題 89 至 92 中，使用有矩陣計算功能的計算機或諸如 *MATLAB* 的電腦軟體以求解。

習題 89 至 91 使用以下矩陣

$$A=\begin{bmatrix}2&5&6&1\\3&8&9&2\\2&6&5&2\\3&9&7&4\end{bmatrix}$$

89. 經由計算其最簡列梯型並利用定理 2.5，以證明 A 是可逆的。

90. 經由求解方程組 $A\mathbf{x}=\mathbf{0}$

91. 並利用可逆矩陣定理，以證明 A 是可逆的。

91. 經由計算其秩並利用可逆矩陣定理，以證明 A 是可逆的。

92. 證明矩陣

$$P=\begin{bmatrix}1&2&-1&3\\2&3&2&8\\2&4&-1&4\\3&6&-2&8\end{bmatrix}$$

是可逆的。經由隨機產生數個 4×4 矩陣 A 並顯示 rank $PA=$rank A，由此以驗證習題 68。

練習題解答

1. A 的最簡列梯型為$\begin{bmatrix}1&0&-1\\0&1&-1\\0&0&0\end{bmatrix}$。因為此一矩陣不是 I_3，由定理 2.5 可得 A 為不可逆。

   B 的最簡列梯型為 I_3，所以由定理 2.5 可知 B 是可逆的。為求得 B^{-1}，我們找出 $[B\ I_3]$的最簡列梯形。

$$\begin{bmatrix}1&1&0&1&0&0\\3&4&1&0&1&0\\-1&4&4&0&0&1\end{bmatrix}$$

$$\xrightarrow[r_1+r_3\to r_3]{-3r_1+r_2\to r_2}\begin{bmatrix}1&1&0&1&0&0\\0&1&1&-3&1&0\\0&5&4&1&0&1\end{bmatrix}$$

$$\xrightarrow{-5r_2+r_3\to r_3}\begin{bmatrix}1&1&0&1&0&0\\0&1&1&-3&1&0\\0&0&-1&16&-5&1\end{bmatrix}$$

$$\xrightarrow{-r_3\to r_3}\begin{bmatrix}1&1&0&1&0&0\\0&1&1&-3&1&0\\0&0&1&-16&5&-1\end{bmatrix}$$

$$\xrightarrow{-r_3+r_2\to r_2}\begin{bmatrix}1&1&0&1&0&0\\0&1&0&13&-4&1\\0&0&1&-16&5&-1\end{bmatrix}$$

$$\xrightarrow{-r_2+r_1\to r_1}\begin{bmatrix}1&0&0&-12&4&-1\\0&1&0&13&-4&1\\0&0&1&-16&5&-1\end{bmatrix}$$

因此 $B^{-1}=\begin{bmatrix}-12&4&-1\\13&-4&1\\-16&5&-1\end{bmatrix}$。

2. (a) 所給之線性方程組的矩陣形式為

$$\begin{bmatrix}1&-1&2\\1&2&0\\0&-1&1\end{bmatrix}\begin{bmatrix}x_1\\x_2\\x_3\end{bmatrix}=\begin{bmatrix}2\\3\\-1\end{bmatrix}$$

   (b) 因為(a)中 3×3 矩陣的最簡列梯型是 I_3，此矩陣是可逆的。

   (c) $A\mathbf{x}=\mathbf{b}$ 的解是

$$\mathbf{x}=A^{-1}\mathbf{b}=\begin{bmatrix}2&-1&-4\\-1&1&2\\-1&1&3\end{bmatrix}\begin{bmatrix}2\\3\\-1\end{bmatrix}=\begin{bmatrix}5\\-1\\-2\end{bmatrix}$$

   所給之線性方程組的唯一解是 $x_1=5$、$x_2=-1$、及 $x_3=-2$。

3. (a) 首先看到 $\mathbf{x}_1=A^{-1}\mathbf{b}$。若 $\mathbf{x}_2$ 是 $A\mathbf{x}=\mathbf{b}+\mathbf{c}$ 的解，則

$$B=\left[\begin{array}{cc|c}1&0&3\\1&2&0\\\hline 2&-1&2\\0&3&1\end{array}\right].$$

   (b) 依據(a)之說明，令 $A=I_3-C$，其中 C 是 1.5 節之例題 2 中的輸出入矩陣，且 $\mathbf{b}=\mathbf{d}$ 是該例題所用的需求向量。向量 $\mathbf{c}=\begin{bmatrix}5\\4\\2\end{bmatrix}$ 代表需求的增加，因此總產值的增加為

$$(\mathbf{x}_1+A^{-1}\mathbf{c})-\mathbf{x}_1$$
$$=\begin{bmatrix}1.3&0.475&0.25\\0.6&1.950&0.50\\0.5&0.375&1.25\end{bmatrix}\begin{bmatrix}5\\4\\2\end{bmatrix}=\begin{bmatrix}8.9\\11.8\\6.5\end{bmatrix}$$

2.5* 分割矩陣與區塊相乘

假設我們希望求得 A^3，其中

$$A=\begin{bmatrix}1&0&0&0\\0&1&0&0\\6&8&5&0\\-7&9&0&5\end{bmatrix}$$

這是一件非常辛苦的差事，因爲 A 是 4×4 矩陣。不過除了矩陣乘法之外，另有一種方法可簡化計算。一開始，我們先將 A 寫成 2×2 子矩陣的陣列。

$$A=\left[\begin{array}{cc|cc}1&0&0&0\\0&1&0&0\\\hline 6&8&5&0\\-7&9&0&5\end{array}\right]$$

然後再將 A 寫得更緊緻一些如

$$A=\begin{bmatrix}I_2&O\\B&5I_2\end{bmatrix}$$

其中

$$I_2=\begin{bmatrix}1&0\\0&1\end{bmatrix}\quad 且 \quad B=\begin{bmatrix}6&8\\-7&9\end{bmatrix}$$

接著，我們用列－行定律以計算 A^2，將 I_2、O、B、及 $5I_2$ 當成是 A 的純量元素一樣。

$$A^2=\begin{bmatrix}I_2&O\\B&5I_2\end{bmatrix}\begin{bmatrix}I_2&O\\B&5I_2\end{bmatrix}=\begin{bmatrix}I_2I_2+OB&I_2O+O(5I_2)\\BI_2+(5I_2)B&BO+(5I_2)(5I_2)\end{bmatrix}=\begin{bmatrix}I_2&O\\6B&5^2I_2\end{bmatrix}$$

最後，

$$\begin{aligned}A^3=A^2A&=\begin{bmatrix}I_2&O\\6B&5^2I_2\end{bmatrix}\begin{bmatrix}I_2&O\\B&5I_2\end{bmatrix}\\&=\begin{bmatrix}I_2I_2+OB&I_2O+O(5I_2)\\(6B)I_2+(5^2I_2)B&(6B)O+(5^2I_2)(5I_2)\end{bmatrix}\\&=\begin{bmatrix}I_2&O\\31B&5^3I_2\end{bmatrix}\end{aligned}$$

---

*本節可予略過而不影響連貫性。

使用這種方法計算 A^3，只需要將 2×2 矩陣 B 乘上 31，以及將 I_2 乘以 5^3。

我們可以在矩陣中以水平和垂直線分割一個矩陣，將矩陣分隔成由子矩陣所構成的陣列，叫做**區塊(blocks)**。所得的陣列稱做一個矩陣的**分割(partition)**，而形成各個區塊的過程則稱做**劃分(partitioning)**。

一個矩陣雖然可以有多個不同的分割，但通常會有一個自然的分割可簡化矩陣的相乘。例如，矩陣

$$A=\begin{bmatrix}2 & 0 & 1 & -1\\ 0 & 2 & 2 & 3\\ 1 & 3 & 0 & 0\end{bmatrix}$$

可寫成

$$A=\left[\begin{array}{cc|cc}2 & 0 & 1 & -1\\ 0 & 2 & 2 & 3\\ \hline 1 & 3 & 0 & 0\end{array}\right]$$

水平及垂直線將 A 劃分爲一個包含四個區塊的陣列。此一分割的第一列包含了 2×2 矩陣

$$2I_2=\begin{bmatrix}2 & 0\\ 0 & 2\end{bmatrix} \quad 及 \quad \begin{bmatrix}1 & -1\\ 2 & 3\end{bmatrix}$$

且第二列包含了 1×2 矩陣$[1 \quad 3]$和 $O=[0 \quad 0]$。我們也可將 A 分成

$$\left[\begin{array}{cc|cc}2 & 0 & 1 & -1\\ 0 & 2 & 2 & 3\\ 1 & 3 & 0 & 0\end{array}\right]$$

在此情況下，它只有一列和兩行。這一列的區塊是 3×2 的矩陣

$$\begin{bmatrix}2 & 0\\ 0 & 2\\ 1 & 3\end{bmatrix} \quad 和 \quad \begin{bmatrix}1 & -1\\ 2 & 3\\ 0 & 0\end{bmatrix}$$

A 的第一種分割包含了子矩陣 $2I_2$ 和 O，它們和其它矩陣的相乘非常簡單，所以通常此一分割是較理想的。

如前例所示，對矩陣做適當的劃分，可簡化矩陣相乘所需的計算。兩個經劃分的矩陣可以相乘，將它們的各區塊視同純量元素，前題爲各區塊的相乘是有定義的。

2

例題 1

令

$$A=\left[\begin{array}{cc|cc}1 & 3 & 4 & 2\\0 & 5 & -1 & 6\\\hline 1 & 0 & 3 & -1\end{array}\right] \quad 及 \quad B=\left[\begin{array}{cc|c}1 & 0 & 3\\1 & 2 & 0\\\hline 2 & -1 & 2\\0 & 3 & 1\end{array}\right]$$

利用以下計算，我們可以由已知的分割中求得 AB 左上區塊中的元素，

$$\begin{bmatrix}1 & 3\\0 & 5\end{bmatrix}\begin{bmatrix}1 & 0\\1 & 2\end{bmatrix}+\begin{bmatrix}4 & 2\\-1 & 6\end{bmatrix}\begin{bmatrix}2 & -1\\0 & 3\end{bmatrix}=\begin{bmatrix}4 & 6\\5 & 10\end{bmatrix}+\begin{bmatrix}8 & 2\\-2 & 19\end{bmatrix}=\begin{bmatrix}12 & 8\\3 & 29\end{bmatrix}$$

同樣的，經由以下計算我們可求得 AB 右上區塊的元素，

$$\begin{bmatrix}1 & 3\\0 & 5\end{bmatrix}\begin{bmatrix}3\\0\end{bmatrix}+\begin{bmatrix}4 & 2\\-1 & 6\end{bmatrix}\begin{bmatrix}2\\1\end{bmatrix}=\begin{bmatrix}3\\0\end{bmatrix}+\begin{bmatrix}10\\4\end{bmatrix}=\begin{bmatrix}13\\4\end{bmatrix}$$

以下計算可得 AB 的左下區塊，

$$[1\;0]\begin{bmatrix}1 & 0\\1 & 2\end{bmatrix}+[3\;-1]\begin{bmatrix}2 & -1\\0 & 3\end{bmatrix}=[1\;0]+[6\;-6]=[7\;-6]$$

最後，由以下計算可得 AB 的右下區塊，

$$[1\;0]\begin{bmatrix}3\\0\end{bmatrix}+[3\;-1]\begin{bmatrix}2\\1\end{bmatrix}=[3]+[5]=[8]$$

將這些區塊湊在一起可得

$$AB=\left[\begin{array}{cc|c}12 & 8 & 13\\3 & 29 & 4\\\hline 7 & -6 & 8\end{array}\right]$$

我們得到以下通用規則：

區塊相乘(block Multiplication)

假設 A 及 B 兩矩陣經劃分為不同區塊，且 A 之每一列的區塊數，等於 B 之每一行的區塊數。則這兩個矩陣可以用一般矩陣乘法的規律來相乘，將每一個區塊當成是一個純量，前題是各別的乘法運算必須是有定義的。

另外兩種求矩陣乘積的方法

已知兩矩陣 A 和 B 且它們的乘積 AB 是有定義的，我們介紹了如何利用經劃分的 A 和 B 以計算此乘積。在這個小節中，我們要介紹兩種特別的劃分 A 和 B 的方式，這兩種方式會產生兩種計算矩陣乘積的新方法。

經由列　給定 $m\times n$ 矩陣 A 和 $n\times p$ 矩陣 B，我們將 A 劃分成列向量 $\mathbf{a}'_1, \mathbf{a}'_2, \cdots, \mathbf{a}'_m$ 所構成的 $m\times 1$ 陣列，並將 B 視爲是 1×1 的區塊矩陣。此時，

$$AB = \begin{bmatrix} \mathbf{a}'_1 \\ \mathbf{a}'_2 \\ \vdots \\ \mathbf{a}'_m \end{bmatrix} B = \begin{bmatrix} \mathbf{a}'_1 B \\ \mathbf{a}'_2 B \\ \vdots \\ \mathbf{a}'_m B \end{bmatrix} \qquad (7)$$

因此，AB 的各列是 A 的各列與 B 的乘積。更明確的說，AB 的第 i 列，是 A 的第 i 列和 B 的矩陣乘積。

例題 2

令

$$A = \begin{bmatrix} 1 & 2 & -1 \\ -1 & 1 & 3 \end{bmatrix} \quad 及 \quad B = \begin{bmatrix} -2 & 1 & 0 \\ 1 & -3 & 4 \\ 1 & -1 & -1 \end{bmatrix}$$

因爲

$$\mathbf{a}'_1 B = \begin{bmatrix} 1 & 2 & -1 \end{bmatrix} \begin{bmatrix} -2 & 1 & 0 \\ 1 & -3 & 4 \\ 1 & -1 & -1 \end{bmatrix} = \begin{bmatrix} -1 & -4 & 9 \end{bmatrix}$$

及

$$\mathbf{a}'_2 B = \begin{bmatrix} -1 & 1 & 3 \end{bmatrix} \begin{bmatrix} -2 & 1 & 0 \\ 1 & -3 & 4 \\ 1 & -1 & -1 \end{bmatrix} = \begin{bmatrix} 6 & -7 & 1 \end{bmatrix}$$

我們得 $AB = \begin{bmatrix} -1 & -4 & 9 \\ 6 & -7 & 1 \end{bmatrix}$

將這種經由列的方式計算矩陣乘積的方法，和矩陣乘法的定義做一對比，矩陣乘法的定義可以視爲是一種經由行來計算乘積的方法。

經由外積　另一種計算矩陣乘積的方法，是將 A 劃分成多行，而 B 劃分成多列。設 $\mathrm{a}_1, \mathrm{a}_2, \cdots, \mathrm{a}_n$ 爲 $m\times n$ 矩陣 A 的各行，且 $\mathbf{b}'_1, \mathbf{b}'_2, \cdots, \mathbf{b}'_n$ 爲 $n\times p$ 矩陣 B 的各列。則由區塊乘法得

$$AB = [\mathbf{a}_1\mathbf{a}_2 \cdots \mathbf{a}_n]\begin{bmatrix}\mathbf{b}'_1\\ \mathbf{b}'_2\\ \vdots\\ \mathbf{b}'_n\end{bmatrix} = \mathbf{a}_1\mathbf{b}'_1 + \mathbf{a}_2\mathbf{b}'_2 + \cdots + \mathbf{a}_n\mathbf{b}'_n \qquad (8)$$

因此，AB 是 A 之各行與相對的 B 之各列的乘積之和。

式(8)中的 $\mathbf{a}_i\mathbf{b}'_i$ 是兩個向量的矩陣乘積，也就是 A 的行 i 和 B 的列 i。此種乘積有一個非常簡單的形式。為了用更標準的符號來表示此一結果，們考慮 $\mathbf{v}$ 和 $\mathbf{w}^T$ 的矩陣乘積，其中，

$$\mathbf{v} = \begin{bmatrix}v_1\\ v_2\\ \vdots\\ v_m\end{bmatrix} \quad 及 \quad \mathbf{w} = \begin{bmatrix}w_1\\ w_2\\ \vdots\\ w_n\end{bmatrix}$$

由(7)式可得

$$\mathbf{v}\mathbf{w}^T = \begin{bmatrix}v_1\mathbf{w}^T\\ v_2\mathbf{w}^T\\ \vdots\\ v_m\mathbf{w}^T\end{bmatrix}$$

因此，$m\times n$ 矩陣 $\mathbf{v}\mathbf{w}^T$ 的各列都是 $\mathbf{w}^T$ 的倍數。由此可得(見習題 2)，若 $\mathbf{v}$ 及 $\mathbf{w}$ 均不為零向量，矩陣 $\mathbf{v}\mathbf{w}^T$ 的秩為 1。

形式為 $\mathbf{v}\mathbf{w}^T$ 的乘積，其中 $\mathbf{v}$ 屬於 R^m(視同 $m\times 1$ 矩陣)且 $\mathbf{w}$ 屬於 R^n(視同 $n\times 1$ 矩陣)，稱做**外積(outer products)**。利用此一專有名詞，(2)式指出了，一個 $m\times n$ 矩陣 A 和一個 $n\times p$ 矩陣 B 的乘積，是 n 個秩最高為 1 的矩陣之和，也就是 A 的各行與 B 相對應之各列的外積。

對於 A 為 $1\times n$ 矩陣的特例，亦即 $A=[a_1a_2\cdots a_n]$ 是一個列向量，則(2)式成為 B 之各列的線性組合

$$AB = a_1\mathbf{b}'_1 + a_2\mathbf{b}'_2 + \cdots + a_n\mathbf{b}'_n$$

而其係數為 A 中相對應之元素。例如，

$$[2 \quad 3]\begin{bmatrix}-1 & 4\\ 5 & 0\end{bmatrix} = 2[-1 \quad 4] + 3[5 \quad 0] = [13 \quad 8]$$

例題 3

利用外積，將例題 2 中的乘積 AB 表示成秩為 1 的矩陣之和。

解　首先組成(8)式中的外積以獲得三個秩為 1 的矩陣，

$$\begin{bmatrix}1\\-1\end{bmatrix}\begin{bmatrix}-2 & 1 & 0\end{bmatrix}=\begin{bmatrix}-2 & 1 & 0\\2 & -1 & 0\end{bmatrix}$$

$$\begin{bmatrix}2\\1\end{bmatrix}\begin{bmatrix}1 & -3 & 4\end{bmatrix}=\begin{bmatrix}2 & -6 & 8\\1 & -3 & 4\end{bmatrix}$$

及

$$\begin{bmatrix}-1\\3\end{bmatrix}\begin{bmatrix}1 & -1 & -1\end{bmatrix}=\begin{bmatrix}-1 & 1 & 1\\3 & -3 & -3\end{bmatrix}$$

則

$$\begin{bmatrix}-2 & 1 & 0\\2 & -1 & 0\end{bmatrix}+\begin{bmatrix}2 & -6 & 8\\1 & -3 & 4\end{bmatrix}+\begin{bmatrix}-1 & 1 & 1\\3 & -3 & -3\end{bmatrix}=\begin{bmatrix}-1 & -4 & 9\\6 & -7 & 1\end{bmatrix}=AB$$

如(8)式所保證的。

我們總結這兩種計算矩陣乘積 AB 的方法如下。

兩種計算矩陣乘積 AB 的方法

在此我們假設 A 為 $m\times n$ 矩陣，其各列為 $\mathbf{a}'_1, \mathbf{a}'_2, \cdots, \mathbf{a}'_m$，且 B 是 $n\times p$ 矩陣，其各列為 $\mathbf{b}'_1, \mathbf{b}'_2, \cdots, \mathbf{b}'_n$。

1. **經由列**　AB 的第 i 列，是將 A 的第 i 列與 B 相乘，也就是 $\mathbf{a}'_iB$。
2. **由外積**　矩陣乘積 AB 是 A 之各行與相對應的 B 之各列的矩陣乘積之和。以符號表示為

$$AB=\mathbf{a}_1\mathbf{b}'_1+\mathbf{a}_2\mathbf{b}'_2+\cdots+\mathbf{a}_n\mathbf{b}'_n$$

習　題

在習題 1 至 12 中，利用區塊乘法以計算各個經劃分的矩陣。

1. $\begin{bmatrix}-1 & 3 & 1\end{bmatrix}\left[\begin{array}{c|c}1 & 2\\-1 & 1\\0 & 1\end{array}\right]$

2. $\left[\begin{array}{ccc}1 & -1 & 0\\\hline 0 & 1 & 2\end{array}\right]\begin{bmatrix}1\\3\\2\end{bmatrix}$

3. $\left[\begin{array}{c|c|c}1 & -1 & 0\\0 & 1 & 2\end{array}\right]\left[\begin{array}{c}1\\\hline 3\\\hline 2\end{array}\right]$

4. $\left[\begin{array}{cc|c}1 & -1 & 0\\0 & 1 & 2\end{array}\right]\left[\begin{array}{c}1\\3\\\hline 2\end{array}\right]$

5. $\left[\begin{array}{cc}2 & 0\\3 & 1\\\hline -1 & 5\\1 & 2\end{array}\right]\left[\begin{array}{cc|cc}-1 & 2 & 3 & 0\\2 & 2 & -1 & 2\end{array}\right]$

6. $\left[\begin{array}{cc}2 & 0\\3 & 1\\-1 & 5\\\hline 1 & 2\end{array}\right]\left[\begin{array}{ccc|c}-1 & 2 & 3 & 0\\2 & 2 & -1 & 2\end{array}\right]$

7. $\left[\begin{array}{rr} 2 & 0 \\ \hline 3 & 1 \\ -1 & 5 \\ 1 & 2 \end{array}\right]\left[\begin{array}{r|rrr} -1 & 2 & 3 & 0 \\ 2 & 2 & -1 & 2 \end{array}\right]$

8. $\left[\begin{array}{r|r} 0 & 0 \\ 0 & 0 \\ 0 & 0 \\ \hline 2 & 3 \end{array}\right]\left[\begin{array}{rrr|r} 0 & 0 & 0 & 6 \\ 0 & 0 & 0 & -1 \end{array}\right]$

9. $\left[\begin{array}{rr} 3 & 0 \\ 0 & 3 \\ \hline 2 & 0 \\ 0 & 2 \end{array}\right]\left[\begin{array}{rr} 1 & 2 \\ 3 & 4 \end{array}\right]$

10. $\left[\begin{array}{rr|rr} 1 & 2 & 2 & -2 \\ 1 & 1 & -2 & 2 \end{array}\right]\left[\begin{array}{rr} 1 & 0 \\ 0 & 1 \\ \hline 1 & 1 \\ 1 & 1 \end{array}\right]$

11. $\left[\begin{array}{rr|rr} 1 & 1 & 2 & 1 \\ \hline 1 & 0 & 0 & 0 \\ 0 & 1 & 0 & 0 \end{array}\right]\left[\begin{array}{rr|rr} 1 & 0 & 1 & -1 \\ 0 & 1 & -1 & 1 \\ \hline 0 & 0 & 1 & 0 \\ 0 & 0 & 0 & 1 \end{array}\right]$

12. $\left[\begin{array}{c} A_{20^\circ} \\ \hline A_{30^\circ} \end{array}\right]\left[\begin{array}{c|c} A_{40^\circ} & A_{50^\circ} \end{array}\right]$

在習題 13 至 20 中，求出指定之矩陣乘積的特定列，而不用求出完整的矩陣乘積。

$$A=\begin{bmatrix} 1 & 2 & 3 \\ 2 & -1 & 4 \\ -3 & -2 & 0 \end{bmatrix}，B=\begin{bmatrix} -1 & 0 \\ 4 & 1 \\ 3 & -2 \end{bmatrix}，C=\begin{bmatrix} 2 & 1 & -1 \\ 4 & 3 & -2 \end{bmatrix}$$

13. AB 的列 1
14. CA 列 1
15. CA 的列 2
16. BC 的列 2
17. BC 的列 3
18. B^TA 的列 2
19. A^2 的列 2
20. A^2 的列 3

在習題 21 至 28 中，使用習題 13 至 20 的矩陣 A、B、及 C。

21. 用外積將 AB 表成 3 個秩為 1 的矩陣之和。
22. 用外積將 BC 表成 2 個秩為 1 的矩陣之和。
23. 用外積將 CB 表成 3 個秩為 1 的矩陣之和。
24. 用外積將 CA 表成 3 個秩為 1 的矩陣之和。
25. 用外積將 B^TA 表成 3 個秩為 1 的矩陣之和。
26. 用外積將 AC^T 表成 3 個秩為 1 的矩陣之和。
27. 用外積將 A^TB 表成 3 個秩為 1 的矩陣之和。
28. 用外積將 CA^T 表成 3 個秩為 1 的矩陣之和。

是非題

在習題 29 至 34 中，問各命題是否為真。

29. 在 2.1 節例題 1 後關於矩陣乘積 AB 的定義，可以視為是區塊相乘的一種特例。
30. 令 A 和 B 為矩陣且 AB 是有定義的，並令 A 和 B 經劃分為區塊，使得 A 之一列中區塊的數目和 B 之一行中區塊的數目相同。則這兩個矩陣可以用一般的矩陣乘法規律來相乘，將其中每一區塊視同是一個純量。
31. 只有在 $\mathbf{v}$ 和 $\mathbf{w}$ 均屬於 R^n 時，外積 $\mathbf{v}\mathbf{w}^T$ 才有定義。
32. 對分別屬於 R^m 及 R^n 的任意向量 $\mathbf{v}$ 及 $\mathbf{w}$，其外積 $\mathbf{v}\mathbf{w}^T$ 為 $m\times n$ 矩陣。
33. 對分別屬於 R^m 及 R^n 的任意向量 $\mathbf{v}$ 及 $\mathbf{w}$，其外積 $\mathbf{v}\mathbf{w}^T$ 為 $m\times n$ 矩陣且秩為 1。
34. 一個 $m\times n$ 非零矩陣和一個 $n\times p$ 非零矩陣的乘積，可以寫成是至多 n 個秩為 1 的矩陣之乘積。

在習題 35 至 40 中，假設 A、B、C、及 D 是 $n\times n$ 矩陣，O 是 $n\times n$ 零矩陣，且在習題 35 及 36 中，A 是可逆的。用區塊乘法以求出以下各乘積。

35. $[A^{-1}I_n]\begin{bmatrix} A \\ I_n \end{bmatrix}$
36. $\begin{bmatrix} A^{-1} \\ I_n \end{bmatrix}[AI_n]$
37. $\begin{bmatrix} A & O \\ O & B \end{bmatrix}\begin{bmatrix} O & C \\ D & O \end{bmatrix}$
38. $\begin{bmatrix} I_n & O \\ O & C \end{bmatrix}\begin{bmatrix} A & B \\ O & I_n \end{bmatrix}$
39. $\begin{bmatrix} A & B \\ C & D \end{bmatrix}^T\begin{bmatrix} A & B \\ C & D \end{bmatrix}$
40. $\begin{bmatrix} I_n & A \\ I_n & B \end{bmatrix}\begin{bmatrix} A & B \\ I_n & I_n \end{bmatrix}$
41. 證明，若 A、B、C、和 D 為 $n\times n$ 矩陣且 A 是可逆的，則

$$\begin{bmatrix} I_n & O \\ CA^{-1} & I_n \end{bmatrix}\begin{bmatrix} A & O \\ O & D-CA^{-1}B \end{bmatrix}\begin{bmatrix} I_n & A^{-1}B \\ O & I_n \end{bmatrix}=\begin{bmatrix} A & B \\ C & D \end{bmatrix}$$

在此一特例中，矩陣 $D-CA^{-1}B$ 叫做 A 的 **Schur 補矩陣**。

在習題 42 至 47 中，假設 A、B、C、及 D 為 $n\times n$ 矩陣，O 是 $n\times n$ 零矩陣，且 A 和 D 是可逆的。利用區塊乘法驗證以下各式。

42. $\begin{bmatrix} A & O \\ O & D \end{bmatrix}^{-1} = \begin{bmatrix} A^{-1} & O \\ O & D^{-1} \end{bmatrix}$

43. $\begin{bmatrix} O & A \\ D & O \end{bmatrix}^{-1} = \begin{bmatrix} O & D^{-1} \\ A^{-1} & O \end{bmatrix}$

44. $\begin{bmatrix} A & B \\ O & D^{-1} \end{bmatrix}^{-1} = \begin{bmatrix} A^{-1} & -A^{-1}BD \\ O & D \end{bmatrix}$

45. $\begin{bmatrix} C & A \\ D & O \end{bmatrix}^{-1} = \begin{bmatrix} O & D^{-1} \\ A^{-1} & -A^{-1}CD^{-1} \end{bmatrix}$

46. $\begin{bmatrix} O & A \\ D & C \end{bmatrix}^{-1} = \begin{bmatrix} -D^{-1}CA^{-1} & D^{-1} \\ A^{-1} & O \end{bmatrix}$

47. $\begin{bmatrix} I_n & B \\ C & I_n \end{bmatrix}^{-1} = \begin{bmatrix} P & -PB \\ -CP & I_n + CPB \end{bmatrix}$，其中 $I_n - BC$ 是可逆的，且 $P = (I_n - BC)^{-1}$。

48. 令 A 和 B 爲 $n \times n$ 矩陣，且 O 是 $n \times n$ 零矩陣。使用區塊乘法以計算 $\begin{bmatrix} A & O \\ O & B \end{bmatrix}^k$，其中 k 爲任意正整數。

49. 令 A 和 B 是 $n \times n$ 矩陣，且 O 是 $n \times n$ 零矩陣。利用區塊乘法以計算 $\begin{bmatrix} A & B \\ O & O \end{bmatrix}^k$，$k$ 爲任意正整數。

50. 令 A 及 B 爲可逆的 $n \times n$ 矩陣。證明，若且唯若 $A - BA^{-1}B$ 是可逆的，則 $\begin{bmatrix} A & B \\ B & A \end{bmatrix}$ 是可逆的。

51. 證明，若 A 及 B 爲可逆的 $n \times n$ 矩陣，則 $\begin{bmatrix} A & O \\ I_n & B \end{bmatrix}$ 也是可逆的。求其逆矩陣，以 A^{-1}、B^{-1}、及 O 表示。

52. 假設 **a** 和 **b** 是分別屬於 R^m 和 R^n 的非零向量。證明，外積 $\mathbf{ab}^T$ 的秩爲 1。

在習題 53 中，利用有矩陣功能的計算機或例如 MATLAB 的電腦軟體，求解各小題。

53. 假設 A 是一個區塊形式的 4×4 矩陣，$A = \begin{bmatrix} B & C \\ O & D \end{bmatrix}$，其中每一區塊都是 2×2 矩陣。

(a) 任意選一個矩陣 A 以顯示

$$A^2 = \begin{bmatrix} B^2 & * \\ O & D^2 \end{bmatrix}$$

其中*代表某一 2×2 矩陣。

(b) 任意選一個矩陣 A 以顯示

$$A^3 = \begin{bmatrix} B^3 & * \\ O & D^3 \end{bmatrix}$$

其中*代表某一 2×2 矩陣。

(c) 對 A^k 的區塊形式提出一個假說，其中 k 爲正整數。

(d) 在 $k=3$ 時證明你的假說。

2.6* 矩陣的 *LU* 分解

在許多不同的應用中，我們需要求解多個，具有相同係數矩陣的線性方程組。在這種情況下，如果對每一個方程組分別使用高斯消去法，其中大部份的工作都是重覆的，因爲它們的擴張矩陣幾乎完全一樣。在本節中，我們探討一種可以避免重覆工作的方法。

現在，假設有一個 $m \times n$ 矩陣 A，可以不經由列對調運算就轉換成列梯型矩陣 U。則 U 可以寫成

$$U = E_k E_{k-1} \cdots E_1 A$$

---

*本節可予略過而不影響前後連貫性。

其中 $E_1, \cdots, E_{k-1}, E_k$ 都是基本矩陣，它們對應於將 A 轉換成 U 的基本列運算。對此方程式求解 A，可得

$$A = (E_k E_{k-1} \cdots E_1)^{-1} U = E_1^{-1} E_2^{-1} \cdots E_k^{-1} U = LU$$

其中

$$L = E_1^{-1} E_2^{-1} \cdots E_k^{-1} \qquad (9)$$

由此可以看到，U 是 $m\times n$ 矩陣而 L，多個 $m\times m$ 可逆矩陣的乘積，是一個 $m\times m$ 可逆矩陣。矩陣 L 和 U 具有特殊的形式，我們接著會加以說明。

因爲在將 A 轉換成 U 的過程中，所用到的基本列運算，都是將某一列乘上一個純量，再加到矩陣中較低的一列去，它所對應的基本矩陣 E_p 和其逆矩陣 E_p^{-1} 的形式爲

$$E_p = \begin{matrix} \\ \\ \text{列 } j \rightarrow \\ \\ \text{列 } i \rightarrow \\ \\ \end{matrix} \begin{bmatrix} 1 & & \cdots & & 0 \\ & \ddots & & & \vdots \\ \vdots & & 1 & & \\ & & \vdots & \ddots & \\ & & c & & \ddots \\ 0 & & & & 1 \end{bmatrix}$$

$$\begin{matrix} \uparrow \\ \text{行 } j \end{matrix}$$

及

$$E_p^{-1} = \begin{matrix} \\ \\ \text{列 } j \rightarrow \\ \\ \text{列 } i \rightarrow \\ \\ \end{matrix} \begin{bmatrix} 1 & & \cdots & & 0 \\ & \ddots & & & \vdots \\ \vdots & & 1 & & \\ & & \vdots & \ddots & \\ & & -c & & \ddots \\ 0 & & & & 1 \end{bmatrix},$$

$$\begin{matrix} \uparrow \\ \text{行 } j \end{matrix}$$

其中 c 爲乘數而 $j < i$ 爲列數。留意到 E_p 和 E_p^{-1} 可以來自 I_m，只要分別將其中爲 0 的元素 (i, j) 換成 c，或是將 0 換成 $-c$。

因爲 U 是列梯型，所以在 U 的對角線以下和以左的元素都是 0。所有具有這種特性的矩陣都叫做**上三角矩陣(upper triangular matrix)**。另外也可知道，在 E_p^{-1} 的對角線之上與之右的所有元素都是零。所有具有這種特性的矩陣都叫做**下三角矩陣(lower triangular matrix)**。另外，每個 E_p^{-1} 的對角元素都是 1。一個對角元素都是 1 的下三角矩陣叫做**單位下三角矩陣(unit lower triangular matrix)**。因爲單位下三角矩陣的乘積仍然是單位下三角矩陣(見習題 44)，L 也是單位下三角矩陣。因此我們可將 $A=LU$ 因式分解成上三角矩陣 L 和下三角矩陣 U 的乘積。

例題 1

令

$$A=\begin{bmatrix}1 & 0 & 0\\ 0 & 2 & 0\\ 3 & 4 & 3\end{bmatrix}，B=\begin{bmatrix}1 & 0\\ 4 & 1\end{bmatrix}，及\quad C=\begin{bmatrix}2 & 0 & 1 & -1\\ 0 & 0 & 3 & 4\\ 0 & 0 & 3 & 0\end{bmatrix}$$

A 和 B 都是下三角矩陣，因為它們在對角線之上及右側的元素都是 0。B 的兩個對角元素都是 1，所以 B 是單位下三角矩陣，但 A 不是。而 C 的對角線下方左側的元素都是零，所以 C 是上三角矩陣。

定義 對任意矩陣 A，因式分解 $A=LU$ 叫做 A **的** LU **分解(*LU* decomposition of *A*)**，其中 L 是單位下三角矩陣，而 U 是上三角矩陣。

如果一個矩陣可以 LU 分解並且是可逆的，則其 LU 分解是唯一的。(見習題 46。)

並不是所有矩陣都可以不經由列對調就轉換成列梯型。例如，要將 $\begin{bmatrix}0 & 1\\ 1 & 0\end{bmatrix}$ 轉成列梯型，就必須做列的對調。如果一個矩陣無法不經由列對調就轉成列梯型，則該矩陣沒有 LU 分解。

求 *LU* 分解

就目前而言，我們考慮存在有 LU 分解的矩陣 A。我們將介紹一種求得 L 和 U 的方法，並說明如何利用它們來求解線性方程組 $A\mathbf{x}=\mathbf{b}$。如果知道了 A 的 LU 分解，要求解多個係數矩陣同為 A 的線性方程組，其所需的步驟要比用高斯消去法一個個求解少得多了。

求 A 的 LU 分解的第一步，我們用基本列運算以將 A 轉換成上三角矩陣 U。然後我們利用(9)式，經由相對於 E_p^{-1} 的基本列運算，由 I_m 求得 L，由最後一個運算開始，一路做回去。我們用以下例題說明此一過程：

例題 2

求以下矩陣的 LU 分解：

$$A=\begin{bmatrix}1 & -1 & 2\\ 3 & -1 & 7\\ 2 & -4 & 5\end{bmatrix}$$

解 首先，我們用高斯消去法以將 A 轉成列梯型的上三角矩陣 U，而不使用列對調。此一過程包含三個依序執行的基本列運算：A 的列 1 乘−3 再加到列 2、所得矩陣的列 1 乘−2 再加到列 3、再將所得矩陣的列 2 乘 1 加到列 3 以得到最後結果 U。詳細過程如下：

$$A=\begin{bmatrix}1 & -1 & 2\\ 3 & -1 & 7\\ 2 & -4 & 5\end{bmatrix}\xrightarrow{-3\mathbf{r}_1+\mathbf{r}_2\to\mathbf{r}_2}\begin{bmatrix}1 & -1 & 2\\ 0 & 2 & 1\\ 2 & -4 & 5\end{bmatrix}\xrightarrow{-2\mathbf{r}_1+\mathbf{r}_3\to\mathbf{r}_3}\begin{bmatrix}1 & -1 & 2\\ 0 & 2 & 1\\ 0 & -2 & 1\end{bmatrix}$$

$$\xrightarrow{\mathbf{r}_2+\mathbf{r}_3\to\mathbf{r}_3}\begin{bmatrix}1 & -1 & 2\\ 0 & 2 & 1\\ 0 & 0 & 2\end{bmatrix}=U$$

最後一個運算的逆運算，矩陣的列 2 乘−1 加到列 3，是我們將 I_3 轉成 L 的第一步。我們持續以反順序執行逆轉的基本列運算以將 I_3 轉成 L。

$$I_3=\begin{bmatrix}1 & 0 & 0\\ 0 & 1 & 0\\ 0 & 0 & 1\end{bmatrix}\xrightarrow{-\mathbf{r}_2+\mathbf{r}_3\to\mathbf{r}_3}\begin{bmatrix}1 & 0 & 0\\ 0 & 1 & 0\\ 0 & -1 & 1\end{bmatrix}\xrightarrow{2\mathbf{r}_1+\mathbf{r}_3\to\mathbf{r}_3}\begin{bmatrix}1 & 0 & 0\\ 0 & 1 & 0\\ 2 & -1 & 1\end{bmatrix}$$

$$\xrightarrow{3\mathbf{r}_1+\mathbf{r}_2\to\mathbf{r}_2}\begin{bmatrix}1 & 0 & 0\\ 3 & 1 & 0\\ 2 & -1 & 1\end{bmatrix}=L$$

利用將 A 轉成 U 的基本列運算，我們可以直接獲得 L 對角線以下的各元素。特別的是，L 的元素(i, j)是 $-c$，在將 A 轉成 U 的基本列運算中，曾用 c 乘上列 j 再加到列 i。舉例來說，用以將 A 轉換到 U 的三個基本列運算中的第一個，我們將−3 乘列 1 再加到列 2。因此 L 的元素(2, 1)是 3。因為在第二個運算中，我們用−2 乘列 1 再加到列 3，所以 L 的元素(3, 1)是 2。最後，我們以 1 乘列 2 加到列 3，以完成 A 到 U 的轉換，因此 L 的元素(3, 2)是 −1。這些 L 的對角線以下的元素叫做**乘數(multipliers)**。

我們將獲得一個矩陣 LU 分解的過程做一整理。

一個 $m\times n$ 矩陣 A 的 LU 分解

(a) 利用高斯消去法的步驟 1、3、及 4(如 1.4 節所述)以經由基本列運算將 A 轉換成列梯型矩陣 U。如果不可能，則 A 沒有 LU 分解。

(b) 在執行(a)時，依下所述產生一個 $m\times m$ 矩陣 L：

(i)L 的對角元素都是 1。

(ii)如果在(a)的某一基本列運算，會將矩陣的列 j 乘上 c 再加到列 i，則 $l_{ij}=-c$；否則 $l_{ij}=0$。

例題 3

求以下矩陣的 LU 分解

$$A=\begin{bmatrix} 2 & -2 & 2 & 4 \\ -2 & 4 & 2 & -1 \\ 6 & -2 & 4 & 14 \end{bmatrix}$$

解 首先將 A 轉成 U。

$$A=\begin{bmatrix} 2 & -2 & 2 & 4 \\ -2 & 4 & 2 & -1 \\ 6 & -2 & 4 & 14 \end{bmatrix} \xrightarrow{\mathbf{r}_1+\mathbf{r}_2\to\mathbf{r}_2} \begin{bmatrix} 2 & -2 & 2 & 4 \\ 0 & 2 & 4 & 3 \\ 6 & -2 & 4 & 14 \end{bmatrix}$$

$$\xrightarrow{(-3)\mathbf{r}_1+\mathbf{r}_3\to\mathbf{r}_3} \begin{bmatrix} 2 & -2 & 2 & 4 \\ 0 & 2 & 4 & 3 \\ 0 & 4 & -2 & 2 \end{bmatrix} \xrightarrow{(-2)\mathbf{r}_2+\mathbf{r}_3\to\mathbf{r}_3} \begin{bmatrix} 2 & -2 & 2 & 4 \\ 0 & 2 & 4 & 3 \\ 0 & 0 & -10 & -4 \end{bmatrix}=U$$

現在準備好求 L 了。當然，L 的對角元素都是 1，而對角線以上的元素都是 0。對角線以下的元素，乘數，可以直接由那些將 A 轉成 U 的箭頭上方的標示獲得。標示 $c\mathbf{r}_j+\mathbf{r}_i\to\mathbf{r}_i$ 代表 L 的元素(i, j)是 $-c$。由此得到

$$L=\begin{bmatrix} 1 & 0 & 0 \\ -1 & 1 & 0 \\ 3 & 2 & 1 \end{bmatrix}$$

練習題 1.

求以下矩陣的 LU 分解

$$A=\begin{bmatrix} 1 & -1 & -2 & -8 \\ -2 & 1 & 2 & 9 \\ 3 & 0 & 2 & 1 \end{bmatrix}$$

用 *LU* 分解求解線性方程組

已知一個線性方程組如 $A\mathbf{x}=\mathbf{b}$，其中 A 有 LU 分解 $A=LU$，我們可以利用此一特性以減少求解方程組所需的步驟。因爲

$$A\mathbf{x}=LU\mathbf{x}=L(U\mathbf{x})=\mathbf{b}$$

我們可設定

$$U\mathbf{x}=\mathbf{y}，因此\ L\mathbf{y}=\mathbf{b}$$

很容易由第二個方程組解得 $\mathbf{y}$，因爲 L 是單位下三角矩陣。獲得 $\mathbf{y}$ 之後，第一個方程組也很容易解出 $\mathbf{x}$，因爲 U 是上三角矩陣。(見圖 2.8。)

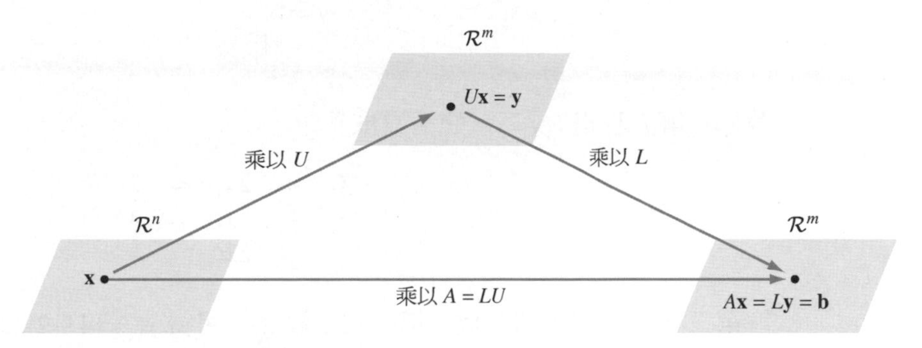

圖 2.8　用 LU 分解以求解線性方程組

爲說明此過程，考慮方程組

$$\begin{aligned} x_1 - x_2 + 2x_3 &= 2 \\ 3x_1 - x_2 + 7x_3 &= 10 \\ 2x_1 - 4x_2 + 5x_3 &= 4 \end{aligned}$$

其係數矩陣爲

$$A=\begin{bmatrix} 1 & -1 & 2 \\ 3 & -1 & 7 \\ 2 & -4 & 5 \end{bmatrix}$$

在例題 2 中求出之 A 的 LU 分解爲

$$L=\begin{bmatrix} 1 & 0 & 0 \\ 3 & 1 & 0 \\ 2 & -1 & 1 \end{bmatrix} \quad 及 \quad U=\begin{bmatrix} 1 & -1 & 2 \\ 0 & 2 & 1 \\ 0 & 0 & 2 \end{bmatrix}$$

方程組 $A\mathbf{x}=\mathbf{b}$ 可寫成 $LU\mathbf{x}=\mathbf{b}$。設 $\mathbf{y}=U\mathbf{x}$，使得方程組成爲 $L\mathbf{y}=\mathbf{b}$，其中

$$\mathbf{y}=\begin{bmatrix} y_1 \\ y_2 \\ y_3 \end{bmatrix} \quad 且 \quad \mathbf{b}=\begin{bmatrix} 2 \\ 10 \\ 4 \end{bmatrix}$$

因此可得方程組

$$\begin{aligned} y_1 \qquad\qquad\quad &= 2 \\ 3y_1 + y_2 \qquad &= 10 \\ 2y_1 - y_2 + y_3 &= 4 \end{aligned}$$

由第一式可得 y_1 的值。將它代入第二式，我們解得 $y_2 = 10 - 3(2) = 4$。將 y_1 和 y_2 的值代入第三式，可得 $y_3 = 4 - 2(2) + 4 = 4$。因此

$$\mathbf{y} = \begin{bmatrix} 2 \\ 4 \\ 4 \end{bmatrix}$$

我們再解方程組 $U\mathbf{x}=\mathbf{y}$，它可寫成

$$\begin{array}{rcrcrcr} x_1 & - & x_2 & + & 2x_3 & = & 2 \\ & & 2x_2 & + & x_3 & = & 4 \\ & & & & 2x_3 & = & 4 \end{array}$$

解第三式得 $x_3=2$。將其代入第二式以解 x_2，可得 $x_2 = (4-2)/2 = 1$。最後，將 x_3 和 x_2 的值代入第一式解 x_1，可得 $x_1 = 2 + 1 - 2(2) = -1$。因此

$$\mathbf{x} = \begin{bmatrix} x_1 \\ x_2 \\ x_3 \end{bmatrix} = \begin{bmatrix} -1 \\ 1 \\ 2 \end{bmatrix}$$

求解 $U\mathbf{x}=\mathbf{y}$ 的方法叫做**後向代換(back substitution)**。

如果線性方程組的係數矩陣是不可逆的 (例如該矩陣不是方陣) 我們仍然可以用 LU 分解來解該線性方程組。此時，因為出現自由變數，後向代換的過程會變得較複雜。下面例題說明此種情形：

例題 4

使用 LU 分解以求解方程組

$$\begin{array}{rcrcrcrcr} 2x_1 & - & 2x_2 & + & 2x_3 & + & 4x_4 & = & 6 \\ -2x_1 & + & 4x_2 & + & 2x_3 & - & x_4 & = & 4 \\ 6x_1 & - & 2x_2 & + & 4x_3 & + & 14x_4 & = & 20 \end{array}$$

解 此方程組的係數矩陣為

$$A = \begin{bmatrix} 2 & -2 & 2 & 4 \\ -2 & 4 & 2 & -1 \\ 6 & -2 & 4 & 14 \end{bmatrix}$$

在例題 3 中已求得了 A 的 LU 分解為

$$L = \begin{bmatrix} 1 & 0 & 0 \\ -1 & 1 & 0 \\ 3 & 2 & 1 \end{bmatrix} \quad 及 \quad U = \begin{bmatrix} 2 & -2 & 2 & 4 \\ 0 & 2 & 4 & 3 \\ 0 & 0 & -10 & -4 \end{bmatrix}$$

解方程組 $L\mathbf{y}=\mathbf{b}$，其中

$$\mathbf{y}=\begin{bmatrix} y_1 \\ y_2 \\ y_3 \end{bmatrix} \quad \text{且} \quad \mathbf{b}=\begin{bmatrix} 6 \\ 4 \\ 20 \end{bmatrix}$$

如同前述，可得此方程組的唯一解爲

$$\mathbf{y}=\begin{bmatrix} 6 \\ 10 \\ -18 \end{bmatrix}$$

接著，我們用後向代換來解方程組 $U\mathbf{x}=\mathbf{y}$，可寫成

$$\begin{array}{rcrcrcrcr} 2x_1 & - & 2x_2 & + & 2x_3 & + & 4x_4 & = & 6 \\ & & 2x_2 & + & 4x_3 & + & 3x_4 & = & 10 \\ & & & & -10x_3 & - & 4x_4 & = & -18 \end{array}$$

由最後一式開始。在此式中，我們解第一個變數 x_3，而將 x_4 當成自由變數。這樣就得到

$$x_3=\frac{9}{5}-\frac{2}{5}x_4$$

再向上推展，我們將此答案代入第二式，並求解它的第一個變數 x_2

$$2x_2=10-4x_3-3x_4=10-4\left(\frac{9}{5}-\frac{2}{5}x_4\right)-3x_4=\frac{14}{5}-\frac{7}{5}x_4$$

因此

$$x_2=\frac{7}{5}-\frac{7}{10}x_4$$

最後，我們解第一式中的 x_1，將之前獲得的結果代入此式。在此，除了 x_1 之外沒有其它新的變數，因此沒有新的自由變數。所以我們得到

$$\begin{aligned} 2x_1 &= 6+2x_2-2x_3-4x_4 \\ &= 6+2\ \ \frac{7}{5}-\frac{7}{10}x_4\ \ -2\ \ \frac{9}{5}-\frac{2}{5}x_4\ \ -4x_4 \\ &= \frac{26}{5}-\frac{23}{5}x_4 \end{aligned}$$

因此

$$x_1 = \frac{13}{5} - \frac{23}{10}x_4$$

練習題 2.

利用你在練習題 1 所得的答案，求解 $A\mathbf{x}=\mathbf{b}$，其中 A 是練習題 1 中的矩陣，而

$$\mathbf{b} = \begin{bmatrix} -3 \\ 5 \\ -8 \end{bmatrix}$$

如果矩陣沒有 *LU* 分解怎麼辦？

我們已經看到了，並不是所有矩陣都有 LU 分解。假設 A 就是這樣的矩陣。那麼用高斯消去法還是可以將 A 轉換成上三角矩陣 U，但是要使用包含列對調在內的基本列運算。我們可以證明，如果先對 A 執行這些列對調以得到矩陣 C，那麼 C 可以不做列對調就經由基本列運算轉換成 U。因此，存在有一個單位下三角矩陣 L 可使得 $C=LU$。矩陣 C 和 A 的各列均相同，只是順序不一樣。因此會有一個可將 A 轉成 C 的列對調的序列。對適當的單位矩陣進行同一序列的列對調運算，可得到矩陣 P，使得 $C=PA$。任何經由調換單位矩陣的各列所獲得的矩陣 P，叫做**置換矩陣(permutation matrix)**。所以，若 A 沒有 LU 分解，會有一個置換矩陣 P，可使得 PA 有 LU 分解。

在下個例子中，我們會說明，如何為沒有 LU 分解的矩陣找出這樣的置換矩陣。

例題 5

令

$$A = \begin{bmatrix} 0 & 2 & 2 & 4 \\ 0 & 2 & 2 & 2 \\ 1 & 2 & 2 & 1 \\ 2 & 6 & 7 & 5 \end{bmatrix}$$

求置換矩陣 P 和上三角矩陣 U，可使得 $PA=LU$ 是 PA 的 LU 分解，而 L 是一個單位下三角矩陣。

解 我們首先將 A 轉換成列梯型的 U，和例題 2 一樣記錄所用的基本列運算。

$$A=\begin{bmatrix}0&2&2&4\\0&2&2&2\\1&2&2&1\\2&6&7&5\end{bmatrix}\xrightarrow{\mathbf{r}_1\leftrightarrow\mathbf{r}_3}\begin{bmatrix}1&2&2&1\\0&2&2&2\\0&2&2&4\\2&6&7&5\end{bmatrix}\xrightarrow{-2\mathbf{r}_1+\mathbf{r}_4\to\mathbf{r}_4}\begin{bmatrix}1&2&2&1\\0&2&2&2\\0&2&2&4\\0&2&3&3\end{bmatrix}$$

$$\xrightarrow{-\mathbf{r}_2+\mathbf{r}_3\to\mathbf{r}_3}\begin{bmatrix}1&2&2&1\\0&2&2&2\\0&0&0&2\\0&2&3&3\end{bmatrix}\xrightarrow{-\mathbf{r}_2+\mathbf{r}_4\to\mathbf{r}_4}\begin{bmatrix}1&2&2&1\\0&2&2&2\\0&0&0&2\\0&0&1&1\end{bmatrix}$$

$$\xrightarrow{\mathbf{r}_3\leftrightarrow\mathbf{r}_4}\begin{bmatrix}1&2&2&1\\0&2&2&2\\0&0&1&1\\0&0&0&2\end{bmatrix}=U$$

在此計算中，共用了兩次列對調。如果將這兩個列對調直接用於 A，我們得

$$A=\begin{bmatrix}0&2&2&4\\0&2&2&2\\1&2&2&1\\2&6&7&5\end{bmatrix}\xrightarrow{\mathbf{r}_1\leftrightarrow\mathbf{r}_3}\begin{bmatrix}1&2&2&1\\0&2&2&2\\0&2&2&4\\2&6&7&5\end{bmatrix}\xrightarrow{\mathbf{r}_3\leftrightarrow\mathbf{r}_4}\begin{bmatrix}1&2&2&1\\0&2&2&2\\2&6&7&5\\0&2&2&4\end{bmatrix}=C$$

要求得 P，只需依同樣順序對 I_4 進行這兩個列對調：

$$I_4\xrightarrow{\mathbf{r}_1\leftrightarrow\mathbf{r}_3}\begin{bmatrix}0&0&1&0\\0&1&0&0\\1&0&0&0\\0&0&0&1\end{bmatrix}\xrightarrow{\mathbf{r}_3\leftrightarrow\mathbf{r}_4}\begin{bmatrix}0&0&1&0\\0&1&0&0\\0&0&0&1\\1&0&0&0\end{bmatrix}=P$$

則 $C=PA$ 會有 LU 分解。

對於例題 5 中的矩陣 PA，爲完成求其 LU 分解的程序，我們可將本節前面所介紹的方法用於 PA。但是，利用我們現在已有的成果會更有效率。下個例題會說明如何做。

例題 6

對於例題 5 中的矩陣 A、P、和 U，求單位下三角矩陣 L 可使得 $PA=LU$。

解　此處所用的方法與例題 3 類似，但有一點複雜。如果在將 A 轉換到 U 的過程中，需要對調兩列，則已求得的乘數也要以同樣的方式調換。所以，舉例來說，在例題 5 將 A 轉成 U 的過程中，我們將−2 乘列 1 加到列 4。這樣就有一個位於(4, 1)的乘數 2。然後再幾個步驟之後，我們將列 3 和列 4 對調，這就將乘數移到(3, 1)的位置。因爲之後就沒有列對調了，所以 $l_{31}=2$。

有一個簡單的方法可記錄這些列對調，就是先將這些乘數依據產生的方式，先放在一個過度矩陣的適當位置。用這些乘數取代原來的元素，而原本各元素自然都是零。然後，當出現列對調時，此過度矩陣中這些列中的乘數亦隨之對調。

爲了不讓這些乘數與原本的元素零相混淆，我們將每個乘數加上括弧。因此，將例題 5 的程序再予補強，我們可得到一序列的矩陣如下：

$$A=\begin{bmatrix}0&2&2&4\\0&2&2&2\\1&2&2&1\\2&6&7&5\end{bmatrix}\xrightarrow{r_1\leftrightarrow r_3}\begin{bmatrix}1&2&2&1\\0&2&2&2\\0&2&2&4\\2&6&7&5\end{bmatrix}\xrightarrow{-2r_1+r_4\to r_4}\begin{bmatrix}1&2&2&1\\0&2&2&2\\0&2&2&4\\(2)&2&3&3\end{bmatrix}$$

$$\xrightarrow{-r_2+r_3\to r_3}\begin{bmatrix}1&2&2&1\\0&2&2&2\\0&(1)&0&2\\(2)&2&3&3\end{bmatrix}\xrightarrow{-r_2+r_4\to r_4}\begin{bmatrix}1&2&2&1\\0&2&2&2\\0&(1)&0&2\\(2)&(1)&1&1\end{bmatrix}$$

$$\xrightarrow{r_3\leftrightarrow r_4}\begin{bmatrix}1&2&2&1\\0&2&2&2\\(2)&(1)&1&1\\0&(1)&0&2\end{bmatrix}$$

可以留意到，如果將上面步驟中最後一個矩陣中帶括弧的元素換成零，我們就得到 U。最後，利用上面最後一個矩陣中加括弧的元素，我們可得 L。L 的其它非對角元素爲零。因此

$$L=\begin{bmatrix}1&0&0&0\\0&1&0&0\\2&1&1&0\\0&1&0&1\end{bmatrix}\quad \text{且}\quad U=\begin{bmatrix}1&2&2&1\\0&2&2&2\\0&0&1&1\\0&0&0&2\end{bmatrix}$$

很容易就可確認 $LU=PA$。

練習題 3.

求 PA 的 LU 分解，其中 P 爲置換矩陣且

$$A=\begin{bmatrix}0&3&-6&1\\-2&-2&2&6\\1&1&-1&-1\\2&-1&2&-2\end{bmatrix}$$

我們現在可利用這些結果來求解線性方程組。

例題 7

利用例題 6 的結果求解以下線性方程組：

$$\begin{array}{rcrcrcrcr} & & 2x_2 & + & 2x_3 & + & 4x_4 & = & -6 \\ & & 2x_2 & + & 2x_3 & + & 2x_4 & = & -2 \\ x_1 & + & 2x_2 & + & 2x_3 & + & x_4 & = & 3 \\ 2x_1 & + & 6x_2 & + & 7x_3 & + & 5x_4 & = & 2 \end{array}$$

解 此方程組可寫成矩陣方程式 $A\mathbf{x}=\mathbf{b}$，其中

$$A=\begin{bmatrix} 0 & 2 & 2 & 4 \\ 0 & 2 & 2 & 2 \\ 1 & 2 & 2 & 1 \\ 2 & 6 & 7 & 5 \end{bmatrix} \quad \text{且} \quad \mathbf{b}=\begin{bmatrix} -6 \\ -2 \\ 3 \\ 2 \end{bmatrix}$$

在例題 6 中，我們找到置換矩陣 P 可使得 PA 有 LU 分解。在 $A\mathbf{x}=\mathbf{b}$ 的等號兩邊同由左側乘上 P，可得同義方程式 $PA\mathbf{x}=P\mathbf{b}$。然而 $PA=LU$，我們在例題 6 中已求得矩陣 L 和 U。設 $\mathbf{b}'=P\mathbf{b}$，我們將問題簡化成求解方程組 $LU=\mathbf{b}'$，其中

$$\mathbf{b}'=P\mathbf{b}=\begin{bmatrix} 0 & 0 & 1 & 0 \\ 0 & 1 & 0 & 0 \\ 0 & 0 & 0 & 1 \\ 1 & 0 & 0 & 0 \end{bmatrix}\begin{bmatrix} -6 \\ -2 \\ 3 \\ 2 \end{bmatrix}=\begin{bmatrix} 3 \\ -2 \\ 2 \\ -6 \end{bmatrix}$$

和例題 4 一樣，我們設定 $\mathbf{y}=U\mathbf{x}$ 並解方程組 $L\mathbf{y}=\mathbf{b}'$，其形式爲

$$\begin{array}{rcrcrcrcr} y_1 & & & & & & & = & 3 \\ & & y_2 & & & & & = & -2 \\ 2y_1 & + & y_2 & + & y_3 & & & = & 2 \\ & & y_2 & & & + & y_4 & = & -6 \end{array}$$

解此方程組可得

$$\mathbf{y}=\begin{bmatrix} y_1 \\ y_2 \\ y_3 \\ y_4 \end{bmatrix}=\begin{bmatrix} 3 \\ -2 \\ -2 \\ -4 \end{bmatrix}$$

最後，爲求得原方程組的解，再求解 $U\mathbf{x}=\mathbf{y}$，其形式爲

$$\begin{array}{rcrcrcrcr} x_1 & + & 2x_2 & + & 2x_3 & + & x_4 & = & 3 \\ & & 2x_2 & + & 2x_3 & + & 2x_4 & = & -2 \\ & & & & x_3 & + & x_4 & = & -2 \\ & & & & & & 2x_4 & = & -4 \end{array}$$

利用後向代換，解此方程組以得所要的答案

$$\mathbf{x}=\begin{bmatrix}x_1\\x_2\\x_3\\x_4\end{bmatrix}=\begin{bmatrix}3\\1\\0\\-2\end{bmatrix}$$

練習題 4.

利用你在練習題 3 所得的答案求解 $A\mathbf{x}=\mathbf{b}$，其中 A 是練習題 3 的矩陣，而

$$\mathbf{b}=\begin{bmatrix}-13\\-6\\1\\8\end{bmatrix}$$

不同方法求解線性方程組的相對效率

令 $A\mathbf{x}=\mathbf{b}$ 代表一個 n 個變數、n 個方程式的方程組。假設 A 是可逆的並有 LU 分解。那麼我們已看過了三種求解這個方程組的方法。

1. 利用高斯消去法，以將其擴張矩陣$[A \quad \mathbf{b}]$轉換成最簡列梯型。
2. 利用基本列運算，以由$[A \quad I_n]$求得 A^{-1}，然後計算 $A^{-1}\mathbf{b}$。
3. 求 A 的 LU 分解，然後再用本節所介紹的方法求解 $A\mathbf{x}=\mathbf{b}$。

藉由估計各種方法需要多少算術運算(加、減、乘、除)，我們可以比較各種方法的相對效率。用電腦執行計算時，大型矩陣必定要靠電腦，一個算術運算叫做一個浮點運算(**flop**，floating point operation)。我們將某一種方法所需使用的浮點運算次數稱做該方法的 **flop count**。

一般地，一個 $n\times n$ 矩陣的相關計算所需的浮點運算次數可表示成 n 的多項式。因爲這些次數通常只是粗略估計，並且只有在 n 夠大時才有意義，所以多項式中的較低階項通常忽略不計，所以通常用 n 的某一冪次的倍數來近似某種方法所需的浮點運算次數。

下表列出了，以不同方法解一個 n 方程式、n 未知數的方程組大約所需的浮點運算次數。可以留意到，利用 A^{-1} 來求解 $A\mathbf{x}=\mathbf{b}$ 比起用高斯消去法或 LU 分解，它的效率較差。

不同方法所需的浮點運算次數

在此考慮的是方程組 $A\mathbf{x}=\mathbf{b}$，其中 A 是 $n\times n$ 可逆矩陣。

程序	近似的浮點運算次數
計算 A 的 LU 分解	$\frac{2}{3}n^3$
用高斯消去法求解方程組	$\frac{2}{3}n^3$
已知 A 的 LU 分解求解方程組	$2n^2$
求 A 的逆矩陣	$2n^3$

如果要求解數個係數矩陣相同的方程組，則用高斯消去法求解每一個方程組所需的浮點運算次數約爲 $\frac{2}{3}n^3$，但是對於 LU 分解，我們先花費約 $\frac{2}{3}n^3$ 次的浮點運算以求得 LU 分解，然後求解每一個方程組只需要再約 $2n^2$ 次的浮點運算。例如，以高斯消去法解 n 個方程組約須

$$n\left(\frac{2n^3}{3}\right)=\frac{2n^4}{3}$$

次浮點運算，但利用 LU 分解求解同樣 n 個方程組則需要約

$$\frac{2n^3}{3}+n\cdot 2n^2=\frac{8n^3}{3}$$

次浮點運算。

習　題

在習題 1 至 8，求各矩陣的 LU 分解。

1. $\begin{bmatrix} 2 & 3 & 4 \\ 6 & 8 & 10 \\ -2 & -4 & -3 \end{bmatrix}$

2. $\begin{bmatrix} 2 & -1 & 1 \\ 4 & -1 & 4 \\ -2 & 1 & 2 \end{bmatrix}$

3. $\begin{bmatrix} 1 & -1 & 2 & 1 \\ 2 & -3 & 5 & 4 \\ -3 & 2 & -4 & 0 \end{bmatrix}$

4. $\begin{bmatrix} 1 & -1 & 2 & 4 \\ 3 & -3 & 5 & 9 \end{bmatrix}$

5. $\begin{bmatrix} 1 & -1 & 2 & 1 & 3 \\ -1 & 2 & 0 & -2 & -2 \\ 2 & -1 & 7 & -1 & 1 \end{bmatrix}$

6. $\begin{bmatrix} 3 & 1 & -1 & 1 \\ 6 & 4 & -1 & 4 \\ -3 & -1 & 2 & -1 \\ 3 & 5 & 0 & 3 \end{bmatrix}$

7. $\begin{bmatrix} 1 & 0 & -3 & -1 & -2 & 1 \\ 2 & -1 & -8 & -1 & -5 & 0 \\ -1 & 1 & 5 & 1 & 4 & 2 \\ 0 & 1 & 2 & 1 & 3 & 4 \end{bmatrix}$

8. $\begin{bmatrix} -1 & 2 & 1 & -1 & 3 \\ 1 & -4 & 0 & 5 & -5 \\ -2 & 6 & -1 & -5 & 7 \\ -1 & -4 & 4 & 11 & -2 \end{bmatrix}$

在習題 9 至 16，利用習題 1 至 8 的結果求解各線性方程組。

9. $\begin{aligned} 2x_1 + 3x_2 + 4x_3 &= 1 \\ 6x_1 + 8x_2 + 10x_3 &= 4 \\ -2x_1 - 4x_2 - 3x_3 &= 0 \end{aligned}$

10. $\begin{aligned} 2x_1 - x_2 + x_3 &= -1 \\ 4x_1 - x_2 + 4x_3 &= -2 \\ -2x_1 + x_2 + 2x_3 &= -2 \end{aligned}$

11. $\begin{aligned} x_1 - x_2 + 2x_3 + x_4 &= 1 \\ 2x_1 - 3x_2 + 5x_3 + 4x_4 &= 8 \\ -3x_1 + 2x_2 - 4x_3 &= 5 \end{aligned}$

12. $\begin{aligned} x_1 - x_2 + 2x_3 + 4x_4 &= 1 \\ 3x_1 - 3x_2 + 5x_3 + 9x_4 &= 5 \end{aligned}$

13. $\begin{aligned} x_1 - x_2 + 2x_3 + x_4 + 3x_5 &= -4 \\ -x_1 + 2x_2 - 2x_4 - 2x_5 &= 9 \\ 2x_1 - x_2 + 7x_3 - x_4 + x_5 &= -2 \end{aligned}$

14. $\begin{aligned} 3x_1 + x_2 - x_3 + x_4 &= 0 \\ 6x_1 + 4x_2 - x_3 + 4x_4 &= 15 \\ -3x_1 - x_2 + 2x_3 - x_4 &= 1 \\ 3x_1 + 5x_2 + 3x_4 &= 21 \end{aligned}$

15. $\begin{aligned} x_1 - 3x_3 - x_4 - 2x_5 + x_6 &= 1 \\ 2x_1 - x_2 - 8x_3 - x_4 - 5x_5 &= 8 \\ -x_1 + x_2 + 5x_3 + x_4 + 4x_5 + 2x_6 &= -5 \\ x_2 + 2x_3 + x_4 + 3x_5 + 4x_6 &= -2 \end{aligned}$

16. $\begin{aligned} -x_1 + 2x_2 + x_3 - x_4 + 3x_5 &= 7 \\ x_1 - 4x_2 + 5x_4 - 5x_5 &= -7 \\ -2x_1 + 6x_2 - x_3 - 5x_4 + 7x_5 &= 6 \\ -x_1 - 4x_2 + 4x_3 + 11x_4 - 2x_5 &= 11 \end{aligned}$

在習題 17 至 24 中，對每個矩陣 A，求(a)可使得 PA 有 LU 分解的置換矩陣 P，和(b)PA 的 LU 分解。

17. $\begin{bmatrix} 1 & -1 & 3 \\ 2 & -2 & 5 \\ -1 & 2 & -1 \end{bmatrix}$ 18. $\begin{bmatrix} 0 & 2 & -1 \\ 2 & 6 & 0 \\ 1 & 3 & -1 \end{bmatrix}$

19. $\begin{bmatrix} 1 & 1 & -2 & -1 \\ 2 & 2 & -3 & -1 \\ -1 & -2 & -1 & 1 \end{bmatrix}$ 20. $\begin{bmatrix} 0 & -1 & 4 & 3 \\ -2 & -3 & 2 & 2 \\ 1 & 1 & -1 & 1 \end{bmatrix}$

21. $\begin{bmatrix} 0 & 1 & -2 \\ -1 & 2 & -1 \\ 2 & -4 & 3 \\ 1 & -3 & 2 \end{bmatrix}$ 22. $\begin{bmatrix} 2 & 4 & -6 & 0 \\ -2 & 1 & 3 & 2 \\ 2 & 9 & -9 & 1 \\ 4 & 3 & -3 & 0 \end{bmatrix}$

23. $\begin{bmatrix} 1 & 2 & 1 & -1 \\ 2 & 4 & 1 & 1 \\ 3 & 2 & -1 & -2 \\ 2 & 5 & 3 & 0 \end{bmatrix}$ 24. $\begin{bmatrix} 1 & 2 & 2 & 2 & 1 \\ 2 & 4 & 2 & 1 & 0 \\ 1 & 1 & 1 & 2 & 2 \\ -3 & -2 & 0 & -3 & -5 \end{bmatrix}$

在習題 25 至 32 中，利用習題 17 至 24 的結果以求解各線性方程組。

25. $\begin{aligned} x_1 - x_2 + 3x_3 &= 6 \\ 2x_1 - 2x_2 + 5x_3 &= 9 \\ -x_1 + 2x_2 - x_3 &= 1 \end{aligned}$

26. $\begin{aligned} 2x_2 - x_3 &= 2 \\ 2x_1 + 6x_2 &= -2 \\ x_1 + 3x_2 - x_3 &= -1 \end{aligned}$

27. $\begin{aligned} x_1 + x_2 - 2x_3 - x_4 &= 1 \\ 2x_1 + 2x_2 - 3x_3 - x_4 &= 5 \\ -x_1 - 2x_2 - x_3 + x_4 &= -1 \end{aligned}$

28. $\begin{aligned} -x_2 + 4x_3 + 3x_4 &= -1 \\ -2x_1 - 3x_2 + 2x_3 + 2x_4 &= 2 \\ x_1 + x_2 - x_3 + x_4 &= 0 \end{aligned}$

29. $\begin{aligned} x_2 - 2x_3 &= 0 \\ -x_1 + 2x_2 - x_3 &= -2 \\ 2x_1 - 4x_2 + 3x_3 &= 5 \\ x_1 - 3x_2 + 2x_3 &= 1 \end{aligned}$

30. $\begin{aligned} 2x_1 + 4x_2 - 6x_3 &= 2 \\ -2x_1 + x_2 + 3x_3 + 2x_4 &= 7 \\ 2x_1 + 9x_2 - 9x_3 + x_4 &= 11 \\ 4x_1 + 3x_2 - 3x_3 &= 7 \end{aligned}$

31. $\begin{aligned} x_1 + 2x_2 + x_3 - x_4 &= 3 \\ 2x_1 + 4x_2 + x_3 + x_4 &= 2 \\ 3x_1 + 2x_2 - x_3 - 2x_4 &= -4 \\ 2x_1 + 5x_2 + 3x_3 &= 7 \end{aligned}$

32. $\begin{aligned} x_1 + 2x_2 + 2x_3 + 2x_4 + x_5 &= 8 \\ 2x_1 + 4x_2 + 2x_3 + x_4 &= 12 \\ x_1 + x_2 + x_3 + 2x_4 + 2x_5 &= 5 \\ -3x_1 - 2x_2 - 3x_4 - 5x_5 &= -8 \end{aligned}$

是非題

在習題 33 至 41 中，決定各命題是否為真。

33. 所有矩陣都有 LU 分解。
34. 如果矩陣 A 有 LU 分解，則 A 可以不經由列對調而轉換成列梯型。
35. 上三角矩陣指的是，在對角線之上和之右的所有元素都爲零的矩陣。
36. A 的 LU 分解中，U 的所有對角元素都是 1。
37. 每一個矩陣的 LU 分解都是唯一的。
38. 求解 $U\mathbf{x}=\mathbf{y}$ 的過程叫做後向代換。
39. 假設，在將 A 轉換成列梯型的過程中，曾以 c 乘列 i 再加到列 j。在 A 的 LU 分解中，L 的元素(i, j)是 c。
40. 假設，在將 A 轉換成列梯型矩陣的過程中，曾以 c 乘列 i 再加到列 j。在 A 的 LU 分解中，L 的元素(i, j)是 $-c$。
41. 對任意矩陣 A，存在有置換矩陣 P 可使得 PA 有 LU 分解。

---

42. 令 A 及 B 爲 $n\times n$ 上三角矩陣。證明，AB 是上三角矩陣，且其第 i 個對角元素爲 $a_{ii}b_{ii}$。
43. 令 U 爲可逆的上三角矩陣。證明，U^{-1} 是上三角矩陣，且其第 i 個對角元素是 $1/u_{ii}$。
44. 令 A 和 B 爲 $n\times n$ 下三角矩陣。
    (a) 證明，AB 也是下三角矩陣。
    (b) 證明，若 A 和 B 兩者都是單位下三角矩陣，則 AB 也是單位下三角矩陣。
45. 證明，單位下三角方陣 L 是可逆的且 L^{-1} 也是單位下三角矩陣。
46. 假設 LU 和 $L'U'$ 兩者同爲某一可逆矩陣的 LU 分解。證明，$L=L'$ 且 $U=U'$。因此，可逆矩陣的 LU 分解是唯一的。提示：利用習題 42-45 的結果。
47. 令 C 爲 $n\times n$ 矩陣且 $\mathbf{b}$ 爲屬於 R^n 的向量。
    (a) 證明，計算 $C\mathbf{b}$ 的每一個分量需要用到 n 個乘法和 $n-1$ 個加法。
    (b) 證明，計算 $C\mathbf{b}$ 所需的浮點運算次數約爲 $2n^2$ 次。
48. 假設現有 n 個方程組，每個方程組都有 n 個變數、n 個線性方程式，所有這些方程組的係數矩陣同爲可逆矩陣 A。估計以下述方法求解所有這些方程組，所需的總浮點運算次數約爲多少：先計算 A^{-1}，然後計算 A^{-1} 和每一個方程組的常數向量的乘積。
49. 假設 A 是 $m\times n$ 矩陣而 B 是 $n\times p$ 矩陣。求，計算乘積 AB 需要多少次浮點運算。
50. 假設 A 是 $m\times n$ 矩陣、B 是 $n\times p$ 矩陣、且 C 是 $p\times q$ 矩陣。可以用兩種方法來計算乘積 ABC：(a)首先求出 AB，然後再乘(由右側)C。(b)先求 BC，然後再乘(由左側)A。利用習題 49，以建立一種可以比較這兩種方法效率的策略。

在習題 51 至 54 中，利用有矩陣功能的計算機或諸如 MATLAB 的電腦軟體以求解。[5]

在習題 51 及 52，求所給矩陣的 LU 分解。

51. $\begin{bmatrix} 2 & -1 & 3 & 2 & 1 \\ -2 & 2 & -1 & 1 & 4 \\ 4 & 1 & 15 & 12 & 19 \\ 6 & -6 & 9 & -4 & 0 \\ 4 & -2 & 9 & 2 & 9 \end{bmatrix}$

52. $\begin{bmatrix} -3 & 1 & 0 & 2 & 1 \\ -6 & 0 & 1 & 3 & 5 \\ -15 & 7 & 4 & 1 & 12 \\ 0 & -4 & 2 & -6 & 8 \end{bmatrix}$

在習題 53 及 54，對各個矩陣 A，求(a)置換矩陣 P，以使得 PA 有 LU 分解，以及(b)PA 的 LU 分解。

53. $\begin{bmatrix} 0 & 1 & 2 & -1 & 1 \\ 2 & -2 & -1 & 3 & 4 \\ 1 & 1 & 2 & -1 & 2 \\ -1 & 0 & 3 & 0 & 1 \\ 3 & 4 & -1 & 2 & 4 \end{bmatrix}$

54. $\begin{bmatrix} 1 & 2 & -3 & 1 & 4 \\ 3 & 6 & -5 & 4 & 8 \\ 2 & 3 & -3 & 2 & 1 \\ -1 & 2 & 1 & 4 & 2 \\ 3 & 2 & 4 & -4 & 0 \end{bmatrix}$

---

[5] 注意！MATLAB 函數 `lu` 並不會依據 2.6 節例題 1 下的定義求一個矩陣的 LU 分解。(見附錄 D 表 D.5)

練習題解答

1. 首先，我們用高斯消去法將 A 轉換成列梯型的上三角矩陣 U 但不使用列對調。

$$A=\begin{bmatrix}1&-1&-2&-8\\-2&1&2&9\\3&0&2&1\end{bmatrix}$$

$$\xrightarrow{2r_1+r_2\to r_2}\begin{bmatrix}1&-1&-2&-8\\0&-1&-2&-7\\3&0&2&1\end{bmatrix}$$

$$\xrightarrow{-3r_1+r_3\to r_3}\begin{bmatrix}1&-1&-2&-8\\0&-1&-2&-7\\0&3&8&25\end{bmatrix}$$

$$\xrightarrow{3r_2+r_3\to r_3}\begin{bmatrix}1&-1&-2&-8\\0&-1&-2&-7\\0&0&2&4\end{bmatrix}=U$$

則 L 是單位下三角矩陣，它的元素(i, j)，$i>j$，爲$-c$，其中$c\mathbf{r}_j+\mathbf{r}_i\to\mathbf{r}_i$是前述化簡過程中一個箭號上的標記。因此

$$L=\begin{bmatrix}1&0&0\\-2&1&0\\3&-3&1\end{bmatrix}$$

2. 用練習題 1 所得的 LU 分解取代 A，可將方程組寫成 $LU\mathbf{x}=\mathbf{b}$。設定 $\mathbf{y}=U\mathbf{x}$，方程組成爲 $L\mathbf{y}=\mathbf{b}$，可以寫成

$$\begin{aligned}y_1 &&&= -3\\ -2y_1 + y_2 &&&= 5\\ 3y_1 - 3y_2 + y_3 &&&= -8\end{aligned}$$

解此方程組可得

$$\mathbf{y}=\begin{bmatrix}y_1\\y_2\\y_3\end{bmatrix}=\begin{bmatrix}-3\\-2\\-1\end{bmatrix}$$

接著再用後向代換解方程組 $U\mathbf{x}=\mathbf{y}$，它可以寫成

$$\begin{aligned}x_1 - x_2 - 2x_3 - 8x_4 &= -3\\ -x_2 - 2x_3 - 7x_4 &= -1\\ 2x_3 + 4x_4 &= -2\end{aligned}$$

將 x_4 當成自由變數，可得以下通解：

$$\begin{aligned}x_1 &= -2 + x_4\\ x_2 &= 3 - 3x_4\\ x_3 &= -1 - 2x_4\\ x_4 &\quad \text{任意}\end{aligned}$$

3. 利用例題 6 的方法可得

$$A=\begin{bmatrix}0&3&-6&1\\-2&-2&2&6\\0&3&-6&1\\2&-1&2&-2\end{bmatrix}$$

$$\xrightarrow{r_1\leftrightarrow r_3}\begin{bmatrix}1&1&-1&-1\\-2&-2&2&6\\0&3&-6&1\\2&-1&2&-2\end{bmatrix}$$

$$\xrightarrow{2r_1+r_2\to r_2}\begin{bmatrix}1&1&-1&-1\\(-2)&0&0&4\\0&3&-6&1\\2&-1&2&-2\end{bmatrix}$$

$$\xrightarrow{-2r_1+r_4\to r_4}\begin{bmatrix}1&1&-1&-1\\(-2)&0&0&4\\0&3&-6&1\\(2)&-3&4&0\end{bmatrix}$$

$$\xrightarrow{r_2\leftrightarrow r_4}\begin{bmatrix}1&1&-1&-1\\(2)&-3&4&0\\0&3&-6&1\\(-2)&0&0&4\end{bmatrix}$$

$$\xrightarrow{r_2+r_3\to r_3}\begin{bmatrix}1&1&-1&-1\\(2)&-3&4&0\\0&3&-6&1\\(-2)&0&0&4\end{bmatrix}$$

因此

$$L=\begin{bmatrix}1&0&0&0\\2&1&0&0\\0&-1&1&0\\-2&0&0&1\end{bmatrix}$$

且

$$U=\begin{bmatrix}1&1&-1&-1\\0&-3&4&0\\0&0&-2&1\\0&0&0&4\end{bmatrix}$$

最後，我們將 I_4 的第一及第三列對調，以及第二和第四列對調，可得 P：

$$I_4\xrightarrow{r_1\leftrightarrow r_3}\begin{bmatrix}0&0&1&0\\0&1&0&0\\0&0&0&1\end{bmatrix}$$

$$\xrightarrow{r_2\leftrightarrow r_4}\begin{bmatrix}0&0&1&0\\0&0&0&1\\0&1&0&0\end{bmatrix}=P$$

4. 利用置換矩陣 P 和練習題 3 所得之 PA 的 LU 分解，我們將方程組 $A\mathbf{x}=\mathbf{b}$ 轉換成

$$LU\mathbf{x} = PA\mathbf{x} = P\mathbf{b} = \begin{bmatrix} 0 & 0 & 1 & 0 \\ 0 & 0 & 0 & 1 \\ 1 & 0 & 0 & 0 \\ 0 & 1 & 0 & 0 \end{bmatrix}\begin{bmatrix} -13 \\ -6 \\ 1 \\ 8 \end{bmatrix} = \begin{bmatrix} 1 \\ 8 \\ -13 \\ -6 \end{bmatrix}$$

現在可以用練習題 2 的方法求解此方程組，其唯一解爲

$$\mathbf{x} = \begin{bmatrix} x_1 \\ x_2 \\ x_3 \\ x_4 \end{bmatrix} = \begin{bmatrix} 1 \\ 2 \\ 3 \\ -1 \end{bmatrix}$$

2.7 線性轉換與矩陣

在 1.2 節中，我們定義了矩陣－向量乘積 $A\mathbf{v}$，其中，A 是 $m \times n$ 矩陣而 $\mathbf{v}$ 是屬於 R^n 的向量。對每一個屬於 R^n 的向量 $\mathbf{v}$ 就有一個相對的屬於 R^m 的向量 $A\mathbf{v}$，這就是一個由 R^n 到 R^m 之函數的例子。我們定義函數如後：

定義　令 S_1 及 S_2 分別爲 R^n 和 R^m 的子集合。一個由 S_1 到 S_2 的**函數(function)**f，記做 $f: S_1 \to S_2$，是一種將 S_1 的向量 $\mathbf{v}$ 指派到 S_2 中唯一的向量 $f(\mathbf{v})$ 的規則。向量 $f(\mathbf{v})$ 稱做 $\mathbf{v}$ (在 f 下)的**像(image)**。集合 S_1 稱做函數的**定義域(domain)**，集合 S_2 叫做 f 的**對應域(codomain)**。f 的**値域(range)**則定義爲，所有 S_1 中的 $\mathbf{v}$ 所對應的像 $f(\mathbf{v})$ 所成的集合。

在圖 2.9 中，我們看到 $\mathbf{u}$ 和 $\mathbf{v}$ 兩者的像都是 $\mathbf{w}$。所以 $\mathbf{w} = f(\mathbf{u})$ 且 $\mathbf{w} = f(\mathbf{v})$。

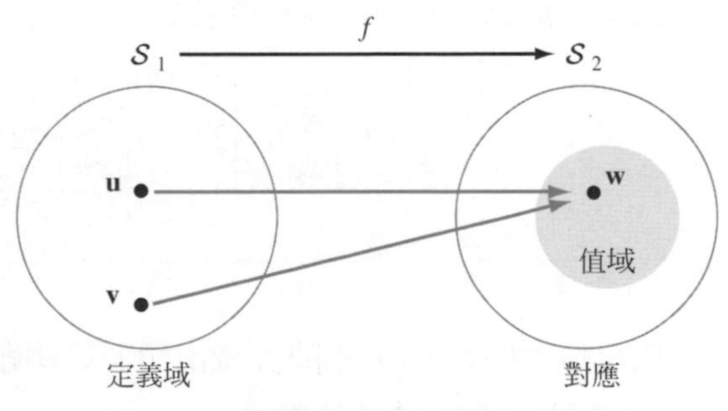

圖 2.9　函數的定義域、對應域和値域

例題 1

定義 $T: R^3 \to R^2$ 規則如下

$$f\left(\begin{bmatrix} x_1 \\ x_2 \\ x_3 \end{bmatrix}\right) = \begin{bmatrix} x_1 + x_2 + x_3 \\ x_1^2 \end{bmatrix}$$

則 f 是一個函數，它的定義域是 R^3，對應域爲 R^2。留意到

$$f\left(\begin{bmatrix}0\\1\\1\end{bmatrix}\right)=\begin{bmatrix}2\\0\end{bmatrix} \quad 及 \quad f\left(\begin{bmatrix}0\\3\\-1\end{bmatrix}\right)=\begin{bmatrix}2\\0\end{bmatrix}$$

所以$\begin{bmatrix}2\\0\end{bmatrix}$同時是$\begin{bmatrix}0\\1\\1\end{bmatrix}$和$\begin{bmatrix}0\\3\\-1\end{bmatrix}$的像。不過並非 R^2 中所有的向量都是 R^3 中某一向量的像，因為每一個像的第二個分量不得為負值。

例題 2

令 A 為 3×2 矩陣

$$A=\begin{bmatrix}1 & 0\\2 & 1\\1 & -1\end{bmatrix}$$

定義函數 $T_A: R^2 \to R^3$ 如

$$T_A(\mathbf{x})=A\mathbf{x}$$

要留意到，因為 A 是 3×2 矩陣且 $\mathbf{x}$ 是 2×1 向量，所以向量 $A\mathbf{x}$ 的大小為 3×1。同時可觀察到，A 之大小 3×2，以及 T_A 的定義域 R^2 和對應域 R^3 的「大小」出現逆轉。

經由以下計算，我們很容易獲得 T_A 的公式

$$T_A\left(\begin{bmatrix}x_1\\x_2\end{bmatrix}\right)=\begin{bmatrix}1 & 0\\2 & 1\\1 & -1\end{bmatrix}\begin{bmatrix}x_1\\x_2\end{bmatrix}=\begin{bmatrix}x_1\\2x_1+x_2\\x_1-x_2\end{bmatrix}$$

我們可以對任意 $m\times n$ 矩陣 A 做出類似於例題 2 的定義，如此可獲得一個定義域為 R^n，對應域為 R^m 的函數 T_A。

定義 令 A 是一個 $m\times n$ 矩陣。對所有屬於 R^n 的 $\mathbf{x}$，由 $T_A(\mathbf{x})=A\mathbf{x}$ 所定義的函數 $T_A: R^n \to R^m$ 叫做由 **A 引發之矩陣轉喚(matrix transformation induced by A)**。

練習題 1.

令 $A=\begin{bmatrix}1 & -2\\3 & 1\\-1 & 4\end{bmatrix}$。

(a) T_A 的定義域為何？

(b) T_A 的對應域為何？

(c) 求 $T_A\left(\begin{bmatrix}4\\3\end{bmatrix}\right)$。

在 1.2 節中我們已經看過一個矩陣轉換的重要範例，就是旋轉矩陣 $A= A_\theta$ 的使用。在此，$T_A : R^2 \to R^2$ 代表可將一向量逆時鐘旋轉 θ 角的函數。為證明 T_A 的值域是整個 R^2，設 $\mathbf{w}$ 是屬於 R^2 的任意向量。如果令 $\mathbf{v} = A_{-\theta}\mathbf{w}$ (見圖 2.10)，則如同 2.1 節的例題 4，我們有

$$T_A(\mathbf{v}) = A_\theta(\mathbf{v}) = A_\theta A_{-\theta}\mathbf{w} = A_{\theta-\theta}\mathbf{w} = A_{0^\circ}\mathbf{w} = \mathbf{w}$$

所以每一個屬於 R^2 的向量 $\mathbf{w}$，都在 T_A 的值域中。

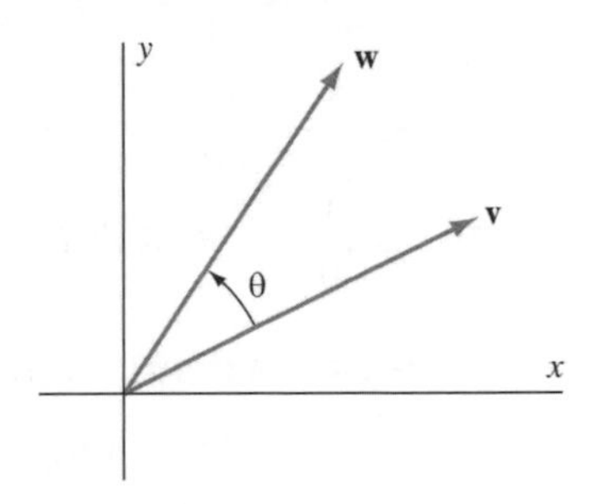

圖 2.10　所有 R^2 中的向量都是一個像

例題 3

令 A 為矩陣

$$\begin{bmatrix}1 & 0 & 0\\0 & 1 & 0\\0 & 0 & 0\end{bmatrix}$$

所以 $T_A : R^3 \to R^3$ 定義為

$$T_A\left(\begin{bmatrix}x_1\\x_2\\x_3\end{bmatrix}\right) = \begin{bmatrix}1 & 0 & 0\\0 & 1 & 0\\0 & 0 & 0\end{bmatrix}\begin{bmatrix}x_1\\x_2\\x_3\end{bmatrix} = \begin{bmatrix}x_1\\x_2\\0\end{bmatrix}$$

由圖 2.11 可看出，$T_A(\mathbf{u})$ 是 $\mathbf{u}$ 在 xy 平面的正交投影(orthogonal projection of $\mathbf{u}$ on the xy -plane)。T_A 的值域是 R^3 中的 xy 平面。

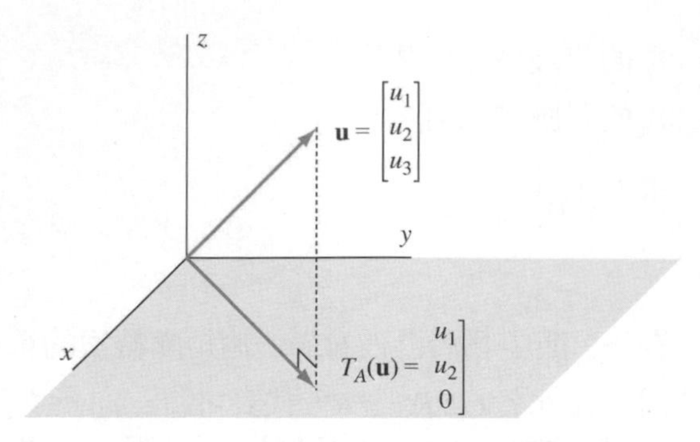

圖 2.11 **u** 在 *xy* 平面的正交投影

到目前爲止，我們已經看到了，旋轉與投影都是矩陣轉換。在習題中，我們會發現，其它的幾何轉換如反射、收縮、和膨脹也都是矩陣轉換。下一個例題要介紹另一種幾合轉換。

例題 4

令 k 是一個純量且 $A = \begin{bmatrix} 1 & k \\ 0 & 1 \end{bmatrix}$。函數 $T_A : R^2 \to R^2$ 定義爲 $T_A\left(\begin{bmatrix} x_1 \\ x_2 \end{bmatrix}\right) = \begin{bmatrix} x_1 + kx_2 \\ x_2 \end{bmatrix}$ 並叫做**剪切轉換(shear transformation)**。在圖 2.12(a)中可看出它對向量 **u** 的作用。向量的尖端向右移，但高度不變。在圖 2.12(b)中，字母「I」原本與 y 軸重合。留意轉換 T_A 的作用，在此 $k = 2$。

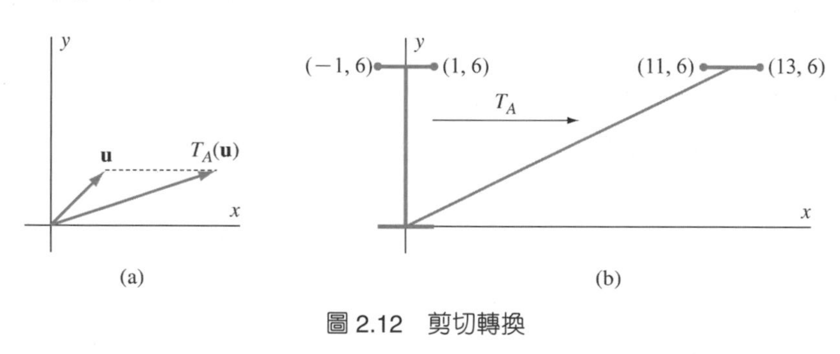

圖 2.12 剪切轉換

下一個結果直接來自定理 1.3。

定理 2.7

對任何 $m \times n$ 矩陣 A 以及任何屬於 R^n 的向量 **u** 和 **v**，下列命題爲眞：

(a) $T_A(\mathbf{u} + \mathbf{v}) = T_A(\mathbf{u}) + T_A(\mathbf{v})$。

(b) 對所有純量 c，$T_A(c\mathbf{u}) = cT_A(\mathbf{u})$。

由(a)和(b)可看出，T_A 保留了兩個向量的運算，也就是，兩向量之和的像，等於兩像之和；以及向量與純量乘積的像，等於向量的像乘純量。在另一方面，例題 1 中的函數 f 就不滿足這些性質。例如，

$$f\left(\begin{bmatrix}1\\0\\1\end{bmatrix}+\begin{bmatrix}2\\0\\0\end{bmatrix}\right)=f\left(\begin{bmatrix}3\\0\\1\end{bmatrix}\right)=\begin{bmatrix}4\\9\end{bmatrix}$$

但是

$$f\left(\begin{bmatrix}1\\0\\1\end{bmatrix}\right)+f\left(\begin{bmatrix}2\\0\\0\end{bmatrix}\right)=\begin{bmatrix}2\\1\end{bmatrix}+\begin{bmatrix}2\\4\end{bmatrix}=\begin{bmatrix}4\\5\end{bmatrix}$$

所以不滿足(a)。同時

$$f\left(2\begin{bmatrix}1\\0\\1\end{bmatrix}\right)=f\left(\begin{bmatrix}2\\0\\2\end{bmatrix}\right)=\begin{bmatrix}4\\4\end{bmatrix}\text{，但}\quad 2f\left(\begin{bmatrix}1\\0\\1\end{bmatrix}\right)=2\begin{bmatrix}2\\1\end{bmatrix}=\begin{bmatrix}4\\2\end{bmatrix}$$

所以不滿足(b)。

滿足定理 2.7 之(a)和(b)的函數，有一個專有的定義。

定義　一個由 R^n 到 R^m 的函數 T，記做 $T_A: R^n \to R^m$，可以叫做**線性轉換(linear transformation)**(或簡稱**線性的**)的條件是，如果對所有屬於 R^n 的向量 $\mathbf{u}$ 和 $\mathbf{v}$ 以及所有純量 c，以下兩個條件均成立：

(i) $T(\mathbf{u}+\mathbf{v})=T(\mathbf{u})+T(\mathbf{v})$　(這種情況我們說 T **保留了向量加法**。)

(ii) $T(c\mathbf{u})=cT(\mathbf{u})$　(這種情況我們說 T **保留了純量乘法**。)

由定理 2.7，所有矩陣轉換都是線性的。

有兩個線性轉換值得特別關注。第一個叫**恆等轉換(identity transformation)**$I: R^n \to R^n$，其定義爲，對所有屬於 R^n 的 $\mathbf{x}$，$I(\mathbf{x})=\mathbf{x}$。我們很容易證明 I 是線性的，且其值域是整個 R^n。第二個是**零轉換(zero transformation)**$T_0: R^n \to R^m$，其定義爲，對所有屬於 R^n 的 $\mathbf{x}$，$T_0(\mathbf{x})=0$。和恆等轉換一樣，很容易證明 T_0 是線性的。T_0 的值域就僅包含零向量。

下一個定理介紹一些線性轉換的基本性質。

定理 2.8

對任何線性轉換 $T: R^n \to R^m$，下列命題爲眞：

(a) $T(\mathbf{0}) = \mathbf{0}$。

(b) 對所有屬於 R^n 的向量 $\mathbf{u}$，$T(-\mathbf{u}) = -T(\mathbf{u})$。

(c) 對所有屬於 R^n 的向量 $\mathbf{u}$ 和 $\mathbf{v}$，$T(\mathbf{u}-\mathbf{v}) = T(\mathbf{u}) - T(\mathbf{v})$。

(d) 對所有屬於 R^n 的向量 $\mathbf{u}$ 和 $\mathbf{v}$ 以及所有純量 a 和 b，
$T(a\mathbf{u}+b\mathbf{v}) = aT(\mathbf{u}) + bT(\mathbf{v})$。

證明 (a) 因爲 T 保留了向量加法，我們有

$$T(\mathbf{0}) = T(\mathbf{0}+\mathbf{0}) = T(\mathbf{0}) + T(\mathbf{0})$$

等號兩側同減去 $T(\mathbf{0})$可得 $\mathbf{0} = T(\mathbf{0})$。

(b) 令 $\mathbf{u}$ 爲屬於 R^n 的向量。因爲 T 保留了純量乘法，我們有

$$T(-\mathbf{u}) = T((-1)\mathbf{u}) = (-1)T(\mathbf{u}) = -T(\mathbf{u})$$

(c) 將 T 保留向量加法的事實與(b)結合，我們可得，對任意屬於 R^n 的向量 $\mathbf{u}$ 和 $\mathbf{v}$，

$$T(\mathbf{u}-\mathbf{v}) = T(\mathbf{u}+(-\mathbf{v})) = T(\mathbf{u}) + T(-\mathbf{v}) = T(\mathbf{u}) + (-T(\mathbf{v})) = T(\mathbf{u}) - T(\mathbf{v})$$

(d) 因爲 T 保留了向量加法與純量乘法，對所有屬於 R^n 的向量 $\mathbf{u}$ 和 $\mathbf{v}$ 以及所有純量 a 和 b，我們有

$$T(a\mathbf{u}+b\mathbf{v}) = T(a\mathbf{u}) + T(b\mathbf{v}) = aT(\mathbf{u}) + bT(\mathbf{v})$$

■

我們可將定理 2.8(d)一般化，以證明 T 保留任意線性組合。

令 $T: R^n \to R^m$ 是一個線性轉換。若 $\mathbf{u}_1, \mathbf{u}_2, \cdots, \mathbf{u}_k$ 是屬於 R^n 的向量，且 $a_1, a_2, \cdots, a_k$ 爲純量，則

$$T(a_1\mathbf{u}_1 + a_2\mathbf{u}_2 + \cdots + a_k\mathbf{u}_k) = a_1T(\mathbf{u}_1) + a_2T(\mathbf{u}_2) + \cdots + a_kT(\mathbf{u}_k)$$

例題 5

假設 $T: R^2 \to R^2$ 是一個線性轉換，並有

$$T\left(\begin{bmatrix}1\\1\end{bmatrix}\right) = \begin{bmatrix}2\\3\end{bmatrix} \quad 及 \quad T\left(\begin{bmatrix}1\\-1\end{bmatrix}\right) = \begin{bmatrix}4\\-1\end{bmatrix}$$

(a) 求 $T\left(\begin{bmatrix}3\\3\end{bmatrix}\right)$。

(b) 求 $T\left(\begin{bmatrix}1\\0\end{bmatrix}\right)$ 和 $T\left(\begin{bmatrix}0\\-1\end{bmatrix}\right)$，並用以上結果求 $T\left(\begin{bmatrix}x_1\\x_2\end{bmatrix}\right)$。

解 (a) 因爲 $\begin{bmatrix}3\\3\end{bmatrix}=3\begin{bmatrix}1\\1\end{bmatrix}$，故得

$$T\left(\begin{bmatrix}3\\3\end{bmatrix}\right)=T\left(3\begin{bmatrix}1\\1\end{bmatrix}\right)=3T\left(\begin{bmatrix}1\\1\end{bmatrix}\right)=3\begin{bmatrix}2\\3\end{bmatrix}=\begin{bmatrix}6\\9\end{bmatrix}$$

(b) 因爲 $\begin{bmatrix}1\\0\end{bmatrix}=\frac{1}{2}\begin{bmatrix}1\\1\end{bmatrix}+\frac{1}{2}\begin{bmatrix}1\\-1\end{bmatrix}$，所以

$$\begin{aligned}T\left(\begin{bmatrix}1\\0\end{bmatrix}\right)&=T\left(\frac{1}{2}\begin{bmatrix}1\\1\end{bmatrix}+\frac{1}{2}\begin{bmatrix}1\\-1\end{bmatrix}\right)\\&=\frac{1}{2}T\left(\begin{bmatrix}1\\1\end{bmatrix}\right)+\frac{1}{2}T\left(\begin{bmatrix}1\\-1\end{bmatrix}\right)\\&=\frac{1}{2}\begin{bmatrix}2\\3\end{bmatrix}+\frac{1}{2}\begin{bmatrix}4\\-1\end{bmatrix}=\begin{bmatrix}3\\1\end{bmatrix}\end{aligned}$$

類似的，

$$\begin{aligned}T\left(\begin{bmatrix}0\\1\end{bmatrix}\right)&=T\left(\frac{1}{2}\begin{bmatrix}1\\1\end{bmatrix}-\frac{1}{2}\begin{bmatrix}1\\-1\end{bmatrix}\right)\\&=\frac{1}{2}T\left(\begin{bmatrix}1\\1\end{bmatrix}\right)-\frac{1}{2}T\left(\begin{bmatrix}1\\-1\end{bmatrix}\right)\\&=\frac{1}{2}\begin{bmatrix}2\\3\end{bmatrix}-\frac{1}{2}\begin{bmatrix}4\\-1\end{bmatrix}=\begin{bmatrix}-1\\2\end{bmatrix}\end{aligned}$$

最後，

$$\begin{aligned}T\left(\begin{bmatrix}x_1\\x_2\end{bmatrix}\right)&=T\left(x_1\begin{bmatrix}1\\0\end{bmatrix}+x_2\begin{bmatrix}0\\1\end{bmatrix}\right)\\&=x_1T\left(\begin{bmatrix}1\\0\end{bmatrix}\right)+x_2T\left(\begin{bmatrix}0\\1\end{bmatrix}\right)\\&=x_1\begin{bmatrix}3\\1\end{bmatrix}+x_2\begin{bmatrix}-1\\2\end{bmatrix}\\&=\begin{bmatrix}3x_1-x_2\\x_1+2x_2\end{bmatrix}\end{aligned}$$

練習題 2.

假設 $T: R^2 \to R^3$ 是一個線性轉換，並有

$$T\left(\begin{bmatrix}-1\\0\end{bmatrix}\right)=\begin{bmatrix}-2\\1\\3\end{bmatrix} \quad 及 \quad T\left(\begin{bmatrix}0\\2\end{bmatrix}\right)=\begin{bmatrix}2\\4\\-2\end{bmatrix}$$

求$T\left(\begin{bmatrix}x_1\\x_2\end{bmatrix}\right)$。

定理 2.8(a)有時可以用來證明某個函數不是線性的。例如，函數 $T: R \to R$ 定義爲$T(x)=2x+3$就不是線性的，因爲$T(0)=3\neq 0$。但是要說明一點，一個函數 f 可以滿足條件 $f(0)=0$，但並不是線性的。例如，例題 1 中的函數 f 並不是線性的，雖然 $f(0)=0$。

下一個例題說明如何驗證一個函數是線性的。

例題 6

定義 $T: R^2 \to R^2$ 爲 $T\left(\begin{bmatrix}x_1\\x_2\end{bmatrix}\right)=\begin{bmatrix}2x_1-x_2\\x_1\end{bmatrix}$。要驗證 T 是線性的，令 $\mathbf{u}$ 及 $\mathbf{v}$ 爲屬於 R^2 的向量。則 $\mathbf{u}=\begin{bmatrix}u_1\\u_2\end{bmatrix}$、$\mathbf{v}=\begin{bmatrix}v_1\\v_2\end{bmatrix}$、且 $\mathbf{u}+\mathbf{v}=\begin{bmatrix}u_1+v_1\\u_2+v_2\end{bmatrix}$。所以

$$T(\mathbf{u}+\mathbf{v})=T\left(\begin{bmatrix}u_1+v_1\\u_2+v_2\end{bmatrix}\right)=\begin{bmatrix}2(u_1+v_1)-(u_2+v_2)\\u_1+v_1\end{bmatrix}$$

在另一方面，

$$T(\mathbf{u})+T(\mathbf{v})=T\left(\begin{bmatrix}u_1\\u_2\end{bmatrix}\right)+T\left(\begin{bmatrix}v_1\\v_2\end{bmatrix}\right)=\begin{bmatrix}2u_1-u_2\\u_1\end{bmatrix}+\begin{bmatrix}2v_1-v_2\\v_1\end{bmatrix}$$

$$=\begin{bmatrix}(2u_1-u_2)+(2v_1-v_2)\\u_1+v_1\end{bmatrix}=\begin{bmatrix}2(u_1+v_1)-(u_2+v_2)\\u_1+v_1\end{bmatrix}$$

所以$T(\mathbf{u}+\mathbf{v})=T(\mathbf{u})+T(\mathbf{v})$。

現在假設 c 爲任意純量。則

$$T(c\mathbf{u})=T\left(\begin{bmatrix}cu_1\\cu_2\end{bmatrix}\right)=\begin{bmatrix}2cu_1-cu_2\\cu_1\end{bmatrix}$$

同時

$$cT(\mathbf{u})=c\begin{bmatrix}2u_1-u_2\\u_1\end{bmatrix}=\begin{bmatrix}2cu_1-cu_2\\cu_1\end{bmatrix}$$

因此$T(c\mathbf{u})=cT(\mathbf{u})$。所以 T 是線性的。

要驗證例題 6 中的轉換 T 是線性的，另一種方法是找到一個可滿足 $T=T_A$ 的矩陣 A，然後再訴諸定理 2.7。假設我們令

$$A=\begin{bmatrix}2 & -1\\ 1 & 0\end{bmatrix}$$

則

$$T_A\left(\begin{bmatrix}x_1\\ x_2\end{bmatrix}\right)=\begin{bmatrix}2 & -1\\ 1 & 0\end{bmatrix}\begin{bmatrix}x_1\\ x_2\end{bmatrix}=\begin{bmatrix}2x_1-x_2\\ x_1\end{bmatrix}=T\left(\begin{bmatrix}x_1\\ x_2\end{bmatrix}\right)$$

所以 $T=T_A$。

現在我們要證明，每一個定義域為 R^n、對應域為 R^m 的線性轉換，都是矩陣轉換。這意謂著，如果 T 是線性的，我們可以找到一個相對的矩陣 A，使得 $T=T_A$。

定理 2.9

令 $T:R^n\to R^m$ 是線性的。則存在有唯一的 $m\times n$ 矩陣

$$A=\left[T(\mathbf{e}_1)\ \ T(\mathbf{e}_2)\ \ \cdots\ \ T(\mathbf{e}_n)\right]$$

且各行是 R^n 的標準向量經 T 的像，使所有 R^n 中的 $\mathbf{v}$ 都有 $T(\mathbf{v})=A\mathbf{v}$。

證明　令 $A=\left[T(\mathbf{e}_1)\ \ T(\mathbf{e}_2)\ \ \cdots\ \ T(\mathbf{e}_n)\right]$。我們將證明 $T=T_A$。我們可看到，對所有屬於 R^n 的 $\mathbf{v}$，

$$\mathbf{v}=\begin{bmatrix}v_1\\ v_2\\ \vdots\\ v_n\end{bmatrix}=v_1\mathbf{e}_1+v_2\mathbf{e}_2+\cdots+v_n\mathbf{e}_n$$

所以我們有

$$\begin{aligned}T(\mathbf{v})&=T(v_1\mathbf{e}_1+v_2\mathbf{e}_2+\cdots+v_n\mathbf{e}_n)\\ &=v_1T(\mathbf{e}_1)+v_2T(\mathbf{e}_2)+\cdots+v_nT(\mathbf{e}_n)\\ &=v_1\mathbf{a}_1+v_2\mathbf{a}_2+\cdots+v_n\mathbf{a}_n\\ &=A\mathbf{v}\\ &=T_A(\mathbf{v})\end{aligned}$$

因此 $T=T_A$。

為證明唯一性，假設對某一 $m\times n$ 矩陣 B，$T_A=T_B$。則對所有屬於 R^n 的向量 $\mathbf{v}$，$A\mathbf{v}=B\mathbf{v}$，故由定理 1.3(e)可得 $A=B$。…………………………………… ■

令 $T: R^n \to R^m$ 是線性轉換。我們稱 $m \times n$ 矩陣

$$A = \begin{bmatrix} T(\mathbf{e}_1) & T(\mathbf{e}_2) & \cdots & T(\mathbf{e}_n) \end{bmatrix}$$

爲 T 的**標準矩陣(standard matrix)**。要知道，由定理 2.9，T 的標準矩陣 A 對所有屬於 R^n 的向量 $\mathbf{v}$，都有 $T(\mathbf{v}) = A\mathbf{v}$ 的性質。

例題 7

令 $T: R^3 \to R^2$ 定義爲 $T\left(\begin{bmatrix} x_1 \\ x_2 \\ x_3 \end{bmatrix}\right) = \begin{bmatrix} 3x_1 & - & 4x_2 \\ 2x_1 & + & x_3 \end{bmatrix}$。很直接的就能證明 T 是線性的。要求得 T 的標準矩陣，我們求它的各行 $T(\mathbf{e}_1)$、$T(\mathbf{e}_2)$、及 $T(\mathbf{e}_3)$。我們得 $T(\mathbf{e}_1) = \begin{bmatrix} 3 \\ 2 \end{bmatrix}$、$T(\mathbf{e}_2) = \begin{bmatrix} -4 \\ 0 \end{bmatrix}$、及 $T(\mathbf{e}_3) = \begin{bmatrix} 0 \\ 1 \end{bmatrix}$。所以 T 的標準矩陣爲

$$\begin{bmatrix} 3 & -4 & 0 \\ 2 & 0 & 1 \end{bmatrix}$$

例題 8

令 $U: R^2 \to R^2$ 定義爲 $U\left(\begin{bmatrix} x_1 \\ x_2 \end{bmatrix}\right) = \begin{bmatrix} x_1 \\ -x_2 \end{bmatrix}$。則 U 是 R^2 對 x 軸的反射(見圖 2.13)。很簡單就能證明 U 是線性轉換。看到 $U(\mathbf{e}_1) = \mathbf{e}_1$ 且 $U(\mathbf{e}_2) = -\mathbf{e}_2$。因此 U 的標準矩陣爲

$$\begin{bmatrix} 1 & 0 \\ 0 & -1 \end{bmatrix}$$

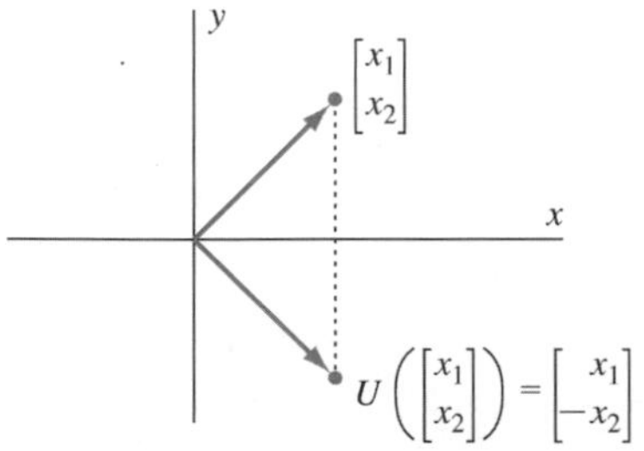

圖 2.13 R^2 對 x 軸的反射

練習題 3.

求線性轉換 $T: R^3 \to R^2$ 的標準矩陣，該線性轉換定義為

$$T\left(\begin{bmatrix} x_1 \\ x_2 \\ x_3 \end{bmatrix}\right) = \begin{bmatrix} 2x_1 & - & 5x_3 \\ -3x_2 & + & 4x_3 \end{bmatrix}$$

在下一節中，我們會說明線性轉換和它的標準矩陣之間的密切關係。

習　題

習題 1 至 20 用到以下矩陣：

$$A = \begin{bmatrix} 2 & -3 & 1 \\ 4 & 0 & -2 \end{bmatrix}，B = \begin{bmatrix} 1 & 5 & 0 \\ 2 & -1 & 3 \\ 0 & 4 & -2 \end{bmatrix}，及$$

$$C = \begin{bmatrix} 1 & 2 \\ 0 & -2 \\ 4 & 1 \end{bmatrix}$$

1. 寫出由 A 所引發之矩陣轉換的定義域與對應域。
2. 寫出由 B 所引發之矩陣轉換的定義域與對應域。
3. 寫出由 C 所引發之矩陣轉換的定義域與對應域。
4. 寫出由 A^T 所引發之矩陣轉換的定義域與對應域。
5. 寫出由 B^T 所引發之矩陣轉換的定義域與對應域。
6. 寫出由 C^T 所引發之矩陣轉換的定義域與對應域。
7. 計算 $T_A\left(\begin{bmatrix} 3 \\ -1 \\ 2 \end{bmatrix}\right)$。
8. 計算 $T_B\left(\begin{bmatrix} 1 \\ 0 \\ 1 \end{bmatrix}\right)$。
9. 計算 $T_C\left(\begin{bmatrix} 2 \\ 3 \end{bmatrix}\right)$。
10. 計算 $T_A\left(\begin{bmatrix} 2 \\ -1 \\ 2 \end{bmatrix}\right)$。
11. 計算 $T_B\left(\begin{bmatrix} -4 \\ 2 \\ 1 \end{bmatrix}\right)$。
12. 計算 $T_C\left(\begin{bmatrix} -1 \\ 4 \end{bmatrix}\right)$。
13. 計算 $T_A\left(\begin{bmatrix} 4 \\ 0 \\ -3 \end{bmatrix}\right)$。
14. 計算 $T_B\left(\begin{bmatrix} 3 \\ 0 \\ 2 \end{bmatrix}\right)$。
15. 計算 $T_C\left(\begin{bmatrix} 5 \\ -3 \end{bmatrix}\right)$。
16. 計算 $T_A\left(\begin{bmatrix} -1 \\ -2 \\ -3 \end{bmatrix}\right)$。
17. 計算 $T_B\left(\begin{bmatrix} -3 \\ 0 \\ -1 \end{bmatrix}\right)$。
18. 計算 $T_C\left(\begin{bmatrix} -1 \\ -2 \end{bmatrix}\right)$。
19. 計算 $T_{(A+C^T)}\left(\begin{bmatrix} 2 \\ 1 \\ 1 \end{bmatrix}\right)$ 和 $T_A\left(\begin{bmatrix} 2 \\ 1 \\ 1 \end{bmatrix}\right) + T_{C^T}\left(\begin{bmatrix} 2 \\ 1 \\ 1 \end{bmatrix}\right)$。
20. 計算 $T_A(\mathbf{e}_1)$ 及 $T_A(\mathbf{e}_3)$。

在習題 21 至 24 中，對每個線性轉換 $T: R^n \to R^m$ 找出 n 和 m 的值。

21. T 定義為 $T\left(\begin{bmatrix} x_1 \\ x_2 \\ x_3 \end{bmatrix}\right) = \begin{bmatrix} 2x_1 \\ x_1 - x_2 \end{bmatrix}$。
22. T 定義為 $T\left(\begin{bmatrix} x_1 \\ x_2 \end{bmatrix}\right) = \begin{bmatrix} x_1 + x_2 \\ x_1 - x_2 \\ x_2 \end{bmatrix}$。
23. T 定義為 $T\left(\begin{bmatrix} x_1 \\ x_2 \end{bmatrix}\right) = \begin{bmatrix} x_1 - 4x_2 \\ 2x_1 - 3x_2 \\ 0 \\ x_2 \end{bmatrix}$。
24. T 定義為 $T\left(\begin{bmatrix} x_1 \\ x_2 \\ x_3 \\ x_4 \end{bmatrix}\right) = \begin{bmatrix} 5x_1 - 4x_2 + x_3 - 2x_4 \\ -2x_2 + 4x_4 \\ 3x_1 - 5x_3 \end{bmatrix}$。

在習題 25 至 34 中，已知線性轉換。求它們的標準矩陣。

25. $T: R^2 \to R^2$ 定義爲 $T\left(\begin{bmatrix} x_1 \\ x_2 \end{bmatrix}\right) = \begin{bmatrix} x_2 \\ x_1 + x_2 \end{bmatrix}$。

26. $T: R^2 \to R^2$ 定義爲 $T\left(\begin{bmatrix} x_1 \\ x_2 \end{bmatrix}\right) = \begin{bmatrix} 2x_1 + 3x_2 \\ 4x_1 + 5x_2 \end{bmatrix}$。

27. $T: R^3 \to R^2$ 定義爲 $T\left(\begin{bmatrix} x_1 \\ x_2 \\ x_3 \end{bmatrix}\right) = \begin{bmatrix} x_1 + x_2 + x_3 \\ 2x_1 \end{bmatrix}$。

28. $T: R^2 \to R^3$ 定義爲 $T\left(\begin{bmatrix} x_1 \\ x_2 \end{bmatrix}\right) = \begin{bmatrix} 3x_2 \\ 2x_1 - x_2 \\ x_1 + x_2 \end{bmatrix}$。

29. $T: R^2 \to R^4$ 定義爲 $T\left(\begin{bmatrix} x_1 \\ x_2 \end{bmatrix}\right) = \begin{bmatrix} x_1 - x_2 \\ 2x_1 - 3x_2 \\ 0 \\ x_2 \end{bmatrix}$。

30. $T: R^3 \to R^3$ 定義爲 $T\left(\begin{bmatrix} x_1 \\ x_2 \\ x_3 \end{bmatrix}\right) = \begin{bmatrix} x_1 - 2x_3 \\ -3x_1 + 4x_2 \\ 0 \end{bmatrix}$。

31. $T: R^2 \to R^4$ 定義爲 $T\left(\begin{bmatrix} x_1 \\ x_2 \end{bmatrix}\right) = \begin{bmatrix} x_1 - x_2 \\ 0 \\ 3x_1 \\ x_2 \end{bmatrix}$。

32. $T: R^4 \to R^3$ 定義爲 $T\left(\begin{bmatrix} x_1 \\ x_2 \\ x_3 \\ x_4 \end{bmatrix}\right) = \begin{bmatrix} 2x_1 - x_2 + 3x_4 \\ -x_1 + 2x_4 \\ 3x_2 - x_3 \end{bmatrix}$。

33. $T: R^3 \to R^3$ 定義爲 $T(\mathbf{v}) = \mathbf{v}$，$\mathbf{v}$ 爲屬於 R^3 的任意向量。

34. $T: R^3 \to R^2$ 定義爲 $T(\mathbf{v}) = 0$，$\mathbf{v}$ 爲屬於 R^3 的任意向量。

是非題

在習題 35 至 54 中，問各命題是否為真。

35. 所有由 R^n 到 R^m 的函數都有標準矩陣。
36. 所有矩陣轉換都是線性的。
37. 一個由 R^n 到 R^m 並保留純量乘法的函數是線性的。
38. 在任何線性轉換之下，零向量的像仍是零向量。
39. 若 $T: R^3 \to R^2$ 是線性的，則它的標準矩陣大小爲 3×2。
40. 零轉換是線性的。
41. 一個函數，是由它的定義域之標準向量的像所唯一決定的。
42. 一個線性轉換之標準矩陣的第一行，是在此轉換下第一個標準向量的像。
43. 函數 f 的定義域是所有像 $f(\mathbf{x})$ 的集合。
44. 任何函數的對應域包含於它的值域。
45. 若 f 是一個函數，且 $f(\mathbf{u}) = f(\mathbf{v})$，則 $\mathbf{u} = \mathbf{v}$。
46. 由矩陣 A 所引發的矩陣轉換是線性轉換。
47. 每一個線性轉換 $T: R^n \to R^m$ 都是矩陣轉換。
48. 每一個線性轉換 $T: R^n \to R^m$ 都是由它的標準矩陣所引發的矩陣轉換。
49. 將 R^3 中向量投影在 R^3 中的 xy 平面上，是一個由 $\begin{bmatrix} 1 & 0 & 0 \\ 0 & 1 & 0 \\ 0 & 0 & 0 \end{bmatrix}$ 所引發的矩陣轉換。
50. 每一個線性轉換都保留線性組合。
51. 如果對所有在 T 的定義域中的向量 $\mathbf{u}$ 和 $\mathbf{v}$ 都有 $T(\mathbf{u} + \mathbf{v}) = T(\mathbf{u}) + T(\mathbf{v})$，則說 T 保留向量加法。
52. 所有函數 $T: R^n \to R^m$ 都保留純量乘法。
53. 若函數 $T: R^n \to R^m$ 和 $g: R^n \to R^m$，可對每一標準向量 $\mathbf{e}_i$ 滿足 $f(\mathbf{e}_i) = g(\mathbf{e}_i)$，則對所有屬於 R^n 的 $\mathbf{v}$，$f(\mathbf{v}) = g(\mathbf{v})$。
54. 若 T 和 U 爲線性轉換，且它們的標準矩陣相等，則 T 和 U 相等。

---

55. 若 T 是恆等轉換，則對於 T 的定義域與對應域，何者必定爲眞？

56. 假設 T 是線性的，且 $T\left(\begin{bmatrix} 4 \\ -2 \end{bmatrix}\right) = \begin{bmatrix} -6 \\ 16 \end{bmatrix}$。求 $T\left(\begin{bmatrix} -2 \\ 1 \end{bmatrix}\right)$ 和 $T\left(\begin{bmatrix} 8 \\ -4 \end{bmatrix}\right)$。

57. 假設 T 是線性的，且 $T\left(\begin{bmatrix} 8 \\ 2 \end{bmatrix}\right) = \begin{bmatrix} 2 \\ -4 \\ 6 \end{bmatrix}$。求 $T\left(\begin{bmatrix} 16 \\ 4 \end{bmatrix}\right)$ 和 $T\left(\begin{bmatrix} -4 \\ -1 \end{bmatrix}\right)$。驗證你的答案。

58. 設 T 是線性的，並且 $T\left(\begin{bmatrix}-2\\6\\4\end{bmatrix}\right)=\begin{bmatrix}-4\\2\end{bmatrix}$。

求 $T\left(\begin{bmatrix}1\\-3\\-2\end{bmatrix}\right)$ 和 $T\left(\begin{bmatrix}-4\\12\\8\end{bmatrix}\right)$。

59. 設 T 是線性的且 $T\left(\begin{bmatrix}3\\6\\9\end{bmatrix}\right)=\begin{bmatrix}12\\-9\\-3\end{bmatrix}$。求 $T\left(\begin{bmatrix}-4\\-8\\-12\end{bmatrix}\right)$ 和

$T\left(\begin{bmatrix}5\\10\\15\end{bmatrix}\right)$。

60. 設 T 是線性的，並且 $T\left(\begin{bmatrix}2\\0\end{bmatrix}\right)=\begin{bmatrix}-4\\6\end{bmatrix}$ 及

$T\left(\begin{bmatrix}0\\3\end{bmatrix}\right)=\begin{bmatrix}9\\-6\end{bmatrix}$。求 $T\left(\begin{bmatrix}1\\2\end{bmatrix}\right)$。驗證你的答案。

61. 設 T 是線性的，並且 $T\left(\begin{bmatrix}-3\\0\end{bmatrix}\right)=\begin{bmatrix}6\\3\\9\end{bmatrix}$ 及

$T\left(\begin{bmatrix}0\\4\end{bmatrix}\right)=\begin{bmatrix}8\\0\\-4\end{bmatrix}$。求 $T\left(\begin{bmatrix}-2\\6\end{bmatrix}\right)$。驗證你的答案。

62. 設 T 是線性的，並且 $T\left(\begin{bmatrix}1\\2\end{bmatrix}\right)=\begin{bmatrix}-2\\0\\1\end{bmatrix}$ 及

$T\left(\begin{bmatrix}0\\3\end{bmatrix}\right)=\begin{bmatrix}6\\-3\\3\end{bmatrix}$。求 $T\left(\begin{bmatrix}-3\\3\end{bmatrix}\right)$。驗證你的答案。

63. 設 T 是線性的，並且 $T\left(\begin{bmatrix}2\\3\end{bmatrix}\right)=\begin{bmatrix}1\\2\end{bmatrix}$ 及

$T\left(\begin{bmatrix}-4\\0\end{bmatrix}\right)=\begin{bmatrix}-5\\1\end{bmatrix}$。求 $T\left(\begin{bmatrix}-2\\3\end{bmatrix}\right)$。驗證你的答案。

64. 設 $T:R^2\to R^2$ 是一個線性轉換並且有 $T(\mathbf{e}_1)=\begin{bmatrix}2\\3\end{bmatrix}$ 和 $T(\mathbf{e}_2)=\begin{bmatrix}4\\1\end{bmatrix}$。求 $T\left(\begin{bmatrix}5\\6\end{bmatrix}\right)$。驗證你的答案。

65. 設 $T:R^2\to R^2$ 是一個線性轉換並且有 $T(\mathbf{e}_1)=\begin{bmatrix}2\\3\end{bmatrix}$ 和 $T(\mathbf{e}_2)=\begin{bmatrix}4\\1\end{bmatrix}$。對任意屬於 R^2 的 $\begin{bmatrix}x_1\\x_2\end{bmatrix}$，求 $T\left(\begin{bmatrix}x_1\\x_2\end{bmatrix}\right)$。驗證你的答案。

66. 設 $T:R^2\to R^2$ 是一個線性轉換並且有 $T(\mathbf{e}_1)=\begin{bmatrix}3\\-1\end{bmatrix}$ 和 $T(\mathbf{e}_2)=\begin{bmatrix}-1\\2\end{bmatrix}$。對任意屬於 R^2 的 $\begin{bmatrix}x_1\\x_2\end{bmatrix}$，求 $T\left(\begin{bmatrix}x_1\\x_2\end{bmatrix}\right)$。驗證你的答案。

67. 設 $T:R^3\to R^3$ 是一個線性轉換並且有

$T(\mathbf{e}_1)=\begin{bmatrix}-1\\0\\2\end{bmatrix}$，$T(\mathbf{e}_2)=\begin{bmatrix}3\\-1\\0\end{bmatrix}$，及 $T(\mathbf{e}_3)=\begin{bmatrix}0\\-3\\2\end{bmatrix}$

對任何屬於 R^3 的 $\begin{bmatrix}x_1\\x_2\\x_3\end{bmatrix}$ 求 $T\left(\begin{bmatrix}x_1\\x_2\\x_3\end{bmatrix}\right)$。驗證你的答案。

68. 設 $T:R^3\to R^2$ 是一個線性轉換並且有

$T(\mathbf{e}_1)=\begin{bmatrix}-2\\1\end{bmatrix}$，$T(\mathbf{e}_2)=\begin{bmatrix}0\\-3\end{bmatrix}$，及 $T(\mathbf{e}_3)=\begin{bmatrix}2\\4\end{bmatrix}$

對任何屬於 R^3 的 $\begin{bmatrix}x_1\\x_2\\x_3\end{bmatrix}$ 求 $T\left(\begin{bmatrix}x_1\\x_2\\x_3\end{bmatrix}\right)$。驗證你的答案。

69. 設 $T:R^2\to R^2$ 是一個線性轉換並且有

$T\left(\begin{bmatrix}1\\-2\end{bmatrix}\right)=\begin{bmatrix}2\\1\end{bmatrix}$ 及 $T\left(\begin{bmatrix}-1\\3\end{bmatrix}\right)=\begin{bmatrix}3\\0\end{bmatrix}$

對任何屬於 R^2 的 $\begin{bmatrix}x_1\\x_2\end{bmatrix}$ 求 $T\left(\begin{bmatrix}x_1\\x_2\end{bmatrix}\right)$。驗證你的答案。

70. 設 $T:R^2\to R^3$ 是一個線性轉換並且有

$T\left(\begin{bmatrix}3\\-5\end{bmatrix}\right)=\begin{bmatrix}1\\-1\\2\end{bmatrix}$ 及 $T\left(\begin{bmatrix}-1\\2\end{bmatrix}\right)=\begin{bmatrix}3\\0\\-2\end{bmatrix}$

對任何屬於 R^2 的 $\begin{bmatrix}x_1\\x_2\end{bmatrix}$ 求 $T\left(\begin{bmatrix}x_1\\x_2\end{bmatrix}\right)$。驗證你的答案。

71. 設 $T:R^3\to R^3$ 是一個線性轉換並且有

$T\left(\begin{bmatrix}-1\\1\\1\end{bmatrix}\right)=\begin{bmatrix}1\\2\\3\end{bmatrix}$，$T\left(\begin{bmatrix}1\\-1\\1\end{bmatrix}\right)=\begin{bmatrix}-3\\0\\1\end{bmatrix}$，及 $T\left(\begin{bmatrix}1\\1\\-1\end{bmatrix}\right)=\begin{bmatrix}5\\4\\3\end{bmatrix}$

對任何屬於 R^3 的 $\begin{bmatrix}x_1\\x_2\\x_3\end{bmatrix}$ 求 $T\left(\begin{bmatrix}x_1\\x_2\\x_3\end{bmatrix}\right)$。驗證你的答案。

在習題 72 至 80 中，已知函數 $T: R^n \to R^m$。證明 T 是線性的，或者解釋為何 T 不是線性的。

72. $T: R^2 \to R^2$ 定義爲 $T\left(\begin{bmatrix} x_1 \\ x_2 \end{bmatrix}\right) = \begin{bmatrix} 2x_1 \\ x_2^2 \end{bmatrix}$。

73. $T: R^2 \to R^2$ 定義爲 $T\left(\begin{bmatrix} x_1 \\ x_2 \end{bmatrix}\right) = \begin{bmatrix} 0 \\ 2x_1 \end{bmatrix}$。

74. $T: R^2 \to R^2$ 定義爲 $T\left(\begin{bmatrix} x_1 \\ x_2 \end{bmatrix}\right) = \begin{bmatrix} 1 \\ 2x_1 \end{bmatrix}$。

75. $T: R^3 \to R$ 定義爲 $T\left(\begin{bmatrix} x_1 \\ x_2 \\ x_3 \end{bmatrix}\right) = x_1 + x_2 + x_3 - 1$。

76. $T: R^3 \to R$ 定義爲 $T\left(\begin{bmatrix} x_1 \\ x_2 \\ x_3 \end{bmatrix}\right) = x_1 + x_2 + x_3$。

77. $T: R^2 \to R^2$ 定義爲 $T\left(\begin{bmatrix} x_1 \\ x_2 \end{bmatrix}\right) = \begin{bmatrix} x_1 + x_2 \\ 2x_1 - x_2 \end{bmatrix}$。

78. $T: R^2 \to R^2$ 定義爲 $T\left(\begin{bmatrix} x_1 \\ x_2 \end{bmatrix}\right) = \begin{bmatrix} x_2 \\ |x_1| \end{bmatrix}$。

79. $T: R \to R^2$ 定義爲 $T(x) = \begin{bmatrix} \sin x \\ x \end{bmatrix}$。

80. $T: R^2 \to R^2$ 定義爲 $T\left(\begin{bmatrix} x_1 \\ x_2 \end{bmatrix}\right) = \begin{bmatrix} ax_1 \\ bx_2 \end{bmatrix}$，其中 a 和 b 爲純量。

81. 證明恆等轉換 $I: R^n \to R^m$ 等於 T_{I_n} 並因而是線性的。

82. 證明零轉換 $T_0: R^n \to R^m$ 等於 T_O 並因而是線性的。

定義 令 T，$U: R^n \to R^m$ 為函數且 c 為純量。定義 $(T+U): R^n \to R^m$ 及 $cT: R^n \to R^m$ 為

$$(T+U)(\mathbf{x}) = T(\mathbf{x}) + U(\mathbf{x}) \text{ 且 } (cT)(\mathbf{x}) = cT(\mathbf{x})$$

其中 $\mathbf{x}$ 為任何屬於 R^n 的向量。

上述定義用於習題 83 至 86：

83. 證明，若 T 是線性的且 c 爲純量，則 cT 是線性的。

84. 證明，若 T 和 U 是線性的，則 $T+U$ 是線性的。

85. 設 c 是一個純量。利用習題 83 以證明，若 T 是線性的，並有標準矩陣 A，則 cT 的標準矩陣爲 cA。

86. 利用習題 84 以證明，若 T 和 U 是線性的，且它們的標準矩陣分別爲 A 和 B，則 $T+U$ 的標準矩陣是 $A+B$。

87. 令 $T: R^2 \to R^2$ 爲線性轉換。證明，存在有唯一的一組純量 a, b, c，和 d，可以對每一個屬於 R^2 的向量 $\begin{bmatrix} x_1 \\ x_2 \end{bmatrix}$ 都有 $T\left(\begin{bmatrix} x_1 \\ x_2 \end{bmatrix}\right) = \begin{bmatrix} ax_1 + bx_2 \\ cx_1 + dx_2 \end{bmatrix}$。

 提示：利用定理 2.9。

88. 寫出並證明習題 87 的通式。

89. 定義 $T: R^2 \to R^2$ 爲 $T\left(\begin{bmatrix} x_1 \\ x_2 \end{bmatrix}\right) = \begin{bmatrix} x_1 \\ 0 \end{bmatrix}$。$T$ 代表 R^2 在 x 軸的正交投影。
 (a) 證明 T 是線性的。
 (b) 求 T 的標準矩陣。
 (c) 證明，對所有屬於 R^2 的 $\mathbf{v}$，$T(T(\mathbf{v}))=T(\mathbf{v})$。

90. 定義 $T: R^3 \to R^3$ 爲 $T\left(\begin{bmatrix} x_1 \\ x_2 \\ x_3 \end{bmatrix}\right) = \begin{bmatrix} 0 \\ x_2 \\ x_3 \end{bmatrix}$。
 T 代表 R^3 在 yz 平面的正交投影。
 (a) 證明 T 是線性的。
 (b) 求 T 的標準矩陣。
 (c) 證明，對所有屬於 R^3 的 $\mathbf{v}$，$T(T(\mathbf{v}))=T(\mathbf{v})$。

91. 定義線性轉換 $T: R^2 \to R^2$ 爲 $T\left(\begin{bmatrix} x_1 \\ x_2 \end{bmatrix}\right) = \begin{bmatrix} -x_1 \\ x_2 \end{bmatrix}$。
 T 代表 R^2 中對 y 軸的反射。
 (a) 證明 T 是矩陣轉換。
 (b) 求 T 的值域。

92. 定義線性轉換 $T: R^3 \to R^3$ 爲 $T\left(\begin{bmatrix} x_1 \\ x_2 \\ x_3 \end{bmatrix}\right) = \begin{bmatrix} x_1 \\ x_2 \\ -x_3 \end{bmatrix}$。
 T 代表 R^3 中對 xy 平面的反射。
 (a) 證明 T 是矩陣轉換。
 (b) 求 T 的值域。

93. 定義爲 $T(\mathbf{x}) = k\mathbf{x}$，其中 $0 < k < 1$，此種線性轉換 $T: R^n \to R^n$ 叫做收縮(*contraction*)。
 (a) 證明 T 是矩陣轉換。
 (b) 求 T 的值域。

94. 一個定義爲 $T(\mathbf{x}) = k\mathbf{x}$，其中 $k > 1$，此種線性轉換 $T: R^n \to R^n$ 叫做膨脹(*dilation*)。
 (a) 證明 T 是矩陣轉換。
 (b) 求 T 的值域。

95. 令 $T: R^n \to R^m$ 爲線性轉換。證明，若且唯若 $T(\mathbf{u}-\mathbf{v})=0$，則 $T(\mathbf{u})=T(\mathbf{v})$。

96. 求函數 $g: R^2 \to R^2$ 和 $g: R^2 \to R^2$ 可使得 $f(\mathbf{e}_1)=g(\mathbf{e}_1)$ 且 $f(\mathbf{e}_2)=g(\mathbf{e}_2)$，但有某個 R^2 中的 $\mathbf{v}$ 可使得 $f(\mathbf{v}) \neq g(\mathbf{v})$。

97. 令 A 爲 $n \times n$ 可逆矩陣。對所有屬於 R^n 的 $\mathbf{v}$ 求 $T_{A^{-1}}(T_A(\mathbf{v}))$ 和 $T_A(T_{A^{-1}}(\mathbf{v}))$。

98. 令 A 爲 $m \times n$ 矩陣且 B 爲 $n \times p$ 矩陣。證明，對所有屬於 R^p 的女，$T_{AB}(\mathbf{v})=T_A(T_B(\mathbf{v}))$。

99. 令 $T: R^n \to R^m$ 爲線性轉換且其標準矩陣爲 A。證明，A 的各行構成一個 T 之值域的產生集合。

100. 對線性轉換 $T: R^n \to R^m$，證明，若且唯若它的標準矩陣的秩爲 m 則它的值域爲 R^m。

101. 令 $T: R^n \to R^m$ 是一個線性轉換，且 $S=\{\mathbf{v}_1, \mathbf{v}_2, \cdots, \mathbf{v}_k\}$ 爲 R^n 的子集合。證明，集合 $\{T(\mathbf{v}_1), T(\mathbf{v}_2), \cdots, T(\mathbf{v}_k)\}$ 是 R^m 的線性獨立子集合，則 S 是 R^n 的線性獨立子集合。

在習題 102 和 103，使用有矩陣功能的計算機或諸如 *MATLAB* 的電腦軟體以求解。

102 設 $T: R^4 \to R^4$ 是一個線性轉換，如

$$T\left(\begin{bmatrix}1\\2\\0\\-1\end{bmatrix}\right)=\begin{bmatrix}0\\1\\1\\0\end{bmatrix},\ T\left(\begin{bmatrix}1\\1\\1\\-1\end{bmatrix}\right)=\begin{bmatrix}-2\\1\\3\\2\end{bmatrix},\ T\left(\begin{bmatrix}0\\1\\0\\1\end{bmatrix}\right)=\begin{bmatrix}4\\6\\0\\-3\end{bmatrix},$$

及

$$T\left(\begin{bmatrix}-1\\2\\-3\\1\end{bmatrix}\right)=\begin{bmatrix}0\\0\\0\\0\end{bmatrix}$$

(a) 求 T 的規則。

(b) T 是否可由這四個像唯一決定？爲何可以或不可以？

103. 設 $T: R^4 \to R^4$ 是由以下規則定義之線性轉換

$$T\left(\begin{bmatrix}x_1\\x_2\\x_3\\x_4\end{bmatrix}\right)=\begin{bmatrix}x_1+x_2+x_3+2x_4\\x_1+2x_2-3x_3+4x_4\\x_2+2x_4\\x_1+5x_2-x_3\end{bmatrix}$$

求，向量 $\begin{bmatrix}2\\-1\\0\\3\end{bmatrix}$ 是否在 T 的值域中。

練習題解答

1. (a)因爲 A 是 3×2 矩陣，T_A 的定義域爲 R^2。

   (b) T_A 的對應域爲 R^3。

   (c) 我們有

$$T_A\left(\begin{bmatrix}4\\3\end{bmatrix}\right)=A\begin{bmatrix}4\\3\end{bmatrix}=\begin{bmatrix}1&-2\\3&1\\-1&4\end{bmatrix}\begin{bmatrix}4\\3\end{bmatrix}=\begin{bmatrix}-2\\15\\8\end{bmatrix}$$

2. 因爲 $\mathbf{e}_1=(-1)\begin{bmatrix}-1\\0\end{bmatrix}$ 且 $\mathbf{e}_2=\frac{1}{2}\begin{bmatrix}0\\2\end{bmatrix}$，因此可得

$$\begin{aligned}T\left(\begin{bmatrix}x_1\\x_2\end{bmatrix}\right)&=T(x_1\mathbf{e}_1+x_2\mathbf{e}_2)\\&=T\left(x_1(-1)\begin{bmatrix}-1\\0\end{bmatrix}+x_2\left(\frac{1}{2}\right)\begin{bmatrix}0\\2\end{bmatrix}\right)\\&=-x_1T\left(\begin{bmatrix}-1\\0\end{bmatrix}\right)+\frac{1}{2}x_2T\left(\begin{bmatrix}0\\2\end{bmatrix}\right)\\&=-x_1\begin{bmatrix}-2\\1\\3\end{bmatrix}+\frac{1}{2}x_2\begin{bmatrix}2\\4\\-2\end{bmatrix}\\&=\begin{bmatrix}2x_1+x_2\\-x_1+2x_2\\-3x_1-x_2\end{bmatrix}\end{aligned}$$

3. 因爲

$$T(\mathbf{e}_1)=\begin{bmatrix}2\\0\end{bmatrix},\ T(\mathbf{e}_2)=\begin{bmatrix}0\\-3\end{bmatrix},\ \text{及}\ T(\mathbf{e}_3)=\begin{bmatrix}-5\\4\end{bmatrix}$$

T 的標準矩陣爲

$$\begin{bmatrix}2&0&-5\\0&-3&4\end{bmatrix}$$

2.8 線性轉換的合成與可逆性

在本節中，我們利用標準矩陣以探討線性轉換的一些基本性質。我們首先要決定一個轉換是否爲蓋射(onto)及一對一(one-to-one)，這與線性方程組之解的存在性與唯一性有密切關係。

蓋射及一對一函數

一旦找到了線性轉換 T 的標準矩陣，我們可以利用它來求 T 之值域的產生集合。例如，假設 $T: R^3 \to R^2$ 定義爲

$$T\left(\begin{bmatrix} x_1 \\ x_2 \\ x_3 \end{bmatrix}\right) = \begin{bmatrix} 3x_1 - 4x_2 \\ 2x_1 + x_3 \end{bmatrix}$$

在 2.7 節的例題 7 中，我們知道 T 的標準矩陣爲

$$A = [T(\mathbf{e}_1) \quad T(\mathbf{e}_2) \quad T(\mathbf{e}_3)] = \begin{bmatrix} 3 & -4 & 0 \\ 2 & 0 & 1 \end{bmatrix}$$

現在，若且唯若有某個屬於 R^2 的 $\mathbf{v}$ 可使得 $\mathbf{w} = T(\mathbf{v})$，則 $\mathbf{w}$ 是在 T 的值域中。寫出 $\mathbf{v} = v_1\mathbf{e}_1 + v_2\mathbf{e}_2 + v_3\mathbf{e}_3$，我們可看到

$$\mathbf{w} = T(\mathbf{v}) = T(v_1\mathbf{e}_1 + v_2\mathbf{e}_2 + v_3\mathbf{e}_3) = v_1T(\mathbf{e}_1) + v_2T(\mathbf{e}_2) + v_3T(\mathbf{e}_3)$$

是一個由 A 之各行所構成的線性組合。同樣的，由同一計算明顯可知，A 之各行所成的所有線性組合，都在 T 的值域當中。故可得結論，T 之值域等於以下集合的展延，

$$\left\{\begin{bmatrix} 3 \\ 2 \end{bmatrix}, \begin{bmatrix} -4 \\ 0 \end{bmatrix}, \begin{bmatrix} 0 \\ 1 \end{bmatrix}\right\}$$

此論點可一般化後證明以下結果：

> 線性轉換的值域，等於其標準矩陣各行的展延。

接下來，我們將由線性轉換的標準矩陣，找出一些其它的性質。但首先我們要回憶一下函數的一些性質。

定義 我們說函數 $f: R^n \to R^m$ 爲蓋射的條件是，如果它的值域是整個 R^m，也就是說，如果 R^m 中的每個向量都是它的像。

由上面方框中的敘述可知，一個線性轉換爲蓋射的條件是，若且唯若它的標準矩陣的各行構成它的對應域的產生集合。因此，在 2.7 節的例題 8 中，藉由指出它的標準矩陣的行 $\mathbf{e}_1$、$-\mathbf{e}_2$ 是 R^2 的產生集合，我們得以說明 R^2 對 x 軸的反射是一個蓋射。因爲 $\mathbf{e}_1$ 和 $-\mathbf{e}_2$ 是 R^2 中互不平行的向量，R^2 中所有向量都是 $\mathbf{e}_1$ 和 $-\mathbf{e}_2$ 的線性組合。所以 U 的標準矩陣的各行構成 R^2 的產生集合。

我們也可以利用標準矩陣 A 的秩，以決定 T 是否爲蓋射。如果 A 爲 $m \times n$ 矩陣，由定理 1.6，若且唯若 $\text{rank}\, A = m$，則 A 的各行可構成 R^m 的產生集合。

例題 1

求線性轉換 $T: R^3 \to R^3$ 定義爲

$$T\left(\begin{bmatrix} x_1 \\ x_2 \\ x_3 \end{bmatrix}\right) = \begin{bmatrix} x_1 + 2x_2 + 4x_3 \\ x_1 + 3x_2 + 6x_3 \\ 2x_1 + 5x_2 + 10x_3 \end{bmatrix}$$

是否爲蓋射。

解 若 T 要是蓋射，則它的標準矩陣的秩必須爲 3。但是 T 的標準矩陣 A 及其最簡列梯型 R 是

$$A = \begin{bmatrix} 1 & 2 & 4 \\ 1 & 3 & 6 \\ 2 & 5 & 10 \end{bmatrix} \quad \text{和} \quad R = \begin{bmatrix} 1 & 0 & 0 \\ 0 & 1 & 2 \\ 0 & 0 & 0 \end{bmatrix}$$

所以 $\text{rank}\, A = 2 \neq 3$，因此 T 不是蓋射。

有多個定理是關於線性轉換與其標準矩陣間的關係，現在介紹第一個。它的證明可得自我們前述的觀察和定理 1.6。

定理 2.10

令 $T: R^n \to R^m$ 是一個線性轉換，且其標準矩陣爲 A。下列情況是同義的：

(a) T 爲蓋射，亦即 T 的值域爲 R^m。

(b) A 之各行構成 R^m 的產生集合。

(c) $\text{rank}\, A = m$。

矩陣轉換的值域，和線性方程組的一致性，兩者之間存在有密切關係。例如，考慮方程組

$$\begin{aligned} x_1 \quad\quad\quad &= 1 \\ 2x_1 + x_2 &= 3 \\ x_1 - x_2 &= 1 \end{aligned}$$

此方程組與矩陣方程 $A\mathbf{x} = \mathbf{b}$ 同義，其中

$$A = \begin{bmatrix} 1 & 0 \\ 2 & 1 \\ 1 & -1 \end{bmatrix}, \quad \mathbf{x} = \begin{bmatrix} x_1 \\ x_2 \end{bmatrix}, \text{且} \quad \mathbf{b} = \begin{bmatrix} 1 \\ 3 \\ 1 \end{bmatrix}$$

因爲我們可將矩陣方程寫成 $T_A(\mathbf{x}) = \mathbf{b}$ ，若且唯若 $\mathbf{b}$ 在 T_A 的值域中，則此方程組有解。

現在假設我們定義 $T: R^3 \to R^2$ 爲

$$T\left(\begin{bmatrix} x_1 \\ x_2 \\ x_3 \end{bmatrix}\right) = \begin{bmatrix} x_1 + x_2 + x_3 \\ x_1 + 3x_2 - x_3 \end{bmatrix} \quad \text{且} \quad \mathbf{w} = \begin{bmatrix} 2 \\ 8 \end{bmatrix}$$

很容易看出來 $T = T_B$，其中 $B = \begin{bmatrix} 1 & 1 & 1 \\ 1 & 3 & -1 \end{bmatrix}$；所以 T 是線性的。假設我們想知道 $\mathbf{w}$ 是否在 T 的值域內。此一問題相當於是在問，是否存在有向量 $\mathbf{x}$ 可使得 $T(\mathbf{x}) = \mathbf{w}$ ，或是換一種講法，下列方程組是否爲一致：

$$\begin{aligned} x_1 + x_2 + x_3 &= 2 \\ x_1 + 3x_2 - x_3 &= 8 \end{aligned}$$

利用高斯消去法，我們可得通解

$$\begin{aligned} x_1 &= -2x_3 - 1 \\ x_2 &= x_3 + 3 \\ x_3 & \quad \text{任意} \end{aligned}$$

我們得結論爲，此方程組爲一致，且有無限多個向量，其像均爲 $\mathbf{w}$。例如，當 $X_3 = 0$ 和 $X_3 = 1$，我們分別得向量

$$\begin{bmatrix} -1 \\ 3 \\ 0 \end{bmatrix} \quad \text{和} \quad \begin{bmatrix} -3 \\ 4 \\ 1 \end{bmatrix}$$

換一種方式，我們可以觀察到 A 的秩爲 2，然後依據定理 2.10，我們可得結論爲，所有 R^2 的向量，包含 $\mathbf{w}$，都是在 T 的值域內。

函數另一個重要的性質就是一對一。

定義　我們稱函數 $f: R^n \to R^m$ 爲**一對一(one-to-one)**的條件是，若 R^n 中任兩相異向量不會有相同的像。也就是，若 **u** 和 **v** 爲 R^n 中的相異向量，則 $f(\mathbf{u})$ 和 $f(\mathbf{v})$ 爲 R^m 中的相異向量。

在圖 2.14(a)中，我們看到相異向量 **u** 和 **v** 具有相異的像，這是 f 爲一對一的必要條件。在圖 2.14(b)中，f 不是一對一，因爲存在有相異向量 **u** 和 **v** 它們的像同爲 **w**。

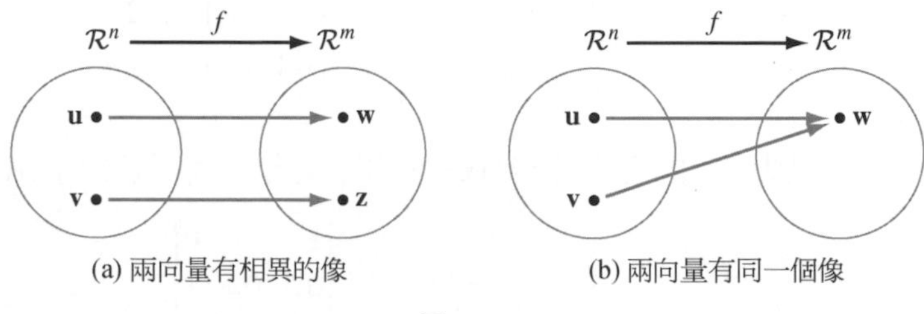

(a) 兩向量有相異的像　　(b) 兩向量有同一個像

圖 2.14

設 $T: R^n \to R^m$ 是一個一對一線性轉換。若 **w** 是 R^n 中的非零向量，則 $T(\mathbf{w}) \neq T(\mathbf{0}) = \mathbf{0}$，並因此 **0** 是 R^n 中唯一的一個向量，它在 T 之下的像是 R^m 的零向量。

反過來說，若 **0** 是唯一一個向量，它在 T 之下的像是零向量，則 T 必定是一對一。因爲若設 **u** 和 **v** 爲向量且有 $T(\mathbf{u}) = T(\mathbf{v})$，則 $T(\mathbf{u}-\mathbf{v}) = T(\mathbf{u}) - T(\mathbf{v}) = \mathbf{0}$。所以 $\mathbf{u}-\mathbf{v}=\mathbf{0}$，或 $\mathbf{u}=\mathbf{v}$，並因此 T 是一對一。

定義　令 $T: R^n \to R^m$ 爲線性。T 的**零空間(null space)**是 R^n 中所有可滿足 $T(\mathbf{v}) = \mathbf{0}$ 的 **v** 所成的集合。

在定義之前的討論，可證明以下結果：

若且唯若一個線性轉換的零空間只包含 **0**，則它是一對一的。

同時留意到，若 A 是線性轉換 T 的標準矩陣，則 T 的零空間是 $A\mathbf{x}=\mathbf{0}$ 的解集合。

例題 2

設 $T: R^3 \to R^2$ 定義為

$$T\left(\begin{bmatrix} x_1 \\ x_2 \\ x_3 \end{bmatrix}\right) = \begin{bmatrix} x_1 & - & x_2 & + & 2x_3 \\ -x_1 & + & x_2 & - & 3x_3 \end{bmatrix}$$

求 T 之零空間的產生集合。

解 T 的標準矩陣為

$$A = \begin{bmatrix} 1 & -1 & 2 \\ -1 & 1 & -3 \end{bmatrix}$$

因為 T 的零空間是 $A\mathbf{x} = \mathbf{0}$ 的解集合，我們必須求出 A 的最簡列梯型，它是

$$\begin{bmatrix} 1 & -1 & 0 \\ 0 & 0 & 1 \end{bmatrix}$$

此矩陣對應到方程組

$$\begin{aligned} x_1 - x_2 \quad &= 0 \\ x_3 &= 0 \end{aligned}$$

所以解的型式為

$$\begin{bmatrix} x_1 \\ x_2 \\ x_3 \end{bmatrix} = \begin{bmatrix} x_2 \\ x_2 \\ 0 \end{bmatrix} = x_2 \begin{bmatrix} 1 \\ 1 \\ 0 \end{bmatrix}$$

因此 T 之零空間的產生集合為 $\left\{\begin{bmatrix} 1 \\ 1 \\ 0 \end{bmatrix}\right\}$。

利用定理 1.8，對於線性轉換是一對一的命題，我們可以做出更多同義的命題。

定理 2.11

令 $T: R^n \to R^m$ 是一個線性轉換且標準矩陣為 A。則以下命題為真：

(a) T 是一對一的。

(b) T 的零空間只含零向量。

(c) A 之各行為線性獨立。

(d) rank $A = n$。

例題 3

問，例題 1 中之線性轉換 $T: R^3 \to R^3$，

$$T\left(\begin{bmatrix} x_1 \\ x_2 \\ x_3 \end{bmatrix}\right) = \begin{bmatrix} x_1 & + & 2x_2 & + & 4x_3 \\ x_1 & + & 3x_2 & + & 6x_3 \\ 2x_1 & + & 5x_2 & + & 10x_3 \end{bmatrix}$$

是否爲一對一？

解　要使 T 是一對一的，則它的標準矩陣 A 的秩必須爲 3。但是在例題 1 中我們看到 rank A=2。因此定理 2.11(d)不滿足，所以 T 不是一對一。

最後，我們建立三者的關係：線性轉換、矩陣、和線性方程組。我們由方程組 $A\mathbf{x} = \mathbf{b}$ 開始，其中 A 是 $m \times n$ 矩陣，$\mathbf{x}$ 是屬於 R^n 的向量，而 $\mathbf{b}$ 是屬於 R^m 的向量。我們將此方程組寫成同義型式 $T_A(\mathbf{x}) = \mathbf{b}$。以下列出 $A\mathbf{x} = \mathbf{b}$ 的解和 T_A 之性質的比較：

(a)　若且唯若 $\mathbf{b}$ 在 T_A 的值域中，則 $A\mathbf{x} = \mathbf{b}$ 有一解。

(b)　若且唯若 T_A 爲蓋射，則 $A\mathbf{x} = \mathbf{b}$ 對每一個 $\mathbf{b}$ 均有一解。

(c)　若且唯若 T_A 是一對一，則 $A\mathbf{x} = \mathbf{b}$ 對每一個 $\mathbf{b}$ 至多有一解。

練習題 1.

令 $T: R^2 \to R^3$ 爲線性轉換，定義爲

$$T\left(\begin{bmatrix} x_1 \\ x_2 \end{bmatrix}\right) = \begin{bmatrix} 3x_1 - x_2 \\ -x_1 + 2x_2 \\ 2x_1 \end{bmatrix}$$

(a)　求 T 之值域的產生集合。

(b)　求 T 之零空間的產生集合。

(c)　T 是否爲蓋射？

(d)　T 是否爲一對一？

例題 4

令

$$A = \begin{bmatrix} 0 & 0 & 1 & 3 & 3 \\ 2 & 3 & 1 & 5 & 2 \\ 4 & 6 & 1 & 7 & 2 \\ 4 & 6 & 1 & 7 & 1 \end{bmatrix}$$

方程組 $A\mathbf{x}=\mathbf{b}$ 是否對每個 $\mathbf{b}$ 都是一致的？若有某一 $\mathbf{b}_1$ 可令 $A\mathbf{x}=\mathbf{b}_1$ 爲一致的，其解是否是唯一的？

解 雖然，求出 A 的秩再用定理 1.6 和 1.8 可以回答這些問題，但在此我們利用記做 T 的矩陣轉換 $T_A: R^5 \to R^4$，以提供另一種解法。首先，可看到 A 的最簡列梯型爲

$$R = \begin{bmatrix} 1 & 1.5 & 0 & 1 & 0 \\ 0 & 0 & 1 & 3 & 0 \\ 0 & 0 & 0 & 0 & 1 \\ 0 & 0 & 0 & 0 & 0 \end{bmatrix}$$

因爲 rank $A = 3 \neq 4$，由定理 2.10 可知，T 不是蓋射。所以存在有一個屬於 R^4 的向量 $\mathbf{b}_0$，並不屬於 T 的值域。由此可知 $A\mathbf{x}=\mathbf{b}_0$ 並不一致。同時，由定理 2.11 可得 T 不是一對一，所以 $A\mathbf{x}=\mathbf{0}$ 存在有非零解 $\mathbf{u}$。因此，若有某個 $\mathbf{b}_1$ 可使得 $A\mathbf{v}=\mathbf{b}_1$，則同樣會有

$$A(\mathbf{v}+\mathbf{u}) = A\mathbf{v} + A\mathbf{u} = \mathbf{b}_1 + \mathbf{0} = \mathbf{b}_1$$

所以 $A\mathbf{x}=\mathbf{b}_1$ 的解絕不是唯一的。

線性轉換的合成

回憶一下，若 $f: S_1 \to S_2$ 和 $g: S_2 \to S_3$，則對所有 S_1 中的 $\mathbf{u}$ 合成(composition) $g \circ f: S_1 \to S_3$ 定義爲 $(g \circ f)(\mathbf{u}) = g(f(\mathbf{u}))$。(見圖 2.15。)

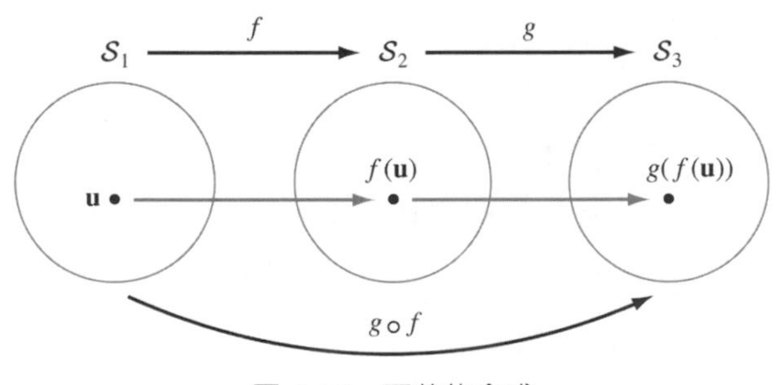

圖 2.15　函數的合成

例題 5

設 $f: R^2 \to R^3$ 和 $g: R^3 \to R^2$ 爲函數，定義爲

$$f\left(\begin{bmatrix} x_1 \\ x_2 \end{bmatrix}\right) = \begin{bmatrix} x_1^2 \\ x_1x_2 \\ x_1+x_2 \end{bmatrix} \quad 和 \quad g\left(\begin{bmatrix} x_1 \\ x_2 \\ x_3 \end{bmatrix}\right) = \begin{bmatrix} x_1 - x_3 \\ 3x_2 \end{bmatrix}$$

則 $g \circ f : R^2 \to R^2$ 之定義爲

$$(g \circ f)\left(\begin{bmatrix} x_1 \\ x_2 \end{bmatrix}\right) = g\left(f\left(\begin{bmatrix} x_1 \\ x_2 \end{bmatrix}\right)\right) = g\left(\begin{bmatrix} x_1^2 \\ x_1x_2 \\ x_1+x_2 \end{bmatrix}\right) = \begin{bmatrix} x_1^2 - (x_1 + x_2) \\ 3x_1x_2 \end{bmatrix}$$

在線性代數中，習慣上省略掉「圓圈」的記號，並將線性轉換 $T : R^n \to R^m$ 和 $U : R^m \to R^p$ 的合成寫成 UT 而不寫成 $U \circ T$。在此情況下，UT 的定義域爲 R^n，對應域爲 R^p。

假設我們有一個 $m \times n$ 矩陣 A 和一個 $p \times m$ 矩陣 B，因此 BA 是 $p \times n$ 矩陣。相對應之矩陣轉換爲 $T_A : R^n \to R^m$、$T_B : R^m \to R^p$、及 $T_{BA} : R^n \to R^p$。對任何 R^n 中的 $\mathbf{v}$，我們有

$$T_{BA}(\mathbf{v}) = (BA)\mathbf{v} = B(A\mathbf{v}) = B(T_A(\mathbf{v})) = T_B(T_A(\mathbf{v})) = T_BT_A(\mathbf{v})$$

由此可得矩陣轉換 T_{BA} 是 T_B 和 T_A 的合成，亦即

$$T_BT_A = T_{BA}$$

此結果可以重述如以下定理：

定理 2.12

若 $T : R^n \to R^m$ 和 $U : R^m \to R^p$ 爲線性轉換，且其標準矩陣分別是 A 和 B，則合成 $UT : R^n \to R^p$ 也是線性的，且其標準矩陣是 BA。

證明　由定理 2.9 可知 $T = T_A$ 及 $U = T_B$。所以，由之前的觀察，我們有 $UT = T_BT_A = T_{BA}$，這是一個矩陣轉換，因此是線性的。另外，因爲 $UT = T_{BA}$，所以矩陣 BA 是 UT 的標準矩陣。■

練習題 2.

令 $U : R^3 \to R^2$ 爲線性轉換，定義爲

$$U\left(\begin{bmatrix} x_1 \\ x_2 \\ x_3 \end{bmatrix}\right) = \begin{bmatrix} x_2 - 4x_3 \\ 2x_1 + 3x_3 \end{bmatrix}$$

求 $UT\left(\begin{bmatrix} x_1 \\ x_2 \end{bmatrix}\right)$，其中 T 與練習題 1 的一樣。

例題 6

在 R^2 中，證明旋轉 180°接著再對 x 軸反射，結果和對 y 軸反射是一樣的。

解 令 T 和 U 分別代表所給的旋轉與反射。我們要證明 UT 是對 y 軸的反射。令 A 和 B 分別為 T 和 U 的標準矩陣。則在 2.7 節的例題 8 已求出了 $A = A_{180^\circ}$ 和 B。所以

$$A=\begin{bmatrix}-1 & 0\\ 0 & -1\end{bmatrix} \quad 及 \quad B=\begin{bmatrix}1 & 0\\ 0 & -1\end{bmatrix}$$

則 $T = T_A$、$U = T_B$、且 $BA=\begin{bmatrix}-1 & 0\\ 0 & 1\end{bmatrix}$。因此，對任何 $\mathbf{u}=\begin{bmatrix}u_1\\ u_2\end{bmatrix}$ 我們有

$$UT\left(\begin{bmatrix}u_1\\ u_2\end{bmatrix}\right)=T_BT_A\left(\begin{bmatrix}u_1\\ u_2\end{bmatrix}\right)=T_{BA}\left(\begin{bmatrix}u_1\\ u_2\end{bmatrix}\right)$$

$$=BA\begin{bmatrix}u_1\\ u_2\end{bmatrix}=\begin{bmatrix}-1 & 0\\ 0 & 1\end{bmatrix}\begin{bmatrix}u_1\\ u_2\end{bmatrix}=\begin{bmatrix}-u_1\\ u_2\end{bmatrix}$$

這代表了對 y 軸的反射。(見圖 2.16。)

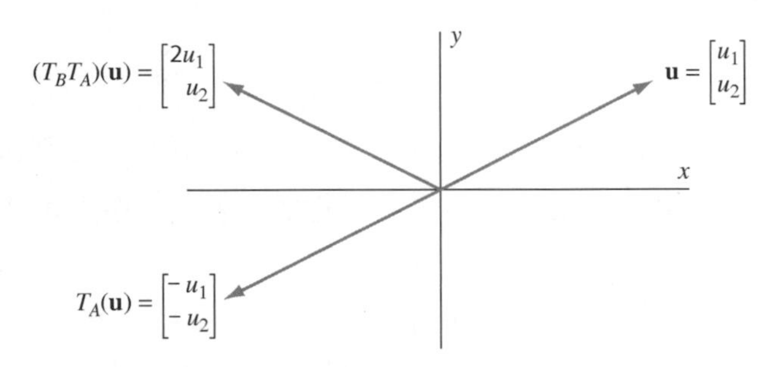

圖 2.16　將 **u** 旋轉 180°和它對 y 軸的反射

利用上述的結果，我們可得到一個，可逆矩陣與其相對之矩陣轉換間的有趣關係。首先，回憶一下，若函數 $f: S_1 \to S_2$ 要是可逆的，則存在有函數 $g: S_2 \to S_1$，對所有屬於 S_1 的 $\mathbf{v}$ 都有 $g(f(\mathbf{v}))=\mathbf{v}$，以及對所有屬於 S_2 的 $\mathbf{v}$ 都有 $f(g(\mathbf{v}))=\mathbf{v}$。如果 f 是可逆的，則函數 g 是唯一的，並叫做 f 的逆函數，記做 f^{-1}。(留意不要將符號 f^{-1} 和倒數 $1/f$ 相互混淆，後者經常沒有定義)我們可以證明，一個函數要是可逆的，若且唯若它是一對一且為蓋射。

現在設 A 是 $n\times n$ 可逆矩陣。則對所有屬於 R^n 的 $\mathbf{v}$，我們有

$$T_AT_{A^{-1}}(\mathbf{v})=T_A(T_{A^{-1}}(\mathbf{v}))=T_A(A^{-1}\mathbf{v})=A(A^{-1}\mathbf{v})=(AA^{-1})\mathbf{v}=I_n\mathbf{v}=\mathbf{v}$$

同樣的，$T_{A^{-1}}T_A(\mathbf{v})=\mathbf{v}$。故可歸結，$T_A$ 是可逆的且

$$T_A^{-1}=T_{A^{-1}}$$

這很容易看出來，舉例來說，若 T_A 代表在 R^2 旋轉 θ 角，則 T_A^{-1} 代表旋轉 $-\theta$ 角。利用前一個結果，求出旋轉矩陣 $A_{-\theta}$ 也可證明此點，如 2.3 節的例題 3。

若 $T:R^n\to R^n$ 是線性且可逆的，則它也是一對一的。由定理 2.11，其標準矩陣 A 之秩為 n，因此它也是可逆的。因此我們有 $T^{-1}=T_{A^{-1}}$。特別的是，T^{-1} 是矩陣轉換，故因此是線性的。

我們用下面的定理總結以上討論：

定理 2.13

令 $T:R^n\to R^n$ 是一個線性轉換，且標準矩陣為 A。則 T 為可逆，若且唯若 A 是可逆的，在此情形下 $T^{-1}=T_{A^{-1}}$。故 T^{-1} 是線性的，且標準矩陣為 A^{-1}。

例題 7

設 $A=\begin{bmatrix}1&2\\3&5\end{bmatrix}$ 所以 $T_A\left(\begin{bmatrix}v_1\\v_2\end{bmatrix}\right)=\begin{bmatrix}v_1+2v_2\\3v_1+5v_2\end{bmatrix}$。由 2.3 節的例題 1，我們看到 $A^{-1}=\begin{bmatrix}-5&2\\3&-1\end{bmatrix}$。由定理 2.13 可得

$$T_A^{-1}\left(\begin{bmatrix}v_1\\v_2\end{bmatrix}\right)=T_{A^{-1}}\left(\begin{bmatrix}v_1\\v_2\end{bmatrix}\right)=\begin{bmatrix}-5&2\\3&-1\end{bmatrix}\begin{bmatrix}v_1\\v_2\end{bmatrix}=\begin{bmatrix}-5v_1+2v_2\\3v_1-v_2\end{bmatrix}$$

練習題 3.

令 $T:R^2\to R^2$ 為線性轉換，定義為

$$T\left(\begin{bmatrix}x_1\\x_2\end{bmatrix}\right)=\begin{bmatrix}x_1+4x_2\\2x_1+7x_2\end{bmatrix}$$

證明 T 是可逆的，並求 $T^{-1}\left(\begin{bmatrix}x_1\\x_2\end{bmatrix}\right)$。

在下表中我們列出了本節的重點。令 $T:R^n\to R^m$ 是一個線性轉換且其標準矩陣為 A，大小為 $m\times n$。表中位於同一列的性質是同義的。

T之性質	Ax=b 有多少組解	A之行	A之秩
T 爲蓋射	對每個屬於 R^m 的 $\mathbf{b}$，$A\mathbf{x}=\mathbf{b}$ 至少有一解	A 之各行構成 R^m 的產生集合	rank $A=m$
T 爲一對一	對每個屬於 R^m 的 $\mathbf{b}$，$A\mathbf{x}=\mathbf{b}$ 至多有一解	A 之各行爲線性獨立	Rank $A=n$
T 爲可逆的	對每個屬於 R^m 的 $\mathbf{b}$，$A\mathbf{x}=\mathbf{b}$ 有唯一解	A 之各行構成 R^m 的一個線性獨立產生集合	rank $A=m=n$

習　題

在習題 1 至 12 中，找出各個線性轉換 T 之值域的產生集合。

1. $T:R^2\to R^2$ 定義爲 $T\left(\begin{bmatrix}x_1\\x_2\end{bmatrix}\right)=\begin{bmatrix}2x_1+3x_2\\4x_1+5x_2\end{bmatrix}$。

2. $T:R^2\to R^2$ 定義爲 $T\left(\begin{bmatrix}x_1\\x_2\end{bmatrix}\right)=\begin{bmatrix}x_2\\x_1+x_2\end{bmatrix}$。

3. $T:R^2\to R^3$ 定義爲 $T\left(\begin{bmatrix}x_1\\x_2\end{bmatrix}\right)=\begin{bmatrix}3x_2\\2x_1-x_2\\x_1+x_2\end{bmatrix}$。

4. $T:R^3\to R^2$ 定義爲 $T\left(\begin{bmatrix}x_1\\x_2\\x_3\end{bmatrix}\right)=\begin{bmatrix}x_1+x_2+x_3\\2x_1\end{bmatrix}$。

5. $T:R^3\to R^3$ 定義爲 $T\left(\begin{bmatrix}x_1\\x_2\\x_3\end{bmatrix}\right)=\begin{bmatrix}2x_1+x_2+x_3\\2x_1+2x_2+3x_3\\4x_1+x_2\end{bmatrix}$。

6. $T:R^3\to R^3$ 定義爲 $T\left(\begin{bmatrix}x_1\\x_2\\x_3\end{bmatrix}\right)=\begin{bmatrix}5x_1-4x_2+x_3\\x_1-2x_2\\x_1+x_3\end{bmatrix}$。

7. $T:R^2\to R^2$ 定義爲 $T\left(\begin{bmatrix}x_1\\x_2\end{bmatrix}\right)=\begin{bmatrix}x_1\\0\end{bmatrix}$。

8. $T:R^2\to R^4$ 定義爲 $T\left(\begin{bmatrix}x_1\\x_2\end{bmatrix}\right)=\begin{bmatrix}x_1-4x_2\\2x_1-3x_2\\0\\x_2\end{bmatrix}$。

9. $T:R^3\to R^3$ 定義爲 $T\left(\begin{bmatrix}x_1\\x_2\\x_3\end{bmatrix}\right)=\begin{bmatrix}x_1\\x_2\\0\end{bmatrix}$。

10. $T:R^3\to R^3$ 且 $T(\mathbf{v})=\mathbf{v}$，對所有 R^3 中的 $\mathbf{v}$。

11. $T:R^3\to R^2$ 定義爲 $T(\mathbf{v})=\mathbf{0}$，對所有 R^3 中的 $\mathbf{v}$。

12. $T:R^3\to R^3$ 且 $T(\mathbf{v})=4\mathbf{v}$，對所有 R^3 中的 $\mathbf{v}$。

在習題 13 至 23 中，找出各個線性轉換 T 之零空間的產生集合，並利用你的答案來決定 T 是否為一對一。

13. $T:R^2\to R^2$ 定義爲 $T\left(\begin{bmatrix}x_1\\x_2\end{bmatrix}\right)=\begin{bmatrix}x_2\\x_1+x_2\end{bmatrix}$。

14. $T:R^2\to R^2$ 定義爲 $T\left(\begin{bmatrix}x_1\\x_2\end{bmatrix}\right)=\begin{bmatrix}2x_1+3x_2\\4x_1+5x_2\end{bmatrix}$。

15. $T:R^3\to R^2$ 定義爲 $T\left(\begin{bmatrix}x_1\\x_2\\x_3\end{bmatrix}\right)=\begin{bmatrix}x_1+x_2+x_3\\2x_1\end{bmatrix}$。

16. $T:R^2\to R^3$ 定義爲 $T\left(\begin{bmatrix}x_1\\x_2\end{bmatrix}\right)=\begin{bmatrix}3x_2\\2x_1-x_2\\x_1+x_2\end{bmatrix}$。

17. $T:R^3\to R^3$ 定義爲 $T\left(\begin{bmatrix}x_1\\x_2\\x_3\end{bmatrix}\right)=\begin{bmatrix}x_1+2x_2+x_3\\x_1+3x_2+2x_3\\2x_1+5x_2+3x_3\end{bmatrix}$。

18. $T:R^3\to R^3$ 定義爲 $T\left(\begin{bmatrix}x_1\\x_2\\x_3\end{bmatrix}\right)=\begin{bmatrix}2x_1+3x_2\\x_1-x_3\\x_1+x_2+4x_3\end{bmatrix}$。

19. $T:R^3\to R^3$ 且 $T(\mathbf{v})=\mathbf{v}$，對所有 R^3 中的 $\mathbf{v}$。

20. $T:R^3\to R^2$ 定義爲 $T(\mathbf{v})=\mathbf{0}$，對所有 R^3 中的 $\mathbf{v}$。

21. $T:R^2\to R^2$ 定義爲 $T\left(\begin{bmatrix}x_1\\x_2\end{bmatrix}\right)=\begin{bmatrix}x_1\\0\end{bmatrix}$。

22. $T: R^3 \to R$ 定義爲 $T\left(\begin{bmatrix} x_1 \\ x_2 \\ x_3 \end{bmatrix}\right) = x_1 + 2x_3$。

23. $T: R^4 \to R^3$ 定義爲

$$T\left(\begin{bmatrix} x_1 \\ x_2 \\ x_3 \\ x_4 \end{bmatrix}\right) = \begin{bmatrix} 2x_1 + x_2 + x_3 - x_4 \\ x_1 + x_2 + 2x_3 + 2x_4 \\ x_1 - x_3 - 3x_4 \end{bmatrix}$$

在習題 24 至 31 中，求各線性轉換 T 的標準矩陣，並用它來決定 T 是否為一對一。

24. $T: R^2 \to R^2$ 定義爲 $T\left(\begin{bmatrix} x_1 \\ x_2 \end{bmatrix}\right) = \begin{bmatrix} x_2 \\ x_1 + x_2 \end{bmatrix}$。

25. $T: R^2 \to R^2$ 定義爲 $T\left(\begin{bmatrix} x_1 \\ x_2 \end{bmatrix}\right) = \begin{bmatrix} 2x_1 + 3x_2 \\ 4x_1 + 5x_2 \end{bmatrix}$。

26. $T: R^3 \to R^2$ 定義爲 $T\left(\begin{bmatrix} x_1 \\ x_2 \\ x_3 \end{bmatrix}\right) = \begin{bmatrix} x_1 + x_2 + x_3 \\ 2x_1 \end{bmatrix}$。

27. $T: R^5 \to R^4$ 定義爲 $T\left(\begin{bmatrix} x_1 \\ x_2 \end{bmatrix}\right) = \begin{bmatrix} 3x_2 \\ 2x_1 - x_2 \\ x_1 + x_2 \end{bmatrix}$。

28. $T: R^3 \to R^3$ 定義爲 $T\left(\begin{bmatrix} x_1 \\ x_2 \\ x_3 \end{bmatrix}\right) = \begin{bmatrix} x_1 - 2x_3 \\ -3x_1 + 4x_2 \\ 0 \end{bmatrix}$。

29. $T: R^3 \to R^3$ 定義爲 $T\left(\begin{bmatrix} x_1 \\ x_2 \\ x_3 \end{bmatrix}\right) = \begin{bmatrix} x_1 - x_2 \\ x_2 - x_3 \\ x_1 - x_3 \end{bmatrix}$。

30. $T: R^4 \to R^4$ 定義爲

$$T\left(\begin{bmatrix} x_1 \\ x_2 \\ x_3 \\ x_4 \end{bmatrix}\right) = \begin{bmatrix} x_1 - x_2 + x_3 + x_4 \\ -2x_1 + x_2 - x_3 - x_4 \\ 2x_1 + 3x_2 - 6x_3 + 5x_4 \\ -x_1 + 2x_2 - x_3 - 5x_4 \end{bmatrix}。$$

31. $T: R^5 \to R^4$ 定義爲

$$T\left(\begin{bmatrix} x_1 \\ x_2 \\ x_3 \\ x_4 \\ x_5 \end{bmatrix}\right) = \begin{bmatrix} x_1 + 2x_2 + 2x_3 + x_4 + 8x_5 \\ x_1 + 2x_2 + x_3 + 6x_5 \\ x_1 + x_2 + x_3 + 2x_4 + 5x_5 \\ 3x_1 + 2x_2 + 5x_4 + 8x_5 \end{bmatrix}。$$

在習題 32 至 40 中，求各線性轉換 T 的標準矩陣，並用它來決定 T 是否為蓋射。

32. $T: R^2 \to R^2$ 定義爲 $T\left(\begin{bmatrix} x_1 \\ x_2 \end{bmatrix}\right) = \begin{bmatrix} x_2 \\ x_1 + x_2 \end{bmatrix}$。

33. $T: R^2 \to R^2$ 定義爲 $T\left(\begin{bmatrix} x_1 \\ x_2 \end{bmatrix}\right) = \begin{bmatrix} 2x_1 + 3x_2 \\ 4x_1 + 5x_2 \end{bmatrix}$。

34. $T: R^3 \to R^2$ 定義爲 $T\left(\begin{bmatrix} x_1 \\ x_2 \\ x_3 \end{bmatrix}\right) = \begin{bmatrix} x_1 + x_2 + x_3 \\ 2x_1 \end{bmatrix}$。

35. $T: R^2 \to R^3$ 定義爲 $T\left(\begin{bmatrix} x_1 \\ x_2 \end{bmatrix}\right) = \begin{bmatrix} 3x_2 \\ 2x_1 - x_2 \\ x_1 + x_2 \end{bmatrix}$。

36. $T: R^3 \to R$ 定義爲 $T\left(\begin{bmatrix} x_1 \\ x_2 \\ x_3 \end{bmatrix}\right) = 2x_1 - 5x_2 + 4x_3$。

37. $T: R^3 \to R^3$ 定義爲 $T\left(\begin{bmatrix} x_1 \\ x_2 \\ x_3 \end{bmatrix}\right) = \begin{bmatrix} x_2 - 2x_3 \\ x_1 - x_3 \\ -x_1 + 2x_2 - 3x_3 \end{bmatrix}$。

38. $T: R^4 \to R^4$ 定義爲 $T\left(\begin{bmatrix} x_1 \\ x_2 \\ x_3 \\ x_4 \end{bmatrix}\right) = \begin{bmatrix} x_1 - x_2 + 2x_3 \\ -2x_1 + x_2 - 7x_3 \\ x_1 - x_2 + 2x_3 \\ -x_1 + 2x_2 + x_3 \end{bmatrix}$。

39. $T: R^4 \to R^4$ 定義爲

$$T\left(\begin{bmatrix} x_1 \\ x_2 \\ x_3 \\ x_4 \end{bmatrix}\right) = \begin{bmatrix} x_1 - 2x_2 + 2x_3 - x_4 \\ -x_1 + x_2 + 3x_3 + 2x_4 \\ x_1 - x_2 - 6x_3 - x_4 \\ x_1 - 2x_2 + 5x_3 - 5x_4 \end{bmatrix}。$$

40. $T: R^4 \to R^4$ 定義爲

$$T\left(\begin{bmatrix} x_1 \\ x_2 \\ x_3 \\ x_4 \end{bmatrix}\right) = \begin{bmatrix} x_1 + 2x_2 + 2x_3 + x_4 \\ x_1 + 2x_2 + x_3 \\ x_1 + x_2 + x_3 + 2x_4 \\ 3x_1 + 2x_2 + 5x_4 \end{bmatrix}。$$

是非題

在習題 41 至 60 中，決定各命題是否為真。

41. 一個對應域爲 R^m 的線性轉換爲蓋射，若且唯若其標準矩陣之秩爲 m。

42. 一線性轉換爲蓋射，若且唯若其標準矩陣之各行，構成它的值域的產生集合。

43. 一線性轉換爲蓋射，若且唯若其標準矩陣之各行，爲線性獨立。

44. 一線性轉換爲一對一，若且唯若其值域中的每一個向量，都是它的定義域中一個唯一的向量的像。

45. 一線性轉換爲一對一，若且唯若其零空間只包含有零向量。

46. 一線性轉換是可逆的，若且若其標準矩陣是可逆的。

47. 方程組 $A\mathbf{x}=\mathbf{b}$ 對所有 $\mathbf{v}$ 都是一致的，若且唯若轉換 T_A 是一對一的。

48. 令 A 爲 $m\times n$ 矩陣。方程組 $A\mathbf{x}=\mathbf{b}$ 對所有 R^m 中的 $\mathbf{v}$ 都是一致的，若且唯若 A 之各行構成 R^m 的產生集合。

49. 如果一個函數的值域等於它的定義域，則該函數爲蓋射。

50. 如果一個函數的值域等於它的對應域，則該函數爲蓋射。

51. 集合 $\{T(\mathbf{e}_1), T(\mathbf{e}_2), \cdots, T(\mathbf{e}_n)\}$ 是任意函數 $T: R^n \to R^m$ 之值域的產生集合。

52. 線性轉換 $T: R^n \to R^m$ 爲蓋射，若且唯若其標準矩陣的秩爲 n。

53. 線性轉換 $T: R^n \to R^m$ 的零空間，是 R^n 中像爲 0 之向量所成的集合。

54. 如果 R^n 中唯一一個像爲 $\mathbf{0}$ 的向量是 $\mathbf{v}=\mathbf{0}$，則 $T: R^n \to R^m$ 是一對一的。

55. 線性轉換 $T: R^n \to R^m$ 爲一對一，若且唯若其標準矩陣的秩爲 m。

56. 若兩個線性轉換 $T: R^n \to R^m$ 和 $U: R^p \to R^q$ 的合成 UT 是有定義的，則 $m=p$。

57. 線性轉換的合成也是線性轉換。

58. 若 $T: R^n \to R^m$ 和 $U: R^p \to R^n$ 是兩個線性轉換且其標準矩陣分別爲 A 和 B，則 TU 的標準矩陣爲 BA。

59. 對所有可逆的線性轉換 T，函數 T^{-1} 也是線性轉換。

60. 若 A 是一個可逆線性轉換 T 的標準矩陣，則 T^{-1} 的標準矩陣爲 A^{-1}。

---

61. 設 $T: R^2 \to R^2$ 是可將向量旋轉 90°的線性轉換。
   (a) T 的零空間爲何？
   (b) T 是否爲一對一？
   (c) T 之值域爲何？
   (d) T 是否爲蓋射？

62. 設 $T: R^2 \to R^2$ 是 R^2 中對 x 軸的反射。(見 1.2 節的習題 73。)
   (a) T 之零空間爲何？
   (b) T 是否爲一對一？
   (c) T 之值域爲何？
   (d) T 是否爲蓋射？

63. 定義 $T: R^2 \to R^2$ 爲 $T\left(\begin{bmatrix} x_1 \\ x_2 \end{bmatrix}\right) = \begin{bmatrix} 0 \\ x_2 \end{bmatrix}$，它是 $\begin{bmatrix} x_1 \\ x_2 \end{bmatrix}$ 在 y 軸的投影。
   (a) T 之零空間爲何？
   (b) T 是否爲一對一？
   (c) T 之值域爲何？
   (d) T 是否爲蓋射？

64. 定義 $T: R^3 \to R^3$ 爲 $T\left(\begin{bmatrix} x_1 \\ x_2 \\ x_3 \end{bmatrix}\right) = \begin{bmatrix} 0 \\ 0 \\ x_3 \end{bmatrix}$，它是 $\begin{bmatrix} x_1 \\ x_2 \\ x_3 \end{bmatrix}$ 在 z 軸的投影。
   (a) T 之零空間爲何？
   (b) T 是否爲一對一？
   (c) T 之值域爲何？
   (d) T 是否爲蓋射？

65. 定義 $T: R^3 \to R^3$ 爲 $T\left(\begin{bmatrix} x_1 \\ x_2 \\ x_3 \end{bmatrix}\right) = \begin{bmatrix} x_1 \\ x_2 \\ 0 \end{bmatrix}$，它是 $\begin{bmatrix} x_1 \\ x_2 \\ x_3 \end{bmatrix}$ 在 xy 平面的投影。
   (a) T 之零空間爲何？
   (b) T 是否爲一對一？
   (c) T 之值域爲何？
   (d) T 是否爲蓋射？

66. 定義 $T: R^3 \to R^3$ 爲 $T\left(\begin{bmatrix} x_1 \\ x_2 \\ x_3 \end{bmatrix}\right) = \begin{bmatrix} x_1 \\ x_2 \\ -x_3 \end{bmatrix}$。(見 2.7 節習題 92。)
   (a) T 之零空間爲何？
   (b) T 是否爲一對一？
   (c) T 之值域爲何？
   (d) T 是否爲蓋射？

67. 設 $T: R^2 \to R^2$ 是線性的，並有 $T(\mathbf{e}_1) = \begin{bmatrix} 3 \\ 1 \end{bmatrix}$ 和 $T(\mathbf{e}_2) = \begin{bmatrix} 4 \\ 2 \end{bmatrix}$ 的性質。
   (a) 決定 T 是否爲一對一。
   (b) 決定 T 是否爲蓋射。

68. 設 $T: R^2 \to R^2$ 是線性的，並有 $T(\mathbf{e}_1) = \begin{bmatrix} 3 \\ 1 \end{bmatrix}$ 和 $T(\mathbf{e}_2) = \begin{bmatrix} 6 \\ 2 \end{bmatrix}$ 的性質。
(a) 決定 T 是否為一對一。
(b) 決定 T 是否為蓋射。

習題 69 至 75 是關於線性轉換 $T: R^2 \to R^3$ 和 $U: R^3 \to R^2$ 其定義為

$$T\left(\begin{bmatrix} x_1 \\ x_2 \end{bmatrix}\right) = \begin{bmatrix} x_1 + x_2 \\ x_1 - 3x_2 \\ 4x_1 \end{bmatrix} \text{ 和 } U\left(\begin{bmatrix} x_1 \\ x_2 \\ x_3 \end{bmatrix}\right) = \begin{bmatrix} x_1 - x_2 + 4x_3 \\ x_1 + 3x_2 \end{bmatrix}$$

69. 求 UT 的定義域、對應域、及規則。
70. 利用習題 69 所得之規則，求 UT 的標準矩陣。
71. 分別求 T 和 U 的標準矩陣 A 和 B。
72. 求習題 71 所得之兩矩陣的乘積 BA，並將你的答案與習題 70 的結果做比較，由此說明定理 2.12。
73. 求 TU 的定義域、對應域、及規則。
74. 利用習題 73 所得的 TU 的規則，求 TU 的標準矩陣。
75. 求習題 71 所得之兩矩陣的乘積 AB，並將你的答案與習題 74 的結果做比較，由此說明定理 2.12。

習題 76 至 82 是關於線性轉換 $T: R^2 \to R^2$ 和 $U: R^2 \to R^2$，其定義為

$$T\left(\begin{bmatrix} x_1 \\ x_2 \end{bmatrix}\right) = \begin{bmatrix} x_1 + 2x_2 \\ 3x_1 - x_2 \end{bmatrix} \text{ 及 } U\left(\begin{bmatrix} x_1 \\ x_2 \end{bmatrix}\right) = \begin{bmatrix} 2x_1 - x_2 \\ 5x_2 \end{bmatrix}$$

76. 找出 UT 的定義域、對應域、及規則。
77. 利用習題 76 所得之 UT 的規則，求 UT 的標準矩陣。
78. 求 T 和 U 的標準矩陣 A 和 B。
79. 計算習題 78 所得矩陣的乘積 BA，並將答案與習題 77 的結果做比較，並由此說明定理 2.12。
80. 求 TU 的定義域、對應域、及規則。
81. 利用習題 80 所得之 TU 的規則，求 TU 的標準矩陣。
82. 計算習題 78 所得矩陣的乘積 AB，並將答案與習題 81 的結果做比較，並由此說明定理 2.12。

在習題 83 至 90 中，定義了一個可逆線性轉換 T。為每一個轉換的逆轉換 T^{-1} 找出類似的定義。

83. $T: R^2 \to R^2$ 定義為 $T\left(\begin{bmatrix} x_1 \\ x_2 \end{bmatrix}\right) = \begin{bmatrix} 2x_1 - x_2 \\ x_1 + x_2 \end{bmatrix}$
84. $T: R^2 \to R^2$ 定義為 $T\left(\begin{bmatrix} x_1 \\ x_2 \end{bmatrix}\right) = \begin{bmatrix} x_1 + 3x_2 \\ 2x_1 + x_2 \end{bmatrix}$
85. $T: R^3 \to R^3$ 定義為 $T\left(\begin{bmatrix} x_1 \\ x_2 \\ x_3 \end{bmatrix}\right) = \begin{bmatrix} -x_1 + x_2 + 3x_3 \\ 2x_1 - x_3 \\ -x_1 + 2x_2 + 5x_3 \end{bmatrix}$
86. $T: R^3 \to R^3$ 定義為 $T\left(\begin{bmatrix} x_1 \\ x_2 \\ x_3 \end{bmatrix}\right) = \begin{bmatrix} x_2 - 2x_3 \\ x_1 - x_3 \\ -x_1 + 2x_2 - 2x_3 \end{bmatrix}$
87. $T: R^3 \to R^3$ 定義為 $T\left(\begin{bmatrix} x_1 \\ x_2 \\ x_3 \end{bmatrix}\right) = \begin{bmatrix} 4x_1 + x_2 - x_3 \\ -x_1 - x_2 \\ -5x_1 - 3x_2 + x_3 \end{bmatrix}$
88. $T: R^3 \to R^3$ 定義為 $T\left(\begin{bmatrix} x_1 \\ x_2 \\ x_3 \end{bmatrix}\right) = \begin{bmatrix} x_1 - x_2 + 2x_3 \\ -x_1 + 2x_2 - 3x_3 \\ 2x_1 + x_3 \end{bmatrix}$
89. $T: R^4 \to R^4$ 定義為
$$T\left(\begin{bmatrix} x_1 \\ x_2 \\ x_3 \\ x_4 \end{bmatrix}\right) = \begin{bmatrix} 2x_1 - 3x_2 - 6x_3 + 3x_4 \\ 3x_1 - x_2 - 3x_3 + 3x_4 \\ -3x_1 + 3x_2 + 5x_3 - 3x_4 \\ -3x_1 + 6x_2 + 9x_3 - 4x_4 \end{bmatrix}$$
90. $T: R^4 \to R^4$ 定義為
$$T\left(\begin{bmatrix} x_1 \\ x_2 \\ x_3 \\ x_4 \end{bmatrix}\right) = \begin{bmatrix} 8x_1 - 2x_2 + 2x_3 - 4x_4 \\ -9x_1 + 7x_2 - 9x_3 \\ -16x_1 + 8x_2 - 10x_3 + 4x_4 \\ 13x_1 - 5x_2 + 5x_3 - 6x_4 \end{bmatrix}$$
91. 證明，兩個一對一線性轉換的合成，也是一對一轉換。如果轉換不是線性的，以上結果是否仍為真？驗證你的答案。
92. 證明，若兩個線性轉換均為蓋射，則它們的合成亦為蓋射。如果轉換不是線性的，以上結果是否仍為真？驗證你的答案。
93. 在 R^2 中，證明兩個對 x 軸反射的合成，是恆等轉換。
94. 在 R^2 中，證明對 y 軸反射一次接著再旋轉 $180°$，等於對 x 軸反射一次。

2

95. 證明在 R^2 中，對 x 投影，再對 y 軸反射的合成，會等於對 y 軸反射再對 x 軸投影的合成。

96. 證明，兩個剪切轉換的合成是一個剪切轉換。(見 2.7 節例題 4。)

97. 設 $T: R^n \to R^m$ 是線性且一對一的。令 $\{\mathbf{v}_1, \mathbf{v}_2, \cdots, \mathbf{v}_k\}$ 是 R^n 的一個線性獨立子集合。
   (a) 證明，集合 $\{T(\mathbf{v}_1), T(\mathbf{v}_2), \cdots, T(\mathbf{v}_k)\}$ 是 R^m 的一個線性獨立子集合。
   (b) 舉例說明，若 T 不是一對一，則(a)為偽。

98. 用定理 2.12 以證明矩陣乘法適合結合律。

在習題 99 及 100 中，使用有矩陣功能的計算機或諸如 *MATLAB* 的電腦軟體以求解。

99. 線性轉換 T、$U: R^4 \to R^4$ 定義如下：

$$T\left(\begin{bmatrix} x_1 \\ x_2 \\ x_3 \\ x_4 \end{bmatrix}\right) = \begin{bmatrix} x_1 + 3x_2 - 2x_3 + x_4 \\ 3x_1 + 4x_3 + x_4 \\ 2x_1 - x_2 + 2x_4 \\ x_3 + x_4 \end{bmatrix}$$

及

$$U\left(\begin{bmatrix} x_1 \\ x_2 \\ x_3 \\ x_4 \end{bmatrix}\right) = \begin{bmatrix} x_2 - 3x_4 \\ 2x_1 + x_3 - x_4 \\ x_1 - 2x_2 + 4x_4 \\ 5x_2 + x_3 \end{bmatrix}$$

   (a) 求 T 和 U 的標準矩陣 A 和 B。
   (b) 求乘積 AB。
   (c) 利用(b)的答案，寫出 TU 的規則。

100. 定義線性轉換 $T: R^4 \to R^4$ 之規則為

$$T\left(\begin{bmatrix} x_1 \\ x_2 \\ x_3 \\ x_4 \end{bmatrix}\right) = \begin{bmatrix} 2x_1 + 4x_2 + x_3 + 6x_4 \\ 3x_1 + 7x_2 - x_3 + 11x_4 \\ x_1 + 2x_2 + 2x_4 \\ 2x_1 + 5x_2 - x_3 + 8x_4 \end{bmatrix}$$

   (a) 求 T 之標準矩陣 A。
   (b) 證明 A 是可逆的，並求出它的逆矩陣。
   (c) 利用(b)的答案以找出 T^{-1} 的規則。

練習題解答

1. T 之標準矩陣為 $A = \begin{bmatrix} 3 & -1 \\ -1 & 2 \\ 2 & 0 \end{bmatrix}$。
   (a) 因為 A 的各行，構成 T 之值域的產生集合，所要的產生集合為

$$\left\{\begin{bmatrix} 3 \\ -1 \\ 2 \end{bmatrix}, \begin{bmatrix} -1 \\ 2 \\ 0 \end{bmatrix}\right\}$$

   (b) A 的零空間是 $A\mathbf{x} = \mathbf{0}$ 的解集合。因為 A 的最簡列梯型為 $\begin{bmatrix} 1 & 0 \\ 0 & 1 \\ 0 & 0 \end{bmatrix}$，可知 $A\mathbf{x} = \mathbf{0}$ 的通解是

$$\begin{aligned} x_1 &= 0 \\ x_2 &= 0 \end{aligned}$$

   因此 T 的零空間是$\{\mathbf{0}\}$，所以 T 的零空間的產生集合是$\{\mathbf{0}\}$。
   (c) 由(b)我們可知 A 之秩為 2。因為定理 2.10 指出，若且唯若 A 之秩為 3，則 T 為蓋射，因此我們知道 T 不為蓋射。
   (d) 由(b)我\知道 T 的零空間為$\{\mathbf{0}\}$。因此，由定理 2.11 可知，T 是一對一。

2. T 和 U 的標準矩陣分別為

$$A = \begin{bmatrix} 3 & -1 \\ -1 & 2 \\ 2 & 0 \end{bmatrix} \quad 和 \quad B = \begin{bmatrix} 0 & 1 & -4 \\ 2 & 0 & 3 \end{bmatrix}$$

   因此由定理 2.12(a)，UT 的標準矩陣為

$$BA = \begin{bmatrix} -9 & 2 \\ 12 & -2 \end{bmatrix}$$

   由此得

$$UT\left(\begin{bmatrix} x_1 \\ x_2 \end{bmatrix}\right) = \begin{bmatrix} -9 & 2 \\ 12 & -2 \end{bmatrix}\begin{bmatrix} x_1 \\ x_2 \end{bmatrix} = \begin{bmatrix} -9x_1 + 2x_2 \\ 12x_1 - 2x_2 \end{bmatrix}$$

3. T 的標準矩陣為 $A = \begin{bmatrix} 1 & 4 \\ 2 & 7 \end{bmatrix}$。因為 A 之秩為 2，A 是可逆的。實際上，$A^{-1} = \begin{bmatrix} -7 & 4 \\ 2 & -1 \end{bmatrix}$，因此，由定理 2.13，$T$ 是可逆的且

$$T^{-1}\left(\begin{bmatrix} x_1 \\ x_2 \end{bmatrix}\right) = \begin{bmatrix} -7 & 4 \\ 2 & -1 \end{bmatrix}\begin{bmatrix} x_1 \\ x_2 \end{bmatrix} = \begin{bmatrix} -7x_1 + 4x_2 \\ 2x_1 - x_2 \end{bmatrix}$$

本章複習題

是非題

在習題 1 至 21 中，決定各命題是否為真。

1. 對稱矩陣等於其轉置。
2. 如果將對稱矩陣寫成區塊型式，則各區塊同樣是對稱矩陣。
3. 方陣與方陣的乘積一定是有定義的。
4. 可逆矩陣的轉置是可逆的。
5. 一個可逆矩陣，可能有兩個相異的逆矩陣。
6. 一個可逆矩陣與它的逆矩陣的和，是零矩陣。
7. 可逆矩陣的各行，是線性獨立的。
8. 如果一個矩陣是可逆的，則它的秩等於它的列的數目。
9. 一個矩陣，若且唯若其最簡列梯型是恆等矩陣，則該矩陣是可逆的。
10. 若 A 爲 $n\times n$ 矩陣，且有某個 $\mathbf{b}$ 可使 $A\mathbf{x}=\mathbf{b}$ 是一致的，則 A 是可逆的。
11. 一個線性轉換的值域，是包含於該轉換的對應域。
12. 一個線性轉換的零空間，是包含於該轉換的對應域。
13. 線性轉換保留線性組合。
14. 線性轉換保留線性獨立集合。
15. 每個線性轉換都有一個標準矩陣。
16. 零轉換，是唯一的一個，以零矩陣爲標準矩陣的線性轉換。
17. 如果一個線性轉換是一對一，則它是可逆的。
18. 如果一個線性轉換是蓋射，則它的值域等於它的對應域。
19. 如果一個線性轉換是一對一，則它的值域恰僅包含零向量。
20. 如果一個線性轉換是蓋射，則它的標準矩陣的各列，構成它的對應域的產生集合。
21. 如果一個線性轉換是一對一，則它的標準矩陣的各行，構成一個線性獨立集合。

---

22. 問以下各項說法是否有誤用專有名詞。若是，解釋錯在何處。
    (a) 一個矩陣的值域。
    (b) 函數 $f: R^n \to R^n$ 的標準矩陣。
    (c) 一個線性轉換之值域的產生集合。
    (d) 一個線性方程組的零空間。
    (e) 一個一對一矩陣。
23. 令 A 爲 $m\times n$ 矩陣且 B 爲 $p\times q$ 矩陣。
    (a) 矩陣乘積 BA 有定義之條件爲何？
    (b) 若 BA 有定義，其大小爲何？

在習題 24 至 35 中，利用所給之矩陣求每個運算式，或說明為何該式沒有定義。

$$A=\begin{bmatrix}2 & 1\\ 4 & -1\end{bmatrix},\quad B=\begin{bmatrix}2 & 3\\ 4 & 6\end{bmatrix},\quad C=\begin{bmatrix}2 & -1\\ 3 & 5\\ 0 & 1\end{bmatrix}$$

$$\mathbf{u}=\begin{bmatrix}3\\ 2\\ -1\end{bmatrix},\quad \mathbf{v}=\begin{bmatrix}1 & -2 & 2\end{bmatrix}，及\quad \mathbf{w}=\begin{bmatrix}3\\ 4\end{bmatrix}$$

24. $A\mathbf{w}$　　25. ABA　　26. $A\mathbf{u}$
27. $C\mathbf{w}$　　28. $\mathbf{v}C$　　29. $\mathbf{v}A$
30. A^TB　　31. $A^{-1}B^T$　　32. $B^{-1}\mathbf{w}$
33. $AC^T\mathbf{u}$　　34. B^3　　35. $\mathbf{u}^2$

在習題 36 及 37 中，求區塊型式的矩陣乘積。

36. $$\left[\begin{array}{cc|cc}1 & 0 & 3 & 1\\ 0 & 1 & 2 & 4\\ \hline 0 & 0 & 2 & 1\\ 0 & 0 & -1 & 3\end{array}\right]\left[\begin{array}{cc|cc}1 & -1 & 0 & 0\\ 2 & 1 & 0 & 0\\ \hline 0 & 0 & 2 & 0\\ 0 & 0 & 0 & 2\end{array}\right]$$

37. $$\left[I_2 \mid -I_2\right]\left[\begin{array}{c}1\\ 3\\ \hline -7\\ -4\end{array}\right]$$

在習題 38 及 39 中，決定各矩陣是否為可逆的。如果是，求出其逆矩陣；如果不是，解釋其原因。

38. $$\begin{bmatrix}1 & 0 & 2\\ 2 & -1 & 3\\ 4 & 1 & 8\end{bmatrix}$$　　39. $$\begin{bmatrix}2 & -1 & 3\\ 1 & 2 & -4\\ 4 & 3 & 5\end{bmatrix}$$

40. 令 A 和 B 爲大小相同的方陣。證明，若 A 的第一列爲零，則 AB 的第一列亦爲零。
41. 令 A 和 B 爲大小相同的方陣。證明，若 A 的第一行爲零，則 AB 的第一行亦爲零。

42. 寫出 2×2 矩陣 A 和 B 的實例，使得 A 和 B 爲可逆，且 $(A+B)^{-1} \neq A^{-1}+B^{-1}$。

在習題 43 和 44 中，給定方程組。首先利用逆矩陣求解各方程組，然後用高斯消去法檢查你的答案。

43. $$\begin{aligned} 2x_1 + x_2 &= 3 \\ x_1 + x_2 &= 5 \end{aligned}$$

44. $$\begin{aligned} x_1 + x_2 + x_3 &= 3 \\ x_1 + 3x_2 + 4x_3 &= -1 \\ 2x_1 + 4x_2 + x_3 &= 2 \end{aligned}$$

45. 假設已知 A 的三行，和最簡列梯型 R 如下

$$R=\begin{bmatrix} 1 & 2 & 0 & 0 & -2 \\ 0 & 0 & 1 & 0 & 3 \\ 0 & 0 & 0 & 1 & 1 \end{bmatrix}，\mathbf{a}_1=\begin{bmatrix} 3 \\ 5 \\ 2 \end{bmatrix}$$

$$\mathbf{a}_3=\begin{bmatrix} 2 \\ 0 \\ -1 \end{bmatrix} \text{ 和 } \mathbf{a}_4=\begin{bmatrix} 2 \\ -1 \\ 3 \end{bmatrix}$$

求矩陣 A。

習題 46 至 49 使用以下矩陣：

$$A=\begin{bmatrix} 2 & -1 & 3 \\ 4 & 0 & -2 \end{bmatrix} \quad \text{和} \quad B=\begin{bmatrix} 4 & 2 \\ 1 & -3 \\ 0 & 1 \end{bmatrix}$$

46. 求矩陣轉換 T_A 的值域和對應域。

47. 求矩陣轉換 T_B 的值域和對應域。

48. 求 $T_A\left(\begin{bmatrix} 2 \\ 0 \\ 3 \end{bmatrix}\right)$。

49. 求 $T_B\left(\begin{bmatrix} 4 \\ 2 \end{bmatrix}\right)$。

在習題 50 至 53 中，已知線性轉換，求它的標準矩陣。

50. $T: R^2 \to R^2$ 定義爲 $T\left(\begin{bmatrix} x_1 \\ x_2 \end{bmatrix}\right)=\begin{bmatrix} 3x_1-x_2 \\ 4x_1 \end{bmatrix}$

51. $T: R^3 \to R^2$ 定義爲 $T\left(\begin{bmatrix} x_1 \\ x_2 \\ x_3 \end{bmatrix}\right)=\begin{bmatrix} 2x_1-x_3 \\ 4x_1 \end{bmatrix}$

52. $T: R^2 \to R^2$ 且 $T(\mathbf{v})=6\mathbf{v}$，對所有 R^2 中的 $\mathbf{b}$。

53. $T: R^2 \to R^2$ 定義爲 $T(\mathbf{v})=2\mathbf{v}+U(\mathbf{v})$，對所有 R^2 中的 $\mathbf{b}$，其中 $U: R^2 \to R^2$ 是定義爲 $U\left(\begin{bmatrix} x_1 \\ x_2 \end{bmatrix}\right)=\begin{bmatrix} 2x_1+x_2 \\ 3x_1 \end{bmatrix}$ 的線性轉換。

在習題 54 至 57 中，已知函數 $T: R^n \to R^m$。證明 T 是線性的，或解釋為何 T 不是線性的。

54. $T: R^2 \to R^2$ 定義爲 $T\left(\begin{bmatrix} x_1 \\ x_2 \end{bmatrix}\right)=\begin{bmatrix} x_1+1 \\ x_2 \end{bmatrix}$

55. $T: R^2 \to R^2$ 定義爲 $T\left(\begin{bmatrix} x_1 \\ x_2 \end{bmatrix}\right)=\begin{bmatrix} 2x_2 \\ x_1 \end{bmatrix}$

56. $T: R^2 \to R^2$ 定義爲 $T\left(\begin{bmatrix} x_1 \\ x_2 \end{bmatrix}\right)=\begin{bmatrix} x_1x_2 \\ x_1 \end{bmatrix}$

57. $T: R^3 \to R^2$ 定義爲 $T\left(\begin{bmatrix} x_1 \\ x_2 \\ x_3 \end{bmatrix}\right)=\begin{bmatrix} x_1+x_2 \\ x_3 \end{bmatrix}$

在習題 58 和 59 中，求各個線性轉換 T 之值域的產生集合。

58. $T: R^2 \to R^3$ 定義爲 $T\left(\begin{bmatrix} x_1 \\ x_2 \end{bmatrix}\right)=\begin{bmatrix} x_1+x_2 \\ 0 \\ 2x_1-x_2 \end{bmatrix}$

59. $T: R^3 \to R^2$ 定義爲 $T\left(\begin{bmatrix} x_1 \\ x_2 \\ x_3 \end{bmatrix}\right)=\begin{bmatrix} x_1+2x_2 \\ x_2-x_3 \end{bmatrix}$

在習題 60 和 61 中，求各個線性轉換 T 之零空間的產生集合。利用你的答案以決定 T 是否為一對一。

60. $T: R^2 \to R^3$ 定義爲 $T\left(\begin{bmatrix} x_1 \\ x_2 \end{bmatrix}\right)=\begin{bmatrix} x_1+x_2 \\ 0 \\ 2x_1-x_2 \end{bmatrix}$

61. $T: R^3 \to R^2$ 定義爲 $T\left(\begin{bmatrix} x_1 \\ x_2 \\ x_3 \end{bmatrix}\right)=\begin{bmatrix} x_1+2x_2 \\ x_2-x_3 \end{bmatrix}$

在習題 62 和 63 中，求各個線性轉換 T 的標準矩陣，並用此答案以決定 T 是否為一對一。

62. $T: R^3 \to R^2$ 定義爲 $T\left(\begin{bmatrix} x_1 \\ x_2 \\ x_3 \end{bmatrix}\right)=\begin{bmatrix} x_1+2x_2 \\ x_2-x_3 \end{bmatrix}$

63. $T: R^2 \to R^3$ 定義爲 $T\left(\begin{bmatrix} x_1 \\ x_2 \end{bmatrix}\right) = \begin{bmatrix} x_1 + x_2 \\ 0 \\ 2x_1 - x_2 \end{bmatrix}$

在習題 64 和 65 中，求各個線性轉換 T 的標準矩陣，並用此答案以決定 T 是否為蓋射。

64. $T: R^3 \to R^2$ 定義爲 $T\left(\begin{bmatrix} x_1 \\ x_2 \\ x_3 \end{bmatrix}\right) = \begin{bmatrix} 2x_1 + x_3 \\ x_1 + x_2 - x_3 \end{bmatrix}$

65. $T: R^2 \to R^3$ 定義爲 $T\left(\begin{bmatrix} x_1 \\ x_2 \end{bmatrix}\right) = \begin{bmatrix} 3x_1 - x_2 \\ x_2 \\ x_1 + x_2 \end{bmatrix}$

習題 66 至 72 中的線性轉換 $T: R^3 \to R^2$ 和 $U: R^2 \to R^3$ 定義為

$$T\left(\begin{bmatrix} x_1 \\ x_2 \\ x_3 \end{bmatrix}\right) = \begin{bmatrix} 2x_1 + x_3 \\ x_1 + x_2 - x_3 \end{bmatrix} \text{ 和 } U\left(\begin{bmatrix} x_1 \\ x_2 \end{bmatrix}\right) = \begin{bmatrix} 3x_1 - x_2 \\ x_2 \\ x_1 + x_2 \end{bmatrix}$$

66. 求 UT 的定義域、對應域、及規則。

67. 利用習題 66 所得之 UT 的規則，以找出 UT 的標準矩陣。

68. 求 T 和 U 的標準矩陣 A 及 B。

69. 計算習題 68 所得之矩陣的乘積 BA，並將其與習題 67 的結果相比較，藉以說明定理 2.12。

70. 求 TU 的定義域、對應域、及規則。

71. 利用習題 70 所得之 TU 的規則，以找出 TU 的標準矩陣。

72. 計算習題 68 所得之矩陣的乘積 AB，並將其與習題 71 的結果相比較，藉以說明定理 2.12。

在習題 73 及 74 中，已知可逆線性轉換 T 之定義。求 T^{-1} 的類似定義。

73. $T: R^2 \to R^2$ 定義爲 $T\left(\begin{bmatrix} x_1 \\ x_2 \end{bmatrix}\right) = \begin{bmatrix} x_1 + 2x_2 \\ -x_1 + 3x_2 \end{bmatrix}$

74. $T: R^3 \to R^3$ 定義爲 $T\left(\begin{bmatrix} x_1 \\ x_2 \\ x_3 \end{bmatrix}\right) = \begin{bmatrix} x_1 + x_2 + x_3 \\ x_1 + 3x_2 + 4x_3 \\ 2x_1 + 4x_2 + x_3 \end{bmatrix}$

本章 Matlab 習題

在以下習題中，使用 *MATLAB* (或同類軟體)或有矩陣功能的計算機。會用到附錄 D 中的表 D.1、D.2、D.3、D.4、及 D.5 中所列的 *MATLAB* 函數。

1. 令

$$A = \begin{bmatrix} 1 & -1 & 2 & 1 & 3 \\ 0 & 1 & 1 & 0 & 1 \\ 1 & 2 & 0 & -1 & 3 \\ 4 & 0 & 1 & 0 & -2 \\ -1 & 1 & 2 & 1 & -3 \end{bmatrix}$$

$$B = \begin{bmatrix} 1 & -1 & 2 & 3 & 1 \\ 1 & 0 & 1 & 2 & 2 \\ -1 & 0 & 2 & 1 & -1 \end{bmatrix}$$

$$C = \begin{bmatrix} 2 & -1 & 1 & 2 & 3 \\ 1 & -1 & 0 & 1 & 2 \\ 3 & 1 & 2 & 3 & -1 \end{bmatrix}$$

$$D = \begin{bmatrix} 2 & 3 & -1 \\ 1 & 0 & 4 \\ -1 & 0 & 2 \\ 2 & 1 & 1 \\ 1 & 2 & 3 \end{bmatrix} \text{ 及 } \mathbf{v} = \begin{bmatrix} 1 \\ 3 \\ 1 \\ -1 \\ 4 \end{bmatrix}$$

求下列各矩陣或向量。

(a) AD (b) DB (c) $(AB^T)C$

(d) $A(B^TC)$ (e) $D(B-2C)$ (f) $A\mathbf{v}$

(g) $C(A\mathbf{v})$ (h) $(CA)\mathbf{v}$ (i) A^3

2. 設

$$A = \begin{bmatrix} 0 & .3 & .5 & .6 & .3 & 0 \\ .7 & 0 & 0 & 0 & 0 & 0 \\ 0 & .9 & 0 & 0 & 0 & 0 \\ 0 & 0 & .8 & 0 & 0 & 0 \\ 0 & 0 & 0 & .3 & 0 & 0 \\ 0 & 0 & 0 & 0 & .1 & 0 \end{bmatrix}$$

是一個隔絕地區中某種動物群落的 Leslie 矩陣，其中每一時間間隔爲一年。

(a) 求 A^{10}、A^{100}、及 A^{500}。依據以上結果，你預估此一群落的最終命運爲何？

(b) 現在假設，此物種每年由區外移入一個族群，移入族群中的雌性分佈為向量 $\mathbf{b}$。假設此區域中，原有的雌性族群分佈為 $\mathbf{x}_0$，而 n 年後的分佈為 $\mathbf{x}_n$。

(i) 證明，對任意正整數 n，

$$\mathbf{x}_n = A\mathbf{x}_{n-1} + \mathbf{b}$$

(ii) 假設

$$\mathbf{x}_0 = \begin{bmatrix} 3.1 \\ 2.2 \\ 4.3 \\ 2.4 \\ 1.8 \\ 0.0 \end{bmatrix} \quad 且 \quad \mathbf{b} = \begin{bmatrix} 0 \\ 1.1 \\ 2.1 \\ 0 \\ 0 \\ 0 \end{bmatrix}$$

其中每單位代表 1000 隻雌性。求族群分佈 $\mathbf{x}_1$、$\mathbf{x}_2$、$\mathbf{x}_3$、$\mathbf{x}_4$、及 $\mathbf{x}_5$。

(iii) 證明，對任意正整數 n，

$$\mathbf{x}_n = A^n\mathbf{x}_0 + (A - I_6)^{-1}(A^n - I_6)\mathbf{b}$$

並利用此公式重新計算(ii)中所要求的 $\mathbf{x}_5$。證明的提示：利用幾何級數和的公式，或數學歸納法。

(iv) 假設在 n 年之後，族群數穩定不變，亦即 $\mathbf{x}_{n+1} = \mathbf{x}_n$。證明

$$\mathbf{x}_n = (I_6 - A)^{-1}\mathbf{b}$$

利用此結果以預估(ii)中的向量 $\mathbf{b}$ 之雌性族群穩態分佈。

3. 令

$$A = \begin{bmatrix} 0 & 1 & 0 & 0 & 0 & 1 & 0 & 0 \\ 1 & 0 & 0 & 0 & 0 & 0 & 0 & 0 \\ 0 & 0 & 0 & 1 & 1 & 0 & 0 & 0 \\ 0 & 0 & 1 & 0 & 0 & 0 & 1 & 0 \\ 0 & 0 & 1 & 0 & 0 & 0 & 0 & 0 \\ 1 & 0 & 0 & 0 & 0 & 0 & 0 & 1 \\ 0 & 0 & 0 & 1 & 0 & 0 & 0 & 0 \\ 0 & 0 & 0 & 0 & 0 & 1 & 0 & 0 \end{bmatrix}$$

矩陣代表一組 8 個機場間的航班。對每個 i 和 j，如果機場 i 到機場 j 之間有定期班機，則 $a_{ij}=1$，否則 $a_{ij}=0$。特別留意到，如果機場 i 到機場 j 有定期班機，則必然有反向的定期航班，因此 A 是對稱的。利用 2.2 節所介紹的方法，將所有機場分成不同的子集合，使得同一子集合中，任兩個機場之間都可透過可能的轉機以飛航到達，但不能到達此子集合之外的機場。

4. 令

$$A = \begin{bmatrix} 1 & 2 & 3 & 2 & 1 & 1 & 1 \\ 2 & 4 & 1 & -1 & 2 & 1 & -2 \\ 1 & 2 & 2 & 1 & 1 & -1 & 2 \\ 1 & 2 & 1 & 0 & 1 & 1 & -1 \\ -1 & -2 & 1 & 2 & 1 & 2 & -2 \end{bmatrix}$$

(a) 利用 MATLAB 函數 `rref(A)` 以獲得 A 的最簡列梯型 R。

(b) 利用附錄 D 的表 D.2 所介紹的函數 `null(A',r')`，以獲得矩陣 S，其各行構成 Null A 的基底。

(c) 比較 S 和 R，並找出一種可在各種情形下由 R 求得 S 的方法，且無須求解方程式 $R\mathbf{x}=\mathbf{0}$。將你的方法用於(a)所得的矩陣 R 以求出(b)中的 S。

5. 讀一下附錄 D 的例題 3，它介紹的是，針對已知矩陣 A 如何找出一個可逆矩陣 P，使得 PA 是 A 的最簡列梯型。

(a) 驗證此方法。

(b) 將此方法用於習題 6 的矩陣 A。

6. 令

$$A = \begin{bmatrix} 1 & 2 & 3 & 1 & 3 & 2 \\ 2 & 0 & 2 & -1 & 0 & 3 \\ -1 & 1 & 0 & 0 & -1 & 0 \\ 2 & 1 & 3 & 1 & 4 & 2 \\ 4 & 4 & 8 & 1 & 6 & 6 \end{bmatrix}$$

(a) 求 M，一個將 A 的樞軸行依同樣順序排列而成的矩陣。例如，你可用附錄 D 之表 D.5 中所介紹的，MATLAB 的輸入函數 pvtcol(A)以求得 M。

(b) 求 R，A 的最簡列梯型，並經由刪除 R 中的零列，以得到矩陣 S。

(c) 證明矩陣乘積 MS 是有定義的。

(d) 驗證 $MS=A$。

(e) 證明，對任意矩陣 A，若 M 及 S 是依據(a)和(b)所述的方法而得自 A，則 $MS=A$。

7. 令

$$A = \begin{bmatrix} 1 & 1 & 1 & 1 & 2 \\ 1 & 2 & 1 & 1 & 2 \\ -1 & -1 & 0 & -1 & -2 \\ 2 & 3 & 2 & 2 & 5 \\ 2 & 2 & 2 & 3 & 4 \end{bmatrix}$$

及

$$B=\begin{bmatrix} 1 & -1 & 2 & 4 & 0 & 2 & 1 \\ 0 & 1 & -2 & 3 & 4 & -1 & -1 \\ -3 & 1 & 0 & 2 & -1 & 4 & 2 \\ 0 & 0 & 2 & 1 & -1 & 3 & 2 \\ 2 & -1 & 1 & 0 & 2 & 1 & 3 \end{bmatrix}$$

(a) 利用 2.4 節的演算法則以計算 $A^{-1}B$。

(b) 先求出 A^{-1} 再直接將 A^{-1} 和 B 相乘以得到 $T^{-1}B$。

(c) 比較(a)與(b)所得的答案。

8. 令

$$A=\begin{bmatrix} 1 & -1 & 2 & 0 & -2 & 4 \\ 2 & 1 & 1 & -2 & 1 & 3 \\ 1 & 0 & -1 & 3 & -3 & 2 \\ 2 & -1 & 1 & 1 & 2 & 3 \end{bmatrix} \quad 及 \quad \mathbf{b}=\begin{bmatrix} 5 \\ 4 \\ 9 \\ 11 \end{bmatrix}$$

(a) 求 A 的 LU 分解。

(b) 利用(a)中所得的 LU 分解以求解方程組 $A\mathbf{x}=\mathbf{b}$。

9. 令 $T: R^6 \to R^6$ 爲線性轉換，其規則定義爲

$$T\left(\begin{bmatrix} x_1 \\ x_2 \\ x_3 \\ x_4 \\ x_5 \\ x_6 \end{bmatrix}\right)=\begin{bmatrix} x_1+2x_2+x_4-3x_5-2x_6 \\ x_2-x_4 \\ x_1+x_3+3x_6 \\ 2x_1+4x_2+3x_4-6x_5-4x_6 \\ 3x_1+2x_2+2x_3+x_4-2x_5-4x_6 \\ 4x_1+4x_2+2x_3+2x_4-5x_5+3x_6 \end{bmatrix}$$

(a) 求 T 的標準矩陣 A。

(b) 證明 A 是可逆的並求其逆矩陣。

(c) 利用(b)的答案，以求得 T^{-1} 的規則。

10. 令 $U: R^6 \to R^4$ 爲線性轉換，其規則定義爲

$$U\left(\begin{bmatrix} x_1 \\ x_2 \\ x_3 \\ x_4 \\ x_5 \\ x_6 \end{bmatrix}\right)=\begin{bmatrix} x_1+2x_3+x_6 \\ 2x_1-x_2+x_4 \\ 3x_2-x_5 \\ 2x_1+x_2-x_3+x_6 \end{bmatrix}$$

令 T 爲習題 9 的線性轉換，並令 A 爲 T 的標準矩陣。

(a) 求 U 的標準矩陣 B。

(b) 利用 A 和 B 以求出 UT 的標準矩陣。

(c) 求 UT 的規則。

(d) 求 UT^{-1} 的規則。

3 簡介

地理資訊系統(Geographic information systems GIS)從根本上改變了地圖製作與地質分析人員的工作方式。GIS 是一個電腦系統，它能夠捕捉、儲存、分析、及顯示地理數據以及地理參照資訊(所有以地點爲識別依據的數據)。以往用人工要花上數小時甚至數天的計算與分析，現在利用 GIS 只要數分鐘即可完成。

左圖顯示了一個國家的國界(粗線)以及一片森林的邊界(細線)，我們用此說明 GIS 一項相對簡單的分析功能。此分析之目的在回答以下問題：這座森林有多大面積是位於這個國家中？明確的說，我們要計算圖中陰影部份的面積，其邊界是一個多邊形(一個由多條線段圍成的圖形)。此問題可以用行列式來求解。

我們將於 3.1 節中說明，一個以向量 $\mathbf{u}$ 和 $\mathbf{v}$ 爲兩鄰邊的平行四邊形，其面積爲 $|\det[\mathbf{u}\quad\mathbf{v}]|$。因爲以 $\mathbf{u}$ 和 $\mathbf{v}$ 爲兩鄰邊之三角形面積，是以 $\mathbf{u}$ 和 $\mathbf{v}$ 爲兩鄰邊之平行四邊形面積的一半，此三角形的面積爲 $\frac{1}{2}|\det[\mathbf{u}\quad\mathbf{v}]|$。因此，如果三角形的三個頂點爲(0, 0)、$(a, b)$、和$(c, d)$，如下圖所示，

則其面積為 $\pm\frac{1}{2}\det A$，其中 $A=\begin{bmatrix} a & c \\ b & d \end{bmatrix}$。如果頂點(0, 0)、$(a, b)$、和$(c, d)$是逆時鐘排列，則 det A 的值為正，如果(a, b)和(c, d)位置對調，則其值為負。

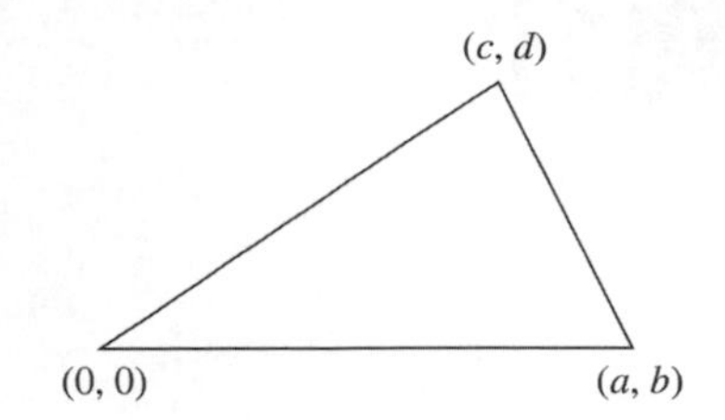

行列式的此一幾何意義，可用來計算複雜多邊形的面積，例如森林與國土重疊部份。下圖是一個單純的範例。將此多邊形平移，使它的一個頂點 P_0 與原點重合，並以逆時鐘方向沿邊界標記其餘各頂點。底下行列式取 $i=1, 2, \cdots, 6$ 的加總的一半即為此多邊形的面積。

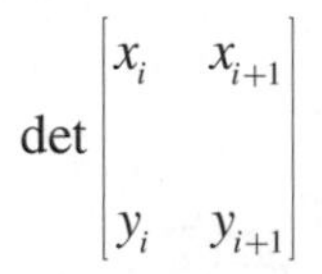

$$\det\begin{vmatrix} x_i & x_{i+1} \\ y_i & y_{i+1} \end{vmatrix}$$

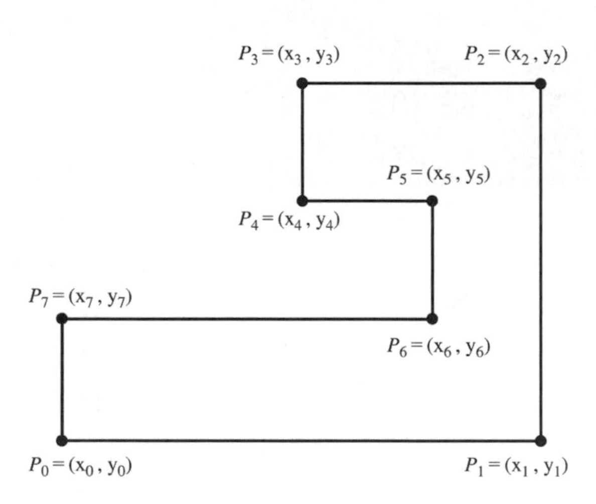

CHAPTER

3 行列式

一個方陣的行列式(*determinant*)[1] 是一個純量，它提供有關該矩陣的資訊，例如該矩陣是否為可逆。行列式最早在十七世紀晚期被提出。在其後的一百年間，學者研究它主要是因為它與線性方程組的關係。行列式與線性方程組之間最有名的關聯就是克拉瑪法則(*Cramer's rule*)，我們將在 3.2 節中介紹。

近年來，已不再將行列式當計算工具使用。這主要是因為，實際應用中會出現的方程組變得非常大，必須依靠高速電腦及高效率的算則才能獲得解答。因為行列式的計算相當沒有效率，所以通常是加以避免。雖然行列式也可用於計算幾何物體的面積和體積，但在本書中，我們主要是利用它來求方陣的特徵值(*eigenvalues*)(將於第 5 章說明)。

3.1 餘因子展開

在本節的一開始，我們要說明如何為一個 2×2 矩陣指派一個純量，由這個純量就可知道此矩陣是否為可逆。然後我們將其一般化到 $n \times n$ 矩陣。

考慮 2×2 矩陣

$$A = \begin{bmatrix} a & b \\ c & d \end{bmatrix} \quad 和 \quad C = \begin{bmatrix} d & -b \\ -c & a \end{bmatrix}$$

---

[1] 雖然在中國的古老文獻，以及克拉瑪(Gabriel Cramer)在 1750 年的作品中就已出現與行列式值相關的內容，但真正對行列式值的研究主要還是始自十九世紀早期。科西(Augustin-Louis Cauchy 1789-1857)在 1812 年提交法蘭西學院的一份 84 頁論文中，提出了行列式值(*determinant*)此一名詞，並證明了行列式值許多著名的性質。同時用了現代的雙下標符號來表示矩陣，並且說明如何靠餘因子展開求行列式值。

我們看到

$$AC=\begin{bmatrix}a & b\\ c & d\end{bmatrix}\begin{bmatrix}d & -b\\ -c & a\end{bmatrix}=\begin{bmatrix}ad-bc & 0\\ 0 & ad-bc\end{bmatrix}=(ad-bc)\begin{bmatrix}1 & 0\\ 0 & 1\end{bmatrix}$$

以及類似的

$$CA=\begin{bmatrix}d & -b\\ -c & a\end{bmatrix}\begin{bmatrix}a & b\\ c & d\end{bmatrix}=\begin{bmatrix}ad-bc & 0\\ 0 & ad-bc\end{bmatrix}=(ad-bc)\begin{bmatrix}1 & 0\\ 0 & 1\end{bmatrix}$$

因此若 $ad-bc\neq 0$，則矩陣 $\dfrac{1}{ad-bc}C$ 是 A 的逆矩陣，並因此知道 A 是可逆的。

反過來說，設 $ad-bc=0$。前面的計算顯示出 AC 和 CA 都是 O，2×2 零矩陣。由矛盾律可知，A 是不可逆的。因為，若 A 是可逆的，則

$$C=CI_2=C(AA^{-1})=(CA)A^{-1}=OA^{-1}=O$$

因此 C 的所有元素都是 0。由此得到 A 的所有元素都是 0，也就是 $A=O$，這和 A 為可逆的前提相矛盾。

我們綜合此一結果。

> 矩陣 $A=\begin{bmatrix}a & b\\ c & d\end{bmatrix}$ 為可逆，若且唯若 $ad-bc\neq 0$，此時
>
> $$A^{-1}=\frac{1}{ad-bc}\begin{bmatrix}d & -b\\ -c & a\end{bmatrix}$$

因此純量 $ad-bc$ 決定前述的矩陣 A 是否為可逆。我們將純量 $ad-bc$ 叫做 A 的**行列式(determinant)**並記做 $\det A$ 或 $|A|$。

例題 1

矩陣

$$A=\begin{bmatrix}1 & 2\\ 3 & 4\end{bmatrix} \quad 和 \quad B=\begin{bmatrix}1 & 2\\ 3 & 6\end{bmatrix}$$

的行列式為

$$\det A=1\cdot 4-2\cdot 3=-2 \quad 及 \quad \det B=1\cdot 6-2\cdot 3=0$$

因此 A 是可逆的，但 B 不是。

因為 A 是可逆的，我們可求其逆矩陣

$$A^{-1}=\frac{1}{-2}\begin{bmatrix}4 & -2\\ -3 & 1\end{bmatrix}=\begin{bmatrix}-2 & 1\\ \frac{3}{2} & -\frac{1}{2}\end{bmatrix}$$

練習題 1.

求$\begin{bmatrix} 8 & 3 \\ -6 & 5 \end{bmatrix}$的行列式。此矩陣是否為可逆？如果是，求 A^{-1}。

例題 2

找出一純量 c 可使得 $A-cI_2$ 為不可逆，其中

$$A=\begin{bmatrix} 11 & 12 \\ -8 & -9 \end{bmatrix}$$

解 矩陣 $A-cI_2$ 形式為

$$A-cI_2=\begin{bmatrix} 11 & 12 \\ -8 & -9 \end{bmatrix}-c\begin{bmatrix} 1 & 0 \\ 0 & 1 \end{bmatrix}=\begin{bmatrix} 11-c & 12 \\ -8 & -9-c \end{bmatrix}$$

雖然我們可以利用基本列運算，以找出可使該矩陣為不可逆之 c 的值，但多了未知純量 c 讓計算變困難。如果用行列式，計算就會較簡單。因為

$$\begin{aligned}\det(A-cI_2)&=\det\begin{bmatrix} 11-c & 12 \\ -8 & -9-c \end{bmatrix}\\ &=(11-c)(-9-c)-12(-8)\\ &=(c^2-2c-99)+96\\ &=c^2-2c-3\\ &=(c+1)(c-3)\end{aligned}$$

我們看到，若且唯若 $c=-1$ 或 $c=3$，則 $\det(A-cI_2)=0$。因此，當 $c=-1$ 或 $c=3$ 時，$A-cI_2$ 是不可逆的。計算 $A-(-1)I_2$ 和 $A+3I_2$ 以驗證這些矩陣是不可逆的。

練習題 2.

找出可使 $A-cI_2$ 為不可逆的純量 c，其中

$$A=\begin{bmatrix} 4 & 6 \\ -1 & -3 \end{bmatrix}$$

在本書中，行列式的主要用途是，求出可使 $A-cI_n$ 為不可逆的純量 c，如例題 2 所示。為了能對 $n\times n$ 矩陣做同樣檢測，我們必須將行列式的定義推廣到任意大小的方陣，使得非零的行列式就代表了可逆性。對於 1×1 矩陣，不難發

現適當的定義。因爲 1×1 矩陣的乘積滿足$[a][b]=[ab]$，我們看到，若且唯若 $a \neq 0$，則$[a]$是可逆的。因此對 1×1 矩陣$[a]$，我們定義$[a]$的**行列式**爲 $\det [a] = a$。

很不幸的，當 $n \geq 3$，要定義 $n \times n$ 矩陣 A 之行列式就沒這麼簡單了。在定義之前，我們需要新的符號。首先，我們定義 $(n-1)\times(n-1)$ 矩陣 A_{ij} 是將 A 的列 i 及行 j 刪除後所得的矩陣。

$$A_{ij} = \begin{bmatrix} a_{11} & \cdots & a_{1j} & \cdots & a_{1n} \\ \vdots & & \vdots & & \vdots \\ a_{i1} & \cdots & a_{ij} & \cdots & a_{in} \\ \vdots & & \vdots & & \vdots \\ a_{n1} & \cdots & a_{nj} & \cdots & a_{nn} \end{bmatrix} \longleftarrow \text{列 } i$$

$\uparrow$

行 j

舉例來說，若

$$A = \begin{bmatrix} 1 & 2 & 3 \\ 4 & 5 & 6 \\ 7 & 9 & 8 \end{bmatrix}$$

則

$$A_{12} = \begin{bmatrix} 4 & 6 \\ 7 & 8 \end{bmatrix}，A_{21} = \begin{bmatrix} 2 & 3 \\ 9 & 8 \end{bmatrix}，A_{23} = \begin{bmatrix} 1 & 2 \\ 7 & 9 \end{bmatrix}，及 \quad A_{33} = \begin{bmatrix} 1 & 2 \\ 4 & 5 \end{bmatrix}$$

我們可以用這些矩陣來表示一個 2×2 矩陣的行列式。因爲，若

$$A = \begin{bmatrix} a & b \\ c & d \end{bmatrix}$$

則 $A_{11} = [d]$ 且 $A_{12} = [c]$。因此

$$\det A = ad - bc = a \cdot \det A_{11} - b \cdot \det A_{12} \quad (1)$$

可以留意到，在這個式子中，我們用 1×1 矩陣 A_{ij} 的行列式來表示 2×2 矩陣 A 的行列式。

利用(1)式爲出發點，我們定義 $n \geq 3$ 的 $n \times n$ 矩陣 A 的**行列式**爲

$$\det A = a_{11} \cdot \det A_{11} - a_{12} \cdot \det A_{12} + \cdots + (-1)^{1+n} a_{1n} \cdot \det A_{1n} \quad (2)$$

我們將 A 的行列式記爲 det A 或 $|A|$。在(2)式中可看到其等號右邊是 A 的第一

列的各元素，與相對之矩陣 A_{1j} 之乘積的交替相加。如果我們令 $c_{ij}=(-1)^{i+j}\cdot\det A_{ij}$，則 A 之行列式的定義可寫成

$$\det A = a_{11}c_{11} + a_{12}c_{12} + \cdots + a_{1n}c_{1n} \quad (3)$$

其中 c_{ij} 叫做 A 的 (i, j) **餘因子**[(i, j)-cofactor]，而(3)式叫做 A 沿第一列的**餘因子展開**(cofactor expansion)。

(1)式及(2)式以遞迴的方式定義了 $n\times n$ 矩陣的行列式。也就是，一個矩陣的行列式，是用較小矩陣的行列式來定義。例如，如果我們要計算一個 4×4 矩陣 A 的行列式，(2)式讓我們可以將 A 的行列式用 3×3 矩陣的行列式來表示。利用(2)式，這些 3×3 矩陣的行列式可以用 2×2 矩陣的行列式來表示，然後可以用(1)式計算出這些 2×2 矩陣的行列式。

例題 3

將 A 沿第一列做餘因子展開，以求其行列式，而

$$A=\begin{bmatrix}1 & 2 & 3\\ 4 & 5 & 6\\ 7 & 9 & 8\end{bmatrix}$$

解 沿 A 之第一列做餘因子展開可得

$$\begin{aligned}\det A &= a_{11}c_{11} + a_{12}c_{12} + a_{13}c_{13}\\ &=1(-1)^{1+1}\det A_{11}+2(-1)^{1+2}\det A_{12}+3(-1)^{1+3}\det A_{13}\\ &=1(-1)^{1+1}\det\begin{bmatrix}5 & 6\\ 9 & 8\end{bmatrix}+2(-1)^{1+2}\det\begin{bmatrix}4 & 6\\ 7 & 8\end{bmatrix}+3(-1)^{1+3}\det\begin{bmatrix}4 & 5\\ 7 & 9\end{bmatrix}\\ &= 1(1)(5\cdot 8-6\cdot 9)+2(-1)(4\cdot 8-6\cdot 7)+3(1)(4\cdot 9-5\cdot 7)\\ &= 1(1)(-14)+(2)(-1)(-10)+3(1)(1)\\ &= -14+20+3\\ &= 9\end{aligned}$$

我們將於例題 5 中說明，在許多時候，沿某一特定列展開，其效率會比沿第一列展開好。而下面這個重要結果讓我們可以這樣做。(此定理的證明可參考文獻[4]。)

定理 3.1

對任何的 $i=1, 2, \cdots, n$，我們有

$$\det A = a_{i1}c_{i1} + a_{i2}c_{i2} + \cdots + a_{in}c_{in}$$

其中 c_{ij} 代表 A 的 (i, j) 餘因子。

定理 3.1 中的數學式 $a_{i1}c_{i1}+a_{i2}c_{i2}+\cdots+a_{in}c_{in}$ 叫做 A 沿列 i 的**餘因子展開(cofactor expansion)**。因此，$n\times n$ 矩陣的行列式可以用沿任一列的餘因子展開來計算。

例題 4

為說明定理 3.1，我們求例題 3 中之矩陣

$$A=\begin{bmatrix}1&2&3\\4&5&6\\7&9&8\end{bmatrix}$$

的行列式，但這次沿第二列展開。

解 將 A 沿第二列做餘因子展開，可得

$$\begin{aligned}\det A&=a_{21}c_{21}+a_{22}c_{22}+a_{23}c_{23}\\&=4(-1)^{2+1}\det A_{21}+5(-1)^{2+2}\det A_{22}+6(-1)^{2+3}\det A_{23}\\&=4(-1)^{2+1}\det\begin{bmatrix}2&3\\9&8\end{bmatrix}+5(-1)^{2+2}\det\begin{bmatrix}1&3\\7&8\end{bmatrix}+6(-1)^{2+3}\det\begin{bmatrix}1&2\\7&9\end{bmatrix}\\&=4(-1)(2\cdot8-3\cdot9)+5(1)(1\cdot8-3\cdot7)+6(-1)(1\cdot9-2\cdot7)\\&=4(-1)(-11)+5(1)(-13)+(6)(-1)(-5)\\&=44-65+30\\&=9\end{aligned}$$

留意到此處所得的 $\det A$，和例題 3 的一樣。

練習題 3.

利用沿第二列的餘因子展開，求底下矩陣

$$\begin{bmatrix}1&3&-3\\-3&-5&2\\-4&4&-6\end{bmatrix}$$

其行列式為何。

例題 5

令

$$M = \begin{bmatrix} 1 & 2 & 3 & 8 & 5 \\ 4 & 5 & 6 & 9 & 1 \\ 7 & 9 & 8 & 4 & 7 \\ 0 & 0 & 0 & 1 & 0 \\ 0 & 0 & 0 & 0 & 1 \end{bmatrix}$$

因爲 M 的最後一列只有一個非零元素，所以將 M 沿最後一列展開就只有一項。因此 M 沿最後一列的餘因子展開所需的計算量，只有沿第一列展開的五分之一。利用最後一列我們得

$$\det M = 0 + 0 + 0 + 0 + 1(-1)^{5+5} \det M_{55} = \det M_{55} = \det \begin{bmatrix} 1 & 2 & 3 & 8 \\ 4 & 5 & 6 & 9 \\ 7 & 9 & 8 & 4 \\ 0 & 0 & 0 & 1 \end{bmatrix}$$

再一次，我們利用沿最後一列的餘因子展開以求出 $\det M_{55}$。

$$\det M = \det \begin{bmatrix} 1 & 2 & 3 & 8 \\ 4 & 5 & 6 & 9 \\ 7 & 9 & 8 & 4 \\ 0 & 0 & 0 & 1 \end{bmatrix} = 0 + 0 + 0 + 1(-1)^{4+4} \det \begin{bmatrix} 1 & 2 & 3 \\ 4 & 5 & 6 \\ 7 & 9 & 8 \end{bmatrix} = \det A$$

此處 A 是例題 3 中的矩陣。因此 $\det M = \det A = 9$。

注意到 M 可寫成

$$M = \begin{bmatrix} A & B \\ O & I_2 \end{bmatrix}$$

其中

$$A = \begin{bmatrix} 1 & 2 & 3 \\ 4 & 5 & 6 \\ 7 & 9 & 8 \end{bmatrix} \quad 及 \quad B = \begin{bmatrix} 8 & 5 \\ 9 & 1 \\ 4 & 7 \end{bmatrix}$$

更一般性情形，可以用前段的方法來證明，對任意 $m \times n$ 矩陣 A 及 $m \times n$ 矩陣 B，

$$\det \begin{bmatrix} A & B \\ O & I_n \end{bmatrix} = \det A$$

利用餘因子展開求任意矩陣的行列式的效率非常差。事實上，我們可以證明，對任意 $n \times n$ 矩陣做餘因子展開，約需要 $e \cdot n!$ 次算數運算，在此 e 爲自然對數基底。假設現在有一台每秒可執行十億次算數運算的電腦，我們用它來計算一個 20×20 矩陣的餘因子展開(在實際的應用中，這算相當小的矩陣)。這樣的一台電腦，執行此一計算所需的時間約爲

$$\frac{e\cdot 20!}{10^9}\text{ seconds} > 6.613\cdot 10^9 \text{ 秒}$$
$$> 1.837\cdot 10^6 \text{ 小時}$$
$$> 76{,}542 \text{日}$$
$$> 209 \text{ 年}$$

如果行列式要有任何實用價值，我們必需要有更有效率的計算方法。要找出這樣一種方法的關鍵是，我們觀察到，很容易就可求出以下形式矩陣的行列式，

$$B=\begin{bmatrix}3 & -4 & -7 & -5\\ 0 & 8 & -2 & 6\\ 0 & 0 & 9 & -1\\ 0 & 0 & 0 & 4\end{bmatrix}$$

如果我們重覆沿最後一列做餘因子展開，我們可得

$$\begin{aligned}\det B=\det\begin{bmatrix}3 & -4 & -7 & -5\\ 0 & 8 & -2 & 6\\ 0 & 0 & 9 & -1\\ 0 & 0 & 0 & 4\end{bmatrix} &= 4(-1)^{4+4}\cdot\det\begin{bmatrix}3 & -4 & -7\\ 0 & 8 & -2\\ 0 & 0 & 9\end{bmatrix}\\ &= 4\cdot 9(-1)^{3+3}\cdot\det\begin{bmatrix}3 & -4\\ 0 & 8\end{bmatrix}\\ &= 4\cdot 9\cdot 8(-1)^{2+2}\cdot\det[3]\\ &= 4\cdot 9\cdot 8\cdot 3\end{aligned}$$

在 2.6 節中，我們定義了上三角矩陣(upper triangular)，就是對角線之下及之左的所有元素均爲零的矩陣，也定義了下三角矩陣(lower triangular)爲對角線之上及之右所有元素都爲零的矩陣。前述的矩陣 B 就是一個 4×4 上三角矩陣，而且它的行列式等於它的對角線元素的乘積。所有這一類的矩陣，都可以用同樣的方法求得行列式。

定理 3.2

$n\times n$ 上三角矩陣或 $n\times n$ 下三角矩陣的行列式，等於對角線元素的乘積。

定理 3.2 可以得到一個重要的特性，即 $\det I_n = 1$。

例題 6

求以下矩陣的行列式

$$A=\begin{bmatrix}-2 & 0 & 0 & 0\\ 8 & 7 & 0 & 0\\ -6 & -1 & -3 & 0\\ 4 & 3 & 9 & 5\end{bmatrix} \quad \text{和} \quad B=\begin{bmatrix}2 & 3 & 4\\ 0 & 5 & 6\\ 0 & 0 & 7\end{bmatrix}$$

解 因為 A 是 4×4 下三角矩陣，且 B 是 3×3 上三角矩陣，我們有

$$\det A=(-2)(7)(-3)(5)=210 \quad 及 \quad \det B=2\cdot 5\cdot 7=70$$

練習題 4.

求以下矩陣的行列式。

$$\begin{bmatrix} 4 & 0 & 0 & 0 \\ -2 & -1 & 0 & 0 \\ 8 & 7 & -2 & 0 \\ 9 & -5 & 6 & 3 \end{bmatrix}$$

行列式在幾何的應用*

兩個屬於 R^2 的向量 **u** 及 **v**，可以決定出一個以 **u** 和 **v** 為鄰邊的平行四邊形。(見圖 3.1)我們稱之為 **u 及 v 所決定之平行四邊形(parallelogram determined by u and v)**。如果將此平行四邊形如圖 3.1 所示的旋轉 θ 角，我們會得到圖 3.2 中由 **u**'和 **v**'所決定之平行四邊形。

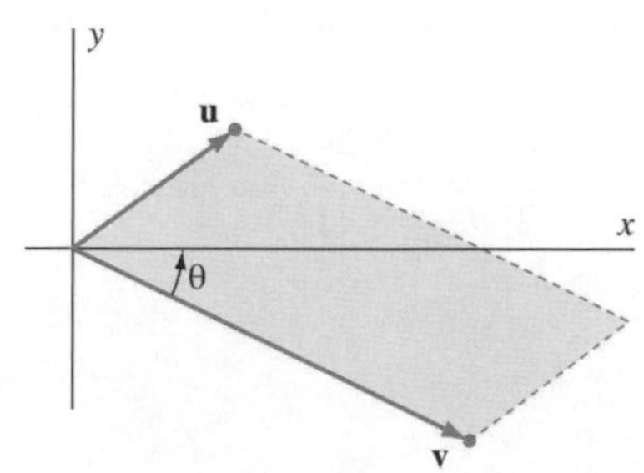

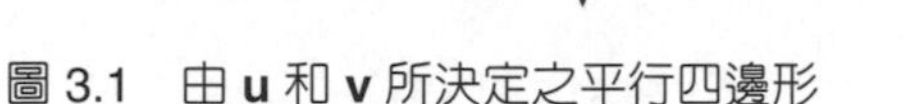

圖 3.1　由 **u** 和 **v** 所決定之平行四邊形

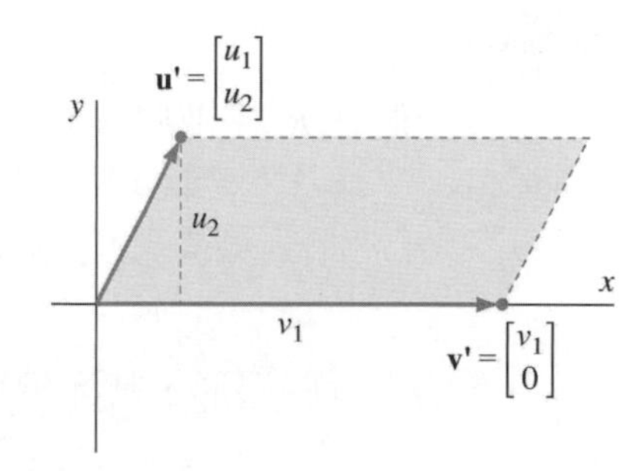

圖 3.2　旋轉由 **u** 和 **v** 所決定之平行四邊形

設

$$\mathbf{u}'=\begin{bmatrix} u_1 \\ u_2 \end{bmatrix} \quad 及 \quad \mathbf{v}'=\begin{bmatrix} v_1 \\ 0 \end{bmatrix}$$

則這個由 **u**'和 **v**'所決定之平行四邊形的底邊為 v_1，高為 u_2，所以其面積為

---

*本節部份可予省略而不影響連貫性

$$v_1u_2 = \left|\det\begin{bmatrix} u_1 & v_1 \\ u_2 & 0 \end{bmatrix}\right| = |\det[\mathbf{u}' \quad \mathbf{v}']|$$

因爲旋轉可將平行四邊形映射爲全等的平行四邊形，因此由 **u** 和 **v** 所決定之平行四邊形的面積，等於由 **u'** 和 **v'** 所決定之平行四邊形的面積。回憶一下，乘上旋轉矩陣 A_θ，可將一個向量旋轉 θ 角。利用以下特性，對任意 2×2 矩陣 A 和 B，$\det AB = (\det A)(\det B)$ (習題 71)且 $\det A_\theta = 1$(習題 65)，我們可看出，由 **u** 和 **v** 所決定之平行四邊形的面積是

$$\begin{aligned} |\det[\mathbf{u}' \quad \mathbf{v}']| &= |\det[A_\theta\mathbf{u} \quad A_\theta\mathbf{v}]| \\ &= |\det(A_\theta[\mathbf{u} \quad \mathbf{v}])| \\ &= |(\det A_\theta)(\det[\mathbf{u} \quad \mathbf{v}])| \\ &= |(1)(\det[\mathbf{u} \quad \mathbf{v}])| \\ &= |\det[\mathbf{u} \quad \mathbf{v}]| \end{aligned}$$

由 **u** 和 **v** 所決定之平行四邊形的面積是 $|\det[\mathbf{u} \quad \mathbf{v}]|$。

此外，利用類比之 n 維面積，我們也可證明以上結果在 R^n 中成立。

例題 7

一個在 R^2 中並取決於向量

$$\begin{bmatrix} -2 \\ 3 \end{bmatrix} \quad 和 \quad \begin{bmatrix} 1 \\ 5 \end{bmatrix}$$

的平行四邊形，其面積爲

$$\left|\det\begin{bmatrix} -2 & 1 \\ 3 & 5 \end{bmatrix}\right| = |(-2)(5) - (1)(3)| = |-13| = 13$$

例題 8

在 R^3 中由向量

$$\begin{bmatrix} 1 \\ 1 \\ 1 \end{bmatrix}, \begin{bmatrix} 1 \\ -2 \\ 1 \end{bmatrix}, \begin{bmatrix} 1 \\ 0 \\ -1 \end{bmatrix}$$

所決定之平行六面體的體積爲

$$\left|\det\begin{bmatrix}1 & 1 & 1\\ 1 & -2 & 0\\ 1 & 1 & -1\end{bmatrix}\right| = 6$$

我們在此考慮的物體，是一個矩形六面體，其邊長分別為$\sqrt{3}$、$\sqrt{6}$、和$\sqrt{2}$。(見圖 3.3。)因此，用我們熟悉的體積公式，此六面體的體積應該是$\sqrt{3}\cdot\sqrt{6}\cdot\sqrt{2}=6$，和行列式計算的結果一樣。

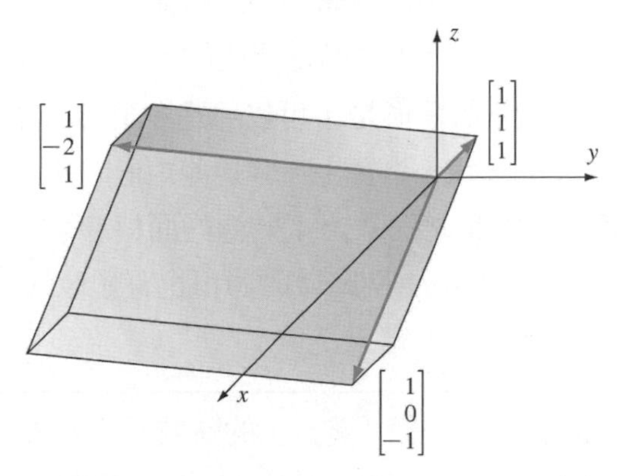

圖 3.3　由 R^3 的三個向量所決定之平行六面體

練習題 5.

由以下向量所決定之 R^2 中的平行四邊形面積為何？

$$\begin{bmatrix}4\\3\end{bmatrix} \quad 和 \quad \begin{bmatrix}2\\5\end{bmatrix}$$

在 R^2 中取決於 **u** 和 **v** 的平行四邊形，在它之內或之上的所有點都可寫成 $a\mathbf{u}+b\mathbf{u}$ 的形式，其中 a 和 b 為純量並且 $0\le a\le 1$ 及 $0\le b\le 1$。(見圖 3.4) 若 $T:R^2\to R^2$ 是一個線性轉換，則

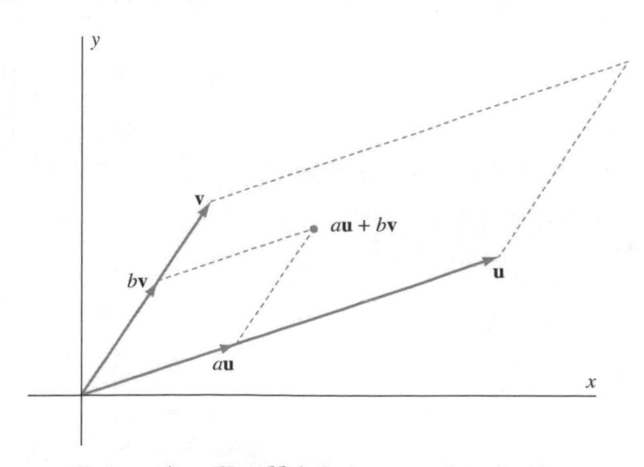

圖 3.4　在 **u** 和 **v** 所決定之平行四邊形內部的點

$$T(a\mathbf{u}+b\mathbf{v}) = aT(\mathbf{u})+bT(\mathbf{v})$$

因此，由 **u** 和 **v** 所決定之平行四邊形，在 T 之下的像，是由 $T(\mathbf{u})$和 $T(\mathbf{v})$所決定之平行四邊形。此平行四邊形的面積是

$$\left|\det\begin{bmatrix}T(\mathbf{u}) & T(\mathbf{v})\end{bmatrix}\right| = \left|\det\begin{bmatrix}A\mathbf{u} & A\mathbf{v}\end{bmatrix}\right| = \left|\det A\begin{bmatrix}\mathbf{u} & \mathbf{v}\end{bmatrix}\right| = |\det A|\cdot\left|\det\begin{bmatrix}\mathbf{u} & \mathbf{v}\end{bmatrix}\right|$$

其中 A 是 T 的標準矩陣。因此，這個平行四邊形之像的面積，是 **u** 和 **v** 所決定之平行四邊形面積的 $|\det\ A|$ 倍。(如果 T 是不可逆的，則 det A=0，由 $T(\mathbf{u})$和 $T(\mathbf{v})$所決定之平行四邊形是退化的。)

更一般化的情形是，可以用許多矩形面積的和，來近似 R^2 中任一「夠好」的區域 R 的面積。事實上，當這些矩形的邊長趨近於零，矩形面積的和也趨近 R 的面積。因此 R 在 T 之下的像的面積，等於 $|\det A|$ 乘上 R 的面積。我們可以證明出，在 R^3 中一個區域的體積也有類似的性質。事實上，藉由適當的 n 維體積的類比，以下結果爲眞：

> 如果 R 是 R^n 中一個「夠好」的區域，且 $T: R^n \to R^n$ 是一個可逆的線性轉換，其標準矩陣爲 A，則 R 在 T 之下的 n 維體積等於 $|\det A|$ 乘上 R 的 n 維體積。

在微積分中做變數代換時，以上結果扮演了重要角色。

習　題

在習題 1 至 8 中，求各矩陣的行列式。

1. $\begin{bmatrix}6 & 2\\ -3 & -1\end{bmatrix}$　2. $\begin{bmatrix}4 & 5\\ 3 & -7\end{bmatrix}$　3. $\begin{bmatrix}-2 & 9\\ 1 & 8\end{bmatrix}$

4. $\begin{bmatrix}9 & -2\\ 3 & 4\end{bmatrix}$　5. $\begin{bmatrix}-5 & -6\\ 10 & 12\end{bmatrix}$　6. $\begin{bmatrix}-7 & 8\\ 4 & -5\end{bmatrix}$

7. $\begin{bmatrix}4 & 3\\ -2 & -1\end{bmatrix}$　8. $\begin{bmatrix}4 & -2\\ 3 & -1\end{bmatrix}$

在習題 9 至 12 中，求以下矩陣的各個餘因子。

$$A=\begin{bmatrix}9 & -2 & 4\\ -1 & 6 & 3\\ 7 & 8 & -5\end{bmatrix}$$

9. (1, 2)－餘因子　10. (2, 3)－餘因子

11. (3, 1)－餘因子　12. (3, 3)－餘因子

在習題 13 至 20 中，依各題所示的指定列，求各矩陣 A 的餘因子展開。

13. $\begin{bmatrix}2 & -1 & 3\\ 1 & 4 & -2\\ -1 & 0 & 1\end{bmatrix}$ 沿第一列　14. $\begin{bmatrix}1 & -2 & 2\\ 2 & -1 & 3\\ 0 & 1 & -1\end{bmatrix}$ 沿第二列

15. $\begin{bmatrix}1 & -2 & 2\\ 2 & -1 & 3\\ 0 & 1 & -1\end{bmatrix}$ 沿第三列　16. $\begin{bmatrix}2 & -1 & 3\\ 1 & 4 & -2\\ -1 & 0 & 1\end{bmatrix}$ 沿第三列

17. $\begin{bmatrix}1 & 4 & -3\\ 5 & 0 & 0\\ 2 & 0 & -1\end{bmatrix}$ 沿第二列　18. $\begin{bmatrix}4 & 1 & 0\\ 0 & 3 & -2\\ 2 & 0 & 5\end{bmatrix}$ 沿第一列

19. $\begin{bmatrix}1 & 2 & 1 & -1\\ 0 & -1 & 0 & 1\\ 4 & -3 & 2 & -1\\ 0 & 3 & 0 & -2\end{bmatrix}$ 沿第二列　20. $\begin{bmatrix}0 & -1 & 0 & 1\\ -2 & 3 & 1 & 4\\ 1 & -2 & 2 & 3\\ 0 & 1 & 0 & -2\end{bmatrix}$ 沿第四列

在習題 21 至 28 中，用任何合理的方法求行列式。

21. $\begin{bmatrix} 4 & -1 & 2 \\ 0 & 3 & 7 \\ 0 & 0 & 5 \end{bmatrix}$ 22. $\begin{bmatrix} 8 & 0 & 0 \\ -1 & -2 & 0 \\ 4 & 5 & 3 \end{bmatrix}$

23. $\begin{bmatrix} -6 & 0 & 0 \\ 7 & -3 & 2 \\ 2 & 9 & 4 \end{bmatrix}$ 24. $\begin{bmatrix} 7 & 1 & 8 \\ 0 & -3 & 4 \\ 0 & 0 & -2 \end{bmatrix}$

25. $\begin{bmatrix} 2 & 3 & 4 \\ 5 & 6 & 1 \\ 7 & 0 & 0 \end{bmatrix}$ 26. $\begin{bmatrix} 5 & 1 & 1 \\ 0 & 2 & 0 \\ 6 & -4 & 3 \end{bmatrix}$

27. $\begin{bmatrix} -2 & -1 & -5 & 1 \\ 0 & 0 & 0 & 4 \\ 0 & -2 & 0 & 5 \\ 3 & 1 & 6 & -2 \end{bmatrix}$ 28. $\begin{bmatrix} 4 & 2 & 2 & -3 \\ 6 & -1 & 1 & 5 \\ 0 & -3 & 0 & 0 \\ 2 & -5 & 0 & 0 \end{bmatrix}$

在習題 29 至 36 中，求各個由 **u** 和 **v** 所決定之平行四邊形的面積。

29. $\mathbf{u}=\begin{bmatrix} 3 \\ 5 \end{bmatrix}$，$\mathbf{v}=\begin{bmatrix} -2 \\ 7 \end{bmatrix}$ 30. $\mathbf{u}=\begin{bmatrix} -3 \\ 6 \end{bmatrix}$，$\mathbf{v}=\begin{bmatrix} 8 \\ -5 \end{bmatrix}$

31. $\mathbf{u}=\begin{bmatrix} 6 \\ 4 \end{bmatrix}$，$\mathbf{v}=\begin{bmatrix} 3 \\ 2 \end{bmatrix}$ 32. $\mathbf{u}=\begin{bmatrix} -1 \\ 2 \end{bmatrix}$，$\mathbf{v}=\begin{bmatrix} 4 \\ 5 \end{bmatrix}$

33. $\mathbf{u}=\begin{bmatrix} 4 \\ 3 \end{bmatrix}$，$\mathbf{v}=\begin{bmatrix} 6 \\ -1 \end{bmatrix}$ 34. $\mathbf{u}=\begin{bmatrix} 4 \\ -2 \end{bmatrix}$，$\mathbf{v}=\begin{bmatrix} -2 \\ 5 \end{bmatrix}$

35. $\mathbf{u}=\begin{bmatrix} 6 \\ -1 \end{bmatrix}$，$\mathbf{v}=\begin{bmatrix} 4 \\ 3 \end{bmatrix}$ 36. $\mathbf{u}=\begin{bmatrix} -2 \\ 4 \end{bmatrix}$，$\mathbf{v}=\begin{bmatrix} 5 \\ -2 \end{bmatrix}$

在習題 37 至 44 中，求出可使各矩陣為不可逆的 c 值。

37. $\begin{bmatrix} 3 & 6 \\ c & 4 \end{bmatrix}$ 38. $\begin{bmatrix} 9 & -18 \\ 4 & c \end{bmatrix}$ 39. $\begin{bmatrix} c & 3 \\ 6 & -2 \end{bmatrix}$

40. $\begin{bmatrix} c & -1 \\ 2 & 5 \end{bmatrix}$ 41. $\begin{bmatrix} c & -2 \\ -8 & c \end{bmatrix}$ 42. $\begin{bmatrix} c & -3 \\ 4 & c \end{bmatrix}$

43. $\begin{bmatrix} c & 5 \\ -2 & c \end{bmatrix}$ 44. $\begin{bmatrix} c & 9 \\ 4 & c \end{bmatrix}$

是非題

在習題 45 至 64 中，決定各命題是否為真。

45. 一個矩陣的行列式，是一個大小相同的矩陣。
46. $\det\begin{bmatrix} a & b \\ c & d \end{bmatrix} = ad + bc$。
47. 如果一個 2×2 矩陣的行列式等於零，則這個矩陣是可逆的。
48. 如果一個 2×2 矩陣是可逆的，則其行列式等於零。
49. 將 2×2 矩陣 A 之某一列的各元素同乘一純量 k，令新矩陣爲 B，則 $\det B = k \det A$。
50. 當 $n \geq 2$，一個 $n \times n$ 矩陣 A 的 (i, j) 餘因子，是將 A 的第 i 列和第 j 行刪除後所得之 $(n-1)\times(n-1)$ 矩陣的行列式。
51. 當 $n \geq 2$，一個 $n \times n$ 矩陣 A 的 (i, j) 餘因子等於 $(-1)^{i+j}$ 乘上，將 A 消去第 i 列與第 j 行後所得之 $(n-1)\times(n-1)$ 矩陣的行列式。
52. 求 $n \times n$ 矩陣的行式值時，可以沿著它的任一列做餘因子展開。
53. 餘因子展開，是求矩陣行列式的有效率的方法。
54. 一個矩陣的元素若都是整數，則它的行列式也是整數。
55. 一個矩陣的元素若都是正數，則它的行列式也是正數。
56. 如果一個方陣有某一列，所有元素都是零，則此矩陣的行列式爲零。
57. 上三角矩陣必須是方陣。
58. 一個矩陣，它在對角線之下與之左的所有元素都是零，則稱這個矩陣爲下三角矩陣。
59. 一個 4×4 上三角矩陣，最多有 10 個非零元素。
60. 下三角矩陣的轉置是上三角矩陣。
61. 一個 $n \times n$ 上三角矩陣或 $n \times n$ 下三角矩陣的行列式，等於它所有對角線元素的和。
62. I_n 的行列式等於 1。
63. 由 **u** 和 **v** 所決定之平行四邊形的面積爲 $\det[\mathbf{u}\ \ \mathbf{v}]$。
64. 若 $T: R^2 \to R^2$ 是一個線性轉換，則對 R^2 中的任意向量 **u** 和 **v**，$\det[T(\mathbf{u})\ \ T(\mathbf{v})] = \det[\mathbf{u}\ \ \mathbf{v}]$。

---

65. 證明旋轉矩陣 A_θ 的行列式是 1。
66. 證明，若 A 是一個 2×2 矩陣，且它的所有元素不是 0 就是 1，則 A 的行列式等於 0、1、或 −1。
67. 經由計算以下行列式，證明習題 66 的結論用於 3×3 矩陣時並不成立。

$$\det\begin{bmatrix}1&0&1\\1&1&0\\0&1&1\end{bmatrix}$$

68. 證明，若一個 2×2 矩陣的兩列相同，則其行列式為零。

69. 證明，對任意 2×2 矩陣 A，$\det A^T=\det A$。

70. 令 A 為 2×2 矩陣且 k 為純量。$\det kA$ 與 $\det A$ 相比如何？驗證你的答案。

71. 證明，對任意 2×2 矩陣 A 和 B，$\det AB=(\det A)(\det B)$。

72. 一個 $n\times n$ 矩陣如果有一個零列，則其行列式為何？驗證你的答案。

對習題 73 至 76 中的每個基本矩陣 E 和矩陣

$$A=\begin{bmatrix}a&b\\c&d\end{bmatrix}$$

驗證 $\det EA=(\det E)(\det A)$。

73. $\begin{bmatrix}1&0\\0&k\end{bmatrix}$ 74. $\begin{bmatrix}0&1\\1&0\end{bmatrix}$ 75. $\begin{bmatrix}1&0\\k&1\end{bmatrix}$ 76. $\begin{bmatrix}1&k\\0&1\end{bmatrix}$

77. 證明

$$\det\begin{bmatrix}a&b\\c+kp&d+kq\end{bmatrix}=\det\begin{bmatrix}a&b\\c&d\end{bmatrix}+k\cdot\det\begin{bmatrix}a&b\\p&q\end{bmatrix}$$

78. 用 TI-85 計算機可求得

$$\det\begin{bmatrix}1&2&3\\2&3&4\\3&4&5\end{bmatrix}=-4\times10^{-13}$$

為甚麼這個答案一定不對？提示：找出一個通用的敘述，以說明，一個所有元素都是整數的方陣，其行列式應有的特性。

79. 利用行列式來表示 R^2 中一個三角形的面積，其頂點分別為 0、**u**、及 **v**。

80. 求 $\begin{bmatrix}O&I_m\\I_n&O'\end{bmatrix}$ 的行列式，若 O 和 O' 都是零矩陣。

在習題 81–84 中，使用有矩陣功能的計算機，或諸如 MATLAB 的電腦軟體以求解。

81. (a) 產生隨機的 4×4 矩陣 A 和 B。求 $\det A$、$\det B$、和 $\det(A+B)$。
 (b) 以 5×5 矩陣重覆(a)。
 (c) 是否對所有的 $n\times n$ 矩陣 A 和 B，$\det(A+B)=\det A+\det B$ 均成立？

82. (a) 產生隨機的 4×4 矩陣 A 和 B。求 $\det A$、$\det B$、及 $\det(AB)$。
 (b) 以 5×5 矩陣重覆(a)。
 (c) 是否對所有的 $n\times n$ 矩陣 A 和 B，$\det(AB)=(\det A)(\det B)$ 均成立？

83. (a) 產生隨機的 4×4 矩陣 A。求 $\det A$ 和 $\det A^T$。
 (b) 以 5×5 矩陣重覆(a)。
 (c) 是否可能，對所有的 $n\times n$ 矩陣，$\det A=\det A^T$ 均成立？

84. (a) 令

$$A=\begin{bmatrix}0&-1&2&2\\1&-1&0&-2\\2&1&0&1\\-1&1&2&-1\end{bmatrix}$$

 證明 A 是可逆的，並求出 $\det A$ 和 $\det A^{-1}$。
 (b) 用一個隨機的 5×5 矩陣重覆(a)。
 (c) 對 $\det A$ 和 $\det A^{-1}$ 提出一個假說，而 A 為任何可逆矩陣。

練習題解答

1. 我們有 $\det\begin{bmatrix}8&3\\-6&5\end{bmatrix}=8(5)-3(-6)=40+18$ $=58$。因為它的行列式不為零，此矩陣是可逆的。此外，

$$A^{-1}=\frac{1}{8\cdot5-3\cdot(-6)}\begin{bmatrix}5&-3\\6&8\end{bmatrix}=\frac{1}{58}\begin{bmatrix}5&-3\\6&8\end{bmatrix}$$

2. 矩陣 $A-cI_2$ 之形式為

$$A-cI_2=\begin{bmatrix}4&6\\-1&-3\end{bmatrix}-c\begin{bmatrix}1&0\\0&1\end{bmatrix}=\begin{bmatrix}4-c&6\\-1&-3-c\end{bmatrix}$$

因此

$$\det(A-cI_2)=(4-c)(-3-c)-6(-1)$$
$$=c^2-c-6=(c-3)(c+2)$$

因爲，若且唯若 $\det(A-cI_2)=0$，則 $A-cI_2$ 是不可逆的，所以我們可看到在 $c-3=0$ 或 $c+2=0$ 時，$A-cI_2$ 是不可逆的，也就是 $c=3$ 或 $c=-2$。

3. 令 c_{ij} 代表 A 的 (i, j) 餘因子。沿第二列的餘因子展開可得 $\det A$ 爲：

$$\begin{aligned}\det A &= (-3)c_{21}+(-5)c_{22}+2c_{23}\\ &= -3(-1)^{2+1}\cdot\det\begin{bmatrix}3 & -3\\ 4 & -6\end{bmatrix}\\ &\quad +(-5)(-1)^{2+2}\cdot\det\begin{bmatrix}1 & -3\\ -4 & -6\end{bmatrix}\\ &\quad +2(-1)^{2+3}\cdot\det\begin{bmatrix}1 & 3\\ -4 & 4\end{bmatrix}\\ &= -3(-1)[3(-6)-(-3)(4)]\\ &\quad +(-5)(1)[1(-6)-(-3)(-4)]\\ &\quad +2(-1)[1(4)-3(-4)]\\ &= 3(-6)+(-5)(-18)+(-2)(16)\\ &= 40\end{aligned}$$

4. 因爲這是一個下三角矩陣，其行列式爲 $4(-1)(-2)(3)=24$，也就是它對角線元素的乘積。

5. 由 R^2 中向量

$$\begin{bmatrix}4\\3\end{bmatrix} \quad 及 \quad \begin{bmatrix}2\\5\end{bmatrix}$$

所決定之平行四邊形面積爲

$$\left|\det\begin{bmatrix}4 & 2\\ 3 & 5\end{bmatrix}\right| = |4(5)-2(3)| = |14| = 14$$

3.2 行列式的性質

我們已經看到了，對任意矩陣，用餘因子展開求行列式是非常沒有效率的。不過定理 3.2 提供了一個方法，可以簡單快速的求出上三角矩陣的行列式。幸運的是，1.4 節所介紹的高斯消去法的前向通過，可以經由基本列運算將任何矩陣轉換成上三角矩陣。如果我們知道這些基本列運算，對矩陣的行列式有何影響，我們就可以用定理 3.2 求行列式。

例如，以下一序列的基本列運算，可將矩陣

$$A=\begin{bmatrix}1 & 2 & 3\\ 4 & 5 & 6\\ 7 & 9 & 8\end{bmatrix}$$

轉換成上三角矩陣 U：

$$A=\begin{bmatrix}1 & 2 & 3\\ 4 & 5 & 6\\ 7 & 9 & 8\end{bmatrix} \xrightarrow{-4\mathbf{r}_1+\mathbf{r}_2\to\mathbf{r}_2} \begin{bmatrix}1 & 2 & 3\\ 0 & -3 & -6\\ 7 & 9 & 8\end{bmatrix} \xrightarrow{-7\mathbf{r}_1+\mathbf{r}_3\to\mathbf{r}_3} \begin{bmatrix}1 & 2 & 3\\ 0 & -3 & -6\\ 0 & -5 & -13\end{bmatrix}$$

$$\xrightarrow{-\frac{5}{3}\mathbf{r}_2+\mathbf{r}_3\to\mathbf{r}_3} \begin{bmatrix}1 & 2 & 3\\ 0 & -3 & -6\\ 0 & 0 & -3\end{bmatrix} = U$$

在這個轉換中用到的三個基本列運算都是列相加運算(將某一列乘上一純量後再加到另一列)。定理 3.3 告訴我們，這種基本列運算不會改變行列式。因此，在上述過程中，每一個矩陣的行列式都一樣，所以

$$\det A = \det U = 1(-3)(-3) = 9$$

這個計算比起 3.1 節的例題 3 的計算是有效率多了。

以下定理讓我們可以用基本列運算來求行列式：

定理 3.3

令 A 爲 $n \times n$ 矩陣。

(a) 若 B 是將 A 的兩列對調所得的矩陣，則 $\det B = -\det A$。

(b) 若 B 是將 A 的某一列所有元素同乘一純量 k 所得的矩陣，則 $\det B = k \cdot \det A$。

(c) 若 B 是將 A 的某列的倍數加到另一列所得的矩陣，則 $\det B = \det A$。

(d) 對任何 $n \times n$ 基本矩陣 E，我們有 $\det EA = (\det E)(\det A)$。

定理 3.3 的(a)、(b)、和(c)描述了，在對矩陣進行基本列運算時，其行列式的變化。它的證明在本節最後。如果定理 3.3 中 $A=I_n$，則(a)、(b)、及(c)給出了各類基本矩陣的行列式。特別是，若 E 爲列相加運算則 $\det E=1$，若 E 爲列對調運算則 $\det E=-1$。

假設一個 $n \times n$ 矩陣，可經由尺度運算之外的其它基本列運算，轉換成上三角矩陣 U。(利用高斯消去法的步驟 1-4 一定可以做到這點。會用到的基本列運算是步驟 2 的列對調，和步驟 3 的列相加運算。)在 2.3 節中我們已看到了，這些基本列運算都可以經由乘上一個基本矩陣來執行。因此，存在有一序列的基本矩陣 $E_1, E_2, \cdots, E_k$ 可使得

$$E_k \cdots E_2 E_1 A = U$$

由定理 3.3(d)，我們得

$$(\det E_k) \cdots (\det E_2)(\det E_1)(\det A) = \det U$$

因此

$$(-1)^r \det A = \det U$$

其中 r 是在將 A 轉換成 U 的過程中，列對調的次數。因爲 U 是上三角矩陣，由定理 3.2，它的行列式爲其對角線元素的乘積 $u_{11}u_{12}\cdots u_{nn}$。因此我們可得到以下重要結果，它提供了一種快速求得行列式的方法：

> 如果一個 $n \times n$ 矩陣 A 經由尺度運算之外的其它基本列運算被轉換成上三角矩陣 U，則
>
> $$\det A = (-1)^r u_{11}u_{22}\cdots u_{nn}$$
>
> 其中 r 是執行列對調的次數。

3

例題 1

利用基本列運算求以下矩陣的行列式

$$A = \begin{bmatrix} 0 & 1 & 3 & -3 \\ 0 & 0 & 4 & -2 \\ -2 & 0 & 4 & -7 \\ 4 & -4 & 4 & 15 \end{bmatrix}$$

解 我們用高斯消去法算則的步驟 1-4 以將 A 轉換成上三角矩陣 U。

$$A = \begin{bmatrix} 0 & 1 & 3 & -3 \\ 0 & 0 & 4 & -2 \\ -2 & 0 & 4 & -7 \\ 4 & -4 & 4 & 15 \end{bmatrix} \xrightarrow{r_1 \leftrightarrow r_3} \begin{bmatrix} -2 & 0 & 4 & -7 \\ 0 & 0 & 4 & -2 \\ 0 & 1 & 3 & -3 \\ 4 & -4 & 4 & 15 \end{bmatrix}$$

$$\xrightarrow{2r_1 + r_4 \to r_4} \begin{bmatrix} -2 & 0 & 4 & -7 \\ 0 & 0 & 4 & -2 \\ 0 & 1 & 3 & -3 \\ 0 & -4 & 12 & 1 \end{bmatrix} \xrightarrow{r_2 \leftrightarrow r_3} \begin{bmatrix} -2 & 0 & 4 & -7 \\ 0 & 1 & 3 & -3 \\ 0 & 0 & 4 & -2 \\ 0 & -4 & 12 & 1 \end{bmatrix}$$

$$\xrightarrow{4r_2 + r_4 \to r_4} \begin{bmatrix} -2 & 0 & 4 & -7 \\ 0 & 1 & 3 & -3 \\ 0 & 0 & 4 & -2 \\ 0 & 0 & 24 & -11 \end{bmatrix} \xrightarrow{-6r_3 + r_4 \to r_4} \begin{bmatrix} -2 & 0 & 4 & -7 \\ 0 & 1 & 3 & -3 \\ 0 & 0 & 4 & -2 \\ 0 & 0 & 0 & 1 \end{bmatrix} = U$$

因爲 U 是上三角矩陣，我們有 $\det U = (-2)\cdot 1\cdot 4\cdot 1 = -8$。在將 A 轉換成 U 的過程中，共執行了兩次列對調。因此

$$\det A = (-1)^2 \cdot \det U = -8$$

練習題 1.

用基本列運算求以下矩陣之行列式

$$A = \begin{bmatrix} 1 & 3 & -3 \\ -3 & -9 & 2 \\ -4 & 4 & -6 \end{bmatrix}$$

在 3.1 節中我們曾提到，對任意 $n \times n$ 矩陣做餘因子展開，約需 $e \cdot n!$ 次算術運算。相反的，利用基本列運算來求一個 $n \times n$ 矩陣的行列式，只需要約 $\frac{2}{3}n^3$ 次的算術運算。因此，用一部每秒可執行 10 億次運算的電腦，用基本列運算求一個 20×20 矩陣的行列式，只需要約百萬分之 5 秒，相較之下，用餘因子展開求行列式，需要超過 209 年。

行列式的四個性質

利用定理 3.3 可以證明出多個關於行列式的性質。對矩陣是否可逆的檢測就是其中之一。

定理 3.4

令 A 和 B 爲大小相同的方陣。下列命題爲眞：

(a) A 是可逆的，若且唯若 $\det A \neq 0$。

(b) $\det AB = (\det A)(\det B)$ 。

(c) $\det A^T = \det A$ 。

(d) 若 A 爲可逆的，則 $\det A^{-1} = \dfrac{1}{\det A}$ 。

證明 我們先證明，對一個 $n \times n$ 可逆矩陣 A，命題(a)、(b)、及(c)成立。若 A 是可逆的，由定理 2.6 的可逆矩陣定理可知，存在有基本矩陣 $E_1, E_2, \cdots, E_k$ 可使得 $A=E_k \cdots E_1E_2$。因此，重覆運用定理 3.3(d)，我們得

$$\det A = (\det E_k)\cdots(\det E_2)(\det E_1)$$

因爲基本矩陣的行列式不爲零，所以 $\det A \neq 0$。這就證明了(a)對可逆矩陣是成立的。再來，對任意 $n \times n$ 矩陣 B 重覆運用定理 3.3(d)可得

$$\begin{aligned}(\det A)(\det B) &= (\det E_k)\cdots(\det E_2)(\det E_1)(\det B)\\ &= (\det E_k)\cdots(\det E_2)(\det E_1B)\\ &\ \ \vdots\\ &= \det(E_k\cdots E_2E_1B)\\ &= \det AB\end{aligned}$$

這證明了，當 A 是可逆的，命題(b)成立。另外，我們同時也有

$$A^T = (E_k \cdots E_2 E_1)^T = E_1^T E_2^T \cdots E_k^T$$

對所有基本矩陣 E，$\det E^T = \det E$，它的證明我們就留在習題中。由此可得

$$\begin{aligned}\det A^T &= \det(E_1^T E_2^T \cdots E_k^T)\\ &= (\det E_1^T)(\det E_2^T)\cdots(\det E_k^T)\\ &= (\det E_1)(\det E_2)\cdots(\det E_k)\\ &= (\det E_k)\cdots(\det E_2)(\det E_1)\\ &= \det(E_k \cdots E_2 E_1)\\ &= \det A\end{aligned}$$

這就證明了，對可逆矩陣，命題(c)成立。

現在我們要證明，當 A 是一個 $n\times n$ 不可逆矩陣時，命題(a)、(b)、及(c)也成立。由定理 2.3，存在有可逆矩陣 P 可使得 $PA=R$，其中 R 是 A 的最簡列梯型。因爲由可逆矩陣定理知 A 的秩不爲 n，所以 $n\times n$ 矩陣 R 必定包含有零列。沿著該列對 R 進行餘因子展開可得 $\det R=0$。因爲 P^{-1} 是可逆的，由(b)可得

$$\det A = \det(P^{-1}R) = (\det P^{-1})(\det R) = (\det P^{-1})\cdot 0 = 0$$

這樣就完成了(a)的證明。

要證明(b)，我們首先觀察到，因爲 A 是不可逆的，所以 AB 也是不可逆的，否則，對 $C = B(AB)^{-1}$ 我們會有 $AC=I_n$，但由可逆矩陣定理知，這是不可能的。因此

$$\det AB = 0 = 0\cdot\det B = (\det A)(\det B)$$

完成(b)的證明。

要證明(c)，我們由定理 2.2 可知，A^T 是不可逆的。(否則，$(A^T)^T=A$ 就是不可逆的。)因此由(a)可得 $\det A^T=0=\det A$。這樣就完成(c)的證明。

對(d)的證明來自(b)以及 $\det I_n=1$ 的事實。我們將細節留做習題。 ....■

如同之前說過的，我們研究行列式的主要原因是，它提供了一種可檢測矩陣是否爲可逆的方法，也就是定理 3.4(a)。此一事實是第 5 章的基礎，在那裡它會被用來求矩陣的特徵值。以下例題說明如何進行此種檢測。

例題 2

何種 c 値可使底下矩陣爲不可逆？

$$A=\begin{bmatrix}1 & -1 & 2\\ -1 & 0 & c\\ 2 & 1 & 7\end{bmatrix}$$

解 要回答此一問題，我們求 A 的行列式。以下一序列的列相加運算可將 A 轉換成上三角矩陣：

$$\begin{bmatrix}1 & -1 & 2\\ -1 & 0 & c\\ 2 & 1 & 7\end{bmatrix}\xrightarrow{\mathbf{r}_1+\mathbf{r}_2\to\mathbf{r}_2}\begin{bmatrix}1 & -1 & 2\\ 0 & -1 & c+2\\ 2 & 1 & 7\end{bmatrix}\xrightarrow{-2\mathbf{r}_1+\mathbf{r}_3\to\mathbf{r}_3}\begin{bmatrix}1 & -1 & 2\\ 0 & -1 & c+2\\ 0 & 3 & 3\end{bmatrix}$$

$$\xrightarrow{3\mathbf{r}_2+\mathbf{r}_3\to\mathbf{r}_3}\begin{bmatrix}1 & -1 & 2\\ 0 & -1 & c+2\\ 0 & 0 & 3c+9\end{bmatrix}$$

因此 $\det A=1(-1)(3c+9)=-3c-9$。定理 3.4(a)告訴我們，若且唯若 A 的行列式爲 0，則 A 是不可逆的。因此 A 爲不可逆的，若且唯若 $0=-3c-9$，亦即，若且唯若 $c=-3$。

練習題 2.

何種 c 値可使底下矩陣爲不可逆？

$$B=\begin{bmatrix}1 & -1 & 2\\ -1 & 0 & c\\ 2 & 1 & 4\end{bmatrix}$$

對熟悉分割矩陣的人，以下例題說明如何運用定理 3.4(b)：

例題 3

假設矩陣 M 可以分割成

$$\begin{bmatrix}A & B\\ O & C\end{bmatrix}$$

A 是 $m\times m$ 矩陣，C 是 $n\times n$ 矩陣，且 O 是 $n\times m$ 零矩陣。證明 $\det M=(\det A)(\det C)$。

解 利用區塊乘法，我們看到

$$\begin{bmatrix} I_m & O' \\ O & C \end{bmatrix}\begin{bmatrix} A & B \\ O & I_n \end{bmatrix} = \begin{bmatrix} A & B \\ O & C \end{bmatrix} = M$$

其中 O' 是 $m \times n$ 零矩陣。因此，由定理 3.4，

$$\det\begin{bmatrix} I_m & O' \\ O & C \end{bmatrix} \cdot \det\begin{bmatrix} A & B \\ O & I_n \end{bmatrix} = \det M$$

和 3.1 節的例題 5 一樣，我們可以證明

$$\det\begin{bmatrix} A & B \\ O & I_n \end{bmatrix} = \det A$$

由類似的做法(沿第一列做餘因子展開)可得

$$\det\begin{bmatrix} I_m & O' \\ O & C \end{bmatrix} = \det C$$

因此

$$\det M = \det\begin{bmatrix} I_m & O' \\ O & C \end{bmatrix} \cdot \det\begin{bmatrix} A & B \\ O & I_n \end{bmatrix} = (\det C)(\det A)$$

由定理 3.4(c)可得出數個重要的理論性結果。例如，我們可以計算矩陣 A 之轉置的行列式，而不用直接計算 A 的行列式。因此我們可以沿著 A^T 的某一列做餘因子展開，以計算 A 的行列式。但是 A^T 的列，其實就是 A 的行，所以求行列式的時候，可以沿著 A 的任一行或是任一列做餘因子展開。

注意

令 A 和 B 為任意 $n \times n$ 矩陣。雖然由定理 3.4(b)可得 $\det AB = (\det A)(\det B)$，但相對於矩陣加法的性質並不成立。以下列矩陣為例

$$A = \begin{bmatrix} 1 & 0 \\ 0 & 0 \end{bmatrix} \quad 及 \quad B = \begin{bmatrix} 0 & 0 \\ 0 & 1 \end{bmatrix}$$

很明顯的，$\det A = \det B = 0$，但是 $\det(A+B) = \det I_2 = 1$。因此

$$\det(A+B) \neq \det A + \det B$$

所以矩陣之和的行列式，不一定等於它們行列式之和。

克拉瑪法則*

最早研究行列式的動機之一，就是它們可用來解係數矩陣爲可逆的線性方程組。以下結果是由瑞士數學家 Gabriel Cramer (1704-1752)在 1750 年所發表：

定理 3.5

(克拉瑪法則[2])令 A 是一個 $n\times n$ 可逆矩陣，$\mathbf{b}$ 屬於 R^n，且 M_i是將 A 的第 i 行換成 $\mathbf{b}$ 所得的矩陣。則 $A\mathbf{x}=\mathbf{b}$ 有唯一解 $\mathbf{u}$，它的各個分量爲

$$u_i=\frac{\det M_i}{\det A}\text{，對於 } i=1,2,\cdots,n$$

證明 因爲 A 是可逆的，$A\mathbf{x}=\mathbf{b}$ 有唯一解 $\mathbf{u}=A^{-1}\mathbf{b}$，如 2.3 節所示。對每一個 i，U_i是將 I_n 的第 i 行換成以下向量所得的矩陣。

$$\mathbf{u}=\begin{bmatrix}u_1\\u_2\\\vdots\\u_n\end{bmatrix}$$

則

$$\begin{aligned}AU_i&=A\begin{bmatrix}\mathbf{e}_1&\cdots&\mathbf{e}_{i-1}&\mathbf{u}&\mathbf{e}_{i+1}&\cdots&\mathbf{e}_n\end{bmatrix}\\&=\begin{bmatrix}A\mathbf{e}_1&\cdots&A\mathbf{e}_{i-1}&A\mathbf{u}&A\mathbf{e}_{i+1}&\cdots&A\mathbf{e}_n\end{bmatrix}\\&=\begin{bmatrix}\mathbf{a}_1&\cdots&\mathbf{a}_{i-1}&\mathbf{b}&\mathbf{a}_{i+1}&\cdots&\mathbf{a}_n\end{bmatrix}\\&=M_i\end{aligned}$$

沿第 i 列做餘因子展開以求得 U_i

$$\det U_i=u_i\cdot\det I_{n-1}=u_i$$

因此，由定理 3.4(b)我們得

$$\det M_i=\det AU_i=(\det A)\cdot(\det U_i)=(\det A)\cdot u_i$$

但是由定理 3.4(a)可知 $\det A\neq 0$，因此

$$u_i=\frac{\det M_i}{\det A}$$

■

---

*本節以下部份可予以略過而不影響連貫性。

[2] 克拉瑪法則首於 1750 年由瑞士數學家 Gabriel Cramer (1704 - 1752)所提出，它被提出時就是最一般化的型式，當時它是被用來求通過平面上已知點的曲線方程式。

例題 4

用克拉瑪法則求解線性方程組

$$\begin{aligned} x_1 &+ 2x_2 + 3x_3 = 2 \\ x_1 &+ x_3 = 3 \\ x_1 &+ x_2 - x_3 = 1 \end{aligned}$$

解 此方程組之係數矩陣爲

$$A = \begin{bmatrix} 1 & 2 & 3 \\ 1 & 0 & 1 \\ 1 & 1 & -1 \end{bmatrix}$$

因爲 $\det A = 6$，由定理 3.4(a)可知 A 是可逆的，因此可以使用克拉瑪法則。利用定理 3.5 的符號表示，我們有

$$M_1 = \begin{bmatrix} 2 & 2 & 3 \\ 3 & 0 & 1 \\ 1 & 1 & -1 \end{bmatrix}，M_2 = \begin{bmatrix} 1 & 2 & 3 \\ 1 & 3 & 1 \\ 1 & 1 & -1 \end{bmatrix}，及 \quad M_3 = \begin{bmatrix} 1 & 2 & 2 \\ 1 & 0 & 3 \\ 1 & 1 & 1 \end{bmatrix}$$

所以此方程組的唯一解是一個向量，其各分量爲

$$u_1 = \frac{\det M_1}{\det A} = \frac{15}{6} = \frac{5}{2}，u_2 = \frac{\det M_2}{\det A} = \frac{-6}{6} = -1，及 \quad u_3 = \frac{\det M_3}{\det A} = \frac{3}{6} = \frac{1}{2}$$

馬上就可以檢查出來，這些值滿足方程組中的每一個方程式。

練習題 3.

用克拉瑪法則解以下線性方程組：

$$\begin{aligned} 3x_1 + 8x_2 &= 4 \\ 2x_1 + 6x_2 &= 2 \end{aligned}$$

之前曾經提過，用基本列運算求一個 $n \times n$ 矩陣的行列式，約需要 $\frac{2}{3}n^3$ 個算術運算。但另一方面，我們在 2.6 節中看到了，用高斯消去法解 n 個變數的 n 個方程式所構成的線性方程組，所需要的算術運算與此大致相同。因此用克拉瑪法則解線性方程組的效率並不好，同時它只有在係數矩陣爲可逆的情形下才能用。但是在某些理論分析上克拉瑪法則還是有用的。例如它可用來分析，當 $\mathbf{b}$ 改變時，對 $A\mathbf{x} = \mathbf{b}$ 的解有何影響。

我們以定理 3.3 的證明做爲本節的總結。

證明定理 3.3

令 A 爲 $n \times n$ 矩陣，其各列分別爲 $\mathbf{a}'_1, \mathbf{a}'_2, \cdots, \mathbf{a}'_n$。

(a) 設，將 A 的列 r 及 s 對調所得矩陣爲 B，其中 $r<s$。我們先由 $s=r+1$ 的情形開始。此時，對所有的 j 都有 $a_{rj}=b_{sj}$ 及 $A_{rj}=B_{sj}$。因此將 B 沿列 s 展開的每一個餘因子，都是將 A 沿列 r 展開之各個相對應之餘因子的負數。由此可得 $\det B=-\det A$。

現在假設 $s>r+1$。由列 r 及 $r+1$ 開始，連續將 $\mathbf{a}'_r$ 和它的下一列對調，直到 A 的各列排序爲

$$\mathbf{a}'_1, \cdots, \mathbf{a}'_{r-1}, \mathbf{a}'_{r+1}, \cdots, \mathbf{a}'_s, \mathbf{a}'_r, \mathbf{a}'_{s+1}, \cdots, \mathbf{a}'_n$$

總共需要做 $s-r$ 次的列對調以達到這樣的排列方式。現在再連續將 $\mathbf{a}'_s$ 與它的前一列對調，直到列的順序成

$$\mathbf{a}'_1, \cdots, \mathbf{a}'_{r-1}, \mathbf{a}'_s, \mathbf{a}'_{r+1}, \cdots, \mathbf{a}'_{s-1}, \mathbf{a}'_r, \mathbf{a}'_{s+1}, \cdots, \mathbf{a}'_n$$

此一過程另須 $s-r-1$ 次相鄰列的對調並得到矩陣 B。因此前段說明了

$$\det B=(-1)^{s-r}(-1)^{s-r-1}\cdot\det A=(-1)^{2(s-r)-1}\cdot\det A=-\det A$$

(b) 設，將 A 的列 r 中的每一個元素乘上純量 k，所得矩陣爲 B。將 B 沿列 r 的餘因子展開，和 A 同樣的餘因子展開相比較，很容易看出來 $\det B=k\cdot\det A$。細節留給讀者。

(c) 我們首先證明，若 C 是 $n \times n$ 矩陣且有相等的兩列，則 $\det C=0$。設 C 的列 r 和列 s 爲相等，並令 M 代表將 C 的列 r 及 s 對調後的矩陣。則由(a)可得 $\det M=-\det C$。但是 C 的列 r 和列 s 相等，所以 C=M。因此 $\det C=\det M$。將以上兩個包含 det$M$ 的方程式結合起來，我們得到 $\det C=-\det C$。因此 $\det C=0$。

現在假設 B 是將 A 的列 s 乘上 k 再加到 A 的列 r 所得的矩陣，其中 $r \neq s$。令 C 是一個 $n \times n$ 矩陣，它是來自將 A 的 $\mathbf{a}'_r=[u_1,u_2,\cdots,u_n]$ 換成 $\mathbf{a}'_s=[v_1,v_2,\cdots,v_n]$。因爲 A、B、和 C 只有列 r 不一樣，對每個 j 我們都有 $A_{rj}=B_{rj}=C_{rj}$。經由將 B 沿列 r 做餘因子展開，我們得

$$\begin{aligned}\det B&=(u_1+kv_1)(-1)^{r+1}\det B_{r1}+\cdots+(u_n+kv_n)(-1)^{r+n}\det B_{rn}\\&=\left[u_1(-1)^{r+1}\det B_{r1}+\cdots+u_n(-1)^{r+n}\det B_{rn}\right]\\&\quad+k\left[v_1(-1)^{r+1}\det B_{r1}+\cdots+v_n(-1)^{r+n}\det B_{rn}\right]\\&=\left[u_1(-1)^{r+1}\det A_{r1}+\cdots+u_n(-1)^{r+n}\det A_{rn}\right]\\&\quad+k\left[v_1(-1)^{r+1}\det C_{r1}+\cdots+v_n(-1)^{r+n}\det C_{rn}\right]\end{aligned}$$

在這個方程式中，第一個方括號中的式子是 A 沿列 r 的餘因子展開，第二個方括號內的是 C 沿列 r 的餘因子展開。因此我們有

$$\det B = \det A + k \cdot \det C$$

但是 C 有兩個相等列(即列 r 及 s，都等於 $\mathbf{a}'_s$)，由前段的討論可知 $\det C = 0$，所以得到 $\det B = \det A$ 。

(d) 令 E 是一個將 I_n 之兩列對調所得的基本矩陣。則由(a)可得 $\det EA = -\det A$ 。因為 $\det E = -1$，我們得 $\det EA = (\det E)(\det A)$ 。經由類似的過程可證明(d)對另兩類基本矩陣也成立。……■

3

習 題

在習題1至10中，沿著指定的行對所給之矩陣做餘因子展開以求其行列式。

1. $\begin{bmatrix} 1 & 0 & -1 \\ -1 & 0 & 4 \\ 2 & 3 & -2 \end{bmatrix}$ 第二行

2. $\begin{bmatrix} 1 & -2 & 2 \\ 2 & -1 & 3 \\ 0 & 1 & -1 \end{bmatrix}$ 第一行

3. $\begin{bmatrix} 2 & -1 & 3 \\ 1 & 4 & -2 \\ -1 & 0 & 1 \end{bmatrix}$ 第二行

4. $\begin{bmatrix} -1 & 2 & 1 \\ 5 & -9 & -2 \\ 3 & -1 & 2 \end{bmatrix}$ 第三行

5. $\begin{bmatrix} 1 & 3 & 2 \\ 2 & 2 & 3 \\ 3 & 1 & 1 \end{bmatrix}$ 第三行

6. $\begin{bmatrix} 1 & 3 & 2 \\ 2 & 2 & 3 \\ 3 & 1 & 1 \end{bmatrix}$ 第一行

7. $\begin{bmatrix} 0 & 2 & 0 \\ 1 & 1 & 2 \\ 0 & -1 & 1 \end{bmatrix}$ 第一行

8. $\begin{bmatrix} 0 & 2 & 0 \\ 1 & 1 & 2 \\ 0 & -1 & 1 \end{bmatrix}$ 第三行

9. $\begin{bmatrix} 3 & 2 & 1 \\ 1 & 0 & -1 \\ -2 & -1 & 1 \end{bmatrix}$ 第二行

10. $\begin{bmatrix} 3 & 2 & 1 \\ 1 & 0 & -1 \\ -2 & -1 & 1 \end{bmatrix}$ 第三行

在習題11至24中，用基本列運算求各矩陣的行列式。

11. $\begin{bmatrix} 0 & 0 & 5 \\ 0 & 3 & 7 \\ 4 & -1 & -2 \end{bmatrix}$

12. $\begin{bmatrix} -6 & 0 & 0 \\ 2 & 9 & 4 \\ 7 & -3 & 0 \end{bmatrix}$

13. $\begin{bmatrix} 1 & -2 & 2 \\ 0 & 5 & -1 \\ 2 & -4 & 1 \end{bmatrix}$

14. $\begin{bmatrix} -2 & 1 & -2 \\ 4 & -2 & -1 \\ 0 & 3 & 6 \end{bmatrix}$

15. $\begin{bmatrix} 3 & -2 & 1 \\ 0 & 0 & 5 \\ -9 & 4 & 2 \end{bmatrix}$

16. $\begin{bmatrix} -2 & 6 & 1 \\ 0 & 0 & 3 \\ 4 & -1 & 2 \end{bmatrix}$

17. $\begin{bmatrix} 1 & 4 & 2 \\ 2 & -1 & 3 \\ -1 & 3 & 1 \end{bmatrix}$

18. $\begin{bmatrix} -1 & 2 & 1 \\ 5 & -9 & -2 \\ 3 & -1 & 2 \end{bmatrix}$

19. $\begin{bmatrix} 1 & 2 & 1 \\ 1 & 1 & 2 \\ 3 & 4 & 8 \end{bmatrix}$

20. $\begin{bmatrix} 3 & 4 & 2 \\ 2 & -1 & 3 \\ -1 & 3 & 1 \end{bmatrix}$

21. $\begin{bmatrix} 1 & -1 & 2 & 1 \\ 2 & -1 & -1 & 4 \\ -4 & 5 & -10 & -6 \\ 3 & -2 & 10 & -1 \end{bmatrix}$

22. $\begin{bmatrix} 2 & 1 & 5 & 2 \\ 2 & 1 & 8 & 1 \\ 2 & -1 & 5 & 3 \\ 4 & -2 & 10 & 3 \end{bmatrix}$

23. $\begin{bmatrix} 0 & 4 & -1 & 1 \\ -3 & 1 & 1 & 2 \\ 1 & 0 & -2 & 3 \\ 2 & 3 & 0 & 1 \end{bmatrix}$

24. $\begin{bmatrix} 1 & -1 & 2 & -1 \\ 2 & -2 & -3 & 8 \\ -3 & 4 & 1 & -1 \\ -2 & 6 & -4 & 18 \end{bmatrix}$

對習題25至38中的各矩陣，求，可使所給矩陣為不可逆的 c 值。

25. $\begin{bmatrix} 4 & c \\ 3 & -6 \end{bmatrix}$

26. $\begin{bmatrix} 3 & 9 \\ 5 & c \end{bmatrix}$

27. $\begin{bmatrix} c & 6 \\ 2 & c+4 \end{bmatrix}$

28. $\begin{bmatrix} c & c-1 \\ -8 & c-6 \end{bmatrix}$

29. $\begin{bmatrix} 1 & 2 & -1 \\ 0 & -1 & c \\ 3 & 4 & 7 \end{bmatrix}$

30. $\begin{bmatrix} 1 & 2 & -6 \\ 2 & 4 & c \\ -3 & -5 & 7 \end{bmatrix}$

31. $\begin{bmatrix} 1 & -1 & 2 \\ -1 & 0 & 4 \\ 2 & 1 & c \end{bmatrix}$

32. $\begin{bmatrix} 1 & 2 & c \\ -2 & -2 & 4 \\ 1 & 6 & -12 \end{bmatrix}$

33. $\begin{bmatrix} 1 & 2 & -1 \\ 2 & 3 & c \\ 0 & c & -15 \end{bmatrix}$

34. $\begin{bmatrix} -1 & 1 & 1 \\ 3 & -2 & -c \\ 0 & c & -10 \end{bmatrix}$

35. $\begin{bmatrix} 1 & 0 & -1 & 1 \\ 0 & -1 & 2 & -1 \\ 1 & -1 & 1 & -1 \\ -1 & 1 & c & 0 \end{bmatrix}$

36. $\begin{bmatrix} 1 & 0 & -1 & 1 \\ 0 & -1 & 2 & -1 \\ 1 & -1 & 1 & -1 \\ -1 & 1 & 0 & c \end{bmatrix}$

37. $\begin{bmatrix} 1 & 0 & -1 & 1 \\ 0 & -1 & 2 & -1 \\ 1 & -1 & c & -1 \\ -1 & 1 & 0 & 2 \end{bmatrix}$

38. $\begin{bmatrix} 1 & 0 & -1 & 1 \\ 0 & -1 & 2 & -1 \\ 1 & -1 & 1 & c \\ -1 & 1 & 0 & 2 \end{bmatrix}$

是非題

在習題 39 至 58 中，決定各命題是否為真。

39. 一個方陣的行列式等於其對角線元素的乘積。
40. 對一個方陣執行列相加運算，不會改變其行列式。
41. 對一個方陣執行尺度運算，不會改變其行列式。
42. 對一個方陣執行列對調運算，會使它的行列式多一個因子−1。
43. 對任意 $n\times n$ 矩陣 A 和 B，我們有 $\det(A+B)=\det A+\det B$。
44. 對任意 $n\times n$ 矩陣 A 和 B，$\det AB=(\det A)(\det B)$。
45. 如果 A 爲任意可逆矩陣，則 $\det A=0$。
46. 對任意方陣 A，$\det A^T=-\det A$。
47. 任何方陣，可以沿任一行做餘因子展開，以求得行列式。
48. 任意方陣的行列式，等於其最簡列梯型之對角線元素的乘積。
49 若 $\det A\neq 0$，則 A 是可逆矩陣。
50. $n\times n$ 單位矩陣的行列式爲 1。
51. 若 A 爲任意方陣，且 c 爲任意純量，則 $\det cA=c\det A$。
52. 克拉瑪法則可用來求解任何 n 變數、n 方程式的線性方程組。
53. 要用克拉瑪法則解一個包含 5 變數、5 方程式的線性方程組，必須求出六個 5×5 矩陣的行列式。
54. 如果 A 是可逆矩陣，則 $\det A^{-1}=\dfrac{1}{\det A}$。
55. 如果 A 是 4×4 矩陣，則 $\det(-A)=\det A$。
56. 如果 A 是 5×5 矩陣，則 $\det(-A)=\det A$。
57. 對任意方陣 A 及任意正整數 k，$\det(A^k)=(\det A)^k$。
58. 如果一個 $n\times n$ 矩陣 A 可以只經由列對調和列相加運算，就轉換成上三角矩陣 U，則 $\det A=u_{11}u_{22}\cdots u_{nn}$。

在習題 59 至 66 中，用克拉瑪法則解各方程組。

59. $\begin{aligned} x_1 + 2x_2 &= 6 \\ 3x_1 + 4x_2 &= -3 \end{aligned}$

60. $\begin{aligned} 2x_1 + 3x_2 &= 7 \\ 3x_1 + 4x_2 &= 6 \end{aligned}$

61. $\begin{aligned} 2x_1 + 4x_2 &= -2 \\ 7x_1 + 12x_2 &= 5 \end{aligned}$

62. $\begin{aligned} 3x_1 + 2x_2 &= -6 \\ 6x_1 + 5x_2 &= 9 \end{aligned}$

63. $\begin{aligned} x_1 - 2x_3 &= 6 \\ -x_1 + x_2 + 3x_3 &= -5 \\ 2x_2 + x_3 &= 4 \end{aligned}$

64. $\begin{aligned} -x_1 + 2x_2 + x_3 &= -3 \\ x_2 + 2x_3 &= -1 \\ x_1 - x_2 + 3x_3 &= 4 \end{aligned}$

65. $\begin{aligned} 2x_1 - x_2 + x_3 &= -5 \\ x_1 - x_3 &= 2 \\ -x_1 + 3x_2 + 2x_3 &= 1 \end{aligned}$

66. $\begin{aligned} -2x_1 + 3x_2 + x_3 &= -2 \\ 3x_1 + x_2 - x_3 &= 1 \\ -x_1 + 2x_2 + x_3 &= -1 \end{aligned}$

67. 用一個實例來說明，會有某個矩陣 A 和純量 k，可使得 $\det kA\neq k\det A$。

68. 若 A 是 $n\times n$ 矩陣且 k 爲純量，求 detkA。驗證你的答案。

69. 證明，若 A 是可逆矩陣，則 $\det A^{-1}=\dfrac{1}{\det A}$ 。

70. 在何種條件下會有 $\det(-A)=-\det A$？驗證你的答案。

71. 令 A 和 B 爲 $n\times n$ 矩陣，其中 B 是可逆的。證明，$\det(B^{-1}AB)=\det A$ 。

72. 一個 $n\times n$ 矩陣 A，如果有某個正整數 k 可使得 $A^k=O$，其中 O 爲 $n\times n$ 零矩陣，則 A 叫做冪零元(*nilpotent*)。證明，若 A 爲冪零元，則 $\det A=0$ 。

73. 一個 $n\times n$ 矩陣 Q，如果滿足 $Q^TQ=I_n$，則稱爲正交(*orthogonal*)。證明，若 Q 爲正交，則 $\det Q=\pm 1$ 。

74. 一個方陣 A，若 $A^T=-A$ 則稱 A 爲斜對稱(*skew- symmetric*)。證明，若 A 是斜對稱的 $n\times n$ 矩陣且 n 爲奇數，則 A 是不可逆的。若 n 爲偶數又如何？

75. 矩陣

$$A=\begin{bmatrix}1 & a & a^2\\ 1 & b & b^2\\ 1 & c & c^2\end{bmatrix}$$

叫做范德蒙矩陣 Vandermonde matrix，證明

$$\det A=(b-a)(c-a)(c-b)$$

76. 利用行列式的性質，證明在 R^2 中通過點 (x_1, y_1)及(x_2, y_2)的直線方程式，可以寫成

$$\det\begin{bmatrix}1 & x_1 & y_1\\ 1 & x_2 & y_2\\ 1 & x & y\end{bmatrix}=0$$

77. 令 $B=\{\mathbf{b}_1,\mathbf{b}_2,\cdots,\mathbf{b}_n\}$ 是 R^n 的子集合，包含有 n 個相異向量，並令 $B=[\mathbf{b}_1\ \ \mathbf{b}_2\ \ \cdots\ \ \mathbf{b}_n]$ 。證明，若且唯若 $\det B\neq 0$，則 B 是線性獨立。

78. 令 A 爲 $n\times n$ 矩陣而它的各列爲 $\mathbf{a}'_1, \mathbf{a}'_2,\cdots, \mathbf{a}'_n$，及 B 是 $n\times n$ 矩陣且各列爲 $\mathbf{a}'_n, \cdots, \mathbf{a}'_2, \mathbf{a}'_1$。$A$ 和 B 的行列式的關係爲何？驗證你的答案。

79. 完成定理 3.3(b)的證明。

80. 完成定理 3.3(d)的證明。

81. 證明，對所有的基本矩陣 E，$\det E^T=\det E$ 。

82. 令 A 爲 $n\times n$ 矩陣且 b_{jk} 代表 A 的(k, j)餘因子。

(a) 證明，若 P 是將 A 的第 k 行換成 $\mathbf{e}_j$ 所得的矩陣，則 $\det P=b_{kj}$ 。

(b) 證明，對每個 j，我們有

$$A\begin{bmatrix}b_{1j}\\ b_{2j}\\ \vdots\\ b_{nj}\end{bmatrix}=(\det A)\cdot\mathbf{e}_j$$

提示：將克拉瑪法則用於 $A\mathbf{x}=\mathbf{e}_j$ 。

(c) 推導出，當 B 是 $n\times n$ 矩陣且其元素(i, j)爲 b_{ij}，則 $AB=(\det A)I_n$ 。此一矩陣 B 叫做 A 的古典伴隨(*classical adjoint*)矩陣。

(d) 證明，若 $\det A\neq 0$ ，則 $A^{-1}=\frac{1}{\det A}B$ 。

在習題 83 至 85 中，使用有矩陣功能的計算機，或諸如 MATLAB 的電腦軟體以求解。

83. (a) 利用尺度運算之外的基本列運算，將

$$A=\begin{bmatrix}0.0 & -3.0 & -2 & -5\\ 2.4 & 3.0 & -6 & 9\\ -4.8 & 6.3 & 4 & -2\\ 9.6 & 1.5 & 5 & 9\end{bmatrix}$$

轉換成上三角矩陣 U。

(b) 利用 3.2 節例題 1 前的框格中的結果以計算 $\det A$。

84. (a) 用克拉瑪法則解 $A\mathbf{x}=\mathbf{b}$，已知

$$A=\begin{bmatrix}0 & 1 & 2 & -1\\ 1 & 2 & 1 & -2\\ 2 & -1 & 0 & 3\\ 3 & 0 & -3 & 1\end{bmatrix}\quad 及\quad \mathbf{b}=\begin{bmatrix}24\\ -16\\ 8\\ 10\end{bmatrix}$$

(b) 在(a)中，要求幾個 4×4 矩陣的行列式？

85. 求習題 84 中矩陣 A 的古典伴隨(如習題 82 所定義)。

3

練習題解答

1. 下列一序列的基本列運算，可將 A 轉換成上三角矩陣 U：

$$\begin{bmatrix} 1 & 3 & -3 \\ -3 & -9 & 2 \\ -4 & 4 & -6 \end{bmatrix} \xrightarrow[4r_1+r_3\to r_3]{3r_1+r_2\to r_2} \begin{bmatrix} 1 & 3 & -3 \\ 0 & 0 & -7 \\ 0 & 16 & -18 \end{bmatrix}$$

$$\xrightarrow{r_2\leftrightarrow r_3} \begin{bmatrix} 1 & 3 & -3 \\ 0 & 16 & -18 \\ 0 & 0 & -7 \end{bmatrix} = U$$

因爲執行了一次列對調，所以我們有

$$\det A = (-1)^1 \cdot \det U = (-1)(1)(16)(-7) = 112$$

2. 以下序列之基本列運算可將 B 轉換成上三角矩陣：

$$\begin{bmatrix} 1 & -1 & 2 \\ -1 & 0 & c \\ 2 & 1 & 4 \end{bmatrix} \xrightarrow[-2r_1+r_3\to r_3]{r_1+r_2\to r_2} \begin{bmatrix} 1 & -1 & 2 \\ 0 & -1 & c+2 \\ 0 & 3 & 0 \end{bmatrix}$$

$$\xrightarrow{3r_2+r_3\to r_3} \begin{bmatrix} 1 & -1 & 2 \\ 0 & -1 & c+2 \\ 0 & 0 & 3c+6 \end{bmatrix}$$

因爲沒有用到列對調運算，所以 B 的行列式是上一個矩陣的對角線元素的乘積，也就是 $-(3c+6) = -3(c+2)$。因爲一個矩陣，若且唯若其行列式不爲零，則該矩陣是可逆的，所以唯一可令 B 爲不可逆的值是 $c=-2$。

3. 此方程組的係數矩陣爲

$$A = \begin{bmatrix} 3 & 8 \\ 2 & 6 \end{bmatrix}$$

因爲 $\det A = 3(6) - 8(2) = 2$，由定理 3.4(a) 得，矩陣 A 是可逆的，所以可以使用克拉瑪法則。依定理 3.5 所用的符號，我們有

$$M_1 = \begin{bmatrix} 4 & 8 \\ 2 & 6 \end{bmatrix} \quad 及 \quad M_2 = \begin{bmatrix} 3 & 4 \\ 2 & 2 \end{bmatrix}$$

因此所給之方程組的唯一解，是一個分量如下的向量：

$$u_1 = \frac{\det M_1}{\det A} = \frac{8}{2} = 4 \quad 及 \quad u_2 = \frac{\det M_2}{\det A} = \frac{-2}{2} = -1$$

本章複習題

是非題

在習題 1 至 11 中，決定各命題是否為真。

1. $\det\begin{bmatrix} a & b \\ c & d \end{bmatrix} = bc - ad$。

2. 當 $n \geq 2$，一個 $n\times n$ 矩陣 A 的 (i, j) 餘因子，是消去 A 的第 j 列與第 i 行所得之 $(n-1)\times(n-1)$ 矩陣的行列式。

3. 若 A 是一個 $n\times n$ 矩陣，且 c_{ij} 代表 A 的 (i, j) 餘因子，則對所有的 $i=1,2,\cdots,n$ 都有 $\det A = a_{i1}c_{i1} + a_{i2}c_{i2} + \cdots + a_{in}c_{in}$。

4. 對所有的 $n\times n$ 矩陣 A 和 B，我們都有 $\det(A+B) = \det A + \det B$。

5. 對所有 $n\times n$ 矩陣 A 和 B，$\det AB = (\det A)(\det B)$。

6. 若 B 是將一個 $n\times n$ 矩陣 A 的兩列對調所得的矩陣，則 $\det B = \det A$。

7. 一個 $n\times n$ 矩陣，若且唯若其行列式爲 0，則該矩陣是可逆的。

8. 對任意方陣 A，$\det A^T = \det A$。

9. 對任意可逆矩陣 A，$\det A^{-1} = -\det A$。

10. 對任意方陣 A 及純量 c，$\det cA = c\det A$。

11. 若 A 是一個 $n\times n$ 上三角矩陣，則 $\det A = a_{11} + a_{22} + \cdots + a_{nn}$。

在習題 12 至 15 中，依指定求以下矩陣的各個餘因子。

$$\begin{bmatrix} 1 & -1 & 2 \\ -1 & 2 & -1 \\ 2 & 1 & 3 \end{bmatrix}$$

12. (1, 2)餘因子　13. (2, 1)餘因子

14. (2, 3)餘因子　15. (3, 1)餘因子

在習題16至19中，依據各題所指定之行或列，對習題12至15所用之矩陣做餘因子展開，以求其行列式。

16.列1　17.列3　18.行2　19.行1

在習題20至23中，用任何合理的方法求各矩陣的行列式。

20. $\begin{bmatrix} 5 & 6 \\ 3 & 2 \end{bmatrix}$　　21. $\begin{bmatrix} -5.0 & 3.0 \\ 3.5 & -2.1 \end{bmatrix}$

21. $\begin{bmatrix} 1 & -1 & 2 \\ 2 & -1 & 3 \\ 3 & -1 & 4 \end{bmatrix}$　　23. $\begin{bmatrix} 1 & -3 & 1 \\ 4 & -2 & 1 \\ 2 & 5 & -1 \end{bmatrix}$

24. (a) 利用一序列基本列運算，以將矩陣

$$A = \begin{bmatrix} 0 & 3 & -6 & 1 \\ -2 & -2 & 2 & 6 \\ 1 & 1 & -1 & -1 \\ 2 & -1 & 2 & -2 \end{bmatrix}$$

轉換成上三角矩陣。

(b) 利用(a)的答案求 $\det A$。

在習題25至28中，利用行列式，求各題中可使該矩陣為不可逆的 c 值。

25. $\begin{bmatrix} c-17 & -13 \\ 20 & c+16 \end{bmatrix}$　　26. $\begin{bmatrix} 1 & c+1 \\ 2 & 3c+4 \end{bmatrix}$

27. $\begin{bmatrix} c+4 & -1 & c+5 \\ -3 & 3 & -4 \\ c+6 & -3 & c+7 \end{bmatrix}$

28. $\begin{bmatrix} -1 & c-1 & 1-c \\ -c-2 & 2c-3 & 4-c \\ -c-2 & c-1 & 2 \end{bmatrix}$

29. 求以下 R^2 中向量所決定之平行四邊形面積

$$\begin{bmatrix} 3 \\ 7 \end{bmatrix} \text{ 和 } \begin{bmatrix} 4 \\ 1 \end{bmatrix}$$

30. 求以下 R^3 中向量所決定之平行六面體的體積

$$\begin{bmatrix} 1 \\ 0 \\ 2 \end{bmatrix},\ \begin{bmatrix} -1 \\ 2 \\ 1 \end{bmatrix},\text{及 } \begin{bmatrix} 3 \\ 1 \\ -1 \end{bmatrix}$$

習題31至32用克拉瑪法則解所給線性方程組。

31. $\begin{aligned} 2x_1 + x_2 &= 5 \\ -4x_1 + 3x_2 &= -6 \end{aligned}$

32. $\begin{aligned} x_1 - x_2 + 2x_3 &= 7 \\ -x_1 + 2x_2 - x_3 &= -3 \\ 2x_1 + x_2 + 2x_3 &- 4 \end{aligned}$

令 A 為 3×3 矩陣且 $\det A = 5$。求習題33至40中各矩陣的行列式。

33. A^T　34. A^{-1}　35. $2A$　36. A^3

37. $\begin{vmatrix} a_{11}-3a_{21} & a_{12}-3a_{22} & a_{13}-3a_{23} \\ a_{21} & a_{22} & a_{23} \\ a_{31} & a_{32} & a_{33} \end{vmatrix}$

38. $\begin{vmatrix} a_{11} & a_{12} & a_{13} \\ -2a_{21} & -2a_{22} & -2a_{23} \\ a_{31} & a_{32} & a_{33} \end{vmatrix}$

39. $\begin{vmatrix} a_{11}+5a_{31} & a_{12}+5a_{32} & a_{13}+5a_{33} \\ 4a_{21} & 4a_{22} & 4a_{23} \\ a_{31}-2a_{21} & a_{32}-2a_{22} & a_{33}-2a_{23} \end{vmatrix}$

40. $\begin{vmatrix} a_{31} & a_{32} & a_{33} \\ a_{21} & a_{22} & a_{23} \\ a_{11} & a_{12} & a_{13} \end{vmatrix}$

41. 對方陣 B，如果 $B^2 = B$ 則我們稱 B 是冪等的(*idempotent*)。對冪等矩陣的行列式我們可說些甚麼？

42. 假設一個 $n \times n$ 矩陣可以表示成 $A = PDP^{-1}$ 的型式，其中 P 是可逆矩陣而 D 是對角線矩陣。證明 A 的行列式等於 D 的對角線元素的乘積。

43. 證明方程式

$$\det\begin{bmatrix} 1 & x & y \\ 1 & x_1 & y_1 \\ 0 & 1 & m \end{bmatrix} = 0$$

是通過點(x_1, y_1)且斜率爲 m 的直線方程式。

本章 Matlab 習題

在以下習題中，使用 MATLAB(或同類軟體)或有矩陣功能的計算機。你將會用到附錄 D 的表 D.1、D.2、D.3、D.4、及 D.5 中所列的 MATLAB 函數。

在習題 1 和 2 中，已知矩陣 A。利用尺度運算之外的基本列運算，以將 A 轉換成上三角矩陣，然後再利用 3.2 節例題 1 前的框格中的結果求 det A。

1. $A=\begin{bmatrix} -0.8 & 3.5 & -1.4 & 2.5 & 6.7 & -2.0 \\ -6.5 & -2.0 & -1.4 & 3.2 & 1.7 & -6.5 \\ 5.7 & 7.9 & 1.0 & 2.2 & -1.3 & 5.7 \\ -2.1 & -3.1 & 0.0 & -1.0 & 3.5 & -2.1 \\ 0.2 & 8.8 & -2.8 & 5.0 & 11.4 & -2.2 \\ 4.8 & 10.3 & -0.4 & 3.7 & 8.9 & 3.6 \end{bmatrix}$

2. $A=\begin{bmatrix} 0 & 1 & 2 & -2 & 3 & 1 \\ 1 & 1 & 2 & -2 & 1 & 2 \\ 2 & 2 & 4 & -5 & 6 & 3 \\ 2 & 3 & 6 & -6 & -4 & 5 \\ -2 & -6 & 5 & -5 & 4 & 4 \\ 1 & 3 & 5 & -5 & -3 & 6 \end{bmatrix}$

3. 令

$$A=\begin{bmatrix} 8 & 3 & 3 & 14 & 6 \\ 3 & 3 & 2 & -6 & 0 \\ 2 & 0 & 1 & 5 & 2 \\ 1 & 1 & 0 & -1 & 1 \end{bmatrix}，\mathbf{v}=[4 \quad 1 \quad 1 \quad 10 \quad 4]$$

及 $\mathbf{w}=[2 \quad 1 \quad 2 \quad -4 \quad 1]$

對任意1×5列向量 $\mathbf{x}$，令$\begin{bmatrix}\mathbf{x}\\A\end{bmatrix}$代表 5×5 矩陣，它的第一列為 $\mathbf{x}$ 然後依序接著 A 的各列。

(a) 求 $\det\begin{bmatrix}\mathbf{v}\\A\end{bmatrix}$及 $\det\begin{bmatrix}\mathbf{w}\\A\end{bmatrix}$。

(b) 求 $\det\begin{bmatrix}\mathbf{v}+\mathbf{w}\\A\end{bmatrix}$及 $\det\begin{bmatrix}\mathbf{v}\\A\end{bmatrix}+\det\begin{bmatrix}\mathbf{w}\\A\end{bmatrix}$。

(c) 求 $\det\begin{bmatrix}3\mathbf{v}-2\mathbf{w}\\A\end{bmatrix}$及 $3\det\begin{bmatrix}\mathbf{v}\\A\end{bmatrix}-2\det\begin{bmatrix}\mathbf{w}\\A\end{bmatrix}$。

(d) 利用(b)及(c)的結果，提出一個假說，以說明對任意符合以下定義之函數結果為何，函數 $T:R^n\to R$ 定義為 $T(\mathbf{x})=\det\begin{bmatrix}\mathbf{x}\\C\end{bmatrix}$，其中 C 是 $(n-1)\times n$ 矩陣。

(e) 證明你在(d)所做的假說。

(f) 在(a)至(e)中，我們考慮的情形是矩陣的第一列改變，而其它各列不變。針對列 i 改變而其它各列不變的一般化情況，寫出一通用命題，並加以證明。

(g) 如果將(f)中的列改成行，結果會如何？對此種情況先做試驗，然後提出假說，再加以證明。

4 簡介

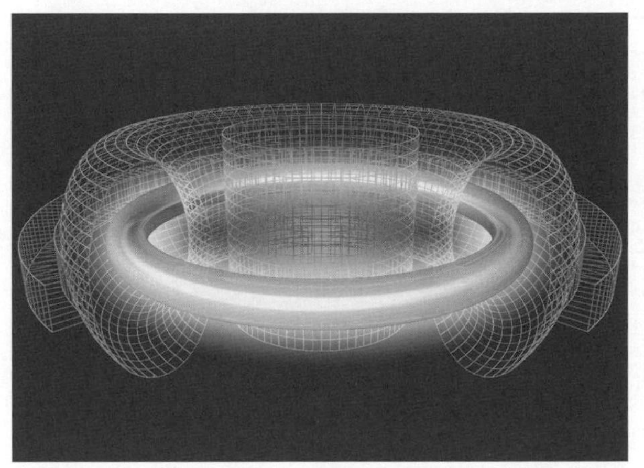

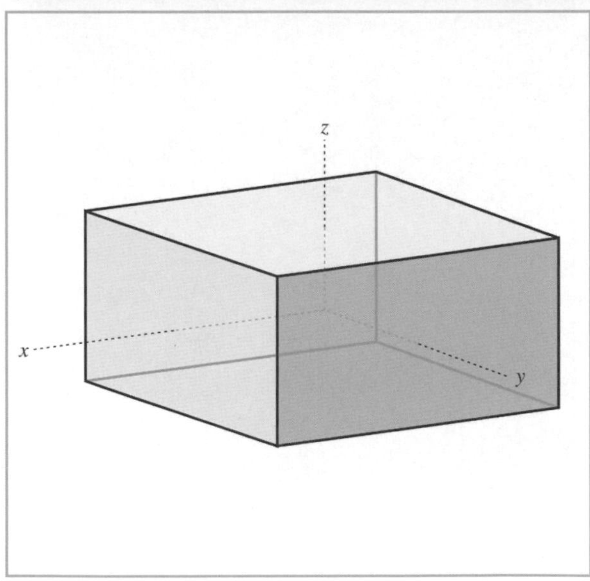

立體模型(建立三維幾何模型)系統目前已成為機械設計中不可或缺的工具。它們可建構出機械組件的虛擬形體，以供機械設計與分析之用，同時也是將零組件可視化的工具，並且可用以計算這些零組件的體積與表面積。

這樣的模型可用以半自動的產生出工程圖，同時亦可用以獲得加工時的刀具路徑。此種模型的建構，用到多種技術。例如，要建構一個多面體，必須指定它的各個頂點的座標值，以及這些頂點如何連接以構成多面體各個面的方式。對於一個單純置於座標系統中的多面體，要獲得各頂點的座標值較簡單。舉例來說，一個邊長為 2，並以原點為中心的立方體，且它的各面平行於座標平面，則其頂點的座標值為 $(\pm1, \pm1, \pm1)$。(見左圖)

如果此多面體的位置並非如此單純，建構的過程就變得更複雜。同樣是建構一個邊長為 2，並以原點為中心的立方體，但這次它的頂面與底面平行於 xy 平面。同時，此多面體有一組相對的面垂直於直線 $y=x$ 而它的第三對面則垂直於直線 $y=-x$。在這種情形下，將原來的立方體

對 z 軸旋轉 45°，就可得到新的立方體。對於更複雜的方向，可能需要多次旋轉，使得可視化與定義都有困難。

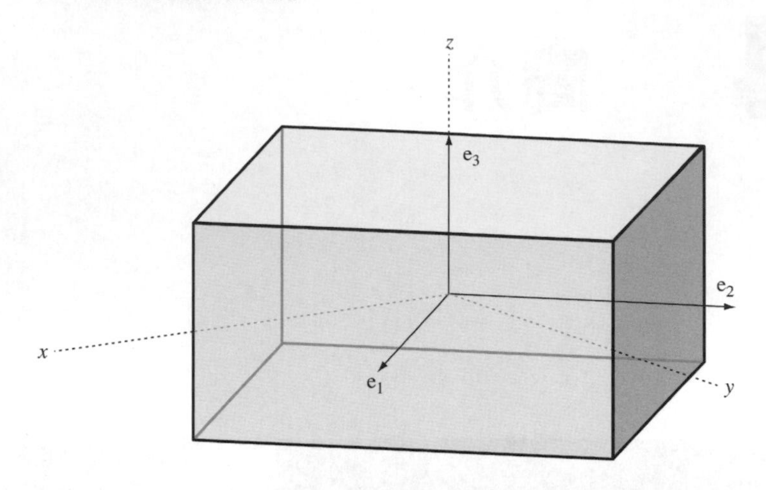

一個簡單的替代方法是，用基底向量來指定頂點(見 4.2 節)。明確的說，我們可以用垂直於第二圖中指定面的標準向量 $\mathbf{e}_1,\ \mathbf{e}_2,\ \mathbf{e}_3$。我們將會在 4.4 節中說明，各頂點相對於這些基底向量的座標值爲$(\pm 1,\ \pm 1,\ \pm 1)$。所以此立方體的頂點爲$\pm\mathbf{e}_1,\ \pm\mathbf{e}_2,\ \pm\mathbf{e}_3$。更一般化的情形，若立方體的中心位於 $\mathbf{p}$ 點，其頂點爲 $\mathbf{p}\pm\mathbf{e}_1, \mathbf{p}\pm\mathbf{e}_2, \mathbf{p}\pm\mathbf{e}_3$。

CHAPTER

4　子空間及其性質

在許多的應用中，我們必須研究 R^n 之子集合中的向量，那要比面對 R^n 中的所有向量簡單。例如，設 A 是 $m\times n$ 矩陣，而 $\mathbf{u}$ 和 $\mathbf{v}$ 是 $A\mathbf{x}=\mathbf{0}$ 的解，則

$$A(\mathbf{u}+\mathbf{v})=A\mathbf{u}+A\mathbf{v}=0+0=0$$

所以 $\mathbf{u}+\mathbf{v}$ 也是 $A\mathbf{x}=0$ 的解。同樣的，對任意純量 s，$s\mathbf{u}$ 也是 $A\mathbf{x}=\mathbf{0}$ 的解。因此 $A\mathbf{x}=0$ 的解集合具有以下的封閉(*closure*)性質：(a)集合中任兩向量之和，亦屬於此集合，且(b)集合中之向量乘以任意純量後仍屬於此集合。具有此種性質的子集合就叫做 R^n 的子空間(*subspace*)。再舉一個例子，一個通過 R^3 原點的平面，是 R^3 的一個子空間。在 4.1 節中，我們會定義子空間，並舉出數個範例。

利用第一章中所學到的方法，我們可以找出特定子空間的產生集合。一個子空間最小的產生集合，叫做它的基底(*basis*)，在表示子空間中的各個向量時，基底特別有用。在 4.2 節中，我們將會證明，一個子空間的任意兩組基底，包含有同樣數目的向量。此數目叫做此一子空間的維數(*dimension*)。

在 4.4 和 4.5 節中，我們將探討 R^n 的不同座標系統，並以實例說明，在某些情況下，會有一種特定的座標系統比一般的座標系統更方便。

4.1　子空間

當我們將兩個屬於 R^n 的向量相加，或是將一個屬於 R^n 的向量乘上一個純量，其所得的向量仍屬於 R^n。用另一種講法就是，R^n 對向量加法與純量乘法是封閉(*closed*)的。在本節中，我們將探討具有此種封閉性的 R^n 的子集合。

定義 一個由 R^n 中向量所構成的集合 W，它能夠被稱爲是 R^n 的子空間(subspace)必須具有以下三個性質：

1. 零向量屬於 W。
2. 只要 $\mathbf{u}$ 和 $\mathbf{v}$ 屬於 W，則 $\mathbf{u}+\mathbf{v}$ 屬於 W。[符合此一條件，我們說 W **對(向量)加法封閉(closed under (vector) addition)**]
3. 只要 $\mathbf{u}$ 屬於 W 且 c 爲純量，則 $c\mathbf{u}$ 屬於 W。[符合此一條件，我們說 W **對純量乘法封閉(closed under scalar multiplication)**]

以下兩個例子是 R^n 的兩個特殊子空間。

例題 1

集合 R^n 是它本身的一個子空間，因爲零向量屬於 R^n，R^n 中任意兩向量的和仍屬於 R^n，且 R^n 中任何向量乘以任何純量的乘積仍屬於 R^n。

例題 2

僅包含一個 R^n 之零向量的集合 W，是 R^n 的一個子空間，稱做**零子空間(zero subspace)**。很明顯的，$\mathbf{0}$ 在 W 之內。同時，若 $\mathbf{u}$ 和 $\mathbf{v}$ 爲屬於 W 的向量，則 $\mathbf{u}=\mathbf{0}$ 且 $\mathbf{v}=\mathbf{0}$，所以 $\mathbf{u}+\mathbf{v}=\mathbf{0}+\mathbf{0}=\mathbf{0}$。因此 $\mathbf{u}+\mathbf{v}$ 屬於 W，所以 W 對向量加法爲封閉。最後，若 $\mathbf{u}$ 屬於 W 且 c 爲純量，則 $c\mathbf{u}=c\mathbf{0}=\mathbf{0}$，所以 $c\mathbf{u}$ 也屬於 W。因此 W 對純量加法也是封閉的。

除了$\{\mathbf{0}\}$之外 R^n 的其它子空間叫做**非零子空間(nonzero subspace)**。例題 3 和 4 顯示如何驗證 R^3 的非零子空間，是否滿足子空間定義的三個性質。

例題 3

我們要證明集合 $W=\left\{\begin{bmatrix} w_1 \\ w_2 \\ w_3 \end{bmatrix} \in R^3 : 6w_1-5w_2+4w_3=0\right\}$ 是 R^3 的一個子空間。

1. 因爲 $6(0)-5(0)+4(0)=0$，分量 $\mathbf{0}$ 滿足定義 W 的方程式。因此 $\mathbf{0}=\begin{bmatrix} 0 \\ 0 \\ 0 \end{bmatrix}$ 屬於 W。

2. 令 $\mathbf{u}=\begin{bmatrix}u_1\\u_2\\u_3\end{bmatrix}$ 及 $\mathbf{v}=\begin{bmatrix}v_1\\v_2\\v_3\end{bmatrix}$ 屬於 W。則 $6u_1-5u_2+4u_3=0$，且 $6v_1-5v_2+4v_3=0$。

現在 $\mathbf{u}+\mathbf{v}=\begin{bmatrix}u_1+v_1\\u_2+v_2\\u_3+v_3\end{bmatrix}$。因為

$$\begin{aligned}6(u_1+v_1)-5(u_2+v_2)+4(u_3+v_3)&=(6u_1-5u_2+4u_3)+(6v_1-5v_2+4v_3)\\&=0+0\\&=0\end{aligned}$$

我們可以看到，$\mathbf{u}+\mathbf{v}$ 的分量滿足定義 W 的方程式。因此 $\mathbf{u}+\mathbf{v}$ 屬於 W，所以 W 對向量加法為封閉。

3. 令 $\mathbf{u}=\begin{bmatrix}u_1\\u_2\\u_3\end{bmatrix}$ 屬於 W。對任意純量 c，我們有 $c\mathbf{u}=c\begin{bmatrix}u_1\\u_2\\u_3\end{bmatrix}=\begin{bmatrix}cu_1\\cu_2\\cu_3\end{bmatrix}$。

因為

$$6(cu_1)-5(cu_2)+4(cu_3)=c(6u_1-5u_2+4u_3)=c(0)=0$$

$c\mathbf{u}$ 的各分量滿足定義 W 的方程式。因此 $c\mathbf{u}$ 也屬於 W，所以 W 對純量乘法也是封閉的。

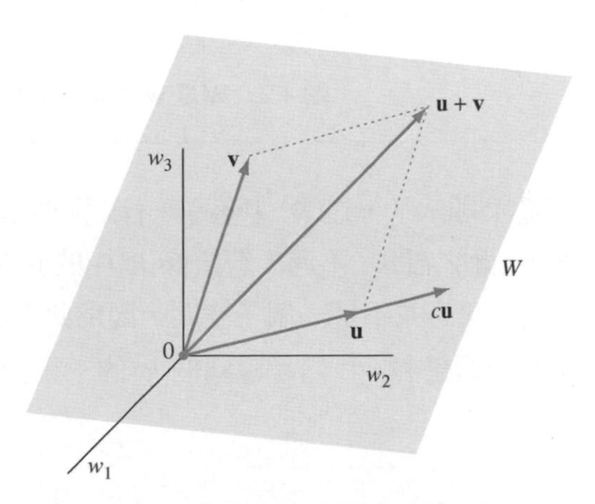

圖 4.1　W 的子空間是一個通過原點的平面

因為 W 是 R^3 的子集合，並且包含有零向量，同時對向量加法與純量乘法均為封閉的，因此 W 是 R^3 的一個子空間。(見圖 4.1。)幾何意義上，W 是 R^3 中通過原點的一個平面。

例題 4

令 $\mathbf{w}$ 是一個屬於 R^3 的非零向量。證明由 $\mathbf{w}$ 的所有倍數所構成之集合 W 是 R^3 的一個子空間。

解 首先，$\mathbf{0} = 0\mathbf{w}$ 屬於 W。接著令 $\mathbf{u}$ 和 $\mathbf{v}$ 為屬於 W 的向量。則對某純量 a 及 b，$\mathbf{u} = a\mathbf{w}$ 且 $\mathbf{v} = b\mathbf{w}$。因為

$$\mathbf{u} + \mathbf{v} = a\mathbf{w} + b\mathbf{w} = (a+b)\mathbf{w}$$

我們可以看到 $\mathbf{u}+\mathbf{v}$ 是 $\mathbf{w}$ 的倍數。因為 $\mathbf{u}+\mathbf{v}$ 屬於 W，所以 W 對向量加法是封閉的。最後，對任意純量 c，$c\mathbf{u} = c(a\mathbf{w}) = (ca)\mathbf{w}$ 是 $\mathbf{w}$ 的倍數。因此 $c\mathbf{u}$ 屬於 W，所以 W 對純量乘法也是封閉的。因此 W 是 R^3 的一個子空間。在此 W 可視為是 R^3 中通過原點的一條直線。(見圖 4.2。)

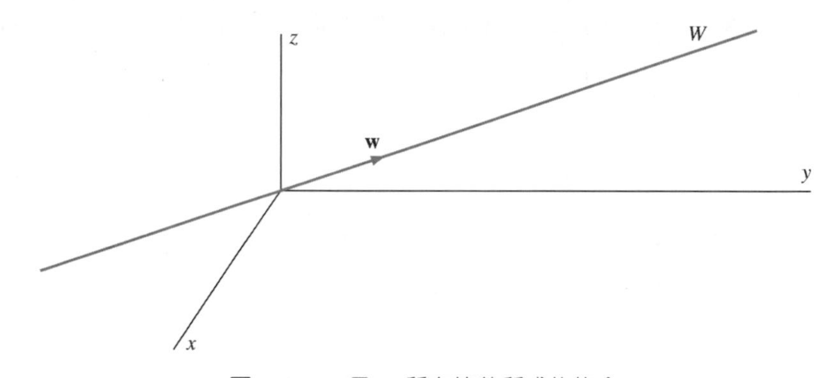

圖 4.2　W 是 $\mathbf{w}$ 所有倍數所成的集合

例題 4 顯示了，在 R^3 中落在一條通過原點之直線上的向量所成的集合，是 R^3 的一個子空間。不過，若這條 R^3 中的直線沒有通過原點，則落於其上的向量所成的集合並不是一個子空間，因為此集合不包含 R^3 中的零向量。

在下個例題中，我們考慮兩個 R^2 的子集合，它們不是 R^2 之子空間：

例題 5

令 V 及 W 為 R^2 的子集合，定義為

$$V = \left\{ \begin{bmatrix} v_1 \\ v_2 \end{bmatrix} \in R^2 : v_1 \geq 0 \text{ 且 } v_2 \geq 0 \right\}$$

及

$$W = \left\{ \begin{bmatrix} w_1 \\ w_2 \end{bmatrix} \in R^2 : w_1^2 = w_2^2 \right\}$$

V 包含了落於 R^2 之第一象限及 x 和 y 軸非負部份的所有向量(見圖 4.3a)。很明顯的，$\mathbf{0}=\begin{bmatrix}0\\0\end{bmatrix}$ 在 V 之內。假設 $\mathbf{u}=\begin{bmatrix}u_1\\u_2\end{bmatrix}$ 及 $\mathbf{v}=\begin{bmatrix}v_1\\v_2\end{bmatrix}$ 都屬於 V。則 $u_1\geq 0$、$u_2\geq 0$、$v_1\geq 0$、且 $v_2\geq 0$。因此 $u_1+v_1\geq 0$ 且 $u_2+v_2\geq 0$，所以

$$\mathbf{u}+\mathbf{v}=\begin{bmatrix}u_1+v_1\\u_2+v_2\end{bmatrix}$$

也在 V 中。因此 V 對向量加法為封閉。由平行四邊形定理也可以得到此一結論。不過 V 對純量乘法不具封閉性，因為 $\mathbf{u}=\begin{bmatrix}1\\2\end{bmatrix}$ 屬於 V，但是 $(-1)\mathbf{u}=\begin{bmatrix}-1\\-2\end{bmatrix}$ 不屬於。因此 V 不是 R^2 的子空間。

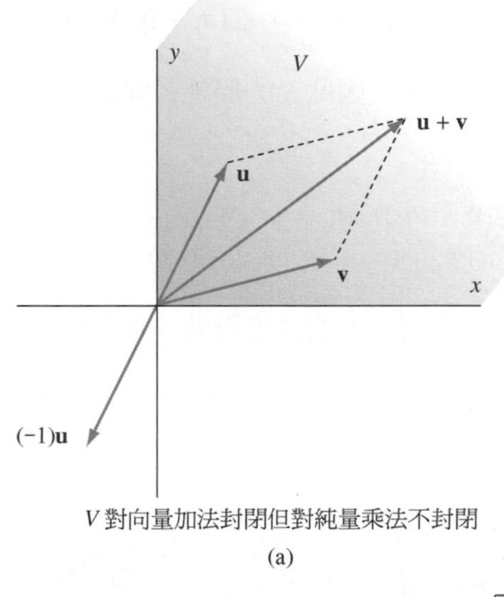

V 對向量加法封閉但對純量乘法不封閉

(a)

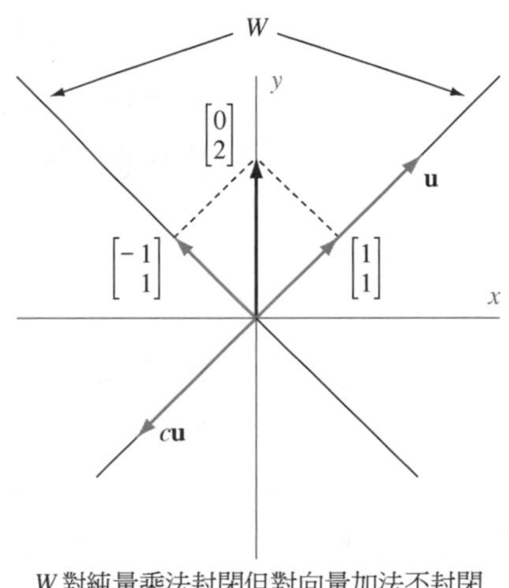

W 對純量乘法封閉但對向量加法不封閉

(b)

圖 4.3

考慮一個屬於 W 的向量 $\mathbf{u}=\begin{bmatrix}u_1\\u_2\end{bmatrix}$。由於 $u_1^2=u_2^2$，所以有 $u_2=\pm u_1$。因此向量 $\mathbf{u}$ 落於直線 $y=x$ 或 $y=-x$ 之上。(見圖 4.3b)。明顯的，$\mathbf{0}=\begin{bmatrix}0\\0\end{bmatrix}$ 屬於 W。同時，若 $\mathbf{u}=\begin{bmatrix}u_1\\u_2\end{bmatrix}$ 屬於 W，則 $u_1^2=u_2^2$。所以，對任意純量 c，$c\mathbf{u}=\begin{bmatrix}cu_1\\cu_2\end{bmatrix}$ 屬於 W，因為 $(cu_1)^2=c^2u_1^2=c^2u_2^2=(cu_2)^2$。因此 W 對純量乘法為封閉。不過 W 對向量加法並不封閉。例如，向量 $\begin{bmatrix}1\\1\end{bmatrix}$ 和 $\begin{bmatrix}-1\\1\end{bmatrix}$ 屬於 W，但是 $\begin{bmatrix}1\\1\end{bmatrix}+\begin{bmatrix}-1\\1\end{bmatrix}=\begin{bmatrix}0\\2\end{bmatrix}$ 不屬於。因此 W 不是 R^2 的子空間。

我們的第一個定理是例題 4 的一般化。

定理 4.1

R^n 的有限非空子集合的展延，是 R^n 的子空間。

證明 令 $S=\{\mathbf{w}_1,\mathbf{w}_2,\cdots,\mathbf{w}_k\}$。因爲

$$0\mathbf{w}_1+0\mathbf{w}_2+\cdots+0\mathbf{w}_k=\mathbf{0}$$

我們看到，$\mathbf{0}$ 屬於 S 的展延。令 $\mathbf{u}$ 及 $\mathbf{v}$ 屬於 S 的展延。則

$$\mathbf{u}=a_1\mathbf{w}_1+a_2\mathbf{w}_2+\cdots+a_k\mathbf{w}_k \quad 且 \quad \mathbf{v}=b_1\mathbf{w}_1+b_2\mathbf{w}_2+\cdots+b_k\mathbf{w}_k$$

其中 $a_1, a_2, \cdots, a_k$ 及 $b_1, b_2, \cdots, b_k$ 爲純量。因爲

$$\begin{aligned}\mathbf{u}+\mathbf{v}&=(a_1\mathbf{w}_1+a_2\mathbf{w}_2+\cdots+a_k\mathbf{w}_k)+(b_1\mathbf{w}_1+b_2\mathbf{w}_2+\cdots+b_k\mathbf{w}_k)\\&=(a_1+b_1)\mathbf{w}_1+(a_2+b_2)\mathbf{w}_2+\cdots+(a_k+b_k)\mathbf{w}_k\end{aligned}$$

由此可得 $\mathbf{u}+\mathbf{v}$ 屬於 S 的展延。因此 S 的展延對向量加法爲封閉。另外，對任意純量 c，

$$\begin{aligned}c\mathbf{u}&=c(a_1\mathbf{w}_1+a_2\mathbf{w}_2+\cdots+a_k\mathbf{w}_k)\\&=(c_1a_1)\mathbf{w}_1+(c_2a_2)\mathbf{w}_2+\cdots+(c_ka_k)\mathbf{w}_k\end{aligned}$$

所以 $c\mathbf{u}$ 屬於 S 的展延。因此，S 的展延對純量乘法同樣是封閉的，因此 S 是 R^n 的一個子空間。 ■

例題 6

我們可以用定理 4.1 來證明，型式爲

$$W=\left\{\begin{bmatrix}2a-3b\\b\\-a+4b\end{bmatrix}\in R^3 : a 及 b 爲純量\right\}$$

之向量所成的集合，是 R^3 的子空間。只要觀察下式

$$\begin{bmatrix}2a-3b\\b\\-a+4b\end{bmatrix}=a\begin{bmatrix}2\\0\\-1\end{bmatrix}+b\begin{bmatrix}-3\\1\\4\end{bmatrix}$$

可知 $W=\text{Span}S$，其中

$$S=\left\{\begin{bmatrix}2\\0\\-1\end{bmatrix},\begin{bmatrix}-3\\1\\4\end{bmatrix}\right\}$$

因此，由定理 4.1 可得，W 是 R^3 的子空間。

在例題 6 中，我們找到一個 W 的產生集合 S，並由此證明 W 是一個子空間。由定理 4.1 可得，在所有由 R^n 中向量所成的集合中，只有那些有產生集合的，才是 R^n 的子空間。同時可知，一個子空間 V 的產生集合，必定是由 V 中的向量所組成。所以在例題 6 中，即使子空間 W 中的所有向量都是 R^3 的標準向量的線性組合，但是標準向量的集合卻並不是 W 的產生集合，因為 $\mathbf{e}_1$ 不屬於 W。

練習題 1.

藉由找出 V 的產生集合，以證明

$$V = \left\{ \begin{bmatrix} -s \\ 2t \\ 3s - t \end{bmatrix} \in R^3 : s \text{ 及 } t \text{ 為純量} \right\}$$

是 R^3 的一個子空間。

與矩陣相關的子空間

有數個重要的子空間與矩陣有關。我們第一個考慮的是零空間(*null space*)，在介紹線性轉換時，我們曾經提過此一名詞。

定義　矩陣 A 的**零空間(null space)**是 $A\mathbf{x} = \mathbf{0}$ 的解集合。它記做 Null A。

對一個 $m \times n$ 矩陣 A，A 的零空間是以下集合

$$\text{Null } A = \{\mathbf{v} \in R^n : A\mathbf{v} = \mathbf{0}\}$$

例如，矩陣

$$\begin{bmatrix} 1 & -5 & 3 \\ 2 & -9 & -6 \end{bmatrix}$$

的零空間等於以下齊次線性方程組的解集合

$$\begin{aligned} x_1 - 5x_2 + 3x_3 &= 0 \\ 2x_1 - 9x_2 - 6x_3 &= 0 \end{aligned}$$

更一般化的講法，任何齊次線性方程組的解集合，等於該方程組係數矩陣的零空間。

例題 3 中的集合 W 就是一個此種解集合。(在這個例子中，它是單一個三變數方程式 $6x_1 - 5x_2 + 4x_3 = 0$ 的解集合)我們在例題 3 看到，W 是 R^3 的子空間。在下一個定理中會顯示，此種集合一定是子空間。

定理 4.2

若 A 爲 $m \times n$ 矩陣，則 Null A 是 R^n 的子空間。

證明 因爲 A 是 $m \times n$ 矩陣，Null A 中的向量都是 $A\mathbf{x}=\mathbf{0}$ 的解，均屬於 R^n。明顯的，$\mathbf{0}$ 屬於 Null A 因爲 $A\mathbf{0}=\mathbf{0}$。設 $\mathbf{u}$ 和 $\mathbf{v}$ 屬於 Null A，則 $A\mathbf{u}=\mathbf{0}$ 且 $A\mathbf{v}=\mathbf{0}$。因此由定理 1.3(b)，我們有

$$A(\mathbf{u}+\mathbf{v}) = A\mathbf{u} + A\mathbf{v} = \mathbf{0}+\mathbf{0} = \mathbf{0}$$

以上說明證明了 $\mathbf{u}+\mathbf{v}$ 屬於 Null A，所以 Null A 對向量加法爲封閉。另外，對任意純量 c，由定理 1.3(c)可得

$$A(c\mathbf{u}) = c(A\mathbf{u}) = c\mathbf{0} = \mathbf{0}$$

因此 $c\mathbf{u}$ 屬於 Null A，所以 Null A 對純量乘法也是封閉的。因此 Null A 是 R^n 的子空間。 ■

另一個與矩陣相關的重要子空間是它的行空間(*column space*)。

定義 一個矩陣 A 的**行空間(column space)**是它各行的展延。它的符號表示爲 Col A。

例如，若

$$A = \begin{bmatrix} 1 & -5 & 3 \\ 2 & -9 & -6 \end{bmatrix}$$

則

$$\text{Col } A = \text{Span}\left\{ \begin{bmatrix} 1 \\ 2 \end{bmatrix}, \begin{bmatrix} -5 \\ -9 \end{bmatrix}, \begin{bmatrix} 3 \\ -6 \end{bmatrix} \right\}$$

回顧 1.6 節例題 3 前的框格中的結果，對向量 $\mathbf{b}$ 及 $m \times n$ 矩陣 A，若且唯若矩陣方程式 $A\mathbf{x}=\mathbf{b}$ 是一致的，則 $\mathbf{b}$ 是 A 之各行的線性組合。因此

$$\text{Col } A = \{A\mathbf{v} : \mathbf{v} \text{ 屬於 } R^n\}$$

由定理 4.1 可得，$m \times n$ 矩陣的行空間是 R^m 的子空間。因爲 A 的零空間是 R^n 的子空間，若 $m \neq n$，則一個 $m \times n$ 矩陣的行空間與零空間是包含於不同的空間中。即使是 $m=n$，這兩個空間也極少會相等。

例題 7

求以下矩陣之行空間的產生集合

$$A=\begin{bmatrix}1 & 2 & 1 & -1\\ 2 & 4 & 0 & -8\\ 0 & 0 & 2 & 6\end{bmatrix}$$

則 $\mathbf{u}=\begin{bmatrix}2\\1\\1\end{bmatrix}$ 是否屬於 Col A？ $\mathbf{v}=\begin{bmatrix}2\\1\\3\end{bmatrix}$ 是否屬於 Col A？

解 A 的行空間是 A 之各行的展延。因此 Col A 的產生集合為

$$\left\{\begin{bmatrix}1\\2\\0\end{bmatrix},\begin{bmatrix}2\\4\\0\end{bmatrix},\begin{bmatrix}1\\0\\2\end{bmatrix},\begin{bmatrix}-1\\-8\\6\end{bmatrix}\right\}$$

要瞭解向量 $\mathbf{u}$ 是否在 A 的行空間之內，我們必須先決定 $A\mathbf{x}=\mathbf{u}$ 是否為一致。因為$[A\quad \mathbf{u}]$的最簡列梯型為

$$\begin{bmatrix}1 & 2 & 0 & -4 & 0\\ 0 & 0 & 1 & 3 & 0\\ 0 & 0 & 0 & 0 & 1\end{bmatrix}$$

我們可看出此方程組是不一致的，所以 $\mathbf{u}$ 不屬於 Col A(見圖 4.4)。另外一方面，$[A\quad \mathbf{v}]$的最簡列梯型是

$$\begin{bmatrix}1 & 2 & 0 & -4 & 0.5\\ 0 & 0 & 1 & 3 & 1.5\\ 0 & 0 & 0 & 0 & 0\end{bmatrix}$$

因此方程組 $A\mathbf{x}=\mathbf{v}$ 是一致的，所以 $\mathbf{v}$ 屬於 Col A(見圖 4.4)。

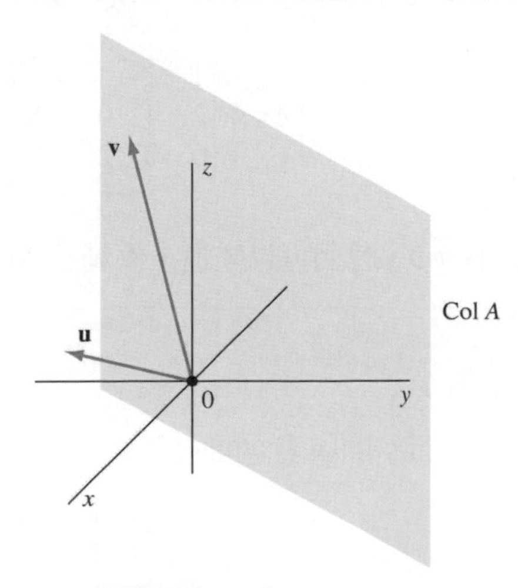

圖 4.4　向量 **v** 屬於 A 的行空間，但 **u** 不屬於

例題 8

求例題 7 中矩陣之零空間的產生集合。$\mathbf{u}=\begin{bmatrix}2\\-3\\3\\-1\end{bmatrix}$是否屬於 Null A？$\mathbf{v}=\begin{bmatrix}5\\-3\\2\\1\end{bmatrix}$是否屬於 Null A？

解 這和例題 7 中求 A 之行空間的產生集合不同，並沒有簡單的方法可求得 A 之零空間的產生集合。我們必須求解 $A\mathbf{x}=\mathbf{0}$。因爲 A 的最簡列梯型爲

$$\begin{bmatrix}1&2&0&-4\\0&0&1&3\\0&0&0&0\end{bmatrix}$$

$A\mathbf{x}=\mathbf{0}$ 之解的向量型式爲

$$\begin{bmatrix}x_1\\x_2\\x_3\\x_4\end{bmatrix}=\begin{bmatrix}-2x_2+4x_4\\x_2\\-3x_4\\x_4\end{bmatrix}=x_2\begin{bmatrix}-2\\1\\0\\0\end{bmatrix}+x_4\begin{bmatrix}4\\0\\-3\\1\end{bmatrix}$$

由此可得

$$\text{Null }A=\text{Span}\left\{\begin{bmatrix}-2\\1\\0\\0\end{bmatrix},\begin{bmatrix}4\\0\\-3\\1\end{bmatrix}\right\}$$

所以，$A\mathbf{x}=\mathbf{0}$ 之通解的向量型式中所包含之向量的展延，等於 Null A。

要瞭解向量 $\mathbf{u}$ 是否屬於 A 的零空間，我們必須先知道是否有 $A\mathbf{u}=\mathbf{0}$。簡單的計算就可確認這一點，所以 $\mathbf{u}$ 屬於 Null A。在另一方面，

$$A\mathbf{v}=\begin{bmatrix}1&2&1&-1\\2&4&0&-8\\0&0&2&6\end{bmatrix}\begin{bmatrix}5\\-3\\2\\1\end{bmatrix}=\begin{bmatrix}0\\-10\\10\end{bmatrix}$$

因爲 $A\mathbf{v}\neq\mathbf{0}$，我們可以知道 $\mathbf{v}$ 不屬於 Null A。

練習題 2.

求以下矩陣之行空間與零空間的產生集合

$$A=\begin{bmatrix}1&2&-1\\-1&-3&4\end{bmatrix}$$

在本書中，我們所考慮的子空間，通常是來自一個向量集合的展延，或是齊次線性方程組的解集合。如同例題 7 和 8 所示，當我們經由產生集合定義出子空間時，並不需要眞正獲得產生集合，但卻必須解一個線性方程組以確認某一向量是否屬於此一子空間。在另一方面，如果子空間 V 是一個齊次線性方程組的解集合，則我們必須求解此線性方程組以找出 V 的產生集合。但我們很容易檢查某一特定向量是否屬於 V，只要驗證它的各分量是否滿足定義此子空間的線性方程組。

和矩陣的行空間一樣，矩陣的**列空間(row space)**定義爲它的各列的展延。矩陣 A 的列空間記做 Row A。所以對例題 7 中的矩陣

$$\begin{bmatrix} 1 & 2 & 1 & -1 \\ 2 & 4 & 0 & -8 \\ 0 & 0 & 2 & 6 \end{bmatrix}$$

我們有

$$\text{Row } A = \text{Span}\left\{\begin{bmatrix} 1 \\ 2 \\ 1 \\ -1 \end{bmatrix}, \begin{bmatrix} 2 \\ 4 \\ 0 \\ -8 \end{bmatrix}, \begin{bmatrix} 0 \\ 0 \\ 2 \\ 6 \end{bmatrix}\right\}$$

回想一下，矩陣 A 的列，就是矩陣 A^T 的行。因此 Row A= Col A^T，因此一個 $m\times n$ 矩陣的列空間，是 R^n 的子空間。通常，Null A、Col A、和 Row A 這三個子空間是相異的。

與線性轉換相關的子空間

在 2.8 節我們看到了，一個線性轉換的值域，是它的標準矩陣之各行的展延。我們剛剛定義了，一個矩陣各行的展延爲它的行空間。因此我們可將 2.8 節的此一命題重述如下：

一個線性轉換的值域，等於其標準矩陣的行空間。

因此之故，線性轉換 $T: R^n \to R^m$ 的值域是 R^m 的一個子空間。

例題 9

求線性轉換 $T: R^4 \to R^3$ 之值域的產生集合，此轉換定義爲

$$T\left(\begin{bmatrix} x_1 \\ x_2 \\ x_3 \\ x_4 \end{bmatrix}\right) = \begin{bmatrix} x_1 + 2x_2 + x_3 - x_4 \\ 2x_1 + 4x_2 - 8x_4 \\ 2x_3 + 6x_4 \end{bmatrix}$$

解 T 的標準矩陣爲

$$A=\begin{bmatrix}1&2&1&-1\\2&4&0&-8\\0&0&2&6\end{bmatrix}$$

因爲 T 的值域和 A 的行空間相同，T 之值域的產生集合爲

$$\left\{\begin{bmatrix}1\\2\\0\end{bmatrix},\begin{bmatrix}2\\4\\0\end{bmatrix},\begin{bmatrix}1\\0\\2\end{bmatrix},\begin{bmatrix}-1\\-8\\-6\end{bmatrix}\right\}$$

即 A 之各行所成的集合。

同樣由 2.8 節知道，一個線性轉換的零空間是 $A\mathbf{x}=\mathbf{0}$ 的解集合，其中 A 是 T 的標準矩陣。此一結果可重述如下：

> 一個線性轉換的零空間，等於其標準矩陣的零空間。

由此結果可得，線性轉換 $T: R^n \to R^m$ 的零空間是 R^n 的一個子空間。

例題 10

求例題 9 中線性轉換之零空間的產生集合。

解 在例題 9 中已知 T 的標準矩陣。它的最簡列梯型是例題 8 中的矩陣

$$\begin{bmatrix}1&2&0&-4\\0&0&1&3\\0&0&0&0\end{bmatrix}$$

在後一個例子中，我們看到

$$\text{Null } A=\text{Span}\left\{\begin{bmatrix}-2\\1\\0\\0\end{bmatrix},\begin{bmatrix}4\\0\\-3\\1\end{bmatrix}\right\}$$

練習題 3.

已知線性轉 $T: R^4 \to R^3$ 定義爲

$$T\left(\begin{bmatrix}x_1\\x_2\\x_3\\x_4\end{bmatrix}\right)=\begin{bmatrix}x_1+x_3+2x_4\\-x_2+x_3+x_4\\2x_1+3x_2-x_3+x_4\end{bmatrix}$$

求其零空間和值域的產生集合。

習　題

在習題 1 至 10 中，求各個子空間的產生集合。

1. $\left\{\begin{bmatrix}0\\s\end{bmatrix}\in R^2 : s \text{ 為純量}\right\}$

2. $\left\{\begin{bmatrix}2s\\-3s\end{bmatrix}\in R^2 : s \text{ 為純量}\right\}$

3. $\left\{\begin{bmatrix}4s\\-s\end{bmatrix}\in R^2 : s \text{ 為純量}\right\}$

4. $\left\{\begin{bmatrix}4t\\s+t\\-3s+t\end{bmatrix}\in R^3 : s \text{ 及 } t \text{ 為純量}\right\}$

5. $\left\{\begin{bmatrix}-s+t\\2s-t\\s+3t\end{bmatrix}\in R^3 : s \text{ 及 } t \text{ 為純量}\right\}$

6. $\left\{\begin{bmatrix}-r+3s\\0\\s-t\\r-2t\end{bmatrix}\in R^4 : r, s \text{ 及 } t \text{ 為純量}\right\}$

7. $\left\{\begin{bmatrix}-r+s\\4s-3t\\0\\3r-t\end{bmatrix}\in R^4 : r, s \text{ 及 } t \text{ 為純量}\right\}$

8. $\left\{\begin{bmatrix}r-s+3t\\2r-t\\-r+3s+2t\\-2r+s+t\end{bmatrix}\in R^4 : r, s \text{ 及 } t \text{ 為純量}\right\}$

9. $\left\{\begin{bmatrix}2s-5t\\3r+s-2t\\r-4s+3t\\-r+2s\end{bmatrix}\in R^4 : r, s \text{ 及 } t \text{ 為純量}\right\}$

10. $\left\{\begin{bmatrix}-r+4t\\r-s+2t\\3t\\r-t\end{bmatrix}\in R^4 : r, s \text{ 及 } t \text{ 為純量}\right\}$

在習題 11 至 18 中，決定各向量是否屬於 Null A，其中

$$A=\begin{bmatrix}1&-2&-1&0\\0&1&3&-2\\-2&3&1&2\end{bmatrix}$$

11. $\begin{bmatrix}1\\1\\-1\\-1\end{bmatrix}$　12. $\begin{bmatrix}1\\0\\1\\2\end{bmatrix}$　13. $\begin{bmatrix}-1\\2\\-2\\-2\end{bmatrix}$

14. $\begin{bmatrix}2\\0\\2\\3\end{bmatrix}$　15. $\begin{bmatrix}1\\-1\\3\\4\end{bmatrix}$　16. $\begin{bmatrix}1\\-3\\5\\6\end{bmatrix}$

17. $\begin{bmatrix}3\\1\\1\\2\end{bmatrix}$　18. $\begin{bmatrix}3\\2\\-1\\1\end{bmatrix}$

在習題 19 至 26 中，決定各向量是否屬於 Col A，其中 A 為習題 11 至 18 所用之矩陣。

19. $\begin{bmatrix}2\\-1\\3\end{bmatrix}$　20. $\begin{bmatrix}-1\\3\\-1\end{bmatrix}$　21. $\begin{bmatrix}1\\-4\\2\end{bmatrix}$　22. $\begin{bmatrix}-1\\2\\1\end{bmatrix}$

23. $\begin{bmatrix}1\\2\\-4\end{bmatrix}$　24. $\begin{bmatrix}1\\-3\\3\end{bmatrix}$　25. $\begin{bmatrix}5\\-4\\-6\end{bmatrix}$　26. $\begin{bmatrix}2\\-1\\1\end{bmatrix}$

在習題 27 至 34 中，求各矩陣之零空間的產生集合。

27. $\begin{bmatrix}-1&1&2\\1&-2&3\end{bmatrix}$

28. $\begin{bmatrix}1&2&0\\0&-1&1\\1&0&2\end{bmatrix}$

29. $\begin{bmatrix}1&1&-1&4\\2&1&-3&5\\-2&0&4&-2\end{bmatrix}$

30. $\begin{bmatrix}1&1&1\\0&-1&-3\\1&1&1\\0&-2&-6\end{bmatrix}$

31. $\begin{bmatrix}1&1&2&1\\-1&0&-5&3\\1&1&2&1\\-1&0&-5&3\end{bmatrix}$

32. $\begin{bmatrix}1&1&0&2&1\\3&2&1&6&3\\0&-1&1&-1&-1\end{bmatrix}$

33. $\begin{bmatrix}1&-3&0&1&-2&-2\\2&-6&-1&0&2&5\\-1&3&2&3&-1&2\end{bmatrix}$

34. $\begin{bmatrix}1&0&-1&-3&1&4\\2&-1&-1&-8&3&9\\-1&1&1&5&-2&-6\\0&1&1&2&-1&-3\end{bmatrix}$

在習題 35 至 42 中，求各線性轉換之值域與零空間的產生集合。

35. $T\left(\begin{bmatrix} x_1 \\ x_2 \\ x_3 \end{bmatrix}\right) = [x_1 + 2x_2 - x_3]$

36. $T\left(\begin{bmatrix} x_1 \\ x_2 \end{bmatrix}\right) = \begin{bmatrix} x_1 + 2x_2 \\ 2x_1 + 4x_2 \end{bmatrix}$

37. $T\left(\begin{bmatrix} x_1 \\ x_2 \end{bmatrix}\right) = \begin{bmatrix} x_1 + x_2 \\ x_1 - x_2 \\ x_1 \\ x_2 \end{bmatrix}$

38. $T\left(\begin{bmatrix} x_1 \\ x_2 \\ x_3 \end{bmatrix}\right) = \begin{bmatrix} x_1 - 2x_2 + 3x_3 \\ -2x_1 + 4x_2 - 6x_3 \end{bmatrix}$

39. $T\left(\begin{bmatrix} x_1 \\ x_2 \\ x_3 \end{bmatrix}\right) = \begin{bmatrix} x_1 + x_2 - x_3 \\ 0 \\ 2x_1 - x_3 \end{bmatrix}$

40. $T\left(\begin{bmatrix} x_1 \\ x_2 \\ x_3 \end{bmatrix}\right) = \begin{bmatrix} x_1 + x_2 \\ x_2 + x_3 \\ x_1 - x_3 \\ x_1 + 2x_2 + x_3 \end{bmatrix}$

41. $T\left(\begin{bmatrix} x_1 \\ x_2 \\ x_3 \end{bmatrix}\right) = \begin{bmatrix} x_1 - x_2 - 5x_3 \\ -x_1 + 2x_2 + 7x_3 \\ 2x_1 - x_2 - 8x_3 \\ 2x_2 + 4x_3 \end{bmatrix}$

42. $T\left(\begin{bmatrix} x_1 \\ x_2 \\ x_3 \\ x_4 \end{bmatrix}\right) = \begin{bmatrix} x_1 - x_2 - 3x_3 - 2x_4 \\ -x_1 + 2x_2 + 4x_3 + 5x_4 \\ x_1 - 2x_3 + x_4 \\ x_1 + x_2 - x_3 + 4x_4 \end{bmatrix}$

是非題

在習題 43 至 62 中，決定各命題是否為真。

43. 若 V 是 R^n 的一個子空間，且 **v** 屬於 V，則對任意純量 c，$c\mathbf{u}$ 屬於 V。
44. R^n 的所有子空間都包含 **0**。
45. 子空間{**0**}叫做零空間(null space)。
46. 一個 R^n 的有限非空子集合的展延是 R^n 的一個子空間。
47. 一個 $m \times n$ 矩陣的零空間包含於 R^n。
48. 一個 $m \times n$ 矩陣的行空間包含於 R^n。
49. 一個 $m \times n$ 矩陣的列空間包含於 R^n。
50. 一個 $m \times n$ 矩陣 A 的列空間爲集合$\{A\mathbf{v}: \mathbf{v}$ 屬於 $R^n\}$。
51. 對任意矩陣 A，A^T 的列空間等於 A 的行空間。
52. 所有線性轉換的零空間都是子空間。
53. 函數的值域不一定是子空間。
54. 一個線性轉換的值域是子空間。
55. 一個線性轉換的值域等於它的標準矩陣的列空間。
56. 一個線性轉換的零空間等於它的標準矩陣的零空間。
57. 所有 R^n 的非零子空間都包含有無限多的向量。
58. 一個 R^n 的子空間必須對向量加法爲封閉。
59. R^n 至少包含有兩個子空間。
60. 向量 **v** 屬於 Null A 的條件爲，若且唯若 $A\mathbf{x} = \mathbf{0}$。
61. 向量 **v** 屬於 Col A 的條件爲，若且唯若 $A\mathbf{x} = \mathbf{v}$ 是一致的。
62. 向量 **v** 屬於 Row A 的條件爲，若且唯若 $A^T\mathbf{x} = \mathbf{b}$ 是一致的。

---

63. 求習題 27 之矩陣的行空間的產生集合，且恰僅包含兩個向量。
64. 求習題 28 之矩陣的行空間的產生集合，且恰僅包含兩個向量。
65. 求習題 32 之矩陣的行空間的產生集合，且恰僅包含四個向量。
66. 求習題 33 之矩陣的行空間的產生集合，且恰僅包含四個向量。

在習題 67 至 70 中，求各矩陣的行空間的產生集合，且恰僅包含所指定數目的向量。

67. $\begin{bmatrix} 1 & -3 & 5 \\ -2 & 4 & -1 \end{bmatrix}$，2 向量

68. $\begin{bmatrix} -1 & 6 & -7 \\ 5 & -3 & 8 \\ 4 & -2 & 3 \end{bmatrix}$，3 向量

69. $\begin{bmatrix} -2 & -1 & -1 & 3 \\ 4 & 1 & 5 & -4 \\ 5 & 2 & 4 & -5 \\ -1 & 0 & -2 & 1 \end{bmatrix}$，3 向量

70. $\begin{bmatrix} 1 & 0 & 4 \\ 1 & -1 & 7 \\ 0 & 1 & -3 \\ 1 & 1 & 1 \end{bmatrix}$，2 向量

71. 求 $m \times n$ 零矩陣的零空間、行空間及列空間。
72. 令 R 爲 A 的最簡列梯型。是否 Null A = Null R？驗證你的答案。
73. 令 R 爲 A 的最簡列梯型。是否 Col A = Col R？驗證你的答案。

74. 令 R 爲 A 的最簡列梯型。證明 $\text{Row}\, A = \text{Row}\, R$。

75. 舉出一個非零矩陣的實例，使它的列空間等於行空間。

76. 舉出一個非零矩陣的實例，使它的零空間等於行空間。

77. 證明 R^n 的兩個子空間的交集，也是 R^n 的了空間。

78. 令 $V = \left\{\begin{bmatrix} v_1 \\ v_2 \end{bmatrix} \in R^2 : v_1 = 0\right\}$

及 $W = \left\{\begin{bmatrix} v_1 \\ v_2 \end{bmatrix} \in R^2 : v_2 = 0\right\}$

(a) 證明 V 和 W 兩者均爲 R^2 的子空間。

(b) 證明 $U \cup W$ 並不是 R^2 的子空間。

79. 令 S 爲 R^n 的非空子集合。證明 S 是 R^n 的子空間的條件是，若且唯若對所有屬於 S 的向量 $\mathbf{u}$ 和 $\mathbf{v}$ 及所有純量 c，向量 $\mathbf{u} + c\mathbf{v}$ 屬於 S。

80. 證明，若 V 是 R^n 的子空間且包含向量 $\mathbf{u}_1, \mathbf{u}_2, \cdots, \mathbf{u}_k$，則 V 包含 $\{\mathbf{u}_1, \mathbf{u}_2, \cdots, \mathbf{u}_k\}$ 的展延。因爲這個原因，$\{\mathbf{u}_1, \mathbf{u}_2, \cdots, \mathbf{u}_k\}$ 的展延叫做 R^n 的最小子空間，包含有向量 $\mathbf{u}_1, \mathbf{u}_2, \cdots, \mathbf{u}_k$。

在習題 81 至 88 中，證明各個集合並不是各該 R^n 的子空間。

81. $\left\{\begin{bmatrix} u_1 \\ u_2 \end{bmatrix} \in R^2 : u_1 u_2 = 0\right\}$

82. $\left\{\begin{bmatrix} u_1 \\ u_2 \end{bmatrix} \in R^2 : 2u_1^2 + 3u_2^2 = 12\right\}$

83. $\left\{\begin{bmatrix} 3s-2 \\ 2s+4t \\ -t \end{bmatrix} \in R^3 : s \text{ 及 } t \text{ 爲純量}\right\}$

84. $\left\{\begin{bmatrix} u_1 \\ u_2 \end{bmatrix} \in R^2 : u_1^2 + u_2^2 \le 1\right\}$

85. $\left\{\begin{bmatrix} u_1 \\ u_2 \\ u_3 \end{bmatrix} \in R^3 : u_1 > u_2 \text{ 及 } u_3 < 0\right\}$

86. $\left\{\begin{bmatrix} u_1 \\ u_2 \\ u_3 \end{bmatrix} \in R^3 : u_1 \ge u_2 \ge u_3\right\}$

87. $\left\{\begin{bmatrix} u_1 \\ u_2 \\ u_3 \end{bmatrix} \in R^3 : u_1 = u_2 u_3\right\}$

88. $\left\{\begin{bmatrix} u_1 \\ u_2 \\ u_3 \end{bmatrix} \in R^3 : u_1 u_2 = u_3^2\right\}$

在習題 89 至 94 中，像例題 3 一樣，利用子空間的定義以證明各集合分別為各該 R^n 的子空間。

89. $\left\{\begin{bmatrix} u_1 \\ u_2 \end{bmatrix} \in R^2 : u_1 - 3u_2 = 0\right\}$

90. $\left\{\begin{bmatrix} u_1 \\ u_2 \end{bmatrix} \in R^2 : 5u_1 + 4u_2 = 0\right\}$

91. $\left\{\begin{bmatrix} u_1 \\ u_2 \\ u_3 \end{bmatrix} \in R^3 : 2u_1 + 5u_2 - 4u_3 = 0\right\}$

92. $\left\{\begin{bmatrix} u_1 \\ u_2 \\ u_3 \end{bmatrix} \in R^3 : -u_1 + 7u_2 + 2u_3 = 0\right\}$

93. $\left\{\begin{bmatrix} u_1 \\ u_2 \\ u_3 \\ u_4 \end{bmatrix} \in R^4 : 3u_1 - u_2 + 6u_4 = 0 \text{ 及 } u_3 = 0\right\}$

94. $\left\{\begin{bmatrix} u_1 \\ u_2 \\ u_3 \\ u_4 \end{bmatrix} \in R^4 : u_1 + 5u_3 = 0 \text{ 及 } 4u_2 - 3u_4 = 0\right\}$

95. 令 $T: R^n \to R^m$ 爲線性轉換。利用子空間的定義以證明，T 的零空間是 R^n 的子空間。

96. 令 $T: R^n \to R^m$ 爲線性轉換。利用子空間的定義以證明，T 的值域是 R^m 的子空間。

97. 令 $T: R^n \to R^m$ 爲線性轉換。證明若 V 是 R^n 的一個子空間，則 $\{T(\mathbf{u}) \in R^m : \mathbf{u} \text{ 屬於 } V\}$ 是 R^m 的一個子空間。

98. 令 $T: R^n \to R^m$ 爲線性轉換。證明，若 W 是 R^m 的子空間，則 $\{\mathbf{u} : T(\mathbf{u}) \text{ 屬於 } W\}$ 是 R^n 的子空間。

99. 令 A 及 B 爲兩個 $m \times n$ 矩陣。利用子空間的定義以證明，$V = \{\mathbf{v} \in R^m : A\mathbf{v} = B\mathbf{v}\}$ 是 R^n 的一個子空間。

100. 令 V 及 W 爲 R^n 的兩個子空間。利用子空間的定義以證明，

$$S = \{\mathbf{s} \in R^n : \mathbf{s} = \mathbf{v} + \mathbf{w} \text{ 其中 } \mathbf{v} \text{ 屬於 } V \text{ 且 } \mathbf{w} \text{ 屬於 } W\}$$

是 R^n 的一個子空間。

4

在習題 101 至 103 中，利用有矩陣功能的計算機或諸如 *MATLAB* 的電腦軟體以求解。

101. 令

$$A=\begin{bmatrix}-1&0&2&1&1\\1&1&1&0&0\\1&-1&-5&3&-2\\1&1&1&-1&0\\0&1&3&-2&1\end{bmatrix}$$

$$\mathbf{u}=\begin{bmatrix}3.0\\1.8\\-10.3\\2.3\\6.3\end{bmatrix}\text{，及}\quad \mathbf{v}=\begin{bmatrix}-.6\\1.4\\-1.6\\1.2\\1.8\end{bmatrix}$$

(a) $\mathbf{u}$ 是否屬於 A 的行空間？

(b) $\mathbf{v}$ 是否屬於 A 的行空間？

102. 令 A 為習題 101 中的矩陣，並令

$$\mathbf{u}=\begin{bmatrix}0.5\\-1.6\\-2.1\\0.0\\4.7\end{bmatrix}\quad\text{及}\quad \mathbf{v}=\begin{bmatrix}2.4\\-6.3\\3.9\\0.0\\-5.4\end{bmatrix}$$

(a) $\mathbf{u}$ 是否屬於 A 的零空間？

(b) $\mathbf{v}$ 是否屬於 A 的零空間？

103. 令 A 為習題 101 中的矩陣，並令

$$\mathbf{u}=\begin{bmatrix}-5.1\\-2.2\\3.6\\8.2\\2.9\end{bmatrix}\quad\text{及}\quad \mathbf{v}=\begin{bmatrix}-5.6\\-1.4\\3.5\\2.9\\4.2\end{bmatrix}$$

(a) $\mathbf{u}$ 是否屬於 A 的列空間？

(b) $\mathbf{v}$ 是否屬於 A 的列空間？

練習題解答

1. V 中的向量可寫成以下型式

$$s\begin{bmatrix}-1\\0\\3\end{bmatrix}+t\begin{bmatrix}0\\2\\-1\end{bmatrix}$$

因此 $\left\{\begin{bmatrix}-1\\0\\3\end{bmatrix},\begin{bmatrix}0\\2\\-1\end{bmatrix}\right\}$ 是 V 的產生集合。

2. 集合 $\left\{\begin{bmatrix}1\\-1\end{bmatrix},\begin{bmatrix}2\\-3\end{bmatrix},\begin{bmatrix}-1\\4\end{bmatrix}\right\}$ 由 A 之各行所構成，是 A 之行空間的產生集合。要求得 A 之零空間的產生集合，我們必須解方程式 $A\mathbf{x}=0$。因為 A 的最簡列梯型為

$$\begin{bmatrix}1&0&5\\0&1&-3\end{bmatrix}$$

通解的向量型式為

$$\begin{bmatrix}x_1\\x_2\\x_3\end{bmatrix}=\begin{bmatrix}-5x_3\\3x_3\\x_3\end{bmatrix}=x_3\begin{bmatrix}-5\\3\\1\end{bmatrix}$$

因此 $\left\{\begin{bmatrix}-5\\3\\1\end{bmatrix}\right\}$ 是 A 之零空間的產生集合。

3. T 的標準矩陣為

$$A=\begin{bmatrix}1&0&1&2\\0&-1&1&1\\2&3&-1&1\end{bmatrix}$$

T 的零空間和 A 的零空間是一樣的，所以它是 $A\mathbf{x}=\mathbf{0}$ 的解集合。因為 A 的最簡列梯型是

$$\begin{bmatrix}1&0&1&2\\0&1&-1&-1\\0&0&0&0\end{bmatrix}$$

$A\mathbf{x}=\mathbf{0}$ 的解可以寫成

$$\begin{bmatrix}x_1\\x_2\\x_3\\x_4\end{bmatrix}=\begin{bmatrix}-x_3-2x_4\\x_3+x_4\\x_3\\x_4\end{bmatrix}=x_3\begin{bmatrix}-1\\1\\1\\0\end{bmatrix}+x_4\begin{bmatrix}-2\\1\\0\\1\end{bmatrix}$$

因此 $\left\{\begin{bmatrix}-1\\1\\1\\0\end{bmatrix},\begin{bmatrix}-2\\1\\0\\1\end{bmatrix}\right\}$ 是 T 之零空間的產生集合。

T 之值域與 A 之行空間相同。因此 A 之各行所成的集合

$$\left\{\begin{bmatrix}1\\0\\2\end{bmatrix},\begin{bmatrix}0\\-1\\3\end{bmatrix},\begin{bmatrix}1\\1\\-1\end{bmatrix},\begin{bmatrix}2\\1\\1\end{bmatrix}\right\}$$

是 T 之值域的產生集合。

4.2 基底和維數

在前一節中，我們看到了如何用產生集合來描述子空間。為達此目的，我們將子空間中的各向量，寫成是產生集合中向量的線性組合。但是，一個非零的子空間有許多的產生集合，最好是使用向量數目最少的產生集合。此種產生集合，必須是線性獨立的，就叫做該子空間的基底(*basis*)。

定義　令 V 是一個 R^n 的非零子空間。一組 V 的**基底[basis** (複數為 *bases*)]是 V 的一個線性獨立產生集合。

例如，R^n 中之標準向量所成的集合$\{\mathbf{e}_1, \mathbf{e}_2, \cdots, \mathbf{e}_n\}$，它是線性獨立集合，同時也是 R^n 的產生集合。因此$\{\mathbf{e}_1, \mathbf{e}_2, \cdots, \mathbf{e}_n\}$是 R^n 的一組基底。我們稱這組基底為 R^n 的**標準基底(standard basis)**並用 ε 來代表。(見圖 4.5)不過 R^n 還有許多其它的基底。對任意角 θ，$0° < \theta < 360°$，將向量 $\mathbf{e}_1$ 和 $\mathbf{e}_2$ 旋轉 θ 角所得的向量 $A_\theta\mathbf{e}_1$ 和 $A_\theta\mathbf{e}_2$ 也構成 R^2 的一組基底。(見圖 4.6。)另外也有些 R^2 的基底，其兩個向量並不互相垂直。因此 R^2 有無限多組基底。在許多應用中，使用 R^n 的標準基底以外的其它基底來描述向量，會比較自然及方便。

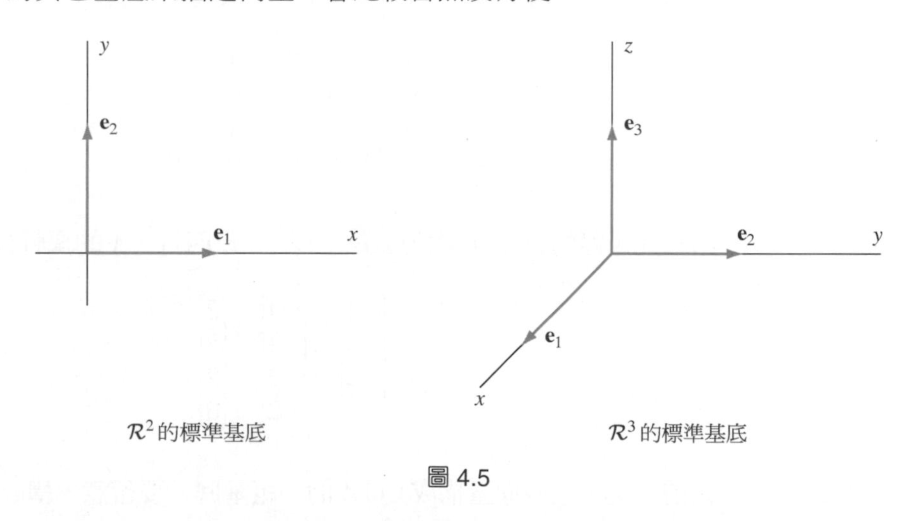

圖 4.5

利用基底的概念，我們可以重新陳述之前介紹過的，一些關於產生集合和線性獨立集合的結果。例如，先回想一下，一個矩陣的樞軸行，是該矩陣的最簡列梯型中包含有首項元素的各行。我們可重述定理 2.4(此定理指出，一個矩陣的樞軸行為線性獨立，並構成其行空間的產生集合)如下：

> 一個矩陣的樞軸行構成其行空間的一組基底。

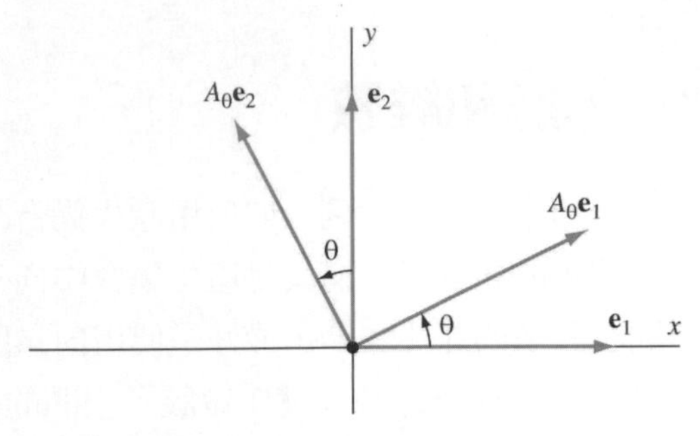

圖 4.6 經旋轉之標準矩陣

以下例題說明此一事實：

例題 1

求 Col A 的一組基底，若

$$A=\begin{bmatrix}1 & 2 & -1 & 2 & 1 & 2\\ -1 & -2 & 1 & 2 & 3 & 6\\ 2 & 4 & -3 & 2 & 0 & 3\\ -3 & -6 & 2 & 0 & 3 & 9\end{bmatrix}$$

解 在 1.4 節的例題 1 中，我們已求得 A 的最簡列梯型爲

$$\begin{bmatrix}1 & 2 & 0 & 0 & -1 & -5\\ 0 & 0 & 1 & 0 & 0 & -3\\ 0 & 0 & 0 & 1 & 1 & 2\\ 0 & 0 & 0 & 0 & 0 & 0\end{bmatrix}$$

因爲此矩陣的首項元素位於第一、三、及四行，A 的樞軸行是

$$\begin{bmatrix}1\\ -1\\ 2\\ -3\end{bmatrix},\ \begin{bmatrix}-1\\ 1\\ -3\\ 2\end{bmatrix},\ \begin{bmatrix}2\\ 2\\ 2\\ 0\end{bmatrix}$$

如前所述，這些向量構成 Col A 的一組基底。要留意，構成 Col A 之基底的是 A 的樞軸行，不是 A 的最簡列梯型的行。

注意

如例題 1 所示的，一個矩陣的行空間通常和它的最簡列梯型不同。事實上，最簡列梯型之矩陣的行空間，一定有一組由標準矩陣所構成的基底，其它矩陣則不然。

如果知道了一個子空間的有限產生集合，我們可以用例題 1 中的方法，來求該子空間的基底。假設 S 是 R^n 的一個子空間的有限產生集合，且 A 矩陣之各行是屬於 S 的向量，則 A 的樞軸行構成 Col A 的基底，也就是 S 的展延。而此基底同樣包含於 S。例如，若 W 是以下集合的展延

$$S=\left\{\begin{bmatrix}1\\-1\\2\\-3\end{bmatrix},\begin{bmatrix}2\\-2\\4\\-6\end{bmatrix},\begin{bmatrix}-1\\1\\-3\\2\end{bmatrix},\begin{bmatrix}2\\2\\2\\0\end{bmatrix},\begin{bmatrix}1\\3\\0\\3\end{bmatrix},\begin{bmatrix}2\\6\\3\\9\end{bmatrix}\right\}$$

那麼先以 S 中的向量爲各行，構成一個矩陣，再找出該矩陣的各樞軸行，我們就可求出一組 W 的基底。

定理 4.3

(化簡定理)令 S 爲 V 的有限產生集合，而 V 是 R^n 的一個非零子空間。則經由刪除 S 中的向量，可將 S 化簡爲一組 V 的基底。

證明　令 V 爲 R^n 的子空間且 $S=\{\mathbf{u}_1,\mathbf{u}_2,\cdots,\mathbf{u}_k\}$爲 V 的產生集合。若 $A=\{\mathbf{u}_1\ \mathbf{u}_2\ \cdots\ \mathbf{u}_k\}$，則 Col$A$ = Span $\{\mathbf{u}_1,\mathbf{u}_2,\cdots,\mathbf{u}_k\}=V$。因爲 A 的各樞軸行構成 Col A 的基底，A 之各樞軸行所成之集合是 V 的一組基底。此基底明顯包含於 S。 ....■

例題 2

求 Span S 的一組由屬於 S 之向量所組成的基底，設

$$S=\left\{\begin{bmatrix}1\\2\\1\\1\end{bmatrix},\begin{bmatrix}2\\4\\1\\1\end{bmatrix},\begin{bmatrix}1\\-1\\0\\1\end{bmatrix},\begin{bmatrix}2\\1\\1\\2\end{bmatrix},\begin{bmatrix}1\\-1\\2\\1\end{bmatrix}\right\}$$

解　令

$$A=\begin{bmatrix}1&2&1&2&1\\2&4&-1&1&-1\\1&2&0&1&2\\1&2&1&2&1\end{bmatrix}$$

此矩陣的各行，爲屬於 S 的向量。我們可以證明，A 的最簡列梯型爲

$$\begin{bmatrix} 1 & 2 & 0 & 1 & 0 \\ 0 & 0 & 1 & 1 & 0 \\ 0 & 0 & 0 & 0 & 1 \\ 0 & 0 & 0 & 0 & 0 \end{bmatrix}$$

因爲此矩陣的首項元素是在第 1、3、及 5 行，所以 A 之相對各行構成 S 的一組基底。因此集合

$$\left\{ \begin{bmatrix} 1 \\ 2 \\ 1 \\ 1 \end{bmatrix}, \begin{bmatrix} 1 \\ -1 \\ 0 \\ 1 \end{bmatrix}, \begin{bmatrix} 1 \\ -1 \\ 2 \\ 1 \end{bmatrix} \right\}$$

是 S 之展延的基底，且由 S 中之向量所組成。

若$\{\mathbf{u}_1, \mathbf{u}_2, \cdots, \mathbf{u}_k\}$是 R^n 的一個產生集合，則由定理 1.6，$[\mathbf{u}_1\ \mathbf{u}_2\ \cdots\ \mathbf{u}_k]$的每一列必定有一個樞軸位置。因爲同一行中不可能有兩個樞軸位置，所以此矩陣至少有 n 行。因此 $k \geq n$；也就是說，一個 R^n 的產生集合，至少包含有 n 個向量。

現在假設$\{\mathbf{v}_1, \mathbf{v}_2, \cdots, \mathbf{v}_j\}$是 R^n 的一個線性獨立子集合。如 1.7 節所述，R^n 的所有子集合中，只要包含有 n 個以上向量，就必定是線性相依的。因此，爲使得$\{\mathbf{v}_1, \mathbf{v}_2, \cdots, \mathbf{v}_j\}$爲線性獨立，我們必須有 $j \leq n$。也就是說，一個 R^n 的線性獨立子集合，至多包含有 n 個向量。

結合前面兩段的敘述，我們可看到，R^n 的所有基底必定恰包含有 n 個向量。綜上所述，我們得到以下結果：

令 S 爲 R^n 的一個有限子集合。則下列敘述爲眞：

1. 若 S 爲 R^n 的產生集合，則 S 至少包含 n 個向量。
2. 若 S 爲線性獨立，則 S 最多包含 n 個向量。
3. 若 S 是 R^n 的一組基底，則 S 恰包含 n 個向量。

我們的下一個定理顯示出，R^n 的每一個非零子空間都有一組基底。

定理 4.4

(擴展定理)令 S 爲 V 的線性獨立子集合，而 V 是 R^n 的一個非零子空間。則經由納入額外的向量，S 可擴展爲 V 的基底。尤其是，每一個非零子空間都有一基底。

證明　令 $S=\{\mathbf{u}_1,\mathbf{u}_2,\cdots,\mathbf{u}_k\}$為 V 的線性獨立子集合。若 S 的展延為 V，則 S 是 V 的基底且包含 S，這樣就完成證明。否則，存在有屬於 V 的向量 $\mathbf{v}_1$，它不屬於 S 的展延。由 1.7 節定理 1.9 後的性質 3 可得，$S'=\{\mathbf{u}_1,\mathbf{u}_2,\cdots,\mathbf{u}_k,\mathbf{v}_1\}$是線性獨立的。如果 S' 的展延是 V，則 S'是 V 的基底且包含 S，再一次得證。否則，存在有屬於 V 的向量 $\mathbf{v}_2$，它不屬於 S'的展延。和之前一樣，$S''=\{\mathbf{u}_1,\mathbf{u}_2,\cdots,\mathbf{u}_k,\mathbf{v}_1,\mathbf{v}_2\}$為線性獨立。重覆此一程序，我們持續選取包含 S 之 V 的線性獨立子集合，直到它成為 V 的產生集合(並因而是 V 的基底且包含 S)。要留意到此程序最多只能進行 n 次，因為 1.7 節定理 1.9 後的性質 4 告訴我們，任何 R^n 的子集合，包含 n 個以上向量就必定是線性相依的。

要證明 V 眞的有一組基底，令 $\mathbf{u}$ 為屬於 V 的非零向量。將擴展定理用於 $S=\{\mathbf{u}\}$，它是一個 V 的線性獨立子集合(1.7 節定理 1.9 後的性質 1)，我們可看出 V 必有一組基底。■

我們已經看到，一個 R^n 的非零子空間，有無限多組基底。雖然一個非零子空間的任兩組基底，可以包含不同的向量，但下個定理會告訴我們，同一個子空間的不同基底，必定包含同樣數目的向量。

定理 4.5

令 V 是 R^n 的一個非零子空間。則 V 的任兩組基底，包含有同樣數目的向量。

證明　設$\{\mathbf{u}_1,\mathbf{u}_2,\cdots,\mathbf{u}_k\}$及$\{\mathbf{v}_1,\mathbf{v}_2,\cdots,\mathbf{v}_p\}$為 V 的基底，並令 $A=[\mathbf{u}_1\ \mathbf{u}_2\ \cdots\ \mathbf{u}_k]$且 $B=[\mathbf{v}_1\ \mathbf{v}_2\ \cdots\ \mathbf{v}_p]$。因為$\{\mathbf{u}_1,\mathbf{u}_2,\cdots,\mathbf{u}_k\}$是 V 的一個產生集合，存在有屬於 R^k 的向量 $\mathbf{c}_i$，其中 $I=1,2,\cdots,p$，可使得 $A\mathbf{c}_i=\mathbf{v}_i$。令 $C=[\mathbf{c}_1\ \mathbf{c}_2\ \cdots\ \mathbf{c}_p]$。則 C 是一個 $k\times p$ 矩陣並滿足 $AC=B$。現在假設有某一屬於 R^p 的向量 $\mathbf{x}$ 可使得 $C\mathbf{x}=\mathbf{0}$。則 $B\mathbf{x}=AC\mathbf{x}=\mathbf{0}$。但是 B 的各行為是線性獨立的，因此由定理 1.8 得 $\mathbf{x}=0$。將定理 1.8 用於 C，我們可得，C 之各行是 R^k 中的向量且是線性獨立的。因為，一個集合如果包含有 k 個以上屬於 R^k 的向量，則此集合是線性相依的(1.7 節定理 1.9 後性質 4)，所以我們知道 $p\leq k$。將以上過程中兩基底的角色對調，則我們同樣可得到 $k\leq p$。因此 $k=p$；亦即兩組基底包含同樣數目的向量。■

化簡與擴展定理為子空間之基底的兩個特性。化簡定理告訴我們，可以由產生集合中刪去某些向量以得到一組基底。事實上，由定理 1.7 可知，如果產生集合中的某向量，是產生集合中其它向量的線性組合，則我們可將之刪除而不改變此集合的展延。另外，由 1.7 節定理 1.9 後的性質 5 知道，如果無法由一個產生集合中刪除任何向量而不改變其展延，則該集合必定是線性獨立。

一個子空間的產生集合中，包含最少向量的就是基底。

在另一方面，如果我們在基底中加入額外的向量，則此加大的集合不可能被包含於一組基底中，因為一個子空間的任兩組基底，必定包含有同樣數目的向量。因此擴展定理指出，較大的集合不可能是線性獨立的。

一組基底，是一個子空間最大的線性獨立子集合。

依據定理 4.5，一個子空間的所有基底的大小都一樣。這樣就可做出以下定義：

定義 R^n 的非零子空間 V，其基底所包含之向量的數目叫做 V 的**維數(dimension)**記做 $\dim V$。為了方便之故，定義 R^n 之零子空間的維數為 0。

因為 R^n 的標準基底包含有 n 個向量，因此 $\dim R^n=n$。在 4.3 節中，我們會討論幾種曾用過的子空間的維數。

練習題 1.

$\left\{\begin{bmatrix}0\\-1\\1\end{bmatrix},\begin{bmatrix}-1\\1\\2\end{bmatrix}\right\}$ 是否為 R^3 的基底？驗證你的答案。

下一個定理得自前面兩個定理。它包含了，關於一個子空間之線性獨立子集合之大小的重要資訊。

定理 4.6

令 V 是 R^n 的子空間，且維數為 k。則 V 的任何線性獨立子集合最多包含 k 個向量；或用另一種說法，V 的任何有限子集合，如果包含有 k 個以上的向量就一定是線性相依的。

證明 令 $\{\mathbf{v}_1, \mathbf{v}_2, \cdots, \mathbf{v}_p\}$ 為 V 的一個線性獨立子集合。由擴展定理，此集合可擴展為 V 的基底 $\{\mathbf{v}_1, \mathbf{v}_2, \cdots, \mathbf{v}_p, \cdots, \mathbf{v}_k\}$。由此得 $p\leq k$。■

例題 3

求 R^4 的子空間

$$V=\left\{\begin{bmatrix}x_1\\x_2\\x_3\\x_4\end{bmatrix}\in R^4: x_1-3x_2+5x_3-6x_4=0\right\}$$

的一組基底，並求出 V 的維數。(因爲 V 被定義爲一個齊次線性方程組的解集合，所以事實上 V 是一個子空間。)

4

解　V 中的向量爲 $x_1=3x_2-5x_3+6x_4=0$ 的解，這是一個四變數、單方程式的方程組。爲解此一方程組，我們運用 1.3 節的方法。因爲

$$x_1=3x_2-5x_3+6x_4$$

此方程組通解的向量型式爲

$$\begin{bmatrix}x_1\\x_2\\x_3\\x_4\end{bmatrix}=\begin{bmatrix}3x_2-5x_3+6x_4\\x_2\\x_3\\x_4\end{bmatrix}=x_2\begin{bmatrix}3\\1\\0\\0\end{bmatrix}+x_3\begin{bmatrix}-5\\0\\1\\0\end{bmatrix}+x_4\begin{bmatrix}6\\0\\0\\1\end{bmatrix}$$

如同我們在 1.7 節所指出的，向量式中的向量所成之集合

$$S=\left\{\begin{bmatrix}3\\1\\0\\0\end{bmatrix},\begin{bmatrix}-5\\0\\1\\0\end{bmatrix},\begin{bmatrix}6\\0\\0\\1\end{bmatrix}\right\}$$

既是 V 的產生集合也是線性獨立集合。因此 S 是 V 的基底。因爲 S 是 V 的基底且包含有 3 個向量，所以 $\dim V=3$。

練習題 2.

求以下矩陣之行空間與零空間的基底

$$\begin{bmatrix}-1&2&1&-1\\2&-4&-3&0\\1&-2&0&3\end{bmatrix}$$

要求得一個子空間的維數，我們通常需要求出該子空間的基底。在本書中，子空間幾乎一定是定義爲以下兩種之一

(a) 一個向量集合的展延，或

(b) 一個齊次線性方程組的解集合。

回想一下，利用例題 1 的方法，可以求出定義如(a)之子空間的基底。當子空間是定義如(b)，我們可求解線性方程組以獲得基底。例題 3 即說明了此一方法。

確認某集合是一個子空間的基底

我們在本節的前面曾提過，一個非零的子空間有許多基底。在不同的應用中，有些基底比其它的有用。例如，我們可能希望找出一組互相垂直的向量做為基底。雖然本節的方法讓我們可以求出任何子空間的基底，但求得的基底可能不具我們所要的性質。在第 5 及 6 章，我們會說明如何求得具特定性質的基底。在本節剩下的部份，我們要說明如何決定，一個向量所成的集合能否構成一個子空間的基底。

例如，考慮一個 R^3 的子空間

$$V=\left\{\begin{bmatrix}v_1\\v_2\\v_3\end{bmatrix}\in R^3 : v_1-v_2+2v_3=0\right\}$$

和集合

$$S=\left\{\begin{bmatrix}1\\1\\0\end{bmatrix},\begin{bmatrix}-1\\1\\1\end{bmatrix}\right\}$$

利用例題 3 的方法，我們可以求出 V 的基底。因爲此基底包含兩個向量，所以 V 的維數是 2。我們將證明，包含兩個相互垂直向量的 S 也是 V 的基底。(在 6.2 節中，我們會介紹一種方法，它可將任一組基底，轉換成所有向量均相互垂直的基底。)依定義，如果 S 是線性獨立同時也是 V 的產生集合，則 S 是 V 的基底。在本例中，S 明顯是線性獨立的，因爲 S 只包含兩個向量，且沒有一個向量是另一個的倍數。我們只需要再證明 S 是 V 的產生集合，也就是證明 S 是 V 的一個子集合，且所有屬於 V 的向量，都是 S 中向量的線性組合。要檢查 S 是否爲 V 的子集合是很簡單的。因爲 $1-1+2(0)=0$ 且 $-1-1+2(1)=0$，S 中的向量滿足定義 V 的方程式。因此

$$\begin{bmatrix}1\\1\\0\end{bmatrix} \quad 和 \quad \begin{bmatrix}-1\\1\\1\end{bmatrix}$$

兩者都屬於 V。很不幸的，要檢查 V 中所有的向量都是 S 中向量的線性組合，就麻煩多了。我們需要證明，對每一個滿足 $v_1-v_2+2v_3=0$ 的

$$\begin{bmatrix} v_1 \\ v_2 \\ v_3 \end{bmatrix}$$

存在有純量 c_1 和 c_2 可使得

$$c_1\begin{bmatrix} 1 \\ 1 \\ 0 \end{bmatrix} + c_2\begin{bmatrix} -1 \\ 1 \\ 1 \end{bmatrix} = \begin{bmatrix} v_1 \\ v_2 \\ v_3 \end{bmatrix}$$

以下結果讓我們可以不用做這種計算：

定理 4.7

令 V 是一個 R^n 的 k 維子空間。假設 S 是 V 的子集合，且恰有 k 個向量。那麼，若 S 是線性獨立，或 S 是 V 的產生集合，則 S 是 V 的基底。

證明　假設 S 是線性獨立。依擴展定理，存在有 V 的基底 B 它會包含 S。因爲 B 和 S 兩者都包含 k 個向量，所以 $B=S$。因此 S 是 V 的基底。

現在假設 S 是 V 的產生集合。依化簡定理，S 的某一子集合 C 會是 V 的基底。因爲 V 的維數是 k，依定理 4.5，V 的所有基底一定恰有 k 個向量。因此我們必定有 $C=S$，所以 S 是 V 的基底。■

此定理讓我們可經由三個簡潔的步驟，以證明一個已知集合 B 是否爲子空間 V 的基底：

證明集合 B 是 R^n 的子空間 V 之基底的步驟

1. 證明 B 包含於 V。
2. 證明 B 是線性獨立(或者 B 是 V 的產生集合)。
3. 求 V 的維數，並確認 B 所包含之向量的數目等於 V 的維數。

在前面的例子中，我們證明 S 是 V 的線性獨立子集合，且包含兩個向量。因爲 $\dim V = 2$，三個步驟都得到滿足，因此 S 是 V 的基底。所以我們無須驗證 S 是否爲 V 的產生集合。

以下是此方法的另外兩個例子。

例題 4

證明

$$B = \left\{ \begin{bmatrix} 1 \\ -1 \\ 1 \\ 0 \end{bmatrix}, \begin{bmatrix} 1 \\ 0 \\ 1 \\ -1 \end{bmatrix}, \begin{bmatrix} 0 \\ 1 \\ 1 \\ -1 \end{bmatrix} \right\}$$

是以下集合的基底

$$V=\left\{\begin{bmatrix}v_1\\v_2\\v_3\\v_4\end{bmatrix}\in R^4 : v_1+v_2+v_4=0\right\}$$

解 明顯的，B 中三個向量的各分量都滿足方程式 $v_1 + v_2 + v_4 = 0$。因此 B 是 V 的子集合，所以步驟 1 滿足了。

因為

$$\begin{bmatrix}1&1&0\\-1&0&1\\1&1&1\\0&-1&-1\end{bmatrix}$$

的最簡列梯型為

$$\begin{bmatrix}1&0&0\\0&1&0\\0&0&1\\0&0&0\end{bmatrix}$$

由此可知 B 是線性獨立的，所以步驟 2 滿足了。

和例題 3 一樣，我們發現

$$\left\{\begin{bmatrix}-1\\1\\0\\0\end{bmatrix},\begin{bmatrix}0\\0\\1\\0\end{bmatrix},\begin{bmatrix}-1\\0\\0\\1\end{bmatrix}\right\}$$

是 V 的基底。因此 V 的維數是 3。但是 B 包含有三個向量，所以步驟 3 也滿足了，因此 B 是 V 的基底。

練習題 3.

證明

$$\left\{\begin{bmatrix}-1\\1\\-2\\1\end{bmatrix},\begin{bmatrix}0\\3\\-4\\2\end{bmatrix}\right\}$$

是練習題 1 中矩陣之零空間的基底。

例題 5

令 W 為 S 的展延，其中

$$S=\left\{\begin{bmatrix}1\\1\\1\\2\end{bmatrix},\begin{bmatrix}-1\\3\\1\\-1\end{bmatrix},\begin{bmatrix}3\\1\\-1\\1\end{bmatrix},\begin{bmatrix}1\\1\\-1\\-1\end{bmatrix}\right\}$$

證明 W 的一組基底為

$$B=\left\{\begin{bmatrix}1\\2\\0\\0\end{bmatrix},\begin{bmatrix}1\\0\\0\\1\end{bmatrix},\begin{bmatrix}0\\1\\1\\1\end{bmatrix}\right\}$$

解　令

$$\boldsymbol{B}=\begin{bmatrix}1&1&0\\2&0&1\\0&0&1\\0&1&1\end{bmatrix}\quad 及 \quad A=\begin{bmatrix}1&-1&3&1\\1&3&1&1\\1&1&-1&-1\\2&-1&1&-1\end{bmatrix}$$

你應該可以檢查出來，對每個屬於 B 的 $\mathbf{b}$，$A\mathbf{x}=\mathbf{b}$ 是一致的。因此 B 是 W 的子集合，所以步驟 1 獲得滿足。

我們可以很容易的驗證，$\boldsymbol{B}$ 的最簡列梯型為

$$\begin{bmatrix}1&0&0\\0&1&0\\0&0&1\\0&0&0\end{bmatrix}$$

所以 B 是線性獨立的。步驟 2 獲得滿足。

因為 A 的最簡列梯型為

$$\begin{bmatrix}1&0&0&-\frac{2}{3}\\0&1&0&\frac{1}{3}\\0&0&1&\frac{2}{3}\\0&0&0&0\end{bmatrix}$$

我們可以知道，A 的前三行是它的樞軸行，因此也是 Col $A=W$ 的一組基底。因此 dun$W=3$，它等於 B 所包含的向量數，所以步驟 3 也得到滿足。因此 B 是 W 的基底。

習 題

在習題 1 至 8 中，求各矩陣之(a)行空間及(b)零空間的基底。

1. $\begin{bmatrix} 1 & -3 & 4 & -2 \\ -1 & 3 & -4 & 2 \end{bmatrix}$　2. $\begin{bmatrix} 1 & 0 & -2 & 1 \\ 2 & -1 & -3 & 4 \end{bmatrix}$

3. $\begin{bmatrix} 1 & 2 & 4 \\ -1 & -1 & -1 \\ -1 & 0 & 2 \end{bmatrix}$　4. $\begin{bmatrix} 1 & 3 & -2 \\ -1 & -3 & 2 \\ 2 & 6 & -4 \end{bmatrix}$

5. $\begin{bmatrix} 1 & -2 & 0 & 2 \\ -1 & 2 & 1 & -3 \\ 2 & -4 & 3 & 1 \end{bmatrix}$　6. $\begin{bmatrix} 1 & 1 & -1 & -2 \\ -1 & -2 & 1 & 3 \\ 2 & 3 & 1 & 4 \end{bmatrix}$

7. $\begin{bmatrix} -1 & 1 & 2 & 2 \\ 2 & 0 & -5 & 3 \\ 1 & -1 & -1 & -1 \\ 0 & 1 & -2 & 2 \end{bmatrix}$　8. $\begin{bmatrix} 1 & -1 & 2 & 1 \\ 3 & -3 & 5 & 4 \\ 0 & 0 & 3 & -3 \\ 2 & -2 & 1 & 5 \end{bmatrix}$

在習題 9 至 16 中，已知線性轉換 T。(a)求 T 之值域的基底。(b)如果 T 之零空間不為零，求 T 之零空間的基底。

9. $T\left(\begin{bmatrix} x_1 \\ x_2 \\ x_3 \end{bmatrix}\right) = \begin{bmatrix} x_1 + 2x_2 + x_3 \\ 2x_1 + 3x_2 + 3x_3 \\ x_1 + 2x_2 + 4x_3 \end{bmatrix}$

10. $T\left(\begin{bmatrix} x_1 \\ x_2 \\ x_3 \end{bmatrix}\right) = \begin{bmatrix} x_1 + 2x_2 - x_3 \\ x_1 + x_2 \\ x_2 - x_3 \end{bmatrix}$

11. $T\left(\begin{bmatrix} x_1 \\ x_2 \\ x_3 \\ x_4 \end{bmatrix}\right) = \begin{bmatrix} x_1 - 2x_2 + x_3 + x_4 \\ 2x_1 - 5x_2 + x_3 + 3x_4 \\ x_1 - 3x_2 + 2x_4 \end{bmatrix}$

12. $T\left(\begin{bmatrix} x_1 \\ x_2 \\ x_3 \\ x_4 \end{bmatrix}\right) = \begin{bmatrix} x_1 + 2x_3 + x_4 \\ x_1 + 3x_3 + 2x_4 \\ -x_1 + x_3 \end{bmatrix}$

13. $T\left(\begin{bmatrix} x_1 \\ x_2 \\ x_3 \\ x_4 \end{bmatrix}\right) = \begin{bmatrix} x_1 + x_2 + 2x_3 - x_4 \\ 2x_1 + x_2 + x_3 \\ 0 \\ 3x_1 + x_2 + x_4 \end{bmatrix}$

14. $T\left(\begin{bmatrix} x_1 \\ x_2 \\ x_3 \\ x_4 \end{bmatrix}\right) = \begin{bmatrix} -2x_1 - x_2 + x_4 \\ 0 \\ x_1 + 2x_2 + 3x_3 + 4x_4 \\ 2x_1 + 3x_2 + 4x_3 + 5x_4 \end{bmatrix}$

15. $T\left(\begin{bmatrix} x_1 \\ x_2 \\ x_3 \\ x_4 \\ x_5 \end{bmatrix}\right) = \begin{bmatrix} x_1 + 2x_2 + 3x_3 + 4x_5 \\ 3x_1 + x_2 - x_3 - 3x_5 \\ 7x_1 + 4x_2 + x_3 - 2x_5 \end{bmatrix}$

16. $T\left(\begin{bmatrix} x_1 \\ x_2 \\ x_3 \\ x_4 \\ x_5 \end{bmatrix}\right) = \begin{bmatrix} -x_1 + x_2 + 4x_3 + 6x_4 + 9x_5 \\ x_1 + x_2 + 2x_3 + 4x_4 + 3x_5 \\ 3x_1 + x_2 + 2x_4 - 3x_5 \\ x_1 + 2x_2 + 5x_3 + 9x_4 + 9x_5 \end{bmatrix}$

在習題 17 至 32 中，求各子空間的一組基底。

17. $\left\{\begin{bmatrix} s \\ -2s \end{bmatrix} \in R^2 : s \text{ 爲純量}\right\}$

18. $\left\{\begin{bmatrix} 2s \\ -s + 4t \\ s - 3t \end{bmatrix} \in R^3 : s \text{及} t \text{爲純量}\right\}$

19. $\left\{\begin{bmatrix} 5r - 3s \\ 2r \\ 0 \\ -4s \end{bmatrix} \in R^4 : r \text{及} s \text{爲純量}\right\}$

20. $\left\{\begin{bmatrix} 5r - 3s \\ 2r + 6s \\ 4s - 7t \\ 3r - s + 9t \end{bmatrix} \in R^4 : r, s \text{及} t \text{爲純量}\right\}$

21. $\left\{\begin{bmatrix} x_1 \\ x_2 \\ x_3 \end{bmatrix} \in R^3 : x_1 - 3x_2 + 5x_3 = 0\right\}$

22. $\left\{\begin{bmatrix} x_1 \\ x_2 \\ x_3 \end{bmatrix} \in R^3 : -x_1 + x_2 + 2x_3 = 0 \text{ 且 } 2x_1 - 3x_2 + 4x_3 = 0\right\}$

23. $\left\{\begin{bmatrix} x_1 \\ x_2 \\ x_3 \\ x_4 \end{bmatrix} \in R^4 : x_1 - 2x_2 + 3x_3 - 4x_4 = 0\right\}$

24. $\left\{\begin{bmatrix} x_1 \\ x_2 \\ x_3 \\ x_4 \end{bmatrix} \in R^4 : x_1 - x_2 + 2x_3 + x_4 = 0 \text{ 且 } 2x_1 - 3x_2 - 5x_3 - x_4 = 0\right\}$

25. $\text{Span}\left\{\begin{bmatrix} 1 \\ 2 \\ 1 \end{bmatrix}, \begin{bmatrix} 2 \\ 1 \\ 3 \end{bmatrix}, \begin{bmatrix} 1 \\ -4 \\ 3 \end{bmatrix}\right\}$

26. $\text{Span}\left\{\begin{bmatrix}1\\1\\-1\end{bmatrix},\begin{bmatrix}2\\2\\-2\end{bmatrix},\begin{bmatrix}1\\2\\0\end{bmatrix},\begin{bmatrix}-1\\1\\3\end{bmatrix}\right\}$

27. $\text{Span}\left\{\begin{bmatrix}1\\-1\\3\end{bmatrix},\begin{bmatrix}0\\-1\\1\end{bmatrix},\begin{bmatrix}2\\3\\1\end{bmatrix},\begin{bmatrix}1\\-2\\0\end{bmatrix},\begin{bmatrix}4\\-7\\-9\end{bmatrix}\right\}$

28. $\text{Span}\left\{\begin{bmatrix}2\\3\\-5\end{bmatrix},\begin{bmatrix}8\\-12\\20\end{bmatrix},\begin{bmatrix}1\\0\\-2\end{bmatrix},\begin{bmatrix}0\\2\\-1\end{bmatrix},\begin{bmatrix}7\\2\\0\end{bmatrix}\right\}$

29. $\text{Span}\left\{\begin{bmatrix}1\\0\\-1\\2\end{bmatrix},\begin{bmatrix}1\\1\\-2\\1\end{bmatrix},\begin{bmatrix}-2\\3\\-1\\-7\end{bmatrix},\begin{bmatrix}1\\-1\\0\\3\end{bmatrix},\begin{bmatrix}0\\1\\-1\\2\end{bmatrix}\right\}$

30. $\text{Span}\left\{\begin{bmatrix}0\\2\\3\\1\end{bmatrix},\begin{bmatrix}1\\1\\1\\3\end{bmatrix},\begin{bmatrix}3\\1\\0\\8\end{bmatrix},\begin{bmatrix}1\\0\\1\\-1\end{bmatrix},\begin{bmatrix}-6\\2\\3\\-7\end{bmatrix}\right\}$

31. $\text{Span}\left\{\begin{bmatrix}-2\\4\\5\\-1\end{bmatrix},\begin{bmatrix}3\\-4\\-5\\1\end{bmatrix},\begin{bmatrix}1\\5\\4\\-2\end{bmatrix},\begin{bmatrix}-1\\1\\2\\0\end{bmatrix}\right\}$

32. $\text{Span}\left\{\begin{bmatrix}1\\3\\3\\1\end{bmatrix},\begin{bmatrix}1\\-1\\-1\\1\end{bmatrix},\begin{bmatrix}0\\0\\0\\0\end{bmatrix},\begin{bmatrix}1\\0\\0\\1\end{bmatrix},\begin{bmatrix}2\\-5\\-5\\2\end{bmatrix}\right\}$

是非題

在習題 33 至 52 中，決定各命題是否為真。

33. R^n 的每一個非零子空間都有唯一的基底。
34. R^n 的每一個非零子空間都有基底。
35. 一個子空間的基底，是它最大的產生集合。
36. 如果 S 是線性獨立集合且 $\text{Span}S=V$，則 S 是 V 的基底。
37. 子空間的每個有限產生集合都包含有該子空間的基底。
38. 一個子空間的基底，是該子空間最大的線性獨立子集合。
39. 一個子空間的所有基底，都包含有同樣數目的向量。
40. 矩陣的各行，構成其行空間的基底。
41. 矩陣 A 之最簡列梯型之樞軸行，構成 A 之行空間的基底。
42. 在 $A\mathbf{x}=\mathbf{0}$ 之向量型式通解中的各向量，構成 A 之零空間的基底。
43. 若 V 是一個維數 k 的子空間，則 V 的每個產生集合一定恰包含 k 個向量。
44. 若 V 是一個維數 k 的子空間，則 V 的每個產生集合包含至少 k 個向量。
45. 若 S 是由 k 個，來自 k 維子空間 V 之向量所構成的線性獨立集合，則 S 是 V 的基底。
46. 若 V 是一個 k 維子空間，則所有包含 k 個以上屬於 V 之向量的集合，必是線性相依。
47. R^n 的維數是 n。
48. 在 R^n 的標準基底中的向量，是 R^n 的標準向量。
49. 一個子空間的每個線性獨立子集合，都包含於該子空間的一組基底中。
50. R^n 的每個子空間都有一組由標準向量所構成的基底。
51. 一個線性轉換之零空間的基底，同時也是該轉換之標準矩陣之零空間的基底。
52. 一個線性轉換之零空間的基底，同時也是該轉換之標準矩陣之行空間的基底。

---

53. 解釋爲何 $\left\{\begin{bmatrix}1\\-1\\2\\1\end{bmatrix},\begin{bmatrix}1\\3\\-1\\4\end{bmatrix},\begin{bmatrix}2\\1\\5\\-3\end{bmatrix}\right\}$ 不是 R^4 的產生集合。

54. 解釋爲何 $\left\{\begin{bmatrix}1\\-3\\4\end{bmatrix},\begin{bmatrix}-2\\5\\3\end{bmatrix},\begin{bmatrix}-1\\6\\-4\end{bmatrix},\begin{bmatrix}5\\3\\-1\end{bmatrix}\right\}$ 不是線性獨立的。

55. 解釋爲何 $\left\{\begin{bmatrix}-4\\6\\2\end{bmatrix},\begin{bmatrix}2\\-3\\7\end{bmatrix}\right\}$ 不是 R^3 的一組基底。

56. 解釋爲何 $\left\{\begin{bmatrix}1\\-3\\3\end{bmatrix},\begin{bmatrix}-1\\2\\1\end{bmatrix}\right\}$ 不是 R^3 的產生集合。

57. 解釋爲何 $\left\{\begin{bmatrix}1\\-1\end{bmatrix},\begin{bmatrix}-2\\5\end{bmatrix},\begin{bmatrix}-1\\3\end{bmatrix},\begin{bmatrix}4\\-3\end{bmatrix}\right\}$ 不是線性獨立的。

58. 解釋爲何 $\left\{\begin{bmatrix}1\\-3\end{bmatrix},\begin{bmatrix}-2\\1\end{bmatrix},\begin{bmatrix}1\\-1\end{bmatrix}\right\}$ 不是 R^2 的基底。

59. 證明 $\left\{\begin{bmatrix}1\\2\\1\end{bmatrix},\begin{bmatrix}-1\\3\\2\end{bmatrix}\right\}$ 是習題 21 之子空間的基底。

60. 證明$\left\{\begin{bmatrix}1\\0\\1\\-3\end{bmatrix},\begin{bmatrix}2\\3\\-2\\5\end{bmatrix}\right\}$是習題 24 之子空間的基底。

61. 證明$\left\{\begin{bmatrix}1\\-3\\2\\2\end{bmatrix},\begin{bmatrix}2\\-2\\0\\9\end{bmatrix},\begin{bmatrix}1\\-6\\5\\2\end{bmatrix}\right\}$是習題 29 之子空間的基底。

62. 證明$\left\{\begin{bmatrix}-2\\1\\4\\-8\end{bmatrix},\begin{bmatrix}-2\\5\\7\\1\end{bmatrix},\begin{bmatrix}-1\\1\\5\\-9\end{bmatrix}\right\}$是習題 30 之子空間的基底。

63. 證明$\left\{\begin{bmatrix}0\\1\\1\\1\end{bmatrix},\begin{bmatrix}2\\2\\1\\1\end{bmatrix}\right\}$是習題 5 中矩陣之零空間的基底。

64. 證明$\left\{\begin{bmatrix}0\\3\\1\\1\end{bmatrix},\begin{bmatrix}-1\\2\\1\\1\end{bmatrix}\right\}$是習題 8 中矩陣之零空間的基底。

65. 證明$\left\{\begin{bmatrix}1\\3\\-2\\4\end{bmatrix},\begin{bmatrix}-2\\1\\3\\-3\end{bmatrix},\begin{bmatrix}-3\\9\\2\\3\end{bmatrix}\right\}$是習題 7 中矩陣之行空間的基底。

66. 證明$\left\{\begin{bmatrix}1\\1\\6\\-4\end{bmatrix},\begin{bmatrix}0\\1\\-3\\3\end{bmatrix}\right\}$是習題 8 中矩陣之行空間的基底。

67. 問 $\text{Span}\{\mathbf{v}\}$ 的維數爲何？其中 $\mathbf{v}\neq 0$。驗證你的答案。

68. 子空間$\left\{\begin{bmatrix}v_1\\v_2\\\vdots\\v_n\end{bmatrix}\in R^n : v_1=0\right\}$的維數爲何？驗證你的答案。

69. 子空間$\left\{\begin{bmatrix}v_1\\v_2\\\vdots\\v_n\end{bmatrix}\in R^n : v_1=0 \text{ 且 } v_2=0\right\}$的維數爲何？驗證你的答案。

70. 求以下子空間的維數。

$$\left\{\begin{bmatrix}v_1\\v_2\\\vdots\\v_n\end{bmatrix}\in R^n : v_1+v_2+\cdots+v_n=0\right\}$$

驗證你的答案。

71. 令 $A=\{\mathbf{u}_1,\mathbf{u}_2,\cdots,\mathbf{u}_k\}$ 是 R^n 的 k 維子空間 V 的一組基底。對任意非零純量 $c_1, c_2, \cdots, c_k$，證明 $B=\{c_1\mathbf{u}_1,c_2\mathbf{u}_2,\cdots,c_k\mathbf{u}_k\}$ 也是 V 的基底。

72. 令 $A=\{\mathbf{u}_1,\mathbf{u}_2,\cdots,\mathbf{u}_k\}$ 是 R^n 的 k 維子空間 V 的一組基底。證明

$$B=\{\mathbf{u}_1,\mathbf{u}_1+\mathbf{u}_2,\mathbf{u}_1+\mathbf{u}_3,\cdots,\mathbf{u}_1+\mathbf{u}_k\}$$

也是 V 的基底。

73. 令 $A=\{\mathbf{u}_1,\mathbf{u}_2,\cdots,\mathbf{u}_k\}$是 R^n 的 k 維子空間 V 的一組基底。證明$\{\mathbf{v},\mathbf{u}_1,\mathbf{u}_2,\cdots,\mathbf{u}_k\}$也是 V 的基底，其中 $\mathbf{v}=\mathbf{u}_1+\mathbf{u}_2+\cdots+\mathbf{u}_k$。

74. 令 $A=\{\mathbf{u}_1,\mathbf{u}_2,\cdots,\mathbf{u}_k\}$是 R^n 的 k 維子空間 V 的一組基底，並且令 $B=\{\mathbf{v}_1,\mathbf{v}_2,\cdots,\mathbf{v}_k\}$，其中

$\mathbf{v}_i=\mathbf{u}_i+\mathbf{u}_{i+1}+\cdots+\mathbf{u}_k$ 對於 $i=1, 2, \cdots, k$。

證明 B 也是 V 的基底。

75. 令 $T: R^n\to R^m$ 爲線性轉換，且$\{\mathbf{u}_1,\mathbf{u}_2,\cdots,\mathbf{u}_n\}$是 R^n 的基底。
   (a) 證明 $S=\{T(\mathbf{u}_1),T(\mathbf{u}_2),\cdots,T(\mathbf{u}_n)\}$ 是 T 的產生集合。
   (b) 用一個實例以證明，S 不一定是 T 之值域的基底。

76. 令 $T: R^n\to R^m$ 是一個一對一線性轉換，且 V 是 R^n 的一個子空間。回顧一下 4.1 節的習題 97，其中 $W=\{T(\mathbf{u}):\mathbf{u}\text{ is in }V\}$ 是 R^m 的一個子空間。
   (a) 證明，若$\{\mathbf{u}_1,\mathbf{u}_2,\cdots,\mathbf{u}_k\}$是 V 的基底，則$\{T(\mathbf{u}_1),T(\mathbf{u}_2),\cdots,T(\mathbf{u}_k)\}$ 是 W 的基底。
   (b) 證明 $\dim V=\dim W$。

77. 令 V 和 W 是 R^n 的非零子空間，並且能使得 R^n 的每個向量 $\mathbf{u}$ 都可以唯一的表示爲 $\mathbf{u}=\mathbf{v}+\mathbf{w}$ 的型式，其中 $\mathbf{v}$ 屬於 V 且 $\mathbf{w}$ 屬於 W。
   (a) 證明 $\mathbf{0}$ 是唯一同時屬於 V 和 W 的向量。
   (b) 證明 $\dim V+\dim W=n$。

78. 令 V 是 R^n 的一個子空間。依據定理 4.4，V 的一個線性獨立子集合 $L=\{\mathbf{u}_1, \mathbf{u}_2, \cdots, \mathbf{u}_m\}$是包含於 V 的一組基底中。證明，若 $S=\{\mathbf{b}_1, \mathbf{b}_2, \cdots, \mathbf{b}_k\}$是 V 的產生集合，則矩陣 $[\mathbf{u}_1\, \mathbf{u}_2 \cdots \mathbf{u}_m\, \mathbf{b}_1\, \mathbf{b}_2 \cdots \mathbf{b}_k]$的樞軸行構成一組 V的基底且包含 L。

在習題 79 至 82 中，利用習題 78 所描述的方法以求出子空間 V 的一組基底，並包含有 V 的線性獨立子集合 L。

79. $L=\left\{\begin{bmatrix}2\\3\\0\end{bmatrix}\right\}$，$V=R^3$

80. $L=\left\{\begin{bmatrix}-1\\-1\\6\\-7\end{bmatrix}, \begin{bmatrix}5\\-9\\-2\\-1\end{bmatrix}\right\}$，$V=\text{Span}\left\{\begin{bmatrix}1\\-2\\0\\1\end{bmatrix}, \begin{bmatrix}1\\-1\\-2\\3\end{bmatrix}, \begin{bmatrix}0\\1\\-2\\10\end{bmatrix}\right\}$

81. $L=\left\{\begin{bmatrix}0\\2\\1\\0\end{bmatrix}\right\}$，$V=\text{Null}\begin{bmatrix}1 & -1 & 2 & 1\\ 2 & -2 & 4 & 2\\ -3 & 3 & -6 & -3\end{bmatrix}$

82. $L=\left\{\begin{bmatrix}0\\0\\1\\0\end{bmatrix}\right\}$，$V=\text{Col}\begin{bmatrix}1 & -1 & -3 & 1\\ -1 & 1 & 3 & 2\\ -3 & 1 & -1 & -1\\ 2 & -2 & -6 & 1\end{bmatrix}$

83. 令 $V=\left\{\begin{bmatrix}v_1\\v_2\\v_3\end{bmatrix}\in R^3 v_1 - v_2 + v_3 = 0\right\}$　且

$$S=\left\{\begin{bmatrix}1\\-1\\2\end{bmatrix}, \begin{bmatrix}2\\-1\\3\end{bmatrix}, \begin{bmatrix}2\\1\\2\end{bmatrix}\right\}$$

(a) 證明 S 是線性獨立的。

(b) 對每個屬於 V 的向量 $\begin{bmatrix}v_1\\v_2\\v_3\end{bmatrix}$ 證明

$$(-9v_1+6v_2)\begin{bmatrix}1\\-1\\2\end{bmatrix}+(7v_1-5v_2)\begin{bmatrix}2\\-1\\3\end{bmatrix}$$
$$+(-2v_1+2v_2)\begin{bmatrix}2\\1\\2\end{bmatrix}=\begin{bmatrix}v_1\\v_2\\v_3\end{bmatrix}$$

(c) 決定 S 是否為 V 的基底。驗證你的答案。

84. 令 $V=\left\{\begin{bmatrix}v_1\\v_2\\v_3\\v_4\end{bmatrix}\in R^4 : 3v_1 - v_3 = 0 \text{ 且 } v_4 = 0\right\}$　且

$$S=\left\{\begin{bmatrix}1\\3\\1\\2\end{bmatrix}, \begin{bmatrix}2\\5\\3\\3\end{bmatrix}, \begin{bmatrix}1\\-1\\3\\0\end{bmatrix}\right\}$$

(a) 證明 S 是線性獨立的。

(b) 對每個屬於 V 的向量 $\begin{bmatrix}v_1\\v_2\\v_3\\v_4\end{bmatrix}$，證明

$$(9v_1-1.5v_2-3.5v_3)\begin{bmatrix}1\\3\\1\\2\end{bmatrix}+(-5v_1+v_2+2v_3)\begin{bmatrix}2\\5\\3\\3\end{bmatrix}$$
$$+(2v_1-0.5v_2-0.5v_3)\begin{bmatrix}1\\-1\\3\\0\end{bmatrix}=\begin{bmatrix}v_1\\v_2\\v_3\\v_4\end{bmatrix}$$

(c) 決定 S 是否為 V 的基底。驗證你的答案。

在習題 85 至 88 中，使用有矩陣功能的計算機或諸如 *MATLAB* 的軟體以求解。

85. 令

$$A=\begin{bmatrix}0.1 & 0.2 & 0.34 & 0.5 & -0.09\\ 0.7 & 0.9 & 1.23 & -0.5 & -1.98\\ -0.5 & 0.5 & 1.75 & -0.5 & -2.50\end{bmatrix}$$

(a) 求 A 之行空間的一組基底。

(b) 求 A 之零空間的一組基底。

86. 證明

$$\left\{\begin{bmatrix}29.0\\-57.1\\16.0\\4.9\\-7.0\end{bmatrix}, \begin{bmatrix}-26.6\\53.8\\-7.0\\-9.1\\13.0\end{bmatrix}\right\}$$

是習題 85 中矩陣之零空間的基底。

87. 證明

$$\left\{\begin{bmatrix}1.1\\-7.8\\-9.0\end{bmatrix}, \begin{bmatrix}-2.7\\7.6\\4.0\end{bmatrix}, \begin{bmatrix}2.5\\-4.5\\-6.5\end{bmatrix}\right\}$$

是習題 85 中矩陣之行空間的基底。

88. 令

$$A=\begin{bmatrix} -0.1 & -0.21 & 0.2 & 0.58 & 0.4 & 0.61 \\ 0.3 & 0.63 & -0.1 & -0.59 & -0.5 & -0.81 \\ 1.2 & 2.52 & 0.6 & -0.06 & 0.6 & 0.12 \\ -0.6 & -1.26 & 0.2 & 1.18 & -0.2 & 0.30 \end{bmatrix}$$

(a) 求 A 之秩、Col A 的維數、及 Row A 的維數。

(b) 利用(a)之結果建立一個假說，說明任意矩陣 A 之秩、Col A 之維數、及 Row A 之維數之間的關係。

(c) 利用隨機的 4×7 和 6×3 矩陣以檢驗你的假說。

練習題解答

1. 因爲所給之集合包含 2 個向量，而 R^3 的維數是 3，所以它不可能是 R^3 的基底。

2. 所給矩陣 A 之最簡列梯型爲

$$\begin{bmatrix} 1 & -2 & 0 & 3 \\ 0 & 0 & 1 & 2 \\ 0 & 0 & 0 & 0 \end{bmatrix}$$

因此 A 之行空間的一組基底爲

$$\left\{\begin{bmatrix} -1 \\ 2 \\ 1 \end{bmatrix}, \begin{bmatrix} 1 \\ -3 \\ 0 \end{bmatrix}\right\}$$

此集合由 A 的樞軸行所組成。因此 Col A 的維數是 2。

求解齊次線性方程組，並以 A 的最簡列梯型做爲係數矩陣，我們得到 $A\mathbf{x}=\mathbf{0}$ 通解的向量型式爲

$$\begin{bmatrix} x_1 \\ x_2 \\ x_3 \\ x_4 \end{bmatrix} = x_2\begin{bmatrix} 2 \\ 1 \\ 0 \\ 0 \end{bmatrix} + x_4\begin{bmatrix} -3 \\ 0 \\ -2 \\ 1 \end{bmatrix}$$

此式中向量所成的集合

$$\left\{\begin{bmatrix} 2 \\ 1 \\ 0 \\ 0 \end{bmatrix}, \begin{bmatrix} -3 \\ 0 \\ -2 \\ 1 \end{bmatrix}\right\}$$

是 A 之零空間的一組基底。因此 Null A 的維數是 2。

3. 令 A 爲練習題 1 中的矩陣。因爲所給集合 B 中的每個向量都是 $A\mathbf{x}=\mathbf{0}$ 的解，B 是 A 之零空間的一個子集合。另外，因爲沒有哪個向量是另一個的倍數，所以 B 是線性獨立的。因爲練習題 1 已證明了 Null A 的維數是 2，由定理 4.7 可得，B 是 Null A 的基底。

4.3 與矩陣相關之子空間的維數

在本節中，我們要探討幾個重要子空間的維數，包括我們在 4.1 節所定義的那些。

第一個例子顯示了一個重要的共通性質。

例題 1

對於 4.2 節例題 1 之矩陣

$$A=\begin{bmatrix} 1 & 2 & -1 & 2 & 1 & 2 \\ -1 & -2 & 1 & 2 & 3 & 6 \\ 2 & 4 & -3 & 2 & 0 & 3 \\ -3 & -6 & 2 & 0 & 3 & 9 \end{bmatrix}$$

我們可以看出 A 之樞軸行所成的集合

$$B=\left\{\begin{bmatrix}1\\-1\\2\\-3\end{bmatrix},\begin{bmatrix}-1\\1\\-3\\2\end{bmatrix},\begin{bmatrix}2\\2\\2\\0\end{bmatrix}\right\}$$

是 Col A 的一組基底。因此 Col A 的維數是 3。

如例題 1 所示的，任何矩陣的樞軸行，構成其行空間的一組基底。因此一個矩陣之行空間的維數，等於該矩陣之樞軸行的數目。不過，一個矩陣之樞軸行的數目是該矩陣的秩。

一個矩陣之行空間的維數等於該矩陣的秩。

與矩陣相關的其它子空間，它們的維數也取決於矩陣的秩。舉例來說，在求齊次方程組 $A\mathbf{x}=\mathbf{0}$ 的通解時，我們看到了，其自由變數的數目就是 A 的零消次數。如 4.2 節的例題 3 所示，通解之向量型式中的每個自由變數，會被乘上解集合之基底中的一個向量。因此 $A\mathbf{x}=\mathbf{0}$ 的解集合的維數，是 A 的零消次數。

一個矩陣之零空間的維數，等於該矩陣的零消次數。

有時可以用上面框格中的結果來求一個子空間的維數，而不需要眞的求出一組該子空間的基底。例如在 4.2 節的例題 4 中，我們證明了

$$B=\left\{\begin{bmatrix}1\\-1\\1\\0\end{bmatrix},\begin{bmatrix}1\\0\\1\\-1\end{bmatrix},\begin{bmatrix}0\\1\\1\\-1\end{bmatrix}\right\}$$

是以下子空間的基底

$$V=\left\{\begin{bmatrix}v_1\\v_2\\v_3\\v_4\end{bmatrix}\in R^4 : v_1+v_2+v_4=0\right\}$$

我們之前所用的方法需要知道 V 的維數，所以我們解方程式 $v_1+v_2+v_4=0$ 以得到 V 的一組基底。但是有一個更簡單的方法，因爲 V=Null [1 1 0 1]。由於[1 1 0 1] 是最簡列梯型，其秩爲 1，因此它的零消次數爲 4−1 = 3。所以 dim$V$ = 3。

例題 2

證明

$$B=\left\{\begin{bmatrix}-2\\1\\1\\2\\1\end{bmatrix},\begin{bmatrix}3\\-6\\-2\\-2\\-1\end{bmatrix}\right\}$$

是以下矩陣的基底

$$A=\begin{bmatrix}3&1&-2&1&5\\1&0&1&0&1\\-5&-2&5&-5&-3\\-2&-1&3&2&-10\end{bmatrix}$$

解 因爲 B 中的每個向量都是 $A\mathbf{x}=\mathbf{0}$ 的解，故集合 B 包含於 Null A。另外，B 中沒有任一個向量是另一個向量的倍數，所以 B 是線性獨立的。因爲 A 的最簡列梯型爲

$$\begin{bmatrix}1&0&1&0&1\\0&1&-5&0&4\\0&0&0&1&-2\\0&0&0&0&0\end{bmatrix}$$

A 之秩爲 3 且其零消次數爲 5−3 = 2。因此 Null A 的維數是 2，所以由定理 4.7 可得，B 是 Null A 的基底。

練習題 1.

證明$\left\{\begin{bmatrix}0\\-2\\1\\-1\\1\end{bmatrix},\begin{bmatrix}2\\1\\-1\\1\\-1\end{bmatrix}\right\}$是以下矩陣之零空間的基底。

$$\begin{bmatrix}1&2&3&-2&-1\\0&0&1&3&2\\2&4&7&0&1\\3&6&11&1&2\end{bmatrix}$$

現在我們知道了，一個矩陣之行空間及零空間的維數，與該矩陣的秩之間的關係。所以我們自然會將注意力轉移到另一個與矩陣相關的子空間，也就是它的列空間。因爲矩陣 A 的列空間，等於 A^T 的行空間，我們可按以下方法求得 Row A 的基底：

(a) 先寫出 A 的轉置，它的行是 A 的列。

(b) 求出 A^T 的樞軸行，它們構成 A^T 之行空間的基底。

此一方法告訴我們 Row A 的維數就是 A^T 的秩。爲了能用 A 的秩來表示 Row A 的維數，我們需要有另一個方法來求 Row A 的基底。

必需要知道，矩陣的列空間和行空間不一樣，它不受基本列運算的影響。考慮以下矩陣 A 和它的最簡列梯型 R，

$$A=\begin{bmatrix}1 & 1\\2 & 2\end{bmatrix} \quad 及 \quad R=\begin{bmatrix}1 & 1\\0 & 0\end{bmatrix}$$

我們看到

$$\text{Row } A=\text{Row } R=\text{Span}\left\{\begin{bmatrix}1\\1\end{bmatrix}\right\}$$

但是

$$\text{Col } A=\text{Span}\left\{\begin{bmatrix}1\\2\end{bmatrix}\right\}\neq \text{Col } R=\text{Span}\left\{\begin{bmatrix}1\\0\end{bmatrix}\right\}$$

下一個定理會告訴我們，一個矩陣的列空間，等於其最簡列梯型的列空間。

定理 4.8

一個矩陣之最簡列梯型的非零列，構成該矩陣之列空間的基底。

證明　令 R 是矩陣 A 的最簡列梯型。因爲 R 是最簡列梯型，R 的每個非零列的首項元素，是該行中唯一的非零元素。因此 R 的所有非零列，都不會是其它各列的線性組合。因此 R 的非零列是線性獨立的，並且明顯是 Row R 的產生集合。因此 R 的非零列是 Row R 的基底。

要完成整個證明過程，我們只需要再證明 Row A = Row R。因爲 R 是對 A 進行基本列運算後的結果，R 的每一列都是 A 之各列的線性組合。因此 Row R 包含於 Row A。因爲基本列運算是可逆的，A 的每一列也必然是 R 之各列的線性組合。因此 Row A 也包含於 Row R。由此得 Row A = Row R，證明完成。……■

例題 3

回顧例題 2 之矩陣

$$A=\begin{bmatrix}3 & 1 & -2 & 1 & 5\\1 & 0 & 1 & 0 & 1\\-5 & -2 & 5 & -5 & -3\\-2 & -1 & 3 & 2 & -10\end{bmatrix}$$

其最簡列梯型為

$$\begin{bmatrix} 1 & 0 & 1 & 0 & 1 \\ 0 & 1 & -5 & 0 & 4 \\ 0 & 0 & 0 & 1 & -2 \\ 0 & 0 & 0 & 0 & 0 \end{bmatrix}$$

因此 Row A 的一組基底是

$$\left\{ \begin{bmatrix} 1 \\ 0 \\ 1 \\ 0 \\ 1 \end{bmatrix}, \begin{bmatrix} 0 \\ 1 \\ -5 \\ 0 \\ 4 \end{bmatrix}, \begin{bmatrix} 0 \\ 0 \\ 0 \\ 1 \\ -2 \end{bmatrix} \right\}$$

所以 Row A 的維數是 3，也就是 A 的秩。

如例題 3 所示，由定理 4.8 可得以下重要事實。

一個矩陣之列空間的維數，等於該矩陣的秩。

我們曾經說過，一個矩陣的列空間與行空間極少會相同。(舉例來說，例題 3 中矩陣 A 的列空間是 R^5 的一個子空間，但它的行空間卻是 R^4 的子空間。)無論如何，本節說明了，它們的維數一定是一樣的。由此得

$$\dim(\text{Row } A) = \dim(\text{Col } A) = \dim(\text{Row } A^T)$$

因此我們有以下結果：

任何矩陣的秩，等於其轉置矩陣的秩。

我們可以很容易的將本節的結果由矩陣推廣到線性轉換。回顧一下 4.1 節，線性轉換 $T: R^n \to R^m$ 的零空間，等於它的標準矩陣 A 的零空間，而 T 的值域等於 A 的行空間。因此 T 之零空間的維數，是 A 的零消次數，且 T 之值域的維數，是 A 的秩。由此可得 T 之零空間和值域之維數的和，等於 T 之定義域的維數。(見習題 71。)

練習題 2.

求練習題 1 中矩陣之行空間、零空間、及列空間之維數。

包含於子空間的子空間

假設 V 和 W 均爲 R^n 的子空間，且 V 包含於 W 中。因爲 V 是包含於 W，所以很自然的我們預期 V 的維數會小於或等於 W 的維數。我們下個結果會說明，此一預期是正確的。

定理 4.9

若 V 和 W 均爲 R^n 的子空間，且 V 包含於 W，則 $\dim V \leq \dim W$。另外，若 V 和 W 的維數又相等，則 $V = W$。

證明　如果 V 是零子空間，則此定理很容易驗證。因此假設 V 是一個非零子空間，並令 B 爲 V 的基底。由擴展定理，B 包含於 W 的一組基底中，所以 $\dim V \leq \dim W$。

同時假設 V 和 W 兩者的維數都是 k。則 B 是 W 的線性獨立子集合，並包含有 k 個向量，且由定理 4.7 可知，B 是 W 的基底。因此 $V = \text{Span}B = W$。■

定理 4.9 讓我們可以瞭解 R^n 之子空間的特性。例如，此定理顯示出，一個 R^3 的子空間，其維數必爲 0、1、2、或 3。首先，一個維數是 0 的子空間，必定是零子空間。其次，一個維數爲 1 的子空間必定有一個基底$\{\mathbf{u}\}$只含一個非零向量，因此這個子空間必定是由向量 $\mathbf{u}$ 的所有倍數所構成。如 4.1 節例題 4 所示，這樣的集合可以表示成 R^3 中通過原點的一條直線。第三，一個維數 2 的子空間必有一組基底$\{\mathbf{u}, \mathbf{v}\}$包含兩個向量，任一個都不是另一向量的倍數。在此條件下，此一子空間包含了 R^3 中所有型式爲 $a\mathbf{u}+b\mathbf{v}$ 的向量，其中 a 和 b 是純量。和 1.6 節的例題 2 一樣，我們可將這樣的集合看成是 R^3 中通過原點的平面。最後，一個 R^3 的子空間如果維數是 3，由定理 4.9 可知，它必定是 R^3 本身。(見圖 4.7。)

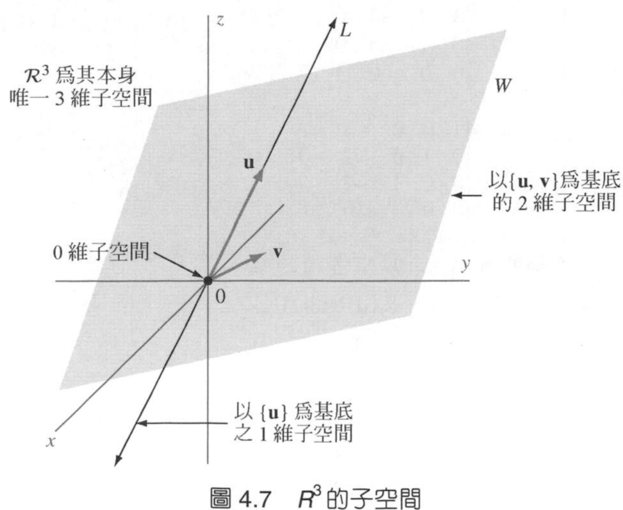

圖 4.7　R^3 的子空間

我們以下表做爲本節的總結，在此列出 4.1 和 4.3 節中，一些和 $m \times n$ 矩陣 A 有關的重要子空間的結果。(本表同樣適用於線性轉換 $T: R^n \to R^m$，其中 A 爲 T 的標準矩陣。)

與 $m \times n$ 矩陣 A 相關之子空間的維數

子空間	包含空間	維數
Col A	R^m	rank A
Null A	R^n	nullity $A = n - \text{rank } A$
Row A	R^m	rank A

你可利用以下步驟以獲得這些子空間的基底：

與矩陣 A 相關之子空間的基底

Col $\boldsymbol{A}$：A 之各樞軸行構成 Col A 的基底。

Null $\boldsymbol{A}$： $A\mathbf{x}=\mathbf{0}$ 之解的向量形式中的各向量構成 Null A 的基底。(參見 1.7 節練習題 2 之前內容。)

Row $\boldsymbol{A}$：A 之最簡列梯型的非零列，構成 Row A 的一組基底。(參見本節練習題 1 後的內容。)

習　題

在習題 1 至 4 中，已知矩陣 A 的最簡列梯型。求以下各項之維數(a)Col A、(b)Null A、(c)Row A、及(d)Null A^T。

1. $\begin{bmatrix} 1 & -3 & 0 & 2 \\ 0 & 0 & 1 & -4 \\ 0 & 0 & 0 & 0 \end{bmatrix}$　2. $\begin{bmatrix} 1 & 0 & -2 & 0 \\ 0 & 1 & 5 & 0 \\ 0 & 0 & 0 & 1 \end{bmatrix}$

3. $\begin{bmatrix} 1 & -1 & 0 & 2 & 0 \\ 0 & 0 & 1 & 6 & 0 \\ 0 & 0 & 0 & 0 & 1 \end{bmatrix}$　4. $\begin{bmatrix} 1 & 0 & 0 & -4 & 2 \\ 0 & 1 & 0 & 2 & -1 \\ 0 & 0 & 1 & -3 & 1 \\ 0 & 0 & 0 & 0 & 0 \end{bmatrix}$

在習題 5 至 12 中，已知矩陣 A。求以下各項的維數(a)Col A、(b)Null A、(c)Row A、及(d)Null A^T。

5. $\begin{bmatrix} 2 & -8 & -4 & 6 \end{bmatrix}$　6. $\begin{bmatrix} 1 & 2 & -3 \\ 0 & -1 & -1 \\ 1 & 4 & -1 \end{bmatrix}$

7. $\begin{bmatrix} 1 & -1 & 2 \\ 2 & -3 & 1 \end{bmatrix}$　8. $\begin{bmatrix} 1 & -2 & 3 \\ -3 & 6 & -9 \end{bmatrix}$

9. $\begin{bmatrix} 1 & 1 & 2 & 1 \\ -1 & -2 & 2 & -2 \\ 2 & 3 & 0 & 3 \end{bmatrix}$

10. $\begin{bmatrix} -1 & 2 & 1 & -1 & -2 \\ 2 & -4 & 1 & 5 & 7 \\ 2 & -4 & -3 & 1 & 3 \end{bmatrix}$

11. $\begin{bmatrix} 1 & 1 & 1 \\ 1 & -1 & 5 \\ 2 & 1 & 4 \\ 0 & 2 & -4 \end{bmatrix}$　12. $\begin{bmatrix} 0 & -1 & 1 \\ 1 & 2 & -3 \\ 3 & 1 & -2 \\ -1 & 0 & 4 \end{bmatrix}$

在習題 13 至 16 中，已知一個子空間，求其維數。

13. $\left\{ \begin{bmatrix} -2s \\ s \end{bmatrix} \in R^2 : s \text{ 爲純量} \right\}$

14. $\left\{ \begin{bmatrix} s \\ 0 \\ 2s \end{bmatrix} \in R^3 : s \text{ 爲純量} \right\}$

15. $\left\{\begin{bmatrix} -3s+4t \\ s-2t \\ 2s \end{bmatrix} \in R^3 : s \text{ 及 } t \text{ 爲純量}\right\}$

16. $\left\{\begin{bmatrix} s+2t \\ 0 \\ 3t \end{bmatrix} \in R^3 : s \text{ 及 } t \text{ 爲純量}\right\}$

在習題 17 至 24 中，已知矩陣 A。求 Row A 的一組基底。

17. $\begin{bmatrix} 1 & -1 & 1 \\ 0 & 1 & 2 \end{bmatrix}$

18. $\begin{bmatrix} 1 & -1 & 0 & -2 \\ 1 & -1 & 2 & 4 \end{bmatrix}$

19. $\begin{bmatrix} -1 & 1 & 1 & -2 \\ 2 & -2 & -2 & 4 \\ 2 & -1 & -1 & 3 \end{bmatrix}$

20. $\begin{bmatrix} 1 & -2 & 1 & -1 & -2 \\ 3 & -6 & 3 & -3 & -6 \\ 2 & -4 & 1 & 1 & 1 \end{bmatrix}$

21. $\begin{bmatrix} 1 & 0 & -1 & -3 & 1 & 4 \\ 2 & -1 & -1 & -8 & 3 & 9 \\ -1 & 1 & 0 & 5 & -2 & -5 \\ 0 & 1 & 1 & 2 & -1 & -3 \end{bmatrix}$

22. $\begin{bmatrix} -1 & 1 & 1 & 5 & -2 & -6 \\ 2 & -1 & -1 & -8 & 3 & 9 \\ 0 & 1 & -1 & 2 & -1 & -1 \\ 1 & 0 & -1 & -3 & 1 & 4 \end{bmatrix}$

23. $\begin{bmatrix} 1 & 0 & -1 & 1 & 3 \\ 2 & -1 & -1 & 3 & -8 \\ 0 & 1 & -1 & -1 & 2 \\ -1 & 1 & 1 & -2 & 5 \\ 1 & -1 & 1 & 2 & -5 \end{bmatrix}$

24. $\begin{bmatrix} 1 & 0 & -1 & -3 & 1 & 4 \\ 2 & -1 & -1 & -8 & 3 & 9 \\ 1 & 1 & -2 & -1 & 0 & 3 \\ -1 & 3 & -2 & 9 & -4 & -7 \\ 0 & 1 & 1 & 2 & -1 & -3 \end{bmatrix}$

在習題 25 至 32 中，用本節例題 2 之後的方法求一組 Row A 的基底。

25. 習題 17　　26. 習題 18　　27. 習題 19

28. 習題 20　　29. 習題 21　　30. 習題 22

31. 習題 23　　32. 習題 24

在習題 33 至 40 中，求各題所給之線性轉換 T 之(a)值域，及(b)零空間的維數。利用此資訊以決定 T 是否為一對一或蓋射。

33. $T\left(\begin{bmatrix} x_1 \\ x_2 \end{bmatrix}\right) = \begin{bmatrix} x_1 + x_2 \\ 2x_1 + x_2 \end{bmatrix}$

34. $T\left(\begin{bmatrix} x_1 \\ x_2 \end{bmatrix}\right) = \begin{bmatrix} x_1 - 3x_2 \\ -3x_1 + 9x_2 \end{bmatrix}$

35. $T\left(\begin{bmatrix} x_1 \\ x_2 \\ x_3 \end{bmatrix}\right) = \begin{bmatrix} -x_1 + 2x_2 + x_3 \\ x_1 - 2x_2 - x_3 \end{bmatrix}$

36. $T\left(\begin{bmatrix} x_1 \\ x_2 \\ x_3 \end{bmatrix}\right) = \begin{bmatrix} -x_1 + x_2 + 2x_3 \\ x_1 - 3x_3 \end{bmatrix}$

37. $T\left(\begin{bmatrix} x_1 \\ x_2 \end{bmatrix}\right) = \begin{bmatrix} x_1 \\ 2x_1 + x_2 \\ -x_2 \end{bmatrix}$

38. $T\left(\begin{bmatrix} x_1 \\ x_2 \end{bmatrix}\right) = \begin{bmatrix} x_1 - x_2 \\ -2x_1 + 3x_2 \\ x_1 \end{bmatrix}$

39. $T\left(\begin{bmatrix} x_1 \\ x_2 \\ x_3 \end{bmatrix}\right) = \begin{bmatrix} -x_1 - x_2 + x_3 \\ x_1 + 2x_2 + x_3 \end{bmatrix}$

40. $T\left(\begin{bmatrix} x_1 \\ x_2 \\ x_3 \end{bmatrix}\right) = \begin{bmatrix} -x_1 - x_2 + x_3 \\ x_1 + 2x_2 + x_3 \\ x_1 + x_2 \end{bmatrix}$

是非題

在習題 41 至 60 中，決定各命題是否為真。

41. 若 V 和 W 爲 R^n 的子空間並且維數相同，則 $V=W$。
42. 若 V 是 R^n 的子空間且維數是 n，則 $V=R^n$。
43. 若 V 是 R^n 的子空間且維數是 0，則 $V=\{\mathbf{0}\}$。
44. 一個矩陣之零空間的維數，等於該矩陣的秩。
45. 一個矩陣之行空間的維數，等於該矩陣的零消次數。
46. 一個矩陣之列空間的維數，等於該矩陣的秩。
47. 對任何矩陣，其列空間等於它的最簡列梯型的列空間。
48. 任何矩陣的行空間，等於其最簡列梯型的行空間。
49. 任何矩陣的零空間，等於其最簡列梯型的零空間。

50. 一個矩陣的所有非零列，構成其列空間的一組基底。

51. 如果矩陣 A 的列空間維數是 k，則 A 的前 k 列構成它的列空間的基底。

52. 任何矩陣的列空間等於它的行空間。

53. 任何矩陣之列空間的維數，等於其行空間的維數。

54. 任何矩陣的秩，等於其轉置矩陣的秩。

55. 任何矩陣的零消次數，等於其轉置矩陣的零消次數。

56. 對任意 $m \times n$ 矩陣 A，A 之零空間的維數，加上 A 之行空間的維數，等於 m。

57. 對任意 $m \times n$ 矩陣 A，A 之零空間的維數，加上 A 之列空間的維數，等於 n。

58. 若 T 爲線性轉換，則 T 之值域的維數加上 T 之零空間的維數，等於 T 之定義域之維數。

59. 如果 V 是 W 的子空間，則 V 的維數小於等於 W 的維數。

60. 若 W 是 R^n 的子空間且 V 是 W 的子空間，並且維數和 W 一樣，則 $V = W$。

在習題 61 至 68 中，利用本節的結果以證明各題中之 B 是子空間 V 的基底。

61. $B=\{\mathbf{e}_1, \mathbf{e}_2\}$，$V=\left\{\begin{bmatrix} 2s-t \\ s+3t \end{bmatrix} \in R^2 : s \text{ 及 } t \text{ 爲純量}\right\}$

62. $B=\{\mathbf{e}_1, \mathbf{e}_2\}$，$V=\left\{\begin{bmatrix} -2t \\ 5s+3t \end{bmatrix} \in R^2 : s \text{ 及 } t \text{ 爲純量}\right\}$

63. $B = \left\{\begin{bmatrix} 3 \\ 1 \\ 0 \end{bmatrix}, \begin{bmatrix} 2 \\ 1 \\ -1 \end{bmatrix}\right\}$，

$$V = \left\{\begin{bmatrix} 4t \\ s+t \\ -3s+t \end{bmatrix} \in R^3 : s \text{ 及 } t \text{ 爲純量}\right\}$$

64. $B = \left\{\begin{bmatrix} 0 \\ 1 \\ 4 \end{bmatrix}, \begin{bmatrix} 4 \\ -7 \\ 0 \end{bmatrix}\right\}$，

$$V = \left\{\begin{bmatrix} -s+t \\ 2s-t \\ s+3t \end{bmatrix} \in R^3 : s \text{ 及 } t \text{ 爲純量}\right\}$$

65. $B = \left\{\begin{bmatrix} 1 \\ 0 \\ 0 \\ 0 \end{bmatrix}, \begin{bmatrix} 1 \\ 0 \\ -1 \\ -1 \end{bmatrix}, \begin{bmatrix} 1 \\ 0 \\ 1 \\ 2 \end{bmatrix}\right\}$，

$$V = \left\{\begin{bmatrix} -r+3s \\ 0 \\ s-t \\ r-2t \end{bmatrix} \in R^4 : r, s \text{ 及 } t \text{ 爲純量}\right\}$$

66. $B = \left\{\begin{bmatrix} 0 \\ 1 \\ 0 \\ 2 \end{bmatrix}, \begin{bmatrix} 1 \\ -1 \\ 0 \\ 0 \end{bmatrix}, \begin{bmatrix} 1 \\ -1 \\ 0 \\ 1 \end{bmatrix}\right\}$，

$$V = \left\{\begin{bmatrix} -r+s \\ 4s-3t \\ 0 \\ 3r-t \end{bmatrix} \in R^4 : r, s \text{ 及 } t \text{ 爲純量}\right\}$$

67. $B = \left\{\begin{bmatrix} 4 \\ 1 \\ 1 \\ -1 \end{bmatrix}, \begin{bmatrix} 0 \\ 9 \\ -3 \\ -8 \end{bmatrix}, \begin{bmatrix} 3 \\ 0 \\ 15 \\ 4 \end{bmatrix}\right\}$，

$$V = \left\{\begin{bmatrix} r-s+3t \\ 2r-t \\ -r+3s+2t \\ -2r+s+t \end{bmatrix} \in R^4 : r, s \text{ 及 } t \text{ 爲純量}\right\}$$

68. $B = \left\{\begin{bmatrix} 1 \\ 0 \\ 5 \\ -4 \end{bmatrix}, \begin{bmatrix} -4 \\ 2 \\ -5 \\ 5 \end{bmatrix}, \begin{bmatrix} 1 \\ 9 \\ 8 \\ -7 \end{bmatrix}\right\}$，

$$V = \left\{\begin{bmatrix} 2s-5t \\ 3r+s-2t \\ r-4s+3t \\ -r+2s \end{bmatrix} \in R^4 : r, s \text{ 及 } t \text{ 爲純量}\right\}$$

69. (a) 求習題 9 中矩陣之列空間與零空間的基底。
 (b) 證明(a)中兩組基底的聯集是 R^4 的基底。

70. (a) 求習題 11 中矩陣之列空間與零空間的基底。
 (b) 證明(a)中兩組基底的聯集是 R^3 的基底。

71. 令 $T: R^n \to R^m$ 爲線性轉換。證明維數定理：T 之零空間之維數和值域之維數的和等於 n。

72. 是否有 3×3 的矩陣，其零空間等於行空間？驗證你的答案。

73. 證明，對任意 $m \times n$ 矩陣 A 和任意 $n \times p$ 矩陣 B，AB 的行空間一定包含於 A 的行空間之內。

74. 證明，對任意 $m \times n$ 矩陣 A 和任意 $n \times p$ 矩陣 B，B 的零空間是包含於 AB 的零空間內。

75. 用習題 73 以證明，對任意 $m \times n$ 矩陣 A 和任意 $n \times p$ 矩陣 B，$\text{rank}AB \leq \text{rank}A$。

76. 利用習題 75 以證明，對任意 $m \times n$ 矩陣 A 和任意 $n \times n$ 矩陣 B，$\text{nullity}A \leq \text{nullity}AB$。

77. 利用習題 75 以證明，對任意 $m \times n$ 矩陣 A 和任意 $n \times p$ 矩陣 B，$\text{rank}AB \leq \text{rank}B$。提示：$AB$ 和 $(AB)^T$ 的秩相等。

78. 利用習題 77 以證明，對任意 $m \times n$ 矩陣 A 和任意 $n \times p$ 矩陣 B，$\text{nullity}B \leq \text{nullity}AB$。

79. 求 R^5 的 2 維子空間 V 和 W 使得唯一同時屬於 V 和 W 的向量為 $\mathbf{0}$。

80. 證明，若 V 和 W 是 R^5 的 3 維子空間，則會有某個非零向量同時屬於 V 和 W。

81. 令 V 是 R^n 的一個 k 維子空間，且有基底 $\{\mathbf{u}_1, \mathbf{u}_2, \cdots, \mathbf{u}_k\}$。定義函數 $T: R^k \to R^n$ 為

$$T\left(\begin{bmatrix} x_1 \\ x_2 \\ \vdots \\ x_k \end{bmatrix}\right) = x_1\mathbf{u}_1 + x_2\mathbf{u}_2 + \cdots + x_k\mathbf{u}_k$$

(a) 證明 T 是線性轉換。

(b) 證明 T 是一對一。

(c) 證明 T 的值域是 V。

82. 令 V 為 R^n 的一個子空間，且 $\mathbf{u}$ 為屬於 R^n 的向量但不在 V 之內。定義

$W = \{\mathbf{v} + c\mathbf{u} : \mathbf{v}$ 屬於 V 且 c 為純量$\}$

(a) 證明 W 是 R^n 的一個子空間。

(b) 求 W 的維數。驗證你的答案。

83. (a) 證明，對任意屬於 R^n 的向量 $\mathbf{u}$，若且唯若 $\mathbf{u} = \mathbf{0}$，則 $\mathbf{u}^T\mathbf{u} = 0$。

(b) 證明，對任意矩陣 A，若 $\mathbf{u}$ 屬於 Row A 且 $\mathbf{v}$ 屬於 Null A，則 $\mathbf{u}^T\mathbf{v} = 0$。提示：$A$ 的列空間等於 A^T 的行空間。

(c) 證明，對任意矩陣 A，若 $\mathbf{u}$ 同時屬於 Row A 和 Null A，則 $\mathbf{u} = \mathbf{0}$。

84. 證明，對任意 $m \times n$ 矩陣 A，一組 Row A 的基底和一組 Null A 的基底的聯集，是 R^n 的基底。提示：利用習題 83(c)。

85. 令

$$A = \begin{bmatrix} 1 & 0 & -1 & -2 \\ -1 & 1 & 2 & 1 \\ 1 & 3 & 2 & -5 \\ -1 & 6 & 7 & -4 \end{bmatrix}$$

(a) 求一個秩為 2 的 4×4 矩陣 B 使得 $AB = O$。

(b) 證明，若 C 是 4×4 矩陣並有 $AC = O$，則 $\text{rank}C \leq 2$。

在習題 86 至 88 中，使用有矩陣功能的計算機或諸如 *MATLAB* 的軟體以求解。

86. 令

$$B = \left\{\begin{bmatrix} -1 \\ 1 \\ 1 \\ 1 \\ 0 \end{bmatrix}, \begin{bmatrix} 0 \\ 1 \\ -1 \\ 1 \\ 1 \end{bmatrix}, \begin{bmatrix} 1 \\ 0 \\ 3 \\ -1 \\ -2 \end{bmatrix}\right\}$$

證明 B 是線性獨立的，並因此是 R^5 之子空間 W 的基底。

87. 令

$$A_1 = \left\{\begin{bmatrix} 1.0 \\ 2.0 \\ 1.0 \\ 1.0 \\ 0.1 \end{bmatrix}, \begin{bmatrix} -1.0 \\ 3.0 \\ 4.0 \\ 2.0 \\ -0.6 \end{bmatrix}, \begin{bmatrix} 2.0 \\ -1.0 \\ -1.0 \\ -1.4 \\ -0.3 \end{bmatrix}\right\}$$

且

$$A_2 = \left\{\begin{bmatrix} 2 \\ 1 \\ 0 \\ 0 \\ 0 \end{bmatrix}, \begin{bmatrix} -3 \\ 0 \\ 1 \\ 1 \\ 0 \end{bmatrix}, \begin{bmatrix} 1 \\ 0 \\ -2 \\ 0 \\ 1 \end{bmatrix}\right\}$$

(a) A_1 是否是習題 86 之子空間 W 的基底？驗證你的答案。

(b) A_2 是否是習題 86 之子空間 W 的基底？驗證你的答案。

(c) 令 B、A_1、及 A_2 為矩陣，它們的各行分別為 B、A_1、及 A_2 中的向量。求 B、A_1、A_2、B^T、A_1^T、和 A_2^T 的最簡列梯型。

88. 令 B 是 R^n 的子空間 W 的一組基底，且 $\boldsymbol{B}$ 是一個以 B 中向量為各行的矩陣。設 A 是一個 R^n 中向量所成的集合，且 $\boldsymbol{A}$ 是一個以 A 中向量為各行的矩陣。利用習題 87 的結果，以提出一個可檢驗 A 是否為 W 之基底的方法。(此檢驗應包括矩陣 $\boldsymbol{A}$ 和 $\boldsymbol{B}$。)然後證明你的檢驗是有效的。

練習題解答

1. 令 A 代表已知矩陣。明顯的

$$\begin{bmatrix}1&2&3&-2&-1\\0&0&1&3&2\\2&4&7&0&1\\3&6&11&1&2\end{bmatrix}\begin{bmatrix}0\\-2\\1\\-1\\1\end{bmatrix}=\begin{bmatrix}0\\0\\0\\0\end{bmatrix}$$

且

$$\begin{bmatrix}1&2&3&-2&-1\\0&0&1&3&2\\2&4&7&0&1\\3&6&11&1&2\end{bmatrix}\begin{bmatrix}2\\1\\-1\\1\\-1\end{bmatrix}=\begin{bmatrix}0\\0\\0\\0\end{bmatrix}$$

因此

$$\begin{bmatrix}0\\-2\\1\\-1\\1\end{bmatrix}\quad 和 \quad\begin{bmatrix}2\\1\\-1\\1\\-1\end{bmatrix}$$

兩者都屬於 Null A。另外，兩個向量都不是另一個的倍數，所以它們是線性獨立的。因爲 Null A 的維數是 2，由定理 4.7 可得

$$\left\{\begin{bmatrix}0\\-2\\1\\-1\\1\end{bmatrix},\begin{bmatrix}2\\1\\-1\\1\\-1\end{bmatrix}\right\}$$

是 Null A 的一組基底。

2. 所給矩陣 A 的最簡列梯型爲

$$\begin{bmatrix}1&2&0&0&4\\0&0&1&0&-1\\0&0&0&1&1\\0&0&0&0&0\end{bmatrix}$$

所以其秩爲 3。A 之行空間與列空間之維數都等於 A 的秩，所以它們的維數是 3。A 之零空間的維數是 A 的零消次數，其爲

$$5-\text{rank}A=5-3=2$$

4.4 座標系統

在前面各節，我們通常用 R^n 中的標準基底來表示向量。例如

$$\begin{bmatrix}5\\2\\8\end{bmatrix}=5\begin{bmatrix}1\\0\\0\end{bmatrix}+2\begin{bmatrix}0\\1\\0\end{bmatrix}+8\begin{bmatrix}0\\0\\1\end{bmatrix}$$

不過在許多應用中，用標準基底之外的其它基底來表示向量會更自然。例如，考慮如圖 4.8 中的橢圓。在一般的 xy 座標系統中，此橢圓的方程式爲

$$13x^2-10xy+13y^2=72$$

我們可看到，此橢圓的兩個對稱軸分別爲 $y=x$ 和 $y=-x$，且其半長軸和半短軸的長度分別爲 3 和 2。考慮一個新的 $x'y'$座標系統，其 x'軸爲 $y=x$ 而 y'軸爲 $y=-x$。因爲在這個座標系中，此橢圓是位於標準位置，所以此橢圓在 $x'y'$座標系統的方程式爲

$$\frac{(x')^2}{3^2}+\frac{(y')^2}{2^2}=1$$

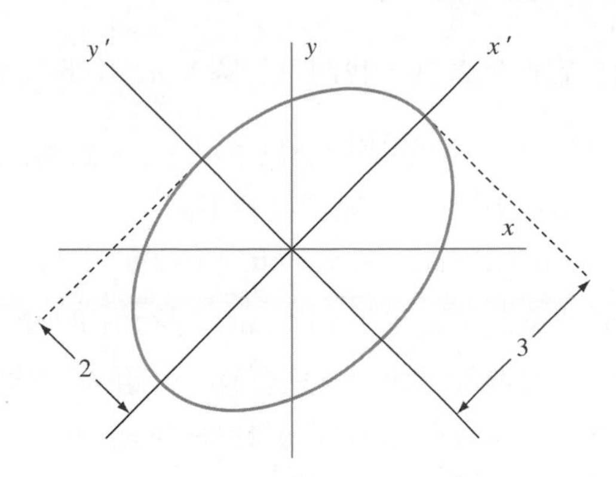

圖 4.8　方程式為 $13x^2-10xy+13y^2=72$ 的橢圓

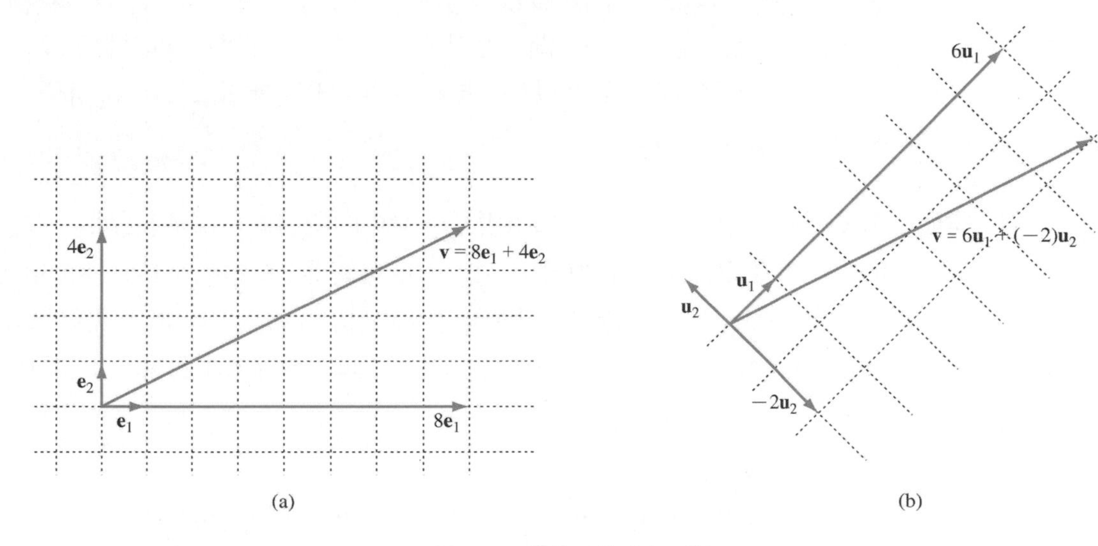

圖 4.9　R^2 的兩個座標系統

但是我們要怎樣才能由這個 $x'y'$ 座標系之簡單的橢圓方程式，推導出一般的 xy 座標系下的橢圓方程式？

要回答此一問題，我們必須仔細的檢視座標系統的意義為何。當我們說 $\mathbf{v}=\begin{bmatrix}8\\4\end{bmatrix}$，我們的意思是 $\mathbf{v}=8\mathbf{e}_1+4\mathbf{e}_2$。亦即，$\mathbf{v}$ 之分量，是我們將 $\mathbf{v}$ 表示成標準向量的線性組合時，所用的係數。(見圖 4.9(a)。)

一個子空間的任一組基底，提供了一種建立該子空間座標系統的方法。對於圖 4.8 中之橢圓，使用標準基底無法獲得簡單的方程式。較好的選擇是$\{\mathbf{u}_1, \mathbf{u}_2\}$，其中 $\mathbf{u}_1=\begin{bmatrix}1\\1\end{bmatrix}$是一個位於 x'軸上的向量，而 $\mathbf{u}_2=\begin{bmatrix}-1\\1\end{bmatrix}$是一個位於 y'軸上的向量。

(說明一下，因為 $\mathbf{u}_1$ 和 $\mathbf{u}_2$ 均不是對方的倍數，$B=\{\mathbf{u}_1, \mathbf{u}_2\}$是一個包含有兩個屬於 R^2 之向量的線性獨立子集合。因此由定理 4.7 可知，$\{\mathbf{u}_1, \mathbf{u}_2\}$是 R^2 的一組基

底。)相對此組基底，我們可將圖 4.9(a)中的向量 $\mathbf{v}=\begin{bmatrix}8\\4\end{bmatrix}$ 寫成 $\mathbf{v}=6\mathbf{u}_1+(-2)\mathbf{u}_2$。因此相對於 B，$\mathbf{v}$ 的座標值為 6 及 −2，如圖 4.9(b)。所示。在此情形下，$\mathbf{v}$ 的座標值和在 R^2 的一般座標系時不同。

為了能用線性組合 $\mathbf{v}=6\mathbf{u}_1+(-2)\mathbf{u}_2$ 中的係數 6 和 −2 來指定向量 $\mathbf{v}$，我們必需要能確認，這是用 $\mathbf{u}_1$ 和 $\mathbf{u}_2$ 來表示 $\mathbf{v}$ 的唯一方式。

以下定理確保我們，只要有了一組 R^n 的基底，就可唯一的，將 R^n 中的任何向量，表示成此組基底向量的線性組合：

定理 4.10

令 $B=\{\mathbf{b}_1,\mathbf{b}_2,\cdots,\mathbf{b}_k\}$ 為 R^n 之子空間 V 的基底。V 中的任意向量 $\mathbf{v}$ 可以表示成 B 中向量之唯一的線性組合；也就是，有唯一的一組純量 $a_1, a_2, \cdots, a_k$ 可使得 $\mathbf{v}=a_1\mathbf{b}_1+b_2\mathbf{b}_2+\cdots+a_k\mathbf{b}_k$。

證明 令 $\mathbf{v}$ 屬於 V。因為 B 是 V 的產生集合，V 中的所有向量都是 $b_1, b_2, \cdots, b_k$ 的線性組合。因此存在有純量 $a_1, a_2, \cdots, a_k$ 可使得 $\mathbf{v}=a_1\mathbf{b}_1+b_2\mathbf{b}_2+\cdots+a_k\mathbf{b}_k$。

現在令 $c_1, c_2, \cdots, c_k$ 為純量並能使 $\mathbf{v}=c_1\mathbf{b}_1+c_2\mathbf{b}_2+\cdots+c_k\mathbf{b}_k$。為證明線性組合中的係數是唯一的，我們要證明每一個 c_i 會等於相對應的 a_i。我們有

$$\begin{aligned}\mathbf{0}&=\mathbf{v}-\mathbf{v}\\&=(a_1\mathbf{b}_1+a_2\mathbf{b}_2+\cdots+a_k\mathbf{b}_k)-(c_1\mathbf{b}_1+c_2\mathbf{b}_2+\cdots+c_k\mathbf{b}_k)\\&=(a_1-c_1)\mathbf{b}_1+(a_2-c_2)\mathbf{b}_2+\cdots+(a_k-c_k)\mathbf{b}_k\end{aligned}$$

因為 B 是線性獨立的，此方程式代表了 $a_1-c_1=0$、$a_2-c_2=0$、⋯、$a_k-c_k=0$。因此 $a_1=c_1$、$a_2=c_2$、⋯、$a_k=c_k$，這就證明了，將 $\mathbf{v}$ 表示成 B 中向量的線性組合表示式是唯一的。 ■

定理 4.10 的結論具有很大的實用價值。一個 R^n 的非零子空間 V 包含有無限多個向量。但是 V 的基底 B 是有限的，而我們可以將 V 中的每一個向量，以唯一的方式表示成 B 中向量的線性組合。因此，我們可利用 B 中有限的向量，以線性組合的方式來探討 V 中無限多的向量。

座標向量

我們已經看到了，R^n 中的任何向量都可以用唯一的方式表示成 R^n 之任一組基底的線性組合。經由以下定義，我們利用此一表示式為 R^n 引入座標系統：

定義　令 $B=\{\mathbf{b}_1,\mathbf{b}_2,\cdots,\mathbf{b}_n\}$是 R^n 的一組基底 [1]。對 R^n 中的每一個 $\mathbf{v}$，存在有一組唯一的純量 $c_1, c_2, \cdots, c_n$，可使得 $\mathbf{v}=c_1\mathbf{b}_1+c_2\mathbf{b}_2+\cdots+c_n\mathbf{b}_n$。$R^n$ 中的向量

$$\begin{bmatrix} c_1 \\ c_2 \\ \vdots \\ c_n \end{bmatrix}$$

叫做 $\mathbf{v}$ 相對於 B 的**座標向量(coordinate vector)**，或是 $\mathbf{v}$ 的 B **座標向量**。我們將 $\mathbf{v}$ 的 B－座標向量記做$[\mathbf{v}]_B$。

4

例題 1

令

$$B=\left\{\begin{bmatrix}1\\1\\1\end{bmatrix},\begin{bmatrix}1\\-1\\1\end{bmatrix},\begin{bmatrix}1\\2\\2\end{bmatrix}\right\}$$

因為 B 是 3 個 R^3 中向量的線性獨立集合，所以 B 是 R^3 的基底。求 $\mathbf{u}$，已知

$$[\mathbf{u}]_B=\begin{bmatrix}3\\6\\-2\end{bmatrix}$$

解　因為$[\mathbf{u}]_B$的分量，是將 $\mathbf{u}$ 表示成 B 中向量之線性組合時的係數，我們得

$$\mathbf{u}=3\begin{bmatrix}1\\1\\1\end{bmatrix}+6\begin{bmatrix}1\\-1\\1\end{bmatrix}+(-2)\begin{bmatrix}1\\2\\2\end{bmatrix}=\begin{bmatrix}7\\-7\\5\end{bmatrix}$$

練習題 1.

令 $B=\{\mathbf{b}_1,\mathbf{b}_2\}$為 R^2 的一組基底，如圖 4.10 所示。參考圖，求$[\mathbf{u}]_B$和$[\mathbf{v}]_B$的座標向量。

---

[1] 為使座標向量的定義不生混淆，我們必須假設 B 的向量的排列是依特定順序 $\mathbf{b}_1, \mathbf{b}_2, \cdots, \mathbf{b}_n$。在使用座標向量時，一定帶有此一假設。如果我們要強調此種順序，我們將 B 稱為有序基底(*ordered basis*)。

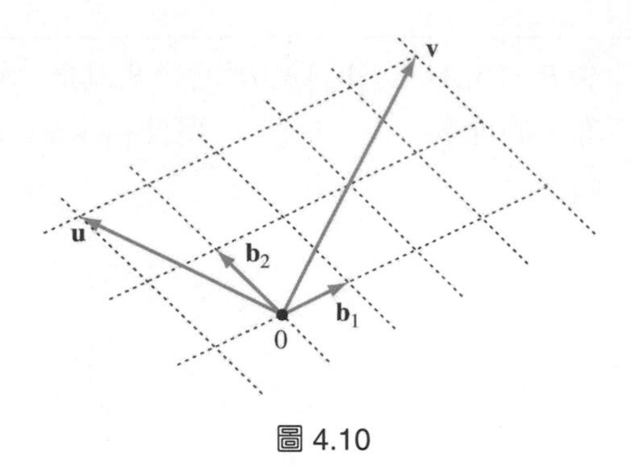

圖 4.10

例題 2

已知

$$\mathbf{v}=\begin{bmatrix}1\\-4\\4\end{bmatrix} \quad 及 \quad B=\left\{\begin{bmatrix}1\\1\\1\end{bmatrix},\begin{bmatrix}1\\-1\\1\end{bmatrix},\begin{bmatrix}1\\2\\2\end{bmatrix}\right\}$$

求$[\mathbf{v}]_B$。

解 要求 $\mathbf{v}$ 的 B 座標向量，我們必須將 $\mathbf{v}$ 寫成 B 中向量的線性組合。我們在第 1 章學過了，這必須找出一組純量 c_1、c_2 和 c_3 使得

$$c_1\begin{bmatrix}1\\1\\1\end{bmatrix}+c_2\begin{bmatrix}1\\-1\\1\end{bmatrix}+c_3\begin{bmatrix}1\\2\\2\end{bmatrix}=\begin{bmatrix}1\\-4\\4\end{bmatrix}$$

由此方程式我們可得一個線性方程組，它的增廣矩陣爲

$$\begin{bmatrix}1 & 1 & 1 & 1\\1 & -1 & 2 & -4\\1 & 1 & 2 & 4\end{bmatrix}$$

因爲此矩陣的最簡列梯型爲

$$\begin{bmatrix}1 & 0 & 0 & -6\\0 & 1 & 0 & 4\\0 & 0 & 1 & 3\end{bmatrix}$$

我們可看出，要求的純量爲 $c_1=-6$、$c_2=4$、$c_3=3$。因此

$$[\mathbf{v}]_B=\begin{bmatrix}-6\\4\\3\end{bmatrix}$$

是 $\mathbf{v}$ 的 B 座標向量。

我們很容易求得相對於 R^n 之標準基底 ε 的座標向量。因爲我們可以將 R^n 中的任何向量

$$\mathbf{v} = \begin{bmatrix} v_1 \\ v_2 \\ \vdots \\ v_n \end{bmatrix}$$

寫成 $\mathbf{v} = v_1\mathbf{e}_1 + v_2\mathbf{e}_2 + \cdots + v_n\mathbf{e}_n$，所以我們得到 $[\mathbf{v}]_\varepsilon = \mathbf{v}$。

在基底 B 之下計算任何向量的 B 座標向量也很容易。因爲若 $B=\{\mathbf{b}_1, \mathbf{b}_2, \cdots, \mathbf{b}_n\}$ 是 R^n 的一組基底，我們有

$$\mathbf{b}_i = 0\mathbf{b}_1 + 0\mathbf{b}_2 + \cdots + 0\mathbf{b}_{i-1} + 1\mathbf{b}_i + 0\mathbf{b}_{i+1} + \cdots + 0\mathbf{b}_n$$

所以 $[\mathbf{b}_i]_B = \mathbf{e}_i$。

以下定理提供了一種簡單的方法，可以求得相對於 R^n 之任意基底的座標向量：

定理 4.11

令 B 爲 R^n 的一組基底，且 $\boldsymbol{B}$ 是一個矩陣，其各行是 B 中之向量。則 $\boldsymbol{B}$ 是可逆的，並對每個屬於 R^n 的向量 $\mathbf{v}$，都有 $\boldsymbol{B}[\mathbf{v}]_B = \mathbf{v}$，或寫成 $[\mathbf{v}]_B = \boldsymbol{B}^{-1}\mathbf{v}$。

證明　令 $B=\{\mathbf{b}_1, \mathbf{b}_2, \cdots, \mathbf{b}_n\}$ 爲 R^n 的一組基底，且 $\mathbf{v}$ 爲 R^n 中的向量。若

$$[\mathbf{v}]_B = \begin{bmatrix} c_1 \\ c_2 \\ \vdots \\ c_n \end{bmatrix}$$

則

$$\begin{aligned} \mathbf{v} &= c_1\mathbf{b}_1 + c_2\mathbf{b}_2 + \cdots + c_n\mathbf{b}_n \\ &= [\mathbf{b}_1 \mathbf{b}_2 \cdots \mathbf{b}_n] \begin{bmatrix} c_1 \\ c_2 \\ \vdots \\ c_n \end{bmatrix} \\ &= \boldsymbol{B}[\mathbf{v}]_B, \end{aligned}$$

其中 $B=\{\mathbf{b}_1, \mathbf{b}_2, \cdots, \mathbf{b}_n\}$。因爲 B 是一組基底，$\boldsymbol{B}$ 的各行是線性獨立的。因此由可逆矩陣定理可得，$\boldsymbol{B}$ 是可逆的，因此 $\boldsymbol{B}[\mathbf{v}]_B = \mathbf{v}$ 與 $[\mathbf{v}]_B = \boldsymbol{B}^{-1}\mathbf{v}$ 爲同義。 ■

做爲另一種解例題 1 的方法，我們可以用定理 4.11 求向量 $\mathbf{u}$。結果爲

$$\mathbf{u} = \boldsymbol{B}[\mathbf{u}]_B = \begin{bmatrix} 1 & 1 & 1 \\ 1 & -1 & 2 \\ 1 & 1 & 2 \end{bmatrix} \begin{bmatrix} 3 \\ 6 \\ -2 \end{bmatrix} = \begin{bmatrix} 7 \\ -7 \\ 5 \end{bmatrix}$$

和例題 1 的結果一樣。

練習題 2.

驗證 $B = \left\{ \begin{bmatrix} 1 \\ 1 \\ 0 \end{bmatrix}, \begin{bmatrix} 1 \\ 1 \\ 1 \end{bmatrix}, \begin{bmatrix} 3 \\ 2 \\ 1 \end{bmatrix} \right\}$ 是 R^3 的基底。然後求 $\mathbf{u}$，已知 $[\mathbf{u}]_B = \begin{bmatrix} 5 \\ -2 \\ -1 \end{bmatrix}$。

下一個例題顯示了，我們也可以用定理 4.11 來求座標向量。

例題 3

令

$$B = \left\{ \begin{bmatrix} 1 \\ 1 \\ 1 \end{bmatrix}, \begin{bmatrix} 1 \\ -1 \\ 1 \end{bmatrix}, \begin{bmatrix} 1 \\ 2 \\ 2 \end{bmatrix} \right\} \quad 及 \quad \mathbf{v} = \begin{bmatrix} 1 \\ -4 \\ 4 \end{bmatrix}$$

和例題 2 一樣，並令 $\boldsymbol{B}$ 爲矩陣，其各行是 B 中的向量。則

$$[\mathbf{v}]_B = \boldsymbol{B}^{-1}\mathbf{v} = \begin{bmatrix} -6 \\ 4 \\ 3 \end{bmatrix}$$

當然，此結果和例題 2 的一樣。

練習題 3.

求$[\mathbf{v}]_B$，已知 $\mathbf{v} = \begin{bmatrix} -2 \\ 1 \\ 3 \end{bmatrix}$ 且 B 如練習題 1 所定義的。

座標變換

要獲得如圖 4.8 中之橢圓的方程式，我們必需要能在 $x'y'$－座標系，與 xy－座標系之間做變換。要做到此點，我們必須能夠將相對於任意基底 B 的座標向量，轉換爲相對於標準基底的座標向量，或是反向轉換。換一種講法，對任何屬於 R^n 的向量 $\mathbf{v}$，我們必需要知道，$[\mathbf{v}]_B$ 和 $\mathbf{v}$ 之間的關係。依據定理 4.11，此關係爲$[\mathbf{v}]_B = \boldsymbol{B}^{-1}\mathbf{v}$，其中 $\boldsymbol{B}$ 是一個以 B 中向量爲各行的矩陣。

雖然在 R^n 的任兩組基底間做變換是非常有用的，我們的下個例子只是一般座標軸的旋轉。在第 6 章中，此種變換非常重要。

考慮一組將標準基底旋轉 45°所得的新基底 $B=\{\mathbf{b}_1, \mathbf{b}_2\}$。利用 1.2 節的 45° 旋轉矩陣，我們可以求出這兩個向量的各分量：

$$\mathbf{b}_1 = A_{45°}\mathbf{e}_1 \quad 及 \quad \mathbf{b}_2 = A_{45°}\mathbf{e}_2$$

爲能將 x'、y' 的方程式

$$\frac{(x')^2}{3^2}+\frac{(y')^2}{2^2}=1$$

寫成一般 xy 座標系的方程式，我們必需要用到一個向量與其 B 座標之間的關係。令

$$\mathbf{v}=\begin{bmatrix} x \\ y \end{bmatrix}，[\mathbf{v}]_B=\begin{bmatrix} x' \\ x' \end{bmatrix}$$

及

$$\boldsymbol{B}=[\mathbf{b}_1 \quad \mathbf{b}_2]=[A_{45°}\mathbf{e}_1 \quad A_{45°}\mathbf{e}_2]=A_{45°}[\mathbf{e}_1 \quad \mathbf{e}_2]=A_{45°}I_2=A_{45°}$$

因爲 $\boldsymbol{B}$ 是一個旋轉矩陣，由 2.3 節的習題 53，我們知道 $\boldsymbol{B}^{-1}=\boldsymbol{B}^T$。因此 $[\mathbf{v}]_B=\boldsymbol{B}^{-1}\mathbf{v}=\boldsymbol{B}^T\mathbf{v}$，同時

$$\begin{bmatrix} x' \\ y' \end{bmatrix}=\boldsymbol{B}^T\begin{bmatrix} x \\ y \end{bmatrix}=\begin{bmatrix} \frac{\sqrt{2}}{2} & \frac{\sqrt{2}}{2} \\ -\frac{\sqrt{2}}{2} & \frac{\sqrt{2}}{2} \end{bmatrix}\begin{bmatrix} x \\ y \end{bmatrix}=\begin{bmatrix} \frac{\sqrt{2}}{2}x+\frac{\sqrt{2}}{2}y \\ -\frac{\sqrt{2}}{2}x+\frac{\sqrt{2}}{2}y \end{bmatrix}$$

因此將

$$x'=\frac{\sqrt{2}}{2}x+\frac{\sqrt{2}}{2}y$$
$$y'=-\frac{\sqrt{2}}{2}x+\frac{\sqrt{2}}{2}y$$

代入 $x'y'$－座標系的方程式，可將其轉換到 xy－座標系。所以前面的橢圓方程式換到標準座標系統就成爲

$$\frac{\left(\frac{\sqrt{2}}{2}x+\frac{\sqrt{2}}{2}y\right)^2}{3^2}+\frac{\left(-\frac{\sqrt{2}}{2}x+\frac{\sqrt{2}}{2}y\right)^2}{2^2}=1$$

化簡成

$$13x^2-10xy+13y^2=72$$

例題 4

將方程式 $-\sqrt{3}x^2+2xy+\sqrt{3}y^2=12$ 轉到 $x'y'$－座標系統，其 x' 軸和 y' 軸是將 x 軸和 y 軸旋 30°所得。

解 再一次，我們需要座標變換。但是這一次，我們要由 xy－座標系換到 $x'y'$－座標系。考慮一組基底 $B=\{\mathbf{b}_1,\mathbf{b}_2\}$，它是將標準基底中的向量旋轉 30°的結果。和之前一樣，我們令

$$\mathbf{v}=\begin{bmatrix}x\\y\end{bmatrix}，[\mathbf{v}]_B=\begin{bmatrix}x'\\y'\end{bmatrix}，及 \quad \boldsymbol{B}=[\mathbf{b}_1\mathbf{b}_2]=A_{30°} 。$$

因爲 $\mathbf{v}=\boldsymbol{B}[\mathbf{v}]_B$ 我們得

$$\begin{bmatrix}x\\y\end{bmatrix}=\boldsymbol{B}\begin{bmatrix}x'\\y'\end{bmatrix}=\begin{bmatrix}\frac{\sqrt{3}}{2} & -\frac{1}{2}\\ \frac{1}{2} & \frac{\sqrt{3}}{2}\end{bmatrix}\begin{bmatrix}x'\\y'\end{bmatrix}=\begin{bmatrix}\frac{\sqrt{3}}{2}x'-\frac{1}{2}y'\\ \frac{1}{2}x'+\frac{\sqrt{3}}{2}y'\end{bmatrix}$$

因此兩個座標系統間的關係可寫成

$$x=\frac{\sqrt{3}}{2}x'-\frac{1}{2}y'$$
$$y=\frac{1}{2}x'+\frac{\sqrt{3}}{2}y'$$

此一代換可將方程式 $-\sqrt{3}x^2+2xy+\sqrt{3}y^2=12$ 轉成 $4x'y'=12$；亦即 $x'y'=3$。由此方程式我們可以看出，它的圖形爲雙曲線(如圖 4.11 所示)。

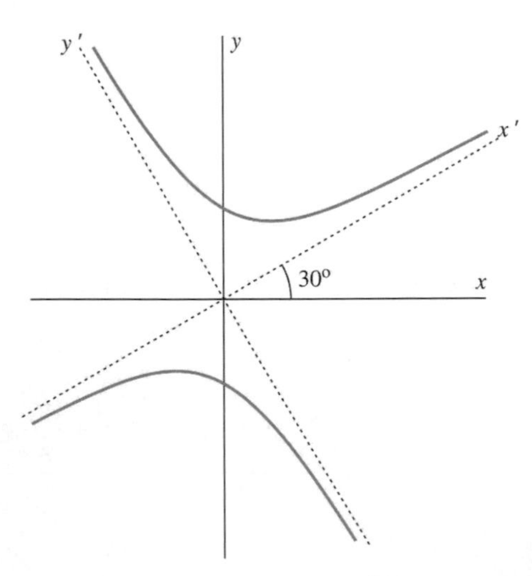

圖 4.11　方程式為 $-\sqrt{3}x^2+2xy+\sqrt{3}y^2=12$ 的雙曲線

習 題

在習題 1 至 6 中，已知向量 $\mathbf{v}$ 的 B 座標向量。求 $\mathbf{v}$，給定

$$B=\left\{\begin{bmatrix}1\\-1\end{bmatrix},\begin{bmatrix}-1\\2\end{bmatrix}\right\}$$

1. $[\mathbf{v}]_B=\begin{bmatrix}4\\3\end{bmatrix}$ 2. $[\mathbf{v}]_B=\begin{bmatrix}-3\\2\end{bmatrix}$ 3. $[\mathbf{v}]_B=\begin{bmatrix}1\\6\end{bmatrix}$

4. $[\mathbf{v}]_B=\begin{bmatrix}-1\\4\end{bmatrix}$ 5. $[\mathbf{v}]_B=\begin{bmatrix}2\\5\end{bmatrix}$ 6. $[\mathbf{v}]_B=\begin{bmatrix}5\\2\end{bmatrix}$

在習題 7 至 10 中，已知向量 $\mathbf{v}$ 的 B 座標向量。求 $\mathbf{v}$，給定

$$B=\left\{\begin{bmatrix}0\\1\\1\end{bmatrix},\begin{bmatrix}-1\\0\\1\end{bmatrix},\begin{bmatrix}1\\1\\1\end{bmatrix}\right\}$$

7. $[\mathbf{v}]_B=\begin{bmatrix}2\\-1\\3\end{bmatrix}$ 8. $[\mathbf{v}]_B=\begin{bmatrix}3\\1\\-4\end{bmatrix}$

9. $[\mathbf{v}]_B=\begin{bmatrix}-1\\5\\-2\end{bmatrix}$ 10. $[\mathbf{v}]_B=\begin{bmatrix}3\\-4\\2\end{bmatrix}$

11. (a) 證明 $B=\left\{\begin{bmatrix}1\\3\end{bmatrix},\begin{bmatrix}-2\\1\end{bmatrix}\right\}$ 是 R^2 的一組基底。

    (b) 若 $\mathbf{v}=5\begin{bmatrix}1\\3\end{bmatrix}-3\begin{bmatrix}-2\\1\end{bmatrix}$，求$[\mathbf{v}]_B$。

12. (a) 證明 $B=\left\{\begin{bmatrix}3\\-2\end{bmatrix},\begin{bmatrix}-1\\2\end{bmatrix}\right\}$ 是 R^2 的一組基底。

    (b) 若 $\mathbf{v}=-2\begin{bmatrix}3\\-2\end{bmatrix}+4\begin{bmatrix}-1\\2\end{bmatrix}$，求$[\mathbf{v}]_B$。

13. (a) 證明 $B=\left\{\begin{bmatrix}-1\\0\\1\end{bmatrix},\begin{bmatrix}2\\1\\-1\end{bmatrix},\begin{bmatrix}1\\-3\\2\end{bmatrix}\right\}$ 是 R^3 的一組基底。

    (b) 若 $\mathbf{v}=3\begin{bmatrix}-1\\0\\1\end{bmatrix}-\begin{bmatrix}1\\-3\\2\end{bmatrix}$，求$[\mathbf{v}]_B$。

14. (a) 證明 $B=\left\{\begin{bmatrix}1\\-1\\1\end{bmatrix},\begin{bmatrix}-1\\1\\1\end{bmatrix},\begin{bmatrix}1\\1\\1\end{bmatrix}\right\}$ 是 R^3 的一組基底。

    (b) 若 $\mathbf{v}=\begin{bmatrix}-1\\1\\1\end{bmatrix}-4\begin{bmatrix}1\\1\\1\end{bmatrix}$，求$[\mathbf{v}]_B$。

在習題 15 至 18 中，已知一向量。求它相對於習題 1 至 6 中之基底 B 的 B—座標向量。

15. $\begin{bmatrix}-4\\3\end{bmatrix}$ 16. $\begin{bmatrix}-1\\2\end{bmatrix}$ 17. $\begin{bmatrix}5\\-3\end{bmatrix}$ 18. $\begin{bmatrix}3\\2\end{bmatrix}$

在習題 19 至 22 中已知一個向量。求它相對於習題 7 至 10 中之基底 B 的 B—座標向量。

19. $\begin{bmatrix}4\\3\\2\end{bmatrix}$ 20. $\begin{bmatrix}-2\\6\\3\end{bmatrix}$ 21. $\begin{bmatrix}1\\-3\\-2\end{bmatrix}$ 22. $\begin{bmatrix}-1\\5\\2\end{bmatrix}$

23. 求 $\mathbf{u}=\begin{bmatrix}a\\b\end{bmatrix}$ 表示成下列向量之線性組合的唯一表示式

$$\mathbf{b}_1=\begin{bmatrix}3\\-1\end{bmatrix} \quad 及 \quad \mathbf{b}_2=\begin{bmatrix}-2\\1\end{bmatrix}$$

24. 求 $\mathbf{u}=\begin{bmatrix}a\\b\end{bmatrix}$ 表示成下列向量之線性組合的唯一表示式

$$\mathbf{b}_1=\begin{bmatrix}2\\-1\end{bmatrix} \quad 及 \quad \mathbf{b}_2=\begin{bmatrix}-1\\1\end{bmatrix}$$

25. 求 $\mathbf{u}=\begin{bmatrix}a\\b\end{bmatrix}$ 表示成下列向量之線性組合的唯一表示式

$$\mathbf{b}_1=\begin{bmatrix}-2\\3\end{bmatrix} \quad 及 \quad \mathbf{b}_2=\begin{bmatrix}3\\-5\end{bmatrix}$$

26. 求 $\mathbf{u}=\begin{bmatrix}a\\b\end{bmatrix}$ 表示成下列向量之線性組合的唯一表示式

$$\mathbf{b}_1=\begin{bmatrix}3\\1\end{bmatrix} \quad 及 \quad \mathbf{b}_2=\begin{bmatrix}2\\1\end{bmatrix}$$

27. 求 $\mathbf{u}=\begin{bmatrix}a\\b\\c\end{bmatrix}$ 表示成下列向量之線性組合的唯一表示式

$$\mathbf{b}_1=\begin{bmatrix}1\\-1\\1\end{bmatrix}，\mathbf{b}_2=\begin{bmatrix}-1\\2\\1\end{bmatrix}，\mathbf{b}_3=\begin{bmatrix}1\\0\\2\end{bmatrix}$$

28. 求 $\mathbf{u}=\begin{bmatrix}a\\b\\c\end{bmatrix}$ 表示成下列向量之線性組合的唯一表示式

$$\mathbf{b}_1=\begin{bmatrix}1\\-1\\2\end{bmatrix}，\mathbf{b}_2=\begin{bmatrix}1\\0\\2\end{bmatrix}，\mathbf{b}_3=\begin{bmatrix}0\\1\\1\end{bmatrix}$$

29. 求 $\mathbf{u}=\begin{bmatrix} a \\ b \\ c \end{bmatrix}$ 表示成下列向量之線性組合的唯一表示式

$$\mathbf{b}_1=\begin{bmatrix} 1 \\ 0 \\ 1 \end{bmatrix},\ \mathbf{b}_2=\begin{bmatrix} -1 \\ 1 \\ 0 \end{bmatrix},\ \mathbf{b}_3=\begin{bmatrix} -2 \\ 0 \\ -1 \end{bmatrix}$$

30. 求 $\mathbf{u}=\begin{bmatrix} a \\ b \\ c \end{bmatrix}$ 表示成下列向量之線性組合的唯一表示式

$$\mathbf{b}_1=\begin{bmatrix} -1 \\ 1 \\ 2 \end{bmatrix},\ \mathbf{b}_2=\begin{bmatrix} 2 \\ -1 \\ -1 \end{bmatrix},\ \mathbf{b}_3=\begin{bmatrix} 0 \\ 1 \\ 2 \end{bmatrix}$$

是非題

在習題 31 至 50 中，決定各命題是否為真。

31. 若 S 是 R^n 的子空間 V 的產生集合，則 V 中的每一個向量都可以，唯一的表示成 S 中向量的線性組合。
32. 向量 $\mathbf{u}$ 之 B 座標向量的各分量，是將 $\mathbf{u}$ 表示成 B 中向量之線性組合時，所用的係數。
33. 若 E 是 R^n 的標準基底，則對所有屬於 R^n 的 $\mathbf{v}$，都有$[\mathbf{v}]_E=\mathbf{v}$。
34. 一個屬於 B 之向量的 B 座標向量是一個標準向量。
35. 若 B 是 R^n 的一組基底，且 $\boldsymbol{B}$ 是一個以 B 中向量為各行的矩陣，則對所有屬於 R^n 的 $\mathbf{v}$，都有 $\boldsymbol{B}^{-1}\mathbf{v}=[\mathbf{v}]_B$。
36. 若 $B=\{\mathbf{b}_1, \mathbf{b}_2, \cdots, \mathbf{b}_n\}$是 R^n 的任意基底，則，對每個屬於 R^n 的向量 $\mathbf{v}$，存在有一組唯一的純量，可使得 $\mathbf{v}=c_1\mathbf{b}_1+c_2\mathbf{b}_2+\cdots+c_n\mathbf{b}_n$。
37. 如果一個 $n\times n$ 矩陣的各行構成 R^n 的一組基底，則該矩陣是可逆的。
38. 如果 B 是一個矩陣，它的各行是 R^n 之基底中的各向量，則對任何屬於 R^n 的向量 $\mathbf{v}$，方程組 $A\mathbf{x}=\mathbf{v}$ 有唯一解。
39. 如果 $\boldsymbol{B}$ 是一個矩陣，它的各行是 R^n 之 B 基底中的各向量，則對任何屬於 R^n 的向量 $\mathbf{v}$，$[\mathbf{v}]_B$ 是 $A\mathbf{x}=\mathbf{v}$ 的解。
40. 如果 $\boldsymbol{B}$ 是一個矩陣，它的各行是 R^n 之 B 基底中的各向量，則對任何屬於 R^n 的向量 $\mathbf{v}$，$[B\ \ \mathbf{v}]$ 的最簡列梯型為$[I_n\ \ [\mathbf{v}]_B]$。
41. 若 B 是 R^n 的任一組基底，則 $[\mathbf{0}]_B=\mathbf{0}$。
42. 若 $\mathbf{u}$ 和 $\mathbf{v}$ 為屬於 R^n 的任意向量，且 B 是 R^n 的任一組基底，則 $[\mathbf{u}+\mathbf{v}]_B=[\mathbf{u}]_B+[\mathbf{v}]_B$。
43. 若 $\mathbf{v}$ 是屬於 R^n 的任意向量、B 是 R^n 的任一組基底、且 c 為純量，則 $[c\mathbf{v}]_B=c[\mathbf{v}]_B$。
44. 假設 x'、y'軸是將一般的 x、y 軸旋轉 θ 角的結果。則 $\begin{bmatrix} x' \\ y' \end{bmatrix}=A_\theta\begin{bmatrix} x \\ y \end{bmatrix}$。
45. 假設 x'、y'軸是將一般的 x、y 軸旋轉 θ 角的結果。則 $\begin{bmatrix} x \\ y \end{bmatrix}=A_\theta\begin{bmatrix} x' \\ y' \end{bmatrix}$。
46. 若 A_θ是一個旋轉矩陣，則 $A_\theta^T=A_\theta^{-1}$。
47. 型式為 $\dfrac{(x')^2}{a^2}+\dfrac{(y')^2}{b^2}=1$ 之方程式的圖形是橢圓。
48. 型式為 $\dfrac{(x')^2}{a^2}-\dfrac{(y')^2}{b^2}=1$ 之方程式的圖形是拋物線。
49. 一個以原點為中心的橢圓形，經過適當的座標旋轉後可寫成 $\dfrac{(x')^2}{a^2}+\dfrac{(y')^2}{b^2}=1$ 的形式。
50. 一組以原點為中心的雙曲線，經過適當的座標旋轉後可寫成 $\dfrac{(x')^2}{a^2}-\dfrac{(y')^2}{b^2}=1$ 的形式。

---

51. 令 $B=\{\mathbf{b}_1, \mathbf{b}_2\}$，其中 $\mathbf{b}_1=\begin{bmatrix} 1 \\ 2 \end{bmatrix}$ 且 $\mathbf{b}_2=\begin{bmatrix} 2 \\ 3 \end{bmatrix}$。
    (a) 證明 B 是 R^2 的一組基底。
    (b) 求矩陣 $A=\begin{bmatrix} [\mathbf{e}_1]_B & [\mathbf{e}_2]_B \end{bmatrix}$。
    (c) A 和 $\boldsymbol{B}=\begin{bmatrix} \mathbf{b}_1 & \mathbf{b}_2 \end{bmatrix}$之間的關係為何？
52. 令 $B=\{\mathbf{b}_1, \mathbf{b}_2\}$，其中 $\mathbf{b}_1=\begin{bmatrix} 1 \\ 3 \end{bmatrix}$ 且 $\mathbf{b}_2=\begin{bmatrix} -1 \\ -2 \end{bmatrix}$。
    (a) 證明 B 是 R^2 的一組基底。
    (b) 求矩陣 $A=\begin{bmatrix} [\mathbf{e}_1]_B & [\mathbf{e}_2]_B \end{bmatrix}$。
    (c) A 和 $\boldsymbol{B}=\begin{bmatrix} \mathbf{b}_1 & \mathbf{b}_2 \end{bmatrix}$之間的關係為何？

53. 令 $B=\{\mathbf{b}_1,\mathbf{b}_2,\mathbf{b}_3\}$，其中 $\mathbf{b}_1=\begin{bmatrix}2\\1\\-1\end{bmatrix}$、$\mathbf{b}_2=\begin{bmatrix}-1\\-1\\1\end{bmatrix}$、且 $\mathbf{b}_3=\begin{bmatrix}-1\\-2\\1\end{bmatrix}$

(a) 證明 B 是 R^3 的一組基底。

(b) 求矩陣 $A=[[\mathbf{e}_1]_B\ \ [\mathbf{e}_2]_B\ \ [\mathbf{e}_3]_B]$。

(c) A 和 $\boldsymbol{B}=[\mathbf{b}_1\ \ \mathbf{b}_2\ \ \mathbf{b}_3]$之間的關係為何？

54. 令 $B=\{\mathbf{b}_1,\mathbf{b}_2,\cdots,\mathbf{b}_3\}$，其中

$\mathbf{b}_1=\begin{bmatrix}1\\-2\\1\end{bmatrix}$，$\mathbf{b}_2=\begin{bmatrix}-1\\3\\0\end{bmatrix}$，及 $\mathbf{b}_3=\begin{bmatrix}0\\2\\1\end{bmatrix}$

(a) 證明 B 是 R^3 的一組基底。

(b) 求矩陣 $A=[[\mathbf{e}_1]_B\ \ [\mathbf{e}_2]_B\ \ [\mathbf{e}_3]_B]$。

(c) A 和 $\boldsymbol{B}=[\mathbf{b}_1\ \ \mathbf{b}_2\ \ \mathbf{b}_3]$之間的關係為何？

在習題 55 至 58 中，各給定一角度 θ。令 $\mathbf{v}=\begin{bmatrix}x\\y\end{bmatrix}$ 且 $[\mathbf{v}]_B=\begin{bmatrix}x'\\y'\end{bmatrix}$，其中 B 是經由將 $\mathbf{e}_1$ 和 $\mathbf{e}_2$ 旋轉 θ 角所得之 R^2 的一組基底。寫出將 x' 和 y' 表示成 x 和 y 的方程式。

55. $\theta=30°$　　56. $\theta=60°$

57. $\theta=135°$　　58. $\theta=330°$

在習題 59 至 62 中，各給定一組 R^2 的基底 B。若 $\mathbf{v}=\begin{bmatrix}x\\y\end{bmatrix}$ 且 $[\mathbf{v}]_B=\begin{bmatrix}x'\\y'\end{bmatrix}$，寫出將 x' 和 y' 表示成 x 和 y 的方程式。

59. $\left\{\begin{bmatrix}1\\-2\end{bmatrix},\begin{bmatrix}-3\\5\end{bmatrix}\right\}$　　60. $\left\{\begin{bmatrix}3\\4\end{bmatrix},\begin{bmatrix}2\\3\end{bmatrix}\right\}$

61. $\left\{\begin{bmatrix}1\\-2\end{bmatrix},\begin{bmatrix}-1\\1\end{bmatrix}\right\}$　　62. $\left\{\begin{bmatrix}3\\-5\end{bmatrix},\begin{bmatrix}2\\-3\end{bmatrix}\right\}$

在習題 63 至 66 中，各給定一組 R^3 的基底 B。若 $\mathbf{v}=\begin{bmatrix}x\\y\\z\end{bmatrix}$ 且 $[\mathbf{v}]_B=\begin{bmatrix}x'\\y'\\z'\end{bmatrix}$，寫出將 x'、y'及 z'表示成 x、y、和 z 的方程式。

63. $\left\{\begin{bmatrix}1\\0\\1\end{bmatrix},\begin{bmatrix}1\\1\\0\end{bmatrix},\begin{bmatrix}0\\-2\\1\end{bmatrix}\right\}$　　64. $\left\{\begin{bmatrix}-1\\-1\\1\end{bmatrix},\begin{bmatrix}-2\\-2\\1\end{bmatrix},\begin{bmatrix}1\\0\\1\end{bmatrix}\right\}$

65. $\left\{\begin{bmatrix}0\\1\\2\end{bmatrix},\begin{bmatrix}-1\\0\\1\end{bmatrix},\begin{bmatrix}-2\\-1\\1\end{bmatrix}\right\}$　　66. $\left\{\begin{bmatrix}-1\\2\\0\end{bmatrix},\begin{bmatrix}1\\2\\1\end{bmatrix},\begin{bmatrix}1\\1\\1\end{bmatrix}\right\}$

在習題 67 至 70 中，各給定一角度 θ。令 $\mathbf{v}=\begin{bmatrix}x\\y\end{bmatrix}$ 且 $[\mathbf{v}]_B=\begin{bmatrix}x'\\y'\end{bmatrix}$，其中 B 是將 $\mathbf{e}_1$ 及 $\mathbf{e}_2$ 旋轉 θ 角所得之一組 R^2 的基底。寫出將 x 和 y 用 x' 和 y'來表示的方程式。

67. $\theta=60°$　　68. $\theta=45°$

69. $\theta=135°$　　70. $\theta=330°$

在習題 71 至 74 中，各給定一組 R^2 的基底 B。若 $\mathbf{v}=\begin{bmatrix}x\\y\end{bmatrix}$ 且 $[\mathbf{v}]_B=\begin{bmatrix}x'\\y'\end{bmatrix}$，寫出將 x 和 y 用 x' 和 y'來表示的方程式。

71. $\left\{\begin{bmatrix}1\\2\end{bmatrix},\begin{bmatrix}3\\4\end{bmatrix}\right\}$　　72. $\left\{\begin{bmatrix}2\\-1\end{bmatrix},\begin{bmatrix}1\\3\end{bmatrix}\right\}$

73. $\left\{\begin{bmatrix}-1\\3\end{bmatrix},\begin{bmatrix}3\\5\end{bmatrix}\right\}$　　74. $\left\{\begin{bmatrix}3\\2\end{bmatrix},\begin{bmatrix}2\\4\end{bmatrix}\right\}$

在習題 75 至 78 中，各給定一組 R^3 的基底 B。若 $\mathbf{v}=\begin{bmatrix}x\\y\\z\end{bmatrix}$ 且 $[\mathbf{v}]_B=\begin{bmatrix}x'\\y'\\z'\end{bmatrix}$，寫出將 x，y 和 z 用 x'、y'和 z'來表示的方程式。

75. $\left\{\begin{bmatrix}1\\3\\0\end{bmatrix},\begin{bmatrix}-1\\1\\1\end{bmatrix},\begin{bmatrix}0\\-1\\1\end{bmatrix}\right\}$　　76. $\left\{\begin{bmatrix}2\\-1\\1\end{bmatrix},\begin{bmatrix}0\\-1\\1\end{bmatrix},\begin{bmatrix}1\\-1\\2\end{bmatrix}\right\}$

77. $\left\{\begin{bmatrix}1\\-1\\1\end{bmatrix},\begin{bmatrix}-1\\3\\2\end{bmatrix},\begin{bmatrix}-1\\1\\1\end{bmatrix}\right\}$　　78. $\left\{\begin{bmatrix}-1\\1\\1\end{bmatrix},\begin{bmatrix}-1\\2\\2\end{bmatrix},\begin{bmatrix}1\\-1\\1\end{bmatrix}\right\}$

在習題 79 至 86 中，各給定一圓錐曲線在 $x'y'$一座標系的方程式。如果 x'軸和 y'軸是得自將一般的 x 軸和 y 軸旋轉一已知的 θ，求此圓錐曲線在一般 xy 座標系的方程式。

79. $\dfrac{(x')^2}{4^2}+\dfrac{(y')^2}{5^2}=1$，$\theta=60°$

80. $\dfrac{(x')^2}{2^2}+\dfrac{(y')^2}{3^2}=1$，$\theta=45°$

81. $\dfrac{(x')^2}{3^2}+\dfrac{(y')^2}{5^2}=1$，$\theta=135°$

4

82. $\dfrac{(x')^2}{6}+\dfrac{(y')^2}{4}=1$，$\theta=150°$

83. $\dfrac{(x')^2}{3^2}+\dfrac{(y')^2}{2^2}=1$，$\theta=120°$

84. $\dfrac{(x')^2}{2^2}+\dfrac{(y')^2}{5^2}=1$，$\theta=330°$

85. $\dfrac{(x')^2}{3^2}+\dfrac{(y')^2}{4^2}=1$，$\theta=240°$

86. $\dfrac{(x')^2}{3^2}+\dfrac{(y')^2}{2^2}=1$，$\theta=300°$

在習題 87 至 94 中，已知一圓錐曲線在 xy 座標系的方程式。將 x 軸和 y 軸旋轉一已知角度 θ，得到 x'軸和 y'軸，求此圓錐曲線在 $x'y'$座標系的方程式。

87. $-3x^2+14xy-3y^2=20$，$\theta=45°$

88. $6x^2-2\sqrt{3}xy+4y^2=21$，$\theta=60°$

89. $15x^2-2\sqrt{3}xy+13y^2=48$，$\theta=150°$

90. $x^2-6xy+y^2=12$，$\theta=135°$

91. $9x^2+14\sqrt{3}xy-5y^2=240$，$\theta=30°$

92. $35x^2-2\sqrt{3}xy+33y^2=720$，$\theta=60°$

93. $17x^2-6\sqrt{3}xy+11y^2=40$，$\theta=150°$

94. $2x^2-xy+2y^2=12$，$\theta=135°$

95. 令 $A=\{\mathbf{u}_1,\mathbf{u}_2,\cdots,\mathbf{u}_n\}$是 R^n 的一組基底，且 c_1, c_2, ⋯, c_n 爲非零純量。回顧 4.2 節的習題 71，$B=\{c_1\mathbf{u}_1,c_2\mathbf{u}_2,\cdots,c_n\mathbf{u}_n\}$同時也是 R^n 的一組基底。若 $\mathbf{v}$ 是屬於 R^n 的向量，且

$$[\mathbf{v}]_A=\begin{bmatrix}a_1\\a_2\\\vdots\\a_n\end{bmatrix}$$

求$[\mathbf{v}]_B$。

96. 令 $A=\{\mathbf{u}_1,\mathbf{u}_2,\cdots,\mathbf{u}_n\}$是一組 R^n 的基底。回顧 4.2 節的習題 72，證明

$$B=\{\mathbf{u}_1,\mathbf{u}_1+\mathbf{u}_2,\cdots,\mathbf{u}_1+\mathbf{u}_n\}$$

也是 R^n 的基底。若 $\mathbf{v}$ 是屬於 R^n 的向量，且

$$[\mathbf{v}]_A=\begin{bmatrix}a_1\\a_2\\\vdots\\a_n\end{bmatrix}$$

求$[\mathbf{v}]_B$。

97. 令 $A=\{\mathbf{u}_1,\mathbf{u}_2,\cdots,\mathbf{u}_n\}$是一組 R^n 的基底。回顧 4.2 節的習題 73，證明

$$B=\{\mathbf{u}_1+\mathbf{u}_2+\cdots+\mathbf{u}_n,\mathbf{u}_2,\mathbf{u}_3,\cdots,\mathbf{u}_n\}$$

也是 R^n 的基底。若 $\mathbf{v}$ 是一組 R^n 的基底，且

$$[\mathbf{v}]_A=\begin{bmatrix}a_1\\a_2\\\vdots\\a_n\end{bmatrix}$$

求$[\mathbf{v}]_B$。

98. 令 $A=\{\mathbf{u}_1,\mathbf{u}_2,\cdots,\mathbf{u}_n\}$是一組 R^n 的基底。回顧 4.2 節的習題 74，證明

$$B=\{\mathbf{v}_1,\mathbf{v}_2,\cdots,\mathbf{v}_k\}$$

其中

$$\mathbf{v}_i=\mathbf{u}_i+\mathbf{u}_{i+1}+\cdots+\mathbf{u}_k，\quad i=1,2,\cdots,k$$

也是 R^n 的基底。若 $\mathbf{v}$ 是屬於 R^n 的向量，且

$$[\mathbf{v}]_A=\begin{bmatrix}a_1\\a_2\\\vdots\\a_n\end{bmatrix}$$

求$[\mathbf{v}]_B$。

99. 令 A 和 B 爲 R^n 的兩組基底。若對某一屬於 R^n 的非零向量 $\mathbf{v}$，$[\mathbf{v}]_A=[\mathbf{v}]_B$ 成立，則是否一定 $A=B$？驗證你的答案。

100. 令 A 和 B 爲 R^n 的兩組基底。若對每個屬於 R^n 的非零向量 $\mathbf{v}$，都有$[\mathbf{v}]_A=[\mathbf{v}]_B$，則是否一定 $A=B$？驗證你的答案。

101. 證明，若 S 是線性獨立，則 S 的展延中的每一個向量，都可以用一種以上的方式表示成 S 中向量的線性組合。

102. 令 A 和 B 爲兩組 R^n 的基底。用$[\mathbf{v}]_B$ 表示$[\mathbf{v}]_A$。

103. (a) 令 B 爲 R^n 的基底。證明函數 $T:R^n\to R^n$ 爲線性轉換，其定義爲，對所有 R^n 中的 $\mathbf{v}$，$T(\mathbf{v})=[\mathbf{v}]_B$。

(b) 證明 T 是一對一且爲蓋射。

104. 習題 103 之線性轉換 T 的標準矩陣爲何？

105. 令 V 爲 R^n 的子集合，且 $B=\{\mathbf{u}_1,\mathbf{u}_2,\cdots,\mathbf{u}_k\}$是 V 的子集合。證明，若 V 中的每一個向量 $\mathbf{v}$，都可以表示成一個唯一的 B 中向量的線性組合(亦即，若有唯一的一組純量 a_1, a_2, ⋯, a_k 可使得 $\mathbf{v}=a_1\mathbf{u}_1+a_2\mathbf{u}_2+\cdots+a_k\mathbf{u}_k$)，則 B 是 V 的基底。(此爲定理 4.10 的逆命題)

106. 令 $V=\left\{\begin{bmatrix}v_1\\v_2\\v_3\end{bmatrix}\in R^3 : -2v_1+v_2+v_3=0\right\}$ 且

$$S=\left\{\begin{bmatrix}-1\\1\\1\end{bmatrix},\begin{bmatrix}1\\0\\1\end{bmatrix},\begin{bmatrix}1\\-2\\-2\end{bmatrix}\right\}$$

(a) 證明 S 是線性獨立的。

(b) 證明

$$(2v_1-5v_2)\begin{bmatrix}-1\\1\\1\end{bmatrix}+(2v_1-2v_2)\begin{bmatrix}1\\0\\1\end{bmatrix}$$

$$+(v_1-3v_2)\begin{bmatrix}1\\-2\\-2\end{bmatrix}=\begin{bmatrix}v_1\\v_2\\v_3\end{bmatrix}$$

對每個屬於 S 的向量 $\begin{bmatrix}v_1\\v_2\\v_3\end{bmatrix}$ 都成立。

(c) S 是否爲 V 的基底？驗證你的答案。

107. 令 B 爲 R^n 的基底，且 $\{\mathbf{u}_1,\mathbf{u}_2,\cdots,\mathbf{u}_k\}$ 是 R^n 的子集合。證明 $\{\mathbf{u}_1,\mathbf{u}_2,\cdots,\mathbf{u}_k\}$ 是線性獨立，若且唯若 $\{[\mathbf{u}_1]_B,[\mathbf{u}_2]_B,\cdots,[\mathbf{u}_k]_B\}$ 是線性獨立。

108. 令 B 是 R^n 的基底、$\{\mathbf{u}_1,\mathbf{u}_2,\cdots,\mathbf{u}_k\}$ 爲 R^n 的子集合，且 $\mathbf{v}$ 是屬於 R^n 的向量。證明 $\mathbf{v}$ 是 $\{\mathbf{u}_1,\mathbf{u}_2,\cdots,\mathbf{u}_k\}$ 的線性組合，若且唯若 $[\mathbf{v}]_B$ 是 $\{[\mathbf{u}_1]_B,[\mathbf{u}_2]_B,\cdots,[\mathbf{u}_k]_B\}$ 的線性組合。

在習題 109 至 112 中，使用有矩陣功能的計算機或諸如 *MATLAB* 的電腦軟體以求解。

109. 令

$$B=\left\{\begin{bmatrix}0\\25\\-21\\23\\12\end{bmatrix},\begin{bmatrix}14\\73\\-66\\64\\42\end{bmatrix},\begin{bmatrix}-6\\-56\\47\\-50\\-29\end{bmatrix},\begin{bmatrix}-14\\-68\\60\\-59\\-39\end{bmatrix},\begin{bmatrix}-12\\-118\\102\\-106\\-62\end{bmatrix}\right\}$$

及 $\mathbf{v}=\begin{bmatrix}-2\\3\\1\\2\\-1\end{bmatrix}$

(a) 證明 B 是 R^5 的基底。

(b) 求 $[\mathbf{v}]_B$。

110. 對習題 109 中的基底 B，求一個屬於 R^5 的向量 $\mathbf{u}$，以使得 $\mathbf{u}=[\mathbf{u}]_B$。

111. 對習題 109 中的基底 B，求一個屬於 R^5 的向量 $\mathbf{u}$，以使得 $[\mathbf{v}]_B=5\mathbf{v}$。

112. 令 B 和 $\mathbf{v}$ 如習題 109 中的一樣，並令

$$\mathbf{u}_1=\begin{bmatrix}1\\0\\-1\\1\\0\end{bmatrix}，\mathbf{u}_2=\begin{bmatrix}2\\-1\\0\\1\\1\end{bmatrix}，及\quad \mathbf{u}_3=\begin{bmatrix}1\\0\\-6\\0\\-2\end{bmatrix}$$

(a) 證明 $\mathbf{v}$ 是 $\mathbf{u}_1$、$\mathbf{u}_2$ 及 $\mathbf{u}_3$ 的線性組合。

(b) 證明[v]B 是[u1]B、[u2]B 和[u3]B 的線性組合。

(c) 建立一個可將(a)及(b)的結果一般化的假說。

練習題解答

1. 依據圖 4.10。我們可看出

$$\mathbf{u}=(-1)\mathbf{b}_1+2\mathbf{b}_2 \quad 和 \quad \mathbf{v}=4\mathbf{b}_1+2\mathbf{b}_2$$

由此可得

$$[\mathbf{u}]_B=\begin{bmatrix}-1\\2\end{bmatrix} \quad 和 \quad [\mathbf{v}]_B=\begin{bmatrix}4\\2\end{bmatrix}$$

2. 令 $\boldsymbol{B}$ 是一個以 B 中向量爲各行的矩陣。因爲 $\boldsymbol{B}$ 的最簡列梯型是 I_3，$\boldsymbol{B}$ 的各行是線性獨立的。因此 B 是一個包含了 3 個屬於 R^3 之向量的線性獨立集合，因此它是 R^3 的一組基底。由定理 4.11，我們得

$$\mathbf{u}=\boldsymbol{B}[\mathbf{u}]_B=\begin{bmatrix}1&1&3\\1&1&2\\0&1&1\end{bmatrix}\begin{bmatrix}5\\-2\\-1\end{bmatrix}=\begin{bmatrix}0\\1\\-3\end{bmatrix}$$

3. 由定理 4.11，我們也有

$$[\mathbf{v}]_B=\boldsymbol{B}^{-1}\mathbf{v}=\begin{bmatrix}1&1&3\\1&1&2\\0&1&1\end{bmatrix}^{-1}\begin{bmatrix}-2\\1\\3\end{bmatrix}=\begin{bmatrix}1\\6\\-3\end{bmatrix}$$

4.5 線性運算子的矩陣表示

我們對座標系統的瞭解，可用於研究由 R^n 到 R^n 的線性轉換。一個定義域和協同定義域都是 R^n 的線性轉換，叫做作用於 R^n 的**線性運算子(linear operator)**。從現在開始，我們之後會遇到的線性轉換幾乎都是線性運算子。

回憶一下 2.7 節例題 8 中 R^2 對 x 軸的反射 U，其定義爲

$$U\left(\begin{bmatrix}x_1\\x_2\end{bmatrix}\right)=\begin{bmatrix}x_1\\-x_2\end{bmatrix}$$

(參見 2.7 節的圖 2.13。)在那個例子中，我們利用 $U(\mathbf{e}_1)=\mathbf{e}_1$ 和 $U(\mathbf{e}_2)=-\mathbf{e}_2$，由 R^2 的標準基底求 U 的標準矩陣。得到矩陣

$$\begin{bmatrix}1&0\\0&-1\end{bmatrix}$$

R^2 對 x 軸的反射，是 R^2 對任意直線反射的特例。

一般情形下，R^2 中對通過原點之直線 L 的**反射(reflection)**是一個函數 $T:R^2\to R^2$ 定義如下：令 $\mathbf{v}$ 爲屬於 R^2 的向量且終點爲 P。(見圖 4.12。)做一直線 P 垂直於 L，並令 F 代表此一垂直線與 L 的交點。將線段 $\overline{PF}$ 經 F 延長到點 p' 使得 $\overline{PF}=\overline{FP'}$。終點爲 p' 的向量是 $T(\mathbf{v})$。我們可以證明，反射是線性運算子。

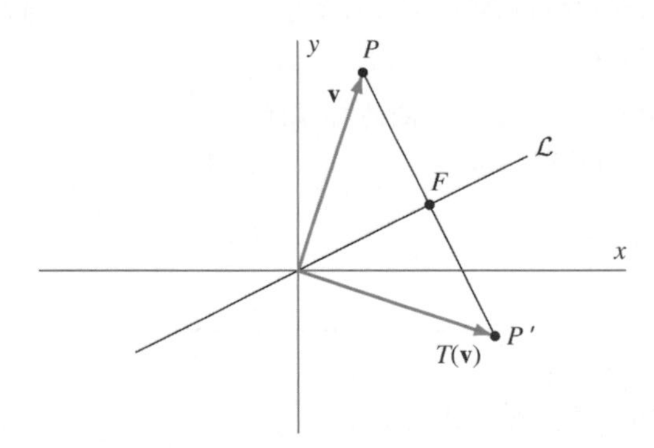

圖 4.12 R^2 中向量 $\mathbf{v}$ 對通過原點之直線 L 的反射

對這種反射，我們可選出非零向量 $\mathbf{b}_1$ 和 $\mathbf{b}_2$，使得 $\mathbf{b}_1$ 在 L 的方向，且 $\mathbf{b}_2$ 在垂直 L 的方向。這樣就可得到 $T(\mathbf{b}_1)=\mathbf{b}_1$ 和 $T(\mathbf{b}_2)=-\mathbf{b}_2$。(見圖 4.13。)我們觀察到 $B=\{\mathbf{b}_1,\mathbf{b}_2\}$ 是 R^2 的一組基底，因爲 B 是 R^2 的線性獨立子集合，且只包含兩個向量。另外，我們也能描述反射 T 在 B 的作用。特別是，因爲

$$T(\mathbf{b}_1)=1\mathbf{b}_1+0\mathbf{b}_2 \quad 及 \quad T(\mathbf{b}_2)=0\mathbf{b}_1+(-1)\mathbf{b}_2$$

$T(\mathbf{b}_1)$ 和 $T(\mathbf{b}_2)$ 相對於 B 的座標向量爲

$$[T(\mathbf{b}_1)]_B = \begin{bmatrix} 1 \\ 0 \end{bmatrix} \quad 及 \quad [T(\mathbf{b}_2)]_B = \begin{bmatrix} 0 \\ -1 \end{bmatrix}$$

我們可以用這兩行組成一個矩陣

$$\begin{bmatrix} [T(\mathbf{b}_1)]_B & [T(\mathbf{b}_2)]_B \end{bmatrix} = \begin{bmatrix} 1 & 0 \\ 0 & -1 \end{bmatrix}$$

以代表 T 相對於基底 B 的行爲。在前述對 x 軸之反射 U 的例子中，B 是 R^2 的標準基底，且矩陣 $\begin{bmatrix} [U(\mathbf{b}_1)]_B & [U(\mathbf{b}_2)]_B \end{bmatrix}$ 是 U 的標準矩陣。

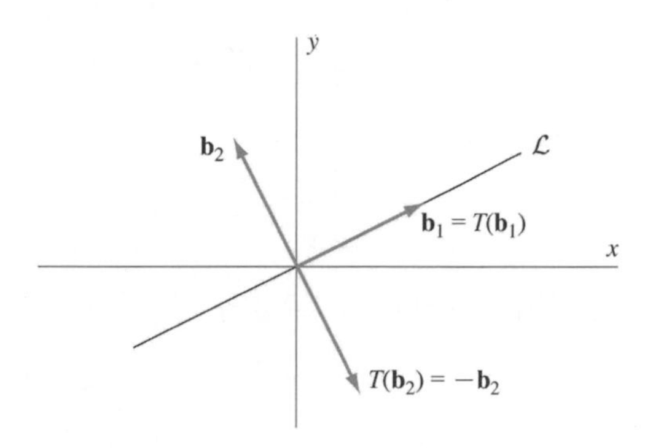

圖 4.13　在 T 之下，基底向量 $\mathbf{b}_1$ 和 $\mathbf{b}_2$ 的像

當已知一個向量在某特定基底的像，類似的方法可用於 R^n 的所有線性運算子。這引出了以下定義：

定義　令 T 是一個作用於 R^n 的線性運算子 [2]，且矩陣

$$[[T(\mathbf{b}_1)]_B \quad [T(\mathbf{b}_2)]_B \quad \cdots \quad [T(\mathbf{b}_n)]_B]$$

叫作 T 對於 B 的矩陣表示 (matrix representation of T with respect to B)，或叫做 T 的 B 矩陣。它記成 $[T]_B$。

留意到 T 之 B 矩陣的第 j 行，是 $T(\mathbf{b}_j)$ 的 B－座標向量，也就是 B 的第 j 個向量。同時，當 $B=\varepsilon$ 時，T 的 B－矩陣是

$$[T]_\varepsilon = \begin{bmatrix} [T(\mathbf{b}_1)]_\varepsilon & [T(\mathbf{b}_2)]_\varepsilon & \cdots & [T(\mathbf{b}_n)]_\varepsilon \end{bmatrix} = \begin{bmatrix} T(\mathbf{e}_1) & T(\mathbf{e}_2) & \cdots & T(\mathbf{e}_n) \end{bmatrix}$$

也就是 T 的標準矩陣。所以此一定義將標準矩陣的觀念擴展到 R^n 的任意基底。

對於本節稍早介紹過的，對直線 L 的反射 T 和基底 $B=\{\mathbf{b}_1, \mathbf{b}_2\}$，我們已經知道 T 的 B－矩陣是

---

[2] 此一 T 的矩陣表示式的定義，爲任意線性轉換 $T: R^n \to R^m$ 的一般化。(見習題 101 和 102)

$$[T]_B = \left[[T(\mathbf{b}_1)]_B \quad [T(\mathbf{b}_2)]_B\right] = \begin{bmatrix} 1 & 0 \\ 0 & -1 \end{bmatrix}$$

將$[T]_B$叫做 T 的**矩陣表示**，這意謂著此一矩陣在某種程度上能描述 T 的作用。回想一下，若 A 是 R^n 之線性運算子 T 的標準矩陣，則對所有屬於 R^n 的向量 $\mathbf{v}$，$T(\mathbf{v}) = A\mathbf{v}$。因爲對每個屬於 R^n 的向量 $\mathbf{v}$，$[\mathbf{v}]_\varepsilon = \mathbf{v}$，我們可看出$[T]_\varepsilon[\mathbf{v}]_\varepsilon = A\mathbf{v} = T(\mathbf{v}) = [T(\mathbf{v})]_\varepsilon$。對$[T]_B$也有一類似的結果：若 T 是 R^n 的線性運算子，且 B 是 R^n 的一組基底，則 T 的 B 矩陣是唯一的 $n \times n$ 矩陣，可以使所有屬於 R^n 的向量 $\mathbf{v}$ 都滿足

$$[T(\mathbf{v})]_B = [T]_B[\mathbf{v}]_B$$

(見習題 100。)

例題 1

令 T 爲 R^3 的線性運算子，定義爲

$$T\left(\begin{bmatrix} x_1 \\ x_2 \\ x_3 \end{bmatrix}\right) = \begin{bmatrix} 3x_1 + x_3 \\ x_1 + x_2 \\ -x_1 - x_2 + 3x_3 \end{bmatrix}$$

求 T 相對於基底 $B = \{\mathbf{b}_1, \mathbf{b}_2, \mathbf{b}_3\}$的矩陣表示式，其中

$$\mathbf{b}_1 = \begin{bmatrix} 1 \\ 1 \\ 1 \end{bmatrix}，\mathbf{b}_2 = \begin{bmatrix} 1 \\ 2 \\ 3 \end{bmatrix}，\mathbf{b}_3 = \begin{bmatrix} 2 \\ 1 \\ 1 \end{bmatrix}$$

解 將 T 用於 B 的每個向量，我們得

$$T(\mathbf{b}_1) = \begin{bmatrix} 4 \\ 2 \\ 1 \end{bmatrix}，T(\mathbf{b}_2) = \begin{bmatrix} 6 \\ 3 \\ 6 \end{bmatrix}，T(\mathbf{b}_3) = \begin{bmatrix} 7 \\ 3 \\ 0 \end{bmatrix}$$

我們現在必須求出這些像，相對於 B 的座標向量。令 $\boldsymbol{B} = [\mathbf{b}_1 \quad \mathbf{b}_2 \quad \mathbf{b}_2]$。則

$$[T(\mathbf{b}_1)]_B = \boldsymbol{B}^{-1}T(\mathbf{b}_1) = \begin{bmatrix} 3 \\ -1 \\ 1 \end{bmatrix}，[T(\mathbf{b}_2)]_B = \boldsymbol{B}^{-1}T(\mathbf{b}_2) = \begin{bmatrix} -9 \\ 3 \\ 6 \end{bmatrix}$$

及

$$[T(\mathbf{b}_3)]_B = \boldsymbol{B}^{-1}T(\mathbf{b}_3) = \begin{bmatrix} 8 \\ -3 \\ 1 \end{bmatrix}$$

由此可得 T 的 B 矩陣是

$$[T]_B = \begin{bmatrix} 3 & -9 & 8 \\ -1 & 3 & -3 \\ 1 & 6 & 1 \end{bmatrix}$$

和 4.4 節一樣，現在自然要問，T 相對於 B 的矩陣表示式，和 T 的標準矩陣之間的關係爲何(標準矩陣是 T 相對於 R^n 之標準基底的矩陣表示式)。以下定理回答了此一問題。

定理 4.12

令 T 爲作用於 R^n 的一個線性運算子、B 是 R^n 的一組基底、$\boldsymbol{B}$ 是以 β 中向量爲各行的矩陣、A 爲 T 的標準矩陣。則 $[T]_B = \boldsymbol{B}^{-1}A\boldsymbol{B}$，或是 $A = \boldsymbol{B}[T]_B\boldsymbol{B}^{-1}$。

證明　令 $B=\{\mathbf{b}_1, \mathbf{b}_2, \cdots, \mathbf{b}_n\}$ 且 $\boldsymbol{B}=[\mathbf{b}_1, \mathbf{b}_2, \cdots, \mathbf{b}_n]$。回憶一下，對所有屬於 R^n 的 $\mathbf{u}$ 和 $\mathbf{v}$，$T(\mathbf{u}) = A\mathbf{u}$ 且 $[\mathbf{v}]_B = \boldsymbol{B}^{-1}\mathbf{v}$。因此

$$\begin{aligned}
[T]_B &= \left[[T(\mathbf{b}_1)]_B \quad [T(\mathbf{b}_2)]_B \quad \cdots \quad [T(\mathbf{b}_n)]_B\right] \\
&= \left[[A\mathbf{b}_1]_B \quad [A\mathbf{b}_2]_B \quad \cdots \quad [A\mathbf{b}_n]_B\right] \\
&= \left[\boldsymbol{B}^{-1}(A\mathbf{b}_1) \quad \boldsymbol{B}^{-1}(A\mathbf{b}_2) \quad \cdots \quad \boldsymbol{B}^{-1}(A\mathbf{b}_n)\right] \\
&= \left[(\boldsymbol{B}^{-1}A)\mathbf{b}_1 \quad (\boldsymbol{B}^{-1}A)\mathbf{b}_2 \quad \cdots \quad (\boldsymbol{B}^{-1}A)\mathbf{b}_n\right] \\
&= \boldsymbol{B}^{-1}A\left[\mathbf{b}_1 \quad \mathbf{b}_2 \quad \cdots \quad \mathbf{b}_n\right] \\
&= \boldsymbol{B}^{-1}A\boldsymbol{B}
\end{aligned}$$

所以 $[T]_B = \boldsymbol{B}^{-1}A\boldsymbol{B}$，這等同於

$$\boldsymbol{B}[T]_B\boldsymbol{B}^{-1} = \boldsymbol{B}(\boldsymbol{B}^{-1}A\boldsymbol{B})\boldsymbol{B}^{-1} = A$$

■

如果存在有某一可逆矩陣 P，可使得兩方陣 A 和 B 滿足 $B=P^{-1}AP$，則我們說 A **相似(similar)**於 B。我們很容易看出，A 要相似於 B，若且唯若 B 相似於 A。(見 4.2 節的習題 84。)所以在這種狀況下，我們通常說 A 和 B 爲相似。

定理 4.12 顯示了，一個作用於 R^n 之線性運算子的 B 矩陣表示會相似於它的標準矩陣。定理 4.12 不僅提供了 $[T]_B$ 和 T 的標準矩陣之間的關係，它也提供了一種實用的方法，可以由其中一個矩陣求出另一個。

以下範例說明計算方式：

例題 2

利用定理 4.12 求$[T]_B$，其中 T 和 B 爲例題 1 所給之線性運算子及基底

$$T\left(\begin{bmatrix}x_1\\x_2\\x_3\end{bmatrix}\right)=\begin{bmatrix}3x_1+x_3\\x_1+x_2\\-x_1-x_2+3x_3\end{bmatrix} \quad 及 \quad B=\left\{\begin{bmatrix}1\\1\\1\end{bmatrix},\begin{bmatrix}1\\2\\3\end{bmatrix},\begin{bmatrix}2\\1\\1\end{bmatrix}\right\}$$

解 T 的標準矩陣是

$$A=\left[T(\mathbf{e}_1)\quad T(\mathbf{e}_2)\quad T(\mathbf{e}_3)\right]=\begin{bmatrix}3&0&1\\1&1&0\\-1&-1&3\end{bmatrix}$$

令 $\boldsymbol{B}$ 爲以 B 中向量做爲各行的矩陣，我們得

$$[T]_B=\boldsymbol{B}^{-1}A\boldsymbol{B}=\begin{bmatrix}3&-9&8\\-1&3&-3\\1&6&1\end{bmatrix}$$

可以看到，此答案和例題 1 的一樣。

練習題 1.

求作用於 R^3 之線性運算子 T 的 B 矩陣表示式，其中

$$T\left(\begin{bmatrix}x_1\\x_2\\x_3\end{bmatrix}\right)=\begin{bmatrix}-x_1+2x_3\\x_1+x_2\\-x_2+x_3\end{bmatrix} \quad 和 \quad B=\left\{\begin{bmatrix}1\\1\\0\end{bmatrix},\begin{bmatrix}1\\1\\1\end{bmatrix},\begin{bmatrix}3\\2\\1\end{bmatrix}\right\}$$

例題 3

令 T 是一個作用於 R^3 的線性運算子，且有

$$T\left(\begin{bmatrix}1\\1\\0\end{bmatrix}\right)=\begin{bmatrix}1\\2\\-1\end{bmatrix}，T\left(\begin{bmatrix}1\\0\\1\end{bmatrix}\right)=\begin{bmatrix}3\\-1\\1\end{bmatrix}，及 \quad T\left(\begin{bmatrix}0\\1\\1\end{bmatrix}\right)=\begin{bmatrix}2\\0\\1\end{bmatrix}$$

求 T 的標準矩陣。

4

解　令 A 代表 T 的標準矩陣，

$$\mathbf{b}_1=\begin{bmatrix}1\\1\\0\end{bmatrix}，\mathbf{b}_2=\begin{bmatrix}1\\0\\1\end{bmatrix}，\mathbf{b}_3=\begin{bmatrix}0\\1\\1\end{bmatrix}$$

且

$$\mathbf{c}_1=\begin{bmatrix}1\\2\\-1\end{bmatrix}，\mathbf{c}_2=\begin{bmatrix}3\\-1\\1\end{bmatrix}，\mathbf{c}_3=\begin{bmatrix}2\\0\\1\end{bmatrix}$$

我們可以看到，$B=\{\mathbf{b}_1, \mathbf{b}_2, \mathbf{b}_3\}$是線性獨立，因此它是 R^3 的一組基底。因此我們知道了這些向量在 R^3 基底下的像。令 $\boldsymbol{B}=[\mathbf{b}_1\ \ \mathbf{b}_2\ \ \mathbf{b}_3]$及 $C=[\mathbf{c}_1\ \ \mathbf{c}_2\ \ \mathbf{c}_3]$。則 $A\mathbf{b}_1=T(\mathbf{b}_1)=\mathbf{c}_1$ 、 $A\mathbf{b}_2=T(\mathbf{b}_2)=\mathbf{c}_2$ ，及 $A\mathbf{b}_3=T(\mathbf{b}_3)=\mathbf{c}_3$ 。因此

$$A\boldsymbol{B}=A[\mathbf{b}_1\ \ \mathbf{b}_2\ \ \mathbf{b}_3]=[A\mathbf{b}_1\ \ A\mathbf{b}_2\ \ A\mathbf{b}_3]=[\mathbf{c}_1\ \ \mathbf{c}_2\ \ \mathbf{c}_3]=C$$

因為 $\boldsymbol{B}$ 的各行是線性獨立的，由可逆矩陣定理知 $\boldsymbol{B}$ 是可逆的。因此

$$A=A(\boldsymbol{B}\boldsymbol{B}^{-1})=(A\boldsymbol{B})\boldsymbol{B}^{-1}=C\boldsymbol{B}^{-1}=\begin{bmatrix}1 & 0 & 2\\ .5 & 1.5 & -1.5\\ -.5 & -.5 & 1.5\end{bmatrix}$$

所以 T 的標準矩陣，以及 T 本身，是由 R^3 之基底中的各向量的像，所唯一決定的。

例題 3 指出了，一個線性運算子是由其對一組基底的作用所唯一決定的，因為在這個例子中，只靠此一資訊我們就能決定此運算子的標準矩陣。習題 98 將顯示出，實情確實如此。

做為本節的最後，我們將應用定理 4.12 來求出 R^2 中對直線 L 之反射 T 的顯式，L 的方程式為 $y=\frac{1}{2}x$ 。在之前對此問題的討論中我們看到，在選取 R^2 中的非零向量 $\mathbf{b}_1$ 和 $\mathbf{b}_2$ 時，我們必須讓 $\mathbf{b}_1$ 落於 L 之上，且 $\mathbf{b}_2$ 垂直於 L。(見圖 4.13。)一個可行的選擇為

$$\mathbf{b}_1=\begin{bmatrix}2\\1\end{bmatrix}\quad 及\quad \mathbf{b}_2=\begin{bmatrix}-1\\2\end{bmatrix}$$

因為 $\mathbf{b}_1$ 落於 L 上，其斜率為 $\frac{1}{2}$，而 $\mathbf{b}_2$ 落於垂直 L 的直線上，其斜率為 -2。令 $B=\{\mathbf{b}_1, \mathbf{b}_2\}$、$\boldsymbol{B}=[\mathbf{b}_1 \quad \mathbf{b}_2]$、且 A 為 T 的標準矩陣。回想一下

$$[T]_B = [[T(\mathbf{b}_1)]_B \quad T(\mathbf{b}_2)]_B] = \begin{bmatrix} 1 & 0 \\ 0 & -1 \end{bmatrix}$$

則由定理 4.12，可得，

$$A = \boldsymbol{B}[T]_B \boldsymbol{B}^{-1} = \begin{bmatrix} .6 & .8 \\ .8 & -.6 \end{bmatrix}$$

由此可得，R^2 對直線 $y=\frac{1}{2}x$ 的反射為

$$T\left(\begin{bmatrix} x_1 \\ x_2 \end{bmatrix}\right) = A\begin{bmatrix} x_1 \\ x_2 \end{bmatrix} = \begin{bmatrix} .6 & .8 \\ .8 & -.6 \end{bmatrix}\begin{bmatrix} x_1 \\ x_2 \end{bmatrix} = \begin{bmatrix} .6x_1+.8x_2 \\ .8x_1-.6x_2 \end{bmatrix}$$

練習題 2.

令 B 為練習題 1 中之基底，並令 U 為作用於 R^3 的線性運算子，並有

$$[U]_B = \begin{bmatrix} 3 & 0 & 0 \\ 0 & 2 & 0 \\ 0 & 0 & 1 \end{bmatrix}$$

求 $U(\mathbf{x})$ 的顯式。

習　題

在習題 1 至 10 中，求 $[T]_B$，使用各題所給之線性運算子 T 和基底 B。

1. $T\left(\begin{bmatrix} x_1 \\ x_2 \end{bmatrix}\right) = \begin{bmatrix} 2x_1 + x_2 \\ x_1 - x_2 \end{bmatrix}$ 且 $B=\left\{\begin{bmatrix} 2 \\ 1 \end{bmatrix}, \begin{bmatrix} 1 \\ 0 \end{bmatrix}\right\}$

2. $T\left(\begin{bmatrix} x_1 \\ x_2 \end{bmatrix}\right) = \begin{bmatrix} x_1 - x_2 \\ x_2 \end{bmatrix}$ 且 $B=\left\{\begin{bmatrix} 2 \\ 3 \end{bmatrix}, \begin{bmatrix} 1 \\ 1 \end{bmatrix}\right\}$

3. $T\left(\begin{bmatrix} x_1 \\ x_2 \end{bmatrix}\right) = \begin{bmatrix} x_1 + 2x_2 \\ x_1 + x_2 \end{bmatrix}$ 且 $B=\left\{\begin{bmatrix} 1 \\ 1 \end{bmatrix}, \begin{bmatrix} 2 \\ 1 \end{bmatrix}\right\}$

4. $T\left(\begin{bmatrix} x_1 \\ x_2 \end{bmatrix}\right) = \begin{bmatrix} -2x_1 + x_2 \\ x_1 + 3x_2 \end{bmatrix}$ 且 $B=\left\{\begin{bmatrix} 1 \\ 3 \end{bmatrix}, \begin{bmatrix} 2 \\ 5 \end{bmatrix}\right\}$

5. $T\left(\begin{bmatrix} x_1 \\ x_2 \\ x_3 \end{bmatrix}\right) = \begin{bmatrix} x_1 + x_2 \\ x_2 - 2x_3 \\ 2x_1 - x_2 + 3x_3 \end{bmatrix}$ 且 $B=\left\{\begin{bmatrix} 1 \\ 1 \\ 1 \end{bmatrix}, \begin{bmatrix} 2 \\ 3 \\ 2 \end{bmatrix}, \begin{bmatrix} 1 \\ 2 \\ 2 \end{bmatrix}\right\}$

6. $T\left(\begin{bmatrix} x_1 \\ x_2 \\ x_3 \end{bmatrix}\right) = \begin{bmatrix} x_1 + x_3 \\ x_2 - x_3 \\ 2x_1 - x_2 \end{bmatrix}$ 且 $B=\left\{\begin{bmatrix} 0 \\ -1 \\ 1 \end{bmatrix}, \begin{bmatrix} 1 \\ 0 \\ -1 \end{bmatrix}, \begin{bmatrix} 1 \\ 1 \\ -1 \end{bmatrix}\right\}$

7. $T\left(\begin{bmatrix} x_1 \\ x_2 \\ x_3 \end{bmatrix}\right) = \begin{bmatrix} 4x_2 \\ x_1 + 2x_3 \\ -2x_2 + 3x_3 \end{bmatrix}$ 且 $B=\left\{\begin{bmatrix} 1 \\ 0 \\ 1 \end{bmatrix}, \begin{bmatrix} 1 \\ -2 \\ 0 \end{bmatrix}, \begin{bmatrix} -1 \\ 3 \\ 1 \end{bmatrix}\right\}$

8. $T\left(\begin{bmatrix} x_1 \\ x_2 \\ x_3 \end{bmatrix}\right) = \begin{bmatrix} x_1 - 2x_2 + 4x_3 \\ 3x_1 \\ -3x_2 + 2x_3 \end{bmatrix}$ 且

$B = \left\{ \begin{bmatrix} 1 \\ -2 \\ 1 \end{bmatrix}, \begin{bmatrix} 0 \\ -1 \\ 1 \end{bmatrix}, \begin{bmatrix} 1 \\ -5 \\ 3 \end{bmatrix} \right\}$

9. $T\left(\begin{bmatrix} x_1 \\ x_2 \\ x_3 \\ x_4 \end{bmatrix}\right) = \begin{bmatrix} x_1 + x_2 \\ x_2 - x_3 \\ x_1 + 2x_4 \\ x_2 - x_3 + 3x_4 \end{bmatrix}$ 且

$B = \left\{ \begin{bmatrix} 1 \\ -1 \\ 2 \\ 3 \end{bmatrix}, \begin{bmatrix} 1 \\ -2 \\ 1 \\ 4 \end{bmatrix}, \begin{bmatrix} 1 \\ -2 \\ 0 \\ 3 \end{bmatrix}, \begin{bmatrix} 0 \\ 1 \\ 1 \\ -2 \end{bmatrix} \right\}$

10. $T\left(\begin{bmatrix} x_1 \\ x_2 \\ x_3 \\ x_4 \end{bmatrix}\right) = \begin{bmatrix} x_1 - x_2 + x_3 + 2x_4 \\ 2x_1 - 3x_4 \\ x_1 + x_2 + x_3 \\ -3x_3 + x_4 \end{bmatrix}$ 且

$B = \left\{ \begin{bmatrix} 1 \\ 1 \\ 1 \\ 2 \end{bmatrix}, \begin{bmatrix} 2 \\ 3 \\ 3 \\ 3 \end{bmatrix}, \begin{bmatrix} 1 \\ 3 \\ 4 \\ 1 \end{bmatrix}, \begin{bmatrix} 4 \\ 5 \\ 8 \\ 8 \end{bmatrix} \right\}$

在習題 11 至 18 中，求線性運算子 T 的標準矩陣，利用所給的基底 B，和 T 相對於 B 的矩陣表示式。

11. $[T]_B = \begin{bmatrix} 1 & 4 \\ -3 & 5 \end{bmatrix}$ 及 $B = \left\{ \begin{bmatrix} -1 \\ 0 \end{bmatrix}, \begin{bmatrix} 3 \\ 1 \end{bmatrix} \right\}$

12. $[T]_B = \begin{bmatrix} 2 & 0 \\ 1 & -1 \end{bmatrix}$ 及 $B = \left\{ \begin{bmatrix} 1 \\ -2 \end{bmatrix}, \begin{bmatrix} -2 \\ 3 \end{bmatrix} \right\}$

13. $[T]_B = \begin{bmatrix} -2 & -1 \\ 1 & 3 \end{bmatrix}$ 及 $B = \left\{ \begin{bmatrix} 1 \\ -2 \end{bmatrix}, \begin{bmatrix} -3 \\ 5 \end{bmatrix} \right\}$

14. $[T]_B = \begin{bmatrix} 3 & 1 \\ -2 & 4 \end{bmatrix}$ 及 $B = \left\{ \begin{bmatrix} 1 \\ 2 \end{bmatrix}, \begin{bmatrix} 1 \\ 1 \end{bmatrix} \right\}$

15. $[T]_B = \begin{bmatrix} 1 & 0 & -3 \\ -2 & 1 & 2 \\ -1 & 1 & 1 \end{bmatrix}$ 及 $B = \left\{ \begin{bmatrix} -2 \\ -1 \\ 1 \end{bmatrix}, \begin{bmatrix} -1 \\ -2 \\ 1 \end{bmatrix}, \begin{bmatrix} -1 \\ -1 \\ 1 \end{bmatrix} \right\}$

16. $[T]_B = \begin{bmatrix} -1 & 1 & -2 \\ 0 & 2 & 1 \\ 1 & 2 & 0 \end{bmatrix}$ 及 $B = \left\{ \begin{bmatrix} 1 \\ 0 \\ 1 \end{bmatrix}, \begin{bmatrix} 1 \\ -2 \\ 0 \end{bmatrix}, \begin{bmatrix} -1 \\ 3 \\ 1 \end{bmatrix} \right\}$

17. $[T]_B = \begin{bmatrix} 1 & 0 & -1 \\ 0 & 2 & 1 \\ -1 & 1 & 0 \end{bmatrix}$ 及 $B = \left\{ \begin{bmatrix} 1 \\ 0 \\ 1 \end{bmatrix}, \begin{bmatrix} -1 \\ 1 \\ 0 \end{bmatrix}, \begin{bmatrix} 2 \\ 0 \\ 1 \end{bmatrix} \right\}$

18. $[T]_B = \begin{bmatrix} -1 & 2 & 1 \\ 1 & 0 & -2 \\ 1 & 1 & -1 \end{bmatrix}$ 及 $B = \left\{ \begin{bmatrix} -1 \\ 1 \\ 2 \end{bmatrix}, \begin{bmatrix} -2 \\ 1 \\ 1 \end{bmatrix}, \begin{bmatrix} 0 \\ 1 \\ 2 \end{bmatrix} \right\}$

是非題

在習題 19 至 38 中，決定各命題是否為真。

19. 一個一對一的線性轉換 $T: R^n \to R^m$，稱爲作用於 R^n 的線性運算子。

20. 一個作用於 R^n 且相對於 R^n 之一組基底的線性運算子，它的矩陣表示式是一個 $n \times n$ 矩陣。

21. 若 T 是一個作用於 R^n 的線性運算子，且 $B = \{\mathbf{b}_1, \mathbf{b}_2, \cdots, \mathbf{b}_n\}$ 是一組 R^n 的基底，則 $[T]_B$ 的第 j 行，是 $T(\mathbf{b}_j)$ 的 B 座標向量。

22. 若 T 是一個作用於 R^n 的線性運算子，且 $B = \{\mathbf{b}_1, \mathbf{b}_2, \cdots, \mathbf{b}_n\}$ 是一組 R^n 的基底，則 T 相對於 B 的矩陣表示式爲

$$[T(\mathbf{b}_1) T(\mathbf{b}_2) \cdots T(\mathbf{b}_n)]$$

23. 若 E 是 R^n 的標準基底，則 $[T]_E$ 是 T 的標準矩陣。

24. 若 T 是一個作用於 R^n 的線性運算子、B 是 R^n 的一組基底、$\boldsymbol{B}$ 是以 B 中向量爲各行的矩陣、且 A 是 T 的標準矩陣，則 $[T]_B = \boldsymbol{B}^{-1}A$。

25. 若 T 是一個作用於 R^n 的線性運算子、B 是 R^n 的一組基底、$\boldsymbol{B}$ 是以 B 中向量爲各行的矩陣、且 A 是 T 的標準矩陣，則 $[T]_B = \boldsymbol{B}A\boldsymbol{B}^{-1}$。

26. 若 B 是 R^n 的一組基底，且 T 是 R^n 的恆等運算子，則 $[T]_B = I_n$。

27. 若 T 是 R^2 相對於直線 L 的反射，則對每個 L 上的向量 $\mathbf{v}$，$T(\mathbf{v}) = -\mathbf{v}$。

28. 若 T 是 R^2 相對於直線 L 的反射，則對每個 L 上的向量 $\mathbf{v}$，$T(\mathbf{v})=0$。

29. 若 T 是 R^2 相對於直線 L 的反射，則存在有一組 R^n 的基底 B，可使得 $[T]_B=\begin{bmatrix}1 & 0\\0 & 0\end{bmatrix}$。

30. 若 T 是 R^2 相對於直線 L 的反射，則存在有一組 R^n 的基底 B，可使得 $[T]_B=\begin{bmatrix}1 & 0\\0 & -1\end{bmatrix}$。

31. 若 T、B、及 L 如習題 30 所給，則 B 由兩個落於直線 L 上的向量所構成。

32. 一個 $n\times n$ 矩陣 A 和一個 $n\times n$ 矩陣 B，如果 $B=P^TAP$ 則說 A 相似於 B。

33. 如果一個 $n\times n$ 矩陣 B 相似於一個 $n\times n$ 矩陣 A，則 A 相似於 B。

34. 若 T 是作用於 R^n 的線性運算子，且 B 是 R^n 的基底，則 T 的 B 矩陣相似於 T 的標準矩陣。

35. 唯一相似於 $n\times n$ 零矩陣的是 $n\times n$ 零矩陣。

36. 唯一相似於 I_n 的是 I_n。

37. 若 T 是作用於 R^n 的線性運算子，且 B 是 R^n 的基底，則 $[T]_B[\mathbf{v}]_B=T(\mathbf{v})$。

38. 若 T 是作用於 R^n 的線性運算子，且 B 是 R^n 的基底，則 $[T]_B$ 是唯一的 $n\times n$ 矩陣，對所有屬於 R^n 的 $\mathbf{v}$，都可使得 $[T]_B[\mathbf{v}]_B=[T(\mathbf{v})]_B$。

---

39. 令 $B=\{\mathbf{b}_1, \mathbf{b}_2\}$ 爲 R^2 的一組基底，且 T 爲 R^2 的線性運算子，並有 $T(\mathbf{b}_1)=\mathbf{b}_1+4\mathbf{b}_2$ 及 $T(\mathbf{b}_2)=-3\mathbf{b}_1$。求 $[T]_B$。

40. 令 $B=\{\mathbf{b}_1,\mathbf{b}_2\}$ 爲 R^2 的一組基底，且 T 爲 R^2 的線性運算子，並有 $T(\mathbf{b}_1)=2\mathbf{b}_1-5\mathbf{b}_2$ 及 $T(\mathbf{b}_2)=-\mathbf{b}_1+3\mathbf{b}_2$。求 $[T]_B$。

41. 令 $B=\{\mathbf{b}_1,\mathbf{b}_2\}$ 爲 R^2 的一組基底，且 T 爲 R^2 的線性運算子，並有 $T(\mathbf{b}_1)=3\mathbf{b}_1-5\mathbf{b}_2$ 及 $T(\mathbf{b}_2)=2\mathbf{b}_1+4\mathbf{b}_2$。求 $[T]_B$。

42. 令 $B=\{\mathbf{b}_1,\mathbf{b}_2,\mathbf{b}_3\}$ 爲 R^3 的一組基底，且 T 爲 R^3 的線性運算子，並有 $T(\mathbf{b}_1)=\mathbf{b}_1-2\mathbf{b}_2+3\mathbf{b}_3$、$T(\mathbf{b}_2)=6\mathbf{b}_2-\mathbf{b}_3$ 及 $T(\mathbf{b}_3)=5\mathbf{b}_1+2\mathbf{b}_2-4\mathbf{b}_3$。求 $[T]_B$。

43. 令 $B=\{\mathbf{b}_1,\mathbf{b}_2,\mathbf{b}_3\}$ 爲 R^3 的一組基底，且 T 爲 R^3 的線性運算子，並有 $T(\mathbf{b}_1)=-5\mathbf{b}_2+4\mathbf{b}_3$、$T(\mathbf{b}_2)=2\mathbf{b}_1-7\mathbf{b}_3$、及 $T(\mathbf{b}_3)=3\mathbf{b}_1+\mathbf{b}_3$。求 $[T]_B$。

44. 令 $B=\{\mathbf{b}_1,\mathbf{b}_2,\mathbf{b}_3\}$ 爲 R^3 的一組基底，且 T 爲 R^3 的線性運算子，並有 $T(\mathbf{b}_1)=2\mathbf{b}_1+5\mathbf{b}_2$、$T(\mathbf{b}_2)=-\mathbf{b}_1+3\mathbf{b}_2$、及 $T(\mathbf{b}_3)=\mathbf{b}_2-2\mathbf{b}_3$。求 $[T]_B$。

45. 令 $B=\{\mathbf{b}_1,\mathbf{b}_2,\mathbf{b}_3,\mathbf{b}_4\}$ 爲 R^4 的一組基底，且 T 爲 R^4 的線性運算子，並有 $T(\mathbf{b}_1)=\mathbf{b}_1-\mathbf{b}_2+\mathbf{b}_3-\mathbf{b}_4$、$T(\mathbf{b}_2)=2\mathbf{b}_2-\mathbf{b}_4$、$T(\mathbf{b}_3)=3\mathbf{b}_1+5\mathbf{b}_3$、及 $T(\mathbf{b}_4)=4\mathbf{b}_2-\mathbf{b}_3+3\mathbf{b}_4$。求 $[T]_B$。

46. 令 $B=\{\mathbf{b}_1, \mathbf{b}_2, \mathbf{b}_3, \mathbf{b}_4\}$ 爲 R^4 的一組基底，且 T 爲 R^4 的線性運算子，並有 $T(\mathbf{b}_1)=-\mathbf{b}_2+\mathbf{b}_4$、$T(\mathbf{b}_2)=\mathbf{b}_1-2\mathbf{b}_3$、$T(\mathbf{b}_3)=2\mathbf{b}_1-3\mathbf{b}_4$、及 $T(\mathbf{b}_4)=-\mathbf{b}_2+2\mathbf{b}_3+\mathbf{b}_4$。求 $[T]_B$。

在習題 47 至 54 中，利用所給之資訊求(a) $[T]B$、(b) T 的標準矩陣、及(c) $T(\mathbf{x})$ 的顯式。

47. $B=\left\{\begin{bmatrix}1\\1\end{bmatrix},\begin{bmatrix}1\\2\end{bmatrix}\right\}$，$T\left(\begin{bmatrix}1\\1\end{bmatrix}\right)=\begin{bmatrix}1\\2\end{bmatrix}$，$T\left(\begin{bmatrix}1\\2\end{bmatrix}\right)=3\begin{bmatrix}1\\1\end{bmatrix}$

48. $B=\left\{\begin{bmatrix}1\\3\end{bmatrix},\begin{bmatrix}1\\0\end{bmatrix}\right\}$，$T\left(\begin{bmatrix}1\\3\end{bmatrix}\right)=\begin{bmatrix}1\\3\end{bmatrix}-2\begin{bmatrix}1\\0\end{bmatrix}$，$T\left(\begin{bmatrix}1\\0\end{bmatrix}\right)=2\begin{bmatrix}1\\3\end{bmatrix}-\begin{bmatrix}1\\0\end{bmatrix}$

49. $B=\left\{\begin{bmatrix}-1\\2\end{bmatrix},\begin{bmatrix}1\\-1\end{bmatrix}\right\}$，$T\left(\begin{bmatrix}-1\\2\end{bmatrix}\right)=3\begin{bmatrix}-1\\2\end{bmatrix}-\begin{bmatrix}1\\-1\end{bmatrix}$，$T\left(\begin{bmatrix}1\\-1\end{bmatrix}\right)=2\begin{bmatrix}-1\\2\end{bmatrix}$

50. $B=\left\{\begin{bmatrix}1\\2\end{bmatrix},\begin{bmatrix}1\\3\end{bmatrix}\right\}$，$T\left(\begin{bmatrix}1\\2\end{bmatrix}\right)=-\begin{bmatrix}1\\2\end{bmatrix}+4\begin{bmatrix}1\\3\end{bmatrix}$，$T\left(\begin{bmatrix}1\\3\end{bmatrix}\right)=3\begin{bmatrix}1\\2\end{bmatrix}-2\begin{bmatrix}1\\3\end{bmatrix}$

51. $B=\left\{\begin{bmatrix}1\\0\\1\end{bmatrix},\begin{bmatrix}0\\1\\0\end{bmatrix},\begin{bmatrix}1\\1\\0\end{bmatrix}\right\}$，$T\left(\begin{bmatrix}1\\0\\1\end{bmatrix}\right)=-\begin{bmatrix}0\\1\\0\end{bmatrix}$，$T\left(\begin{bmatrix}0\\1\\0\end{bmatrix}\right)=2\begin{bmatrix}1\\1\\0\end{bmatrix}$，$T\left(\begin{bmatrix}1\\1\\0\end{bmatrix}\right)=\begin{bmatrix}1\\0\\1\end{bmatrix}+2\begin{bmatrix}0\\1\\0\end{bmatrix}$

52. $B=\left\{\begin{bmatrix}1\\1\\-1\end{bmatrix},\begin{bmatrix}0\\1\\1\end{bmatrix},\begin{bmatrix}1\\2\\3\end{bmatrix}\right\}$，$T\left(\begin{bmatrix}1\\1\\-1\end{bmatrix}\right)=\begin{bmatrix}0\\1\\1\end{bmatrix}+2\begin{bmatrix}1\\2\\3\end{bmatrix}$，

$T\left(\begin{bmatrix}0\\1\\1\end{bmatrix}\right)=4\begin{bmatrix}1\\1\\-1\end{bmatrix}-\begin{bmatrix}1\\2\\3\end{bmatrix}$，$T\left(\begin{bmatrix}1\\2\\3\end{bmatrix}\right)=-\begin{bmatrix}1\\1\\-1\end{bmatrix}+3\begin{bmatrix}0\\1\\1\end{bmatrix}+2\begin{bmatrix}1\\2\\3\end{bmatrix}$

53. $B=\left\{\begin{bmatrix}1\\0\\1\end{bmatrix},\begin{bmatrix}-1\\1\\0\end{bmatrix},\begin{bmatrix}-2\\0\\-1\end{bmatrix}\right\}$，$T\left(\begin{bmatrix}1\\0\\1\end{bmatrix}\right)=3\begin{bmatrix}-1\\1\\0\end{bmatrix}-2\begin{bmatrix}-2\\0\\-1\end{bmatrix}$，

$T\left(\begin{bmatrix}-1\\1\\0\end{bmatrix}\right)=-1\begin{bmatrix}1\\0\\1\end{bmatrix}+4\begin{bmatrix}-2\\0\\-1\end{bmatrix}$，$T\left(\begin{bmatrix}-2\\0\\-1\end{bmatrix}\right)=2\begin{bmatrix}1\\0\\1\end{bmatrix}+5\begin{bmatrix}-1\\1\\0\end{bmatrix}$

54. $B=\left\{\begin{bmatrix}0\\1\\1\end{bmatrix},\begin{bmatrix}1\\0\\2\end{bmatrix},\begin{bmatrix}1\\-1\\2\end{bmatrix}\right\}$，$T\left(\begin{bmatrix}0\\1\\1\end{bmatrix}\right)=3\begin{bmatrix}0\\1\\1\end{bmatrix}-2\begin{bmatrix}1\\0\\2\end{bmatrix}+\begin{bmatrix}1\\-1\\2\end{bmatrix}$，

$T\left(\begin{bmatrix}1\\0\\2\end{bmatrix}\right)=-1\begin{bmatrix}0\\1\\1\end{bmatrix}+3\begin{bmatrix}1\\0\\2\end{bmatrix}$，

$T\left(\begin{bmatrix}1\\-1\\2\end{bmatrix}\right)=5\begin{bmatrix}0\\1\\1\end{bmatrix}-2\begin{bmatrix}1\\0\\2\end{bmatrix}-\begin{bmatrix}1\\-1\\2\end{bmatrix}$

55. 依據習題 39 的運算子 T 和基底 B 求 $T(3\mathbf{b}_1-2\mathbf{b}_2)$。

56. 依據習題 40 的運算子 T 和基底 B 求 $T(-\mathbf{b}_1+4\mathbf{b}_2)$。

57. 依據習題 41 的運算子 T 和基底 B 求 $T(\mathbf{b}_1-3\mathbf{b}_2)$。

58. 依據習題 42 的運算子 T 和基底 B 求 $T(\mathbf{b}_2-2\mathbf{b}_3)$。

59. 依據習題 43 的運算子 T 和基底 B 求 $T(2\mathbf{b}_1-\mathbf{b}_2)$。

60. 依據習題 44 的運算子 T 和基底 B 求 $T(\mathbf{b}_1+3\mathbf{b}_2-2\mathbf{b}_3)$。

61. 依據習題 45 的運算子 T 和基底 B 求 $T(-\mathbf{b}_1+2\mathbf{b}_2-3\mathbf{b}_3)$。

62. 依據習題 46 的運算子 T 和基底 B 求 $T(\mathbf{b}_1-\mathbf{b}_3+2\mathbf{b}_4)$。

63. 令 I 爲 R^n 的恆等運算子，並令 B 爲 R^n 的任意基底。求 I 相對於 B 的矩陣表示式。

64. 令 T 爲 R^n 的零運算子，並令 $\boldsymbol{B}$ 爲 R^n 的任意基底。求 T 相對於 $\boldsymbol{B}$ 的矩陣表示式。

在習題 65 至 68 中，求 R^2 中對一直線之反射的外顯描述，直線方程式如各題所給。

65. $y=\frac{1}{3}x$　　66. $y=2x$

67. $y=-2x$　　68. $y=mx$

R^2 在通過原點之直線 L 上的**正交投影**是一個函數 $U:R^2\to R^2$ 其定義如下：令 $\mathbf{v}$ 是一個屬於 R^2 的向量，且終點為 P。由 P 做一條垂直於 L 的線，並令 F 代表此垂直線與 L 的交點。終點為 F 的向量是 $U(\mathbf{v})$。(見圖 4.14)。我們可以證明，在 R^2 中，對包含 $\mathbf{0}$ 之直線的正交投影是線性的。

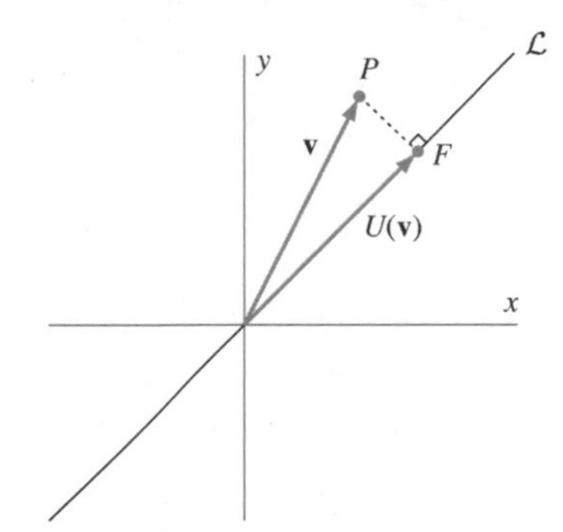

圖 4.14　R^2 中，向量 **v** 在一條通過原點之直線上的正交投影

69. 求 $U\left(\begin{bmatrix}x_1\\x_2\end{bmatrix}\right)$，其中 U 是 R^2 中在直線 $y=x$ 上的正交投影。提示：先求 $[U]_B$，其中 $B=\left\{\begin{bmatrix}1\\1\end{bmatrix},\begin{bmatrix}-1\\1\end{bmatrix}\right\}$。

70. 求 $U\left(\begin{bmatrix}x_1\\x_2\end{bmatrix}\right)$，其中 U 是 R^2 中在直線 $y=-\frac{1}{2}x$ 上的正交投影。

71. 求 $U\left(\begin{bmatrix}x_1\\x_2\end{bmatrix}\right)$，其中 U 是 R^2 中在直線 $y=-3x$ 上的正交投影。

72. 求 $U\left(\begin{bmatrix}x_1\\x_2\end{bmatrix}\right)$，其中 U 是 R^2 中在直線 $y=mx$ 上的正交投影。

令 W 為 R^3 中一個通過原點的平面，並令 $\mathbf{v}$ 為 R^3 中的向量且終點為 P。由 P 做一條線垂直於 W，並令 F 代表此垂直線與 W 的交點。將終點為 F 的向量記做 $U_W(\mathbf{v})$。現在將 P 到 F 的垂直線，在 W 的另一側延伸同樣距離到 p'，並將終點為 p' 的向量記為 $T_W(\mathbf{v})$。在第 6 章中將會證明，函數 U_W 和 T_W 都是 R^3 的線性運算子。我們稱 U_W 為 R^3 中在 W 上的**正交投影** (orthogonal projection)，稱 T_W 為 R^3 中對於 W 的**反射** (reflection)。(見圖 4.15)。

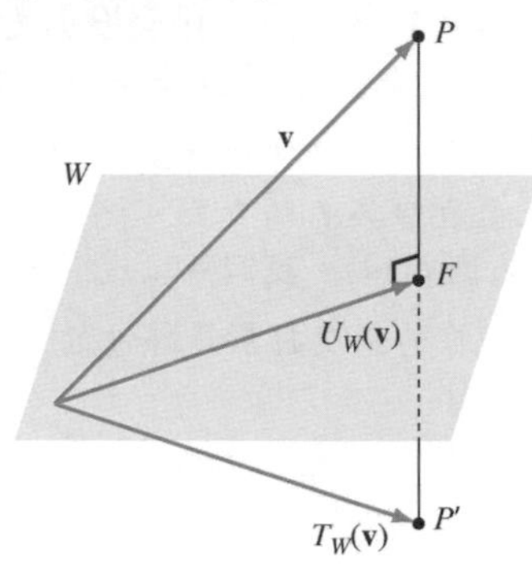

圖 4.15 向量 $\mathbf{v}$ 在 R^3 的子空間 W 上的正交投影，以及向量對 W 的反射

73. 令 T_W 爲 R^3 中相對於 R^3 之平面 W 的反射，平面方程式爲 $x+2y-3z=0$，並令

$$B=\left\{\begin{bmatrix}-2\\1\\0\end{bmatrix},\begin{bmatrix}3\\0\\1\end{bmatrix},\begin{bmatrix}1\\2\\-3\end{bmatrix}\right\}$$

在 B 中的前兩個向量落於 W 上，而第三個向量則垂直於 W。我們可應用一個幾何學的性質，若向量

$$\begin{bmatrix}a\\b\\c\end{bmatrix}$$

的各分量爲平面方程式 $ax+by+cz=d$ 的係數，則該向量垂直於這個平面。

(a) 對 B 中的每一向量 $\mathbf{v}$，求 $T_W(\mathbf{v})$。

(b) 證明 B 是 R^3 的一組基底。

(c) 求$[T_W]_B$。

(d) 求 T_W 的標準矩陣。

(e) 求 $T_W\left(\begin{bmatrix}x_1\\x_2\\x_3\end{bmatrix}\right)$ 的顯式。

在習題 74 至 80 中，求 R^3 中對平面 W 之反射 $T_W\left(\begin{bmatrix}x_1\\x_2\\x_3\end{bmatrix}\right)$ 的顯式，而 W，定義如各題所給之方程式。

74. $2x-y+z=0$
75. $x-4y+3z=0$
76. $x+2y-5z=0$
77. $x+6y-2z=0$
78. $x-3y+5z=0$
79. $x-2y-4z=0$
80. $x+5y+7z=0$
81. 令 W 和 B 如習題 73 所給，並令 U_W 爲 R^3 中在 W 之上的正交投影。

(a) 對 B 中的每一個向量 $\mathbf{v}$，求 $U_W(\mathbf{v})$。

(b) 求$[U_W]_B$。

(c) 求 U_W 的標準矩陣。

(d) 求 $U_W\left(\begin{bmatrix}x_1\\x_2\\x_3\end{bmatrix}\right)$ 的顯式。

在習題 82 至 88 中，求 R^3 中在平面 W 上之正交投影 $U_W\left(\begin{bmatrix}x_1\\x_2\\x_3\end{bmatrix}\right)$ 的顯式，W 定義如各題所給之方程式。

82. $x+y-2z=0$
83. $x-2y+5z=0$
84. $x+4y-3z=0$
85. $x-3y-5z=0$
86. $x+6y+2z=0$
87. $x-5y+7z=0$
88. $x+2y-4z=0$
89. 令 B 爲 R^n 的一組基底，且 T 爲作用於 R^n 的線性運算子。證明 T 是可逆的，若且唯若$[T]_B$是可逆的。
90. 令 B 是 R^n 的一組基底，且 T 和 U 爲作用於 R^n 的線性運算子。證明$[UT]_B=[U]_B[T]_B$。
91. 令 B 是 R^n 的一組基底，且 T 爲作用於 R^n 的線性運算子。證明，T 的維數等於$[T]_B$的秩。
92. 令 B 是 R^n 的一組基底，且 T 爲作用於 R^n 的線性運算子。證明 T 之零空間的維數等於$[T]_B$的零消次數。
93. 令 B 是 R^n 的一組基底，且 T 和 U 爲作用於 R^n 的線性運算子。證明$[T+U]_B=[T]_B+[U]_B$。($T+U$ 的定義請參見 2.7 節習題 83 前的定義)

94. 令 B 是 R^n 的一組基底，且 T 爲作用於 R^n 的線性運算子。證明，對任何純量 c，$[cT]_B = c[T]_B$。(cT 的定義請參見 2.7 節習題 83 前的定義。)

95. 令 T 爲作用於 R^n 的線性運算子，並令 A 和 B 均爲 R^n 的基底。證明 $[T]_A$ 和 $[T]_B$ 爲相似。

96. 令 $\boldsymbol{A}$ 和 $\boldsymbol{B}$ 爲相似矩陣。求 R^n 的基底 A 和 B，可使得 $[T_{\boldsymbol{A}}]_A=\boldsymbol{A}$ 且 $[T_{\boldsymbol{A}}]_B=\boldsymbol{B}$。(這可證明，相似矩陣爲相同線性運算子的矩陣表示式。)

97. 證明，若 A 是 R^2 中對直線之反射的標準矩陣，則 $\det A = -1$。

98. 令 $B = \{\mathbf{b}_1, \mathbf{b}_2, \cdots, \mathbf{b}_n\}$ 爲 R^n 的一組基底，並令 $\mathbf{c}_1, \mathbf{c}_2, \cdots, \mathbf{c}_n$ 爲(不必然相異)R^n 中的向量。
    (a) 證明由 CB^{-1} 所造成之矩陣轉換 T 滿足 $T(\mathbf{b}_j) = \mathbf{c}_j$，其中 $j = 1, 2, \cdots, n$。
    (b) 證明 (a) 中的線性轉換，是可滿足 $T(\mathbf{b}_j) = \mathbf{c}_j$ 之唯一的線性轉換，其中 $j = 1, 2, \cdots, n$。
    (c) 將以上結果推廣到任意線性轉換 $T: R^n \to R^m$。

99. 令 T 爲作用於 R^n 的線性運算子，且 $B = \{\mathbf{b}_1, \mathbf{b}_2, \cdots, \mathbf{b}_n\}$爲 R^n 的一組基底。證明$[T]_B$是上三角矩陣(見 2.1 節習題 61 之定義)，若且唯若，對每一個 j，$1 \le j \le n$，$T(\mathbf{b}_j)$ 是 $\mathbf{b}_1, \cdots, \mathbf{b}_j$ 的線性組合。

100. 令 T 爲作用於 R^n 的線性運算子，且 B 是 R^n 的一組有序基底。證明以下結果：
    (a) 對每一個屬於 R^n 的向量 v，$[T(\text{v})]_B = [T]_B[\mathbf{v}]_B$。
    (b) 若 C 是 $n \times n$ 矩陣，且對每個屬於 R^n 的向量 $\mathbf{v}$ 都有 $[T(\mathbf{v})]_B = C[\mathbf{v}]_B$，則 $C = [T]_B$。

以下關於線性轉換之矩陣表示式的定義，是用於習題 101 及 102：

定義　令 $T: R^n \to R^m$ 是一個線性轉換，並令 $B=\{\mathbf{b}_1, \mathbf{b}_2, \cdots, \mathbf{b}_n\}$和 $C=\{\mathbf{c}_1, \mathbf{c}_2, \cdots, \mathbf{c}_m\}$分別為 R^n 和 R^m 的基底。則以下矩陣

$$[[T(\mathbf{b}_1)]_C \quad [T(\mathbf{b}_2)]_C \quad \cdots \quad [T(\mathbf{b}_n)]_C]$$

叫做 ***T* 對於 *B* 和 *C* 的矩陣表示式**。以符號表示為 $[T]_B^C$。

101. 令

$$B = \left\{\begin{bmatrix}1\\1\\1\end{bmatrix}, \begin{bmatrix}1\\-1\\1\end{bmatrix}, \begin{bmatrix}1\\1\\-1\end{bmatrix}\right\} \quad 及 \quad C = \left\{\begin{bmatrix}1\\2\end{bmatrix}, \begin{bmatrix}2\\3\end{bmatrix}\right\}$$

    (a) 證明 B 和 C 分別爲 R^3 和 R^2 的基底。
    (b) 令 $T: R^3 \to R^2$ 爲線性轉換，定義爲

$$T\left(\begin{bmatrix}x_1\\x_2\\x_3\end{bmatrix}\right) = \begin{bmatrix}x_1 + 2x_2 - x_3\\ x_1 - x_2 + 2x_3\end{bmatrix}$$

    求 $[T]_B^C$。

102. 令 $T: R^n \to R^m$ 爲線性轉換，且 $B=\{\mathbf{b}_1, \mathbf{b}_2, \cdots, \mathbf{b}_n\}$和 $C=\{\mathbf{c}_1, \mathbf{c}_2, \cdots, \mathbf{c}_m\}$分別爲 R^n 和 R^m 的基底。令 $\boldsymbol{B}$ 和 $\boldsymbol{C}$ 分別是以 B 和 C 中向量爲各行的矩陣。證明以下結果：
    (a) 若 A 是 T 的標準矩陣，則 $[T]_B^C = \boldsymbol{C}^{-1}A\boldsymbol{B}$。
    (b) 若 $U: R^n \to R^m$ 是線性的，且 s 爲任意純量，則
        (i) $[T+U]_B^C = [T]_B^C + [U]_B^C$；
        (ii) $[sT]_B^C = s[T]_B^C$ ($T+U$ 和 sT 的定義請參見 2.7 節習題 83 前的定義)；
        (iii) $[T(\mathbf{v})]_C = [T]_B^C[\mathbf{v}]_B$，$\mathbf{v}$ 爲任何屬於 R^n 的向量。
    (c) 令 $U: R^m \to R^p$ 爲線性的，並令 D 爲 R^p 的一組基底。則

$$[UT]_B^D = [U]_C^D[T]_B^C$$

    (d) 令 B 和 C 爲習題 101 所給基底，並令 $U: R^3 \to R^2$ 爲線性轉換，並且有

$$[U]_B^C = \begin{bmatrix}1 & -2 & 4\\ 3 & -3 & 1\end{bmatrix}$$

利用(a)以求出 $U(\mathbf{x})$的顯式。

4

在習題 103 至 107 中，使用有矩陣功能的計算機，或諸如 *MATLAB* 的電腦軟體求解。

103. 令 T 和 U 爲作用於 R^4 的線性運算子，定義爲

$$T\left(\begin{bmatrix} x_1 \\ x_2 \\ x_3 \\ x_4 \end{bmatrix}\right) = \begin{bmatrix} x_1 - 2x_2 \\ x_3 \\ -x_1 + 3x_3 \\ 2x_2 - x_4 \end{bmatrix}$$

和

$$U\left(\begin{bmatrix} x_1 \\ x_2 \\ x_3 \\ x_4 \end{bmatrix}\right) = \begin{bmatrix} x_2 - x_3 + 2x_4 \\ -2x_1 + 3x_4 \\ 2x_2 - x_3 \\ 3x_1 + x_4 \end{bmatrix}$$

並令 $B = \{\mathbf{b}_1, \mathbf{b}_2, \mathbf{b}_3, \mathbf{b}_4\}$，其中

$$\mathbf{b}_1 = \begin{bmatrix} 0 \\ 1 \\ 1 \\ 1 \end{bmatrix}，\mathbf{b}_2 = \begin{bmatrix} 0 \\ 1 \\ 2 \\ -1 \end{bmatrix}，\mathbf{b}_3 = \begin{bmatrix} 1 \\ 1 \\ -1 \\ 0 \end{bmatrix}，及\quad \mathbf{b}_4 = \begin{bmatrix} 1 \\ 0 \\ -2 \\ -2 \end{bmatrix}$$

(a) 求$[T]_B$、$[U]_B$、及$[UT]_B$。

(b) 求$[T]_B$、$[U]_B$、和$[UT]_B$之間的關係。

104. 令 T 和 U 爲作用於 R^n 的線性運算子，且 B 爲 R^n 的一組基底。利用習題 103(b)的結果，對$[T]_B$、$[U]_B$、和$[UT]_B$之間的關係提出一個假說，然後證明你的假說爲眞。

105. 令 B 以及 $\mathbf{b}_1$、$\mathbf{b}_2$、$\mathbf{b}_3$、$\mathbf{b}_4$ 如習題 103 所定義。

(a) 求$[T]_B$，其中 T 是一個作用於 R^4 的線性運算子，並且有 $T(\mathbf{b}_1) = \mathbf{b}_2$ 、$T(\mathbf{b}_2) = \mathbf{b}_3$ 、$T(\mathbf{b}_3) = \mathbf{b}_4$ ，及 $T(\mathbf{b}_4) = \mathbf{b}_1$ 。

(b) 求 $T(\mathbf{x})$的顯式，其中 $\mathbf{x}$ 爲屬於 R^4 的任意向量。

106. 令 $B = \{\mathbf{b}_1, \mathbf{b}_2, \mathbf{b}_3, \mathbf{b}_4\}$如習題 103 所給，並令 T 爲作用於 R^4 之線性運算子，定義爲

$$T\left(\begin{bmatrix} x_1 \\ x_2 \\ x_3 \\ x_4 \end{bmatrix}\right) = \begin{bmatrix} x_1 + 2x_2 - 3x_3 - 2x_4 \\ -x_1 - 2x_2 + 4x_3 + 6x_4 \\ 2x_1 + 3x_2 - 5x_3 - 4x_4 \\ -x_1 + x_2 - x_3 - x_4 \end{bmatrix}$$

(a) 求 $T^{-1}(\mathbf{x})$ 的顯式，其中 $\mathbf{x}$ 爲屬於 R^4 的任意向量。

(b) 求$[T]_B$和$[T^{-1}]_B$ 。

(c) 求$[T]_B$和$[T^{-1}]_B$ 之間的關係。

107. 令 T 爲做用於 R^n 的可逆線性運算子，且 B 爲 R^n 的一組基底。利用習題 106(c)的結果，對$[T]_B$與 $[T^{-1}]_B$ 之關係提出一假說，然後證明該假說爲眞。

練習題解答

1. T 的標準矩陣是

$$A = \begin{bmatrix} -1 & 0 & 2 \\ 1 & 1 & 0 \\ 0 & -1 & 1 \end{bmatrix}$$

令

$$\boldsymbol{B} = \begin{bmatrix} 1 & 1 & 3 \\ 1 & 1 & 2 \\ 0 & 1 & 1 \end{bmatrix}$$

是一個以 B 中向量爲各行的矩陣。則 T 的 B 矩陣表示式爲

$$[T]_B = \boldsymbol{B}^{-1}A\boldsymbol{B} = \begin{bmatrix} 6 & 3 & 12 \\ 2 & 1 & 5 \\ -3 & -1 & -6 \end{bmatrix}$$

2. U 的標準矩陣是

$$A = \boldsymbol{B}[U]_B\boldsymbol{B}^{-1} = \begin{bmatrix} -2 & 5 & -1 \\ -3 & 6 & -1 \\ -1 & 1 & 2 \end{bmatrix}$$

因此

$$U\left(\begin{bmatrix} x_1 \\ x_2 \\ x_3 \end{bmatrix}\right) = A\begin{bmatrix} x_1 \\ x_2 \\ x_3 \end{bmatrix} = \begin{bmatrix} -2x_1 + 5x_2 - x_3 \\ -3x_1 + 6x_2 - x_3 \\ -x_1 + x_2 + 2x_3 \end{bmatrix}$$

本章複習題

是非題

在習題 1 至 25 中，決定各命題是否為真。

1. 若 $\mathbf{u}_1, \mathbf{u}_2, \cdots, \mathbf{u}_k$ 是 R^n 的子空間 V 中的向量，則 $\mathbf{u}_1, \mathbf{u}_2, \cdots, \mathbf{u}_k$ 的所有線性組合都屬於 V。
2. 一個 R^n 的有限非空子集合，是 R^n 的一個子空間。
3. 一個 $m\times n$ 矩陣的零空間包含於 R^m。
4. 一個 $m\times n$ 矩陣的行空間包含於 R^n。
5. 一個 $m\times n$ 矩陣的列空間包含於 R^m。
6. 每個線性轉換的值域都是一個子空間。
7. 每個線性轉換的零空間，等於其標準矩陣的零空間。
8. 每個線性轉換的值域，等於其標準矩陣的列空間。
9. 每個 R^n 的非零子空間，都有唯一的基底。
10. 可能有某一個子空間，它的不同基底包含有不同數目的向量。
11. 一個非零子空間的每個有限產生集合，都包含有一組該子空間的基底。
12. 每一個矩陣，它的各樞軸行，可構成該矩陣之行空間的一組基底。
13. $A\mathbf{x}=\mathbf{0}$ 之向量型式通解中的各個向量，可組成 A 之零空間的一組基底。
14. R^n 所有子空間的維數都不會大於 n。
15. R^n 的所有子空間中，只會有一個維數為 n。
16. R^n 的所有子空間中，只會有一個維數為 0。
17. 一個矩陣之零空間的維數，等於該矩陣的秩。
18. 一個矩陣之行空間的維數，等於該矩陣的秩。
19. 一個矩陣之列空間的維數，等於該矩陣的零消次數。
20. 任何矩陣的行空間，等於該矩陣之最簡列梯型的行空間。
21. 任何矩陣的零空間，等於該矩陣之最簡列梯型的零空間。
22. 若 $\mathcal{B}$ 是 R^n 的基底，且 B 是一個以 $\mathcal{B}$ 中向量為各行的矩陣，則對所有屬於 R^n 的 $\mathbf{v}$，都有 $B^{-1}\mathbf{v}=[\mathbf{v}]_{\mathcal{B}}$。
23. 若 T 是一個作用於 R^n 的線性運算子、$\mathcal{B}$ 是 R^n 的一組基底、B 是一個以 $\mathcal{B}$ 中向量為各行的矩陣、且 A 是 T 的標準矩陣，則 $[T]_{\mathcal{B}}=BAB^{-1}$。
24. 若 T 是作用於 R^n 的線性運算子，$\mathcal{B}$ 是 R^n 的一組基底，則對所有屬於 R^n 的 $\mathbf{v}$，$[T]_{\mathcal{B}}$ 是唯一使得 $[T]_{\mathcal{B}}[\mathbf{v}]_{\mathcal{B}}=[T(\mathbf{v})]_{\mathcal{B}}$ 的 $n\times n$ 矩陣。
25. 若 T 是 R^2 中對一直線的反射，則存在有一組 R^2 的基底 $\mathcal{B}$，可使得 $[T]_{\mathcal{B}}=\begin{bmatrix}1 & 0\\ 0 & -1\end{bmatrix}$。

---

26. 決定以下各項是否誤用專有名詞。若有，解釋錯在何處。
    (a) 一個矩陣的基底
    (b) 一個子空間的秩
    (c) 一個方陣的維數
    (d) 一個零子空間的維數
    (e) 一個子空間之基底的維數
    (f) 一個線性轉換的行空間
    (g) 一個線性轉換的維數
    (h) 一個線性運算子的座標向量
27. 令 V 為 R^n 的一個子空間，且維數為 k，並令 S 為 V 的一個子集合。在以下各種條件下，對於 S 所包含之向量的數目 m，我們能說些甚麼？
    (a) S 是線性獨立的。
    (b) S 是線性相依的。
    (c) S 是 V 的產生集合。
28. 令 A 為線性轉換 $T: R^5 \to R^7$ 的標準矩陣。如果 T 之值域的維數是 2，求以下各子空間的維數：
    (a) Col A　(b) Null A　(c) Row A
    (d) Null A^T　(e) T 的零空間

在習題 29 及 30 中，決定所給之集合是否為 R^4 的子空間。驗證你的答案。

29. $\left\{\begin{bmatrix}u_1\\u_2\\u_3\\u_4\end{bmatrix} \text{in } R^4 : u_1^2=u_3^3, u_2=0\text{，及 } u_4=0\right\}$

30. $\left\{\begin{bmatrix}u_1\\u_2\\u_3\\u_4\end{bmatrix} \text{ in } R^4: u_2=5u_3, u_1=0, \text{及 } u_4=0\right\}$

在習題 31 和 32 中，求所給矩陣之以下各項的基底 (a)零空間，若其不為零；(b)行空間；及(c)列空間。

31. $\begin{bmatrix}1&2&-1\\-1&-1&-1\\2&1&4\\1&4&-5\end{bmatrix}$　　32. $\begin{bmatrix}-1&1&2&2&1\\2&-2&-1&-3&2\\1&-1&1&1&2\\1&-1&4&8&3\end{bmatrix}$

在習題 33 和 34 中，已知線性轉換 T。(a)求 T 之值域的基底。(b)若 T 之零空間不為零，求 T 之零空間的基底。

33. $T: R^3 \to R^4$ 定義爲

$$T\left(\begin{bmatrix}x_1\\x_2\\x_3\end{bmatrix}\right)=\begin{bmatrix}x_2-2x_3\\-x_1+3x_2+x_3\\x_1-4x_2+x_3\\2x_1-x_2+3x_3\end{bmatrix}$$

34. $T: R^4 \to R^2$ 定義爲

$$T\left(\begin{bmatrix}x_1\\x_2\\x_3\\x_4\end{bmatrix}\right)=\begin{bmatrix}x_1-2x_2+x_3-3x_4\\-2x_1+3x_2-3x_3+2x_4\end{bmatrix}$$

35. 證明，$\left\{\begin{bmatrix}-1\\2\\2\\-1\end{bmatrix},\begin{bmatrix}1\\5\\3\\-2\end{bmatrix}\right\}$是習題 34 中線性轉換之零空間的一組基底。

36. 證明，$\left\{\begin{bmatrix}1\\0\\-1\\-5\end{bmatrix},\begin{bmatrix}1\\-7\\-4\\-3\end{bmatrix},\begin{bmatrix}1\\-5\\-1\\5\end{bmatrix}\right\}$是習題 32 中矩陣之行空間的一組基底。

37. 令 $B=\left\{\begin{bmatrix}0\\-1\\1\end{bmatrix},\begin{bmatrix}1\\0\\-1\end{bmatrix},\begin{bmatrix}-1\\-1\\1\end{bmatrix}\right\}$。

(a) 證明 B 是 R^3 的一組基底。

(b) 若 $[\mathbf{v}]_B=\begin{bmatrix}4\\-3\\-2\end{bmatrix}$，求 $\mathbf{v}$。

(c) 若 $\mathbf{w}=\begin{bmatrix}-2\\5\\3\end{bmatrix}$ 求 $[\mathbf{w}]_B$。

38. 令 $B=\{\mathbf{b}_1, \mathbf{b}_2, \mathbf{b}_3\}$爲 R^3 的一組基底，且 T 爲作用於 R^3 的線性運算子，並且有 $T(\mathbf{b}_1)=-2\mathbf{b}_2+\mathbf{b}_3$，$T(\mathbf{b}_2)=4\mathbf{b}_1-3\mathbf{b}_3$，及 $T(\mathbf{b}_3)=5\mathbf{b}_1-4\mathbf{b}_2+2\mathbf{b}_3$.

(a) 求$[T]_B$。

(b) 若 $\mathbf{v}=3\mathbf{b}_1-\mathbf{b}_2-2\mathbf{b}_3$，將 $T(\mathbf{v})$表示成 B 中向量的線性組合。

39. 對於一個作用於 R^2 的線性運算子 T，利用所給之資料求(a)$[T]_B$、(b)T 的標準矩陣、及(c)$T(\mathbf{x})$的顯式。

$$B=\left\{\begin{bmatrix}1\\-2\end{bmatrix},\begin{bmatrix}-2\\3\end{bmatrix}\right\}$$

$$T\left(\begin{bmatrix}1\\-2\end{bmatrix}\right)=\begin{bmatrix}3\\4\end{bmatrix}，\text{及}\quad T\left(\begin{bmatrix}-2\\3\end{bmatrix}\right)=\begin{bmatrix}-1\\1\end{bmatrix}$$

40. 令 T 爲作用於 R^2 的線性運算子，且 B 爲 R^2 的一組基底，定義爲

$$T\left(\begin{bmatrix}x_1\\x_2\end{bmatrix}\right)=\begin{bmatrix}2x_1-x_2\\x_1-2x_2\end{bmatrix}\quad \text{和}\quad B=\left\{\begin{bmatrix}1\\2\end{bmatrix},\begin{bmatrix}3\\7\end{bmatrix}\right\}$$

求$[T]_B$。

41. 求 $T(\mathbf{x})$的顯式，利用所給的基底 B 和 T 相對於 B 的矩陣表示式。

$$[T]_B=\begin{bmatrix}1&2&-1\\-1&3&2\\2&1&2\end{bmatrix}\quad \text{及}\quad B=\left\{\begin{bmatrix}2\\1\\1\end{bmatrix},\begin{bmatrix}1\\2\\1\end{bmatrix},\begin{bmatrix}1\\1\\1\end{bmatrix}\right\}$$

42. 令 T 爲作用於 R^3 的線性運算子，並且有

$$T\left(\begin{bmatrix}1\\0\\1\end{bmatrix}\right)=\begin{bmatrix}2\\1\\-2\end{bmatrix}，T\left(\begin{bmatrix}0\\-1\\1\end{bmatrix}\right)=\begin{bmatrix}1\\3\\-1\end{bmatrix}$$

及

$$T\left(\begin{bmatrix}-1\\1\\-1\end{bmatrix}\right)=\begin{bmatrix}-2\\1\\3\end{bmatrix}$$

求 $T(\mathbf{x})$的顯式。

在習題43和44中，已知一圓錐曲線在$x'y'$座標系的方程式。求此圓錐曲線在一般xy座標系的方程式，已知x'軸和y'軸是將一般的x軸和y軸作旋轉θ角所得。

43. $\frac{(x')^2}{2^2}+\frac{(y')^2}{3^2}=1$，$\theta=120°$

44. $-\sqrt{3}(x')^2+2x'y'+\sqrt{3}(y')^2=12$，$\theta=330°$

在習題45和46中，已知一圓錐曲線在xy座標系的方程式。求該圓錐曲線在$x'y'$座標系的方程式，已知x'軸和y'軸是將一般的x軸和y軸作旋轉θ角所得。

45. $29x^2-42xy+29y^2=200$，$\theta=315°$

46. $-39x^2-50\sqrt{3}xy+11y^2=576$，$\theta=210°$

47. 求R^2中對一直線之反射T的外顯表示式，直線方程式爲$y=-\frac{3}{2}x$。

48. 求R^2中在一直線上之正交投影U的外顯表示式，直線方程式爲$y=-\frac{3}{2}x$。

49. 證明，若$\{\mathbf{v}_1,\mathbf{v}_2,\cdots,\mathbf{v}_n\}$是$R^n$的基底，且$A$爲可逆的$n\times n$矩陣，則$\{A\mathbf{v}_1,A\mathbf{v}_2,\cdots,A\mathbf{v}_n\}$也是$R^n$的基底。

50. 令V和W爲R^n的子空間。證明，$V\cup W$是R^n的一個子空間，若且唯若V包含於W或W包含於V。

51. 令B爲R^n的一組基底，且T爲作用於R^n的可逆線性運算子。證明$[T^{-1}]_B=([T]_B)^{-1}$。

令V和W為R^n的子集合。我們定義V和W之和(sum)，記做$V+W$，為

$$V+W=\{\text{屬於 } R^n:\mathbf{u}=\mathbf{v}+\mathbf{w}\quad \mathbf{v}\text{ 屬於 } V \text{ 且 } \mathbf{w} \text{ 屬於 } W\}$$

在習題52至54中，使用上述定義。

52. 證明，若V和W均爲R^n的子空間，則$V+W$也是R^n的子空間。

53. 令

$$V=\left\{\begin{bmatrix}v_1\\v_2\\v_3\end{bmatrix}\text{ in } R^3: v_1+v_2=0 \text{ 且 } 2v_1-v_3=0\right\}$$

且

$$W=\left\{\begin{bmatrix}w_1\\w_2\\w_3\end{bmatrix}\text{ in } R^3: w_1-2w_3=0 \text{ 且 } w_2+w_3=0\right\}$$

求一組$V+W$的基底。

54. 令S_1和S_2爲R^n的子集合，並令$S=S_1\cup S_2$。證明，若$V=\text{Span}S_1$且$W=\text{Span}S_2$，則$\text{Span}S=V+W$。

本章 Matlab 習題

在下列習題中，使用 *MATLAB*(或相似軟體)或有矩陣功能的計算機。將會用到附錄 D 之表 D.1、D.2、D.3、D.4、及 D.5 中所列的 *MATLAB* 函數。

1. 令

$$A=\begin{bmatrix}1.1 & 0.0 & 2.2 & -1.3 & -0.2\\ 2.1 & -1.5 & 2.7 & 2.2 & 4.3\\ -1.2 & 4.1 & 1.7 & 1.4 & 0.2\\ 2.2 & 2.1 & 6.5 & 2.1 & 4.3\\ 1.3 & 1.2 & 3.8 & -1.7 & -0.4\\ 3.1 & -4.0 & 2.2 & -1.1 & 2.0\end{bmatrix}$$

對以下各小題，用定理1.5以求出各向量是否屬於Col A。

(a) $\begin{bmatrix}-1.5\\11.0\\-10.7\\0.1\\-5.7\\12.9\end{bmatrix}$　(b) $\begin{bmatrix}3.5\\2.0\\-3.8\\2.3\\4.3\\2.2\end{bmatrix}$

(c) $\begin{bmatrix}1.1\\-2.8\\4.1\\2.0\\4.0\\-3.7\end{bmatrix}$　(d) $\begin{bmatrix}4.8\\-3.2\\3.0\\4.4\\8.4\\0.4\end{bmatrix}$

2. 令

$$A=\begin{bmatrix} 1.2 & 2.3 & 1.2 & 4.7 & -5.8 \\ -1.1 & 3.2 & -3.1 & -1.0 & -3.3 \\ 2.3 & 1.1 & 2.1 & 5.5 & -4.3 \\ -1.2 & 1.4 & -1.4 & -1.2 & -1.4 \\ 1.1 & -4.1 & 5.1 & 2.1 & 3.1 \\ 0.1 & -2.1 & 1.2 & -0.8 & 3.0 \end{bmatrix}$$

對以下各小題，求各向量是否屬於 Null A。

(a) $\begin{bmatrix} 2.6 \\ 0.8 \\ 1.7 \\ -2.6 \\ -0.9 \end{bmatrix}$ (b) $\begin{bmatrix} -3.4 \\ 5.6 \\ 1.1 \\ 3.4 \\ 4.5 \end{bmatrix}$

(c) $\begin{bmatrix} 1.5 \\ -1.2 \\ 2.4 \\ -0.3 \\ 3.7 \end{bmatrix}$ (d) $\begin{bmatrix} 1.3 \\ -0.7 \\ 0.3 \\ -1.3 \\ -1.0 \end{bmatrix}$

3. 令 A 爲習題 2 的矩陣。
   (a) 求 A 之行空間的一組基底，且是由 A 的行所組成。
   (b) 利用 4.2 節的習題 78 將此組基底擴展爲一組 R^6 的基底。
   (c) 求一組 Null A 的基底。
   (d) 求一組 Row A 的基底。

4. 令

$$A=\begin{bmatrix} 1.3 & 2.1 & 0.5 & 2.9 \\ 2.2 & -1.4 & 5.8 & -3.0 \\ -1.2 & 1.3 & -3.7 & 3.8 \\ 4.0 & 2.7 & 5.3 & 1.4 \\ 1.7 & 4.1 & -0.7 & 6.5 \\ -3.1 & 1.0 & -7.2 & 5.1 \end{bmatrix}$$

   (a) 求 A 之行空間的一組基底，且是由 A 的行所組成。
   (b) 利用 4.2 節的習題 78 將此組基底擴展爲一組 R^6 的基底。
   (c) 求一組 Null A 的基底。
   (d) 求一組 Row A 的基底。

5. 令

$$B=\left\{\begin{bmatrix} 1.1 \\ 3.3 \\ -1.7 \\ 2.2 \\ 0.7 \\ 6.1 \end{bmatrix}, \begin{bmatrix} 2.1 \\ -1.3 \\ 2.4 \\ 1.5 \\ 4.2 \\ 2.2 \end{bmatrix}, \begin{bmatrix} -1.2 \\ 4.1 \\ 4.6 \\ -4.2 \\ 1.6 \\ -3.1 \end{bmatrix}, \begin{bmatrix} 3.1 \\ 4.3 \\ -3.2 \\ 3.1 \\ 3.8 \\ 0.4 \end{bmatrix}, \begin{bmatrix} 4.5 \\ 2.5 \\ 5.3 \\ 1.3 \\ -1.4 \\ 2.5 \end{bmatrix}, \begin{bmatrix} 5.3 \\ -4.5 \\ 1.8 \\ 4.1 \\ -2.4 \\ -2.3 \end{bmatrix}\right\}$$

   (a) 證明 B 是 R^6 的一組基底。
   (b) 在以下各子題中，將所給之向量表示成 B 中向量的線性組合。

(i) $\begin{bmatrix} 7.4 \\ 5.1 \\ -10.8 \\ 14.0 \\ -8.0 \\ 26.6 \end{bmatrix}$ (ii) $\begin{bmatrix} -4.2 \\ 5.3 \\ -20.0 \\ 2.9 \\ 7.5 \\ -8.2 \end{bmatrix}$ (iii) $\begin{bmatrix} -19.3 \\ 6.6 \\ -30.2 \\ -7.7 \\ 2.2 \\ -18.9 \end{bmatrix}$

   (c) 對(b)中的每一向量，求其相對於 B 的座標向量。

習題 6 和 7 用到 4.2 節習題 98 的結果。

6. 令 $B=\{\mathbf{b}_1, \mathbf{b}_{21}, \mathbf{b}_3, \mathbf{b}_4, \mathbf{b}_5\}$爲 R^5 的一組基底，

$$B=\left\{\begin{bmatrix} -1.4 \\ 10.0 \\ 9.0 \\ 4.4 \\ 4.0 \end{bmatrix}, \begin{bmatrix} -1.9 \\ 3.0 \\ 4.0 \\ 2.9 \\ 1.0 \end{bmatrix}, \begin{bmatrix} 2.3 \\ 2.5 \\ 1.0 \\ -2.3 \\ 0.0 \end{bmatrix}, \begin{bmatrix} -3.1 \\ 2.0 \\ 4.0 \\ 4.1 \\ 1.0 \end{bmatrix}, \begin{bmatrix} 0.7 \\ 8.0 \\ 5.0 \\ 1.3 \\ 3.0 \end{bmatrix}\right\}$$

令 T 爲作用於 R^5 的線性運算子，並有

$$T(\mathbf{b}_1)=\begin{bmatrix} 1 \\ -1 \\ 2 \\ 1 \\ 1 \end{bmatrix}, T(\mathbf{b}_2)=\begin{bmatrix} 0 \\ 0 \\ 1 \\ 1 \\ -2 \end{bmatrix}, T(\mathbf{b}_3)=\begin{bmatrix} -2 \\ 1 \\ 0 \\ 1 \\ 2 \end{bmatrix},$$

$$T(\mathbf{b}_4)=\begin{bmatrix} 3 \\ 1 \\ 0 \\ 1 \\ -1 \end{bmatrix}, T(\mathbf{b}_5)=\begin{bmatrix} 1 \\ 0 \\ 1 \\ -1 \\ 2 \end{bmatrix}$$

由所給資料求線性運算子 T 的標準矩陣。

7. 求線性轉換 $U: R^6 \to R^4$ 的標準矩陣，以使得

$$U\left(\begin{bmatrix}2\\1\\-1\\0\\0\\-1\end{bmatrix}\right)=\begin{bmatrix}1\\-1\\0\\2\end{bmatrix}，U\left(\begin{bmatrix}0\\-1\\0\\1\\-2\\0\end{bmatrix}\right)=\begin{bmatrix}0\\-1\\1\\2\end{bmatrix}$$

$$U\left(\begin{bmatrix}-4\\-2\\1\\2\\-4\\2\end{bmatrix}\right)=\begin{bmatrix}1\\1\\-2\\3\end{bmatrix}，U\left(\begin{bmatrix}0\\-2\\0\\1\\-2\\0\end{bmatrix}\right)=\begin{bmatrix}-2\\3\\0\\1\end{bmatrix}$$

$$U\left(\begin{bmatrix}0\\1\\0\\0\\1\\0\end{bmatrix}\right)=\begin{bmatrix}1\\0\\0\\-1\end{bmatrix}，U\left(\begin{bmatrix}-1\\1\\0\\2\\0\\1\end{bmatrix}\right)=\begin{bmatrix}1\\0\\2\\0\end{bmatrix}$$

8. 很明顯的，任何一個 R^n 的子空間 W 都可被表示成矩陣 A 的行空間。只要選取一個 W 的有限產生集合，並令 A 是一個以該集合中之各向量做爲各行(順序不論)的矩陣。但較不明顯的是，W 可以表示成一個矩陣的零空間。其方法敘述如下。

令 W 爲 R^n 的子空間。選取一組 W 的基底，並將其擴展爲 R^n 的基底 $B=\{\mathbf{b}_1, \mathbf{b}_2, \cdots, \mathbf{b}_n\}$，$B$ 的前 k 個向量爲原來的 W 的基底。令 T 爲作用於 R^n 的線性運算子(4.5 節的習題 98 說明必定存在有此一運算子)，定義爲

$$T(\mathbf{b}_j)=\begin{cases}\mathbf{0} & 若\ j\le k\\ \mathbf{b}_j & 若\ j>k\end{cases}$$

證明 $W=\text{Null}\,A$，其中 A 是 T 的標準矩陣。

9. 令 W 爲 R^5 的子空間，並有一組基底

$$\left\{\begin{bmatrix}1\\3\\-1\\0\\2\end{bmatrix},\begin{bmatrix}-1\\0\\1\\2\\1\end{bmatrix},\begin{bmatrix}0\\2\\0\\2\\3\end{bmatrix}\right\}$$

利用習題 8 中的方法，求矩陣 A，使得 $W=\text{Null}\,A$。

10. 將 R^n 的子空間表示成某一矩陣的零空間(見習題 8)，其好處是，這種矩陣可以用來描述兩個子空間的交集，該交集也是 R^n 的子空間(見 4.1 節，習題 77)。

(a) 令 V 和 W 爲 R^n 的子空間，並設 A 和 B 爲矩陣且使得 $V=\text{Null}\,A$ 及 $W=\text{Null}\,B$。而 A 和 B 各有 n 行。(原因爲何？)令 $C=\begin{bmatrix}A\\B\end{bmatrix}$；亦即，$C$ 是將 A 的各列排在上面，再依序排上 B 的各列，所構成的矩陣。證明

$$\text{Null}\,C=\text{Null}\,A\cap\text{Null}\,B=V\cap W$$

(b) 令

$$V=\text{Span}\left\{\begin{bmatrix}1\\2\\1\\-1\end{bmatrix},\begin{bmatrix}2\\1\\0\\1\end{bmatrix},\begin{bmatrix}1\\3\\1\\0\end{bmatrix}\right\}$$

及

$$W=\text{Span}\left\{\begin{bmatrix}1\\-1\\1\\1\end{bmatrix},\begin{bmatrix}0\\1\\1\\1\end{bmatrix},\begin{bmatrix}1\\0\\1\\2\end{bmatrix}\right\}$$

利用(a)和附錄 D 之表 D.2 中的 MATLAB 函數 null (A', r')求 $V\cap W$ 的一組基底。

4

5 簡介

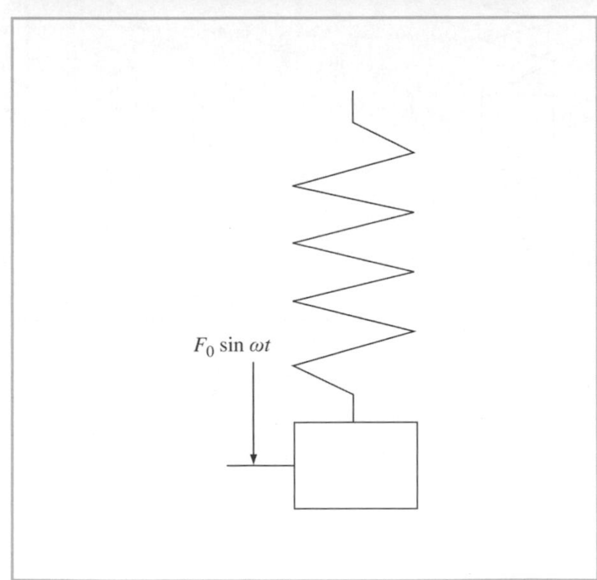

在機械系統，如車輛、發電廠或橋樑之設計上，振動控制是一重要考量。無法控制振動之後果小的話可能會令人感到不舒服，大的話可能會損害一或多個零件並導致系統故障。故障甚至可以是非常驚人的，如在 1850 年法國緬因河上 Angers 橋及在 1940 年美國華盛頓州的 Tacoma Narrows 橋之倒塌。振動問題及其解可利用模擬該系統之微分方程式(5.5 節)的特徵值(*eigenvalues*)及特徵向量(*eigenvectors*)來加以解釋及理解。在機械系統，如車輛、發電廠或橋樑之振動控制爲設計上一重要考慮。無法控制振動之後果小至令人感到不舒適到大至損害一或多個零件並導致系統故障。故障甚至可以是非常驚人的，如在 1850 年法國緬因河上 Angers 橋及在 1940 年美國華盛頓州的 Tacoma Narrows 橋之倒塌。振動問題及其解可利用模擬系統之微分方程式(5.5 節)的特徵值(*eigenvalues*)及特徵向量(*eigenvectors*)來加以解釋及理解。

模擬一機械系統的一個方便的作法爲把一質量附加在一彈簧之下。質量-彈簧系統具有一自然頻率，取決於質量的大小及彈簧的彈性。此頻率之所以會是自然的原因爲只要稍微觸及此質量物體，它就會以此頻率做上下振動。此模型的最後一元素爲施加在該質量物體上的週期性外力，$F_0 \sin \omega t$。這樣的力，在一車子上，可能是來自於車子的引擎或是來自於公路上有規律的缺陷。在 Angers 橋樑倒塌時，這樣的外力來自於軍人行進的腳步。而在 Tacoma Narrows 橋樑倒塌時[3]，外力則來自於由風所引起之振動。若外力的頻率，ω，接近或等於該系統之自然頻率時，外力之振動會同步且增強主要質量物體之運動，此現象稱之爲共振(*resonance*)。所導致的結果會使得原來的運動變得非常的劇烈。在前述橋樑的例子中，此運動則導致橋樑的倒塌。

振動問題的解決之道爲重新設計系統使其自然頻率遠離施加外力的頻率，或是試著減低系統對這些外力的反應。一減低其反應的經典方法爲(Den Hartog 振動吸收器)附加一額外的質量及彈簧於主質量上。此一新系統將具有兩個自然頻率，而這兩個自然頻率都不同於原有系統的自然頻率。在一自然頻率所對應的振動模型中，兩質量是以相同的方向做運動(圖中左邊的一對箭頭)。而在另一個自然頻率所對應的振動模型中，兩質量是以相反的方向做運動(圖中右邊的一對箭頭)。若適當的調整吸振器質量的大小及新彈簧的彈性，則當施加外力之頻率ω等於原來系統的自然頻率時，這兩個振動模型的組合可使得主要質量之靜位移爲零。在此情況下，由施加外力於主要質量上所產生之所有的振動會被吸振器來吸收。

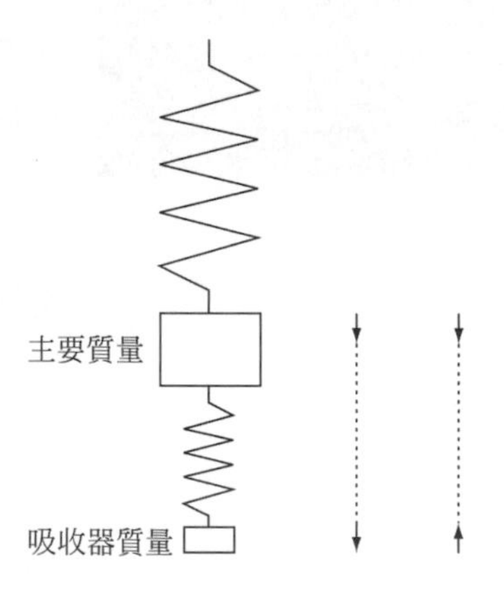

---

[3] 影片可至下列網址瀏覽：http：//www.pbs.org/wgbh/nova/bridge/tacoma3.html 及 http：//www.enm.bris.ac.uk/anm/tacoma/tacoma.html#mpeg。

CHAPTER

5 特徵值、特徵向量及對角化

在許多應用中，了解 R^n 空間中的向量在乘以一方陣時是如何做變化的，是個很重要的課題。在本章中，我們會看到在許多情況下，我們可重寫問題使得原來的矩陣的可以用一個對角矩陣來取代，因而簡化問題。在 4.5 節我們已看過這樣的範例，那裡我們學習到如何用一個對角矩陣來描述一平面上的反射。此種方法也可以對付很重要的一類問題，即包含矩陣—向量乘積形式的數列 $A\mathbf{P}, A^2\mathbf{P}, A^2\mathbf{P}, \cdots$。舉例來說，這樣的數列就出現在 2.1 節例題 6 對長期人口變化趨勢的研究中。

本章主旨在於研究可被對角矩陣所取代之矩陣，也就是可對角化(*diagonalizable*)矩陣。我們一開始先各別的介紹特殊的純量和向量，稱之爲特徵值(*eigenvalues*)和特徵向量(*eigenvectors*)，它們提供了必要的工具以描述可對角化矩陣。

5.1 特徵值和特徵向量

在 4.5 節中，我們討論過在 R^2 空間中對一直線(以方程式 $y = \frac{1}{2}x$ 所表示)的反射變換 T。憶及向量

$$\mathbf{b}_1 = \begin{bmatrix} 2 \\ 1 \end{bmatrix} \quad 及 \quad \mathbf{b}_2 = \begin{bmatrix} -1 \\ 2 \end{bmatrix}$$

爲決定 T 變換法則的重要角色。此計算之關鍵處在於 $T(\mathbf{b}_1)$爲 $\mathbf{b}_1$ 的倍數，而 $T(\mathbf{b}_2)$爲 $\mathbf{b}_2$ 的倍數。(參見圖 5.1。)

可映射至其本身之倍數的非零向量爲瞭解線性運算子及方陣行爲之重要角色。

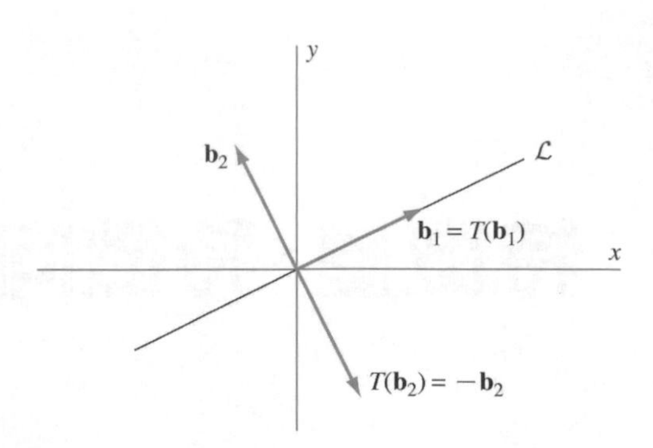

圖 5.1　基本向量 $\mathbf{b}_1$ 和 $\mathbf{b}_2$ 之投影，為原向量之倍數

定義　令令 T 爲 R^n 空間中的一個線性運算子。如果 $T(\mathbf{v})$爲非零(*nonzero*)向量 $\mathbf{v}$ 的倍數，則稱 R^n 中的 $\mathbf{v}$ 爲 T 的一個特徵向量；亦即，對某些純量 λ，$T(\mathbf{v}) = \lambda\mathbf{v}$。此純量 [1]$\lambda$ 稱爲 T 對應於向量 $\mathbf{v}$ 之**特徵值(eigenvalue)**

對在 R^2 空間中關於直線 L 的反射 T 以及向量 $\mathbf{b}_1$ 和 $\mathbf{b}_2$，其中 $\mathbf{b}_1$ 在 L 的方向而 $\mathbf{b}_2$ 垂直於 L，我們可得

$$T(\mathbf{b}_1) = \mathbf{b}_1 = 1\mathbf{b}_1 \quad 及 \quad T(\mathbf{b}_2) = -\mathbf{b}_2 = (-1)\mathbf{b}_2$$

因此 $\mathbf{b}_1$ 爲變換 T 的一個特徵向量，且其相對應之特徵值爲 1；而 $\mathbf{b}_2$ 爲 T 的另一個特徵向量，對應的特徵值爲 -1。除了 $\mathbf{b}_1$ 和 $\mathbf{b}_2$ 的倍數以外，沒有其它非零向量具有此特性。

因爲線性運算子的作用等同乘上它的標準矩陣，此特徵向量和特徵值之觀念可類似地對一般方陣來定義。

定義　令 A 爲一個 $n \times n$ 矩陣。在 R^n 空間中的非零(*nonzero*)向量 v 可稱爲 A 的**特徵向量**，若對某些純量 [2] λ 使得 $A\mathbf{v}=\lambda\mathbf{v}$。此純量 λ 稱爲 A 對應於 $\mathbf{v}$ 的**特徵值**。

例如，令 $A = \begin{bmatrix} .6 & .8 \\ .8 & -.6 \end{bmatrix}$。在 4.5 節中，我們說明了 A 爲一標準矩陣，它表示在 R^2 空間中對於直線 L(方程式 $y = \frac{1}{2}x$)之反射。考慮向量

---

[1] 本書中，我們主要考慮實數數值。因此，除非有特別不一樣的聲明，特徵值(*eigenvalue*)一詞應被解釋爲實數特徵值。然而，在有些情況下，特徵值可爲複數。當複數特徵值被允許時，特徵向量的定義必需改爲是在 C^n 空間中的向量，所有元素均爲複數之 n 個元素組合所成的集合。

[2] 參見註釋一。

$$\mathbf{u}_1=\begin{bmatrix}-5\\5\end{bmatrix}，\mathbf{u}_2=\begin{bmatrix}7\\6\end{bmatrix}，\mathbf{b}_1=\begin{bmatrix}2\\1\end{bmatrix}，\mathbf{b}_2=\begin{bmatrix}1\\-2\end{bmatrix}$$

很簡單的可直接驗證

$$A\mathbf{u}_1=\begin{bmatrix}1\\-7\end{bmatrix}，A\mathbf{u}_2=\begin{bmatrix}9\\2\end{bmatrix}，A\mathbf{b}_1=\begin{bmatrix}2\\1\end{bmatrix}=1\mathbf{b}_1，A\mathbf{b}_2=\begin{bmatrix}-1\\2\end{bmatrix}=(-1)\mathbf{b}_2$$

因此，不論是 $\mathbf{u}_1$ 或是 $\mathbf{u}_2$ 都不是 A 的特徵向量。然而，$\mathbf{b}_1$ 為 A 的一個特徵向量，對應的特徵值為 1；且 $\mathbf{b}_2$ 為 A 的一個特徵向量，對應的特徵值為 -1。由於 A 是在 R^2 中對於直線 L 之反射 T 的標準矩陣，我們不需計算矩陣乘積 $A\mathbf{b}_1$ 即可驗證 v 為 A 的一個特徵向量。事實上，因 $\mathbf{b}_1$ 為一在 L 方向上的向量，我們可得 $A\mathbf{b}_1=T(\mathbf{b}_1)=\mathbf{b}_1$。同理，我們也可由 $\mathbf{b}_2$ 為 T 之特徵向量的事實來驗證 $\mathbf{b}_2$ 為 A 之特徵向量。

一般而言，若 T 為一個在 R^n 上的線性運算子，則 T 為一矩陣變換。令 A 為轉換 T 之標準矩陣。因方程式 $T(\mathbf{v})=\lambda\mathrm{v}$ 可改寫為 $A\mathrm{v}=\lambda\mathrm{v}$，我們可從 A 來決定 T 的特徵值和特徵向量。

> 線性運算子之特徵向量和對應之特徵值等同於標準矩陣的特徵向量和對應之特徵值。

有鑑於線性運算子和其標準矩陣之關係，線性運算子和矩陣的特徵值和特徵向量可以一起做探討。例題 1 說明如何驗證是否所給定之向量 $\mathbf{v}$ 為矩陣 A 的特徵向量。

例題 1

對於

$$\mathbf{v}=\begin{bmatrix}1\\-1\\1\end{bmatrix}\quad 及\quad A=\begin{bmatrix}5&2&1\\-2&1&-1\\2&2&4\end{bmatrix}$$

試說明 $\mathbf{v}$ 為 A 之特徵向量。

解　因 $\mathbf{v}$ 為非零向量。欲驗證 $\mathbf{v}$ 為 A 的特徵向量，我們只需說明 $A\mathbf{v}$ 為 $\mathbf{v}$ 的倍數。

$$A\mathbf{v}=\begin{bmatrix}5&2&1\\-2&1&-1\\2&2&4\end{bmatrix}\begin{bmatrix}1\\-1\\1\end{bmatrix}=\begin{bmatrix}4\\-4\\4\end{bmatrix}=4\begin{bmatrix}1\\-1\\1\end{bmatrix}=4\mathbf{v}$$

我們可見 $\mathbf{v}$ 為 A 的一個特徵向量，且有對應特徵值 4。

練習題 1.

說明

$$\mathbf{u}=\begin{bmatrix}-2\\1\\2\end{bmatrix} \quad 和 \quad \mathbf{v}=\begin{bmatrix}1\\-3\\4\end{bmatrix}$$

爲下面矩陣之特徵向量。

$$A=\begin{bmatrix}5&2&1\\-2&1&-1\\2&2&4\end{bmatrix}$$

且 $\mathbf{u}$、$\mathbf{v}$ 對應之特徵值爲何？

矩陣 A 的一個特徵向量 $\mathbf{v}$ 恰對應於一個特徵值。因爲 $\mathbf{v}\neq\mathbf{0}$，所以若有 $\lambda_1\mathbf{v}=A\mathbf{v}=\lambda_2\mathbf{v}$，則 $\lambda_1=\lambda_2$。形成對比的是，若 $\mathbf{v}$ 爲 A 的一個特徵向量，且對應於特徵值 λ；則 $\mathbf{v}$ 的每一個非零倍數都是 A 對應於 λ 的特徵向量。若 $c\neq0$，則

$$A(c\mathbf{v})=cA\mathbf{v}=c\lambda\mathbf{v}=\lambda(c\mathbf{v})$$

求出一個 $n\times n$ 矩陣之特徵向量及其對應之特徵值的程序也是很簡單明確的。請注意 $\mathbf{v}$ 爲 A 對應於特徵值 λ 之特徵向量若且唯若 $\mathbf{v}$ 是一個非零向量使得

$$\begin{aligned}A\mathbf{v}&=\lambda\mathbf{v}\\A\mathbf{v}-\lambda\mathbf{v}&=\mathbf{0}\\A\mathbf{v}-\lambda I_n\mathbf{v}&=\mathbf{0}\\(A-\lambda I_n)\mathbf{v}&=\mathbf{0}\end{aligned}$$

因此 $\mathbf{v}$ 爲線性方程組$(A-\lambda I_n)\mathbf{x}=\mathbf{0}$ 的一個非零解。

> 令 A 爲一個 $n\times n$ 矩陣，且具有特徵值 λ。則對應於 λ 的 A 的特徵向量爲 $(A-\lambda I_n)\mathbf{x}=\mathbf{0}$ 之非零解。

在這個情況下，$(A-\lambda I_n)\mathbf{x}=\mathbf{0}$ 的解所形成的集合被稱之爲 A **對應於特徵值 λ 之特徵空間(eigenspace)**。此即爲 $A-\lambda I_n$ 之零空間(nullspace)，亦爲 R^n 的子空間。注意 A 對應於 λ 的特徵空間包含零向量及所有對應於 λ 之特徵向量。

同樣的，若 λ 爲線性運算子 T 在 R^n 空間的一個特徵值，則在 R^n 中使得 $T(\mathbf{v})=\lambda\mathbf{v}$ 之向量 $\mathbf{v}$ 所成的集合，稱爲 T 對應於 λ 之**特徵空間**。(參見圖 5.2。)

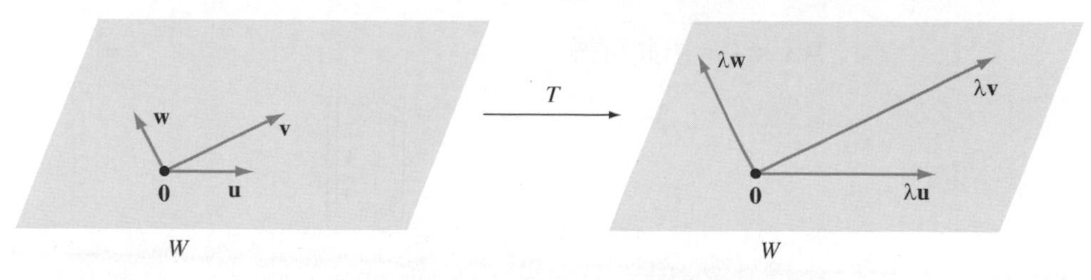

圖 5.2　W 為 T 之特徵空間，對應特徵值 λ

在 5.4 節中，我們會看到在某些特定的條件下，把一個 R^n 上的線性運算子其不同特徵空間的基底做結合，可以構成一組 R^n 的基底。此基底使我們能找到一個非常簡單的矩陣表示式來表示該運算子。

例題 2

試說明 3 和 −2 為線性運算子 T 在 R^2 空間上的特徵值。其中 T 定義為

$$T\left(\begin{bmatrix} x_1 \\ x_2 \end{bmatrix}\right)=\begin{bmatrix} -2x_2 \\ -3x_1+x_2 \end{bmatrix}$$

，且求其對應之特徵空間之基底。

解　T 之標準矩陣為

$$A=\begin{bmatrix} 0 & -2 \\ -3 & 1 \end{bmatrix}$$

為了說明 3 為 T 之特徵值，我們得先說明 3 為 A 的一個特徵值。因此，我們必須先找出非零向量 $\mathbf{u}$，使得 $A\mathbf{u}=3\mathbf{u}$。換句話說，我們必須先說明方程組$(A-3I_2)\mathbf{x}=\mathbf{0}$ 之解集合(為 $A-3I_2$ 之零空間)包含非零向量。$A-3I_2$ 的最簡列梯型(reduced row echelon form)為

$$\begin{bmatrix} 1 & \frac{2}{3} \\ 0 & 0 \end{bmatrix}$$

因為這是一個零消次數為

$$2-\text{rank}\,(A-3I_2)=2-1=1$$

的矩陣，故存在有非零解，且對應於特徵值 3 之特徵空間的維度為 1。再者，我們可見對應於特徵值 3 的 A 之特徵向量，具有下列形式

$$\begin{bmatrix} x_1 \\ x_2 \end{bmatrix}=\begin{bmatrix} -\frac{2}{3}x_2 \\ x_2 \end{bmatrix}=x_2\begin{bmatrix} -\frac{2}{3} \\ 1 \end{bmatrix}$$

，其中 $x_2 \neq 0$。由此可得

$$\left\{\begin{bmatrix} -\frac{2}{3} \\ 1 \end{bmatrix}\right\}$$

為 A 中對應於特徵值 3 之特徵空間的一個基底。注意若在之前的運算採用 $x_2 = 3$，我們得到此特徵空間之另一個基底(一個包含整數值之向量)，即

$$\left\{\begin{bmatrix} -2 \\ 3 \end{bmatrix}\right\}$$

以類似方法，我們必須說明有一非零向量 $\mathbf{v}$ 使得 $A\mathbf{v} = (-2)\mathbf{v}$。此例中，我們必須說明方程組$(A+2I_2)\,\mathbf{x} = \mathbf{0}$ 具有非零解。因為 $A+2I_2$ 的最簡列梯型為

$$\begin{bmatrix} 1 & -1 \\ 0 & 0 \end{bmatrix}$$

又是一個矩陣其零消次數為 1，且對應於特徵值−2 之特徵空間也具有維度 1。則由此方程組通解之向量形式，我們可見對應於特徵值 −2 之特徵向量具有形式

$$\begin{bmatrix} x_1 \\ x_2 \end{bmatrix} = \begin{bmatrix} x_2 \\ x_2 \end{bmatrix} = x_2\begin{bmatrix} 1 \\ 1 \end{bmatrix}$$

其中 $x_2 \neq 0$。因此，在 A 中對應於特徵值 −2 之特徵空間的基底為

$$\left\{\begin{bmatrix} 1 \\ 1 \end{bmatrix}\right\}$$

(參見圖 5.3 與 5.4。)

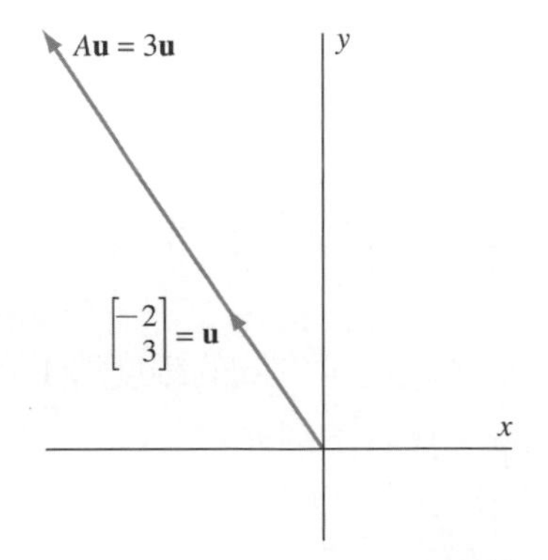

圖 5.3　A 中對應特徵值 3 的特徵空間之一基底向量。

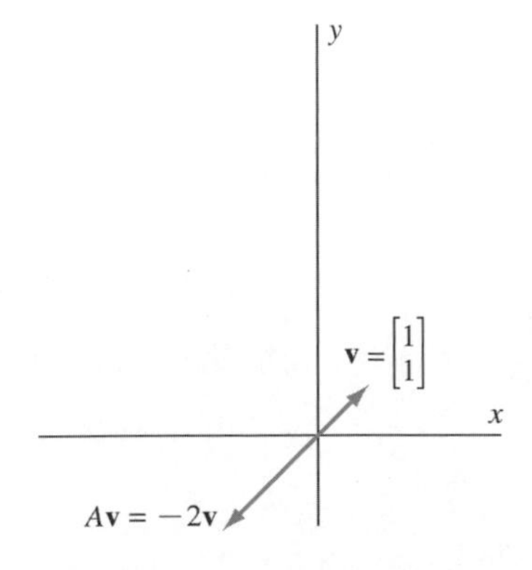

圖 5.4　A 中對應特徵值 −2 的特徵空間之一基底向量。

由於 3 和−2 爲 A 之特徵值，它們也都爲 T 之特徵值。並且，T 相對應之特徵空間也具有和 A 相同的基底，即

$$\left\{\begin{bmatrix}-2\\3\end{bmatrix}\right\} \quad 和 \quad \left\{\begin{bmatrix}1\\1\end{bmatrix}\right\}$$

練習題 2.

以下爲某 R^3 之線性運算子的定義，試說明 1 爲它的一個特徵值

$$T\left(\begin{bmatrix}x_1\\x_2\\x_3\end{bmatrix}\right)=\begin{bmatrix}x_1+2x_2\\-x_1-x_2+x_3\\x_2+x_3\end{bmatrix}$$

此外，並試求其對應之特徵空間的基底。

在例題 2 中的兩個特徵空間各具有維度 1。然而並不是所有情況都如此，我們將會在下個例題中說明。

例題 3

試說明 3 爲如下矩陣的一個特徵值

$$B=\begin{bmatrix}3&0&0\\0&1&2\\0&2&1\end{bmatrix}$$

此外，並求其對應之特徵空間的基底。

解　如例題 2，我們必須先說明 $B-3I_3$ 之零空間包含非零向量。$B-3I_3$ 的最簡列梯型爲

$$\begin{bmatrix}0&1&-1\\0&0&0\\0&0&0\end{bmatrix}$$

因 B 對應於特徵值 3 之特徵空間中的向量滿足 $x_2-x_3=0$，所$(B-3I_3)\mathbf{x}=\mathbf{0}$ 以的通解爲

$$\begin{aligned}&x_1 && 自由變數\\&x_2 = && x_3\\&x_3 && 自由變數\end{aligned}$$

(注意變數 x_1 不為方程式 $x_2 - x_3 = 0$ 之基本變數，它是自由變數。)因此，在 B 對應於特徵值 3 之特徵空間中的向量具有以下形式

$$\begin{bmatrix} x_1 \\ x_2 \\ x_3 \end{bmatrix} = \begin{bmatrix} x_1 \\ x_3 \\ x_3 \end{bmatrix} = x_1 \begin{bmatrix} 1 \\ 0 \\ 0 \end{bmatrix} + x_3 \begin{bmatrix} 0 \\ 1 \\ 1 \end{bmatrix}$$

因此

$$\left\{ \begin{bmatrix} 1 \\ 0 \\ 0 \end{bmatrix}, \begin{bmatrix} 0 \\ 1 \\ 1 \end{bmatrix} \right\}$$

為 B 對應於特徵值 3 的特徵空間之一組基底。

並非所有 R^n 空間中的方陣和線性運算子都具有實數特徵值。(此類矩陣及運算子也都不具有元素為實數之特徵向量。)舉例來說，考慮在 R^2 空間中的一線性運算子 T，它使一向量旋轉 90°。若此運算子有一實數特徵值 λ，則在 R^2 空間中會有一非零向量 $\mathbf{v}$ 使得 $T(\mathbf{v})=\lambda\mathbf{v}$。但對任何的非零向量 $\mathbf{v}$，將 $\mathbf{v}$ 旋轉 90° 所得之向量 $T(\mathbf{v})$ 並非 $\mathbf{v}$ 的倍數。(參見圖 5.5。)因此向量 $\mathbf{v}$ 不可能為 T 之特徵向量，所以 T 沒有實數特徵值。注意此論述亦說明 T 的標準矩陣，即 90°-旋轉矩陣

$$\begin{bmatrix} 0 & -1 \\ 1 & 0 \end{bmatrix}$$

不具有實數特徵值。

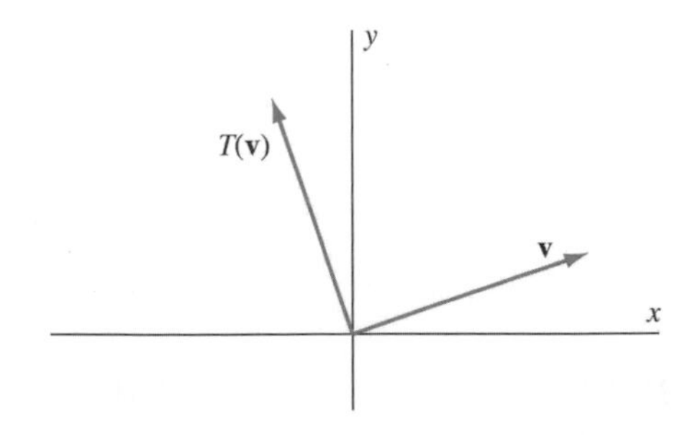

圖 5.5 **v** 的投影不為 **v** 的倍數

習　題

在習題 1 至 12 中，將給定一矩陣和一向量。試說明此向量為給定矩陣之特徵向量，並決定其對應的特徵值。

1. $\begin{bmatrix}-10 & -8\\ 24 & 18\end{bmatrix}$，$\begin{bmatrix}1\\ -2\end{bmatrix}$　　2. $\begin{bmatrix}12 & -14\\ 7 & -9\end{bmatrix}$，$\begin{bmatrix}1\\ 1\end{bmatrix}$

3. $\begin{bmatrix}-5 & -4\\ 8 & 7\end{bmatrix}$，$\begin{bmatrix}1\\ -2\end{bmatrix}$　　4. $\begin{bmatrix}15 & 24\\ -4 & -5\end{bmatrix}$，$\begin{bmatrix}-2\\ 1\end{bmatrix}$

5. $\begin{bmatrix}19 & -7\\ 42 & -16\end{bmatrix}$，$\begin{bmatrix}1\\ 3\end{bmatrix}$

6. $\begin{bmatrix}-9 & -8 & 5\\ 7 & 6 & -5\\ -6 & -6 & 4\end{bmatrix}$，$\begin{bmatrix}3\\ -2\\ 1\end{bmatrix}$

7. $\begin{bmatrix}4 & 6 & -5\\ 9 & 7 & -11\\ 8 & 8 & -11\end{bmatrix}$，$\begin{bmatrix}-1\\ 2\\ 1\end{bmatrix}$

8. $\begin{bmatrix}-3 & 14 & 10\\ -2 & 5 & 2\\ 2 & -10 & -7\end{bmatrix}$，$\begin{bmatrix}-3\\ -1\\ 2\end{bmatrix}$

9. $\begin{bmatrix}2 & -6 & 6\\ 1 & 9 & -6\\ -2 & 16 & -13\end{bmatrix}$，$\begin{bmatrix}-1\\ 1\\ 2\end{bmatrix}$

10. $\begin{bmatrix}-5 & -1 & 2\\ 2 & -1 & -2\\ -7 & -2 & 2\end{bmatrix}$，$\begin{bmatrix}1\\ -2\\ 1\end{bmatrix}$

11. $\begin{bmatrix}5 & 6 & 12\\ 3 & 2 & 6\\ -3 & -3 & -7\end{bmatrix}$，$\begin{bmatrix}-2\\ -1\\ 1\end{bmatrix}$

12. $\begin{bmatrix}6 & 5 & 15\\ 5 & 6 & 15\\ -5 & -5 & -14\end{bmatrix}$，$\begin{bmatrix}-1\\ -1\\ 1\end{bmatrix}$

在習題 13 至 24 中，將給定一矩陣和一純量 λ。試說明 λ 為給定矩陣之特徵值，並決定其特徵空間之基底。

13. $\begin{bmatrix}10 & 7\\ -14 & -11\end{bmatrix}$，$\lambda=3$　　14. $\begin{bmatrix}-11 & 14\\ -7 & 10\end{bmatrix}$，$\lambda=-4$

15. $\begin{bmatrix}11 & 18\\ -3 & -4\end{bmatrix}$，$\lambda=5$　　16. $\begin{bmatrix}-11 & 5\\ -30 & 14\end{bmatrix}$，$\lambda=-1$

17. $\begin{bmatrix}-2 & -5 & 2\\ 4 & 7 & -2\\ -3 & -3 & 5\end{bmatrix}$，$\lambda=3$

18. $\begin{bmatrix}6 & 9 & -10\\ 6 & 3 & -4\\ 7 & 7 & -9\end{bmatrix}$，$\lambda=5$

19. $\begin{bmatrix}-3 & 12 & 6\\ -3 & 6 & 0\\ 3 & -9 & -3\end{bmatrix}$，$\lambda=0$

20. $\begin{bmatrix}3 & -2 & 2\\ -4 & 1 & -2\\ -5 & 1 & -2\end{bmatrix}$，$\lambda=2$

21. $\begin{bmatrix}-13 & -4 & 8\\ 24 & 7 & -16\\ -12 & -4 & 7\end{bmatrix}$，$\lambda=-1$

22. $\begin{bmatrix}-2 & -2 & -4\\ -1 & -1 & -2\\ 1 & 1 & 2\end{bmatrix}$，$\lambda=0$

23. $\begin{bmatrix}4 & -3 & -3\\ -3 & 4 & 3\\ 3 & -3 & -2\end{bmatrix}$，$\lambda=1$

24. $\begin{bmatrix}5 & 3 & 9\\ 3 & 5 & 9\\ -3 & -3 & -7\end{bmatrix}$，$\lambda=2$

在習題 25 至 32 中，將給定一線性運算子及一向量。試說明此向量為給定運算子之特徵向量，並決定其對應之特徵值。

25. $T\left(\begin{bmatrix}x_1\\ x_2\end{bmatrix}\right)=\begin{bmatrix}-3x_1 - 6x_2\\ 12x_1 + 14x_2\end{bmatrix}$，$\begin{bmatrix}-2\\ 3\end{bmatrix}$

26. $T\left(\begin{bmatrix}x_1\\ x_2\end{bmatrix}\right)=\begin{bmatrix}8x_1 - 2x_2\\ 6x_1 + x_2\end{bmatrix}$，$\begin{bmatrix}1\\ 2\end{bmatrix}$

27. $T\left(\begin{bmatrix}x_1\\ x_2\end{bmatrix}\right)=\begin{bmatrix}-12x_1 - 12x_2\\ 20x_1 + 19x_2\end{bmatrix}$，$\begin{bmatrix}-3\\ 4\end{bmatrix}$

28. $T\left(\begin{bmatrix}x_1\\ x_2\end{bmatrix}\right)=\begin{bmatrix}14x_1 - 6x_2\\ 18x_1 - 7x_2\end{bmatrix}$，$\begin{bmatrix}2\\ 3\end{bmatrix}$

29. $T\left(\begin{bmatrix}x_1\\ x_2\\ x_3\end{bmatrix}\right)=\begin{bmatrix}-8x_1 + 9x_2 - 3x_3\\ -5x_1 + 6x_2 - 3x_3\\ -x_1 + x_2 - 2x_3\end{bmatrix}$，$\begin{bmatrix}3\\ 2\\ 1\end{bmatrix}$

30. $T\left(\begin{bmatrix} x_1 \\ x_2 \\ x_3 \end{bmatrix}\right) = \begin{bmatrix} -2x_1 - x_2 - 3x_3 \\ -3x_1 - 4x_2 - 9x_3 \\ x_1 + x_2 + 2x_3 \end{bmatrix}$，$\begin{bmatrix} -1 \\ -3 \\ 1 \end{bmatrix}$

31. $T\left(\begin{bmatrix} x_1 \\ x_2 \\ x_3 \end{bmatrix}\right) = \begin{bmatrix} 6x_1 + x_2 - 2x_3 \\ -6x_1 + x_2 + 6x_3 \\ -2x_1 - x_2 + 6x_3 \end{bmatrix}$，$\begin{bmatrix} -1 \\ 3 \\ 1 \end{bmatrix}$

32. $T\left(\begin{bmatrix} x_1 \\ x_2 \\ x_3 \end{bmatrix}\right) = \begin{bmatrix} 4x_1 + 9x_2 + 8x_3 \\ -2x_1 - x_2 - 2x_3 \\ 2x_1 - 3x_2 - 2x_3 \end{bmatrix}$，$\begin{bmatrix} -1 \\ 0 \\ 1 \end{bmatrix}$

在習題 33 至 40 中，將給定一線性運算子及一純量 λ。試說明 v 為此運算子的一個特徵值並決定其特徵空間之基底。

33. $T\left(\begin{bmatrix} x_1 \\ x_2 \end{bmatrix}\right) = \begin{bmatrix} x_1 - 2x_2 \\ 6x_1 - 6x_2 \end{bmatrix}$，$\lambda = -2$

34. $T\left(\begin{bmatrix} x_1 \\ x_2 \end{bmatrix}\right) = \begin{bmatrix} 4x_1 + 6x_2 \\ -12x_1 - 13x_2 \end{bmatrix}$，$\lambda = -5$

35. $T\left(\begin{bmatrix} x_1 \\ x_2 \end{bmatrix}\right) = \begin{bmatrix} 20x_1 + 8x_2 \\ -24x_1 - 8x_2 \end{bmatrix}$，$\lambda = 8$

36. $T\left(\begin{bmatrix} x_1 \\ x_2 \end{bmatrix}\right) = \begin{bmatrix} -x_1 + 2x_2 \\ -6x_1 + 6x_2 \end{bmatrix}$，$\lambda = 3$

37. $T\left(\begin{bmatrix} x_1 \\ x_2 \\ x_3 \end{bmatrix}\right) = \begin{bmatrix} x_1 - x_2 - 3x_3 \\ -3x_1 - x_2 - 9x_3 \\ x_1 + x_2 + 5x_3 \end{bmatrix}$，$\lambda = 2$

38. $T\left(\begin{bmatrix} x_1 \\ x_2 \\ x_3 \end{bmatrix}\right) = \begin{bmatrix} 4x_1 - 2x_2 - 5x_3 \\ 3x_1 - x_2 - 5x_3 \\ 4x_1 - 4x_2 - 3x_3 \end{bmatrix}$，$\lambda = -3$

39. $T\left(\begin{bmatrix} x_1 \\ x_2 \\ x_3 \end{bmatrix}\right) = \begin{bmatrix} x_1 + 4x_2 + 5x_3 \\ 2x_1 + 6x_2 + 2x_3 \\ -2x_1 - 10x_2 - 6x_3 \end{bmatrix}$，$\lambda = 3$

40. $T\left(\begin{bmatrix} x_1 \\ x_2 \\ x_3 \end{bmatrix}\right) = \begin{bmatrix} 5x_1 + 2x_2 - 4x_3 \\ -12x_1 - 5x_2 + 12x_3 \\ -4x_1 - 2x_2 + 5x_3 \end{bmatrix}$，$\lambda = 1$

是非題

在習題 41 至 60 中，請判別該命題為真確或是謬誤。

41. 若某向量 **v** 使得 $A\mathbf{v}=\lambda\mathbf{v}$，則 λ 爲矩陣 A 的一個特徵值。
42. 若某向量 **v** 使得 $A\mathbf{v}=\lambda\mathbf{v}$，則 **v** 爲矩陣 A 的一個特徵向量。
43. 一純量 λ 爲一 $n\times n$ 矩陣 A 的特徵值若且唯若方程 $(A-\lambda I_n)\mathbf{x}=\mathbf{0}$ 式具有非零解。
44. 若 **v** 爲一矩陣的一個特徵向量，則該矩陣只有唯一特徵值對應於向量 **v**。
45. 若 λ 爲一線性運算子之特徵值，則該運算子有無限多個特徵向量對應於特徵值 λ。
46. 一 $n\times n$ 矩陣 A 其對應於特徵值 λ 的特徵空間爲 $A-\lambda I_n$ 的行空間。
47. 一在 R^n 空間中的線性運算子其特徵值等同於其標準矩陣的特徵值。
48. 一在 R^n 空間中的線性運算子其特徵空間等同於其標準矩陣的特徵空間。
49. R^n 中所有的線性運算子都具有實數特徵值。
50. 只有方陣具有特徵值。
51. 矩陣 A 其對應於特徵值 λ 的特徵空間中的每一向量，都爲對應於 λ 的特徵向量。
52. 在 R^2 空間中，可將一向量旋轉 θ 角的一個線性運算子，其中 $0° < \theta < 180°$，沒有特徵向量。
53. 在 R^2 空間中，可將一向量旋轉 θ 角的一個線性運算子，其中 $0° < \theta < 180°$，其標準矩陣沒有特徵值。
54. 若一非零向量 **v** 是在一線性運算子 T 的零空間中，則 **v** 爲 T 的特徵向量。
55. 若 **v** 爲矩陣 A 的一個特徵向量，則對任意純量 c，$c\mathbf{v}$ 也爲一特徵向量。
56. 若 **v** 爲矩陣 A 的一個特徵向量，則對任意非零純量 c，$c\mathbf{v}$ 也爲一特徵向量。
57. 若 A 和 B 爲 $n\times n$ 矩陣，且 λ 同時爲 A 和 B 的特徵值，則 λ 也爲 $A+B$ 的一個特徵值。
58. 若 A 和 B 爲 $n\times n$ 矩陣，且 **v** 同時爲 A 與 B 的特徵向量，則 **v** 也爲 $A+B$ 的一個特徵向量。
59. 若 A 和 B 爲 $n\times n$ 矩陣，且 λ 同時爲 A 和 B 的特徵值，則 λ 也爲 AB 的一個特徵值。
60. 若 A 和 B 爲 $n\times n$ 矩陣，且 **v** 同時爲 A 與 B 的特徵向量，則 **v** 也爲 AB 的一個特徵向量。

61. R^n 空間之恆等運算子(identityoperator)的特徵值爲何？驗證你的答案。描述每個特徵空間。

62. R^n 空間之零運算子(zerooperator)的特徵值爲何？驗證你的答案。描述每個特徵空間。

63. 試證明若 $\mathbf{v}$ 爲一矩陣 A 之特徵向量，則對任何非零純量 c，$c\mathbf{v}$ 也爲 A 的一個特徵向量。

64. 試證明若 $\mathbf{v}$ 爲一矩陣 A 之特徵向量，則存在唯一純量 λ 使得 $A\mathbf{v}=\lambda\mathbf{v}$。

65. 假設 0 爲矩陣 A 的一個特徵值。試對 A 對應於 0 的特徵空間另給個名稱。

66. 試證明一方陣爲可逆若且唯若 0 不爲其特徵值之一。

67. 試證明若 λ 爲可逆矩陣 A 的一個特徵值，則 $\lambda\neq 0$ 且 $1/\lambda$ 爲 A^{-1} 的一個特徵值。

68. 假設 A 爲一個方陣，其每列元素之和都等於純量 r。試經由找出 A 對應於 r 的特徵向量，證明 r 爲 A 的一個特徵值。

69. 試證明若 λ 爲矩陣 A 的一個特徵值，則 λ^2 也爲 A^2 的一個特徵值。

70. 試一般化習題 69 的陳述並證明之。

71. 找出向量 $\mathbf{v}$ 的充份且必要條件使得$\{A\mathbf{v}\}$的展延空間(span)等於$\{\mathbf{v}\}$的展延空間。

72. 一個 $n\times n$ 矩陣 A，若對某些正整數 k，$A^k=O$，其中 O 爲 $n\times n$ 零矩陣，則稱 A 爲冪零元(*nilpotent*)。試證明 0 爲一冪零元矩陣其僅有的特徵值。

73. 令 $\mathbf{v}_1$ 和 $\mathbf{v}_2$ 爲在 R^n 空間中線性運算子 T 之特徵向量，且令 λ_1 及 λ_2 爲相對應之特徵值。試證明若 $\lambda_1\neq\lambda_2$,則$\{\mathbf{v}_1、\mathbf{v}_2\}$爲線性獨立。

74. 令 $\mathbf{v}_1$、$\mathbf{v}_2$ 及 $\mathbf{v}_3$ 爲 R^n 空間中線性運算子 T 之特徵向量，且令 λ_1、λ_2 及 λ_3 爲相對應之特徵值。試證明若這些特徵值彼此互不相同，則$\{\mathbf{v}_1，\mathbf{v}_2，\mathbf{v}_3\}$爲線性獨立。**提示：**令

$$c_1\mathbf{v}_1+c_2\mathbf{v}_2+c_3\mathbf{v}_3=\mathbf{0}$$

c_1、c_2 及 c_3 爲純量，將 T 同時套用於此方程式的兩邊。則此式兩邊同乘 λ_3，並以第一式減去此式。此刻使用習題 73 之結果。

75. 令 T 爲在 R^2 空間中的線性運算子，它有一個特徵空間的維度爲 2。試證明對某些純量 λ，$T=\lambda I$。

在習題 76 至 82 中，請使用具矩陣運算能力之計算機或是電腦軟體如 MATLAB 來解各道習題。

76. 令

$$A=\begin{bmatrix}-1.9 & 14.4 & -8.4 & 34.8\\ 1.6 & -2.7 & 3.2 & -1.6\\ 1.2 & -8.0 & 4.7 & -18.2\\ 1.6 & -1.6 & 3.2 & -2.7\end{bmatrix}$$

試說明

$$\mathbf{v}_1=\begin{bmatrix}-9\\1\\5\\1\end{bmatrix},\ \mathbf{v}_2=\begin{bmatrix}-2\\0\\1\\0\end{bmatrix},\ \mathbf{v}_3=\begin{bmatrix}-3\\1\\2\\0\end{bmatrix},$$

及 $\mathbf{v}_4=\begin{bmatrix}-3\\-5\\0\\2\end{bmatrix}$

爲 A 的特徵向量。且對應於每個特徵向量之特徵值爲何？

77. 是否 A 的特徵值(決定於習題 76 中)也是 $3A$ 的特徵值？如果是，求對應於每個特徵值之特徵向量。

78. 是否習題 76 中之 $\mathbf{v}_1$、$\mathbf{v}_2$、$\mathbf{v}_3$ 及 $\mathbf{v}_4$ 也爲 $3A$ 的特徵向量？如果是，求對應於每個特徵向量之特徵值。

79. (a) 基於習題 76 至 78 的結果，對於 $n\times n$ 矩陣 B 的特徵值與 cB 的特徵值的關係提出一個假說，其 4 中 c 爲非零純量。

    (b) 基於習題 76 至 78 的結果，對於 $n\times n$ 矩陣 B 的特徵 4 向量與 cB 的特徵向量的關係提出一個假說，其中 c 爲非零純量。

    (c) 試驗證 4 在(a)及(b)中所做的假說。

80. 在習題 76 中的 $\mathbf{v}_1$、$\mathbf{v}_2$、$\mathbf{v}_3$ 及 $\mathbf{v}_4$ 是否也爲 A^T 之特徵向量？如果是，對應於每個特徵向量的特徵值爲何？

81. A 的特徵值(決定於習題 76 中)也是 A^T 的特徵值嗎？如果是，找出對應於每個特徵值之特徵向量。

82. 基於習題 80 和 81 的結果，對於 $n\times n$ 矩陣 B 的特徵值或特徵向量與 B^T 的特徵值或特徵向量之間任何可能的關係，提出一個假說。

練習題解答

1. 由於

$$A\mathbf{u}=\begin{bmatrix}5&2&1\\-2&1&-1\\2&2&4\end{bmatrix}\begin{bmatrix}-2\\1\\2\end{bmatrix}=\begin{bmatrix}-6\\3\\6\end{bmatrix}=3\begin{bmatrix}-2\\1\\2\end{bmatrix}=3\mathbf{u}$$

u 為 A 的一個特徵向量對應於特徵值 3。同樣的

$$A\mathbf{v}=\begin{bmatrix}5&2&1\\-2&1&-1\\2&2&4\end{bmatrix}\begin{bmatrix}1\\-3\\4\end{bmatrix}=\begin{bmatrix}3\\-9\\12\end{bmatrix}=3\begin{bmatrix}1\\-3\\4\end{bmatrix}=3\mathbf{v}$$

因此 **v** 也為 A 的一個特徵向量對應於特徵值 3。

2. T 的標準矩陣為

$$A=\begin{bmatrix}1&2&0\\-1&-1&1\\0&1&1\end{bmatrix}$$

且 $A-I_3$ 的列梯型為

$$\begin{bmatrix}1&0&-1\\0&1&0\\0&0&0\end{bmatrix}$$

因此 $(A-I_3)\mathbf{x}=\mathbf{0}$ 之通解的向量形式為

$$\begin{bmatrix}x_1\\x_2\\x_3\end{bmatrix}=\begin{bmatrix}x_3\\0\\x_3\end{bmatrix}=x_3\begin{bmatrix}1\\0\\1\end{bmatrix}$$

所以

$$\left\{\begin{bmatrix}1\\0\\1\end{bmatrix}\right\}$$

為 T 對應於特徵值 1 之特徵空間的一個基底。

5.2 特徵多項式

在 5.1 節中，我們學習到如何尋找對應於一給定特徵向量之特徵值，以及對應於一給定特徵值之特徵向量。但通常，在我們想求一 $n\times n$ 矩陣 A 的特徵值及特徵空間時，我們並不知道該矩陣的特徵值及特徵向量。若 λ 為 A 的一個特徵值，則必存在一非零向量 **v** 於 R^n 空間中，使得 $A\mathbf{v}=\lambda\mathbf{v}$。因此，如之前所述及，**v** 為 $(A-\lambda I_n)\mathbf{x}=\mathbf{0}$ 的一個非零解。但為了使齊次線性方程組(homogeneous system of linear equations) $(A-\lambda I_n)\mathbf{x}=\mathbf{0}$ 具有非零解，$A-\lambda I_n$ 的秩(rank)必須小於 n。因此，根據可逆矩陣定理(Invertible Matrix Theorem)，一 $n\times n$ 矩陣 $A-\lambda I_n$ 為不可逆，所以其行列式值必須為 0。因為這些步驟皆為可反向推回，我們有以下結果：

一方陣 A 的特徵值 t 必滿足 $\det(A-tI_n)=0$

方程式 $\det(A-tI_n)=0$ 稱之為 A 的**特徵方程式(characteristic equation)**，且 $\det(A-tI_n)$ 稱之為 A 的**特徵多項式(characteristic polynomial)**。因此矩陣 A 的特徵值為 A 的特徵多項式的(實數)根。

例題 1

試決定以下矩陣之特徵值

$$A=\begin{bmatrix}-4 & -3\\ 3 & 6\end{bmatrix}$$

然後對每個特徵空間求一基底。

解 我們一開始先建構如下矩陣

$$A-tI_2=\begin{bmatrix}-4-t & -3\\ 3 & 6-t\end{bmatrix}$$

A 的特徵多項式爲此一矩陣之行列式值，即爲

$$\begin{aligned}\det(A-tI_2)&=(-4-t)(6-t)-(-3)\cdot 3\\&=(-24-2t+t^2)+9\\&=t^2-2t-15\\&=(t+3)(t-5)\end{aligned}$$

因此特徵多項式的根爲 -3 和 5；此亦爲 A 的特徵值。

正如 5.1 節中，我們 $(A+3I_2)\mathbf{x}=\mathbf{0}$ 解及 $(A-5I_2)\mathbf{x}=\mathbf{0}$ 來找特徵空間之基底。因爲 $A+3I_2$ 的最簡列梯型爲

$$\begin{bmatrix}1 & 3\\ 0 & 0\end{bmatrix}$$

$(A+3I_2)\mathbf{x}=\mathbf{0}$ 之通解的向量形式爲

$$\begin{bmatrix}x_1\\ x_2\end{bmatrix}=\begin{bmatrix}-3x_2\\ x_2\end{bmatrix}=x_2\begin{bmatrix}-3\\ 1\end{bmatrix}$$

因此

$$\left\{\begin{bmatrix}-3\\ 1\end{bmatrix}\right\}$$

爲 A 其對應於特徵值 -3 之特徵空間的一個基底。

以相似方法，$A-5I_2$ 的最簡列梯型爲

$$\begin{bmatrix}1 & \frac{1}{3}\\ 0 & 0\end{bmatrix}$$

可得 A 其對應於特徵值 5 之特徵空間的一個基底爲

$$\left\{\begin{bmatrix}-1\\ 3\end{bmatrix}\right\}$$

在例題 1 中一個 2×2 矩陣之特徵多項式爲 $t^2-2t-15=(t+3)(t-5)$，爲一個二次多項式。一般而言，一個 $n\times n$ 矩陣的特徵多項式，其次數(*degree*)爲 n。

注意

在例題 1 中，矩陣 A 的最簡列梯型為 I_2，其具有特徵多項式 $(t-1)^2$。因此，一矩陣之特徵多項式通常不等於其最簡列梯型的特徵多項式。一般而言，一矩陣之特徵值和其最簡列梯型之特徵值並不相同。同樣的，一矩陣之特徵向量和其最簡列梯型之特徵向量通常也不一樣。所以，我們無法對一矩陣做基本列運算來求出其特徵值或特徵向量。

正如例題 1 所示，計算一 2×2 矩陣之特徵多項式是簡單直接的。在另一方面，直接用手來計算一大型矩陣之特徵多項式是相當冗長乏味的。雖然一可程式計算機或是電腦軟體可用來決定一不是非常大的矩陣之特徵多項式，但還是無法求出一大於 4×4 之任意矩陣其特徵多項式之精確的根。因此，對於大型矩陣，通常使用數值方法來逼近其特徵值。因爲在計算特徵多項式上有其困難度，故在本書的範例和習題中我們通常只使用 2×2 及 3×3 的矩陣。

不過根據定理 3.2，還是有一些矩陣其特徵值可很容易的被決定：

一上三角(upper triangular)或下三角矩陣之特徵值爲其對角線上之元素。

例題 2

試決定下列矩陣之特徵值

$$A=\begin{bmatrix}-3 & -1 & -7 & 1\\ 0 & 6 & 9 & -2\\ 0 & 0 & -5 & 3\\ 0 & 0 & 0 & 8\end{bmatrix}$$

解 因 A 爲上三角矩陣，其特徵值爲其對角線上之元素，亦即 -3、6、-5 及 8。

練習題 1.

試決定下列矩陣之特徵值。

$$\begin{bmatrix}4 & 0 & 0 & 0\\ -2 & -1 & 0 & 0\\ 8 & 7 & -2 & 0\\ 9 & -5 & 6 & 3\end{bmatrix}$$

憶及對一線性運算子求其特徵值及特徵向量的問題，就是對其標準矩陣求其特徵值及特徵向量的問題。就線性運算子 T 而言，T 的標準矩陣之特徵方程式被稱爲 T 之**特徵方程式**，且 T 的標準矩陣之特徵多項式被稱爲 T 之**特徵多項式**。因此，R^n 空間中的線性運算子 T 之特徵多項式爲一個 n 次多項式，且其根爲 T 之特徵值。

例題 3

我們注意到，稍前提及，在 R^2 空間中將一向量旋轉 90°之線性運算子 T 不具有實數特徵值。也就是說，90°旋轉矩陣不具有實數特徵值。事實上，T 的特徵多項式，也就是 90°旋轉矩陣之特徵多項式，爲

$$\det(A_{90^\circ}-tI_2)=\det\left(\begin{bmatrix}0&-1\\1&0\end{bmatrix}-tI_2\right)=\det\begin{bmatrix}-t&-1\\1&-t\end{bmatrix}=t^2+1$$

並無實數根。此驗證在 5.1 節中的觀察，即 T，也就是 90°-旋轉矩陣，不具有實數特徵值。

特徵值之重根數

考慮矩陣

$$A=\begin{bmatrix}-1&0&0\\0&1&2\\0&2&1\end{bmatrix}$$

沿第一列使用餘因子展開(cofactor expansion)，我們可得

$$\begin{aligned}\det(A-tI_3)&=\det\begin{bmatrix}-1-t&0&0\\0&1-t&2\\0&2&1-t\end{bmatrix}\\&=(-1-t)\cdot\det\begin{bmatrix}1-t&2\\2&1-t\end{bmatrix}\\&=(-1-t)[(1-t)^2-4]\\&=(-1-t)(t^2-2t-3)\\&=-(t+1)(t+1)(t-3)\\&=-(t+1)^2(t-3)\end{aligned}$$

因此 A 之特徵值爲 -1 和 3。一相似計算說明下列矩陣

$$B=\begin{bmatrix}3&0&0\\0&1&2\\0&2&1\end{bmatrix}$$

之特徵多項式爲 $-(t+1)(t-3)^2$。所以 B 的特徵值也爲 -1 和 3。但，如我們之後所解釋，特徵值 -1 和 3 的情形在 A 和 B 中是不同的。

若 λ 爲一 $n\times n$ 矩陣 M 之特徵值，則最大之正整數 k 使得 $(t-\lambda)^k$ 爲 M 的特徵多項式之因式稱之爲 λ 之**重根數(multiplicity)**[3]。因此，若

$$\det(M-tI_n)=(t-5)^2(t+6)(t-7)^3(t-8)^4$$

則 M 之特徵值爲 5，其重根數爲 2；-6，其重根數爲 1；7，其重根數爲 3；8，其重根數爲 4。

練習題 2.

若一矩陣之特徵多項式爲

$$-(t-3)(t+5)^2(t-8)^4$$

決定此矩陣之特徵值及其重根數。

對之前所提之矩陣 A 和 B，特徵值 -1 及 3 具有不同重根數。對 A 而言，-1 的重根數爲 2 且 3 的重根數爲 1；而對 B 而言，-1 的重根數爲 1 且 3 的重根數爲 2。這對探究 A 和 B 對應於相同特徵值的特徵空間的情況具有啓發性。考慮 3 的情況。由於 $A-3I_2$ 的最簡列梯型爲

$$\begin{bmatrix}1&0&0\\0&1&-1\\0&0&0\end{bmatrix}$$

則 $(A-3I_2)\mathbf{x}=\mathbf{0}$ 之通解的向量形式爲

$$\begin{bmatrix}x_1\\x_2\\x_3\end{bmatrix}=\begin{bmatrix}0\\x_3\\x_3\end{bmatrix}=x_3\begin{bmatrix}0\\1\\1\end{bmatrix}$$

因此

$$\left\{\begin{bmatrix}0\\1\\1\end{bmatrix}\right\}$$

---

[3] 一些作者使用代數重根數(*algebraic multiplicity*)一詞。在此情形下，對應 λ 的特徵空間的維度，通常稱之爲 λ 的幾何重根數(*geometric multiplicity*)

爲 A 對應於特徵值 3 的特徵空間的一個基底。所以，此特徵空間具有維度 1。在另一方面，在 5.1 節例題 3 中，我們可見

$$\left\{\begin{bmatrix}1\\0\\0\end{bmatrix},\begin{bmatrix}0\\1\\1\end{bmatrix}\right\}$$

爲 B 對應於特徵值 3 的特徵空間的一組基底。因此，此特徵空間具有維度 2。

對矩陣 A 和 B，對應於特徵值 3 的特徵空間其維度等同於該特徵值之重根數。雖然並非總是這樣，但特徵空間之維度和其對應特徵值之重根數有一關連性存在。此關連性將敘述在我們下一個定理中，其證明我們在此略過。[4]

5

定理 5.1

令 λ 爲矩陣 A 的一個特徵值。A 對應於 λ 的特徵空間之維度小或等於 λ 之重根數。

例題 4

對一在 R^3 中的線性運算子 T，試決定特徵值、其重根數及每個特徵空間之基底。此線性運算子 T 定義如下

$$T\left(\begin{bmatrix}x_1\\x_2\\x_3\end{bmatrix}\right)=\begin{bmatrix}-x_1\\2x_1-x_2-x_3\\-x_3\end{bmatrix}$$

解　T 的標準矩陣爲

$$A=\begin{bmatrix}-1&0&0\\2&-1&-1\\0&0&-1\end{bmatrix}$$

於是 T 的特徵多項式爲

$$\begin{aligned}\det(A-tI_3)&=\det\begin{bmatrix}-1-t&0&0\\2&-1-t&-1\\0&0&-1-t\end{bmatrix}\\&=(-1-t)\cdot\det\begin{bmatrix}-1-t&-1\\0&-1-t\end{bmatrix}\\&=(-1-t)^3\\&=-(t+1)^3\end{aligned}$$

4　關於定理 5.1 的證明，參考文獻[4，269 頁]。

因此 T 的唯一特徵值爲 -1，且其重根數爲 3。T 對應於 -1 的特徵空間爲 $(A+I_3)\mathbf{x}=\mathbf{0}$ 的解集合。因 $A+I_3$ 的最簡列梯型爲

$$\begin{bmatrix} 1 & 0 & -.5 \\ 0 & 0 & 0 \\ 0 & 0 & 0 \end{bmatrix}$$

我們可見

$$\left\{\begin{bmatrix} 0 \\ 1 \\ 0 \end{bmatrix}, \begin{bmatrix} 1 \\ 0 \\ 2 \end{bmatrix}\right\}$$

爲 T 對應於 -1 的特徵空間的一組基底。注意此特徵空間爲二維，且 -1 的重根數爲 3，與定理 5.1 之描述一致。

練習題 3.

試決定下列矩陣

$$A = \begin{bmatrix} 1 & -1 & -1 \\ 4 & -3 & -5 \\ 0 & 0 & 2 \end{bmatrix}$$

其特徵值、重根數、和每個特徵空間之基底。

相似矩陣之特徵值

回憶一下，A 和 B 兩矩陣稱爲相似(*similar*)之條件爲，若存在一可逆矩陣 P 使得 $B=P^{-1}AP$。根據定理 3.4，我們可得

$$\begin{aligned}
\det(B-tI_n) &= \det(P^{-1}AP - tP^{-1}I_nP) \\
&= \det(P^{-1}AP - P^{-1}(tI_n)P) \\
&= \det(P^{-1}(A-tI_n)P) \\
&= (\det P^{-1})[\det(A-tI_n)](\det P) \\
&= \left(\frac{1}{\det P}\right)[\det(A-tI_n)](\det P) \\
&= \det(A-tI_n)
\end{aligned}$$

故 A 的特徵多項式和 B 的相同。因此以下命題爲眞(參見習題 84)：

相似矩陣具有相同特徵多項式，因此具有相同特徵值及重根數。再者，其對應於相同特徵值之特徵空間有相同的維度。

在 5.3 節中，我們將探討與對角矩陣相似之矩陣。

複數特徵值*

在例題 3 中，我們可見並非所有 $n \times n$ 矩陣或在 R^n 空間中之線性運算子都有實數特徵值及特徵向量。在該例中的矩陣其特徵多項式必不具有實數根。然而，這是一代數基本定理的結果：所有 $n \times n$ 矩陣具有複數特徵值。(參見附錄 C。) 事實上，此代數基本定理指出：所有 $n \times n$ 矩陣的特徵多項式皆可寫成如下形式

$$c(t-\lambda_1)(t-\lambda_2)\cdots(t-\lambda_n)$$

其中 $c, \lambda_1, \lambda_2, \cdots, \lambda_n$ 爲複數。因此，若我們依其重根數計數每個特徵值，則每個 $n \times n$ 矩陣皆正好具有 n 個複數特徵值。然而，這些特徵值的部份甚或全部，可能不爲實數。

在有些應用上(在如物理及電機工程)，複數特徵值爲實務問題提供很有用的資訊。就大部分而言，數學理論對複數或是實數並無不同。然而，在複數的情況下，我們必須讓矩陣和向量中能包含複數元素。因此，所有 $n \times 1$ 具複數元數矩陣的集合，以 C^n 來表示，取代一般 R^n 向量的集合，且用包括複數的集合 C 取代純量集合 R。

例題 5 將說明牽涉到複數之求特徵值及特徵向量的計算。然而，除了在 5.5 節的一個應用以及在 5.2 與 5.3 節的指定習題之外，在本書中我們只專注於實數特徵值及具有實數元素的特徵向量。

例題 5

試決定下列矩陣之複數特徵值及每個特徵空間之基底。

$$A=\begin{bmatrix}1 & -10\\ 2 & 5\end{bmatrix}$$

解 A 的特徵多項式爲

$$\det(A-tI_2)=\det\begin{bmatrix}1-t & -10\\ 2 & 5-t\end{bmatrix}=(1-t)(5-t)+20=t^2-6t+25$$

---

*本節其餘的部分僅用於描述簡諧運動(harmonic motion) (在 5.5 節中的一個選讀主題)。

利用二次公式(quadratic formula)，我們求得 A 的特徵多項式之根為

$$t=\frac{6\pm\sqrt{(-6)^2-4(1)(25)}}{2}=\frac{6\pm\sqrt{-64}}{2}=\frac{6\pm 8i}{2}=3\pm 4i$$

因此 A 的特徵值為 $3+4i$ 及 $3-4i$。如同處理實數特徵值的方法，我們由解 $(A-(3+4i)I_2)\mathbf{x}=\mathbf{0}$，可得在 C^2 空間中對應於 $3+4i$ 的特徵向量。$A-(3+4i)I_2$ 的最簡列梯型為

$$\begin{bmatrix}1 & 1-2i\\ 0 & 0\end{bmatrix}$$

因此對應於 $3+4i$ 特徵空間中的向量具有如下形式

$$\begin{bmatrix}x_1\\ x_2\end{bmatrix}=\begin{bmatrix}(-1+2i)x_2\\ x_2\end{bmatrix}=x_2\begin{bmatrix}-1+2i\\ 1\end{bmatrix}$$

則對應於 $3+4i$ 特徵空間的一個基底為

$$\left\{\begin{bmatrix}-1+2i\\ 1\end{bmatrix}\right\}$$

同樣的，$A-(3-4i)I_2$ 的最簡列梯型為

$$\begin{bmatrix}1 & 1+2i\\ 0 & 0\end{bmatrix}$$

因此對應於 $3-4i$ 特徵空間中的向量具有如下形式

$$\begin{bmatrix}x_1\\ x_2\end{bmatrix}=\begin{bmatrix}(-1-2i)x_2\\ x_2\end{bmatrix}=x_2\begin{bmatrix}-1-2i\\ 1\end{bmatrix}$$

且對應於 $3-4i$ 特徵空間的一個基底為

$$\left\{\begin{bmatrix}-1-2i\\ 1\end{bmatrix}\right\}$$

練習題 4.

試決定如下 90°旋轉矩陣之複數特徵值及每個特徵空間的基底。

$$A=\begin{bmatrix}0 & -1\\ 1 & 0\end{bmatrix}$$

當 A 的所有元素為實數時，A 的特徵多項式具有實數係數。在此情況下，若某非實數數值為 A 的特徵多項式的一個根，則其共軛複數(complex conjugate)也為一根。因此，**一實數矩陣之非實數特徵值(nonreal eigenvalues)以共軛複數對(complex conjugate pairs)的形式出現**。甚至，若 $\mathbf{v}$ 為 A 對應於非實數特徵值 λ 的一個特徵向量，則 $\mathbf{v}$ 的共軛複數(一向量其元素皆為 $\mathbf{v}$ 中元素的共軛複數)亦可證之為 A 對應於 λ 之共軛複數的特徵向量。請注意在例題 5 中就有此種關係。

習　題

在習題 1 至 12 中，將給定一矩陣及其特徵多項式。求每個矩陣之特徵值及決定每個特徵空間之基底。

1. $\begin{bmatrix} 3 & -3 \\ 2 & 8 \end{bmatrix}$，$(t-5)(t-6)$

2. $\begin{bmatrix} -7 & 1 \\ -6 & -2 \end{bmatrix}$，$(t+4)(t+5)$

3. $\begin{bmatrix} -10 & 6 \\ -15 & 9 \end{bmatrix}$，$t(t+1)$

4. $\begin{bmatrix} -9 & -7 \\ 14 & 12 \end{bmatrix}$，$(t+2)(t-5)$

5. $\begin{bmatrix} 6 & -5 & -4 \\ 5 & -3 & -5 \\ 4 & -5 & -2 \end{bmatrix}$，$-(t+3)(t-2)^2$

6. $\begin{bmatrix} -2 & -6 & -6 \\ -3 & 2 & -2 \\ 3 & 2 & 6 \end{bmatrix}$，$-(t+2)(t-4)^2$

7. $\begin{bmatrix} 6 & -4 & -4 \\ -8 & 2 & 4 \\ 8 & -4 & -6 \end{bmatrix}$，$-(t-6)(t+2)^2$

8. $\begin{bmatrix} -5 & 6 & 1 \\ -1 & 2 & 1 \\ -8 & 6 & 4 \end{bmatrix}$，$-(t+4)(t-2)(t-3)$

9. $\begin{bmatrix} 0 & 2 & 1 \\ 1 & -1 & -1 \\ 4 & 4 & -3 \end{bmatrix}$，$-(t+3)(t+2)(t-1)$

10. $\begin{bmatrix} 3 & 2 & 2 \\ -2 & -1 & -2 \\ 2 & 2 & 3 \end{bmatrix}$，$-(t-3)(t-1)^2$

11. $\begin{bmatrix} -1 & 4 & -4 & -4 \\ 5 & -2 & 1 & 6 \\ 0 & 0 & -1 & 0 \\ 5 & -5 & 5 & 9 \end{bmatrix}$，$(t-3)(t-4)(t+1)^2$

12. $\begin{bmatrix} 1 & 6 & -6 & -6 \\ 6 & 7 & -6 & -12 \\ 3 & 3 & -2 & -6 \\ 3 & 9 & -9 & -11 \end{bmatrix}$，$(t+5)(t+2)(t-1)^2$

在習題 13 至 24，試求每個矩陣之特徵值，並決定每個特徵空間之基底。

13. $\begin{bmatrix} 1 & 3 \\ 0 & -4 \end{bmatrix}$

14. $\begin{bmatrix} 8 & 2 \\ -12 & -2 \end{bmatrix}$

15. $\begin{bmatrix} -3 & -4 \\ 12 & 11 \end{bmatrix}$

16. $\begin{bmatrix} -2 & 0 \\ 3 & -1 \end{bmatrix}$

17. $\begin{bmatrix} -7 & 5 & 4 \\ 0 & -3 & 0 \\ -8 & 9 & 5 \end{bmatrix}$

18. $\begin{bmatrix} -3 & -12 & 0 \\ 0 & 3 & 0 \\ -4 & -8 & 1 \end{bmatrix}$

19. $\begin{bmatrix} -1 & 0 & 0 \\ 2 & 5 & 0 \\ 1 & -2 & -1 \end{bmatrix}$

20. $\begin{bmatrix} 3 & 0 & 0 \\ 9 & 3 & 10 \\ -5 & 0 & -2 \end{bmatrix}$

21. $\begin{bmatrix} -4 & 0 & 2 \\ 2 & 4 & -8 \\ 2 & 0 & -4 \end{bmatrix}$

22. $\begin{bmatrix} -4 & 7 & 7 \\ 0 & 3 & 7 \\ 0 & 0 & -4 \end{bmatrix}$

23. $\begin{bmatrix} -1 & -2 & -1 & 4 \\ 0 & 1 & 2 & 0 \\ 0 & 0 & -2 & -1 \\ 0 & 0 & 0 & 2 \end{bmatrix}$

24. $\begin{bmatrix} 1 & 0 & 0 & 0 \\ 9 & -2 & -3 & 3 \\ -6 & 0 & 1 & -3 \\ -6 & 0 & 0 & -2 \end{bmatrix}$

在習題 25 至 32 中，給定一線性運算子和其特徵多項式。試求每個運算子之特徵值並決定每個特徵空間之基底。

25. $T\left(\begin{bmatrix}x_1\\x_2\end{bmatrix}\right)=\begin{bmatrix}-x_1+6x_2\\-8x_1+13x_2\end{bmatrix}$，$(t-5)(t-7)$

26. $T\left(\begin{bmatrix}x_1\\x_2\end{bmatrix}\right)=\begin{bmatrix}-x_1+2x_2\\-4x_1-7x_2\end{bmatrix}$，$(t+5)(t+3)$

27. $T\left(\begin{bmatrix}x_1\\x_2\end{bmatrix}\right)=\begin{bmatrix}-10x_1-24x_2\\8x_1+18x_2\end{bmatrix}$，$(t-6)(t-2)$

28. $T\left(\begin{bmatrix}x_1\\x_2\end{bmatrix}\right)=\begin{bmatrix}-x_1+2x_2\\-10x_1+8x_2\end{bmatrix}$，$(t-4)(t-3)$

29. $T\left(\begin{bmatrix}x_1\\x_2\\x_3\end{bmatrix}\right)=\begin{bmatrix}-2x_2+4x_3\\-3x_1+x_2+3x_3\\-x_1+x_2+5x_3\end{bmatrix}$，$-(t+2)(t-4)^2$

30. $T\left(\begin{bmatrix}x_1\\x_2\\x_3\end{bmatrix}\right)=\begin{bmatrix}-8x_1-5x_2-7x_3\\6x_2+3x_2+7x_3\\8x_1+8x_2-9x_3\end{bmatrix}$，
$-(t+3)(t+2)(t+9)$

31. $T\left(\begin{bmatrix}x_1\\x_2\\x_3\end{bmatrix}\right)=\begin{bmatrix}3x_1+2x_2-2x_3\\2x_1+6x_2-4x_3\\3x_1+6x_2-4x_3\end{bmatrix}$，
$-(t-1)(t-2)^2$

32. $T\left(\begin{bmatrix}x_1\\x_2\\x_3\end{bmatrix}\right)=\begin{bmatrix}3x_1+4x_2-4x_3\\8x_1+7x_2-8x_3\\8x_1+8x_2-9x_3\end{bmatrix}$，
$-(t+1)^2(t-3)$

在習題 33 至 40 中，求每個線性運算子之特徵值並決定每個特徵空間之基底。

33. $T\left(\begin{bmatrix}x_1\\x_2\end{bmatrix}\right)=\begin{bmatrix}-4x_1+x_2\\-2x_1-x_2\end{bmatrix}$

34. $T\left(\begin{bmatrix}x_1\\x_2\end{bmatrix}\right)=\begin{bmatrix}6x_1-x_2\\6x_1+x_2\end{bmatrix}$

35. $T\left(\begin{bmatrix}x_1\\x_2\end{bmatrix}\right)=\begin{bmatrix}2x_2\\-10x_1+9x_2\end{bmatrix}$

36. $T\left(\begin{bmatrix}x_1\\x_2\end{bmatrix}\right)=\begin{bmatrix}-5x_1-8x_2\\12x_1+15x_2\end{bmatrix}$

37. $T\left(\begin{bmatrix}x_1\\x_2\\x_3\end{bmatrix}\right)=\begin{bmatrix}7x_1-10x_2\\5x_1-8x_2\\-x_1+x_2+2x_3\end{bmatrix}$

38. $T\left(\begin{bmatrix}x_1\\x_2\\x_3\end{bmatrix}\right)=\begin{bmatrix}-6x_1-5x_2+5x_3\\-x_2\\-10x_1-10x_2+9x_3\end{bmatrix}$

39. $T\left(\begin{bmatrix}x_1\\x_2\\x_3\end{bmatrix}\right)=\begin{bmatrix}-3x_1\\-8x_1+x_2\\-12x_1+x_3\end{bmatrix}$

40. $T\left(\begin{bmatrix}x_1\\x_2\\x_3\end{bmatrix}\right)=\begin{bmatrix}-4x_1+6x_2\\2x_2\\-5x_1+5x_2+x_3\end{bmatrix}$

41. 試說明$\begin{bmatrix}6&-7\\4&-3\end{bmatrix}$不具有實數特徵值。

42. 試說明$\begin{bmatrix}4&-5\\3&-2\end{bmatrix}$不具有實數特徵值。

43. 試說明線性運算子$T\left(\begin{bmatrix}x_1\\x_2\end{bmatrix}\right)=\begin{bmatrix}x_1+3x_2\\-2x_1+5x_2\end{bmatrix}$不具有實數特徵值。

44. 試說明線性運算子$T\left(\begin{bmatrix}x_1\\x_2\end{bmatrix}\right)=\begin{bmatrix}2x_1-3x_2\\2x_1+4x_2\end{bmatrix}$不具有實數特徵值。

在習題 45 至 52 中，使用複數來決定每個線性運算子之特徵值並決定每個特徵空間之基底。

45. $\begin{bmatrix}1-10i&-4i\\24i&1+10i\end{bmatrix}$

46. $\begin{bmatrix}1-i&-4\\1&1-i\end{bmatrix}$

47. $\begin{bmatrix}5&51\\-3&11\end{bmatrix}$

48. $\begin{bmatrix}2&-1\\1&2\end{bmatrix}$

49. $\begin{bmatrix}2i&1+2i&-6-i\\0&4&3i\\0&0&1\end{bmatrix}$

50. $\begin{bmatrix}2&-i&-i+1\\0&0&i\\0&0&i\end{bmatrix}$

51. $\begin{bmatrix}i&0&1-5i\\0&1&\frac{1}{2}\\0&0&2\end{bmatrix}$

52. $\begin{bmatrix}2i&0&0\\0&0&0\\0&-i&1\end{bmatrix}$

是非題

在習題 53 至 72 中，試判別該命題是真確或謬誤。

53. 若兩矩陣具有相同的特徵多項式，則它們具有相同的特徵向量。

54. 若兩矩陣具有相同的特徵多項式，則他們具有相同的特徵值。

55. 一個 $n\times n$ 矩陣之特徵多項式爲一 n 次多項式。

56. 一矩陣之特徵值等同於其最簡列梯型之特徵值。

57. 一矩陣之特徵向量等同於其最簡列梯型之特徵向量。

58. 一個 $n\times n$ 矩陣具有 n 個不同的特徵值。

59. 每個 $n\times n$ 矩陣都有一個在 R^n 空間中的特徵向量。

60. 每個方陣都有一個複數特徵值。

61. 一個 $n\times n$ 矩陣的特徵多項式可以寫爲 $c(t-\lambda_1)(t-\lambda_2)\cdots(t-\lambda_n)$，對某些實數 $c, \lambda_1, \lambda_2, \cdots, \lambda_n$。

62. 一個 $n\times n$ 矩陣的特徵多項式可以寫爲 $c(t-\lambda_1)(t-\lambda_2)\cdots(t-\lambda_n)$，對某些複數 $c, \lambda_1, \lambda_2, \cdots, \lambda_n$。

63. 若 $(t-4)^2$ 可整除 A 的特徵多項式，則 4 爲 A 的一個特徵值且具有重根數 2。

64. 一特徵值的重根數等同於其相對應特徵空間之維度。

65. 若 λ 爲矩陣 A 的一個特徵值，且重根數爲 1，則 A 對應於 λ 的特徵空間之維度爲 1。

66. 一矩陣之非實數特徵值以共軛複數對的方式出現。

67. 一實數矩陣之非實數特徵值以共軛複數對的方式出現。

68. 若 A 爲一個 $n\times n$ 矩陣，則 A 的特徵值之重根數的總和等於 n。

69. 純量 1 爲 I_n 的一個特徵值。

70. I_n 的唯一一個特徵值爲 1。

71. 一個零方陣沒有特徵值。

72. 一個 $n\times n$ 矩陣 A 的特徵值爲 $\det(A-tI_n)=0$ 的解。

---

73. 令 A 爲一個 $n\times n$ 矩陣，且假設，對某特定純量 c，$A-cI_n$ 的最簡列梯型爲 I_n。則可對 c 做何說明？

74. 若 $f(t)$ 爲一方陣 A 的特徵多項式，則 $f(0)$ 爲何？

75. 假設一個 $n\times n$ 矩陣 A 的特徵多項式爲
$$a_n t^n + a_{n-1}t^{n-1} + \cdots + a_1 t + a_0$$
試求 $-A$ 的特徵多項式。

76. 一個 $n\times n$ 矩陣之特徵多項式 t^n 項的係數爲何？

77. 假設 A 爲一個 4×4 矩陣不具有非實數特徵值且只有兩個實數特徵值，5 和 -9。令 W_1 和 W_2 爲 A 分別對應於 5 和 -9 的特徵空間。寫出符合下列資訊之所有可能的 A 的特徵多項式：
   (a) $\dim W_1=3$
   (b) $\dim W_2=1$
   (c) $\dim W_1=2$

78. 假設 A 爲一個 5×5 矩陣不具有非實數特徵值且只有三個實數特徵值 4，6，和 7。令 W_1、W_2 和 W_3 爲 A 分別對應於 4、6，和 7 的特徵空間。寫出符合下列資訊之所有可能的 A 的特徵多項式：
   (a) $\dim W_2=3$
   (b) $\dim W_1=2$
   (c) $\dim W_1=1$ 且 $\dim W_2=2$
   (d) $\dim W_2=2$ 且 $\dim W_3=2$

79. 試說明若 A 爲一個上三角或一個下三角矩陣，則 A 的特徵值 λ 其重根數爲 k 若且唯若 λ 恰在 A 的對角線上出現 k 次。

80. 試說明旋轉矩陣 A_θ 具有非實數特徵值，若 $0°<\theta<180°$。

81. (a) 試決定下列矩陣之每個特徵空間的基底
$$A=\begin{bmatrix} 3 & 2 \\ -1 & 0 \end{bmatrix}$$
   (b) 試決定矩陣 $-3A$ 之每個特徵空間的基底。
   (c) 試決定矩陣 $5A$ 之每個特徵空間的基底。
   (d) 試建立任何一個方陣 B 的特徵向量和 cB (對任何純量 $c\neq 0$)的特徵向量之間的關係。
   (e) 試建立任何一個方陣 B 的特徵值和 cB (對任何純量 $c\neq 0$)的特徵值之間的關係。

82. (a) 試決定下列矩陣之每個特徵空間的基底。
$$A=\begin{bmatrix} 5 & -2 \\ 1 & 8 \end{bmatrix}$$

5

(b) 試決定矩陣 $A+4I_2$ 之每個特徵空間的基底。

(c) 試決定矩陣 $A-6I_2$ 之每個特徵空間的基底。

(d) 試建立任何一個 $n\times n$ 矩陣 B 的特徵向量和 $B+cI_n$ (對任何純量 c)的特徵向量之間的關係。

(e) 試建立任何一個 $n\times n$ 矩陣 B 的特徵值和 $B+cI_n$(對任何純量 c)的特徵值之間的關係。

83. (a) 試決定 A^T 的特徵多項式，其中 A 爲習題 82 中之矩陣。

(b) 試建立任何一個方陣 B 的特徵多項式和 B^T 的特徵多項式之間的關係。

(c) 關於一個方陣 B 的特徵值和 B^T 的特徵值之間的關係，由(b)可得知甚麼？

(d) 一個方陣 B 的特徵向量和 B^T 的特徵向量之間有關係嗎？

84. 令 A 和 B 爲 $n\times n$ 矩陣使得 $B=P^{-1}AP$，且令 λ 爲 A 的(也是 B 的)特徵值。試證明下列結果:

(a) 一個 R^n 的向量 $\mathbf{v}$ 在 A 對應於 λ 的特徵空間中若且爲若 $P^{-1}\mathbf{v}$ 在 B 對應於 λ 的特徵空間中。

(b) 若 $\{\mathbf{v}_1, \mathbf{v}_2, \cdots, \mathbf{v}_k\}$ 爲 A 對應於 λ 的特徵空間的一個基底，則 $\{P^{-1}\mathbf{v}_1, P^{-1}\mathbf{v}_2, \cdots, P^{-1}\mathbf{v}_k\}$ 爲 B 對應於 λ 的特徵空間的一個基底。

(c) A 和 B 對應於相同特徵值的特徵空間具有相同的維度。

85. 令 A 爲一 2×2 對稱矩陣。試證明 A 具有實數特徵值。

86. (a) $A=\begin{bmatrix} a & b \\ c & d \end{bmatrix}$ 的特徵多項式具有 t^2+rt+s 的形式，對某些純量 r 和 s。試決定 r 和 s，以 a、b、c 和 d 來表示。

(b) 試說明 $A^2+rA+sI_2=O$，爲 2×2 零矩陣(對任何的方陣，相似的結果亦爲眞確)。此稱之爲葛雷-漢彌頓定理 (*Cayley-Hamilton theorem*)。

在習題 87 至 91 中，請使用具矩陣運算能力之計算機或電腦軟體如 MATLAB 來解每道題。

87. 試計算下列矩陣之特徵多項式

$$\begin{bmatrix} 1 & \frac{1}{2} & \frac{1}{3} \\ \frac{1}{2} & \frac{1}{3} & \frac{1}{4} \\ \frac{1}{3} & \frac{1}{4} & \frac{1}{5} \end{bmatrix}$$

此矩陣稱爲 3×3 修伯特矩陣 (*Hilbert matrix*)。計算修伯特矩陣時，會有明顯的捨入誤差。)

88. 試計算下列矩陣之特徵多項式

$$\begin{bmatrix} 0 & 0 & 0 & -17 \\ 1 & 0 & 0 & -18 \\ 0 & 1 & 0 & -19 \\ 0 & 0 & 1 & -20 \end{bmatrix}$$

89. 利用習題 88 的結果來求一 4×4 矩陣，其特徵多項式爲 $t^4-11t^3+23t^2+7t-5$。

90. 令 A 爲一隨機的 4×4 矩陣。

(a) 計算 A 及 A^T 的特徵多項式。

(b) 寫出一個關於 B 和 B^T 之特徵多項式的假說，其中 B 爲一任意 $n\times n$ 矩陣。使用一任意 5×5 矩陣來測試你的假說。

(c) 試證明你在(b)中的假說成立。

91. 令

$$A=\begin{bmatrix} 6.5 & -3.5 \\ 7.0 & -4.0 \end{bmatrix}$$

(a) 試求 A 的特徵值及對應於每個特徵值的特徵向量。

(b) 試說明 A 爲可逆，且試求 A^{-1} 的特徵值及對應於每個特徵值的特徵向量。

(c) 使用(a)和(b)中的結果，寫出一個關於 $n\times n$ 可逆矩陣的特徵值和特徵向量與其反矩陣的特徵值和特徵向量之間關係的假說。

(d) 用下列可逆矩陣測試你在(c)中的假說。

$$\begin{bmatrix} 3 & -2 & 2 \\ -4 & 8 & -10 \\ -5 & 2 & -4 \end{bmatrix}$$

(e) 試證明你在(c)中的假說成立。

練習題解答

1. 由於所給矩陣爲一對角矩陣，其特徵值爲其對角線上元素，即 4、−1、−2 和 3。

2. 一矩陣之特徵值爲其特徵多項式 $-(t-3)(t+5)^2(t-8)^4$ 之根。因此，此矩陣之特徵值爲 3，−5 及 8。特徵值 λ 的重根數爲因式 $t-\lambda$ 重複出現在特徵多項式中的次數。因此，3 爲一個特徵值具有重根數 1，−5 爲一個特徵值具有重根數 2，而 8 爲一個特徵值具有重根數 4。

3. 建立如下矩陣

$$B = A - tI_3 = \begin{bmatrix} 1-t & -1 & -1 \\ 4 & -3-t & -5 \\ 0 & 0 & 2-t \end{bmatrix}$$

爲計算 B 的行列式值，我們利用沿著第三列對其做餘因子展開。則

$$\begin{aligned} \det B &= (-1)^{3+1} b_{31} \cdot \det B_{31} + (-1)^{3+2} b_{32} \cdot \det B_{32} \\ &\quad + (-1)^{3+3} b_{33} \cdot \det B_{33} \\ &= 0+0+(-1)^6 (2-t) \cdot \det \begin{bmatrix} 1-t & -1 \\ 4 & -3-t \end{bmatrix} \\ &= (2-t)[(1-t)(-3-t)+4] \\ &= (2-t)[(t^2+2t-3)+4] \\ &= (2-t)(t^2+2t+1) \\ &= -(t-2)(t+1)^2 \end{aligned}$$

因此 A 的特徵值 −1 具有重根數 2，特徵值 2 具有重根數 1。因爲 $A+I_3$ 的最簡列梯型爲

$$\begin{bmatrix} 1 & -.5 & 0 \\ 0 & 0 & 1 \\ 0 & 0 & 0 \end{bmatrix}$$

我們可見 $(A+I_3)\mathbf{x}=\mathbf{0}$ 其一般解的向量形式爲

$$\begin{bmatrix} x_1 \\ x_2 \\ x_3 \end{bmatrix} = \begin{bmatrix} .5x_2 \\ x_2 \\ 0 \end{bmatrix} = x_2 \begin{bmatrix} .5 \\ 1 \\ 0 \end{bmatrix}$$

取 $x_2 = 2$，我們可得

$$\left\{ \begin{bmatrix} 1 \\ 2 \\ 0 \end{bmatrix} \right\}$$

爲 A 對應於特徵值 −1 的特徵空間的一個基底。同樣的，下列矩陣

$$\begin{bmatrix} 1 & 0 & 0 \\ 0 & 1 & 1 \\ 0 & 0 & 0 \end{bmatrix}$$

爲 $A-2I_3$ 的最簡列梯型。因此 A 對應於特徵值 2 的特徵空間的一個基底爲

$$\left\{ \begin{bmatrix} 0 \\ -1 \\ 1 \end{bmatrix} \right\}$$

4. A 的特徵多項式爲

$$\det(A-tI_2) = \det \begin{bmatrix} -t & -1 \\ 1 & -t \end{bmatrix} = t^2+1 = (t+i)(t-i)$$

因此 A 具有特徵值 $-i$ 及 i。因 $A+iI_2$ 的最簡列梯型爲

$$\begin{bmatrix} 1 & i \\ 0 & 0 \end{bmatrix}$$

對應於特徵值 $-i$ 的特徵空間的一個基底爲

$$\left\{ \begin{bmatrix} -i \\ 1 \end{bmatrix} \right\}$$

再者，$A-iI_2$ 的最簡列梯型爲

$$\begin{bmatrix} 1 & -i \\ 0 & 0 \end{bmatrix}$$

因此對應於特徵值 i 的特徵空間的一個基底爲

$$\left\{ \begin{bmatrix} i \\ 1 \end{bmatrix} \right\}$$

5.3 矩陣之對角化

在 2.1 節的範例 6 中，我們考慮一都會區其目前城市和郊區人口(以千爲單位)給定如下

$$\begin{matrix}\text{城市}\\ \text{郊區}\end{matrix}\begin{bmatrix}500\\700\end{bmatrix}=\mathbf{p}$$

且城市及郊區之人口移動可用以下矩陣來描述：

$$\begin{matrix} & & \begin{matrix}\text{城市} & \overset{\text{從}}{} & \text{郊區}\end{matrix} \\ \text{到} & \begin{matrix}\text{城市}\\ \text{郊區}\end{matrix} & \begin{bmatrix}.85 & .03\\ .15 & .97\end{bmatrix}=A\end{matrix}$$

我們可見此例中，城市及郊區之人口在 m 年後可用矩陣向量乘積 $A^m\mathbf{p}$ 表示。

在本節中，我們討論一計算 $A^m\mathbf{p}$ 的技巧。注意當 m 爲一個大的正整數，直接計算 $A^m\mathbf{p}$ 牽涉相當大量的工作。然而，若 A 爲如下之對角矩陣，則此計算會很容易

$$D=\begin{bmatrix}.82 & 0\\ 0 & 1\end{bmatrix}$$

對此情況，D 的冪次仍爲對角矩陣，因此可以很容易的使用在 2.1 節中描述的方法來求得。事實上，

$$D^m=\begin{bmatrix}(.82)^m & 0\\ 0 & 1^m\end{bmatrix}=\begin{bmatrix}(.82)^m & 0\\ 0 & 1\end{bmatrix}$$

雖然 $A\neq D$，可是 $A=PDP^{-1}$，其中

$$P=\begin{bmatrix}-1 & 1\\ 1 & 5\end{bmatrix}$$

此關係讓我們可以用 D 冪次來計算 A 的冪次。舉例如下

$$A^2=(PDP^{-1})(PDP^{-1})=PD(P^{-1}P)DP^{-1}=PDDP^{-1}=PD^2P^{-1}$$

及

$$A^3=(PDP^{-1})(PDP^{-1})(PDP^{-1})=PD^3P^{-1}$$

以類似方法，我們可得

$$
\begin{aligned}
A^m &= PD^mP^{-1} \\
&= \begin{bmatrix} -1 & 1 \\ 1 & 5 \end{bmatrix} \begin{bmatrix} (.82)^m & 0 \\ 0 & 1 \end{bmatrix} \begin{bmatrix} -1 & 1 \\ 1 & 5 \end{bmatrix}^{-1} \\
&= \begin{bmatrix} -1 & 1 \\ 1 & 5 \end{bmatrix} \begin{bmatrix} (.82)^m & 0 \\ 0 & 1 \end{bmatrix} \begin{bmatrix} -\frac{5}{6} & \frac{1}{6} \\ \frac{1}{6} & \frac{1}{6} \end{bmatrix} \\
&= \frac{1}{6}\begin{bmatrix} 1+5(.82)^m & 1-(.82)^m \\ 5-5(.82)^m & 5+(.82)^m \end{bmatrix}
\end{aligned}
$$

因此

$$
\begin{aligned}
A^m\mathbf{p} &= \frac{1}{6}\begin{bmatrix} 1+5(.82)^m & 1-(.82)^m \\ 5-5(.82)^m & 5+(.82)^m \end{bmatrix}\begin{bmatrix} 500 \\ 700 \end{bmatrix} \\
&= \frac{1}{6}\begin{bmatrix} 1200+1800(.82)^m \\ 6000-1800(.82)^m \end{bmatrix} \\
&= \begin{bmatrix} 200+300(.82)^m \\ 1000-300(.82)^m \end{bmatrix}
\end{aligned}
$$

因爲 $\lim_{m\to\infty}(.82)^m = 0$，我們可知 $A^m\mathbf{p}$ 的極限值爲

$$
\begin{bmatrix} 200 \\ 1000 \end{bmatrix}
$$

因此在多年之後，該都會區人口將包含 20 萬城市人口及一百萬郊區居民。

在之前計算中，請注意計算 PD^mP^{-1} 只需要 2 次矩陣相乘，而不是直接計算 A^m 所需的 $m-1$ 次矩陣相乘。此計算的簡化之所以可能，是因爲 A 可以被寫成 PDP^{-1} 的形式，其中 D 爲對角矩陣且 P 爲可逆矩陣。

定義　一個 $n\times n$ 矩陣 A 稱爲**可對角化的**，若存在有某 $n\times n$ 對角矩陣 D 及某 $n\times n$ 可逆矩陣 P 使得 $A=PDP^{-1}$。

因爲方程式 $A=PDP^{-1}$ 可以被寫爲 $P^{-1}AP=D$，我們可見一個可對角化矩陣相似於一個對角矩陣。也就是若對於某對角矩陣 D 吾人有 $A=PDP^{-1}$，則 A 的特徵值爲 D 對角線上的元素。

在 2.1 節例題 6 中的矩陣

$$
A = \begin{bmatrix} .85 & .03 \\ .15 & .97 \end{bmatrix}
$$

爲可對角化矩陣，因 $A=PDP^{-1}$，其中

$$
P = \begin{bmatrix} -1 & 1 \\ 1 & 5 \end{bmatrix} \qquad \text{且} \qquad D = \begin{bmatrix} .82 & 0 \\ 0 & 1 \end{bmatrix}
$$

注意 A 的特徵值爲.82 及 1。

每個對角矩陣都是可對角化的。(參見習題 79。)然而，並非每個矩陣都是可對角化的，如以下例題說明：

例題 1

試說明底下矩陣不是可對角化。

$$A=\begin{bmatrix}0 & 1\\ 0 & 0\end{bmatrix}$$

解 假設，和原命題相反，令 $A=PDP^{-1}$，其中 P 爲一個可逆的 2×2 矩陣且 D 爲一個 2×2 對角矩陣。因爲 A 爲上三角，A 的唯一一個特徵值爲 0，且具有重根數 2。因此對角矩陣 D 必須爲 $D=O$。因而 $A=PDP^{-1}=POP^{-1}=O$，矛盾產生，故原命題爲眞。

以下定理告訴我們何時一個矩陣 A 爲可對角化的和如何找尋一個可逆矩陣 P 及一個對角矩陣 D 使得 $A=PDP^{-1}$。

定理 5.2

一個 $n\times n$ 矩陣 A 爲可對角化矩陣若且唯若 A 的特徵向量構成 R^n 的一組基底。

再者，$A=PDP^{-1}$，其中 D 是一個對角線矩陣而 P 是一個可逆矩陣，若且唯若 P 之各行爲 A 之特徵向量並構成 R^n 的一組基底，且 D 的對角線元素爲對應於 P 之各行的 A 的特徵值。

證明 一開始假設 A 爲可對角化。則存在有對角矩陣 D 和可逆矩陣 P 使得 $A=PDP^{-1}$。令 $\lambda_1,\lambda_2,\cdots,\lambda_n$ 爲 D 之對角線元素。因 P 爲可逆，其行必須彼此線性獨立，因而構成 R^n 的一組基底。將 $A=PDP^{-1}$ 改寫爲 $AP=PD$，我們可得左右矩陣的第 j 行彼此相等；亦即，

$$A\mathbf{p}_j=P\mathbf{d}_j=P(\lambda_j\mathbf{e}_j)=\lambda_j(P\mathbf{e}_j)=\lambda_j\mathbf{p}_j$$

所以 P 的每一行爲 A 的一個特徵向量，而 D 的每個對角線元素爲 A 的相對應的特徵值。

反向來說，假設$\{\mathbf{p}_1,\mathbf{p}_2,\cdots,\mathbf{p}_n\}$爲 R^n 的一組基底且是由 A 之特徵向量所構成，而 λ_j 爲 A 對應於 $\mathbf{p}_j$ 的特徵值。令 P 爲一矩陣，其行爲 $\mathbf{p}_1,\mathbf{p}_2,\cdots,\mathbf{p}_n$；且 D 爲一對角矩陣，其對角線元素爲 $\lambda_1,\lambda_2,\cdots,\lambda_n$。則 AP 的第 j 行等於

$A\mathbf{p}_j$，且 PD 的第 j 行爲 $P(\lambda_j\mathbf{e}_j)=\lambda_j(P\mathbf{e}_j)=\lambda_j\mathbf{p}_j$。但對每個 j，$A\mathbf{p}_j=\lambda_j\mathbf{p}_j$，因 $\mathbf{p}_j$ 爲對應於特徵值 λ_j 的一個特徵向量。因此 $AP=PD$。因爲 P 的行彼此線性獨立，根據可逆矩陣定理，P 爲可逆的。所以，在之前方程式的左右兩邊的右方乘上 P^{-1}，可得 $A=PDP^{-1}$，因而證明了 A 爲可對角化的。■

定理 5.2 告訴我們如何對角化(*duagonalize*)如下一矩陣

$$A=\begin{bmatrix} .85 & .03 \\ .15 & .97 \end{bmatrix}$$

此矩陣出現在之前討論人口的例題中。A 的特徵多項式爲

$$\begin{aligned}\det(A-tI_2)&=\det\begin{bmatrix} .85-t & .03 \\ .15 & .97-t \end{bmatrix}\\ &=(.85-t)(.97-t)-.03(.15)\\ &=t^2-1.82t+.82\\ &=(t-.82)(t-1)\end{aligned}$$

所以，A 的特徵值爲.82 和 1。因 $A-.82I_2$ 的最簡列梯型爲

$$\begin{bmatrix} 1 & 1 \\ 0 & 0 \end{bmatrix}$$

我們可見

$$B_1=\left\{\begin{bmatrix} -1 \\ 1 \end{bmatrix}\right\}$$

爲 A 對應於.82 之特徵空間的一個基底。同理，

$$\begin{bmatrix} 1 & -.2 \\ 0 & 0 \end{bmatrix}$$

爲 $A-I_2$ 的最簡列梯型，因此

$$B_2=\left\{\begin{bmatrix} 1 \\ 5 \end{bmatrix}\right\}$$

爲 A 對應於 1 的特徵空間之一基底。集合

$$B=\left\{\begin{bmatrix} -1 \\ 1 \end{bmatrix},\begin{bmatrix} 1 \\ 5 \end{bmatrix}\right\}$$

是將 B_1 及 B_2 組合得出，兩者爲線性獨立，因彼此之間無倍數關係。因此 B 爲 R^2 空間中的一組基底，且由 A 的特徵向量所組成。因此定理 5.2 保證 A 爲可對角化的。注意下列矩陣的行

$$P=\begin{bmatrix}-1 & 1\\ 1 & 5\end{bmatrix}$$

爲在對 A 對角化的過程中基底的向量，且對角矩陣

$$D=\begin{bmatrix}.82 & 0\\ 0 & 1\end{bmatrix}$$

的對角線元素爲 A 的特徵值並分別對應到 P 的行。

能夠讓 $PDP^{-1}=A$ 的矩陣 P 和 D 並非唯一。例如，取

$$P=\begin{bmatrix}2 & -3\\ 10 & 3\end{bmatrix} \quad 及 \quad D=\begin{bmatrix}1 & 0\\ 0 & .82\end{bmatrix}$$

也可得 $PDP^{-1}=A$，因爲這些矩陣都滿足定理 5.2 的假設。注意，雖然在定理 5.2 的矩陣 D 並非唯一，但此類矩陣只是把 A 的特徵值排列在 D 的對角線上，任兩個此類矩陣只在次序上有所不同。

當使用定理 5.2 來證明一個矩陣是可對角化矩陣時，我們一般使用以下的結果：**若將相異特徵空間之基底結合，則所得集合爲線性獨立**。此爲定理 5.3 的結果，證明可參考文獻[4，267 頁]。

定理 5.3

一方陣對應於相異特徵值之特徵向量的集合爲線性獨立。

證明 令 A 爲一個 $n\times n$ 矩陣，具有特徵向量 $\mathbf{v}_1, \mathbf{v}_2, \cdots, \mathbf{v}_m$ 分別對應於相異的特徵值 $\lambda_1, \lambda_2, \cdots, \lambda_m$。我們以矛盾法證明之。假設此特徵向量之集合爲線性相依。因特徵向量爲非零，由定理 1.9 顯示：存在一個最小的下標值 $k(2\le k\le m)$使得 $\mathbf{v}_k$ 爲 $\mathbf{v}_1, \mathbf{v}_2, \cdots, \mathbf{v}_{k-1}$ 的一個線性組合，例如，

$$\mathbf{v}_k = c_1\mathbf{v}_1 + c_2\mathbf{v}_2 + \cdots + c_{k-1}\mathbf{v}_{k-1} \qquad (1)$$

$c_1, c_2, \cdots, c_{k-1}$ 爲純量。因爲對每個 i，$A\mathbf{v}_i = \lambda_i\mathbf{v}_i$，當我們將方程式(1)兩邊同乘以 A 時，我們可得

$$\begin{aligned}A\mathbf{v}_k &= A(c_1\mathbf{v}_1 + c_2\mathbf{v}_2 + \cdots + c_{k-1}\mathbf{v}_{k-1})\\ &= c_1A\mathbf{v}_1 + c_2A\mathbf{v}_2 + \cdots + c_{k-1}A\mathbf{v}_{k-1}\end{aligned}$$

也就是，

$$\lambda_k\mathbf{v}_k = c_1\lambda_1\mathbf{v}_1 + c_2\lambda_2\mathbf{v}_2 + \cdots + c_{k-1}\lambda_{k-1}\mathbf{v}_{k-1} \qquad (2)$$

現在將方程式(1)的兩邊同乘以 λ_k，且以方程式(2)減去此結果。則得到

$$\mathbf{0} = c_1(\lambda_1 - \lambda_k)\mathbf{v}_1 + c_2(\lambda_2 - \lambda_k)\mathbf{v}_2 + \cdots + c_{k-1}(\lambda_{k-1} - \lambda_k)\mathbf{v}_{k-1} \qquad (3)$$

根據我們選擇的 k，集合$\{\mathbf{v}_1, \mathbf{v}_2, \cdots, \mathbf{v}_{k-1}\}$爲線性獨立的。因此

$$c_1(\lambda_1 - \lambda_k) = c_2(\lambda_2 - \lambda_k) = \cdots = c_{k-1}(\lambda_{k-1} - \lambda_k) = 0$$

但純量 $\lambda_1 - \lambda_k$ 不爲零，因爲 $\lambda_1, \lambda_2, \cdots, \lambda_m$ 爲相異；所以

$$c_1 = c_2 = \cdots = c_{k-1} = 0$$

則方程式(1)意味著 $\mathbf{v}_k = \mathbf{0}$，此和特徵向量的定義互相矛盾。因此特徵向量集合$\{\mathbf{v}_1, \mathbf{v}_2, \cdots, \mathbf{v}_m\}$爲線性獨立。......■

依照定理 5.3，則一個具有 n 個不同特徵值的 $n\times n$ 矩陣，必具有 n 個線性獨立的特徵向量。

一個 $n\times n$ 矩陣若有 n 個相異特徵值，則它是可對角化的。

稍前使用來產生可逆矩陣 P 和對角矩陣 D 的技巧，也可使用於任何可對角化矩陣上。

矩陣對角化演算法

令 A 爲一個可對角化的 $n\times n$ 矩陣。組合 A 之每個特徵空間的基底形成 R^n 空間的一組基底 B 是由 A 的特徵向量所構成的。所以若 P 爲一矩陣，其行向量爲在 B 中的向量；且 D 爲一個對角矩陣，其對角線元素爲 A 對應到 P 個別行向量的特徵值，則 $A=PDP^{-1}$。

例題 2

試說明底下矩陣

$$A = \begin{bmatrix} -1 & 0 & 0 \\ 0 & 1 & 2 \\ 0 & 2 & 1 \end{bmatrix}$$

是可對角化。且求一個可逆矩陣 P 及一對角矩陣 D 使得 $A=PDP^{-1}$。

解　在 5.2 節中，我們已求得 A 的特徵多項式 $-(t+1)^2(t-3)$，並已知

$$B_1 = \left\{ \begin{bmatrix} 0 \\ 1 \\ 1 \end{bmatrix} \right\}$$

爲 A 對應於特徵值 3 之特徵空間的一個基底。類似的，

$$B_2=\left\{\begin{bmatrix}1\\0\\0\end{bmatrix},\begin{bmatrix}0\\1\\-1\end{bmatrix}\right\}$$

爲 A 對應於特徵值 -1 的特徵空間的一組基底。組合集合

$$B=\left\{\begin{bmatrix}0\\1\\1\end{bmatrix},\begin{bmatrix}1\\0\\0\end{bmatrix},\begin{bmatrix}0\\1\\-1\end{bmatrix}\right\}$$

根據本節稍前的說明，因此爲線性獨立。依照矩陣對角化的演算法，則 A 爲可對角化的且 $A=PDP^{-1}$，其中

$$P=\begin{bmatrix}0&1&0\\1&0&1\\1&0&-1\end{bmatrix} \quad 及 \quad D=\begin{bmatrix}3&0&0\\0&-1&0\\0&0&-1\end{bmatrix}$$

練習題 1.

對於底下的矩陣

$$A=\begin{bmatrix}-4&-6&0\\3&5&0\\3&3&2\end{bmatrix}$$

其特徵多項式爲 $-(t+1)(t-2)^2$。試藉由尋找一可逆矩陣 P 及一個對角矩陣 D 使得 $A=PDP^{-1}$ 來說明 A 是可對角化的。

矩陣何時為可對角化?

正如我們在例題 1 所見，並非所有方陣皆爲可對角化的。定理 5.2 告訴我們：當 $n\times n$ 矩陣 A 具有 n 個線性獨立的特徵向量時，則該矩陣是可對角化的。若欲使此發生，兩個不同條件必須被滿足；條件給定如下。[5]

---

5 對此測試條件之證明，可參考文獻[4，268 頁]。

對一已知特徵多項式的可對角化矩陣之測試：

一個 $n \times n$ 矩陣 A 為可對角化若且唯若以下條件同時為真[6]：

1. 當每個特徵值用其重根數來計數時，A 的特徵值總數等於 n。。
2. 對每個 A 的特徵值 λ，其對應的特徵空間的維度 $n-\text{rank}\,(A-\lambda I_n)$ 等於 λ 的重根數。

注意，根據定理 5.1，對應一個具有重根數 1 的特徵值之特徵空間其維度必須為 1。因此**條件(2)只需對重根數大於 1 的特徵值來檢測**。因此，若要檢查 5.2 節練習題 3 的矩陣 A 是否為可對角化的，則只需檢查特徵值 -1(重根數大於 1) 是否滿足條件(2)即可。

例題 3

試決定下列每個矩陣是否為可對角化的(使用實數特徵值)：

$$A=\begin{bmatrix} 0 & 2 & 1 \\ -2 & 0 & -2 \\ 0 & 0 & -1 \end{bmatrix} \qquad B=\begin{bmatrix} -7 & -3 & -6 \\ 0 & -4 & 0 \\ 3 & 3 & 2 \end{bmatrix}$$

$$C=\begin{bmatrix} -6 & -3 & 1 \\ 5 & 2 & -1 \\ 2 & 3 & -5 \end{bmatrix} \quad M=\begin{bmatrix} -3 & 2 & 1 \\ 3 & -4 & -3 \\ -8 & 8 & 6 \end{bmatrix}$$

這些矩陣相對應的特徵多項式為

$$-(t+1)(t^2+4) \text{、} -(t+1)(t+4)^2 \text{、} -(t+1)(t+4)^2 \text{、及} \quad -(t+1)(t^2-4)$$

解　A 的唯一特徵值為 -1，具有重根數 1。由於 A 為一個 3×3 矩陣，則為了可對角化，A 的所有特徵值的重根數總和必須為 3。因此 A 不是可對角化的，因為其具太少的特徵值。

B 的特徵值 -1 有重根數 1；特徵值 -4 有重根數 2。因此，若我們以其重根數次數來計數每個特徵值，則 B 具有 3 個特徵值。所以 B 為可對角化的若且唯若其每個特徵空間之維度等於相對應特徵值之重根數。正如我們所注意到的，只有重根數大於一的特徵值才需檢測。所以 B 為可對角化的若且唯若其對應於特徵值 -4 的特徵空間的維度為 2。因為 $B-(-4)I_3$ 的最簡列梯型為

---

[6] 依照代數基本定理，若允許複數特徵值的話，則第一個條件一定被滿足。

$$\begin{bmatrix} 1 & 1 & 2 \\ 0 & 0 & 0 \\ 0 & 0 & 0 \end{bmatrix}$$

是一個秩為 1 的矩陣，此特徵空間具有維度

$$3 - \text{rank}\,(B - (-4)I_3) = 3 - 1 = 2$$

因為它等於特徵值 -4 的重根數，B 為可對角化的。

C 的特徵值 -1 具有重根數 1，及特徵值 -4 具有重根數 2。所以我們可見 C 是可對角化的若且唯若其對應於特徵值 -4 的特徵空間之維度為 2。但 $C-(-4)I_3$ 的最簡列梯型為

$$\begin{bmatrix} 1 & 0 & 1 \\ 0 & 1 & -1 \\ 0 & 0 & 0 \end{bmatrix}$$

是一個秩為 2 的矩陣。所以對應於特徵值 -4 的特徵空間的維度為

$$3 - \text{rank}\,(C - (-4)I_3) = 3 - 2 = 1$$

小於特徵值 -4 的重根數。所以 C 不是可對角化的。

最後，M 的特徵多項式為

$$-(t+1)(t^2-4) = -(t+1)(t+2)(t-2)$$

我們可見 M 具有 3 個不同的特徵值(-1、-2，及 2)，所以可用在本節範例 2 稍前中的方框結果來對角化它。

練習題 2.

試決定每個給定的矩陣是否為可對角化的。如果是，請以 PDP^{-1} 的形式來表示，其中 P 為一個可逆矩陣且 D 為一個對角矩陣。

$$A = \begin{bmatrix} 2 & 2 & 1 \\ 0 & 0 & 3 \\ 0 & -1 & 0 \end{bmatrix} \qquad B = \begin{bmatrix} 5 & 5 & -6 \\ 0 & -1 & 0 \\ 3 & 2 & -4 \end{bmatrix}$$

A 和 B 的特徵多項式依序為 $-(t-2)(t^2+3)$ 及 $-(t-2)(t+1)^2$。

在 5.4 節中，我們將考慮，一個可對角線化的線性運算子有何意義。

習　題

在習題 1 至 12 中，給定一矩陣 A 及其特徵多項式。若可能，試求一個可逆矩陣 P 和一個對角矩陣 D 使得 $A=PDP^{-1}$。反之，請解釋 A 不是可對角化的原因。

1. $\begin{bmatrix} 7 & 6 \\ -1 & 2 \end{bmatrix}$　$(t-4)(t-5)$

2. $\begin{bmatrix} -2 & 7 \\ -1 & 2 \end{bmatrix}$　t^2+3

3. $\begin{bmatrix} 8 & 9 \\ -4 & -4 \end{bmatrix}$　$(t-2)^2$

4. $\begin{bmatrix} 9 & 15 \\ -6 & -10 \end{bmatrix}$　$t(t+1)$

5. $\begin{bmatrix} 3 & 2 & -2 \\ -8 & 0 & -5 \\ -8 & -2 & -3 \end{bmatrix}$　$-(t+5)(t-2)(t-3)$

6. $\begin{bmatrix} -9 & 8 & -8 \\ -4 & 3 & -4 \\ 2 & -2 & 1 \end{bmatrix}$　$-(t+3)(t+1)^2$

7. $\begin{bmatrix} 3 & -5 & 6 \\ 1 & 3 & -6 \\ 0 & 3 & -5 \end{bmatrix}$　$-(t-1)(t^2+2)$

8. $\begin{bmatrix} -2 & 6 & 3 \\ -2 & -8 & -2 \\ 4 & 6 & -1 \end{bmatrix}$　$-(t+5)(t+4)(t+2)$

9. $\begin{bmatrix} 1 & -2 & 2 \\ 8 & 11 & -8 \\ 4 & 4 & -1 \end{bmatrix}$　$-(t-5)(t-3)^2$

10. $\begin{bmatrix} 5 & 1 & 2 \\ 1 & 4 & 1 \\ -3 & -2 & 0 \end{bmatrix}$　$-(t-3)^3$

11. $\begin{bmatrix} -1 & 0 & 0 & 0 \\ 0 & -1 & 0 & 0 \\ 5 & 5 & 4 & -5 \\ 0 & 0 & 0 & -1 \end{bmatrix}$　$(t+1)^3(t-4)$

12. $\begin{bmatrix} -8 & 0 & -10 & 0 \\ -5 & 2 & -5 & 0 \\ 5 & 0 & 7 & 0 \\ -5 & 0 & -5 & 2 \end{bmatrix}$　$(t+3)(t-2)^3$

在習題 13 至 20 中，給定一矩陣 A。若可能，試求一可逆矩陣 P 和一對角矩陣 D 使得 $A=PDP^{-1}$。反之，試解釋 A 不是可對角化的原因。

13. $\begin{bmatrix} 16 & -9 \\ 25 & -14 \end{bmatrix}$

14. $\begin{bmatrix} -1 & 2 \\ 3 & 4 \end{bmatrix}$

15. $\begin{bmatrix} 6 & 6 \\ -2 & -1 \end{bmatrix}$

16. $\begin{bmatrix} 1 & 5 \\ -1 & -1 \end{bmatrix}$

17. $\begin{bmatrix} -1 & 2 & -1 \\ 0 & -3 & 1 \\ 0 & 0 & 2 \end{bmatrix}$

18. $\begin{bmatrix} -3 & 0 & -5 \\ 0 & 2 & 0 \\ 2 & 0 & 3 \end{bmatrix}$

19. $\begin{bmatrix} 0 & 0 & 0 \\ 1 & 1 & 0 \\ 0 & -1 & 0 \end{bmatrix}$

20. $\begin{bmatrix} 2 & 0 & -1 \\ 1 & 3 & -1 \\ 2 & 0 & 5 \end{bmatrix}$

在習題 21 至 28 中，使用複數來求一個可逆矩陣 P 和一對角矩陣 D 使得 $A=PDP^{-1}$。

21. $\begin{bmatrix} 2 & -1 \\ 1 & 2 \end{bmatrix}$

22. $\begin{bmatrix} 5 & 51 \\ -3 & 11 \end{bmatrix}$

23. $\begin{bmatrix} 1-i & -4 \\ 1 & 1-i \end{bmatrix}$

24. $\begin{bmatrix} 1-10i & -4i \\ 24i & 1+10i \end{bmatrix}$

25. $\begin{bmatrix} 0 & -1 & 1 \\ 3 & 3 & -2 \\ 2 & 1 & 1 \end{bmatrix}$

26. $\begin{bmatrix} 1 & -1+i & 1-2i \\ 0 & i & -i \\ 0 & 0 & 0 \end{bmatrix}$

27. $\begin{bmatrix} 2i & 0 & 0 \\ 0 & 1 & -i \\ 0 & 0 & 0 \end{bmatrix}$

28. $\begin{bmatrix} 2i & -6-i & 1+2i \\ 0 & 1 & 0 \\ 0 & 3i & 4 \end{bmatrix}$

是非題

在習題 29 至 48 中，試決定該命題是真確或謬誤。

29. 每個 $n\times n$ 矩陣都是可對角化的。
30. 一個 $n\times n$ 矩陣 A 爲可對角化的若且唯若 A 之特徵向量可構成 R^n 的一組基底。
31. 若 P 爲一個 $n\times n$ 矩陣且 D 爲一個 $n\times n$ 對角矩陣使得 $A=PDP^{-1}$，則由 P 之各行形成 R^n 的一組基底是由 A 之特徵向量所構成的。
32. 若 P 爲一個可逆矩陣且 D 爲一個對角矩陣使得 $A=PDP^{-1}$，則 A 的特徵值爲 D 之對角線元素。
33. 若 A 爲一個可對角化矩陣，則存在唯一的一個對角矩陣 D 使得 $A=PDP^{-1}$。
34. 若一個 $n\times n$ 矩陣具有 n 個不同的特徵向量，則其爲可對角化的。
35. 每個可對角化的 $n\times n$ 矩陣具有 n 個不同的特徵值。
36. 若 $B_1, B_2, \cdots, B_k$ 爲一個矩陣 A 其不同特徵空間之基底，則 $B_1\cup B_2\cup\cdots\cup B_k$ 爲線性獨立。
37. 若一個 $n\times n$ 矩陣 A 的特徵值之重根數的總和

5

等於 n，則 A 為可對角化的。

38. 若，對 A 的每個特徵值 λ，λ 的重根數等於其相對應特徵空間之維度，則 A 為可對角化的。
39. 若 A 為一個可對角化的 6×6 矩陣，且具有兩個不同的特徵值。此兩特徵值的重根數各為 2 和 4，則 A 相對應的特徵空間必須為 2 維及 4 維。
40. 若 λ 為 A 的一個特徵值，則對應於 λ 的特徵空間之維度等於 $A-\lambda I_n$ 的秩。
41. 一個 $n\times n$ 對角矩陣具有 n 個不同的特徵值。
42. 一對角矩陣為可對角化的。
43. 標準向量為對角矩陣之特徵向量。
44. 令 A 和 P 為 $n\times n$ 矩陣。若 P 的行形成 A 的一組 n 個線性獨立的特徵向量，則 PDP^{-1} 為一個對角矩陣。
45. 若 S 為一矩陣其不同特徵向量的集合，則 S 為線性獨立。
46. 若 S 為一矩陣 A 對應於不同特徵值的特徵向量所形成的集合，則 S 為線性獨立。
47. 若一個矩陣 A 的特徵多項式可分解為線性因式相乘，則 A 為可對角化的。
48. 若，對一個矩陣 A 的每個特徵值 λ，對應於 λ 的 A 的特徵空間之維度等於 λ 的重根數，則 A 為可對角化的。

---

49. 一個 3×3 矩陣具有特徵值 −4、2，及 5。此矩陣可角化嗎？驗證你的答案。
50. 一個 4×4 矩陣具有特徵值 −3、−1、2，及 5。此矩陣可角化嗎？驗證你的答案。
51. 一個 4×4 矩陣具有特徵值 −3、−1，及 2。特徵值 −1 具有重根數 2。
    (a) 在何種情況下此矩陣為可對角化的？驗證你的答案。
    (b) 在何種情況下此矩陣不可角化？驗證你的答案。
52. 一個 5×5 矩陣具有特徵值 −4，其重根數為 3；及特徵值 6，其重根數為 2。對應於特徵值 6 的特徵空間具有維度 2。
    (a) 在何種情況下此矩陣為可對角化的？驗證你的答案。
    (b) 在何種情況下此矩陣不可角化？驗證你的答案。
53. 一個 5×5 矩陣具有特徵值 −3，其重根數為 4；及特徵值 7，其重根數為 1。
    (a) 在何種情況下此矩陣為可對角化的？驗證你的答案。
    (b) 在何種情況下此矩陣不可角化？驗證你的答案。
54. 令 A 為一個 4×4 矩陣只具有特徵值 2 和 7，對應的特徵空間為 W_1 和 W_2。對以下每個給定的部分資訊，寫出 A 的特徵多項式，或說明為什麼沒有充分資訊來決定其特徵多項式。
    (a) $\dim W_1=3$。
    (b) $\dim W_2=2$。
    (c) A 為可對角化的，且 $\dim W_2=2$。
55. 令 A 為一個 5×5 矩陣，只有特徵值 4、5 和 8，對應的特徵空間為 W_1、W_2 和 W_3。對以下每個給定的部分資訊，寫出 A 的特徵多項式，或說明為什麼沒有充分資訊來決定其特徵多項式。
    (a) $\dim W_1=2$ 及 $\dim W_3=2$。
    (b) A 為可對角化的，且 $\dim W_2=2$。
    (c) A 為可對角化的，且 $\dim W_1=1$，$\dim W_2=2$。
56. 令 $A=\begin{bmatrix}1 & -2\\ 1 & -2\end{bmatrix}$ 及 $B=\begin{bmatrix}2 & 0\\ 1 & 0\end{bmatrix}$
    (a) 試說明 AB 及 BA 具有相同的特徵值。
    (b) AB 可對角化嗎？驗證你的答案。
    (c) BA 可對角化嗎？驗證你的答案。

在習題 57 至 62 中，依序給定一個 $n\times n$ 矩陣 A、由 A 的特徵向量所構成 R^n 之一組基底、及相對應之特徵值。試計算 A^k，對任意正整數 k。

57. $\begin{bmatrix}2 & 2\\ -1 & 5\end{bmatrix}$；$\left\{\begin{bmatrix}1\\1\end{bmatrix},\begin{bmatrix}2\\1\end{bmatrix}\right\}$；4，3
58. $\begin{bmatrix}-4 & 1\\ -2 & -1\end{bmatrix}$；$\left\{\begin{bmatrix}1\\2\end{bmatrix},\begin{bmatrix}1\\1\end{bmatrix}\right\}$；−2，−3
59. $\begin{bmatrix}5 & 6\\ -1 & 0\end{bmatrix}$；$\left\{\begin{bmatrix}2\\-1\end{bmatrix},\begin{bmatrix}-3\\1\end{bmatrix}\right\}$；2，3
60. $\begin{bmatrix}7 & 5\\ -10 & -8\end{bmatrix}$；$\left\{\begin{bmatrix}-1\\2\end{bmatrix},\begin{bmatrix}-1\\1\end{bmatrix}\right\}$；−3，2

61. $\begin{bmatrix} -3 & -8 & 0 \\ 4 & 9 & 0 \\ 0 & 0 & 5 \end{bmatrix}$；$\left\{\begin{bmatrix} -1 \\ 1 \\ 0 \end{bmatrix}, \begin{bmatrix} 0 \\ 0 \\ 1 \end{bmatrix}, \begin{bmatrix} -2 \\ 1 \\ 0 \end{bmatrix}\right\}$；5，5，1

62. $\begin{bmatrix} -1 & 0 & 2 \\ 0 & 2 & 0 \\ -4 & 0 & 5 \end{bmatrix}$；$\left\{\begin{bmatrix} 1 \\ 0 \\ 1 \end{bmatrix}, \begin{bmatrix} 0 \\ 1 \\ 0 \end{bmatrix}, \begin{bmatrix} 1 \\ 0 \\ 2 \end{bmatrix}\right\}$；1，2，3

在習題 63 至 72 中，給定一矩陣及其特徵多項式。試決定所有可能的純量 c 使得每個矩陣為不可對角化的。

63. $\begin{bmatrix} 1 & 0 & -1 \\ -2 & c & -2 \\ 2 & 0 & 4 \end{bmatrix}$
$-(t-c)(t-2)(t-3)$

64. $\begin{bmatrix} -7 & -1 & 2 \\ 0 & c & 0 \\ -10 & 3 & 3 \end{bmatrix}$
$-(t-c)(t+3)(t+2)$

65. $\begin{bmatrix} c & 0 & 0 \\ -1 & 1 & 4 \\ 3 & -2 & -1 \end{bmatrix}$
$-(t-c)(t^2+7)$

66. $\begin{bmatrix} 0 & 0 & -2 \\ -4 & c & -4 \\ 4 & 0 & 6 \end{bmatrix}$
$-(t-c)(t-2)(t-4)$

67. $\begin{bmatrix} 1 & -1 & 0 \\ 6 & 6 & 0 \\ 0 & 0 & c \end{bmatrix}$
$-(t-c)(t-3)(t-4)$

68. $\begin{bmatrix} 2 & -4 & -1 \\ 3 & -2 & 1 \\ 0 & 0 & c \end{bmatrix}$
$-(t-c)(t^2+8)$

69. $\begin{bmatrix} -3 & 0 & -2 \\ -6 & c & -2 \\ 1 & 0 & 0 \end{bmatrix}$
$-(t-c)(t+2)(t+1)$

70. $\begin{bmatrix} 3 & 0 & 0 \\ 0 & c & 0 \\ 1 & 0 & -2 \end{bmatrix}$
$-(t-c)(t+2)(t-3)$

71. $\begin{bmatrix} c & -9 & -3 & -15 \\ 0 & -7 & 0 & -6 \\ 0 & 7 & 2 & 13 \\ 0 & 4 & 0 & 3 \end{bmatrix}$
$(t-c)(t+3)(t+1)(t-2)$

72. $\begin{bmatrix} c & 6 & 2 & 10 \\ 0 & -12 & 0 & -15 \\ 0 & -11 & 1 & -15 \\ 0 & 10 & 0 & 13 \end{bmatrix}$
$(t-c)(t+2)(t-1)(t-3)$

73. 試求一 2×2 矩陣具有特徵值 -3 和 5，且有對應的特徵向量 $\begin{bmatrix} 1 \\ 1 \end{bmatrix}$ 及 $\begin{bmatrix} 1 \\ 3 \end{bmatrix}$。

74. 試求一 2×2 矩陣具有特徵值 7 和 -4，且有對應的特徵向量 $\begin{bmatrix} -1 \\ 3 \end{bmatrix}$ 及 $\begin{bmatrix} 1 \\ -2 \end{bmatrix}$。

75. 試求一 3×3 矩陣具有特徵值 3、-2 和 1，且有對應的特徵向量 $\begin{bmatrix} -1 \\ 0 \\ 1 \end{bmatrix}$、$\begin{bmatrix} -1 \\ 1 \\ 1 \end{bmatrix}$ 及 $\begin{bmatrix} -2 \\ 0 \\ 1 \end{bmatrix}$。

76. 試求一 $3\times$ 矩陣具有特徵值 3、2 和 2，且有對應的特徵向量 $\begin{bmatrix} 2 \\ 1 \\ 1 \end{bmatrix}$、$\begin{bmatrix} 1 \\ 0 \\ 1 \end{bmatrix}$ 及 $\begin{bmatrix} 1 \\ 1 \\ 1 \end{bmatrix}$。

77. 試舉出兩個可對角化的 $n\times n$ 矩陣 A 及 B，使得 $A+B$ 爲不可對角化的。

78. 試舉出兩個可對角化的 $n\times n$ 矩陣 A 及 B，使得 AB 不是可對角化的。

79. 試說明每個 $n\times n$ 對角矩陣是可對角化的。

80. (a) 令 A 爲一個 $n\times n$ 矩陣具有單一特徵值 c。試說明若 A 可對角化，則 $A = cI_n$。
(b) 利用(a)來解釋爲何 $\begin{bmatrix} 2 & 1 \\ 0 & 2 \end{bmatrix}$ 不可對角化。

81. 若 A 爲一個可對角化矩陣，試證明 A^T 可對角化。

82. 若 A 爲一個可逆矩陣且可對角化，試證明 A^{-1} 可對角化。

83. 若 A 爲一個可對角化矩陣，試證明 A^2 爲可對角化矩陣。

84. 若 A 爲一個可對角化矩陣，試證明對任意正整數 k，A^k 爲可對角化矩陣。

85. 假設 A 和 B 爲相似矩陣，會有可逆矩陣 P 使得 $B=P^{-1}AP$。
(a) 試說明 A 爲可對角化矩陣若且唯若 B 爲可對角化矩陣。
(b) A 的特徵值與 B 的特徵值如何相關？驗證你的答案。
(c) A 的特徵向量與 B 的特徵向量如何相關？驗證你的答案。

86. 一個矩陣 B 被稱爲矩陣 A 的立方根 (*cuberoot*)，若 $B^3=A$。試證明每個可對角化矩陣都具有一立方根。

87. 試證明若一個冪零元(nilpotent)矩陣爲可對角化的，則其必爲零矩陣。*提示*：使用 5.1 節中的習題 72。

88. 令 A 爲一個 $n\times n$ 可對角化矩陣。試證明若 A 的特徵多項式爲 $f(t)=a_nt^n+a_{n-1}t^{n-1}+\cdots+a_1t+a_0$，則 $f(A)=O$，其中 $f(A)=a_nA^n+a_{n-1}A^{n-1}+\cdots+a_1A+a_0I_n$ 。(此結果稱之爲葛雷-漢彌頓定理「*Cayley-Hamiltontheorem*」[7])。*提示*：若 $A=PDP^{-1}$，說明 $f(A)=Pf(D)P^{-1}$

89. 方陣之**跡(trace)**爲其對角線元素之總和。
   (a) 試證明若 A 爲一個可對角化矩陣，則 A 的跡等於其特徵值之總和。*提示*：對所有 $n\times n$ 矩陣 A 和 B，試說明 AB 的跡等於 BA 的跡。
   (b) 令 A 爲一個 $n\times n$ 可對角化矩陣，具有特徵多項式 $(-1)^n(t-\lambda_1)(t-\lambda_2)\cdots(t-\lambda_n)$ 。試證明在此多項式中 t^{n-1} 項的係數爲 $(-1)^{n-1}$ 乘以 A 的跡。
   (c) 對如(b)中的 A，A 的特徵多項式之常數項爲何

在習題 90 至 94 中，使用具有矩陣運算能力之計算機或是電腦軟體如 MATLAB 來解每道題。

對在習題 90 至 93 中的每個矩陣，若可能，試求一可逆矩陣 P 及一個對角矩陣 D，使得 $A=PDP^{-1}$。若不存在如此矩陣，試解釋其不存在之原因。

90. $\begin{bmatrix} 2 & 1 & 1 & 1 \\ 1 & 2 & 1 & 1 \\ -2 & 2 & 2 & 3 \\ 0 & 2 & 1 & 2 \end{bmatrix}$

91. $\begin{bmatrix} -4 & -5 & -7 & -4 \\ -1 & -6 & -4 & -3 \\ 1 & 1 & 1 & 1 \\ 1 & 7 & 5 & 3 \end{bmatrix}$

92. $\begin{bmatrix} 7 & 6 & 24 & -2 & 14 \\ 6 & 5 & 18 & 0 & 12 \\ -8 & -6 & -25 & 2 & -14 \\ -12 & -8 & -36 & 3 & -20 \\ 6 & 4 & 18 & -2 & 9 \end{bmatrix}$

93. $\begin{bmatrix} 4 & 13 & -5 & -29 & -17 \\ -3 & -11 & 0 & 32 & 24 \\ 0 & -3 & 7 & 3 & -3 \\ -2 & -5 & -5 & 18 & 17 \\ 1 & 2 & 5 & -10 & -11 \end{bmatrix}$

94. $A=\begin{bmatrix} 1.00 & 4.0 & c \\ 0.16 & 0.0 & 0 \\ 0.00 & -0.5 & 0 \end{bmatrix}$ 且 $\mathbf{u}=\begin{bmatrix} 1 \\ 3 \\ -5 \end{bmatrix}$ 。
   (a) 若 $c=8.1$，則當 m 增加，向量 $A^m\mathbf{u}$ 有何變化發生？
   (b) 當 $c=8.1$，A 的特徵值爲何？
   (c) 若 $c=8.0$，則當 m 增加，向量 $A^m\mathbf{u}$ 有何變化發生？
   (d) 當 $c=8.0$，A 的特徵值爲何？
   (e) 若 $c=7.9$，則當 m 增加，向量 $A^m\mathbf{u}$ 有何變化發生？
   (f) 當 $c=7.9$，A 的特徵值爲何？
   (g) 令 B 爲一個 $n\times n$ 矩陣，具有 n 個不同的特徵值，所有特徵值之絕對值均小於 1。令 $\mathbf{u}$ 爲 R^n 空間中的任意向量。根據你在(a)到(f)中的答案，試推測當 m 增加時，$B^m\mathbf{u}$ 的行爲。試證明你的推測成立。

---

[7] 葛雷-漢彌頓定理最早出現在 1858 年。Arthur Cayley (1821 - 1895)爲一英國數學家，對於代數和幾何的發展有很大的貢獻。他是早期研究矩陣的其中一人，其研究對量子力學很有貢獻。愛爾蘭數學家 William Rowan Hamilton (1805 - 1865)最廣爲人知的貢獻可能在於使用代數於光學上。他在 1833 年的論文最先對實數有序對(ordered pair)提出正式的結構，該結構推論出複數系統並引導出之後四元數(*quaternions*)的發展。

練習題解答

1. 給定矩陣 A 具有兩個特徵值，-1 其重根數為 1，2 其重根數為 2。對特徵值 2，我們可見 $A-2I_3$ 的最簡列梯型為

$$\begin{bmatrix}1&1&0\\0&0&0\\0&0&0\end{bmatrix}$$

因此$(A-2I_3)\mathbf{x}=\mathbf{0}$ 的通解之向量形式為

$$\begin{bmatrix}x_1\\x_2\\x_3\end{bmatrix}=\begin{bmatrix}-x_2\\x_2\\x_3\end{bmatrix}=x_2\begin{bmatrix}-1\\1\\0\end{bmatrix}+x_3\begin{bmatrix}0\\0\\1\end{bmatrix}$$

所以

$$\left\{\begin{bmatrix}-1\\1\\0\end{bmatrix},\begin{bmatrix}0\\0\\1\end{bmatrix}\right\}$$

為 A 對應於特徵值 2 的特徵空間的一組基底。同樣的，從 $A+I_3$ 的最簡列梯型，即

$$\begin{bmatrix}1&0&2\\0&1&-1\\0&0&0\end{bmatrix}$$

我們可見

$$\left\{\begin{bmatrix}-2\\1\\1\end{bmatrix}\right\}$$

為 A 對應於特徵值-1 的特徵空間的一組基底。取

$$P=\begin{bmatrix}-1&0&-2\\1&0&1\\0&1&1\end{bmatrix}$$

其各行是特徵空間的基底向量。對應的對角矩陣 D 如下

$$D=\begin{bmatrix}2&0&0\\0&2&0\\0&0&-1\end{bmatrix}$$

其對角線元素依序為對應於 P 的行向量的特徵值。則 $A=PDP^{-1}$。

2. A 的特徵多項式顯示出 A 的唯一特徵值為 2，且其重根數為 1。因為 A 為一個 3×3 矩陣，為了使 A 為可對角化的，A 的特徵值的重根數總和必須為 3。因此，A 不可對角化。

　　矩陣 B 有兩個特徵值：2，有重根數 1；及-1，有重根數 2。所以，B 的特徵值之重根數總和為 3。因此 B 具有足夠多的特徵值可對角化。檢查特徵值-1(具有大於 1 之重根數的特徵值)，我們可見 $B-(-1)I_3=B+I_3$ 的最簡列梯型如下

$$\begin{bmatrix}1&0&-1\\0&1&0\\0&0&0\end{bmatrix}$$

因為此矩陣的秩為 2，對應於特徵值-1 的特徵空間之維度為 3−2=1，小於該特徵值的重根數。因此，B 不可對角化。

5.4* 線性算子之對角化

　　在 5.3 節中，我們定義一可對角化矩陣，且知一個 $n\times n$ 矩陣為可對角化的若且唯若該矩陣的特徵向量構成 R^n 的一組基底(定理 5.2)。我們現在定義一在 R^n 空間的線性運算子為**可對角化的(diagonalizable)**，若該運算子之特徵向量構成 R^n 的一組基底。

　　因一個線性運算子的特徵值和特徵向量與其標準矩陣之特徵值和特徵向量是一樣的，對一線性運算子的特徵向量找一基底的程序也和對一矩陣是一樣

*本節可被省略而不失教材之連貫性。

的。此外，運算子或其標準矩陣的特徵向量之基底，也是其標準矩陣或運算子之特徵向量的基底。因此，**一線性運算子是可對角化的若且唯若其標準矩陣是可對角化的**。所以在前節提及的矩陣對角化演算法，可以被用來獲得一可對角化線性運算子的特徵向量之基底；且在前節中，可對角化矩陣的測試也可被用來鑑定是否一個線性運算子為可對角化的。

例題 1

若可能的話，試求出由 R^3 的線性運算子 T 的特徵向量所構成之一組 R^3 的基底，T 定義為

$$T\left(\begin{bmatrix} x_1 \\ x_2 \\ x_3 \end{bmatrix}\right)=\begin{bmatrix} 8x_1+9x_2 \\ -6x_1-7x_2 \\ 3x_1+3x_2-x_3 \end{bmatrix}$$

解 T 的標準矩陣為

$$A=\begin{bmatrix} 8 & 9 & 0 \\ -6 & -7 & 0 \\ 3 & 3 & -1 \end{bmatrix}$$

因 T 可對角化若且唯若 A 可對角化，我們必須決定 A 的特徵值和特徵空間。A 的特徵多項式為$-(t+1)^2(t-2)$。因此，A 的特徵值 -1 有重根數 2；特徵值 2 有重根數 1。

$A+I_3$ 的最簡列梯型為

$$\begin{bmatrix} 1 & 1 & 0 \\ 0 & 0 & 0 \\ 0 & 0 & 0 \end{bmatrix}$$

所以對應於特徵值 -1 的特徵空間具有

$$B_1=\left\{\begin{bmatrix} -1 \\ 1 \\ 0 \end{bmatrix},\begin{bmatrix} 0 \\ 0 \\ 1 \end{bmatrix}\right\}$$

為其一組基底。因 -1 是唯一具有重根數大於 1 的特徵值，且其特徵空間之維度等於其重根數；遂 A (因此即 T) 為可對角化。為了獲得特徵向量的基底，我們需要去檢驗 $A-2I_3$ 的最簡列梯型

$$\begin{bmatrix} 1 & 0 & -3 \\ 0 & 1 & 2 \\ 0 & 0 & 0 \end{bmatrix}$$

由此可得

$$B_2=\left\{\begin{bmatrix}3\\-2\\1\end{bmatrix}\right\}$$

爲 A 對應於特徵值 2 的特徵空間之一個基底。則

$$\left\{\begin{bmatrix}-1\\1\\0\end{bmatrix},\begin{bmatrix}0\\0\\1\end{bmatrix},\begin{bmatrix}3\\-2\\1\end{bmatrix}\right\}$$

爲 A 之特徵向量所構成的一組 R^3 之基底。此集合亦爲 T 之特徵向量所構成的一組 R^3 之基底。

例題 2

若可能的話，試求出由 R^3 的線性運算子 T 的特徵向量所構成之一組 R^3 的基底，T 定義爲

$$T\left(\begin{bmatrix}x_1\\x_2\\x_3\end{bmatrix}\right)=\begin{bmatrix}-x_1+x_2+2x_3\\x_1-x_2\\0\end{bmatrix}$$

解 T 的標準矩陣爲

$$A=\begin{bmatrix}-1&1&2\\1&-1&0\\0&0&0\end{bmatrix}$$

爲了決定是否 A 爲可對角化的，我們先寫出 A 的特徵多項式，也就是 $-t^2(t+2)$。因此 A 具有特徵值 0，其重根數爲 2；及特徵值−2，其重根數爲 1。根據對一個可對角化矩陣的測試，A 可對角化若且唯若對應於重根數 2 之特徵值其特徵空間具有維度 2。所以我們必須檢驗對應於特徵值 0 的特徵空間。因 $A-0I_3=A$ 的最簡列梯型爲

$$\begin{bmatrix}1&-1&0\\0&0&1\\0&0&0\end{bmatrix}$$

我們可見 $A-0I_3$ 的秩爲 2。因此對應於特徵值 0 的特徵空間具有維度 1，所以 A (也就是 T) 不可對角化。

練習題 1.

以下線性運算子

$$T\left(\begin{bmatrix} x_1 \\ x_2 \\ x_3 \end{bmatrix}\right) = \begin{bmatrix} x_1 + 2x_2 + x_3 \\ 2x_2 \\ -x_1 + 2x_2 + 3x_3 \end{bmatrix}$$

其特徵多項式爲$-(t-2)^3$。試決定，是否此線性運算子可對角化。如果是，試求運算子 T 之特徵向量所構成之一組 R^3 的基底。

練習題 2.

試決定下列線性運算子

$$T\left(\begin{bmatrix} x_1 \\ x_2 \end{bmatrix}\right) = \begin{bmatrix} -7x_1 - 10x_2 \\ 3x_1 + 4x_2 \end{bmatrix}$$

是否爲可對角化。如果是，試求由運算子 T 之特徵向量所構成之一組 R^2 的基底。

令 T 爲在 R^n 空間中的一個線性運算子，有一組基底 $B=\{\mathbf{v}_1, \mathbf{v}_2, \cdots, \mathbf{v}_n\}$是由 T 的特徵向量所構成。因此，對每個 i，我們有$T(\mathbf{v}_i) = \lambda_i \mathbf{v}_i$。其中 λ_i 爲對應於 $\mathbf{v}_i$ 的特徵值。所以對每個 i，$[T(\mathbf{v}_i)]_B = \lambda_i \mathbf{e}_i$，所以

$$[T]_B = [[T(\mathbf{v}_1)]_B \quad [T(\mathbf{v}_2)]_B \quad \cdots \quad [T(\mathbf{v}_n)]_B] = [\lambda_1 \mathbf{e}_1 \quad \lambda_2 \mathbf{e} \quad \cdots \quad \lambda_n \mathbf{e}_n]$$

爲一個對角矩陣。此結果之逆命題亦爲眞，這解釋了對如此一線性運算子，可對角化的(*diagonalizable*)一詞的使用。

> 在 R^n 空間的線性算子 T 爲可對角化的，若且唯若 R^n 存在一基底 B 使得$[T]_B$，T 的 B-矩陣，爲一個對角矩陣。這樣的一個基底 B 必須由 T 的特徵向量所構成。

憶及在定理 4.12 中，T 的 B-矩陣被給定爲$[T]_B = B^{-1}AB$，其中 B 爲一矩陣，其各行是 B 中的向量；且 A 爲 T 的標準矩陣。因此，若我們取

$$B = \left\{\begin{bmatrix} -1 \\ 1 \\ 0 \end{bmatrix}, \begin{bmatrix} 0 \\ 0 \\ 1 \end{bmatrix}, \begin{bmatrix} 3 \\ -2 \\ 1 \end{bmatrix}\right\}$$

在例題 1 中，我們可得

$$[T]_B = B^{-1}AB = \begin{bmatrix} -1 & 0 & 0 \\ 0 & -1 & 0 \\ 0 & 0 & 2 \end{bmatrix}$$

爲一個對角矩陣，其對角線上元素是依次對應 B 行的特徵值。

反射運算子

我們以一個關於幾何之可對角化線性運算子的範例來總結本節。此運算子爲在 R^3 中對一個 2 維子空間的**反射**(*reflection*)。雖然之前已在 4.5 節中的習題定義過，我們在此重溫定義如下。

令 W 爲 R^3 中的 2 維子空間，即，包含原點的平面。考慮映射 $T_W: R^3 \to R^3$ 的定義如下：對在 R^3 中具有終點 P 的一個向量 $\mathbf{u}$ (參見圖 5.6)，從 P 做一垂直線到 W，且延伸此垂直線等距(P 到 W 的距離)到 W 的另一面之點 P'。則 $T_W(\mathbf{u})$ 爲具有終點 P' 的向量。

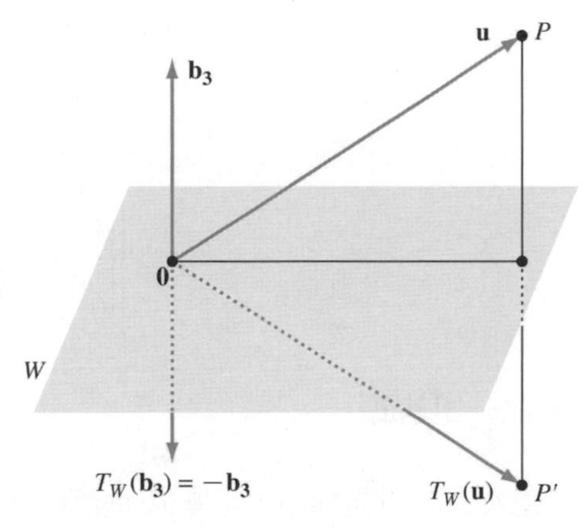

圖 5.6　R^3 中關於一子空間 W 之反射

第六章將會說明 T_W 爲線性的。(參見在 6.3 節中的習題 84)假設 T_W 爲線性的，我們將說明反射爲可對角化的。在 W 中任意選擇兩個線性獨立向量 $\mathbf{b}_1$ 和 $\mathbf{b}_2$，且選擇第三個非零向量 $\mathbf{b}_3$ 垂直於 W，如圖 5.6 所示。因 $\mathbf{b}_3$ 不爲 $\mathbf{b}_1$ 及 $\mathbf{b}_2$ 的線性組合，集合 $B=\{\mathbf{b}_1, \mathbf{b}_2, \mathbf{b}_3\}$ 爲線性獨立，因此爲 R^3 的一組基底。再者，因爲在 W 上的向量會和其反射向量重疊，$T_W(\mathbf{b}_1)=\mathbf{b}_1$ 且 $T_W(\mathbf{b}_2)=\mathbf{b}_2$。此外，$T_W(\mathbf{b}_3)=-\mathbf{b}_3$，因 T_W 將 $\mathbf{b}_3$ 反射到 W 的另一邊之等距離處。(參見圖 5.6。)由此得 $\mathbf{b}_1$ 和 $\mathbf{b}_2$ 爲 T_W 對應於特徵值 1 之特徵向量，且 $\mathbf{b}_3$ 爲 T_W 對應於特徵值 -1 之特徵向量。所以，T_W 爲可對角化的。事實上，其各行是

$$[T_W(\mathbf{b}_1)]_B = \begin{bmatrix} 1 \\ 0 \\ 0 \end{bmatrix}，[T_W(\mathbf{b}_2)]_B = \begin{bmatrix} 0 \\ 1 \\ 0 \end{bmatrix}，[T_W(\mathbf{b}_3)]_B = \begin{bmatrix} 0 \\ 0 \\ -1 \end{bmatrix}$$

所以，

$$[T_W]_B = \begin{bmatrix} 1 & 0 & 0 \\ 0 & 1 & 0 \\ 0 & 0 & -1 \end{bmatrix} \qquad (4)$$

例題 3

對在 R^3 中對平面 W 的反射運算子 T_W 求一顯式。其中

$$W=\left\{\begin{bmatrix}x_1\\x_2\\x_3\end{bmatrix}\in R^3 : x_1-x_2+x_3=0\right\}$$

解 如第四章所述，我們可經由求解方程式 $x_1-x_2+x_3=0$ 以獲得 W 的一組基底：

$$\begin{bmatrix}x_1\\x_2\\x_3\end{bmatrix}=\begin{bmatrix}x_2-x_3\\x_2\\x_3\end{bmatrix}=x_2\begin{bmatrix}1\\1\\0\end{bmatrix}+x_3\begin{bmatrix}-1\\0\\1\end{bmatrix}$$

所以，

$$B_1=\left\{\begin{bmatrix}1\\1\\0\end{bmatrix},\begin{bmatrix}-1\\0\\1\end{bmatrix}\right\}$$

爲 W 的一組基底。

憶及在解析幾何中，向量 $\begin{bmatrix}a\\b\\c\end{bmatrix}$ 垂直(正交)於平面 $ax+by+cz=d$。所以，

令 $\mathbf{b}_3=\begin{bmatrix}1\\-1\\1\end{bmatrix}$，我們可獲得一垂直於 W 的非零向量。將 $\mathbf{b}_3$ 加入 B_1 來獲得由 T_W 的特徵向量所構成的 R^3 空間的一組基底如下

$$B=\left\{\begin{bmatrix}1\\1\\0\end{bmatrix},\begin{bmatrix}-1\\0\\1\end{bmatrix},\begin{bmatrix}1\\-1\\1\end{bmatrix}\right\}$$

則 $[T_W]_B$ 如方程式(4)所述。

根據定理 4.12，A 的標準矩陣爲

$$A=B[T_W]_B B^{-1}=\begin{bmatrix}\frac{1}{3}&\frac{2}{3}&-\frac{2}{3}\\\frac{2}{3}&\frac{1}{3}&\frac{2}{3}\\-\frac{2}{3}&\frac{2}{3}&\frac{1}{3}\end{bmatrix}$$

其中 $B=[\mathbf{b}_1\quad\mathbf{b}_2\quad\mathbf{b}_3]$。所以，

$$T_W\left(\begin{bmatrix}x_1\\x_2\\x_3\end{bmatrix}\right)=A\begin{bmatrix}x_1\\x_2\\x_3\end{bmatrix}=\begin{bmatrix}\frac{1}{3}x_2 & + & \frac{2}{3}x_2 & - & \frac{2}{3}x_3\\ \frac{2}{3}x_1 & + & \frac{1}{3}x_2 & + & \frac{2}{3}x_3\\ -\frac{2}{3}x_1 & + & \frac{2}{3}x_2 & + & \frac{1}{3}x_3\end{bmatrix}$$

爲描述 T_W 的一個顯式。

練習題 3.

試求出在 R^3 中對平面 $x-2y+3z=0$ 之反射運算子的一個顯式。

習題

在習題 1 至 8 中，給定在 R^3 中的一線性運算子 T 及 R^3 基底 B。計算 $[T]_B$，並判定 B 是否是由 T 的特徵向量所構成。

1. $T\left(\begin{bmatrix}x_1\\x_2\\x_3\end{bmatrix}\right)=\begin{bmatrix}2x_3\\-3x_1+3x_2+2x_3\\4x_1\end{bmatrix}$，$B=\left\{\begin{bmatrix}1\\1\\2\end{bmatrix},\begin{bmatrix}0\\1\\0\end{bmatrix},\begin{bmatrix}1\\1\\1\end{bmatrix}\right\}$

2. $T\left(\begin{bmatrix}x_1\\x_2\\x_3\end{bmatrix}\right)=\begin{bmatrix}-x_1+x_2-x_3\\x_1-x_2+3x_3\\2x_1-2x_2+6x_3\end{bmatrix}$，$B=\left\{\begin{bmatrix}-1\\1\\2\end{bmatrix},\begin{bmatrix}0\\1\\2\end{bmatrix},\begin{bmatrix}2\\1\\0\end{bmatrix}\right\}$

3. $T\left(\begin{bmatrix}x_1\\x_2\\x_3\end{bmatrix}\right)=\begin{bmatrix}-x_2-2x_3\\2x_2\\x_1+x_2+3x_3\end{bmatrix}$，$B=\left\{\begin{bmatrix}-1\\0\\1\end{bmatrix},\begin{bmatrix}-1\\1\\1\end{bmatrix},\begin{bmatrix}-2\\0\\1\end{bmatrix}\right\}$

4. $T\left(\begin{bmatrix}x_1\\x_2\\x_3\end{bmatrix}\right)=\begin{bmatrix}7x_1+5x_2+4x_3\\-4x_1-2x_2-2x_3\\-8x_1-7x_2-5x_3\end{bmatrix}$，
$B=\left\{\begin{bmatrix}-1\\0\\2\end{bmatrix},\begin{bmatrix}-1\\-1\\3\end{bmatrix},\begin{bmatrix}1\\-2\\1\end{bmatrix}\right\}$

5. $T\left(\begin{bmatrix}x_1\\x_2\\x_3\end{bmatrix}\right)=\begin{bmatrix}-4x_1+2x_2-2x_3\\-7x_1-3x_2-7x_3\\7x_1+x_2+5x_3\end{bmatrix}$，$B=\left\{\begin{bmatrix}0\\1\\-1\end{bmatrix},\begin{bmatrix}-1\\0\\1\end{bmatrix},\begin{bmatrix}-1\\-1\\1\end{bmatrix}\right\}$

6. $T\left(\begin{bmatrix}x_1\\x_2\\x_3\end{bmatrix}\right)=\begin{bmatrix}-5x_1-2x_2\\5x_1-6x_3\\4x_1+4x_2+7x_3\end{bmatrix}$，$B=\left\{\begin{bmatrix}1\\-4\\2\end{bmatrix},\begin{bmatrix}0\\-1\\1\end{bmatrix},\begin{bmatrix}2\\-4\\1\end{bmatrix}\right\}$

7. $T\left(\begin{bmatrix}x_1\\x_2\\x_3\end{bmatrix}\right)=\begin{bmatrix}-3x_1+5x_2-5x_3\\2x_1-3x_2+2x_3\\2x_1-5x_2+4x_3\end{bmatrix}$，
$B=\left\{\begin{bmatrix}-1\\0\\1\end{bmatrix},\begin{bmatrix}0\\1\\1\end{bmatrix},\begin{bmatrix}-1\\1\\1\end{bmatrix}\right\}$

8. $T\left(\begin{bmatrix}x_1\\x_2\\x_3\end{bmatrix}\right)=\begin{bmatrix}-x_1+x_2+3x_3\\2x_1+6x_3\\-x_1-x_2-5x_3\end{bmatrix}$，
$B=\left\{\begin{bmatrix}-2\\-1\\1\end{bmatrix},\begin{bmatrix}-1\\-2\\1\end{bmatrix},\begin{bmatrix}-1\\-3\\1\end{bmatrix}\right\}$

在習題 9 至 20 中，給定 R^n 中的一線性運算子 T 及其特徵多項式。試求，若可能，由 T 的特徵向量所構成之 R^n 的一組基底。如不存在這樣的基底，試解釋其原因。

9. $T\left(\begin{bmatrix}x_1\\x_2\end{bmatrix}\right)=\begin{bmatrix}7x_1-6x_2\\9x_1-7x_2\end{bmatrix}$，$t^2+5$

10. $T\left(\begin{bmatrix}x_1\\x_2\end{bmatrix}\right)=\begin{bmatrix}x_1+x_2\\-9x_1-5x_2\end{bmatrix}$，$(t+2)^2$

11. $T\left(\begin{bmatrix}x_1\\x_2\end{bmatrix}\right)=\begin{bmatrix}7x_1-5x_2\\10x_1-8x_2\end{bmatrix}$，$(t+3)(t-2)$

12. $T\left(\begin{bmatrix}x_1\\x_2\end{bmatrix}\right)=\begin{bmatrix}-7x_1-4x_2\\8x_1+5x_2\end{bmatrix}$，$(t+3)(t-1)$

13. $T\left(\begin{bmatrix} x_1 \\ x_2 \\ x_3 \end{bmatrix}\right) = \begin{bmatrix} -5x_1 \\ 7x_1+2x_2 \\ -7x_1+x_2+3x_3 \end{bmatrix}$，$-(t+5)(t-2)(t-3)$

14. $T\left(\begin{bmatrix} x_1 \\ x_2 \\ x_3 \end{bmatrix}\right) = \begin{bmatrix} -3x_1 \\ 4x_1+x_2 \\ x_3 \end{bmatrix}$，$-(t+3)(t-1)^2$

15. $T\left(\begin{bmatrix} x_1 \\ x_2 \\ x_3 \end{bmatrix}\right) = \begin{bmatrix} -x_1-x_2 \\ -x_2 \\ x_1+x_2 \end{bmatrix}$，$-t(t+1)^2$

16. $T\left(\begin{bmatrix} x_1 \\ x_2 \\ x_3 \end{bmatrix}\right) = \begin{bmatrix} 3x_1+2x_2 \\ x_2 \\ 4x_1-3x_2 \end{bmatrix}$，$-t(t-1)(t-3)$

17. $T\left(\begin{bmatrix} x_1 \\ x_2 \\ x_3 \end{bmatrix}\right) = \begin{bmatrix} 6x_1-9x_2+9x_3 \\ -3x_2+7x_3 \\ 4x_3 \end{bmatrix}$，
$-(t+3)(t-4)(t-6)$

18. $T\left(\begin{bmatrix} x_1 \\ x_2 \\ x_3 \end{bmatrix}\right) = \begin{bmatrix} -x_1 \\ -x_2 \\ x_1-2x_2-x_3 \end{bmatrix}$，$-(t+1)^3$

19. $T\left(\begin{bmatrix} x_1 \\ x_2 \\ x_3 \\ x_4 \end{bmatrix}\right) = \begin{bmatrix} -7x_1-4x_2+4x_3-4x_4 \\ x_2 \\ -8x_1-4x_2+5x_3-4x_4 \\ x_4 \end{bmatrix}$，
$(t+3)(t-1)^3$

20. $T\left(\begin{bmatrix} x_1 \\ x_2 \\ x_3 \\ x_4 \end{bmatrix}\right) = \begin{bmatrix} 3x_1-5x_3 \\ 3x_2-5x_3 \\ -2x_3 \\ 5x_3+3x_4 \end{bmatrix}$，$(t+2)(t-3)^3$

在習題 21 至 28 中，給定在 R^n 的一線性運算子 T。試求，若可能，R^n 的一個基底 B 使得 $[T]_B$ 為一個對角矩陣。如不存在這樣的基底，試解釋其原因。

21. $T\left(\begin{bmatrix} x_1 \\ x_2 \end{bmatrix}\right) = \begin{bmatrix} x_1-x_2 \\ 3x_1-x_2 \end{bmatrix}$

22. $T\left(\begin{bmatrix} x_1 \\ x_2 \end{bmatrix}\right) = \begin{bmatrix} -x_1+3x_2 \\ -4x_1+6x_2 \end{bmatrix}$

23. $T\left(\begin{bmatrix} x_1 \\ x_2 \end{bmatrix}\right) = \begin{bmatrix} -2x_1+3x_2 \\ 4x_1-3x_2 \end{bmatrix}$

24. $T\left(\begin{bmatrix} x_1 \\ x_2 \end{bmatrix}\right) = \begin{bmatrix} 11x_1-9x_2 \\ 16x_1-13x_2 \end{bmatrix}$

25. $T\left(\begin{bmatrix} x_1 \\ x_2 \\ x_3 \end{bmatrix}\right) = \begin{bmatrix} -x_1 \\ 3x_1-x_2+3x_3 \\ 3x_1+2x_3 \end{bmatrix}$

26. $T\left(\begin{bmatrix} x_1 \\ x_2 \\ x_3 \end{bmatrix}\right) = \begin{bmatrix} 4x_1-5x_2 \\ -x_2 \\ -x_3 \end{bmatrix}$

27. $T\left(\begin{bmatrix} x_1 \\ x_2 \\ x_3 \end{bmatrix}\right) = \begin{bmatrix} x_1 \\ -x_1+x_2-x_3 \\ x_3 \end{bmatrix}$

28. $T\left(\begin{bmatrix} x_1 \\ x_2 \\ x_3 \end{bmatrix}\right) = \begin{bmatrix} 3x_1-x_2-3x_3 \\ 3x_2-4x_3 \\ -x_3 \end{bmatrix}$

是非題

在習題 29 至 48 中，試決定該命題為真確或謬誤。

29. 若在 R^n 的一線性運算子可對角化，則其標準矩陣爲一個對角矩陣。
30. 對每個在 R^n 的線性運算子，R^n 存在一組基底 B 使得 $[T]_B$ 爲一個對角矩陣。
31. 在 R^n 的一線性運算子可對角化若且唯若其標準矩陣可對角化。
32. 若在 R^n 中 T 爲一個可對角化之線性運算子，則存在一個唯一的基底 B 使得 $[T]_B$ 爲一個對角矩陣。
33. 若 T 爲 R^n 之一可對角化的線性運算子，則存在一個唯一的對角矩陣 D 使得 $[T]_B=D$。
34. 令 W 爲一個 R^3 中的二維子空間。R^3 中對 W 的反射爲一對一映射。
35. 令 W 爲 R^3 中的一個二維子空間。R^3 中對 W 的反射爲映成(onto)。
36. 若 T 爲在 R^n 中的一個線性運算子且 B 爲 R^n 的一組基底使得 $[T]_B$ 爲一個對角線矩陣，則 B 是由 T 的特徵向量所構成。
37. 在 R^n 中的一個線性運算子 T 之特徵多項式爲一個 n 次多項式。
38. 若在 R^n 中的一個線性運算子 T 之特徵多項式可分解爲線性因式的乘積，則 T 可對角化。

39. 若在 R^n 中的一個線性運算子 T 之特徵多項式不可分解為線性因式的乘積，則 T 不可對角化。

40. 若，對在 R^n 中的一個線性運算子 T 之每個特徵值 λ，T 對應於 λ 的特徵空間的維度等於 λ 的重根數，則 T 可對角化。

41. 令 W 為 R^3 中的一個二維子空間。若 $T_W: R^3 \to R^3$ 為 R^3 中對 W 的反射，則在 W 中的每個非零向量為 T_W 對應於特徵值 -1 的一個特徵向量。

42. 令 W 為 R^3 中的一個二維子空間。若 $T_W: R^3 \to R^3$ 為 R^3 中對 W 的反射，則垂直於 W 的每個非零向量為 T_W 對應於特徵值 0 的一個特徵向量。

43. 若 T 為一個可對角化的線性運算子，0 為其一個特徵值且有重根數 m。則 T 之零空間(nullspace)的維度等於 m。

44. 若 T 為在 R^n 中的一個線性運算子，則 T 之特徵值的重根數之總和等於 n。

45. 若 T 為在 R^n 中的一個可對角化的線性運算子，則 T 之特徵值的重根數之總和等於 n。

46. 若 T 為在 R^n 中的一個線性算子，並具有 n 個不同的特徵值，則 T 可對角化。

47. 若 $B_1, B_2, \cdots, B_k$ 分別為一線性運算子 T 的不同特徵空間之基底，則 $B_1 \cup B_2 \cup \cdots \cup B_k$ 為一個線性獨立集合。

48. 若 $B_1, B_2, \cdots, B_k$ 為一線性算子 T 不同特徵空間的所有基底，則 $B_1 \cup B_2 \cup \cdots \cup B_k$ 是由 T 的特徵向量所構成的一個 R^n 空間基底。

在習題 49 至 58 中，給定一線性運算子及其特徵多項式。試決定所有可能的純量 c 使得在 R^3 中給定的線性算子不可對角化。

49. $T\left(\begin{bmatrix} x_1 \\ x_2 \\ x_3 \end{bmatrix}\right) = \begin{bmatrix} 12x_1 + 10x_3 \\ -5x_1 + cx_2 - 5x_3 \\ -5x_1 - 3x_3 \end{bmatrix}$，$-(t-c)(t-2)(t-7)$

50. $T\left(\begin{bmatrix} x_1 \\ x_2 \\ x_3 \end{bmatrix}\right) = \begin{bmatrix} x_1 + 2x_2 - x_3 \\ cx_2 \\ 6x_1 - x_2 + 6x_3 \end{bmatrix}$，$-(t-c)(t-3)(t-4)$

51. $T\left(\begin{bmatrix} x_1 \\ x_2 \\ x_3 \end{bmatrix}\right) = \begin{bmatrix} cx_1 \\ -x_1 - 3x_2 - x_3 \\ -8x_1 + x_2 - 5x_3 \end{bmatrix}$，$-(t-c)(t+4)^2$

52. $T\left(\begin{bmatrix} x_1 \\ x_2 \\ x_3 \end{bmatrix}\right) = \begin{bmatrix} -4x_1 + x_2 \\ -4x_2 \\ cx_3 \end{bmatrix}$，$-(t-c)(t+4)^2$

53. $T\left(\begin{bmatrix} x_1 \\ x_2 \\ x_3 \end{bmatrix}\right) = \begin{bmatrix} cx_1 \\ 2x_1 - 3x_2 + 2x_3 \\ -3x_1 - x_3 \end{bmatrix}$，$-(t-c)(t+3)(t+1)$

54. $T\left(\begin{bmatrix} x_1 \\ x_2 \\ x_3 \end{bmatrix}\right) = \begin{bmatrix} -4x_1 - 2x_2 \\ cx_2 \\ 4x_1 + 4x_2 - 2x_3 \end{bmatrix}$，$-(t-c)(t+4)(t+2)$

55. $T\left(\begin{bmatrix} x_1 \\ x_2 \\ x_3 \end{bmatrix}\right) = \begin{bmatrix} -5x_1 + 9x_2 + 3x_3 \\ cx_2 \\ -9x_1 + 13x_2 + 5x_3 \end{bmatrix}$，$-(t-c)(t^2+2)$

56. $T\left(\begin{bmatrix} x_1 \\ x_2 \\ x_3 \end{bmatrix}\right) = \begin{bmatrix} cx_1 \\ 10x_2 - 2x_3 \\ 6x_2 + 3x_3 \end{bmatrix}$，$-(t-c)(t-6)(t-7)$

57. $T\left(\begin{bmatrix} x_1 \\ x_2 \\ x_3 \end{bmatrix}\right) = \begin{bmatrix} -7x_1 + 2x_2 \\ -10x_1 + 2x_2 \\ cx_3 \end{bmatrix}$，$-(t-c)(t+3)(t+2)$

58. $T\left(\begin{bmatrix} x_1 \\ x_2 \\ x_3 \end{bmatrix}\right) = \begin{bmatrix} 3x_1 + 7x_3 \\ x_1 + cx_2 + 2x_3 \\ -2x_1 - 3x_3 \end{bmatrix}$，$-(t-c)(t^2+5)$

在習題 59 至 64 中，給定包含 R^3 原點的一個平面 W 之平面方程式。試決定一顯式來描述 R^3 中對平面 W 之反射 T_W。

59. $x + y + z = 0$

60. $2x + y + z = 0$

61. $x + 2y - z = 0$

62. $x + z = 0$

63. $x + 8y - 5z = 0$

64. $3x - 4y + 5z = 0$

在習題 65 至 66 中，給定的標準矩陣為在 R^3 中對於一個 2 維子空間 W 的反射。試求 W 之方程式。

65. $\dfrac{1}{9}\begin{bmatrix} 1 & -8 & -4 \\ -8 & 1 & -4 \\ -4 & -4 & 7 \end{bmatrix}$

66. $\dfrac{1}{3}\begin{bmatrix} 2 & -2 & -1 \\ -2 & -1 & -2 \\ -1 & -2 & 2 \end{bmatrix}$

習題 67 至 74 使用了 R^3 在一個 2 維子空間 W 上之正交投影 U_W 的定義，給定在 4.5 節的習題中。

67. 令 W 爲 R^3 的一個 2 維子空間。

(a) 試證明，存在一組 R^3 的基底 B 使得 $[U_W]_B=\begin{bmatrix}1&0&0\\0&1&0\\0&0&0\end{bmatrix}$。

(b) 試證明 $[T_W]_B=\begin{bmatrix}1&0&0\\0&1&0\\0&0&-1\end{bmatrix}$，其中 B 爲(a)中的基底。

(c) 試證明 $[U_W]_B=\dfrac{1}{2}([T_W]_B+I_3)$，其中 B 爲(a)中的基底。

(d) 利用(c)及習題 59，試求一詳盡的公式來描述正交投影 U_W。其中 W 爲具有方程式 $x+y+z=0$ 之平面。

在習題 68 至 74 中，試求一顯式來描述 R^3 在平面 W 上的正交投影 U_W，其中 W 被定義在每個指定的習題中。請利用習題 67(c)及在該指定習題所求得之基底來求解。

68. 習題 60。

69. 習題 61。

70. 習題 62。

71. 習題 63。

72. 習題 64。

73. 習題 65。

74. 習題 66。

75. 令{$\mathbf{u}, \mathbf{v}, \mathbf{w}$}爲 R^3 的一個基底，且令 T 爲 R^3 中的一個線性運算子，定義爲

$$T(a\mathbf{u}+b\mathbf{v}+c\mathbf{w})=a\mathbf{u}+b\mathbf{v}$$

對所有的純量 a、b 和 c。

(a) 試求 T 的特徵值，並對每一個特徵空間決定一個基底。

(b) T 可對角化嗎？驗證你的答案。

76. 令{$\mathbf{u}, \mathbf{v}, \mathbf{w}$}爲 R^3 的一個基底，且令 T 爲 R^3 中的一個線性運算子，定義爲

$$T(a\mathbf{u}+b\mathbf{v}+c\mathbf{w})=a\mathbf{u}+b\mathbf{v}-c\mathbf{w}$$

對所有的純量 a、b 和 c。

(a) 試求 T 的特徵值，並對每一個特徵空間決定一個基底。

(b) T 可對角化嗎？驗證你的答案。

77. 令 T 爲 R^n 中的一個線性運算子且 B 爲 R^n 的一個基底使得 $[T]_B$ 爲一個對角矩陣。試證明 B 一定是由 T 的特徵向量所構成。

78. 若 T 和 U 爲在 R^n 中可對角化的線性運算子，則 $T+U$ 一定也是在 R^n 中可對角化的線性運算子嗎？驗證你的答案。

79. 若 T 是 R^n 中可對角化的線性運算子，則對任意的純量 c，cT 一定也是在 R^n 中可對角化的線性運算子嗎？驗證你的答案。

80. 若 T 和 U 爲在 R^n 中可對角化的線性運算子，則 TU 一定也是在 R^n 中可對角化的線性運算子嗎？驗證你的答案。

81. 若 T 是 R^n 中的一個線性運算子，且假設 $\mathbf{v}_1, \mathbf{v}_2, \cdots, \mathbf{v}_k$ 爲 T 對應於不同之非零特徵值的特徵向量。試證明集合$\{T(\mathbf{v}_1), T(\mathbf{v}_2), \cdots, T(\mathbf{v}_k)\}$爲線性獨立。

82. 若 T 和 U 爲在 R^n 中可對角化的線性運算子。試證明若有一組 R^n 的基底是由 T 和 U 兩者的特徵向量所構成，則有 $TU=UT$。

83. 令 T 和 U 爲在 R^n 中的線性運算子。若 $T^2=U$(其中 $T^2=TT$)，則稱 T 爲 U 的平方根(square root)。試說明若 U 可對角化並只具有非負特徵值，則 U 具有平方根。

84. 令 T 爲在 R^n 中的一個線性運算子，且 $B_1, B_2, \cdots, B_k$ 爲 T 其所有相異特徵空間的基底。試證明 T 可對角化若且唯若 $B_1\cup B_2\cup\cdots\cup B_k$ 爲 R^n 的一個產生集合(generating set)。

在習題 85 及 86 中，請使用具有矩陣運算能力之計算機或是電腦軟體如 MATLAB。試求由 T 的特徵向量所構成的一個 R^5 基底，或解釋為何如此基底不存在之原因。

85. T 爲 R^5 中的一個線性運算子，定義爲

$$T\begin{bmatrix}x_1\\x_2\\x_3\\x_4\\x_5\end{bmatrix}=\begin{bmatrix}-11x_1-9x_2+13x_3+18x_4-9x_5\\6x_1+5x_2-6x_3-8x_4+4x_5\\6x_1+3x_2-4x_3-6x_4+3x_5\\-2x_1+2x_3+3x_4-2x_5\\14x_1+12x_2-14x_3-20x_4+9x_5\end{bmatrix}$$

86. T 爲 R^5 中的一個線性算子，定義爲

$$T\begin{bmatrix}x_1\\x_2\\x_3\\x_4\\x_5\end{bmatrix}=\begin{bmatrix}-2x_1-4x_2-9x_3-5x_4-16x_5\\x_1+4x_2+6x_3+5x_4+12x_5\\4x_1+10x_2+20x_3+14x_4+37x_5\\3x_1+2x_2+3x_3+2x_4+4x_5\\-4x_1-6x_2-12x_3-8x_4-21x_5\end{bmatrix}$$

練習題解答

1. 因 T 的特徵多項式為 $-(t-2)^3$，且 T 的唯一一個特徵值為 2，具有重根數 3。T 的標準矩陣為

$$A=\begin{bmatrix}1&2&1\\0&2&0\\-1&2&3\end{bmatrix}$$

且 $A-2I_3$ 的最簡列梯型為

$$\begin{bmatrix}1&-2&-1\\0&0&0\\0&0&0\end{bmatrix}$$

一個秩為 1 的矩陣。因為 $3-1<3$，對應於特徵值 2 的特徵空間之維度小於其重根數。因此，測試一可對角化矩陣之第二條件對 A 不為真。則 A(也因此 T)不可對角化。

2. T 的標準矩陣為

$$A=\begin{bmatrix}-7&-10\\3&4\end{bmatrix}$$

且其特徵多項式為 $(t+1)(t+2)$。所以 A 具有兩個特徵值(-1 和 -2)，都具有重根數 1。因此 A，亦即 T，可對角化。

為了求出由 T 的特徵向量所構成的一個 R^2 基底，我們對 A 的每個特徵空間求其基底。因 $A+2I_2$ 的最簡列梯型為

$$\begin{bmatrix}1&2\\0&0\end{bmatrix}$$

我們可見，

$$\left\{\begin{bmatrix}-2\\1\end{bmatrix}\right\}$$

為 A 對應於 -2 的特徵空間的一個基底。且 $A+I_2$ 的最簡列梯型為

$$\begin{bmatrix}1&\frac{5}{3}\\0&0\end{bmatrix}$$

因此，

$$\left\{\begin{bmatrix}-5\\3\end{bmatrix}\right\}$$

為 A 對應於 -1 的特徵空間的一個基底。合併這些特徵空間的基底，我們得到如下集合

$$\left\{\begin{bmatrix}-2\\1\end{bmatrix},\begin{bmatrix}-5\\3\end{bmatrix}\right\}$$

此為由 A 和 T 的特徵向量所構成的一個 R^2 基底。

3. 我們必須建構出一組 R^3 的 B 基底，使其包含兩個 W 上的向量以及一個垂直於 W 的向量。解方程式 $x-2y+3z=0$，我們可得

$$\begin{bmatrix}x\\y\\z\end{bmatrix}=\begin{bmatrix}2y-3z\\y\\z\end{bmatrix}=y\begin{bmatrix}2\\1\\0\end{bmatrix}+z\begin{bmatrix}-3\\0\\1\end{bmatrix}$$

因此，

$$\left\{\begin{bmatrix}2\\1\\0\end{bmatrix},\begin{bmatrix}-3\\0\\1\end{bmatrix}\right\}$$

為 W 的一個基底。此外，向量

$$\begin{bmatrix}1\\-2\\3\end{bmatrix}$$

垂直於平面 W。合併此三向量，我們可獲得 R^3 之基底

$$B=\left\{\begin{bmatrix}2\\1\\0\end{bmatrix},\begin{bmatrix}-3\\0\\1\end{bmatrix},\begin{bmatrix}1\\-2\\3\end{bmatrix}\right\}$$

對在 W 上之正交投影運算子 U_W，B 中的向量為分別對應到特徵值 1、1 和 0 的特徵向量。因此，

$$[U_W]_B=\begin{bmatrix}1&0&0\\0&1&0\\0&0&0\end{bmatrix}$$

令 $\boldsymbol{B}$ 為一矩陣，其行是在 B 中之向量，從定理 4.2 可知 U_W 的標準矩陣 A 為

$$A=\boldsymbol{B}[U_W]_B\boldsymbol{B}^{-1}=\frac{1}{14}\begin{bmatrix}13&2&-3\\2&10&6\\-3&6&5\end{bmatrix}$$

所以，U_W 的公式為

$$U_W\left(\begin{bmatrix}x_1\\x_2\\x_3\end{bmatrix}\right)=A\begin{bmatrix}x_1\\x_2\\x_3\end{bmatrix}=\frac{1}{14}\begin{bmatrix}13x_1+2x_2-3x_3\\2x_1+10x_2+6x_3\\-3x_1+6x_2+5x_3\end{bmatrix}$$

5.5* 特徵值的應用

在本節中，我們將討論四個關於特徵值的應用。

馬可夫鏈

馬可夫鏈(Markov chains)被用於各種的分析，包括如加拿大多倫多的土地利用[3]、紐西蘭的經濟發展[6]、及大富翁遊戲[1]及[2]等。此概念是根據俄國數學家 Andrei Markov (1856-1922)來命名，他在二十世紀初期發展出此理論的基礎。

一個**馬可夫鏈**爲一個包含有限數目個**狀態(states)**和已知機率 p_{ij} 的過程，其中 p_{ij} 代表從狀態 j 移動到狀態 i 的機率。注意此機率只跟目前狀態 j 和未來狀態 i 有關。在 2.1 節範例 6 中所描述的城市及郊區人口移動變化，即爲一個具有兩個狀態(住在城市及住在郊區)的馬可夫鏈，其中 p_{ij} 代表在來年從一地點移動到另一地點的機率。其他可能的範例包含加入政黨關聯性(民主黨、共和黨，或獨立黨)，其中 p_{ij} 代表若一父親屬於政黨 j 則其子屬於政黨 i 的機率；膽固醇指數(高、正常，及低)，其中 p_{ij} 代表在一段時間下從一指數移動到另一指數的機率；或競爭商品的市場佔有率，其中 p_{ij} 代表在一段時間下使用者改變品牌的機率。

考慮一個具有 n 個狀態的馬可夫鏈，其中在一段時間中從狀態 j 移動到狀態 i 的機率爲 p_{ij}，$1\leq i$，$j\leq n$。一個(i, j)-元素等於 p_{ij} 的 $n\times n$ 矩陣 A 被稱爲是此馬可夫鏈的**轉移矩陣(transition matrix)**。此爲一個機率矩陣(stochastic matrix)，亦即，一個具有非負元素的矩陣，其每行元素的總和皆爲 1。一馬可夫鏈通常具有一特性：在幾個週期內從任意狀態移動到其他任意狀態是可能的。在此情況下，馬可夫鏈的轉移矩陣稱爲是**規律的(regular)**。我們可以證明一個馬可夫鏈的轉移矩陣是規律的，若且唯若它的某個冪次不包含零元素。因此，若

$$A=\begin{bmatrix} .5 & 0 & .3 \\ 0 & .4 & .7 \\ .5 & .6 & 0 \end{bmatrix}$$

則 A 爲規律的，因爲

$$A^2=\begin{bmatrix} .40 & .18 & .15 \\ .35 & .58 & .28 \\ .25 & .24 & .57 \end{bmatrix}$$

不具有零元素。在另一方面，

---

*本節可被省略而不失教材之連貫性。

$$B = \begin{bmatrix} .5 & 0 & .3 \\ 0 & 1 & .7 \\ .5 & 0 & 0 \end{bmatrix}$$

不為一個規律的轉移矩陣，因為對於每個正整數 k，B^k 至少具有一個零元素，例如，(1, 2)-元素。

假設 A 為一個具有 n 個狀態的馬可夫鏈轉移矩陣。若 $\mathbf{p}$ 為在 R^n 中的一個向量，其分量代表在一特定時間下在該馬可夫鏈中每一個狀態的機率，則 $\mathbf{p}$ 的元素為非負數值，且其總和等於 1。如此的一個向量稱之為**機率向量(probability vector)**。在此情況下，對每個正整數 m，向量 $A^m\mathbf{p}$ 為一個機率向量，且 $A^m\mathbf{p}$ 的元素提供在 m 個週期後每個狀態的機率。

如同在 5.3 節中所見，我們對研究馬可夫鏈中向量 $A^m\mathbf{p}$ 的行為感興趣。當 A 為一個規律的轉移矩陣時，這些向量的行為可以很容易的描述。底下定理的證明可參考文獻[4，300 頁]。

5

定理 5.4

若 A 為一個規律的 $n \times n$ 轉移矩陣且 $\mathbf{p}$ 為在 R^n 中的機率向量，則

(a) 1 為 A 的一個特徵值。

(b) A 有唯一一個機率向量 $\mathbf{v}$，它也是 A 對應於特徵值 1 的特徵向量。

(C) 對 $m = 1, 2, 3, \cdots$，向量 $A^m\mathbf{p}$ 趨近於 $\mathbf{v}$。

一個使得 $A\mathbf{v}=\mathbf{v}$ 的機率向量 $\mathbf{v}$ 稱為一個**穩態向量(steady-state vector)**。如此的一個向量是一個機率向量，也是 A 對應於特徵值 1 的特徵向量。定理 5.4 主張：一個規律的馬可夫鏈具有一個唯一的穩態向量，再者，對 $m = 1, 2, 3, \cdots$，向量 $A^m\mathbf{p}$ 趨近於 $\mathbf{v}$，不論原來機率向量 $\mathbf{p}$ 為何。

為了闡明這些概念，我們考慮以下例題：

例題 1

假設艾咪天天以慢跑或騎腳踏車來運動。若她今天慢跑，則明天擲銅板決定。若是正面朝上，則慢跑：若是反面朝上則騎腳踏車。若她某天騎腳踏車，則她第二天必定慢跑。此情況可用具有兩個狀態(慢跑及騎腳踏車)及轉移矩陣的馬可夫鏈來做模式分析。

		今天	
		慢跑	騎車
明天	慢跑	.5	1
	騎車	.5	0

$$\begin{bmatrix} .5 & 1 \\ .5 & 0 \end{bmatrix} = A$$

例如，A 的(1, 1)-元素為 0.5。因為若艾咪今天慢跑，則有.5 機率明天她會慢跑。

假設艾咪決定星期一慢跑。利用 $\mathbf{p}=\begin{bmatrix}1\\0\end{bmatrix}$ 爲一開始的機率向量，我們可得

$$A\mathbf{p}=\begin{bmatrix}.5 & 1\\.5 & 0\end{bmatrix}\begin{bmatrix}1\\0\end{bmatrix}=\begin{bmatrix}.5\\.5\end{bmatrix}$$

且

$$A^2\mathbf{p}=A(A\mathbf{p})=\begin{bmatrix}.5 & 1\\.5 & 0\end{bmatrix}\begin{bmatrix}.5\\.5\end{bmatrix}=\begin{bmatrix}.75\\.25\end{bmatrix}$$

因此，在星期二艾咪將會慢跑或騎腳踏車的機率同樣爲.5：且在星期三她將會慢跑的機率爲.75，將騎腳踏車的機率爲.25。因 $A^2=\begin{bmatrix}.75 & .5\\.25 & .5\end{bmatrix}$ 不具有零元素，A 爲一個規律的轉移矩陣。因此，A 具有唯一一個穩態向量 $\mathbf{v}$。且根據定理 5.4，向量 $A^m\mathbf{p}$ $(m=1, 2, 3, \cdots)$ 趨近於 $\mathbf{v}$。穩態向量爲 $A\mathbf{v}=\mathbf{v}$ 的一個解，亦即，$(A-I_2)\mathbf{v}=\mathbf{0}$。因 $A-I_2$ 的簡約列梯形矩陣形式爲

$$\begin{bmatrix}1 & -2\\0 & 0\end{bmatrix}$$

我們可見 $(A-I_2)\mathbf{v}=\mathbf{0}$ 的解具有下面形式

$$\begin{aligned}v_1 &= 2v_2\\ v_2 &\ \text{任意}\end{aligned}$$

爲了使 $\mathbf{v}=\begin{bmatrix}v_1\\v_2\end{bmatrix}$ 爲一個機率向量，我們必須有 $v_1+v_2=1$。因此，

$$\begin{aligned}2v_2+v_2&=1\\3v_2&=1\\v_2&=\frac{1}{3}\end{aligned}$$

所以，A 的唯一穩態向量爲 $\mathbf{v}=\begin{bmatrix}\frac{2}{3}\\\frac{1}{3}\end{bmatrix}$。則長期來看，艾咪慢跑 $\frac{2}{3}$ 的時間，騎腳踏車 $\frac{1}{3}$ 的時間。

練習題 1.

一汽車調查發現：五年前開房車的人，有 80%現在也開房車，10%現在開休旅車，而剩下 10%現在開跑車。而五年前開休旅車的人，有 20%現在開房車，70%現在也開休旅車，而 10%現在則開跑車。最後，那些五年前開跑車的人，有 10%現在開房車，30%現在開休旅車，而 60%現在開跑車。

(a) 試對此馬可夫鏈求其轉移矩陣。

(b) 假設 70%的受訪者五年前開房車，20%開休旅車，且 10%開跑車。試預估在這些受訪者中今天開各類車所佔的百分比。

(c) 在(b)的條件下，試預估在這些受訪者中五年後開各類車所佔的百分比。

(d) 試決定就長期來看這些受訪者開各類車所佔的百分比，假設目前的趨勢無限期地持續下去。

Google 搜尋

在 2003 年十二月，網路上最受歡迎的搜尋引擎爲 Google，其佔了35%的每月網路搜尋量。雖然，Google 沒有透露其搜尋引擎對一使用者的搜尋結果如何排列其網站的先後順序，但造成 Google 成功的因素之一爲其 PageRank™ 演算法，其爲 Larry Page 和 Sergey Brin 當他們爲史丹佛大學研究生時所創。

直覺的想法，PageRank™ 演算法是以以下的方法排名網頁：考慮一專注的網頁瀏覽者。此瀏覽者移動到新網頁的方式是靠隨意選擇目前網頁中的一個連結(有85%的時間如此)或是靠隨意在網路上選擇其他網頁(有15%的時間如此)。我們將看到從一網頁移動到其他網頁的過程產生一馬可夫鏈。其中網頁爲狀態，且其穩態向量提供網頁被瀏覽次數的比例。這些比例提供網頁排名。所以，若一網頁和高排名的網頁間有許多相互的連結，本身也會爲高排名網頁。回應一使用者的搜尋，Google 決定那些網站是相關的並將它們照排名列出。

爲了更正式的探究此過程，我們在此介紹一些符號。令 n 表示 Google 搜尋中所考慮的網頁數。(在 2004 年十一月，n 大約爲 80.58 億。)令 A 爲伴隨於馬可夫鏈的一個 $n\times n$ 轉移矩陣，其中每個網頁爲一個狀態，且 a_{ij} 爲從網頁 j 移動到網頁 i 的機率，$1\le i$，$j\le n$。爲了決定 A 中的元素 a_{ij}，我們做兩個假設：

1. 若目前網頁具有連到其他網頁的連結，則有一定比例 p(通常爲 0.85)，瀏覽者會在這些連結中隨機選取一個，並移動過去。而其餘的比例時間，$1-p$，瀏覽者是隨機從網路中選擇一網頁。

2. 若目前網頁並不具有連到其他網頁的連結，則瀏覽者是隨機從網路中選擇一網頁。

爲了幫助 A 的計算，我們以一個矩陣開始，它描述一個網頁的連結。令 C 爲一個 $n\times n$ 矩陣定義爲

$$c_{ij}=\begin{cases}1 & \text{若存在有從網頁 } j \text{ 到網頁 } i \text{ 的一個連結}\\ 0 & \text{其它}\end{cases}$$

對任何 j，令 s_j 代表 j 所連結的網頁數;亦即，s_j 等於 C 的第 j 行的元素的總和。我們決定 a_{ij}，瀏覽者從頁 j 移動到頁 i 的機率，如下。若網頁 j 不具有任何連結(即 $s_j=0$)，則瀏覽者隨機從網路中選擇網頁 i 的機率很簡單的爲 $1/n$。現在假設網頁 j 具有連到其它網頁的連結，亦即，$s_j\neq 0$。則從網頁 j 移動到網頁 i 有以下兩種情況：

情況 1. 瀏覽者在網頁 j 選擇一連結，且此連結引導瀏覽者到網頁 i。

瀏覽者在頁 j 選擇一連結的機率爲 p，且此連結連到頁 i 的機率爲 $1_{ij}/s_j=c_{ij}/s_j$。所以此情況的機率爲 $p(c_{ij}/s_j)$。

情況 2. 瀏覽者決定隨機從網路中選擇一網頁，選中的網頁爲網頁 i。

瀏覽者決定隨機從網路中選擇一網頁的機率爲 $1-p$，且網頁 i 被選中的機率爲 $1/n$。所以此情況的機率爲$(1-p)/n$。

因此，若 $s_j\neq 0$，瀏覽者從網頁 j 移動到網頁 i 的機率爲

$$\frac{pc_{ij}}{s_j}+\frac{(1-p)}{n}$$

所以，我們可得

$$a_{ij}=\begin{cases}\dfrac{pc_{ij}}{s_j}+\dfrac{1-p}{n} & 若\ s_j\neq 0\\[2ex] \dfrac{1}{n} & 若\ s_j=0\end{cases}$$

爲了能簡單的由 C 獲得 A，我們引入 $n\times n$ 矩陣 $M=[\mathbf{m}_1\ \mathbf{m}_2\ \cdots \mathbf{m}_n]$，其中

$$\mathbf{m}_j=\begin{cases}\dfrac{1}{s_j}\boldsymbol{c}_j & 若\ s_j\neq 0\\[2ex] \dfrac{1}{n}\begin{bmatrix}1\\1\\\vdots\\1\end{bmatrix} & 若\ s_j=0\end{cases}$$

由此得 $A=pM+\dfrac{1-p}{n}W$，其中 W 爲 $n\times n$ 矩陣其元素皆等於 1。(參見習題 34。)

可觀察得 $a_{ij}>0$，對所有 i 和 j。(對 $n=80.58$ 億且 $p=0.85$，a_{ij} 的最小可能值爲$(1-p)/n\approx 0.186\times 10^{-10}$。)且我們可觀察到 A 的每行元素總和爲 1，由此 A 爲一個規律的轉移矩陣。根據定理 5.4，存在唯一一個 A 的穩態向量 $\mathbf{v}$。長時間下來，$\mathbf{v}$ 的分量描述瀏覽者瀏覽各個網頁的分佈，且 $\mathbf{v}$ 的分量被 Google 用來排名網頁。

例題 2

假設一個搜尋引擎僅考慮 10 個網頁，且彼此連結如下：

網頁	連結網頁
1	5 及 10
2	1 及 8
3	1, 4, 5, 6, 及 7
4	1, 3, 5, 及 10
5	2, 7, 8, 及 10
6	無連結
7	2 及 4
8	1, 3, 4, 及 7
9	1 及 3
10	9

關於此搜尋引擎的馬可夫鏈轉移矩陣，其演算法用 $p=0.85$ 作爲從一網頁到下一網頁之外向連結的機率，表示如下：

$$\begin{bmatrix} 0.0150 & 0.4400 & 0.1850 & 0.2275 & 0.0150 & 0.1000 & 0.0150 & 0.2275 & 0.4400 & 0.0150 \\ 0.0150 & 0.0150 & 0.0150 & 0.0150 & 0.2275 & 0.1000 & 0.4400 & 0.0150 & 0.0150 & 0.0150 \\ 0.0150 & 0.0150 & 0.0150 & 0.2275 & 0.0150 & 0.1000 & 0.0150 & 0.2275 & 0.4400 & 0.0150 \\ 0.0150 & 0.0150 & 0.1850 & 0.0150 & 0.0150 & 0.1000 & 0.4400 & 0.2275 & 0.0150 & 0.0150 \\ 0.4400 & 0.0150 & 0.1850 & 0.2275 & 0.0150 & 0.1000 & 0.0150 & 0.0150 & 0.0150 & 0.0150 \\ 0.0150 & 0.0150 & 0.1850 & 0.0150 & 0.0150 & 0.1000 & 0.0150 & 0.0150 & 0.0150 & 0.0150 \\ 0.0150 & 0.0150 & 0.1850 & 0.0150 & 0.2275 & 0.1000 & 0.0150 & 0.2275 & 0.0150 & 0.0150 \\ 0.0150 & 0.4400 & 0.0150 & 0.0150 & 0.2275 & 0.1000 & 0.0150 & 0.0150 & 0.0150 & 0.0150 \\ 0.0150 & 0.0150 & 0.0150 & 0.0150 & 0.0150 & 0.1000 & 0.0150 & 0.0150 & 0.0150 & 0.8650 \\ 0.4400 & 0.0150 & 0.0150 & 0.2275 & 0.2275 & 0.1000 & 0.0150 & 0.0150 & 0.0150 & 0.0150 \end{bmatrix}$$

此馬可夫鏈之穩態向量的近似爲

$$\begin{bmatrix} 0.1583 \\ 0.0774 \\ 0.1072 \\ 0.0860 \\ 0.1218 \\ 0.0363 \\ 0.0785 \\ 0.0769 \\ 0.1282 \\ 0.1295 \end{bmatrix}$$

此向量的元素提供網頁排名。在此，網頁 1 排名最高(.1583)，網頁 10 爲次高排名(.1295)，網頁 9 爲第三高排名(.1282)，以此類推。注意，即使網頁 3 具有最多個連結(5 連結至其他網頁及有 3 個其它網頁連結到它)，其排名還是低於網頁 9，網頁 9 只具有 3 個連結(2 連結至其他網頁及有 1 個其它網頁連結到它)。此事實說明 Google 用來排名網頁的方法不僅考慮一網頁的總連結數(連結至其它或從其他網頁連結到它)，也考慮每個網頁所連結的網頁的排名。

微分方程組

放射性物質的衰變與細菌或其它有機體其不受限制的生長具有同一特性，即在其過程的任一瞬間，物質的變量與當時既有的數量成一定比例。若 $y=f(t)$表示一物質在時間 t 所具有的數量，且 k 表示比例常數；則此類增長可用微分方程式 $f'(t)=kf(t)$來描述。或表示爲

$$y' = ky \qquad (5)$$

在微積分中，方程式(5)的**通解**爲

$$y = ae^{kt}$$

其中 a 爲一個任意常數。也就是，若我們在方程式(5)中以 ae^{kt} 取代 y(且以其微分 ake^{kt} 代替 y')，我們獲得一恆等式。爲了求在通解中 a 的值，我們需要一個**初始條件**。例如，我們需要知道在某一特定時間有多少該物質，如在 $t=0$。若一開始有 3 單位該物質，則 $y(0)=3$。所以，

$$3 = y(0) = ae^{k(0)} = a\cdot 1 = a$$

方程式(5)的特解(*particular solution*)爲 $y = 3e^{kt}$ 。

現在假設我們有一包含三個方程式的微分方程組：

$$\begin{aligned} y'_1 &= 3y_1 \\ y'_2 &= 4y_2 \\ y'_3 &= 5y_3 \end{aligned}$$

此方程組和方程式(5)一樣容易解，因三個方程式中的每個都可分別獨立求解。其通解爲

$$\begin{aligned} y_1 &= ae^{3t} \\ y_2 &= be^{4t} \\ y_3 &= ce^{5t} \end{aligned}$$

再者，若具有初始條件 $y_1(0)=10$、$y_2(0)=12$ 和 $y_3(0)=15$，則其通解爲

$$\begin{aligned} y_1 &= 10e^{3t} \\ y_2 &= 12e^{4t} \\ y_3 &= 15e^{5t} \end{aligned}$$

如同線性方程組，微分方程組可用如下矩陣方程式來表示

$$\begin{bmatrix} y'_1 \\ y'_2 \\ y'_3 \end{bmatrix} = \begin{bmatrix} 3 & 0 & 0 \\ 0 & 4 & 0 \\ 0 & 0 & 5 \end{bmatrix} \begin{bmatrix} y_1 \\ y_2 \\ y_3 \end{bmatrix}$$

令

$$\mathbf{y} = \begin{matrix} y_1 \\ y_2 \\ y_3 \end{matrix} \quad , \quad \mathbf{y}' = \begin{matrix} y'_1 \\ y'_2 \\ y'_3 \end{matrix} \quad , \quad D = \begin{matrix} 3 & 0 & 0 \\ 0 & 4 & 0 \\ 0 & 0 & 5 \end{matrix}$$

我們可將此微分方程組表示爲矩陣方程式

$$\mathbf{y}' = D\mathbf{y}$$

並具有初始條件

$$\mathbf{y}(0) = \begin{bmatrix} 10 \\ 12 \\ 15 \end{bmatrix}$$

更一般而言，線性微分方程組

$$\begin{aligned} y'_1 &= a_{11}y_1 + a_{12}y_2 + \cdots + a_{1n}y_n \\ y'_2 &= a_{21}y_1 + a_{22}y_2 + \cdots + a_{2n}y_n \\ &\vdots \\ y'_n &= a_{n1}y_1 + a_{n2}y_2 + \cdots + a_{nn}y_n \end{aligned}$$

可以改寫爲如下

$$\mathbf{y}' = A\mathbf{y} \qquad (6)$$

其中 A 爲一個 $n \times n$ 矩陣。舉例來說，如此一個方程組可以用來描述三種互相相依的動物的數量，也就是每一種動物的成長率和目前三種動物的數量有關。此類方程組出現在獵者-獵物模型(*predator-prey models*)中，其中 y_1 和 y_2 可用來表示在一生態系統中兔子和狐狸的數量(參見習題 67)或食用魚及鯊魚的數量。

爲了求解方程式(6)，我們做了適當的**變數代換**。定義 $\mathbf{z} = P^{-1}\mathbf{y}$ (或同義的 $\mathbf{y} = P\mathbf{z}$)，其中 P 爲一個可逆矩陣。不難證明 $\mathbf{y}' = P\mathbf{z}'$。(參見習題 66。)因此，在方程式(6)中以 $P\mathbf{z}$ 取代 $\mathbf{y}$ 及 $P\mathbf{z}'$代替 $\mathbf{y}'$，可得

$$P\mathbf{z}' = AP\mathbf{z}$$

即

$$\mathbf{z}' = P^{-1}AP\mathbf{z}$$

因此，若存在一個可逆矩陣 P，使得 $P^{-1}AP$ 為一個對角矩陣 D，則我們可得到系統 $\mathbf{z}' = D\mathbf{z}$，此正如我們剛剛所解出的簡單形式。有了 $\mathbf{z}$ 後，方程式(6)的解可以很容易的從 $\mathbf{z}$ 中獲得，因為 $\mathbf{y} = P\mathbf{z}$。

若 A 是可對角化的，我們可選擇矩陣 P 使其各行為由 A 的特徵向量所構成的一組 R^n 基底。當然，D 的對角線上元素為 A 的特徵值。對一個係數矩陣是可對角化的微分方程組，其解法可總結如下：

當 A 為可對角化，$\mathbf{y}' = A\mathbf{y}$ 之解

1. 求 A 的特徵值及每個特徵空間的一組基底。
2. 令 P 為一個矩陣，其各行為 A 的每個特徵空間的基底向量，且令 D 為一個對角矩陣，其對角線元素為 A 分別對應於 P 的每行的特徵值。
3. 方程組 $\mathbf{z}' = D\mathbf{z}$。
4. 原方程組之解為 $\mathbf{y} = P\mathbf{z}$。

例題 3

考慮方程組

$$\begin{aligned} y'_1 &= 4y_1 + y_2 \\ y'_2 &= 3y_1 + 2y_2 \end{aligned}$$

此方程組的矩陣形式為 $\mathbf{y}' = A\mathbf{y}$ ，其中

$$\mathbf{y} = \begin{bmatrix} y_1 \\ y_2 \end{bmatrix} \quad \text{且} \quad A = \begin{bmatrix} 4 & 1 \\ 3 & 2 \end{bmatrix}$$

使用 5.3 節之技巧，我們可見 A 為可對角化的，因其具有不同特徵值 1 和 5。並且，

$$\left\{\begin{bmatrix} -1 \\ 3 \end{bmatrix}\right\} \quad \text{和} \quad \left\{\begin{bmatrix} 1 \\ 1 \end{bmatrix}\right\}$$

為 A 對應特徵空間的基底。因此，我們可得

$$P = \begin{bmatrix} -1 & 1 \\ 3 & 1 \end{bmatrix} \quad \text{且} \quad D = \begin{bmatrix} 1 & 0 \\ 0 & 5 \end{bmatrix}$$

此刻讓我們解方程組 $\mathbf{z}' = D\mathbf{z}$，即

$$\begin{aligned} z'_1 &= z_1 \\ z'_2 &= 5z_2 \end{aligned}$$

此方程組之解爲

$$\mathbf{z} = \begin{bmatrix} ae^t \\ be^{5t} \end{bmatrix}$$

因此，原來方程組的通解爲

$$\mathbf{y} = P\mathbf{z} = \begin{bmatrix} -1 & 1 \\ 3 & 1 \end{bmatrix} \begin{bmatrix} ae^t \\ be^{5t} \end{bmatrix} = \begin{bmatrix} -ae^t + be^{5t} \\ 3ae^t + be^{5t} \end{bmatrix}$$

即

$$\begin{aligned} y_1 &= -ae^t + be^{5t} \\ y_2 &= 3ae^t + be^{5t} \end{aligned}$$

請注意並不需要去計算 P^{-1}。

此外，若給定初始條件 $y_1(0) = 120$ 及 $y_2(0) = 40$，則我們可得此方程組之特解。爲此，我們必須解線性方程組

$$\begin{aligned} 120 &= y_1(0) = -ae^0 + be^{5(0)} = -a + b \\ 40 &= y_2(0) = 3ae^0 + be^{5(0)} = 3a + b \end{aligned}$$

以得 a 及 b。因爲此方程組的解是 $a = -20$ 及 $b = 100$，原微分方程組的特解爲

$$\begin{aligned} y_1 &= 20e^t + 100e^{5t} \\ y_2 &= -60e^t + 100e^{5t} \end{aligned}$$

練習題 2.

考慮以下微分方程組：

$$\begin{aligned} y'_1 &= -5y_1 - 4y_2 \\ y'_2 &= 8y_1 - 7y_2 \end{aligned}$$

(a) 試求此方程組的通解。

(b) 試求此方程組滿足初始條件 $y_1(0) = 1$ 及 $y_2(0) = 4$ 的特解。

可以注意到的是，只需做一些修改，我們用來解 $\mathbf{y}' = A\mathbf{y}$ 的程序可被用來解一個非齊次(nonhomogeneous)方程組 $\mathbf{y}' = A\mathbf{y} + \mathbf{b}$，其中 $\mathbf{b} \neq 0$。

然而，當 A 不可對角化時，在這裡描述之用來解 $\mathbf{y}' = A\mathbf{y}$ 的程序並不適用。在此情況下，從 A 的喬登正則式(*Jordan canonical form*)可發展出相似的技巧(可參考文獻[4，515 至 516 頁])。

5

在一些情況下，方程式(6)中的微分方程組可以被用來解一高階微分方程式。我們以解一三階微分方程式來說明此技巧

$$y''' - 6y'' + 5y' + 12y = 0$$

令 $y_1 = y$ ，$y_2 = y'$ ，及 $y_3 = y''$ ，我們可得如下方程組

$$\begin{aligned} y'_1 &= y_2 \\ y'_2 &= y_3 \\ y'_3 &= -12y_1 - 5y_2 + 6y_3 \end{aligned}$$

此方程組的矩陣形式爲

$$\begin{bmatrix} y'_1 \\ y'_2 \\ y'_3 \end{bmatrix} = \begin{bmatrix} 0 & 1 & 0 \\ 0 & 0 & 1 \\ -12 & -5 & 6 \end{bmatrix} \begin{bmatrix} y_1 \\ y_2 \\ y_3 \end{bmatrix}$$

如下 3×3 矩陣之特徵多項式

$$A = \begin{bmatrix} 0 & 1 & 0 \\ 0 & 0 & 1 \\ -12 & -5 & 6 \end{bmatrix}$$

爲 $-(t^3 - 6t^2 + 5t + 12) = 0$ ，類似於原來微分方程式 $y''' - 6y'' + 5y' + 12y = 0$ 。此相似性並非一種巧合。(參見習題 68。)因爲 A 具有相異特徵值 -1、3 和 4，所必可對角化。使用前所述的方法，我們可 y_1、y_2 和 y_3 求解。當然，在此我們只對 $y_1 = y$ 有興趣。此三階方程式的通解爲

$$y = ae^{-t} + be^{3t} + ce^{4t}$$

簡諧運動*

許多現實世界中跟微分方程式有關的問題都可用前面所提方法來求解。舉例來說，考慮一重量爲 w 的物體懸吊於一彈簧下。(參見圖 5.7。)假設此物體離開了平衡的位置而開始運動。令 $y(t)$代表在時間 t 時，物體與平衡的位置之間的距離，在此取向下爲正。若 k 爲彈簧常數，g 爲因重力所引起的加速度(每平方秒 32 英呎)，且 $-by'(t)$ 爲阻尼力(*damping force*)[8]，則此物體之運動滿足以下微分方程式

$$\frac{w}{g} y''(t) + by'(t) + ky(t) = 0$$

---

*本節需要複數的知識。(參見附錄 C。)

[8] 阻尼力是一個用以表示運動所處介質之黏滯性的摩擦力。其與速度成正比，但作用在反方向上。

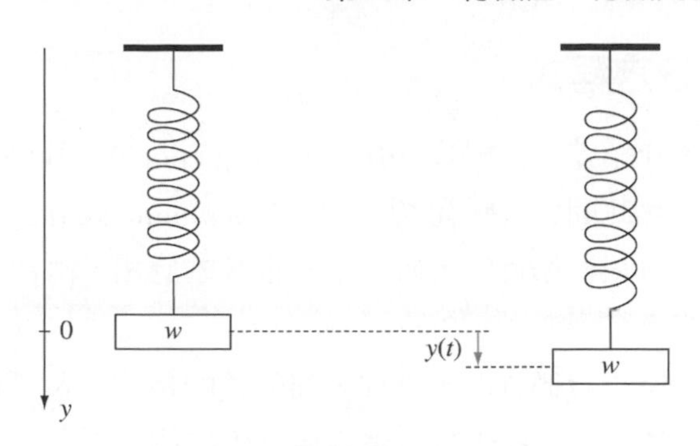

圖 5.7　一砝碼懸吊於一彈簧上

例如，若該物體重 8 磅，且彈簧常數爲 $k=2.125$ 磅/英呎，阻尼力常數爲 $b=0.75$。則之前的微分方程式可化減爲如下形式

$$y'' + 3y' + 8.5y = 0$$

利用變數代換 $y_1 = y$ 及 $y_2 = y'$，我們可得方程組

$$\begin{aligned} y'_1 &= \quad\quad\quad\quad y_2 \\ y'_2 &= -8.5y_1 - 3y_2 \end{aligned}$$

或，寫成矩陣形式，

$$\begin{bmatrix} y'_1 \\ y'_2 \end{bmatrix} = \begin{bmatrix} 0 & 1 \\ -8.5 & -3 \end{bmatrix} \begin{bmatrix} y_1 \\ y_2 \end{bmatrix}$$

則上述矩陣之特徵多項式爲

$$t^2 + 3t + 8.5$$

具有非實數根 $-1.5+2.5i$ 和 $-1.5-2.5i$。

此微分方程式之通解，可表示如下

$$y = ae^{(-1.5+2.5i)t} + be^{(-1.5-2.5i)t}$$

使用歐拉公式(Euler's formular)(參見附錄 C)，我們可獲得

$$y = ae^{-1.5t}(\cos 2.5t + i\sin 2.5t) + be^{-1.5t}(\cos 2.5t - i\sin 2.5t)$$

其可改寫爲

$$y = ce^{-1.5t}\cos 2.5t + de^{-1.5t}\sin 2.5t$$

常數 c 和 d 可由初始條件來決定，如物體從平衡點算起之初始位移，$y(0)$，和其初始速度，$y'(0)$。從此解，我們可看出此物體擺動之振幅會漸趨於零。

差分方程式

為了介紹差分方程式(difference Equations)，我們以計數問題(counting problem)開始。此問題為研究*組合分析*(*combinatorial analysis*)的典型問題。由於組合分析在資訊科學及作業研究上有很多的應用，組合分析在最近幾年已獲得眾多的關注。

假設我們有很多三種不同顏色的積木：黃、紅，和綠。每個黃色積木佔據一空位，每個紅或綠色積木佔據兩空位。有多少種方式可排列積木於具有 n 個空位的一列上？

用 r_n 代表此問題的答案，且以 Y、R 和 G 分別表示一個黃、紅和綠色的積木。為了方便，我們令 $r_0=1$。下表列出在 $n=0,1,2$ 和 3 的各種可能的排列方式

n	排列	r_n
0		1
1	Y	1
2	YY, R, G	3
3	YYY, YR, YG, RY, GY	5

現在假設我們必須去填滿 n 個空位。考慮下面三種可能的情況：

情況 1. 最後一個積木為黃色。

在此情況中，黃色積木填了最後一個空位，則我們可以用 r_{n-1} 個方式來填前面 $n-1$ 個空位。

情況 2. 最後一個積木為紅色。

在此情況中，紅色積木填了最後兩個空位，則我們可以用 r_{n-2} 個方式來填前面 $n-2$ 個空位。

情況 3. 最後一個積木為綠色。

此相似於情況 2，則所有可填滿前面 $n-2$ 個空位的方法數為 r_{n-2}。

把這幾種情況放在一起，我們可得

$$r_n = r_{n-1} + 2r_{n-2} \qquad (7)$$

注意此方程式與表格中 $r_n = r_{n-1} + 2r_{n-2}$ $n = 2$ 和 $n=3$ 相符：

$$r_2 = r_1 + 2r_0 = 1 + 2 \cdot 1 = 3$$

且

$$r_3 = r_2 + 2r_1 = 3 + 2 \cdot 1 = 5$$

有了此公式，我們可很容易的決定對 n=4 的排列方式數為

$$r_4 = r_3 + 2r_2 = 5 + 2 \cdot 3 = 11$$

方程式(7)為**差分方程式(difference equation)或遞迴關係(recurrence relation)**的一個範例。差分方程式類似於微分方程式，不同處在於差分方程式中獨立變數被視為離散(*discrete*)，而在微分方程式中其被視為連續(*continuous*)。

但我們如何求得一公式將 r_n 表示為 n 的函數？其中一個方法為重寫方程式(7)成一矩陣方程式。首先，

$$r_n = r_n$$
$$r_{n+1} = r_n + 2r_{n-1}$$

(上面第二個方程式的形成為將方程式(7)中的 n 以 n+1 代入。)此方程組現在可以寫成如下的矩陣形式

$$\begin{bmatrix} r_n \\ r_{n+1} \end{bmatrix} = \begin{bmatrix} 0 & 1 \\ 2 & 1 \end{bmatrix} \begin{bmatrix} r_{n-1} \\ r_n \end{bmatrix}$$

或 $\mathbf{s}_n = A\mathbf{s}_{n-1}$ 。其中

$$\mathbf{s}_n = \begin{bmatrix} r_n \\ r_{n+1} \end{bmatrix} \quad \text{且} \quad A = \begin{bmatrix} 0 & 1 \\ 2 & 1 \end{bmatrix}$$

再者，從對 $n=0$ 和 $n=1$ 之解，我們可得

$$\mathbf{s}_0 = \begin{bmatrix} r_0 \\ r_1 \end{bmatrix} = \begin{bmatrix} 1 \\ 1 \end{bmatrix}$$

因此，

$$\mathbf{s}_n = A\mathbf{s}_{n-1} = A^2\mathbf{s}_{n-2} = \cdots = A^n\mathbf{s}_0 = A^n \begin{bmatrix} 1 \\ 1 \end{bmatrix}$$

為了計算 $\mathbf{s}_n$，我們必須計算一矩陣之冪次，此為我們在 5.3 節中所討論過的問題，其中矩陣為可對角化的。利用本章之前所討論的方法，我們可得矩陣

$$P = \begin{bmatrix} 1 & 1 \\ -1 & 2 \end{bmatrix} \quad \text{和} \quad D = \begin{bmatrix} -1 & 0 \\ 0 & 2 \end{bmatrix}$$

使得 $A = PDP^{-1}$ 。然後，如在 5.3 節中，我們有 $A^n = PD^nP^{-1}$ 。因此，

$$\mathbf{s}_n = PD^nP^{-1}\mathbf{s}_0$$

或

$$\begin{bmatrix} r_n \\ r_{n+1} \end{bmatrix} = \begin{bmatrix} 1 & 1 \\ -1 & 2 \end{bmatrix} \begin{bmatrix} (-1)^n & 0 \\ 0 & 2^n \end{bmatrix} \begin{bmatrix} \frac{2}{3} & -\frac{1}{3} \\ \frac{1}{3} & \frac{1}{3} \end{bmatrix} \begin{bmatrix} 1 \\ 1 \end{bmatrix}$$

$$= \frac{1}{3} \begin{bmatrix} (-1)^n + 2^{n+1} \\ (-1)^{n+1} + 2^{n+2} \end{bmatrix}$$

所以，

$$r_n = \frac{(-1)^n + 2^{n+1}}{3}$$

再次檢查，我們觀察此公式可得 $r_0 = 1$，$r_1 = 1$，$r_2 = 3$ 及 $r_3 = 5$，此與之前所得之值一致。對較大的 n 值，可以很容易的用計算機求出 r_n。例如，r_{10} 爲 683，r_{20} 爲 669,051，而 r_{32} 接近 30 億！

通常，一個 **k 階齊次線性差分方程式(kth-order homogeneous linear difference equation)**(或**遞迴關係**)爲一個具有下列形式之方程式

$$r_n = a_1 r_{n-1} + a_2 r_{n-2} + \cdots + a_k r_{n-k} \qquad (8)$$

其中所有 a_i 皆爲純量、n 和 k 爲正整數且 $n > k$、並有 $a_k \neq 0$。

若我知道兩個相鄰數值，方程式(7)讓我們能夠計算後續 r_n 的值。在此積木問題中，我們靠列舉所有可填滿 0 個空位和 1 個空位的可能性來得到 $r_0 = 1$ 及 $r_1 = 1$。如此的一個 r_n 連續數值的集合，稱之爲**初始條件(initial conditions)**集合。一般而言，在方程式(8)中，我們需要知道 k 個連續的 r_n 數值來得到一個初始條件集合。因此所需連續數值的個數等於該差分方程式的階數。如之前範例，我們可用具有形式 $\mathbf{s}_n = A\mathbf{s}_{n-1}$ 的矩陣方程式來表示 k 階的方程式(8)，其中 A 爲一個 $k \times k$ 矩陣，且 $\mathbf{s}_n$ 爲一個在 R^k 中的向量。(參見習題 82。)我們可以證明(參見習題 83)，若 A 具有 k 個不同的特徵值 $\lambda_1, \lambda_2, \cdots, \lambda_k$，則方程式(8)的通解具有下列形式

$$r_n = b_1 \lambda_1^n + b_2 \lambda_2^n + \ldots + b_k \lambda_k^n \qquad (9)$$

其中各個 b_i 將由初始條件決定，而初始條件是由向量 $\mathbf{s}_0$ 之分量所給定。再者，λ_i，爲 A 不同的特徵值，也可從以下方程式之解獲得

$$\lambda^k = a_1 \lambda^{k-1} + a_2 \lambda^{k-2} + \cdots + a_{k-1} \lambda + a_k \qquad (10)$$

(參見習題 84。)

方程式(9)和(10)提供我們另一種方法來求 r_n 而**不需要**計算 A 的特徵多項式或特徵向量。我們以另一範例來說明此方法。

我們知道兔子以很快的速度在繁殖。為了簡化問題，我們假設，一對兔子住在一起的第一個月並不產生後代，而後每一個月正好生出一對兔子(一公一母)。假設一開始我們只有一對新生的兔子(一公一母)，且沒有兔子死亡。則在 n 個月後將會有多少對兔子？

令 r_n 表示 n 月後兔子的對數。我們試著對 $n = 0,1,2$ 和 3 來回答此問題。經過零個月，我們只有一開始的一對兔子。類似的，過了一個月，我們還是只有一開始的一對兔子。所以 $r_1 = r_0 =1$。過了兩個月，我們有一開始的一對和其後代一對，也就是 $r_2 = 2$。過了三個月，我們有之前所有的兔子對，並且，有起始兔子對剛生的一對，也就是，$r_3 = r_2 + r_1 = 2 + 1 = 3$。一般而言，過了 n 個月後，我們有前一個月所有的兔子對及超過一個月大之兔子對所新生的後代兔子對。因此

$$r_n = r_{n-1} + r_{n-2} \qquad (11)$$

為一個二階差分方程式。由方程式(11)所產生的數目為 1，1，2，3，5，8，13，21，34，…。每數為前兩數之和。一具有此特性的數列稱之為**費氏數列(Fibonacci sequence)**。它出現在許多不同的情況中，包括各式植物的螺旋數。

現在我們使用方程式(9)和(10)來求得 r_n 的公式。根據方程式(11)和(10)，我們得到

$$\lambda^2 = \lambda + 1$$

其解為 $(1\pm\sqrt{5})/2$。因此，根據方程式(9)，存在純量 b_1 和 b_2 使得

$$r_n = b_1\left(\frac{1}{2}+\frac{\sqrt{5}}{2}\right)^n + b_2\left(\frac{1}{2}-\frac{\sqrt{5}}{2}\right)^n$$

為了求 b_1 和 b_2，我們使用初始條件

$$\begin{aligned} 1 &= r_0 = (1)\,b_1 + (1)\,b_2 \\ 1 &= r_1 = \left(\frac{1}{2}+\frac{\sqrt{5}}{2}\right)b_1 + \left(\frac{1}{2}-\frac{\sqrt{5}}{2}\right)b_2 \end{aligned}$$

此方程組具有解

$$b_1 = \frac{1}{\sqrt{5}}\left(\frac{1}{2}+\frac{\sqrt{5}}{2}\right) \quad \text{且} \quad b_2 = -\frac{1}{\sqrt{5}}\left(\frac{1}{2}-\frac{\sqrt{5}}{2}\right)$$

因此，費氏數列的一般式為

$$r_n = \frac{1}{\sqrt{5}}\left(\frac{1}{2}+\frac{\sqrt{5}}{2}\right)^{n+1} - \frac{1}{\sqrt{5}}\left(\frac{1}{2}-\frac{\sqrt{5}}{2}\right)^{n+1}$$

此複雜的公式讓人訝異，因爲對每個 n 值的 r_n 都是正整數。若要求出第 50 個費氏係數，我們計算 r_{50}，而其超過 200 億！

我們最後的範例，其可用差分方程式解之，是有關於熱量損失的應用。

例題 4

在熱水浴缸中的水損失熱量於周圍的空氣中，以致於浴缸中的水溫和周圍空氣的氣溫之間的溫差以每分鐘 5%的速率做遞減。此刻水溫爲 120°F，且其周圍空氣之溫度爲一常數 70°F。令 r_n 表示在 n 分鐘結束時的溫差。則

$$r_n = .95r_{n-1} \quad \text{且} \quad r_0 = 120 - 70 = 50^\circ\text{F}$$

根據方程式(9)和(10)，$r_n = b\lambda^n$ 且 $\lambda = 0.95$。也因此 $r_n = b(.95)^n$。此外，$50 = r_0 = b(.95)^0 = b$，且因此 $r_n = 50(.95)^n$。舉例來說，在 10 分鐘結束時，$r_n = 50(.95)^{10} \approx 30^\circ\text{F}$。所以，此刻水溫近似 70+30=100°F。

在習題 85 至 87 中，我們將說明如何對一階非齊次差分方程式 $r_n = ar_{n-1} + c$ 求解，其中 a 和 c 爲純量。此方程式經常發生在財務應用上，如老人年金。(參見習題 88。)

練習題 3.

在一書店後面的房間對於 3 種書有很多存書量，其一爲納博科夫的小說、其二爲厄普代克的小說，其三爲微積分。小說每本各 1 英吋厚，而微積分爲 2 英吋厚。試求，將這些書排列在一個 n 英吋高的堆疊書架上之方法數 r_n。

習題

在習題 1 至 12 中，試決定該命題是真確或謬誤。

1. 一馬可夫鏈的轉移矩陣其每列元素之和皆爲 1。
2. 若一馬可夫鏈的轉移矩陣包含零元素，則其不是規律的。
3. 若 A 爲一馬可夫鏈的轉移矩陣且 $\mathbf{p}$ 爲任意機率向量，則 $A\mathbf{p}$ 爲一個機率向量。
4. 若 A 爲一馬可夫鏈的轉移矩陣且 $\mathbf{p}$ 爲任意機率向量，則當 m 趨近於無限大時，向量 $A^m\mathbf{p}$ 趨近於一機率向量。
5. 若 A 爲一規律的馬可夫鏈轉移矩陣，則當 m 趨近於無限大時，對每個機率向量 $\mathbf{p}$ 向量 $A^m\mathbf{p}$ 皆趨近於同一個機率向量。
6. 每個規律的轉移矩陣都有特徵值 1。
7. 每個規律的轉移矩陣具有一個唯一的機率向量，其爲對應於特徵值 1 的一個特徵向量。
8. $y' = ky$ 的通解爲 $y = ke^t$。
9. 若 $P^{-1}AP$ 爲一個對角矩陣 D，則變數代換 $\mathbf{z}=P\mathbf{y}$，可將矩陣方程式從 $\mathbf{y}'=A\mathbf{y}$ 轉變爲 $\mathbf{z}'=D\mathbf{z}$。

10. 一微分方程式 $a_3y''' + a_2y'' + a_1y' + a_0y = 0$，其中 a_3, a_2, a_1, a_0 為純量，可以寫成一線性微分方程組。

11. 若 $A = PDP^{-1}$，其中 P 為一個可逆矩陣且 D 為一個對角矩陣，則 $\mathbf{y}' = A\mathbf{y}$ 之解為 $P^{-1}\mathbf{z}$，其中 $\mathbf{z}$ 為 $\mathbf{z}' = D\mathbf{z}$ 之解。

12. 在一個費氏數列中，在最先兩項之後的每一項為前面兩項之和。

在習題 13 至 20 中，試決定每個轉移矩陣是否為規律的。

13. $\begin{bmatrix} 0.25 & 0 \\ 0.75 & 1 \end{bmatrix}$　　14. $\begin{bmatrix} 0 & .5 \\ 1 & .5 \end{bmatrix}$

15. $\begin{bmatrix} .5 & 0 & .7 \\ .5 & 0 & .3 \\ 0 & 1 & 0 \end{bmatrix}$　　16. $\begin{bmatrix} .9 & .5 & .4 \\ 0 & .5 & 0 \\ .1 & 0 & .6 \end{bmatrix}$

17. $\begin{bmatrix} .8 & 0 & 0 \\ .2 & .7 & .1 \\ 0 & .3 & .9 \end{bmatrix}$　　18. $\begin{bmatrix} .2 & .7 & .1 \\ .8 & 0 & 0 \\ 0 & .3 & .9 \end{bmatrix}$

19. $\begin{bmatrix} .6 & 0 & 0 & .1 \\ 0 & .5 & .2 & 0 \\ .4 & 0 & 0 & .9 \\ 0 & .5 & .8 & 0 \end{bmatrix}$　　20. $\begin{bmatrix} .6 & 0 & .1 & 0 \\ 0 & .5 & 0 & .2 \\ .4 & 0 & .9 & 0 \\ 0 & .5 & 0 & .8 \end{bmatrix}$

在習題 21 至 28 中，給定一規律的轉移矩陣。試決定其穩態向量。

21. $\begin{bmatrix} .9 & .3 \\ .1 & .7 \end{bmatrix}$　　22. $\begin{bmatrix} .6 & .1 \\ .4 & .9 \end{bmatrix}$

23. $\begin{bmatrix} .5 & .1 & .2 \\ .2 & .6 & .1 \\ .3 & .3 & .7 \end{bmatrix}$　　24. $\begin{bmatrix} .7 & .1 & .6 \\ 0 & .9 & 0 \\ .3 & 0 & .4 \end{bmatrix}$

25. $\begin{bmatrix} .8 & 0 & .1 \\ 0 & .4 & .9 \\ .2 & .6 & 0 \end{bmatrix}$　　26. $\begin{bmatrix} .7 & 0 & .2 \\ 0 & .4 & .8 \\ .3 & .6 & 0 \end{bmatrix}$

27. $\begin{bmatrix} .6 & 0 & 0 & .1 \\ 0 & .5 & .2 & 0 \\ .4 & .2 & .8 & 0 \\ 0 & .3 & 0 & .9 \end{bmatrix}$　　28. $\begin{bmatrix} .6 & 0 & 0 & .1 \\ 0 & .5 & .2 & 0 \\ .4 & 0 & 0 & .9 \\ 0 & .5 & .8 & 0 \end{bmatrix}$

29. 愛麗森到她最喜歡的一家冰淇淋店，會點漂浮沙士或巧克力聖代。若她上次購買一個漂浮沙士，則有.25 的機率她下次也會買漂浮沙士。若上次購買巧克力聖代，則有.5 的機率她下次會買漂浮沙士。
    (a) 假設此資訊描述一馬可夫鏈，試對此情形求其一轉移矩陣。
    (b) 若愛麗森在上上次(上次的前一次)到該冰淇淋店點了巧克力聖代，則她下次將購買漂浮沙士的機率為何？
    (c) 長期來看，愛麗森到該冰淇淋店購買巧克力聖代的比率為何？

30. 假設一對接受過大學教育的父母，其子女也接受過大學教育的機率為.75；而一對未受大學教育的父母，其子女接受過大學教育的機率為.35。
    (a) 假設此資訊描述一馬可夫鏈，試對此情形求其一轉移矩陣。
    (b) 若 30%的父母接受過大學教育，則在接下來一代、二代，甚至三代的人口中有(近似)多少比例為受過大學教育的？
    (c) 若我們不知道目前受過大學教育的父母所佔的比例，試決定最終受過大學教育的人所佔的比例。

31. 一超級市場銷售三種品牌的發粉。在上次購買品牌 A 的人會有 70%將會在下次購買發粉時選擇品牌 A，10%將會選擇品牌 B，20%將會選擇品牌 C。在上次購買品牌 B 的人會有 10%將會在下次購買發粉時選擇品牌 A，60%將會選擇品牌 B，30%將會選擇品牌 C。在上次購買品牌 C 的人會有 10%將會在下次購買發粉時選擇品牌 A，10%將會選擇品牌 B，80%將會選擇品牌 C。
    (a) 假設此資訊描述一馬可夫鏈，試對此情形求其一轉移矩陣。
    (b) 若一消費者最近一次購買品牌 B，則他接下來購買發粉的品牌還是 B 的機率為何？
    (c) 若一消費者最近一次購買品牌 A，則他接下來的第二次購買發粉的品牌是 C 的機率為何？
    (d) 長期來看，此超級市場發粉銷售各個品牌所佔的比例為何？

32. 假設具有固定人口的一個特定區域可被分成三部分：城市、郊區，和鄉下。一人其住在城市而搬到郊區(一年中)的機率為.10，而搬到鄉下的機率為.50。一人其住在郊區而搬到

5

城市的機率爲.20，而搬到鄉下的機率爲.10。一人其住在鄉下而搬到城市的機率爲.20，而搬到郊區的機率爲.20。假設一開始有 50%的人住在城市，30%的住在郊區，及 20%的住在鄉下。

(a) 試對此三個狀態決定一轉移矩陣。

(b) 試決定在一年，兩年，及三年後，住在各區的人口百分比。

(c) 使用具有矩陣運算能力之計算機或是電腦軟體如 MATLAB 來求出在五年及八年後各區的人口百分比。

(d) 試決定最終各區的人口百分比。

33. 試證明在 Google 搜尋那一小節所討論的矩陣 A 其每行元素之總和爲 1。

34. 試驗證在 Google 搜尋那一小節所討論的矩陣 A 滿足下面方程式

$$A = pM + \frac{1-p}{n}W$$

其中 M 和 W 如在該小節中所定義。

在習題 35 中，請使用具有矩陣運算能力之計算機或是電腦軟體如 MATLAB。

35. 在參考文獻[5]中，Gabriel 和 Neumann 發現馬可夫鏈可用來描述 TelAviv 地區從 1923-24 到 1949 至 1950 年的雨季發生的降雨量。若從某日早上八時到次日早上八時至少有 0.1 公釐(mm)的降雨量落在 Tel Aviv 的某地區，該日被歸類爲**潮濕的**；否則，該日將被歸類爲**乾燥的**。十一月的資料如下：

	當天潮濕	當天乾燥
隔天潮濕	117	80
隔天乾燥	78	535

(a) 假設上述的資訊描述一馬可夫鏈，試對此情形求其一轉移矩陣。

(b) 若在十一月的某日歸類爲乾燥的，則該日的次日被歸爲乾燥的機率爲何？

(c) 若在十一月的一個星期二歸類爲乾燥的，則下個星期二將是乾燥的機率爲何？

(d) 若在十一月的一個星期三歸類爲潮溼的，則接著的星期六是乾燥的機率爲何？

(e) 長期來看，Tel Aviv 地區在十一月中的一日是濕的機率爲何？

36. 一租車公司在芝加哥有三個辦事處(在 Midway 機場，O'Hare 機場，及舊城區)。其記錄顯示：有 60%在 Midway 租的車也在該地歸還，而各有 20%的在另外兩地歸還。且，80%在 O'Hare 租的車在當地歸還，而各有 10%的在另外兩地歸還。最後，70%在舊城區租的車在當地歸還，10%的在 Midway 歸還，而剩下 20%則在 O'Hare 歸還。

(a) 假設上述的資訊描述一馬可夫鏈，試對此情形求其一轉移矩陣。

(b) 若一車在 O'Hare 出租，則將在舊城區歸還的機率爲何？

(c) 若一車在 Midway 出租，則在其第二次出租後在舊城區歸還的機率爲何？

(d) 長期來看，若所有車輛都歸還，則該公司所有車輛在各辦事處的比率應爲何？

37. 假設一馬可夫鏈的轉移矩陣爲

$$A = \begin{bmatrix} .90 & .1 & .3 \\ .05 & .8 & .3 \\ .05 & .1 & .4 \end{bmatrix}$$

(a) 一物件從第一個狀態移動到其它各個狀態的機率分別爲何？

(b) 一物件從第二個狀態移動到其它各個狀態的機率分別爲何？

(c) 一物件從第三個狀態移動到其它各個狀態的機率分別爲何？

(d) 利用你在(a)，(b)，及(c)的答案來預測 A 的穩態向量。

(e) 試驗證你在(d)中的預測。

38. 試舉出一個 3×3 規律的轉移矩陣 A，其使得 A，A^2，及 A^3 都包含有零元素。

39. 令 A 爲一個 $n \times n$ 的機率矩陣，且令 $\mathbf{u}$ 爲在 R^n 中其所有分量皆爲 1 的向量。

(a) 試計算 $A^T\mathbf{u}$。

(b) 對於 A^T 的特徵值，(a)暗示了甚麼？

(c) 試證明 $\det(A - I_n)=0$。

(d) 對於 A 的特徵值，(c)暗示了甚麼？

40. 利用在習題 37 中的概念來建構兩個 3×3 規律的機率矩陣，具有

$$\begin{bmatrix} .4 \\ .2 \\ .4 \end{bmatrix}$$

爲其穩態向量。

41. 試證明若 A 為一個機率矩陣且 $\mathbf{p}$ 為一個機率向量，則 $A\mathbf{p}$ 也是一個機率向量。

42. 令 A 為一個 2×2 的機率矩陣 $\begin{bmatrix} a & 1-b \\ 1-a & b \end{bmatrix}$

(a) 試決定 A 的特徵值。

(b) 試對 A 的每個特徵空間決定一基底。

(c) 在何種情況下，A 為可對角化的？

43. 令 A 為一個 $n\times n$ 的機率矩陣。

(a) 令 $\mathbf{v}$ 為在 R^n 中任意一向量，且 k 為一個下標索引值使得 $|v_j|\le|v_k|$，對每個 j。試證明 $A^T\mathbf{v}$ 的每個分量的絕對值小於等於 $|v_k|$。

(b) 利用(a)來說明：若 $\mathbf{v}$ 為 A^T 對應於特徵值 λ 的一個特徵向量，則 $|\lambda|\cdot|v_k|\le|v_k|$。

(c) 試推論，若 λ 為 A 的一個特徵值，則 $|\lambda|\le1$。

44. 試證明，若 A 和 B 為機率矩陣，則 AB 也為一個機率矩陣。

在習題 45 至 52 中，試對每個微分方程組求其通解。

45. $\begin{aligned} y'_1 &= 3y_1 + 2y_2 \\ y'_2 &= 3y_1 - 2y_2 \end{aligned}$

46. $\begin{aligned} y'_1 &= y_1 + 2y_2 \\ y'_2 &= -y_1 + 4y_2 \end{aligned}$

47. $\begin{aligned} y'_1 &= 2y_1 + 4y_2 \\ y'_2 &= -6y_1 - 8y_2 \end{aligned}$

48. $\begin{aligned} y'_1 &= -5y_1 + 6y_2 \\ y'_2 &= -15y_1 + 14y_2 \end{aligned}$

49. $\begin{aligned} y'_1 &= 2y_1 \\ y'_2 &= 3y_1 + 2y_2 + 3y_3 \\ y'_3 &= -3y_1 - y_3 \end{aligned}$

50. $\begin{aligned} y'_1 &= y_1 + 2y_2 - y_3 \\ y'_2 &= y_1 + y_3 \\ y'_3 &= 4y_1 - 4y_2 + 5y_3 \end{aligned}$

51. $\begin{aligned} y'_1 &= -3y_1 + y_2 + y_3 \\ y'_2 &= 8y_1 - 2y_2 - 4y_3 \\ y'_3 &= -10y_1 + 2y_2 + 4y_3 \end{aligned}$

52. $\begin{aligned} y'_1 &= 12y_1 - 10y_2 - 10y_3 \\ y'_2 &= 10y_1 - 8y_2 - 10y_3 \\ y'_3 &= 5y_1 - 5y_2 - 3y_3 \end{aligned}$

在習題 53 至 60 中，試對每個微分方程組求其特解以滿足給定之初始條件。

53. $\begin{aligned} y'_1 &= y_1 + y_2 \\ y'_2 &= 4y_1 + y_2 \end{aligned}$
且 $y_1(0)=15, y_2(0)=-10$

54. $\begin{aligned} y'_1 &= 2y_1 + 2y_2 \\ y'_2 &= -y_1 + 5y_2 \end{aligned}$
且 $y_1(0)=7, y_2(0)=5$

55. $\begin{aligned} y'_1 &= 8y_1 + 2y_2 \\ y'_2 &= -4y_1 + 2y_2 \end{aligned}$
且 $y_1(0)=2, y_2(0)=1$

56. $\begin{aligned} y'_1 &= -5y_1 - 8y_2 \\ y'_2 &= 4y_1 + 7y_2 \end{aligned}$
且 $y_1(0)=1, y_2(0)=-3$

57. $\begin{aligned} y'_2 &= 6y_1 - 5y_2 - 7y_3 \\ y'_2 &= y_1 - y_3 \\ y'_3 &= 3y_1 - 3y_2 - 4y_3 \end{aligned}$
且 $y_1(0)=0, y_2(0)=2, y_3(0)=1$

58. $\begin{aligned} y'_1 &= y_1 + 2y_3 \\ y'_2 &= 2y_1 + 3y_2 - 2y_3 \\ y'_3 &= 3y_3 \end{aligned}$
且 $y_1(0)=-1, y_2(0)=1, y_3(0)=2$

59. $\begin{aligned} y'_1 &= -3y_1 + 2y_2 \\ y'_2 &= -7y_1 + 9y_2 + 3y_3 \\ y'_3 &= 13y_1 - 20y_2 - 8y_3 \end{aligned}$
且 $y_1(0)=-4, y_2(0)=-5, y_3(0)=3$

60. $\begin{aligned} y'_1 &= 5y_1 - 2y_2 - 2y_3 \\ y'_1 &= 18y_1 - 7y_2 - 6y_3 \\ y'_3 &= -6y_1 + 2y_2 + y_3 \end{aligned}$
且 $y_1(0)=4, y_2(0)=5, y_3(0)=8$

61. 試將下列之二階微分方程式

$$y'' - 2y' - 3y = 0$$

化為一個微分方程組，然後求其通解。

62. 試將下列之三階微分方程式

$$y''' - 2y'' - 8y' = 0$$

化為一個微分方程組，然後求其通解。

63. 試將下列之三階微分方程式

$$y''' - 2y'' - y' + 2y = 0$$

化為一個微分方程組，然後求其特解。其中 $y(0)=2$，$y'(0)=-3$，及 $y''(0)=5$。

5

64. 一微分方程式描述一個 4 磅砝碼掛於一彈簧下的簡諧運動。其中彈簧常數為 1.5(磅／英呎)，且阻尼常數為 0.5。試求此微分方程式之通解。

65. 一微分方程式描述一個10磅砝碼掛於一彈簧下的簡諧運動。其中彈簧常數為 1.25(磅／英呎)，且阻尼常數為 0.625。試求此微分方程式之通解。

66. 令 $\mathbf{z}$ 為一個 $n\times 1$ 的可微分函數的行向量，且令 P 為任意 $n\times n$ 矩陣。試證明若 $\mathbf{y}=P\mathbf{z}$，則 $\mathbf{y}'=P\mathbf{z}'$。

67. 令 y_1 表示在某地區時刻 t 的兔子數量，且 y_2 表示在該地區時刻 t 的狐狸數量。假設在時刻 0，有 900 隻兔子和 300 隻狐狸在此區域，且假設此微分方程組

$$\begin{aligned} y'_1 &= 2y_1 - 4y_2 \\ y'_2 &= y_1 - 3y_2 \end{aligned}$$

表示每種動物數量的改變率。

(a) 試求此方程組之特解。

(b) 在時刻 t=1，2，和 3，每種動物的數量大約為何？對每一時刻 t=1，2，和 3，試計算狐狸對兔子的比例。

(c) 在此地區中最終狐狸對兔子的比例大約為何？此數目是否與一開始兔子和狐狸在此地區的數量有關？

68. 試說明下列矩陣之特徵多項式

$$\begin{bmatrix} 0 & 1 & 0 \\ 0 & 0 & 1 \\ -c & -b & -a \end{bmatrix}$$

為 $-t^3-at^2-bt-c$。

69. 試說明若 λ_1，λ_2，及 λ_3 為特徵多項式 t^3+at^2+bt+c 其不同的根，則 $y=ae^{\lambda_1 t}+be^{\lambda_2 t}+ce^{\lambda_3 t}$ 為 $y'''+ay''+by'+cy=0$ 的通解。*提示*：將此微分方程式表示為 $\mathbf{y}'=A\mathbf{y}$ 的微分方程組，且說明

$$\left\{\begin{bmatrix}1\\ \lambda_1\\ \lambda_1^2\end{bmatrix},\begin{bmatrix}1\\ \lambda_2\\ \lambda_2^2\end{bmatrix},\begin{bmatrix}1\\ \lambda_3\\ \lambda_3^2\end{bmatrix}\right\}$$

為由 A 的特徵向量所構成之 R^3 的一個基底。

在習題 70 至 78 中，使用在本節中所討論的兩種方法之一種來求 r_n 的公式。利用你所得的結果來求 r_6。

70. $r_n=2r_{n-1}$，$r_0=5$。

71. $r_n=-3r_{n-1}$，$r_0=8$。

72. $r_n=r_{n-1}+2r_{n-2}$，$r_0=7$ 且 $r_1=2$。

73. $r_n=3r_{n-1}+4r_{n-2}$，$r_0=1$ 且 $r_1=1$。

74. $r_n=3r_{n-1}-2r_{n-2}$，$r_0=1$ 且 $r_1=3$。

75. $r_n=-r_{n-1}+6r_{n-2}$，$r_0=8$ 且 $r_1=1$。

76. $r_n=-5r_{n-1}-4r_{n-2}$，$r_0=3$ 且 $r_1=15$。

77. $r_n=r_{n-1}+2r_{n-2}$，$r_0=9$ 且 $r_1=0$。

78. $r_n=2r_{n-1}+r_{n-2}-2r_{n-3}$，$r_0=3$，$r_1=1$，且 $r_2=3$。

79. 假設我們有很多積木，分別為以下五種顏色之一種：紅，黃，綠，橙，及藍色。每個紅色和黃色積木重一盎司；且每個綠色，橘色和藍色積木重兩盎司。令 r_n 為將積木放在一疊使其總重為 n 盎司的排列方法數。

(a) 試以列出所有的可能性來決定 r_0，r_1，r_2，及 r_3 的值。

(b) 試寫出關於 r_n 的差分方程式。

(c) 利用(b)來求得對 r_n 的一個公式。

(d) 利用你在(c)中所得的答案來檢驗你在(a)中的答案。

80. 假設一銀行提供年利率 8%，按年複利來計算的儲蓄帳戶。若一開始某帳戶內有$1000 元，試使用一適當的差分方程式來決定在 n 年後該儲蓄帳戶中之金額。而在五年後，十年後，十五年後，該帳戶內的金額又為何？

81. 試將下列之三階差分方程式

$$r_n=4r_{n-1}-2r_{n-2}+5r_{n-3}$$

以矩陣表示，$\mathbf{s}_n=A\mathbf{s}_{n-1}$，如我們在本節中所做的方式。

82. 試證明在本節中方程式(8)的矩陣形式為：$\mathbf{s}_n=A\mathbf{s}_{n-1}$，其中

$$\mathbf{s}_n=\begin{bmatrix} r_n \\ r_{n+1} \\ \vdots \\ r_{n+1} \\ r_{n+k-1} \end{bmatrix}$$

且

$$A=\begin{bmatrix} 0 & 1 & 0 & \cdots & 0 & 0 \\ 0 & 0 & 1 & \cdots & 0 & 0 \\ \vdots & \vdots & & & \vdots & \vdots \\ 0 & 0 & 0 & \cdots & 0 & 1 \\ a_k & a_{k-1} & a_{k-2} & \cdots & a_2 & a_1 \end{bmatrix}$$

83. 考慮一個如方程式(8)的 k 階差分方程式，且具有 k 個初始條件，並令此方程式的矩陣形式爲 $\mathbf{s}_n = A\mathbf{s}_{n-1}$。再者，假設 A 具有 k 個不同的特徵值 $\lambda_1, \lambda_2, \cdots, \lambda_k$，且 $\mathbf{v}_1, \mathbf{v}_2, \cdots, \mathbf{v}_k$ 爲相對應的特徵向量。
    (a) 試證明存在純量 $t_1, t_2, \cdots, t_k$ 使得
    $$\mathbf{s}_0 = t_1\mathbf{v}_1 + t_2\mathbf{v}_2 + \cdots + t_k\mathbf{v}_k$$
    (b) 試證明對任意正整數 n，
    $$\mathbf{s}_n = \lambda_1^n t_1\mathbf{v}_1 + \lambda_2^n t_2\mathbf{v}_2 + \cdots + \lambda_k^n t_k\mathbf{v}_k$$
    (c) 比較(b)中向量方程式的最後一個分量來推導方程式(9)。

84. 試證明一純量 λ 爲在習題 82 中矩陣 A 的一個特徵值若且唯若 λ 爲方程式(10)的一個解。*提示*：令
    $$\mathbf{w}_\lambda = \begin{bmatrix} 1 \\ \lambda \\ \lambda^2 \\ \vdots \\ \lambda^{k-1} \end{bmatrix}$$
    且證明以下的每個結果：
    (i) 若 λ 爲 A 的一個特徵值，則 $\mathbf{w}_\lambda$ 爲其對應的特徵向量，因此 λ 爲方程式(10)之一解。
    (ii) 若 λ 爲方程式(10)之一解，則 $\mathbf{w}_\lambda$ 爲 A 的一個特徵向量，且 λ 爲其對應的特徵值。

在習題 85 至 87 中，我們檢驗非齊次一階差分方程式，其具有下列形式

$$r_n = ar_{n-1} + c$$

其中 a 和 c 為常數。為供這幾題使用，我們令

$$\mathbf{s}_n = \begin{bmatrix} 1 \\ r_n \end{bmatrix} \quad \text{且} \quad A = \begin{bmatrix} 1 & 0 \\ c & a \end{bmatrix}$$

85. 試證明對任意正整數 n，$\mathbf{s}_n = A^n\mathbf{s}_0$。

86. 在此習題中，我們假設 a=1。
    (a) 試證明 $A^n = \begin{bmatrix} 1 & 0 \\ nc & 1 \end{bmatrix}$，對任何正整數 n。
    (b) 利用(a)來推導出解 $r_n = r_0 + nc$。

87. 在此習題中，我們假設 $a \neq 1$。
    (a) 試證明 1 和 a 爲 A 的特徵值。
    (b) 試證明存在 $\mathbf{v}_1$ 和 $\mathbf{v}_2$ 爲 A 分別對應於 1 和 a 的特徵向量，且有純量 t_1 和 t_2 使得
    $$\mathbf{s}_0 = t_1\mathbf{v}_1 + t_2\mathbf{v}_2$$
    (c) 利用(b)來證明存在純量 b_1 和 b_2 使得 $r_n = b_1 + a^n b_2$，其中
    $$b_1 = \frac{-c}{a-1} \quad \text{且} \quad b_2 = r_0 + \frac{c}{a-1}$$

88. 一投資者在三月一日開了一儲蓄帳戶並存入 \$5000 元。之後每年的三月一日，他固定存 \$2000 元到此帳戶。若此帳戶具有 6%的年利率，試求一公式來表示在 n 年後此帳戶中的金額。*提示*：使用習題 87(c)。

在習題 89 至 91 中，使用具有矩陣運算能力之計算機或是電腦軟體如 MATLAB 來解每道題。

89. 試解下列微分方程組
    $$\begin{aligned} y'_1 &= 3.2y_1 + 4.1y_2 + 7.7y_3 + 3.7y_4 \\ y'_2 &= -0.3y_1 + 1.2y_2 + 0.2y_3 + 0.5y_4 \\ y'_3 &= -1.8y_1 - 1.8y_2 - 4.4y_3 - 1.8y_4 \\ y'_4 &= 1.7y_1 - 0.7y_2 + 2.9y_3 + 0.4y_4 \end{aligned}$$
    初始條件爲 $y_1(0)=1$，$y_2(0)=-4$，$y_3(0)=2$，$y_4(0)=3$。

90. 在參考文獻[3]中，Bourne 檢驗 1952–1962 年加拿大多倫多的土地使用變化。土地可分爲下面十類：

    1. 低密度住宅區　　2. 高密度住宅區
    3. 辦公室　　4. 一般商業營利
    5. 汽車商業營利　　6. 停車
    7. 倉儲　　8. 工業區
    9. 交通運輸區　　10. 空地

    以下轉移矩陣表示從 1952 年到 1962 年土地使用的變化：

	1952年									
1962年	.13	.02	.00	.02	.00	.08	.01	.01	.01	.25
	.34	.41	.07	.01	.00	.05	.03	.02	.18	.08
	.10	.05	.43	.09	.11	.14	.02	.02	.14	.03
	.04	.04	.05	.30	.07	.08	.12	.03	.04	.03
	.04	.00	.01	.09	.70	.12	.03	.03	.10	.05
	.22	.04	.28	.27	.06	.39	.11	.08	.39	.15
	.03	.00	.14	.05	.00	.04	.38	.18	.03	.22
	.02	.00	.00	.08	.01	.00	.21	.61	.03	.13
	.00	.00	.00	.01	.00	.01	.01	.00	.08	.00
	.08	.44	.02	.08	.05	.09	.08	.02	.00	.06

假設土地使用變化的趨勢從 1952 年到 1962 年無限地持續。

(a) 假設在某時間點上土地使用在各類用途的百分比依序爲：10%，20%，25%，0%，0%，5%，15%，10%，10%，及 5%。則二十年後土地使用在各類用途的百分比爲何？

(b) 試說明該轉移矩陣是規律的。

(c) 在數十年後，土地使用在各類用途的百分比爲何？

91. 一搜尋引擎只考慮 10 個網頁，網頁互相連結如下：

網頁	連結網頁
1	2, 6, 8, 及 9
2	4 及 7
3	1, 4, 5, 8, 及 10
4	無連結
5	2 及 10
6	5 及 9
7	1, 5, 6, 及 9
8	4 及 8
9	5 及 10
10	無連結

(a) 試利用 PageRank 演算法來求此搜尋引擎的馬可夫鏈轉移矩陣，其中一瀏覽者從目前網頁隨機選取一連結到下一網頁的機率爲 $P=0.85$，假如目前網頁有連結的話。

(b) 對在(a)中所得之馬可夫鏈求其穩態向量，並利用其來排名網頁。

練習題解答

1. (a) 一馬可夫鏈具有三個狀態，對應三個不同類型的車：房車(car)，休旅車(van)，及運動多用途車(SUV)。此馬可夫鏈的轉移矩陣爲

五年前

		房車	休旅車	SUV
現在	房車	.8	.2	.1
	休旅車	.1	.7	.3
	SUV	.1	.1	.6

$$\begin{bmatrix} .8 & .2 & .1 \\ .1 & .7 & .3 \\ .1 & .1 & .6 \end{bmatrix} = A$$

(b) 五年前某人開各類車的機率爲如下給定之機率向量

$$\mathbf{p} = \begin{bmatrix} .70 \\ .20 \\ .10 \end{bmatrix}$$

因此，現今某人開各類車的機率如下

$$A\mathbf{p} = \begin{bmatrix} .8 & .2 & .1 \\ .1 & .7 & .3 \\ .1 & .1 & .6 \end{bmatrix}\begin{bmatrix} .70 \\ .20 \\ .10 \end{bmatrix} = \begin{bmatrix} .61 \\ .24 \\ .15 \end{bmatrix}$$

所以有 61%的受訪者現今開房車，24%現今開休旅車，而 15%現今開 SUV。

(c) 距今五年後，某人開各類車的機率如下

$$A(A\mathbf{p}) = \begin{bmatrix} .8 & .2 & .1 \\ .1 & .7 & .3 \\ .1 & .1 & .6 \end{bmatrix}\begin{bmatrix} .61 \\ .24 \\ .15 \end{bmatrix} = \begin{bmatrix} .551 \\ .274 \\ .175 \end{bmatrix}$$

所以我們可預測五年後，受訪者中有 55.1%將會開房車，27.4%將會開休旅車，且 17.5%將會開 SUV。

(d) 注意 A 爲一個規律的轉移矩陣，所以，根據定理 5.4，A 具有一個穩態向量 $\mathbf{v}$。此向量爲 $A\mathbf{v}=\mathbf{v}$ 的一個解，也就是方程式$(A-I_3)\mathbf{v}=\mathbf{0}$ 的一個解。因 A 的最簡列梯型爲

$$\begin{bmatrix} 1 & 0 & -2.25 \\ 0 & 1 & -1.75 \\ 0 & 0 & 0 \end{bmatrix}$$

我們可見$(A-I_3)\mathbf{v}=\mathbf{0}$ 的解具有下列形式

$$\begin{aligned} v_1 &= 2.25v_3 \\ v_2 &= 1.75v_3 \\ v_3 &= \text{任意} \end{aligned}$$

爲了讓 $\mathbf{v}=\begin{bmatrix} v_1 \\ v_2 \\ v_3 \end{bmatrix}$ 爲一個機率向量，我們必須滿足 $v_1+v_2+v_3=1$。因此

$$\begin{aligned} 2.25v_3 + 1.75v_3 + v_3 &= 1 \\ 5v_3 &= 1 \\ v_3 &= .2 \end{aligned}$$

所以 $v_1=.45$，$v_2=.35$，$v_3=.2$。我們可預期，長期下，45%的受訪者將開房車，35%的受訪者將開休旅車，而 20%的受訪者將開 SUV。

2. (a) 給定微分方程組的矩陣形式爲 $\mathbf{y}'=A\mathbf{y}$，其中

$$\mathbf{y}=\begin{bmatrix} y_1 \\ y_2 \end{bmatrix} \quad 且 \quad A=\begin{bmatrix} -5 & -4 \\ 8 & 7 \end{bmatrix}$$

A 的特徵多項式爲 $(t+1)(t-3)$，所以 A 具有特徵值 -1 和 3。因每個 A 的特徵值具有重根數 1，A 可對角化。用一般的方法，我們可得

$$\left\{\begin{bmatrix} -1 \\ 1 \end{bmatrix}\right\} \quad 和 \quad \left\{\begin{bmatrix} -1 \\ 2 \end{bmatrix}\right\}$$

爲 A 特徵空間的基底。取

$$P=\begin{bmatrix} -1 & -1 \\ 1 & 2 \end{bmatrix} \quad 及 \quad D=\begin{bmatrix} -1 & 0 \\ 0 & 3 \end{bmatrix}$$

然後利用變數代換 $\mathbf{y}=P\mathbf{z}$，$\mathbf{y}'=A\mathbf{y}$ 變成 $\mathbf{z}'=D\mathbf{z}$，也就是

$$\begin{aligned} z_1' &= -z_1 \\ z_2' &= 3z_2 \end{aligned}$$

因此，

$$\mathbf{z}=\begin{bmatrix} z_1 \\ z_2 \end{bmatrix}=\begin{bmatrix} ae^{-t} \\ be^{3t} \end{bmatrix}$$

所以，給定微分方程組的通解爲

$$\mathbf{y}=P\mathbf{z}=\begin{bmatrix} -1 & -1 \\ 1 & 2 \end{bmatrix}\begin{bmatrix} ae^{-t} \\ be^{3t} \end{bmatrix}=\begin{bmatrix} -ae^{-t}-be^{3t} \\ ae^{-t}+2be^{3t} \end{bmatrix}$$

也就是，

$$\begin{aligned} y_1 &= -ae^{-t} - be^{3t} \\ y_2 &= ae^{-t} + 2be^{3t} \end{aligned}$$

(b) 爲了滿足初始條件 $y_1(0)=1$ 及 $y_2(0)=4$，常數 a 和 b 必須滿足下面的線性方程組

$$\begin{aligned} 1 &= y_1(0) = -ae^0 - be^{3(0)} = -a - b \\ 4 &= y_2(0) = ae^0 + 2be^{3(0)} = a + 2b \end{aligned}$$

很容易的可得 $a=-6$ 及 $b=5$，則所以欲求之特解爲

$$\begin{aligned} y_1 &= 6e^{-t} - 5e^{3t} \\ y_2 &= -6e^{-t} + 10e^{3t} \end{aligned}$$

3. 如之前所討論的積木範例，因爲其有一個「空」的堆疊，所以 $r_0=1$。再者，$r_1=2$，因爲每本小說都是 1 英吋高。現在假設我們有一個 n 英吋高的堆疊。考慮下面三個情況：

情況 1.

因爲小說爲 1 英吋厚，則有 r_{n-1} 種方法來堆疊其餘的書。

情況 2.

相似於情況 1，所以有 r_{n-1} 種方法來堆疊其餘的書。

情況 3. 最下面的一本書爲微積分。

因這本書具有 2 英吋厚，則有 r_{n-2} 種方法來堆疊其餘的書。

綜合此三種情況，我們可得一個二階差分方程式如下

$$r_n=2r_{n-1}+r_{n-2}$$

我們利用方程式(10)來獲得

$$\lambda^2=2\lambda+1$$

其具有解 $1\pm\sqrt{2}$。因此根據方程式(9)，有純量 b_1 和 b_2 使得

$$r_n=b_1(1+\sqrt{2})^n+b_2(1-\sqrt{2})^n$$

爲了求 b_1 和 b_2，我們使用初始條件

$$\begin{aligned} 1 &= r(0) = (1)b_1 + (1)b_2 \\ 2 &= r(1) = (1+\sqrt{2})b_1 + (1-\sqrt{2})b_2 \end{aligned}$$

此方程組具有解

$$b_1=\frac{\sqrt{2}+1}{2\sqrt{2}} \quad 和 \quad b_2=\frac{\sqrt{2}-1}{2\sqrt{2}}$$

因此，一般化的公式爲

$$r_n=\frac{1}{2\sqrt{2}}\left[(1+\sqrt{2})^{n+1}-(1-\sqrt{2})^{n+1}\right]$$

本章複習題

在習題 1 至 17 中，試決定該陳述為真確或謬誤。

1. 一純量 λ 爲一個 $n \times n$ 矩陣 A 的特徵值若且唯若 $\det(A-\lambda I_n)=0$。
2. 若 λ 爲一個矩陣的特徵值，則該矩陣存在一個唯一的特徵向量對應於 λ。
3. 若 $\mathbf{v}$ 爲一個矩陣的特徵向量，則該矩陣存在一個唯一的特徵值對應於 $\mathbf{v}$。
4. 一個 $n \times n$ 矩陣 A 對應於特徵值 λ 的特徵空間爲 $A-\lambda I_n$ 的零空間。
5. 在 R^n 空間中一線性運算子的特徵值和其標準矩陣之特徵值相同。
6. 在 R^n 空間中一線性運算子的特徵空間和其標準矩陣之特徵空間相同。
7. 每個在 R^n 空間中的線性運算子具有實數特徵值。
8. 每個 $n \times n$ 矩陣具有 n 個不同的特徵值。
9. 每個可對角化的 $n \times n$ 矩陣具有 n 個不同的特徵值。
10. 若兩個 $n \times n$ 矩陣具有相同的特徵多項式，則它們具有相同的特徵向量。
11. 一個特徵值的重根數並不需要等同於其對應的特徵空間之維度。
12. 一個 $n \times n$ 矩陣 A 可對角化若且唯若存在有一組由 A 的特徵向量所構成之 R^n 的基底。
13. 若 P 爲一個可逆的 $n \times n$ 矩陣且 D 爲一個 $n \times n$ 對角矩陣使得 $A=P^{-1}DP$，則 P 的各行是 A 的特徵向量，且爲 R^n 的一個基底。
14. 若 P 爲一個 $n \times n$ 可逆矩陣且 D 爲一個 $n \times n$ 對角矩陣使得 $A=PDP^{-1}$，則 A 的特徵值爲 D.對角線上之元素。
15. 若 λ 爲一 $n \times n$ 矩陣 A 的特徵值，則對應於 λ 的特徵空間之維度爲 $A-\lambda I_n$ 的零消次數。
16. 在 R^n 中一線性運算子可對角化若且唯若其標準矩陣可對角化。
17. 若 0 爲矩陣 A 的一個特徵值，則 A 不可逆。

---

18. 試說明 $\begin{bmatrix} 1 & 2 \\ -3 & -2 \end{bmatrix}$ 不具有實數特徵值。

在習題 19 至 22 中，試決定每個矩陣的特徵值及其每個特徵空間的一個基底。

19. $\begin{bmatrix} 5 & 6 \\ -2 & -2 \end{bmatrix}$
20. $\begin{bmatrix} 1 & -9 \\ 1 & -5 \end{bmatrix}$
21. $\begin{bmatrix} -2 & 0 & 2 \\ 1 & -1 & 0 \\ 0 & 0 & -2 \end{bmatrix}$
22. $\begin{bmatrix} -1 & 0 & 0 \\ 1 & 0 & 1 \\ -1 & -1 & -2 \end{bmatrix}$

在習題 23 至 26 中，給定一矩陣 A。試求，若可能，一個可逆矩陣 P 及一個對角矩陣 D 使得 $A=PDP^{-1}$。若不存在如此矩陣，試解釋其原因。

23. $\begin{bmatrix} 1 & 2 \\ -3 & 8 \end{bmatrix}$
24. $\begin{bmatrix} -1 & 1 \\ -1 & -3 \end{bmatrix}$
25. $\begin{bmatrix} 1 & 0 & 0 \\ -2 & 0 & 1 \\ 2 & -1 & -2 \end{bmatrix}$
26. $\begin{bmatrix} -2 & 0 & 0 \\ -4 & 2 & 0 \\ 4 & -3 & -1 \end{bmatrix}$

在習題 27 至 30 中，給定在 R^n 空間中的一個線性運算子 T。試求，若可能，一組由 T 的特徵向量所構成之 R^n 的基底。若不存在如此矩陣，試解釋其原因。

27. $T\left(\begin{bmatrix} x_1 \\ x_2 \end{bmatrix}\right)=\begin{bmatrix} 4x_1+2x_2 \\ -4x_1-5x_2 \end{bmatrix}$
28. $T\left(\begin{bmatrix} x_1 \\ x_2 \end{bmatrix}\right)=\begin{bmatrix} x_1-2x_2 \\ 4x_1-x_2 \end{bmatrix}$
29. $T\left(\begin{bmatrix} x_1 \\ x_2 \\ x_3 \end{bmatrix}\right)=\begin{bmatrix} 2x_1 \\ 2x_2 \\ -3x_1+3x_2-x_3 \end{bmatrix}$
30. $T\left(\begin{bmatrix} x_1 \\ x_2 \\ x_3 \end{bmatrix}\right)=\begin{bmatrix} x_1 \\ 3x_1+x_2-3x_3 \\ 3x_1-2x_3 \end{bmatrix}$

在習題 31 至 34 中，給定一矩陣及其特徵多項式。試決定所有可能的純量 c 使得每個矩陣不可對角化。

31. $\begin{bmatrix} 1 & 0 & 1 \\ 0 & c & 0 \\ -2 & 0 & 4 \end{bmatrix}$ $-(t-c)(t-2)(t-3)$
32. $\begin{bmatrix} 5 & 1 & -3 \\ 0 & c & 0 \\ 6 & 2 & -4 \end{bmatrix}$ $-(t-c)(t+1)(t-2)$
33. $\begin{bmatrix} c & -1 & 2 \\ 0 & -10 & -8 \\ 0 & 12 & 10 \end{bmatrix}$ $-(t-c)(t-2)(t+2)$
34. $\begin{bmatrix} 3 & 1 & 0 \\ -1 & 1 & 0 \\ 0 & 0 & c \end{bmatrix}$ $-(t-c)(t-2)^2$

在習題 35 和 36 中，給定一矩陣 A。試求 A^k，k 為任意正整數。

35. $\begin{bmatrix} 5 & -6 \\ 3 & -4 \end{bmatrix}$　　36. $\begin{bmatrix} 11 & 8 \\ -12 & -9 \end{bmatrix}$

37. 令 T 爲在 R^3 中的一線性運算子，定義如下

$$T\left(\begin{bmatrix} x_1 \\ x_2 \\ x_3 \end{bmatrix}\right) = \begin{bmatrix} -4x_1 - 3x_2 - 3x_3 \\ -x_2 \\ 6x_1 + 6x_2 + 5x_3 \end{bmatrix}$$

試求一基底 B 使得 $[T]_B$ 爲一個對角線矩陣。

38. 試求一個 3×3 矩陣具有特徵值 -1、2 及 3 與對應的特徵向量 $\begin{bmatrix} -1 \\ 1 \\ 1 \end{bmatrix}$、$\begin{bmatrix} -2 \\ 1 \\ 2 \end{bmatrix}$ 及 $\begin{bmatrix} -1 \\ 1 \\ 2 \end{bmatrix}$。

39. 試證明 $\begin{bmatrix} a & 1 & 0 \\ 0 & a & 0 \\ 0 & 0 & b \end{bmatrix}$ 不可對角化，對於任意純量 a 和 b。

40. 假設 A 爲一個 $n\times n$ 矩陣具有兩個不同的特徵值，λ_1 和 λ_2，其中 λ_1 具有重根數 1。試描述並證明使 A 可對角化的一個充分必要條件。

41. 試證明 $I_n - A$ 爲可逆若且唯若 1 不是 A 的一個特徵值。

42. 兩個 $n\times n$ 矩陣 A 和 B 稱之爲同時可對角化的 (*simultaneously diagonalizable*)，若存在一個可逆矩陣 P 使得 $P^{-1}AP$ 和 $P^{-1}BP$ 兩者皆爲對角矩陣。試證明若 A 和 B 爲同時可對角化的，則 $AB=BA$。

43. 令 T 爲在 R^n 空間中的一個線性運算子，B 爲 R^n 的一個基底，且 A 爲 T 的標準矩陣。試證明 $[T]_B$ 和 A 具有相同的特徵多項式。

44. 令 T 爲在 R^n 空間中的一個線性運算子。R^n 的一個子空間 W 稱之爲 T-不變 (T-*invariant*)，若對每個在 W 中的 $\mathbf{w}$，$T(\mathbf{w})$ 是在 W 中。試證明若 V 爲 T 的一個特徵空間，則 V 爲 T-不變。

本章 Matlab 習題

對下列習題，使用 MATLAB(或類似電腦軟體)或一具有矩陣功能之計算機。在附錄 D，表 D.1、D.2、D.3、D.4 和 D.5 所提供的 MATLAB 函數可供參考使用。

1. 對下面每個矩陣 A，試求，若可能，一可逆矩陣 P 和一個對角矩陣 D 使得 $A=PDP^{-1}$。若並不存在如此矩陣，試解釋其原因。

(a) $\begin{bmatrix} -2 & -5 & 14 & -7 & 6 \\ -4 & 1 & -2 & 2 & 2 \\ 2 & 1 & -2 & 3 & -3 \\ -2 & -2 & 8 & -3 & 4 \\ -6 & -6 & 18 & -10 & 11 \end{bmatrix}$

(b) $\begin{bmatrix} -3 & 4 & -9 & 15 \\ 2 & 3 & -4 & 4 \\ -11 & 10 & -22 & 39 \\ -7 & 6 & -14 & 25 \end{bmatrix}$

(c) $\begin{bmatrix} -39 & -12 & -14 & -40 \\ -11 & -2 & -4 & -11 \\ 23 & 7 & 9 & 23 \\ 34 & 10 & 12 & 35 \end{bmatrix}$

(d) $\begin{bmatrix} 0 & 1 & 1 & -2 & 2 \\ -1 & 2 & 1 & -2 & 2 \\ -1 & 1 & 2 & -2 & 2 \\ -1 & 1 & 0 & 0 & 2 \\ 1 & -1 & 0 & 0 & 0 \end{bmatrix}$

2. 令 A 爲一個 $n\times n$ 矩陣，且令 $1\le i<j\le n$。令 B 爲將 A 的第 i 和 j 行對調所得的矩陣，並令 C 爲將 A 的第 i 和 j 列對調所得的矩陣。請使用 MATLAB 來探討 B 之特徵值和特徵向量與 C 之特徵值和特徵向量之間的關係。

提示：以下列矩陣做實驗

$$A = \begin{bmatrix} -117 & -80 & -46 & -30 & -2 \\ -12 & -11 & -5 & -2 & 0 \\ 258 & 182 & 102 & 64 & 4 \\ 107 & 72 & 42 & 28 & 2 \\ -215 & -146 & -85 & -57 & -5 \end{bmatrix}$$

3. 試求一矩陣具有如下特徵向量

$$\begin{bmatrix} 1 \\ 1 \\ 0 \\ 2 \\ 3 \end{bmatrix}, \begin{bmatrix} 2 \\ 1 \\ 0 \\ 2 \\ 6 \end{bmatrix}, \begin{bmatrix} -1 \\ 0 \\ 1 \\ 0 \\ -3 \end{bmatrix}, \begin{bmatrix} 2 \\ 1 \\ 0 \\ 1 \\ 6 \end{bmatrix}, \begin{bmatrix} 2 \\ 1 \\ 0 \\ 2 \\ 7 \end{bmatrix}$$

且其對應的特徵值爲 1、-1、2、3 及 0。

5

4. 一搜尋引擎只考慮十個網頁，其連結關係如下：

網頁	連結網頁
1	2, ,5, 7, 及 10
2	1, 8, 及 9
3	7 及 10
4	5 及 6
5	1, 4, 7, 及 9
6	4, 7, 及 8
7	1, 3, 5, 及 6
8	無連結
9	2 及 5
10	1 及 3

(a) 利用 PageRank 演算法來求此搜尋引擎之馬可夫鏈的轉移矩陣。當目前網頁存在連結時，一使用者從目前網頁隨機選取網頁中的一連結連至下一頁的機率爲 $p=0.85$。

(b) 試求在(a)中所得到之馬可夫鏈的一個穩態向量，且利用其來排名網頁。

5. 對下列每個線性運算子 T，試求由 T 的特徵向量所構成之 T 的定義域(domain)的一組基底，或解釋不存在如此基底的原因。

(a) $T\left(\begin{bmatrix} x_1 \\ x_2 \\ x_3 \\ x_4 \end{bmatrix}\right) = \begin{bmatrix} x_1 + x_4 \\ 2x_1+x_2+x_3+3x_4 \\ 3x_1+x_3+4x_4 \\ x_1+x_2+2x_3+4x_4 \end{bmatrix}$

(b) $T\left(\begin{bmatrix} x_1 \\ x_2 \\ x_3 \\ x_4 \\ x_5 \end{bmatrix}\right) = \begin{bmatrix} 12x_1 + x_2 + 13x_3 + 12x_4 + 14x_5 \\ 10x_1+2x_2+6x_3+11x_4+7x_5 \\ -3x_1-x_2-x_3-4x_4-3x_5 \\ -13x_1-2x_2-11x_3-14x_4-13x_5 \\ 3x_1+2x_2-3x_3+5x_4 \end{bmatrix}$

6. 令

$$\mathbf{v}_1 = \begin{bmatrix} 1 \\ 1 \\ 3 \\ 2 \end{bmatrix},\ \mathbf{v}_2 = \begin{bmatrix} -1 \\ 0 \\ 0 \\ -3 \end{bmatrix},\ \mathbf{v}_3 = \begin{bmatrix} 2 \\ 1 \\ -2 \\ 1 \end{bmatrix},\ \mathbf{v}_4 = \begin{bmatrix} 3 \\ 2 \\ 1 \\ 1 \end{bmatrix}$$

且使

$$B = \{\mathbf{v}_1, \mathbf{v}_2, \mathbf{v}_3, \mathbf{v}_4\}.$$

(a) 試說明 B 爲 R^4 空間的一個基底。

(b) 試求 R^4 中唯一的一個線性運算子 T 的規則使得

$T(\mathbf{v}_1) = 2\mathbf{v}_1$，$T(\mathbf{v}_2) = 3\mathbf{v}_2$，$T(\mathbf{v}_3) = -\mathbf{v}_3$ 且 $T(\mathbf{v}_4) = \mathbf{v}_3 - \mathbf{v}_4$

(c) 試決定 T 是否可對角化。若 T 可對角化，試求由 T 的特徵向量所構成的一組 R^4 的基底。

7. 令 B 爲在習題 6 中給定之基底，且令 T 爲在 R^4 空間的線性運算子使得

$T(\mathbf{v}_1) = \mathbf{v}_2$，$T(\mathbf{v}_2) = 2\mathbf{v}_1$，$T(\mathbf{v}_3) = -\mathbf{v}_3$ 且 $T(\mathbf{v}_4) = 2\mathbf{v}_4$

(a) 試求 T 的規則。

(b) 試決定 T 是否可對角化。若 T 可對角化，試求由 T 的特徵向量所構成的一組 R^4 的基底。

8. 令

$$A = \begin{bmatrix} 0.1 & 0.2 & 0.4 & 0.3 & 0.2 \\ 0.2 & 0.2 & 0.2 & 0.1 & 0.3 \\ 0.1 & 0.1 & 0.1 & 0.2 & 0.4 \\ 0.5 & 0.3 & 0.1 & 0.1 & 0.1 \\ 0.1 & 0.2 & 0.2 & 0.3 & 0 \end{bmatrix} \quad \text{且} \quad \mathbf{p} = \begin{bmatrix} 8 \\ 2 \\ 3 \\ 5 \\ 7 \end{bmatrix}$$

(a) 試說明 A 爲一個規律的轉移矩陣。

(b) 試對 A 求一個穩態向量 $\mathbf{v}$。

(c) 試計算 $A\mathbf{p}$，$A^{10}\mathbf{p}$，及 $A^{100}\mathbf{p}$。

(d) 試比較之前的向量 $A^{100}\mathbf{p}$ 與向量 $25\mathbf{v}$。並解釋之。

9. 試求下列有限差分方程式的解

$$r_n = 3r_{n-1} + 5r_{n-2} - 15r_{n-3} - 4r_{n-4} + 12r_{n-5}$$

初始條件爲 $r_0=5$、$r_1=1$、$r_2=3$、$r_3=1$，及 $r_4=3$。

6 簡介

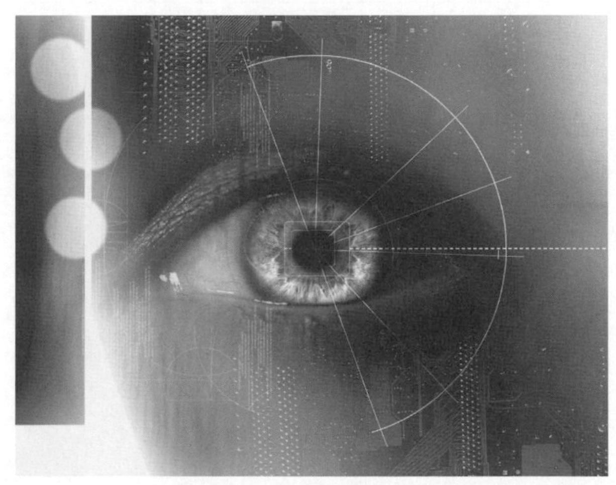

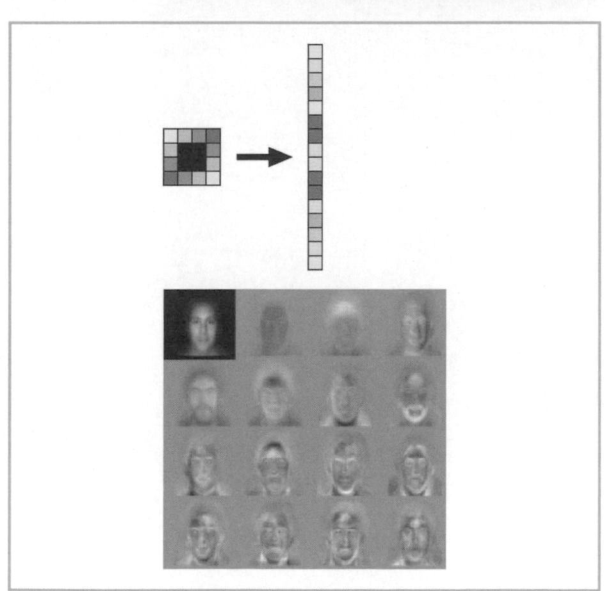

身份確認在我們現今高移動性的社會中日漸重要。身份確認的應用範圍可從國家安全到一般銀行業務。大部分的人現在已不再到有知道我們名字的銀行員之銀行來完成交易。今日，一人在距離他存錢的地方很遠的自動提款機那兒提款也不再是一件很不平常的事。

漸漸地，生物認證 (*biometric authentication*) 被用來確認一個人的身份。生物認證是根據行爲及生理學上的特徵對活著的人做自動的識別及身份確認。和一般的身分確認方法如身份證及個人身份確認碼(PINs)不同的是，生物認證不會遺失或被盜，且更加難以僞造。我們通常使用的生物認證方法爲：

- 指紋
- 掌形
- 虹膜辨識
- 聲音辨識
- 人臉辨識

早期的人臉辨識技術爲特徵臉 (*eigenfaces*)方法，此方法是基於主要成分分析法(*principal component analysis*) (參見 6.8 節)。

每張臉孔的影像爲像素所構成的矩陣，其中每個像素是以一個對應亮度的數值來表示。在特徵臉方法上，每張影像一開始先轉換爲一個單一像素的長向量(參見簡介的章首圖)。針對共變異量矩陣(*covariance matrix*)之特徵值及特徵向量做主要成份分析，會產生一組新且相對小的向量集合(也就是**特徵臉**)，它捕捉了在原來向量(影像)集合中大部分的變化性。

在章首圖左上角的影像對應至原來影像之第一主要成分;而圖中其它如鬼影一般的影像對應至其它的主要成份。使用從主要成份分析所得到的向量(特徵臉)，原來影像可表示成特徵臉們的加權和。這些權重提供對人的識別：同一人的不同影像具有近似相同的權重，和從他人影像所得之權重之間有很大的差異。

CHAPTER

6　正交性

直到現在，我們都將焦點放在向量的兩種運算上，即加法和純量乘法運算。在本章中，我們考慮一些幾何上的觀念，如向量的**長度**和**垂直性**。結合向量幾何與矩陣及線性變換，我們可以很有效的來解決很多不同的問題。舉例來說，我們可應用這些新的技巧於一些領域中，如最小平方近似、圓錐曲線繪圖、電腦圖學，及統計分析。大部分這些解的關鍵爲對一個給定矩陣或線性變換的垂直特徵向量建構一基底。

爲了做這件事，我們將說明如何把 R^n 子空間的任意基底轉換爲彼此垂直的向量基底。一旦完成此事之後，我們可決定一些條件來保證存在有由矩陣或線性變換其垂直特徵向量所構成之一組 R^n 的基底。讓人驚訝的是，對一個矩陣，如此一基底存在之充分必要條件爲該矩陣必爲對稱。

6.1　向量幾何

在本節中，我們將介紹在 R^n 中向量長度及垂直性的觀念。許多之前學過的幾何性質可延伸至此一更爲一般化的空間。特別是畢式定理，其表示一直角三角形每邊長度平方之關係，在 R^n 空間中仍然成立。爲說明許多的這些性質在 R^n 空間中仍然成立，我們發展並定義內積(*dot product*)的概念。內積爲很基本的一個概念，利用它，我們可定義長度及垂直性。

或許幾何最基本的觀念爲長度。在圖 6.1(a)中，畢式定理建議我們定義向量 $\mathbf{u}$ 的**長度**爲 $\sqrt{u_1^2+u_2^2}$ 。

對於在 R^n 空間中的任意向量 $\mathbf{v}$，藉由定義其**範數(norm)(長度)**，以 $\|\mathbf{v}\|$ 來表示，此定義可很容易的延伸至 R^n：

$$\|\mathbf{v}\| = \sqrt{v_1^2+v_2^2+\cdots+v_n^2}$$

一個範數爲 1 的向量，稱爲**單位向量(unit vector)**。在 R^n 空間中兩向量 $\mathbf{u}$ 和 $\mathbf{v}$ 之間的**距離**爲 $\|\mathbf{u}-\mathbf{v}\|$ 。(參見圖 6.1(b)。)

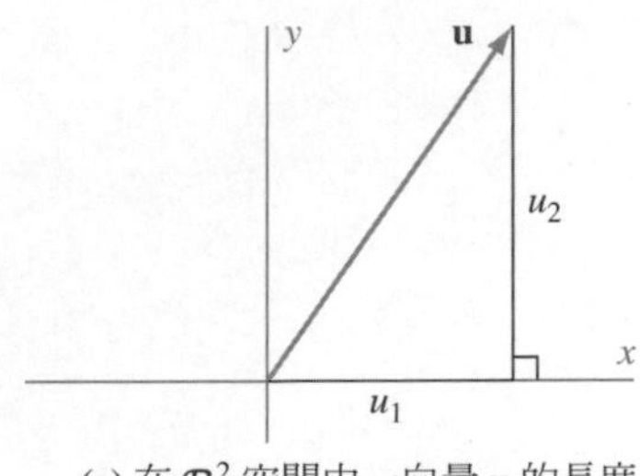

(a) 在 $\mathcal{R}^2$ 空間中一向量 **u** 的長度

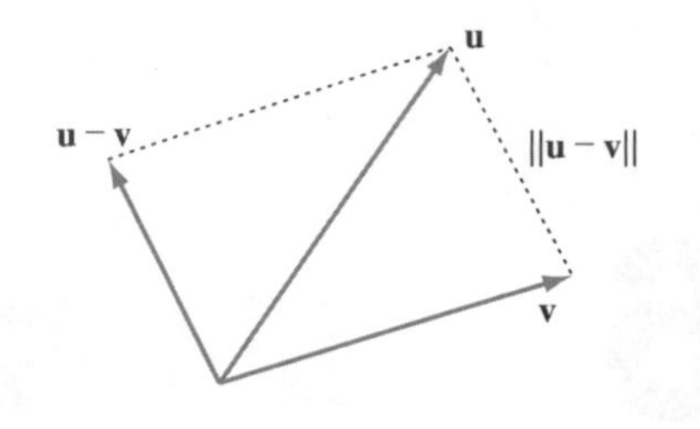

(b) 在 $\mathcal{R}^n$ 空間中兩向量 **u** 和 **v** 之間的距離

圖 6.1

例題 1

試求 $\|\mathbf{u}\|$、$\|\mathbf{v}\|$，及 **u** 和 **v** 之間的距離，若

$$\mathbf{u}=\begin{bmatrix}1\\2\\3\end{bmatrix} \quad 且 \quad \mathbf{v}=\begin{bmatrix}2\\-3\\0\end{bmatrix}$$

解 根據定義，

$$\|\mathbf{u}\|=\sqrt{1^2+2^2+3^2}=\sqrt{14} \quad，\quad \|\mathbf{v}\|=\sqrt{2^2+(-3)^2+0^2}=\sqrt{13}$$

而介於 **u** 和 **v** 之間的距離爲

$$\|\mathbf{u}-\mathbf{v}\|=\sqrt{(1-2)^2+(2-(-3))^2+(3-0)^2}=\sqrt{35}$$

練習題 1.

$$\mathbf{u}=\begin{bmatrix}1\\-2\\2\end{bmatrix} \quad 且 \quad \mathbf{v}=\begin{bmatrix}6\\2\\3\end{bmatrix}$$

(a) 試計算 $\|\mathbf{u}\|$ 及 $\|\mathbf{v}\|$。

(b) 試決定介於 **u** 和 **v** 之間的距離。

(c) 試說明 $\dfrac{1}{\|\mathbf{u}\|}\mathbf{u}$ 和 $\dfrac{1}{\|\mathbf{v}\|}\mathbf{v}$ 兩者皆爲單位向量。

正如我們在 R^2 中使用畢式定理來產生一向量範數之定義，我們再次使用此定理來檢測在 R^2 空間中兩向量 **u** 和 **v** 爲垂直的意義。根據畢式定理(參見圖 6.2)，我們可見 **u** 和 **v** 爲垂直若且唯若

$$\|\mathbf{v}-\mathbf{u}\|^2 = \|\mathbf{u}\|^2 + \|\mathbf{v}\|^2$$
$$(v_1-u_1)^2+(v_2-u_2)^2=u_1^2+u_2^2+v_1^2+v_2^2$$
$$v_1^2-2u_1v_1+u_1^2+v_2^2-2u_2v_2+u_2^2=u_1^2+u_2^2+v_1^2+v_2^2$$
$$-2u_1v_1-2u_2v_2=0$$
$$u_1v_1+u_2v_2=0$$

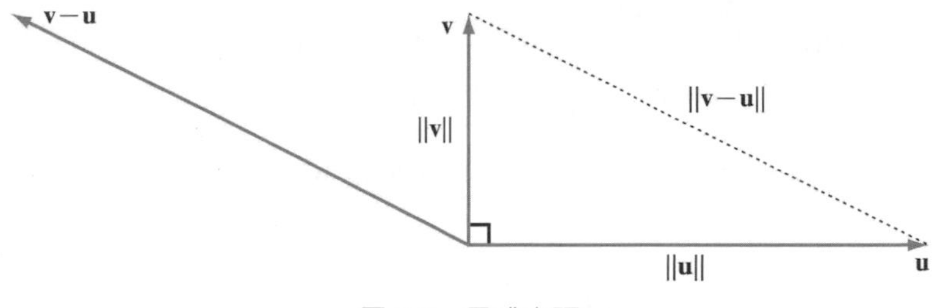

圖 6.2　畢式定理

最後一式中的 $u_1v_1+u_2v_2$ 稱爲 **u** 和 **v** 的內積(*dot product*)，且以 **u**．**v** 來表示。所以 **u** 和 **v** 爲垂直若且唯若其內積等於零。

利用此觀察結果，我們定義向量 **u** 和 **v** 在 R^n 空間中的**內積**爲

$$\mathbf{u}\cdot\mathbf{v}=u_1v_1+u_2v_2+\cdots+u_nv_n$$

我們稱 **u** 和 **v** 爲**正交(orthogonal)或垂直(perpendicular)**，若 **u**．**v** = 0

注意，在 R^n 空間中，兩向量的內積爲一純量，且 **0** 和每個向量的內積爲零。因此，**0** 和 R^n 中的每個向量都正交。且，如所注意到的，在 R^2 和 R^3 空間中的正交性等同於一般幾何上定義的垂直性。

例題 2

令

$$\mathbf{u}=\begin{bmatrix}2\\-1\\3\end{bmatrix},\qquad \mathbf{v}=\begin{bmatrix}1\\4\\-2\end{bmatrix},\qquad \mathbf{w}=\begin{bmatrix}-8\\3\\2\end{bmatrix}$$

試決定這些向量中的那些向量對爲正交。

解　我們只需檢測那些配對之內積爲零

$$\mathbf{u}\cdot\mathbf{v}=(2)(1)+(-1)(4)+(3)(-2)=-8$$
$$\mathbf{u}\cdot\mathbf{w}=(2)(-8)+(-1)(3)+(3)(2)=-13$$
$$\mathbf{v}\cdot\mathbf{w}=(1)(-8)+(4)(3)+(-2)(2)=0$$

我們可見只有 **v** 和 **w** 彼此正交。

練習題 2.

試決定下列向量的那些配對

$$\mathbf{u}=\begin{bmatrix}-2\\-5\\3\end{bmatrix}，\mathbf{v}=\begin{bmatrix}1\\-1\\2\end{bmatrix}，\mathbf{w}=\begin{bmatrix}-3\\1\\2\end{bmatrix}$$

爲正交。

$\mathbf{u}$ 和 $\mathbf{v}$ 的內積也可表示爲矩陣乘積 $\mathbf{u}^T\mathbf{v}$。

$$\mathbf{u}^T\mathbf{v}=[u_1u_2\cdots u_n]\begin{bmatrix}v_1\\v_2\\\vdots\\v_n\end{bmatrix}=u_1v_1+u_2v_2+\cdots+u_nv_n=\mathbf{u}\cdot\mathbf{v}$$

注意，我們是以 $u_1v_1+u_2v_2+\cdots+u_nv_n$ 而非 $[u_1v_1+u_2v_2+\cdots+u_nv_n]$ 來表示 1×1 矩陣 $\mathbf{u}^T\mathbf{v}$，如同對待一純量。

將一個內積視爲一矩陣乘積的結果，可讓我們將矩陣從內積的一邊「移」到另一邊。更精確的說，若 A 爲一個 $m\times n$ 矩陣，$\mathbf{u}$ 在 R^n 中且 $\mathbf{v}$ 在 R^m 中，則

$$A\mathbf{u}\cdot\mathbf{v}=\mathbf{u}\cdot A^T\mathbf{v}$$

此由於

$$A\mathbf{u}\cdot\mathbf{v}=(A\mathbf{u})^T\mathbf{v}=(\mathbf{u}^TA^T)\mathbf{v}=\mathbf{u}^T(A^T\mathbf{v})=\mathbf{u}\cdot A^T\mathbf{v}$$

正如向量其加法和純量乘法存在有算數特性，內積和範數也具有其算數特性。

定理 6.1

對在 R^n 空間中的所有向量 $\mathbf{u}$、$\mathbf{v}$，及 $\mathbf{w}$，且對所有數值 c，

(a) $\mathbf{u}\cdot\mathbf{u}=\|\mathbf{u}\|^2$。

(b) $\mathbf{u}\cdot\mathbf{u}=0$，若且唯若，$\mathbf{u}=0$。

(c) $\mathbf{u}\cdot\mathbf{v}=\mathbf{v}\cdot\mathbf{u}$。

(d) $\mathbf{u}\cdot(\mathbf{v}+\mathbf{w})=\mathbf{u}\cdot\mathbf{v}+\mathbf{u}\cdot\mathbf{w}$。

(e) $(\mathbf{v}+\mathbf{w})\cdot\mathbf{u}=\mathbf{v}\cdot\mathbf{u}+\mathbf{w}\cdot\mathbf{u}$。

(f) $(c\mathbf{u})\cdot\mathbf{v}=c(\mathbf{u}\cdot\mathbf{v})=\mathbf{u}\cdot(c\mathbf{v})$。

(g) $\|c\mathbf{u}\|=|c|\|\mathbf{u}\|$。

證明　證明我們在此證明(d)和(g)部分，而留其餘部分爲習題。

(d)　利用矩陣特性，我們可得

$$\begin{aligned}\mathbf{u}\cdot(\mathbf{v}+\mathbf{w}) &= \mathbf{u}^T(\mathbf{v}+\mathbf{w})\\ &= \mathbf{u}^T\mathbf{v}+\mathbf{u}^T\mathbf{w}\\ &= \mathbf{u}\cdot\mathbf{v}+\mathbf{u}\cdot\mathbf{w}\end{aligned}$$

(g)　根據(a)和(f)，我們得到

$$\begin{aligned}\|c\mathbf{u}\|^2 &= (c\mathbf{u})\cdot(c\mathbf{u})\\ &= c^2\mathbf{u}\cdot\mathbf{u}\\ &= c^2\|\mathbf{u}\|^2\end{aligned}$$

將兩邊取平方根且使用 $\sqrt{c^2}=|c|$，我們獲得 $\|c\mathbf{u}\|=|c|\,\|\mathbf{u}\|$。……………■

因爲有定理 6.1(f)，$c\mathbf{u}\cdot\mathbf{v}$ 可用(f)中三種表示法的任意一種來表示，並不會讓人覺得意義不明確。

注意，根據定理 6.1(g)，任意非零向量 $\mathbf{v}$ 都可**正規化(normalized)**，亦即，利用乘以一數值 $\dfrac{1}{\|\mathbf{v}\|}$ 使其轉換爲一單位向量。若 $\mathbf{u}=\dfrac{1}{\|\mathbf{v}\|}\mathbf{v}$，則

$$\|\mathbf{u}\|=\left\|\frac{1}{\|\mathbf{v}\|}\mathbf{v}\right\|=\left|\frac{1}{\|\mathbf{v}\|}\right|\|\mathbf{v}\|=\frac{1}{\|\mathbf{v}\|}\|\mathbf{v}\|=1$$

此定理讓我們對待具內積和範數的表示式如同我們對待代數表示式一般。例如，比較下列代數結果

$$(2x+3y)^2=4x^2+12xy+9y^2$$

和下面式子的相似性

$$\|2\mathbf{u}+3\mathbf{v}\|^2=4\|\mathbf{u}\|^2+12\mathbf{u}\cdot\mathbf{v}+9\|\mathbf{v}\|^2$$

上述等式的證明，仰賴於定理 6.1：

$$\begin{aligned}\|2\mathbf{u}+3\mathbf{v}\|^2 &= (2\mathbf{u}+3\mathbf{v})\cdot(2\mathbf{u}+3\mathbf{v}) && \text{由 (a)}\\ &= (2\mathbf{u})\cdot(2\mathbf{u}+3\mathbf{v})+(3\mathbf{v})\cdot(2\mathbf{u}+3\mathbf{v}) && \text{由 (e)}\\ &= (2\mathbf{u})\cdot(2\mathbf{u})+(2\mathbf{u})\cdot(3\mathbf{v})+(3\mathbf{v})\cdot(2\mathbf{u})+(3\mathbf{v})\cdot(3\mathbf{v}) && \text{由 (d)}\\ &= 4(\mathbf{u}\cdot\mathbf{u})+6(\mathbf{u}\cdot\mathbf{v})+6(\mathbf{v}\cdot\mathbf{u})+9(\mathbf{v}\cdot\mathbf{v}) && \text{由 (f)}\\ &= 4\|\mathbf{u}\|^2+6(\mathbf{u}\cdot\mathbf{v})+6(\mathbf{u}\cdot\mathbf{v})+9\|\mathbf{v}\|^2 && \text{由 (a) 和 (c)}\\ &= 4\|\mathbf{u}\|^2+12(\mathbf{u}\cdot\mathbf{v})+9\|\mathbf{v}\|^2\end{aligned}$$

如前所注意到，我們可將前表示式寫爲 $4\|\mathbf{u}\|^2+12\mathbf{u}\cdot\mathbf{v}+9\|\mathbf{v}\|^2$。從此後，當計算內積和範數時，我們將省略這些步驟。

注意

如 $\mathbf{u}^2$ 和 $\mathbf{uv}$ 的表示式並沒有在此定義。

很容易的可將定理 6.1(d)和(e)延伸至線性組合，即，

$$\mathbf{u}\cdot(c_1\mathbf{v}_1+c_2\mathbf{v}_2+\cdots+c_p\mathbf{v}_p)=c_1\mathbf{u}\cdot\mathbf{v}_1+c_2\mathbf{u}\cdot\mathbf{v}_2+\cdots+c_p\mathbf{u}\cdot\mathbf{v}_p$$

且

$$(c_1\mathbf{v}_1+c_2\mathbf{v}_2+\cdots+c_p\mathbf{v}_p)\cdot\mathbf{u}=c_1\mathbf{v}_1\cdot\mathbf{u}+c_2\mathbf{v}_2\cdot\mathbf{u}+\cdots+c_p\mathbf{v}_p\cdot\mathbf{u}$$

利用這些算術特性，我們可證明畢式定理在 R^n 空間也成立。

定理 6.2

(在 R^n 空間中的畢式定理) 令 $\mathbf{u}$ 和 $\mathbf{v}$ 為在 R^n 空間中之向量。則 $\mathbf{u}$ 和 $\mathbf{v}$ 為正交若且唯若

$$\|\mathbf{u}+\mathbf{v}\|^2=\|\mathbf{u}\|^2+\|\mathbf{v}\|^2$$

證明 應用內積和範數的算術運算於向量 $\mathbf{u}$ 和 $\mathbf{v}$，我們可得

$$\|\mathbf{u}+\mathbf{v}\|^2=\|\mathbf{u}\|^2+2\mathbf{u}\cdot\mathbf{v}+\|\mathbf{v}\|^2$$

因為 $\mathbf{u}$ 和 $\mathbf{v}$ 為正交若且唯若 $\mathbf{u}\cdot\mathbf{v}=0$，所以本定理得證。......................■

向量在一線上之正交投影

假設我們希望求一點 P 到線 L(給定於圖 6.3 中)間的距離。很顯然的，若我們可決定向量 $\mathbf{w}$，則所求之距離為 $\|\mathbf{u}-\mathbf{w}\|$。向量 $\mathbf{w}$ 稱為 $\mathbf{u}$ 在 L 上的**正交投影 (orthogonal projection)**。為了求得用 $\mathbf{u}$ 和 L 來表示的 $\mathbf{w}$，令 $\mathbf{v}$ 為沿著 L 的任意非零向量，且令 $\mathbf{z}=\mathbf{u}-\mathbf{w}$。則會有某純量 c 使得 $\mathbf{w}=c\mathbf{v}$。注意 $\mathbf{z}$ 和 $\mathbf{v}$ 為正交;亦即，

$$0=\mathbf{z}\cdot\mathbf{v}=(\mathbf{u}-\mathbf{w})\cdot\mathbf{v}=(\mathbf{u}-c\mathbf{v})\cdot\mathbf{v}=\mathbf{u}\cdot\mathbf{v}-c\mathbf{v}\cdot\mathbf{v}=\mathbf{u}\cdot\mathbf{v}-c\|\mathbf{v}\|^2$$

所以 $c=\dfrac{\mathbf{u}\cdot\mathbf{v}}{\|\mathbf{v}\|^2}$，且因此 $\mathbf{w}=\dfrac{\mathbf{u}\cdot\mathbf{v}}{\|\mathbf{v}\|^2}\mathbf{v}$。因此 P 到 L 的距離給定如下

$$\|\mathbf{u}-\mathbf{w}\|=\left\|\mathbf{u}-\frac{\mathbf{u}\cdot\mathbf{v}}{\|\mathbf{v}\|^2}\mathbf{v}\right\|$$

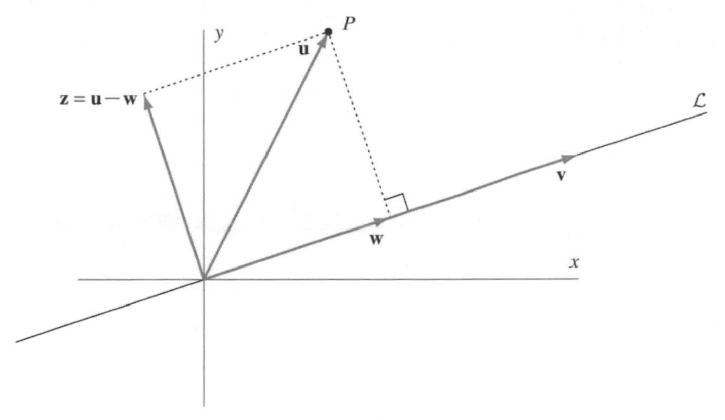

圖 6.3　向量 **w** 為 **u** 在 *L* 上之正交投影

例題 3

試求從一點(4,1)到一直線，其方程式爲 $y=\frac{1}{2}x$ ，之間的距離。

解 根據我們之前的推導，我們令

$$\mathbf{u}=\begin{bmatrix}4\\1\end{bmatrix},\qquad \mathbf{v}=\begin{bmatrix}2\\1\end{bmatrix},\qquad \text{且}\qquad \frac{\mathbf{u}\cdot\mathbf{v}}{\|\mathbf{v}\|^2}\mathbf{v}=\frac{9}{5}\begin{bmatrix}2\\1\end{bmatrix}$$

則所求之距離爲$\left\|\begin{bmatrix}4\\1\end{bmatrix}-\frac{9}{5}\begin{bmatrix}2\\1\end{bmatrix}\right\|=\frac{1}{5}\left\|\begin{bmatrix}2\\-4\end{bmatrix}\right\|=\frac{2}{5}\sqrt{5}$ 。

6

練習題 3.

試求 **u** 在通過原點具有方向 R^n 之一線上的正交投影。其中 **u** 和 **v** 爲練習題 2 中所述。

在 6.4 節中，我們會討論更爲一般的情況，在此我們將應用我們的結果來解決一有趣的統計問題。

內積在幾何上的應用*

憶及一個菱形(rh*ombus*)爲一個每邊等長之平行四邊形。我們使用定理 6.1 來證明下面的幾何結果：

一平行四邊形之對角線彼此正交，若且唯若此平行四邊形爲菱形。

此菱形之對角線爲 **u+v** 和 **u−v**。(參見圖 6.4。)應用內積和範數之數學運算，

*本節其餘部分可省略而不失教材之連貫性。不過在爾後課程中，常會用到科西-施瓦茲(Cauchy-Schwarz)不等式和三角不等式。

我們可得

$$(\mathbf{u}+\mathbf{v})\cdot(\mathbf{u}-\mathbf{v})=\|\mathbf{u}\|^2-\|\mathbf{v}\|^2$$

從此結果，我們可見對角線爲彼此正交若且唯若上述內積爲零。此情形發生若且唯若$\|\mathbf{u}\|^2=\|\mathbf{v}\|^2$，亦即，各邊具有相同長度。

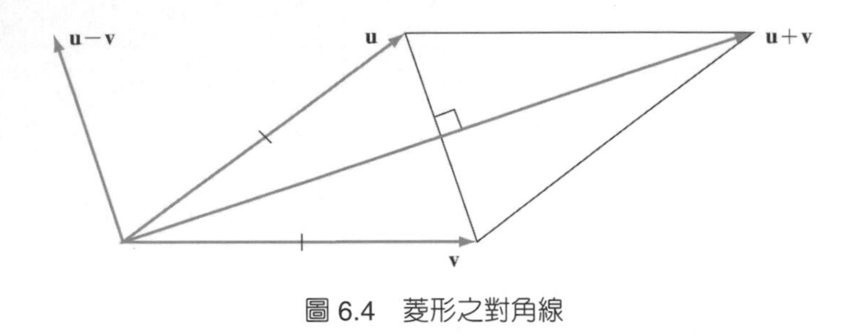

圖 6.4　菱形之對角線

科西-施瓦茲和三角不等式

憶及在每個三角形中，任意一邊長小於其他兩邊長之和。此簡單結果可重新以向量之範數來陳述。參照圖 6.5，我們可見此陳述爲在 R^2 空間中三角不等式(*triangle inequality*)的結果：

$$\|\mathbf{u}+\mathbf{v}\|\le\|\mathbf{u}\|+\|\mathbf{v}\|$$

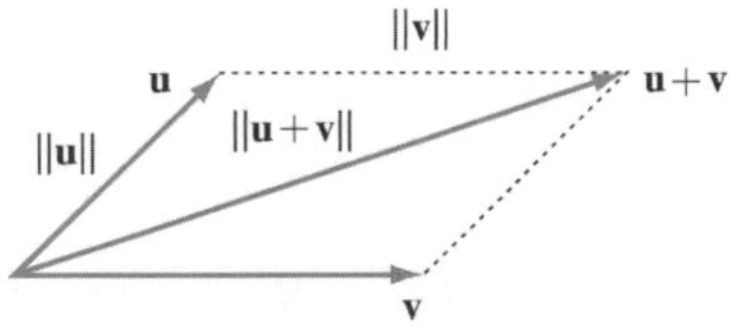

圖 6.5　三角不等式

我們在此說明的是此不等式不僅對 R^2 空間中的向量成立，也對 R^n 空間中的向量成立。我們以科西-施瓦茲不等式作爲我們的開始。

定理 6.3

(科西－施瓦茲不等式 [1]) 對在 R^n 空間中的任意向量 $\mathbf{u}$ 和 $\mathbf{v}$，我們可得

$$|\mathbf{u}\cdot\mathbf{v}|\le\|\mathbf{u}\|\cdot\|\mathbf{v}\|$$

[1] 科西-施瓦茲不等式爲法國數學家 Augustin-Louis Cauchy (1789 - 1857)，德國數學家 Amandus Schwarz (1843 - 1921)，及俄國數學家 Viktor Yakovlevich Bunyakovsky (1804 - 1899) 各自獨立所發展出來的。該結果最早出現在 1821 年 Cauchy 的文章中，是在巴黎 Ecole Polytechnique 的一門分析課程的教材。之後 Bunyakovsky 在 1859 年及 Schwarz 在 1884 年有針對函數做了證明

證明　若 $\mathbf{u}=0$ 或 $\mathbf{v}=0$，則結果很明顯。我們在此假設 $\mathbf{u}$ 和 $\mathbf{v}$ 皆不爲零，且令

$$\mathbf{w}=\frac{1}{\|\mathbf{u}\|}\mathbf{u} \qquad 且 \qquad \mathbf{z}=\frac{1}{\|\mathbf{v}\|}\mathbf{v}$$

則 $\mathbf{w}\cdot\mathbf{w}=\mathbf{z}\cdot\mathbf{z}=1$，且因此

$$0\le\|\mathbf{w}\pm\mathbf{z}\|^2=(\mathbf{w}\pm\mathbf{z})\cdot(\mathbf{w}\pm\mathbf{z})=\mathbf{w}\cdot\mathbf{w}\pm2(\mathbf{w}\cdot\mathbf{z})+\mathbf{z}\cdot\mathbf{z}=2\pm2(\mathbf{w}\cdot\mathbf{z})$$

接著 $\pm\mathbf{w}\cdot\mathbf{z}\le1$，且則 $|\mathbf{w}\cdot\mathbf{z}|\le1$。所以

$$|\mathbf{u}\cdot\mathbf{v}|=|(\|\mathbf{u}\|\mathbf{w})\cdot(\|\mathbf{v}\|\mathbf{z})|=\|\mathbf{u}\|\|\mathbf{v}\||\mathbf{w}\cdot\mathbf{z}|\le\|\mathbf{u}\|\|\mathbf{v}\|$$

■

此不等式成立之情況將於習題中檢測。在本節最後面，我們來看看一科西－施瓦茲不等式有趣的應用

6

例題 4

試對下列向量驗證科西－施瓦茲不等式

$$\mathbf{u}=\begin{bmatrix}2\\-3\\4\end{bmatrix} \qquad 且 \qquad \mathbf{v}=\begin{bmatrix}1\\-2\\-5\end{bmatrix}$$

解　從 $\mathbf{u}\cdot\mathbf{v}=-12$、$\|\mathbf{u}\|=\sqrt{29}$，且 $\|\mathbf{v}\|=\sqrt{30}$ 因此，

$$|\mathbf{u}\cdot\mathbf{v}|^2=144\le870=(29)(30)=\|\mathbf{u}\|^2\cdot\|\mathbf{v}\|^2$$

兩邊取方根後可驗證科西-施瓦茲不等式。

例題 5 包含了另外一個科西-施瓦茲不等式的結果。

例題 5

對任意實數 a_1, a_2, a_3, b_1, b_2，且 b_3，試說明

$$|a_1b_1+a_2b_2+a_3b_3|\le\sqrt{a_1^2+a_2^2+a_3^2}\sqrt{b_1^2+b_2^2+b_3^2}$$

解　對 $\mathbf{u}=\begin{bmatrix}a_1\\a_2\\a_3\end{bmatrix}$ 及 $\mathbf{v}=\begin{bmatrix}b_1\\b_2\\b_3\end{bmatrix}$ 使用科西－施瓦茲不等式，我們可得想要之不等式。

我們下一個結果爲三角不等式延伸至 R^n 空間的普遍性。

定理 6.4

(三角不等式) 在 R^n 空間中的任意向量 $\mathbf{u}$ 和 $\mathbf{v}$，我們可得

$$\|\mathbf{u}+\mathbf{v}\| \le \|\mathbf{u}\|+\|\mathbf{v}\|$$

證明 利用科西－施瓦茲不等式，我們獲得如下

$$\|\mathbf{u}+\mathbf{v}\|^2 = \|\mathbf{u}\|^2 + 2\mathbf{u}\cdot\mathbf{v} + \|\mathbf{v}\|^2 \le \|\mathbf{u}\|^2 + 2\|\mathbf{u}\|\cdot\|\mathbf{v}\| + \|\mathbf{v}\|^2 = (\|\mathbf{u}\|+\|\mathbf{v}\|)^2$$

將兩邊開平方，則可得三角不等式。 ■

等式成立的情況將在習題中討論。

例題 6

對例題 4 中的向量 $\mathbf{u}$ 和 $\mathbf{v}$，驗證三角不等式。

解 因 $\mathbf{u}+\mathbf{v}=\begin{bmatrix}3\\-5\\-1\end{bmatrix}$，則 $\|\mathbf{u}+\mathbf{v}\|=\sqrt{35}$。憶及 $\|\mathbf{u}\|=\sqrt{29}$ 且 $\|\mathbf{v}\|=\sqrt{30}$，從如下的觀察我們驗證了三角不等式

$$\|\mathbf{u}+\mathbf{v}\|=\sqrt{35}<\sqrt{36}=6<5+5=\sqrt{25}+\sqrt{25}<\sqrt{29}+\sqrt{30}=\|\mathbf{u}\|+\|\mathbf{v}\|$$

計算平均班級大小

一個訓練電腦程式設計師的私立學校宣傳其平均每堂課程的人數爲 20 人。在接獲假宣傳的抱怨後，一消費者協會的調查員拿到一份該校 60 名註冊學生的名單。他對每個學生做調查，了解了每位學生其上課班級的人數。他將這些數字相加並除以總數 60，則得結果爲 27.6，遠遠超過所宣傳的數字 20。結果，他提出一份對此學校的控訴。然而，這份控訴在他的上司自行調查後被撤回。

利用相同的一份學生名單，這位上司調查了所有 60 個學生。她發現學生被分成三個班。第一個班具有 25 個學生，第二個班具有 3 個學生，而第三個班具有 32 個學生。注意到所有這三班的註冊總數爲 60，她將 60 除以 3 得到一個班級的平均人數爲 20，驗證了所宣傳的平均班級大小。

爲了解爲什麼這兩種計算的結果會有如此的不同，我們對更爲一般的情況使用線性代數。假設，我們具有總數 m 名學生分成 n 班，分別包含 $v_1, v_2, \cdots, v_n$ 位學生。利用此表示法，我們可見一班平均人數爲

$$\bar{v}=\frac{1}{n}(v_1+v_2+\cdots+v_n)=\frac{m}{n}$$

此爲該上司所使用的方法。

現在考慮調查員所使用的方法。在第 i 個班級的學生回答他所在班級的人數爲 v_i。因有 v_i 個學生回覆調查，由第 i 個班級此調查產生了一個 $v_iv_i=v_i^2$ 的總數。因對每個班級都爲如此，則所有回覆的班級大小總數爲

$$v_1^2+v_2^2+\cdots+v_n^2$$

因有 m 個學生被調查，則此總數除以 m 可得調查員之「平均」班級大小，即 v^*，如下

$$v^*=\frac{1}{m}(v_1^2+v_2^2+\cdots+v_n^2)$$

爲了看出 $\bar{v}$ 和 v^*的關係，我們定義在 R^n 空間中的向量 $\mathbf{u}$ 和 $\mathbf{v}$ 如下

$$\mathbf{u}=\begin{bmatrix}1\\1\\\vdots\\1\end{bmatrix}\quad 且\quad \mathbf{v}=\begin{bmatrix}v_1\\v_2\\\vdots\\v_n\end{bmatrix}$$

則

$$\mathbf{u}\cdot\mathbf{u}=n\text{ ，}\mathbf{u}\cdot\mathbf{v}=m\text{ ，}\mathbf{v}\cdot\mathbf{v}=v_1^2+v_2^2+\cdots+v_n^2$$

因此，

$$\bar{v}=\frac{m}{n}=\frac{\mathbf{u}\cdot\mathbf{v}}{\mathbf{u}\cdot\mathbf{u}}\quad 且\quad v^*=\frac{1}{m}(v_1^2+v_2^2+\cdots+v_n^2)=\frac{\mathbf{v}\cdot\mathbf{v}}{\mathbf{u}\cdot\mathbf{v}}$$

根據科西-施瓦茲不等式，

$$(\mathbf{u}\cdot\mathbf{v})^2\le\|\mathbf{u}\|^2\|\mathbf{v}\|^2=(\mathbf{u}\cdot\mathbf{u})(\mathbf{v}\cdot\mathbf{v})$$

也因此將此不等式的兩邊除以 $(\mathbf{u}\cdot\mathbf{v})(\mathbf{u}\cdot\mathbf{u})$，我們可得

$$\bar{v}=\frac{\mathbf{u}\cdot\mathbf{v}}{\mathbf{u}\cdot\mathbf{u}}\le\frac{\mathbf{v}\cdot\mathbf{v}}{\mathbf{u}\cdot\mathbf{v}}=v^*$$

結果我們總是會得到 $\bar{v}\le v^*$。我們可以證明 $\bar{v}=v^*$ 若且唯若所有的班級大小皆相等。(參見習題 124。)

習 題

習題 1 至 8 中，給定兩向量 $\mathbf{u}$ 及 $\mathbf{v}$。試計算這些向量的範數及向量間的距離 d。

1. $\mathbf{u}=\begin{bmatrix}5\\-3\end{bmatrix}$ 及 $\mathbf{v}=\begin{bmatrix}2\\4\end{bmatrix}$
2. $\mathbf{u}=\begin{bmatrix}1\\2\end{bmatrix}$ 及 $\mathbf{v}=\begin{bmatrix}3\\7\end{bmatrix}$
3. $\mathbf{u}=\begin{matrix}1\\-1\end{matrix}$ 及 $\mathbf{v}=\begin{bmatrix}2\\1\end{bmatrix}$
4. $\mathbf{u}=\begin{bmatrix}1\\3\\1\end{bmatrix}$ 及 $\mathbf{v}=\begin{bmatrix}-1\\4\\2\end{bmatrix}$
5. $\mathbf{u}=\begin{bmatrix}1\\-1\\3\end{bmatrix}$ 及 $\mathbf{v}=\begin{bmatrix}2\\1\\0\end{bmatrix}$
6. $\mathbf{u}=\begin{bmatrix}1\\2\\1\\-1\end{bmatrix}$ 及 $\mathbf{v}=\begin{bmatrix}2\\3\\2\\0\end{bmatrix}$
7. $\mathbf{u}=\begin{bmatrix}1\\-1\\-2\\1\end{bmatrix}$ 及 $\mathbf{v}=\begin{bmatrix}2\\3\\1\\1\end{bmatrix}$
8. $\mathbf{u}=\begin{bmatrix}1\\0\\-2\\1\end{bmatrix}$ 及 $\mathbf{v}=\begin{bmatrix}-1\\2\\1\\3\end{bmatrix}$

在習題 9 **至** 16 中，給定兩向量。試計算這些向量的內積，並決定是否此向量為彼此正交。

9. $\mathbf{u}=\begin{bmatrix}3\\-2\end{bmatrix}$ 及 $\mathbf{v}=\begin{bmatrix}4\\6\end{bmatrix}$
10. $\mathbf{u}=\begin{bmatrix}1\\2\end{bmatrix}$ 及 $\mathbf{v}=\begin{bmatrix}3\\7\end{bmatrix}$
11. $\mathbf{u}=\begin{bmatrix}1\\-1\end{bmatrix}$ 及 $\mathbf{v}=\begin{bmatrix}2\\1\end{bmatrix}$
12. $\mathbf{u}=\begin{bmatrix}1\\3\\1\end{bmatrix}$ 及 $\mathbf{v}=\begin{bmatrix}-1\\4\\2\end{bmatrix}$
13. $\mathbf{u}=\begin{bmatrix}1\\-2\\3\end{bmatrix}$ 及 $\mathbf{v}=\begin{bmatrix}2\\1\\0\end{bmatrix}$
14. $\mathbf{u}=\begin{bmatrix}1\\2\\-3\\-1\end{bmatrix}$ 及 $\mathbf{v}=\begin{bmatrix}2\\3\\2\\0\end{bmatrix}$
15. $\mathbf{u}=\begin{bmatrix}1\\-1\\-2\\1\end{bmatrix}$ 及 $\mathbf{v}=\begin{bmatrix}2\\3\\1\\1\end{bmatrix}$
16. $\mathbf{u}=\begin{bmatrix}-1\\3\\-2\\4\end{bmatrix}$ 及 $\mathbf{v}=\begin{bmatrix}-1\\-1\\3\\2\end{bmatrix}$

在習題 17 至 24 中，給定兩正交向量 $\mathbf{u}$ 及 $\mathbf{v}$。試計算 $\|\mathbf{u}\|^2$ 、$\|\mathbf{v}\|^2$ ，及 $\|\mathbf{u}+\mathbf{v}\|^2$ 。利用你的結果來說明畢式定理。

17. $\mathbf{u}=\begin{bmatrix}-2\\4\end{bmatrix}$ 及 $\mathbf{v}=\begin{bmatrix}6\\3\end{bmatrix}$
18. $\mathbf{u}=\begin{bmatrix}3\\1\end{bmatrix}$ 及 $\mathbf{v}=\begin{bmatrix}-1\\3\end{bmatrix}$
19. $\mathbf{u}=\begin{bmatrix}2\\3\end{bmatrix}$ 及 $\mathbf{v}=\begin{bmatrix}0\\0\end{bmatrix}$
20. $\mathbf{u}=\begin{bmatrix}2\\6\end{bmatrix}$ 及 $\mathbf{v}=\begin{bmatrix}9\\-3\end{bmatrix}$
21. $\mathbf{u}=\begin{bmatrix}1\\3\\2\end{bmatrix}$ 及 $\mathbf{v}=\begin{bmatrix}-1\\1\\-1\end{bmatrix}$
22. $\mathbf{u}=\begin{bmatrix}1\\-1\\2\end{bmatrix}$ 及 $\mathbf{v}=\begin{bmatrix}-2\\0\\1\end{bmatrix}$
23. $\mathbf{u}=\begin{bmatrix}1\\2\\3\end{bmatrix}$ 及 $\mathbf{v}=\begin{bmatrix}-11\\4\\1\end{bmatrix}$
24. $\mathbf{u}=\begin{bmatrix}2\\-1\\4\end{bmatrix}$ 及 $\mathbf{v}=\begin{bmatrix}-3\\2\\2\end{bmatrix}$

在習題 25 至 32 中，給定兩向量 $\mathbf{u}$ 和 $\mathbf{v}$。。試計算 $\|\mathbf{u}\|$ 、$|\mathbf{v}|$ ，及 $\|\mathbf{u}+\mathbf{v}\|$ 。利用你的結果來說明三角不等式。

25. $\mathbf{u}=\begin{bmatrix}3\\2\end{bmatrix}$ 及 $\mathbf{v}=\begin{bmatrix}-6\\-4\end{bmatrix}$
26. $\mathbf{u}=\begin{bmatrix}2\\1\end{bmatrix}$ 及 $\mathbf{v}=\begin{bmatrix}3\\-2\end{bmatrix}$
27. $\mathbf{u}=\begin{bmatrix}4\\2\end{bmatrix}$ 及 $\mathbf{v}=\begin{bmatrix}3\\-1\end{bmatrix}$
28. $\mathbf{u}=\begin{bmatrix}-2\\5\end{bmatrix}$ 及 $\mathbf{v}=\begin{bmatrix}3\\1\end{bmatrix}$
29. $\mathbf{u}=\begin{bmatrix}1\\-4\\2\end{bmatrix}$ 及 $\mathbf{v}=\begin{bmatrix}3\\1\\1\end{bmatrix}$
30. $\mathbf{u}=\begin{bmatrix}2\\-3\\1\end{bmatrix}$ 及 $\mathbf{v}=\begin{bmatrix}1\\1\\2\end{bmatrix}$

31. $\mathbf{u}=\begin{bmatrix}2\\-1\\3\end{bmatrix}$ 及 $\mathbf{v}=\begin{bmatrix}4\\0\\1\end{bmatrix}$

32. $\mathbf{u}=\begin{bmatrix}2\\-3\\1\end{bmatrix}$ 及 $\mathbf{v}=\begin{bmatrix}-4\\6\\-2\end{bmatrix}$

在習題 33 至 40 中，給定兩向量 $\mathbf{u}$ 及 $\mathbf{v}$。試計算 $\|\mathbf{u}\|$、$\|\mathbf{v}\|$，及 $\mathbf{u}\cdot\mathbf{v}$。利用你的結果來說明科西-施瓦茲不等式。

33. $\mathbf{u}=\begin{bmatrix}-2\\3\end{bmatrix}$ 及 $\mathbf{v}=\begin{bmatrix}5\\3\end{bmatrix}$

34. $\mathbf{u}=\begin{bmatrix}2\\5\end{bmatrix}$ 及 $\mathbf{v}=\begin{bmatrix}3\\4\end{bmatrix}$

35. $\mathbf{u}=\begin{bmatrix}4\\1\end{bmatrix}$ 及 $\mathbf{v}=\begin{bmatrix}0\\-2\end{bmatrix}$

36. $\mathbf{u}=\begin{bmatrix}-3\\4\end{bmatrix}$ 及 $\mathbf{v}=\begin{bmatrix}1\\2\end{bmatrix}$

37. $\mathbf{u}=\begin{bmatrix}6\\-1\\2\end{bmatrix}$ 及 $\mathbf{v}=\begin{bmatrix}1\\4\\-1\end{bmatrix}$

38. $\mathbf{u}=\begin{bmatrix}0\\1\\1\end{bmatrix}$ 及 $\mathbf{v}=\begin{bmatrix}-2\\1\\3\end{bmatrix}$

39. $\mathbf{u}=\begin{bmatrix}4\\2\\1\end{bmatrix}$ 及 $\mathbf{v}=\begin{bmatrix}2\\-1\\-1\end{bmatrix}$

40. $\mathbf{u}=\begin{bmatrix}3\\-1\\2\end{bmatrix}$ 及 $\mathbf{v}=\begin{bmatrix}1\\3\\-1\end{bmatrix}$

在習題 41 至 48 中，給定在 R^2 空間中的一向量 $\mathbf{u}$ 和一線 L。試計算 $\mathbf{u}$ 在 L 上的正交投影 $\mathbf{w}$，且利用其來計算從 $\mathbf{u}$ 的端點到 L 之間的距離。

41. $\mathbf{u}=\begin{bmatrix}5\\0\end{bmatrix}$ 及 $y=0$　　42. $\mathbf{u}=\begin{bmatrix}2\\3\end{bmatrix}$ 及 $y=2x$

43. $\mathbf{u}=\begin{bmatrix}3\\4\end{bmatrix}$ 及 $y=-x$　　44. $\mathbf{u}=\begin{bmatrix}3\\4\end{bmatrix}$ 及 $y=-2x$

45. $\mathbf{u}=\begin{bmatrix}4\\1\end{bmatrix}$ 及 $y=3x$　　46. $\mathbf{u}=\begin{bmatrix}-3\\2\end{bmatrix}$ 及 $y=x$

47. $\mathbf{u}=\begin{bmatrix}2\\5\end{bmatrix}$ 及 $y=-3x$　　48. $\mathbf{u}=\begin{bmatrix}6\\5\end{bmatrix}$ 及 $y=-4x$

對習題 49 至 54，假設 $\mathbf{u}$、$\mathbf{v}$，及 $\mathbf{w}$ 為在 R^n 空間中向量使得 $\|\mathbf{u}\|=2$、$\|\mathbf{v}\|=3$、$\|\mathbf{w}\|=5$、$\mathbf{u}\cdot\mathbf{v}=-1$，$\mathbf{u}\cdot\mathbf{w}=1$，且 $\mathbf{v}\cdot\mathbf{w}=-4$。

49. 試計算 $(\mathbf{u}+\mathbf{v})\cdot\mathbf{w}$　　50. 試計算 $\|4\mathbf{w}\|$

51. 試計算 $\|\mathbf{u}+\mathbf{v}\|^2$　　52. 試計算 $(\mathbf{u}+\mathbf{w})\cdot\mathbf{v}$

53. 試計算 $\|\mathbf{v}-4\mathbf{w}\|^2$　　54. 試計算 $\|2\mathbf{u}+3\mathbf{v}\|^2$

對習題 55 至 60，假設 $\mathbf{u}$、$\mathbf{v}$，及 $\mathbf{w}$ 為在 R^n 空間中向量使得 $\mathbf{u}\cdot\mathbf{u}=14$、$\mathbf{u}\cdot\mathbf{v}=7$、$\mathbf{u}\cdot\mathbf{w}=-20$、$\mathbf{v}\cdot\mathbf{v}=21$、$\mathbf{v}\cdot\mathbf{w}=-5$，且 $\mathbf{w}\cdot\mathbf{w}=30$。

55. 試計算 $\|\mathbf{v}\|^2$　　56. 試計算 $\|3\mathbf{u}\|$

57. 試計算 $\mathbf{v}\cdot\mathbf{u}$　　58. 試計算 $\mathbf{w}\cdot(\mathbf{u}+\mathbf{v})$

59. 試計算 $\|2\mathbf{u}-\mathbf{v}\|^2$　　60. 試計算 $\|\mathbf{v}+3\mathbf{w}\|$

是非題

習題 61 至 80 中，試決定各命題為真或偽。

61. 向量的大小（維度）必須相同，其內積才有定義。
62. 兩個在 R^n 空間中向量的內積，是一個 R^n 空間的向量。
63. 一向量之範數等於該向量和它本身的內積。
64. 一向量倍數之範數與其範數的倍數相同。
65. 向量和之範數等於向量範數之和。
66. 正交向量和的範數平方等於向量範數平方之和。
67. 一向量在一線上之正交投影爲在該線上的一向量。
68. 一向量的範數一定是非負實數。
69. 若 $\mathbf{v}$ 的範數等於零，則 $\mathbf{v}=\mathbf{0}$。
70. 若 $\mathbf{u}\cdot\mathbf{v}=0$，則 $\mathbf{u}=\mathbf{0}$ 或 $\mathbf{v}=\mathbf{0}$。
71. 對 R^n 空間中所有的向量 $\mathbf{u}$ 和 $\mathbf{v}$，$|\mathbf{u}\cdot\mathbf{v}|=\|\mathbf{u}\|\cdot\|\mathbf{v}\|$。
72. 對 R^n 空間中所有的向量 $\mathbf{u}$ 和 $\mathbf{v}$，$\mathbf{u}\cdot\mathbf{v}=\mathbf{v}\cdot\mathbf{u}$。
73. 對 R^n 空間中所有的向量 $\mathbf{u}$ 和 $\mathbf{v}$，其之間的距離爲 $\|\mathbf{u}-\mathbf{v}\|$。
74. 對 R^n 空間中所有的向量 $\mathbf{u}$ 和 $\mathbf{v}$ 和所有的純量 c，
$$(c\mathbf{u})\cdot\mathbf{v}=\mathbf{u}\cdot(c\mathbf{v})$$
75. 對 R^n 空間中所有的向量 $\mathbf{u}$、$\mathbf{v}$，及 $\mathbf{w}$，
$$\mathbf{u}\cdot(\mathbf{v}+\mathbf{w})=\mathbf{u}\cdot\mathbf{v}+\mathbf{u}\cdot\mathbf{w}$$

6

76. 若 A 爲一個 $n\times n$ 矩陣，且 $\mathbf{u}$ 和 $\mathbf{v}$ 爲在 R^n 空間中的向量，則 $A\mathbf{u}\cdot\mathbf{v}=\mathbf{u}\cdot A\mathbf{v}$。
77. 對所有在 R^n 空間中的向量 $\mathbf{v}$，$\|\mathbf{v}\|=\|-\mathbf{v}\|$。
78. 若 $\mathbf{u}$ 和 $\mathbf{v}$ 爲在 R^n 空間中彼此正交的向量，則

$$\|\mathbf{u}+\mathbf{v}\|=\|\mathbf{u}\|+\|\mathbf{v}\|$$

79. 若 $\mathbf{w}$ 爲 $\mathbf{u}$ 在穿過 R^2 空間原點的一線上之正交投影，則 $\mathbf{u}-\mathbf{w}$ 和該線上的每個向量都正交。
80. 若 $\mathbf{w}$ 爲 $\mathbf{u}$ 在穿過 R^2 空間原點的一線上之正交投影，則 $\mathbf{w}$ 是一個在該線上距離 $\mathbf{u}$ 最近的向量。

---

81. 試證明定理 6.1(a)。
82. 試證明定理 6.1(b)。
83. 試證明定理 6.1(c)。
84. 試證明定理 6.1(e)。
85. 試證明定理 6.1(f)。
86. 試證明，若 $\mathbf{u}$ 同時正交於 $\mathbf{v}$ 和 $\mathbf{w}$，則 $\mathbf{u}$ 正交於所有 $\mathbf{v}$ 和 $\mathbf{w}$ 的線性組合。
87. 令 $\{\mathbf{v},\mathbf{w}\}$ 爲 R^n 子空間 W 的一個基底，且定義

$$\mathbf{z}=\mathbf{w}-\frac{\mathbf{v}\cdot\mathbf{w}}{\mathbf{v}\cdot\mathbf{v}}\mathbf{v}$$

試證明 $\{\mathbf{v},\mathbf{z}\}$ 爲由正交向量所構成的一組 W 的基底。

88. 試證明科西-施瓦茲不等式之等號成立若且唯若 $\mathbf{u}$ 爲 $\mathbf{v}$ 的一個倍數或 $\mathbf{v}$ 爲 $\mathbf{u}$ 的一個倍數。
89. 試證明三角不等式之等號成立若且唯若 $\mathbf{v}$ 爲 $\mathbf{u}$ 的一個非負倍數或 $\mathbf{v}$ 爲 $\mathbf{u}$ 的一個非負倍數。
90. 利用三角不等式來證明 $|\|\mathbf{v}\|-\|\mathbf{w}\||\le\|\mathbf{v}-\mathbf{w}\|$，對所有在 R^n 空間中的向量 $\mathbf{v}$ 和 $\mathbf{w}$。
91. 試證明 $(\mathbf{u}+\mathbf{v})\cdot\mathbf{w}=\mathbf{u}\cdot\mathbf{w}+\mathbf{v}\cdot\mathbf{w}$ 成立，對所有在 R^n 空間中的向量 $\mathbf{u}$、$\mathbf{v}$，及 $\mathbf{w}$。
92. 令 $\mathbf{z}$ 是一個 R^n 中的向量。令 $W=\{\mathbf{u}\in R^n:\mathbf{u}\cdot\mathbf{z}=0\}$。試證明 W 爲 R^n 的一個子空間。
93. 令 S 爲 R^n 的一個子集合，且

$$W=\{\mathbf{u}\in R^n:\mathbf{u}\cdot\mathbf{z}=0 \text{ for all } \mathbf{z} \text{ in } S\}$$

試證明，W 爲 R^n 的一個子空間。

94. 令 W 表示在方程式 $\mathbf{v}$ 線上之所有向量的集合。試求一在 R^2 空間中的向量 $\mathbf{z}$ 使得 $W=\{\mathbf{u}\in R^2:\mathbf{u}\cdot\mathbf{z}=0\}$。驗證你的答案。
95. 試證明平行四邊形定理，對在 R^n 中的向量成立：

$$\|\mathbf{u}+\mathbf{v}\|^2+\|\mathbf{u}-\mathbf{v}\|^2=2\|\mathbf{u}\|^2+2\|\mathbf{v}\|^2$$

96. 試證明若 $\mathbf{u}$ 和 $\mathbf{v}$ 爲在 R^n 空間中正交且不爲零向量，則他們彼此線性獨立。
97.[2] 令 A 爲任意的 $m\times n$ 矩陣。
    (a) 試證明 A^TA 及 A 具有相同的零空間。提示：令 $\mathbf{v}$ 爲在 R^n 空間的一個向量，使得 $A^TA\mathbf{v}=\mathbf{0}$。觀察 $A^TA\mathbf{v}\cdot\mathbf{v}=A\mathbf{v}\cdot A\mathbf{v}=0$。
    (b) 利用(a)來證明 $\text{rank}A^TA=\text{rank}A$。

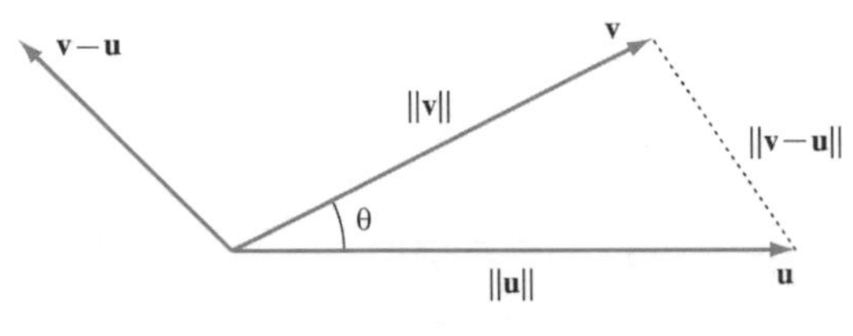

圖 6.6

98.[3] 令 $\mathbf{u}$ 和 $\mathbf{v}$ 爲在 R^2 或 R^3 中的非零向量，且令 θ 爲 $\mathbf{u}$ 和 $\mathbf{v}$ 之間的角度。則 $\mathbf{u}$、$\mathbf{v}$，及 $\mathbf{v}-\mathbf{u}$ 決定一三角形。(參見圖 6.6。)此三角形各邊長與 θ 的關係稱之爲餘弦定理(*lawofcosines*)。此說明

$$\|\mathbf{v}-\mathbf{u}\|^2=\|\mathbf{u}\|^2+\|\mathbf{v}\|^2-2\|\mathbf{u}\|\|\mathbf{v}\|\cos\theta$$

試利用餘弦定理及定理 6.1，來推導下列公式

$$\mathbf{u}\cdot\mathbf{v}=\|\mathbf{u}\|\|\mathbf{v}\|\cos\theta$$

在習題 99 至 106 之中，使用在習題 1 之公式來決定介於向量 $\mathbf{u}$ 和 $\mathbf{v}$ 之間的角度。

99. $\mathbf{u}=\begin{bmatrix}-3\\1\end{bmatrix}$ 及 $\mathbf{v}=\begin{bmatrix}4\\2\end{bmatrix}$
100. $\mathbf{u}=\begin{bmatrix}1\\2\end{bmatrix}$ 及 $\mathbf{v}=\begin{bmatrix}-1\\3\end{bmatrix}$
101. $\mathbf{u}=\begin{bmatrix}-2\\4\end{bmatrix}$ 及 $\mathbf{v}=\begin{bmatrix}1\\-2\end{bmatrix}$
102. $\mathbf{u}=\begin{bmatrix}-1\\1\end{bmatrix}$ 及 $\mathbf{v}=\begin{bmatrix}3\\1\end{bmatrix}$
103. $\mathbf{u}=\begin{bmatrix}-1\\2\\1\end{bmatrix}$ 及 $\mathbf{v}=\begin{bmatrix}1\\1\\2\end{bmatrix}$

---

[2] 此習題用於 6.7 節中

[3] 此習題用於 6.9 節中

104. $\mathbf{u}=\begin{bmatrix}2\\1\\-3\end{bmatrix}$ 及 $\mathbf{v}=\begin{bmatrix}1\\-3\\2\end{bmatrix}$

105. $\mathbf{u}=\begin{bmatrix}1\\-2\\1\end{bmatrix}$ 及 $\mathbf{v}=\begin{bmatrix}-1\\1\\0\end{bmatrix}$

106. $\mathbf{u}=\begin{bmatrix}1\\2\\1\end{bmatrix}$ 及 $\mathbf{v}=\begin{bmatrix}1\\1\\0\end{bmatrix}$

令 **u** 和 **v** 為在 R^3 中的向量。定義 $\mathbf{u}\times\mathbf{v}$ 為向量 $\begin{bmatrix}u_2v_3 - u_3v_2\\u_3v_1 - u_1v_3\\u_1v_2 - u_2v_1\end{bmatrix}$，其稱為 **u** 和 **v** 的**外積**。

對習題 107 至 120，利用之前外積的定義。

107. 對在 R^3 空間中的每一向量 **u**，試證明 $\mathbf{u}\times\mathbf{u}=0$。

108. 試證明對在 R^3 空間中的所有向量 **u** 和 **v**，$\mathbf{u}\times\mathbf{v}=-(\mathbf{v}\times\mathbf{u})$ 成立。

109. 對在 R^3 空間中所有向量 **u**，試證明 $\mathbf{u}\times\mathbf{0}=\mathbf{0}\times\mathbf{u}=\mathbf{0}$。

110. 對在 R^3 空間中的所有向量 **u** 和 **v**，試證明 **u** 和 **v** 彼此平行若且唯若 $\mathbf{u}\times\mathbf{v}=\mathbf{0}$。

111. 對在 R^3 空間中的所有向量 **u** 和 **v**，及所有純量 c，試證明

$$c(\mathbf{u}\times\mathbf{v})=c\mathbf{u}\times\mathbf{v}=\mathbf{u}\times c\mathbf{v}$$

112. 對在 R^3 空間中的所有向量 **u**、**v**，和 **w**，試證明

$$\mathbf{u}\times(\mathbf{v}+\mathbf{w})=\mathbf{u}\times\mathbf{v}+\mathbf{u}\times\mathbf{w}$$

113. 對在 R^3 空間中的所有向量 **u**、**v**，和 **w**，試證明

$$(\mathbf{u}+\mathbf{v})\times\mathbf{w}=\mathbf{u}\times\mathbf{w}+\mathbf{v}\times\mathbf{w}$$

114. 對在 R^3 空間中的所有向量 **u** 及 **v**，試證明 $\mathbf{u}\times\mathbf{v}$ 同時正交於 **u** 及 **v**。

115. 對在 R^3 空間中的所有向量 **u**、**v**，及 **w**，試證明

116. 對在 R^3 空間中所有向量 **u**、**v**，和 **w**，試證明

$$\mathbf{u}\times(\mathbf{v}\times\mathbf{w})=(\mathbf{u}\cdot\mathbf{w})\mathbf{v}-(\mathbf{u}\cdot\mathbf{v})\mathbf{w}$$

117. 對在 R^3 空間中的所有向量 **u**、**v**，和 **w**，試證明

$$(\mathbf{u}\times\mathbf{v})\times\mathbf{w}=(\mathbf{w}\cdot\mathbf{u})\mathbf{v}-(\mathbf{w}\cdot\mathbf{v})\mathbf{u}$$

118. 對在 R^3 空間中的所有向量 **u** 及 **v**，試證明

$$\|\mathbf{u}\times\mathbf{v}\|^2=\|\mathbf{u}\|^2\|\mathbf{v}\|^2-(\mathbf{u}\cdot\mathbf{v})^2$$

119. 對在 R^3 空間中的所有向量 **u** 及 **v**，試證明 $\|\mathbf{u}\times\mathbf{v}\|=\|\mathbf{u}\|\|\mathbf{v}\|\sin\theta$，其中 θ 爲 **u** 和 **v** 的夾角。

提示：利用習題 98 和 118。

120. 對在 R^3 空間中的所有向量 **u**、**v**，及 **w**，試證明雅可比恆等式(*Jacobiidentity*)：

$$(\mathbf{u}\times\mathbf{v})\times\mathbf{w}+(\mathbf{v}\times\mathbf{w})\times\mathbf{u}+(\mathbf{w}\times\mathbf{u})\times\mathbf{v}=\mathbf{0}$$

習題 121 至 124 參照到本節之前計算平均課程大小應用中所給定之兩方法。在習題 121 至 123 中，給定學生登記一們三堂學期課程的數據。試比較由上司決定的平均值 $\bar{v}$，由調查員決定的平均值 v^*。

121. 課堂 1 包含 8 位學生，課堂 2 包含 12 位學生，且課堂 3 包含 6 位學生。

122. 課堂 1 包含 15 位學生，課堂 2 和課堂 3 都各包含 30 位學生。

123. 三堂課的每堂課，皆包含 22 名學生。

124. 試利用習題88來證明兩種求班級大小平均的求法是一致的若且唯若所有班級的大小都一樣。

在習題 125 中，使用不論是具有矩陣運算能力之計算機或是電腦軟體如 *MATLAB* 來解決該問題。

125. 在每個三角形中，任意一邊長度小於其他兩邊邊長之和。將此結果推廣至 R^n 時，我們可得到**三角不等式**(定理 6.4)，其陳述

$$\|\mathbf{u}+\mathbf{v}\|\le\|\mathbf{u}\|+\|\mathbf{v}\|$$

對在 R^n 空間中的任意向量 **u** 和 **v**。令

$$\mathbf{u}=\begin{bmatrix}1\\2\\3\\4\end{bmatrix},\quad \mathbf{v}=\begin{bmatrix}-8\\-6\\4\\5\end{bmatrix},\quad \mathbf{v}_1=\begin{bmatrix}2.01\\4.01\\6.01\\8.01\end{bmatrix},\quad \text{且}$$

$$\mathbf{v}_2=\begin{bmatrix}3.01\\6.01\\9.01\\12.01\end{bmatrix}$$

(a) 試對 **u** 和 **v** 驗證三角不等式。

(b) 試對 **u** 和 $\mathbf{v}_1$ 驗證三角不等式。

(c) 試對 **u** 和 $\mathbf{v}_2$ 驗證三角不等式。

(d) 由你在(b)和(c)中所觀察到的，試推測三角不等式在什麼時候等號成立。

(e) 試在 v 空間中用幾何方法解釋你在(d)中的推測。

6

練習題解答

1. (a) 我們有 $\|\mathbf{u}\|=\sqrt{1^2+(-2)^2+2^2}=3$ 和 $\|\mathbf{v}\|=\sqrt{6^2+2^2+3^2}=7$。

(b) 我們有 $\|\mathbf{u}-\mathbf{v}\|=\left\|\begin{bmatrix}-5\\-4\\-1\end{bmatrix}\right\|$

$=\sqrt{(-5)^2+(-4)^2+(-1)^2}=\sqrt{42}$。

(c) 我們有

$$\left\|\frac{1}{\|\mathbf{u}\|}\mathbf{u}\right\|=\left\|\frac{1}{3}\begin{bmatrix}1\\-2\\2\end{bmatrix}\right\|=\left\|\begin{bmatrix}\frac{1}{3}\\-\frac{2}{3}\\\frac{2}{3}\end{bmatrix}\right\|=\sqrt{\frac{1}{9}+\frac{4}{9}+\frac{4}{9}}=1$$

且

$$\left\|\frac{1}{\|\mathbf{v}\|}\mathbf{v}\right\|=\left\|\frac{1}{7}\begin{bmatrix}6\\2\\3\end{bmatrix}\right\|=\left\|\begin{bmatrix}\frac{6}{7}\\\frac{2}{7}\\\frac{3}{7}\end{bmatrix}\right\|=\sqrt{\frac{36}{49}+\frac{4}{49}+\frac{9}{49}}=1$$

2. 取內積，我們可得

$$\mathbf{u}\cdot\mathbf{v}=(-2)(1)+(-5)(-1)+(3)(2)=9$$
$$\mathbf{u}\cdot\mathbf{w}=(-2)(-3)+(-5)(1)+(3)(2)=7$$
$$\mathbf{v}\cdot\mathbf{w}=(1)(-3)+(-1)(1)+(2)(2)=0$$

所以 $\mathbf{u}$ 和 $\mathbf{w}$ 不為正交，$\mathbf{u}$ 和 $\mathbf{v}$ 不為正交，但 $\mathbf{u}$ 和 $\mathbf{w}$ 為正交。

3. 令 $\mathbf{w}$ 為所需之正交投影。則

$$\mathbf{w}=\frac{\mathbf{u}\cdot\mathbf{v}}{\|\mathbf{v}\|^2}\mathbf{v}=\frac{(-2)(1)+(-5)(-1)+(3)(2)}{1^2+(-1)^2+2^2}\begin{bmatrix}1\\-1\\2\end{bmatrix}$$
$$=\frac{3}{2}\begin{bmatrix}1\\-1\\2\end{bmatrix}$$

6.2 正交向量

我們很容易就能將正交的性質拓展至任意向量集合。我們說 R^n 的一個子集合為**正交集合**，若在該集合中每對不同的向量彼此正交。一子集合稱之為**正規正交集合**，若其為一完全由單位向量所構成的正交集合。

舉例來說，集合

$$S=\left\{\begin{bmatrix}1\\2\\3\end{bmatrix},\begin{bmatrix}1\\1\\-1\end{bmatrix},\begin{bmatrix}5\\-4\\1\end{bmatrix}\right\}$$

為一個正交集合，因在 S 中每對不同向量的內積等於零。再舉一例，R^n 的標準基底為一個正交集合且也為一正規正交集合。注意，任何只包含一個向量的集合為一個正交集合。

練習題 1.

試決定下列集合

$$S_1=\left\{\begin{bmatrix}1\\-2\end{bmatrix},\begin{bmatrix}2\\1\end{bmatrix}\right\} \quad 且 \quad S_2=\left\{\begin{bmatrix}1\\1\\2\end{bmatrix},\begin{bmatrix}1\\1\\-1\end{bmatrix},\begin{bmatrix}2\\0\\-1\end{bmatrix}\right\}$$

是否是正交集合。

我們第一個結果宣稱在大多數情況下正交集合為線性獨立。

定理 6.5

任意非零向量的正交集合為線性獨立。

證明　令$\{\mathbf{v}_1, \mathbf{v}_2, \cdots, \mathbf{v}_k\}$為在 R^n 空間中的一個正交子集合且包含 k 個非零向量，令 $c_1, c_2, \cdots, c_k$ 為數值，使得

$$c_1\mathbf{v}_1 + c_2\mathbf{v}_2 + \cdots + c_k\mathbf{v}_k = \mathbf{0}$$

則，對任意 $\mathbf{v}_i$，我們可得

$$\begin{aligned}0 &= \mathbf{0} \cdot \mathbf{v}_i \\ &= (c_1\mathbf{v}_1 + c_2\mathbf{v}_2 + \cdots + c_i\mathbf{v}_i + \cdots + c_k\mathbf{v}_k) \cdot \mathbf{v}_i \\ &= c_1\mathbf{v}_1 \cdot \mathbf{v}_i + c_2\mathbf{v}_2 \cdot \mathbf{v}_i + \cdots + c_i\mathbf{v}_i \cdot \mathbf{v}_i + \cdots + c_k\mathbf{v}_k \cdot \mathbf{v}_i \\ &= c_i(\mathbf{v}_i \cdot \mathbf{v}_i) \\ &= c_i\|\mathbf{v}_i\|^2\end{aligned}$$

但$\|\mathbf{v}_i\|^2 \neq 0$，因為 $\mathbf{v}_i \neq \mathbf{0}$，且因此 $c_i = 0$。我們可總結 $\mathbf{v}_1, \mathbf{v}_2, \cdots, \mathbf{v}_k$ 為線性獨立。■

一正交集合若也為 R^n 子空間的一個基底，我們稱之為該子空間的**正交基底(orthogonal basis)**。同理的，一基底且也為一個正規正交集合，我們稱之為**正規正交基底(orthonormal basis)**。例如，R^n 空間的標準基底也為 R^n 空間的正規正交基底。

將正交集合中的一向量換成該向量之純量倍數，則產生之新集合也是一個正交集合。若該純量不為零且該正交集合是由非零向量所構成，則此新集合為線性獨立，而且也和原集合一般，為同一個子空間之產生集合。所以將一正交基底之向量乘以非零純量，則對原來的子空間產生一組新的正交基底。(參見習題 53。)舉例來說，考慮正交集合$\{\mathbf{v}_1, \mathbf{v}_2, \mathbf{v}_3\}$，其中

$$\mathbf{v}_1 = \begin{bmatrix}1\\1\\1\\1\end{bmatrix}, \quad \mathbf{v}_2 = \begin{bmatrix}1\\0\\-1\\0\end{bmatrix}, \quad \text{且} \quad \mathbf{v}_3 = \frac{1}{4}\begin{bmatrix}1\\-1\\1\\-1\end{bmatrix}$$

此集合為子空間 $W=$ Span $\{\mathbf{v}_1, \mathbf{v}_2, \mathbf{v}_3\}$的一個正交基底。為了刪除 $\mathbf{v}_3$ 中的分數，我們將其以 $4\mathbf{v}_3$ 取代之，來獲得另一個正交集合$\{\mathbf{v}_1, \mathbf{v}_2, 4\mathbf{v}_3\}$，這也是 W 的一個正交基底。特別是，若我們將正交基底中的每個向量正規化，則我們獲得同一子空間的一個正規正交基底。所以

$$\left\{\frac{1}{2}\begin{bmatrix}1\\1\\1\\1\end{bmatrix}, \frac{1}{\sqrt{2}}\begin{bmatrix}1\\0\\-1\\0\end{bmatrix}, \frac{1}{2}\begin{bmatrix}1\\-1\\1\\-1\end{bmatrix}\right\}$$

爲 W 的一個正規正交基底。

若 $S=\{\mathbf{v}_1, \mathbf{v}_2, \cdots, \mathbf{v}_k\}$爲 R^n 子空間 V 的一個正交基底，我們可修改定理 6.5 的證明過程以獲得一簡單方法來將任何在 V 中的向量表示爲 S 中向量的線性組合。不需要解線性方程組的沈重工作，接下來的方法使用內積。

考慮在 V 中的任意向量 $\mathbf{u}$，並假設

$$\mathbf{u} = c_1\mathbf{v}_1 + c_2\mathbf{v}_2 + \cdots + c_k\mathbf{v}_k$$

爲了獲得 c_i，我們觀察到

$$\begin{aligned}\mathbf{u}\cdot\mathbf{v}_i &= (c_1\mathbf{v}_1 + c_2\mathbf{v}_2 + \cdots + c_i\mathbf{v}_i + \cdots + c_k\mathbf{v}_k)\cdot\mathbf{v}_i\\ &= c_1\mathbf{v}_1\cdot\mathbf{v}_i + c_2\mathbf{v}_2\cdot\mathbf{v}_i + \cdots + c_i\mathbf{v}_i\cdot\mathbf{v}_i + \cdots + c_k\mathbf{v}_k\cdot\mathbf{v}_i\\ &= c_i(\mathbf{v}_i\cdot\mathbf{v}_i)\\ &= c_i\|\mathbf{v}_i\|^2\end{aligned}$$

因此

$$c_i = \frac{\mathbf{u}\cdot\mathbf{v}_i}{\|\mathbf{v}_i\|^2}$$

總而言之，我們可得下列結果：

將向量以正交或單範正交基底來表示

令$\{\mathbf{v}_1, \mathbf{v}_2, \cdots, \mathbf{v}_k\}$爲 R^n 子空間 V 中的一個正交基底，且令 $\mathbf{u}$ 爲一在 V 中的向量。則

$$\mathbf{u} = \frac{\mathbf{u}\cdot\mathbf{v}_1}{\|\mathbf{v}_1\|^2}\mathbf{v}_1 + \frac{\mathbf{u}\cdot\mathbf{v}_2}{\|\mathbf{v}_2\|^2}\mathbf{v}_2 + \cdots + \frac{\mathbf{u}\cdot\mathbf{v}_k}{\|\mathbf{v}_k\|^2}\mathbf{v}_k$$

若，此外，該正交基底爲 V 的一個單範正交基底，則

$$\mathbf{u} = (\mathbf{u}\cdot\mathbf{v}_1)\mathbf{v}_1 + (\mathbf{u}\cdot\mathbf{v}_2)\mathbf{v}_2 + \cdots + (\mathbf{u}\cdot\mathbf{v}_k)\mathbf{v}_k$$

例題 1

再次提及 $S=\{\mathbf{v}_1, \mathbf{v}_2, \mathbf{v}_3\}$，其中

$$\mathbf{v}_1 = \begin{bmatrix}1\\2\\3\end{bmatrix}, \quad \mathbf{v}_2 = \begin{bmatrix}1\\1\\-1\end{bmatrix}, \quad \text{且} \quad \mathbf{v}_3 = \begin{bmatrix}5\\-4\\1\end{bmatrix}$$

爲 R^3 的一個正交子集合。因在 S 中的向量爲非零，定理 6.5 告訴我們 S 爲線性獨立。所以，根據定理 4.7，S 爲 R^3 的一個基底。所以 S 也爲 R^3 的一個正交基底。

令 $\mathbf{u}=\begin{bmatrix}3\\2\\1\end{bmatrix}$。我們現在使用前面所描述的方法來求一組係數，將 $\mathbf{u}$ 表示爲 S 中向量的線性組合。假設

$$\mathbf{u}=c_1\mathbf{v}_1+c_2\mathbf{v}_2+c_3\mathbf{v}_3$$

則

$$c_1=\frac{\mathbf{u}\cdot\mathbf{v}_1}{\|\mathbf{v}_1\|^2}=\frac{10}{14},\quad c_2=\frac{\mathbf{u}\cdot\mathbf{v}_2}{\|\mathbf{v}_2\|^2}=\frac{4}{3},\quad \text{且}\quad c_3=\frac{\mathbf{u}\cdot\mathbf{v}_3}{\|\mathbf{v}_3\|^2}=\frac{8}{42}$$

讀者可自行驗證下列方程式

$$\mathbf{u}=\frac{10}{14}\mathbf{v}_1+\frac{4}{3}\mathbf{v}_2+\frac{8}{42}\mathbf{v}_3$$

練習題 2.

令

$$S=\left\{\begin{bmatrix}1\\1\\2\end{bmatrix},\begin{bmatrix}1\\1\\-1\end{bmatrix},\begin{bmatrix}1\\-1\\0\end{bmatrix}\right\}$$

(a) 試驗證 S 爲 R^3 的一個正交基底。

(b) 令 $\mathbf{u}=\begin{bmatrix}2\\-4\\7\end{bmatrix}$。試利用方框中的公式求一組係數來將 $\mathbf{u}$ 表示爲 S 中向量之線性組合。

由於我們之前已經看到對子空間使用正交基底的優點，很自然的會提出兩個如下的問題：

1. 是否每個 R^n 的子空間都具有一個正交基底？
2. 若 R^n 具有一個正交基底，我們應如何求之？

下個定理不只對第一個問題提供一正面的答案，也提供一方法將任意線性獨立集合化爲一個具有相同展延空間的正交集合，此方法稱爲葛雷-史密特(正

交化)過程[4] (*Gram – Schmidt process*)(*orthogonalization process*)。我們可得到下列重要結果：

對 R^n 的每一子空間都有一個正交基底，並因而有一個正規正交基底。

葛雷-史密特過程爲在6.1節中求一向量在一線上之正交投影其過程的一個延伸。其目的在於對 R^n 的子空間 W，以一正交基底$\{\mathbf{v}_1, \mathbf{v}_2, \cdots, \mathbf{v}_k\}$代替其原來的基底$\{\mathbf{u}_1, \mathbf{u}_2, \cdots, \mathbf{u}_k\}$。爲達此目的，我們可以選取 $\mathbf{v}_1 = \mathbf{u}_1$，並利用如 6.1 節中所述的方法來計算 $\mathbf{v}_2$。令 $\mathbf{w} = \dfrac{\mathbf{u}_2 \cdot \mathbf{v}_1}{\|\mathbf{v}_1\|^2}\mathbf{v}_1$，爲 $\mathbf{u}_2$ 在通過 $\mathbf{v}_1$ 之直線 L 上的正交投影，並令 $\mathbf{v}_2 = \mathbf{u}_2 - \mathbf{w}$ 。(參見圖 6.7。)則 $\mathbf{v}_1$ 及 $\mathbf{v}_2$ 爲非零正交向量，使得Span$\{\mathbf{v}_1, \mathbf{v}_2\}$ = Span$\{\mathbf{u}_1, \mathbf{u}_2\}$ 。

圖 6.8 在視覺上建議了將向量 $\mathbf{u}_3$ 替換爲 $\mathbf{v}_3$ 的下一步。試試看你是否可以將此圖關聯至下一個定理的證明。

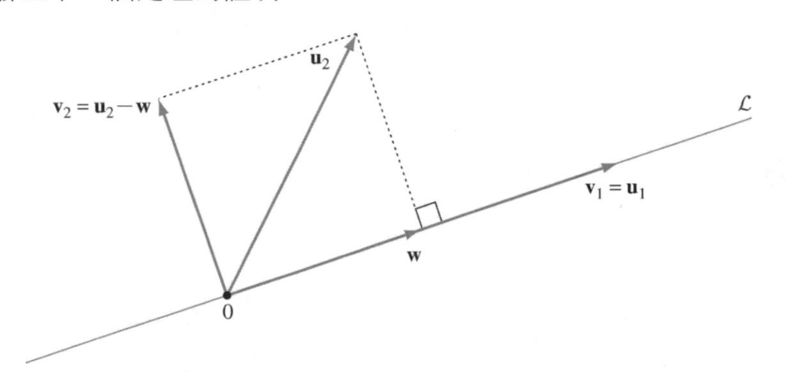

圖 6.7　向量 $\mathbf{w}$ 為 $\mathbf{u}_2$ 在穿過 $\mathbf{v}_1$ 的直線 L 上之正交投影

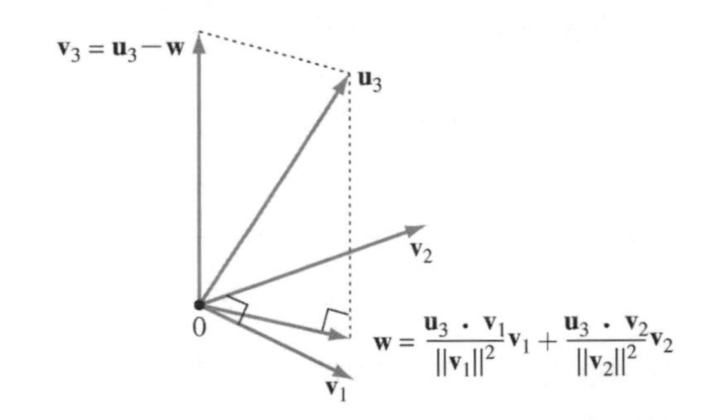

圖 6.8　利用葛雷－史密特程序所建構的 $\mathbf{v}_3$

---

[4] 此過程的一個修改，通常稱爲改良的葛雷-史密特程序，會使計算上更有效率。

定理 6.6

(葛雷－史密特程序[5])令$\{\mathbf{u}_1, \mathbf{u}_2, \cdots, \mathbf{u}_k\}$爲$R^n$子空間$W$的一個基底。定義

$$\begin{aligned}
\mathbf{v}_1 &= \mathbf{u}_1 \\
\mathbf{v}_2 &= \mathbf{u}_2 - \frac{\mathbf{u}_2 \cdot \mathbf{v}_1}{\|\mathbf{v}_1\|^2}\mathbf{v}_1 \\
\mathbf{v}_3 &= \mathbf{u}_3 - \frac{\mathbf{u}_3 \cdot \mathbf{v}_1}{\|\mathbf{v}_1\|^2}\mathbf{v}_1 - \frac{\mathbf{u}_3 \cdot \mathbf{v}_2}{\|\mathbf{v}_2\|^2}\mathbf{v}_2 \\
&\vdots \\
\mathbf{v}_k &= \mathbf{u}_k - \frac{\mathbf{u}_k \cdot \mathbf{v}_1}{\|\mathbf{v}_1\|^2}\mathbf{v}_1 - \frac{\mathbf{u}_k \cdot \mathbf{v}_2}{\|\mathbf{v}_2\|^2}\mathbf{v}_2 - \cdots - \frac{\mathbf{u}_k \cdot \mathbf{v}_{k-1}}{\|\mathbf{v}_{k-1}\|^2}\mathbf{v}_{k-1}
\end{aligned}$$

則$\{\mathbf{v}_1, \mathbf{v}_2, \cdots, \mathbf{v}_i\}$爲一組非零向量的正交集合，使得對每個$i$

$$\text{Span}\{\mathbf{v}_1, \mathbf{v}_2, \cdots, \mathbf{v}_i\} = \text{Span}\{\mathbf{u}_1, \mathbf{u}_2, \cdots, \mathbf{u}_i\}$$

所以$\{\mathbf{v}_1, \mathbf{v}_2, \cdots, \mathbf{v}_k\}$爲$W$的一個正交基底。

證明　對$i = 1, 2, \cdots, k$，令$S'_i = \{\mathbf{u}_1, \mathbf{u}_2, \cdots, \mathbf{u}_i\}$且$S'_i = \{\mathbf{v}_1, \mathbf{v}_2, \cdots, \mathbf{v}_i\}$。每個$S_i$包含$W$之基底中的部分向量，所以每個$S_i$爲一個線性獨立的集合。我們一開始先證明$S'_i$爲非零向量所組成的一個正交集合，使得對每個$i$，$\text{Span}\,S'_i = \text{Span}\,S_i$成立。

注意$\mathbf{v}_1 = \mathbf{u}_1 \neq \mathbf{0}$，因$\mathbf{u}_1$在$S_1$中，所以它是線性獨立。因此，$S'_1=\{\mathbf{v}_1\}$爲一個非零向量組成的正交集合，使得$\text{Span}\,S'_1 = \text{Span}\,S_1$。對某些$i = 1, 2, \cdots, k$，假設$S'_{i-1}$爲一個非零向量的正交集合，使得$\text{Span}\,S'_{i-1} = \text{Span}\,S_{i-1}$。因

$$\mathbf{v}_i = \mathbf{u}_i - \frac{\mathbf{u}_i \cdot \mathbf{v}_1}{\|\mathbf{v}_1\|^2}\mathbf{v}_1 - \frac{\mathbf{u}_i \cdot \mathbf{v}_2}{\|\mathbf{v}_2\|^2}\mathbf{v}_2 - \cdots - \frac{\mathbf{u}_i \cdot \mathbf{v}_{i-1}}{\|\mathbf{v}_{i-1}\|^2}\mathbf{v}_{i-1}$$

$\mathbf{v}_i$爲包含在S_i的展延中的向量的線性組合。再者，$\mathbf{v}_i \neq \mathbf{0}$，否則$\mathbf{u}_i$將包含於$S_{i-1}$的展延，但因爲$S_i$爲線性獨立，所以不可能如此。接著，觀察對於任意的$j < i$，

[5] 葛雷-史密特過程最先出現在丹麥數學家 Jorgen P. Gram (1850 - 1916) 在 1833 年的論文。而之後在德國數學家 Erhard Schmidt (1876 - 1959)的一篇論文中，描述了其結果的詳細證明　。

$$\mathbf{v}_i\cdot\mathbf{v}_j=\left(\mathbf{u}_i-\frac{\mathbf{u}_i\cdot\mathbf{v}_1}{\|\mathbf{v}_1\|^2}\mathbf{v}_1-\frac{\mathbf{u}_i\cdot\mathbf{v}_2}{\|\mathbf{v}_2\|^2}\mathbf{v}_2-\cdots-\frac{\mathbf{u}_i\cdot\mathbf{v}_j}{\|\mathbf{v}_j\|^2}\mathbf{v}_j-\cdots-\frac{\mathbf{u}_i\cdot\mathbf{v}_{i-1}}{\|\mathbf{v}_{i-1}\|^2}\mathbf{v}_{i-1}\right)\cdot\mathbf{v}_j$$

$$=\mathbf{u}_i\cdot\mathbf{v}_j-\frac{\mathbf{u}_i\cdot\mathbf{v}_1}{\|\mathbf{v}_1\|^2}\mathbf{v}_1\cdot\mathbf{v}_j-\frac{\mathbf{u}_i\cdot\mathbf{v}_2}{\|\mathbf{v}_2\|^2}\mathbf{v}_2\cdot\mathbf{v}_j-\cdots$$

$$-\frac{\mathbf{u}_i\cdot\mathbf{v}_j}{\|\mathbf{v}_j\|^2}\mathbf{v}_j\cdot\mathbf{v}_j-\cdots-\frac{\mathbf{u}_i\cdot\mathbf{v}_{i-1}}{\|\mathbf{v}_{i-1}\|^2}\mathbf{v}_{i-1}\cdot\mathbf{v}_j$$

$$=\mathbf{u}_i\cdot\mathbf{v}_j-\frac{\mathbf{u}_i\cdot\mathbf{v}_j}{\|\mathbf{v}_j\|^2}\mathbf{v}_j\cdot\mathbf{v}_j$$

$$=\mathbf{u}_i\cdot\mathbf{v}_j-\mathbf{u}_i\cdot\mathbf{v}_j$$

$$=0$$

由此可得，S'_i 是一個由 $\text{Span}S_i$ 中非零向量所組成的正交集合。但根據定理 6.5，S'_i 爲線性獨立，所以根據定理 4.7，S'_i 是 $\text{Span}S_i$ 的一個基底。因此，$\text{Span}S'_i=\text{Span}S_i$。特別的是，當 $i=k$，我們可見 $\text{Span}S'_k$ 爲一個正交向量組成的線性獨立集合，使得 $\text{Span}S'_k=\text{Span}S_k=W$。也就是，$S'_kW$ 的一個正交基底。

例題 2

令 W 爲 $S=\{\mathbf{u}_1,\mathbf{u}_2,\mathbf{u}_3\}$ 的展延，其中

$$\mathbf{u}_1=\begin{bmatrix}1\\1\\1\\1\end{bmatrix},\quad \mathbf{u}_2=\begin{bmatrix}2\\1\\0\\1\end{bmatrix},\quad 及 \quad \mathbf{u}_3=\begin{bmatrix}1\\1\\2\\1\end{bmatrix}$$

爲在 R^4 空間中線性獨立的向量。試對 S 利用葛雷-史密特程序，來獲得 W 的一個正交基底 S'。

解 令

$$\mathbf{v}_1=\mathbf{u}_1=\begin{bmatrix}1\\1\\1\\1\end{bmatrix}$$

$$\mathbf{v}_2=\mathbf{u}_2-\frac{\mathbf{u}_2\cdot\mathbf{v}_1}{\|\mathbf{v}_1\|^2}\mathbf{v}_1=\begin{bmatrix}2\\1\\0\\1\end{bmatrix}-\frac{4}{4}\begin{bmatrix}1\\1\\1\\1\end{bmatrix}=\begin{bmatrix}1\\0\\-1\\0\end{bmatrix}$$

且

$$\mathbf{v}_3=\mathbf{u}_3-\frac{\mathbf{u}_3\cdot\mathbf{v}_1}{\|\mathbf{v}_1\|^2}\mathbf{v}_1-\frac{\mathbf{u}_3\cdot\mathbf{v}_2}{\|\mathbf{v}_2\|^2}\mathbf{v}_2=\begin{bmatrix}1\\1\\2\\1\end{bmatrix}-\frac{5}{4}\begin{bmatrix}1\\1\\1\\1\end{bmatrix}-\frac{(-1)}{2}\begin{bmatrix}1\\0\\-1\\0\end{bmatrix}=\frac{1}{4}\begin{bmatrix}1\\-1\\1\\-1\end{bmatrix}$$

$S'=\{\mathbf{v}_1,\mathbf{v}_2,\mathbf{v}_3\}$ 爲 W 的一個正交基底。

練習題 3.

令

$$W = \text{Span}\left\{\begin{bmatrix}1\\-1\\-1\\1\end{bmatrix}, \begin{bmatrix}-1\\3\\-3\\5\end{bmatrix}, \begin{bmatrix}1\\6\\3\\-4\end{bmatrix}\right\}$$

試利用葛雷-史密特程序來獲得 W 的一個正交基底。

例題 3

試求例題 1 中子空間 W 的一個正規正交基底，且試將

$$\mathbf{u} = \begin{bmatrix}2\\3\\5\\3\end{bmatrix}$$

表示爲此基底向量之線性組合。

解 我們將 $\mathbf{v}_1$、$\mathbf{v}_2$，及 $\mathbf{v}_3$ 正規化可得 W 的正規正交基底：

$$\{\mathbf{w}_1, \mathbf{w}_2, \mathbf{w}_3\} = \left\{\frac{1}{2}\begin{bmatrix}1\\1\\1\\1\end{bmatrix}, \frac{1}{\sqrt{2}}\begin{bmatrix}1\\0\\-1\\0\end{bmatrix}, \frac{1}{2}\begin{bmatrix}1\\-1\\1\\-1\end{bmatrix}\right\}$$

爲了將 $\mathbf{u}$ 表示成 $\mathbf{w}$、$\mathbf{w}_2$，及 $\mathbf{w}_3$ 的線性組合，我們使用在本節例題 1 前的方框公式。因

$$\mathbf{u}\cdot\mathbf{w}_1 = \frac{13}{2}, \qquad \mathbf{u}\cdot\mathbf{w}_2 = \frac{-3}{\sqrt{2}}, \qquad \text{且} \qquad \mathbf{u}\cdot\mathbf{w}_3 = \frac{1}{2}$$

我們可見

$$\begin{aligned}\mathbf{u} &= (\mathbf{u}\cdot\mathbf{w}_1)\mathbf{w}_1 + (\mathbf{u}\cdot\mathbf{w}_2)\mathbf{w}_2 + (\mathbf{u}\cdot\mathbf{w}_3)\mathbf{w}_3 \\ &= \frac{13}{2}\mathbf{w}_1 + \left(\frac{-3}{\sqrt{2}}\right)\mathbf{w}_2 + \frac{1}{2}\mathbf{w}_3\end{aligned}$$

練習題 4.

令

$$A=\begin{bmatrix}1 & -1 & 1\\ -1 & 3 & 6\\ -1 & -3 & 3\\ 1 & 5 & -4\end{bmatrix}$$

(a) 試利用參考題 3 的結果，求出 A 的行空間的一個正規正交基底 B。

(b) 令

$$\mathbf{u}=\begin{bmatrix}1\\ 4\\ 7\\ -10\end{bmatrix}$$

在 A 的行空間中。試將 $\mathbf{u}$ 表示爲基底 B 中向量的線性組合。

矩陣之 *QR* 分解*

雖然我們已發展出解線性方程組和找特徵值的方法，但當這些方法應用到大型矩陣時，會面臨到捨去誤差的問題。可以證明的是，若考慮的矩陣可被分解成具有理想特性的矩陣之乘積，則這些方法也可修改來得到更爲可靠的結果。在接下來的課題中，我們將討論其中一種分解方法。

我們以一個大小爲 4×3 的矩陣 A，其具有線性獨立的行向量 $\mathbf{a}_1$，$\mathbf{a}_2$，$\mathbf{a}_3$，來說明此過程。首先，對這些向量利用葛雷-史密特程序來獲得正交向量 $\mathbf{v}_1$、$\mathbf{v}_2$，及 $\mathbf{v}_3$。然後將這些向量正規化來得到正規正交集合$\{\mathbf{w}_1,\mathbf{w}_2,\mathbf{w}_3\}$。注意，

$$\begin{gathered}\mathbf{a}_1 \text{ 在 } \mathrm{Span}\{\mathbf{a}_1\}=\mathrm{Span}\{\mathbf{w}_1\}\text{中}\\ \mathbf{a}_2 \text{ 在 } \mathrm{Span}\{\mathbf{a}_1,\mathbf{a}_2\}=\mathrm{Span}\{\mathbf{w}_1,\mathbf{w}_2\}\text{中}\\ \mathbf{a}_3 \text{ 在 } \mathrm{Span}\{\mathbf{a}_1,\mathbf{a}_2,\mathbf{a}_3\}=\mathrm{Span}\{\mathbf{w}_1,\mathbf{w}_2,\mathbf{w}_3\}\text{中}\end{gathered}$$

所以，我們可以寫成如下

$$\begin{aligned}\mathbf{a}_1 &= r_{11}\mathbf{w}_1\\ \mathbf{a}_2 &= r_{12}\mathbf{w}_1+r_{22}\mathbf{w}_2\\ \mathbf{a}_3 &= r_{13}\mathbf{w}_1+r_{23}\mathbf{w}_2+r_{33}\mathbf{w}_3\end{aligned}$$

對某些純量 $r_{11},r_{12},r_{22},r_{13},r_{23},r_{33}$。定義一個 4×3 矩陣 $Q=[\mathbf{w}_1\mathbf{w}_2\mathbf{w}_3]$。注意，我們有

---

*本節其餘部分可省略而不失教材連續性。

$$\mathbf{a}_1 = Q\begin{bmatrix} r_{11} \\ 0 \\ 0 \end{bmatrix}, \quad \mathbf{a}_2 = Q\begin{bmatrix} r_{12} \\ r_{22} \\ 0 \end{bmatrix}, \quad 且 \quad \mathbf{a}_3 = Q\begin{bmatrix} r_{13} \\ r_{23} \\ r_{33} \end{bmatrix}$$

若我們讓

$$\mathbf{r}_1 = \begin{bmatrix} r_{11} \\ 0 \\ 0 \end{bmatrix}, \quad \mathbf{r}_2 = \begin{bmatrix} r_{12} \\ r_{22} \\ 0 \end{bmatrix}, \quad 且 \quad \mathbf{r}_3 = \begin{bmatrix} r_{13} \\ r_{23} \\ r_{33} \end{bmatrix}$$

則我們有

$$A = \begin{bmatrix} \mathbf{a}_1 & \mathbf{a}_2 & \mathbf{a}_3 \end{bmatrix} = [Q\mathbf{r}_1 \quad Q\mathbf{r}_2 \quad Q\mathbf{r}_3] = QR$$

其中，R 為上三角矩陣

$$R = \begin{bmatrix} r_{11} & r_{12} & r_{13} \\ 0 & r_{22} & r_{23} \\ 0 & 0 & r_{33} \end{bmatrix}$$

注意，根據在本節例題 1 前的方框結果，對所有 i 及 j，我們有 $r_{ij} = \mathbf{a}_j \cdot \mathbf{w}_i$。

此結果可以延伸至任意其行彼此線性獨立的 $m \times n$ 矩陣，即秩為 n 的 $m \times n$ 矩陣。

一矩陣之 QR 因式分解

令 A 為 $m \times n$ 矩陣，其各行為線性獨立。存在一個 $m \times n$ 矩陣 Q，其行形成一個在 R^m 中的正規正交集合，及存在一個 $n \times n$ 上三角矩陣 R，使得 $A=QR$。再者，我們可經由選擇讓 R 具有正的對角線元素 [6]。

一般而言，假設 A 為一個 $m \times n$ 矩陣具有線性獨立的行向量。任何的分解 $A=QR$，其中 Q 為一個 $m \times n$ 矩陣，其行形成在 R^m 的一個正規正交集合，且 R 為一個 $n \times n$ 上三角矩陣，此種分解稱之為 **A 的一個 QR 分解**。

我們可以證明(參見習題 66)對於 A 任意的 QR 分解，Q 的行形成 $\mathrm{Col}\,A$ 的一個正規正交基底。

例題 4

試求下列矩陣的 QR 分解

6　參閱習題 59 至 61。

$$A=\begin{bmatrix}1&2&1\\1&1&1\\1&0&2\\1&1&1\end{bmatrix}$$

解 一開始我們令

$$\mathbf{a}_1=\begin{bmatrix}1\\1\\1\\1\end{bmatrix},\quad \mathbf{a}_2=\begin{bmatrix}2\\1\\0\\1\end{bmatrix},\quad 且 \quad \mathbf{a}_3=\begin{bmatrix}1\\1\\2\\1\end{bmatrix}$$

爲了找出具有想要特性的向量 $\mathbf{w}_1$、$\mathbf{w}_2$，及 $\mathbf{w}_3$，我們使用例題 2 和 3 的結果。令

$$\mathbf{w}_1=\frac{1}{2}\begin{bmatrix}1\\1\\1\\1\end{bmatrix},\quad \mathbf{w}_2=\frac{1}{\sqrt{2}}\begin{bmatrix}1\\0\\-1\\0\end{bmatrix},\quad 及 \quad \mathbf{w}_3=\frac{1}{2}\begin{bmatrix}1\\-1\\1\\-1\end{bmatrix}$$

所以，

$$Q=\begin{bmatrix}\frac{1}{2}&\frac{1}{\sqrt{2}}&\frac{1}{2}\\\frac{1}{2}&0&-\frac{1}{2}\\\frac{1}{2}&-\frac{1}{\sqrt{2}}&\frac{1}{2}\\\frac{1}{2}&0&-\frac{1}{2}\end{bmatrix}$$

如所注意到的，我們可以很快的計算 R 的元素：

$$r_{11}=\mathbf{a}_1\cdot\mathbf{w}_1=2$$
$$r_{12}=\mathbf{a}_2\cdot\mathbf{w}_1=2$$
$$r_{13}=\mathbf{a}_3\cdot\mathbf{w}_1=\frac{5}{2}$$
$$r_{22}=\mathbf{a}_2\cdot\mathbf{w}_2=\sqrt{2}$$
$$r_{23}=\mathbf{a}_3\cdot\mathbf{w}_2=-\frac{1}{\sqrt{2}}$$
$$r_{33}=\mathbf{a}_3\cdot\mathbf{w}_3=\frac{1}{2}$$

則

$$R=\begin{bmatrix}2 & 2 & \frac{5}{2}\\ 0 & \sqrt{2} & -\frac{1}{\sqrt{2}}\\ 0 & 0 & \frac{1}{2}\end{bmatrix}$$

讀者可自行驗證 $A=QR$。

練習題 5.

試求在練習題 4 中矩陣 A 的 QR 分解。

QR 分解在線性方程組上的應用

假設給定一線性方程組 $A\mathbf{x}=\mathbf{b}$，其中 A 爲一個 $m\times n$ 矩陣，且其行彼此線性獨立。令 $A=QR$ 爲 A 的一個 QR 分解。利用結果 $Q^TQ=I_m$(在 6.5 節證明)，我們獲得以下的等同方程組

$$\begin{aligned}A\mathbf{x}&=\mathbf{b}\\ QR\mathbf{x}&=\mathbf{b}\\ Q^TQR\mathbf{x}&=Q^T\mathbf{b}\\ I_mR\mathbf{x}&=Q^T\mathbf{b}\\ R\mathbf{x}&=Q^T\mathbf{b}\end{aligned}$$

注意，因在最後一個方程組中的係數矩陣 R 爲上三角矩陣，所以很容易的可解此方程組。

例題 5

試解以下的系統方程組

$$\begin{aligned}x_1 + 2x_2 + x_3 &= 1\\ x_1 + x_2 + x_3 &= 3\\ x_1 \qquad\quad + 2x_3 &= 6\\ x_1 + x_2 + x_3 &= 3\end{aligned}$$

解　係數矩陣爲

$$A=\begin{bmatrix}1 & 2 & 1\\ 1 & 1 & 1\\ 1 & 0 & 2\\ 1 & 1 & 1\end{bmatrix}$$

利用例題 4 的結果，我們有 $A=QR$，其中

$$Q=\begin{bmatrix} \frac{1}{2} & \frac{1}{\sqrt{2}} & \frac{1}{2} \\ \frac{1}{2} & 0 & -\frac{1}{2} \\ \frac{1}{2} & -\frac{1}{\sqrt{2}} & \frac{1}{2} \\ \frac{1}{2} & 0 & -\frac{1}{2} \end{bmatrix} \quad \text{且} \quad R=\begin{bmatrix} 2 & 2 & \frac{5}{2} \\ 0 & \sqrt{2} & -\frac{1}{\sqrt{2}} \\ 0 & 0 & \frac{1}{2} \end{bmatrix}$$

所以，一個等同方程組爲 $R\mathbf{x}=Q^T\mathbf{b}$，即

$$\begin{array}{rcrcrcl} 2x_1 & + & 2x_2 & + & \frac{5}{2}x_3 & = & \frac{13}{2} \\ & & \sqrt{2}x_2 & - & \frac{\sqrt{2}}{2}x_3 & = & -\frac{5\sqrt{2}}{2} \\ & & & & \frac{1}{2}x_3 & = & \frac{1}{2} \end{array}$$

解第三個方程式，我們可得 $x_3=1$。將此代入第二個方程式求解 x_2，我們可得

$$\sqrt{2}x_2-\frac{\sqrt{2}}{2}=-\frac{5\sqrt{2}}{2}$$

即 $x_2=-2$。最後，在第一式中將 x_3 及 x_2 的數值代入，並對 x_1 求解可得

$$2x_1+2(-2)+\frac{5}{2}=\frac{13}{2}$$

即 $x_1=4$。所以此方程組的解爲

$$\begin{bmatrix} 4 \\ -2 \\ 1 \end{bmatrix}$$

練習題 6.

利用上述方法及練習題 5 的解，來解下面的方程組

$$\begin{array}{rcrcrcr} x_1 & - & x_2 & + & x_3 & = & 6 \\ -x_1 & + & 3x_2 & + & 6x_3 & = & 13 \\ -x_1 & - & 3x_2 & + & 3x_3 & = & 10 \\ x_1 & + & 5x_2 & - & 4x_3 & = & -15 \end{array}$$

習　題

在習題1至8中，試決定每個集合是否為正交。

1. $\left\{\begin{bmatrix}-2\\3\end{bmatrix},\begin{bmatrix}2\\3\end{bmatrix}\right\}$。　2. $\left\{\begin{bmatrix}1\\1\end{bmatrix},\begin{bmatrix}1\\-1\end{bmatrix}\right\}$。

3. $\left\{\begin{bmatrix}1\\2\\1\end{bmatrix},\begin{bmatrix}1\\-1\\1\end{bmatrix},\begin{bmatrix}2\\-1\\0\end{bmatrix}\right\}$。　4. $\left\{\begin{bmatrix}1\\0\\1\end{bmatrix},\begin{bmatrix}-1\\0\\1\end{bmatrix},\begin{bmatrix}0\\-1\\0\end{bmatrix}\right\}$。

5. $\left\{\begin{bmatrix}2\\1\\-5\end{bmatrix},\begin{bmatrix}2\\1\\1\end{bmatrix},\begin{bmatrix}3\\-1\\1\end{bmatrix}\right\}$。　6. $\left\{\begin{bmatrix}1\\-2\\3\end{bmatrix},\begin{bmatrix}1\\2\\1\end{bmatrix},\begin{bmatrix}-1\\1\\1\end{bmatrix}\right\}$。

7. $\left\{\begin{bmatrix}1\\2\\3\\-3\end{bmatrix},\begin{bmatrix}1\\1\\-1\\0\end{bmatrix},\begin{bmatrix}3\\-3\\0\\-1\end{bmatrix}\right\}$。　8. $\left\{\begin{bmatrix}2\\1\\-1\\1\end{bmatrix},\begin{bmatrix}1\\1\\3\\0\end{bmatrix},\begin{bmatrix}1\\-1\\0\\1\end{bmatrix}\right\}$。

在習題9至16中，(a)利用葛雷-史密特程序，將所給的線性獨立集合 S 換成具有相同展延的非零向量所組成的正交集合；且(b)試求一個具有和 S 相同展延的正規正交集合。

9. $\left\{\begin{bmatrix}1\\1\\1\end{bmatrix},\begin{bmatrix}5\\-1\\2\end{bmatrix}\right\}$。　10. $\left\{\begin{bmatrix}1\\-2\\1\end{bmatrix},\begin{bmatrix}1\\-1\\0\end{bmatrix}\right\}$。

11. $\left\{\begin{bmatrix}1\\-2\\-1\end{bmatrix},\begin{bmatrix}7\\7\\5\end{bmatrix}\right\}$。　12. $\left\{\begin{bmatrix}-1\\3\\4\end{bmatrix},\begin{bmatrix}-7\\11\\3\end{bmatrix}\right\}$。

13. $\left\{\begin{bmatrix}0\\1\\1\\1\end{bmatrix},\begin{bmatrix}1\\0\\1\\1\end{bmatrix},\begin{bmatrix}1\\1\\0\\1\end{bmatrix}\right\}$。　14. $\left\{\begin{bmatrix}1\\-1\\0\\2\end{bmatrix},\begin{bmatrix}1\\1\\1\\3\end{bmatrix},\begin{bmatrix}3\\1\\1\\5\end{bmatrix}\right\}$。

15. $\left\{\begin{bmatrix}1\\0\\-1\\1\end{bmatrix},\begin{bmatrix}2\\1\\-1\\0\end{bmatrix},\begin{bmatrix}2\\-1\\-1\\3\end{bmatrix}\right\}$。

16. $\left\{\begin{bmatrix}1\\-1\\0\\1\\1\end{bmatrix},\begin{bmatrix}2\\-1\\0\\3\\2\end{bmatrix},\begin{bmatrix}1\\-1\\1\\1\\1\end{bmatrix},\begin{bmatrix}3\\1\\1\\1\\1\end{bmatrix}\right\}$。

在習題17至24中，給定一正交集合 S 及在 Span S 中的一個向量 $\mathbf{v}$。試利用內積(不是用線性方程組來解)來將 $\mathbf{v}$ 表示為在 S 中向量的線性組合。

17. $S=\left\{\begin{bmatrix}2\\1\end{bmatrix},\begin{bmatrix}-1\\2\end{bmatrix}\right\}$ 及 $\mathbf{v}=\begin{bmatrix}1\\8\end{bmatrix}$。

18. $S=\left\{\begin{bmatrix}-1\\1\end{bmatrix},\begin{bmatrix}1\\1\end{bmatrix}\right\}$ 及 $\mathbf{v}=\begin{bmatrix}5\\-1\end{bmatrix}$。

19. $S=\left\{\begin{bmatrix}-1\\3\\-2\end{bmatrix},\begin{bmatrix}-1\\1\\2\end{bmatrix},\begin{bmatrix}1\\1\\1\end{bmatrix}\right\}$ 及 $\mathbf{v}=\begin{bmatrix}7\\-1\\2\end{bmatrix}$。

20. $S=\left\{\begin{bmatrix}1\\1\\1\end{bmatrix},\begin{bmatrix}1\\2\\-3\end{bmatrix}\right\}$ 及 $\mathbf{v}=\begin{bmatrix}2\\1\\6\end{bmatrix}$。

21. $S=\left\{\begin{bmatrix}1\\0\\1\end{bmatrix},\begin{bmatrix}1\\2\\-1\end{bmatrix},\begin{bmatrix}1\\-1\\-1\end{bmatrix}\right\}$ 及 $\mathbf{v}=\begin{bmatrix}3\\1\\2\end{bmatrix}$。

22. $S=\left\{\begin{bmatrix}1\\-2\\0\\-1\end{bmatrix},\begin{bmatrix}2\\1\\1\\0\end{bmatrix},\begin{bmatrix}1\\0\\-2\\1\end{bmatrix}\right\}$ 及 $\mathbf{v}=\begin{bmatrix}6\\9\\9\\0\end{bmatrix}$。

23. $S=\left\{\begin{bmatrix}1\\-1\\-1\\1\end{bmatrix},\begin{bmatrix}2\\1\\1\\0\end{bmatrix},\begin{bmatrix}-1\\1\\1\\3\end{bmatrix}\right\}$ 及 $\mathbf{v}=\begin{bmatrix}1\\5\\5\\-7\end{bmatrix}$。

24. $S=\left\{\begin{bmatrix}1\\1\\1\\1\end{bmatrix},\begin{bmatrix}1\\-1\\1\\-1\end{bmatrix},\begin{bmatrix}1\\-1\\-1\\1\end{bmatrix},\begin{bmatrix}1\\1\\-1\\-1\end{bmatrix}\right\}$ 及 $\mathbf{v}=\begin{bmatrix}2\\1\\-1\\2\end{bmatrix}$。

在習題25至32中，令 A 為一個矩陣，其行為在每個指定習題中的向量。

(a) 試決定 A 的一個 QR 分解中之矩陣 Q 及 R。

(b) 試驗證 $A=QR$。

25. 習題9。　26. 習題10。

27. 習題11。　28. 習題12。

29. 習題13。　30. 習題14。

31. 習題15。　32. 習題16。

在習題33至40中，試解方程組 $A\mathbf{x}=\mathbf{b}$，使用在每個指定習題中所獲得之 A 的 QR 分解。

33. 習題25，$\mathbf{b}=\begin{bmatrix}-3\\3\\0\end{bmatrix}$。　34. 習題26，$\mathbf{b}=\begin{bmatrix}6\\-8\\2\end{bmatrix}$。

35. 習題 27，$\mathbf{b}=\begin{bmatrix}-11\\-20\\-13\end{bmatrix}$。

36. 習題28，$\mathbf{b}=\begin{bmatrix}13\\-19\\-2\end{bmatrix}$。

37. 習題 29，$\mathbf{b}=\begin{bmatrix}4\\1\\-1\\2\end{bmatrix}$。

38. 習題 30，$\mathbf{b}=\begin{bmatrix}8\\0\\1\\11\end{bmatrix}$。

39. 習題 31，$\mathbf{b}=\begin{bmatrix}0\\-7\\-1\\11\end{bmatrix}$。

40. 習題32，$\mathbf{b}=\begin{bmatrix}8\\-4\\4\\6\\6\end{bmatrix}$。

是非題

在習題41至52中，試決定該陳述為真確或謬誤。

41. 在 R^n 中的任意正交子集合爲線性獨立。

42. 在 R^n 中的每個非零子空間具有一個正交基底。

43. 在 R^n 中由單一向量所構成的任意子集合爲一個正交集合。

44. 若 S 爲 R^n 空間中具有 n 個非零向量的一個正交集合，則 S 爲 R^n 的一個基底。

45. 若$\{\mathbf{v}_1, \mathbf{v}_2, \cdots, \mathbf{v}_k\}$爲一個子空間 S 的一個正規正交基底，且 $\mathbf{w}$ 爲在 S 的一個向量，則
$$\mathbf{w}=(\mathbf{w}\cdot\mathbf{v}_1)\mathbf{v}_1+(\mathbf{w}\cdot\mathbf{v}_2)\mathbf{v}_2+\cdots+(\mathbf{w}\cdot\mathbf{v}_k)\mathbf{v}_k$$

46. 對任意非零向量 $\mathbf{v}$，$\frac{1}{\|\mathbf{v}\|}\mathbf{v}$ 爲一個單位向量。

47. 標準向量 $\mathbf{e}_1, \mathbf{e}_2, \cdots, \mathbf{e}_n$ 組成的集合，爲 R^n 空間的一個正規正交基底。

48. 每個正規正交子集合爲線性獨立。

49. 把 R^n 空間的兩個正規正交子集合中的向量做結合可產生另一個 R^n 的正規正交子集合。

50. 若 $\mathbf{x}$ 正交於 $\mathbf{y}$ 且 $\mathbf{y}$ 正交於 $\mathbf{z}$，則 $\mathbf{x}$ 正交於 $\mathbf{z}$。

51. 葛雷-史密特程序轉換一個線性獨立集合爲一個正交集合。

52. 在一矩陣的 QR 分解中，分解出的兩個矩陣都爲上三角矩陣。

---

53. 令$\{\mathbf{v}_1, \mathbf{v}_2, \cdots, \mathbf{v}_k\}$爲 R^n 的一個正交子集合。試證明對任意純量 $c_1, c_2, \cdots, c_k$，集合$\{c_1\mathbf{v}_1, c_2\mathbf{v}_2, \cdots, c_k\mathbf{v}_k\}$也爲正交。

54. 假設 S 爲 R^n 的一個非空正交子集合，其中不含零向量。假設 S' 爲將 S 經由葛雷-史密特程序所得。試證明 $S'=S$。

55. 令$\{\mathbf{w}_1, \mathbf{w}_2, \cdots, \mathbf{w}_n\}$爲 R^n 的一個正規正交基底。試證明，對在 R^n 的任意向量 $\mathbf{u}$ 和 $\mathbf{v}$，

    (c) $\mathbf{u}+\mathbf{v}=(\mathbf{u}\cdot\mathbf{w}_1+\mathbf{v}\cdot\mathbf{w}_1)\mathbf{w}_1+\cdots+(\mathbf{u}\cdot\mathbf{w}_n+\mathbf{v}\cdot\mathbf{w}_n)\mathbf{w}_n$

    (d) $\mathbf{u}\cdot\mathbf{v}=(\mathbf{u}\cdot\mathbf{w}_1)(\mathbf{v}\cdot\mathbf{w}_1)+\cdots+(\mathbf{u}\cdot\mathbf{w}_n)(\mathbf{v}\cdot\mathbf{w}_n)$
    (此結果被稱之爲帕賽瓦等式(Parseval's identity)。)

    (e) $\|\mathbf{u}\|^2=(\mathbf{u}\cdot\mathbf{w}_1)^2+(\mathbf{u}\cdot\mathbf{w}_2)^2+\cdots+(\mathbf{u}\cdot\mathbf{w}_n)^2$

56.[7] 假設$\{\mathbf{v}_1, \mathbf{v}_2, \cdots, \mathbf{v}_k\}$爲 R^n 的一個正規正交子集合。結合在 4.2 節的定理 4.4 及葛雷-史密特程序，來證明此集合可被延伸至 R^n 的一個正規正交基底$\{\mathbf{v}_1, \mathbf{v}_2, \cdots, \mathbf{v}_k, \cdots, \mathbf{v}_n\}$。

57. 令 $S=\{\mathbf{v}_1, \mathbf{v}_2, \cdots, \mathbf{v}_k\}$爲 R^n 的一個正規正交子集合，且令 $\mathbf{u}$ 爲在 R^n 中的一個向量。利用習題 56 來證明

    (a) $(\mathbf{u}\cdot\mathbf{v}_1)^2+(\mathbf{u}\cdot\mathbf{v}_2)^2+\cdots+(\mathbf{u}\cdot\mathbf{v}_k)^2\le\|\mathbf{u}\|^2$。

    (b) 在(a)中的不等式中等式成立若且唯若 $\mathbf{u}$ 在 Span$S$ 中。

58. 若 Q 爲一個 $n\times n$ 上三角矩陣，且其行形成 R^n 的一個正規正交基底，則可證明 Q 爲一個對角矩陣。試證在 $n=3$ 時此命題成立。

對習題 59 至 65，我們假設讀者已具矩陣 QR 分解的知識。

59. 試說明在 A 的一個 QR 分解中，矩陣 R 必定爲可逆的。提示：利用 4.3 節中的習題 77。

60. 利用之前的習題來證明在一個 QR 分解中，矩陣 R 具有非零的對角線元素。

61. 利用之前習題來證明在一個 QR 分解中，矩陣 R 可經由選取來使其具有正的對角線元素。

---

7 此習題將用在 6.7 節中。

62. 假設 A 為一個 $m\times n$ 矩陣，且其行構成一個正規正交集合。求出 A 的 QR 分解中之矩陣 Q 及 R。

63. 令 Q 為一個 $n\times n$ 矩陣。試證明 Q 的行構成 R^n 的一個正規正交基底若且唯若 $Q^TQ=I_n$。

64. 令 P 和 Q 為 $n\times n$ 矩陣，且其行構成一個 R^n 的正規正交基底。試證明 PQ 的行也構成 R^n 的一個正規正交基底。提示：利用習題 63。

65. 假設 A 為一個可逆的 $n\times n$ 矩陣。令 $A=QR$ 且 $A=Q'R'$ 為兩個 QR 分解，且在其中上三角矩陣的對角線元素為正值。可證明 $Q=Q'$ 且 $R=R'$。試證明在 $n=3$ 時此命題成立。

66. 試證明，對一個矩陣 A 的任意 QR 分解，Q 的行構成 Col$A$ 的一個正規正交基底。

在習題 67 和 68 中，給定一矩陣 A。使用具有矩陣運算能力之計算機或是電腦軟體如 MATLAB 來解每道題。

(a) 試計算 A 的秩來驗證其行彼此線性獨立。

(b) 試求 A 的一個 QR 分解的矩陣 Q 和 R。

(c) 試驗證 A 近似於乘積 QR。(注意可能有捨入誤差。)

(d) 試驗證 Q^TQ 近似等於單位矩陣。

67. $A=\begin{bmatrix} 5.3000 & 7.1000 & 8.4000 \\ -4.4000 & 11.0000 & 8.0000 \\ -12.0000 & 13.0000 & 7.0000 \\ 9.0000 & 8.7000 & -6.1000 \\ 2.6000 & -7.4000 & 8.9000 \end{bmatrix}$

68. $A=\begin{bmatrix} 2.0000 & -3.4000 & 5.6000 & 2.6000 \\ 0.0000 & 7.3000 & 5.4000 & 8.2000 \\ 9.0000 & 11.0000 & -5.0000 & 8.0000 \\ -5.3000 & 4.0000 & 5.0000 & 9.0000 \\ -13.0000 & 7.0000 & 8.0000 & 1.0000 \end{bmatrix}$

練習題解答

1. (a) 因在 S_1 中的兩個向量的內積為

$$(1)(2)+(-2)(1)=0$$

且此為 S_1 僅有之不同的向量，則我們可總結 S_1 為一個正交集合。

(b) 將在 S_2 中的第二個和第三個向量取內積，我們可得

$$(1)(2)+(1)(0)+(-1)(-1)=3\neq 0$$

因此這些向量不為正交。所以 S_2 不為一個正交集合。

2. (a) 我們計算內積

$$\begin{bmatrix}1\\1\\2\end{bmatrix}\cdot\begin{bmatrix}1\\1\\-1\end{bmatrix}=(1)(1)+(1)(1)+(2)(-1)=0$$

$$\begin{bmatrix}1\\1\\2\end{bmatrix}\cdot\begin{bmatrix}1\\-1\\0\end{bmatrix}=(1)(1)+(1)(-1)+(2)(0)=0$$

$$\begin{bmatrix}1\\1\\-1\end{bmatrix}\cdot\begin{bmatrix}1\\-1\\0\end{bmatrix}=(1)(1)+(1)(-1)(-1)(0)=0$$

其可證明 S 為一個正交集合。根據定理 6.5，S 為線性獨立。因此集合包含三個向量，所以其為 R^3 的一個基底。

(b) 對 $\mathbf{u}=\begin{bmatrix}2\\-4\\7\end{bmatrix}$ 及 $S=\{\mathbf{v}_1,\mathbf{v}_2,\mathbf{v}_3\}$，我們有

$$\mathbf{u}=c_1\mathbf{v}_1+c_2\mathbf{v}_2+c_3\mathbf{v}_3$$

其中，

$$c_1=\frac{\mathbf{u}\cdot\mathbf{v}_1}{\|\mathbf{v}_1\|^2}=2,\quad c_2=\frac{\mathbf{u}\cdot\mathbf{v}_2}{\|\mathbf{v}_2\|^2}=-3,\quad \text{且}$$

$$c_3=\frac{\mathbf{u}\cdot\mathbf{v}_3}{\|\mathbf{v}_3\|^2}=3$$

3. 我們應用葛雷-史密特程序在這些向量上

$$\mathbf{u}_1=\begin{bmatrix}1\\-1\\-1\\1\end{bmatrix},\quad \mathbf{u}_2=\begin{bmatrix}-1\\3\\-3\\5\end{bmatrix},\quad \text{且}$$

$$\mathbf{u}_3=\begin{bmatrix}1\\6\\3\\-4\end{bmatrix}$$

來獲得一正交集合$\{\mathbf{v}_1, \mathbf{v}_2, \mathbf{v}_3\}$，其中

$$\mathbf{v}_1 = \mathbf{u}_1 = \begin{bmatrix} 1 \\ -1 \\ -1 \\ 1 \end{bmatrix}$$

$$\mathbf{v}_2 = \mathbf{u}_2 - \frac{\mathbf{u}_2 \cdot \mathbf{v}_1}{\|\mathbf{v}_1\|^2}\mathbf{v}_1 = \begin{bmatrix} -1 \\ 3 \\ -3 \\ 5 \end{bmatrix} - \frac{4}{4}\begin{bmatrix} 1 \\ -1 \\ -1 \\ 1 \end{bmatrix} = \begin{bmatrix} -2 \\ 4 \\ -2 \\ 4 \end{bmatrix}$$

且

$$\mathbf{v}_3 = \mathbf{u}_3 - \frac{\mathbf{u}_3 \cdot \mathbf{v}_1}{\|\mathbf{v}_1\|^2}\mathbf{v}_1 - \frac{\mathbf{u}_3 \cdot \mathbf{v}_2}{\|\mathbf{v}_2\|^2}\mathbf{v}_2$$

$$= \begin{bmatrix} 1 \\ 6 \\ 3 \\ -4 \end{bmatrix} - \frac{(-12)}{4}\begin{bmatrix} 1 \\ -1 \\ -1 \\ 1 \end{bmatrix} - 0\begin{bmatrix} -2 \\ 4 \\ -2 \\ 4 \end{bmatrix} = \begin{bmatrix} 4 \\ 3 \\ 0 \\ -1 \end{bmatrix}$$

4. (a) 利用在練習題 3 中所得到的基底，我們可得

$$B = \left\{\frac{1}{\|\mathbf{v}_1\|}\mathbf{v}_1, \frac{1}{\|\mathbf{v}_2\|}\mathbf{v}_2, \frac{1}{\|\mathbf{v}_3\|}\mathbf{v}_3\right\}$$

$$= \left\{\frac{1}{2}\begin{bmatrix} 1 \\ -1 \\ -1 \\ 1 \end{bmatrix}, \frac{1}{\sqrt{10}}\begin{bmatrix} -1 \\ 2 \\ -1 \\ 2 \end{bmatrix}, \frac{1}{\sqrt{26}}\begin{bmatrix} 4 \\ 3 \\ 0 \\ -1 \end{bmatrix}\right\}$$

(b) 對每個 i，令 $\mathbf{w}_i = \frac{1}{\|\mathbf{v}_i\|}\mathbf{v}_i$。則，

$$\mathbf{u} = (\mathbf{u} \cdot \mathbf{w}_1)\mathbf{w}_1 + (\mathbf{u} \cdot \mathbf{w}_2)\mathbf{w}_2 + (\mathbf{u} \cdot \mathbf{w}_3)\mathbf{w}_3$$
$$= (-10)\mathbf{w}_1 + (-2\sqrt{10})\mathbf{w}_2 + \sqrt{26}\mathbf{w}_3$$

5. 利用練習題 4(a)的結果，我們有

$$\mathbf{w}_1 = \frac{1}{2}\begin{bmatrix} 1 \\ -1 \\ -1 \\ 1 \end{bmatrix}, \quad \mathbf{w}_2 = \frac{1}{\sqrt{10}}\begin{bmatrix} -1 \\ 2 \\ -1 \\ 2 \end{bmatrix}, \quad 且$$

$$\mathbf{w}_3 = \frac{1}{\sqrt{26}}\begin{bmatrix} 4 \\ 3 \\ 0 \\ -1 \end{bmatrix}$$

因此，

$$Q = [\mathbf{w}_1 \quad \mathbf{w}_2 \quad \mathbf{w}_3] = \begin{bmatrix} \frac{1}{2} & -\frac{1}{\sqrt{10}} & \frac{4}{\sqrt{26}} \\ -\frac{1}{2} & \frac{2}{\sqrt{10}} & \frac{3}{\sqrt{26}} \\ -\frac{1}{2} & -\frac{1}{\sqrt{10}} & 0 \\ \frac{1}{2} & \frac{2}{\sqrt{10}} & -\frac{1}{\sqrt{26}} \end{bmatrix}$$

爲了計算 R，我們觀察到

$$r_{11} = \mathbf{a}_1 \cdot \mathbf{w}_1 = 2$$
$$r_{12} = \mathbf{a}_2 \cdot \mathbf{w}_1 = 2$$
$$r_{13} = \mathbf{a}_3 \cdot \mathbf{w}_1 = -6$$
$$r_{22} = \mathbf{a}_2 \cdot \mathbf{w}_2 = 2\sqrt{10}$$
$$r_{23} = \mathbf{a}_3 \cdot \mathbf{w}_2 = 0 r_{33} = \mathbf{a}_3 \cdot \mathbf{w}_3 = \sqrt{26},$$

因此，

$$R = \begin{bmatrix} 2 & 2 & -6 \\ 0 & 2\sqrt{10} & 0 \\ 0 & 0 & \sqrt{26} \end{bmatrix}$$

6. 利用在練習題 5 中的 Q 和 R，原方程組等同於 $R\mathbf{x} = Q^T\mathbf{b}$，即

$$\begin{aligned} 2x_1 + 2x_2 - 6x_3 &= -16 \\ 2\sqrt{10}x_2 &= -2\sqrt{10} \\ \sqrt{26}x_3 &= 3\sqrt{26} \end{aligned}$$

解第三及第二個方程式，我們可得 $x_3 = 3$ 及 $x_2 = -1$。最後，將 x_3 和 x_2 的數值代入第一個方程式對 x_1 求解可得

$$2x_1 + 2(-1) - 6(3) = -16$$

即 $x_1 = 2$。所以此方程組的解爲

$$\begin{bmatrix} 2 \\ -1 \\ 3 \end{bmatrix}$$

6.3 正交投影

許多實際的應用需要我們用特定子空間 W 中的一向量來近似 R^n 空間的一給定向量 $\mathbf{u}$。在此情況下，我們選擇在 W 中最接近 $\mathbf{u}$ 的一向量 $\mathbf{w}$，來獲得一最佳可能的近似。當 W 爲在 R^3 中的一個平面，如圖 6.9，我們從 $\mathbf{u}$ 的端點做一垂直線到 W 來求得 $\mathbf{w}$。注意，若我們可求得向量 $\mathbf{z}=\mathbf{u}-\mathbf{w}$，則可求得 $\mathbf{w}$，如圖 6.9 所示。由於 $\mathbf{z}$ 正交於在 W 中的每個向量，很合理的我們會想求出正交於給定集合中的每個向量之所有向量所形成的集合。考慮，如，集合

$$S=\left\{\begin{bmatrix}-1\\-2\end{bmatrix},\begin{bmatrix}2\\4\end{bmatrix}\right\}$$

哪些向量正交於 S 中的每個向量？

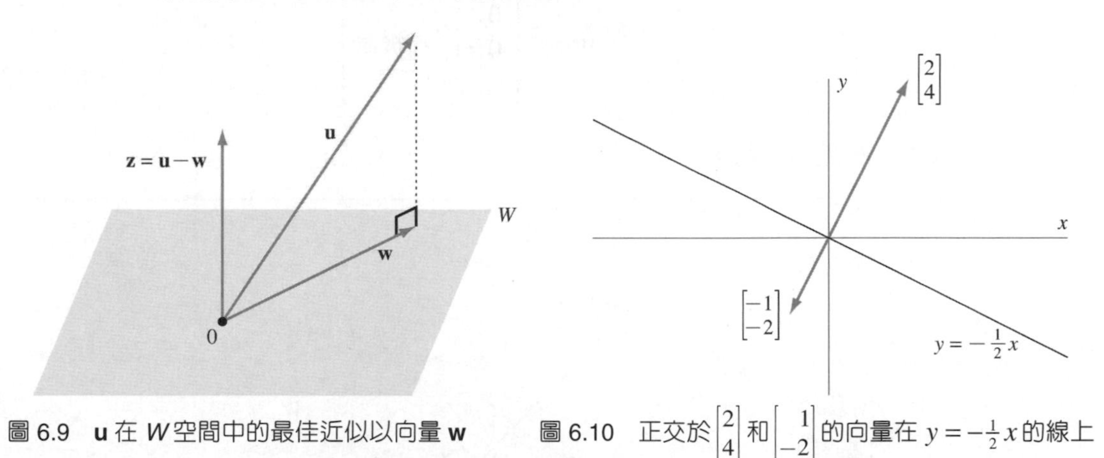

圖 6.9　$\mathbf{u}$ 在 W 空間中的最佳近似以向量 $\mathbf{w}$

圖 6.10　正交於 $\begin{bmatrix}2\\4\end{bmatrix}$ 和 $\begin{bmatrix}1\\-2\end{bmatrix}$ 的向量在 $y=-\frac{1}{2}x$ 的線上

注意，S 中的兩向量都在方程式 $y=2x$ 的線上。(參見圖 6.10。)因此正交於 S 中向量的所有的都在方程式 $y=-\frac{1}{2}x$ 的線上。在這種狀況下中，在方程式 $y=-\frac{1}{2}x$ 線上之向量所形成的集合稱之爲 S 的*正交補*(*orthogonal complement*)。更一般來說，我們有下列定義：

定義　R^n 的一非空子集合 S 之**正交補**，以 $S^\perp$ 表示(讀做「Sperp」)，爲在 R^n 中正交於 S 中每個向量之向量所形成的集合。也就是，

$$S^\perp=\{\mathbf{v}\in R^n:\mathbf{v}\cdot\mathbf{u}=0\ \text{對在}\ S\in\text{中的每個}\ \mathbf{u}\}$$

例如，若 $S=R^n$，則 $S^\perp=\{\mathbf{0}\}$；且若 $S=\{\mathbf{0}\}$，則 $S^\perp=R^n$。

例題 1

令 W 表示 xy 平面，其可視爲 R^3 的一個子空間；亦即，

$$W=\left\{\begin{bmatrix}u_1\\u_2\\0\end{bmatrix}: u_1 \text{ 且 } u_2 \text{ 爲實數}\right\}$$

一向量 $\mathbf{v}=\begin{bmatrix}v_1\\v_2\\v_3\end{bmatrix}$ 在 $W^\perp$ 上若且唯若 $v_1=v_2=0$。因爲，若 $v_1=v_2=0$，則對 W 中的所有 $\mathbf{u}$，$\mathbf{v}\cdot\mathbf{u}=0$，且因此 $\mathbf{v}$ 在 $W^\perp$ 中。且若 $\mathbf{v}$ 在 $W^\perp$ 中，則

$$v_1=\mathbf{e}_1\cdot\mathbf{v}=0$$

因爲 $\mathbf{e}_1$ 在 W 中。類似的，$v_2=0$，因 $\mathbf{e}_2$ 在 W 中。因此

$$W^\perp=\left\{\begin{bmatrix}0\\0\\v_3\end{bmatrix}: v_3 \text{ 爲實數}\right\}$$

所以 $W^\perp$ 就是 z 軸。

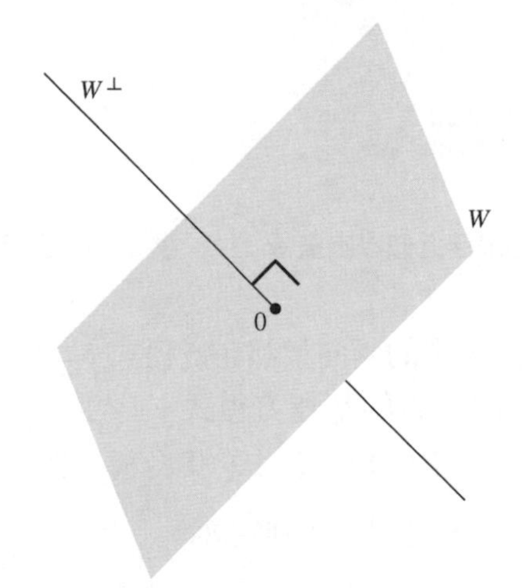

圖 6.11　R^3 的一個 2 維子空間 W 的正交補

更一般的說，在圖 6.11 中，我們可見 R^3 的一個 2 維子空間 W 爲包含 $\mathbf{0}$ 的一個平面。其正交補 $W^\perp$ 爲穿過 $\mathbf{0}$ 且垂直於 W 的一直線。

若 S 爲 R^n 的一個任意非空子集合，則 $\mathbf{0}$ 在 $S^\perp$ 中，因 $\mathbf{0}$ 正交於 S 中的每個向量。此外，若 $\mathbf{v}$ 和 $\mathbf{w}$ 在 $S^\perp$ 中，則，對在 S 中的每個向量 $\mathbf{u}$，

$$(\mathbf{v}+\mathbf{w})\cdot\mathbf{u}=\mathbf{v}\cdot\mathbf{u}+\mathbf{w}\cdot\mathbf{u}=0+0=0$$

且因此 $\mathbf{v}+\mathbf{w}$ 在 $S^{\perp}$中。所以 $S^{\perp}$在向量加法運算上爲封閉的。一相似的論述說明 $S^{\perp}$在純量乘法上也爲封閉的。所以，$S^{\perp}$爲 R^n 的一個子空間。因此我們得到下列結果：

> R^n 的任意非空子集合之正交補爲 R^n 的一個子空間。

在圖 6.10，

$$S=\left\{\begin{bmatrix}-1\\-2\end{bmatrix},\begin{bmatrix}2\\4\end{bmatrix}\right\}$$

其展延可視爲是方程式 $y=2x$ 的一直線。我們已見 $S^{\perp}$是由 $y=-\frac{1}{2}x$ 線上的向量所構成。注意 $(\text{Span}S)^{\perp}$ 也是由 $y=-\frac{1}{2}x$ 線上的向量所構成，因此 $S^{\perp}=(\text{Span}S)^{\perp}$。一相似的結果一般而言爲眞。(參見習題 57。)

> 對 R^n 中的任意非空子集合 s，我們有 $S^{\perp}=(\text{Span}S)^{\perp}$。特別的是，一子空間的一組基底之正交補等於該子空間的正交補。

下個例題說明正交補如何發生在線性方程組的研究中。

例題 1

試對 $W=\text{Span}\{\mathbf{u}_1,\mathbf{u}_2\}$ 的正交補，求其一基底。其中

$$\mathbf{u}_1=\begin{bmatrix}1\\1\\-1\\4\end{bmatrix}\qquad 且 \qquad \mathbf{u}_2=\begin{bmatrix}1\\-1\\1\\2\end{bmatrix}$$

解 一向量 $\mathbf{v}=\begin{bmatrix}v_1\\v_2\\v_3\\v_4\end{bmatrix}$ 在 $W^{\perp}$中若且唯若 $\mathbf{u}_1\cdot\mathbf{v}=0$ 且 $\mathbf{u}_2\cdot\mathbf{v}=0$。

注意這兩方程式可寫成如下的齊次線性方程組

$$\begin{aligned} v_1 + v_2 - v_3 + 4v_4 &= 0\\ v_1 - v_2 + v_3 + 2v_4 &= 0 \end{aligned}\qquad (1)$$

從該擴增矩陣之最簡列梯型，我們可見方程組(1)之通解的向量形式爲

$$\begin{bmatrix}v_1\\v_2\\v_3\\v_4\end{bmatrix}=\begin{bmatrix}-3v_4\\v_3-v_4\\v_3\\v_4\end{bmatrix}=v_3\begin{bmatrix}0\\1\\1\\0\end{bmatrix}+v_4\begin{bmatrix}-3\\-1\\0\\1\end{bmatrix}$$

因此，

$$B=\left\{\begin{bmatrix}0\\1\\1\\0\end{bmatrix},\begin{bmatrix}-3\\-1\\0\\1\end{bmatrix}\right\}$$

爲對 $W^{\perp}$的一個基底。

令 A 表示方程組(1)的係數矩陣。注意在例題 2 中的向量 $\mathbf{u}_1$ 和 $\mathbf{u}_2$ 爲 A 的列，且因此 W 爲 A 的列空間。再者，方程組(1)之解集合爲 A 的零空間。則，

$$W^{\perp}=(\text{Row }A)^{\perp}=\text{Null }A$$

此觀察對任意矩陣都成立。

> 對任意矩陣 A，A 的列空間之正交補爲 A 的零空間；即，
>
> $$(\text{Row }A)^{\perp}=\text{Null }A$$

(參見圖 6.12。)

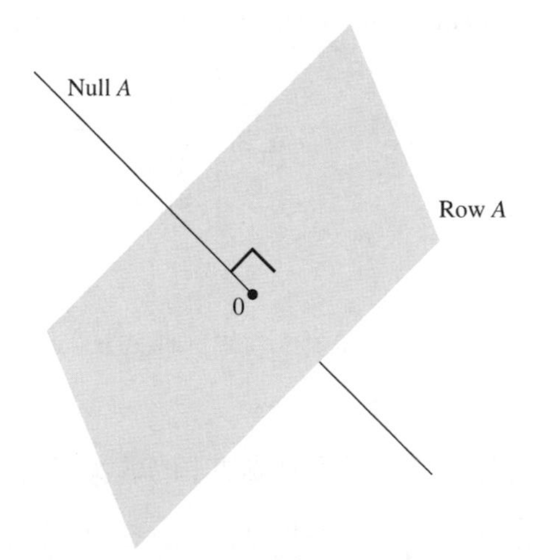

圖 6.12　A 的零空間為 A 的列空間之正交補

應用此結果於矩陣 A^T 上，我們可見

$$(\text{Col }A)^{\perp}=(\text{Row }A^T)^{\perp}=\text{Null }A^T$$

練習題 1.

令 $W = \text{Span}\{\mathbf{u}_1, \mathbf{u}_2\}$，其中

$$\mathbf{u}_1 = \begin{bmatrix} 1 \\ 0 \\ -1 \\ 1 \end{bmatrix} \quad 且 \quad \mathbf{u}_2 = \begin{bmatrix} -1 \\ 1 \\ 3 \\ -4 \end{bmatrix}$$

試對 $W^{\perp}$ 求一基底，首先決定使得 $W = \text{Row } A$ 的矩陣 A，然後利用 $W^{\perp} = \text{Null } A$ 的結果。

用例題 1 中的符號，R^3 中的任意向量 $\begin{bmatrix} u_1 \\ u_2 \\ u_3 \end{bmatrix}$ 可被寫成 W 中的向量 $\begin{bmatrix} u_1 \\ u_2 \\ 0 \end{bmatrix}$ 及在 $W^{\perp}$ 中的向量 $\begin{bmatrix} 0 \\ 0 \\ u_3 \end{bmatrix}$ 之和。所以，在某些意義上，R^3 的一個向量可分成兩部分，一在 W 上且另一在 $W^{\perp}$ 上。(參見圖 6.13。)下個定理將告訴我們，此一結果一般上皆爲眞。

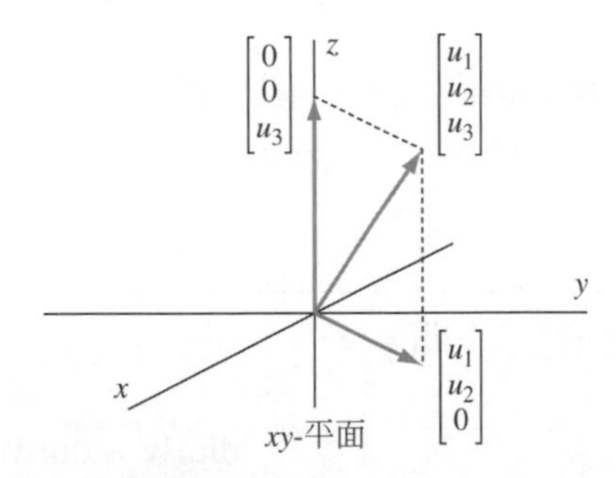

圖 6.13　在 R^3 中的每個向量為在 xy 平面上的向量與其正交補之和

定理 6.7

(正交分解定理)令 W 爲 R^n 的一個子空間。則，對在 R^n 中的任意向量 $\mathbf{u}$，在 W 中存在唯一的向量 $\mathbf{w}$，及在 $W^{\perp}$ 中存在唯一的向量 $\mathbf{z}$，使得 $\mathbf{u} = \mathbf{w} + \mathbf{z}$。此外，若 $\{\mathbf{v}_1, \mathbf{v}_2, \cdots, \mathbf{v}_k\}$ 爲 W 的一個正規正交基底，則

$$\mathbf{w} = (\mathbf{u} \cdot \mathbf{v}_1)\mathbf{v}_1 + (\mathbf{u} \cdot \mathbf{v}_2)\mathbf{v}_2 + \cdots + (\mathbf{u} \cdot \mathbf{v}_k)\mathbf{v}_k$$

證明　考慮在 R^n 的任意向量 $\mathbf{u}$。選擇 $B = \{\mathbf{v}_1, \mathbf{v}_2, \cdots, \mathbf{v}_k\}$ 爲 W 的一個正規正交基底，且令

$$\mathbf{w} = (\mathbf{u} \cdot \mathbf{v}_1)\mathbf{v}_1 + (\mathbf{u} \cdot \mathbf{v}_2)\mathbf{v}_2 + \cdots + (\mathbf{u} \cdot \mathbf{v}_k)\mathbf{v}_k \qquad (2)$$

則 $\mathbf{w}$ 在 W 中，因其爲 W 的基底向量的線性組合。(注意方程式(2)類似於以一個正規正交基底來表示一向量的方程式。事實上，$\mathbf{u} = \mathbf{w}$ 若且唯若 $\mathbf{u}$ 在 W 中。)

令 $\mathbf{z} = \mathbf{u} - \mathbf{w}$。則很清楚的，$\mathbf{u} = \mathbf{w} + \mathbf{z}$。我們將證明 $\mathbf{z}$ 在 $W^{\perp}$ 中。只要證明 $\mathbf{z}$ 正交於 B 中的每個向量即可。從方程式(2)及在 6.2 節中的計算，我們可見對任意 B 中的 $\mathbf{v}_i$，$\mathbf{w} \cdot \mathbf{v}_i = \mathbf{u} \cdot \mathbf{v}_i$。所以，

$$\mathbf{z} \cdot \mathbf{v}_i = (\mathbf{u} - \mathbf{w}) \cdot \mathbf{v}_i = \mathbf{u} \cdot \mathbf{v}_i - \mathbf{w} \cdot \mathbf{v}_i = \mathbf{u} \cdot \mathbf{v}_i - \mathbf{u} \cdot \mathbf{v}_i = 0$$

因此，$\mathbf{z}$ 在 $W^{\perp}$。

接著，我們將證明此表示法爲唯一。假設 $\mathbf{u} = \mathbf{w}' + \mathbf{z}'$，其中 $\mathbf{w}'$ 在 W 中，且 $\mathbf{z}'$ 在 $W^{\perp}$ 中。則 $\mathbf{w} + \mathbf{z} = \mathbf{w}' + \mathbf{z}'$，因此 $\mathbf{w} - \mathbf{w}' = \mathbf{z}' - \mathbf{z}$。但 $\mathbf{w} - \mathbf{w}'$ 在 W 中，且 $\mathbf{z}' - \mathbf{z}$ 在 $W^{\perp}$ 中。所以，$\mathbf{w} - \mathbf{w}'$ 同時在 W 及 $W^{\perp}$ 中。這意味著 $\mathbf{w} - \mathbf{w}'$ 正交於其本身。但，根據定理 6.1(b)，$\mathbf{0}$ 爲唯一具有此特性的向量。因此 $\mathbf{w} - \mathbf{w}' = 0$，遂 $\mathbf{w} = \mathbf{w}'$。由此得到 $\mathbf{z} = \mathbf{z}'$，因此我們可總結此表示法爲唯一。......■

假設我們組合 W 的一個基底與 $W^{\perp}$ 的一個基底。利用正交分解定理，我們可說明其所得的集合爲 R^n 的一個基底。此觀察的一個簡單的結果爲以下有用之結果：

> 對 R^n 的任意子空間 W，
>
> $$\dim W + \dim W^{\perp} = n$$

在子空間上的正交投影

正交分解定理給我們一個計算方法，來將一給定向量表示爲一子空間中的向量與該子空間的正交補中的一向量之和。

定義 令 W 爲 R^n 的一個子空間，且 $\mathbf{u}$ 爲在 R^n 中的向量。**$\mathbf{u}$ 在 W 上的正交投影**爲在 W 中唯一的向量 $\mathbf{w}$ 使得 $\mathbf{u} - \mathbf{w}$ 在 $W^{\perp}$ 中。

再者，函數 $U_W : R^n \to R^n$ 使得對每個在 R^n 中的 $\mathbf{u}$，$U_W(\mathbf{u})$ 爲 $\mathbf{u}$ 在 W 上的正交投影。此稱之爲在 W 上的**正交投影運算子(orthogonal projection operator)**

在 $n=3$ 且 W 爲 R^3 的一個 2 維子空間的情況下，在此定義的正交運算子 U_W 相同於在 4.5 節和 5.4 節習題中討論的正交投影。事實上，對在 R^3 中而不在 W 中的任意向量 $\mathbf{u}$，向量 $\mathbf{u}-U_W(\mathbf{u})$ 正交於 W。且因此連接 $\mathbf{u}$ 的端點到 $U_W(\mathbf{u})$ 的端點之線段，爲垂直於 W 且具有長度等於 $\|\mathbf{u}-U_W(\mathbf{u})\|$ 的線段。(參見圖 6.14。)

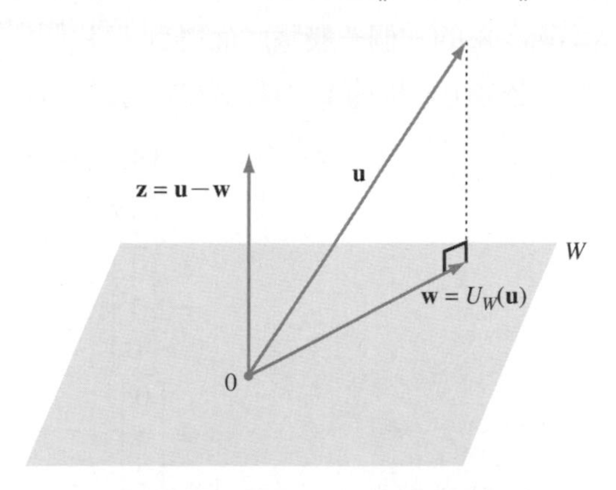

圖 6.14　向量 **w** 為 **u** 在 W 上的正交投影。

類似的，在 $n=2$ 及 W 爲穿過原點之一線(一個 1 維子空間)的情況下，U_W 與 R^2 在 W 上的正交投影吻合，如在 4.5 節所定義。

我們現在說明任意 R^n 的正交投影 U_W 爲線性。令 $\mathbf{u}_1$ 和 $\mathbf{u}_2$ 爲在 R^n 中的向量，且假設 $U_W(\mathbf{u}_1)=\mathbf{w}_1$ 及 $U_W(\mathbf{u}_2)=\mathbf{w}_2$。則在 $W^\perp$ 中分別存在唯一的向量 $\mathbf{z}_1$ 和 $\mathbf{z}_2$ 使得 $\mathbf{u}_1=\mathbf{w}_1+\mathbf{z}_1$ 且 $\mathbf{u}_2=\mathbf{w}_2+\mathbf{z}_2$。因此，$\mathbf{u}_1+\mathbf{u}_2=(\mathbf{w}_1+\mathbf{w}_2)+(\mathbf{z}_1+\mathbf{z}_2)$

由於 $\mathbf{w}_1+\mathbf{w}_2$ 在 W 中，且 $\mathbf{z}_1+\mathbf{z}_2$ 在 $W^\perp$ 中，則

$$U_W(\mathbf{u}_1+\mathbf{u}_2)=\mathbf{w}_1+\mathbf{w}_2=U_W(\mathbf{u}_1)+U_W(\mathbf{u}_2)$$

因此 U_W 保有向量加法。類似的，U_W 保有純量乘法，因此 U_W 爲線性。

例題 3

試求 $\mathbf{u}=\begin{bmatrix}1\\3\\4\end{bmatrix}$ 在 R^3 的一個 2 維子空間 W 上的正交投影 $\mathbf{w}=U_W(\mathbf{u})$。其中 W 定義如下

$$x_1-x_2+2x_3=0$$

接著，試求在 $W^\perp$ 中的向量 $\mathbf{z}$，使得 $\mathbf{u}=\mathbf{w}+\mathbf{z}$。

解　一開始，觀察到

$$B=\{\mathbf{v}_1,\mathbf{v}_2\}=\left\{\frac{1}{\sqrt{2}}\begin{bmatrix}1\\1\\0\end{bmatrix},\frac{1}{\sqrt{3}}\begin{bmatrix}-1\\1\\1\end{bmatrix}\right\}$$

為 W 的一個正規正交基底。(B 的一個正規正交基底，可由應用葛雷-史密特程序於 W 的一個一般基底而得到。)我們使用 B 來求得 $\mathbf{w}$，如在正交分解定理中之證明。根據 W 方程式(2)，我們可得

$$\begin{aligned}\mathbf{w}=U_W(\mathbf{u})&=(\mathbf{u}\cdot\mathbf{v}_1)\mathbf{v}_1+(\mathbf{u}\cdot\mathbf{v}_2)\mathbf{v}_2\\&=\frac{4}{\sqrt{2}}\mathbf{v}_1+\frac{6}{\sqrt{3}}\mathbf{v}_2\\&=2\begin{bmatrix}1\\1\\0\end{bmatrix}+2\begin{bmatrix}-1\\1\\1\end{bmatrix}\\&=\begin{bmatrix}0\\4\\2\end{bmatrix}\end{aligned}$$

所以，

$$\mathbf{z}=\mathbf{u}-\mathbf{w}=\begin{bmatrix}1\\3\\4\end{bmatrix}-\begin{bmatrix}0\\4\\2\end{bmatrix}=\begin{bmatrix}1\\-1\\2\end{bmatrix}$$

注意，$\mathbf{z}$ 正交於 $\mathbf{v}_1$ 和 $\mathbf{v}_2$，驗證了 $\mathbf{z}$ 在 $W^\perp$ 中。

在 R^n 的一個子空間 W 上之一個正交投影運算子 U_W 的標準矩陣，稱之為對 W 的**正交投影矩陣**，且以 P_W 來表示。一個正交投影矩陣 P_W 的行，為標準向量在 U_W 的映射，也就是標準向量的正交投影，其可用例題 3 的方法來計算。然而，定理 6.8 提供另一方法來計算 P_W，且並不需要用到 W 的正規正交基底。其證明使用了以下結果：

輔助定理 令 C 為一矩陣，其行彼此性線獨立。則 C^TC 為可逆。

證明 假設 $C^TC\mathbf{b}=\mathbf{0}$。憶及在 6.1 節中，在 R^n 中的兩向量 $\mathbf{u}$ 和 $\mathbf{v}$ 之內積，可以表示為矩陣乘積 $\mathbf{u}\cdot\mathbf{v}=\mathbf{u}^T\mathbf{v}$。所以，

$$\|C\mathbf{b}\|^2=(C\mathbf{b})\cdot(C\mathbf{b})=(C\mathbf{b})^TC\mathbf{b}=\mathbf{b}^TC^TC\mathbf{b}=\mathbf{b}^T(C^TC\mathbf{b})=\mathbf{b}^T\mathbf{0}=0$$

因此 $C\mathbf{b}=\mathbf{0}$。因 C 的行是線性獨立，則 $\mathbf{b}=\mathbf{0}$。因此，$\mathbf{0}$ 為 $C^TC\mathbf{x}=\mathbf{0}$ 的唯一解。根據 2.4 節的可逆矩陣定理，C^TC 為可逆。................................ ■

定理 6.8

令 C 爲一個 $n\times k$ 矩陣，且其行構成 R^n 的一個子空間 W 之一基底。則，

$$P_W = C(C^TC)^{-1}C^T$$

證明　令 $\mathbf{u}$ 爲在 R^n 中的任意向量，且令 $\mathbf{w}=U_W(\mathbf{u})$ 爲 $\mathbf{u}$ 在 W 上的正交投影。因 $W=\text{Col}\,C$，對在 R^k 的某個 $\mathbf{v}$，我們有 $\mathbf{w}=C\mathbf{v}$。因此，$\mathbf{u}-\mathbf{w}$ 在

$$W^{\perp}=(\text{Col}\,C)^{\perp}=(\text{Row}\,C^T)^{\perp}=\text{Null}\,C^T$$

由

$$\mathbf{0}=C^T(\mathbf{u}-\mathbf{w})=C^T\mathbf{u}-C^T\mathbf{w}=C^T\mathbf{u}-C^TC\mathbf{v}$$

因此，

$$C^TC\mathbf{v}=C^T\mathbf{u}$$

根據輔助定理，C^TC 爲可逆，因此 $\mathbf{v}=(C^TC)^{-1}C^T\mathbf{u}$。所以 $\mathbf{u}$ 在 W 上的正交投影爲

$$U_W(\mathbf{u})=\mathbf{w}=C\mathbf{v}=C(C^TC)^{-1}C^T\mathbf{u}$$

因爲這對所有屬於 R^n 的向量 $\mathbf{u}$ 都成立，故 $C(C^TC)^{-1}C^T$ 爲 U_W 的標準矩陣。也就是，$P_W=C(C^TC)^{-1}C^T$。■

例題 4

試求 P_W，其中 W 是 R^3 的一個 2 維子空間，其方程式爲

$$x_1-x_2+2x_3=0$$

解　我們觀察到，一個向量 $\mathbf{w}$ 屬於 W 若且唯若

$$\mathbf{w}=\begin{bmatrix}x_1\\x_2\\x_3\end{bmatrix}=\begin{bmatrix}x_2-2x_3\\x_2\\x_3\end{bmatrix}=x_2\begin{bmatrix}1\\1\\0\end{bmatrix}+x_3\begin{bmatrix}-2\\0\\1\end{bmatrix}$$

因此

$$\left\{\begin{bmatrix}1\\1\\0\end{bmatrix},\begin{bmatrix}-2\\0\\1\end{bmatrix}\right\}$$

爲 W 的一個基底。令

$$C=\begin{bmatrix}1 & -2\\ 1 & 0\\ 0 & 1\end{bmatrix}$$

爲一矩陣，其各行就是剛求得之基底向量。則，

$$P_W=C(C^TC)^{-1}C^T=\frac{1}{6}\begin{bmatrix}5 & 1 & -2\\ 1 & 5 & 2\\ -2 & 2 & 2\end{bmatrix}$$

我們可利用在例題 4 中求得之正交投影矩陣 P_W 來求得例題 3 中向量 $\mathbf{u}=\begin{bmatrix}1\\ 3\\ 4\end{bmatrix}$ 的正交投影：

$$\mathbf{w}=P_W\mathbf{u}=\frac{1}{6}\begin{bmatrix}5 & 1 & -2\\ 1 & 5 & 2\\ -2 & 2 & 2\end{bmatrix}\begin{bmatrix}1\\ 3\\ 4\end{bmatrix}=\begin{bmatrix}0\\ 4\\ 2\end{bmatrix}$$

此結果與該例題所得之結果一致。注意，不同於例題 3，此計算並不需要使用葛雷-史密特程序來求得 W 的一個正規正交基底。

從圖 6.14 可知，對在 R^3 中的一個向量 $\mathbf{u}$ 及 R^3 的一個 2 維子空間 W，正交投影 $U_W(\mathbf{u})$ 爲在 W 中最靠近 $\mathbf{u}$ 的向量。我們現在證明，一般而言此陳述爲眞。

令 W 爲 R^n 的一個子空間，$\mathbf{w}=U_W(\mathbf{u})$，且 $\mathbf{w}'$ 爲在 W 中的任意向量。因 $\mathbf{u}-\mathbf{w}$ 在 $W^\perp$ 中，其正交於 $\mathbf{w}-\mathbf{w}'$。而 $\mathbf{w}-\mathbf{w}'$ 在 W 中。因此，根據在 R^n 中的畢式定理 (定理 6.2)，

$$\|\mathbf{u}-\mathbf{w}'\|^2=\|(\mathbf{u}-\mathbf{w})+(\mathbf{w}-\mathbf{w}')\|^2=\|\mathbf{u}-\mathbf{w}\|^2+\|\mathbf{w}-\mathbf{w}'\|^2\geq\|\mathbf{u}-\mathbf{w}\|^2$$

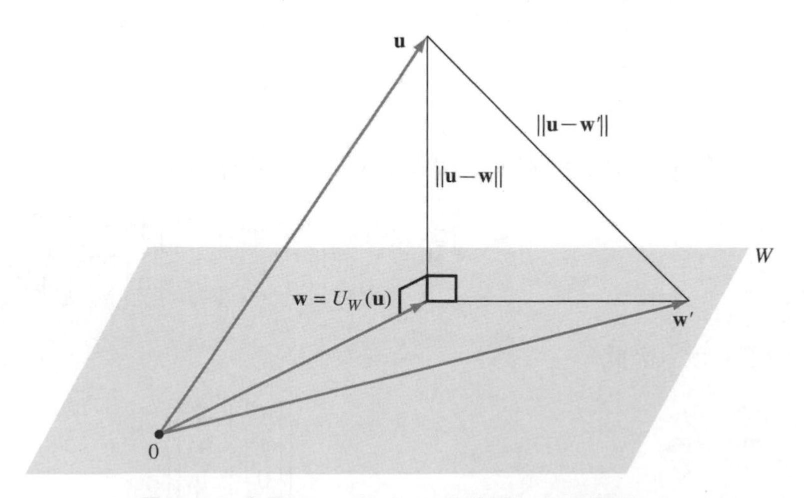

圖 6.15 向量 $U_W(\mathbf{u})$爲在 W 的向量，且最靠近 $\mathbf{u}$

而且，最後的不等式爲一個嚴格的不等式，若 $\mathbf{w} \neq \mathbf{w}'$。

圖 6.15 提供我們對此不等式在視覺上的一個了解。在此圖中，注意連接 **u** 的端點至 **w** 的端點的線段，具有長度 $\|\mathbf{u}-\mathbf{w}\|$，爲一個直角三角形的一股。且該直角三角形的斜邊爲連接 **u** 的端點到 **w**′的端點的一線段。再者，此斜邊的長度爲 $\|\mathbf{u}-\mathbf{w}'\|$。因爲，一個直角三角形的斜邊長，大於其任一股長。我們可見 $\|\mathbf{u}-\mathbf{w}'\| > \|\mathbf{u}-\mathbf{w}\|$。

我們在此陳述此重要結果：

> **最近向量特性**
>
> 令 W 爲 R^n 的一個子空間，且 **u** 爲在 R^n 中的一個向量。在 W 的所有向量中，最接近 **u** 的向量爲 **u** 在 W 上的正交投影 $U_W(\mathbf{u})$。

我們定義**從在 R^n 中的一向量 u 到 R^n 的一子空間 W 的距離**，爲介於 **u** 和 **u** 在 W 上正交投影之間的距離。所以介於 **u** 和 W 之間的距離爲 **u** 和 W 上所有向量間最小的距離。

以例題 3 的情況，**u** 和 W 之間的距離爲

$$\|\mathbf{u}-\mathbf{w}\| = \|\mathbf{z}\| = \left\| \begin{bmatrix} 1 \\ -1 \\ 2 \end{bmatrix} \right\| = \sqrt{6}$$

練習題 2.

令

$$W = \text{Span}\left\{ \begin{bmatrix} 1 \\ 1 \\ -1 \\ 1 \end{bmatrix}, \begin{bmatrix} 3 \\ 2 \\ -1 \\ 0 \end{bmatrix} \right\} \quad 且 \quad \mathbf{u} = \begin{bmatrix} 0 \\ 7 \\ 4 \\ 7 \end{bmatrix}$$

(a) 利用例題 3 中的方法來求得在 W 中的向量 **w** 及在 $W^\perp$ 中的向量 **z**，使得 $\mathbf{u} = \mathbf{w} + \mathbf{z}$。

(b) 試求正交投影矩陣 P_W，並用它來求 **u** 在 W 上的正交投影。

(c) 試求從 **u** 到 W 的距離。

習 題

在習題 1 至 8 中，試求子空間 $S^{\perp}$ 的一個基底。

1. $S=\left\{\begin{bmatrix}1\\-1\\2\end{bmatrix}\right\}$。

2. $S=\left\{\begin{bmatrix}1\\0\\2\end{bmatrix}\right\}$。

3. $S=\left\{\begin{bmatrix}-1\\2\\1\end{bmatrix},\begin{bmatrix}2\\1\\3\end{bmatrix}\right\}$。

4. $S=\left\{\begin{bmatrix}1\\1\\1\end{bmatrix},\begin{bmatrix}1\\-1\\-1\end{bmatrix}\right\}$。

5. $S=\left\{\begin{bmatrix}1\\-2\\1\\1\end{bmatrix},\begin{bmatrix}1\\-1\\3\\2\end{bmatrix}\right\}$。

6. $S=\left\{\begin{bmatrix}1\\-1\\-5\\-1\end{bmatrix},\begin{bmatrix}2\\-1\\-7\\0\end{bmatrix}\right\}$。

7. $S=\left\{\begin{bmatrix}1\\-1\\-3\\4\end{bmatrix},\begin{bmatrix}2\\-1\\-4\\7\end{bmatrix}\right\}$。

8. $S=\left\{\begin{bmatrix}1\\-1\\1\\1\end{bmatrix},\begin{bmatrix}1\\1\\-1\\1\end{bmatrix},\begin{bmatrix}1\\1\\1\\-1\end{bmatrix}\right\}$。

在習題 9 至 16 中，給定 R^n 中的一個向量 **u** 及 R^n 的一子空間 W 之一個正規正交基底 S。

(a) 試利用在例題 3 中的方法來求得在 W 中的向量 **w** 及在 $W^{\perp}$ 中的向量 **z**，使得 $\mathbf{u}=\mathbf{w}+\mathbf{z}$ 。

(b) 試求 **u** 在 W 上的正交投影。

(c) 試求從 **u** 到 W 的距離。

9. $\mathbf{u}=\begin{bmatrix}1\\3\end{bmatrix}$ 及 $S=\left\{\frac{1}{\sqrt{2}}\begin{bmatrix}1\\-1\end{bmatrix}\right\}$。

10. $\mathbf{u}=\begin{bmatrix}2\\3\\-1\end{bmatrix}$ 及 $S=\left\{\frac{1}{\sqrt{2}}\begin{bmatrix}1\\1\\0\end{bmatrix},\frac{1}{\sqrt{3}}\begin{bmatrix}1\\-1\\1\end{bmatrix}\right\}$。

11. $\mathbf{u}=\begin{bmatrix}1\\4\\-1\end{bmatrix}$ 及 $S=\left\{\frac{1}{\sqrt{6}}\begin{bmatrix}-1\\2\\1\end{bmatrix},\frac{1}{\sqrt{3}}\begin{bmatrix}1\\1\\-1\end{bmatrix}\right\}$。

12. $\mathbf{u}=\begin{bmatrix}3\\1\\1\end{bmatrix}$ 及 $S=\left\{\frac{1}{3}\begin{bmatrix}2\\-1\\-2\end{bmatrix},\frac{1}{3}\begin{bmatrix}1\\-2\\2\end{bmatrix}\right\}$。

13. $\mathbf{u}=\begin{bmatrix}2\\4\\1\\3\end{bmatrix}$ 及 $S=\left\{\frac{1}{\sqrt{3}}\begin{bmatrix}1\\0\\1\\1\end{bmatrix},\frac{1}{\sqrt{3}}\begin{bmatrix}1\\1\\0\\-1\end{bmatrix},\frac{1}{\sqrt{3}}\begin{bmatrix}-1\\1\\1\\0\end{bmatrix}\right\}$。

14. $\mathbf{u}=\begin{bmatrix}3\\-2\\4\\1\end{bmatrix}$ 及 $S=\left\{\frac{1}{2}\begin{bmatrix}1\\-1\\1\\-1\end{bmatrix},\frac{1}{2}\begin{bmatrix}-1\\-1\\1\\1\end{bmatrix}\right\}$。

15. $\mathbf{u}=\begin{bmatrix}0\\5\\-3\\4\end{bmatrix}$ 及 $S=\left\{\frac{1}{\sqrt{6}}\begin{bmatrix}1\\0\\-2\\1\end{bmatrix},\frac{1}{\sqrt{12}}\begin{bmatrix}1\\3\\1\\1\end{bmatrix}\right\}$。

16. $\mathbf{u}=\begin{bmatrix}3\\-1\\-1\\7\end{bmatrix}$ 及 $S=\left\{\frac{1}{\sqrt{10}}\begin{bmatrix}1\\-1\\-2\\2\end{bmatrix},\frac{1}{\sqrt{10}}\begin{bmatrix}2\\-2\\1\\-1\end{bmatrix},\frac{1}{2}\begin{bmatrix}1\\1\\-1\\-1\end{bmatrix}\right\}$。

在習題 17 至 32 中，給定 R^n 中的一向量 **u** 及 R^n 的一個子空間 W。

(a) 試求正交投影矩陣 P_W。

(b) 利用你的結果來獲得在 W 中的 **w** 及在 $W^{\perp}$ 中的 **z**，使得 $\mathbf{u}=\mathbf{w}+\mathbf{z}$ 。

(c) 試求從 **u** 到 W 的距離。

17. $\mathbf{u}=\begin{bmatrix}-10\\5\end{bmatrix}$ 及 $W=\text{Span}\left\{\begin{bmatrix}-3\\4\end{bmatrix}\right\}$

18. $\mathbf{u}=\begin{bmatrix}1\\3\\7\end{bmatrix}$ 且 W 為下列方程式的解集合

$$x_1-2x_2+3x_3=0$$

19. $\mathbf{u}=\begin{bmatrix}1\\2\\-1\end{bmatrix}$ 且 W 為以下方程式組的解集合

$$\begin{aligned}x_1+x_2-x_3&=0\\x_1-x_2+3x_3&=0\end{aligned}$$

20. $\mathbf{u}=\begin{bmatrix}-6\\4\\5\end{bmatrix}$ 且 $W=\text{Col}\begin{bmatrix}1&3\\-1&1\\2&5\end{bmatrix}$

21. $\mathbf{u}=\begin{bmatrix}1\\1\\2\\6\end{bmatrix}$ 且 $W=\text{Col}\begin{bmatrix}1&1&5\\-1&2&1\\-1&1&-1\\2&-1&4\end{bmatrix}$

22. $\mathbf{u}=\begin{bmatrix}-3\\7\\-1\\5\end{bmatrix}$ 且 W 為下列方程式的解集合

$$x_1-x_2+2x_3+x_4=0$$

23. $\mathbf{u}=\begin{bmatrix}2\\0\\-3\\5\end{bmatrix}$ 且 $W=\text{Col}\begin{bmatrix}1&1&1\\-1&-3&-7\\0&-1&-2\\2&1&2\end{bmatrix}$

24. $\mathbf{u}=\begin{bmatrix}7\\4\\1\\2\end{bmatrix}$ 且 $W=\text{Span}\left\{\begin{bmatrix}1\\2\\1\\-1\end{bmatrix},\begin{bmatrix}1\\3\\2\\2\end{bmatrix}\right\}$

25. $\mathbf{u}=\begin{bmatrix}3\\1\\-1\end{bmatrix}$ 且 W 為下列方程式的解集合

$$x_1+2x_2-x_3=0$$

26. $\mathbf{u}=\begin{bmatrix}1\\3\\-2\end{bmatrix}$ 且 W 為下列方程式的解集合

$$\begin{aligned}x_1+2x_2-3x_3&=0\\x_1+x_2-3x_3&=0\end{aligned}$$

27. $\mathbf{u}=\begin{bmatrix}8\\0\\2\end{bmatrix}$ 且 W 為下列方程式的解集合

$$\begin{aligned}x_1+x_2-x_3&=0\\x_1+2x_2+3x_3&=0\end{aligned}$$

28. $\mathbf{u}=\begin{bmatrix}1\\3\\-3\\1\end{bmatrix}$ 且 W 為下列方程式的解集合

$$x_1+x_2-x_3-x_4=0$$

29. $\mathbf{u}=\begin{bmatrix}1\\5\\1\\-1\end{bmatrix}$ 且 W 為下列方程式的解集合

$$\begin{aligned}x_1+x_2-x_3+x_4&=0\\x_1-x_2+3x_3+x_4&=0\end{aligned}$$

30. $\mathbf{u}=\begin{bmatrix}1\\1\\-5\\1\end{bmatrix}$ 且 $W=\text{Null}\begin{bmatrix}2&-2&3&4\\1&-1&1&1\end{bmatrix}$

31. $\mathbf{u}=\begin{bmatrix}2\\3\end{bmatrix}$ 且 $W=\text{Col}\begin{bmatrix}2&-2&3&4\\1&-1&1&1\end{bmatrix}$

32. $\mathbf{u}=\begin{bmatrix}4\\1\\3\\-1\end{bmatrix}$ 且 $W=\text{Row}\begin{bmatrix}2&-2&3&4\\1&-1&1&1\end{bmatrix}$

是非題

在習題33至56中，試決定該陳述為真確或謬誤。

33. 對 R^n 的任意非空子集合 $(S^{\perp})^{\perp}=S$ 。
34. 若 F 和 G 爲 R^n 的子集合且 $F^{\perp}=G^{\perp}$，則 $F=G$。
35. R^n 的任意非空子集合的正交補爲 R^n 的子空間。
36. 對任意矩陣 A $(\text{Col } A)^{\perp}=\text{Null } A$ 。
37. 對任意矩陣 A $(\text{Null } A)^{\perp}=\text{Row } A$ 。
38. 令 W 爲 R^n 的一個子空間。若 $\{\mathbf{w}_1,\mathbf{w}_2,\cdots,\mathbf{w}_k\}$ 是 W 的一個正規正交基底，且 $\{\mathbf{z}_1,\mathbf{z}_2,\cdots,\mathbf{z}_m\}$ 爲 $W^{\perp}$ 的一個正規正交基底；則
$$\{\mathbf{w}_1,\mathbf{w}_2,\cdots,\mathbf{w}_k,\mathbf{z}_1,\mathbf{z}_2,\cdots,\mathbf{z}_m\}$$
是 R^n 的一個正規正交基底。
39. 對任意 R^n 的子空間 W，同時在 W 和 $W^{\perp}$ 中的唯一向量爲 $\mathbf{0}$。
40. 對 R^n 的任意子空間 W 及 R^n 中的任意向量 $\mathbf{u}$ 在 W 中存在唯一一個最靠近向量 $\mathbf{u}$ 的向量。
41. 令 W 爲 R^n 的一個子空間，$\mathbf{u}R^n$ 中的任意向量，且 $\mathbf{w}$ 爲 $\mathbf{u}$ 在 W 上的正交投影。則 $\mathbf{u}-\mathbf{w}$ 在 $W^{\perp}$ 中。
42. 對 R^n 的任意子空間 W，$\dim W=\dim W^{\perp}$ 。
43. 若 $\{\mathbf{w}_1,\mathbf{w}_2,\cdots,\mathbf{w}_k\}$ 爲 W 的一組基底且 $\mathbf{u}$ 爲 R^n 中的一個向量，則 $\mathbf{u}$ 在 W 上的正交投影爲 $(\mathbf{u}\cdot\mathbf{w}_1)\mathbf{w}_1+(\mathbf{u}\cdot\mathbf{w}_2)\mathbf{w}_2+\cdots+(\mathbf{u}\cdot\mathbf{w}_k)\mathbf{w}_k$ 。
44. 對 R^n 的任意子空間 W 及 R^n 的任意向量 $\mathbf{v}$，從 $\mathbf{v}$ 到 W 的距離等於 $\|\mathbf{v}-\mathbf{w}\|$，其中 $\mathbf{w}$ 爲 $\mathbf{v}$ 在 W 上的正交投影。
45. 若 $\mathbf{u}$ 在 R^n 中，且 W 爲 R^n 的子空間，則 $P_W\mathbf{u}$ 爲在 W 中最靠近 $\mathbf{u}$ 的向量。
46. 每個正交投影矩陣爲可逆。
47. 若 W 爲 R^n 的子空間，則對在 R^n 的任意向量 $\mathbf{u}$，向量 $\mathbf{u}-P_W\mathbf{u}$ 正交於 W 中的每個向量。
48. 爲了使 $C(C^TC)^{-1}C^T$ 等於一子空間 W 的正交投影矩陣，C 的行必須構成 W 的一個正規正交基底。
49. 若 C 爲一個矩陣，其行爲 R^n 的子空間 W 的一個產生集合且 $\mathbf{u}$ 爲在 R^n 中的一向量。則 $\mathbf{u}$ 在 W 上的正交投影爲 $C(C^TC)^{-1}C^T\mathbf{u}$ 。
50. 若 C 爲一個矩陣，其行對 R^n 的子空間 W 構成一基底，則矩陣 C^TC 爲可逆。

51. 若 C 爲一矩陣，其行構成 R^n 子空間 W 的一個基底，則 $C(C^TC)^{-1}C^T = I_n$。

52. 若 B 和 C 爲矩陣，其行均構成 R^n 子空間 W 之基底，則 $B(B^TB)^{-1}B^T = C(C^TC)^{-1}C^T$。

53. 若 W 爲 R^n 的一個子空間且 $\mathbf{u}$ 爲在 R^n 中的一個向量，則 $\mathbf{u} - P_W\mathbf{u}$ 在 $W^\perp$ 的空間中。

54. 若 W 爲 R^n 的一個子空間且 $\mathbf{u}$ 爲在 R^n 中的向量，則從 $\mathbf{u}$ 到 W 的距離爲 $\|P_W\mathbf{u}\|$。

55. 若 W 爲 R^n 的一個子空間，則 Null $P_W = W^\perp$。

56. 若 W 爲 R^n 的一個子空間且 $\mathbf{u}$ 爲在 W 中的一個向量，則 $P_W\mathbf{u} = \mathbf{u}$。

---

57. 令 S 爲 R^n 的一個非空有限子集合，且假設 $W = \text{Span}S$。試證明 $W^\perp = S^\perp$。

58. 令 W 爲 R^n 的一個子空間，且令 B_1 及 B_2 分別爲 W 和 $W^\perp$ 的基底。應用正交分解定理來證明
    (f) $B_1 \cup B_2$ 爲 R^n 的一個基底。
    (g) $\dim W + \dim W^\perp = n$。

59. 假設 $\{\mathbf{v}_1, \mathbf{v}_2, \cdots, \mathbf{v}_n\}$ 爲 R^n 的一個正交基底。對任意 k，其中 $1 \le k < n$，定義 $W = \text{Span}\{\mathbf{v}_1, \mathbf{v}_2, \cdots, \mathbf{v}_k\}$。試證明 $\{\mathbf{v}_{k+1}, \mathbf{v}_{k+2}, \cdots, \mathbf{v}_n\}$ 爲 $W^\perp$ 的一個正交基底。

60. 試證明對 R^n 的任意子空間 W，$(W^\perp)^\perp = W$。

61. 試對任意矩陣 A 證明下列陳述：
    (a) $(\text{Row } A)^\perp = \text{Null } A$。
    (b) $(\text{Col } A)^\perp = \text{Null } A^T$。

62. 試證明若 S_1 和 S_2 爲 R^n 的子集合使得 S_1 包含於 S_2，則 $S_2^\perp$ 包含於 $S_1^\perp$。

63. 試證明對 R^n 的任意非空有限子集合 S，$(S^\perp)^\perp = \text{Span}S$。

64. 利用對任意矩陣 A，$(\text{Row } A)^\perp = \text{Null } A$ 的事實，來證明對 R^n 的任意子空間 W，$\dim W + \dim W^\perp = n$。(提示：令 A 爲一個 $k \times n$ 矩陣，其列構成 W 的一個基底。)

65. 令 A 爲一個 $n \times n$ 矩陣。試證明若 $\mathbf{v}$ 爲同時在 Row A 及 Null A 的一個向量，則 $\mathbf{v} = \mathbf{0}$。

66. 令 V 和 W 爲 R^n 的子空間使得在 V 中的每個向量正交於在 W 中的每個向量。試證明 $\dim V + \dim W \le n$。

67.[8] 令 W 爲 R^n 的一個子空間。
    (a) 試證明 $(P_W)^2 = P_W$。
    (b) 試證明 $(P_W)^T = P_W$。

68. 令 W 爲 R^n 的一個子空間。試證明對在 R^n 中的任意 $\mathbf{u}$，$P_W\mathbf{u} = \mathbf{u}$ 若且唯若 $\mathbf{u}$ 在 W 中。

69. 令 W 爲 R^n 的一個子空間。試證明對在 R^n 中的任意 $\mathbf{u}$，$P_W\mathbf{u} = \mathbf{0}$ 若且唯若 $\mathbf{u}$ 在 $W^\perp$ 中。

70. 令 W 爲 R^n 的一個子空間。試證明在 R^n 中的任意 $\mathbf{u}$ 爲 P_W 的一個特徵向量若且唯若 $\mathbf{u}$ 爲 $P_{W^\perp}$ 的一個特徵向量。

71. 令 W 爲 R^n 的一個子空間。試證明對在 R^n 中的所有 $\mathbf{u}$ 和 $\mathbf{v}$，$(P_W\mathbf{u}) \cdot \mathbf{v} = \mathbf{u} \cdot (P_W\mathbf{v})$。

72. 令 W 爲 R^n 的一個子空間。試證明 $P_WP_{W^\perp} = P_{W^\perp}P_W = O$，且因此 $P_{W^\perp} = I_n - P_W$。

73. 令 W 爲 R^n 的一個子空間。試證明 $P_W + P_{W^\perp} = I_n$。

74. 令 V 和 W 爲 R^n 的子空間使得在 V 中的任意向量 $\mathbf{v}$ 和在 W 中的任意向量 $\mathbf{w}$ 爲正交。試證明 $P_V + P_W$ 爲一個正交投影矩陣。試描述一個 R^n 的子空間 Z 使得 $P_Z = P_V + P_W$。

75. 假設 $B = \{\mathbf{v}_1, \mathbf{v}_2, \cdots, \mathbf{v}_k\}$ 爲 R^n 的子空間 W 的一個正規正交基底。令 C 爲一個 $n \times k$ 矩陣，其行爲在 B 中的向量。試證明下列陳述:
    (a) $C^TC = I_k$。
    (b) $P_W = CC^T$。

76. 試說明對在 R^n 中的任意向量 $\mathbf{u}$，$\mathbf{u}$ 在 $\{\mathbf{0}\}$ 上的正交投影爲 $\mathbf{0}$。

77. 令 W 爲 R^n 的一個子空間具有維數 k，其中 $0 < k < n$。
    (a) 試證明 1 和 0 爲 P_W 僅有的特徵值。
    (b) 試證明 W 和 $W^\perp$ 分別爲 P_W 對應於特徵值 1 和 0 的特徵空間。
    (c) 令 B_1 和 B_2 分別爲 W 和 $W^\perp$ 的基底。回顧習題 58，$B = B_1 \cup B_2$ 爲 R^n 的一個基底。試證明，若 B 爲一矩陣，其行爲在 B 中的向量，且若 D 爲 $n \times n$ 對角矩陣，其中前 k 個對角線元素爲 1 而其它元素爲 0，則 $P_W = BDB^{-1}$。

---

[8] 此習題將被用於 6.6 節中。

78. 令 $V = \text{Row } A$，其中

$$A = \begin{bmatrix} -1 & 1 & 0 & -1 \\ 0 & 1 & -2 & 1 \\ -3 & 1 & 4 & -5 \\ 1 & 1 & -4 & 3 \end{bmatrix}$$

利用在習題 77 中所敘述的方法來求 P_V。提示：用 6.2 節例題 2 之方法，求一組 $V^{\perp}$ 的基底。

79. (a) 令 $W=\text{Null}C$，其中 C 爲一個 $m \times n$ 矩陣，具有秩爲 m。試證明

$$P_{W^{\perp}} = C^T(CC^T)^{-1}C$$

和

$$P_W = I_n - C^T(CC^T)^{-1}C$$

提示：$W^{\perp} = \text{Row } C$。

(b) 令 $W=\text{Null } A$，其中 A 爲在習題 78 中的矩陣。利用(a)來計算 P_W。注意：因爲 A 爲一個 4×4 的矩陣，具有秩等於 2。A 必須以適當之具有秩爲 2 的 2×4 矩陣來取代。此可利用將 A 替換爲 A 的最簡列梯型中非零列所形成的 2×4 矩陣。

(c) 令 $W=\text{Null } A$，其中 A 爲在習題 78 中的矩陣。利用在習題 77 中所描述的方法來求 P_W。提示：如在 6.2 節例題 2 中，對 $W^{\perp}$ 獲得一基底。比較你的結果和在(b)中所得的結果。

80. 令 V 和 W 如習題 78 和 79。試計算 P_V+P_W。如何解釋你的答案？

81. 令 $W = \text{Col } A$，其中

$$A = \begin{bmatrix} 1 & 0 & 5 & -3 \\ 0 & 1 & 2 & 4 \\ -1 & -2 & -9 & -5 \\ 1 & 1 & 7 & 1 \end{bmatrix}$$

利用在習題 77 中所描述的方法來求 P_W。

82.[9] 假設 P 爲一個 $n \times n$ 矩陣，使得 $P^2 = P^T = P$。試證明 P 爲正交投影矩陣 P_W，其中 $W = \text{Col } P = \{P\mathbf{u} : \mathbf{u} \text{ 在 } R^n\}$。提示：試說明對在 R^n 的任意 $\mathbf{u}$，$\mathbf{u} = P\mathbf{u} + (I_n - P)\mathbf{u}$，$P\mathbf{u}$ 在 W 中，且 $(I_n - P)\mathbf{u}$ 在 $W^{\perp}$ 中。

83. 令 W 爲 R^n 的 1 維子空間，$\mathbf{v}$ 爲在 W 中的非零向量，A 爲一個 $n \times n$ 矩陣，對所有 i , j 具有 $a_{ij} = v_i v_j$。試證明 $P_W = \dfrac{1}{\|\mathbf{v}\|^2} A$。

84. 令 W 爲 R^3 的一個 2 維子空間。利用在 5.4 節中反射運算子 T_W 的定義來證明下列敘述：

(a) 對在 R^3 的所有向量 $\mathbf{u}$，$T_W(\mathbf{u}) = 2U_W(\mathbf{u}) - \mathbf{u}$。

(b) T_W 爲線性。

在習題 85 至 88 中，使用具有矩陣運算能力之計算機或是電腦軟體如 MATLAB 來解每道題。

85. 令 $W=\text{Span}S$，其中

$$S = \left\{ \begin{bmatrix} 0 \\ -3 \\ 9 \\ 0 \\ -4 \end{bmatrix}, \begin{bmatrix} -8 \\ 9 \\ -8 \\ 0 \\ 2 \end{bmatrix}, \begin{bmatrix} -4 \\ 8 \\ 1 \\ -1 \\ 8 \end{bmatrix}, \begin{bmatrix} -9 \\ 5 \\ 5 \\ 6 \\ -7 \end{bmatrix} \right\} \text{且 } \mathbf{u} = \begin{bmatrix} -9 \\ 4 \\ 7 \\ 2 \\ 4 \end{bmatrix}$$

(a) 試求對 W 的一個正規正交基底。

(b) 利用你對(a)的答案來求 $\mathbf{u}$ 在 W 上的正交投影。

(c) 利用你對(b)的答案來求從 $\mathbf{u}$ 到 W 的距離。

86. 試對子空間 $W^{\perp}$ 求一基底，其中 W 給定於習題 85 中。

87. 試求 P_W，其中 W 給定於習題 85 中。利用你的答案，來求在習題 85 中的向量 $\mathbf{u}$ 的正交投影，且比較你的答案與在習題 85(b)中的答案。

88. 令

$$\mathbf{u} = \begin{bmatrix} 6 \\ -4 \\ -2 \\ 1 \\ -1 \end{bmatrix} \quad \text{且}$$

$$W = \text{Span}\left\{ \begin{bmatrix} -9 \\ 5 \\ 5 \\ 6 \\ -7 \end{bmatrix}, \begin{bmatrix} -9 \\ 4 \\ 7 \\ 2 \\ 4 \end{bmatrix}, \begin{bmatrix} 4 \\ 9 \\ 7 \\ -5 \\ -4 \end{bmatrix} \right\}$$

試計算正交投影矩陣 P_W，且利用其來求從 $\mathbf{u}$ 到 W 的距離。

[9] 此習題將備用在 6.7 節。

6

練習題解答

1. $A=\begin{bmatrix}1 & 0 & -1 & 1\\ -1 & 1 & 3 & -4\end{bmatrix}$。因此 $W^{\perp}=\text{Null }A$ 爲齊次線性方程組 $A\mathbf{x}=\mathbf{0}$ 的解集合。此方程組通解的向量形式爲

$$\begin{bmatrix}x_1\\x_2\\x_3\\x_4\end{bmatrix}=x_3\begin{bmatrix}1\\-2\\1\\0\end{bmatrix}+x_4\begin{bmatrix}-1\\3\\0\\1\end{bmatrix}$$

所以，

$$\left\{\begin{bmatrix}1\\-2\\1\\0\end{bmatrix},\begin{bmatrix}-1\\3\\0\\1\end{bmatrix}\right\}$$

是 $W^{\perp}$ 的一組基底。

2. (a) 向量 $\mathbf{x}=\begin{bmatrix}x_1\\x_2\\x_3\\x_4\end{bmatrix}$ 在 $W^{\perp}$ 中若且唯若其爲下列齊次線性方程組之一解。

$$\begin{aligned}x_1+x_2-x_3+x_4&=0\\3x_1+2x_2-x_3&=0\end{aligned}$$

此方程組之通解的向量形式爲

$$\begin{bmatrix}x_1\\x_2\\x_3\\x_4\end{bmatrix}=x_3\begin{bmatrix}-1\\2\\1\\0\end{bmatrix}+x_4\begin{bmatrix}2\\-3\\0\\1\end{bmatrix}$$

因此，

$$\left\{\begin{bmatrix}-1\\2\\1\\0\end{bmatrix},\begin{bmatrix}2\\-3\\0\\1\end{bmatrix}\right\}$$

是 $W^{\perp}$ 的一組基底。

接者，我們利用在練習題 1 中所使用的方法來獲得 W 的一個正規正交基底 $\{\mathbf{w}_1,\mathbf{w}_2\}$，其中

$$\mathbf{w}_1=\frac{1}{2}\begin{bmatrix}1\\1\\-1\\1\end{bmatrix}\quad\text{且}\quad\mathbf{w}_2=\frac{1}{2\sqrt{5}}\begin{bmatrix}3\\1\\1\\-3\end{bmatrix}$$

因此，

$$\begin{aligned}\mathbf{w}&=(\mathbf{u}\cdot\mathbf{w}_1)\mathbf{w}_1+(\mathbf{u}\cdot\mathbf{w}_2)\mathbf{w}_2\\&=(5)\cdot\frac{1}{2}\begin{bmatrix}1\\1\\-1\\1\end{bmatrix}+(-\sqrt{5})\cdot\frac{1}{2\sqrt{5}}\begin{bmatrix}3\\1\\1\\-3\end{bmatrix}\\&=\begin{bmatrix}1\\2\\-3\\4\end{bmatrix}\end{aligned}$$

最後，

$$\mathbf{z}=\mathbf{u}-\mathbf{w}=\begin{bmatrix}0\\7\\4\\7\end{bmatrix}-\begin{bmatrix}1\\2\\-3\\4\end{bmatrix}=\begin{bmatrix}-1\\5\\7\\3\end{bmatrix}$$

(b) 令

$$C=\begin{bmatrix}1 & 3\\1 & 2\\-1 & -1\\1 & 0\end{bmatrix}$$

則

$$\begin{aligned}P_W&=C(C^TC)^{-1}C^T\\&=\begin{bmatrix}1 & 3\\1 & 2\\-1 & -1\\1 & 0\end{bmatrix}\begin{bmatrix}0.7 & -0.3\\-0.3 & 0.2\end{bmatrix}\begin{bmatrix}1 & 1 & -1 & 1\\3 & 2 & -1 & 0\end{bmatrix}\\&=\begin{bmatrix}0.7 & 0.4 & -0.1 & -0.2\\0.4 & 0.3 & -0.2 & 0.1\\-0.1 & -0.2 & 0.3 & -0.4\\-0.2 & 0.1 & -0.4 & 0.7\end{bmatrix}\end{aligned}$$

觀察乘積 $P_W\mathbf{u}$，其提供如在(a)中所獲得的結果。

(c) 從 $\mathbf{u}$ 到 W 的距離爲介於 $\mathbf{u}$ 和 $\mathbf{u}$ 在 W 上正交投影之間的距離，其爲

$$\|\mathbf{z}\|=\left\|\begin{bmatrix}-1\\5\\7\\3\end{bmatrix}\right\|=\sqrt{84}$$

6.4 最小平方近似及正交投影矩陣

在幾乎所有實驗研究(empirical research)的領域中，尋找變數間簡單的數學關係是很令人感興趣的。在經濟學上，變數可能是國內生產毛額、失業率、及年度赤字(annual deficit)。在生命科學上，感興趣的變數可能爲吸煙和心臟疾病的發生率。在社會學上，其可能爲出生序及少年犯罪的頻率。

在科學上，許多關係爲決定性的(*deterministic*)；亦即，關於一變數的資訊可完全由其他變數的值來決定。例如，力量 f 施加於一質量 m 的物體，其加速度 a 的關係可由方程式 $f=ma$ (牛頓第二定律)來給定。另一個範例爲，自由落體的高度及落下時間的關係。但另一方面，一個人的身高和體重間的關係則不是決定性的。有很多人具有相同的身高但卻有不同的體重。然而，在醫院中，存在圖表提供對給定身高其標準體重的建議。非決定性的關係通常稱爲機率性的(*probabilistic*)或隨機的(*stochastic*)。

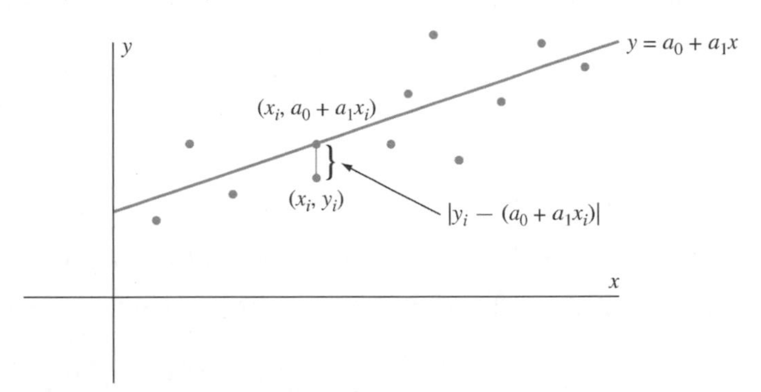

圖 6.16　一資料的繪圖

我們可利用我們對於正交投影的知識，來鑑別變數間的關係。在此，我們從實驗量測所獲得的一組給定資料 $(x_1, y_1), (x_2, y_2), \cdots, (x_n, y_n)$ 來開始。例如，我們可隨機選擇 n 個人做調查，其中 x_i 表示第 i 人所受教育的年數，而 y_i 表示第 i 人的年收入。數據如圖 6.16 所繪製。注意 x 和 y 之間存在一近似線性(直線)的關係。爲了獲得此關係，我們欲求一線 $y = a_0 + a_1 x$，其能最佳配適(*best fit*)該數據。統計學家通常用來定義最佳配適線的準則爲從該線到數據點的垂直距離平方和會小於從其他線到數據點的垂直距離平方之和。從圖 6.16，我們可看出必須求出 a_0 和 a_1 使得數值

$$E = [y_1 - (a_0 + a_1x_1)]^2 + [y_2 - (a_0 + a_1x_2)]^2 + \cdots + [y_n - (a_0 + a_1x_n)]^2 \qquad (3)$$

爲最小。而用來求此線的方法稱之爲**最小平方法(method of least squares)**[10]。E 稱爲**誤差平方和(error sum of squares)**，而使 E 最小化的線，稱之爲**最小平方線(least-squares line)**。

爲了求最小平方線，我們令

$$\mathbf{v}_1 = \begin{bmatrix} 1 \\ 1 \\ \vdots \\ 1 \end{bmatrix}, \quad \mathbf{v}_2 = \begin{bmatrix} x_1 \\ x_2 \\ \vdots \\ x_n \end{bmatrix}, \quad \mathbf{y} = \begin{bmatrix} y_1 \\ y_2 \\ \vdots \\ y_n \end{bmatrix}, \quad \text{且} \quad C = [\mathbf{v}_1 \mathbf{v}_2]$$

以此標記，方程式(3)可以改寫爲以向量表示，如

$$E = \|\mathbf{y} - (a_0\mathbf{v}_1 + a_1\mathbf{v}_2)\|^2 \qquad (4)$$

(參見習題 33。)注意 $\sqrt{E} = \|\mathbf{y} - (a_0\mathbf{v}_1 + a_1\mathbf{v}_2)\|$ 爲介於 $\mathbf{y}$ 和向量 $a_0\mathbf{v}_1 + a_1\mathbf{v}_2$ 間的距離，$a_0\mathbf{v}_1 + a_1\mathbf{v}_2$ 在 $W = \text{Span}\{\mathbf{v}_1, \mathbf{v}_2\}$ 中。所以爲了將 E 最小化，我們只需選擇在 W 中的向量，使其最接近 $\mathbf{y}$。但從最接近向量性質，此向量爲 $\mathbf{y}$ 在 W 上的正交投影。因此，我們希望

$$a_0\mathbf{v}_1 + a_1\mathbf{v}_2 = C\begin{bmatrix} a_0 \\ a_1 \end{bmatrix} = P_W\mathbf{y}$$

爲 $\mathbf{y}$ 在 W 上的正交投影。

對任意一組合理的數據，x_i 彼此不全相等，因此 $\mathbf{v}_1$ 和 $\mathbf{v}_2$ 不爲彼此的倍數。也就是向量 $\mathbf{v}_1$ 和 $\mathbf{v}_2$ 爲線性獨立，則所以 $B=\{\mathbf{v}_1, \mathbf{v}_2\}$ 爲 W 的一個基底。因 C 的行構成 W 的一個基底，我們可以應用定理 6.8 來求得

$$C\begin{bmatrix} a_0 \\ a_1 \end{bmatrix} = C(C^TC)^{-1}C^T\mathbf{y}$$

將上式左右由左邊乘上 C^T，得到

$$C^TC\begin{bmatrix} a_0 \\ a_1 \end{bmatrix} = C^TC(C^TC)^{-1}C^T\mathbf{y} = C^T\mathbf{y}$$

矩陣方程式 $C^TC\mathbf{x} = C^T\mathbf{y}$ 對應到一線性方程組，稱之爲正規方程組(**normal equations**)。因此最佳配適線發生在當 $\begin{bmatrix} a_0 \\ a_1 \end{bmatrix}$ 爲正規方程組之解時。因根據在定理 6.8 之前的輔助定理，C^TC 爲可逆，所以我們可見最小平方線具有方程式 $y = a_0 + a_1x$，其中

$$\begin{bmatrix} a_0 \\ a_1 \end{bmatrix} = (C^TC)^{-1}C^T\mathbf{y}$$

---

[10] 最小平方線最早出現在 Adrien Marie Legendre (1752-1833)的論文中。題目爲 *NouvellesM´ethodes pour la d´etermination des orbites des com`etes*。

例題 1

在冰箱的製造上，打磨連桿是必要的工序。若打磨好的連桿重量超過某一定值，則該連桿必須報廢。但打磨的工序是很昂貴的，對製造商而言，若能夠估測完成重量和初始重量之間粗略的關係，則具有可觀的價值。而對某些初始毛重太高的連桿，則可先行報廢而不需等到全部製程完成。從過去的經驗，製造商知道此一關係近似於線性。

從五個連桿樣本，我們令 x_i 和 y_i 分別表示第 i 個連桿的初始毛重和打磨後的重量。數據如下表給定：

初始毛重 x_i (pounds)	打磨後毛重 y_i (pounds)
2.60	2.00
2.72	2.10
2.75	2.10
2.67	2.03
2.68	2.04

從此資料中，我們令

$$C=\begin{bmatrix}1 & 2.60\\ 1 & 2.72\\ 1 & 2.75\\ 1 & 2.67\\ 1 & 2.68\end{bmatrix} \quad 且 \quad \mathbf{y}=\begin{bmatrix}2.00\\ 2.10\\ 2.10\\ 2.03\\ 2.04\end{bmatrix}$$

則

$$C^TC=\begin{bmatrix}5.0000 & 13.4200\\ 13.4200 & 36.0322\end{bmatrix} \quad 且 \quad C^T\mathbf{y}=\begin{bmatrix}10.2700\\ 27.5743\end{bmatrix}$$

正規方程組的解爲

$$\begin{bmatrix}a_0\\ a_1\end{bmatrix}\approx\begin{bmatrix}0.056\\ 0.745\end{bmatrix}$$

因此，完成重量 y 和毛重 x 之間的關係如下列的最小平方線方程式所給定

$$y=0.056+0.745x$$

例如，若一連桿的初始毛重爲 2.65 磅，則完成重量將近似於

$$0.056+0.745(2.65)\approx 2.030\text{磅}$$

練習題 1.

對數據(1, 62)、(3, 54)、(4, 50)、(5, 48)，及(7, 40)，試求最小平方線方程式。

我們之前對數據點 (x_1, y_1)，(x_2, y_2)，⋯，(x_n, y_n) 所發展之以線性多項式 $a_0 + a_1x$ 求最佳配適的方法，可經過修改以二次多項式 $y = a_0 + a_1x + a_2x^2$ 來求最佳配適。在此方法中唯一的改變為使用新的誤差平方和

$$E = [y_1 - (a_0 + a_1x_1 + a_2x_1^2)]^2 + \cdots + [y_n - (a_0 + a_1x_n + a_2x_n^2)]^2$$

在此情況下，令

$$\mathbf{v}_1 = \begin{bmatrix} 1 \\ 1 \\ \vdots \\ 1 \end{bmatrix}, \quad \mathbf{v}_2 = \begin{bmatrix} x_1 \\ x_2 \\ \vdots \\ x_n \end{bmatrix}, \quad \mathbf{v}_3 = \begin{bmatrix} x_1^2 \\ x_2^2 \\ \vdots \\ x_n^2 \end{bmatrix}, \quad \text{且} \quad \mathbf{y} = \begin{bmatrix} y_1 \\ y_2 \\ \vdots \\ y_n \end{bmatrix}$$

假設 x_i 彼此不同且 $n \geq 3$，這正是在實際情況下的情形，向量 $\mathbf{v}_1$、$\mathbf{v}_2$，及 $\mathbf{v}_3$ 為線性獨立(參見習題 34。)。因此它們構成 R^n 一個 3 維子空間 W 的一個基底。所以我們令 C 為 $n \times 3$ 矩陣 $C = [\mathbf{v}_1 \quad \mathbf{v}_2 \quad \mathbf{v}_3]$。正如在線性的情況一般，我們可以獲得正規方程組如下

$$C^TC\begin{bmatrix} a_0 \\ a_1 \\ a_2 \end{bmatrix} = c^T\mathbf{y}$$

其解為

$$\begin{bmatrix} a_0 \\ a_1 \\ a_2 \end{bmatrix} = (C^TC)^{-1}C^T\mathbf{y}$$

例題 2

從物理上，我們可以知道的是：若將一球從高度 s_0 英呎的大樓以每秒 v_0 英呎的速度往上拋，則該球在 t 秒後的高度可由公式 $s = s_0 + v_0t + \frac{1}{2}gt^2$ 所給定。其中，g 表示重力加速度。為了提供對 g 的實驗估測，我們將一球從 100 英呎高的大樓，以每秒 30 英呎的速度往上拋。則每個時刻所觀測到球的高度如下表給定：

時間(秒)	高度(呎)
0	100
1	118
2	92
3	48
3.5	7

對這些數據，我們令

$$C=\begin{bmatrix}1 & 0 & 0\\ 1 & 1 & 1\\ 1 & 2 & 4\\ 1 & 3 & 9\\ 1 & 3.5 & 12.25\end{bmatrix} \quad \text{且} \quad \mathbf{y}=\begin{bmatrix}100\\ 118\\ 92\\ 48\\ 7\end{bmatrix}$$

因此，最佳配適的二次多項式 $y=a_0+a_1x+a_2x^2$ 滿足

$$\begin{bmatrix}s_0\\ v_0\\ \frac{1}{2}g\end{bmatrix}=\begin{bmatrix}a_0\\ a_1\\ a_2\end{bmatrix}=(C^TC)^{-1}C^T\mathbf{y}\approx\begin{bmatrix}101.00\\ 29.77\\ -16.11\end{bmatrix}$$

此產生一近似關係

$$s=101.00+29.77t-16.11t^2$$

(參見圖 6.17。)設 $\frac{1}{2}g=-16.11$，我們獲得 -32.22 英呎每平方秒為對 g 的估測。

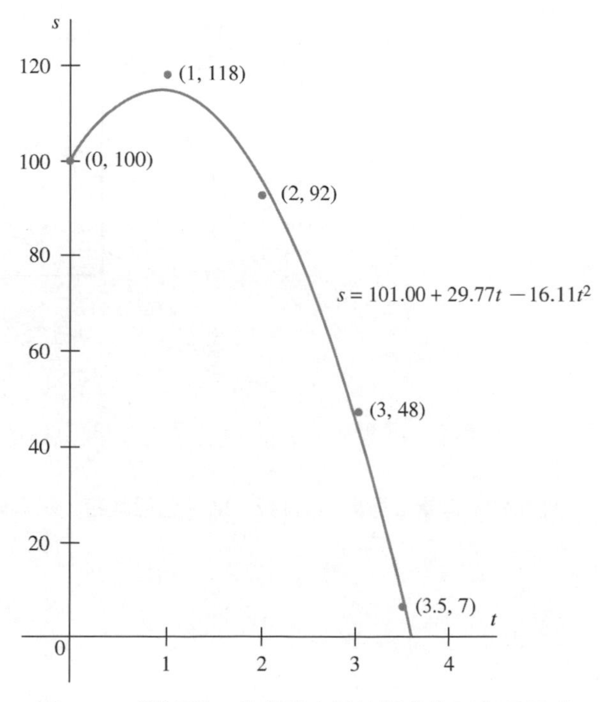

圖 6.17　對範例 2 的數據之最佳擬合的二次多項式

這裡應指出的是，此一相同方法可擴展至求任意階數的最佳配適多項式[11]，只要提供足夠大量的數據即可。再者，利用適當的變數代換，許多更複雜的關係式可用相同形式的矩陣運算來估測。

本節之後的其餘教材將在 6.7 節中以另一不同的觀點來說明。

不一致的線性方程組*

前面的例題是不一致的線性方程組的一個特例，而我們想要求出它的近似解。一般而言，將理論模型用於實測數據所產生的線性方程組 $A\mathbf{x}=\mathbf{b}$ 通常是不一致的，因爲 A 和 $\mathbf{b}$ 中的元素來自量測，它們並不精確；或由於模型本身只是近似於實際的情形。在這些情況中，我們所感興趣是如何獲得一向量 $\mathbf{z}$ 使 $\|A\mathbf{z}-\mathbf{b}\|$ 爲最小。令 W 表示有 $A\mathbf{u}$ 形式之所有向量的集合，則 W 爲 A 的行空間。利用最近向量特性，在 W 中最靠近於 $\mathbf{b}$ 的向量，爲 $\mathbf{b}$ 在 W 上的正交投影，即 $P_W\mathbf{b}$。因此，一向量 $\mathbf{z}$ 使 $\mathbf{z}-\|A\mathbf{z}-\mathbf{b}\|$ 爲最小若且唯若其爲下面線性方程組的一解

$$A\mathbf{x}=P_W\mathbf{b}$$

且此線性方程組保證爲一致的。(參見圖 6.18。)

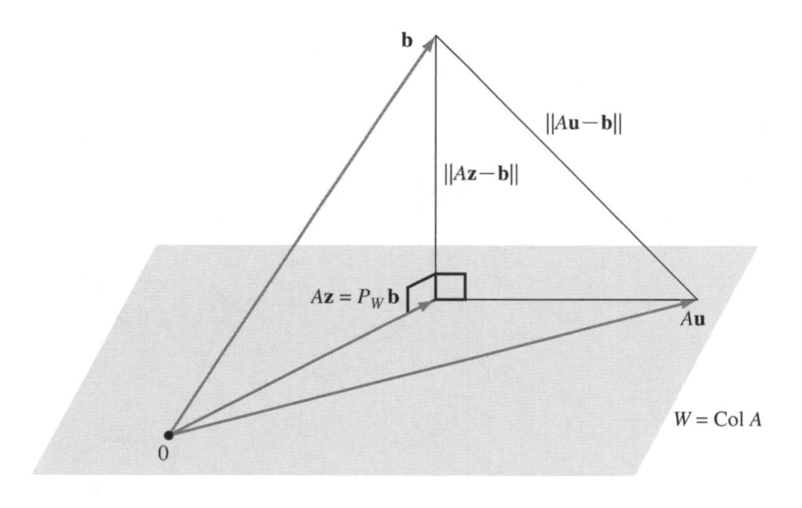

圖 6.18　向量 $\mathbf{z}$ 可最小化 $\|A\mathbf{z}-\mathbf{b}\|$，若且唯若，其為線性方程組 $A\mathbf{x}=P_W\mathbf{b}$ 的一解

---

[11] 注意! MATLAB 函數 polyfit 傳回的最佳配適多項式的係數是由高階到低階項排列 (而非如本書中的由低到高階的順序)。

*本節其餘部分可被省略而不失教材之連續性。

例題 3

給定一組不一致的線性方程組 $A\mathbf{x}=\mathbf{b}$，具有

$$A=\begin{bmatrix}1 & 1 & 1\\ 2 & 1 & 4\\ -1 & 0 & -3\\ 3 & 2 & 5\end{bmatrix} \quad \text{且} \quad \mathbf{b}=\begin{bmatrix}1\\ 7\\ -4\\ 8\end{bmatrix}$$

利用最小平方法來描述向量 $\mathbf{z}$ 使得 $\|A\mathbf{z}-\mathbf{b}\|$ 爲一最小值。

解 根據計算 A 的最簡列梯型，我們可見 A 的秩爲 2 且 A 的前兩行爲線性獨立。因此，A 的前兩行構成 $W=\text{Col}\,A$ 的一個基底。令 C 爲 4×2 矩陣，且以這兩個向量爲其行。則

$$P_W\mathbf{b}=C(C^TC)^{-1}C^T=\frac{1}{3}\begin{bmatrix}1 & 0 & 1 & 1\\ 0 & 1 & -1 & 1\\ 1 & -1 & 2 & 0\\ 1 & 1 & 0 & 2\end{bmatrix}\begin{bmatrix}1\\ 7\\ -4\\ 8\end{bmatrix}=\frac{1}{3}\begin{bmatrix}5\\ 19\\ -14\\ 24\end{bmatrix}$$

如所注意到，使 $\|A\mathbf{z}-\mathbf{b}\|$ 爲最小的向量爲 $A\mathbf{x}=P_W\mathbf{b}$ 之解。此系統的通解爲

$$\frac{1}{3}\begin{bmatrix}14\\ -9\\ 0\end{bmatrix}+x_3\begin{bmatrix}-3\\ 2\\ 1\end{bmatrix}$$

所以，這些爲能使 $\|A\mathbf{z}-\mathbf{b}\|$ 爲一最小值的向量。注意，對這些向量中的每個，我們都有

$$\|A\mathbf{z}-\mathbf{b}\|=\|P_W\mathbf{b}-\mathbf{b}\|=\left\|\frac{1}{3}\begin{bmatrix}5\\ 19\\ -14\\ 24\end{bmatrix}-\begin{bmatrix}1\\ 7\\ -4\\ 8\end{bmatrix}\right\|=\frac{2}{\sqrt{3}}$$

最小範數解

在解例題 3 的問題時，我們獲得一非齊次線性方程組的無限多解。一般而言，給定一具有無限多解的非齊次線性方程組，選擇最小範數解通常是很有用的。我們將說明，使用正交投影，如此的系統將具有唯一的最小範數解。

考慮一個一致的線性方程組 $A\mathbf{x}=\mathbf{c}$，其中 $\mathbf{c}\neq\mathbf{0}$。令 $\mathbf{v}_0$ 爲該方程組的任意解，且令 $Z=\text{Null}\,A$。根據習題 35，一向量 $\mathbf{v}$ 爲該方程組的一個解若且唯若其具有形式 $\mathbf{v}=\mathbf{v}_0+\mathbf{z}$，其中 $\mathbf{z}$ 在 Z 中。在此，我們希望選擇在 Z 中的一個向量 $\mathbf{z}$，使

得$\|\mathbf{v}_0+\mathbf{z}\|$為一個最小值。因$\|\mathbf{v}_0+\mathbf{z}\|=\|-\mathbf{v}_0-\mathbf{z}\|$，其為$-\mathbf{v}_0$和 $\mathbf{z}$ 之間的距離。則在 Z 中使此距離最小的向量當然為$-\mathbf{v}_0$在 Z 上的正交投影，亦即，$\mathbf{z}=P_Z(-\mathbf{v}_0)=-P_Z\mathbf{v}_0$。因此，$\mathbf{v}_0+\mathbf{z}=\mathbf{v}_0-P_Z\mathbf{v}_0$為最小範數方程組的唯一解。

例題 4

試求例題 3 中方程式 $A\mathbf{x}=P_W\mathbf{b}$ 的最小範數解。

解 根據在例題 3 中所給之解的向量形式，一向量 $\mathbf{v}$ 為其一解若且唯若 $\mathbf{v}=\mathbf{v}_0+\mathbf{z}$，對 $\mathbf{z}$ 在 Z 中，其中

$$\mathbf{v}_0=\frac{1}{3}\begin{bmatrix}14\\-9\\0\end{bmatrix} \quad \text{且} \quad Z=\text{Null }A=\text{Span}\left\{\begin{bmatrix}-3\\2\\1\end{bmatrix}\right\}$$

令$C=\begin{bmatrix}-3\\2\\1\end{bmatrix}$，我們計算正交投影矩陣

$$P_Z=C(C^TC)^{-1}C^T=\frac{1}{14}\begin{bmatrix}9&-6&3\\-6&4&2\\-3&2&1\end{bmatrix}$$

因此，

$$\mathbf{v}_0-P_Z\mathbf{v}_0=(I_3-P_Z)\mathbf{v}_0=\frac{1}{21}\begin{bmatrix}8\\-3\\30\end{bmatrix}$$

為最小範數解。

習 題

在習題 1 至 8 中，試求所給數據之最小平方線的方程式。

1. $(1,14),(3,17),(5,19),(7,20)$。
2. $(1,30),(2,27),(4,21),(7,14)$。
3. $(1,5),(2,6),(3,8),(4,10),(5,11)$。
4. $(1,2),(2,4),(3,7),(4,8),(5,10)$。
5. $(1,40),(3,36),(7,23),(8,21),(10,13)$。
6. $(1,19),(2,17),(3,16),(4,14),(5,12)$。
7. $(1,4),(4,24),(5,30),(8,32),(12,36)$。
8. $(1,21),(3,32),(9,38),(12,41),(15,51)$。
9. 假設一彈簧的自然長度為 L 英吋，且一端固定在一牆上。一力 y 施加於彈簧的自由端，將彈簧拉成比其自然長度長 s 英吋。虎克定律(Hooke's law)說明(在一限度內) $y=ks$，其中 k 為一常數，我們稱之為彈簧常數(*spring constant*)。現在假設在施力 y 後，彈簧的新長度為 x。則 $s=x-L$。且由虎克定律，則產生

$$y = ks = k(x-L) = a + kx$$

其中 $a=-kL$。對下面數據，使用最小平方法來估測 k 和 L：

長度 x(英吋)	力 y (磅)
3.5	1.0
4.0	2.2
4.5	2.8
5.0	4.3

在習題 10 至 15 中，試利用最小平方法來求最多 n 階，並能最佳配適給定數據的多項式。

10. $n=2$ 具有數據 $(0,2),(1,2),(2,4),(3,8)$。
11. $n=2$ 具有數據 $(0,3),(1,3),(2,5),(3,9)$。
12. $n=2$ 具有數據 $(0,1),(1,2),(2,3),(3,4)$。
13. $n=2$ 具有數據 $(0,2),(1,3),(2,5),(3,8)$。
14. $n=3$ 具有數據$(-2,\ -5)$，$(-1,-1)$，$(0,\ -1)$，$(1,1)$，$(2,11)$
15. $n=3$ 具有數據$(-2,\ -4)$，$(-1,\ -5)$，$(0,5)$，$(1,\ -3)$，$(2,12)$

在習題 16 至 19 中，給定一不一致的線性方程組 $A\mathbf{x}=\mathbf{b}$。試利用最小平方法來求得向量 $\mathbf{z}$，使 $\|A\mathbf{z}-\mathbf{z}\|$ 為一最小值。

16. $A=\begin{bmatrix}1&1\\1&2\\3&1\end{bmatrix}$ 且 $\mathbf{b}=\begin{bmatrix}3\\5\\4\end{bmatrix}$。

17. $A=\begin{bmatrix}1&2&-1\\1&-1&2\\2&1&1\end{bmatrix}$ 且 $\mathbf{b}=\begin{bmatrix}1\\3\\1\end{bmatrix}$。

18. $A=\begin{bmatrix}1&1&0&3\\0&1&0&1\\1&-1&1&2\\0&-1&1&0\end{bmatrix}$ 且 $\mathbf{b}=\begin{bmatrix}1\\2\\1\\0\end{bmatrix}$。

19. $A=\begin{bmatrix}-1&1&1&0\\2&1&4&3\\0&-1&-1&0\\0&2&4&2\\1&1&3&2\end{bmatrix}$ 且 $\mathbf{b}=\begin{bmatrix}1\\0\\1\\1\\1\end{bmatrix}$。

在習題 20 至 23 中，給定一線性方程組 $A\mathbf{x}=\mathbf{b}$。試利用最小平方法來求得其最小範數解。

20. $A=\begin{bmatrix}1&1&2\\3&-1&-2\end{bmatrix}$ 且 $\mathbf{b}=\begin{bmatrix}3\\1\end{bmatrix}$。

21. $A=\begin{bmatrix}1&2&-1\\-3&-5&2\\2&3&-1\end{bmatrix}$ 且 $\mathbf{b}=\begin{bmatrix}-1\\0\\1\end{bmatrix}$。

22. $A=\begin{bmatrix}1&-3&2\end{bmatrix}$ 且 $\mathbf{b}=[5]$。

23. $A=\begin{bmatrix}2&-1&1&1\\1&1&-1&2\\1&-2&2&-1\end{bmatrix}$ 且 $\mathbf{b}=\begin{bmatrix}4\\-1\\5\end{bmatrix}$。

在習題 24 至 27 中，試求最小範數的向量 $\mathbf{z}$，使得 $\|A\mathbf{x}-\mathbf{b}\|$ 為一個最小值。其中 $A\mathbf{x}=\mathbf{b}$ 為一個不一致的線性方程組，並於每個指定的習題中給定。

24. 習題 16。
25. 習題 17。
26. 習題 18。
27. 習題 19。

是非題

在習題 28 至 32 中，試決定該陳述為真確或謬誤。

28. 對一給定並繪製於 xy 平面上的數據組，其最小平方線爲在該平面上唯一的線，使得從數據點到該線的垂直距離之總和爲最小。
29. 若 $\begin{bmatrix}a_0\\a_1\end{bmatrix}$ 爲對數據之正規方程式的一解，則 $y=a_0+a_1x$ 爲最小平方線方程式。
30. 最小平方法僅可用一直線來近似數據。.
31. 對任意不一致的線性方程組 $A\mathbf{x}=\mathbf{b}$，使 $\|A\mathbf{z}-\mathbf{b}\|$ 爲一最小値的向量 $\mathbf{z}$ 是獨一無二的。
32. 每個一致的線性方程組 $A\mathbf{x}=\mathbf{b}$ 具有唯一的最小範數解。
33. 令 E 爲對數據 $(x_1,y_1),(x_2,y_2),\cdots,(x_n,y_n)$ 的誤差平方和，如在方程式(4)中。試證明 $E=\|\mathbf{y}-(a_0\mathbf{v}_1+a_1\mathbf{v}_2)\|^2$。其中

$$\mathbf{v}_1=\begin{bmatrix}1\\1\\\vdots\\1\end{bmatrix},\quad \mathbf{v}_2=\begin{bmatrix}x_1\\x_2\\\vdots\\x_n\end{bmatrix},\quad 且\quad \mathbf{y}=\begin{bmatrix}y_1\\y_2\\\vdots\\y_n\end{bmatrix}$$

6

34. 試證明對任意數據組(x_1, y_1)，(x_2, y_2)，⋯，(x_n, y_n)，其中 x_i 彼此不同且 $n \geq 3$ ，向量

$$\mathbf{v}_1 = \begin{bmatrix} 1 \\ 1 \\ \vdots \\ 1 \end{bmatrix}, \quad \mathbf{v}_2 = \begin{bmatrix} x_1 \\ x_2 \\ \vdots \\ x_n \end{bmatrix}, \quad 且 \quad \mathbf{v}_3 = \begin{bmatrix} x_1^2 \\ x_2^2 \\ \vdots \\ x_n^2 \end{bmatrix}$$

形成 R^n 的一個線性獨立子集合。

35. 假設 $A\mathbf{x}=\mathbf{c}$ 爲一個一致的線性方程組，具有 $\mathbf{c} \neq \mathbf{0}$，且 $\mathbf{v}_0$ 爲該系統的一個解。試證明向量 $\mathbf{v}$ 爲該方程組的一個解若且唯若對在 Null A 中的某個向量 $\mathbf{z}$，$\mathbf{v} = \mathbf{v}_0 + \mathbf{z}$ 。

習題 36 和 37 需要熟悉在 6.2 節中所介紹的 QR 分解。

36. 令 $A=QR$ 爲一個矩陣的一個 QR 分解，且其行爲線性獨立。試證明 $P_W = QQ^T$ ，其中 $W = \text{Col } A$ 。

37. 考慮一致的方程組 $A\mathbf{x}=\mathbf{b}$，其中 A 的行彼此線性獨立。在 6.2 節中，我們學習到如何利用 A 的一個 QR 分解來解此問題，也就是對相關的方程組 $R\mathbf{x} = Q^T\mathbf{b}$ 來求解，而該方程組一定是一致的。試說明，若 $A\mathbf{x}=\mathbf{b}$ 爲不一致的，$R\mathbf{x} = Q^T\mathbf{b}$ 的解會使 $\|A\mathbf{x} - \mathbf{b}\|$ 爲一最小值。

在習題 38 至 41 中，請使用具有矩陣運算能力之計算機或是電腦軟體如 MATLAB。

38. 一太空飛行器從一靠近太空站的太空平台發射。此太空飛行器以一等加速度朝固定方向飛離太空站。所以在發射的 t 秒後，其離太空站的距離 y (以公尺爲單位)如公式 $y = a + bt + ct^2$ 所給定。(在此，a 爲太空平台在發射時離太空站的距離，b 爲平台相對於太空站的速度，且 $2c$ 爲太空飛行器的加速度。)試利用最小平方法來求一個二次多項式，其能最佳配適以下數據：

t	5	10	15	20	25	30
y	140	290	560	910	1400	2000

39. 試利用最小平方法來求一個三次多項式，其能最佳配適數據點 $(-2,-4)$ ，$(-1,1)$，$(0,1)$，$(2,10)$，及$(3,26)$。

40. 下表，給定函數 $y = 10\sin x$ 在 $[0, 2\pi]$ 區間的近似值。我們利用最小平方法以線性及三次多項式來近似此函數。

x	$y=10\sin x$
0.00000	0.00000
0.62832	5.87786
1.25664	9.51057
1.88496	9.51055
2.51328	5.87781
3.14160	−0.00007
3.76992	−5.87792
4.39824	−9.51060
5.02656	−9.51053
5.65488	−5.87775
6.28320	0.00014

(a) 試利用最小平方法，對在表格中的數據求最小平方線之方程式。

(b) 試計算(a)的誤差平方和。

(c) 試使用相同座標軸繪製 $y = 10\sin x$ 及在(a)中所求得之最小平方線。

(d) 試利用最小平方法，來對該數據產生最佳的三次配適。

(e) 試計算(d)的誤差平方和。

(f) 試使用相同座標軸繪製 $y = 10\sin x$ 及在(d)中所求得之三次多項式。

41. 假設一數學模型預測兩數量 x 和 y 的關係式爲方程式 $y = a\cos x + b\sin x$ ，其中 x 的單位爲度。我們獲得如下表的實驗數據：

x	5	10	15	20	25	30
y	2.8	2.6	2.4	2.1	1.9	1.6

試利用最小平方法來估測 a 和 b，取到兩位有效位數。提示：令 $\mathbf{v}_1$ 和 $\mathbf{v}_2$ 爲在 R^6 中的向量，其元素依序爲角度 $5^\circ, 10^\circ, \cdots, 30^\circ$ 之餘弦和正弦值，且令 $\mathbf{y}$ 爲在 R^6 中的向量，其元素爲 y 在表格中相對應的值。令 $A = [\mathbf{v}_1 \mathbf{v}_2]$ 。試利用最小平方法來求向量 $\mathbf{z}$，使得 $\|A\mathbf{z} - \mathbf{y}\|$ 爲最小。

練習題解答

1. 令

$$C=\begin{bmatrix}1&1\\1&3\\1&4\\1&5\\1&7\end{bmatrix}\quad 且 \quad \mathbf{y}=\begin{bmatrix}62\\54\\50\\48\\40\end{bmatrix}$$

則 $y=a_0+a_1x$，其中

$$\begin{bmatrix}a_0\\a_1\end{bmatrix}=(C^TC)^{-1}C^T\mathbf{y}=\begin{bmatrix}65.2\\-3.6\end{bmatrix}$$

因此，最小平方線之方程式爲

$$y=65.2-3.6x$$

2. (a) 令

$$C=\begin{bmatrix}1&1\\-1&1\\2&-3\\-1&2\end{bmatrix}$$

則

$$P_W=C(C^TC)^{-1}C^T$$
$$=\frac{1}{41}\begin{bmatrix}38&-8&1&7\\-8&6&-11&5\\1&-11&27&-16\\7&5&-16&11\end{bmatrix}$$

(b) 在 W 中最接近 $\mathbf{u}$ 的向量，給定如下

$$P_W\mathbf{u}=\frac{1}{41}\begin{bmatrix}38&-8&1&7\\-8&6&-11&5\\1&-11&27&-16\\7&5&-16&11\end{bmatrix}\begin{bmatrix}4\\0\\-3\\8\end{bmatrix}$$
$$=\begin{bmatrix}5\\1\\-5\\4\end{bmatrix}$$

6.5 正交矩陣及運算子

在第二章中，我們研讀了從 R^n 到 R^n 可保留向量加法和純量乘法運算的函數。在此，我們已介紹了向量範數的觀念。很自然的我們會問，哪些在 R^n 中的線性運算子也保留範數；亦即，對在 R^n 中的每個向量 $\mathbf{u}$，有那些運算子 T 會滿足 $\|T(\mathbf{u})\|=\|\mathbf{u}\|$。這些線性運算子及其標準矩陣在數值計算上非常有用，因爲它們不會放大任何捨入或實驗誤差。由於在 R^2 中的這種運算子，保留非零向量間的角度(參見習題 66)，所以它們也保留了很多幾何上我們所熟悉的特性。

很明顯的，並非 R^n 中的任意運算子都具有這樣的特性。若 R^n 的一個運算子 U 有 ±1 之外的特徵值 λ，及相對的特徵向量 $\mathbf{v}$，則 $\|U(\mathbf{v})\|=\|\lambda\mathbf{v}\|=|\lambda|\cdot\|\mathbf{v}\|\neq\|\mathbf{v}\|$。然而，還是有一些我們所熟悉的運算子具有這樣的特性，如我們在第一個例題中所示範。

例題 1

令 T 爲在 R^2 中的線性運算子，其將一向量旋轉一角度 θ。很清楚的，對每個在 R^2 中的 $\mathbf{v}$，$T(\mathbf{v})$具有和 $\mathbf{v}$ 相同的長度；且所以對每個在 R^2 中的 $\mathbf{v}$，$\|T(\mathbf{v})\|=\|\mathbf{v}\|$。

把在 R^2 中的每個向量旋轉一特定角度的線性運算子稱之爲一個**旋轉運算子(rotation operator)**，或簡單說，一**旋轉(rotation)**。明確的說，一在 R^2R^n 中的運算子爲一旋轉若且唯若其標準矩陣爲一個旋轉矩陣。

因爲線性運算子和其標準矩陣的關係，我們可以利用討論 $n\times n$ 矩陣 Q，其對在 R^n 中的每個 $\mathbf{u}$ 都有 $\|Q\mathbf{u}\|=\|\mathbf{u}\|$，來研究在 R^n 中保留範數的線性運算子。考慮如此一矩陣的任意行 $\mathbf{q}_j$。因

$$\|\mathbf{q}_j\|=\|Q\mathbf{e}_j\|=\|\mathbf{e}_j\|=1 \quad (5)$$

所以 Q 的每行之範數爲 1。再者，若 $i\neq j$，我們有

$$\|\mathbf{q}_i+\mathbf{q}_j\|^2=\|Q\mathbf{e}_i+Q\mathbf{e}_j\|^2=\|Q(\mathbf{e}_i+\mathbf{e}_j)\|^2=\|\mathbf{e}_i+\mathbf{e}_j\|^2=2=\|\mathbf{q}_i\|^2+\|\mathbf{q}_j\|^2 \quad (6)$$

因此根據定理 6.2，$\mathbf{q}_i$ 和 $\mathbf{q}_j$ 爲正交。因此，Q 的行構成一個包含相異向量的正規正交集合，因此爲 R^n 的一組正規正交基底。

由於此結果，我們說一個 $n\times n$ 矩陣爲一個**正交矩陣**(或簡單的說，**正交**)，若它的各行構成 R^n 的一組正規正交基底。一在 R^n 中的線性運算子稱爲一個**正交運算子**(或簡單說，**正交**)，若其標準矩陣是一個正交矩陣。

爲了驗證一個 $n\times n$ 矩陣 Q 爲正交，必須說明 Q 的各行爲相異且構成一正規正交集合。

例題 2

考慮如下的 θ 旋轉矩陣

$$A_\theta=\begin{bmatrix}\cos\theta & -\sin\theta\\ \sin\theta & \cos\theta\end{bmatrix}$$

因

$$\begin{bmatrix}\cos\theta\\ \sin\theta\end{bmatrix}\cdot\begin{bmatrix}-\sin\theta\\ \cos\theta\end{bmatrix}=(\cos\theta)(-\sin\theta)+(\sin\theta)(\cos\theta)=0$$

$$\begin{bmatrix}\cos\theta\\ \sin\theta\end{bmatrix}\cdot\begin{bmatrix}\cos\theta\\ \sin\theta\end{bmatrix}=\cos^2\theta+\sin^2\theta=1$$

且

$$\begin{bmatrix}-\sin\theta\\ \cos\theta\end{bmatrix}\cdot\begin{bmatrix}-\sin\theta\\ \cos\theta\end{bmatrix}=\sin^2\theta+\cos^2\theta=1$$

A_θ 是一個正交矩陣，因爲它的行構成一個由 R^2 中兩相異向量所組成的正規正交集合。

下面的定理列出一矩陣爲正交的許多同義的條件：

定理 6.9

以下關於一個 $n\times n$ 矩陣 Q 的條件是相等的：

(a) Q 爲正交。

(b) $Q^TQ=I_n$。

(c) Q 爲可逆，且 $Q^T=Q^{-1}$。

(d) $Q\mathbf{u}\cdot Q\mathbf{v}=\mathbf{u}\cdot\mathbf{v}$ 對在 R^n 中的任意 $\mathbf{u}$ 和 $\mathbf{v}$。(Q 保留內積。)

(e) $\|Q\mathbf{u}\|=\|\mathbf{u}\|$ 對在 R^n 中的任意 $\mathbf{u}$。(Q 保留範數。)

證明　我們利用(a) $\Rightarrow$ (b) $\Rightarrow$ (c) $\Rightarrow$ (d) $\Rightarrow$ (e) $\Rightarrow$ (a)來說明這些條件互爲同義。

爲了證明由(a)可得(b)，我們假設 Q 爲正交。則 Q 的行構成 R^n 的一個正規正交基底。接下來，觀察 Q^TQ 的第(i, j)個元素，其爲 Q^T 的第 i 列和 $\mathbf{q}_j$ 的內積。但 Q^T 的第 i 列等於 $\mathbf{q}_i$，且因此 Q^TQ 的第(i, j)個元素等於 $\mathbf{q}_i\cdot\mathbf{q}_j$。因若 $i=j$，$\mathbf{q}_i\cdot\mathbf{q}_i=1$；且若 $i\neq j$，$\mathbf{q}_i\cdot\mathbf{q}_i=0$，我們可見 $Q^TQ=I_n$。

爲了證明由(b)可得(c)，假設 $Q^TQ=I_n$。則根據可逆矩陣定理，Q 爲可逆且 $Q^T=Q^{-1}$。

爲了證明由(c)可得(d)，我們假設(c)爲眞確。則，對在 R^n 中的任意 $\mathbf{u}$ 和 $\mathbf{v}$，

$$Q\mathbf{u}\cdot Q\mathbf{v}=\mathbf{u}\cdot Q^TQ\mathbf{v}=\mathbf{u}\cdot Q^{-1}Q\mathbf{v}=\mathbf{u}\cdot\mathbf{v}$$

爲了證明由(d)可得(e)，我們假設(d)爲眞。則，對在 R^n 的任意 $\mathbf{u}$，

$$\|Q\mathbf{u}\|=\sqrt{Q\mathbf{u}\cdot Q\mathbf{u}}=\sqrt{\mathbf{u}\cdot\mathbf{u}}=\|\mathbf{u}\|$$

而由(e)可得(a)的證明，可從方程式(5)和(6)中獲得。…………………… ■

定理 6.9 說明一個 $n\times n$ 矩陣 Q 爲正交若且唯若 $Q^T=Q^{-1}$。利用可逆矩陣定理，此條件可利用 $Q^TQ=I_n$ 或 $QQ^T=I_n$ 來檢驗。通常，我們使用這些簡單條件中的一個，來證明一矩陣爲正交。舉例來說，我們有

$$A_\theta^TA_\theta=\begin{bmatrix}\cos\theta & \sin\theta\\ -\sin\theta & \cos\theta\end{bmatrix}\begin{bmatrix}\cos\theta & -\sin\theta\\ \sin\theta & \cos\theta\end{bmatrix}=\begin{bmatrix}1 & 0\\ 0 & 1\end{bmatrix}=I_2$$

因此，A_θ 爲一個正交的 2×2 矩陣，驗證了例題 2 中的結果。注意，方程式 $QQ^T=I_n$ 等義於 Q 的**列**構成 R^n 的一個正規正交基底。(參見習題 46。)

練習題 1.……………………………………………………………………

試決定下列每個矩陣是否爲正交。

$$(a)\begin{bmatrix} .7 & -.3 \\ .3 & .7 \end{bmatrix} \qquad (b)\begin{bmatrix} .3\sqrt{2} & -.8 & .3\sqrt{2} \\ .4\sqrt{2} & .6 & .4\sqrt{2} \\ .5\sqrt{2} & 0 & -.5\sqrt{2} \end{bmatrix}$$

以下一般的結果列出一些正交矩陣的重要特性：

定理 6.10

令 P 和 Q 爲 $n \times n$ 正交矩陣。

(a) $\det Q = \pm 1$。

(b) PQ 爲一個正交矩陣。

(c) Q^{-1} 爲一個正交矩陣。

(d) Q^T 爲一個正交矩陣。

證明 (a) 因 Q 爲一個正交矩陣，根據定理 6.9(b)，$Q^TQ=I_n$，因此

$$1 = \det I_n = \det(Q^TQ) = (\det Q^T)(\det Q) = (\det Q)(\det Q) = (\det Q)^2$$

所以，$\det Q = \pm 1$。

(b) 因 P 和 Q 爲正交，它們是可逆的，因此 PQ 爲可逆。所以，根據定理 6.9(c)，

$$(PQ)^T = Q^T P^T = Q^{-1} P^{-1} = (PQ)^{-1}$$

同樣由定理 6.9(c)，PQ 爲正交矩陣。

(c) 根據之前所提到的，$Q^TQ=I_n$，則根據定理 2.2

$$(Q^{-1})^T Q^{-1} = (Q^T)^{-1} Q^{-1} = (QQ^T)^{-1} = (I_n)^{-1} = I_n$$

因此，根據定理 6.9(b)，Q^{-1} 爲一個正交矩陣。

(d) 此由(c)和定理 6.9(c)可立即得到。 ■

因一線性運算子爲正交若且唯若其標準矩陣爲正交，我們可對正交運算子重新敘述定理 6.9 的某些部分。

若 T 爲一個在 R^n 上的線性運算子，則以下陳述爲同義：

(a) T 爲一個正交運算子。

(b) 對在 R^n 中的所有 $\mathbf{u}$ 和 $\mathbf{v}$，$T(\mathbf{u}) \cdot T(\mathbf{v}) = \mathbf{u} \cdot \mathbf{v}$。($T$ 保留內積。)

(c))對在 R^n 中的所有 $\mathbf{u}$，$\|T(\mathbf{u})\| = \|\mathbf{u}\|$。($T$ 保留範數。)

同理，我們可對正交運算子重新描述定理 6.10 的某些部分。

若 T 和 U 為在 R^n 的正交運算子，則 TU 和 T^{-1} 為在 R^n 的正交運算子。

由例題 1 及上面第一個方框中的陳述可得，平面的旋轉為正交運算子。在幾何上很清楚的，平面對穿過原點的一線之反射，如在 4.5 節中所定義，也保留範數。因此，它們也是正交運算子。

下面範例將說明如何用定理 6.9 和 6.10 來產生具有特定性質的正交運算子：

例題 3

試求 R^3 中的一個線性運算子 T 使得

$$T\left(\begin{bmatrix} \frac{1}{\sqrt{2}} \\ 0 \\ -\frac{1}{\sqrt{2}} \end{bmatrix}\right) = \begin{bmatrix} 0 \\ 1 \\ 0 \end{bmatrix}$$

解　令

$$\mathbf{v} = \begin{bmatrix} \frac{1}{\sqrt{2}} \\ 0 \\ -\frac{1}{\sqrt{2}} \end{bmatrix}$$

假設 T 為一如此的運算子具有標準矩陣 A。則 A 為一個正交矩陣，且根據定理 6.9(b)，$A^T A = I_n$。再者，$A\mathbf{v} = T(\mathbf{v}) = \mathbf{e}_2$。因此，$T$ 滿足 $T(\mathbf{v}) = \mathbf{e}_2$ 若且唯若

$$\mathbf{v} = I_n\mathbf{v} = A^T A\mathbf{v} = A^T\mathbf{e}_2$$

其為 A^T 的第二行。因此只要選擇 A 使得 A^T 為一個正交矩陣且其第二行為 $\mathbf{v}$ 即可。因一正交矩陣的行構成 R^3 的一個正規正交基底，我們必須對 R^3 建構一個包含 $\mathbf{v}$ 的正規正交基底。完成此一目的的一個方法為對 $\{\mathbf{v}\}^\perp$ 決定一個正規正交基底。現在，在 $\{\mathbf{v}\}^\perp$ 中的向量滿足

$$\frac{1}{\sqrt{2}}x_1 - \frac{1}{\sqrt{2}}x_3 = 0$$

或等同於，

$$x_1 - x_3 = 0$$

因此，對此方程式之解空間的一基底爲

$$\left\{\begin{bmatrix}1\\0\\1\end{bmatrix},\begin{bmatrix}0\\1\\0\end{bmatrix}\right\}$$

這是一個正交集合，所以

$$\left\{\begin{bmatrix}\frac{1}{\sqrt{2}}\\0\\\frac{1}{\sqrt{2}}\end{bmatrix},\begin{bmatrix}0\\1\\0\end{bmatrix}\right\}$$

是$\{\mathbf{v}\}^{\perp}$ 的一個正規正交基底。(注意，若此解空間的基底不爲一個正交集合，我們可以用葛雷-史密特程序將它轉換成正交基底，之後再轉爲正規正交基底。)因此，A^T的一個可接受選擇爲

$$A^T=\begin{bmatrix}\frac{1}{\sqrt{2}}&\frac{1}{\sqrt{2}}&0\\0&0&1\\\frac{1}{\sqrt{2}}&-\frac{1}{\sqrt{2}}&0\end{bmatrix}$$

在此情況下

$$A=\begin{bmatrix}\frac{1}{\sqrt{2}}&0&\frac{1}{\sqrt{2}}\\\frac{1}{\sqrt{2}}&0&-\frac{1}{\sqrt{2}}\\0&1&0\end{bmatrix}$$

所以，T 的一個可能性是由 A 所引發之矩陣轉換。

練習題 2.

試求在 R^3 上的一個正交運算子 T 使得

$$T\left(\begin{bmatrix}\frac{1}{\sqrt{3}}\\-\frac{1}{\sqrt{3}}\\\frac{1}{\sqrt{3}}\end{bmatrix}\right)=\begin{bmatrix}1\\0\\0\end{bmatrix}$$

歐氏幾何平面上的正交運算子*

我們已注意到旋轉和反射爲 R^2 中的正交運算子。在此我們將證明這二者是 R^2 中僅有的正交運算子，且可利用其標準矩陣的行列式值來做區別。

定理 6.11

令 T 爲在 R^2 中的一個正交線性運算子具有標準矩陣 Q。

(a) 若 $\det Q = 1$，則 T 爲一旋轉。

(b) 若 $\det Q = -1$，則 T 爲一反射。

證明　假設 $Q = \begin{bmatrix} a & c \\ b & d \end{bmatrix}$。因 Q 爲一個正交矩陣，其行爲單位向量，所以 $a^2 + b^2 = 1$ 及 $c^2 + d^2 = 1$。因此存在角度 θ 和 μ 使得 $a = \cos\theta$，$b = \sin\theta$，$c = \cos\mu$，及 $d = \sin\mu$。因 Q 的兩行爲正交，我們可選擇 θ 和 μ 使其相差 90°；亦即，$\mu = \theta \pm 90^\circ$。(參見圖 6.19。)我們分開考慮每個情況。

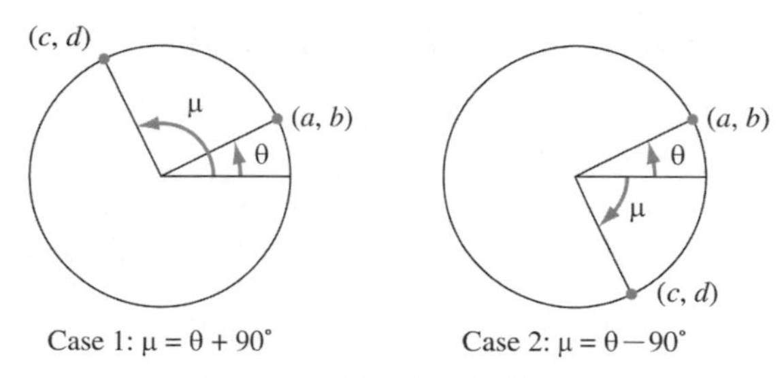

圖 6.19　角 θ 和 μ 相差 90°

情況 1.　$\mu = \theta + 90^\circ$

在此情況下，

$$\cos\mu = \cos(\theta + 90^\circ) = -\sin\theta \qquad \text{且} \qquad \sin\mu = \sin(\theta + 90^\circ) = \cos\theta$$

所以 $Q = \begin{bmatrix} \cos\theta & -\sin\theta \\ \sin\theta & \cos\theta \end{bmatrix}$，我們發覺其爲旋轉矩陣 A_θ。再者，

$$\det Q = \det \begin{bmatrix} \cos\theta & -\sin\theta \\ \sin\theta & \cos\theta \end{bmatrix} = \cos^2\theta + \sin^2\theta = 1$$

情況 2.　$\mu = \theta - 90^\circ$

在此情況下，

$$\cos\mu = \cos(\theta - 90^\circ) = \sin\theta \qquad \text{且} \qquad \sin\mu = \sin(\theta - 90^\circ) = -\cos\theta$$

---

*本章其餘部分可省略而不失教材的連續性。

因此 $Q=\begin{bmatrix}\cos\theta & \sin\theta\\ \sin\theta & -\cos\theta\end{bmatrix}$，所以 Q 的特徵多項式爲

$$\begin{aligned}\det(Q-tI_2)&=\det\begin{bmatrix}\cos\theta-t & \sin\theta\\ \sin\theta & -\cos\theta-t\end{bmatrix}\\&=(\cos\theta-t)(-\cos\theta-t)-\sin^2\theta\\&=t^2-\cos^2\theta-\sin^2\theta\\&=t^2-1\\&=(t+1)(t-1)\end{aligned}$$

可知 Q，因此 T，具有特徵值 1 和–1。令 $\mathbf{b}_1$ 和 $\mathbf{b}_2$ 分別爲對應於特徵值 1 和–1 的特徵向量。則 $T(\mathbf{b}_1)=\mathbf{b}_1$ 且 $T(\mathbf{b}_2)=-\mathbf{b}_2$。此外，因 T 保留內積，

$$\mathbf{b}_1\cdot\mathbf{b}_2=T(\mathbf{b}_1)\cdot T(\mathbf{b}_2)=\mathbf{b}_1\cdot(-\mathbf{b}_2)=-\mathbf{b}_1\cdot\mathbf{b}_2$$

因此 $2\mathbf{b}_1\cdot\mathbf{b}_2=0$，即 $\mathbf{b}_1\cdot\mathbf{b}_2=0$。所以，$\mathbf{b}_1$ 和 $\mathbf{b}_2$ 爲正交。現在，令 L 爲穿過 $\mathbf{0}$ 在 $\mathbf{b}_1$ 方向上的一線。則可知 $\mathbf{b}_2$ 爲在垂直於 L 方向上的一個非零向量。由此得，T 是對 L 的反射。再者，

$$\det Q=\det\begin{bmatrix}\cos\theta & \sin\theta\\ \sin\theta & -\cos\theta\end{bmatrix}=-\cos^2\theta-\sin^2\theta=-1$$

總結來說，我們已經證明，在情況 1 下，T 爲一旋轉且 $\det Q=1$；而在情況 2 下，T 爲一個反射且 $\det Q=-1$。因這些爲僅有的兩種情況，結果已完全建立。......■

例題 4

對矩陣 $Q=\begin{bmatrix}0.6 & 0.8\\ 0.8 & -0.6\end{bmatrix}$，試驗證 Q 爲一反射的標準矩陣，且試求反射 L 的線方程式。

解 一開始，觀察

$$Q^TQ=\begin{bmatrix}0.6 & 0.8\\ 0.8 & -0.6\end{bmatrix}\begin{bmatrix}0.6 & 0.8\\ 0.8 & -0.6\end{bmatrix}=I_2$$

因此，根據定理 6.9(b)，Q 爲一個正交矩陣。接者，觀察

$$\det Q=-0.6^2-0.8^2=-1$$

因此根據定理 6.11，Q 爲一反射的標準矩陣。爲了決定 L 的方程式，我們先求 Q 對應於特徵值 1 的一個特徵向量。此一向量爲以下齊次方程組的一非零解

$$(Q - I_2)\mathbf{x} = \mathbf{0}$$

也就是，

$$\begin{aligned} -0.4x_1 &+ 0.8x_2 = 0 \\ 0.8x_1 &- 1.6x_2 = 0 \end{aligned}$$

向量 $\mathbf{b} = \begin{bmatrix} 2 \\ 1 \end{bmatrix}$ 爲如此的一個解。注意 $\mathbf{b}$ 是在 $y = 0.5x$ 的直線上，那也就是 L 的方程式。

例題 5

6

對矩陣 $Q = \begin{bmatrix} -0.6 & 0.8 \\ -0.8 & -0.6 \end{bmatrix}$，試驗證 Q 爲一旋轉的標準矩陣，並且求旋轉的角度。

解 觀察 $Q^TQ=I_2$ 且 $\det Q = 1$。因此 Q 爲一個正交矩陣，且根據定理 6.11，它爲一個旋轉的標準矩陣。因此 Q 爲一個旋轉矩陣，所以

$$Q = \begin{bmatrix} -0.6 & 0.8 \\ -0.8 & -0.6 \end{bmatrix} = \begin{bmatrix} \cos\theta & -\sin\theta \\ \sin\theta & \cos\theta \end{bmatrix} = A_\theta$$

其中，θ爲旋轉角。令第一行中對應的元素相等，我們可知

$$\cos\theta = -0.6 \qquad 及 \qquad \sin\theta = -0.8$$

由此可知θ在第三象限，且

$$\theta = 180^\circ + \cos^{-1}(0.6) \approx 233.2^\circ$$

練習題 3.

試說明，每個給定函數 $T: R^2 \to R^2$ 爲在 R^2 中的一個正交運算子。並決定它是旋轉或反射。若其爲一旋轉，試求其旋轉角；若其爲反射，試求此反射的線。

$$\text{(a)}T\left(\begin{bmatrix} x_1 \\ x_2 \end{bmatrix}\right) = \frac{1}{13}\begin{bmatrix} 5x_1 - 12x_2 \\ 12x_1 + 5x_2 \end{bmatrix} \qquad \text{(b)}T\left(\begin{bmatrix} x_1 \\ x_2 \end{bmatrix}\right) = \frac{1}{61}\begin{bmatrix} -60x_1 + 11x_2 \\ 11x_1 + 60x_2 \end{bmatrix}$$

我們已經知道在 R^2 中的兩個旋轉之合成也爲一旋轉。但什麼是兩個反射的合成，或是一反射和一旋轉的合成爲何？下個定理，爲定理 6.11 的簡單結果，可回答我們這些問題。

定理 6.12

令 T 和 U 爲在 R^2 中的正交運算子。

(a) 若 T 和 U 同爲反射，則 TU 爲一個旋轉。

(b) 若 T 或 U 中一個爲反射另一個爲旋轉，則 TU 爲一個反射。

證明 令 P 和 Q 分別爲 T 和 U 的標準矩陣。則 PQ 爲 TU 的標準矩陣。再者，TU 爲一個正交運算子，因 T 和 U 同爲正交運算子。

(a) 因 T 和 U 同時爲反射，根據定理 6.11，$\det P = \det Q = -1$。因此

$$\det(PQ) = (\det P)(\det Q) = (-1)(-1) = 1$$

所以根據定理 6.11，PQ 爲一個旋轉。

(b) 的證明也與(a)類似，且留在之後作爲習題。

■

剛體運動

一函數 $F: R^n \to R^n$ 稱爲一個**剛體運動(rigid motion)**若

$$\|F(\mathbf{u}) - F(\mathbf{v})\| = \|\mathbf{u} - \mathbf{v}\|$$

對在 R^n 中的所有 $\mathbf{u}$ 和 $\mathbf{v}$。以幾何的術語來講，一剛體運動保留向量間的距離。

任何正交運算子都是剛體運動，因爲若 T 是 R^n 的一個正交運算子，則對 R^n 中的任意 $\mathbf{u}$ 和 $\mathbf{v}$，

$$\|T(\mathbf{u}) - T(\mathbf{v})\| = \|T(\mathbf{u} - \mathbf{v})\| = \|\mathbf{u} - \mathbf{v}\|$$

再者，**任何同時爲線性的剛體運動，也是一個正交運算子，因爲若** F 是一個線性的剛體運動，則 $F(\mathbf{0}) = \mathbf{0}$，因此，對在 R^n 中的任意向量 $\mathbf{v}$，

$$\|F(\mathbf{v})\| = \|F(\mathbf{v}) - \mathbf{0}\| = \|F(\mathbf{v}) - F(\mathbf{0})\| = \|\mathbf{v} - \mathbf{0}\| = \|\mathbf{v}\|$$

所以 F，根據定理 6.9(e)，爲一個正交運算子。

有一種剛體運動通常不爲線性，亦即，平移(*translation*)。對在 R^n 中的任意 $\mathbf{b}$，函數 $F_{\mathbf{b}}: R^n \to R^n$ 其定義爲 $F_{\mathbf{b}}(\mathbf{v}) = \mathbf{v} + \mathbf{b}$，稱之爲**平移 b**。若 $\mathbf{b} \neq \mathbf{0}$，則 F 不爲線性，因 $F_b(\mathbf{0}) = \mathbf{b} \neq \mathbf{0}$。然而，$F_{\mathbf{b}}$ 爲一個剛體運動，因爲對在 R^n 中的任意 $\mathbf{u}$ 和 $\mathbf{v}$，

$$\|F_{\mathbf{b}}(\mathbf{u}) - F_{\mathbf{b}}(\mathbf{v})\| = \|(\mathbf{u} + \mathbf{b}) - (\mathbf{v} + \mathbf{b})\| = \|\mathbf{u} - \mathbf{v}\|$$

我們可以使用函數合成來組合數個剛體運動成為一新的運動，因在 R^n 中**兩個剛體運動的組合也是一個在 R^n 中的剛體運動** (參見習題 56)。由此可得，例如，若 $F_{\mathbf{b}}$ 為一個平移且 T 為在 R^n 上的一個正交運算子，則 $F_{\mathbf{b}}T$ 的合成為一個剛體運動。值得注意的是，反之亦真；亦即，任意在 R^n 中的剛體運動可以表示為一正交運算子後面再接著一平移的合成。為了證實此結果，我們一開始先證明以下之定理：

定理 6.13

令 $T: R^n \to R^n$ 為一剛體運動，使得 $T(\mathbf{0}) = \mathbf{0}$。

(a) $\|T(\mathbf{u})\| = \|\mathbf{u}\|$，對在 R^n 中的每個 $\mathbf{u}$。

(b) $T(\mathbf{u}) \cdot T(\mathbf{v}) = \mathbf{u} \cdot \mathbf{v}$，對在 R^n 中的所有 $\mathbf{u}$ 和 $\mathbf{v}$。

(c) T 為線性。

(d) T 為一個正交運算子。

證明　我們將(a)的證明留做習題。

(b) 令 $\mathbf{u}$ 和 $\mathbf{v}$ 在 R^n 中。觀察

$$\|T(\mathbf{u}) - T(\mathbf{v})\|^2 = \|T(\mathbf{u})\|^2 - 2T(\mathbf{u}) \cdot T(\mathbf{v}) + \|T(\mathbf{v})\|^2$$

且

$$\|\mathbf{u} - \mathbf{v}\|^2 = \|\mathbf{u}\|^2 - 2\mathbf{u} \cdot \mathbf{v} + \|\mathbf{v}\|^2$$

因 T 為一個剛體運動，$\|T(\mathbf{u}) - T(\mathbf{v})\|^2 = \|\mathbf{u} - \mathbf{v}\|^2$。因此由前面兩式及(a)可得(b)。

(c) 令 $\mathbf{u}$ 和 $\mathbf{v}$ 在 R^n 中。則，根據(a)和(b)，我們有

$$\begin{aligned}
&\|T(\mathbf{u}+\mathbf{v}) - T(\mathbf{u}) - T(\mathbf{v})\|^2 \\
&\quad = [T(\mathbf{u}+\mathbf{v}) - T(\mathbf{u}) - T(\mathbf{v})] \cdot [T(\mathbf{u}+\mathbf{v}) - T(\mathbf{u}) - T(\mathbf{v})] \\
&\quad = \|T(\mathbf{u}+\mathbf{v})\|^2 + \|T(\mathbf{u})\|^2 + \|T(\mathbf{v})\|^2 - 2T(\mathbf{u}+\mathbf{v}) \cdot T(\mathbf{u}) \\
&\qquad\qquad - 2T(\mathbf{u}+\mathbf{v}) \cdot T(\mathbf{v}) + 2T(\mathbf{u}) \cdot T(\mathbf{v}) \\
&\quad = \|\mathbf{u}+\mathbf{v}\|^2 + \|\mathbf{u}\|^2 + \|\mathbf{v}\|^2 - 2(\mathbf{u}+\mathbf{v}) \cdot \mathbf{u} \\
&\qquad\qquad - 2(\mathbf{u}+\mathbf{v}) \cdot \mathbf{v} + 2\mathbf{u} \cdot \mathbf{v}
\end{aligned}$$

我們將此留給讀者來證明最後一個表示式等於 0，並因此 $T(\mathbf{u}+\mathbf{v}) - T(\mathbf{u}) - T(\mathbf{v}) = \mathbf{0}$，所以 $T(\mathbf{u}+\mathbf{v}) = T(\mathbf{u}) + T(\mathbf{v})$。可見 T 保留了向量加法。相似的(參見習題 58)，T 保留了純量乘法運算，因此 T 為線性。

(d) (d)部分得自(c)和(a)。 ■

考慮在 R^n 上任意的剛體運動 F，並令 $T: R^n \to R^n$ 定義如

$$T(\mathbf{v}) = F(\mathbf{v}) - F(\mathbf{0})$$

則 T 爲一個剛體運動，且 $T(\mathbf{0}) = F(\mathbf{0}) - F(\mathbf{0}) = \mathbf{0}$。所以根據定理 6.13，$T$ 爲一個正交運算子。再者，

$$F(\mathbf{v}) = T(\mathbf{v}) + F(\mathbf{0})$$

對在 R^n 中的任意 $\mathbf{v}$。因此，令 $\mathbf{b} = F(\mathbf{0})$，我們獲得

$$F(\mathbf{v}) = F_{\mathbf{b}}T(\mathbf{v})$$

對在 R^n 中的任意 $\mathbf{v}$，且因此 F 爲合成結果 $F = F_{\mathbf{b}}T$。將此觀察與定理 6.11 結合，產生下列結果：

> 在 R^n 中的任意剛體運動，爲一正交運算子後接著一平移的合成。因此在 R^2 中任意的剛體運動，爲一旋轉或反射後再接著一平移的合成。

習 題

在習題 1 至 8 中，試決定所給矩陣是否為正交。

1. $\frac{1}{3}\begin{bmatrix} 2 & -1 & -2 \\ 2 & 2 & 1 \end{bmatrix}$。
2. $\begin{bmatrix} 1 & 1 \\ 1 & -1 \end{bmatrix}$。
3. $\begin{bmatrix} 0.6 & 0.4 \\ 0.4 & -0.6 \end{bmatrix}$。
4. I_5。
5. $\begin{bmatrix} 0 & 1 & 0 \\ 0 & 0 & 1 \\ 1 & 0 & 0 \end{bmatrix}$。
6. $\frac{1}{\sqrt{3}}\begin{bmatrix} 1 & 1 & 1 \\ 1 & -1 & 1 \\ 1 & 0 & -2 \end{bmatrix}$。
7. $\frac{1}{\sqrt{2}}\begin{bmatrix} 1 & 1 \\ 0 & 0 \\ 1 & -1 \end{bmatrix}$。
8. $\begin{bmatrix} \frac{2}{3} & \frac{\sqrt{2}}{2} & \frac{\sqrt{2}}{6} \\ \frac{2}{3} & -\frac{\sqrt{2}}{2} & \frac{\sqrt{2}}{6} \\ \frac{1}{3} & 0 & \frac{-2\sqrt{2}}{3} \end{bmatrix}$。

在習題 9 至 16 中，試決定每個正交矩陣為一旋轉或一反射之標準矩陣。若該運算子為旋轉，試決定其旋轉角。若該運算子為一反射，試決定其反射的線方程式。

9. $\frac{1}{\sqrt{2}}\begin{bmatrix} 1 & 1 \\ 1 & -1 \end{bmatrix}$。
10. $\frac{1}{\sqrt{2}}\begin{bmatrix} 1 & -1 \\ 1 & 1 \end{bmatrix}$。
11. $\frac{1}{2}\begin{bmatrix} \sqrt{3} & -1 \\ 1 & \sqrt{3} \end{bmatrix}$。
12. $\frac{1}{2}\begin{bmatrix} -\sqrt{3} & 1 \\ 1 & \sqrt{3} \end{bmatrix}$。
13. $\frac{1}{13}\begin{bmatrix} 5 & 12 \\ 12 & -5 \end{bmatrix}$。
14. $\begin{bmatrix} 0 & 1 \\ 1 & 0 \end{bmatrix}$。
15. $\begin{bmatrix} 0 & 1 \\ -1 & 0 \end{bmatrix}$。
16. $\frac{1}{2}\begin{bmatrix} -1 & \sqrt{3} \\ \sqrt{3} & 1 \end{bmatrix}$。

是非題

在習題 17 至 36 中，試決定該陳述為真確或謬誤。

17. 一 $n \times n$ 正交矩陣的列構成 R^n 的一個正規正交基底。
18. 若 $T: R^n \to R^n$ 爲一函數使得對所有在 R^n 中的向量 $\mathbf{u}$ 和 $\mathbf{v}$ 有 $\|T(\mathbf{u}) - T(\mathbf{v})\| = \|\mathbf{u} - \mathbf{v}\|$，則 T 爲一個正交運算子。
19. 每一個線性運算子保留內積。
20. 若一個線性運算子保留內積，則其保留範數。
21. 若 P 爲一個正交矩陣，則 P^T 也爲一個正交矩陣。

22. 若 P 和 Q 為 $n\times n$ 的正交矩陣，則 PQ^T 為一個正交矩陣。

23. 若 P 和 Q 為 $n\times n$ 的正交矩陣，則 $P+Q$ 為一個正交矩陣。

24. 若 P 為一個 $n\times n$ 矩陣使得 $\det P=\pm 1$，則 P 為一個正交矩陣。

25. 若 P 和 Q 為 $n\times n$ 的正交矩陣，則 PQ 為一個正交矩陣。

26. 若一個 $n\times n$ 矩陣的行構成 R^n 的正交基底，則該矩陣為一個正交矩陣。

27. 對 R^n 的任意子空間 W，矩陣 P_W 為一個正交矩陣。

28. 若 P 為一個矩陣使得 $P^T=P^{-1}$，則 P 為一個正交矩陣。

29. 每個正交矩陣為可逆。

30. 在 R^2 中將一向量旋轉角度 θ 的線性運算子為一個正交運算子。

31. 若 Q 為 R^2 中的一個正交線性運算子 T 的標準矩陣，且 $\det Q=-1$，則 T 為一個旋轉。

32. 每個剛體運動為一個正交運算子。

33. 每個剛體運動為一個線性運算子。

34. 每個正交運算子為一個剛體運動。

35. 在 R^n 中的兩個剛體運動的合成，為在 R^n 中的一個剛體運動。

36. 每個在 R^n 中的剛體運動，為一個正交運算子後面接著一平移的合成。

---

37. 試求 R^3 中的一正交運算子 T，使得

$$T\left(\frac{1}{7}\begin{bmatrix}3\\-2\\6\end{bmatrix}\right)=\begin{bmatrix}0\\0\\1\end{bmatrix}$$

38. 試求 R^3 中的一個正交算子 T 使得 $T(\mathbf{v})=\mathbf{w}$，其中

$$\mathbf{v}=\frac{1}{\sqrt{10}}\begin{bmatrix}3\\1\\0\end{bmatrix} \quad 且 \quad \mathbf{w}=\frac{1}{\sqrt{5}}\begin{bmatrix}0\\-2\\1\end{bmatrix}$$

39. 令 $0^\circ<\theta<180^\circ$ 為一特定角度，且假設 T 為在 R^3 上的線性運算子，使得

$$T(\mathbf{e}_1)=\cos\theta\mathbf{e}_1+\sin\theta\mathbf{e}_2$$
$$T(\mathbf{e}_2)=-\sin\theta\mathbf{e}_1+\cos\theta\mathbf{e}_2$$
$$T(\mathbf{e}_3)=\mathbf{e}_3。$$

(a) 試證明 T 為一個正交運算子。

(b) 試求 T 的特徵值及每個特徵空間的一個基底。

(c) 試對 T 做一個幾何描述。

40. 假設 $\{\mathbf{v}_1, \mathbf{v}_2, \cdots, \mathbf{v}_k\}$ 及 $\{\mathbf{w}_1, \mathbf{w}_2, \cdots, \mathbf{w}_k\}$ 為 R^n 的正規正交子集合，每個皆包含 k 個向量。接下來的一連串步驟可用來求出 R^n 中的一個正交運算子 T 使得 $T(\mathbf{v}_i)=\mathbf{w}_i$，$i=1,2,\cdots,k$：

(i) 分別延伸 $\{\mathbf{v}_1, \mathbf{v}_2, \cdots, \mathbf{v}_k\}$ 和 $\{\mathbf{w}_1, \mathbf{w}_2, \cdots, \mathbf{w}_k\}$ 成為 R^n 的正規正交基底 $B=\{\mathbf{v}_1, \mathbf{v}_2, \cdots, \mathbf{v}_n\}$ 及 $C=\{\mathbf{w}_1, \mathbf{w}_2, \cdots, \mathbf{w}_k\}$。

(ii) 令 B 和 C 為 $n\times n$ 的矩陣，其行是 B 和 C 中的向量，以相同的次序列出。

(iii) 令 $A=CB^T$，而 $T=T_A$，為由 A 所引發的矩陣變換。

試證明所產生之運算子 T 滿足所本題的要求；亦即，T 為在 R^n 中的一個正交運算子使得 $T(\mathbf{v}_i)=\mathbf{w}_i$，$i=1,2,\cdots,k$。

41. 試利用習題40的結果求出在 R^3 中的一個正交運算子 T 使得 $T(\mathbf{v}_1)=\mathbf{w}_1$ 且 $T(\mathbf{v}_2)=\mathbf{w}_2$，其中

$$\mathbf{v}_1=\frac{1}{3}\begin{bmatrix}1\\2\\2\end{bmatrix},\quad \mathbf{v}_2=\frac{1}{3}\begin{bmatrix}2\\1\\-2\end{bmatrix},\quad \mathbf{w}_1=\frac{1}{7}\begin{bmatrix}2\\3\\6\end{bmatrix},\quad 且$$
$$\mathbf{w}_2=\frac{1}{7}\begin{bmatrix}6\\2\\-3\end{bmatrix}。$$

42. 令 T 為在 R^3 中的線性運算子，定義為

$$T\left(\begin{bmatrix}x_1\\x_2\\x_3\end{bmatrix}\right)=\begin{bmatrix}-x_1\\x_2\\x_3\end{bmatrix}$$

試證明 T 為一個正交運算子。

43. 令 Q 為一個 2×2 正交矩陣，$Q\neq I_2$ 且 $Q\neq -I_2$。試證明 Q 可對角化若且唯若 Q 為一個反射。

44. 令 W 為 R^n 的一個子空間。令 T 為在 R^n 的線性運算子，定義為 $T(\mathbf{v})=\mathbf{w}-\mathbf{z}$，其中 $\mathbf{v}=\mathbf{w}+\mathbf{z}$，$\mathbf{w}$ 在 W 中，而 $\mathbf{z}$ 在 $W^\perp$ 中。(參見定理 6.7。)

(a) 試證明 T 爲一個正交運算子。

(b) 令函數 $U: R^n \to R^n$ 定義爲 $U(\mathbf{v}) = \frac{1}{2}(\mathbf{v} + T(\mathbf{v}))$，$\mathbf{v}$ 在 R^n 中。試證明 U 的標準矩陣是 W 的正交投影矩陣 P_W。

45. 令$\{\mathbf{v}, \mathbf{w}\}$爲 R^2 的一個正規正交基底，且令函數 $T: R^2 \to R^2$ 定義爲

$$T(\mathbf{u}) = (\mathbf{u}\cdot\mathbf{v}\cos\theta + \mathbf{u}\cdot\mathbf{w}\sin\theta)\mathbf{v} + (-\mathbf{u}\cdot\mathbf{v}\sin\theta + \mathbf{u}\cdot\mathbf{w}\cos\theta)\mathbf{w}$$

試證明 T 爲正交運算子。

46. 令 Q 爲一個 $n\times n$ 矩陣。試證明 Q 爲一個正交矩陣若且唯若 Q 的列構成 R^n 的一個正規正交基底。提示：試將 QQ^T 的第(i, j)-元素表示爲 Q 的第 i 列和第 j 列的內積。

47. 使用定理 6.10 來證明若 T 和 U 爲在 R^n 上的正交運算子，則 TU 和 T^{-1} 同時爲正交運算子。

48. 試證明定理 6.12(b)。

49.[12] 試證明若 Q 爲一個正交矩陣且 λ 爲 Q 的一個(實數)特徵值，則 $\lambda = \pm 1$。

50. 令 U 爲 R^2 的一個反射，且 T 爲 R^2 的一個旋轉。試證明下列的等式：

(a) $U^2 = I$，其中 I 爲在 R^2 上的相等轉換，且所以 $U^{-1} = U$。

(b) $TUT = U$。提示：考慮 TU。

(c) $UTU = T^{-1}$。

51. 令 T 爲在 R^2 中的一個正交運算子。

(a) 試證明若 T 爲一個旋轉，則 T^{-1} 也爲一個旋轉。則 T^{-1} 的旋轉角和 T 的旋轉角之關係爲何？

(b) 試證明若 T 爲一個反射，則 T^{-1} 也爲一個反射。則 T^{-1} 的反射之線如何與 T 的反射之線相關？

52. 令 U 爲 R^2 的一個反射，且令 T 爲在 R^2 中將一向量旋轉θ角的一個線性運算子。根據定理 6.12，TU 爲一個反射。若 U 對線 L 反射，則我們可以用 L 和θ來描述 TU 反射的線。爲了實現此結果，令 S 爲在 R^2 中將一向量旋轉 $\theta/2$ 的線性運算子，且令 $\mathbf{b}$ 爲平行於 L 的非零向量，所以 $\mathbf{b}$ 爲 U 對應於特徵值 1 的特徵向量。

(a) 試證明 $S(\mathbf{b})$爲 TU 的一個特徵向量，對應於特徵值 1。提示：證明 $TS^{-1} = S$，並利用習題 50。

(b) 試證明，若 L'爲將 L 旋轉$\theta/2$ 所獲得，則 TU 爲對 L'的反射。

53. 令 W 爲 R^2 的一個一維子空間。將 W 視爲包含原點的一線。令 P_W爲在 W 上的一個正交投影矩陣，且令 $Q_W = 2P_W - I_2$。試證明下面結果：

(a) $Q_W^T = Q_W$。

(b) $Q_W^2 = I_2$。

(c) Q_W爲一個正交矩陣。

(d) 對在 W 中的所有 $\mathbf{w}$，$Q_W\mathbf{w} = \mathbf{w}$。

(e) 對在 $W^\perp$中的所有 $\mathbf{v}$，$Q_W\mathbf{v} = -\mathbf{v}$。

(f) Q_W爲在 R^2 中對 W 反射的一標準矩陣。

54. 令 T 爲在 R^n 中的一個線性運算子，且假設$\{\mathbf{v}_1, \mathbf{v}_2, \cdots, \mathbf{v}_n\}$爲 R^n 的一個正規正交基底。試證明 T 爲一個正交運算子若且唯若 $\{T(\mathbf{v}_1), T(\mathbf{v}_2), \cdots, T(\mathbf{v}_n)\}$ 也爲 R^n 的一個正規正交基底。

55. 假設$\{\mathbf{v}_1, \mathbf{v}_2, \cdots, \mathbf{v}_n\}$和$\{\mathbf{w}_1, \mathbf{w}_2, \cdots, \mathbf{w}_n\}$爲 R^n 的正規正交基底。試證明在 R^n 中存在獨一無二的正交運算子 T 使得 $T(\mathbf{v}_i) = \mathbf{w}_i$，$1 \le i \le n$。(此爲習題 54 的逆命題。)

56. 試證明兩個在 R^n 中剛體運動之合成也爲一剛體運動。

57. 試證明定理 6.13(a)。

58. 試利用證明 T 保留純量乘法來完成定理 6.13(c)的證明。

59. 令 $F: R^n \to R^n$ 爲一剛體運動。根據此節的最後結果，存在一 $n\times n$ 的正交矩陣 Q 和在 R^n 中的一個向量 $\mathbf{b}$，使得

$$F(\mathbf{v}) = Q\mathbf{v} + \mathbf{b}$$

對在 R^n 中的所有 $\mathbf{v}$。試證明 Q 和 $\mathbf{b}$ 爲獨一無二的。

---

[12] 此習題將被用在 6.9 節中。

60. 假設 F 和 G 為在 R^n 中的剛體運動。根據習題 59，存在獨一無二的矩陣 P 和 Q 及獨一無二的向量 $\mathbf{a}$ 和 $\mathbf{b}$，使得

$$F(\mathbf{v})=Q\mathbf{v}+\mathbf{b} \quad 且 \quad G(\mathbf{v})=P\mathbf{v}+\mathbf{a}$$

對所有 R^n 中的 $\mathbf{v}$。根據習題 56，F 和 G 的合成為一剛體運動，因此由習題 59 可知，存在唯一的正交矩陣 R 和一個唯一的向量 $\mathbf{c}$，使得 $F(G(\mathbf{v}))=R\mathbf{v}+\mathbf{c}$，對在 R^n 中所有 $\mathbf{v}$。試求 R 和 $\mathbf{c}$，以 P、Q、$\mathbf{a}$ 和 $\mathbf{b}$ 來表示。

在習題 61 至 64 中，給定一剛體運動 $F:R^{2}\,^{n}\rightarrow R^2$。試利用給定的資訊來求出正交矩陣 Q 和向量 $\mathbf{b}$ 使得 $F(\mathbf{v})=Q\mathbf{v}+\mathbf{b}$，對在 R^2 中所有的 $\mathbf{v}$。

61. $F\left(\begin{bmatrix}1\\0\end{bmatrix}\right)=\begin{bmatrix}2\\4\end{bmatrix}$，$F\left(\begin{bmatrix}0\\1\end{bmatrix}\right)=\begin{bmatrix}1\\3\end{bmatrix}$，且

$F\left(\begin{bmatrix}1\\1\end{bmatrix}\right)=\begin{bmatrix}2\\3\end{bmatrix}$。

62. $F\left(\begin{bmatrix}2\\1\end{bmatrix}\right)=\begin{bmatrix}1\\2\end{bmatrix}$，$F\left(\begin{bmatrix}1\\3\end{bmatrix}\right)=\begin{bmatrix}2\\0\end{bmatrix}$，且

$F\left(\begin{bmatrix}7\\1\end{bmatrix}\right)=\begin{bmatrix}4\\6\end{bmatrix}$。

63. $F\left(\begin{bmatrix}3\\-1\end{bmatrix}\right)=\begin{bmatrix}3\\4\end{bmatrix}$，$F\left(\begin{bmatrix}1\\3\end{bmatrix}\right)=\begin{bmatrix}-1\\6\end{bmatrix}$，且

$F\left(\begin{bmatrix}2\\1\end{bmatrix}\right)=\begin{bmatrix}1\\5\end{bmatrix}$。

64. $F\left(\begin{bmatrix}1\\2\end{bmatrix}\right)=\begin{bmatrix}5\\3\end{bmatrix}$，$F\left(\begin{bmatrix}3\\1\end{bmatrix}\right)=\begin{bmatrix}3\\4\end{bmatrix}$，且

$F\left(\begin{bmatrix}-2\\1\end{bmatrix}\right)=\begin{bmatrix}6\\0\end{bmatrix}$。

65. 令 $T:R^n\rightarrow R^n$ 為一函數使得 $T(\mathbf{u})\cdot T(\mathbf{v})=\mathbf{u}\cdot\mathbf{v}$，對在 R^n 中所有的 $\mathbf{u}$ 和 $\mathbf{v}$。試證明 T 為線性，因此為一正交運算子。提示：應用定理 6.13。

66. 使用 6.1 節的習題 98 來證明，若 T 為在 R^2 上的一個正交運算子，則 T 保留任意兩非零向量之夾角。亦即，對在 R^2 中的任意非零向量 $\mathbf{u}$ 和 $\mathbf{v}$，$T(\mathbf{u})$和 $T(\mathbf{v})$之夾角等於 $\mathbf{u}$ 和 $\mathbf{v}$ 之夾角。

67. 令 E_n 為一個 $n\times n$ 矩陣，其所有元素為一。令 $A_n=I_n-\frac{2}{n}E_n$。

(a) 試決定 A_n，n=2,3,6。

(b) 試計算 $A_n^TA_n$，n=2,3,6，並使用定理 6.9(b) 以獲得 A_n 為一個正交矩陣的結論。

(c) 試證明對所有 n，A_n 為對稱。

(d) 試證明對所有 n，A_n 為正交矩陣。提示：先證明 $E_n^2=nE_n$。

68. 在 R^2 中，令 m 為通過原點的直線且與正 x 軸之夾角為 θ，並令 U 為 R^2 中對 L 的反射。試證明 U 的標準矩陣為

$$\begin{bmatrix}\cos 2\theta & \sin 2\theta\\ \sin 2\theta & -\cos 2\theta\end{bmatrix}$$

69. 在 R^2 中，令 L 為通過原點的直線且斜率為 m，並令 U 為 R^2 中對 L 的反射。試證明 U 的標準矩陣為

$$\frac{1}{1+m^2}\begin{bmatrix}1-m^2 & 2m\\ 2m & m^2-1\end{bmatrix}$$

在習題 70 至 73 中，使用具有矩陣運算能力之計算機或是電腦軟體如 MATLAB 來解每道題。

70. 試求對在 R^2 中包含原點和座標點 $(2.43,-1.31)$ 的一線做反射的標準矩陣。

71. 試求對在 R^2 中包含原點和座標點 $(3.27,1.14)$ 的一線做反射的標準矩陣。

72. 根據定理 6.12，兩反射的合成為一個旋轉。試求，若一向量先對直線 $y=3.21x$ 反射，再對直線 $y=1.54x$ 反射，則相當於此向量被旋轉了幾度？請算至整數度數。

73. 根據定理 6.12，兩反射的合成為一旋轉。試求，若一向量先對直線 $y=1.23x$ 反射，再對直線 $y=-0.24x$ 反射，則相當於此向量被旋轉了幾度？請算至整數度數。

練習題解答

1. (a) 此矩陣和其轉置矩陣的乘積爲

$$\begin{bmatrix} .7 & -.3 \\ .3 & .7 \end{bmatrix}\begin{bmatrix} .7 & -.3 \\ .3 & .7 \end{bmatrix}^T = \begin{bmatrix} .7 & -.3 \\ .3 & .7 \end{bmatrix}\begin{bmatrix} .7 & .3 \\ -.3 & .7 \end{bmatrix} = \begin{bmatrix} .58 & 0 \\ 0 & .58 \end{bmatrix} \neq I_2$$

因此，此矩陣不爲正交。

(b) 此矩陣和其轉置矩陣的乘積爲

$$\begin{bmatrix} .3\sqrt{2} & -.8 & .3\sqrt{2} \\ .4\sqrt{2} & .6 & .4\sqrt{2} \\ .5\sqrt{2} & 0 & -.5\sqrt{2} \end{bmatrix}\begin{bmatrix} .3\sqrt{2} & .4\sqrt{2} & .5\sqrt{2} \\ -.8 & .6 & 0 \\ .3\sqrt{2} & .4\sqrt{2} & -.5\sqrt{2} \end{bmatrix} = I_3$$

因此，此矩陣爲正交。

2. 令 A 爲此一運算子之標準矩陣，並令

$$\mathbf{v} = \begin{bmatrix} \frac{1}{\sqrt{3}} \\ -\frac{1}{\sqrt{3}} \\ \frac{1}{\sqrt{3}} \end{bmatrix}$$

則，和例題 3 一樣，$\mathbf{v} = A^T\mathbf{e}_1$ 是 A^T 的第一行。我們選擇 A^T 的第二行和第三行，使得此三行構成 R^3 的一個正規正交基底。這些行正交於 $\mathbf{v}$，因此滿足

$$x_1 - x_2 + x_3 = 0$$

此方程式解空間的一基底爲

$$\left\{\begin{bmatrix} 1 \\ 1 \\ 0 \end{bmatrix}, \begin{bmatrix} -1 \\ 0 \\ 1 \end{bmatrix}\right\}$$

不幸的是，它不是一正交集合。我們對此集合應用葛雷-史密特程序，並將產生的正交集合正規化來獲得 $\{\mathbf{v}\}^\perp$ 的正規正交基底

$$\left\{\begin{bmatrix} \frac{1}{\sqrt{2}} \\ \frac{1}{\sqrt{2}} \\ 0 \end{bmatrix}, \begin{bmatrix} -\frac{1}{\sqrt{6}} \\ \frac{1}{\sqrt{6}} \\ \frac{2}{\sqrt{6}} \end{bmatrix}\right\}$$

因此，A^T 的一可接受選擇爲

$$A^T = \begin{bmatrix} \frac{1}{\sqrt{3}} & \frac{1}{\sqrt{2}} & -\frac{1}{\sqrt{6}} \\ -\frac{1}{\sqrt{3}} & \frac{1}{\sqrt{2}} & \frac{1}{\sqrt{6}} \\ \frac{1}{\sqrt{3}} & 0 & \frac{2}{\sqrt{6}} \end{bmatrix}$$

在此情況中，

$$A = \begin{bmatrix} \frac{1}{\sqrt{3}} & -\frac{1}{\sqrt{3}} & \frac{1}{\sqrt{3}} \\ \frac{1}{\sqrt{2}} & \frac{1}{\sqrt{2}} & 0 \\ -\frac{1}{\sqrt{6}} & \frac{1}{\sqrt{6}} & \frac{2}{\sqrt{6}} \end{bmatrix}$$

因此 T 的一個可能是一個由 A 所引發之矩陣變換。

3. (a) T 的標準矩陣爲

$$\begin{bmatrix} \frac{5}{13} & -\frac{12}{13} \\ \frac{12}{13} & \frac{5}{13} \end{bmatrix}$$

其行列式等於 1。因此 T 爲一旋轉，且其標準矩陣爲旋轉矩陣 A_θ，其中 θ 爲一旋轉角。因此，

$$\begin{bmatrix} \frac{5}{13} & -\frac{12}{13} \\ \frac{12}{13} & \frac{5}{13} \end{bmatrix} = \begin{bmatrix} \cos\theta & -\sin\theta \\ \sin\theta & \cos\theta \end{bmatrix}$$

比較第一行中對應的元素，我們有

$$\cos\theta = \frac{5}{13} \quad 且 \quad \sin\theta = \frac{12}{13}$$

因此 θ 可以選爲在第一象限的一角，具有

$$\theta = \cos^{-1}\left(\frac{5}{13}\right) \approx 67.4^\circ$$

(b) T 的標準矩陣爲

$$Q = \frac{1}{61}\begin{bmatrix} -60 & 11 \\ 11 & 60 \end{bmatrix}$$

其行列式等於−1。因此 T 爲一反射。爲了決定反射之線，我們先找出 Q 對應於特徵值 1 的一個特徵向量。一如此之特徵向量爲 $\mathbf{b} = \begin{bmatrix} 1 \\ 11 \end{bmatrix}$，其在具有方程式 $y = 11x$ 的線上。此爲反射之線。

6.6 對稱矩陣

在 5.3 和 5.4 節中，我們已看到可對角化矩陣和運算子擁有讓我們得以解決困難的計算問題之重要特性。舉例來說，對於一個 $n\times n$ 的可對角化矩陣 A，存在一個可逆矩陣 P 和一個對角矩陣 D 使得 $A=PDP^{-1}$，這讓我們可以很容易的計算 A 的冪次，因為對任意正整數 m，$A^m=PD^mP^{-1}$。憶及 P 的各行是 A 的特徵向量，它們構成 R^n 的一組基底，而 D 對角線元素則為對應的特徵值。現在假設 P 的各行也構成一組 R^n 的正規正交基底；亦即，P 為正交矩陣。根據定理 6.9，$P^T=P^{-1}$。因此，

$$A^T=(PDP^{-1})^T=(PDP^T)^T=(P^T)^TD^TP^T=PDP^T=PDP^{-1}=A$$

由上式可知 $A^T=A$。憶及在 2.1 節中，這樣的矩陣稱為對稱(*symmetric*)。

前面的計算顯示出，若一矩陣的特徵向量可構成 R^n 的一組正規正交基底，則該矩陣必定為對稱。下一個結果則可用來證明反之亦然。

定理 6.14

若 $\mathbf{u}$ 和 $\mathbf{v}$ 為一個對稱矩陣的特徵向量，且對應到不同特徵值，則 $\mathbf{u}$ 和 $\mathbf{v}$ 為正交。

證明　令 A 為一個對稱矩陣。假設 $\mathbf{u}$ 和 $\mathbf{v}$ 為 A 分別對應於相異特徵值 λ 和 μ 的特徵向量。則

$$A\mathbf{u}\cdot\mathbf{v}=\lambda\mathbf{u}\cdot\mathbf{v}=\lambda(\mathbf{u}\cdot\mathbf{v})$$

同時根據 6.1 節中的結果，

$$A\mathbf{u}\cdot\mathbf{v}=\mathbf{u}\cdot A^T\mathbf{v}=\mathbf{u}\cdot A\mathbf{v}=\mathbf{u}\cdot\mu\mathbf{v}=\mu(\mathbf{u}\cdot\mathbf{v})$$

所以 $\lambda(\mathbf{u}\cdot\mathbf{v})=\mu(\mathbf{u}\cdot\mathbf{v})$。因為 λ 和 μ 相異，我們有 $\mathbf{u}\cdot\mathbf{v}=0$；亦即，$\mathbf{u}$ 和 $\mathbf{v}$ 為正交。……■

考慮一個對稱的 2×2 矩陣 $A=\begin{bmatrix}a & b\\ b & c\end{bmatrix}$。其特徵多項式為

$$\det(A-tI_2)=\det\begin{bmatrix}a-t & b\\ b & c-t\end{bmatrix}=(a-t)(c-t)-b^2=t^2-(a+c)t+ac-b^2$$

為了檢測此二次多項式是否有實數根，我們計算其判別式

$$(a+c)^2-4(ac-b^2)=(a-c)^2+4b^2$$

因爲此爲兩平方之和，對於任何的 a、b、和 c，它都不爲負。所以 A 的特徵值爲實數。

情況 1. 判別式爲正

在此情況中，A 的特徵值彼此不同，且根據定理 6.14，任兩個對應的特徵向量爲正交。

情況 2. 判別式爲零

若 $(a-c)^2+4b^2=0$，則 $a=c$ 且 $b=0$。因此

$$A=\begin{bmatrix} c & 0 \\ 0 & c \end{bmatrix}=cI_2$$

在此情況中，我們可以選擇兩個標準向量爲 A 的正交特徵向量。

不論是那一種情況，將每個特徵向量乘以其範數的倒數，會得到一組由 A 的特徵向量所構成之 R^2 的正規正交基底。

例題 1

對於對稱矩陣 $A=\begin{bmatrix} 2 & -2 \\ -2 & 5 \end{bmatrix}$，試求一個正交矩陣 P，使得 P^TAP 爲一個對角矩陣。

解 我們需得到一組由 A 的特徵向量所構成之 R^2 的正規正交基底。使用第 5 章的方法，我們求得 A 的特徵值爲 6 和 1，對應的特徵向量爲 $\begin{bmatrix} -1 \\ 2 \end{bmatrix}$ 和 $\begin{bmatrix} 2 \\ 1 \end{bmatrix}$。注意這兩向量彼此爲正交，正如定理 6.14 所預測。將這裡的每個向量乘以其範數的倒數，我們獲得 R^2 的一個正規正交基底 $\left\{\frac{1}{\sqrt{5}}\begin{bmatrix} -1 \\ 2 \end{bmatrix}, \frac{1}{\sqrt{5}}\begin{bmatrix} 2 \\ 1 \end{bmatrix}\right\}$。所以，對

$$P=\begin{bmatrix} \frac{-1}{\sqrt{5}} & \frac{2}{\sqrt{5}} \\ \frac{2}{\sqrt{5}} & \frac{1}{\sqrt{5}} \end{bmatrix}=\frac{1}{\sqrt{5}}\begin{bmatrix} -1 & 2 \\ 2 & 1 \end{bmatrix} \quad \text{及} \quad D=\begin{bmatrix} 6 & 0 \\ 0 & 1 \end{bmatrix}$$

我們有 $P^TAP=D$。

更一般而言，以下定理爲眞：

定理 6.15

一個 $n\times n$ 矩陣 A 爲對稱若且唯若存在有一組 R^n 的正規正交基底，是由 A 的特徵向量所組成。在此情況下，存在一正交矩陣 P 及一個對角矩陣 D 使得 $P^TAP=D$。

定理 6.15 的證明需要對複數有所瞭解，可參考附錄 C。

從定理 6.14，我們可總結，一個 $n \times n$ 對稱矩陣 A 其任意一個特徵空間中的向量，正交於 A 其任意其它特徵空間中的向量。所以，若我們組合 A 所有不同的特徵空間之正規正交基底，我們可獲得一組由 A 的特徵向量所構成之 R^n 的一個正規正交基底。

例題 2

對矩陣

$$A = \begin{bmatrix} 4 & 2 & 2 \\ 2 & 4 & 2 \\ 2 & 2 & 4 \end{bmatrix}$$

求出一個正交矩陣 P，使得 $P^T AP$ 為一個對角矩陣 D。

解　如在例題 1 中，我們知道因 A 為對稱，必存在如此的一個矩陣 P。我們可計算 A 的特徵多項式為 $-(t-2)^2(t-8)$。對於特徵值 2，向量

$$\begin{bmatrix} -1 \\ 1 \\ 0 \end{bmatrix} \quad 和 \quad \begin{bmatrix} -1 \\ 0 \\ 1 \end{bmatrix}$$

構成對應的特徵空間之一基底。由於這些向量不為正交，我們應用葛雷-史密特程序於這兩向量上來獲得正交向量。

$$\begin{bmatrix} -1 \\ 1 \\ 0 \end{bmatrix} \quad 及 \quad -\frac{1}{2}\begin{bmatrix} 1 \\ 1 \\ -2 \end{bmatrix}$$

此兩向量構成對應於特徵值 2 的特徵空間之一個正交基底。再者，我們可以選擇任意特徵向量對應於特徵值 8，例如 $\begin{bmatrix} 1 \\ 1 \\ 1 \end{bmatrix}$，因根據定理 6.14，其必正交於之前的兩向量。所以，集合

$$\left\{ \begin{bmatrix} \frac{-1}{\sqrt{2}} \\ \frac{1}{\sqrt{2}} \\ 0 \end{bmatrix}, \begin{bmatrix} \frac{1}{\sqrt{6}} \\ \frac{1}{\sqrt{6}} \\ \frac{-2}{\sqrt{6}} \end{bmatrix}, \begin{bmatrix} \frac{1}{\sqrt{3}} \\ \frac{1}{\sqrt{3}} \\ \frac{1}{\sqrt{3}} \end{bmatrix} \right\}$$

爲由 A 之特徵向量所組成的一個正規正交基底。所以，一正交矩陣 P 和對角矩陣 D 的可能選擇爲

$$P=\begin{bmatrix} \frac{-1}{\sqrt{2}} & \frac{1}{\sqrt{6}} & \frac{1}{\sqrt{3}} \\ \frac{1}{\sqrt{2}} & \frac{1}{\sqrt{6}} & \frac{1}{\sqrt{3}} \\ 0 & \frac{-2}{\sqrt{6}} & \frac{1}{\sqrt{3}} \end{bmatrix} \quad \text{及} \quad D=\begin{bmatrix} 2 & 0 & 0 \\ 0 & 2 & 0 \\ 0 & 0 & 8 \end{bmatrix}$$

練習題 1.

對底下矩陣

$$A=\begin{bmatrix} 2 & 4 & 4 \\ 4 & 17 & -1 \\ 4 & -1 & 17 \end{bmatrix}$$

求出一個正交矩陣 P 及一個對角矩陣 D 使得 $P^T AP=D$。

二次型式

歷史上，圓錐曲線在物理上扮演一個相當重要的角色。例如，橢圓可用來描述行星的運行，雙曲線可用在望遠鏡的製造，而拋物線則用來描述拋射體的軌跡。在平面上，所有圓錐曲線的方程式(圓、橢圓、拋物線，以及雙曲線)可由下式

$$ax^2+2bxy+cy^2+dx+ey+f=0 \qquad (7)$$

選擇不同的係數而得到[13]。例如，$a=c=1$、$b=d=e=0$ 且 $f=-9$，可產生方程式

$$x^2+y^2=9$$

其表示具有半徑 3 且中心在原點的一圓。若我們改變 d 爲 8 並完成配方，我們可得

$$(x+4)^2+y^2=25$$

其表示具有半徑 5 且中心在點$(-4, 0)$的一圓。

---

[13] 爲計算方便起見，我們故意寫成係數 $2b$。

在圓錐曲線方程式其 xy 項的係數爲零的情況中，其主軸平行於 x 軸或 y 軸。圖 6.20 表示一中心在原點且主軸爲 x 軸的橢圓和雙曲線所對應之方程式及圖形。

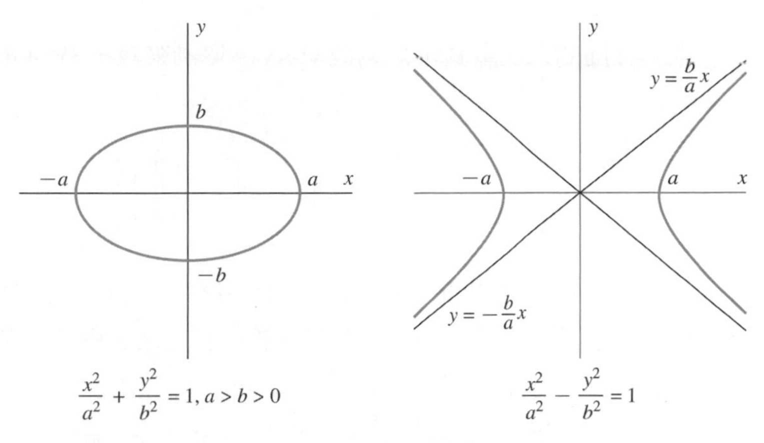

圖 6.20　以 x 軸為主軸的圓錐曲線

若一圓錐曲線方程式其 xy 項的係數並不爲零，則其主軸並不平行於任何一個座標軸。(參見圖 6.21。)在此情況下，我們一定可以旋轉 x 軸和 y 軸至新的 x'軸和 y'軸，使得圓錐曲線的主軸平行於其中的一個新座標軸。當我們利用在 4.4 節中的方法來將圓錐曲線用 $x'y'$新座標系統寫出時，方程式中 $x'y'$項的係數會爲零。我們可以使用我們對正交和對稱矩陣的知識，來發掘一適當的角度θ，並以其來旋轉原座標軸。

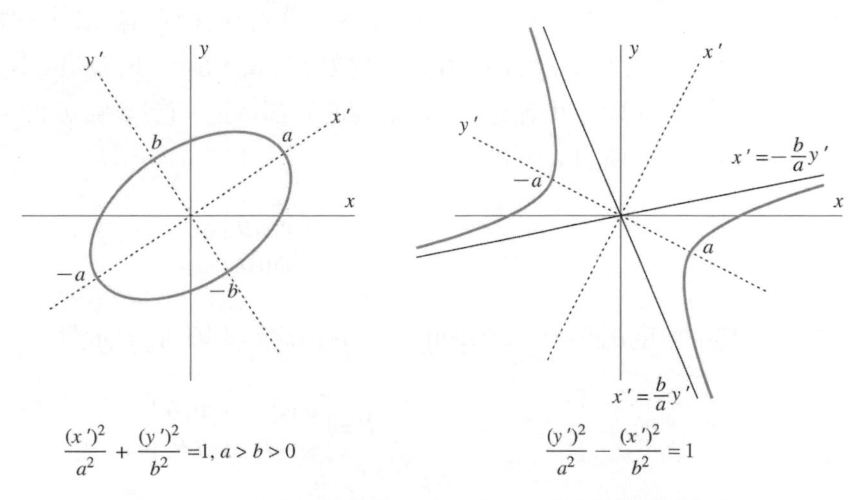

圖 6.21　x'軸為該橢圓的主軸，且 y'軸為該雙曲線的主軸

我們一開始先考慮方程式(7)其**伴隨的二次型式(associated quadratic form)**，即，

$$ax^2 + 2bxy + cy^2$$

我們假設 $b \neq 0$，所以方程式(7)的 xy 項係數不為零。若我們令

$$A=\begin{bmatrix} a & b \\ b & c \end{bmatrix} \quad 且 \quad \mathbf{v}=\begin{bmatrix} x \\ y \end{bmatrix}$$

則其**伴隨**的二次型式可以寫成 $\mathbf{v}^T A\mathbf{v}$。舉例來說，$3x^2+4xy+6y^2$ 的形式可以寫成

$$\begin{bmatrix} x & y \end{bmatrix}\begin{bmatrix} 3 & 2 \\ 2 & 6 \end{bmatrix}\begin{bmatrix} x \\ y \end{bmatrix}$$

我們現在說明如何選擇滿足 $0° < \theta < 90°$ 之適當旋轉角 θ。此方法牽涉到對 R^2 求一個正規正交基底，使得對應於此基底之 x' 軸和 y' 軸平行於圓錐曲線的對稱軸。

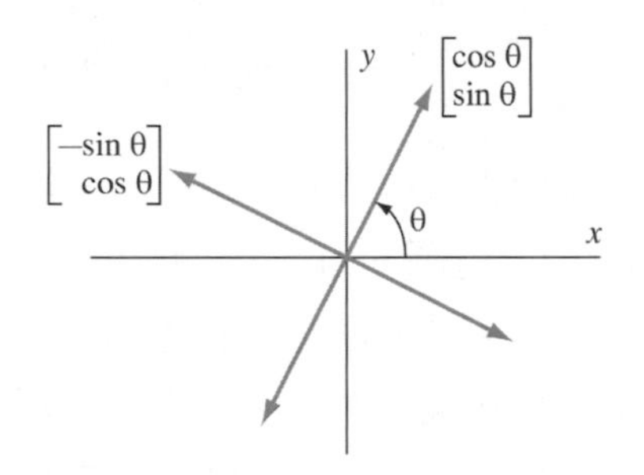

圖 6.22 特徵向量 $\mathbf{b}_1$、$\mathbf{b}_2$、$-\mathbf{b}_1$ 及 $-\mathbf{b}_2$

由於 A 為對稱，從定理 6.15 可知必存在有一組由 A 的特徵向量所構成之 R^2 的正規正交基底 $\{\mathbf{b}_1, \mathbf{b}_2\}$。特徵向量 $\mathbf{b}_1$、$\mathbf{b}_2$、$-\mathbf{b}_1$ 及 $-\mathbf{b}_2$ 中必有一個是在第一象限；亦即，其兩個元素座標值必定都為正。(參見圖 6.22。)由於此向量為單位向量，所以其形式為

$$\begin{bmatrix} \cos\theta \\ \sin\theta \end{bmatrix}$$

其中角度 θ 滿足 $0° < \theta < 90°$。令 P 為旋轉矩陣 A_θ；亦即，

$$P=\begin{bmatrix} \cos\theta & -\sin\theta \\ \sin\theta & \cos\theta \end{bmatrix}$$

由於 P 的行是 A 的特徵向量，我們可見

$$P^T AP = D, \quad 其中 \quad D=\begin{bmatrix} \lambda_1 & 0 \\ 0 & \lambda_2 \end{bmatrix}$$

為一個對角矩陣，且其對角線元素為 A 的特徵值。

考慮將 $\mathbf{e}_1$ 和 $\mathbf{e}_2$ 旋轉 θ 角所得到的基底 $\{P\mathbf{e}_1, P\mathbf{e}_2\}$。根據定理 4.11，$\mathbf{v}$ 相對於此新基底的座標向量 $\mathbf{v}' = \begin{bmatrix} x' \\ y' \end{bmatrix}$，滿足 $\mathbf{v} = P\mathbf{v}'$；亦即，

$$\begin{aligned} x &= (\cos\theta)x' - (\sin\theta)y' \\ y &= (\sin\theta)x' + (\cos\theta)y' \end{aligned}$$

再者，

$$\begin{aligned} ax^2 + 2bxy + cy^2 &= \mathbf{v}^T A\mathbf{v} \\ &= (P\mathbf{v}')^T A(P\mathbf{v}') \\ &= (\mathbf{v}')^T P^T AP\mathbf{v}' \\ &= (\mathbf{v}')^T D\mathbf{v}' \\ &= \lambda_1 (x')^2 + \lambda_2 (y')^2 \end{aligned}$$

因此

$$ax^2 + 2bxy + cy^2 = \lambda_1 (x')^2 + \lambda_2 (y')^2 \qquad (8)$$

所以，利用轉換至變數 x' 和 y'，我們也可以重新改寫伴隨的二次型式，使其不具有 $x'y'$ 項。

為了看出在實際上這是如何運作的，考慮方程式

$$2x^2 - 4xy + 5y^2 = 36$$

其伴隨的二次型式為 $2x^2 - 4xy + 5y^2$，所以我們令

$$A = \begin{bmatrix} 2 & -2 \\ -2 & 5 \end{bmatrix}$$

從例題 1 可知，A 的特徵值為 6 和 1，且具有對應的特徵向量 $\frac{1}{\sqrt{5}}\begin{bmatrix} -1 \\ 2 \end{bmatrix}$ 及 $\frac{1}{\sqrt{5}}\begin{bmatrix} 2 \\ 1 \end{bmatrix}$。第二個特徵向量具有兩個皆正的元素，所以我們採用

$$P = \begin{bmatrix} \frac{2}{\sqrt{5}} & -\frac{1}{\sqrt{5}} \\ \frac{1}{\sqrt{5}} & \frac{2}{\sqrt{5}} \end{bmatrix}$$

這是一個 θ 旋轉矩陣，其中，

$$\cos\theta = \frac{2}{\sqrt{5}} \qquad \text{且} \qquad \sin\theta = \frac{1}{\sqrt{5}}$$

因 $0° < \theta < 90°$，可得

$$\theta = \cos^{-1}\left(\frac{2}{\sqrt{5}}\right) \approx 63.4°$$

此外，利用變數代換 $\mathbf{v} = P\mathbf{v}'$，亦即，

$$\begin{aligned} x &= \frac{2}{\sqrt{5}}x' - \frac{1}{\sqrt{5}}y' \\ y &= \frac{1}{\sqrt{5}}x' + \frac{2}{\sqrt{5}}y' \end{aligned}$$

從方程式(8)可得

$$2x^2 - 4xy + 5y^2 = (x')^2 + 6(y')^2$$

因此，簡化的方程式為

$$(x')^2 + 6(y')^2 = 36$$

即

$$\frac{(x')^2}{36} + \frac{(y')^2}{6} = 1$$

由此形式，我們可見此方程式表示一橢圓，其對稱軸為將一般的 x 軸和 y 軸旋轉 θ 角而得。(參見圖 6.23。)

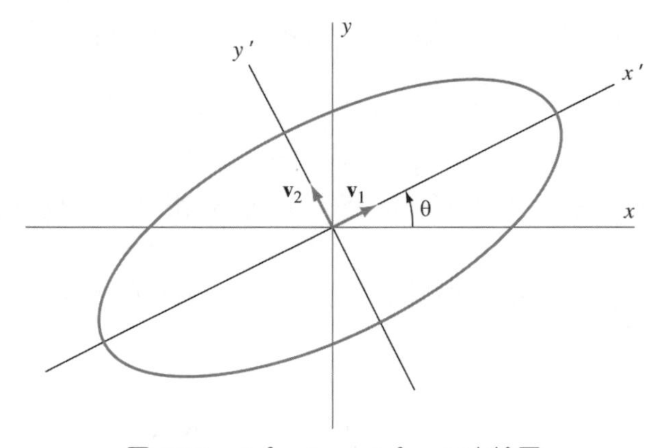

圖 6.23　$2x^2 - 4xy + 5y^2 = 36$ 之繪圖

練習題 2.

(a) 試求一對稱矩陣 A 使得方程式 $-4x^2 + 24xy - 11y^2 = 20$ 其伴隨的二次型式可以寫成 $\mathbf{v}^T A\mathbf{v}$。

(b) 試求出將 x 軸和 y 軸變為 x' 軸和 y' 軸的一個旋轉使得(a)的方程式會轉變為不具有 $x'y'$ 項。試求出旋轉角，指出圓錐曲線的形式，並繪出其圖形。

矩陣之譜分解

讓我們很感興趣的一件事是：每個對稱矩陣都可分解爲非常簡單之矩陣的和。有此種分解在手中，證明矩陣其更深入的結果將會變得很容易。

考慮一個 $n\times n$ 的對稱矩陣 A 以及由 A 的特徵向量所構成之 R^n 的一個正規正交基底$\{\mathbf{u}_1, \mathbf{u}_2, \cdots, \mathbf{u}_n\}$。假設 $\lambda_1, \lambda_2, \cdots, \lambda_n$ 爲對應的特徵值。令 $P=[\mathbf{u}\ \mathbf{u}_2\ \cdots\ \mathbf{u}_n]$，且令 D 爲一個 $n\times n$ 的對角矩陣，其對角線元素分別爲 $\lambda_1, \lambda_2, \cdots, \lambda_n$。則

$$\begin{aligned}
A &= PDP^T \\
&= P\begin{bmatrix} \lambda_1\mathbf{e}_1 & \lambda_2\mathbf{e}_2 & \cdots & \lambda_n\mathbf{e}_n \end{bmatrix}\begin{bmatrix} \mathbf{u}_1^T \\ \mathbf{u}_2^T \\ \vdots \\ \mathbf{u}_n^T \end{bmatrix} \\
&= \begin{bmatrix} P(\lambda_1\mathbf{e}_1) & P(\lambda_2\mathbf{e}_2) & \cdots & P(\lambda_n\mathbf{e}_n) \end{bmatrix}\begin{bmatrix} \mathbf{u}_1^T \\ \mathbf{u}_2^T \\ \vdots \\ \mathbf{u}_n^T \end{bmatrix} \\
&= \begin{bmatrix} \lambda_1 P\mathbf{e}_1 & \lambda_2 P\mathbf{e}_2 & \cdots & \lambda_n P\mathbf{e}_n \end{bmatrix}\begin{bmatrix} \mathbf{u}_1^T \\ \mathbf{u}_2^T \\ \vdots \\ \mathbf{u}_n^T \end{bmatrix} \\
&= \begin{bmatrix} \lambda_1\mathbf{u}_1 & \lambda_2\mathbf{u}_2 & \cdots & \lambda_n\mathbf{u}_n \end{bmatrix}\begin{bmatrix} \mathbf{u}_1^T \\ \mathbf{u}_2^T \\ \vdots \\ \mathbf{u}_n^T \end{bmatrix} \\
&= \lambda_1\mathbf{u}_1\mathbf{u}_1^T + \lambda_2\mathbf{u}_2\mathbf{u}_2^T + \cdots + \lambda_n\mathbf{u}_n\mathbf{u}_n^T
\end{aligned}$$

從 2.5 節可知，矩陣乘積 $P_i = \mathbf{u}_i\mathbf{u}_i^T$ 爲一個秩爲 1 的矩陣。所以，我們已將 A 表示爲 n 個秩爲 1 的矩陣之和。我們可證明(參見習題 43。)P_i 爲對 Span$\{\mathbf{u}_i\}$的正交投影矩陣。表示式

$$A = \lambda_1 P_1 + \lambda_2 P_2 + \cdots + \lambda_n P_n$$

稱爲 A 的一個**譜分解(spectral decomposition)**。

根據 6.3 節的習題 67，我們可知每個 P_i 爲對稱，且滿足 $P_i^2 = P_i$。由此結果，一些其他的性質可很容易地因而產生。它們將給定在下個定理中。該定理(b)、(c)和(d)部分的證明將留作習題 (參見習題 44 至 46)。

6

定理 6.16

(譜分解定理) 令 A 爲一個 $n\times n$ 的對稱矩陣，且令$\{\mathbf{u}_1,\mathbf{u}_2,\cdots,\mathbf{u}_n\}$爲 R^n 之一個正規正交基底，分別爲 A 對應於特徵值 $\lambda_1,\lambda_2,\cdots,\lambda_n$ 的特徵向量。則存在對稱矩陣 $P_1, P_2, \cdots, P_n$ 使得以下結果成立：

(a) $A=\lambda_1P_1+\lambda_2P_2+\cdots+\lambda_nP_n$。

(b) 對所有的 i，$\text{rank}P_i=1$。

(c) 對所有的 i，$P_iP_i=P_i$，且 $P_iP_j=O$ 若 $i\neq j$。

(d) 對所有的 i，$P_i\mathbf{u}_i=\mathbf{u}_i$，且 $P_i\mathbf{u}_j=\mathbf{0}$ 若 $i\neq j$。

例題 3

試求在例題 1 中矩陣 $A=\begin{bmatrix}3 & -4\\ -4 & -3\end{bmatrix}$的一個譜分解。

解 使用例題 1 的結果，我們令 $\mathbf{u}_1=\dfrac{1}{\sqrt{5}}\begin{bmatrix}-2\\ 1\end{bmatrix}$、$\mathbf{u}_2=\dfrac{1}{\sqrt{5}}\begin{bmatrix}1\\ 2\end{bmatrix}$、$\lambda_1=5$ 且 $\lambda_2=-5$。

所以，

$$P_1=\mathbf{u}_1\mathbf{u}_1^T=\begin{bmatrix}\frac{4}{5} & -\frac{2}{5}\\ -\frac{2}{5} & \frac{1}{5}\end{bmatrix} \quad \text{且} \quad P_2=\mathbf{u}_2\mathbf{u}_2^T=\begin{bmatrix}\frac{1}{5} & \frac{2}{5}\\ \frac{2}{5} & \frac{4}{5}\end{bmatrix}$$

因此

$$A=\lambda_1P_1+\lambda_2P_2=5\begin{bmatrix}\frac{4}{5} & -\frac{2}{5}\\ -\frac{2}{5} & \frac{1}{5}\end{bmatrix}+(-5)\begin{bmatrix}\frac{1}{5} & \frac{2}{5}\\ \frac{2}{5} & \frac{4}{5}\end{bmatrix}$$

練習題 3.

試求以下矩陣的一個譜分解。

$$A=\begin{bmatrix}4 & 1 & -1\\ 1 & 4 & -1\\ -1 & -1 & 4\end{bmatrix}$$

譜近似

假設，我們希望用一種快速或是不允許長串訊息的傳輸方法，來送出大量的數據資訊。假設數據可放置成一對稱矩陣 [14]A 的形式。我們將說明 A 的譜分解讓我們能在損失少量資訊的情況下，大量地減少所需的數據傳輸量。爲了說明此技術，假設

$$A=\begin{bmatrix} 153 & -142 & 56 & 256 & 37 \\ -142 & 182 & -86 & -276 & -44 \\ 56 & -86 & 55 & 117 & 22 \\ 256 & -276 & 117 & 475 & 68 \\ 37 & -44 & 22 & 68 & 11 \end{bmatrix}$$

使用 MATLAB，我們求得一正交矩陣 P 和一對角矩陣 D，使得 $P^TAP=D$[15]。我們有

$$P=\begin{bmatrix} 0.4102 & -0.4886 & -0.7235 & 0.2200 & 0.1454 \\ -0.4536 & -0.5009 & -0.1590 & -0.7096 & -0.1211 \\ 0.2001 & 0.6693 & -0.4671 & -0.5211 & 0.1493 \\ 0.7572 & -0.2275 & 0.4472 & -0.4157 & -0.0467 \\ 0.1125 & 0.1033 & -0.1821 & 0.0614 & -0.9694 \end{bmatrix}$$

和

$$D=\begin{bmatrix} 820.0273 & 0 & 0 & 0 & 0 \\ 0 & 42.1027 & 0 & 0 & 0 \\ 0 & 0 & 9.0352 & 0 & 0 \\ 0 & 0 & 0 & 4.9926 & 0 \\ 0 & 0 & 0 & 0 & -0.1578 \end{bmatrix}$$

用定理 6.16 的符號，我們獲得一譜分解如下

$$A=820.0273P_1+42.1027P_2+9.0352P_3+4.9926P_4-0.1578P_5$$

其中每個 P_i 爲一個正交投影矩陣。

請注意在係數(特徵值)的絕對值大小方面有滿大的變化，其中 P_2、P_3、P_4 和 P_5 具有相對而言相當小的係數。此一觀察建議我們以矩陣 $A_1=820.0273P_1$，一個秩爲 1 的矩陣，來近似 A，而 A 的秩爲 5。我們獲得：

---

[14] 若 A 不爲對稱，我們可改用由 A 的奇異值分解所產生的技術。(參見 6.7 節。)

[15] MATLAB 所產生出的矩陣其行之順序與在此所列的矩陣可能會不同。爲了方便起見，在這裡我們列出特徵值和特徵向量的順序是按照使特徵值的絕對值遞減的順序。並且，我們偶爾將 MATLAB 所產生的特徵向量以其本身之非零倍數來取代，當然，它也還是對應於相同特徵值的一個特徵向量。

$$A_1 = \begin{bmatrix} 137.9793 & -152.5673 & 67.2916 & 254.6984 & 37.8456 \\ -152.5673 & 168.6976 & -74.4061 & -281.6266 & -41.8468 \\ 67.2916 & -74.4061 & 32.8177 & 124.2148 & 18.4570 \\ 254.6984 & -281.6266 & 124.2148 & 470.1522 & 69.8598 \\ 37.8456 & -41.8468 & 18.4570 & 69.8598 & 10.3805 \end{bmatrix}$$

A_1 有多麼近似於 A 一種判斷接近程度的準則爲誤差矩陣(*error matrix*)的相對「大小」(size)，誤差矩陣定義如下

$$E_1 = A - A_1 = \begin{bmatrix} 15.0207 & 10.5673 & -11.2916 & 1.3016 & -0.8456 \\ 10.5673 & 13.3024 & -11.5939 & 5.6266 & -2.1532 \\ -11.2916 & -11.5939 & 22.1823 & -7.2148 & 3.5430 \\ 1.3016 & 5.6266 & -7.2148 & 4.8478 & -1.8598 \\ -0.8456 & -2.1532 & 3.5430 & -1.8598 & 0.6195 \end{bmatrix}$$

爲了量化 E_1 與 A 它們相對大小的比較，我們使用一矩陣的費氏範數(*Frobenius norm*)，其定義在 7.5 節。此範數可在 MATLAB 中以指令 norm (E1,′fro′)獲得。其回傳値爲 43.3500。A 的範數經計算爲 821.1723。所以，若我們使用 A_1 來近似 A，我們只損失 $43.3500/821.1723 = 5.28\%$ 的原來資訊；且已將具有秩爲 5 的矩陣 A，以具有秩爲 1 的矩陣 A_1 來取代。在此情況下，僅有 A_1 的第一行以及可產生出第 2 行到第 5 行之行的倍數值，需要被傳輸。

爲了要有較少的資訊損失，我們可使用矩陣

$$A_2 = 820.0273P_1 + 42.1027P_2$$

其秩爲 2。我們計算

$$A_2 = \begin{bmatrix} 148.0324 & -142.2625 & 53.5226 & 259.3786 & 35.7200 \\ -142.2625 & 179.2604 & -88.5199 & -276.8293 & -44.0256 \\ 53.5226 & -88.5199 & 51.6763 & 117.8046 & 21.3683 \\ 259.3786 & -276.8293 & 117.8046 & 472.3311 & 68.8702 \\ 35.7200 & -44.0256 & 21.3683 & 68.8702 & 10.8299 \end{bmatrix}$$

令 $E_2 = A - A_2$。則

$$E_2 = \begin{bmatrix} 4.9676 & 0.2625 & 2.4774 & -3.3786 & 1.2800 \\ 0.2625 & 2.7396 & 2.5199 & 0.8293 & 0.0256 \\ 2.4774 & 2.5199 & 3.3237 & -0.8046 & 0.6317 \\ -3.3786 & 0.8293 & -0.8046 & 2.6689 & -0.8702 \\ 1.2800 & 0.0256 & 0.6317 & -0.8702 & 0.1701 \end{bmatrix}$$

E_2 的範數爲 10.3240。所以我們在此情況下只損失 $10.3240/821.1723 = 1.26\%$ 的原有資訊，且將秩爲 5 的矩陣 A 用秩爲 2 的矩陣 A_2 來替代。

注意，因 A_2 的秩爲 2，所以我們只需傳輸兩個線性獨立的行以及可以表示出其他三行的三個線性組合中的係數。

一些有趣的譜分解的結果將會在習題中討論。

習 題

在習題 1 至 12 中，對每個圓錐曲線方程式試回答下列問題。

(a) 試求一個對稱矩陣 A，使得其伴隨的二次型式可寫為 $\mathbf{v}^T A\mathbf{v}$。

試求將 x 軸和 y 軸變為 x' 軸和 y' 軸之旋轉，可將給定的方程式轉變為一個不具有 $x'y'$ 項的方程式。

(a) 試求出一旋轉角。
(b) 試提供將 x' 和 y' 關聯至 x 和 y 的方程式。
(c) 試提供轉換後的方程式。
(d) 指出圓錐曲線的型式。

1. $2x^2 - 14xy + 50y^2 - 255 = 0$。
2. $2x^2 + 2xy + 2y^2 - 1 = 0$。
3. $x^2 - 12xy - 4y^2 = 40$。
4. $3x^2 - 4xy + 3y^2 - 5 = 0$。
5. $5x^2 + 4xy + 5y^2 - 9 = 0$。
6. $11x^2 + 24xy + 4y^2 - 15 = 0$。
7. $x^2 + 4xy + y^2 - 7 = 0$。
8. $4x^2 + 6xy - 4y^2 = 180$。
9. $2x^2 - 12xy - 7y^2 = 200$。
10. $6x^2 + 5xy - 6y^2 = 26$。
11. $x^2 + 2xy + y^2 + 8x + y = 0$。
12. $52x^2 + 72xy + 73y^2 - 160x - 130y - 25 = 0$。

在習題 13 至 20 中，給定一對稱矩陣 A。試求特徵向量的一個正規正交基底及其對應的特徵值。使用此資訊來獲得每個矩陣的一個譜分解。

13. $\begin{bmatrix} 3 & 1 \\ 1 & 3 \end{bmatrix}$。
14. $\begin{bmatrix} 7 & 6 \\ 6 & -2 \end{bmatrix}$。
15. $\begin{bmatrix} 1 & 2 \\ 2 & 1 \end{bmatrix}$。
16. $\begin{bmatrix} 1 & -1 \\ -1 & 1 \end{bmatrix}$。
17. $\begin{bmatrix} 3 & 2 & 2 \\ 2 & 2 & 0 \\ 2 & 0 & 4 \end{bmatrix}$。
18. $\begin{bmatrix} 0 & 2 & 2 \\ 2 & 0 & 2 \\ 2 & 2 & 0 \end{bmatrix}$。
19. $\begin{bmatrix} -1 & 0 & 0 \\ 0 & 0 & 2 \\ 0 & 2 & 3 \end{bmatrix}$。
20. $\begin{bmatrix} -2 & 0 & -36 \\ 0 & -3 & 0 \\ -36 & 0 & -23 \end{bmatrix}$。

是非題

在習題 21 至 40 中，試決定該陳述是真確或謬誤。

21. 每個對稱矩陣都是可對角化的。
22. 若 P 爲一矩陣其行爲一個對稱矩陣的特徵向量，則 P 爲正交。
23. 若 A 是一個 $n \times n$ 矩陣，且 A 的特徵向量構成一組 R^n 的正規正交基底；則 A 爲對稱。
24. 一矩陣對應於不同特徵值的特徵向量爲正交。
25. 一對稱矩陣的不同特徵向量爲正交。
26. 利用一適當的旋轉將 xy 軸轉至 $x'y'$ 軸，任何中心在原點的圓錐曲線方程式可改寫爲不具有 $x'y'$ 項的方程式。
27. 任意圓錐曲線的方程式其伴隨的二次型式可改寫爲 $\mathbf{v}^T A\mathbf{v}$，其中 A 爲一個 2×2 矩陣且 $\mathbf{v}$ 在 R^2 中。
28. 每個對稱矩陣可改寫爲正交投影矩陣之和。
29. 每個對稱矩陣可改寫爲正交投影矩陣倍數之和。
30. 每個對稱矩陣可改寫爲秩爲 1 的正交投影矩陣倍數之和。
31. 每個對稱矩陣可改寫爲正交投影矩陣倍數之和，其中倍數爲矩陣之特徵值。
32. 若經由將座標軸旋轉 θ 角，可將圓錐曲線方程式寫成不具 xy 項的形式，其中 $0^\circ \le \theta < 360^\circ$，則 θ 爲獨一無二的。
33. 一對稱矩陣對應至不同特徵值的特徵向量爲正交。
34. 一對稱矩陣的譜分解，除了項的次序可能不同之外，是獨一無二的。
35. 每個矩陣具有一個譜分解。
36. 爲了要旋轉座標軸來移除方程式 $ax^2 + 2bxy + cy^2 = d$ 的 xy 項，我們必須決定 $\begin{bmatrix} a & b \\ c & d \end{bmatrix}$ 的特徵向量。

37. 若 x 軸和 y 軸的一旋轉可使方程式 $ax^2 + 2bxy + cy^2 = d$ 改寫成 $a'(x')^2 + b'(y')^2 = d$，則數值 a' 和 b' 爲 $\begin{bmatrix} a & b \\ b & c \end{bmatrix}$ 的特徵值。

38. 若 $B_1, B_2, \cdots, B_k$ 爲一個 $n \times n$ 的對稱矩陣其不同特徵空間的正規正交基底，則其聯集 $B_1 \cup B_2 \cup \cdots \cup B_k$ 爲是 R^n 的一組正規正交基底。

39. 若 P 是一個 2×2 正交矩陣，其各行構成 R^2 的一組正規正交基底，則 P 爲旋轉矩陣。

40. 若 P 爲一個 2×2 正交矩陣，其行是由 $A = \begin{bmatrix} a & b \\ b & c \end{bmatrix}$ 的特徵向量所構成之 R^2 的一個正規正交基底，則變數代換 $\begin{bmatrix} x \\ y \end{bmatrix} = P\begin{bmatrix} x' \\ y' \end{bmatrix}$ 可將 $ax^2 + bxy + cy^2 = d$ 變爲 $\lambda_1(x')^2 + \lambda_2(y')^2 = d$，其中 λ_1 和 λ_2 爲 A 的特徵值。

---

41. 試說明一譜分解不爲唯一，利用對矩陣 $2I_2$ 找具有不同正交投影矩陣的兩個不同的譜分解。

42. 對在習題 19 中的矩陣，找具有不同正交投影矩陣的兩個不同的譜分解，來說明譜分解不是唯一的。

43. 令 $\mathbf{u}$ 爲在 R^n 中的一個單位向量，且令 P 爲矩陣 $\mathbf{u}\mathbf{u}^T$。試證明 P 爲對子空間 Soab $\{\mathbf{u}\}$的正交投影矩陣。

44. 試證明定理 6.16(b)。

45. 試證明定理 6.16(c)。

46. 試證明定理 6.16(d)。

在習題 47 至 54 中，令 A 為一個 $n\times n$ 的對稱矩陣具有譜分解 $A = \lambda_1 P_1 + \lambda_2 P_2 + \cdots + \lambda_n P_n$。假設 $\mu_1, \mu_2, \cdots, \mu_k$ 為 A 所有不同的特徵值，且 Q_j 表示伴隨於 μ_j 之所有 P_i 的和。

47. 試證明 $A = \mu_1 Q_1 + \mu_1 Q_2 + \cdots + \mu_k Q_k$。

48. 試證明 $Q_j Q_j = Q_j$ 對所有 j，且 $Q_i Q_j = O$ 若 $j \neq i$。

49. 試證明對所有 j，Q_j 爲對稱。

50. 試證明對所有 j，Q_j 爲對伴隨於 μ_j 的特徵空間的正交投影矩陣。

51. 假設 $\{\mathbf{w}_1, \mathbf{w}_2, \cdots, \mathbf{w}_s\}$ 爲對應於 μ_j 的特徵空間的一個正規正交基底。試表示 Q_j 爲秩爲 1 的矩陣之和。

52. 試證明 Q_j 的秩等於伴隨於 μ_j 的特徵空間之維度。

53. 利用給定之 A 的譜分解來計算 A^s 的譜分解，其中 s 爲大於 1 的任意正整數。

54. 利用給定之 A 的譜分解來求矩陣 C 的一個譜分解，其中 $C^3=A$。

習題 55 至 57 使用以下定義：對一個 $n\times n$ 矩陣 B 及多項式 $g(t) = a_n t^n + a_{n-1}t^{n-1} + \cdots + a_1 t + a_0$，定義 $g(B)$ 為

$$g(B) = a_n B^n + a_{n-1}B^{n-1} + \cdots + a_1 B + a_0 I_n$$

55. 利用習題 47 和 48 來說明，對任意多項式 g，
$$g(A) = g(\mu_1)Q_1 + g(\mu_2)Q_2 + \cdots + g(\mu_k)Q_k$$
其中 A、μ_i 和 Q_i 如在習題 47 至 54 中所示。

56. 利用習題 55 來證明葛雷-漢彌頓定理(*Cayley-Hamiltontheorem*)的一個特例：若 f 爲一對稱矩陣 A 的特徵多項式，則 $f(A) = O$。

57. 令 A、μ_i 及 Q_i 如在習題 47 至 54 中。我們可以證明的是，對任意 j，$1 \le j \le k$；存在一多項式 f_j 使得 $f_j(\mu_j) = 1$ 且 $f_j(\mu_i) = 0$ 若 $i \neq j$。(參見[4，第 51 至 52 頁]。)使用此結果及習題 55 來證明 $Q_j = f_j(A)$。所以由給定在習題 47 和 48 中的特性，Q_j 是被唯一決定的。

58. 利用習題 57 來證明一個 $n\times n$ 矩陣 B 與 A 滿足乘法交換律(亦即，$AB=BA$)若且唯若 B 可與每個 Q_j 交換。

一個 $n\times n$ 矩陣 C 稱之為**正定(positive definite)**，若 C 為對稱且對在 R^n 中的每個非零向量 $\mathbf{v}$，$\mathbf{v}^T C\mathbf{v} > 0$。我們稱 C 為**半正定(positive semidefinite)**，若 C 為對稱且對在 R^n 中的每個 $\mathbf{v}$ 均 $\mathbf{v}^T C\mathbf{v} \ge 0$。

在習題59至73中，我們採用此一定義。在解這些習題中，恆等式 $\mathbf{v}^T A\mathbf{v} = \mathbf{v}\cdot A\mathbf{v}$ 滿有用的。

59. 假設 A 爲一個對稱矩陣。試證明 A 爲正定若且唯若其所有特徵值爲正。

60.[16] 試陳述並證明一個半正定矩陣的特性類似於在習題59的命題。

61. 假設 A 爲可逆且半正定。試證明 A^{-1} 爲正定。

62. 假設 A 爲正定且 $c>0$。試證明 cA 爲正定。

63. 試陳述並證明一類似習題62的結果，若 A 爲半正定。

64. 假設 A 和 B 爲 $n\times n$ 的正定矩陣。試證明 $A+B$ 爲正定。

65. 試陳述並證明一類似習題64的結果，若 A 和 B 爲半正定。

66. 假設 $A=QBQ^T$，其中 Q 爲正交矩陣且 B 爲正定。試證明 A 爲正定。

67. 試陳述並證明一類似習題66的結果，若 B 爲半正定。

68. 試證明若 A 爲正定，則存在一正定矩陣 B 使得 $B^2=A$。

69. 試陳述並證明一類似習題68的結果，若 A 爲半正定。

70. 令 A 爲一個 $n\times n$ 對稱矩陣。試證明 A 爲正定，若且唯若

$$\sum_{i,j} a_{ij}u_iu_j > 0$$ 對所有不同時爲零的純量 $u_1, u_2, \cdots, u_n$。

71. 試陳述並證明一類似習題70的結果，若 A 爲半正定。

72.[17] 試證明，對任意矩陣 A，矩陣 A^TA 和 AA^T 爲半正定。

73. 試證明，對任意可逆矩陣 A，矩陣 A^TA 和 AA^T 爲正定。

在習題74至76中，使用具有矩陣運算能力之計算機或是電腦軟體如MATLAB來解每道題。

74. 令

$$A=\begin{bmatrix} 4 & 0 & 2 & 0 & 2 \\ 0 & 4 & 0 & 2 & 0 \\ 2 & 0 & 4 & 0 & 2 \\ 0 & 2 & 0 & 4 & 0 \\ 2 & 0 & 2 & 0 & 4 \end{bmatrix}$$

(a) 試驗證 A 爲對稱。

(b) 試求 A 的特徵值。

(c) 試求由 A 之特徵向量所組成之 R^5 的一個正規正交基底。

(d) 利用你對(b)和(c)的解答來求 A 的一個譜分解。

(e) 試利用矩陣乘法運算來求 A^6。

(f) 利用你對(d)的解答來求 A^6 的一個譜分解。

(g) 利用你對(f)的解答來計算 A^6。

75. 令

$$A=\begin{bmatrix} 56 & 62 & 96 & 24 & 3 \\ 62 & 61 & 94 & 25 & 1 \\ 96 & 94 & 167 & 33 & 1 \\ 24 & 25 & 33 & 9 & 1 \\ 3 & 1 & 1 & 1 & 2 \end{bmatrix}$$

(a) 試求一個正交矩陣 P 及一個對角矩陣 D 使得 $A=PDP^T$。

(b) 利用你對(a)的解答，來求 A 的一個譜分解。請按照正交投影矩陣的係數(特徵值)其大小(絕對值)遞減的順序來排列。答案中要包含有正交投影矩陣。

76. 令 A 爲在習題75中的矩陣。

(a) 利用對 A 的譜分解，根據最大特徵值來構成 A 的一近似 A_1。

(b) 試計算誤差矩陣 $E_1 = A - A_1$ 和矩陣 A 的費氏範數。

(c) 當 A_1 被用來近似 A 時，試求出資訊損失百分比。

[16] 此習題用在6.7節中。

[17] 此習題用在6.7節中。

練習題解答

1. 因 A 爲對稱，所以矩陣 P 和 D 存在。我們計算 A 的特徵多項式爲 $-t(t-18)^2$。$\begin{bmatrix}-4\\1\\1\end{bmatrix}$ 爲對應於特徵值 0 的一個特徵向量，因此它構成對應特徵空間的基底。再者，

$$\left\{\begin{bmatrix}1\\4\\0\end{bmatrix},\begin{bmatrix}1\\0\\4\end{bmatrix}\right\}$$

爲對應於特徵值 18 的特徵空間的一基底。應用葛雷-史密特程序在此基底的向量上，我們獲得此特徵空間的一個正交基底

$$\left\{\begin{bmatrix}1\\4\\0\end{bmatrix},\begin{bmatrix}16\\-4\\68\end{bmatrix}\right\}$$

注意，在此基底中的向量正交於對應於特徵值 0 的特徵向量。所以，集合

$$\left\{\begin{bmatrix}-\frac{4}{3\sqrt{2}}\\ \frac{1}{3\sqrt{2}}\\ \frac{1}{3\sqrt{2}}\end{bmatrix},\begin{bmatrix}\frac{1}{\sqrt{17}}\\ \frac{4}{\sqrt{17}}\\ 0\end{bmatrix},\begin{bmatrix}\frac{4}{3\sqrt{34}}\\ -\frac{1}{3\sqrt{34}}\\ \frac{17}{3\sqrt{34}}\end{bmatrix}\right\}$$

爲由 A 的特徵向量所組成的一個正規正交基底。所以正交矩陣 P 和對角矩陣 D 的一個可能選擇爲

$$P=\begin{bmatrix}-\frac{4}{3\sqrt{2}} & \frac{1}{\sqrt{17}} & \frac{4}{3\sqrt{34}}\\ \frac{1}{3\sqrt{2}} & \frac{4}{\sqrt{17}} & -\frac{1}{3\sqrt{34}}\\ \frac{1}{3\sqrt{2}} & 0 & \frac{17}{3\sqrt{34}}\end{bmatrix}$$

且

$$D=\begin{bmatrix}0&0&0\\0&18&0\\0&0&18\end{bmatrix}$$

2. (a) A 的元素可由二次型式的係數 $a_{11}=-4$，$a_{22}=-11$，及 $a_{12}=a_{21}=\frac{1}{2}(24)=12$ 來獲得。因此，$A=\begin{bmatrix}-4&12\\12&-11\end{bmatrix}$

(b) 可計算出 A 具有特徵值 $\lambda_1=5$ 和 $\lambda_2=-20$，及對應的單位特徵向量 $\begin{bmatrix}0.8\\0.6\end{bmatrix}$ 和 $\begin{bmatrix}-0.6\\0.8\end{bmatrix}$。因第一個在第一象限中，我們採用

$$P=\begin{bmatrix}0.8&-0.6\\0.6&0.8\end{bmatrix}$$

其爲 θ 旋轉矩陣，其中 $\cos\theta=0.8$ 且 $\sin\theta=0.6$。因 $0^\circ<\theta<90^\circ$，則

$$\theta=\cos^{-1}(0.8)\approx 36.9^\circ \quad。$$

根據方程式(8)，我們有

$$-4x^2+24xy-11y^2=5(x')^2-20(y')^2=20$$

且所以原來方程式變成

$$\frac{(x')^2}{4}-\frac{(y')^2}{1}=1$$

其爲一雙曲線方程式。其圖形可參見圖 6.24，在圖中包含兩條漸近線 $y'=\pm\frac{1}{2}x'$。

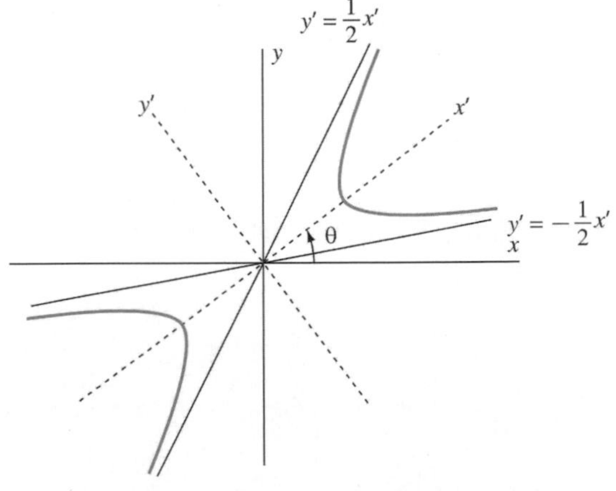

圖 6.24.　$-4x^2+24xy-11y^2=20$ 的繪圖

3. 首先，A 的特徵值爲(我們在此省略細節) $\lambda_1=\lambda_2=3$ 且 $\lambda_3=6$，且有一組 R^3 正規正交基底，包含以下對應的特徵向量

$$\{\mathbf{u}_1,\mathbf{u}_2,\mathbf{u}_3\}=\left\{\begin{bmatrix}\frac{1}{\sqrt{2}}\\0\\\frac{1}{\sqrt{2}}\end{bmatrix},\begin{bmatrix}-\frac{1}{\sqrt{6}}\\\frac{2}{\sqrt{6}}\\\frac{1}{\sqrt{6}}\end{bmatrix}\begin{bmatrix}\frac{1}{\sqrt{3}}\\\frac{1}{\sqrt{3}}\\-\frac{1}{\sqrt{3}}\end{bmatrix}\right\}$$

因此，A 的一個譜分解爲

$$A=\lambda_1\mathbf{u}_1\mathbf{u}_1^T+\lambda_2\mathbf{u}_2\mathbf{u}_2^T+\lambda_3\mathbf{u}_3\mathbf{u}_3^T$$

$$=3\begin{bmatrix}\frac{1}{2}&0&\frac{1}{2}\\0&0&0\\\frac{1}{2}&0&\frac{1}{2}\end{bmatrix}+3\begin{bmatrix}\frac{1}{6}&-\frac{2}{6}&-\frac{1}{6}\\-\frac{2}{6}&\frac{4}{6}&\frac{2}{6}\\-\frac{1}{6}&\frac{2}{6}&\frac{1}{6}\end{bmatrix}$$

$$+6\begin{bmatrix}\frac{1}{3}&\frac{1}{3}&-\frac{1}{3}\\\frac{1}{3}&\frac{1}{3}&-\frac{1}{3}\\-\frac{1}{3}&-\frac{1}{3}&\frac{1}{3}\end{bmatrix}$$

6.7* 奇異値分解

我們之前已經看到，最容易研究的矩陣就是那些其特徵向量可構成一組正規正交基底的矩陣。特徵向量的基底使我們可以完全洞察矩陣在向量上的作用。若此基底也是一個正規正交集合，額外的好處是我們有一組互相垂直的座標軸，其更可闡明矩陣作用在向量上的幾何行爲。

但是，只有對稱矩陣可以享有所有的這些性質。再者，若矩陣不爲方陣，則特徵向量根本沒有定義。

在本節中，我們考慮特徵向量其正規正交基底(*orthonormal basis of eigenvectors*)的一般化，在此我們針對任意 $m\times n$ 且秩爲 k 的矩陣 A。在此情況中，我們證明存在兩個正規正交基底，一個對 R^n 且一個對 R^m，使得 A 和第一個基底中的前 k 個向量的每一個之乘積，爲在第二個基底中對應向量的純量倍數。在 $m=n$ 且兩個基底相等的情況下，此方法就是特徵向量的一個正規正交基底的一般情形，且此時 A 必須要爲一個對稱矩陣。

有此概念之後，我們將陳述本節的主要定理。

*本節可省略而不失教材連續性。

定理 6.17

令 A 爲一個 $m\times n$ 矩陣，且秩爲 k。則存在正規正交基底

$B_1=\{\mathbf{v}_1,\mathbf{v}_2,\cdots,\mathbf{v}_n\}$ 於 R^n ，$B_2=\{\mathbf{u}_1,\mathbf{u}_2,\cdots,\mathbf{u}_m\}$ 於 R^m ，以及純量

$$\sigma_1\ge\sigma_2\ge\cdots\ge\sigma_k>0$$

使得

$$A\mathbf{v}_i=\begin{cases}\sigma_i\mathbf{u}_i & 若 1\le i\le k\\ 0 & 若 i>k\end{cases} \tag{9}$$

和

$$A^T\mathbf{u}_i=\begin{matrix}\sigma_i\mathbf{v}_i & 若 1\le i\le k\\ 0 & 若 i>k\end{matrix} \tag{10}$$

證明 利用 6.6 節中的習題 72，A^TA 爲一個 $n\times n$ 的半正定矩陣，且因此存在一個 R^n 的正規正交基底 $B_1=\{\mathbf{v}_1, \mathbf{v}_2, \cdots, \mathbf{v}_n\}$是由 A^TA 對應於非負特徵值 λ_i 的特徵向量所構成(參見 6.6 節習題 60)。我們排列這些特徵值及在 B_1 中的向量，使得 $\lambda_1\ge\lambda_2\ge\cdots\ge\lambda_n$ 。根據 6.1 節中的習題 97，A^TA 的秩爲 k，因此前 k 個特徵值爲正而之後的 $n-k$ 個特徵值爲零。對每個 $i=1,2,\cdots k$ ，令 $\sigma_i=\sqrt{\lambda_i}$ 。則 $\sigma_1\ge\sigma_2\ge\cdots\ge\sigma_k>0$ 。

接下來，對每個 $i\le k$ ，令 $\mathbf{u}_i$ 爲在 R^m 中的向量，定義爲 $\mathbf{u}_i=\frac{1}{\sigma_i}A\mathbf{v}_i$ 。我們將證明 $\{\mathbf{u}_1,\mathbf{u}_2,\cdots,\mathbf{u}_k\}$ 爲 R^m 的一個正規正交子集合。考慮任意 $\mathbf{u}_i$ 和 $\mathbf{u}_j$。則

$$\begin{aligned}\mathbf{u}_i\cdot\mathbf{u}_j&=\frac{1}{\sigma_i}A\mathbf{v}_i\cdot\frac{1}{\sigma_j}A\mathbf{v}_j\\&=\frac{1}{\sigma_i\sigma_j}A\mathbf{v}_i\cdot A\mathbf{v}_j\\&=\frac{1}{\sigma_i\sigma_j}\mathbf{v}_i\cdot A^TA\mathbf{v}_j\\&=\frac{1}{\sigma_i\sigma_j}\mathbf{v}_i\cdot\lambda_j\mathbf{v}_j\\&=\frac{\sigma_j^2}{\sigma_i\sigma_j}\mathbf{v}_i\cdot\mathbf{v}_j\end{aligned}$$

因此

$$\mathbf{u}_i\cdot\mathbf{u}_j=\frac{\sigma_j}{\sigma_i}\mathbf{v}_i\cdot\mathbf{v}_j=\begin{cases}0 & 若 i\ne j\\ 1 & 若 i=j\end{cases}$$

由此可知$\{\mathbf{u}_1, \mathbf{u}_2, \cdots, \mathbf{u}_k\}$ 爲一個正規正交集合。根據 6.2 節的習題 56，此集合可以擴展成爲一組 R^m 的正規正交基底 $B_2=\{\mathbf{u}_1, \mathbf{u}_2, \cdots, \mathbf{u}_m\}$。

我們最後的任務是驗證方程式(10)。考慮在 B_2 中的任意 $\mathbf{u}_i$。首先，假設 $i \le k$。則

$$\begin{aligned} A^T\mathbf{u}_i &= A^T\left(\frac{1}{\sigma_i}A\mathbf{v}_i\right) \\ &= \frac{1}{\sigma_i}A^TA\mathbf{v}_i \\ &= \frac{1}{\sigma_i}\sigma_i^2\mathbf{v}_i \\ &= \sigma_i\mathbf{v}_i \end{aligned}$$

現在假設 $i > k$。我們將證明 $A^T\mathbf{u}_i$ 正交於在 B_1 中的每個向量。因 B_1 爲 R^n 的一個基底，這意味著 $A^T\mathbf{u}_i = \mathbf{0}$。考慮在 B_1 中的任意 $\mathbf{v}_j$。若 $j \le k$，則

$$A^T\mathbf{u}_i \cdot \mathbf{v}_j = \mathbf{u}_i \cdot A\mathbf{v}_j = \mathbf{u}_i \cdot \sigma_j\mathbf{u}_j = \sigma_j\mathbf{u}_i \cdot \mathbf{u}_j = 0$$

因 $i \ne j$。另一方面，若 $j > k$，則

$$A^T\mathbf{u}_i \cdot \mathbf{v}_j = \mathbf{u}_i \cdot A\mathbf{v}_j = \mathbf{u}_i \cdot \mathbf{0} = 0$$

因此 $A^T\mathbf{u}$ 正交於在 B_1 中的每個向量，因此我們總結 $A^T\mathbf{u}_i = \mathbf{0}$。............■

在定理 6.17 的證明中，向量 $\mathbf{v}_i$ 被選爲 A^TA 的特徵向量。我們可證明(參見習題 76)，若$\{\mathbf{v}_1, \mathbf{v}_2, \cdots, \mathbf{v}_n\}$和$\{\mathbf{u}_1, \mathbf{u}_2, \cdots, \mathbf{u}_m\}$分別爲 R^n 和 R^m 的任意正規正交基底，且滿足方程式(9)和(10)，則每個 $\mathbf{v}_i$ 爲 A^TA 對應於特徵值 σ_i^2 (若 $i \le k$)及特徵值 0(若 $i > k$)的一個特徵向量。再者，對 $i = 1, 2, \cdots, k$，向量 $\mathbf{u}_i$ 爲 AA^T 對應於特徵值 σ_i^2 的特徵向量；且對 $i > k$，向量 $\mathbf{u}_i$ 爲 AA^T 對應於特徵值 0 的特徵向量。因此，σ_i 爲滿足方程式(9)和(10)之獨一無二的純量。這些純量稱爲矩陣 A 的奇異值(**singular values**)。

雖然一個矩陣的奇異值爲獨一無二的，在定理 6.17 中的正規正交基底 B_1 和 B_2 並非獨一無二的。當然，這對由一矩陣之特徵向量所構成的基底亦然，即使特徵向量爲正規正交。

例題 1

試求下列矩陣的奇異值

$$A = \begin{bmatrix} 0 & 1 & 2 \\ 1 & 0 & 1 \end{bmatrix}$$

及滿足方程式(9)和(10)之 R^3 的正規正交基底$\{\mathbf{v}_1, \mathbf{v}_2, \mathbf{v}_3\}$和 R^2 的正規正交基底$\{\mathbf{u}_1, \mathbf{u}_2\}$。

解 定理 6.17 的證明提供我們解決此問題的方法。我們首先計算乘積

$$A^TA=\begin{bmatrix}1&0&1\\0&1&2\\1&2&5\end{bmatrix}$$

因 A 的秩為 2，所以 A^TA 的秩也為 2。事實上，可求出(我們在此省略細節)

$$\mathbf{v}_1=\frac{1}{\sqrt{30}}\begin{bmatrix}1\\2\\5\end{bmatrix},\qquad \mathbf{v}_2=\frac{1}{\sqrt{5}}\begin{bmatrix}2\\-1\\0\end{bmatrix},\qquad \text{且}\qquad \mathbf{v}_3=\frac{1}{\sqrt{6}}\begin{bmatrix}1\\2\\-1\end{bmatrix}$$

$\{\mathbf{v}_1, \mathbf{v}_2, \mathbf{v}_3\}$為 R^3 的一個正規正交基底，由 A^TA 對應於特徵值 6、1、0 的特徵向量所構成。所以$\sigma_1=\sqrt{6}$，且$\sigma_2=\sqrt{1}=1$為 A 的奇異值。令

$$\mathbf{u}_1=\frac{1}{\sigma_1}A\mathbf{v}_1=\frac{1}{\sqrt{6}}\frac{1}{\sqrt{30}}\begin{bmatrix}0&1&2\\1&0&1\end{bmatrix}\begin{bmatrix}1\\2\\5\end{bmatrix}=\frac{1}{6\sqrt{5}}\begin{bmatrix}12\\6\end{bmatrix}=\frac{1}{\sqrt{5}}\begin{bmatrix}2\\1\end{bmatrix}$$

且

$$\mathbf{u}_2=\frac{1}{\sigma_2}A\mathbf{v}_2=\frac{1}{\sqrt{5}}\begin{bmatrix}0&1&2\\1&0&1\end{bmatrix}\begin{bmatrix}2\\-1\\0\end{bmatrix}=\frac{1}{\sqrt{5}}\begin{bmatrix}-1\\2\end{bmatrix}$$

則$\{\mathbf{u}_1, \mathbf{u}_2\}$為對 R^2 的一個正規正交基底。(參見圖 6.25。)

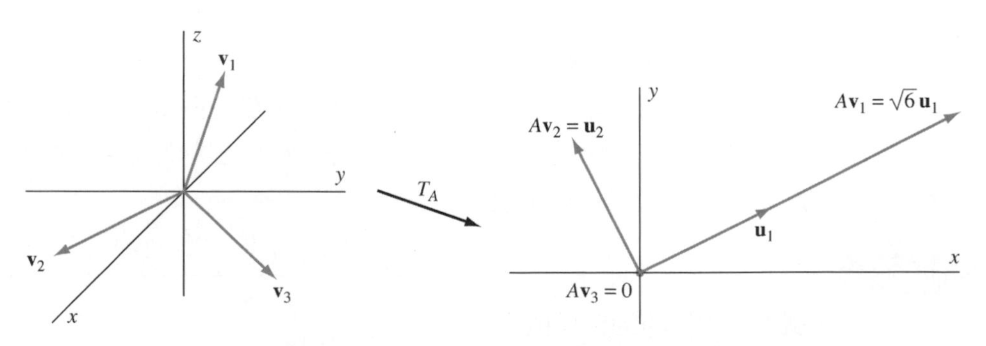

圖 6.25 介於 A 和基底 B_1 及 B_2 的關係

例題 2

試求下列矩陣的奇異值

$$A=\begin{bmatrix}1&3&2&1\\3&1&2&-1\\1&1&1&0\end{bmatrix}$$

及滿足方程式(9)和(10)之 R^4 的正規正交基底 $\{\mathbf{v}_1, \mathbf{v}_2, \mathbf{v}_3, \mathbf{v}_4\}$ 和 R^3 的正規正交基底 $\{\mathbf{u}_1, \mathbf{u}_2, \mathbf{u}_3\}$。

解　我們一開始先形成乘積

$$A^TA=\begin{bmatrix}11&7&9&-2\\7&11&9&2\\9&9&9&0\\-2&2&0&2\end{bmatrix}$$

可求出(我們在此省略細節)

$$\mathbf{v}_1=\frac{1}{\sqrt{3}}\begin{bmatrix}1\\1\\1\\0\end{bmatrix},\quad \mathbf{v}_2=\frac{1}{\sqrt{3}}\begin{bmatrix}1\\-1\\0\\-1\end{bmatrix},\quad \mathbf{v}_3=\frac{1}{\sqrt{3}}\begin{bmatrix}1\\0\\-1\\1\end{bmatrix},\quad 且\quad \mathbf{v}_4=\frac{1}{\sqrt{3}}\begin{bmatrix}0\\-1\\1\\1\end{bmatrix}$$

$\{\mathbf{v}_1, \mathbf{v}_2, \mathbf{v}_3, \mathbf{v}_4\}$ 為 R^4 空間的一個正規正交基底，由 A^TA 分別對應於特徵值 27、6、0 和 0 的特徵向量所構成。所以，$\sigma_1=\sqrt{27}$ 和 $\sigma_2=\sqrt{6}$ 為 A 的奇異值。令

$$\mathbf{u}_1=\frac{1}{\sigma_1}A\mathbf{v}_1=\frac{1}{\sqrt{27}}\frac{1}{\sqrt{3}}\begin{bmatrix}1&3&2&1\\3&1&2&-1\\1&1&1&0\end{bmatrix}\begin{bmatrix}1\\1\\1\\0\end{bmatrix}=\frac{1}{9}\begin{bmatrix}6\\6\\3\end{bmatrix}=\frac{1}{3}\begin{bmatrix}2\\2\\1\end{bmatrix}$$

及

$$\mathbf{u}_2=\frac{1}{\sigma_2}A\mathbf{v}_2=\frac{1}{\sqrt{6}}\frac{1}{\sqrt{3}}\begin{bmatrix}1&3&2&1\\3&1&2&-1\\1&1&1&0\end{bmatrix}\begin{bmatrix}1\\-1\\0\\-1\end{bmatrix}=\frac{1}{3\sqrt{2}}\begin{bmatrix}-3\\3\\0\end{bmatrix}=\frac{1}{\sqrt{2}}\begin{bmatrix}-1\\1\\0\end{bmatrix}$$

向量 $\mathbf{u}_1$ 和 $\mathbf{u}_2$ 可用做 R^3 的正規正交基底之三個向量中的前兩向量。對於第三個向量的唯一要求為必須是一個同時正交於 $\mathbf{u}_1$ 和 $\mathbf{u}_2$ 的單位向量，因為三個向量的正規正交集合為 R^3 的一個基底。一非零向量同時正交於 $\mathbf{u}_1$ 和 $\mathbf{u}_2$ 若且唯若其為以下方程組的一個非零解

6

$$\begin{aligned} 2x_1 + 2x_2 + x_3 &= 0 \\ -x_1 + x_2 \quad\quad &= 0 \end{aligned}$$

例如(我們省略細節)，向量 $\mathbf{w}=\begin{bmatrix}1\\1\\-4\end{bmatrix}$ 爲此方程組的非零解。所以，我們令

$$\mathbf{u}_3=\frac{1}{\|\mathbf{w}\|}\mathbf{w}=\frac{1}{\sqrt{18}}\begin{bmatrix}1\\1\\-4\end{bmatrix}=\frac{1}{3\sqrt{2}}\begin{bmatrix}1\\1\\-4\end{bmatrix}$$

因此我們可選擇$\{\mathbf{u}_1,\mathbf{u}_2,\mathbf{u}_3\}$爲 R^3 的正規正交基底。

練習題 1.

試求以下矩陣之奇異值

$$A=\begin{bmatrix}-2 & -20 & 8\\ 14 & -10 & 19\end{bmatrix}$$

和滿足方程式(9)和(10)之 R^3 的正規正交基底$\{\mathbf{v}_1, \mathbf{v}_2,\mathbf{v}_3\}$及 R^2 的正規正交基底$\{\mathbf{u}_1,\mathbf{u}_2\}$。

考慮一線性轉換$T: R^n \to R^m$。由於在 R^n 中一個向量的映射爲在 R^m 中的一個向量，所以在 R^n 中由向量構成的幾何物體可經由 T 轉換爲在 R^m 中的物體。T 其標準矩陣 A 的奇異值可用來描述在 R^n 中一物體的形狀如何地受到變換 T 的影響。例如，考慮滿足方程式(9)和(10)之正規正交基底 B_1 中的一向量 $\mathbf{v}_i$。任意平行於 $\mathbf{v}_i$ 之向量 $c\mathbf{v}_i$ 其映射是σ_i乘以 v 的範數，因爲

$$\|T(c\mathbf{v}_i)\|=\|Ac\mathbf{v}_i\|=\|c\sigma_i\mathbf{u}_i\|=|c|\sigma_i=\sigma_i\|c\mathbf{v}_i\|$$

其中 $\mathbf{u}_i$ 爲在 B_2 中的向量使得 $A\mathbf{v}_i=\sigma_i\mathbf{u}_i$。

現在我們舉一個簡單範例來說明如何用奇異值來描述形狀的改變。考慮一單位圓(半徑 1 且原點爲 **0** 的圓)在矩陣變換 T_A 下的映射，其中 A 爲可逆的 2×2 矩陣，並具有相異(非零)奇異值。

例題 3

令 S 爲在 R^2 中的單位圓，且 A 爲一個 2×2 可逆矩陣，具有不同的奇異值 $\sigma_1>\sigma_2>0$。假設 $S'=T_A(S)$ 爲 S 在矩陣變換 T_A 下的映射。我們描述 S'。對此目的，令 $B_1=\{\mathbf{v}_1,\mathbf{v}_2\}$ 且 $B_2=\{\mathbf{u}_1,\mathbf{u}_2\}$ 爲滿足方程式(9)和(10)之 R^2 的正規正交基底。對在 R^2 中的一個向量 $\mathbf{u}$，令 $\mathbf{u}=x'_1\mathbf{u}_1+x'_2\mathbf{u}_2$，$x'_1$ 和 x'_2 爲某些純量。所以

$$[\mathbf{u}]_{B_2} = \begin{bmatrix} x'_1 \\ x'_2 \end{bmatrix}$$

我們希望用 x'_1 和 x'_2 的方程式來描述 S'。

對任意向量 $\mathbf{v} = x_1\mathbf{v}_1 + x_2\mathbf{v}_2$，條件 $\mathbf{u} = T_A(\mathbf{v})$ 意味著

$$x'_1\mathbf{u}_1 + x'_2\mathbf{u}_2 = T_A(x_1\mathbf{v}_1 + x_2\mathbf{v}_2) = x_1A\mathbf{v}_1 + x_2A\mathbf{v}_2 = x_1\sigma_1\mathbf{u}_1 + x_2\sigma_2\mathbf{u}_1$$

因此

$$x'_1 = \sigma_1 x_1 \qquad \text{以及} \qquad x'_2 = \sigma_2 x_2$$

再者，$\mathbf{v}$ 在 S 中若且唯若 $\|\mathbf{v}\|^2 = x_1^2 + x_2^2 = 1$。由此可得 $\mathbf{u}$ 在 S' 中若且唯若 $\mathbf{u} = T(\mathbf{v})$，其中 $\mathbf{v}$ 在 S 中；亦即，

$$\frac{(x'_1)^2}{\sigma_1^2} + \frac{(x'_2)^2}{\sigma_2^2} = x_1^2 + x_2^2 = 1$$

此方程式爲一橢圓，其主軸和短軸分別爲沿著穿過原點包含向量 $\mathbf{u}_1$ 和 $\mathbf{u}_2$ 的線。(參見圖 6.26。)

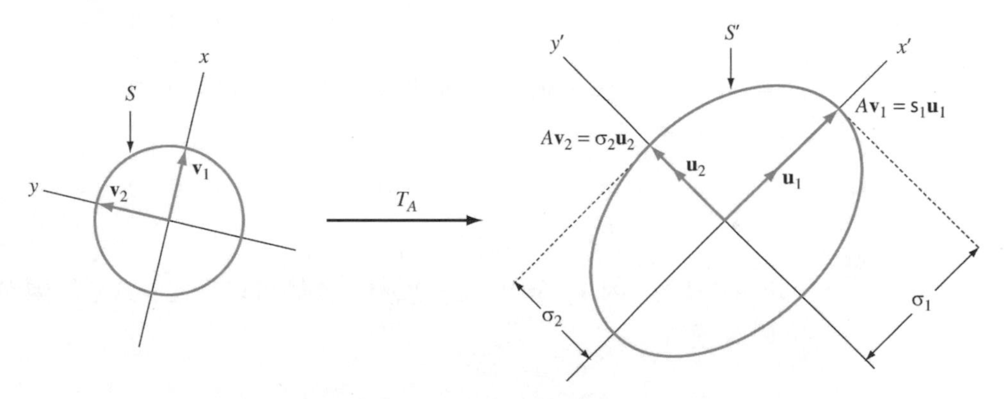

圖 6.26　在 R^2 的單位圓經 T_A 的投影

矩陣的奇異值分解

定理 6.17 可被重新陳述爲一單一矩陣方程式，其具有許多有用的應用。使用定理 6.17 的符號，令 A 爲一個秩爲 k 的 $m\times n$ 矩陣，具有奇異值 $\sigma_1 \geq \sigma_2 \geq \cdots \geq \sigma_k > 0$，$B_1 = \{\mathbf{v}_1, \mathbf{v}_2, \cdots, \mathbf{v}_n\}$ 爲 R^n 的一個正規正交基底，且 $B_2 = \{\mathbf{u}_1, \mathbf{u}_2, \cdots, \mathbf{u}_m\}$ 爲 R^m 的一個正規正交基底，並滿足方程式(9)和(10)。定義 $n\times n$ 矩陣 V 和 $m\times m$ 矩陣 U 爲

$$V = [\mathbf{v}_1 \quad \mathbf{v}_2 \quad \cdots \quad \mathbf{v}_n] \quad \text{及} \quad U = [\mathbf{u}_1 \quad \mathbf{u}_2 \quad \cdots \quad \mathbf{u}_m]$$

兩者皆爲正交矩陣，因爲其行構成正規正交基底。令Σ爲 $m\times n$ 矩陣，其第 (i, j)-

元素 s_{ij} 給定爲

$$\begin{cases} s_{ii} = \sigma_i & i = 1, 2, \cdots, k \\ s_{ij} = 0 & \text{其它} \end{cases}$$

所以

$$\Sigma = \begin{bmatrix} \sigma_1 & 0 & \cdots & 0 & 0 & 0 & \cdots & 0 \\ 0 & \sigma_2 & \cdots & 0 & 0 & 0 & \cdots & 0 \\ \vdots & \vdots & \ddots & \vdots & \vdots & \vdots & & \vdots \\ 0 & 0 & & \sigma_k & 0 & 0 & \cdots & 0 \\ 0 & 0 & \cdots & 0 & 0 & 0 & \cdots & 0 \\ \vdots & \vdots & & \vdots & \vdots & \vdots & & \vdots \\ 0 & 0 & \cdots & 0 & 0 & 0 & \cdots & 0 \end{bmatrix} \quad (11)$$

根據方程式(9)

$$\begin{aligned} AV &= A\begin{bmatrix} \mathbf{v}_1 & \mathbf{v}_2 & \cdots & \mathbf{v}_n \end{bmatrix} \\ &= \begin{bmatrix} A\mathbf{v}_1 & A\mathbf{v}_2 & \cdots & A\mathbf{v}_n \end{bmatrix} \\ &= \begin{bmatrix} \sigma_1\mathbf{u}_1 & \sigma_2\mathbf{u}_2 & \cdots & \sigma_k\mathbf{u}_k & \mathbf{0} & \cdots & \mathbf{0} \end{bmatrix} \\ &= \begin{bmatrix} \mathbf{u}_1 & \mathbf{u}_2 & \cdots & \mathbf{u}_m \end{bmatrix} \begin{bmatrix} \sigma_1 & 0 & \cdots & 0 & 0 & 0 & \cdots & 0 \\ 0 & \sigma_2 & \cdots & 0 & 0 & 0 & \cdots & 0 \\ \vdots & \vdots & \ddots & \vdots & \vdots & \vdots & & \vdots \\ 0 & 0 & & \sigma_k & 0 & 0 & \cdots & 0 \\ 0 & 0 & \cdots & 0 & 0 & 0 & \cdots & 0 \\ \vdots & \vdots & & \vdots & \vdots & \vdots & & \vdots \\ 0 & 0 & \cdots & 0 & 0 & 0 & \cdots & 0 \end{bmatrix} \\ &= U\Sigma \end{aligned}$$

所以 $AV=U\Sigma$。因 V 爲一個正交矩陣，我們可以在這個式子的兩邊之右方同乘以 V^T 來獲得

$$A = U\Sigma V^T$$

一般而言，一個 $m\times n$ 矩陣 A 若可分解爲 $A = U\Sigma V^T$ 的乘積，其中 U 和 V 爲正交矩陣，且Σ是一個具方程式(11)形式的 $m\times n$ 矩陣，則此分解稱爲 A 的一個**奇異值分解(singular value decomposition)**。

我們用以下結果總結之前討論：

定理 6.18

(奇異值分解)對任意 $m\times n$ 且秩爲 k 的矩陣 A，存在 $\sigma_1 \ge \sigma_2 \ge \cdots \ge \sigma_k > 0$、一個 $m\times n$ 正交矩陣 U、及一個 $n\times n$ 正交矩陣 V，使得

$$A = U\Sigma V^T$$

其中Σ爲在方程式(11)中所給之 $m\times n$ 矩陣。

我們可以證明，若 $A=U\Sigma V^T$ 是 $m\times n$ 矩陣 A 的任意奇異值分解，則Σ的非零對角線元素爲 A 的奇異值，且 V 的行和 U 的行分別構成 R^n 和 R^m 的正規正交基底，滿足方程式(9)和(10)。(參見習題 78。)就是因爲這個理由，在矩陣 A 的一個奇異值分解中的 U 和 V 的行，有時分別叫做矩陣 A 的**左**和**右奇異向量**。

例題 4

試求在例題 1 中矩陣 A 的一個奇異值分解

$$A=\begin{bmatrix}0 & 1 & 2\\ 1 & 0 & 1\end{bmatrix}$$

解 我們可以用例題 1 的結果來獲得該分解。矩陣 U 的行爲在 B_2 中的向量，矩陣 V 的行爲在 B_1 中的向量，且 $\sigma_1=\sqrt{6}$ 和 $\sigma_2=1$ 爲奇異值。因此

$$A=U\Sigma V^T=\begin{bmatrix}\frac{2}{\sqrt{5}} & \frac{-1}{\sqrt{5}}\\ \frac{1}{\sqrt{5}} & \frac{2}{\sqrt{5}}\end{bmatrix}\begin{bmatrix}\sqrt{6} & 0 & 0\\ 0 & 1 & 0\end{bmatrix}\begin{bmatrix}\frac{1}{\sqrt{30}} & \frac{2}{\sqrt{5}} & \frac{1}{\sqrt{6}}\\ \frac{2}{\sqrt{30}} & \frac{-1}{\sqrt{5}} & \frac{2}{\sqrt{6}}\\ \frac{5}{\sqrt{30}} & 0 & \frac{-1}{\sqrt{6}}\end{bmatrix}^T$$

例題 5

求以下矩陣的一個奇異值分解

$$C=\begin{bmatrix}0 & 1\\ 1 & 0\\ 2 & 1\end{bmatrix}$$

解 注意 C 爲在例題 1 和 4 中矩陣 A 的轉置。利用奇異值分解 $A=U\Sigma V^T$，我們有

$$C=A^T=(U\Sigma V^T)^T=(V^T)^T\Sigma^T U^T=V\Sigma^T U^T$$

觀察

$$\Sigma^T=\begin{bmatrix}\sqrt{6} & 0\\ 0 & 1\\ 0 & 0\end{bmatrix}$$

爲對 A^T 滿足方程式(11)的矩陣。因 V^T 和 U^T 爲正交矩陣，所以，$V\Sigma^T U^T$ 爲 $C=A^T$ 的一個奇異值分解。

6

練習題 2.

試求在練習題 1 中矩陣 A 的一個奇異值分解。

事實上，存在有具效率和準確的方法來求一個 $m\times n$ 矩陣 A 的奇異值分解 $U\Sigma V^T$，且許多線性代數的實際應用會使用此分解。因矩陣 U 和 V^T 為正交，乘以 U 和 V^T 並不會改變向量的範數或其之間的夾角。因此，在牽涉到 A 之相關計算中，只有矩陣Σ會造成捨入誤差。就是因為這個理由，任何與 A 相關的計算，若能使用 A 的奇異值分解，將可得到最為可靠的答案。

正交投影，線性方程組，及虛擬反矩陣

令 A 為一個 $m\times n$ 矩陣，且 $\mathbf{b}$ 在 R^m 中。我們已見到，線性方程組 $A\mathbf{x}=\mathbf{b}$ 可能為一致的或不一致的。

在方程組為一致的情況下，在 R^n 中的一個向量 $\mathbf{u}$ 為其一解若且唯若 $\|A\mathbf{u}-\mathbf{b}\|=0$。

在方程組為不一致的情況下，對在 R^n 中的每個 $\mathbf{u}$，$\|A\mathbf{u}-\mathbf{b}\|>0$。然而，我們經常希望求得 R^n 中的一個向量 $\mathbf{z}$，可將 $A\mathbf{u}$ 和 $\mathbf{b}$ 之間的距離最小化，亦即，求一向量 $\mathbf{z}$ 使得

$$\|A\mathbf{z}-\mathbf{b}\|\le\|A\mathbf{u}-\mathbf{b}\| \qquad \text{對所有在} R^n \text{ 中的 } \mathbf{u}$$

此問題，稱之為最小平方問題(*least-squares problem*)，曾在 6.4 節中遇到過，當時我們證明 $\|A\mathbf{u}-\mathbf{b}\|$ 為一個最小值若且唯若

$$A\mathbf{z}=P_W\mathbf{b} \qquad (12)$$

其中 W 為 A 的行空間，而 P_W 為 W 的正交投影矩陣。

下個定理將說明，我們如何使用 A 的一個奇異值分解來計算 P_W。

定理 6.19

令 A 為一個秩為 k 的 $m\times n$ 矩陣，有一個奇異值分解 $A=U\Sigma V^T$，並令 $W=\text{Col}\,A$。令 D 為 $m\times m$ 的對角矩陣，且其前 k 個對角線元素為 1 而其它元素為 0。則

$$P_W=UDU^T \qquad (13)$$

證明 令 $P=UDU^T$。我們可觀察到 $P^2=P^T=P$，因此根據 6.3 節的習題 82，P 為對 R^m 的某個子空間的一個正交投影矩陣。我們必須證明此子空間事實上就是 W。為此目的，我們修改 $m\times n$ 矩陣 Σ 來獲得一個新的 $n\times m$ 矩陣 $\Sigma^{\dagger}$，其定義如

$$\Sigma^{\dagger}=\begin{bmatrix} \frac{1}{\sigma_1} & 0 & \cdots & 0 & 0 & 0 & \cdots & 0 \\ 0 & \frac{1}{\sigma_2} & \cdots & 0 & 0 & 0 & \cdots & 0 \\ \vdots & \vdots & \ddots & \vdots & \vdots & \vdots & & \vdots \\ 0 & 0 & & \frac{1}{\sigma_k} & 0 & 0 & \cdots & 0 \\ 0 & 0 & \cdots & 0 & 0 & 0 & \cdots & 0 \\ \vdots & \vdots & & \vdots & \vdots & \vdots & & \vdots \\ 0 & 0 & \cdots & 0 & 0 & 0 & \cdots & 0 \end{bmatrix} \tag{14}$$

我們可觀察到 $\Sigma\Sigma^{\dagger}=D$，因此

$$A(V\Sigma^{\dagger}U^{T})=U\Sigma V^{T}V\Sigma^{\dagger}U^{T}=U\Sigma\Sigma^{\dagger}U^{T}=UDU^{T}=P \tag{15}$$

由此可得，對在 R^n 中的任意向量 $\mathbf{v}$，我們有 $P\mathbf{v}=A\mathbf{w}$，其中 $\mathbf{w}=(V\Sigma^{\dagger}U^{T})\mathbf{v}$。結果，$P\mathbf{v}$ 在 W 上。因此，P 的行空間為 W 的一個子空間。因 D 具有秩 k，P 也具有秩 k，因此 P 的行空間之維數為 k。根據在 4.3 節中的定理 4.9，可知 P 的行空間為 W。所以，我們得到結論 $P=P_W$。■

我們可以使用方程式(15)，我們已證明其右側為 P_W，來選取在方程式(12)中可將 $\|A\mathbf{u}-\mathbf{b}\|$ 最小化的向量 $\mathbf{z}$。我們令

$$\mathbf{z}=V\Sigma^{\dagger}U^{T}\mathbf{b} \tag{16}$$

則，根據方程式(15)，$A\mathbf{z}=A(V\Sigma^{\dagger}U^{T})\mathbf{b}=P_W\mathbf{b}$。(參見圖 6.27。)

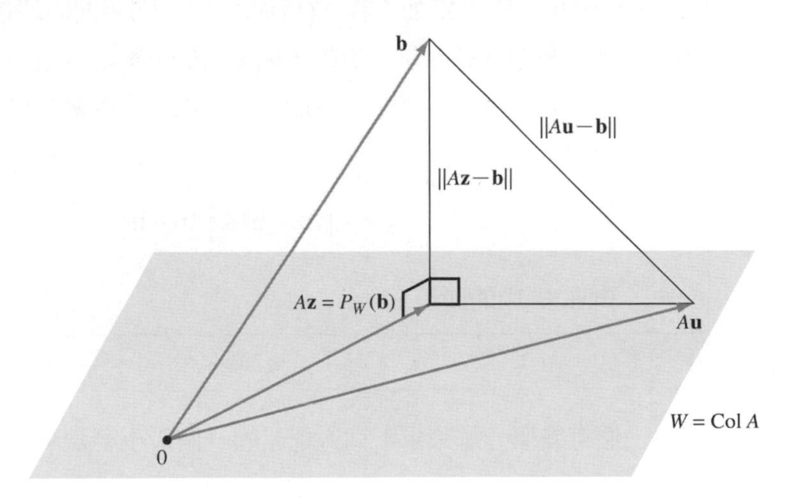

圖 6.27　向量 $V\Sigma^{\dagger}U^{T}\mathbf{b}$ 滿足 $A\mathbf{z}=P_W\mathbf{b}$

除了向量 $\mathbf{z}=V\Sigma^{\dagger}U^{T}\mathbf{b}$ 之外，在 R^n 中可能也有其它的向量能將 $\|A\mathbf{u}-\mathbf{b}\|$ 最小化。然而，我們現在證明，在所有的這種向量之中，$\mathbf{z}=V\Sigma^{\dagger}U^{T}\mathbf{b}$ 是有最小範數的唯一向量。假設 $\mathbf{y}$ 爲在 R^n 中的任意向量，不同於 $\mathbf{z}$，且也可將 $\|A\mathbf{u}-\mathbf{b}\|$ 最小化。則根據方程式(12)，$A\mathbf{y}=P_W\mathbf{b}$。令 $\mathbf{w}=\mathbf{y}-\mathbf{z}$。則 $\mathbf{w}\neq\mathbf{0}$，但

$$A\mathbf{w}=A\mathbf{y}-A\mathbf{z}=P_W\mathbf{b}-P_W\mathbf{b}=\mathbf{0}$$

把 A 用其奇異値分解做替代，我們有

$$U\Sigma V^{T}\mathbf{w}=\mathbf{0}$$

因爲 U 爲可逆，則

$$\Sigma V^{T}\mathbf{w}=\mathbf{0}$$

此最後一個方程式，告訴我們 $V^{T}\mathbf{w}$ 的最初 k 個分量爲零。再者，因 $\mathbf{z}=V\Sigma^{\dagger}U^{T}\mathbf{b}$，我們有 $V^{T}\mathbf{z}=\Sigma^{\dagger}U^{T}\mathbf{b}$，因此 $V^{T}\mathbf{z}$ 的最後 $n-k$ 個分量爲零。由此可知 $V^{T}\mathbf{w}$ 和 $V^{T}\mathbf{z}$ 爲正交。由於 V^{T} 爲一個正交矩陣，其保留內積，因此

$$\mathbf{z}\cdot\mathbf{w}=(V^{T}\mathbf{z})\cdot(V^{T}\mathbf{w})=0$$

所以 $\mathbf{z}$ 和 $\mathbf{w}$ 爲正交。因爲 $\mathbf{y}=\mathbf{z}+\mathbf{w}$，我們也可應用畢式定理來求

$$\|\mathbf{y}\|^{2}=\|\mathbf{z}+\mathbf{w}\|^{2}=\|\mathbf{z}\|^{2}+\|\mathbf{w}\|^{2}>\|\mathbf{z}\|^{2}$$

因而 $\|\mathbf{y}\|>\|\mathbf{z}\|$。由此可知 $\mathbf{z}=V\Sigma^{\dagger}U^{T}\mathbf{b}$ 爲將 $\|A\mathbf{u}-\mathbf{b}\|$ 最小化的最小範數向量。

我們將以上所說的總結在下面的方框中：

> 令 A 爲一個 $m\times n$ 矩陣具奇異値分解 $A=U\Sigma V^{T}$，$\mathbf{b}$ 是 R^m 中的一個向量，且 $\mathbf{z}=V\Sigma^{\dagger}U^{T}\mathbf{b}$，其中 $\Sigma^{\dagger}$ 如方程式(14)所給定。則下面的陳述爲眞：
>
> (a) 若方程組 $A\mathbf{x}=\mathbf{b}$ 是一致的，則 $\mathbf{z}$ 爲最小範數的唯一解。
>
> (b) 若方程組 $A\mathbf{x}=\mathbf{b}$ 是不一致的，則 $\mathbf{z}$ 爲最小範數的唯一向量，使得
>
> $$\|A\mathbf{z}-\mathbf{b}\|\le\|A\mathbf{u}-\mathbf{b}\|$$
>
> 對在 R^n 中的所有 $\mathbf{u}$。

例題 6

利用一個奇異値分解來求下列方程組的一個最小範數解

$$\begin{aligned} x_2 + 2x_3 &= 5 \\ x_1 \quad + x_3 &= 1 \end{aligned}$$

解 令 A 表示此方程組的係數矩陣，且令 $\mathbf{b}=\begin{bmatrix}5\\1\end{bmatrix}$。在例題 3 中已求得 A 的一個奇異值分解，我們得到

$$\begin{bmatrix}0&1&2\\1&0&1\end{bmatrix}=A=U\Sigma V^T=\begin{bmatrix}\frac{2}{\sqrt{5}}&\frac{-1}{\sqrt{5}}\\\frac{1}{\sqrt{5}}&\frac{2}{\sqrt{5}}\end{bmatrix}\begin{bmatrix}\sqrt{6}&0&0\\0&1&0\end{bmatrix}\begin{bmatrix}\frac{1}{\sqrt{30}}&\frac{2}{\sqrt{5}}&\frac{1}{\sqrt{6}}\\\frac{2}{\sqrt{30}}&\frac{-1}{\sqrt{5}}&\frac{2}{\sqrt{6}}\\\frac{5}{\sqrt{30}}&0&\frac{-1}{\sqrt{6}}\end{bmatrix}^T$$

令 $\mathbf{z}$ 表示給定方程組的最小範數解。則

$$\begin{aligned}\mathbf{z}&=V\Sigma^{\dagger}U^T\mathbf{b}\\&=\begin{bmatrix}\frac{1}{\sqrt{30}}&\frac{2}{\sqrt{5}}&\frac{1}{\sqrt{6}}\\\frac{2}{\sqrt{30}}&\frac{-1}{\sqrt{5}}&\frac{2}{\sqrt{6}}\\\frac{5}{\sqrt{30}}&0&\frac{-1}{\sqrt{6}}\end{bmatrix}\begin{bmatrix}\frac{1}{\sqrt{6}}&0\\0&1\\0&0\end{bmatrix}\begin{bmatrix}\frac{2}{\sqrt{5}}&\frac{-1}{\sqrt{5}}\\\frac{1}{\sqrt{5}}&\frac{2}{\sqrt{5}}\end{bmatrix}^T\begin{bmatrix}5\\1\end{bmatrix}\\&=\frac{1}{6}\begin{bmatrix}-5\\8\\11\end{bmatrix}\end{aligned}$$

練習題 3.

利用你在練習題 2 中的解答，來求下列方程組的最小範數解

$$\begin{aligned}-2x_1-20x_2+8x_3&=5\\14x_1-10x_2+19x_3&=-5\end{aligned}$$

例題 7

令

$$A=\begin{bmatrix}1&1&2\\1&-1&3\\1&3&1\end{bmatrix}\quad\text{且}\quad\mathbf{b}=\begin{bmatrix}1\\4\\-1\end{bmatrix}$$

我們可以很容易的證明出方程式 $A\mathbf{x}=\mathbf{b}$ 無解。試求在 R^3 中的一個向量 $\mathbf{z}$ 使得

$$\|A\mathbf{z}-\mathbf{b}\|\le\|A\mathbf{u}-\mathbf{b}\|$$

對 R^3 中所有的 $\mathbf{u}$。

解 一開始我們可求出(我們在此省略細節)

$$B_1=\left\{\frac{1}{\sqrt{6}}\begin{bmatrix}1\\1\\2\end{bmatrix},\frac{1}{\sqrt{5}}\begin{bmatrix}0\\2\\-1\end{bmatrix},\frac{1}{\sqrt{30}}\begin{bmatrix}-5\\1\\2\end{bmatrix}\right\}$$

是一組正規正交基底，分別對應於 A^TA 的特徵值 18、10 及 0。所以 $\sigma_1=\sqrt{18}$ 和 $\sigma_2=\sqrt{10}$ 爲 A 的奇異值。令 $\mathbf{v}_1$ 和 $\mathbf{v}_2$ 表示在 B_1 中的前兩個向量，分別對應於奇異值 σ_1 和 σ_2，並令

$$\mathbf{u}_1=\frac{1}{\sigma_1}A\mathbf{v}_1=\frac{1}{\sqrt{18}}\frac{1}{\sqrt{6}}\begin{bmatrix}1&1&2\\1&-1&3\\1&3&1\end{bmatrix}\begin{bmatrix}1\\1\\2\end{bmatrix}=\frac{1}{\sqrt{3}}\begin{bmatrix}1\\1\\1\end{bmatrix}$$

及

$$\mathbf{u}_2=\frac{1}{\sigma_2}A\mathbf{v}_2=\frac{1}{\sqrt{10}}\frac{1}{\sqrt{5}}\begin{bmatrix}1&1&2\\1&-1&3\\1&3&1\end{bmatrix}\begin{bmatrix}0\\2\\-1\end{bmatrix}=\frac{1}{\sqrt{2}}\begin{bmatrix}0\\-1\\1\end{bmatrix}$$

和例題 2 一樣，經由加入向量 $\mathbf{u}_3=\frac{1}{\sqrt{6}}\begin{bmatrix}2\\-1\\-1\end{bmatrix}$，我們可以將 $\{\mathbf{u}_1,\mathbf{u}_2\}$ 擴展爲 R^3 的一個正規正交基底。這樣就可產生 A 的左奇異向量的集合 $B_2=\{\mathbf{u}_1,\mathbf{u}_2,\mathbf{u}_3\}$。接下來，設

$$U=[\mathbf{u}_1\quad\mathbf{u}_2\quad\mathbf{u}_3],\qquad V=[\mathbf{v}_1\quad\mathbf{v}_2\quad\mathbf{v}_3]$$

和

$$\Sigma=\begin{bmatrix}\sigma_1&0&0\\0&\sigma_2&0\\0&0&0\end{bmatrix}=\begin{bmatrix}\sqrt{18}&0&0\\0&\sqrt{10}&0\\0&0&0\end{bmatrix}$$

則 $A=U\Sigma V^T$ 爲 A 的一個奇異值分解。因此

$$\begin{aligned}\mathbf{z}&=V\Sigma^\dagger U^T\mathbf{b}\\&=\begin{bmatrix}\frac{1}{\sqrt{6}}&0&\frac{-5}{\sqrt{30}}\\\frac{1}{\sqrt{6}}&\frac{2}{\sqrt{5}}&\frac{1}{\sqrt{30}}\\\frac{2}{\sqrt{6}}&\frac{-1}{\sqrt{5}}&\frac{2}{\sqrt{30}}\end{bmatrix}\begin{bmatrix}\frac{1}{\sqrt{18}}&0&0\\0&\frac{1}{\sqrt{10}}&0\\0&0&0\end{bmatrix}\begin{bmatrix}\frac{1}{\sqrt{3}}&0&\frac{2}{\sqrt{6}}\\\frac{1}{\sqrt{3}}&\frac{-1}{\sqrt{2}}&\frac{-1}{\sqrt{6}}\\\frac{1}{\sqrt{3}}&\frac{1}{\sqrt{2}}&\frac{-1}{\sqrt{6}}\end{bmatrix}^T\begin{bmatrix}1\\4\\-1\end{bmatrix}\\&=\frac{1}{18}\begin{bmatrix}4\\-14\\17\end{bmatrix}\end{aligned}$$

爲最小範數向量，對在 R^3 中所有的 $\mathbf{u}$，滿足條件 $\|A\mathbf{z}-\mathbf{b}\|\le\|A\mathbf{u}-\mathbf{b}\|$。

練習題 4.

令

$$A=\begin{bmatrix}1 & 1 & 2\\1 & -1 & 3\\1 & 3 & 1\end{bmatrix}\quad 且 \quad \mathbf{b}=\begin{bmatrix}27\\36\\-18\end{bmatrix}$$

利用在例題 7 中的奇異值分解，求出在 R^3 中的一個向量 $\mathbf{z}$ 使得 $\|A\mathbf{z}-\mathbf{b}\|\le\|A\mathbf{u}-\mathbf{b}\|$，對在 R^3 中所有的 $\mathbf{u}$。

在之前討論中，一線性方程組 $A\mathbf{x}=\mathbf{b}$ 其係數矩陣的一個奇異值分解 $A=U\Sigma V^T$ 可被用來求出最小範數解，即可使得 $\|A\mathbf{u}-\mathbf{b}\|$ 爲最小的最小範數向量。此解爲矩陣 $V\Sigma^\dagger U^T$ 和 $\mathbf{b}$ 的乘積。

雖然矩陣的奇異值分解 $A=U\Sigma V^T$ 不爲唯一，但是矩陣 $V\Sigma^\dagger U^T$ 是唯一的，亦即，如何選取 A 的奇異值分解方式對它沒有影響。爲了可看出此一特性，考慮一個 $m\times n$ 矩陣 A，並假設

$$A=U_1\Sigma V_1^T=U_2\Sigma V_2^T$$

爲 A 的兩個奇異值分解。現在考慮在 R^m 中的任意向量 $\mathbf{b}$。則我們可見 $V_1\Sigma^\dagger U_1^T\mathbf{b}$ 和 $V_2\Sigma^\dagger U_2^T\mathbf{b}$ 同時爲最小範數之獨一無二的向量，可使得 $\|A\mathbf{u}-\mathbf{b}\|$ 爲最小。所以

$$V_1\Sigma^\dagger U_1^T\mathbf{b}=V_2\Sigma^\dagger U_2^T\mathbf{b}$$

因 $\mathbf{b}$ 爲在 R^m 中任意選擇的向量，所以 $V_1\Sigma^\dagger U_1^T=V_2\Sigma^\dagger U_2^T$。

對一個給定的矩陣 $A=U\Sigma V^T$，矩陣 $V\Sigma^\dagger U^T$ 稱爲 A 的**虛擬反矩陣(pseudoinverse)，或穆耳-潘洛斯廣義的反矩陣(Moore-Penrose generalized inverse)**，且以 $A^\dagger$ 來表示。注意在方程式(11)中矩陣 Σ 的須擬反矩陣爲方程式(14)中的矩陣 $\Sigma^\dagger$。(參見習題 81。)之所以會用虛擬反矩陣(*pseudoinverse*)此一術語的理由爲若 A 爲可逆，則 $A^\dagger=A^{-1}$，會變爲 A 的一般反矩陣。(參見習題 82。)

將 $U\Sigma V^T$ 以 $A^\dagger$ 取代，即以 A 的虛擬反矩陣取代，我們可以重新陳述方程式(15)和(16)如下：

虛擬逆矩陣的應用

對任意 $m\times n$ 矩陣 A 及在 R^m 中的任意向量 $\mathbf{b}$，以下陳述爲眞：

1. 對 Col A 的正交投影矩陣爲 $AA^\dagger$。
2. 對在 R^n 中的 $\mathbf{u}$，使得 $\|A\mathbf{u}-\mathbf{b}\|$ 爲最小的唯一的最小範數向量爲 $A^\dagger\mathbf{b}$。所以，若 $A\mathbf{x}=\mathbf{b}$ 爲一致的，則 $A^\dagger\mathbf{b}$ 爲其最小範數的唯一解。

6

例題 8

試求例題 4 中如下矩陣之虛擬反矩陣

$$A=\begin{bmatrix}0&1&2\\1&0&1\end{bmatrix}$$

然後利用其結果再解一次例題 6 的問題。

解 從例題 4，A 的一個奇異值分解爲

$$A=U\Sigma V^T=\begin{bmatrix}\frac{2}{\sqrt{5}}&\frac{-1}{\sqrt{5}}\\\frac{1}{\sqrt{5}}&\frac{2}{\sqrt{5}}\end{bmatrix}\begin{bmatrix}\sqrt{6}&0&0\\0&1&0\end{bmatrix}\begin{bmatrix}\frac{1}{\sqrt{30}}&\frac{2}{\sqrt{5}}&\frac{1}{\sqrt{6}}\\\frac{2}{\sqrt{30}}&\frac{-1}{\sqrt{5}}&\frac{2}{\sqrt{6}}\\\frac{5}{\sqrt{30}}&0&\frac{-1}{\sqrt{6}}\end{bmatrix}^T$$

因此，A 的虛擬反矩陣爲

$$A^{\dagger}=V\Sigma^{\dagger}U^T=\begin{bmatrix}\frac{1}{\sqrt{30}}&\frac{2}{\sqrt{5}}&\frac{1}{\sqrt{6}}\\\frac{2}{\sqrt{30}}&\frac{-1}{\sqrt{5}}&\frac{2}{\sqrt{6}}\\\frac{5}{\sqrt{30}}&0&\frac{-1}{\sqrt{6}}\end{bmatrix}\begin{bmatrix}\frac{1}{\sqrt{6}}&0\\0&1\\0&0\end{bmatrix}\begin{bmatrix}\frac{2}{\sqrt{5}}&\frac{-1}{\sqrt{5}}\\\frac{1}{\sqrt{5}}&\frac{2}{\sqrt{5}}\end{bmatrix}^T$$

$$=\begin{bmatrix}-\frac{1}{3}&\frac{5}{6}\\\frac{1}{3}&-\frac{1}{3}\\\frac{1}{3}&\frac{1}{6}\end{bmatrix}$$

爲求解在例題 6 中的問題，令 $\mathbf{b}=\begin{bmatrix}5\\1\end{bmatrix}$。則在例題 6 中的方程組其最小範數解爲

$$A^{\dagger}\mathbf{b}=\begin{bmatrix}-\frac{1}{3}&\frac{5}{6}\\\frac{1}{3}&-\frac{1}{3}\\\frac{1}{3}&\frac{1}{6}\end{bmatrix}\begin{bmatrix}5\\1\end{bmatrix}=\frac{1}{6}\begin{bmatrix}-5\\8\\11\end{bmatrix}$$

習　題

在習題 1 至 10 中，試對每個矩陣求一個奇異值分解。

1. $\begin{bmatrix} 1 & 0 \\ 1 & 0 \end{bmatrix}$。　2. $\begin{bmatrix} 1 & 1 \\ 0 & 0 \end{bmatrix}$。

3. $\begin{bmatrix} 1 \\ 2 \\ 2 \end{bmatrix}$。　4. $\begin{bmatrix} 1 \\ 1 \\ -1 \\ 1 \end{bmatrix}$。

5. $\begin{bmatrix} 1 & 1 \\ 1 & -1 \\ 1 & 2 \end{bmatrix}$。　6. $\begin{bmatrix} 1 & 2 \\ 3 & -1 \\ 1 & 0 \\ 1 & 1 \end{bmatrix}$。

7. $\begin{bmatrix} 1 & 1 & 1 \\ 1 & -1 & -1 \end{bmatrix}$。　8. $\begin{bmatrix} 1 & 0 & 0 & 0 \\ 0 & 2 & 0 & 0 \end{bmatrix}$。

9. $\begin{bmatrix} 1 & 1 & 2 \\ 2 & 0 & -1 \\ 1 & -1 & 0 \end{bmatrix}$。　10. $\begin{bmatrix} 1 & -1 & 3 \\ 1 & -1 & -1 \\ 2 & 1 & -1 \end{bmatrix}$。

在習題 11 至 18 中，試對每個矩陣 A 求一個奇異值分解。在每個情況中，給定有 A^TA 的特徵多項式。

11. $A=\begin{bmatrix} 1 & -1 & 2 \\ -2 & 2 & -4 \end{bmatrix}$。$-t^2(t-30)$

12. $A=\begin{bmatrix} 1 & 0 & -2 \\ 2 & 0 & -4 \end{bmatrix}$。$-t^2(t-25)$

13. $A=\begin{bmatrix} 1 & -1 & 1 \\ -1 & 2 & 1 \end{bmatrix}$。$-t(t-2)(t-7)$

14. $A=\begin{bmatrix} 1 & 0 & -1 \\ -1 & 1 & 0 \end{bmatrix}$。$-t(t-1)(t-3)$

15. $A=\begin{bmatrix} 3 & 5 & 4 & 1 \\ 4 & 0 & 2 & -2 \\ 0 & 0 & 0 & 0 \end{bmatrix}$, $t^2(t-60)(t-15)$。

16. $A=\begin{bmatrix} 2 & -3 & 2 & -3 \\ 6 & 1 & 6 & 1 \\ 0 & 0 & 0 & 0 \end{bmatrix}$, $t^2(t-80)(t-20)$。

17. $A=\begin{bmatrix} 3 & 0 & 1 & 3 \\ 0 & 3 & 1 & 0 \\ 0 & -3 & -1 & 0 \end{bmatrix}$, $t^2(t-18)(t-21)$。

18. $A=\begin{bmatrix} -4 & 8 & 0 & -8 \\ 8 & -25 & 0 & 7 \\ 8 & -7 & 0 & 25 \end{bmatrix}$, $t^2(t-324)(t-1296)$。

在習題 19 和 20 中，試繪出一單位圓在由矩陣 A 所引起的矩陣變換 T_A 下的映射。

19. $\begin{bmatrix} 2 & 1 \\ -2 & 1 \end{bmatrix}$　20. $\begin{bmatrix} 1 & 2 \\ 2 & 1 \end{bmatrix}$

在習題 21 至 28 中，試求每個線性方程組的唯一最小範數解。在其中的一個習題，你可以使用在習題 1 至 10 中的一解答。

21. $\begin{aligned} x_1 + x_2 &= 2 \\ 2x_1 + 2x_2 &= 4 \end{aligned}$

22. $\begin{aligned} x_1 - x_2 &= 2 \\ 2x_1 - 2x_2 &= 4 \end{aligned}$

23. $\begin{aligned} x_1 - x_3 &= 2 \\ -x_2 + x_3 &= 5 \end{aligned}$

24. $\begin{aligned} x_1 - x_2 + 2x_3 &= -1 \\ -x_1 + 2x_2 - 2x_3 &= 2 \end{aligned}$

25. $\begin{aligned} x_1 - 2x_2 + x_3 &= 3 \\ -x_1 + x_2 + 2x_3 &= -1 \end{aligned}$

26. $\begin{aligned} x_1 + x_3 &= 3 \\ x_2 &= 1 \end{aligned}$

27. $\begin{aligned} x_1 + x_2 + x_3 &= 5 \\ x_1 - x_2 - x_3 &= 1 \end{aligned}$

28. $\begin{aligned} x_1 + x_2 &= 4 \\ x_1 - x_2 - x_3 &= 1 \end{aligned}$

在習題 29 至 36 中，所給的方程組為不一致的。對每個方程組 $A\mathbf{x}=\mathbf{b}$，試求唯一的最小範數向量 $\mathbf{z}$ 使得 $\|A\mathbf{z}-\mathbf{b}\|$ 為一個最小值。在這些中的某些習題，你可使用在習題 1 至 18 中所獲得的解答。

29. $\begin{aligned} x_1 + 2x_2 &= -1 \\ 2x_1 + 4x_2 &= 1 \end{aligned}$

30. $\begin{aligned} x_1 - x_2 + 2x_3 &= 3 \\ -2x_1 + 2x_2 - 4x_3 &= -1 \end{aligned}$

31. $\begin{aligned} x_1 + x_2 &= 3 \\ x_1 - x_2 &= 1 \\ x_1 + 2x_2 &= 2 \end{aligned}$

32. $\begin{aligned} x_1 + 2x_2 &= 4 \\ 3x_1 - x_2 &= 5 \\ x_1 &= 1 \\ x_1 + x_2 &= 0 \end{aligned}$

33. $$\begin{aligned} x_1 + x_2 - x_3 &= 4 \\ x_1 + x_2 + x_3 &= 6 \\ x_3 &= 3 \end{aligned}$$

34. $$\begin{aligned} 2x_1 + x_2 &= 1 \\ x_1 - x_2 &= -4 \\ x_1 + 2x_2 &= 0 \end{aligned}$$

35. $$\begin{aligned} x_1 - x_2 + x_3 &= 1 \\ -x_1 + 2x_2 + x_3 &= 1 \\ 2x_1 - x_2 + 4x_3 &= 0 \end{aligned}$$

36. $$\begin{aligned} x_1 - x_3 &= -1 \\ -x_1 + x_2 &= 2 \\ 3x_1 - x_2 - 2x_3 &= 1 \end{aligned}$$

在習題 37 至 46 中，試求所給矩陣的虛擬反矩陣。在大部分的情況中，你可使用在習題 1 至 28 中的結果。

37. $\begin{bmatrix} 1 \\ 2 \\ 2 \end{bmatrix}$。 38. $\begin{bmatrix} 1 & -1 \\ -2 & 2 \end{bmatrix}$。

39. $\begin{bmatrix} 1 & 0 & -1 \\ 0 & -1 & 1 \end{bmatrix}$。 40. $\begin{bmatrix} 1 & 2 \\ 3 & -1 \\ 1 & 0 \\ 1 & 1 \end{bmatrix}$。

41. $\begin{bmatrix} 1 & 1 \\ 1 & -1 \\ 1 & 2 \end{bmatrix}$。 42. $\begin{bmatrix} 1 & 0 & 0 & 0 \\ 0 & 2 & 0 & 0 \end{bmatrix}$。

43. $\begin{bmatrix} 1 & 1 & 1 \\ 1 & -1 & -1 \end{bmatrix}$。 44. $\begin{bmatrix} 1 & -1 & 2 \\ -1 & 2 & -2 \end{bmatrix}$。

45. $\begin{bmatrix} 1 & -1 & 1 \\ -1 & 2 & 1 \end{bmatrix}$。 46. $\begin{bmatrix} 3 & 5 & 4 & 1 \\ 4 & 0 & 2 & -2 \\ 0 & 0 & 0 & 0 \end{bmatrix}$。

在方程式(13)中，一矩陣 A 的奇異值分解可被用來獲得對子空間 Col$A$ 的正交投影。在習題 47 至 54 中使用這個方法來計算對子空間 W 的正交投影矩陣 P_W。你可使用在習題 1 至 10 中的結果。

47. $W = \text{Span}\left\{\begin{bmatrix} 1 \\ 2 \\ 2 \end{bmatrix}\right\}$。 48. $W = \text{Span}\left\{\begin{bmatrix} 1 \\ 1 \\ -1 \\ 1 \end{bmatrix}\right\}$。

49. $W = \text{Span}\left\{\begin{bmatrix} 1 \\ 0 \\ 1 \end{bmatrix}, \begin{bmatrix} 0 \\ -1 \\ 1 \end{bmatrix}\right\}$。

50. $W = \text{Span}\left\{\begin{bmatrix} 1 \\ 1 \\ -2 \end{bmatrix}, \begin{bmatrix} 1 \\ -1 \\ 1 \end{bmatrix}\right\}$。

51. $W = \text{Span}\left\{\begin{bmatrix} 1 \\ -2 \\ 3 \end{bmatrix}, \begin{bmatrix} 2 \\ 1 \\ -1 \end{bmatrix}\right\}$。

52. $W = \text{Span}\left\{\begin{bmatrix} 3 \\ -2 \\ 1 \end{bmatrix}, \begin{bmatrix} -2 \\ 1 \\ 2 \end{bmatrix}\right\}$。

53. $W = \text{Span}\left\{\begin{bmatrix} 1 \\ 1 \\ 1 \end{bmatrix}, \begin{bmatrix} 1 \\ -1 \\ 2 \end{bmatrix}\right\}$。

54. $W = \text{Span}\left\{\begin{bmatrix} 1 \\ 3 \\ 1 \\ 1 \end{bmatrix}, \begin{bmatrix} 2 \\ -1 \\ 0 \\ 1 \end{bmatrix}\right\}$。

是非題

在習題 55 至 75 中，試決定該陳述為真確或謬誤。對這些習題而言，我們考慮一特定的 $m \times n$ 矩陣 A，而 B_1 和 B_2 分別為 R^n 和 R^m 的正交基底，使得 A 的奇異值及這些基底滿足方程式(9)和(10)。

55. 若 σ 爲一矩陣 A 的一個奇異值，則 σ 爲 A^TA 的一個特徵值。
56. 若 B_1 和 B_2 的角色對調，則 A^T 滿足方程式(9)和(10)。
57. 若一矩陣爲方陣，則 $B_1=B_2$。
58. 每個矩陣和其轉置矩陣具有一樣的奇異值。
59. 一矩陣具有一虛擬反矩陣若且唯若其不可逆。
60. B_2 爲 A^TA 之特徵向量的一個正規正交基底。
61. B_2 爲 AA^T 之特徵向量的一個正規正交基底。
62. B_1 爲 A^TA 之特徵向量的一個正規正交基底。
63. B_1 爲 AA^T 之特徵向量的一個正規正交基底。
64. 若矩陣 A 具有秩 k，則 A 具有 k 個奇異值。
65. 每個矩陣有一個奇異值分解。
66. 每個矩陣有唯一的奇異值分解。
67. 在 A 的一個奇異值分解 $U\Sigma V^T$ 中，Σ 的每一個對角線元素均爲 A 的一個奇異值。
68. 假設 $A=U\Sigma V^T$ 爲一個奇異值分解，A_1 爲 V 的行所形成的集合，且 A_2 爲 U 的行形成之集合。則方程式(9)和(10)是被滿足的，若以 A_1 取代 B_1 且以 A_2 取代 B_2。

69. 若 $U\Sigma V^T$ 爲 A 的一個奇異值分解，則 $U\Sigma V^T$ 爲 A^T 的一個奇異值分解。

70. 若 $U\Sigma V^T$ 爲具有秩 k 的矩陣 A 的一個奇異值分解，且若 $W = \text{Col } A$，則 $P_W = UDU^T$，其中當 $i = 1, 2, \cdots, k$ 時，$d_{ii} = 1$；其它情況時，$d_{ij} = 0$。

71. 若 A 爲一個 $m\times n$ 矩陣且 $U\Sigma V^T$ 爲 A 的一個奇異值分解，則在 R^n 中能使得 $\|A\mathbf{u}-\mathbf{b}\|$ 最小的一個向量 $\mathbf{u}$ 爲 $V\Sigma^{\dagger}U^T\mathbf{b}$。

72. 若 A 爲一個 $m\times n$ 矩陣且 $U\Sigma V^T$ 爲 A 的一個奇異值分解，則 $V\Sigma^{\dagger}U^T\mathbf{b}$ 爲在 R^n 中使得 $\|A\mathbf{u}-\mathbf{b}\|$ 爲最小的唯一向量 $\mathbf{u}$。

73. 若 A 爲一個 $m\times n$ 矩陣且 $U\Sigma V^T$ 爲 A 的一個奇異值分解，則在 R^n 中 $V\Sigma^{\dagger}U^T\mathbf{b}$ 爲唯一的向量 $\mathbf{u}$ 使得 $\|A\mathbf{u}-\mathbf{b}\|$ 爲最小且具有最小的範數。

74. 若 $U\Sigma V^T$ 爲 A 的一個奇異值分解，則 $A^{\dagger} = V\Sigma U^T$。

75. 若 A 爲一個可逆矩陣，則 $A^{\dagger} = A^{-1}$。

---

76. 假設 A 爲一個 $m\times n$ 矩陣具有秩爲 k 及奇異值 $\sigma_1 \geq \sigma_2 \geq \cdots \geq \sigma_k > 0$，$B_1$ 和 B_2 分別爲 R^n 和 R^m 的基底，滿足方程式(9)和(10)。
   (a) 試證明 B_1 爲一個基底，由 A^TA 對應於特徵值 $\sigma_1^2, \sigma_2^2, \cdots, \sigma_k^2, 0, \cdots, 0$ 的特徵向量所構成。
   (b) 試證明 B_2 爲一個基底，由 AA^T 對應於特徵值 $\sigma_1^2, \sigma_2^2, \cdots, \sigma_k^2, 0, \cdots, 0$ 的特徵向量所構成。
   (c) 試證明 A 的奇異值爲唯一。
   (d) 令 B'_1 和 B'_2 爲將 B_1 和 B_2 集合的第一個向量乘以 -1 所獲得的集合。試證明，雖然 $B'_1 \neq B_1$ 且 $B'_2 \neq B_2$，若 B'_1 和 B'_2 分別取代 B_1 和 B_2，方程式(9)和(10)仍然被滿足。

77. 令 A 爲一個秩爲 m 的 $m\times n$ 矩陣。並具有奇異值

$$\sigma_1 \geq \sigma_2 \geq \cdots \geq \sigma_m > 0$$

   (a) 試證明 $\sigma_m\|\mathbf{v}\| \leq \|A\mathbf{v}\| \leq \sigma_1\|\mathbf{v}\|$，對在 R^n 中的每個向量 $\mathbf{v}$。
   (b) 試證明存在非零向量 $\mathbf{v}$ 和 $\mathbf{w}$ 在 R^n 中，使得

$$\|A\mathbf{v}\| = \sigma_m\|\mathbf{v}\| \quad 且 \quad \|A\mathbf{w}\| = \sigma_1\|\mathbf{w}\|$$

78. 令 A 爲一個 $m\times n$ 矩陣具有秩爲 k，且假設 $A = U\Sigma V^T$ 爲 A 的一個奇異值分解。
   (a) 試證明 Σ 的非零對角線元素爲 A 的奇異值。
   (b) 令 B_1 和 B_2 分別爲 V 和 U 之各行所組成的 R^n 和 R^M 的正規正交基底。試證明對這些基底，方程式(9)和(10)是被滿足的。

79. 試證明 A 的一個奇異值分解的轉置爲 A^T 的一個奇異值分解，如例題 5 中所描述。

80. 試證明，對任意矩陣 A，矩陣 A^TA 和 AA^T 具有相同的非零特徵值。

81. 試證明在方程式(11)中的 Σ 之虛擬反矩陣爲方程式(14)中的矩陣 $\Sigma^{\dagger}$。

82. 試證明若 A 是一個可逆矩陣，則 $A^{\dagger} = A^{-1}$。

83. 試證明，對任意矩陣 A，$(A^T)^{\dagger} = (A^{\dagger})^T$。

84. 試證明若 A 爲一個對稱矩陣，則 A 的奇異值爲 A 的非零特徵值的絕對值。

85. 令 A 爲一個秩爲 k 的 $n\times n$ 對稱矩陣，具有奇異值 $\sigma_1 \geq \sigma_2 \geq \cdots \geq \sigma_k > 0$，且令 Σ 爲在方程式(11)中的 $n\times n$ 矩陣。試證明 A 爲半正定若且唯若存在一個 $n\times n$ 正交矩陣 V 使得 $V\Sigma V^T$ 爲 A 的一個奇異值分解。

86. 令 Q 爲一個 $n\times n$ 正交矩陣。
   (a) 試決定 Q 的奇異值。並辯證你的解答。
   (b) 試描述 Q 的一個奇異值分解。

87. 令 A 爲秩爲 n 的一個 $n\times n$ 矩陣。試證明 A 爲一個正交矩陣若且唯若 1 爲 A 的唯一奇異值。

88. 令 A 爲一個 $m\times n$ 矩陣，且具有一個奇異值分解 $A = U\Sigma V^T$。假設 P 和 Q 爲正交矩陣，其大小分別爲 $m\times m$ 及 $m\times n$，使得 $P\Sigma = \Sigma Q$。
   (a) 試證明 $(UP)\Sigma(VQ)^T$ 爲 A 的一個奇異值分解。
   (b) 利用(a)來舉出一個矩陣具有兩個不同的奇異值分解的範例。
   (c) 試證明(a)的反向敘述：若 $U_1\Sigma V_1^T$ 爲 A 的任意奇異值分解，則存在正交矩陣 P 和 Q 分別具有大小 $m\times n$ 和 $n\times n$ 使得 $P\Sigma = \Sigma Q$、$U_1 = UP$、及 $V_1 = VQ$。

89. 試證明若 $A = U\Sigma V^T$ 爲一個 $m\times n$ 秩爲 k 的矩陣之一個奇異值分解，則 $\Sigma\Sigma^{\dagger}$ 爲 $m\times m$ 對角矩陣，其前 k 個對角線元素爲 1 且其餘的 $m-k$ 個對角線元素爲 0。

90. 試證明，對任意矩陣 A，$A^{\dagger}A$ 的乘積爲對 Row A 之正交投影矩陣。

91. 令 A 爲一個 $m\times n$ 秩爲 k 的矩陣，且具有非零奇異值 $\sigma_1\geq\sigma_2\geq\cdots\geq\sigma_k$，並令 $A=U\Sigma V^T$ 爲 A 的一個奇異值分解。假設 $U=[\mathbf{u}_1\ \mathbf{u}_2\ \cdots\ \mathbf{u}_m]$ 且 $V=[\mathbf{v}_1\ \mathbf{v}_2\ \cdots\ \mathbf{v}_n]$。對 $1\leq i\leq k$，令 Q_i 爲 $m\times n$ 矩陣定義爲 $Q_i=\mathbf{u}_i\mathbf{v}_i^T$。試證明下列陳述:
(a) $A=\sigma_1Q_1+\sigma_2Q_2+\cdots+\sigma_kQ_k$。
(b) 對所有 i，$\text{rank}Q_i=1$。
(c) 對所有 i，$Q_iQ_i^T$ 爲對 R^m 的一維子空間 Span $\{\mathbf{u}_i\}$ 的正交投影矩陣。
(d) 對所有 i，$Q_i^TQ_i$ 爲對 R^n 的一維子空間 Span $\{\mathbf{v}_i\}$ 的正交投影矩陣。
(e) 對不同 i 和 j，$Q_iQ_j^T=O$ 且 $Q_i^TQ_j=O$。

在習題 92 和 93 中，使用具有矩陣運算能力之計算機或是電腦軟體如 MATLAB 來求每個矩陣 A 的一個奇異值分解及虛擬反矩陣。

92. $\begin{bmatrix}2&0&1&-1\\1&3&1&2\\1&1&-1&1\end{bmatrix}$ 93. $\begin{bmatrix}1&2&1&3\\2&-1&1&4\\-1&0&1&2\end{bmatrix}$

練習題解答

1. 首先，我們有

$$A^TA=\begin{bmatrix}200&-100&250\\-100&500&-350\\250&-350&425\end{bmatrix}$$

則

$$B_1=\{\mathbf{v}_1,\mathbf{v}_2,\mathbf{v}_3\}=\left\{\frac{1}{3}\begin{bmatrix}1\\-2\\2\end{bmatrix},\frac{1}{3}\begin{bmatrix}2\\2\\1\end{bmatrix},\frac{1}{3}\begin{bmatrix}2\\-1\\-2\end{bmatrix}\right\}$$

爲 R^3 的一個正規正交基底，由 A^TA 對應於特徵值 $\lambda_1=900$，$\lambda_2=225$，及 $\lambda_3=0$ 的特徵向量所構成。因此，A 的奇異值爲 $\sigma_1=\sqrt{\lambda_1}=30$ 及 $\sigma_2=\sqrt{\lambda_2}=15$。

接下來，令

$$\mathbf{u}_1=\frac{1}{\sigma_1}A\mathbf{v}_1=\frac{1}{30}\cdot\frac{1}{3}\begin{bmatrix}54\\72\end{bmatrix}=\frac{1}{5}\begin{bmatrix}3\\4\end{bmatrix}$$

且

$$\mathbf{u}_2=\frac{1}{\sigma_2}A\mathbf{v}_2=\frac{1}{15}\cdot\frac{1}{3}\begin{bmatrix}-36\\27\end{bmatrix}=\frac{1}{5}\begin{bmatrix}-4\\3\end{bmatrix}。$$

則 $B_2=\{\mathbf{u}_1,\mathbf{u}_2\}$ 爲滿足方程式(9)和(10)之 R^2 的一個正規正交基底。

2. 令 $\mathbf{v}_1$，$\mathbf{v}_2$，$\mathbf{v}_3$，$\mathbf{u}_1$，和 $\mathbf{u}_2$ 如在練習題 1 中的解。定義

$$U=[\mathbf{u}_1\quad\mathbf{u}_2]=\begin{bmatrix}\frac{3}{5}&-\frac{4}{5}\\\frac{4}{5}&\frac{3}{5}\end{bmatrix}$$

$$V=[\mathbf{v}_1\quad\mathbf{v}_2\quad\mathbf{v}_3]=\begin{bmatrix}\frac{1}{3}&\frac{2}{3}&\frac{2}{3}\\-\frac{2}{3}&\frac{2}{3}&-\frac{1}{3}\\\frac{2}{3}&\frac{1}{3}&-\frac{2}{3}\end{bmatrix}$$

且

$$\Sigma=\begin{bmatrix}\sigma_1&0&0\\0&\sigma_2&0\end{bmatrix}=\begin{bmatrix}30&0&0\\0&15&0\end{bmatrix}$$

則 $A=U\Sigma V^T$ 爲 A 的一個奇異值分解。

3. 我們希望求方程組 $A\mathbf{x}=\mathbf{b}$ 的最小範數解，其中 A 爲在練習題 1 中的矩陣，且 $\mathbf{b}=\begin{bmatrix}5\\-5\end{bmatrix}$。利用在練習題 2 中的矩陣 U 和 V 及 $\Sigma^{\dagger}=\begin{bmatrix}\frac{1}{30}&0\\0&\frac{1}{15}\\0&0\end{bmatrix}$，我們可求得最小範數解爲

$$\mathbf{z}=V\Sigma^{\dagger}U^T\mathbf{b}=\frac{1}{90}\begin{bmatrix}29\\26\\16\end{bmatrix}$$

4. 利用在例題 7 中的矩陣 V，U，及 Σ，我們可見所求的向量爲

$$\mathbf{z}=V\Sigma^{\dagger}U^T\mathbf{b}=\frac{1}{10}\begin{bmatrix}25\\-83\\104\end{bmatrix}$$

6.8* 主要成份分析

考慮一關於健康問題的研究。我們從大量人口(實驗對象)中採樣來收集數據，使用變數如年齡、兩種膽固醇讀數(高密度脂蛋白及低密度脂蛋白)、兩個血壓讀數(舒張壓及收縮壓)、體重、身高、運動習慣、每日攝取脂肪及每日鹽攝取量。若我們可以將這十個變數，以兩到三個新變數來取代，則可更為方便。然而，我們要如何在不失去大量資訊的前提下達此目的？

若兩變數彼此非常的相關，譬如說身高和體重，則我們可將此兩變數以一個新的變數來取代之。在本節中，我們使用線性代數來發掘一較小的新變數集合。在此使用的方法稱之為主要成分分析(Principal Component Analysis, PCA)。此法是由 Pearson (1901)和 Hotelling(1933)所發展出來的。(參考文獻[11]及[7]。)

使用 PCA，我們可得到一些實用的結果。

(a) 若我們對此一個或未來其它的群組做最小平方分析或其它的統計分析，則我們可用較少的變數來做；這可讓我們的分析增加統計學者所稱的檢定力(power)。

(b) 最常見的，PCA 展現了變數的群組化。例如，量化成績對語文能力，或大肌肉動作對精細動作。對那些在特定領域有興趣的人，這是顯而易見的。

(c) 若將數據繪成圖形，PCA 可求得在最小平方的概念上最近似於數據的線，平面，或超平面。其也可求得"適當"的座標軸旋轉來描繪該數據。若該數據為橢圓的，則我們可使用一橢圓的長軸和短軸為其座標軸來繪圖。

(d) 若我們需要傳輸一大量的數據，使用 PCA 來簡化至較少的變數為一非常有用的工具。此能讓我們在不失去大量資訊的前提下僅送出大為少量數據即可。

若希望更為了解 PCA，請參見[12]和[10]。

我們一開始先介紹一些基本的統計概念。給定具有 m 個觀測值，$x_1, x_2, \ldots, x_m$ 的集合，量測這些觀測值的**中心的**一個熟悉的方法來為**(樣本)平均值(mean)**，$\bar{x}$(讀為「x-bar」)，定義如下

$$\bar{x} = \frac{1}{m}(x_1 + x_2 + \cdots + x_m)$$

例如，若我們的數據為 3、8、7，則 $\bar{x} = \frac{1}{3}(3+8+7) = 6$。然而，平均值並不能幫助我們量測數據的分佈(*spread*)或變化性(*variability*)。度量變化性的一種合理

---

*本節可省略而不失教材之連續性。

方法是計算量測值與平均值之間差異平方的平均。此引導出**(樣本)變異量(variance)**，s^2 (我們有時候寫成 $s_{\mathbf{x}}^2$ 來強調量測值可表示爲向量 $\mathbf{x}$ 的分量)，定義爲

$$s_{\mathbf{x}}^2 = \frac{1}{m-1}\left[(x_1-\bar{x})^2+(x_2-\bar{x})^2+\cdots+(x_m-\bar{x})^2\right]$$

在大部分統計學的書籍中，該公式的分母使用 $m-1$ 而非 m，因爲我們可以證明，使用 $m-1$ 能夠更準確的近似於樣本母體的變異量。(參見[9]。)對同樣一組數據，我們有

$$s^2=\frac{1}{2}\left[(3-6)^2+(8-6)^2+(7-6)^2\right]=7$$

注意，若原始量測是以英吋來量得的身高，則 $\bar{x}$ 之單位也爲英吋，但 s^2 之單位則爲英吋平方。爲了使分佈的量測保持如在原始數據中同樣的單位，我們使用變異量的正平方根，也就是，s，稱之爲**標準差(standard deviation)**。對之前的數據，標準差爲 $s=\sqrt{7}$。

將變異量以矩陣來表示是非常有用的。假設我們將量測值 $x_1, x_2, \ldots, x_m$ 以向量 $\mathbf{x}=\begin{bmatrix} x_1 \\ x_2 \\ \vdots \\ x_m \end{bmatrix}$ 來表示，並引入向量 $\bar{\mathbf{x}}=\begin{bmatrix} \bar{x} \\ \bar{x} \\ \vdots \\ \bar{x} \end{bmatrix}$。則很容易得到

$$s_{\mathbf{x}}^2=\frac{1}{m-1}(\mathbf{x}-\bar{\mathbf{x}})^T(\mathbf{x}-\bar{\mathbf{x}})=\frac{1}{m-1}(\mathbf{x}-\bar{\mathbf{x}})\cdot(\mathbf{x}-\bar{\mathbf{x}})=\frac{1}{m-1}\left\|\mathbf{x}-\bar{\mathbf{x}}\right\|^2$$

之前，我們曾建議若兩變數彼此間有密切的相關性，我們或許可以用一變數同時取代兩變數而不會失去太多資訊。一經常用來量測兩變數間**線性**關係強度的度量稱之爲**(樣本)共變異量(*covariance*)**。明確地說，令

$$\mathbf{x}=\begin{bmatrix} x_1 \\ x_2 \\ \vdots \\ x_m \end{bmatrix} \quad \text{且} \quad \mathbf{y}=\begin{bmatrix} y_1 \\ y_2 \\ \vdots \\ y_m \end{bmatrix}$$

我們定義 $\mathbf{x}$ 和 $\mathbf{y}$ 的**(樣本)共變異量**如下

$$\operatorname{cov}(\mathbf{x},\mathbf{y})=\frac{1}{m-1}\left[(x_1-\bar{x})(y_1-\bar{y})+(x_2-\bar{x})(y_2-\bar{y})+\cdots+(x_m-\bar{x})(y_m-\bar{y})\right]$$

或，使用矩陣表示，

$$\operatorname{cov}(\mathbf{x},\mathbf{y})=\frac{1}{m-1}(\mathbf{x}-\bar{\mathbf{x}})^T(\mathbf{y}-\bar{\mathbf{y}})=\frac{1}{m-1}(\mathbf{x}-\bar{\mathbf{x}})\cdot(\mathbf{y}-\bar{\mathbf{y}})$$

使用共變異量的一個問題是其大小會受到量測單位的影響。例如，若 **x** 是以英呎所測得而 **y** 是以英磅所量測，則共變異量的單位為英呎-英磅。但若單位給定為英吋和盎司，則共變異量將大大地增加。為了避免此問題，我們使用以下的度量作為替代

$$\frac{\operatorname{cov}(\mathbf{x},\mathbf{y})}{s_{\mathbf{x}}s_{\mathbf{y}}}$$

其中 $s_{\mathbf{x}}$ 和 $s_{\mathbf{y}}$ 分別為 **x** 和 **y** 的標準差。此數量稱為 **x** 和 **y** 之間的 **(樣本) 相關係數**[18]。我們可以很容易地證明，相關係數是一個「無單位」的量測值；再多花一點的功夫 (參見習題 37)，我們可證明相關係數一定是介於 –1 和 1 之間。在兩者的關係為完美的線性之極端情況下一也就是說，所有的點 $(x_1,y_1),(x_2,y_2),\ldots,(x_m,y_m)$ 在一直線上一該線斜率為正，則相關係數為 1；若該線斜率為負，則相關係數為 –1。若介於 **x** 和 **y** 之間有很少或是根本沒有線性關係，則相關係數會接近於零。

6

練習題 1.

令 $\mathbf{x}=\begin{bmatrix}4\\-2\\7\end{bmatrix}$ 和 $\mathbf{y}=\begin{bmatrix}3\\4\\5\end{bmatrix}$。試計算以下數量：

(a) 平均值 $\overline{\mathbf{x}}$ 和 $\overline{\mathbf{y}}$。

(b) 變異量 $s_{\mathbf{x}}^2$ 和 $s_{\mathbf{y}}^2$。

(c) 共變異量 $\operatorname{cov}(\mathbf{x},\mathbf{y})$。

(d) **x** 和 **y** 之間的相關係數。

由於內積的特性，很容易的可見 $\operatorname{cov}(\mathbf{x},\mathbf{y})=\operatorname{cov}(\mathbf{y},\mathbf{x})$；所以 **x** 和 **y** 的共變異量與 **y** 和 **x** 的共變異量相同。相關係數也有同樣的對稱性。

通常，給定 n 個變數 $\mathbf{x}_1,\mathbf{x}_2,\ldots,\mathbf{x}_n$，將每個視為 $m\times 1$ 向量，我們定義兩個 $n\times n$ 矩陣。**共變異量矩陣**為一個 $n\times n$ 矩陣，其中第(i,j)元素為共變異量 $\operatorname{cov}(\mathbf{x}_i,\mathbf{x}_j)$。若我們寫成 $X=[\mathbf{x}_1\ \ \mathbf{x}_2\ \ \ldots\ \ \mathbf{x}_n]$ 和 $\overline{X}=[\overline{\mathbf{x}_1}\ \ \overline{\mathbf{x}_2}\ \ \ldots\ \ \overline{\mathbf{x}_n}]$，我們可將共變異量矩陣表示如下

$$C=\frac{1}{m-1}(X-\overline{X})^T(X-\overline{X})$$

(參見習題 32。)注意此公式與向量 **x** 之變異量 $s_{\mathbf{x}}^2$ 公式之間的相似性。

---

[18] 當使用兩變數之間的相關係數時，我們假設兩變數的變異量變異量都不等於零。

同樣的，**相關係數矩陣**定義爲 $n \times n$ 矩陣，其中第(i, j)元素爲介於 $\mathbf{x}_i$ 和 $\mathbf{x}_j$ 間的相關係數。爲了導出一相關係數矩陣的形式，我們需要一些額外的術語。一變數 $\mathbf{z}$ 爲一個**比率變數(scaled variable)**，若它的平均值等於零且標準差等於 1。一個變異量不爲零的變數 $\mathbf{x}$，可先減去向量 $\bar{\mathbf{x}}$ 再除以標準差 $s_{\mathbf{x}}$ 來被**比例化**或**標準化**。所以 $\dfrac{\mathbf{x}-\bar{\mathbf{x}}}{s_{\mathbf{x}}}$ 爲一個比率變數。(參見習題 33。)因此，給定 n 個變數 $\mathbf{x}_1, \mathbf{x}_2, \ldots, \mathbf{x}_n$，我們可以將其調整比例以產生比率變數 $\mathbf{z}_1, \mathbf{z}_2, \ldots, \mathbf{z}_n$。此一比例調整過程經常使用在變數具有大變化範圍的單位的情況下，之後可將所有的變數放在「平等的地位」上。

現在，若 $Z = [\mathbf{z}_1 \quad \mathbf{z}_2 \quad \cdots \quad \mathbf{z}_n]$，則原來變數的相關係數矩陣可以表示爲

$$C_0 = \frac{1}{m-1} Z^T Z$$

(參見習題 34。)由此可見，$\mathbf{x}_i$ 和 $\mathbf{x}_j$ 之間的相關係數與 $\mathbf{z}_i$ 和 $\mathbf{z}_j$ 之間的相關係數相同。由於之前所提的對稱性一而且透過之前的方程式可以清楚的看出一共變異量矩陣和相關係數矩陣兩者皆爲對稱。

例題 1

以下這個表中的數據集合爲本書的其中一位作者從一門具有 14 名學生的優等微積分課堂中所收集得到的。此四個變數爲 ACT(一全國性考試成績，範圍爲 1 到 36)，FE(期末考成績，範圍爲 0 到 200)，Qav(八次隨堂測驗的平均值，範圍爲 0 到 100)，和 Tav(三次小考成績的平均值，範圍爲 0 至 100)。比率變數給定於最後四行，在其名稱加有星號做辨別。

學生	ACT	FE	Qav	Tav	ACT*	FE*	Qav*	Tav*
1	33	181	95	89	1.27	0.94	1.3	0.95
2	31	169	81	89	0.8	0.48	0.29	0.95
3	21	176	65	68	−1.58	0.75	−0.88	−0.64
4	25	181	66	90	−0.63	0.94	−0.81	1.03
5	29	169	89	81	0.32	0.48	0.87	0.35
6	24	103	61	57	−0.86	−2.05	−1.17	−1.47
7	24	150	81	76	−0.86	−0.25	0.29	−0.03
8	29	147	86	76	0.32	−0.36	0.65	−0.03
9	36	181	98	102	1.98	0.94	1.52	1.94
10	26	163	72	70	−0.39	0.25	−0.37	−0.49
11	31	163	95	81	0.8	0.25	1.3	0.35
12	29	147	65	67	0.32	−0.36	−0.88	−0.71
13	23	160	62	68	−1.1	0.14	−1.1	−0.64
14	26	100	63	56	−0.39	−2.16	−1.02	−1.55

利用 MATLAB 來計算 $\frac{1}{m-1}Z^TZ$，我們獲得 4×4 相關係數矩陣 **v**。下表提供 C_0 的元素，四捨五入至小數第四位。

	ACT*	FE*	Qav*	Tav*
ACT*	1	.3360	.8111	.7010
FE*	.3360	1	.4999	.7958
Qav*	.8111	.4999	1	.7487
Tav*	.7010	.7958	.7487	1

觀察：

1. 注意每個對角線元素皆爲 1。這是因爲任何變數和其本身的相關係數爲 1。
2. 在 ACT 成績和隨堂測驗平均成績之間有很強的相關(係數爲.8111)。
3. 最弱的相關(係數爲.3360)是介於 ACT 成績和期末考成績之間。

當然，此爲一非常小的例子。若樣本再更大些，或對其它組的樣本做調查，則我們或許可做出一般性的結論。例如，小考平均成績與其它所有的變數，包含變數 ACT(學生進大學前的測驗)，都有很高的相關係數。所以，如果要用一個變數來代表這些數據，或許應爲 Tav。

我們現在已準備好要對主要成份分析做討論。我們以下面的兩個問題來開始：

1. 如何找到新變數來取代原有的變數？
2. 測這如何量些新變數有多接近於原來數據？

爲了說明此方法，我們使用我們原來的數據組，且注意我們所做的程序很容易地推廣到其它的數據組。我們有四個變數 $\mathbf{x}_1$，$\mathbf{x}_2$，$\mathbf{x}_3$，$\mathbf{x}_4$，每個爲一個 14×1 的行向量。由於我們的數據具有不同的比例大小，在此我們建議使用比率變數來代替。所以我們令 $Z=\begin{bmatrix}\mathbf{z}_1 & \mathbf{z}_2 & \mathbf{z}_3 & \mathbf{z}_4\end{bmatrix}$。

4×4 相關係數矩陣 C_0 可計算如下

$$C_0=\begin{bmatrix}1.0000 & 0.3360 & 0.8111 & 0.7010\\ 0.3360 & 1.0000 & 0.4999 & 0.7958\\ 0.8111 & 0.4999 & 1.0000 & 0.7487\\ 0.7010 & 0.7958 & 0.7487 & 1.0000\end{bmatrix}$$

如我們之前所注意到的，此矩陣必爲對稱。所以根據定理 6.15，存在有由 C_0 的特徵向量 $\mathbf{u}_1$，$\mathbf{u}_2$，$\mathbf{u}_3$，$\mathbf{u}_4$ 所構成的一組正規正交基底，分別對應於特徵值 λ_1，λ_2，λ_3，λ_4，其中我們假設 $\lambda_1\geq\lambda_2\geq\lambda_3\geq\lambda_4$。利用 MATLAB，我們獲

得正交矩陣 P 如下，其行爲特徵向量 $\mathbf{u}_1$，$\mathbf{u}_2$，$\mathbf{u}_3$，$\mathbf{u}_4$，及包含伴隨特徵值的對角矩陣 D。[19]

$$P=\begin{bmatrix} 0.4856 & -0.5561 & 0.5128 & 0.4381 \\ 0.4378 & 0.7317 & -0.064 & 0.5185 \\ 0.5209 & -0.3275 & -0.7848 & -0.0744 \\ 0.5489 & 0.2192 & 0.3421 & -0.7305 \end{bmatrix}$$

$$D=\begin{bmatrix} 2.9654 & 0 & 0 & 0 \\ 0 & 0.7593 & 0 & 0 \\ 0 & 0 & 0.1844 & 0 \\ 0 & 0 & 0 & 0.0910 \end{bmatrix}$$

第一個新的變數稱之爲**第一主要成份(first principal component)**，且定義爲向量 $\mathbf{y}_1 = Z\mathbf{u}_1$，其中 $\mathbf{u}_1$ 爲 C_0 具有最大特徵值(2.9654)的特徵向量。且**第二主要成分**爲 $\mathbf{y}_2 = Z\mathbf{u}_2$，因 $\mathbf{u}_2$ 具有第二大特徵值(0.7593)。在我們的範例中，前兩個主成分爲

$$\begin{aligned} \mathbf{y}_1 &= .4856\mathbf{z}_1 + .4378\mathbf{z}_2 + .5209\mathbf{z}_3 + .5489\mathbf{z}_4 \\ \mathbf{y}_2 &= -.5561\mathbf{z}_1 + .7317\mathbf{z}_2 - .3275\mathbf{z}_3 + .2192\mathbf{z}_4 \end{aligned}$$

即，

$$\begin{aligned} \mathbf{y}_1 &= .4856\text{ACT}^* + .4378\text{FE}^* + .5209\text{Qav}^* + .5489\text{Tav}^* \\ \mathbf{y}_2 &= -.5561\text{ACT}^* + .7317\text{FE}^* - .3275\text{Qav}^* + .2192\text{Tav}^* \end{aligned}$$

其餘的主要成份元素皆可被相似的定義出。用在主要成分中的係數，是由特徵向量的元素所給定，稱之爲**負荷(loadings)**。一變數其係數的大小關係到給定主要成分的相對重要性。我們將在之後對此做更多的說明。在此例題中，顯示出第一主要成分可代表四個變數的平均值，因爲其爲四個變數的加權總和而其中各權重幾乎相等。第二個主要成份代表一對正負荷變數 FE^*和 Tav^*，和一對負的負荷變數 ACT^*和 Qav^*，兩對之間的「對比」。

當要以較少的新變數來取代原來的變數時，統計學家常用的一個準則爲：是否新變數可以「解釋」或「負責」原有數據集合中很高百分比的變異量？直覺上來說，我們若捨去某些變數，那些變數與其它的變數間有很高的相關係

---

[19] MATLAB 所產生出的矩陣其行之順序與在此所列的矩陣可能會不同。我們依照統計學家的標準做法，在這裡我們列出特徵值和特徵向量的順序是按照使特徵值的絕對值遞減的順序。並且，我們偶爾將 MATLAB 所產生的特徵向量以其本身之非零倍數來取代，當然，它也還是對應於相同特徵值的一個特徵向量。

數，則剩下的變數其變化性並沒有太大改變。可以證明(參見習題 35)一主要成分的變異量是由其伴隨的特徵值所決定。舉例來說，$\mathbf{y}_1$ 的變異量爲 2.9654。並且，**總變異量 (total variance)** 定義爲所有變數其變異量之和，即所有特徵值之和(根據 5.3 節的習題 89，就是 trace(C_0))，亦即，4。所以，使用統計學的語言來說，我們稱 $\mathbf{y}_1$ 負責了 $2.9654 / 4 = 74.14\%$ 的變異量，而 $\mathbf{y}_1$ 和 $\mathbf{y}_2$ 一起負責了 $(2.9654 + .7593) / 4 = 93.12\%$ 的變異量。使用 $\mathbf{y}_1$ 和 $\mathbf{y}_2$ 爲新變數而非原來所有的四變數，看起來是很合理的。在下表中，我們計算介於比率變數及前兩個主要成分之間(四捨五入)的相關係數。在 $\mathbf{y}_1$ 和 Tav* 間有很高的相關係數 0.9452，這告訴我們小考平均成績對第一主要成分有很大的貢獻。同樣的，最低的相關係數 0.1911 是在 $\mathbf{y}_2$ 和 Tav* 之間，這告訴我們小考平均成績對第二成份只有非常小的貢獻。請注意在表中介於 $\mathbf{y}_1$ 和 $\mathbf{y}_2$ 間的相關係數是(近似於)零；也就是說，$\mathbf{y}_1$ 和 $\mathbf{y}_2$ **不相關**。

	ACT*	FE*	Qav*	Tav*	y1	y2
ACT*	1	0.3660	0.8111	0.7010	0.8362	− 0.4816
FE*	0.3360	1	0.4999	0.7958	0.7539	0.6376
Qav*	0.8111	0.4999	1	0.7487	0.8969	− 0.2854
Tav*	0.7010	0.7958	0.7487	1	0.9452	0.1911
y1	0.8362	0.7539	0.8969	0.9452	1	0.0000
y2	− 0.4846	0.6376	− 0.2854	0.1911	0.0000	1

評論：

- 主要成分是用來將一具較高維度的數據集合化簡至一具較少維度的數據集合，且仍維持原來數據的大部分資訊。例如，若我們需要傳輸在這些數據中大部分的資訊，則我們或許只要傳輸前幾個主要成分即可。
- 每個主要成分爲比率變數的一個線性組合。
- 任意兩個主要成分彼此不相關。(參見習題 36。)
- 通常，最前面幾個主要成分負責了總變異量的絕大部份，所以在未來的分析中有它們就夠了。
- 主要成分是人爲變數，其並不一定容易做意義上的解釋。
- 我們並沒有對變數的「統計分佈」做任何的假設。此課題需要更深入的數理統計背景，已經超過本門課的範圍。

6

例題 2

假設一組十位學生做了四個測驗：兩個測驗產生數學成績，Alg(代數)及 Trig(三角)；兩個測驗產生英文成績，Englit(英國文學)和 Shakes(莎士比亞)。在此數據以表格型式呈現；比率變數給定在最後四行。

學生	Alg	Trig	Englit	Shakes	Alg*	Trig*	Englit*	Shakes*
1	95	88	65	68	1.52	0.99	−1.02	−0.85
2	87	92	70	74	0.95	1.24	−0.58	−0.31
3	75	78	75	72	0.10	0.35	−0.15	−0.49
4	74	70	85	81	0.03	−0.16	0.72	0.31
5	46	51	92	95	−1.96	−1.37	1.33	1.56
6	62	55	88	90	−0.82	−1.11	0.98	1.11
7	82	91	85	90	0.60	1.18	0.72	1.11
8	68	52	55	60	−0.40	−1.30	−1.89	−1.56
9	82	78	80	75	0.60	0.35	0.29	−0.22
10	65	70	72	70	−0.61	−0.16	−0.41	−0.67

和例題 1 一樣，我們尋求一較小的變數集合來描述這些數據。利用 MATLAB，我們獲得 4×4 的相關係數矩陣 C_0。下表給出 C_0的元素，四捨五入至小數第四位。

	Alg*	Trig*	Englit*	Shakes*
Alg*	1	0.871	−0.435	−0.450
Trig*	0.871	1	−0.148	−0.160
Englit*	−0.435	−0.148	1	0.942
Shakes*	−0.450	−0.160	0.942	1

觀察：

1. 有很高相關係數的是，代數與三角成績間的.871，以及英國文學和莎士比亞間的.942，但在任何數學成績和任何英文成績間具有低的負相關。
2. 若在其它樣本中繼續出現此種模式，則我們可做出三角和英文為不相關的結論。

如我們之前所注意到的，此矩陣必為對稱。所以，和例題 1 一樣，存在有由 C_0 的特徵向量 $\mathbf{u}_1$，$\mathbf{u}_2$，$\mathbf{u}_3$，$\mathbf{u}_4$ 所組成的一組正規正交基底，各向量分別對應於特徵值 λ_1，λ_2，λ_3，λ_4，在此我們再次假設 $\lambda_1 \geq \lambda_2 \geq \lambda_3 \geq \lambda_4$。我們有一正交矩陣 P，其行為特徵向量 $\mathbf{u}_1$，$\mathbf{u}_2$，$\mathbf{u}_3$，$\mathbf{u}_4$，及一由伴隨特徵值所構成的對角矩

陣 D：

$$P=\begin{bmatrix} -0.5382 & 0.4112 & 0.7312 & -0.0820 \\ -0.4129 & 0.6323 & -0.6525 & 0.0622 \\ 0.5169 & 0.4696 & 0.1936 & 0.6890 \\ 0.5222 & 0.4589 & 0.0459 & -0.7174 \end{bmatrix}$$

$$D=\begin{bmatrix} 2.5228 & 0 & 0 & 0 \\ 0 & 1.3404 & 0 & 0 \\ 0 & 0 & 0.0792 & 0 \\ 0 & 0 & 0 & 0.0577 \end{bmatrix}$$

再次地，第一主要成分定義爲向量 $\mathbf{y}_1 = Z\mathbf{u}_1$，其中 $\mathbf{u}_1$ 爲 C_0 具有最大特徵值(2.5228)的特徵向量；且第二主要成分爲 $\mathbf{y}_2 = Z\mathbf{u}_2$，其中 $\mathbf{u}_2$ 具有第二大特徵值(1.3404)。前兩個主要成分爲

$$\begin{aligned} \mathbf{y}_1 &= -0.5382\text{Alg}^* - 0.4129\text{Trig}^* + 0.5169\text{Englit}^* + 0.5222\text{Shakes}^* \\ \mathbf{y}_2 &= 0.4112\text{Alg}^* + 0.6323\text{Trig}^* + 0.4696\text{Englit}^* + 0.4589\text{Shakes}^* \end{aligned}$$

如我們之前所見，總變異量，4，以 trace(D)給定。最先兩主要成分加起來負責了 $(2.5228+1.3404)/4=96.58\%$ 的變異量。看起來使用 $\mathbf{y}_1$ 和 $\mathbf{y}_2$ 爲新變數，而非四個原來的變數，是很合理的。

注意 $\mathbf{y}_1$，其中英國文學和莎士比亞爲正的負荷配對，代數和三角爲負的負荷配對荷，$\mathbf{y}_1$ 表示介於兩配對之間的一個對比；而 $\mathbf{y}_2$ 則提供四個變數的一個加權總和，其中權重幾乎相等。

若我們計算在比率變數和前兩個主要成分間的相關係數，我們獲得下表(經四捨五入)。注意兩主要成分間的相關係數非常小。並且注意 $\mathbf{y}_1$ 與 Alg* 有最強的(負)相關性，反應在其最強的負荷是在 Alg* 上的事實。確實，對這兩個主要成分，我們可觀察到負荷的正負號與對應的相關係數之正負號是一致的。

	Alg*	Trig*	Englit*	Shakes*	y1	y2
Alg*	1	0.8708	− 0.4351	− 0.4491	− 0.8549	0.4769
Trig*	0.8708	1	− 0.1479	− 0.1603	− 0.6561	0.7322
Englit*	− 0.4351	− 0.1479	1	0.9418	0.8209	0.5431
Shakes*	− 0.4491	− 0.1603	0.9418	1	0.8289	0.5308
y1	− 0.8459	− 0.0.6561	0.8209	0.8209	1	− 0.0011
y2	0.4769	0.7322	0.5431	0.5308	− 0.0011	1

習 題

在習題 1 至 8 中，$\mathbf{x}=\begin{bmatrix}2\\-3\\4\end{bmatrix}$ 且 $\mathbf{y}=\begin{bmatrix}4\\2\\3\end{bmatrix}$。試計算下列數量：

1. $\mathbf{x}$ 的平均值。
2. $\mathbf{y}$ 的平均值。
3. $\mathbf{x}$ 的變異量。
4. $\mathbf{y}$ 的變異量。
5. $\mathbf{x}$ 和 $\mathbf{y}$ 的共變異量。
6. $\mathbf{x}$ 和 $\mathbf{y}$ 間的相關係數。
7. 共變異量矩陣，使用向量 $\mathbf{x}$ 和 $\mathbf{y}$。
8. 相關係數矩陣，使用向量 $\mathbf{x}$ 和 $\mathbf{y}$。

是非題

在習題 9 至 20 中，試決定該陳述為真確或謬誤。

9. m 個數值的平均值定義爲所有數值之總和除以 m。
10. m 個數值的變異量定義爲每個數值與平均值之間差異的平方總和，再除以 m。
11. 共變異量爲一數值，其永遠不爲負。
12. 相關係數爲一數值，其永遠不爲負。
13. 若兩變數具有線性關係，則它們的相關係數爲 1。
14. 若兩變數間的相關係數爲 1，則兩變數具有一線性關係。
15. 共變異量爲一數值，永遠介於 -1 和 1 間。
16. 相關係數爲一數值，永遠介於 -1 和 1 間。
17. 一比率變數永遠具有平均值 0 且標準差爲 1。
18. PCA 通常產生一較小的變數集合，並有少量的資訊損失。
19. 一主要成分的變異量由相關係數矩陣的一特徵值所給定。
20. 不同的主要成分永遠爲不相關。

在習題 21 至 25 中，$\mathbf{x}$，$\mathbf{y}$ 和 $\mathbf{z}$ 為 $m\times 1$ 的向量，且 c 為一個實數。試證明下列結果：

21. $\operatorname{cov}(\mathbf{x},\mathbf{y})=\operatorname{cov}(\mathbf{y},\mathbf{x})$。
22. (a) $\operatorname{cov}(c\mathbf{x},\mathbf{y})=c\cdot\operatorname{cov}(\mathbf{x},\mathbf{y})$。
    (b) $\operatorname{cov}(\mathbf{x},c\mathbf{y})=c\cdot\operatorname{cov}(\mathbf{x},\mathbf{y})$。
23. (a) $\operatorname{cov}(\mathbf{x}+\mathbf{y},\mathbf{z})=\operatorname{cov}(\mathbf{x},\mathbf{z})+\operatorname{cov}(\mathbf{y},\mathbf{z})$。
    (b) $\operatorname{cov}(\mathbf{x},\mathbf{y}+\mathbf{z})=\operatorname{cov}(\mathbf{x},\mathbf{y})+\operatorname{cov}(\mathbf{x},\mathbf{z})$。
24. $\operatorname{cov}(\mathbf{x},\mathbf{x})=s_{\mathbf{x}}^2$。
25. $\operatorname{cov}(\mathbf{x},\mathbf{x})=0$ 若且唯若 $\mathbf{x}$ 的所有元素相等。

在習題 26 和 27 中，$\mathbf{w}$ 和 $\mathbf{u}$ 為 $m\times 1$ 的向量，其所有的元素皆相等，且 $\mathbf{x}$ 和 $\mathbf{y}$ 為任意 $m\times 1$ 向量。試證明以下結果：

26. (a) $\operatorname{cov}(\mathbf{w},\mathbf{y})=0$。
    (b) $\operatorname{cov}(\mathbf{x},\mathbf{u})=0$。
27. (a) $\operatorname{cov}(\mathbf{x}+\mathbf{w},\mathbf{y})=\operatorname{cov}(\mathbf{x},\mathbf{y})$。
    (b) $\operatorname{cov}(\mathbf{x},\mathbf{y}+\mathbf{u})=\operatorname{cov}(\mathbf{x},\mathbf{y})$。
    (c) $\operatorname{cov}(\mathbf{x}+\mathbf{w},\mathbf{y}+\mathbf{u})=\operatorname{cov}(\mathbf{x},\mathbf{y})$。

在習題 28 至 30 中，$\mathbf{x}$ 和 $\mathbf{y}$ 為 $m\times 1$ 向量分別具有平均值 $\overline{\mathbf{x}}$ 和 $\overline{\mathbf{y}}$，及變異量 $s_{\mathbf{x}}^2$ 和 $s_{\mathbf{y}}^2$，而 c 和 d 為實數。試證明以下結果：

28. (a) $c\mathbf{x}$ 的平均值爲 $c\overline{\mathbf{x}}$。
    (b) $c\mathbf{x}+d\mathbf{y}$ 的平均值爲 $c\overline{\mathbf{x}}+d\overline{\mathbf{y}}$。
29. $c\mathbf{x}$ 的變異量爲 $c^2s_{\mathbf{x}}^2$。
30. $\mathbf{x}\pm\mathbf{y}$ 的變異量爲 $s_{\mathbf{x}}^2+s_{\mathbf{y}}^2\pm 2\operatorname{cov}(\mathbf{x},\mathbf{y})$。
31. 考慮兩變數，一個以英呎量得，而另一個的單位爲英磅。試說明它們的相關係數爲一個「無單位」的量測值。
32. 使用在本節中所使用的符號，試證明共變異量矩陣可表示爲
$$C=\frac{1}{m-1}(X-\overline{X})^T(X-\overline{X})$$
33. 令 $\mathbf{x}$ 爲一個 $m\times 1$ 向量其 $s_{\mathbf{x}}\neq 0$。試證明 $\frac{1}{s_{\mathbf{x}}}(\mathbf{x}-\overline{\mathbf{x}})$ 爲一個比率變數。

34. 假設 $\mathbf{x}_1, \mathbf{x}_2, \cdots, \mathbf{x}_n$ 爲 $m \times 1$ 向量。對每個 i，令 $\mathbf{z}_i$ 爲將 $\mathbf{x}_i$ 比例化所獲得，且令 $Z = [\mathbf{z}_1 \ \ \mathbf{z}_2 \ \ \cdots \ \ \mathbf{z}_n]$。

證明 $X = [\mathbf{x}_1 \ \ \mathbf{x}_2 \ \ \cdots \ \ \mathbf{x}_n]$ 的相關係數矩陣 C_0 可表示爲

$$C_0 = \frac{1}{m-1} Z^T Z$$

35. 令 Z 爲在習題 34 中的 $m \times n$ 矩陣，且令 $\mathbf{w}$ 爲任意的 $n \times 1$ 向量。
   (a) 試說明 $Z\mathbf{w}$ 的平均值爲 0。
   (b) 利用(a)來說明一主要成分的變異量由 C_0 伴隨的特徵值所給定。

36. 試證明任意兩個主要成分爲不相關。

37. 令 $\mathbf{x}$ 和 $\mathbf{y}$ 爲 $m \times 1$ 向量，每個的變異量都不爲零，且令

$$\mathbf{x}^* = \frac{\mathbf{x} - \bar{\mathbf{x}}}{s_{\mathbf{x}}} \quad 及 \quad \mathbf{y}^* = \frac{\mathbf{y} - \bar{\mathbf{y}}}{s_{\mathbf{y}}}。$$

假設 r 表示 $\mathbf{x}$ 和 $\mathbf{y}$ 間的相關係數。
   (a) 試證明 $r = \text{cov}(\mathbf{x}^*, \mathbf{y}^*)$。
   (b) 利用(a)來證明 $|r| \le 1$。

在下列習題中，使用具有矩陣運算能力之計算機或是電腦軟體如 MATLAB 來解該問題：

38. 下表中的數據是對一班選修通識教育數學課程的學生所收集得到的。變數爲 PRE(期末前測驗平均值，範圍爲 0 到 100)，FE(期末考結果，範圍爲 0 到 100)，ACTE(一全國性考試的英文分數，範圍爲 1 到 36。)，及 ACTM(一全國性考試的數學分數，範圍爲 1 到 36)。退選這門課的學生將不納入計算。

Student	PRE	FE	ACTE	ACTM
1	96	100	24	25
2	76	90	18	16
3	79	87	24	20
4	86	90	21	24
5	80	71	18	23
6	77	54	18	18
7	72	78	19	23
8	59	71	21	13
9	64	78	22	16
10	61	67	21	13
11	57	79	16	22
12	36	50	17	20
13	42	55	22	15

   (a) 擴張此表以包含比率變數 PRE^*，FE^*，ACTE^*，及 ACTM^*。
   (b) 利用你在(a)的解答來計算相關係數矩陣 C_0。
   (c) 哪對變數顯示出最強的相關性？相關係數爲何？
   (d) 哪對變數顯示出最弱的相關性？相關係數爲何？
   (e) 試求一個正交矩陣 P 及一個對角矩陣 D，其對角線元素照數值之絕對值大小遞減排列，使得 $C_0 = PDP^T$。
   (f) 利用你在(e)的答案來把前兩主要成分表示爲比率變數的線性組合。
   (g) $\mathbf{y}_1$ 負責有多少百分比的變異量？
   (h) $\mathbf{y}_1$ 及 $\mathbf{y}_2$ 負責了多少百分比的變異量？

練習題解答

1. (a) $\bar{\mathbf{x}} = \frac{1}{3}(4 - 2 + 7) = 3$

$\bar{\mathbf{y}} = \frac{1}{3}(3 + 4 + 5) = 4$

(b) $s_{\mathbf{x}}^2 = \frac{1}{3-1}\left((4-3)^2 + (-2-3)^2 + (7-3)^2\right) = 21$

$s_{\mathbf{y}}^2 = \frac{1}{3-1}\left((3-4)^2 + (4-4)^2 + (5-4)^2\right) = 1$

(c) $\text{cov}(\mathbf{x}, \mathbf{y}) = \frac{1}{3-1}[(4-3)(3-4)$

$+(-2-3)(4-4) + (7-3)(2-4)] = -\frac{9}{2}$

(d) 介於 $\mathbf{x}$ 和 $\mathbf{y}$ 間的相關係數爲

$$\frac{(-9/2)}{\sqrt{21}\sqrt{1}} = -\frac{9}{2\sqrt{21}}$$

6.9* R^3 的旋轉及電腦圖學

本節中，我們將研究對包含的線做 R^3 旋轉。這些旋轉可以使用在左邊乘上一個特別的 3×3 正交矩陣來描述，就好像在平面對原點做的旋轉可以表示為在左邊乘以一個 2×2 的旋轉矩陣，其為一正交矩陣。最重要的旋轉是對直線 x 軸、y 軸和 z 軸做旋轉。我們將描述如何計算對這些軸所做的旋轉，並解釋如何將它們使用在三維物體的圖形表示上。我們之後則考慮對任意包含 $\mathbf{0}$ 的線所做的旋轉。

一開始我們先描述對 z 軸的旋轉。給定角度 θ 及在 R^3 的一個向量 $\begin{bmatrix} x \\ y \\ z \end{bmatrix}$，令 $\begin{bmatrix} x' \\ y' \end{bmatrix}$ 為將 $\begin{bmatrix} x \\ y \end{bmatrix}$ 在 xy 平面上旋轉 θ 角的結果。則 $\begin{bmatrix} x' \\ y' \\ z \end{bmatrix}$ 為 $\begin{bmatrix} x \\ y \\ z \end{bmatrix}$ 對 z 軸旋轉 θ 角的結果。(參見圖 6.28。)

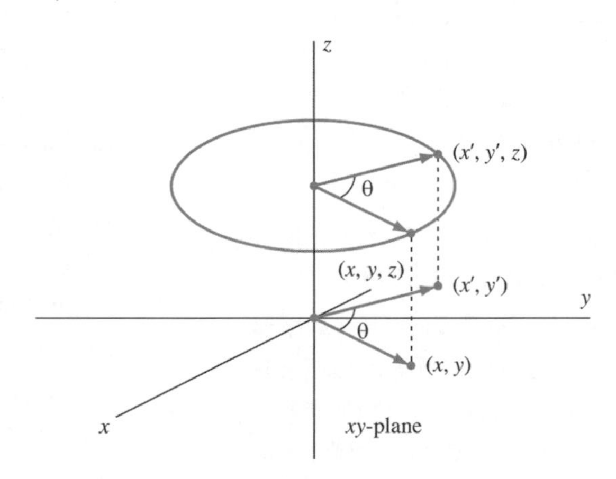

圖 6.28 R^3 關於 z 軸的旋轉

因此，我們可使用在 1.2 節中所介紹的旋轉矩陣 A_θ 來獲得

$$\begin{bmatrix} x' \\ y' \end{bmatrix} = A_\theta \begin{bmatrix} x \\ y \end{bmatrix} = \begin{bmatrix} \cos\theta & -\sin\theta \\ \sin\theta & \cos\theta \end{bmatrix} \begin{bmatrix} x \\ y \end{bmatrix}$$

由此得

$$\begin{bmatrix} x' \\ y' \\ z \end{bmatrix} = \left[\begin{array}{cc|c} \cos\theta & -\sin\theta & 0 \\ \sin\theta & \cos\theta & 0 \\ \hline 0 & 0 & 1 \end{array}\right] \begin{bmatrix} x \\ y \\ z \end{bmatrix}$$

---

*本節可省略而不失教材之連續性。

令

$$R_\theta = \begin{bmatrix} \cos\theta & -\sin\theta & 0 \\ \sin\theta & \cos\theta & 0 \\ 0 & 0 & 1 \end{bmatrix}$$

則 $R_\theta\left(\begin{bmatrix} x \\ y \\ z \end{bmatrix}\right) = \begin{bmatrix} x' \\ y' \\ z \end{bmatrix}$ 爲 $\begin{bmatrix} x \\ y \\ z \end{bmatrix}$ 對 z 軸旋轉角度 θ 的結果。矩陣 R_θ 爲 3×3 **旋轉矩陣**的一例。利用類似於之前的論述，我們可求得將一向量對其它座標軸旋轉 θ 角的旋轉矩陣。令 P_θ 和 Q_θ 分別爲對 x 軸和 y 軸旋轉 θ 角的矩陣。則

$$P_\theta = \begin{bmatrix} 1 & 0 & 0 \\ 0 & \cos\theta & -\sin\theta \\ 0 & \sin\theta & \cos\theta \end{bmatrix} \quad 且 \quad Q_\theta = \begin{bmatrix} \cos\theta & 0 & \sin\theta \\ 0 & 1 & 0 \\ -\sin\theta & 0 & \cos\theta \end{bmatrix}$$

在每個情況下，旋轉的正方向爲從一沿著旋轉軸正方向的位置上所觀察到的逆時針方向。注意，所有的這些旋轉矩陣均爲正交矩陣。

我們可利用將旋轉矩陣相乘來組合旋轉。例如，若一向量 $\mathbf{v}$ 對 z 軸旋轉 θ 角，再將其結果對 y 軸旋轉 ϕ 角，則被旋轉向量的最後位置爲 $Q_\phi(R_\theta\mathbf{v}) = (Q_\phi R_\theta)\mathbf{v}$。我們應小心的注意執行旋轉的順序，因爲 $Q_\phi R_\theta$ 並不一定等於 $R_\theta Q_\phi$。例如，令 $\mathbf{v} = \mathbf{e}_1$，$\theta = 30^\circ$，且 $\phi = 45^\circ$。則

$$Q_\phi R_\theta \mathbf{v} = \begin{bmatrix} \frac{1}{\sqrt{2}} & 0 & \frac{1}{\sqrt{2}} \\ 0 & 1 & 0 \\ -\frac{1}{\sqrt{2}} & 0 & \frac{1}{\sqrt{2}} \end{bmatrix} \begin{bmatrix} \frac{\sqrt{3}}{2} & -\frac{1}{2} & 0 \\ \frac{1}{2} & \frac{\sqrt{3}}{2} & 0 \\ 0 & 0 & 1 \end{bmatrix} \begin{bmatrix} 1 \\ 0 \\ 0 \end{bmatrix}$$

$$= \begin{bmatrix} \frac{1}{\sqrt{2}} & 0 & \frac{1}{\sqrt{2}} \\ 0 & 1 & 0 \\ -\frac{1}{\sqrt{2}} & 0 & \frac{1}{\sqrt{2}} \end{bmatrix} \begin{bmatrix} \frac{\sqrt{3}}{2} \\ \frac{1}{2} \\ 0 \end{bmatrix} = \begin{bmatrix} \frac{\sqrt{3}}{2\sqrt{2}} \\ \frac{1}{2} \\ -\frac{\sqrt{3}}{2\sqrt{2}} \end{bmatrix}$$

在另一方面，一相似的計算顯示

$$R_\theta Q_\phi \mathbf{v} = \begin{bmatrix} \frac{\sqrt{3}}{2\sqrt{2}} \\ \frac{1}{2\sqrt{2}} \\ -\frac{1}{\sqrt{2}} \end{bmatrix}$$

其並不等於 $Q_\phi R_\theta \mathbf{v}$。

練習題 1.

試求將向量$\begin{bmatrix} 1 \\ -1 \\ 2 \end{bmatrix}$先對 y 軸旋轉 60°再對 x 軸旋轉 90°後的結果。

旋轉矩陣被用來表示在電腦圖學中同一個三維形體的不同面向。雖然電腦可儲存用來建構三維形體的必要資訊，但這些形狀必須顯示在一個二維表面上，如在電腦螢幕上或在一紙張上。從一個數學的觀點來看，如此的一個表示就是投影在一個平面上的結果。例如，若忽略建構形體的點之第一座標，只描繪點之第二、三座標，則可投影該形體至 yz 平面上。

爲了表現出不同的視野，在做每個投影之前，可先用不同的方式來旋轉形體。爲了說明這些程序的結果，我們先寫了一個簡單的電腦程式，它可產生以連接各點的線段所組成的三維形體。這些點的座標值(頂點)及有關於那些點以線(邊)相連的資訊都是此程式所用的數據。此程式可描繪出所產生之形體在 yz 平面上的投影，並以列印方式呈現該投影結果。在產生如此的圖形前，電腦會先將形體的頂點乘以適當的旋轉矩陣，來將該形體對任一座標軸或對三座標軸的組合做旋轉。

在圖 6.29 中，我們使用一塔的粗略的線圖，它原來的方向如圖上座標軸所示。我們在此見到的圖是未經旋轉之圖在 yz 平面的投影結果。注意 x 軸已不可見，因爲 x 軸垂直於此本書的頁面。接下來的每個圖，塔在做投影前已先對一或兩軸做旋轉 (參見圖 6.30)。

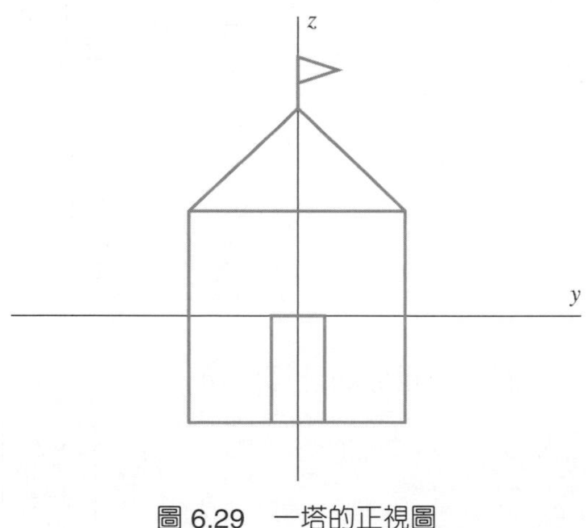

圖 6.29 一塔的正視圖

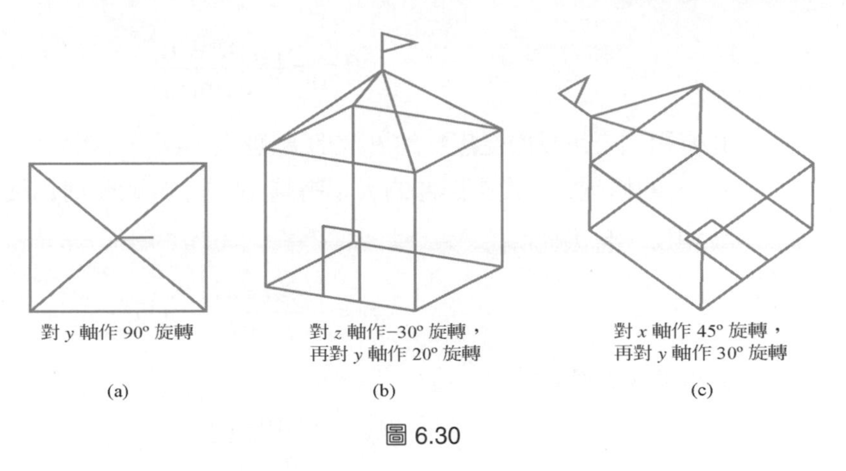

圖 6.30

透視

一物體從較遠處看，顯得較小。此效果稱為**透視(perspective)**，當物體直接被觀察，以及當物體從攝影影像被觀察時，此效果都很明顯。在此兩種情況，從物體處反射的光線聚集在一點，稱為**焦點(focal point)**，且之後沿著線發散至一平面。此對應稱為一個**透視投影(perspective projection)**。例如，影像被投影至的平面可為在一相機中的底片。圖 6.31 說明了此現象。在此圖中，焦點 L 在 x 軸 $(a,0,0)$ 的位置上，任何影像被投影至的平面垂直於 x 軸且在 $x=b$ 處。注意，具有任意點的影像是位在 x 軸的另一邊。此效果使一物體的影像顛倒。

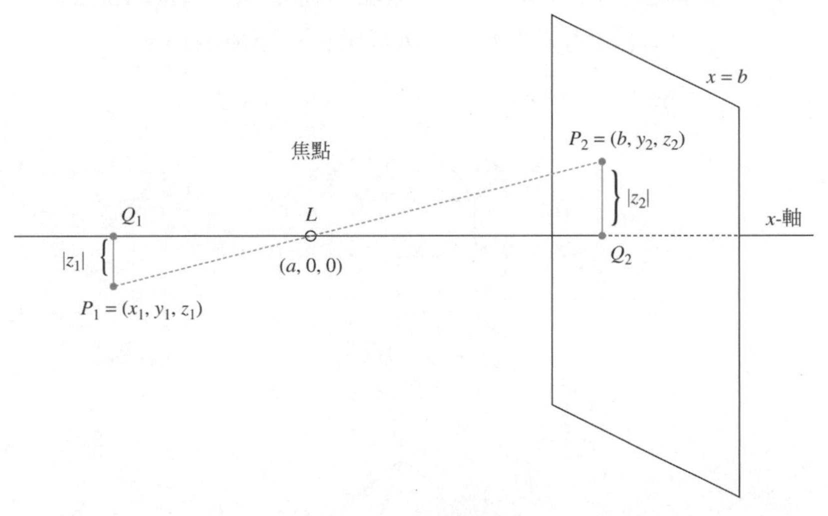

圖 6.31　一透視投影

我們可使用相似三角形來為一點的位置與其投影映射的位置建立關係。考慮一任意點 P_1，座標為 (x_1, y_1, z_1)。點 P_1 投影至焦點另一邊的點 $P_2=(b, y_2, z_2)$。(參見圖 6.31。)注意三角形 P_1Q_1L 和 P_2Q_2L 為相似，P_1Q_1 的長度為 $|z_1|$，且 P_2Q_2 的長度為 $|z_2|$。由此得

$$|z_2| = \frac{|z_1|(b-a)}{a-x_1}$$

此方程式告訴我們從焦點到 P_1 的距離越大，則 $|z_2|$ 相較於 $|z_1|$ 會越小。意即，$a-x_1$ 的值越大，投影影像的大小將越小。因 P_1 的映射為反向，$\mathbf{z}_1$ 和 $\mathbf{z}_2$ 的正負號相反，且因此

$$z_2 = \frac{-z_1(b-a)}{a-x_1} \qquad (17)$$

類似的，我們有

$$y_2 = \frac{-y_1(b-a)}{a-x_1} \qquad (18)$$

使用方程式(17)和(18)的問題為，用它們對一實際物體作投影，會得到顛倒的影像。但若我們簡單地用 $-y_2$ 取代 y_2，並以 $-z_2$ 取代 z_2，則我們可反轉顛倒的影像以獲得一和原來方向同向的影像。最後，我們忽略投影點的第一座標，b，把平面 $x=b$ 看成是 yz 平面。因此，我們獲得一對應結果，稱為一個透視投影(*perspective projection*)，把 P_1，具有座標 (x_1, y_1, z_1)，投影至 P_2，具有座標 $\left(\frac{y_1(b-a)}{a-x_1}, \frac{z_1(b-a)}{a-x_1}\right)$。此對應使我們能產生出具有透視的視覺效果。

具有透視和不具有透視的電腦圖形的差異，可比較圖 6.32 和圖 6.29 及 6.30 來看出。在圖 6.32 中，焦點是在 x 軸 $x=a=100$ 的位置上且投影平面是在 $x=b=180$ 的位置上，圖是以透視投影所繪出。

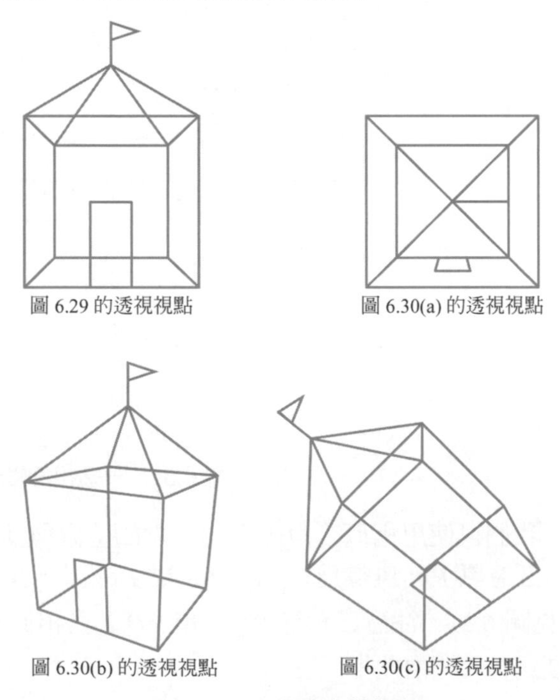

圖 6.32 在投影上的視野

旋轉矩陣

除了在 R^3 中對座標軸的旋轉外，在 R^3 對任何包含 **0** 的直線 L 做的旋轉，都可由在左邊乘上適當的正交矩陣而獲得。如此一矩陣稱爲**旋轉矩陣(rotation matrix)**，且直線 L 稱爲**旋轉軸(axis of rotation)**。注意，一個旋轉軸爲 R^3 的一維子空間，且反過來說，R^3 的任何一個一維子空間爲某些旋轉矩陣的旋轉軸。

接下來，我們將討論求出此更廣義的旋轉矩陣之問題。令 L 爲 R^3 的一維子空間，且令θ爲一角。我們希望求旋轉矩陣 P，使得在左邊乘以 P 會產生一繞 L 旋轉 v 角的效果。在檢驗此問題前，我們需先決定何爲一旋轉θ角。我們採用如之前在 xy 平面上所做的一樣，若$\theta>0$ 則旋轉爲逆時針，若$\theta<0$ 則旋轉爲順時針方向。然而，何爲順時針及何爲逆時針只取決於觀察的位置點。假設我們可以把我們自己移到在 L 的一點 **p** 上，其中$\mathbf{p}\neq\mathbf{0}$。從此位置，我們可以看到 2 維子空間 $L^{\perp}$，它是通過 **0** 垂直 L 的平面，而且觀察到在 $L^{\perp}$上的向量 **v** 是以逆時針方向做旋轉成爲 $L^{\perp}$上的另一向量 **v′**。在另一方面，若我們從 L 的另一面，在點 $-\mathbf{p}$ 上，觀察此相同旋轉，則此旋轉現在看起來爲順時針方向 (參見圖 6.33)。因此一旋轉的方向，取決於在 L 上之觀察點是在 **0** 的那一邊。那一邊取決於在 L 上的單位向量，其中觀察點在該方向上。因爲有兩邊，且可被在 L 上的兩單位向量所指出，所以由選擇兩單位向量中的其中一個，我們可以明確的描述出旋轉的方向。如此的一個選擇稱之爲 L 的**定向(orientation)**。

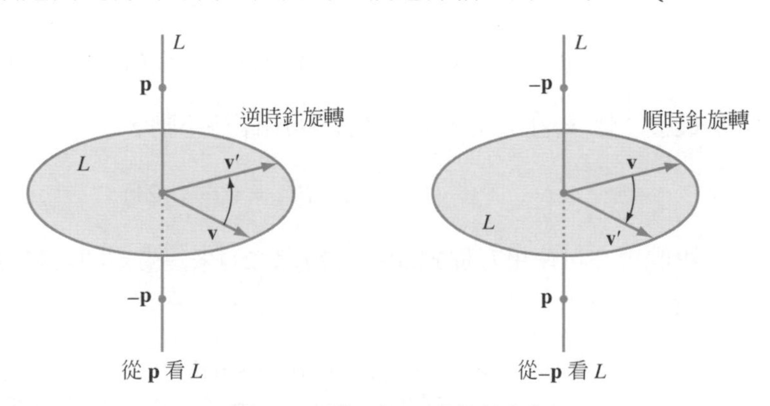

圖 6.33　從 p 及-p 看旋轉方向

選擇在 L 上的一單位向量 $\mathbf{v}_3$，其決定 L 的定向，且因此也決定了在 $L^{\perp}$上的一個逆時針旋轉的方向。選擇了軸 L，定向 $\mathbf{v}_3$，及角θ，我們已準備好來求旋轉矩陣 P。因 L 爲 R^3 的一維子空間，其正交補 $L^{\perp}$是 R^3 的一個 2 維子空間。對 $L^{\perp}$選擇一正規正交基底$\{\mathbf{v}_1,\mathbf{v}_2\}$，使得 $\mathbf{v}_2$ 爲將 $\mathbf{v}_1$ 在 $L^{\perp}$上對於所選的 L 定向，逆時針旋轉 90°的結果。令 $B=\{\mathbf{v}_1,\mathbf{v}_2,\mathbf{v}_3\}$。則 B 爲 R^3 的一個正規正交基底，因此旋轉矩陣 P 可由求出 $P\mathbf{v}_1$、$P\mathbf{v}_2$ 及 $P\mathbf{v}_3$，且再應用我們對矩陣表示的知識來獲得。因 $P\mathbf{v}_1$ 與 $\mathbf{v}_1$ 有一夾角θ，我們可應用 6.1 節中的習題 98 來獲得

$$P\mathbf{v}_1 \cdot \mathbf{v}_1 = \|P\mathbf{v}_1\|\|\mathbf{v}_1\|\cos\theta = \cos\theta$$

因 $\mathbf{v}_2$ 為將 $\mathbf{v}_1$ 在逆時針方向上旋轉 90°所獲得，因此若 $\theta<90°$，則 $P\mathbf{v}_1$ 和 $\mathbf{v}_2$ 的夾角為 $90°-\theta$；若 $\theta>90°$，則為 $\theta-90°$。(參見圖 6.34。)在任一情況下，$\cos(\theta-90^\circ)=\cos(90^\circ-\theta)=\sin\theta$，因此

$$P\mathbf{v}_1 \cdot \mathbf{v}_2 = \|P\mathbf{v}_1\|\|\mathbf{v}_2\|\cos(\pm(\theta-90^\circ)) = (1)(1)\sin\theta = \sin\theta$$

所以

$$P\mathbf{v}_1 = (P\mathbf{v}_1\cdot\mathbf{v}_1)\mathbf{v}_1 + (P\mathbf{v}_1\cdot\mathbf{v}_2)\mathbf{v}_2 = (\cos\theta)\mathbf{v}_1 + (\sin\theta)\mathbf{v}_2 \qquad (19)$$

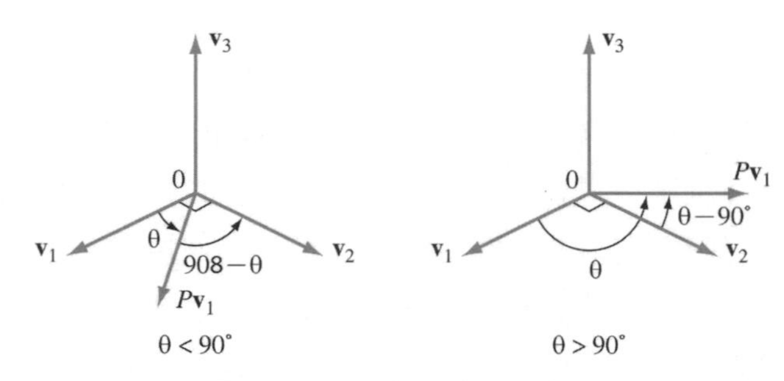

圖 6.34　$P\mathbf{v}_1$ 與 $\mathbf{v}_2$ 之間的夾角

為了求 $P\mathbf{v}_2$，我們觀察到 $-\mathbf{v}_1$ 可由將 $\mathbf{v}_2$ 逆時針旋轉 90°來獲得，因此我們可對集合 $\{\mathbf{v}_2,-\mathbf{v}_1,\mathbf{v}_3\}$ 應用同樣的論述來產生

$$P\mathbf{v}_2 = (\cos\theta)\mathbf{v}_2 + (\sin\theta)(-\mathbf{v}_1) = -(\sin\theta)(\mathbf{v}_1) + (\cos\theta)\mathbf{v}_2。 \qquad (20)$$

最後，因 $\mathbf{v}_3$ 在 L 上，且 L 在旋轉中保持不動，

$$P\mathbf{v}_3 = \mathbf{v}_3 \qquad (21)$$

我們現在可使用方程式(19)、(20)及(21)來獲得矩陣變換 T_p 相對於 B 的矩陣表示：

$$[T_P]_B = \begin{bmatrix} \cos\theta & -\sin\theta & 0 \\ \sin\theta & \cos\theta & 0 \\ 0 & 0 & 1 \end{bmatrix} = R_\theta \qquad (22)$$

令 V 為 3×3 矩陣 $V=[\mathbf{v}_1\quad \mathbf{v}_2\quad \mathbf{v}_3]$。則 V 為一個正交矩陣，因為它的各行是 R^3 的一個正規正交基底 B 中的向量。再者，

$$V^{-1}PV = [T_P]_B \qquad (23)$$

因 V 的各行是 B 的向量。結合方程式(22)和(23)，我們獲得

$$P = VR_\theta V^{-1} = VR_\theta V^T \qquad (24)$$

我們總結這些有關於旋轉矩陣的事實，在以下方框中：

對某個正交矩陣 V 及某個角度 θ，任何 3×3 旋轉矩陣具有 $VR_\theta V^T$ 形式。

練習題 2.

令

$$W=\text{Span}\left\{\begin{bmatrix}1\\2\\3\end{bmatrix},\begin{bmatrix}2\\3\\4\end{bmatrix}\right\}$$

假設 R 爲一個 3×3 旋轉矩陣，使得對在 W 中的任何向量 $\mathbf{w}$，向量 $R\mathbf{w}$ 也在 W 中。試描述旋轉軸。

例題 1

試求旋轉矩陣 P，可將 R^3 繞軸 L 旋轉 30°角，L 包含 $\begin{bmatrix}1\\1\\1\end{bmatrix}$，且由單位向量 $\mathbf{v}_3=\frac{1}{\sqrt{3}}\begin{bmatrix}1\\1\\1\end{bmatrix}$ 來定向。

解　我們的任務在於求 $L^\perp$ 中的一對正規正交向量 $\mathbf{v}_1$ 和 $\mathbf{v}_2$，使得 $\mathbf{v}_2$ 是以 $\mathbf{v}_3$ 所決定的定向而將 $\mathbf{v}_1$ 逆時針旋轉 v 的結果。首先，選擇任何非零向量 $\mathbf{w}_1$ 正交於 $\mathbf{v}_3$；例如，$\mathbf{w}_1=\begin{bmatrix}1\\0\\-1\end{bmatrix}$。現在，選擇一向量同時正交於 $\mathbf{v}_3$ 和 $\mathbf{w}_1$。如此的一個向量可由選擇以下線性方程組的一個非零解來獲得

$$\sqrt{3}\mathbf{v}_3\cdot\mathbf{x}=\begin{bmatrix}1\\1\\1\end{bmatrix}\cdot\begin{bmatrix}x_1\\x_2\\x_3\end{bmatrix}=x_1+x_2+x_3=0$$

$$\mathbf{w}_1\cdot x=\begin{bmatrix}1\\0\\-1\end{bmatrix}\cdot\begin{bmatrix}x_1\\x_2\\x_3\end{bmatrix}=x_1-x_3=0$$

例如，$\mathbf{w}_2=\begin{bmatrix}1\\-2\\1\end{bmatrix}$ 爲如此的一個解。則 $\mathbf{w}_1$ 和 $\mathbf{w}_2$ 爲在 $L^\perp$ 上的正交向量。我們使用這些向量來求 $\mathbf{v}_1$ 和 $\mathbf{v}_2$，但我們必須先考慮一較困難的情況。由於 $\mathbf{v}_3$ 決定的 L 之定向，我們必須判定從 $\mathbf{w}_1$ 到 $\mathbf{w}_2$ 的 90°旋轉爲順時針還是逆時針。從圖 6.35 中，我們可見從 $\mathbf{w}_1$ 到 $\mathbf{w}_2$ 的 90°旋轉爲順時針。有兩種方法來修正此情形。一種方法是將 $\mathbf{w}_1$ 和 $\mathbf{w}_2$ 的順序顚倒，因爲從 $\mathbf{w}_2$ 到 $\mathbf{w}_1$ 的 90°旋轉爲

逆時針。另外一種方法是可將 $\mathbf{w}_2$ 換成 $-\mathbf{w}_2$，因從 $\mathbf{w}_1$ 到 $-\mathbf{w}_2$ 的旋轉也爲逆時針。任何一種方法都是可接受的。我們在此選擇第一種方法。最後，我們以在同方向上的單位向量來取代 $\mathbf{w}_i$。因此，我們令

$$\mathbf{v}_1 = \frac{1}{\|\mathbf{w}_2\|}\mathbf{w}_2 = \frac{1}{\sqrt{6}}\begin{bmatrix}1\\-2\\1\end{bmatrix} \quad 且 \quad \mathbf{v}_2 = \frac{1}{\|\mathbf{w}_1\|}\mathbf{w}_1 = \frac{1}{\sqrt{2}}\begin{bmatrix}1\\0\\-1\end{bmatrix}$$

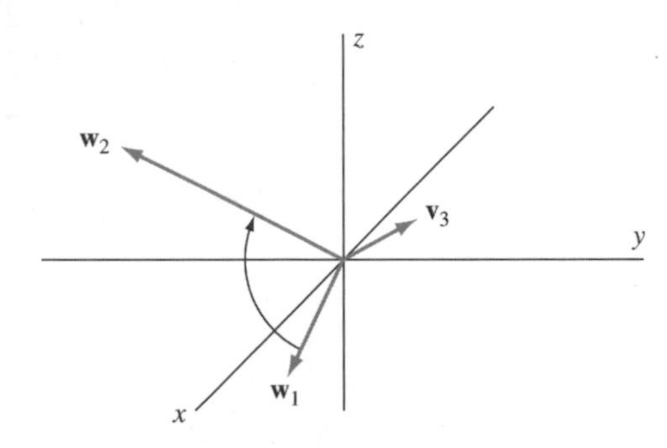

圖 6.35　從 $\mathbf{w}_1$ 到 $\mathbf{w}_2$ 之 90° 旋轉，依 $\mathbf{v}_3$ 所決定之定向為順時針。

則 $B=\{\mathbf{v}_1, \mathbf{v}_2, \mathbf{v}_3\}$ 爲所需的正規正交基底。令

$$V = [\mathbf{v}_1 \quad \mathbf{v}_2 \quad \mathbf{v}_3] = \begin{bmatrix}\frac{1}{\sqrt{6}} & \frac{1}{\sqrt{2}} & \frac{1}{\sqrt{3}}\\ \frac{-2}{\sqrt{6}} & 0 & \frac{1}{\sqrt{3}}\\ \frac{1}{\sqrt{6}} & \frac{-1}{\sqrt{2}} & \frac{1}{\sqrt{3}}\end{bmatrix}$$

則，根據方程式(24)，

$$\begin{aligned}
P &= VR_{30^\circ}V^T\\
&= \begin{bmatrix}\frac{1}{\sqrt{6}} & \frac{1}{\sqrt{2}} & \frac{1}{\sqrt{3}}\\ \frac{-2}{\sqrt{6}} & 0 & \frac{1}{\sqrt{3}}\\ \frac{1}{\sqrt{6}} & \frac{-1}{\sqrt{2}} & \frac{1}{\sqrt{3}}\end{bmatrix}\begin{bmatrix}\cos 30^\circ & -\sin 30^\circ & 0\\ \sin 30^\circ & \cos 30^\circ & 0\\ 0 & 0 & 1\end{bmatrix}\begin{bmatrix}\frac{1}{\sqrt{6}} & \frac{-2}{\sqrt{6}} & \frac{1}{\sqrt{6}}\\ \frac{1}{\sqrt{2}} & 0 & \frac{-1}{\sqrt{6}}\\ \frac{1}{\sqrt{3}} & \frac{1}{\sqrt{3}} & \frac{1}{\sqrt{3}}\end{bmatrix}\\
&= \begin{bmatrix}\frac{1}{\sqrt{6}} & \frac{1}{\sqrt{2}} & \frac{1}{\sqrt{3}}\\ \frac{-2}{\sqrt{6}} & 0 & \frac{1}{\sqrt{3}}\\ \frac{1}{\sqrt{6}} & \frac{-1}{\sqrt{2}} & \frac{1}{\sqrt{3}}\end{bmatrix}\begin{bmatrix}\frac{\sqrt{3}}{2} & \frac{-1}{2} & 0\\ \frac{1}{2} & \frac{\sqrt{3}}{2} & 0\\ 0 & 0 & 1\end{bmatrix}\begin{bmatrix}\frac{1}{\sqrt{6}} & \frac{-2}{\sqrt{6}} & \frac{1}{\sqrt{6}}\\ \frac{1}{\sqrt{2}} & 0 & \frac{-1}{\sqrt{6}}\\ \frac{1}{\sqrt{3}} & \frac{1}{\sqrt{3}} & \frac{1}{\sqrt{3}}\end{bmatrix}\\
&= \frac{1}{3}\begin{bmatrix}1+\sqrt{3} & 1-\sqrt{3} & 1\\ 1 & 1+\sqrt{3} & 1-\sqrt{3}\\ 1-\sqrt{3} & 1 & 1+\sqrt{3}\end{bmatrix}.
\end{aligned}$$

對於一任意的 3×3 旋轉矩陣 P，具有旋轉軸 L，我們現在對其特徵向量做一重要的觀察。對在 L 中的任意向量 $\mathbf{v}$， $P\mathbf{v}=\mathbf{v}$ ，因此 1 為 P 的一個特徵值，且 L 是包含於 P 對應於特徵值 1 的特徵空間中。若 P 的旋轉角為 $\theta=0^\circ$ (或，更一般來說，對某正整數 n， $\theta=360n$ 度)，則矩陣變換 T_P 會把在 R^3 中的每個向量旋轉至其本身，因此 $P=I_3$。在此情況中，旋轉軸可為 R^3 的任何一維子空間。除了此 0°旋轉的例子之外，P 具有獨一無二的旋轉軸 L。再者，若 $P\neq I_3$ ，則對不在 L 上的任意 $\mathbf{v}$，我們有 $P\mathbf{v}\neq\mathbf{v}$ (參見習題 68)，因此 L 為 P 對應於特徵值 1 的特徵空間。所以 P 對應於特徵值 1 的特徵空間為 1 維，除了當 $P=I_3$ 的情況，在該情況下特徵空間為 3 維。

接下來，我們對 P 的行列式做出一重要的觀察。根據方程式(24)，存在一正交矩陣 V，使得 $P=VR_\theta V^{-1}$。根據習題 69， $\det R_\theta=1$ ，因此

$$\begin{aligned}\det P&=\det(VR_\theta V^{-1})\\&=(\det V)(\det R_\theta)(\det V^{-1})\\&=(\det V)(\det R_\theta)(\det V)^{-1}\\&=\det R_\theta\\&=1\end{aligned}$$

其反向敘述亦眞。我們在此陳述全部的結果，但將此陳述的證明延後至本節尾，該證明在本質上更為重要。因此有關於行列式的此一條件，提供我們一個 3×3 旋轉矩陣的簡單特性。利用此一敘述，我們可以簡單的證明：一旋轉矩陣的轉置及旋轉矩陣的乘積為旋轉矩陣。

定理 6.20

令 P 和 Q 為 3×3 正交矩陣。

(a) P 為一個旋轉矩陣若且唯若 $\det P=1$。

(b) 若 P 為一個旋轉矩陣，則 P^T 也為一個旋轉矩陣。

(c) 若 P 和 Q 為旋轉矩陣，則 PQ 也為一個旋轉矩陣。

證明 (a) 證明於本節例題 3 後。

(b) 假設 P 為一個旋轉矩陣。因 P 為一個正交矩陣，P^T 根據定理 6.10(d) 也為一個正交矩陣；且根據(a)， $\det P^T=\det P=1$ 。因此，根據(a)，P^T 也為一個旋轉矩陣。

(c) 假設 P 和 Q 為旋轉矩陣。則根據(a)，$\det P=\det Q=1$。因 P 和 Q 每個皆為正交矩陣，根據定理 6.10(b)，PQ 也為一個正交矩陣。再者，

$$\det(PQ)=(\det P)(\det Q)=1\cdot 1=1$$

所以 PQ 根據(a)，為一個旋轉矩陣。.. ■

我們在例題 1 中的解法實在令人不甚滿意：我們倚靠圖形來判斷一特定的 90°旋轉爲逆時針，當我們從一特定方向觀看時。通常，此方法有一問題：需要精確的描繪並表現出 3 維圖形，並倚賴我們對 3 維空間的觀察能力，而這通常很難。然而，定理 6.20 提供我們一逃出此困境的辦法，因其引導出一計算方法來判定一特定旋轉是否爲逆時針方向。下面結果描述的此方法：

定理 6.21

令 $\{\mathbf{v}_1, \mathbf{v}_2, \mathbf{v}_3\}$ 爲對 R^3 的一個正規正交基底。從 $\mathbf{v}_1$ 到 $\mathbf{v}_2$ 的 90°旋轉從 $\mathbf{v}_3$ 觀看爲逆時針若且唯若 $\det[\mathbf{v}_1\ \ \mathbf{v}_2\ \ \mathbf{v}_3]=1$。

證明 首先，假設 $\det[\mathbf{v}_1\ \ \mathbf{v}_2\ \ \mathbf{v}_3]=1$。因 $V=[\mathbf{v}_1\ \ \mathbf{v}_2\ \ \mathbf{v}_3]$ 爲一個正交矩陣，根據定理 6.20，其爲一旋轉矩陣。觀察從 $\mathbf{e}_1$ 到 $\mathbf{e}_2$ 的 90°旋轉，由 $\mathbf{e}_3$ 觀看爲逆時針。因 V 爲一個旋轉，$\mathbf{e}_1$、$\mathbf{e}_2$ 和 $\mathbf{e}_3$ 的相對位置相同於 $V\mathbf{e}_1=\mathbf{v}_1$、$V\mathbf{e}_2=\mathbf{v}_2$ 及 $V\mathbf{e}_3=\mathbf{v}_3$ 的相對位置。所以 $\mathbf{v}_1$ 到 $\mathbf{v}_2$ 的 90°旋轉，由 $\mathbf{v}_3$ 觀看爲逆時針。

現在假設 $\det[\mathbf{v}_1\ \ \mathbf{v}_2\ \ \mathbf{v}_3]\neq 1$。因 $[\mathbf{v}_1\ \ \mathbf{v}_2\ \ \mathbf{v}_3]$ 爲一個正交矩陣，根據定理 6.10，$\det[\mathbf{v}_1\ \ \mathbf{v}_2\ \ \mathbf{v}_3]=-1$。所以

$$\det[\mathbf{v}_2\ \ \mathbf{v}_1\ \ \mathbf{v}_3]=-\det[\mathbf{v}_1\ \ \mathbf{v}_2\ \ \mathbf{v}_3]=(-1)(-1)=1$$

利用之前所討論過的，我們可以推論從 $\mathbf{v}_2$ 到 $\mathbf{v}_1$ 的 90°旋轉如由 $\mathbf{v}_3$ 觀看則爲逆時針。所以從 $\mathbf{v}_1$ 到 $\mathbf{v}_2$ 的 90°旋轉，由 $\mathbf{v}_3$ 觀看爲順時針。........■

再看例題 1，我們可應用定理 6.21 來驗證我們對正規正交向量 $\mathbf{v}_1$、$\mathbf{v}_2$ 及 $\mathbf{v}_3$ 的選擇，是否滿足由 $\mathbf{v}_3$ 觀看，$\mathbf{v}_1$ 到 $\mathbf{v}_2$ 的 90°旋轉爲逆時針的要求。在此情況，

$$\det[\mathbf{v}_1\ \ \mathbf{v}_2\ \ \mathbf{v}_3]=\det\begin{bmatrix}\frac{1}{\sqrt{6}} & \frac{1}{\sqrt{2}} & \frac{1}{\sqrt{3}}\\ \frac{-2}{\sqrt{6}} & 0 & \frac{1}{\sqrt{3}}\\ \frac{1}{\sqrt{6}} & \frac{-1}{\sqrt{2}} & \frac{1}{\sqrt{3}}\end{bmatrix}=1$$

因此在例題 1 中對正規正交向量 $\mathbf{v}_1$、$\mathbf{v}_2$ 及 $\mathbf{v}_3$ 所做的選擇是可接受的。

例題 2

根據定理 6.20(c)，對任何角度 ϕ 和 θ，$P_\phi R_\theta$ 爲一個旋轉矩陣。試描述 $P_\phi R_\theta$ 的旋轉軸，其中 $\phi=45°$ 且 $\theta=30°$。

解 $P_\phi R_\theta$ 的旋轉軸爲 Span $\{\mathbf{v}\}$，其中 $\mathbf{v}$ 爲 $P_\phi R_\theta$ 對應於特徵值 1 的一個特徵向量。所以 $P_\phi R_\theta \mathbf{v}=\mathbf{v}$，因此 $R_\theta \mathbf{v}=P_\phi^{-1}\mathbf{v}=P_\phi^T\mathbf{v}$。移項後可得 $(R_\theta - P_\phi^T)\mathbf{v}=\mathbf{0}$。反過

來說，方程式 $(R_\theta - P_\phi^T)\mathbf{x} = \mathbf{0}$ 的任意非零解為 $P_\phi R_\theta$ 對應於特徵值 1 的一個特徵向量。所以，我們需求以下方程式的一個非零解

$$(R_\theta - P_\phi^T)\begin{bmatrix} x_1 \\ x_2 \\ x_3 \end{bmatrix} = \frac{1}{2}\begin{bmatrix} \sqrt{3}-2 & -1 & 0 \\ 1 & \sqrt{3}-2 & -\sqrt{2} \\ 0 & \sqrt{2} & 2-\sqrt{2} \end{bmatrix}\begin{bmatrix} x_1 \\ x_2 \\ x_3 \end{bmatrix} = \begin{bmatrix} 0 \\ 0 \\ 0 \end{bmatrix}$$

向量

$$\mathbf{v} = \begin{bmatrix} 1-\sqrt{2} \\ (\sqrt{3}-2)(1-\sqrt{2}) \\ \sqrt{3}-2 \end{bmatrix}$$

為如此的一解。因此，$P_\phi R_\theta$ 的旋轉軸為子空間 Span $\{\mathbf{v}\}$。

例題 3

試求由在例題 2 中的旋轉矩陣 $P_\phi R_\theta$ 所引起的旋轉角。

解　令 α 為旋轉角。因為此旋轉軸的方向沒有給定，我們假設 $\alpha > 0$。選擇在 $L^\perp$ 上的一非零向量 $\mathbf{w}$，其中 L 為旋轉軸，且觀察到 α 為 $P_\phi R_\theta \mathbf{w}$ 和 $\mathbf{w}$ 之間的夾角。任意一個正交於例題 2 中向量 $\mathbf{v}$ 的非零向量 $\mathbf{w}$ 均可，如，

$$\mathbf{w} = \begin{bmatrix} \sqrt{3}-2 \\ 0 \\ \sqrt{2}-1 \end{bmatrix}$$

因 $P_\phi^T = P_\phi^{-1}$ 為一個正交矩陣，而正交矩陣保留內積和範數，由此得

$$\cos\alpha = \frac{(P_\phi R_\theta \mathbf{w}) \cdot \mathbf{w}}{\|P_\phi R_\theta \mathbf{w}\| \|\mathbf{w}\|} = \frac{(P_\phi^T P_\phi R_\theta \mathbf{w}) \cdot (P_\phi^T \mathbf{w})}{\|P_\phi R_\theta \mathbf{w}\| \|\mathbf{w}\|} = \frac{(R_\theta \mathbf{w}) \cdot (P_\phi^T \mathbf{w})}{\|\mathbf{w}\|^2}$$

因此

$$\begin{aligned} \cos\alpha &= \frac{\dfrac{1}{4}\begin{bmatrix} 3-2\sqrt{3} \\ \sqrt{3}-2 \\ 2\sqrt{2}-2 \end{bmatrix} \cdot \begin{bmatrix} 2\sqrt{3}-4 \\ 2-\sqrt{2} \\ 2-\sqrt{2} \end{bmatrix}}{10-4\sqrt{3}-2\sqrt{2}} \\ &= \frac{16\sqrt{3}-36-\sqrt{6}+8\sqrt{2}}{4(10-4\sqrt{3}-2\sqrt{2})} \\ &\approx 0.59275 \end{aligned}$$

所以

$$\alpha \approx \cos^{-1}(0.59275) \approx 53.65^\circ$$

最後，如之前所承諾的，我們接下來完成定理 6.20 的證明。

證明 **定理 6.20(a)的證明** 由於在定理 6.20 陳述之前的說明，證實每個 3×3 旋轉矩陣的行列式等於 1，所以我們只需證明其反向命題即可。

令 P 爲一個 3×3 正交矩陣使得 $\det P=1$。我們先證明 1 是 P 的一個特徵值。我們回顧一些事實，來讓我們對以下的計算做好準備。因 P 爲正交矩陣，$P^{-1}=P^T$。再者，$\det P^T=\det P$，因此

$$\det A=\det P^T\det A=\det P^TA$$

對任意 3×3 的矩陣 A。最後，對任意 3×3 矩陣 A，$\det(-A)=-\det A$。

令 $f(t)$爲 P 的一個特徵多項式。則

$$\begin{aligned}f(1)&=\det(P-I_3)\\&=(\det P^T)\det(P-I_3)\\&=\det(P^T(P-I_3))\\&=\det(P^TP-P^T)\\&=\det(I_3-P^T)\\&=\det(I_3-P)^T\\&=\det(I_3-P)\\&=\det(-(P-I_3))\\&=-\det(P-I_3)\\&=-f(1)\end{aligned}$$

因此 $2f(1)=0$。所以 $f(1)=0$，可知 1 爲 P 的一個特徵值。

令 L 爲 P 對應於特徵值 1 的特徵空間。我們現在證明，對在 $L^\perp$ 中任意的 $\mathbf{w}$，$P\mathbf{w}$ 也在 $L^\perp$ 中。爲了可看出此，考慮在 L 中任意的 $\mathbf{v}$。則 $P\mathbf{v}=\mathbf{v}$，因此 $P^T\mathbf{v}=P^{-1}\mathbf{v}=\mathbf{v}$。所以我們有

$$(P\mathbf{w})\cdot\mathbf{v}=(P\mathbf{w})^T\mathbf{v}=(\mathbf{w}^TP^T)\mathbf{v}=\mathbf{w}^T(P^T\mathbf{v})=\mathbf{w}^T\mathbf{v}=\mathbf{w}\cdot\mathbf{v}=0$$

因此 $P\mathbf{w}$ 在 $L^\perp$ 中。

若 $\dim L=3$，則 $P=I_3$ 是一個 0°的旋轉。所以，假設 $\dim L<3$。我們證明 $\dim L=1$。利用矛盾證明法，假設 $\dim L=2$。則 $\dim L^\perp=1$。選擇 $L^\perp$ 上的任意非零向量 $\mathbf{w}$。則$\{\mathbf{w}\}$爲 $L^\perp$的一基底。因 $P\mathbf{w}$ 在 $L^\perp$ 中，所以有一純量 λ 使得 $P\mathbf{w}=\lambda\mathbf{w}$。因此 $\mathbf{w}$ 爲 P 對應於特徵值 λ 的一個特徵向量。因 L 爲 P 對應於特徵值 1 的一個特徵空間，且 $\mathbf{w}$ 在 $L^\perp$ 中，$\lambda\neq1$。根據 6.5 節的習題 49，$\lambda=\pm1$，因此 $\lambda=-1$。令 $\{\mathbf{u}_1,\mathbf{u}_2\}$ 爲 L 的一基底。則 $S=\{\mathbf{u}_1,\mathbf{u}_2,\mathbf{w}\}$ 爲 R^3 的一個基底。令 B 爲 3×3 矩陣 $[\mathbf{u}_1\ \ \mathbf{u}_2\ \ \mathbf{w}]$。則

$$B^{-1}PB=[T_P]_S=\begin{bmatrix}1&0&0\\0&1&0\\0&0&-1\end{bmatrix}$$

因此

$$P=B\begin{bmatrix}1&0&0\\0&1&0\\0&0&-1\end{bmatrix}B^{-1}$$

所以

$$\begin{aligned}\det P&=\det\left(B\begin{bmatrix}1&0&0\\0&1&0\\0&0&-1\end{bmatrix}B^{-1}\right)\\&=\det B\cdot\det\begin{bmatrix}1&0&0\\0&1&0\\0&0&-1\end{bmatrix}\cdot\det(B^{-1})\\&=(\det B)(-1)(\det B)^{-1}=-1\end{aligned}$$

此與假設 $\det P=1$ 矛盾。所以，我們可得到的結論爲 $\dim L=1$。

因此 $\dim L^{\perp}=2$。令 $\{\mathbf{v}_1,\mathbf{v}_2\}$ 爲 $L^{\perp}$ 的一個正規正交基底，且令 $\mathbf{v}_3$ 爲在 L 上的一個單位向量。則 $B=\{\mathbf{v}_1,\mathbf{v}_2,\mathbf{v}_3\}$ 爲 R^3 的一個正規正交基底，且 $P\mathbf{v}_3=\mathbf{v}_3$。再者，$P\mathbf{v}_1$ 和 $P\mathbf{v}_2$ 在 $L^{\perp}$ 中。因此，有純量 a、b、c 及 d 可使得

$$P\mathbf{v}_1=a\mathbf{v}_1+b\mathbf{v}_2 \qquad 且 \qquad P\mathbf{v}_2=c\mathbf{v}_1+d\mathbf{v}_2$$

令 $V=[\mathbf{v}_1\quad \mathbf{v}_2\quad \mathbf{v}_3]$。則 V 爲一個正交矩陣，且

$$[T_P]_B=V^{-1}PV=\begin{bmatrix}a&c&0\\b&d&0\\0&0&1\end{bmatrix}$$

令 $A=\begin{bmatrix}a&c\\b&d\end{bmatrix}$。將 A 的行與正交矩陣 $V^{-1}PV$ 的最前面兩行相比較，我們可見 A 的行爲正規正交，因此 A 爲一個 2×2 正交矩陣。再者，

$$\begin{aligned}\det A&=\det\begin{bmatrix}a&c&0\\b&d&0\\0&0&1\end{bmatrix}\\&=\det(V^{-1}PV)\\&=\det(V^{-1})\cdot\det P\cdot\det V\\&=(\det V)^{-1}\det P\det V\\&=\det P\\&=1\end{aligned}$$

因此根據定理 6.11，A 爲一個旋轉矩陣。所以，有一角度θ使得

$$A=\begin{bmatrix}\cos\theta & -\sin\theta\\ \sin\theta & \cos\theta\end{bmatrix}$$

所以

$$V^{-1}PV=\begin{bmatrix}\cos\theta & -\sin\theta & 0\\ \sin\theta & \cos\theta & 0\\ 0 & 0 & 1\end{bmatrix}=R_\theta$$

因此 $P=VR_\theta V^{-1}$。根據方程式(24)，P 爲一個旋轉矩陣。........................■

習 題

在習題 1 至 6 中，試求矩陣 M 使得對 R^3 中的每個向量 $\mathbf{v}$，$M\mathbf{v}$ 為給定一連串旋轉的結果。

1. 將每個向量 $\mathbf{v}$ 一開始先對 x 軸旋轉 90°，且再將此結果對 y 旋轉 90°。
2. 將每個向量 $\mathbf{v}$ 一開始先對 y 軸旋轉 90°，且再將此結果對 x 軸旋轉 90°。
3. 將每個向量 $\mathbf{v}$ 一開始先對 z 軸旋轉 45°，且再將此結果對 x 軸旋轉 90°。
4. 將每個向量 $\mathbf{v}$ 一開始先對 z 軸旋轉 45°，且再將此結果對 y 軸旋轉 90°。
5. 將每個向量 $\mathbf{v}$ 一開始先對 y 軸旋轉 30°，且再將此結果對 x 軸旋轉 30°。
6. 將每個向量 $\mathbf{v}$ 一開始先對 x 軸旋轉 90°，且再將此結果對 z 軸旋轉 45°。

在習題 7 至 14 中，試求旋轉矩陣 P，其將 R^3 包含 $\mathbf{v}$ 的軸旋轉角度θ，軸是由單位向量 $\mathbf{u}$ 所定向。

7. $\theta=180°$，$\mathbf{v}=\begin{bmatrix}1\\0\\1\end{bmatrix}$，且 $\mathbf{u}=\frac{1}{\sqrt{2}}\begin{bmatrix}1\\0\\1\end{bmatrix}$。
8. $\theta=90°$，$\mathbf{v}=\begin{bmatrix}1\\-1\\1\end{bmatrix}$，且 $\mathbf{u}=\frac{1}{\sqrt{3}}\begin{bmatrix}1\\-1\\1\end{bmatrix}$。
9. $\theta=45°$，$\mathbf{v}=\begin{bmatrix}1\\1\\0\end{bmatrix}$，且 $\mathbf{u}=\frac{-1}{\sqrt{2}}\begin{bmatrix}1\\1\\0\end{bmatrix}$。
10. $\theta=45°$，$\mathbf{v}=\begin{bmatrix}1\\1\\0\end{bmatrix}$，且 $\mathbf{u}=\frac{1}{\sqrt{2}}\begin{bmatrix}1\\1\\0\end{bmatrix}$。
11. $\theta=30°$，$\mathbf{v}=\begin{bmatrix}1\\-1\\0\end{bmatrix}$，且 $\mathbf{u}=\frac{1}{\sqrt{2}}\begin{bmatrix}1\\-1\\0\end{bmatrix}$。
12. $\theta=30°$，$\mathbf{v}=\begin{bmatrix}1\\-1\\0\end{bmatrix}$，且 $\mathbf{u}=\frac{-1}{\sqrt{2}}\begin{bmatrix}1\\-1\\0\end{bmatrix}$。
13. $\theta=60°$，$\mathbf{v}=\begin{bmatrix}1\\-1\\1\end{bmatrix}$，且 $\mathbf{u}=\frac{1}{\sqrt{3}}\begin{bmatrix}1\\-1\\1\end{bmatrix}$。
14. $\theta=45°$，$\mathbf{v}=\begin{bmatrix}1\\-1\\1\end{bmatrix}$，且 $\mathbf{u}=\frac{1}{\sqrt{3}}\begin{bmatrix}1\\-1\\1\end{bmatrix}$。

在習題 15 至 22 中，給定一旋轉矩陣 M。試求(a)構成旋轉軸基底的一個向量，及(b)每個旋轉角的餘弦。

15. 習題 1 的矩陣 M。
16. 習題 2 的矩陣 M。
17. 習題 3 的矩陣 M。
18. 習題 4 的矩陣 M。
19. 習題 5 的矩陣 M。
20. 習題 6 的矩陣 M。
21. $M=P_\theta Q_\phi$，其中$\theta=45°$且$\phi=60°$。

22. $M = R_\theta P_\phi$，其中$\theta = 30°$且$\phi = 45°$。

在習題 23 至 30 中，試求 R^3 中對子空間 W 的反射運算子 T_W 的標準矩陣。

23. $W = \text{Span}\left\{\begin{bmatrix}1\\2\\3\end{bmatrix}, \begin{bmatrix}1\\0\\-1\end{bmatrix}\right\}$。

24. $W = \text{Span}\left\{\begin{bmatrix}1\\1\\1\end{bmatrix}, \begin{bmatrix}1\\1\\-1\end{bmatrix}\right\}$。

25. $W = \{(x, y, z) : x + y + z = 0\}$。

26. $W = \{(x, y, z) : x + 2y - z = 0\}$。

27. $W = \{(x, y, z) : x + 2y - 2z = 0\}$。

28. $W = \{(x, y, z) : x + y + 2z = 0\}$。

29. $W = \{(x, y, z) : 3x - 4y + 5z = 0\}$。

30. $W = \{(x, y, z) : x + 8y - 5z = 0\}$。

在習題 31 至 38 中，試求在 R^3 的反射運算子 T_W 之標準矩陣，使得對每個向量 $\mathbf{v}$，$T(\mathbf{v}) = -\mathbf{v}$。

31. $\mathbf{v} = \begin{bmatrix}1\\2\\-1\end{bmatrix}$。　32. $\mathbf{v} = \begin{bmatrix}-1\\1\\1\end{bmatrix}$。

33. $\mathbf{v} = \begin{bmatrix}1\\0\\2\end{bmatrix}$。　34. $\mathbf{v} = \begin{bmatrix}-1\\2\\3\end{bmatrix}$。

35. $\mathbf{v} = \begin{bmatrix}3\\4\\5\end{bmatrix}$。　36. $\mathbf{v} = \begin{bmatrix}3\\0\\-1\end{bmatrix}$。

37. $\mathbf{v} = \begin{bmatrix}2\\-1\\2\end{bmatrix}$。　38. $\mathbf{v} = \begin{bmatrix}1\\1\\-2\end{bmatrix}$。

在習題 39 至 46 中，

(a) 試決定各個正交矩陣為旋轉矩陣，或是反射運算子的標準矩陣，或兩者皆不是；

(b) 若該矩陣為一個旋轉矩陣，試求出可構成旋轉軸基底的一向量。若該矩陣為一反射運算子的標準矩陣，試求 R^3 對其做反射的二維子空間的一個基底。

39. $\begin{bmatrix}0 & 1 & 0\\-1 & 0 & 0\\0 & 0 & -1\end{bmatrix}$。　40. $\begin{bmatrix}0 & 0 & 1\\0 & 1 & 0\\1 & 0 & 0\end{bmatrix}$。

41. $\begin{bmatrix}1 & 0 & 0\\0 & -1 & 0\\0 & 0 & -1\end{bmatrix}$。　42. $\begin{bmatrix}0 & 0 & -1\\0 & -1 & 0\\-1 & 0 & 0\end{bmatrix}$。

43. $\dfrac{1}{45}\begin{bmatrix}35 & 28 & 4\\-20 & 29 & -28\\-20 & 20 & 35\end{bmatrix}$。　44. $\dfrac{1}{9}\begin{bmatrix}1 & -4 & 8\\-4 & 7 & 4\\8 & 4 & 1\end{bmatrix}$。

45. $\begin{bmatrix}\frac{1}{\sqrt{2}} & 0 & \frac{1}{\sqrt{2}}\\0 & 1 & 0\\\frac{1}{\sqrt{2}} & 0 & \frac{-1}{\sqrt{2}}\end{bmatrix}$。　46. $\begin{bmatrix}\frac{1}{\sqrt{2}} & 0 & \frac{-1}{\sqrt{2}}\\0 & 1 & 0\\\frac{1}{\sqrt{2}} & 0 & \frac{1}{\sqrt{2}}\end{bmatrix}$。

是非題

在習題 47 至 67 中，試決定該陳述為真確或謬誤。

47. 每個 3×3 正交矩陣爲一個旋轉矩陣。

48. 對任意 3×3 正交矩陣 P，若$|\det P| = 1$，則 P 爲一個旋轉矩陣。

49. 每個 3×3 正交矩陣具有 1 爲其一個特徵值。

50. 每個 3×3 正交矩陣具有-1 爲其一個特徵值.

51. 若 P 爲一個 3×3 旋轉矩陣，且 $P \neq I_3$，則 1 爲一個 P 的特徵值具有重根數 1。

52. 每個 3×3 正交矩陣爲可對角化的。

53. 若 P 和 Q 爲 3×3 旋轉矩陣，則 PQ^T 爲一個旋轉矩陣。

54. 若 P 和 Q 爲 3×3 旋轉矩陣，則 PQ 爲一個旋轉矩陣。

55. 若 P 爲一個 3×3 旋轉矩陣，則 P^T 爲一個旋轉矩陣。

56. 對任意角度ϕ和θ，$Q_\phi R_\theta = R_\theta Q_\phi$。

57. 對 z 軸轉θ角的旋轉矩陣爲

$$\begin{bmatrix}\cos\theta & -\sin\theta & 0\\\sin\theta & \cos\theta & 0\\0 & 0 & 1\end{bmatrix}$$

58. 對 x 軸轉θ角的旋轉矩陣爲

$$\begin{bmatrix}1 & 0 & 0\\0 & \cos\theta & -\sin\theta\\0 & \sin\theta & \cos\theta\end{bmatrix}$$

59. 對 y 軸轉θ角的旋轉矩陣爲

$$\begin{bmatrix}\cos\theta & 0 & -\sin\theta\\0 & 1 & 0\\\sin\theta & 0 & \cos\theta\end{bmatrix}$$

60. 對包含 $\mathbf{0}$ 的直線做旋轉，可以由在左邊乘以正交矩陣來產生。

61. 穿過 R^3 原點的一直線方向，可由在該直線上的單位向量決定。

6

62. 對某正交矩陣 V 及某角度 θ，任意的 3×3 旋轉矩陣具有形式 $VR_\theta V^T$。

63. 若 $\{\mathbf{v}_1, \mathbf{v}_2, \mathbf{v}_3\}$ 是 R^3 的一個正規正交基底且 $\det[\mathbf{v}_1 \quad \mathbf{v}_2 \quad \mathbf{v}_3]=1$，則從 $\mathbf{v}_1$ 到 $\mathbf{v}_2$ 的 90°旋轉爲順時針。

64. 若 $\{\mathbf{v}_1, \mathbf{v}_2, \mathbf{v}_3\}$ 爲 R^3 的一個正規正交基底，且從 $\mathbf{v}_1$ 到 $\mathbf{v}_2$ 的 90°旋轉爲順時針，則

$$\det[\mathbf{v}_1 \quad \mathbf{v}_2 \quad \mathbf{v}_3]=1$$

65. 若 P 爲一個 3×3 旋轉矩陣，則 P 對應於特徵值-1 的一個特徵向量構成 P 的旋轉軸的一個基底。

66. 任意 $(P_\theta - R_\phi)\mathbf{x}=\mathbf{0}$ 的非零解，構成 $R_\phi P_\theta$ 其旋轉軸的一個基底。

67. 對於垂直於 $R_\phi P_\theta$ 的旋轉軸的任意向量 $\mathbf{w}$，$R_\phi P_\theta$ 的旋轉角爲 $R_\phi P_\theta \mathbf{w}$ 和 $\mathbf{w}$ 之間的夾角。

---

68. 令 P 爲一個 3×3 旋轉矩陣其旋轉軸爲 L，並假設 $P\neq I_3$。試證明對在 R^3 中的任意向量 $\mathbf{v}$，若 $\mathbf{v}$ 不在 L 上，則 $P\mathbf{v}\neq\mathbf{v}$。提示：對不在 L 上的 $\mathbf{v}$，令 $\mathbf{v}=\mathbf{w}+\mathbf{z}$，其中 $\mathbf{w}$ 在 L 上，且 $\mathbf{z}$ 在 $L^\perp$ 上。現在考慮 $P\mathbf{v}=P(\mathbf{w}+\mathbf{z})$。

69. 試利用直接計算證明對任意角度 θ，$\det P_\theta = \det Q_\theta = \det R_\theta = 1$。

70. 試證明若 P 爲一個 3×3 正交矩陣，則 P^2 爲一個旋轉矩陣。

71. 假設 P 爲一 3×3 旋轉矩陣，它使 R^3 繞 L 軸旋轉 θ 角，而 L 的定向取決於其上的一單位向量 $\mathbf{v}$。試證明 P^T 使 R^3 對 L 旋轉$-\theta$ 角。

72. 令 W 爲 R^3 的一個二維子空間，且令 B_W 爲反射運算子 T_W 的標準矩陣。試證明 B_W 爲一個正交矩陣，因此 T_W 爲一個正交運算子。

73. 令 T_W 爲 R^3 對於二維子空間 W 的一個反射。
    (a) 試證明 1 爲 T_W 的一個特徵值，且 W 爲對應的特徵空間。
    (b) 試證明-1 爲 T_W 的一個特徵值，且對應特徵空間爲 $W^\perp$。

74. 試證明習題 73 的反向敘述：令 T 爲在 R^3 中的一個正交運算子，具有特徵值 1 和-1，重根數分別爲 2 和 1。則 $T=T_W$ 爲 R^3 對於 W 的反射運算子，其中 W 爲 T 對應於特徵值 1 的特徵空間。

75. 令 W 爲 R^3 的一個二維子空間，且令 T_W 爲 R^3 對 W 的反射運算子，具有標準矩陣 B_W。試證明 $\det B_W = -1$。

76. 令 B_W 爲對於 R^3 的二維子空間 W 的一反射運算子 T_W 之標準矩陣。試證明下列陳述：
    (a) $B_W^2 = I_3$。
    (b) B_W 爲一個對稱矩陣。

77. 令 B 和 C 爲對 R^3 之二維子空間的反射運算子之標準矩陣。試證明乘積 BC 爲一個旋轉矩陣。

78. 令 W_1 和 W_2 爲 R^3 的相異二維子空間，令 B_1 和 B_2 分別爲反射運算子 T_{W_1} 和 T_{W_2} 的標準矩陣。考慮旋轉矩陣 B_2B_1。試證明以下陳述：
    (a) 旋轉矩陣 B_2B_1 的旋轉軸是由平面 W_1 和 W_2 的相交線所決定。
    (b) 旋轉矩陣 B_2B_1 的旋轉軸爲線性方程組 $(B_1 - B_2)\mathbf{x}=\mathbf{0}$ 的解空間。

79. 令 W_1 和 W_2、B_1 和 B_2 如在習題 78 中所定義，且令 $\mathbf{n}_1$ 和 $\mathbf{n}_2$ 爲單位向量，分別正交於 W_1 和 w_2。試證明下面陳述：
    (a) $\mathbf{n}_1$ 和 $\mathbf{n}_2$ 兩者皆正交於 B_2B_1 的旋轉軸。
    (b) 旋轉矩陣 B_2B_1 將 $\mathbf{n}_1$ 和 $\mathbf{n}_2$ 兩者對旋轉軸旋轉 θ 角，其中

$$\cos\theta = -\mathbf{n}_1\cdot(B_2\mathbf{n}_1) = -\mathbf{n}_2\cdot(B_1\mathbf{n}_2)\text{。}$$

80. 試求一個 3×3 正交矩陣 C 使得 $\det C=-1$。但 C 不爲一反射運算子之標準矩陣。提示：將一反射運算子的標準矩陣乘以一旋轉矩陣，其旋轉軸爲反射運算子對應於特徵值 1 的特徵空間。

81. 假設 $\{\mathbf{v}_1, \mathbf{v}_2,\}$ 爲 R^3 的二維子空間 W 的一個基底。令 $\mathbf{v}_3$ 爲一個非零向量，其同時正交於 $\mathbf{v}_1$ 和 $\mathbf{v}_2$，並定義

$$B=[\mathbf{v}_1 \quad \mathbf{v}_2 \quad \mathbf{v}_3] \quad 及 \quad C=[\mathbf{v}_1 \quad \mathbf{v}_2 \quad -\mathbf{v}_3]$$

試證明 CB^{-1} 爲 R^3 對 W 的反射之標準矩陣。

在習題 82 和 83 中，使用具有矩陣運算能力之計算機或是電腦軟體如 MATLAB 來求對每個旋轉矩陣的旋轉軸和旋轉角，至最接近角度。

82. $P_{22^\circ}Q_{16^\circ}$

83. $R_{42^\circ}P_{23^\circ}$

練習題解答

1. 對$\phi = 90°$，我們有

$$P_\phi = \begin{bmatrix} 1 & 0 & 0 \\ 0 & \cos 90° & -\sin 90° \\ 0 & \sin 90° & \cos 90° \end{bmatrix} = \begin{bmatrix} 1 & 0 & 0 \\ 0 & 0 & -1 \\ 0 & 1 & 0 \end{bmatrix},$$

且對θ=60°，我們有

$$Q_\theta = \begin{bmatrix} \cos 60° & 0 & \cos 60° \\ 0 & 1 & 0 \\ -\sin 60° & 0 & \cos 60° \end{bmatrix} = \begin{bmatrix} \frac{1}{2} & 0 & \frac{\sqrt{3}}{2} \\ 0 & 1 & 0 \\ -\frac{\sqrt{3}}{2} & 0 & \frac{1}{2} \end{bmatrix}.$$

因此，所求向量爲

$$P_\phi Q_\theta \begin{bmatrix} 1 \\ -1 \\ 2 \end{bmatrix} = \begin{bmatrix} 1 & 0 & 0 \\ 0 & 0 & -1 \\ 0 & 1 & 0 \end{bmatrix} \begin{bmatrix} \frac{1}{2} & 0 & \frac{\sqrt{3}}{2} \\ 0 & 1 & 0 \\ -\frac{\sqrt{3}}{2} & 0 & \frac{1}{2} \end{bmatrix} \begin{bmatrix} 1 \\ -1 \\ 2 \end{bmatrix} = \frac{1}{2} \begin{bmatrix} 1+2\sqrt{3} \\ -2+\sqrt{3} \\ -2 \end{bmatrix}$$

2. 旋轉軸爲 $W^\perp$，其爲以下齊次線性方程組的解空間

$$\begin{aligned} x_1 + 2x_2 + 3x_3 &= 0 \\ 2x_1 + 3x_2 + 4x_3 &= 0 \end{aligned}$$

向量$\begin{bmatrix} 1 \\ -2 \\ 1 \end{bmatrix}$爲構成此解空間的一基底，因此旋轉軸爲通過原點且包含此向量的一線。

本章複習題

在習題 1 至 19 中，試決定該陳述為真確或謬誤。

1. 在 R^n 中一向量的範數爲一純量。
2. 在 R^n 中兩向量的內積爲一純量。
3. 任意兩向量的內積是有定義的。
4. 若一向量的終點在一給定線上，則該向量等於向量在此線上的正交投影。
5. R^n 中兩向量的距離爲兩者差之範數。
6. 一矩陣之列空間的正交補等於該矩陣的零空間。
7. 若 W 爲 R^n 的子空間，則在 R^n 的每個向量可被獨一無二的寫爲在 W 中的一向量和在 $W^\perp$ 中的一向量之和。
8. 一子空間的每個正規正交基底也爲該子空間的正交基底。
9. 一子空間及其正交補具有相同維數。
10. 一個正交投影矩陣絕對不是可逆的。
11. 若在 R^n 子空間 W 中的向量 $\mathbf{w}$ 是最接近 R^n 中向量 $\mathbf{v}$ 的向量，則 $\mathbf{w}$ 爲 $\mathbf{v}$ 在 W 上的正交投影。
12. 若 $\mathbf{w}$ 爲 R^n 中向量 $\mathbf{v}$ 在 R^n 的子空間 W 上的正交投影，則 $\mathbf{w}$ 正交於 $\mathbf{v}$。
13. 對描繪在 xy 平面上的一組給定數據，最小平方線爲在平面上獨一無二的線，它可將從數據點到線的距離平方和最小化。
14. 若一 $n \times n$ 矩陣 P 的行爲正交，則 P 爲一個正交矩陣。
15. 若在 R^2 中的一線性運算子其標準矩陣之行列式等於一，則此線性運算子爲一旋轉。
16. 在 R^2 中，兩反射的合成爲一旋轉。
17. 在 R^2 中，兩旋轉的合成爲一旋轉。
18. 每個方陣具有一譜分解。
19. 若一個矩陣具有一譜分解，則該矩陣必定爲對稱。

在習題 20 至 23 中，給定兩向量 $\mathbf{u}$ 和 $\mathbf{v}$。在每個習題中，

(a) 試計算每個向量的範數；
(b) 試計算介於向量間的距離 d；
(c) 試計算向量的內積；
(d) 試決定向量是否為正交。

20. $\mathbf{u}=\begin{bmatrix}2\\-3\end{bmatrix}$ 及 $\mathbf{v}=\begin{bmatrix}4\\1\end{bmatrix}$。

21. $\mathbf{u}=\begin{bmatrix}3\\-6\end{bmatrix}$ 及 $\mathbf{v}=\begin{bmatrix}4\\2\end{bmatrix}$。

22. $\mathbf{u}=\begin{bmatrix}2\\-1\\3\end{bmatrix}$ 及 $\mathbf{v}=\begin{bmatrix}0\\4\\2\end{bmatrix}$。

23. $\mathbf{u}=\begin{bmatrix}1\\-1\\2\end{bmatrix}$ 及 $\mathbf{v}=\begin{bmatrix}2\\4\\1\end{bmatrix}$。

在習題 24 和 25 中，給定在 R^2 中的一向量 $\mathbf{v}$ 和一線 L。試計算 $\mathbf{v}$ 在 L 上的正交投影 $\mathbf{w}$，且利用此來計算從 $\mathbf{v}$ 的端點到 L 的距離 d。

24. $\mathbf{v}=\begin{bmatrix}3\\5\end{bmatrix}$ 及 $y=4x$。 25. $\mathbf{v}=\begin{bmatrix}3\\2\end{bmatrix}$ 及 $y=-2x$。

在習題 26 至 29 中，假設 $\mathbf{u}$、$\mathbf{v}$，及 $\mathbf{w}$ 為在 R^n 中的向量，使得 $\|\mathbf{u}\|=3$、$\|\mathbf{v}\|=4$、$\|\mathbf{w}\|=2$、$\mathbf{u}\cdot\mathbf{v}=-2$、$\mathbf{u}\cdot\mathbf{w}=5$ 且 $\mathbf{v}\cdot\mathbf{w}=-3$。

26. 試計算 $\|-2\mathbf{u}\|$。

27. 試計算 $(2\mathbf{u}+3\mathbf{v})\cdot\mathbf{w}$。

28. 試計算 $\|3\mathbf{u}-2\mathbf{w}\|^2$。

29. 試計算 $\|\mathbf{u}-\mathbf{v}+3\mathbf{w}\|^2$。

在習題 30 和 31 中，試決定給定之線性獨立集合 S 是否為正交。若該集合不為正交，對 S 應用葛雷-史密特程序來求 S 的一正交基底。

30. $\left\{\begin{bmatrix}1\\1\\0\end{bmatrix},\begin{bmatrix}2\\0\\1\end{bmatrix},\begin{bmatrix}2\\2\\1\end{bmatrix}\right\}$。 31. $\left\{\begin{bmatrix}1\\1\\-1\\0\end{bmatrix},\begin{bmatrix}0\\0\\1\\1\end{bmatrix},\begin{bmatrix}1\\2\\0\\1\end{bmatrix}\right\}$。

在習題 32 和 33 中，試求 $S^{\perp}$ 的一個基底。

32. $S=\left\{\begin{bmatrix}2\\-1\\3\end{bmatrix}\right\}$。 33. $S=\left\{\begin{bmatrix}2\\1\\-1\\0\end{bmatrix},\begin{bmatrix}3\\4\\2\\-2\end{bmatrix}\right\}$。

在習題 34 和 35 中，給定在 R^n 中的一向量 $\mathbf{v}$ 及 R^n 子空間 W 的一個正規正交基底 S。利用 S 來獨一無二地獲得在 W 中的向量 $\mathbf{w}$ 及在 $W^{\perp}$ 中的向量 $\mathbf{z}$，使得 $\mathbf{v}=\mathbf{w}+\mathbf{z}$。利用你的答案來求得從 $\mathbf{v}$ 到 W 的距離。

34. $\mathbf{v}=\begin{bmatrix}2\\3\end{bmatrix}$ 且 $S=\left\{\frac{1}{\sqrt{5}}\begin{bmatrix}2\\1\end{bmatrix}\right\}$。

35. $\mathbf{v}=\begin{bmatrix}1\\2\\-3\end{bmatrix}$ 且 $S=\left\{\frac{1}{\sqrt{5}}\begin{bmatrix}1\\2\\0\end{bmatrix},\frac{1}{\sqrt{14}}\begin{bmatrix}-2\\1\\3\end{bmatrix}\right\}$。

在習題 36 至 39 中，給定一子空間 W 和一向量 $\mathbf{v}$。試求正交投影矩陣 P_W，且試求在 W 中最靠近 $\mathbf{v}$ 的向量 $\mathbf{w}$。

36. $W=\text{Span}\left\{\begin{bmatrix}1\\-1\\2\end{bmatrix},\begin{bmatrix}1\\0\\1\end{bmatrix}\right\}$ 及 $\mathbf{v}=\begin{bmatrix}2\\-1\\6\end{bmatrix}$。

37. $W=\text{Span}\left\{\begin{bmatrix}1\\2\\0\\-1\end{bmatrix}\right\}$ 及 $\mathbf{v}=\begin{bmatrix}2\\1\\3\\-8\end{bmatrix}$。

38. W 爲以下之解集合

$$\begin{aligned}x_1+2x_2-x_3&=0\\x_1-x_2-x_3&=0\end{aligned}\quad \text{且}\quad \mathbf{v}=\begin{bmatrix}2\\1\\4\end{bmatrix}$$

39. W 爲以下之正交補。

$$\text{Span}\left\{\begin{bmatrix}1\\-1\\0\\0\end{bmatrix},\begin{bmatrix}1\\0\\1\\0\end{bmatrix}\right\}\quad \text{且}\quad \mathbf{v}=\begin{bmatrix}2\\-1\\1\\2\end{bmatrix}$$

40. 試求下列數據的最小平方線之方程式(1，4)，(2，6)，(3，10)，(4，12)，(5，13)。

41. 一物體從點 P 以等速 v 遠離。在不同的時間點 t，測得從物體到 P 點的距離 d。此結果如下表中所列：

時間 t (秒)	距離 d (呎))
1	3.2
2	5.1
3	7.1
4	9.2
5	11.4

假設 d 和 t 的關係爲方程式 $d=vt+c$，對某常數 c。利用最小平方法來估測物體在時刻 t 的速度，及在 $t=0$ 時，該物體和 P 的距離。

42. 試利用最小平方法來求下列數據的最佳二次配適。

$$(1,2),(2,3),(3,7),(4,14),(5,23)$$

在習題43至46中，試決定給定矩陣是否為正交。

43. $\begin{bmatrix} 0.7 & 0.3 \\ -0.3 & 0.7 \end{bmatrix}$。 44. $\frac{1}{13}\begin{bmatrix} 5 & -12 \\ 12 & -5 \end{bmatrix}$。

45. $\frac{1}{\sqrt{2}}\begin{bmatrix} 1 & 0 & 1 \\ 0 & \sqrt{2} & 0 \\ 1 & 0 & -1 \end{bmatrix}$。

46. $\frac{1}{\sqrt{6}}\begin{bmatrix} \sqrt{2} & -\sqrt{3} & 1 \\ \sqrt{2} & \sqrt{3} & -2 \\ \sqrt{2} & 0 & 1 \end{bmatrix}$。

在習題47至50中，試決定每個正交矩陣為一旋轉或是一反射之標準矩陣。若該運算子為一旋轉，試決定其旋轉角。若該運算子為一反射，試決定其反射線方程式。

47. $\frac{1}{2}\begin{bmatrix} 1 & \sqrt{3} \\ -\sqrt{3} & 1 \end{bmatrix}$。 48. $\frac{1}{2}\begin{bmatrix} 1 & -\sqrt{3} \\ \sqrt{3} & 1 \end{bmatrix}$。

49. $\frac{1}{2}\begin{bmatrix} 1 & \sqrt{3} \\ \sqrt{3} & -1 \end{bmatrix}$。 50. $\frac{1}{5}\begin{bmatrix} -3 & 4 \\ 4 & 3 \end{bmatrix}$。

51. 令 $T{:}R^3 \to R^3$ 定義如下

$$T\left(\begin{bmatrix} x_1 \\ x_2 \\ x_3 \end{bmatrix}\right) = \begin{bmatrix} -x_2 \\ x_3 \\ x_1 \end{bmatrix}$$

試證明 T 爲一個正交運算子。

52. 假設 $T{:}R^2 \to R^2$ 爲一個正交運算子。令 $U{:}R^2 \to R^2$ 定義如下

$$U\left(\begin{bmatrix} x_1 \\ x_2 \end{bmatrix}\right) = \frac{1}{\sqrt{2}}T\left(\begin{bmatrix} x_1 + x_2 \\ -x_1 + x_2 \end{bmatrix}\right)$$

(a) 試證明 U 爲一個正交運算子。

(b) 假設 T 爲一個旋轉。則 TU 爲一旋轉或是一反射？

(c) 假設 T 爲一個反射。則 TU 爲一旋轉或是一反射？

在習題53和54中，給定一對稱矩陣 A。試求 A 的特徵向量之正規正交基底及其對應的特徵值。利用此資訊來獲得每個 A 的一個譜分解。

53. $A = \begin{bmatrix} 2 & 3 \\ 3 & 2 \end{bmatrix}$。 54 $A = \begin{bmatrix} 6 & 2 & 0 \\ 2 & 9 & 0 \\ 0 & 0 & -9 \end{bmatrix}$。

在習題55和56中，給定在 xy 座標上的一圓錐曲線方程式。試求適當的旋轉角使得每個方程式可以改寫為在 $x'y'$ 座標上而沒有 $x'y'$ 項。試給出新的方程式且指出圓錐曲線的型態。

55. $x^2 + 6xy + y^2 - 16 = 0$。

56. $3x^2 - 4xy + 3y^2 - 9 = 0$。

57. 令 W 爲 R^n 的一個子空間，且令 Q 爲一個 $n \times n$ 正交矩陣。試證明 $Q^T P_W Q = P_Z$，其中 $Z = \{Q^T\mathbf{w} : \mathbf{w}$ 屬於 $W\}$。

58. 試證明對 R^n 的任意子空間 W，$\text{rank}P_W = \dim W$。提示：應用6.3節中的習題68。

本章 Matlab 習題

對以下習題，請使用 MATLAB(或類似的軟體)或具有矩陣運算能力的計算機。附錄 D 中的表 D.1、D.2、D.3、D.4 及 D.5 之 MATLAB 函數可供參考及使用。

1. 令

$$\mathbf{u}_1 = \begin{bmatrix} 1 \\ 2 \\ -1 \\ 3 \\ 0 \\ 1 \end{bmatrix}, \mathbf{u}_2 = \begin{bmatrix} 2 \\ -1 \\ -3 \\ -1 \\ 2 \\ -2 \end{bmatrix}, \mathbf{u}_3 = \begin{bmatrix} 3 \\ -3 \\ 2 \\ -2 \\ 1 \\ 1 \end{bmatrix}, \mathbf{u}_4 = \begin{bmatrix} -6 \\ 6 \\ -4 \\ 4 \\ -2 \\ -2 \end{bmatrix}$$

(a) 試計算 $\mathbf{u}_1 \cdot \mathbf{u}_2$，$\|\mathbf{u}_1\|$，及 $\|\mathbf{u}_2\|$。

(b) 試計算 $\mathbf{u}_3 \cdot \mathbf{u}_4$，$\|\mathbf{u}_3\|$，及 $\|\mathbf{u}_4\|$。

(c) 試對 $\mathbf{u}_1$ 和 $\mathbf{u}_2$ 驗證柯西-施瓦茲不等式。

(d) 試對 $\mathbf{u}_3$ 和 $\mathbf{u}_4$ 驗證柯西-施瓦茲不等式。

(e) 從你的結果，試推測柯西-施瓦茲不等式之等號何時成立。(參見 6.1 節中的習題 88。)

2. 令 W 爲一個 $n \times k$ 矩陣 A 的行空間。
   (a) 試證明 $W^{\perp}$ 爲方程式 $A^T\mathbf{x}=\mathbf{0}$ 的解集合。
   (b) 試利用在附錄D中表D.2的MATLAB函數null，來獲得 R^5 子空間 $W^{\perp}$ 的一基底，其中 W 爲矩陣的行空間。

$$A=\begin{bmatrix}1 & 2 & 3\\ -1 & 3 & 2\\ 2 & 8 & 10\\ 3 & -1 & 2\\ 0 & 4 & 4\end{bmatrix}$$

3. 令

$$S=\left\{\begin{bmatrix}1\\-1\\2\\3\\5\\-4\end{bmatrix},\begin{bmatrix}0\\1\\-3\\2\\-2\\1\end{bmatrix},\begin{bmatrix}2\\-2\\1\\4\\0\\-1\end{bmatrix}\begin{bmatrix}1\\0\\-1\\5\\3\\-3\end{bmatrix}\right\}$$

和 W 爲 S 的展延。
   (a) 試利用MATLAB函數orth來求 W 的一組正規正交基底 B。
   (b) 試利用 B 來計算下列每個向量在 W 上的正交投影。

$$\text{(i)}\begin{bmatrix}1\\-1\\2\\3\\1\\-2\end{bmatrix}\qquad \text{(ii)}\begin{bmatrix}1\\-2\\2\\-1\\-3\\2\end{bmatrix}\qquad \text{(iii)}\begin{bmatrix}-1\\-2\\-1\\0\\1\\1\end{bmatrix}$$

   (c) 令 M 爲一矩陣，且其行是 B 中的向量，且令 $P=MM^T$。對在(b)中的每個向量 $\mathbf{v}$，試計算 $P\mathbf{v}$ 且將其與在(b)中的答案相比較。
   (d) 試陳述和證明一個一般的結果，其可解釋你在(c)中做的觀察。

4. 令

$$A=\begin{bmatrix}1.1 & 2.4 & -5.0 & 7.1\\ 2.3 & 5.1 & -3.5 & 1.0\\ 3.1 & 1.3 & -2.0 & 8.0\\ 7.2 & -4.3 & 2.8 & 8.3\\ 8.0 & -3.8 & 1.5 & 7.0\end{bmatrix}$$

在此習題中，我們利用在6.2節中所描述的方法來計算 A 的 QR 分解，並使用MATLAB函數來獲得另一個 QR 分解。
   (a) 試利用在附錄D表D.5中所描述的MATLAB函數gs，套用於 A 上來產生一矩陣 V，其行構成Col A 的一個正交基底。(V 爲應用葛雷-史密特程序在 A 的行上所獲得。)
   (b) 令 V 爲在(a)中所獲得的矩陣。試計算 $D=V^TV$。可觀察到 D 爲一個對角矩陣[20]。與(a)中獲得之正交向量有關係的對角線元素之值爲何？
   (c) 對一矩陣 M 其元素爲非負，令 M_s 表示一矩陣其元素爲 M 中相對應元素的平方根[21]。試利用在(a)中所獲得的矩陣 V 及在(b)中所獲得的矩陣 D，來計算矩陣 $Q=V(D_s)^{-1}$。試驗證 Q 的行構成一正規正交集合。
   (d) 試利用在(c)中的矩陣 Q 來計算矩陣 $R=Q^TA$。因爲 R 爲一個上三角矩陣且 $QR=A$，所以可得 A 的一個 QR 分解。
   (e) 試利用MATLAB函數[Q R]=qr(A,0)來獲得 A 的另一個 QR 分解，且將你的結果與在(d)中所得之結果相比較。
   (f) 試證明若矩陣 A 的一個 QR 分解可由(a)-(d)中所描述的方法所獲得，則上三角矩陣 R 的對角線元素皆爲正。

5. 利用習題4的方法來計算下面矩陣的一個 QR 分解

$$A=\begin{bmatrix}1 & 3 & 2 & 2\\ 4 & 2 & 1 & 1\\ -1 & 1 & 5 & -1\\ 2 & 0 & -3 & 0\\ 1 & 5 & -4 & 4\\ 1 & 1 & 2 & -2\end{bmatrix}$$

其中 R 之對角線元素皆爲正。

---

[20] 由於捨入誤差，D 的非對角線元素可能會有微小的非零數值。針對此情況，我們建議在 D 使用於後續運算之前，先將 D 的非對角線元素設爲零。MATLAB指令 D=diag (diag(D))爲一種很容易的方法來達此目的。

[21] 在MATLAB中，M_s 可由 M 以MATLAB指令sqrt (M)來獲得。

6. 令

$$S=\left\{\begin{bmatrix}1\\-1\\2\\3\\5\\-4\end{bmatrix},\begin{bmatrix}0\\1\\-3\\2\\-2\\1\end{bmatrix},\begin{bmatrix}2\\-2\\1\\4\\0\\-1\end{bmatrix},\begin{bmatrix}1\\0\\-1\\5\\3\\-3\end{bmatrix}\right\}$$

且 W 爲 S 的展延。

(a) 試求 W 的一個正規正交基底 B_1。

(b) 試利用 6.3 節習題 61 來計算 $W^{\perp}$ 的一個正規正交基底 B_2。

(c) 令 P 爲一矩陣其前幾行爲在 B_1 中的向量且接下來幾行爲在 B_2 中的向量。試計算 PP^T 和 P^TP。並解釋你的結果。

7. 令

$$S=\left\{\begin{bmatrix}1\\3\\0\\-1\\2\\1\end{bmatrix},\begin{bmatrix}0\\1\\3\\-2\\1\\1\end{bmatrix},\begin{bmatrix}-2\\-1\\1\\4\\2\\1\end{bmatrix},\begin{bmatrix}1\\1\\2\\-1\\3\\0\end{bmatrix},\begin{bmatrix}-1\\2\\1\\3\\4\\2\end{bmatrix}\right\},$$

W 爲 S 的展延，且 P_W 爲在 W 上的正交投影矩陣。

(a) 試利用 6.4 節中所給的 P_W 公式來計算 P_W。

(b) 試使用 6.4 節習題 75 來計算 P_W。試比較你的答案與在(a)中所獲得的答案。

(c) 試對在 S 中的每個向量 $\mathbf{v}$，計算 $P_W\mathbf{v}$。

(d) 試計算 $W^{\perp}$ 的一個基底 B，並再對 B 中的每個向量 $\mathbf{v}$ 計算 $P_W\mathbf{v}$。(爲此目的你可使用在 6.3 節中的習題 61。)

8. 考慮有序對(x,y)的數據組，其中 x 爲 0.1 的一個整數倍數，$1\le x\le 4$，且 $y=\log(x)$。

(a) 試描繪該數據。

(b) 試利用最小平方法來求對此數據的最小平方線之方程式，並描繪此線。

(c) 試利用最小平方法來產生對此數據的最佳二次配適，並描繪此結果。

若可能，請利用軟體同時顯示此三個圖形，每個圖形以不同顏色來表示，以方便區別。以下爲如何使用 MATLAB 來產生這種圖形的說明。然而，除非你可以提供習題 9 所需的解釋，否則你不應使用下面的說明。

爲了描繪對數函數的圖形，可使用指令 plot(x,y)。其中 x 爲包含數值 $1,1.1,\cdots,3.9,4$ 的行向量，且 y 包含對應之對數值的行向量。結果爲一個以藍色所繪出的對數函數圖形。

爲了使用這些數據來描繪最小平方線，試計算 $a=\text{inv}(C'*C)*C'*y$，其中 C 是在 6.4 節初所給定之矩陣。然後鍵入指令 holdon 可讓在 (a) 中的繪圖保留，然後再鍵入 plot$(x,C*a,'r')$ 以紅色顯示所要的圖形。

爲了以綠色來描繪出這些數據的最佳二次配適，模仿使用在 6.4 節的例題 2 稍前所定義的矩陣 C 和用指令 plot$(x,C*a,'g')$ 來描繪對小平方線的過程。

9. 於在習題 8 後面對描繪最小平方線及最佳二次配適曲線的說明，試解釋在第二個 plot 函數中使用 $C*a$ 的理由。

10. 根據定理 6.12，在 R^2 中一旋轉和一反射的合成也爲一反射。令 T 爲 R^2 的一個旋轉，其把每個向量旋轉 35°角，並令 U 爲 R^2 對線 $y=2.3x$ 做的反射。

(a) UT 爲 R^2 對某直線做反射，試求該直線方程式。

(b) TU 爲 R^2 對某直線做反射，試求該直線方程式。

11. 令

$$A=\begin{bmatrix}-2&4&2&1&0\\4&-2&0&1&2\\2&0&0&-3&6\\1&1&-3&9&-3\\0&2&6&-3&0\end{bmatrix}$$

(a)試求一個正交矩陣 P 及一個對角矩陣 D，使得 $A=PDP^T$。

(b) 試求由 A 的特徵向量所組成的一組 R^5 正規正交基底。試指出在你的基底中每個特徵向量所對應的特徵值。

(c) 試利用你在(b)的答案來求 A 的一個譜分解。

(d) 利用在(c)中所獲得的譜分解，並根據兩個最大(絕對值)的特徵值，來產生 A 的一個近似 A_2。

(e) 試計算誤差矩陣 $E_2=A-A_2$ 及矩陣 A 的費氏範數。

(f) 試提供因爲使用 A_2 來近似 A 所遺失的資訊百分比。

12. 令

$$A=\begin{bmatrix}1 & 1 & 2 & 1 & 3 & 2\\ 1 & -1 & 4 & 1 & 1 & 2\\ 1 & 0 & 3 & 1 & 2 & 2\\ 0 & 1 & -1 & 0 & 1 & 0\end{bmatrix}$$

(a) 試利用 MATLAB 指令 $[U,S,V]=\text{svd}(A)$ 來獲得 A 的一個奇異值分解 USV^T。

(b) 試比較在(a)中所獲得的 V 的行與 Null$A$ 的行。

(c) 試使用 MATLAB 函式 orth 來獲得一矩陣，其行構成 Col$A$ 的一個正規正交基底。試將此結果與 U 的行相比較。

(d) 試推測在一個矩陣 A 之奇異值分解中的 U 和 V 的行與 Null$A$ 和 Col$A$ 的正規正交基底之間的關係。

(e) 試證明你的推測。

13. 試利用 6.7 節中的習題 90 來計算 P_W，其中 W 爲在習題 7 中的 R^6 的子空間。試將你的結果與在習題 7 中你的答案相比較。

14. 試對以下線性方程組求其唯一的最小範數解。

$$\begin{aligned} x_1 - 2x_2 + 2x_3 + x_4 + 2x_5 &= 3\\ x_1 + 3x_2 - x_3 - x_4 - x_5 &= -1\\ 2x_1 + x_2 + x_3 - 2x_4 + 3x_5 &= 0\end{aligned}$$

15. 此問題應用奇異值分解來將對稱矩陣的譜近似延伸至可處理任意矩陣。此問題利用 6.7 節習題 91 的結果和表示法，並假設讀者熟悉在 6.6 節中的譜近似的內容。

令

$$A=\begin{bmatrix}56 & -33 & 25 & 78 & 9\\ 28 & -76 & 134 & 32 & -44\\ 17 & 83 & -55 & 65 & 25\\ 36 & -57 & 39 & 18 & -1\end{bmatrix}$$

(a) 試對每個 i 計算 $\sigma_i Q_i$，並形成總和

$$\sigma_1 Q_1+\sigma_2 Q_2+\cdots+\sigma_k Q_k$$

其中 k 爲 A 的秩。然後將此結果與 A 做比較。

(b) 試計算 $A_2=\sigma_1 Q_1+\sigma_2 Q_2$ 和 $E_2=A-A_2$，及對應的誤差矩陣。

(c) 試計算 E_2 和 A 的費氏範數。

(d) 在(c)中範數的比率爲使用 A_2 來近似 A 所造成的遺失的資訊的比例。試將此比率表示爲百分比。

16. 對以下的每個旋轉，試求旋轉軸和最接近的旋轉角度，使用使得旋轉角爲正的定向：

(a) $P_{32^\circ}R_{21^\circ}$

(b) $R_{21^\circ}P_{32^\circ}$

17. 令 W 爲以下方程式的解集合

$$x+2y-z=0$$

令 T_W 爲 R^3 對 W 的反射，如 6.9 節習題之定義，且令 A_W 爲 T_W 的標準矩陣。

(a) 試計算 A_W。

(b) 試證明 $A_W Q_{23^\circ} A_W$ 爲一個旋轉矩陣。

(c) 對在(b)中的旋轉矩陣，試求旋轉軸和最接近的旋轉角度，使用使得旋轉角爲正的定向。

(d) 試陳述並證明根據你在(c)中的觀察所做之推測。

習題 18 使用 MATLAB 的繪圖功能。函數 grfig 可用來產生簡單的 3 維圖形，該圖形可利用在 6.9 節中所描述的旋轉矩陣來旋轉。此函數使用 M-files 檔案夾中的一個 M-file，該檔案夾可被下載。

18. 考慮一個 3 維圖形，以在 R^3 中的特定頂點 $\{\mathbf{v}_1,\mathbf{v}_2,\cdots,\mathbf{v}_n\}$，及連接頂點的線段(稱之爲邊)來定義。令

$$V=[\mathbf{v}_1,\mathbf{v}_2,\cdots,\mathbf{v}_n]=\begin{bmatrix}x_1 & x_2 & \cdots & x_n\\ y_1 & y_2 & \cdots & y_n\\ z_1 & z_2 & \cdots & z_n\end{bmatrix}$$

且令 E 爲一個 $k\times 2$ 矩陣使得$[i\ \ j]$爲 E 的一列若且唯若頂點 $\mathbf{v}_i$ 連結到頂點 $\mathbf{v}_j$。則 grfig(V,E) 產生從正向 x 軸的點(1,0,0)上觀看到的圖形。重複使用此指令會新增圖形至同一視窗。若要刪除之前所繪製的圖形，只要在產生下一圖形之前關閉繪圖視窗即可。

令 M 爲一個旋轉矩陣。乘積 MV 的行，爲將 V 的行旋轉 M。因此，若我們令 $C=MV$，且應用指令 grfig(C,E)，結果爲將原來圖形根據在 M 中所指定的旋轉來旋轉。你應會察覺，若 M 和 N 爲旋轉矩陣，且圖形一開始以 M 旋轉接下來以 N 旋轉，乘積 $C=NMV$ 包含旋轉後頂點的最終位置。

(a) 載入 c6sMe18a.dat 及 c6sMe18b.dat，且令 V=c6sMe18a 及 E=c6sMe18b。當你鍵入指令 grfig(C,E)，一繪圖視窗應會開啓，內含圖 6.29。以類似方式獲得在圖 30 中的其它圖形。例如，爲了獲得圖 6.30(b)，使用以下指令：

$$C = \text{Qdeg}(20) * \text{Rdeg}(-30) * V$$
$$\text{grfig}(C, E)$$

(爲了避免將此圖重疊至之前圖 6.29 上，在使用函數 grfig 前先關閉繪圖視窗。)

例如，爲了獲得圖 6.30(b)，鍵入指令 $C = \text{Qdeg}(20) * \text{Rdeg}(-30) * V$，然後 grfig($C$,$E$)。爲了避免將此圖重疊於之前的圖上，使用函數 grfig 之前先關閉繪圖視窗。

以類似的方式來獲得在圖 6.30 中其它的圖。

(b) 利用 grfig 來獲得在圖 6.29 中的塔對在習題 17 中的平面 W 做反射結果。

(c) 試設計你自己的圖，並利用適當的旋轉矩陣將其以不同方式做旋轉。

7 簡介

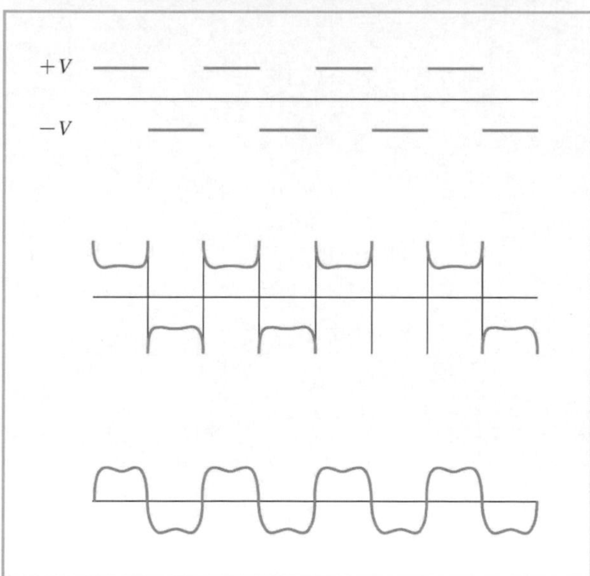

在許多現代的電子裝置，如收音機、CD 唱盤、及電視機等之中，音頻擴大器處於它們的核心位置。一個音頻擴大器的基本任務爲把一個弱的訊號放大而不做任何的改變。此看起來簡單的任務卻是複雜的，因爲典型的聲音訊號通常包含多個頻率。甚至，在一個簡單的音符中含有一個基頻，還有在基頻整數倍頻率上的諧音。所有的這些頻率必須以相同倍率來放大，以避免改變波形及聲音的品質。例如，音樂在 440Hz 的部份與在 880Hz 的部份必須以相同的倍率來放大。一個以相同的係數乘以所有頻率振幅之擴大器，稱爲一個線性擴大器(*linear amplifier*)。它產生一段音樂其較大聲而不失真的版本。

音樂的聲波可以用正交的正弦和餘弦函數之一個無限集合的觀點來分析。如此函數的研究，稱爲傅利葉分析(*Fourier analysis*)，爲數學研究的一個分支。傅利葉分析提供了一個方法來描述不同的頻率成分如何聚在一起而形成一個音樂曲調(參見 7.5 節)。它也提供了一個簡單方法來定義線性擴大以及測試一個擴大器的線性特性。

一個傅利葉級數的線性擴大指的是該無限級數的每一項乘以相同的常數數值係數。此線性特性的分析，使用一個稱爲方波(*square wave*)的特定週期訊號，如本章第一個章首圖所示，該圖中有一個顯示儀器稱爲示波器。方波以固定的時間間隔，交替的在固定電壓$+V$和$-V$之間做變換。傅利葉級數的低頻部分提供訊號的大體架構，而高頻部分則提供如方波稜角的細節。

若擴大器爲線性的，則對一個輸入方波的輸出恰好爲一個具較高振幅的方波。若其不爲線性，則會有失眞發生。第二個圖形顯示，若擴大器在高頻部份相較於低頻部分有較大的乘積倍數，則輸出將會有「太多」的高頻細節。第三圖顯示的輸出則發生在當擴大器在高頻部份相較於低頻部分有較小的乘積倍數時。在此，我們依然可看見方波的整體結構，但具有較少的細節。

CHAPTER

7 向量空間

至此，在我們對線性代數所做的發展下，我們已累積了有關於在 R^n 中的向量以及分析線性變換如何對這些向量發生作用的大量知識。在本章中，我們考慮其它的數學系統，它們分享了許多 R^n 的正式特性。例如，考慮在研讀微積分時所遇到的可微函數。這些函數可以相加或乘上純量，來產生另一個可微分的函數。微分和積分的運算，雖然改變了這些函數，但保留了其加法和純量乘法的特性，就好像線性變換保留在向量上相對應之運算。由於這些相似性，讓我們可以在處理可微函數的情況中，重新表述線性組合(*linear combination*)、線性獨立(*linear independence*)、及線性變換(*linear transformation*)等概念。

將這些概念移植到函數(*function*)的領域中，讓我們可以用之前所發展出來的工具來分析函數。一個最有名的範例為使用正交投影(*orthogonal projection*)及最近向量性質(*closest vector property*)的觀念來發展出一個用多項式或是正弦和餘弦來近似給定函數的方法。

7.1 向量空間及其子空間

加法和純量乘法運算，為研究 R^n 中向量的重心，它們和其它的數學系統有類似性存在。例如，定義在 R 上的實數值函數，可以使用相加或乘以一純量來產生另一個定義在 R 上的實數值函式。所以再次地，我們有機會重新發展出一套函數理論，盡可能的去模仿對 R^n 中的向量所發展出的定義和定理。

事實上，有許多的數學系統，都有定義其加法和純量乘法。若再對每個如此的系統都發展出這些運算的正式性質，如我們對 R^n 所做的一般，其實是不切實際的。就是因為這個原因，一個向量空間(*vector spaces*)的一般理論已被發展出來，且可應用到這些系統中。在此理論中，一個向量空間定義為滿足某些規定公理的任意數學系統。至於向量空間的一般定理，則推導自這些公理。一旦我們已證明某一數學系統滿足這些公理，則立刻的，所有關於向量空間的定理皆可應用到該系統中。

我們以向量空間的正式定義來開始。讀者應可自行將下面的公理與定理 1.1 相比較：

定義 一個(實數)**向量空間**爲一個集合 V，在其上定義了兩運算，稱爲**向量加法**及**純量乘法**，使得對 V 中的任意元素 $\mathbf{u}$、$\mathbf{v}$，和 $\mathbf{w}$ 及任意純量 a 及 b，向量和 $\mathbf{u}+\mathbf{v}$ 及純量倍數 $a\mathbf{u}$ 爲 V 中獨一無二的元素，且使得以下公理成立：

一向量空間的公理

1. $\mathbf{u}+\mathbf{v}=\mathbf{v}+\mathbf{u}$ 。(向量加法的交換律)
2. $(\mathbf{u}+\mathbf{v})+\mathbf{w}=\mathbf{u}+(\mathbf{v}+\mathbf{w})$ 。(向量加法的結合律)
3. 在 V 中有一元素 $\mathbf{0}$，使得 $\mathbf{u}+\mathbf{0}=\mathbf{u}$ 。
4. 在 V 有一元素 $-\mathbf{u}$ ，使得 $\mathbf{u}+(-\mathbf{u})=\mathbf{0}$ 。
5. $1\mathbf{u}=\mathbf{u}$ 。
6. $(ab)\mathbf{u}=a(b\mathbf{u})$ 。
7. $a(\mathbf{u}+\mathbf{v})=a\mathbf{u}+a\mathbf{v}$ 。
8. $(a+b)\mathbf{u}=a\mathbf{u}+b\mathbf{u}$ 。

一向量空間的元素稱爲**向量**。在公理 3 和 4 中的向量 $\mathbf{0}$ 稱爲**零向量**。我們將在定理 7.2(c)證明它是唯一的；亦即，在一個向量空間中不能有相異的向量同時滿足公理 3。對向量空間 V 中的任意向量 $\mathbf{u}$，在公理 4 中的向量$-\mathbf{u}$ 稱爲 $\mathbf{u}$ 的**加法逆元素(additive inverse)**。我們將在定理 7.2(d)中證明，在一個向量空間中向量的加法逆元素爲唯一的。從向量加法交換律(公理 1)的觀點，對在 V 中的每個 $\mathbf{u}$，零向量必也滿足 $\mathbf{0}+\mathbf{u}=\mathbf{u}$。同樣的，在 V 中每個向量 $\mathbf{u}$ 的加法逆元素必也滿足$(-\mathbf{u})+\mathbf{u}=\mathbf{0}$。

應用定理 1.1 至 $n\times 1$ 矩陣的集合，我們可見 R^n 爲一個向量空間，其具有在第 1 章中所定義的加法和純量乘法運算。並且，也可證明 R^n 的任意子空間也爲具有相同運算的一向量空間。(參見習題 96。)我們已很熟悉這些範例。

函數空間

最重要的向量空間爲那些由函數所構成的向量空間。此種向量空間稱爲**函數空間(function spaces)**。在近代數學領域中我們稱之爲泛函分析(*functional analysis*)，是專門研究函數空間的學問。

對一個給定的非空集合 S，令 $F(S)$表示從 S 到 R 所有函數的集合。回憶一下，在 $F(S)$中的兩函數 f 和 g 爲**相等的**，若對在 S 中的所有 t，$f(t)=g(t)$。(參見附錄 B。)在 $F(S)$中函數 f 和 g 的**和** $f+g$，及在 $F(S)$中一個函數 f 和一個純量 a 的**純量乘積**，爲在 $F(S)$中的函數，定義如下

$$(f+g)(t)=f(t)+g(t) \qquad \text{且} \qquad (af)(t)=a(f(t))$$

對在 S 中所有的 t。

例如，假設 S 爲實數形成的集合 R，且 f 和 g 在 $F(R)$中，定義爲 $f(t)=t^2-t$ 及 $g(t)=2t+1$，對在 R 中所有的 t。則

$$(f+g)(t)=f(t)+g(t)=(t^2-t)+(2t+1)=t^2+t+1$$

對在 R 中所有的 t。並且，純量倍數 $3f$ 定義爲

$$(3f)(t)=3f(t)=3(t^2-t)$$

對在 R 中所有的 t。

接下來，我們定義在 $F(S)$中的**零函數 $\mathbf{0}$**，爲 $\mathbf{0}(t)=0$，對在 S 中所有的 t。此函數的角色正如同在向量空間定義中公理 3 的零向量。最後，對在 $F(S)$中的任意 f，在 $F(S)$中的函數$-f$ 定義爲 $(-f)(t)=-f(t)$，對在 S 中所有的 t。例如，若 $S=R$ 且 $f(t)=t-1$，則

$$(-f)(t)=-f(t)=-(t-1)=1-t$$

對在 R 中所有的 t。對任意函數 f，函數$-f$ 的作用正如同在向量空間定義中公理 4 之 f 的加法逆元素。

就 $F(S)$來說，每個公理其實爲函數的一個方程式。

定理 7.1

有了之前所定義的運算，c 爲一個向量空間。

證明　爲了證明 $F(S)$爲一個向量空間，我們必須驗證向量空間的 8 個公理。我們先驗證公理 1、3，和 7，並把對其它公理的驗證留做爲習題。

公理 1. 令 f 和 g 爲在 $F(S)$中的函數。則，對在 S 中任意的 t，

$$\begin{aligned}(f+g)(t)&=f(t)+g(t) && \text{(函數和的定義)}\\ &=g(t)+f(t) && \text{(對實數加法的交換律)}\\ &=(g+f)(t) && \text{(函數和的定義)}\end{aligned}$$

所以 $f+g=g+f$，驗證了公理 1

公理 3. 令 f 爲在 $F(S)$中的任意函數。則，對在 S 中任意的 t，

$$\begin{aligned}(f+\mathbf{0})(t) &= f(t)+\mathbf{0}(t) && \text{(函數和的定義)}\\ &= f(t)+0 && \text{(}\mathbf{0}\text{ 的定義)}\\ &= f(t)\end{aligned}$$

所以 $f+\mathbf{0}=f$ ，因此驗證了公理 3。

公理 7. 令 f 和 g 爲在 $F(S)$中的函數，且令 a 爲一個純量。則，對在 S 中任意的 t，

$$\begin{aligned}[a(f+g)](t) &= a[(f+g)(t)] && \text{(純量乘法的定義)}\\ &= a[f(t)+g(t)] && \text{(函數和之定義)}\\ &= a[f(t)]+a[g(t)] && \text{(對實數的分配律)}\\ &= (af)(t)+(ag)(t) && \text{(純量乘法的定義)}\\ &= (af+ag)(t) && \text{(函數和之定義)}\end{aligned}$$

所以 $a(f+g)=af+ag$ ，驗證了公理 7。 .... ■

其它向量空間的範例

接下來，我們簡單地考慮三個向量空間的範例。在第一個範例中，向量爲矩陣；在第二個範例中，向量爲線性變換；而在第三個範例中，向量爲多項式。在這三個範例中所介紹的符號和術語也將用在本章的其它範例中。

例題 1

對任意給定的正整數 m 和 n，令 $M_{m\times n}$ 表示所有 $m\times n$ 矩陣的集合。則，如定理 1.1 的一個直接結果，$M_{m\times n}$ 爲一個向量空間，具有矩陣加法和一個矩陣乘以一純量的運算。在此情況中，$m\times n$ 的零矩陣扮演零向量的角色。

例題 2

對任意給定的正整數 m 和 n，令 $L(R^n, R^m)$表示從 R^n 到 R^m 的所有線性變換之集合。令 T 和 U 在 $L(R^n, R^m)$中，且 c 爲一個純量。定義 $(T+U):R^n\to R^m$ 及 $cT:R^n\to R^m$ 爲

$$(T+U)(\mathbf{x})=T(\mathbf{x})+U(\mathbf{x}) \quad \text{且} \quad (cT)(\mathbf{x})=cT(\mathbf{x})$$

對在 R^n 中所有的 $\mathbf{x}$。根據 2.7 節的習題 83 和 84，$T+U$ 和 cT 皆在 $L(R^n, R^m)$中。可顯示在這些運算下，$L(R^n, R^m)$爲一個向量空間。零轉換 T_0 扮演零向量的角色，且對任意轉換 T，我們有 $(-1)T$ 爲其加法逆元素$-T$。$L(R^n, R^m)$爲一個向量空間的證明非常相似於 $F(S)$爲一個向量空間的證明，因爲此兩者皆爲函數空間。就是因爲這個原因，該證明將留在後面做爲一習題 (參見習題 74)。

例題 3

令 P 表示所有如下多項式的集合

$$p(x) = a_0 + a_1 x + \cdots + a_n x^n$$

其中 n 爲一個非負正整數，且 $a_0, a_1, \cdots, a_n$ 爲實數。對每個 i，純量 a_i 稱爲 x^i 的**係數**。我們通常以 x^i 代替 $1x^i$，並以 $-a_i x^i$ 代替 $-(a_i)x^i$。再者，若 $a_i=0$，我們通常省略整個 $a_i x^i$ 項。只具有零係數的唯一多項式 $p(x)$，稱爲**零多項式**。一個非零多項式 $p(x)$ 的**次數(degree)**定義爲，出現在以下表示式中 x 的非零係數項之最大冪次。

$$p(x) = a_0 + a_1 x + \cdots + a_n x^n$$

零多項式不被指定次數，且一個常數多項式的次數爲 0。兩個非零多項式 $p(x)$ 和 $q(x)$ 稱爲**相等**，若它們的次數相等，且所有對應的係數皆相等。也就是，若

$$p(x) = a_0 + a_1 x + \cdots + a_n x^n \qquad \text{且} \qquad q(x) = b_0 + b_1 x + \cdots + b_m x^m$$

則 $p(x)$ 和 $q(x)$ 爲相等若且唯若 $m=n$ 且對 $i = 0, 1, \cdots, n$ ， $a_i = b_i$ 。注意，若兩個不同的多項式 $p(x)$ 和 $q(x)$ 分別具有不同的次數 n 和 m，且 $m<n$，則我們可依舊將 $q(x)$ 表示如下形式

$$q(x) = b_0 + b_1 x + \cdots + b_n x^n$$

其中對所有 $i > m$ ，令 $b_i = 0$ 。記得這一點，對任意多項式

$$p(x) = a_0 + a_1 x + \cdots + a_n x^n \qquad \text{及} \qquad q(x) = b_0 + b_1 x + \cdots + b_n x^n$$

(並不一定需要有相同的次數)，及任意純量 a，我們定義函數和 $p(x)+q(x)$ 及純量倍數 $ap(x)$ 爲

$$p(x) + q(x) = (a_0 + b_0) + (a_1 + b_1)x + \cdots + (a_n + b_n)x^n$$

和

$$ap(x) = (a \cdot a_0) + (a \cdot a_1)x + \cdots + (a \cdot a_n)x^n$$

例如，$(1 - x + 2x^2) + (3 + 2x) = 4 + x + 2x^2$ 及 $4(3 + 2x) = 12 + 8x$ 。我們也可定義一個多項式 $p(x)$ 的加法逆元素爲 $-p(x) = (-1)p(x)$ 。有了這些已定義的運算，我們可證明 P 爲一個向量空間。零多項式扮演了零向量的角色。我們將此證明細節留做爲習題。

練習題 1.

在例題 3 中，試說明 P 滿足公理 8。

以下的範例說明了具有兩運算的一個集合不一定為一個向量空間，因為其至少有一項公理不滿足：

例題 4

令 S 為集合 R^2，它具有加法和純量乘法，定義如下

$$(a,b) \oplus (c,d) = (a+c,0) \qquad \text{且} \qquad k \odot (a,b) = (ka,kb)$$

對在 R^2 中所有的(a, b)和(c, d)。試證明，S 不為一個向量空間。

解 我們證明 S 不具有零向量。假設(z, w)為 S 的一個零向量。則

$$(1,1) \oplus (z,w) = (1+z,0) \neq (1,1)$$

所以(z, w)不滿足公理 3，因此 S 沒有零向量。

向量空間的特性

以下的結果完全來自向量空間的公理。它們對所有的向量空間都成立。

定理 7.2

令 V 為一個向量空間。對在 V 中的任意 $\mathbf{u}$、$\mathbf{v}$ 和 $\mathbf{w}$，和任意的純量 a，下面陳述為眞：

(a) 若 $\mathbf{u}+\mathbf{v}=\mathbf{w}+\mathbf{v}$，則 $\mathbf{u}=\mathbf{w}$。 (右消去律)

(b) 若 $\mathbf{u}+\mathbf{v}=\mathbf{u}+\mathbf{w}$，則 $\mathbf{v}=\mathbf{w}$。 (左消去律)

(c) 零向量 $\mathbf{0}$ 為獨一無二的；亦即，它是 V 中唯一滿足公理 3 的向量。

(d) 在 V 中的每個向量，具有正好一個加法逆元素。

(e) $0\mathbf{v}=\mathbf{0}$。

(f) $a\mathbf{0}=\mathbf{0}$。

(g) $(-1)\mathbf{v}=-\mathbf{v}$。

(h) $(-a)\mathbf{v}=a(-\mathbf{v})=-(a\mathbf{v})$。

證明 我們將證明(a)、(c)、(e)和(g)部分，並將(b)、(d)、(f)和(h)部分留做習題。

(a) 假設 $\mathbf{u}+\mathbf{v}=\mathbf{w}+\mathbf{v}$。則

$$\begin{aligned}
\mathbf{u} &= \mathbf{u}+\mathbf{0} && \text{(根據公理 3)}\\
&= \mathbf{u}+[\mathbf{v}+(-\mathbf{v})] && \text{(根據公理 4)}\\
&= (\mathbf{u}+\mathbf{v})+(-\mathbf{v}) && \text{(根據公理 2)}\\
&= (\mathbf{w}+\mathbf{v})+(-\mathbf{v}) && \\
&= \mathbf{w}+[\mathbf{v}+(-\mathbf{v})] && \text{(根據公理 2)}\\
&= \mathbf{w}+\mathbf{0} && \text{(根據公理 4)}\\
&= \mathbf{w} && \text{(根據公理 3)}
\end{aligned}$$

(c) 假設 $\mathbf{0}'$ 也為 V 的一個零向量。則，根據公理 3 和 1

$$\mathbf{0}'+\mathbf{0}'=\mathbf{0}'=\mathbf{0}'+\mathbf{0}'=\mathbf{0}'+\mathbf{0}'$$

因此根據右消去律，$\mathbf{0}'=\mathbf{0}$。可知零向量是唯一的。

(e) 對任意向量 $\mathbf{v}$，

$$\begin{aligned}
0\mathbf{v}+0\mathbf{v} &= (0+0)\mathbf{v} && \text{(根據公理 8)}\\
&= 0\mathbf{v} && \\
&= \mathbf{0}+0\mathbf{v} && \text{(根據公理 3 和 1)}
\end{aligned}$$

所以 $0\mathbf{v}+0\mathbf{v}=\mathbf{0}+0\mathbf{v}$，且因此根據右消去律 $0\mathbf{v}=\mathbf{0}$。

(f) 對任意向量 $\mathbf{v}$，

$$\begin{aligned}
\mathbf{v}+(-1)\mathbf{v} &= (1)\mathbf{v}+(-1)\mathbf{v} && \text{(根據公理 5)}\\
&= [1+(-1)]\mathbf{v} && \text{(根據公理 8)}\\
&= 0\mathbf{v} && \\
&= \mathbf{0} && \text{(根據 (e))}
\end{aligned}$$

所以 $(-1)\mathbf{v}$ 為 $\mathbf{v}$ 的一個加法逆元素。但根據(d)，加法逆元素為唯一的，因此 $(-1)\mathbf{v}=-\mathbf{v}$。 ■

子空間

和 R^n 的情況一樣，向量空間也有子空間 (*subspaces*)。

定義　一個向量空間 V 的一個子集合 W 稱為 V 的一個**子空間**，若 W 滿足以下三個性質：

1. V 的零向量在 W 中。
2. 當 $\mathbf{u}$ 和 $\mathbf{v}$ 屬於 W，則 $\mathbf{u}+\mathbf{v}$ 屬於 W。(在此情況中，我們稱 W 在**(向量)加法下是封閉的**。)
3. $\mathbf{u}$ 屬於 W，且 c 為一個純量，則 $c\mathbf{u}$ 屬於 W。(在此情況，我們稱 W 在**純量乘法下是封閉的**。)

如果 V 是一個向量空間，則很容易可驗證 V 爲其本身的一個子空間。事實上，V 爲 V 的最大子空間。此外，集合$\{\mathbf{0}\}$也爲 V 的一個子空間。此子空間稱爲**零子空間**，一個向量空間的子空間若爲非$\{\mathbf{0}\}$的話，則稱爲**非零子空間**。

例題 5

令 S 爲一個非空集合，且令 W 爲 $F(S)$的子集合，它包含所有可使得 $f(s_0)=0$ 的函數 f，對在 S 中的某個特定元素 s_0。很清楚的，零函數在 S 中。對在 S 中的任意函數 f 和 g，及任意純量 a，

$$(f+g)(s_0)=f(s_0)+g(s_0)=0+0=0$$

且

$$(af)(s_0)=af(s_0)=a\cdot 0=0$$

因此，$f+g$ 和 af 在 W 中。我們總結 W 在 $F(S)$的運算下爲封閉的。所以，W 爲 V 的一個子空間。

假設 A 爲一個方陣。我們定義 A 的**跡數**，表示爲 trace(A)，爲 A 對角線元素的和。對具有相同大小的任意方陣 A 和 B，及任意純量 c，我們有

$$\text{trace}(A+B)=\text{trace}(A)+\text{trace}(B)$$
$$\text{trace}(cA)=c\cdot\text{trace}(A)$$
$$\text{trace}(A^T)=\text{trace}(A)$$

(參見 1.1 節中的習題 82。)

例題 6

令 W 爲所有跡數等於零的 $n\times n$ 矩陣所成的集合。試說明 W 爲 $M_{n\times n}$ 的一子空間。

解 因 $n\times n$ 零矩陣的跡數等於零，所以它屬於 W。假設 A 和 B 爲 W 中的矩陣。則

$$\text{trace}(A+B)=\text{trace}(A)+\text{trace}(B)=0+0=0$$

且，對任意純量 c，

$$\text{trace}(cA)=c\cdot\text{trace}(A)=c\cdot 0=0$$

因此 $A+B$ 及 cA 在 W 中。我們總結 W 在 $M_{n\times n}$ 的運算下是封閉的。因此，W 爲 $M_{n\times n}$ 的一個子空間。

練習題 2.

令 W 爲具有形式 $\begin{bmatrix} a & a+b \\ b & 0 \end{bmatrix}$ 的所有 2×2 矩陣的集合。試證明 W 爲 $M_{2\times2}$ 的一個子空間。

若 W 爲一向量空間的一個子空間，則 W 滿足所有在**向量空間**定義中的公理，且具有如定義在 V 上的相同運算，因此 W 本身爲一個向量空間。(參見習題 96。)此一事實提供了一個簡單的方法來證明某些集合爲向量空間，即，驗證它們實際上爲一個已知向量空間的子空間。下面兩個例題說明了此一方法。

例題 7

令 $C(R)$ 表示在 R 上所有連續實數函數的集合。則 $C(R)$ 爲 $F(R)$ 的一個子集合，$F(R)$ 爲所有定義在 R 上的實數函數的向量空間。因零函數爲一個連續函數，連續函數之和也爲一個連續函式。且一個連續函式的任意純量倍數爲一個連續函數，故得到 $C(R)$ 爲一個 $F(R)$ 的子空間。特別的是，$C(R)$ 爲一個向量空間。

例題 8

回顧在例題 3 中所考慮的所有多項式之向量空間 P。令 n 爲一個非負正整數，且令 P_n 表示 P 的子集合，包含零多項式及所有次數小或等於 n 的多項式。因次數小或等於 n 的兩個多項式之和，爲零多項式或具有次數小或等於 n 的多項式；且一個次數小或等於 n 的多項式的純量倍數爲零多項式或是一個次數小或等於 n 的多項式，很清楚的，v 在加法和純量乘法下是封閉的。所以，P_n 爲 P 的一個子空間，因此爲一個向量空間。

線性組合與產生集合

如在第 1 章中，我們可以用其它向量的線性組合(*linear combinations*)來組合在一個向量空間中的向量。然而，和 R^n 的子空間不同的是，有一些重要的向量空間它們並不具有有限的產生集合。因此，必須擴展線性組合的定義，以允許來自一個無限集合的向量。

定義　一個向量 $\mathbf{v}$ 爲一向量空間 V 的一個(可能爲無限)子集合 S 中向量的一個**線性組合**，若存在向量 $\mathbf{v}_1, \mathbf{v}_2, \cdots, \mathbf{v}_m$ 在 S 中，及純量 $c_1, c_2, \cdots, c_m$，使得

$$\mathbf{v} = c_1\mathbf{v}_1 + c_2\mathbf{v}_2 + \cdots + c_m\mathbf{v}_m$$

這些純量稱爲線性組合的係數。

7

我們接下來考慮有限和無限集合之向量其線性組合之範例。

例題 9

在 2×2 矩陣的向量空間，

$$\begin{bmatrix} -1 & 8 \\ 2 & -2 \end{bmatrix} = 2\begin{bmatrix} 1 & 3 \\ 1 & -1 \end{bmatrix} + (-1)\begin{bmatrix} 4 & 0 \\ 1 & 1 \end{bmatrix} + 1\begin{bmatrix} 1 & 2 \\ 1 & 1 \end{bmatrix}$$

因此，$\begin{bmatrix} -1 & 8 \\ 2 & -2 \end{bmatrix}$爲以下矩陣的一個線性組合

$$\begin{bmatrix} 1 & 3 \\ 1 & -1 \end{bmatrix},\quad \begin{bmatrix} 4 & 0 \\ 1 & 1 \end{bmatrix},\quad \begin{bmatrix} 1 & 2 \\ 1 & 1 \end{bmatrix}$$

具有係數 2、–1，和 1。

例題 10

令 $S=\{1,x,x^2,x^3\}$，爲所有多項式之向量空間 P 的一個子集合。則多項式 $f(x)=2+3x-x^2$，爲在 S 中的向量的一個線性組合。由於存在有純量 2、3，和 –1，使得

$$f(x)=(2)1+(3)x+(-1)x^2$$

事實上，零多項式和任意次數小於等於 3 的多項式爲在 S 中向量的一個線性組合。即，在 S 中向量的所有線性組合之集合等於 P_3，爲例題 8 中 P 的子空間。

例題 11

令 S 爲實數值函數的集合，給定如下

$$S=\{1,\sin t,\cos^2 t,\sin^2 t\}$$

其爲 $F(R)$的一個子集合。函數 $\cos 2t$ 爲在 S 中向量的一個線性組合，因爲

$$\begin{aligned}\cos 2t &= \cos^2 t-\sin^2 t\\ &= (1)\cos^2 t+(-1)\sin^2 t\end{aligned}$$

例題 12

令

$$S = \{1, x, x^2, \cdots, x^n, \cdots\}$$

其爲 P 的一個無限子集合。則多項式 $p(x) = 3 - 4x^2 + 5x^4$ 爲在 S 中向量的一個線性組合，因爲其爲在 S 中有限數量向量的一個線性組合，亦即 1、x^2，及 x^4 的一個線性組合。事實上，任意多項式

$$p(x) = a_0 + a_1 x + \cdots + a_n x^n$$

爲在 S 中向量的一個線性組合，因爲其爲 $1, x, x^2, \cdots, x^n$ 的一個線性組合。

例題 13

試決定多項式 x 是否爲多項式 $1 - x^2$ 和 $1 + x + x^2$ 的一個線性組合。

解　假設

$$\begin{aligned} x &= a(1 - x^2) + b(1 + x + x^2) \\ &= (a + b) + bx + (-a + b)x^2 \end{aligned}$$

對純量 a、b 和 c。則

$$\begin{aligned} a \quad + \quad b &= 0 \\ b &= 1 \\ -a \quad + \quad b &= 0 \end{aligned}$$

由於此方程組爲不一致的，我們總結 x 不爲多項式 $1 - x^2$ 和 $1 + x + x^2$ 的一個線性組合。

現在，我們已擴展**線性組合**的定義來包含無限集合，我們已準備好來重新介紹展延(*span*)的定義。

定義　一個向量空間 V 的一個非空子集合 S 的**展延(span)**，爲在 S 中向量之所有線性組合的集合。此集合以 Span S 表示。

根據在例題 10 中所做的說明，

$$\text{Span}\,\{1, x, x^2, x^3\} = P_3$$

及在例題 12 中的說明，

$$\text{Span}\,\{1, x, \cdots, x^n, \cdots\} = P$$

例題 14

試描述以下子集合的展延

$$S=\left\{\begin{bmatrix}1 & 0\\0 & -1\end{bmatrix},\begin{bmatrix}0 & 1\\0 & 0\end{bmatrix},\begin{bmatrix}0 & 0\\1 & 0\end{bmatrix}\right\}$$

解 對在 $\text{Span}\,S$ 中的任意矩陣 A，存在純量 a、b 和 c，使得

$$A=a\begin{bmatrix}1 & 0\\0 & -1\end{bmatrix}+b\begin{bmatrix}0 & 1\\0 & 0\end{bmatrix}+c\begin{bmatrix}0 & 0\\1 & 0\end{bmatrix}=\begin{bmatrix}a & b\\c & -a\end{bmatrix}$$

所以 $\text{trace}(A)=a+(-a)=0$。反過來說，假設 $A=\begin{bmatrix}a & b\\c & d\end{bmatrix}$ 爲在 $M_{2\times2}$ 中的一個矩陣使得 $\text{trace}(A)=0$。則 $a+d=0$，因此 $d=-a$。由此得 $A=\begin{bmatrix}a & b\\c & -a\end{bmatrix}$，根據之前計算，它在 $\text{Span}\,S$ 中。所以 $\text{Span}\,S$ 爲所有具有跡數等於零的 2×2 矩陣之子集合。由於在例題 6 中已證明此集合爲 $M_{2\times2}$ 的一個子空間，所以 $\text{Span}\,S$ 爲 $M_{2\times2}$ 的一個子空間。

在前面例題中，我們已預期了下面的結果，其爲把定理 4.1 延伸至向量空間的一個版本。我們省略其證明，因爲其相似於定理 4.1 的證明。

定理 7.3

向量空間 V 的一個非空子集合的展延爲 V 的一個子空間。

此結果提供我們一個便利的方法來定義向量空間。例如，我們令 $T[0,2\pi]$ 表示 $F([0,2\pi])$ 的子空間，且定義爲

$$T[0,2\pi]=\text{Span}\,\{1,\cos t,\sin t,\cos 2t,\sin 2t,\cdots,\cos nt,\sin nt,\cdots\}$$

此向量空間稱爲**三角多項式的空間**，將在 7.5 節中探討。

練習題 3.

試決定矩陣 $\begin{bmatrix}1 & 2\\-1 & -3\end{bmatrix}$ 是否在以下集合的展延中

$$S=\left\{\begin{bmatrix}1 & -1\\1 & 2\end{bmatrix},\begin{bmatrix}0 & 1\\1 & 2\end{bmatrix},\begin{bmatrix}2 & 1\\0 & -1\end{bmatrix}\right\}$$

習　題

在習題 1 至 9 中，試決定每個矩陣是否在以下集合的展延中。

$$\left\{\begin{bmatrix}1&2&1\\0&0&0\end{bmatrix},\begin{bmatrix}0&0&0\\1&1&1\end{bmatrix},\begin{bmatrix}1&0&1\\1&2&3\end{bmatrix}\right\}$$

1. $\begin{bmatrix}0&2&0\\1&1&1\end{bmatrix}$。
2. $\begin{bmatrix}1&2&1\\1&1&1\end{bmatrix}$。
3. $\begin{bmatrix}2&2&2\\2&3&4\end{bmatrix}$。
4. $\begin{bmatrix}2&2&2\\2&2&2\end{bmatrix}$。
5. $\begin{bmatrix}2&2&2\\1&1&1\end{bmatrix}$。
6. $\begin{bmatrix}1&10&1\\3&-1&-5\end{bmatrix}$。
7. $\begin{bmatrix}2&5&2\\1&-1&3\end{bmatrix}$。
8. $\begin{bmatrix}1&3&6\\3&5&7\end{bmatrix}$。
9. $\begin{bmatrix}-2&-8&-2\\5&7&9\end{bmatrix}$。

在習題 10 至 15 中，試決定每個多項式是否在以下集合的展延中。

$$\{1-x, 1+x^2, 1+x-x^3\}$$

10. $-3-x^2+x^3$。
11. $1+x+x^2+x^3$。
12. $1+x^2+x^3$。
13. $-2+x+x^2+x^3$。
14. $2-x^2-2x^3$。
15. $1-2x-x^2$。

在習題 16 至 21 中，試決定每個矩陣是否在以下集合的展延中。

$$\left\{\begin{bmatrix}1&0\\-1&0\end{bmatrix},\begin{bmatrix}0&1\\0&1\end{bmatrix},\begin{bmatrix}1&1\\0&0\end{bmatrix}\right\}$$

16. $\begin{bmatrix}1&0\\0&1\end{bmatrix}$。
17. $\begin{bmatrix}1&2\\-3&4\end{bmatrix}$。
18. $\begin{bmatrix}2&-1\\-1&-2\end{bmatrix}$。
19. $\begin{bmatrix}2&1\\0&1\end{bmatrix}$。
20. $\begin{bmatrix}3&1\\-1&3\end{bmatrix}$。
21. $\begin{bmatrix}1&-2\\-3&0\end{bmatrix}$。

在習題 22 至 27 中，試決定每個多項式是否在以下集合的展延中。

$$\{1+x, 1+x+x^2, 1+x+x^2+x^3\}$$

22. $3+x-x^2+2x^3$。
23. $3+3x+2x^2-x^3$。
24. $4x^2-3x^3$。
25. $1+x$。
26. x。
27. $1+2x+3x^2$。

對習題 28 至 30 中，使用以下集合

$$S=\{9+4x+5x^2-3x^3, -3-5x-2x^2+x^3\}$$

28. 試證明多項式 $-6+12x-2x^2+2x^3$ 爲在 S 中多項式的一個線性組合。試求該線性組合的係數。
29. 試證明多項式 $12-13x+5x^2-4x^3$ 爲在 S 中多項式的一個線性組合。試求該線性組合的係數。
30. 試證明多項式 $8+7x-2x^2+3x^3$ 不是在 S 中多項式的一個線性組合。
31. 試證明 $\text{Span}\{1+x, 1-x, 1+x^2, 1-x^2\}=P_2$。
32. 試證明

$$\text{Span}\left\{\begin{bmatrix}0&1\\1&1\end{bmatrix},\begin{bmatrix}1&0\\1&1\end{bmatrix},\begin{bmatrix}1&1\\0&1\end{bmatrix},\begin{bmatrix}1&1\\1&0\end{bmatrix}\right\}=M_{2\times2}$$

是非題

在習題 33 至 54 中，試決定該陳述為真確或謬誤。

33. 每個向量空間具有一個零向量。
34. 一個向量空間可能具有多於一個零向量。
35. 在任意向量空間中，$a\mathbf{v}=\mathbf{0}$ 意味著 $\mathbf{v}=\mathbf{0}$。
36. 對每個正整數 n，R^n 爲一個向量空間。
37. 只有相同次數的多項式可以彼此相加。
38. 具有次數 n 的多項式之集合，爲所有多項式的向量空間的一個子空間。
39. 兩個具有相同次數的多項式是相等的若且唯若其具有相同的對應係數。
40. 所有具一般矩陣加法和純量乘法定義的 $m\times n$ 矩陣之集合，爲一個向量空間。
41. $F(S)$ 的零向量爲指派 0 給 S 的每個元素之函數。
42. 在 $F(S)$ 中的兩函數爲相等若且唯若其分配相同數值給 S 的每個元素。
43. 若 V 爲一個向量空間且 W 爲 V 的一個子空間，則 W 爲一個向量空間，其具有和 V 中所定義相同之運算。
44. 空集合爲每個向量空間的一個子空間。
45. 若 V 爲一個非零向量空間，則 V 包含其本身以外的一個子空間。
46. 若 W 爲向量空間 V 的一個子空間，則 W 的零向量必須等於 V 的零向量。

47. 定義在一個封閉區間$[ab]$的連續實數函數之集合爲$F([a,b])$的一個子空間。其中，$F([a, b])$爲定義在$[ab]$的實數值函數所形成的向量空間。
48. $L(R^n, R^m)$的零向量爲零轉換T_0。
49. 在任意的向量空間中，向量加法爲可交換的；亦即，$\mathbf{u}+\mathbf{v}=\mathbf{v}+\mathbf{u}$ 對每對向量 **u** 和 **v**。
50. 在任意的向量空間中，向量加法爲可結合的；亦即，$(\mathbf{u}+\mathbf{v})+\mathbf{w}=\mathbf{u}+(\mathbf{v}+\mathbf{w})$ 對所有向量 **u**、**v** 和 **w**。
51. 在任意的向量空間中，$\mathbf{0}+\mathbf{0}=\mathbf{0}$。
52. 在任意的向量空間中，若 $\mathbf{u}+\mathbf{v}=\mathbf{v}+\mathbf{w}$，則 $\mathbf{u}=\mathbf{w}$。
53. 零向量爲向量的任意非空集合的一個線性組合。
54. 一個向量空間的任意非空子集合的展延，爲該向量空間的一個子空間。

---

55. 試對$F(S)$驗證公理 2。
56. 試對$F(S)$驗證公理 4。
57. 試對$F(S)$驗證公理 5。
58. 試對$F(S)$驗證公理 6。
59. 試對$F(S)$驗證公理 8。

在習題 60 至 65 中，試決定是否集合 V 為向量空間 $M_{n\times n}$ 的一個子空間。試辯證你的答案。

60. V爲所有 $n\times n$ 對稱矩陣的集合。
61. V爲所有行列式等於 0 的 $n\times n$ 矩陣之集合。
62. V爲使得 $A^2=A$ 之所有 $n\times n$ 矩陣 A 的集合。
63. 令 B 爲一個特定的 $n\times n$ 矩陣。V 爲使得 $AB=BA$ 之所有 $n\times n$ 矩陣 A 的集合。
64. V 爲所有具形式$\begin{bmatrix} a & 2a \\ 0 & b \end{bmatrix}$的 2×2 矩陣之集合，且 $n=2$。
65. V爲所有 $n\times n$ 斜對稱矩陣所形成的集合。(參見在 3.2 節習題 74 中的定義。)

在習題 66 至 69 中，試決定是否集合 V 為向量空間 P 的一個子空間。試辯證你的答案。

66. V 爲 P 的子空間，P 由零多項式和所有具形式 $c_0+c_1x+\cdots+c_mx^m$ 的多項式所構成。其中，若 k 爲奇，$c_k=0$。
67. V 爲 P 的子空間，P 由零多項式和所有具形式 $c_0+c_1x+\cdots+c_mx^m$ 的多項式所構成。其中，若 k 爲偶數，$c_k\neq 0$。
68. V 爲 P 的子空間，P 由零多項式和所有具形式 $c_0+c_1x+\cdots+c_mx^m$ 的多項式所構成。其中，對所有 i，$c_i\geq 0$。
69. V 爲 P 的子空間，P 由含零多項式和所有具形式 $c_0+c_1x+\cdots+c_mx^m$ 且 $c_0+c_1=0$ 的多項式所構成。

在習題 70 至 72 中，試決定集合 V 是否為向量空間 $F(S)$ 的一個子空間。其中 S 為一個特定的非空集合。試辯證你的答案。

70. 令S'爲S的一個非空子集合，令V爲在$F(S)$中對在S'中所有的s使得$f(s)=0$之所有函數f所形成的集合。
71. 令$\{s_1, s_2, \cdots, s_n\}$爲$S$的一個子集合，且令$V$爲在$F(S)$中使得下式成立之所有函數$f$所形成的集合

$$f(s_1)+f(s_2)+\cdots+f(s_n)=0$$

72. 令 s_1 和 s_2 爲 S 的元素且令 V 爲在 $F(S)$中使得$f(s_1)\cdot f(s_2)=0$之所有函數f所形成的集合。
73. 試說明，在$F(R)$中使得 c 之所有函數f所形成的集合，於定義在$F(R)$中的運算下，$f(1)=2$不爲一個向量空間。

在習題 74 至 78 中，試驗證集合 V 對於指定運算為一個向量空間。

74. $V=L(R^n, R^m)$在例題 2 中。
75. $V=P$ 在例題 3 中。
76. 對一個給定非空集合S和某些正整數n，令V表示所有從S到R^n的函數的集合。對任意函數f和g，及任意純量c，定義和$f+g$ 及乘積cf如下

$$(f+g)(s)=f(s)+g(s) \quad 且 \quad (cf)(s)=cf(s)$$

對在S中所有的s。

77. 令V爲所有具形式$\begin{bmatrix} a & 2a \\ b & -b \end{bmatrix}$的 2×2 矩陣的集合，其中 a 和 b 爲任意實數。加法和純量乘法，以一般對矩陣的方式定義。
78. 令V有函數$f: R\rightarrow R$ 的集合。其中$f(t)=0$，當$t<0$。加法和純量乘法如在$F(R)$中所定義。
79. 試證明定理 7.2(b)。
80. 試證明定理 7.2(d)。

81. 試證明定理 7.2(f)。

82. 試證明定理 7.2(h)。

83. 試用向量空間的公理來證明

$$(a+b)(\mathbf{u}+\mathbf{v}) = a\mathbf{u}+a\mathbf{v}+b\mathbf{u}+b\mathbf{v}\ ,$$

對在向量空間中所有的純量 a 和 b 及所有的向量 $\mathbf{u}$ 和 $\mathbf{v}$。

84. 試證明對在一個向量空間中的任意向量 $\mathbf{v}$，$-(-\mathbf{v})=\mathbf{v}$。

85. 試證明，對在一個向量空間中的任意向量 $\mathbf{u}$ 和 $\mathbf{v}$，$-(\mathbf{u}+\mathbf{v})=(-\mathbf{u})+(-\mathbf{v})$。

86. 令 $\mathbf{u}$ 和 $\mathbf{v}$ 爲在一個向量空間中的向量，並假設對某些數值 $c\neq 0$，$c\mathbf{u}=c\mathbf{v}$。試證明 $\mathbf{u}=\mathbf{v}$。

87. 試證明對在一個向量空間的任意向量 $\mathbf{v}$ 和任意數值 c，$(-c)(-\mathbf{v})=c\mathbf{v}$

88. 對一個在 R^n 中的非零向量 $\mathbf{v}$，令 V 爲在 R^n 中所有的線性運算子 T 使得 $T(\mathbf{v})=\mathbf{0}$ 所形成之集合。試證明 V 爲 $L(R^n, R^m)$的一個子空間。

89. 令 W 爲所有從 R 到 R 的可微分函數之集合。試證明 W 爲 $F(R)$的一個子空間。

90. 令 S 爲在習題 89 中子空間 W 的子集合，是由使得 $f'=f$ 的函數 f 所構成。試說明 S 爲 W 的一個子空間。

91. 在 $F(R)$中的一個函數 f 稱爲一個**偶函數**，若 $f(t)=f(-t)$，對在 R 中所有的 t；f 稱爲一個**奇函數**，若 $f(-t)=-f(t)$，對在 R 中所有的 t。
   (a) 試說明具所有偶函數的一子集合爲 $F(R)$ 的一個子空間。
   (b) 試說明具所有奇函數的一子集合爲 $F(R)$ 的一個子空間。

92. 令 V 爲定義在封閉區間[0, 1]的所有連續實數函數所組成的集合。
   (a) 試說明 V 爲 $F[0, 1]$的一個子空間。
   (b) 令 W 爲 V 的子集合，定義爲

$$W=\left\{f\in V : \int_0^1 f(t)dt=0\right\}$$

   試證明 W 爲 V 的一個子空間。

93. 假設 W_1 和 W_2 爲一個向量空間 V 的子空間。試證明他們的交集 $W_1\cap W_2$ 也爲 V 的一個子空間。

94. 假設 W_1 和 W_2 爲一個向量空間 V 的子空間。定義

$$W=\{\mathbf{w}_1+\mathbf{w}_2 : \mathbf{w}_1 \text{ 在 } W_1 \text{ 中且 } \mathbf{w}_2 \text{ 在 } W_2 \text{ 中}\}$$

試證明 W 爲 V 的一個子空間。

95. 令 W 爲一個向量空間 V 的一個子集合。試證明 W 爲 V 的一個子空間若且唯若以下條件成立：
   (i) $\mathbf{0}$ 在 W 中。
   (ii) $a\mathbf{w}_1+\mathbf{w}_2$ 在 W 中，當 $\mathbf{w}_1$ 和 $\mathbf{w}_2$ 在 W 中且 a 爲一個純量。

96. 假設 W 爲一向量空間 V 的一個子空間。試證明 W 滿足在向量空間定義中的公理，因此 W 本身爲一個向量空間。

97. 假設 W 爲向量空間 V 的子集合，使得 W 爲具有與定義在 V 上相同運算的一個向量空間。試證明 W 爲 V 的一個子空間。

練習題解答

1. 令 $p(x)=a_0+a_1x+\cdots+a_nx^n$ 爲在 P 中的一個多項式，且令 a 和 b 爲純量。則

$$\begin{aligned}(a+b)p(x) &= (a+b)(a_0+a_1x+\cdots+a_nx^n)\\ &= (a+b)a_0+(a+b)a_1x\\ &\quad +\cdots+(a+b)a_nx^n\\ &= (aa_0+ba_0)+(aa_1+ba_1)x\\ &\quad +\cdots+(aa_n+ba_n)x^n\\ &= (aa_0+aa_1x+\cdots+aa_nx^n)\\ &\quad +(ba_0+ba_1x+\cdots+ba_nx^n)\\ &= a(a_0+a_1x+\cdots+a_nx^n)\\ &\quad +b(a_0+a_1x+\cdots+a_nx^n)\\ &= ap(x)+bp(x)\end{aligned}$$

2. (i) 很清楚地，W 爲 $M_{2\times 2}$ 的一個子集合，其包含 2×2 零矩陣。
   (ii) 假設

$$A=\begin{bmatrix} a_1 & a_1+b_1\\ b_1 & 0\end{bmatrix} \text{ 且 } B=\begin{bmatrix} a_2 & a_2+b_2\\ b_2 & 0\end{bmatrix}$$

   在 W 中。則

$$\begin{aligned}A+B &= \begin{bmatrix} a_1 & a_1+b_1\\ b_1 & 0\end{bmatrix}+\begin{bmatrix} a_2 & a_2+b_2\\ b_2 & 0\end{bmatrix}\\ &= \begin{bmatrix} a_1+a_2 & (a_1+b_1)+(a_2+b_2)\\ b_1+b_2 & 0\end{bmatrix}\\ &= \begin{bmatrix} a_1+a_2 & (a_1+a_2)+(b_1+b_2)\\ b_1+b_2 & 0\end{bmatrix}\end{aligned}$$

其明顯地在 W 中。所以 W 在向量加法下是封閉的。

(iii) 對在(ii)中的矩陣 A 及任意純量 c，我們有

$$cA = c\begin{bmatrix} a_1 & a_1+b_1 \\ b_1 & 0 \end{bmatrix} = \begin{bmatrix} ca_1 & c(a_1+b_1) \\ cb_1 & c\cdot 0 \end{bmatrix}$$

$$= \begin{bmatrix} ca_1 & ca_1+cb_1 \\ cb_1 & 0 \end{bmatrix}$$

其明顯地在 W 中。所以 W 在純量乘法下是封閉的。

3. 假設

$$\begin{bmatrix} 1 & 2 \\ -1 & -3 \end{bmatrix} = a\begin{bmatrix} 1 & -1 \\ 1 & 2 \end{bmatrix} + b\begin{bmatrix} 0 & 1 \\ 1 & 2 \end{bmatrix} + c\begin{bmatrix} 2 & 1 \\ 0 & -1 \end{bmatrix}$$

對某些數值 a、b 和 c。則

$$\begin{aligned} a \qquad\quad + 2c &= 1 \\ -a + b + c &= 2 \\ a + b \qquad &= -1 \\ 2a + 2b - c &= -3 \end{aligned}$$

因這個系統具有解 $a=-1$、$b=0$ 及 $c=1$，我們總結該矩陣為在 S 中矩陣的一個線性組合，因此是在 S 的展延中。

7.2 線性變換

在本節中，我們將探討線性轉換(*linear transformations*)，這些函數作用在向量空間上，會保留向量加法和純量乘法運算。以下的定義延伸 2.7 節中所給之線性轉換的定義：

定義 V 和 W 為向量空間。一映射 $T: V \to W$ 稱為一個**線性轉換**(或簡稱為，**線性的**)，若對在 V 中所有的向量 **u** 和 **v** 及所有的純量 c，以下兩個條件同時成立：

(i) $T(\mathbf{u}+\mathbf{v}) = T(\mathbf{u}) + T(\mathbf{v})$。(在此情況，我們稱 T **保留向量加法**。)

(ii) $T(c\mathbf{u}) = cT(\mathbf{u})$。(在此情況，我們稱 T **保留數值乘法**。)

向量空間 V 和 W 依序稱為 T 的**定義域(domain)**和**對應域(codomain)**。

我們曾在第二章給了一個從 R^n 到 R^m 之線性轉換的例子。在下面的例題中，我們考慮定義在其它向量空間的線性轉換：

例題 1

令 $U: M_{m\times n} \to M_{n\times m}$ 為 $U(A) = A^T$ 所定義的映射。U 的線性來自定理 1.2。

如在 R^n 的情況一般，從一個向量空間映射到其本身的一個線性轉換稱為一個**線性運算子(linear operator)**。

例題 2

令 C^∞ 表示 $F(R)$的子集合，是由具所有階導數的函數所構成的。也就是，一個在 $F(R)$中的函數 f 屬於 C^∞，若對每個正整數 n，f 的 n 階導數存在。微積分的定理可推出 C^∞爲 $F(R)$的一個子空間。(參見習題 58。)考慮映射 $D: C^\infty \to C^\infty$，定義爲$D(f) = f'$，對在 C^∞中所有的f。從導數的基本性質可得

$$D(f+g) = (f+g)' = f' + g' = D(f) + D(g)$$

且

$$D(cf) = (cf)' = cf' = cD(f)$$

對在 C^∞中所有的函數f和 g，及每個純量 c。由此可得 D 爲在 C^∞上的一個線性運算子。

例題 2 說明了微分爲一個線性轉換。積分則是另一個線性轉換的範例。

例題 3

令 $C([a, b])$表示由定義在封閉區間$[a, b]$中所有的連續實數值函數所組成的集合。我們可以證明 $C([a, b])$是 $F([a, b])$的一個子空間，後者是定義在$[a, b]$中的實數值函數所成的集合。(參見習題 59。)對在 $C([a, b])$中的每個函數 f，存在定積分 $\int_a^b f(t)dt$ ，所以一個映射 $T: C([a, b]) \to R$ 可定義爲

$$T(f) = \int_a^b f(t)dt$$

T 的線性來自定積分的基本性質。例如，對在 $C([a, b])$中的任意 f 和 g，

$$\begin{aligned} T(f+g) &= \int_a^b (f+g)(t)dt \\ &= \int_a^b [f(t)+g(t)]dt \\ &= \int_a^b f(t)dt + \int_a^b g(t)dt \\ &= T(f) + T(g) \end{aligned}$$

類似的，對每個純量 c，$T(cf) = cT(f)$ 。因此，T 爲一個線性轉換。

例題 4

令 $T: P_2 \to R^3$ 定義爲

$$T(f(x)) = \begin{bmatrix} f(0) \\ f(1) \\ 2f(1) \end{bmatrix}$$

例如，$T(3+x-2x^2)=\begin{bmatrix}3\\2\\4\end{bmatrix}$。我們證明 T 為線性。考慮在 P_2 中的任意多項式 $f(x)$ 和 $g(x)$。則

$$T(f(x)+g(x))=\begin{bmatrix}f(0)+g(0)\\f(1)+g(1)\\2[f(1)+g(1)]\end{bmatrix}=\begin{bmatrix}f(0)\\f(1)\\2f(1)\end{bmatrix}+\begin{bmatrix}g(0)\\g(1)\\2g(1)\end{bmatrix}=T(f(x))+T(g(x))$$

因此 T 保留向量加法。再者，對任意純量 c，

$$T(cf(x))=\begin{bmatrix}cf(0)\\cf(1)\\2cf(1)\end{bmatrix}=c\begin{bmatrix}f(0)\\f(1)\\2f(1)\end{bmatrix}=cT(f(x))$$

所以 T 保留純量乘法。我們可總結 T 為線性。

練習題 1.

令 $T: P_2 \to R^3$ 為如下定義的映射。

$$T(f(x))=\begin{bmatrix}f(0)\\f'(0)\\f''(0)\end{bmatrix}$$

試證明 T 為一個線性轉換。

線性轉換的基本性質

我們現在將從 R^n 到 R^m 的線性轉換之結果一般化到其它向量空間。在大多數的情況下，其證明，除了某些符號不同之外，相同於在第 2 章中對應的結果。

第一個結果將定理 2.8 延伸至所有的向量空間。其證明與定理 2.8 的證明一樣，因此我們在此省略。

定理 7.4

令 V 和 W 為向量空間，且 $T: V \to W$ 為一個線性轉換。對在 V 中任意的向量 $\mathbf{u}$ 和 $\mathbf{v}$ 及任意純量 a 和 b，以下陳述為真：

(a) $T(\mathbf{0})=\mathbf{0}$。

(b) $T(-\mathbf{u})=-T(\mathbf{u})$。

(c) $T(\mathbf{u}-\mathbf{v})=T(\mathbf{u})-T(\mathbf{v})$。

(d) $T(a\mathbf{u}+b\mathbf{v})=aT(\mathbf{u})+bT(\mathbf{v})$。

如在 2.7 節中，定理 7.4(d)可延伸至任意線性組合；亦即，T **保留線性組合**。

令 $T: V \to W$ 為一個線性轉換。若 $\mathbf{u}_1, \mathbf{u}_2, \cdots, \mathbf{u}_k$ 為在 V 中的向量，且 $a_1, a_2, \cdots, a_k$ 為純量，則

$$T(a_1\mathbf{u}_1 + a_2\mathbf{u}_2 + \cdots + a_k\mathbf{u}_k) = a_1T(\mathbf{u}_1) + a_2T(\mathbf{u}_2) + \cdots + a_kT(\mathbf{u}_k)$$

給定一個線性轉換 $T: V \to W$，其中 V 和 W 為向量空間，則自然的會有 V 和 W 的子空間與 T 相關。

定義　令 $T: V \to W$ 為一個線性轉換，其中 V 和 W 為向量空間。T 的**零空間 (nullspace)**，為在 V 中使得 $T(\mathbf{v}) = \mathbf{0}$ 之所有向量 $\mathbf{v}$ 所形成的集合。T 的**值域**為所有 T 的映射所形成的集合；亦即，對在 V 中的 $\mathbf{v}$，所有向量 $T(\mathbf{v})$ 所形成的集合。

零空間及一個線性轉換 $T: V \to W$ 的值域，分別為 V 和 W 的子空間。(參見習題 56 和 57。)

例題 5

令 $U: M_{m\times n} \to M_{n\times m}$ 為在例題 1 中的線性轉換，以 $U(A) = A^T$ 定義。試描述零空間和 U 的值域。

解　在 $M_{m\times n}$ 中的一個矩陣 A 在 U 的零空間中若且唯若 $A^T=O$。其中 O 為 $n\times m$ 零矩陣。清楚地，$A^T=O$ 若且唯若 A 為 $m\times n$ 零矩陣。因此，U 的零空間只包含 $m\times n$ 零矩陣。

對在 $M_{n\times m}$ 中的任意矩陣 B，我們有 $B = (B^T)^T = U(B^T)$。因此，B 在 U 的值域中。我們總結 U 的值域與其對應域 $M_{n\times m}$ 重疊。

例題 6

令 $D: C^\infty \to C^\infty$ 為在例題 2 中以 $D(f) = f'$ 定義的線性轉換。試描述 D 的零空間及值域。

解　在 C^∞ 中的一個函數 f 是在 D 的零空間中若且唯若 $D(f) = f' = \mathbf{0}$；亦即，f 的導數為零函數。所以 f 為一個常數函數。所以 D 的零空間為常數函數的子空間。

在 C^∞ 中的任意函數 f 具有一個在 C^∞ 中的反導數 g。因此，$f = g' = D(g)$ 是在 D 的值域內。所以 D 的值域為 C^∞ 的全部。

以下這個線性轉換 T 的值域並不與它的對應域重疊：

例題 7

令 $T: P_2 \to R^3$ 爲例題 1 中的線性轉換，定義爲

$$T(f(x)) = \begin{bmatrix} f(0) \\ f(1) \\ 2f(1) \end{bmatrix}$$

試描述 T 的零空間和值域。

解 一個多項式 $f(x) = a + bx + cx^2$ 在 T 的零空間內若且唯若

$$T(f(x)) = \begin{bmatrix} f(0) \\ f(1) \\ 2f(1) \end{bmatrix} = \begin{bmatrix} 0 \\ 0 \\ 0 \end{bmatrix}$$

也就是，$f(0) = a = 0$ 且 $f(1) = a + b + c = 0$。這兩個方程式都被滿足若且唯若 $a = 0$ 且 $c = -b$；亦即，對某純量 b，$f(x) = bx - bx^2 = b(x - x^2)$。因此，$T$ 的零空間爲集合 $\{x - x^2\}$ 的展延。

在 P_2 中的一個任意多項式 $f(x) = a + bx + cx^2$ 其映射爲

$$T(f(x)) = \begin{bmatrix} f(0) \\ f(1) \\ 2f(1) \end{bmatrix} = \begin{bmatrix} a \\ a+b+c \\ 2(a+b+c) \end{bmatrix} = a\begin{bmatrix} 1 \\ 1 \\ 2 \end{bmatrix} + b\begin{bmatrix} 0 \\ 1 \\ 2 \end{bmatrix} + c\begin{bmatrix} 0 \\ 1 \\ 2 \end{bmatrix}$$

則 T 的值域爲以下集合的展延

$$\left\{ \begin{bmatrix} 1 \\ 1 \\ 2 \end{bmatrix}, \begin{bmatrix} 0 \\ 1 \\ 2 \end{bmatrix} \right\}$$

其爲 R^3 的一個 2 維子空間。

憶及若線性轉換 $T: V \to W$ 的值域等於 W，則稱爲**映成(onto)**。因此，在例題 5 和 6 的線性轉換 U 和 D 都爲映成。若在 V 中的兩個相異向量在 W 上的映射都相異，則轉換 T 爲**一對一(one-to-one)**。

下面的結果，爲在中定理 2.11 的一個延伸。其告訴我們如何使用一個線性轉換的零空間來決定該轉換是否爲一對一。其證明與 2.8 節中所給相同，因此在此省略。

定理 7.5

一個線性轉換爲一對一若且唯若其零空間只包含零向量。

在例題 5 中的線性運算子 U 只包含 $M_{m\times n}$ 的零向量。因此根據定理 7.5，U 爲一對一。相較之下，在例題 6 和 7 中的線性轉換不爲一對一映射，由於其零空間包含零向量以外的向量。

例題 8

令 $T: P_2 \to R^3$ 爲線性轉換，定義爲

$$T(f(x)) = \begin{bmatrix} f(0) \\ f'(0) \\ f''(0) \end{bmatrix}$$

利用定理 7.5 來說明 T 爲一對一。

解 令 $f(x) = a + bx + cx^2$。則 $f'(x) = b + 2cx$ 且 $f''(x) = 2c$。若 $f(x)$在 T 的零空間中，則 $f(0) = f'(0) = f''(0) = 0$。因此 $a=0$，$b=0$，且 $2c=0$。我們總結 $f(x)$ 爲零多項式，而且其也爲在 T 的零空間中的唯一多項式。則根據定理 7.5，T 爲一對一

同構轉換

同時爲一對一且映成的線性轉換在下一節扮演一個重要的角色。

定義　V 和 W 爲向量空間。一個線性轉換 $T: V \to W$ 稱爲一個**同構轉換 (isomorphism)**，若其同時爲一對一和映成。在此情況下，我們說 V 爲對 W 爲**同構的(isomorphic)**

我們已見到在例題 5 的線性轉換 U 爲一對一及映成，因此其爲一個同構轉換。

例題 9

試說明在例題 8 中的線性轉換 T 爲一個同構轉換。

解 在例題 8 中，我們已說明 T 爲一對一，所以只要說明 T 爲映成就夠了。觀察對在 R^3 中的任意向量 $\begin{bmatrix} a \\ b \\ c \end{bmatrix}$，

$$T\left(a + bx + \frac{c}{2}x^2\right) = \begin{bmatrix} a \\ b \\ c \end{bmatrix} \qquad (1)$$

因此在 R^3 中的每個向量是在 T 的值域內。所以 T 爲映成，因而 T 爲一個同構轉換。所以 P_2 與 R^3 爲同構。

練習題 2.

令 $T: M_{2\times2} \to M_{2\times2}$ 定義爲 $T(A)=\begin{bmatrix}1 & 1\\1 & 2\end{bmatrix}A$。試證明 T 爲一個同構轉換。

由於一同構轉換 $T: V\to W$ 同時爲一對一且映成，對每個在 W 中的 $\mathbf{w}$，有唯一的一個 $\mathbf{v}$ 在 V 中使得 $T(\mathbf{v})=\mathbf{w}$。因此，轉換 T 具有一個反轉換 $T^{-1}: W\to V$，定義爲 $T^{-1}(\mathrm{w})=\mathbf{v}$。就是因爲這個原因，一個同構轉換也可稱爲一個**可逆線性轉換**，或當同構轉換爲一個運算子時，稱爲**可逆線性運算子**。

下面的結果告訴我們一個同構轉換的逆轉換也爲一個同構轉換。

定理 7.6

令 V 和 W 爲向量空間，且 $T: V\to W$ 爲一個同構轉換。則 $T^{-1}: W\to V$ 爲線性，且因此也爲一個同構轉換。

證明 我們先證明 T^{-1} 保留向量加法。令 $\mathbf{w}_1$ 和 $\mathbf{w}_2$ 爲在 W 中的向量，且令 $T^{-1}(\mathbf{w}_1)=\mathbf{v}_1$ 及 $T^{-1}(\mathbf{w}_2)=\mathbf{v}_2$。則 $T(\mathbf{v}_1)=\mathbf{w}_1$ 且 $T(\mathbf{v}_2)=\mathbf{w}_2$。因此

$$\mathbf{w}_1+\mathbf{w}_2=T(\mathbf{v}_1)+T(\mathbf{v}_2)=T(\mathbf{v}_1+\mathbf{v}_2)$$

由此可得

$$T^{-1}(\mathbf{w}_1+\mathbf{w}_2)=\mathbf{v}_1+\mathbf{v}_2=T^{-1}(\mathbf{w}_1)+T^{-1}(\mathbf{w}_2)$$

爲了證明 T^{-1} 保留純量乘法，令 $\mathbf{w}$ 爲一個在 W 中的向量，c 爲一個純量，且 $\mathbf{v}=T^{-1}(\mathbf{w})$。則 $T(\mathbf{v})=\mathbf{w}$，並因此

$$c\mathbf{w}=cT(\mathbf{v})=T(c\mathbf{v})$$

所以

$$T^{-1}(c\mathbf{w})=c\mathbf{v}=cT^{-1}(\mathbf{w})$$ ■

我們已見到在例題 8 中的線性轉換 T 爲一個同構轉換。因此，根據方程式 (1)，同構轉換 T^{-1} 滿足

$$T^{-1}\left(\begin{bmatrix}a\\b\\c\end{bmatrix}\right)=a+bx+\frac{c}{2}x^2 \quad 對 \begin{bmatrix}a\\b\\c\end{bmatrix} 在 R^3 中$$

定理 7.6 說明了，若 $T:V\to W$ 爲一個同構轉換，則 $T^{-1}:W\to V$ 也爲一個同構轉換。再次應用定理 7.6，我們可見$(T^{-1})^{-1}$ 也爲一個同構轉換。事實上，我們可很容易的証明$(T^{-1})^{-1}=T$。(參見習題 52。)

定理 7.6 的一個結果爲，若一個向量空間 V 對一個向量空間 W 爲同構，則 W 對 V 也爲同構。由此原因，我們簡單的說 V 和 W 是**同構的**。

線性轉換的合成

令 V、W 和 Z 爲向量空間，且 $T:V\to W$ 和 $U:W\to Z$ 爲線性轉換。和 2.8 節一樣，我們可以構成 U 和 T 的**合成(composition)**$UT:V\to Z$，定義爲 $UT(\mathbf{v})=U(T(\mathbf{v}))$，對在 V 中所有的 $\mathbf{v}$。

以下的結果告訴我們 UT 爲線性的，若 U 和 T 兩者皆爲線性的：

定理 7.7

令 V、W 和 Z 爲向量空間，且 $T:V\to W$ 和 $U:W\to Z$ 爲線性轉換。則合成 $UT:V\to Z$ 也爲一個線性轉換。

證明　令 $\mathbf{u}$ 和 $\mathbf{v}$ 爲在 V 中的向量。則

$$\begin{aligned}UT(\mathbf{u}+\mathbf{v})&=U(T(\mathbf{u}+\mathbf{v}))\\&=U(T(\mathbf{u})+T(\mathbf{v}))\\&=U(T(\mathbf{u}))+U(T(\mathbf{v}))\\&=UT(\mathbf{u})+UT(\mathbf{v})\end{aligned}$$

因此，UT 保留向量加法。同樣的，UT 保留純量乘法。所以 UT 爲線性。■

例題 10

令 $T:P_2\to R^3$ 及 $U:R^3\to M_{2\times 2}$ 爲定義如下的函數

$$T(f(x))=\begin{bmatrix}f(0)\\f(1)\\2f(1)\end{bmatrix}\quad 且\quad U\left(\begin{bmatrix}s\\t\\u\end{bmatrix}\right)=\begin{bmatrix}s&t\\t&u\end{bmatrix}$$

T 和 U 兩者皆爲線性轉換，且其合成 UT 被定義。對在 P_2 中任意的多項式 $a+bx+cx^2$，UT 滿足

$$UT(a+bx+cx^2)=U\left(\begin{bmatrix}a\\a+b+c\\2(a+b+c)\end{bmatrix}\right)=\begin{bmatrix}a&a+b+c\\a+b+c&2(a+b+c)\end{bmatrix}$$

根據定理 7.7，UT 爲線性。

假設 $T:V\to W$ 和 $U:W\to Z$ 爲同構轉換。根據定理 7.7，合成 UT 爲線性的。再者，因 U 和 T 兩者皆爲一對一和映成，則 UT 也爲一對一和映成。所以 UT 爲一個同構轉換。T、U 和 UT 的逆轉換的關係爲 $(UT)^{-1}=T^{-1}U^{-1}$。(參見習題 53。)我們總結這些觀察如下：

> 令 $T:V\to W$ 和 $U:W\to Z$ 爲同構轉換。
> (a) $UT:V\to Z$ 爲一個同構轉換。
> (b) $(UT)^{-1}=T^{-1}U^{-1}$。

注意，在此方框中的(b)，可延伸至任意有限數量之同構轉換的合成。(參見習題 54。)

習　題

在習題 1 至 8 中，試決定是否每個線性轉換為一對一。

1. $T:M_{2\times 2}\to M_{2\times 2}$ 爲線性轉換，定義爲 $T(A)=A\begin{bmatrix}1 & 2\\ 3 & 4\end{bmatrix}$。
2. $U:M_{2\times 2}\to R$ 爲線性轉換，定義爲 $U(A)=$ tace(A)。
3. $T:M_{2\times 2}\to R^2$ 爲線性轉換，定義爲 $T(A)=A\mathbf{e}_1$。
4. $U:P_2\to R^2$ 爲線性轉換，定義爲 $U(f(x))=\begin{bmatrix}f(1)\\ f'(1)\end{bmatrix}$。
5. $T:P_2\to P_2$ 爲線性轉換，定義爲 $T(f(x))=xf'(x)$。
6. $T:P_2\to P_2$ 爲線性轉換，定義爲 $T(f(x))=f(x)+f'(x)$。
7. $U:R^3\to M_{2\times 2}$ 爲在範例 10 的線性轉換，定義爲 $U\left(\begin{bmatrix}s\\ t\\ u\end{bmatrix}\right)=\begin{bmatrix}s & t\\ t & u\end{bmatrix}$。
8. $U:R^2\to R$ 爲線性轉換，定義爲 $U(\mathbf{v})=\det\begin{bmatrix}v_1 & 1\\ v_2 & 3\end{bmatrix}$。

在習題 9 至 16 中，試決定是否每個線性轉換為映成。

9. 在習題 1 中的線性轉換 T。
10. 在習題 2 中的線性轉換 U。
11. 在習題 3 中的線性轉換 T。
12. 在習題 4 中的線性轉換 U。
13. 在習題 5 中的線性轉換 T。
14. 在習題 6 中的線性轉換 T。
15. 在習題 7 中的線性轉換 U。
16. 在習題 8 中的線性轉換 U。

在習題 17 至 24 中，試證明每個函數實際上為線性。

17. 在習題 1 中的函數 T。
18. 在習題 2 中的函數 U。
19. 在習題 3 中的函數 T。
20. 在習題 4 中的函數 U。
21. 在習題 5 中的函數 T。
22. 在習題 6 中的函數 T。
23. 在習題 7 中的函數 U。
24. 在習題 8 中的函數 T。

在習題25至29中，試計算由線性轉換的合成所決定的表示式。

25. $UT\left(\begin{bmatrix} a & b \\ c & d \end{bmatrix}\right)$，其中 U 爲在習題2中的線性轉換，且 T 爲在習題1中的線性轉換。
26. $UT(a+bx+cx^2)$，其中 U 爲在習題4中的線性轉換，且 T 爲在習題5中的線性轉換。
27. $UT(a+bx+cx^2)$，其中 U 爲在習題4中的線性變轉換，且 T 爲在習題6中的線性轉換。
28. $UT\left(\begin{bmatrix} a & b \\ c & d \end{bmatrix}\right)$，其中 U 爲習題8中的線性轉換，且 T 爲在習題3中的線性轉換。
29. $TU\left(\begin{bmatrix} s \\ t \\ u \end{bmatrix}\right)$，其中 $T: M_{2\times2} \to M_{2\times2}$ 爲線性轉換，定義爲 $T(A)=A^T$，且 U 爲在習題7中的線性轉換。

在習題30至37中，試決定是否每個轉換 T 為線性的。若 T 為線性的，試決定是否其為一個同構轉換。試辯證你的結論。

30. $T: M_{n\times n} \to R$ 定義爲 $T(A)=\det A$。
31. $T: P \to P$ 定義爲 $T(f(x))=xf(x)$。
32. $T: P_2 \to R^3$ 定義爲 $T(f(x))=\begin{bmatrix} f(0) \\ f(1) \\ f(2) \end{bmatrix}$。
33. $T: P \to P$ 定義爲 $T(f(x))=(f(x))^2$。
34. $T: M_{2\times2} \to M_{2\times2}$ 定義爲 $T(A)=\begin{bmatrix} 1 & 1 \\ 1 & 1 \end{bmatrix}A$。
35. $T: F(R) \to F(R)$ 定義爲 $T(f)(x)=f(x+1)$。
36. $T: D(R) \to F(R)$ 定義爲 $T(f)=f'$。其中 f' 爲 f 的導數，且 $D(R)$ 爲在 $F(R)$ 中可微函數所形成的集合。
37. $T: D(R) \to R$ 定義爲 $T(f)=\int_0^1 f(t)dt$，其中 $D(R)$ 爲在 $F(R)$ 中可微函數所形成的集合。
38. 令 $S=\{s_1, s_2, \cdots, s_n\}$ 爲一個有 n 個元素的集合，且令 $T: F(S) \to R^n$ 定義爲

$$T(f)=\begin{bmatrix} f(s_1) \\ f(s_2) \\ \vdots \\ f(s_n) \end{bmatrix}$$

試證明 T 爲一個同構轉換。

是非題

在習題39至48中，試決定該陳述為真確或謬誤。

39. 每個同構轉換爲線性且一對一。
40. 一個一對一的線性轉換爲一個同構轉換。
41. 向量空間 $M_{m\times n}$ 及 $L(R^n, R^m)$ 爲同構。
42. 定積分可視爲是從 $C([a, b])$ 到實數的一個線性轉換。
43. 函數 $f(t)=\cos t$ 屬於 C^∞。
44. 函數 t^4-3t^2 並不屬於 C^∞。
45. 微分爲在 C^∞ 中的一個線性運算子。
46. $C([a, b])$ 定義爲在 $[a, b]$ 上的連續實數函數所形成的向量空間，定積分爲在 $C([a, b])$ 中的一個線性運算子。
47. 在 V 中的每個線性運算子的零空間爲 V 的一個子空間。
48. 微分方程 $y''+4y=\sin 2t$ 的解集合爲 C^∞ 的一個子空間。

---

49. 令 N 表示非負整數形成的集合，且令 V 爲 $F(N)$ 的子集合，包含除了在 N 的有限多個元素之外，其餘均爲零的函數。
    (a) 試說明 V 爲 $F(N)$ 的一個子空間。
    (b) 試說明 V 對 P 爲同構。*提示*：選擇一個轉換 $T: V \to P$，它將函數 d 映射到以 $f(i)$ 爲 x^i 之係數的多項式。
50. 令 V 爲跡數爲0的所有 2×2 矩陣所形成的向量空間。利用建構從 V 到 P_2 的一個同構轉換，試證明 V 對 P_2 爲同構。試驗證你的答案。
51. 令 V 爲 P_4 的子集合，具有形式 ax^4+bx^2+c 的多項式，其中 a、b 和 c 爲純量。
    (a) 試證明 V 爲 P_4 的一個子空間。
    (b) 利用建構從 V 到 P_2 的一個同構轉換，試證明 V 對 P_2 爲同構。試驗證你的答案。
52. 令 V 和 W 爲向量空間，且 $T: V \to W$ 爲一個同構轉換。試證明 $(T^{-1})^{-1}=T$。
53. 令 V、W 和 Z 爲向量空間，且 $T: V \to W$ 和 $U: W \to Z$ 爲同構轉換。試證明 $UT: V \to Z$ 爲一個同構轉換，且 $(UT)^{-1}=T^{-1}U^{-1}$。

7

54. 試證明以下對習題 53 的延伸：若 $T_1, T_2, \cdots, T_k$ 爲同構轉換使得合成 $T_1T_2\cdots T_k$ 被定義，則 $T_1T_2\cdots T_k$ 爲一個同構轉換，且

$$(T_1T_2\cdots T_k)^{-1} = (T_k)^{-1}(T_{k-1})^{-1}\cdots(T_1)^{-1}$$

定義 對向量空間 V 和 W，令 $L(V, W)$ 表示所有線性轉換 $T: V \to W$ 所形成的集合。對在 $L(V, W)$ 中的 T 和 U 及任意純量 c，定義 $T+U: V \to W$ 及 $cT: V \to W$，為

$$(T+U)(\mathbf{x}) = T(\mathbf{x}) + U(\mathbf{x}) \quad \text{且} \quad (cT)(\mathbf{x}) = cT(\mathbf{x})$$

對在 V 中的所有 $\mathbf{x}$。

此定義將用在習題 55。

55. 令 V 和 W 爲向量空間，令 T 和 U 在 $L(V, W)$ 中，且令 c 爲一個純量。
   (a) 試證明對在 $L(V, W)$ 中的任意 T 和 U，$T+U$ 爲一個線性轉換。
   (b) 試證明對在 $L(V, W)$ 中的任意 T，對任意數值 c，cT 爲一個線性轉換。
   (c) 試證明 $L(V, W)$ 爲具有這些運算的一個向量空間。
   (d) 試描述此向量空間的零向量。

56. 令 $T: V \to W$ 爲一個介於向量空間 V 和 W 的線性轉換。試證明 T 的零空間爲 V 的一個子空間。

57. 令 $T: V \to W$ 爲介於向量空間 V 和 W 的一個線性轉換。試證明 T 的值域爲 W 的一個子空間。

58. 回顧在例題 2 中的集合 C^∞。
   (a) 試證明 C^∞ 爲 $F(R)$ 的一個子空間。
   (b) 令 $T: C^\infty \to C^\infty$ 定義爲 $T(f)(t) = e^t f''(t)$，對在 R 中的所有 t。試證明 T 爲線性。

59. 回顧在例題 3 中的集合 $C([a, b])$。
   (a) 試證明 $C([a, b])$ 爲 $F([a, b])$ 的一個子空間。
   (b) 令 $T: C([a,b]) \to C([a,b])$ 定義如下

   $$T(f)(x) = \int_a^x f(t)dt \quad \text{對 } a \le x \le b$$

   試證明 T 爲線性，且爲一對一。

60. 複習在 7.1 節中的例題 5 和 6，其中顯示出向量空間的某些子集合爲子空間。試利用一個線性轉換的零空間爲其定義域的一個子空間之事實，來提供這些結果的另一替代證明。

練習題解答

1. 令

$$p(x) = a_0 + a_1x + a_2x^2 \quad \text{且} \quad q(x) = b_0 + b_1x + b_2x^2$$

則

$$\begin{aligned} T(f(x)+g(x)) &= T((a_0+b_0)+(a_1+b_1)x+(a_2+b_2)x^2) \\ &= \begin{bmatrix} a_0+b_0 \\ a_1+b_1 \\ 2(a_2+b_2) \end{bmatrix} = \begin{bmatrix} a_0 \\ a_1 \\ 2a_2 \end{bmatrix} + \begin{bmatrix} b_0 \\ b_1 \\ 2b_2 \end{bmatrix} \\ &= T(f(x))+T(g(x)) \end{aligned}$$

且對任意純量 c，

$$T(cf(x)) = T(ca_0 + ca_1x + ca_2x^2) = \begin{bmatrix} ca_0 \\ ca_1 \\ 2ca_2 \end{bmatrix} = c\begin{bmatrix} a_0 \\ a_1 \\ 2a_2 \end{bmatrix} = cT(f(x))$$

2. 令 $B = \begin{bmatrix} 1 & 1 \\ 1 & 2 \end{bmatrix}$。
   (a) 對在 $M_{2\times 2}$ 中的任意矩陣 C 和 D，及任意純量 k，我們有

   $$\begin{aligned} T(C+D) &= B(C+D) = BC + BD \\ &= T(C) + T(D) \end{aligned}$$

   及

   $$T(kC) = B(kC) = k(BC) = kT(C)$$

   所以 T 爲線性。
   (b) 觀察到 B 爲可逆的。若 $T(A) = BA = O$，則 $A = B^{-1}(BA) = B^{-1}O = O$。因此根據定理 7.5，$T$ 爲一對一。現在，考慮在 $M_{2\times2}$ 中的任意矩陣 A。則 $T(B^{-1}A) = B(B^{-1}A) = A$，且所以 T 爲映成。我們可得結論：T 爲一個同構轉換。

7.3 基底與維度

在本節中，我們將建立向量空間之基底(*basis*)和維度(*dimension*)的概念。然後我們將指出向量空間的一特定類別，有限維度(*finite-dimensional*)向量空間，對某 n 值它們與 R^n 爲同構。我們使用這些同構特性來將我們在之前章節所學到的關於 R^n 的所有事實，轉換到有限維度向量空間中。

線性相依與線性獨立

對一般的向量空間，線性相依(*linear dependence*)和線性獨立(*independence*)的概念相似於對應的 R^n 中之概念，不同處爲我們必須納入無限集合。事實上，對有限集合的定義與對 R^n 的定義是相同的。(參見 1.7 節。)

定義 一向量空間 V 的一個無限子集合 S 爲**線性相依**，若 S 的某些有限子集合爲線性相依。一個無限集合 S 爲**線性獨立**，若 S 不爲線性相依，亦即，若 S 的每個有限子集合都是線性獨立。

例題 1

P_2 的子集合 $S=\{x^2-3x+2, 3x^2-5x, 2x-3\}$ 爲線性相依，因爲

$$3(x^2-3x+2)+(-1)(3x^2-5x)+2(2x-3)=\mathbf{0}$$

其中 $\mathbf{0}$ 爲零多項式。如同 R^n 的線性相依子集合一般，S 爲線性相依，因爲我們可將零向量表示爲在 S 中向量的一個線性組合，且具有至少一個非零係數。

例題 2

在 7.1 節的例題 14 中，我們注意到集合

$$S=\left\{\begin{bmatrix}1 & 0\\ 0 & -1\end{bmatrix}, \begin{bmatrix}0 & 1\\ 0 & 0\end{bmatrix}, \begin{bmatrix}0 & 0\\ 1 & 0\end{bmatrix}\right\}$$

爲跡數爲零的 2×2 矩陣之子空間的一個產生集合。我們現在說明，此集合爲線性獨立。考慮任意純量 a、b 和 c 使得

$$a\begin{bmatrix}1 & 0\\ 0 & -1\end{bmatrix}+b\begin{bmatrix}0 & 1\\ 0 & 0\end{bmatrix}+c\begin{bmatrix}0 & 0\\ 1 & 0\end{bmatrix}=O$$

其中 O 爲 $M_{2\times 2}$ 的零矩陣。在 7.1 節的例題 14 中，我們觀察到

此線性組合等於$\begin{bmatrix} a & b \\ c & -a \end{bmatrix}$，且因此

$$\begin{bmatrix} a & b \\ c & -a \end{bmatrix} = \begin{bmatrix} 0 & 0 \\ 0 & 0 \end{bmatrix}$$

利用將對應元素相等，我們求得 a=0、b=0 及 c=0。可得 S 為線性獨立。

練習題 1.

試決定集合

$$S = \left\{ \begin{bmatrix} 1 & 1 \\ 1 & 0 \end{bmatrix}, \begin{bmatrix} 0 & 0 \\ 1 & 1 \end{bmatrix}, \begin{bmatrix} 0 & 2 \\ 0 & -1 \end{bmatrix}, \begin{bmatrix} 0 & 1 \\ 1 & 0 \end{bmatrix} \right\}$$

是否為 $M_{2\times 2}$ 的一個線性獨立子集合。

例題 3

令 $S = \{e^t, e^{2t}, e^{3t}\}$。我們說明 S 為 $F(R)$的一個線性獨立子集合。考慮任意純量 a、b 和 c，使得

$$ae^t + be^{2t} + ce^{3t} = \mathbf{0}$$

其中 $\mathbf{0}$ 為零函數。將此方程式的兩邊取第一和第二微分，我們獲得兩方程式

$$ae^t + 2be^{2t} + 3ce^{3t} = \mathbf{0}$$

及

$$ae^t + 4be^{2t} + 9ce^{3t} = \mathbf{0}$$

因這些方程式的左邊等於零函數，對每個實數 t，其必須等於 0。所以，我們可將 $t = 0$ 代入這三個方程式中，來獲得齊次方程組

$$\begin{aligned} a + b + c &= 0 \\ a + 2b + 3c &= 0 \\ a + 4b + 9c &= 0 \end{aligned}$$

我們很容易地可解出這方程組只具有零解 a=b=c=0，且因此 S 為線性獨立。

接下來的兩個例題與無限集合有關。

例題 4

向量空間 P 的無限子集合 $\{1, x, x^2, \cdots, x^n, \cdots\}$ 爲線性獨立。此集合的一個非空有限子集合之任意線性組合不爲零多項式，除非所有的係數爲零。所以每個非空有限子集合爲線性獨立。

例題 5

P 的無限子集合

$$\{1+x, 1-x, 1+x^2, 1-x^2, \cdots, 1+x^n, 1-x^n, \cdots\}$$

爲線性相依，由於其包含一個有限的線性相依子集合。如此集合的一範例爲 $\{1+x, 1-x, 1+x^2, 1-x^2\}$，因爲

$$1(1+x)+1(1-x)+(-1)(1+x^2)+(-1)(1-x^2)=\mathbf{0}$$

下個結果將告訴我們，同構轉換保留線性獨立。我們在此省略證明。(參見習題 66。)

定理 7.8

令 V 和 W 爲向量空間，$\{\mathbf{v}_1, \mathbf{v}_2, \cdots, \mathbf{v}_k\}$ 爲 V 的一個線性獨立子集合，且 $T: V \to W$ 爲一個同構轉換。則 $\{T(\mathbf{v}_1), T(\mathbf{v}_2), \cdots, T(\mathbf{v}_k)\}$，$\mathbf{v}_1, \mathbf{v}_2, \cdots, \mathbf{v}_k$ 之映射所形成的集合，爲 W 的一個線性獨立子集合。

向量空間之基底

如在第 4 章，我們定義一個向量空間 V 的一個子集合 S 爲 V 的一個**基底(basis)**，若 S 爲一個線性獨立集合且爲 V 的一個產生集合。因此，我們可看到在例題 2 中的集合 S 是跡數爲零之 2×2 矩陣的子空間的一個基底。在本節的例題 4 與 7.1 節的例題 12 中，我們看到 $\{1, x, x^2, \cdots, x^n, \cdots\}$ 是 P 的一個線性獨立產生集合；所以它是 P 的一個基底。因此，和 R^n 的子空間不同的是，向量空間 P 具有一個無限的基底。三角多項式的向量空間 $T[0, 2\pi]$ 之產生集合，定義在 7.1 節，也爲線性獨立。(參見 7.5 節。)此爲一個向量空間具一個無限的基底之另一個範例。

在第 4 章中說明了，R^n 同一子空間的任意兩個基底包含相同數量的向量。之前的觀察引導出對向量空間基底的三個問題。我們將這些問題及它們的解答一起列出。

1. 一個向量空間是否有可能同時具有一個無限和一個有限的基底？答案爲**否**。
2. 若一個向量空間 V 具有一個有限基底，則 V 的任意兩基底必定具有相同數量的向量嗎(如在 R^n 子空間的情況一般)？此答案爲**是**。
3. 是否每個向量空間具有一個基底？若我們使用來自集合理論的選擇公理(*axiomof choice*)，該答案爲**是**。

在本節中，我們辯證最初的兩個答案。對第三個答案的辯證則超出本書範圍。(對此的一個證明，參考文獻[4，第 58-61 頁]。)

我們以一個具有有限基底的向量空間之研究來開始[1]。爲了此目的，我們重新複習在第 265 頁的定理 4.10。下一個結果爲該定理延伸至處理具有有限基底的一般向量空間。其證明與定理 4.10 的證明一樣。

> 假設 $B=\{\mathbf{v}_1, \mathbf{v}_2, \cdots, \mathbf{v}_n\}$爲向量空間 V 的一個有限基底。則在 V 中的任意向量 $\mathbf{v}$ 可以獨一無二的表示爲在 B 中向量的一個線性組合；亦即，$\mathbf{v}=a_1\mathbf{v}_1+a_2\mathbf{v}_2+\cdots+a_n\mathbf{v}_n$ 其中 $a_1, a_2, \cdots, a_n$ 爲特定的純量。

考慮具有一個有限基底 $B=\{\mathbf{v}_1, \mathbf{v}_2, \cdots, \mathbf{v}_n\}$的一個向量空間 V。由於在上面方框內的陳述具唯一性，所以我們可以定義一個映射 $\Phi_B : V \to R^n$ 如下：對在 V 中的任意向量 $\mathbf{v}$，假設我們把 $\mathbf{v}$ 以在 B 中的向量表示成一個唯一的線性組合，給定如下

$$\mathbf{v}=a_1\mathbf{v}_1+a_2\mathbf{v}_2+\cdots+a_n\mathbf{v}_n$$

定義Φ_B如下

$$\Phi_B(\mathbf{v})=\begin{bmatrix} a_1 \\ a_2 \\ \vdots \\ a_n \end{bmatrix}$$

我們稱Φ_B爲 V 相對於 B 的**座標轉換(coordinate transformation)**。(參見圖 7.1。)

Φ_B爲一對一映射，因爲將 V 中的一個向量表示爲 B 中向量之線性組合的表示式是唯一的。再者，任意純量 $a_1, a_2, \cdots, a_n$ 爲 B 中向量的某個線性組合的係數，且因此Φ_B爲映成。

---

[1] 如在第 4 章，我們隱含的假設在一個向量空間的一個給定有限基底的向量是以一個特定方式排列；亦即，該基底爲一個有序基底(ordered basis)。

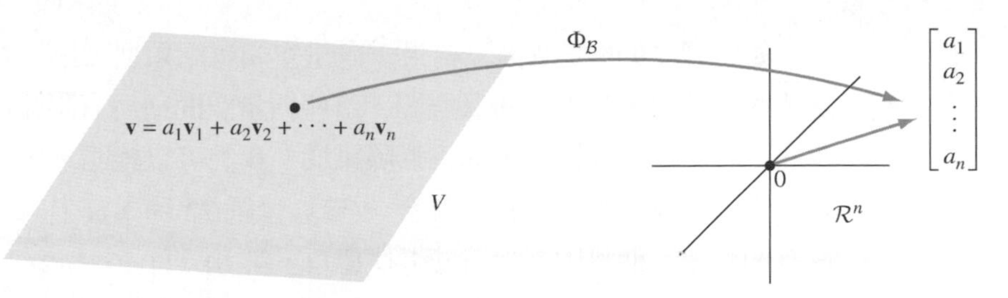

圖 7.1　V 相對於 B 的座標變換

我們將 Φ_B 爲線性的證明留作爲一個習題 (參見習題 73)。因此，我們得到以下的結果：

> 若 V 爲一個向量空間，具有基底 $B=\{\mathbf{v}_1, \mathbf{v}_2, \cdots, \mathbf{v}_n\}$，則映射 $\Phi_B : V \to R^n$ 定義爲
>
> $$\Phi_B(a_1\mathbf{v}_1 + a_2\mathbf{v}_2 + \cdots + a_n\mathbf{v}_n) = \begin{bmatrix} a_1 \\ a_2 \\ \vdots \\ a_n \end{bmatrix}$$
>
> 爲一個同構轉換。所以，若 V 具有由 n 個向量所組成的一個基底，則 V 對 R^n 爲同構。

因此之故，具有一個有限基底的向量空間，具有和 R^n 相同的向量空間結構。由此，我們可將此向量空間與 R^n 相比較，來回答有關於一個向量空間之基底中有多少個向量的問題。

定理 7.9

令 V 爲一個向量空間，具有一個有限基底。則 V 的每個基底爲有限的，且包含相同數量的向量。

證明　令 $B=\{\mathbf{v}_1, \mathbf{v}_2, \cdots, \mathbf{v}_n\}$ 爲 V 的一個有限基底，且 $\Phi_B : V \to R^n$ 爲之前定義的同構轉換。假設 V 的某個基底 A 包含比 B 更多的向量。則存在 A 的一個子集合 $S=\{\mathbf{w}_1, \mathbf{w}_2, \cdots, \mathbf{w}_{n+1}\}$，包含 $n+1$ 個不同向量。利用 1.7 節中的習題 91，它適用於所有的向量空間，S 爲線性獨立。所以 $\{\Phi_A(\mathbf{w}_1), \Phi_A(\mathbf{w}_2), \cdots, \Phi_A(\mathbf{w}_{n+1})\}$，根據定理 7.8，爲 R^n 的一個線性獨立子集合。但此爲一個矛盾，因爲 R^n 的一個線性獨立子集合最多包含 n 個向量。所以 A 爲有限，且最多包含 n 個向量。令 m 表示在 A 中向量的數量。則 $m \le n$。我們現在可應用之前所給定的論述，但將 B 和 A 的角色對調，來推得 $n \le m$。因此 $m = n$，所以我們總結 V 的任意兩個基底包含相同數量的向量。……■

如定理 7.9 的一個推論結果，向量空間有兩類型。第一類包含零向量空間及那些具有有限基底的向量空間。這些向量空間稱爲**有限維度**。第二類的向量空間，其不爲有限維度，稱爲**無限維度**。我們可以證明，每個無限維度向量空間包含一個無限的線性獨立集合。(參見習題 72。)事實上，每個無限維度的向量空間包含一個無限基底 (參考文獻[4，第 61 頁])。

之前的方框結果說明了一個有限維度向量空間 V 具有一個有限基底，且其正好包含 n 個向量，和 R^n 爲同構。此外，對 V 的每個基底，必須正好包含 n 個向量。在如此的一個情況中，我們稱 n 爲 V 的**維度(dimension)**，且我們以 $\dim V$ 來表示。再者，一個向量空間的維度在同構轉換下是保留的。也就是，若 V 和 W 爲同構的向量空間，且 V 爲有限維度，則 W 爲有限維度，且這兩向量空間具有相同維度 (參見習題 66)。另一方面，若其中一個向量空間爲無限維度，則另一個也爲無限維度 (參見習題 74)。

由於一個 n 維向量空間和 R^n 之間有一個同構轉換，此同構轉換可用來將線性相依和線性獨立的特性從 R^n 空間轉換到其它的 n 維向量空間。以下的方框包含許多類似在 4.2 節中對 R^n 證明過的性質。它們的證明將留在後做爲習題 (參見習題 69 和 74)。

有限維度向量空間之性質

令 V 爲一個 n 維向量空間。

1. V 的任意線性獨立子集合，最多包含 n 個向量。
2. 正好包含 n 個向量之 V 的任意線性獨立子集合爲 V 的一個基底。
3. V 的任意產生集合最少包含 n 個向量。
4. 正好包含 n 個向量之 V 的任意產生集合爲 V 的一個基底。

例題 6

考慮在 7.1 節例題 8 中的向量空間 P_n。集合 $B=\{1,x,x^2,\cdots,x^n\}$ 爲 P_n 的一個線性獨立子集合。再者，一個最多 n 次的任意多項式 $p(x)=a_0+a_1x+\cdots+a_nx^n$，可表示爲在 B 中多項式的一個線性組合。所以 B 是 P_n 的一個產生集合，故得到 B 爲 P_n 的一個基底。因 B 包含 $n+1$ 個多項式，所以 P_n 爲有限維度且其維度等於 $n+1$。

映射 $\Phi_B : P_n \to R^{n+1}$ 定義爲

$$\Phi_B(a_0+a_1x+\cdots+a_nx^n)=\begin{bmatrix}a_0\\a_1\\\vdots\\a_n\end{bmatrix}$$

爲一個同構轉換。

例題 7

考慮 $M_{m\times n}$，在 7.1 節例題 1 的 $m\times n$ 矩陣之向量空間。令 $m=n=2$，且定義

$$E_{11}=\begin{bmatrix}1&0\\0&0\end{bmatrix},\quad E_{12}=\begin{bmatrix}0&1\\0&0\end{bmatrix},\quad E_{21}=\begin{bmatrix}0&0\\1&0\end{bmatrix},\quad \text{及}\quad E_{22}=\begin{bmatrix}0&0\\0&1\end{bmatrix}$$

則在 $M_{2\times 2}$ 中的任意矩陣 A 可寫成在 $S=\{E_{11},E_{12},E_{21},E_{22}\}$ 中向量的一個線性組合

$$\begin{aligned}A=\begin{bmatrix}a_{11}&a_{12}\\a_{21}&a_{22}\end{bmatrix}&=a_{11}\begin{bmatrix}1&0\\0&0\end{bmatrix}+a_{12}\begin{bmatrix}0&1\\0&0\end{bmatrix}+a_{21}\begin{bmatrix}0&0\\1&0\end{bmatrix}+a_{22}\begin{bmatrix}0&0\\0&1\end{bmatrix}\\&=a_{11}E_{11}+a_{12}E_{12}+a_{21}E_{21}+a_{22}E_{22}\end{aligned}$$

再者，若 O 寫成在 S 中矩陣的一個線性組合，則所有係數必須爲零，因此 S 爲線性獨立。由此得 S 爲 $M_{2\times 2}$ 的一個基底。

例題 7 可被延伸至 $M_{m\times n}$，對任意正整數 m 和 n。對每個 $1\le i\le m$ 及 $1\le j\le n$，令 E_{ij} 爲 $m\times n$ 矩陣，其第(i, j)元素爲 1，且其它元素爲 0。則可證明具有形式 E_{ij} 的所有 $m\times n$ 矩陣的集合建構出 $M_{m\times n}$ 的一個基底。因有 mn 個此種矩陣，所以 $\dim M_{m\times n}=mn$。

7

練習題 2.

使用本節例題 6 前的方框中有限維度向量空間的性質，來決定在練習題 1 的集合 S 是否爲 $M_{2\times 2}$ 的一個基底。

例題 8

考慮在 7.1 節例題 2 中線性轉換的向量空間 $L(R^n, R^m)$。令 $U: M_{m\times n}\to L(R^n,R^m)$ 定義爲 $U(A)=T_A$，其中 T_A 爲由 A 所引起的矩陣轉換(定義在 2.7 節)。則對任意 $m\times n$ 矩陣 A 和 B，我們有

$$U(A+B)=T_{A+B}=T_A+T_B=U(A)+U(B)$$

同樣的，對任意純量 c，$U(cA)=cU(A)$。根據在 2.7 節的定理 2.9，U 同時爲一對一及映成，所以 U 爲一個同構轉換，且 $M_{m\times n}$ 對 $L(R^n, R^m)$爲同構。由於在例題 7 之後的討論說明了 $M_{m\times n}$ 具有維度 mn，且因爲同構轉換保留維度，所以 $L(R^n, R^m)$爲一個有限維度向量空間，具有維度 mn。

例題 9

令 a_0、a_1、a_2、c_0、c_1 及 c_2 爲實數，且 a_0、a_1 和 a_2 彼此不同。我們說明，存在一個唯一的多項式 $p(x)$ 在 P_2 中，使得 $p(a_i)=c_i$，對 $i=0,1,2$。

令 $p_0(x)$、$p_1(x)$ 及 $p_2(x)$ 爲在 P_2 中的多項式，定義如

$$p_0(x)=\frac{(x-a_1)(x-a_2)}{(a_0-a_1)(a_0-a_2)} \quad , \quad p_1(x)=\frac{(x-a_0)(x-a_2)}{(a_1-a_0)(a_1-a_2)}$$

及

$$p_2(x)=\frac{(x-a_0)(x-a_1)}{(a_2-a_0)(a_2-a_1)}$$

我們可觀察出對每個 i 和 j，

$$p_i(a_j)=\begin{cases}0 & 若\ i\neq j\\ 1 & 若\ i=j\end{cases}$$

現在，設

$$p(x)=c_0p_0(x)+c_1p_1(x)+c_2p_2(x)$$

則

$$p(a_0)=c_0p_0(a_0)+c_1p_1(a_0)+c_2p_2(a_0)=c_0\cdot 1+c_1\cdot 0+c_2\cdot 0=c_0$$

同樣的，$p(a_1)=c_1$及$p(a_2)=c_2$。

我們現在證明 $A=\{p_0(x),p_1(x),p_2(x)\}$ 爲 P_2 的一個基底。假設

$$b_0p_0(x)+b_1p_1(x)+b_2p_2(x)=\mathbf{0}$$

對某些純量 b_1 及 b_2，其中 **0** 爲零多項式。對 $i=0,1,2$ 將 $x=a_i$ 代入方程式中可得到 $b_i=0$，$i=0,1,2$，因此 A 爲線性獨立。因 dim P_2=3 及 A 爲 P_2 的一個線性獨立子集合，且包含三個多項式，因此根據本節例題 6 前的方框中的結果，A 爲 P_2 的一個基底。

爲了證明 $p(x)$的唯一性，我們假設 $Q(x)$爲在 P_2 中的一個多項式，使得 $q(a_i)=c_i$ 對 $i=0,1,2$。因 A 是 P_2 的一個基底，存在獨一無二的純量 d_0，d_1，和 d_2，使得 $q(x)=d_0p_0(x)+d_1p_1(x)+d_2p_2(x)$。則

$$c_0=q(a_0)=d_0p(a_0)+d_1p_1(a_0)+d_2p_2(a_0)=d_0\cdot 1+d_1\cdot 0+d_2\cdot 0=d_0$$

類似的，$c_1=d_1$ 且 $c_2=d_2$，由此可得 $q(x)=p(x)$。

爲了闡述此方法，我們求一個 P_2 中的多項式 $p(x)$，使得 $p(1)=3$、$p(2)=1$、且 $p(4)=-1$。用之前的符號，我們有 $a_0=1$、$a_1=2$、和 $a_2=4$ 且 $c_0=3$，$c_1=1$，及 $c_2=-1$。則

$$p_0(x)=\frac{(x-a_1)(x-a_2)}{(a_0-a_1)(a_0-a_2)}=\frac{(x-2)(x-4)}{(1-2)(1-4)}=\frac{1}{3}(x^2-6x+8)$$

$$p_1(x)=\frac{(x-a_0)(x-a_2)}{(a_1-a_0)(a_1-a_2)}=\frac{(x-1)(x-4)}{(2-1)(2-4)}=-\frac{1}{2}(x^2-5x+4)$$

$$p_2(x)=\frac{(x-a_0)(x-a_1)}{(a_2-a_0)(a_2-a_1)}=\frac{(x-1)(x-2)}{(4-1)(4-2)}=\frac{1}{6}(x^2-3x+2)$$

因此

$$\begin{aligned}p(x)&=(3)p_0(x)+(1)p_1(x)+(-1)p_2(x)\\&=\frac{3}{3}(x^2-6x+8)-\frac{1}{2}(x^2-5x+4)-\frac{1}{6}(x^2-3x+2)\\&=\frac{1}{3}x^2-3x+\frac{17}{3}\end{aligned}$$

例題 9 可延伸至任意正次數的多項式。一般而言，對任意正整數 n 及任意不同實數 $a_0, a_1, \cdots, a_n$，定義

$$p_i(x)=\frac{(x-a_0)(x-a_1)\cdots(x-a_{i-1})(x-a_{i+1})\cdots(x-a_n)}{(a_i-a_0)(a_i-a_1)\cdots(a_i-a_{i-1})(a_i-a_{i+1})\cdots(a_i-a_n)}$$

對所有 i。集合 $\{p_0(x), p_1(x), \cdots, p_n(x)\}$ 爲 P_n 的一個基底。使用和例題 9 相同的方法，我們可說明對任意實數 $c_0, c_1, \cdots, c_n$，

$$p(x)=c_0p_0(x)+c_1p_1(x)+\cdots+c_np_n(x)$$

爲在 P_n 中唯一的多項式，可使得 $p(a_i)=c_i$ 對所有 i。多項式 $p_i(x)$ 稱爲**拉格朗日[2]內插多項式(Lagrange interpolating polynomials)**(伴隨 $a_0, a_1, \cdots, a_n$)。

---

[2] Joseph Louis Lagrange (1736 - 1813) 爲在他的年代中最重要的數學家和物理學家之一。他最重大的成就之一爲變分法 (calculus of variations)的發展，他把它應用在天體力學上。他於 1788 年在解析力學的論文中總結了力學的主要結果，並展示出數學在力學上的重要性。拉格朗日 (Lagrange) 也對數論，方程式理論，及微積分基礎 (利用強調函數及泰勒級數的應用) 做了很多重要的貢獻。

習 題

在習題 1 至 8 中，試決定 $M_{2\times 2}$ 的每個子集合為線性獨立或線性相依。

1. $\left\{\begin{bmatrix}1 & 2\\ 3 & 1\end{bmatrix},\begin{bmatrix}1 & -5\\ -4 & 0\end{bmatrix},\begin{bmatrix}3 & -1\\ 2 & 2\end{bmatrix}\right\}$。
2. $\left\{\begin{bmatrix}1 & 2\\ 3 & 1\end{bmatrix},\begin{bmatrix}1 & -1\\ 0 & 1\end{bmatrix},\begin{bmatrix}1 & 0\\ 1 & 1\end{bmatrix}\right\}$。
3. $\left\{\begin{bmatrix}1 & 2\\ 2 & 1\end{bmatrix},\begin{bmatrix}4 & 3\\ -1 & 0\end{bmatrix},\begin{bmatrix}12 & 9\\ -3 & 0\end{bmatrix}\right\}$。
4. $\left\{\begin{bmatrix}1 & 2\\ 2 & 1\end{bmatrix},\begin{bmatrix}1 & 3\\ 3 & 1\end{bmatrix},\begin{bmatrix}1 & 2\\ 3 & 1\end{bmatrix}\right\}$。
5. $\left\{\begin{bmatrix}1 & 0 & 1\\ -1 & 2 & 1\end{bmatrix},\begin{bmatrix}-1 & 1 & 2\\ 2 & -1 & 1\end{bmatrix},\begin{bmatrix}-1 & 0 & 1\\ 1 & -1 & 0\end{bmatrix}\right\}$。
6. $\left\{\begin{bmatrix}1 & 0 & 1\\ -1 & 2 & 1\end{bmatrix},\begin{bmatrix}-1 & 1 & 2\\ 2 & -1 & 1\end{bmatrix},\begin{bmatrix}3 & 2 & 9\\ -1 & 8 & 7\end{bmatrix}\right\}$。
7. $\left\{\begin{bmatrix}1 & 0\\ -2 & 1\end{bmatrix},\begin{bmatrix}0 & -1\\ 1 & 1\end{bmatrix},\begin{bmatrix}-1 & 2\\ 1 & 0\end{bmatrix},\begin{bmatrix}2 & 1\\ -4 & 4\end{bmatrix}\right\}$
8. $\left\{\begin{bmatrix}1 & 0\\ -2 & 1\end{bmatrix},\begin{bmatrix}0 & -1\\ 1 & 1\end{bmatrix},\begin{bmatrix}-1 & 2\\ 1 & 0\end{bmatrix},\begin{bmatrix}2 & 1\\ 2 & -2\end{bmatrix}\right\}$

在習題 9 至 16 中，試決定 P 的每個子集合為線性獨立或線性相依。

9. $\{1+x, 1-x, 1+x+x^2, 1+x-x^2\}$。
10. $\{x^2-2x+5, 2x^2-4x+10\}$。
11. $\{x^2-2x+5, 2x^2-5x+10, x^2\}$。
12. $\{x^3+4x^2-2x+3, x^3+6x^2-x+4, 3x^3+8x^2-8x+7\}$。
13. $\{x^3+2x^2, -x^2+3x+1, x^3-x^2+2x-1\}$。
14. $\{x^3-x, 2x^2+4, -2x^3+3x^2+2x+6\}$。
15. $\{x^4-x^3+5x^2-8x+6, -x^4+x^3-5x^2+5x-3, x^4+3x^2-3x+5, 2x^4+3x^3+4x^2-x+1, x^3-x+2\}$。
16. $\{x^4-x^3+5x^2-8x+6, -x^4+x^3-5x^2+5x-3, x^4+3x^2-3x+5, 2x^4+x^3+4x^2+8x\}$。

在習題 17 至 24 中，試決定 $F(R)$ 的每個子集合為線性獨立或線性相依。

17. $\{t, t\sin t\}$。
18. $\{t, t\sin t, e^{2t}\}$。
19. $\{\sin t, \sin^2 t, \cos^2 t, 1\}$。
20. $\{\sin t, e^{-t}, e^t\}$。
21. $\{e^t, e^{2t}, \cdots, e^{nt}, \cdots\}$。
22. $\{\cos^2 t, \sin^2 t, \cos 2t\}$。
23. $\{t, \sin t, \cos t\}$。
24. $\{1, t, t^2, \cdots\}$。

在習題 25 至 30 中，試使用拉格朗日內插多項式來找出一個屬於 P_n 的多項式，使其圖形通過所給各點。

25. $n=3$；$(0,1)$，$(1,0)$，且 $(2,3)$。
26. $n=3$；$(1,8)$，$(2,5)$，且 $(3,-4)$。
27. $n=3$；$(-1,-11)$，$(1,1)$，$(2,1)$。
28. $n=3$；$(-2,-13)$，$(1,2)$，$(3,12)$。
29. $n=4$；$(-1,5)$，$(0,2)$，$(1,-1)$，$(2,2)$。
30. $n=4$；$(-2,1)$，$(-1,3)$，$(1,1)$，$(2,-15)$。

是非題

在習題 31 至 48 中，試決定該陳述為真確或謬誤。

31. 若一個集合爲無限，則其不能爲線性獨立。
32. 每個向量空間具有一個有限的基底。
33. 向量空間 P_n 的維度等於 n。
34. 一個無限維度向量空間的每個子空間爲無限維度。
35. 一個向量空間可能同時具有一個無限基底和一個有限基底。
36. 若 S 的每個有限子集合爲線性獨立，則 S 爲線性獨立。
37. 每個非零有限維度向量空間對 R^n 爲同構，對某個 n。
38. 若一個向量空間的一個子集合包含 $\mathbf{0}$，則其爲線性相依。
39. 在 P 中，集合 $\{x, x^3, x^5, \cdots\}$ 爲線性相依。
40. 一個向量空間 V 的基底爲一個線性獨立集合，同時也是 V 的一個產生集合。
41. 若 $B=\{\mathbf{v}_1, \mathbf{v}_2, \cdots, \mathbf{v}_n\}$爲向量空間 V 的一個基底，則映射 $\Psi: R^n \to V$ 定義爲

$$\Psi\left(\begin{bmatrix}c_1\\ c_2\\ \vdots\\ c_n\end{bmatrix}\right)=c_1\mathbf{v}_1+c_2\mathbf{v}_2+\cdots+c_n\mathbf{v}_n$$

爲一個同構轉換。

42. $M_{m\times n}$ 的維度爲 $m+n$。

43. 若 $T:V\to W$ 是向量空間 V 和 W 之間的一個同構轉換，且 $\{\mathbf{v}_1, \mathbf{v}_2, \cdots, \mathbf{v}_k\}$ 爲 V 的一個線性獨立子集合，則 $\{T(\mathbf{v}_1), T(\mathbf{v}_2), \cdots, T(\mathbf{v}_k)\}$ 爲 W 的一個線性獨立子集合。

44. 若 $T:V\to W$ 是有限維度向量空間 V 和 W 之間的一個同構轉換，則 V 和 W 的維度相等。

45. $L(R^n, R^m)$ 的維度爲 $m+n$。

46. 向量空間 $M_{m\times n}$ 及 $L(R^n, R^m)$ 爲同構的。

47. 包含 $n+1$ 個不同實數的拉格朗日內插多項式，構成對 P_n 的一個基底。

48. 若一個向量空間包含一個有限的線性相依集合，則該向量空間爲有限維度的。

---

49. 令 N 爲正整數所成的集合，且令 f、g、和 h 爲在 $F(N)$ 中的函數，定義爲 $f(n)=n+1$、$g(n)=1$、及 $h(n)=2n-1$。試決定集合 $\{f, g, h\}$ 是否爲線性獨立。試辯證你的答案。

50. 令 N 表示由非負整數所行形成的集合，且令 V 爲 $F(N)$ 的子集合，由除了在有限多個 N 的元素之外，其餘皆爲零的函數所構成。根據 7.2 節習題 49，V 爲 $F(N)$ 的一個子空間。對在 N 中的每個 n，令 $f_n:N\to R$ 定義爲

$$f_n(k)=\begin{cases}0 & \text{對 } k\neq n\\ 1 & \text{對 } k=n\end{cases}$$

證明 $\{f_1, f_2, \cdots, f_n, \cdots\}$ 爲 V 的一個基底。

在習題 51 至 58 中，試求向量空間 V 之子空間 W 的一個基底。

51. 令 W 爲 3×3 對稱矩陣的子空間，且 $V=M_{3\times 3}$。

52. 令 W 爲 3×3 斜對稱(skew-symmetric)矩陣的子空間，且 $V=M_{3\times 3}$。

53. 令 W 爲 2×2 跡數爲零的矩陣，且 $V=M_{2\times 2}$。

54. 令 W 爲 $V=P_n$ 的子空間，由 $p(0)=0$ 的多項式 $p(x)$ 所構成。

55. 令 W 爲 $V=P_n$ 的子空間，由 $p(1)=0$ 的多項式 $p(x)$ 所構成。

56. 令 $W=\{f\in D(R): f'=f\}$，其中 f' 爲 f 的導數，且 $D(R)$ 爲在 $F(R)$ 中可微分的函數的集合，且令 $V=F(R)$。

57. 令 $W=\{p(x)\in P: p''(x)=0\}$，且 $V=P$。

58. 令 $W=\{p(x)\in P: p(-x)=-p(x)\}$，且 $V=P$。

59. 令 S 爲 P_n 的一個子集合，在 S 中對 $k=0,1,\cdots,n$ 都恰好只有一個 k 次多項式。試證明 S 爲 P_n 的一個基底。

以下定義和符號用在習題 60 至 65 中：

定義　一個 $n\times n$ 矩陣稱為一個 ***n* 階魔方陣 (magic square of order *n*)**，若每列的元素總和、每行的元素總和、對角線元素總和、及第二對角線上的元素總和皆為相等。(在第二對角線上元素為第(1,*n*)元素，第(2,*n*−1)元素，⋯，第(1, *n*)-元素。)此共同的總和值稱為魔方陣的**和**。

例如，3×3 矩陣

$$\begin{bmatrix}4 & 9 & 2\\ 3 & 5 & 7\\ 8 & 1 & 6\end{bmatrix}$$

為一個三階魔方陣，具有和為 15。

令 V_n 表示所有 n 階魔方陣所形成的集合，且令 W_n 表示 V_n 的子集合，由和為 0 的魔方陣所構成。

60. (a) 試說明 V_n 爲 $M_{n\times n}$ 的一個子空間。
    (b) 試說明 W_n 爲 V_n 的一個子空間。

61. 對每個正整數 n，令 C_n 爲 $n\times n$ 矩陣，其所有元素等於 $1/n$。
    (a) 試證明 C_n 在 V_n 中。
    (b) 試證明，對任意正整數 n 及在 V_n 中的魔方陣 A，若 A 具有和 s，則存在一個唯一的魔方陣 B 在 W_n 中，使得 $A=B+sC_n$。

62. 試證明 W_3 的維度等於 2。

63. 試證明 V_3 的維度等於 3。

64. 使用習題 61 的結果來證明對正整數 n，$\dim V_n=\dim W_n+1$。

65. 試證明對任意 $n\geq 3$，$\dim W_n=n^2-2n-1$，根據習題 64，因此 V_n 的維度等於 n^2-2n。**提示：**視 $M_{n\times n}$ 與 R^{n^2} 相同，然後分析 W_n 的描述爲一個齊次方程組的解空間。

66. 令 V 和 W 爲向量空間，且 $T:V\to W$ 爲一個同構轉換。
    (a) 試證明若 $\{\mathbf{v}_1, \mathbf{v}_2, \cdots, \mathbf{v}_n\}$ 爲 V 的一個線性獨立子集合，則映射 $\{T(\mathbf{v}_1), T(\mathbf{v}_2), \cdots, T(\mathbf{v}_n)\}$ 的集合爲 W 的一個線性獨立子集合。

7

(b) 試證明若$\{\mathbf{v}_1, \mathbf{v}_2, \cdots, \mathbf{v}_n\}$爲 V 的一個基底，則映射 $\{T(\mathbf{v}_1), T(\mathbf{v}_2), \cdots, T(\mathbf{v}_n)\}$ 的集合爲 W 的一個基底。

(c) 試證明若 V 爲有限維度，則 W 爲有限維度且 $\dim V=\dim W$。

67. 利用習題66及例題8來求$L(R^n, R^m)$的一個基底。

在習題 68 至 71 中，使用從 V 到 R^n 的一個同構轉換來證明該結果。

68. 令 n 爲一個正整數。假設 V 爲一個向量空間，使得 V 的任意子集合若包含多於 n 個向量者必爲線性相依，且某線性獨立子集合包含 n 個向量。試證明包含 n 個向量之 V 的任意線性獨立子集合爲 V 的一個基底，因此 $\dim V=n$。

69. 令 V 爲一個有限維度向量空間，具有維度 $n\geq 1$。

 (a) 試證明 V 其包含多於 n 個向量的任意子集合爲線性相依。

 (b) 試證明 V 其包含 n 個向量的任意線性獨立子集合爲 V 的一個基底。

70. 令 V 爲一個向量空間具有維度 $n\geq 1$，且假設 S 爲 V 的一個有限的產生集合。試證明以下陳述：

 (a) S 至少包含 n 個向量。

 (b) 若 S 正好包含 n 個向量，則 S 爲 V 的一個基底。

71. 令 V 爲一個有限維度的向量空間，且 W 爲 V 的一個子空間。試證明以下陳述：

 (a) W 爲有限維度，且 $\dim W \leq \dim V$ 。

 (b) 若 $\dim W = \dim V$ ，則 $W=V$。

72. 令 V 爲一個無限維度的向量空間。試證明 V 包含一個無限的線性獨立集合。**提示：**選擇一個非零向量 $\mathbf{v}_1$ 在 V 中。接下來，選擇一個向量 $\mathbf{v}_2$ 不在$\{\mathbf{v}_1\}$的展延中。試說明此過程可以繼續下去以獲得 V 的一個無限子集合 $\{\mathbf{v}_1, \mathbf{v}_2, \cdots, \mathbf{v}_n, \cdots\}$，使得對任意 n，$\mathbf{v}_{n+1}$ 不在$\{\mathbf{v}_1, \mathbf{v}_2, \cdots, \mathbf{v}_n\}$的展延中。現在證明此無限集合爲線性獨立。

73. 試證明，若 B 爲一個向量空間的基底，其正好包含 n 個向量，則 $\Phi_B : V \to R^n$ 爲一個線性轉換。

74. 假設 V 和 W 爲同構的向量空間。試證明，若 V 爲無限維度，則 W 爲無限維度。

75. 令 V 和 W 爲有限維度的向量空間。試證明 $\dim L(V,W) = (\dim V)\cdot(\dim W)$ 。

76. 令 n 爲一個正整數。對 $0\leq i\leq n$ ，試定義 $T_i : P_n \to R$ 爲 $T_i(f(x)) = f(i)$ 。試證明，對所有 i，T_i爲線性，且$\{T_0, T_1, \cdots, T_n\}$爲 $L(P_n,R)$ 的一個基底。**提示：**對每個 i，令 $p_i(x)$爲第 i 個拉格朗日內插多項式，伴隨於 $0, 1, \cdots, n$。證明，對所有 i 和 j，

$$T_i(p_j(x)) = \begin{cases} 0 & \text{if } i \neq j \\ 1 & \text{if } i = j \end{cases}$$

利用此來說明$\{T_0, T_1, \cdots, T_n\}$爲線性獨立。現在應用習題 75 和 69。

77. 應用習題 76 來證明，對任意正整數 n 及任意純量 a 和 b，存在唯一一組純量 $c_0, c_1, \cdots, c_n$，使得

$$\int_a^b f(x)dx = c_0 f(0) + c_1 f(1) + \cdots + c_n f(n)$$

對在 P_n 中的每個多項式 $f(x)$。

78. (a) **試推導辛普森法則(Simpson'srule)：**對在 P_2 中的任意多項式 $f(x)$及任意純量 $a<b$，

$$\int_a^b f(x)dx = \frac{b-a}{6}\left[f(a) + 4f\left(\frac{a+b}{2}\right) + f(b)\right]$$

 (b) 試驗證辛普森法則對多項式 x^3 成立，且使用此事實辯證辛普森法對在 P_3 的每個多項式都成立。

在習題 79 至 83 中，使用具有矩陣運算能力之計算機或是電腦軟體如 MATLAB 來解每道題。在習題 79 至 82 中，試決定是否每個集合為線性相依。在集合為線性相依的情況中，把在該集合中的某向量寫成為其它向量的線性組合。

79. $\{1 + x - x^2 + 3x^3 - x^4, 2 + 5x - x^3 + x^4, 3x + 2x^2 + 7x^4, 4 - x^2 + x^3 - x^4\}$

80. $\{2 + 5x - 2x^2 + 3x^3 + x^4, 3 + 3x - x^2 + x^3 + x^4, 6 - 3x + 2x^2 - 5x^3 + x^4, 2 - x + x^2 + x^4\}$

81. $\left\{\begin{bmatrix} 0.97 & -1.12 \\ 1.82 & 2.13 \end{bmatrix}, \begin{bmatrix} 1.14 & 2.01 \\ 1.01 & 3.21 \end{bmatrix}, \begin{bmatrix} -0.63 & 7.38 \\ -3.44 & 0.03 \end{bmatrix}, \begin{bmatrix} 2.12 & -1.21 \\ 0.07 & -1.32 \end{bmatrix}\right\}$

82. $\left\{\begin{bmatrix} 1.23 & -0.41 \\ 2.57 & 3.13 \end{bmatrix}, \begin{bmatrix} 2.71 & 1.40 \\ -5.23 & 2.71 \end{bmatrix},\right.$
$\left.\begin{bmatrix} 3.13 & 1.10 \\ 2.12 & -1.11 \end{bmatrix}, \begin{bmatrix} 8.18 & 2.15 \\ -1.21 & 4.12 \end{bmatrix}\right\}$

83. 由習題 77，試求純量 c_0、c_1、c_2、c_3 及 c_4，使得

$$\int_0^1 f(x)dx = c_0 f(0) + c_1 f(1) + c_2 f(2) + c_3 f(3) + c_4 f(4)$$

對在 P_4 的每個多項式 $f(x)$。*提示：*應用此方程式於 1、x、x^2、x^3 及 x^4 來獲得一個具有 5 個變數的 5 個線性方程式。

練習題解答

1. 假設

$$c_1\begin{bmatrix} 1 & 1 \\ 1 & 0 \end{bmatrix} + c_2\begin{bmatrix} 0 & 0 \\ 1 & 1 \end{bmatrix} + c_3\begin{bmatrix} 0 & 2 \\ 0 & -1 \end{bmatrix} + c_4\begin{bmatrix} 0 & 1 \\ 1 & 0 \end{bmatrix} = \begin{bmatrix} 0 & 0 \\ 0 & 0 \end{bmatrix}$$

對純量 c_1、c_2、c_3 及 c_4。此方程式可改寫為

$$\begin{bmatrix} c_1 & c_1+2c_3+c_4 \\ c_1+c_2+c_4 & c_2-c_3 \end{bmatrix} = \begin{bmatrix} 0 & 0 \\ 0 & 0 \end{bmatrix}$$

此矩陣方程式等同於以下方程組。

$$\begin{aligned} c_1 \qquad\qquad\qquad\qquad &= 0 \\ c_1 \qquad\quad + 2c_3 + c_4 &= 0 \\ c_1 + c_2 \qquad\quad + c_4 &= 0 \\ c_2 - c_3 \qquad\quad &= 0 \end{aligned}$$

我們對此系統應用高斯消去法，我們發現其唯一解為 $c_1=c_2=c_3=c_4=0$。所以 S 為線性獨立。

2. 從例題 7，我們知道 $\dim M_{2\times 2}=4$。根據練習題 1，集合 S，其包含四個矩陣，為線性獨立。所以，根據本節例題 6 前的有限維度向量空間之性質 2，S 為 $M_{2\times 2}$ 的一個基底。

7.4 線性算子的矩陣表示

給定一個 n 維向量空間 V 具有基底 B。我們希望使用 B 來把和 V 的線性運算子和 V 的向量有關的問題轉換為一個用 $n\times n$ 矩陣及 R^n 向量來表示的問題。我們已見到如何使用同構轉換 $\Phi_B : V \to R^n$ 來把在 V 中的一個向量視為是 R^n 中的一個向量。事實上，我們可使用此同構轉換來把 4.4 節中**座標向量**的定義延伸至所有有限維度的向量空間。

座標向量及矩陣表示

定義　令 V 為一個有限維度向量空間，且 B 為 V 的一個基底。對在 V 中的任意向量 $\mathbf{v}$，向量 $\Phi_B(\mathbf{v})$ 稱為 **$\mathbf{v}$ 相對於 B 的座標向量**，且記為 $[\mathbf{v}]_B$。

因 $\Phi_B(\mathbf{v}) = [\mathbf{v}]_B$ 且 Φ_B 為線性，所以對在 V 中的任意向量 $\mathbf{u}$ 和 $\mathbf{v}$ 及任意純量 c，

$$[\mathbf{u}+\mathbf{v}]_B = \Phi_B(\mathbf{u}+\mathbf{v}) = \Phi_B(\mathbf{u}) + \Phi_B(\mathbf{v}) = [\mathbf{u}]_B + [\mathbf{v}]_B$$

且

$$[c\mathbf{v}]_B = \Phi_B(c\mathbf{v}) = c\Phi_B(\mathbf{v}) = c[\mathbf{v}]_B$$

令 T 爲在一個 n 維向量空間 V 上的一個線性運算子，具有基底 B。我們將說明，如何將 T 表示爲一個 $n\times n$ 矩陣。我們的策略爲，使用 Φ_B 及 T 來建構在 R^n 上的一個線性運算子並選擇其標準矩陣。

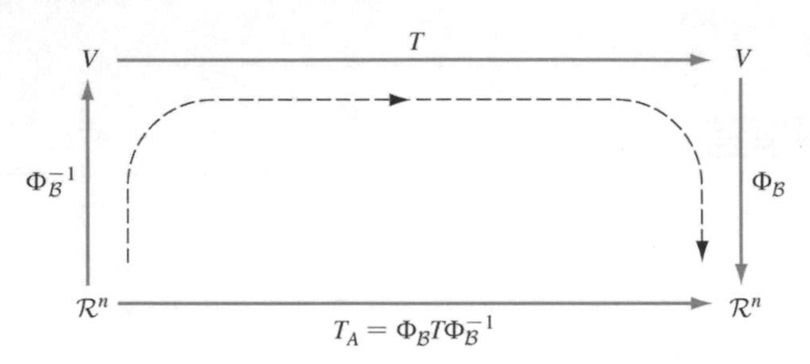

圖 7.2 線性算子 T_A，其中 A 為 $\Phi_B T\Phi_B^{-1}$ 的標準矩陣

我們可以利用 Φ_B 及 T，定義在 R^n 上的一個線性運算子如下：一開始在 R^n 中，套用 Φ_B^{-1}，將 R^n 映射至 V。現在，先套用 T 然後套用 Φ_B，以回到 R^n 中。產生的結果爲線性轉換 $\Phi_B T\Phi_B^{-1}$ 的合成，其爲在 R^n 中的一個線性運算子。(參見圖 7.2。)此線性運算子等於 T_A，其中 A 爲 $\Phi_B T\Phi_B^{-1}$ 的標準矩陣。因此，我們做出以下的定義：

定義 令 T 爲 n 維向量空間 V 的一個線性運算子，且令 B 爲 V 的一個基底。在 R^n 上線性運算子 $\Phi_B T\Phi_B^{-1}$ 的標準矩陣，稱爲 ***T* 相對於 *B* 的矩陣表示**，且被記爲 $[T]_B$。所以，若 $A=[T]_B$，則 $T_A = \Phi_B T\Phi_B^{-1}$。

對在具有基底 $B=\{\mathbf{v}_1, \mathbf{v}_2, \cdots, \mathbf{v}_n\}$ 的一個有限維向量空間 V 之一個線性運算子 T，我們在此說明如何計算該矩陣表示 $[T]_B$。對每個 j，$\Phi_B(\mathbf{v}_j)=\mathbf{e}_j$，即 R^n 的第 j 個標準向量，因此對所有 j 都有 $\Phi_B^{-1}(\mathbf{e}_j)=\mathbf{v}_j$。令 $A=[T]_B$。則對每個 j，可得 A 的第 j 行爲

$$\mathbf{a}_j = A\mathbf{e}_j = T_A(\mathbf{e}_j) = \Phi_B T\Phi_B^{-1}(\mathbf{e}_j) = \Phi_B T(\mathbf{v}_j) = [T(\mathbf{v}_j)]_B$$

我們總結此結果如下：

一個線性運算子的矩陣表示

令 T 爲一個線性運算子，在具有基底 $B=\{\mathbf{v}_1, \mathbf{v}_2, \cdots, \mathbf{v}_n\}$ 的一個有限維度的向量空間 V 上。則 $[T]_B$ 爲 $n\times n$ 矩陣，其第 j 行爲 $[T(\mathbf{v}_j)]_B$。因此

$$[T]_B = \left[[T(\mathbf{v}_1)]_B \quad [T(\mathbf{v}_2)]_B \quad \cdots \quad [T(\mathbf{v}_n)]_B\right]$$

例題 1

令 $T: P_2 \to P_2$ 定義如

$$T(p(x)) = p(0) + 3p(1)x + p(2)x^2$$

舉例來說，若 $p(x) = 2 + x\text{-}2x^2$，則 $p(0)=2$，$p(1)=1$，和 $p(2)=-4$。因此，$T(p(x)) = 2 + 3x\text{-}4x^2$。我們可以證明 T 爲線性的。令 $B = \{1, x, x^2\}$，它是 P_2 的一個基底，並令 $A=[T]_B$。則

$$\mathbf{a}_1 = [T(1)]_B = [1 + 3x + x^2]_B = \begin{bmatrix} 1 \\ 3 \\ 1 \end{bmatrix}$$

$$\mathbf{a}_2 = [T(x)]_B = [0 + 3x + 2x^2]_B = \begin{bmatrix} 0 \\ 3 \\ 2 \end{bmatrix}$$

$$\mathbf{a}_3 = [T(x^2)]_B = [0 + 3x + 4x^2]_B = \begin{bmatrix} 0 \\ 3 \\ 4 \end{bmatrix}$$

因此，T 相對於 B 的矩陣表示爲

$$A = \begin{bmatrix} 1 & 0 & 0 \\ 3 & 3 & 3 \\ 1 & 2 & 4 \end{bmatrix}$$

例題 2

令 $B = \{e^t \cos t, e^t \sin t\}$，爲 C^∞ 的一個子集合，且令 $V = \text{Span}B$。我們可以證明 B 爲線性獨立的，因此爲 V 的一個基底。令 D 爲在 V 上的線性運算子，定義如 $D(f) = f'$，對所有在 V 中的 f。則

$$D(e^t \cos t) = (1)e^t \cos t + (-1)e^t \sin t$$

且

$$D(e^t \sin t) = (1)e^t \cos t + (1)e^t \sin t$$

所以 D 關於 B 的矩陣表示爲

$$[D]_B = \begin{bmatrix} 1 & 1 \\ -1 & 1 \end{bmatrix}$$

7

練習題 1.

定義$T: P_2 \to P_2$爲$T(p(x)) = (x+1)p'(x) + p(x)$。

(a) 試證明 T 爲線性。

(b) 試決定 T 相對於 P_2 的基底$\{1, x, x^2\}$之矩陣表示。

下一個結果，讓我們可以將一個有限維度向量空間中的一個向量在線性運算子下的映射，表示成一個矩陣-向量乘積。利用我們對矩陣的知識，我們用此描述來獲得有關於一個線性運算子的資訊。

定理 7.10

令 T 爲在具有基底 B 的一個有限維度向量空間 V 中的一個線性運算子。則，對在 V 中的任意向量 $\mathbf{v}$，

$$[T(\mathbf{v})]_B = [T]_B[\mathbf{v}]_B$$

證明 使 $A=[T]_B$，我們有$T_A = \Phi_B T \Phi_B^{-1}$。因此，對在 V 中的任意向量 $\mathbf{v}$，我們有

$$[T(\mathbf{v})]_B = \Phi_B T(\mathbf{v}) = \Phi_B T \Phi_B^{-1} \Phi_B(\mathbf{v}) = T_A([\mathbf{v}]_B) = A[\mathbf{v}]_B = [T]_B[\mathbf{v}]_B$$

例題 3

令 D 爲在 P_2 上的一個線性運算子，定義如$D(p(x)) = p'(x)$，$B = \{1, x, x^2\}$(它是 P_2 的一個基底)，且 $A=[T]_B$。則

$$\mathbf{a}_1 = [D(1)]_{\mathcal{B}} = [\mathbf{0}]_{\mathcal{B}} = \begin{bmatrix} 0 \\ 0 \\ 0 \end{bmatrix}, \qquad \mathbf{a}_2 = [D(x)]_{\mathcal{B}} = [1]_{\mathcal{B}} = \begin{bmatrix} 1 \\ 0 \\ 0 \end{bmatrix}$$

且

$$\mathbf{a}_3 = [D(x^2)]_B = [2x]_B = \begin{bmatrix} 0 \\ 2 \\ 0 \end{bmatrix}$$

所以

$$[T]_B = \begin{bmatrix} \mathbf{a}_1 & \mathbf{a}_2 & \mathbf{a}_3 \end{bmatrix} = \begin{bmatrix} 0 & 1 & 0 \\ 0 & 0 & 2 \\ 0 & 0 & 0 \end{bmatrix}$$

有了此資訊，我們可使用定理 7.10 來計算在 P_2 中一個多項式的導數。

考慮多項式 $p(x) = 5 - 4x + 3x^2$。則

$$[p(x)]_B = \begin{bmatrix} 5 \\ -4 \\ 3 \end{bmatrix}$$

根據定理 7.10，

$$\begin{aligned} [p'(x)]_B &= [D(p(x)]_B = [D]_B[p(x)]_B \\ &= \begin{bmatrix} 0 & 1 & 0 \\ 0 & 0 & 2 \\ 0 & 0 & 0 \end{bmatrix} \begin{bmatrix} 5 \\ -4 \\ 3 \end{bmatrix} \\ &= \begin{bmatrix} -4 \\ 6 \\ 0 \end{bmatrix} \end{aligned}$$

此向量爲多項式 $-4+6x$，其爲 $p(x)$ 的導數的座標向量。因此，我們可以經由計算一個矩陣--向量乘積，來求一個多項式的導數。

練習題 2.

令 $p(x)=2-3x+5x^2$。以兩種方式使用練習題 1 中的線性轉換 T 來計算 $T(p(x))$：第一種方式爲利用 T 的規則，第二種方式爲利用定理 7.10。

可逆線性運算子的矩陣表示

如在定理 2.13，我們可使用矩陣表示推導出測試有限維度向量空間上之線性運算其可逆性的方法，同時獲得計算一可逆運算子其逆映射的方法。

令 T 爲在具有基底 B 的一個有限維度向量空間 V 上的一個線性運算子，且令 $A=[T]_B$。

首先，假設 T 爲可逆。則 $T_A=\Phi_B T\Phi_B^{-1}$ 爲同構轉換的一個合成。因此根據在方框中的結果，其爲可逆。所以根據定理 2.13，A 爲可逆。以反方向來說，假設 A 爲可逆。則根據定理 2.13，T_A 爲可逆，因此 $T=\Phi_B^{-1}T_A\Phi_B$ 也爲可逆，根據 7.2 節例題 10 後的方框中的結果。所以，一個線性運算子爲可逆若且唯若其任意一個矩陣表示式爲可逆。

當 T 爲可逆時，我們可獲得相對於基底 B 矩陣表示式 T 和 T^{-1} 之間的一簡單關係。令 $C=[T^{-1}]_B$。由定義，$T_C=\Phi_B T^{-1}\Phi_B^{-1}$。再者，

$$T_{A^{-1}}=(T_A)^{-1}=(\Phi_B T\Phi_B^{-1})^{-1}=\Phi_B T^{-1}\Phi_B^{-1}=T_C$$

所以 $C=A^{-1}$；亦即，T^{-1} 的矩陣表示式就是 T 之矩陣表示式的反矩陣。

7

我們總結這些結果如下：

一個可逆線性運算子的矩陣表示

令 T 為在具有基底 B 的一個有限維度向量空間 V 上的一個線性運算子，且令 $A=[T]_B$。

(a) T 為可逆若且唯若 A 為可逆。

(b) 若 T 為可逆，則 $[T^{-1}]_B = A^{-1}$。

例題 4

對線性運算子 D 及例題 2 中的基底 B 試求 $[D^{-1}]_B$，用其來求 $e^t \sin t$ 的反導數。

解 在例題 2 中，我們看到

$$[D]_B = \begin{bmatrix} 1 & 1 \\ -1 & 1 \end{bmatrix}$$

由於 $[D]_B$ 為可逆，因此 D 為可逆，且

$$[D^{-1}]_B = ([D]_B)^{-1} = \begin{bmatrix} 1 & 1 \\ -1 & 1 \end{bmatrix}^{-1} = \begin{bmatrix} \frac{1}{2} & -\frac{1}{2} \\ \frac{1}{2} & \frac{1}{2} \end{bmatrix}$$

一個 $e^t \sin t$ 的反導數等於 $D^{-1}(e^t \sin t)$。因為，

$$[e^t \sin t]_B = \begin{bmatrix} 0 \\ 1 \end{bmatrix}$$

則

$$[D^{-1}(e^t \sin t)]_B = \begin{bmatrix} \frac{1}{2} & -\frac{1}{2} \\ \frac{1}{2} & \frac{1}{2} \end{bmatrix} \begin{bmatrix} 0 \\ 1 \end{bmatrix} = \begin{bmatrix} -\frac{1}{2} \\ \frac{1}{2} \end{bmatrix}$$

因此 $D^{-1}(e^t \sin t) = (-\frac{1}{2})e^t \cos t + (\frac{1}{2})e^t \sin t$。

練習題 3.

令 T 為練習題 1 中的線性轉換。試說明 T 為可逆，並求其逆轉換的規則。

特徵值與特徵向量

我們在此把在第五章中特徵向量(*eigenvector*)、特徵值(*eigenvalue*)及特徵空間(*eigenspace*)的定義延伸至更廣義的向量空間中。

令 T 爲向量空間 V 上的一個線性運算子。在 V 上的一個非零向量 $\mathbf{v}$ 稱爲 T 的一個**特徵向量**若有一個純量λ使得$T(\mathbf{v})=\lambda\mathbf{v}$。該純量$\lambda$稱爲 T 對應於 $\mathbf{v}$ 的**特徵值**。若λ爲 T 的一個特徵值，則在 V 中所有可使得$T(\mathbf{v})=\lambda\mathbf{v}$的向量 $\mathbf{v}$ 所成的集合，稱爲 T 對應於λ的**特徵空間**。和在 R^n 中一樣，此特徵空間爲 V 的子空間，是由零向量及 T 對應於λ的所有特徵向量所構成 (參見習題 49)。

例題 5

令 $D: C^\infty \to C^\infty$ 爲 7.2 節例題 2 中的線性運算子。令λ爲一個純量，且令 f 爲指數函數 $f(t)=e^{\lambda t}$ 。則

$$D(f)(t)=(e^{\lambda t})'=\lambda e^{\lambda t}=\lambda f(t)=(\lambda f)(t)$$

所以，$D(f)=\lambda f$ ，因此 f 爲 D 的一個特徵向量，且λ爲對應於 f 的特徵值。因λ爲任意選擇的，我們可見每個純量均爲 D 的一個特徵值。所以 D 具有無限多個特徵值，在 R^n 中的線性運算子則不會有這種情況。

例題 6

令 D 爲在 7.2 節例題 2 之 C^∞ 中的微分運算子。則 $D^2=DD$ 也爲在 C^∞ 中的一個線性算子，且，對所有在 C^∞ 中的 f，$D^2(f)=f''$ 。試證明微分方程式

$$y''+4y=\mathbf{0}$$

的解集合與 D^2 對應於特徵值 $\lambda=-4$ 的特徵空間重疊。

解 首先，觀察在 C^∞ 中的此微分方程式的解。若 f 爲一個解，則 f 必爲二次可微，且 $f''=-4f$ 。因此 f'' 也爲二次可微，所以 f 具有四個導數。我們現在可以將此方程式的兩邊微分兩次，來求得 $f''''=-4f''$ 。從其中，我們可推測 f 的第四階導數爲二次可微分，且所以 f 具有六個導數。重複這樣的推論，可引出 f 具有任意階導數的結論。

因 $y''=D^2y$ ，我們可將給定之微分方程式重寫如下

$$D^2y=-4y$$

但此方程式說明 y 在 D^2 對應於特徵值 -4 的特徵空間中。因此，此特徵空間等於該微分方程式的解集合。

注意，函數 $\sin 2t$ 及 $\cos 2t$ 爲此微分方程式的解。所以，他們也爲 D^2 對應於特徵值 $\lambda = -4$ 的特徵向量。

我們已定義一個方陣 A 爲**對稱**若 $A^T=A$。我們稱 A 爲**斜對稱(skew-symmetric)**若 $A^T=-A$。注意到，$\begin{bmatrix} 0 & 1 \\ -1 & 0 \end{bmatrix}$ 爲一個非零斜對稱矩陣。

例題 7

令 $U: M_{n\times n} \to M_{n\times n}$ 爲線性運算子，定義爲 $U(A) = A^T$。我們在 7.2 節中見到 U 爲一個同構轉換。

若 A 爲一個非零對稱矩陣，則 $U(A) = A^T = A$。因此，A 爲 U 的一個特徵向量，具有 $\lambda = 1$ 爲對應的特徵值，且對應的特徵空間爲 $n\times n$ 對稱矩陣的集合。此外，若 B 爲一個非零斜對稱矩陣，則 $U(B) = B^T = -B$。所以，B 爲 U 的一個特徵向量，具有 $\lambda = -1$ 爲對應的特徵值，且對應的特徵空間爲所有斜對稱 $n\times n$ 矩陣形成的集合。可說明，1 和 -1 爲 U 僅有的特徵值 (參見習題 42)。

最後，我們應用定理 7.10 來分析，在一個具有基底 B 的有限維度向量空間 V 的一個線性運算子 T 之特徵值和特徵向量。

假設 $\mathbf{v}$ 爲 T 對應於特徵值 λ 的一個特徵向量。則 $\mathbf{v} \neq \mathbf{0}$，因此 $[\mathbf{v}]_B \neq \mathbf{0}$。所以，根據定理 7.10，

$$[T]_B[\mathbf{v}]_B = [T(\mathbf{v})]_B = [\lambda\mathbf{v}]_B = \lambda[\mathbf{v}]_B$$

因此 $[\mathbf{v}]_B$ 爲矩陣 $[T]_B$ 對應於特徵值 λ 的一個特徵向量。

反過來說，假設 $\mathbf{w}$ 爲矩陣 $[T]_B$ 對應於特徵值 λ 在 R^n 中的一個特徵向量。令 $\mathbf{v} = \Phi_B^{-1}(\mathbf{w})$，其在 V 中。則 $[\mathbf{v}]_B = \Phi_B(\mathbf{v}) = \mathbf{w}$。應用定理 7.10，我們有

$$\Phi_B(T(\mathbf{v})) = [T(\mathbf{v})]_B = [T]_B[\mathbf{v}]_B = \lambda[\mathbf{v}]_B = [\lambda\mathbf{v}]_B = \Phi_B(\lambda\mathbf{v})$$

因 Φ_B 爲一對一，$T(\mathbf{v}) = \lambda\mathbf{v}$。可得 $\mathbf{v}$ 爲 T 對應於特徵值 λ 的一個特徵向量。

我們總結這些結果如下，並把 $\Phi_B(\mathbf{v})$ 以 $[\mathbf{v}]_B$ 來代替：

一線性運算子的一個矩陣表示式其特徵值和特徵向量

令 T 爲具基底 B 的一有限維度向量空間 V 的一個線性運算子，且令 $A = [T]_B$。則在 V 中的一個向量 $\mathbf{v}$ 爲 T 對應於特徵值 λ 的一個特徵向量若且唯若 $[\mathbf{v}]_B$ 爲 A 對應於特徵值 λ 的一個特徵向量。

例題 8

令 T 和 B 如在例題 1 中所定義。爲了求得 T 的特徵值和特徵向量，令 $A=[T]_B$ 。從例題 1，我們有

$$A=\begin{bmatrix}1 & 0 & 0\\ 3 & 3 & 3\\ 1 & 2 & 4\end{bmatrix}$$

在第 5 章，我們求得 A 的特徵多項式爲 $-(t-1)^2(t-6)$ ，且所以 A 的特徵值，也是 T 的特徵值，爲 1 和 6。我們現在決定 T 的特徵空間。

對應於特徵值 1 的特徵空間：向量

$$\begin{bmatrix}0\\ -3\\ 2\end{bmatrix}$$

構成 A 對應於 $\lambda=1$ 的特徵空間的一個基底。因爲此向量是多項式 $p(x)=-3x+2x^2$ 的座標向量，T 對應於特徵值 1 的特徵空間等於 Span $\{p(x)\}$ 。

對應於特徵值 6 的特徵空間：向量

$$\begin{bmatrix}0\\ 1\\ 1\end{bmatrix}$$

構成 A 對應於 $\lambda=6$ 的特徵空間的一個基底。因爲此向量是多項式 $q(x)=x+x^2$ 的座標向量，T 對應於特徵值 6 的特徵空間等於 Span $\{q(x)\}$ 。

例題 9

令 $U: M_{2\times2}\to M_{2\times2}$ 爲線性運算子，定義爲 $U(A)=A^T$ ，其爲例題 7 的一個特例。從該例題可知，1 和–1 爲 U 的特徵值，並說明爲 U 僅有的兩特徵值。令

$$B=\left\{\begin{bmatrix}1 & 0\\ 0 & 0\end{bmatrix},\begin{bmatrix}0 & 1\\ 0 & 0\end{bmatrix},\begin{bmatrix}0 & 0\\ 1 & 0\end{bmatrix},\begin{bmatrix}0 & 0\\ 0 & 1\end{bmatrix}\right\}$$

其爲 $M_{2\times2}$ 的一個基底。則

$$[U]_B=\begin{bmatrix}1 & 0 & 0 & 0\\ 0 & 0 & 1 & 0\\ 0 & 1 & 0 & 0\\ 0 & 0 & 0 & 1\end{bmatrix}$$

其具有特徵多項式 $(t-1)^3(t+1)$ 。所以 1 和–1 爲 A 僅有的特徵值，且我們總結 1 和–1 爲 U 僅有的特徵值。

練習題 4.

令 T 爲在練習題 1 中的線性轉換。

(a) 試求 T 的特徵值。

(b) 對 T 的每個特徵值 λ，試描述對應於 λ 的特徵空間。

習　題

在習題 1 至 8 中，給定一個向量空間 V，V 的一個基底 B，及在 V 中的一個向量 $\mathbf{u}$。試決定 $\mathbf{u}$ 相對於 B 的座標向量。

1. $V = M_{2\times 2}$，

$$B = \left\{ \begin{bmatrix} 1 & 0 \\ 0 & 0 \end{bmatrix}, \begin{bmatrix} 0 & 0 \\ 1 & 0 \end{bmatrix}, \begin{bmatrix} 0 & 0 \\ 0 & 1 \end{bmatrix}, \begin{bmatrix} 0 & 1 \\ 0 & 0 \end{bmatrix} \right\}$$

且 $\mathbf{u}$ 爲矩陣 $\begin{bmatrix} 1 & 2 \\ 3 & 4 \end{bmatrix}$。

2. $V=P_2$， $B = \{x^2, x, 1\}$，且 $\mathbf{u}$ 爲多項式 $2 + x - 3x^2$。

3. $V=\text{Span}\,B$，其中 $B = \{\cos^2 t, \sin^2 t, \sin t \cos t\}$，且 $\mathbf{u}$ 爲函數 $\sin 2t - \cos 2t$。

4. $V = \{\mathbf{u} \in R^3 : u_1 - u_2 + 2u_3 = 0\}$，

$$B = \left\{ \begin{bmatrix} 1 \\ 1 \\ 0 \end{bmatrix}, \begin{bmatrix} -2 \\ 0 \\ 1 \end{bmatrix} \right\}, \quad \text{且} \quad \mathbf{u} = \begin{bmatrix} 5 \\ -1 \\ -3 \end{bmatrix}$$

5. $V = \{\mathbf{u} \in R^4 : u_1 + u_2 - u_3 - u_4 = 0\}$，

$$B = \left\{ \begin{bmatrix} -1 \\ 1 \\ 0 \\ 0 \end{bmatrix}, \begin{bmatrix} 1 \\ 0 \\ 1 \\ 0 \end{bmatrix}, \begin{bmatrix} 1 \\ 0 \\ 0 \\ 1 \end{bmatrix} \right\}, \quad \text{且} \quad \mathbf{u} = \begin{bmatrix} 6 \\ -3 \\ 2 \\ 1 \end{bmatrix}$$

6. $V=P_3$， $B = \{x^3 - x^2, x^2 - x, x - 1, x^3 + 1\}$，且 $\mathbf{u}$ 爲多項式 $2x^3 - 5x^2 + 3x - 2$。

7. V 爲所有跡數等於 0 的 2×2 矩陣所形成的向量空間，

$$B = \left\{ \begin{bmatrix} -1 & 0 \\ 0 & 1 \end{bmatrix}, \begin{bmatrix} 0 & 1 \\ 0 & 0 \end{bmatrix}, \begin{bmatrix} 0 & 0 \\ 1 & 0 \end{bmatrix} \right\},$$

且 $\mathbf{u}$ 爲矩陣 $\begin{bmatrix} 3 & -2 \\ 1 & -3 \end{bmatrix}$。

8. V 爲所有對稱的 2×2 矩陣所形成的向量空間，

$$B = \left\{ \begin{bmatrix} 1 & 0 \\ 0 & -1 \end{bmatrix}, \begin{bmatrix} 1 & 0 \\ 0 & 2 \end{bmatrix}, \begin{bmatrix} 1 & 1 \\ 1 & 1 \end{bmatrix} \right\},$$

且 $\mathbf{u}$ 爲矩陣 $\begin{bmatrix} 4 & -1 \\ -1 & 3 \end{bmatrix}$。

在習題 9 至 16 中，試求矩陣表示式$[T]_B$，其中 T 為在向量空間 V 中的一個線性運算子，且 B 為 V 的一個基底。

9. $B=\{e^t, e^{2t}, e^{3t}\}$，$V$=Span B，且 $T=D$，微分運算子。
10. $B=\{e^t, te^t, t^2e^t\}$，V=Span B，且 $T=D$，微分運算子。
11. $V=P_2$，$B=\{1, x, x^2\}$，且

$$T(p(x))=p(0)+3p(1)x+p(2)x^2$$

12. $V=M_{2\times 2}$，

$$B=\left\{\begin{bmatrix}1&0\\0&0\end{bmatrix},\begin{bmatrix}0&1\\0&0\end{bmatrix},\begin{bmatrix}0&0\\1&0\end{bmatrix},\begin{bmatrix}0&0\\0&1\end{bmatrix}\right\},$$

且 $T(A)=\begin{bmatrix}1&2\\3&2\end{bmatrix}A$。

13. $V=P_3$，$B=\{1, x, x^2, x^3\}$，且 $T(p(x))=p'(x)-p''(x)$。
14. $V=P_3$，$B=\{1, x, x^2, x^3\}$，且

$$T(a+bx+cx^2+dx^3)=d+cx+bx^2+ax^3$$

15. $V=M_{2\times 2}$，

$$B=\left\{\begin{bmatrix}1&0\\0&0\end{bmatrix},\begin{bmatrix}0&1\\0&0\end{bmatrix},\begin{bmatrix}0&0\\1&0\end{bmatrix},\begin{bmatrix}0&0\\0&1\end{bmatrix}\right\}$$

且 $T(A)=A^T$。

16. V 爲對稱的 2×2 矩陣所形成的向量空間，

$$B=\left\{\begin{bmatrix}1&0\\0&0\end{bmatrix},\begin{bmatrix}0&0\\0&1\end{bmatrix},\begin{bmatrix}0&1\\1&0\end{bmatrix}\right\}$$

且 $T(A)=CAC^T$，其中 $C=\begin{bmatrix}1&2\\-1&-2\end{bmatrix}$。

17. 使用在例題 3 中的技巧來求以下多項式的導數：
    (a) $p(x)=6-4x^2$。
    (b) $p(x)=2+3x+5x^2$。
    (c) $p(x)=x^3$。
18. 使用在例題4中的技巧來求 $e^t\cos t$ 的反導數。
19. 令 $B=\{e^t, te^t, t^2e^t\}$ 爲 C^∞的子空間 V的一個基底。使用在例題 4 中的方法來求以下函數的反導數：
    (a) te^t。
    (b) t^2e^t。
    (c) $3e^t-4te^t+2t^2e^t$。

在習題 20 至 27 中，試求 T 的特徵值及每個對應特徵空間的一個基底。

20. 令 T 爲習題 10 中的線性運算子。
21. 令 T 爲習題 9 中的線性運算子。
22. 令 T 爲習題 12 中的線性運算子。
23. 令 T 爲習題 11 中的線性運算子。
24. 令 T 爲習題 14 中的線性算子。
25. 令 T 爲習題 13 中的線性運算子。
26. 令 T 爲習題 16 中的線性運算子。
27. 令 T 爲習題 15 中的線性運算子。

是非題

在習題28至39中，試決定該陳述為真確或謬誤。

28. 每個線性運算子具有一個特徵值。
29. 每個線性運算子可以用一個矩陣來表示。
30. 在一個非零有限維度向量空間中的每個線性運算子可以用一個矩陣來表示。
31. 對任意正整數 n，對 P_n 中的一個多項式微分，可利用矩陣乘法來達成。
32. 在一個有限維度向量空間中的一個可逆線性運算子的逆映射，可由計算一個矩陣的反矩陣來求得。
33. 一個矩陣有可能是一個線性運算子的特徵向量。
34. 在一個向量空間中的線性運算子，只可以具有有限數量的特徵值。
35. U 爲 $M_{n\times n}$ 的線性運算子，定義爲 $U(A)=A^T$，其對應於特徵值 1 的特徵空間爲斜對稱矩陣的集合。
36. 若 T 爲一個具有基底 $B=\{\mathbf{v}_1, \mathbf{v}_2, \cdots, \mathbf{v}_n\}$的向量空間的線性運算子，則 T 相對於 B 的矩陣表示式爲矩陣$[T(\mathbf{v}_1)\ \ T(\mathbf{v}_2)\ \cdots\ T(\mathbf{v}_n)]$。
37. 若 T 爲一個具有基底 $B=\{\mathbf{v}_1, \mathbf{v}_2, \cdots, \mathbf{v}_n\}$的向量空間的一個線性運算子，則對 V 中的任意向量 $\mathbf{v}$，$T(\mathbf{v})=[T]_B\mathbf{v}$。
38. 若 T 爲一個具有基底 B 的有限維度向量空間 V 的一個線性運算子，則在 V 中的一個向量 $\mathbf{v}$ 爲 T 對應於特徵值λ的一個特徵向量若且唯若$[\mathbf{v}]_B$ 爲$[T]_B$ 對應於特徵值λ的一個特徵向量。
39. 令 VV 爲一個 n 維向量空間且 B 爲 V 的一個基底。在 V 上的每個線性運算子具有形式 $\Phi_B^{-1}T_A\Phi_B$，對某個 $n\times n$ 矩陣 A。

40. 令 T 為運算子 D^2+D，其中 D 為在 C^∞ 上的微分運算子。
  (a) 試說明，1 和 e^{-t} 在 T 的零空間中。
  (b) 試說明，對任意實數 a，函數 e^{at} 為 T 對應於特徵值 a^2+a 的一個特徵向量。
41. 令 D 為在 P_2 上的微分運算子。
  (a) 試求 D 的特徵值。
  (b) 試求每個對應特徵空間的一個基底。
42. 令 U 為在 $M_{n\times n}$ 上的線性運算子，定義為 $U(A)=A^T$。試證明 1 和 -1 為 A 僅有的 2 個特徵值。**提示：**假設 A 為一個非零的 $n\times n$ 矩陣且 λ 為一個純量使得 $A^T=\lambda A$。將此方程式的兩邊取轉置，然後證明 $A=\lambda^2 A$。
43. 令 P 表示正整數形成的集合，且令 $E:F(P)\to F(P)$ 定義為
$$E(f)(n)=f(n+1)$$
  (a) 試證明 E 為在 $F(P)$ 上的一個線性運算子。
  (b) 因一個實數數列為一個從 P 到 R 的函數，我們可視 $F(P)$ 為數列所形成的空間。回顧在 5.5 節中費氏數列定義。試證明，一個非零數列 f 為一個費氏數列若且唯若 f 為 E^2-E 對應於特徵值 1 的一個特徵向量。
44. 令 B 為例題 9 中 $M_{2\times 2}$ 的基底，且令 $T:M_{2\times 2}\to M_{2\times 2}$ 為定義如下
$$T\left(\begin{bmatrix} a & b \\ c & d \end{bmatrix}\right)=\begin{bmatrix} b & a+c \\ 0 & d \end{bmatrix}$$
  (a) 試證明 T 為線性。
  (b) 試決定矩陣表示式 $[T]_B$。
  (c) 試求 T 的特徵值。
  (d) 試求每個特徵空間的一個基底。
45. 對在 $M_{2\times 2}$ 中的一個給定矩陣 B，令 T 為在 $M_{2\times 2}$ 上函數，定義為 $T(A)=(\text{trace}(A))B$。
  (a) 試證明 T 為線性。
  (b) 假設 B 為給定在例題 9 中 $M_{2\times 2}$ 的基底，且 $B=\begin{bmatrix} 1 & 2 \\ 3 & 4 \end{bmatrix}$。試決定 $[T]_B$。
  (c) 試證明若 A 為一個跡數為零的非零矩陣，則 A 為 T 的一個特徵向量。
  (d) 試證明若 A 為 T 的一個特徵向量對應於一個非零的特徵值，則 A 為 B 的一個純量倍數。
46. 令 B 為一個 $n\times n$ 矩陣，且 $T:M_{n\times n}\to M_{n\times n}$ 定義為 $Ti(A)=BA$。
  (a) 試證明 T 為線性。
  (b) 試證明 T 為可逆若且唯若 B 為可逆。
  (c) 試證明一個非零 $n\times n$ 矩陣 C 為 T 對應於特徵值 λ 的一個特徵向量若且唯若 λ 為 B 的一個特徵值，且每個 C 的行位於 B 對應於 λ 的特徵空間中。
47. 令 $B=\{\mathbf{v}_1,\mathbf{v}_2,\cdots,\mathbf{v}_n\}$ 為一個向量空間 V 的一個基底。試證明對任意 j，我們有 $[\mathbf{v}_j]_B=\mathbf{e}_j$，其中 $\mathbf{e}_j$ 為在 R^n 中的第 j 個標準向量。
48. 令 V 為一個有限維度向量空間，具有基底 B。試證明對 V 的任意線性運算子 T 和 U，
$$[UT]_B=[U]_B[T]_B$$
*提示：*應用定理 7.10 至 $(UT)\mathbf{v}$ 和 $U(T(\mathbf{v}))$，其中 $\mathbf{v}$ 為一個在 V 中的任意向量。
49. 令 T 為在向量空間 V 中的一個線性運算子，且假設 λ 為 T 的一個特徵值。試證明 T 對應於 λ 的特徵空間為 V 的一個子空間，且其包含零向量和 T 對應於 λ 的特徵向量。

下述可對角化線性運算子的定義可用於下個習題。比較此定義與給定在 5.4 節中的定義。

定義　在一個有限維度向量空間的一個線性運算子為**可對角化**，若該向量空間有一個基底是由此運算子的特徵向量所構成。

50. 令 T 為在一個有限維度向量空間 V 中的一個線性運算子。試證明以下陳述：
  (a) T 為可對角化若且唯若 V 有一基底 B 使得 $[T]_B$ 為一個對角矩陣。
  (b) T 為可對角化若且唯若對任意基底 B，$[T]_B$ 為一個可對角化矩陣。
  (c) 試證明在例題 9 中的線性算子 U 為可對角化的。

以下是一個線性轉換其矩陣表示式之定義，使用在習題 51 至 53 中：

定義　令 $T:V\to W$ 為一個線性轉換，其中 V 和 W 為有限維度向量空間，且令 $B=\{\mathbf{b}_1,\mathbf{b}_2,\cdots,\mathbf{b}_n\}$ 和 C 分別為對 V 和 W(有序的)基底。矩陣
$$\left[[T(\mathbf{b}_1)]_C \quad [T(\mathbf{b}_2)]_C \quad \cdots \quad [T(\mathbf{b}_n)]_C\right]$$
稱為 ***T* 相對於 *B* 和 *C* 的矩陣表示式**。其表示為 $[T]_B^C$。

51. 令 $\mathbf{v}=\begin{bmatrix}1\\3\end{bmatrix}$，且令 $T:M_{2\times2}\to R^2$ 定義爲 $T(A)=A\mathbf{v}$。
   (a) 試證明 T 爲一個線性轉換。
   (b) 令 B 爲在例題 9 中 $M_{2\times2}$ 的基底，且令 C 爲 R^2 的標準基底。試求 $[T]_B^C$。
   (c) 令 B 爲在例題 9 中 $M_{2\times2}$ 的基底，且令
   $$D=\left\{\begin{bmatrix}1\\1\end{bmatrix},\begin{bmatrix}1\\2\end{bmatrix}\right\}$$
   其爲 R^2 的一個基底。試求 $[T]_B^D$。

52. 令 $T:V\to W$ 爲一個線性轉換，其中 V 和 W 爲有限維度向量空間，且令 B 和 C 分別爲 V 和 W 的(有序)基底。試證明以下結果((a)和(b)小題使用了在 7.2 節習題 55 所使用的定義)：
   (a) $[sT]_B^C=s[T]_B^C$，對任意純量 s。
   (b) 若 $U:V\to W$ 爲線性，x 則
   $$[T+U]_B^C=[T]_B^C+[U]_B^C$$
   (c) $[T(\mathbf{v})]_C=[T]_B^C[\mathbf{v}]_B$，對在 V 中的每個向量 $\mathbf{v}$。
   令 $U:W\to Z$ 爲線性，其中 Z 爲一個有限維度向量空間，且令 D 爲 Z 的一個(有序的)基底。則
   $$[UT]_B^D=[U]_C^D[T]_B^C$$

53. 令 $T:P_2\to R^2$ 定義爲 $T(f(x))=\begin{bmatrix}f(1)\\f(2)\end{bmatrix}$，令 $B=\{1,x,x^2\}$，且令 $C=\{\mathbf{e}_1,\mathbf{e}_2\}$，$R^2$ 的標準基底。
   (a) 試證明 T 爲一個線性轉換。
   (b) 試求 $[T]_B^C$。
   (c) 令 $f(x)=a+bx+cx^2$，對純量 a、b 和 c。
   (i) 試從 T 的定義直接計算 $T(f(x))$。然後試求 $[T(f(x))]_C$。
   (ii) 試求 $[f(x)]_B$，然後計算 $[T]_B^C[f(x)]_B$。將你的結果與在(i)中的答案相比較。

在習題 54 和 55 中，使用具有矩陣運算能力之計算機或是電腦軟體如 MATLAB 來解每道題。

54. 令 T 爲在 P_3 上線性運算子，定義如
   $$T(f(x))=f(x)+f'(x)+f''(x)+f(0)+f(2)x^2$$
   (a) 試決定 T 的特徵值。
   (b) 試求由 T 的特徵向量所構成之 P_3 的一個基底。
   (c) 對 $f(x)=a_0+a_1x+a_2x^2+a_3x^3$，試求 $T^{-1}(f(x))$。

55. 令 T 爲在 $M_{2\times2}$ 上的線性運算子，定義爲
   $$T(A)=\begin{bmatrix}1&2\\3&4\end{bmatrix}A+3A^T$$
   對在 $M_{2\times2}$ 上的所有 A。
   (a) 試決定 T 的特徵值。
   (b) 試求由 T 的特徵向量所構成之 $M_{2\times2}$ 的一個基底。
   (c) 對 $A=\begin{bmatrix}a&b\\c&d\end{bmatrix}$，試求 $T^{-1}(A)$。

練習題解答

1. (a)令 $q(x)$ 和 $r(x)$ 爲在 P_2 上的多項式，且令 c 爲一個純量。則
$$\begin{aligned}&T(q(x)+r(x))\\&=(x+1)(q(x)+r(x))'+(q(x)+r(x))\\&=(x+1)(q'(x)+r'(x))+(q(x)+r(x))\\&=(x+1)q'(x)+(x+1)r'(x)+q(x)+r(x)\\&=((x+1)q'(x)+q(x))+((x+1)r'(x)+r(x))\\&=T(q(x))+T(r(x))\end{aligned}$$
且
$$\begin{aligned}T(cq(x))&=(x+1)(cq(x))'+cq(x)\\&=c((x+1)q'(x)+q(x))\\&=cT(q(x))\end{aligned}$$
所以，T 爲線性。

(b) 我們有
$$T(1)=(x+1)(0)+1=1$$
$$T(x)=(x+1)(1)+x=1+2x$$
且
$$T(x^2)=(x+1)(2x)+x^2=2x+3x^2$$
令 $B=\{1,x,x^2\}$。則
$$[T(1)]_B=\begin{bmatrix}1\\0\\0\end{bmatrix},\quad [T(x)]_B=\begin{bmatrix}1\\2\\0\end{bmatrix},\quad 且$$

$$[T(x^2)]_B=\begin{bmatrix}0\\2\\3\end{bmatrix}$$

所以

$$[T]_B=\begin{bmatrix}1&1&0\\0&2&2\\0&0&3\end{bmatrix}$$

2. 利用 T 的規則，我們有

$$\begin{aligned}T(p(x))&=T(2-3x+5x^2)\\&=(x+1)(-3+10x)\\&\quad+(2-3x+5x^2)\\&=-1+4x+15x^2\end{aligned}$$

應用定理 7.10，我們有

$$\begin{aligned}[T(2-3x+5x^2)]_B&=[T]_B[2-3x+5x^2]_B\\&=\begin{bmatrix}1&1&0\\0&2&2\\0&0&3\end{bmatrix}\begin{bmatrix}2\\-3\\5\end{bmatrix}=\begin{bmatrix}-1\\4\\15\end{bmatrix}\end{aligned}$$

因此 $T(p(x))=-1+4x+15x^2$ 。

3. 由於$[T]_B$爲一個可逆矩陣，運算子 T 爲可逆。爲了求 T^{-1} 的規則，我們可使用 $[T^{-1}]_B=[T]_B^{-1}$ 的結果。所以

$$\begin{aligned}[T^{-1}(a+bx+cx^2)]_B&=[T^{-1}]_B\begin{bmatrix}a\\b\\c\end{bmatrix}\\&=[T]_B^{-1}\begin{bmatrix}a\\b\\c\end{bmatrix}\\&=\begin{bmatrix}1&-\frac{1}{2}&\frac{1}{3}\\0&\frac{1}{2}&-\frac{1}{3}\\0&0&\frac{1}{3}\end{bmatrix}\begin{bmatrix}a\\b\\c\end{bmatrix}\\&=\begin{bmatrix}a-\frac{1}{2}b+\frac{1}{3}c\\\frac{1}{2}b-\frac{1}{3}c\\\frac{1}{3}c\end{bmatrix}\end{aligned}$$

因此

$$\begin{aligned}&T^{-1}(a+bx+cx^2)\\&=(a-\tfrac{1}{2}b+\tfrac{1}{3}c)+(\tfrac{1}{2}b-\tfrac{1}{3}c)x+(\tfrac{1}{3}c)x^2\end{aligned}$$

4. (a) T 的特徵值與$[T]_B$的特徵值相同。因$[T]_B$爲一個上三角矩陣，其特徵值爲其對角線元素，亦即，1、2 和 3。

(b) 對應於特徵值1的特徵空間：向量

$$\begin{bmatrix}1\\0\\0\end{bmatrix}$$

其爲常數多項式 1 的座標向量，構成了$[T]_B$ 對應於 $\lambda=1$ 之特徵空間的一個基底。則 1 的倍數(也就是，常數多項式)，構成 T 對應於特徵值 1 的特徵空間。

對應於特徵值 2 的特徵空間：向量

$$\begin{bmatrix}1\\1\\0\end{bmatrix}$$

其爲多項式$1+x$ 的座標向量，構成$[T]_B$ 對應於 $\lambda=2$ 的特徵空間的一個基底。因此，T 對應於特徵值 2 的特徵空間等於 $\text{Span}\,\{1+x\}$ 。

對應於特徵值 3 的特徵空間：向量

$$\begin{bmatrix}1\\2\\1\end{bmatrix}$$

其爲多項式$1+2x+x^2$ 的座標向量，構成$[T]_B$ 對應於 $\lambda=3$ 的特徵空間的一個基底。因此，T 對應於特徵值 3 的特徵空間，等於

$$\text{Span}\,\{1+2x+x^2\}$$

7.5 內積空間

在第 6 章所介紹的純量積 (dot product)，在向量與矩陣和 R^n 幾何之間提供一個很強的連結。例如，我們已看到純量積的觀念如何可以引導出對稱矩陣其更深入的結果。

在某些向量空間，特別是函數空間，存在有純量乘積，稱爲內積(*inner prodcuts*)，其也有純量積的重要正式性質。這些內積讓我們可以把像是距離(*distance*)和正交性(*orthogonality*)的概念延伸至向量空間。

定義　在一個向量空間 V 上的一個**內積 (inner prdocut)**，爲一個實數值函數其對任意排列的向量 $\mathbf{u}$ 和 $\mathbf{v}$ 給予一個純量，表示爲$\langle \mathbf{u},\mathbf{v} \rangle$，使得對於 V 中的任意向量 $\mathbf{u}$、$\mathbf{v}$ 和 $\mathbf{w}$ 與任意純量 a，以下公理成立：

內積公理

1. $\langle \mathbf{u}, \mathbf{u} \rangle > 0$ 若 $\mathbf{u} \neq \mathbf{0}$
2. $\langle \mathbf{u}, \mathbf{v} \rangle = \langle \mathbf{v}, \mathbf{u} \rangle$
3. $\langle \mathbf{u}+\mathbf{v}, \mathbf{w} \rangle = \langle \mathbf{u}, \mathbf{w} \rangle + \langle \mathbf{v}, \mathbf{w} \rangle$
4. $\langle a\mathbf{u}, \mathbf{v} \rangle = a\langle \mathbf{u}, \mathbf{v} \rangle$

假設$\langle \mathbf{u}, \mathbf{v} \rangle$爲在一個向量空間 V 上的一個內積。對任意純量 $r > 0$，定義$\langle\langle \mathbf{u}, \mathbf{v} \rangle\rangle$爲$\langle\langle \mathbf{u}, \mathbf{v} \rangle\rangle = r\langle \mathbf{u}, \mathbf{v} \rangle$可以提供在 V 上的另一個內積。因此，在一個向量空間中，可存在無限多個不同的內積。被賦予一特別內積的一個向量空間，稱爲一個**內積空間**。

在 R^n 上的純量積爲內積的一個範例，其中$\langle \mathbf{u}, \mathbf{v} \rangle = \mathbf{u} \cdot \mathbf{v}$，對在 R^n 中的 $\mathbf{u}$ 和 $\mathbf{v}$。注意，在定理 6.1 中的純量積，我們已驗證均滿足內積的公理。

許多有關於純量積的事實對內積都成立。通常，對內積空間某一個結果之證明只需要對在 R^n 中純量積的證明做稍微修改即可獲得，或甚至不需要修改直接套用即可。

例題 1 呈現在函數空間中的一個特別重要的內積。

例題 1

令 $C([a, b])$表示定義在封閉區間$[a, b]$連續實數值函數的向量空間，其已在 7.2 節的例題 3 中描述過。對在 $C([a, b])$中的 f 和 g，令

$$\langle f, g \rangle = \int_a^b f(t)g(t)dt$$

此定義決定了在 $C([a, b])$上的一個內積。

爲了驗證公理 1，令 f 爲在 $C([a, b])$中的任意非零函數。則 f^2 爲一個非負函數，其在$[a, b]$上爲連續。因 f 不爲零，在某些區間$[c, d]$中，$f^2(t) > 0$，其中 $a < c < d < b$。因此

$$\langle f, f \rangle = \int_a^b f^2(t)dt \geq \int_c^d f^2(t)dt > 0$$

爲了驗證公理 2，令 f 和 g 爲在 $C([a, b])$中的函數。則

$$\langle f, g \rangle = \int_a^b f(t)g(t)dt = \int_a^b g(t)f(t)dt = \langle g, f \rangle$$

我們將公理 3 和 4 的驗證留在後做爲習題。

我們下個例題將介紹費氏內積(*Frobenius inner product*)，爲在 $M_{n\times n}$ 上內積的一個重要範例。

例題 2

對在 $M_{n\times n}$ 中的 A 和 B，定義

$$\langle A, B \rangle = \text{trace}(AB^T)$$

此定義在 $M_{n\times n}$ 上決定了一個內積，稱爲**費氏[3]內積**。

爲了驗證公理 1，令 A 爲任意非零矩陣，且令 $C=AA^T$。則

$$\langle A, A \rangle = \text{trace}(AA^T) = \text{trace}C$$
$$= c_{11} + c_{22} + \cdots + c_{nn}$$

再者，對每個 i，

$$c_{ii} = a_{i1}^2 + a_{i2}^2 + \cdots + a_{in}^2$$

由此可得$\langle A, A \rangle$爲 A 的所有元素的平方和。由於 $A \neq O$，則對某些 i 和 j，$a_{ij}^2 > 0$，因此$\langle A, A \rangle > 0$。

爲了驗證公理 2，令 A 和 B 爲在 V 中的矩陣。則

---

[3] Ferdinand Georg Frobenius (1849 - 1917) 爲一德國數學家，以他在群論中的研究聞名。他的研究結合了代數方程式、數論，與幾何的結果。他對有限群組之代表理論，對量子力學有重大的貢獻。

$$
\begin{aligned}
\langle A,B\rangle &= \text{trace}(AB^T) \\
&= \text{trace}(AB^T)^T \\
&= \text{trace}(BA^T) \\
&= \langle B,A\rangle
\end{aligned}
$$

我們把對公理 3 和 4 的驗證留在後面做爲習題。

我們可以證明兩個 $n\times n$ 矩陣的費氏內積，就是它們相對應元素之乘積的總和。(參見習題 73 和 74。)因此，費氏內積看起來像一個在 R^{n^2} 中的普通內積，不同之處僅爲前者其組成元素是在一個矩陣中的元素。例如，

$$
\left\langle \begin{bmatrix} 1 & 2 \\ 3 & 4 \end{bmatrix}, \begin{bmatrix} 5 & 6 \\ 7 & 8 \end{bmatrix} \right\rangle = 1\cdot 5+2\cdot 6+3\cdot 7+4\cdot 8=70
$$

如同我們在 R^n 中對純量積所做的處理，我們可定義在一個內積空間中一向量的長度(*length*)。對在一個內積空間 V 中的任意向量 $\mathbf{v}$，$\mathbf{v}$ 的**範數(長度)**，表示爲 $\|\mathbf{v}\|$，定義爲

$$
\|\mathbf{v}\| = \sqrt{\langle \mathbf{v},\mathbf{v}\rangle}
$$

介於在 V 中的兩個向量 $\mathbf{u}$ 和 $\mathbf{v}$ 間的**距離**，我們把它以一般方式定義爲 $\|\mathbf{u}-\mathbf{v}\|$。

一個向量的範數，當然，取決於所使用的特定內積。爲了描述使用某個特定內積所定義的範數，我們可參照由該內積所引起的範數。例如，在例題 2 中 $M_{n\times n}$ 的費氏內積所引起的範數，給定如下

$$
\|A\| = \sqrt{\langle A,A\rangle} = \sqrt{\text{trace}(AA^T)}
$$

所以，爲何此範數稱爲**費氏範數**的原因也就不言而喻。

練習題 1.

令 $A=\begin{bmatrix} 2 & 1 \\ 0 & 3 \end{bmatrix}$ 和 $B=\begin{bmatrix} 1 & 1 \\ 2 & 0 \end{bmatrix}$，爲 $M_{2\times 2}$ 的矩陣。試利用費氏內積來計算 $\|A\|^2$、$\|B\|^2$、及 $\langle A,B\rangle$。

如之前所述，許多純量積的基礎特性也對所有的內積成立。特別是，定理 6.1 的所有部分對內積空間皆成立。例如，內積的公理 2 和 3 類似於內積定理 6.1(d)，因爲若 $\mathbf{u}$、$\mathbf{v}$，和 $\mathbf{w}$ 爲在一個內積空間中的向量，則

$$\begin{aligned}\langle \mathbf{u}, \mathbf{v}+\mathbf{w}\rangle &= \langle \mathbf{v}+\mathbf{w}, \mathbf{u}\rangle && \text{(根據公理 2)}\\ &= \langle \mathbf{v}, \mathbf{u}\rangle + \langle \mathbf{w}, \mathbf{u}\rangle && \text{(根據公理 3)}\\ &= \langle \mathbf{u}, \mathbf{v}\rangle + \langle \mathbf{u}, \mathbf{w}\rangle && \text{(根據公理 2)}\end{aligned}$$

科西-施瓦茲不等式(定理 6.3)和三角不等式(定理 6.4)，對所有的內積空間也都成立，因爲它們的證明是根據定理 6.1 中的各項，恰好都分別對應於內積的公理。因此，在例題 1 中，我們可獲得在 $C([a, b])$中一個有關於函數積分的不等式：應用科西-施瓦茲不等式再將兩邊平方：

$$\left[\int_a^b f(t)g(t)dt\right]^2 \le \left[\int_a^b f^2(t)dt\right]\left[\int_a^b g^2(t)dt\right]$$

在此，f 和 g 爲在封閉區間$[a, b]$中的連續函數。

練習題 2.

令 $f(t)=t$ 和 $g(t)=t^2$ 爲在例題 1 內積空間 $C([0, 1])$中的向量。

(a) 試計算$\|f\|^2$，$\|g\|^2$，和$\langle f, g\rangle$。

(b) 試驗證$|\langle f, g\rangle| \le \|f\|\cdot\|g\|$。

正交性及葛雷-史密特程序

令 V 爲一個內積空間。如在第 6 章，在 V 中的兩向量 $\mathbf{u}$ 和 $\mathbf{v}$ 稱爲**正交**，若$\langle \mathbf{u}, \mathbf{v}\rangle = 0$，且 V 的一個子空間 S 稱爲**正交**，若在 S 中的任意兩個不同向量爲正交。在 V 中的一個向量 $\mathbf{u}$ 稱爲一個**單位向量**，若$\|\mathbf{u}\|=1$；而 V 的一個子集合 S 稱爲**正規正交**，若 S 爲一個正交集合且在 S 中的每個向量爲一個單位向量。對任意非零向量 $\mathbf{v}$，單位向量 $\frac{1}{\|\mathbf{v}\|}\mathbf{v}$ 爲 $\mathbf{v}$ 的一個純量倍數，稱爲 $\mathbf{v}$ 的**正規化向量**。

若 S 是由非零向量所構成的一個正交集合，則把在 S 中的每個向量以其正規化向量取代，會產生一個和 S 有相同展延的正規正交集合。

6.2 節證明了任意非零向量組成的有限正交集合爲線性獨立(定理 6.5)。此結果對任意內積空間成立，且其證明亦與前者相同。再者，我們可說明此結果對無限正交集合亦成立。(參見習題 76。)

例題 3

令 $f(t)=\sin 3t$ 及 $g(t)=\cos 2t$ 定義在封閉區間$[0, 2\pi]$上。則 f 和 g 爲在例題 1 中內積空間 $C([0, 2\pi])$的函數。試說明 f 和 g 爲正交。

解 我們應用三角恆等式

$$\sin\alpha\cos\beta = \frac{1}{2}\left[\sin(\alpha+\beta)+\sin(\alpha-\beta)\right]$$

令 $\alpha = 3t$ 及 $\beta = 2t$，可得

$$\begin{aligned}\langle f, g\rangle &= \int_0^{2\pi} \sin 3t \cos 2t dt \\ &= \frac{1}{2}\int_0^{2\pi}\left[\sin 5t + \sin t\right]dt \\ &= \frac{1}{2}\left[-\frac{1}{5}\cos 5t - \cos t\right]\Bigg|_0^{2\pi} \\ &= 0\end{aligned}$$

因此 f 和 g 爲正交。

例題 4

回顧定義在 7.1 節中三角多項式的向量空間 $T[0, 2\pi]$。定義此函數空間爲以下的展延

$$S = \{1, \cos t, \sin t, \cos 2t, \sin 2t, \cdots, \cos nt, \sin nt, \cdots\}$$

爲定義在$[0, 2\pi]$中三角函數組成的一個集合。所以 $T[0, 2\pi]$爲 $C([0, 2\pi])$的一個子空間，且是一個內積空間，和例題 3 有相同的內積。

爲了說明在 S 中任意兩不同函數 f 和 g 爲正交，我們需考慮數個情況。

若 $f(t) = 1$ 且 $g(t) = \cos nt$ ，n 爲某個正整數，則

$$\langle f, g\rangle = \int_0^{2\pi} \cos nt dt = \frac{1}{n}\sin nt\Big|_0^{2\pi} = 0$$

以相似方法，若 $f(t) = \sin mt$ 且 $g(t) = 1$ ，則$\langle f, g\rangle = 0$ 。

若 $f(t) = \sin mt$ 且 $g(t) = \cos nt$ ，m 和 n 爲正整數，我們可應用例題 3 中的三角恆等式來求得$\langle f, g\rangle = 0$ 。其餘兩個情況留在習題中。(參見習題 58 和 59。)

所以 S 爲一個正交集合。由於 S 包含非零函數，S 爲線性獨立。因此，它是 $T[0, 2\pi]$的一個基底。由此可得 $T[0, 2\pi]$爲一個無限維度的向量空間。

在 6.2 節中，我們看到葛雷-史密特程序(定理 6.6)，其將 R^n 的一個線性獨立子集合轉換爲一個正交集合。對任意內積空間此也成立，且其證明相同於定理 6.6 的證明。所以，我們可使用葛雷-史密特程序把一個有限維度內積空間的一個任意基底轉換成一個正交或正規正交基底。由此可得**每個有限維度的內積空間均有一個正規正交基底**。

爲了方便起見，我們以一般向量空間的觀點重新陳述定理 6.6。

葛雷－史密特程序

令$\{\mathbf{u}_1, \mathbf{u}_2, \cdots, \mathbf{u}_k\}$爲對一個內積空間 V 的一個基底。定義

$$\begin{aligned}
\mathbf{v}_1 &= \mathbf{u}_1,\\
\mathbf{v}_2 &= \mathbf{u}_2 - \frac{\mathbf{u}_2 \cdot \mathbf{v}_1}{\|\mathbf{v}_1\|^2}\mathbf{v}_1,\\
\mathbf{v}_3 &= \mathbf{u}_3 - \frac{\mathbf{u}_3 \cdot \mathbf{v}_1}{\|\mathbf{v}_1\|^2}\mathbf{v}_1 - \frac{\mathbf{u}_3 \cdot \mathbf{v}_2}{\|\mathbf{v}_2\|^2}\mathbf{v}_2,\\
&\vdots\\
\mathbf{v}_k &= \mathbf{u}_k - \frac{\mathbf{u}_k \cdot \mathbf{v}_1}{\|\mathbf{v}_1\|^2}\mathbf{v}_1 - \frac{\mathbf{u}_k \cdot \mathbf{v}_2}{\|\mathbf{v}_2\|^2}\mathbf{v}_2 - \cdots - \frac{\mathbf{u}_k \cdot \mathbf{v}_{k-1}}{\|\mathbf{v}_{k-1}\|^2}\mathbf{v}_{k-1}
\end{aligned}$$

則$\{\mathbf{v}_1, \mathbf{v}_2, \cdots, \mathbf{v}_i\}$爲非零向量組成的一個正交集合，使得

$$\text{Span}\,\{\mathbf{v}_1, \mathbf{v}_2, \cdots, \mathbf{v}_i\} = \text{Span}\,\{\mathbf{u}_1, \mathbf{u}_2, \cdots, \mathbf{u}_i\}$$

對每個 i。所以$\{\mathbf{v}_1, \mathbf{v}_2, \cdots, \mathbf{v}_k\}$爲對 V 的一個正交基底。

例題 5

定義在 P_2 上的一個內積如下

$$\langle f(x), g(x)\rangle = \int_{-1}^{1} f(t)g(t)dt$$

對 P_2 中所有的多項式 $f(x)$和 $g(x)$。(可驗證的是：此的確定義了在 P_2 上的一個內積。例如，參見在例題 1 中的論述。)利用葛雷-史密特程序，來將基底$\{1, x, x^2\}$轉換爲 P_2 的一個正交基底。然後將此正交基底中的向量正規化，以獲得 P_2 的一個正規正交基底。

解 使用定理 6.6 的符號，我們令 $\mathbf{u}_1 = 1$ ，$\mathbf{u}_2 = x$ ，且 $\mathbf{u}_3 = x^2$ 。則

$$\begin{aligned}
\mathbf{v}_1 &= \mathbf{u}_1 = 1,\\
\mathbf{v}_2 &= \mathbf{u}_2 - \frac{\langle \mathbf{u}_2, \mathbf{v}_1\rangle}{\|\mathbf{v}_1\|^2}\mathbf{v}_1 = x - \frac{\int_{-1}^{1} t\cdot 1dt}{\int_{-1}^{1} 1^2 dt}(1) = x - 0\cdot 1 = x\\
\mathbf{v}_3 &= \mathbf{u}_3 - \frac{\langle \mathbf{u}_3, \mathbf{v}_1\rangle}{\|\mathbf{v}_1\|^2}\mathbf{v}_1 - \frac{\langle \mathbf{u}_3, \mathbf{v}_2\rangle}{\|\mathbf{v}_2\|^2}\mathbf{v}_2\\
&= x^2 - \frac{\int_{-1}^{1} t^2\cdot 1dt}{\int_{-1}^{1} 1^2 dt}(1) - \frac{\int_{-1}^{1} t^2\cdot tdt}{\int_{-1}^{1} t^2 dt}(x)\\
&= x^2 - \frac{\left(\frac{2}{3}\right)}{2}\cdot 1 - 0\cdot x\\
&= x^2 - \frac{1}{3}
\end{aligned}$$

因此，集合$\{1, x, x^2 - \frac{1}{3}\}$爲 P_2 的一個正交基底。

接下來，我們將此集合中的每個向量正規化，來獲得 P_2 的一個正規正交基底。因

$$\|\mathbf{v}_1\| = \sqrt{\int_{-1}^{1} 1^2 dx} = \sqrt{2}$$

$$\|\mathbf{v}_2\| = \sqrt{\int_{-1}^{1} x^2 dx} = \sqrt{\frac{2}{3}}$$

$$\|\mathbf{v}_3\| = \sqrt{\int_{-1}^{1} \left(x^2 - \frac{1}{3}\right)^2 dx} = \sqrt{\frac{8}{45}}$$

P_2 的正規正交基底爲

$$\left\{\frac{1}{\|\mathbf{v}_1\|}\mathbf{v}_1, \frac{1}{\|\mathbf{v}_2\|}\mathbf{v}_2, \frac{1}{\|\mathbf{v}_3\|}\mathbf{v}_3\right\} = \left\{\frac{1}{\sqrt{2}}, \sqrt{\frac{3}{2}}x, \sqrt{\frac{45}{8}}\left(x^2 - \frac{1}{3}\right)\right\}$$

在此例題中的方法可延伸至 Pn，n 爲任意正整數，使用相同內積及選擇$\{1, x, \cdots, x^n\}$爲初始基底即可。當葛雷-史密特程序套用至較高次的多項式時，較低次數的多項式是保持不變的。因此，我們獲得多項式 $p_0(x), p_1(x), \cdots, p_n(x), \cdots$ 的一個無窮數列，使得，對任意的 n，該數列的前 n+1 個多項式會構成 P_n 的一個正規正交基底。這些多項式，稱爲**正規化勒壤得**[4]**多項式(normalizd Legendre polynomials)**，構成無限維度向量空間 P 的一個正規正交基底，可應用至微分方程式、統計學，及數值分析。在例題 5 中，我們計算的就是前三個正規化勒壤得多項式。

正交投影及最小平方近似

在一個內積空間 V 中，我們定義(如在 6.3 節)一個集合 S 的**正交補**爲集合 $S^\perp$，由在 V 中正交於 B 之每個向量的所有向量來構成。如在 R^n 中一般，很容易證明 $S^\perp$爲 V 的一個子空間。

假設 V 爲一個內積空間。W 爲 V 的一個有限維度子空間，且具有**正規正交基底** $B=\{\mathbf{v}_1, \mathbf{v}_2, \cdots, \mathbf{v}_n\}$。因爲在定理 6.7 中的證明可直接應用至此處，我們假設以下的結果。對在 V 中的任意向量 $\mathbf{v}$，在 W 中存在獨一無二的向量 $\mathbf{w}$ 且在 $W^\perp$ 中存在獨一無二的向量 $\mathbf{z}$，使得 $\mathbf{v} = \mathbf{w} + \mathbf{z}$。再者，

---

[4] Adrien Marie Legendre (1752 - 1833) 爲法國數學家，其任教於巴黎的 ´Ecole Militaire 及 ´Ecole Normale。他以對橢圓函數的研究聞名，但他同樣在數論研究上有重要結果，如二次互反律。他的論文 Nouvellesm´ethodes pour la d´etermination des orbites des com`etes 包含了最早提及的最小平方法。

$$\mathbf{w} = \langle \mathbf{v}, \mathbf{v}_1 \rangle \mathbf{v}_1 + \langle \mathbf{v}, \mathbf{v}_2 \rangle \mathbf{v}_2 + \ldots + \langle \mathbf{v}, \mathbf{v}_n \rangle \mathbf{v}_n \qquad (2)$$

向量 $\mathbf{w}$ 稱爲 $\mathbf{v}$ 在 W 上的**正交投影**。在方程式(2)中 $\mathbf{w}$ 的表示式與正規正交基底 B 的選擇無關，因爲正交投影 $\mathbf{w}$ 是唯一的。

我們特別感興趣的是正交投影之最近向量性質(*the closet vector property*)。其已在 6.3 節例題 4 後中對 R^n 的子空間陳述且驗證。此特性可以很容易延伸至內積空間的有限維度子空間：

最近向量性質

令 W 爲一個內積空間 V 的一個有限維度子空間，且 $\mathbf{u}$ 爲在 V 中的一個向量。在 W 中的所有向量，最靠近 $\mathbf{u}$ 的向量爲 $\mathbf{u}$ 在 W 上的正交投影。

若內積空間 V 爲一個函數空間，則最近向量性質可用來把在 V 中的一個函數其最佳近似表示爲某些特定函數之有限集合的一個線性組合。在此，"最佳"意味著最靠近，以 V 中兩函數間的距離來衡量。在下個例題中，我們說明如何使用正交投影來近似一個函數。在此應用上，正交投影稱爲函數的**最小平方近似**。

例題 6

試用次數小於等於 2 的多項式計算出在 $C[-1,1]$中函數 $f(x)=\sqrt[3]{x}$ 的最小平方近似。

解 我們可將 P_2 中的多項式視爲函數，且限制它們的定義域爲$[-1,1]$，它們構成 $C([-1,1])$的一個有限維度子空間。則對 f 的最小平方近似爲 f 在 P_2 上的正交投影。我們應用方程式(2)，令 $\mathbf{w}=f$，並用例題 5 所求出之 P_2 的正規正交基底向量 $\mathbf{v}_i$。所以，我們設

$$\mathbf{v}_1 = \frac{1}{\sqrt{2}}, \qquad \mathbf{v}_2 = \sqrt{\frac{3}{2}}x, \qquad \text{且} \qquad \mathbf{v}_3 = \sqrt{\frac{45}{8}}\left(x^2 - \frac{1}{3}\right)$$

並計算

$$\begin{aligned}
\mathbf{w} &= \langle \mathbf{v}, \mathbf{v}_1 \rangle \mathbf{v}_1 + \langle \mathbf{v}, \mathbf{v}_2 \rangle \mathbf{v}_2 + \langle \mathbf{v}, \mathbf{v}_3 \rangle \mathbf{v}_3 \\
&= \left(\int_{-1}^{1} \sqrt[3]{x} \cdot \frac{1}{\sqrt{2}}\,dx\right)\frac{1}{\sqrt{2}} + \left(\int_{-1}^{1} \sqrt[3]{x} \cdot \sqrt{\frac{3}{2}}x\,dx\right)\sqrt{\frac{3}{2}}x \\
&\quad + \left(\int_{-1}^{1} \sqrt[3]{x} \cdot \sqrt{\frac{45}{8}}\left(x^2 - \frac{1}{3}\right)dx\right)\sqrt{\frac{45}{8}}\left(x^2 - \frac{1}{3}\right) \\
&= 0 \cdot \frac{1}{\sqrt{2}} + \frac{6}{7}\sqrt{\frac{3}{2}}\sqrt{\frac{3}{2}}x + 0 \cdot \sqrt{\frac{45}{8}}\left(x^2 - \frac{1}{3}\right) \\
&= \frac{9}{7}x \quad 。
\end{aligned}$$

因此，函數 $g(x)=\frac{9}{7}x$ 爲 $f(x)=\sqrt[3]{x}$ 在 P_2 上以此處所用內積的正交投影，爲以 1、x、和 x^2 的線性組合來表示之 f 的最小平方近。此意味著，對次數小或等於 2 的任意多項式 $p(x)$，若 $p(x)\neq g(x)$，則

$$\|f-p\|>\|f-g\|$$

(參圖 7.3。)

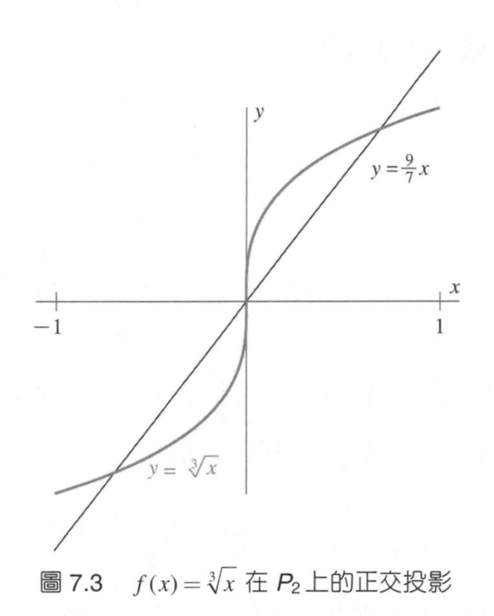

圖 7.3　$f(x)=\sqrt[3]{x}$ 在 P_2 上的正交投影

以三角多項式近似

一個函數 $y=f(t)$ 稱爲**具週期 p 的週期函數**，若對所有 t，$f(t+p)=f(t)$。週期函數常被用來模擬會有規律地重複發生的現象。例如，會產生特定音高或頻率之聲音振動。頻率爲每單位時間振動的次數，通常以秒爲時間單位。在此情況下，我們可定義時間 t 的一個函數 f 使得 $f(t)$ 爲在某特定位置上在時間 t 由聲音所引起的相對壓力，如一個麥克風的振動膜。例如，一個樂器持續演奏一個中央 C 音符，以每秒 256 個週期的頻率振動。因此，一週期的長度爲 $\frac{1}{256}$ 秒。所以，此聲音的函數 f 具有一個 $\frac{1}{256}$ 秒的週期；亦即，對所有 t，$f(t+\frac{1}{256})=f(t)$。

我們可使用正交投影以三角多項式來獲得週期函數的最小平方近似。假設 $y=f(t)$ 爲一個連續週期函數。爲了簡化起見，我們調整 t 的單位使得 f 具有週期 2π。所以，我們可將 f 和所有的三角多項式視爲在$[0,2\pi]$中的連續函數；亦即，就是在 $C([0,2\pi])$中的向量。我們感興趣之 f 的最小平方近似爲 f 在三角多項式的特定有限維度子空間上的正交投影。

對每個正整數 n，令

$$S_n=\{1,\cos t,\sin t,\cos 2t,\sin 2t,\cdots,\cos nt,\sin nt\}$$

則 SpanS_n 為三角多項式的一個有限維度子空間，我們以 W_n 表示。再者，S_n 為一個正交集合，在例題 4 中已說明。我們可將在 S_n 中的每個函數正規化來獲得 W_n 的一個正規正交基底，以便於計算 f 在 W_n 上的正交投影。為了此目的，我們計算在 S_n 中函數的範數，如

$$\|1\| = \sqrt{\int_0^{2\pi} 1dt} = \sqrt{2\pi}，$$

且對每個正整數 k，

$$\begin{aligned}\|\cos kt\| &= \sqrt{\int_0^{2\pi} \cos^2 ktdt} \\ &= \sqrt{\frac{1}{2}\int_0^{2\pi}(1+\cos 2kt)dt} \\ &= \sqrt{\frac{1}{2}\left(t+\frac{1}{2k}\sin 2kt\right)_0^{2\pi}} \\ &= \sqrt{\pi}\end{aligned}$$

同樣的，對每個正整數 k，$\|\sin kt\| = \sqrt{\pi}$。若我們將在 S_n 中的每個函數正規化，則我們可獲得 W_n 的正規正交基底

$$B_n = \left\{\frac{1}{\sqrt{2\pi}}, \frac{1}{\sqrt{\pi}}\cos t, \frac{1}{\sqrt{\pi}}\sin t, \frac{1}{\sqrt{\pi}}\cos 2t, \frac{1}{\sqrt{\pi}}\sin 2t, \cdots, \frac{1}{\sqrt{\pi}}\cos nt, \frac{1}{\sqrt{\pi}}\sin nt\right\}$$

我們可利用 B_n 來計算 f 在 W_n 上的正交投影，以獲得其最小平方近似，如在本節之前所描述。以下例題說明此方法：

例題 7

由耳朵或如麥克風的裝置所偵測到的聲音，其實是壓力擾動對時間的函數。此種函數的圖形，提供我們聲音的視覺資訊。考慮某特定頻率的一個聲音，其圖形為鋸齒狀 (參見圖 7.4)。為簡化計算，我們調整時間及相對壓力的單位，使描述相對壓力的函數具有週期 2π，且在 1 和 -1 之間做變化。再者，將 $t=0$ 設定在相對壓力最大的位置。因此，我們獲得在 $C([0, 2\pi])$ 的函數 f，定義為

$$f(t) = \begin{cases} 1-\dfrac{2}{\pi}t & \text{若 } 0 \le t \le \pi \\ \dfrac{2}{\pi}t-3 & \text{若 } \pi \le t \le 2\pi \end{cases}$$

(參見圖 7.5。)

對每個正整數 n，令 f_n 為 f 在 W_n 上的正交投影。我們可以使用方程式(2)與正規正交基底 B_n，來計算 f_n：

$$\begin{aligned} f_n = &\left\langle f, \tfrac{1}{\sqrt{2\pi}}\right\rangle \tfrac{1}{\sqrt{2\pi}} + \left\langle f, \tfrac{1}{\sqrt{\pi}}\cos t\right\rangle \tfrac{1}{\sqrt{\pi}}\cos t + \left\langle f, \tfrac{1}{\sqrt{\pi}}\sin t\right\rangle \tfrac{1}{\sqrt{\pi}}\sin t + \cdots \\ &+ \left\langle f, \tfrac{1}{\sqrt{\pi}}\cos nt\right\rangle \tfrac{1}{\sqrt{\pi}}\cos nt + \left\langle f, \tfrac{1}{\sqrt{\pi}}\sin nt\right\rangle \tfrac{1}{\sqrt{\pi}}\sin nt \end{aligned} \tag{3}$$

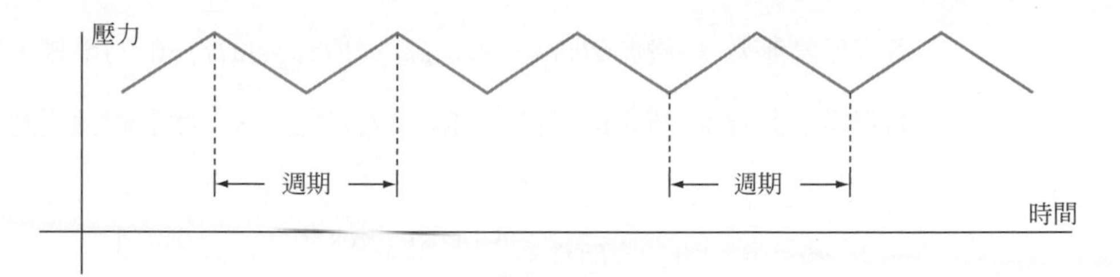

圖 7.4　鋸齒音調的一個週期

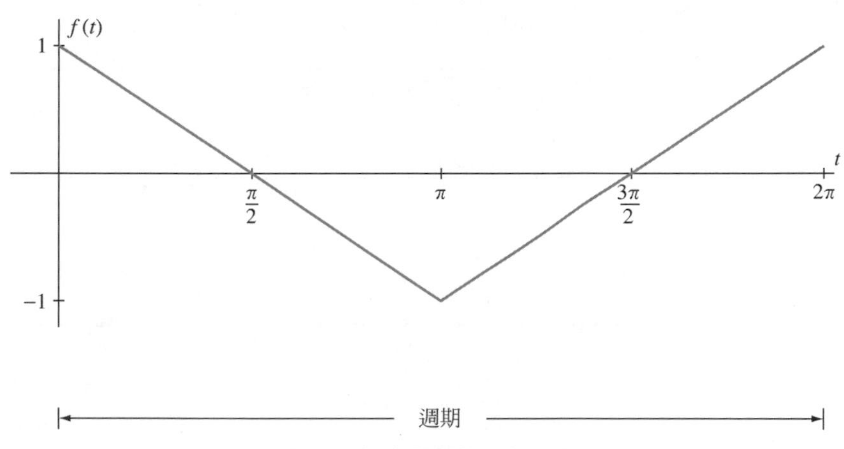

圖 7.5　鋸齒音調的一個週期

爲了求得 f_n，我們必須計算在方程式(3)中的內積。首先，

$$\begin{aligned}\left\langle f,\frac{1}{\sqrt{2\pi}}\right\rangle &= \frac{1}{\sqrt{2\pi}}\int_0^{\pi}\left(1-\frac{2}{\pi}t\right)dt+\frac{1}{\sqrt{2\pi}}\int_{\pi}^{2\pi}\left(\frac{2}{\pi}t-3\right)dt\\ &= 0+0\\ &= 0\end{aligned}$$

接下來，對每個正整數 k，我們使用分部積分法(integration by parts)來計算

$$\begin{aligned}\left\langle f,\frac{1}{\sqrt{\pi}}\cos kt\right\rangle &= \frac{1}{\sqrt{\pi}}\int_0^{\pi}\left(1-\frac{2}{\pi}t\right)\cos ktdt+\frac{1}{\sqrt{\pi}}\int_{\pi}^{2\pi}\left(\frac{2}{\pi}t-3\right)\cos ktdt\\ &= \frac{1}{\sqrt{\pi}}\left[\frac{-2(-1)^k}{\pi k^2}+\frac{2}{\pi k^2}\right]+\frac{1}{\sqrt{\pi}}\left[\frac{2}{\pi k^2}-\frac{-2(-1)^k}{\pi k^2}\right]\\ &= \frac{4}{\pi\sqrt{\pi}k^2}(1-(-1)^k)\\ &= \begin{cases}\dfrac{4}{\pi\sqrt{\pi}k^2} & \text{若 } k \text{ 爲奇數}\\ 0 & \text{若 } k \text{ 爲偶數}\end{cases}\end{aligned}$$

最後，一個類似的計算可得

$$\left\langle f,\frac{1}{\sqrt{\pi}}\sin kt\right\rangle=0 \qquad \text{對每個正整數 } k$$

有鑑於當整數 k 爲偶數時 $\left\langle f, \frac{1}{\sqrt{\pi}}\cos kt\right\rangle = \left\langle f, \frac{1}{\sqrt{\pi}}\sin kt\right\rangle = 0$ 的事實，我們只需對 n 的奇數值計算 v。將之前所得的內積代入方程式(3)，我們可獲得對每個奇數正整數 n，

$$f_n(t) = \frac{8}{\pi^2}\left[\frac{\cos t}{1^2} + \frac{\cos 3t}{3^2} + \cdots + \frac{\cos nt}{n^2}\right]$$

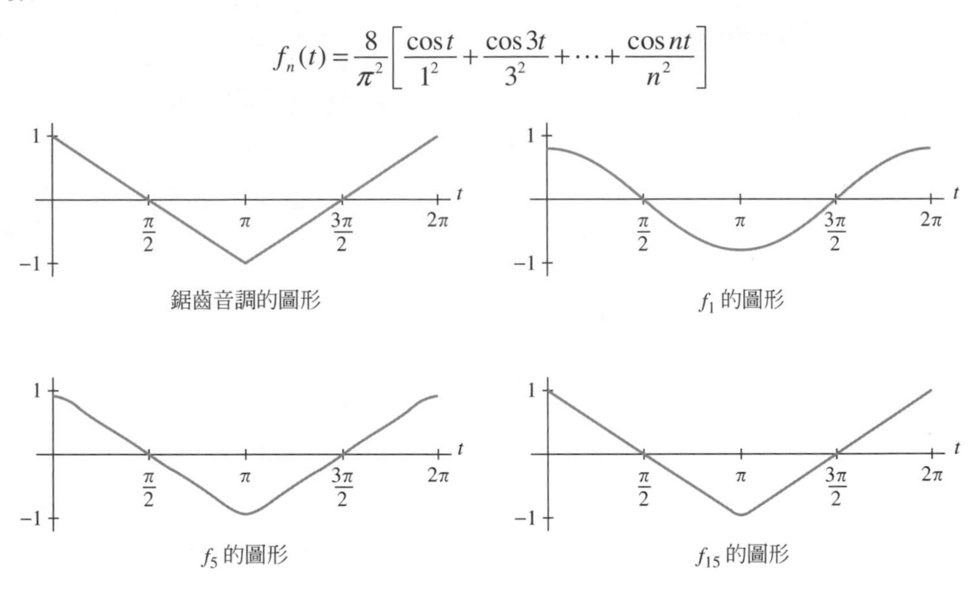

圖 7.6　f 和 f 的 3 個最小平方近似

圖 7.6 讓我們比較 f 與其三個最小平方近似 f_1、f_5 及 f_{15} 的圖形。此三個近似爲 f 分別在 W_1、W_5 及 W_{15} 上做投影所獲得。注意，若 n 增加，則 f_n 的圖形將更近似於 f 的圖形。

我們可設計簡單電路來產生具有以 $\cos kt$ 及 $\sin kt$ 函數來描述的交流電流。這些電流可與一個簡單的直流電流(即爲一個常數函數)結合，來產生一個可描述任意選擇之三角多項式的電流。此電流可輸入至一個音頻擴大器來產生一個近似於某給定音調之可聽見的音調，如在例題 7 中的鋸齒音調。所謂合成器的電子裝置就是在做此一工作。我們可以計算出不同樂器，如小提琴及單簧管，所產生音調之最小平方近似，然後合成器即可使用這些資訊來產生模仿這些樂器逼眞的聲音。

傅利葉[5]分析(*Fourier analysis*)此一數學領域就是在探討週期函數，其中包括許多不連續的週期函數，並以三角多項式來求它們的近似。

---

[5] Jean Baptiste Joseph Fourier (1768 - 1830)爲法國數學家，他是在巴黎 Ecole Polytechnique 的分析學教授。他的 Th´eorieanalytiquede lachaleur (1822)對物理(關於熱輻射的問題)和數學(現在稱爲傅利葉級數或三角級數)的發展有重要的貢獻。在 1798 年，他被 Napoleon 指定爲下埃及(Lower Egypt)的總督。

練習題 1.

令 W 為 $M_{2\times2}$ 的子集合，由使得 $\mathrm{trace}(A)=0$ 的 2×2 矩陣 A 所構成，且令 $B=\begin{bmatrix}1 & 2\\ 3 & 5\end{bmatrix}$。試求在 W 中最靠近 B 的矩陣，其中我們使用在 $M_{2\times2}$ 上的費氏內積來定義距離。

習　題

在習題 1 至 8 中，使用在例題 1 中 $C([0,2])$ 的內積來計算每個 $\langle f,\ g\rangle$。

1. $f(t)=t^3$，且 $g(t)=1$。
2. $f(t)=2t$，且 $g(t)=t-1$。
3. $f(t)=t$，且 $g(t)=t^2+1$。
4. $f(t)=t^2$，且 $g(t)=t^2$。
5. $f(t)=t^3$，且 $g(t)=t^2$。
6. $f(t)=t^2$，且 $g(t)=\dfrac{1}{t}$。
7. $f(t)=t$，且 $g(t)=e^t$。
8. $f(t)=t^2$，且 $g(t)=e^t$。

在習題 9 至 16 中，使用 $M_{2\times2}$ 的費氏內積來計算每個 $\langle A, B\rangle$。

9. $A=\begin{bmatrix}5 & 0\\ 0 & 5\end{bmatrix}$，且 $B=\begin{bmatrix}1 & 2\\ 3 & 4\end{bmatrix}$。
10. $A=\begin{bmatrix}1 & 0\\ 0 & 2\end{bmatrix}$，且 $B=\begin{bmatrix}2 & 3\\ 1 & 0\end{bmatrix}$。
11. $A=\begin{bmatrix}1 & -1\\ 2 & 3\end{bmatrix}$，且 $B=\begin{bmatrix}2 & 4\\ 1 & 0\end{bmatrix}$。
12. $A=\begin{bmatrix}0 & 5\\ -2 & 0\end{bmatrix}$，且 $B=\begin{bmatrix}1 & 3\\ 2 & 4\end{bmatrix}$。
13. $A=\begin{bmatrix}-1 & 2\\ 0 & 4\end{bmatrix}$，且 $B=\begin{bmatrix}3 & 2\\ 1 & -1\end{bmatrix}$。
14. $A=\begin{bmatrix}0 & -2\\ 3 & 0\end{bmatrix}$，且 $B=\begin{bmatrix}2 & -1\\ 1 & 0\end{bmatrix}$。
15. $A=\begin{bmatrix}3 & 2\\ 1 & -1\end{bmatrix}$，且 $B=\begin{bmatrix}-1 & 2\\ 0 & 4\end{bmatrix}$。
16. $A=\begin{bmatrix}3 & -2\\ -1 & 1\end{bmatrix}$，且 $B=\begin{bmatrix}3 & -2\\ -1 & 1\end{bmatrix}$。

在習題 17 至 24 中，使用在例題 5 中 P_2 的內積來計算每個 $\langle f(x), g(x)\rangle$。

17. $f(x)=3$，且 $g(x)=-x+2$。
18. $f(x)=x$，且 $g(x)=2x+1$。
19. $f(x)=x^2-2$，且 $g(x)=3x+5$。
20. $f(x)=x+1$，且 $g(x)=x-1$。
21. $f(x)=x^2+1$，且 $g(x)=x$。
22. $f(x)=x+1$，且 $g(x)=x^2$。
23. $f(x)=x^2+1$，且 $g(x)=x-1$。
24. $f(x)=x^2-1$，且 $g(x)=x^2+2$。

在習題 25 至 44 中，試決定該陳述為真確或謬誤。

25. 在一個內積空間中的兩向量之內積，為在相同內積空間中的一個向量。
26. 一個內積為在一向量空間中有序對向量集合的一個實數值函數。
27. 在一個向量空間 V 中的一個內積，為在 V 中的一個線性運算子。
28. 在一個向量空間中，最多只存在一個內積。
29. 每個非零有限維度內積空間具有一個正規正交基底。
30. 在一內積空間中的每個正交集合為線性獨立。
31. 在一內積空間中的每個正規正交集合為線性獨立。
32. 在 $n\times n$ 矩陣的集合中，定義一個內積是可能的。
33. 純量積為內積的一特例。
34. 定積分可用來定義在 P_2 上的一個內積。
35. 不定積分可用來定義在 P_2 上的一個內積。
36. 在一個內積空間中，一個向量 $\mathbf{v}$ 在一個有限維度子空間 W 上的正交投影，為在 W 上最靠近 $\mathbf{v}$ 的向量。

7

37. 在一個內積空間中，$\langle \mathbf{v}, \mathbf{v} \rangle = 0$ 若且唯若 $\mathbf{v} = \mathbf{0}$。

38. 在一個內積空間中，一個向量 $\mathbf{v}$ 的範數等於 $\langle \mathbf{v}, \mathbf{v} \rangle$。

39. 一個內積空間中，若對某向量 $\mathbf{u}$ 有 $\langle \mathbf{u}, \mathbf{v} \rangle = \langle \mathbf{u}, \mathbf{w} \rangle$，則 $\mathbf{v} = \mathbf{w}$。

40. 在 $M_{m\times n}$ 上的費氏內積定義為 $\langle A, B \rangle = \text{trace}(AB)$。

41. 在一個內積空間中，介於向量 $\mathbf{u}$ 和 $\mathbf{v}$ 之間的距離定義為 $\|\mathbf{u} - \mathbf{v}\|$。

42. 若 W 為一內積空間 V 的一個有限維度子空間，則在 V 中的每個向量 $\mathbf{v}$ 可寫為 $\mathbf{w} + \mathbf{z}$，其中 $\mathbf{w}$ 在 W 中且 $\mathbf{z}$ 在 $W^{\perp}$ 中。

43. 正規化勒壤得多項式為應用葛雷-史密特程序至 $\{1, x, x^2, \cdots\}$ 所得的多項式。

44. 若 $B=\{\mathbf{v}_1, \mathbf{v}_2, \cdots, \mathbf{v}_n\}$ 為某內積空間 V 其子空間 W 的一個基底，則 $\mathbf{u}$ 在 W 上的正交投影為向量

$$\langle \mathbf{u}, \mathbf{v}_1 \rangle \mathbf{v}_1 + \langle \mathbf{u}, \mathbf{v}_2 \rangle \mathbf{v}_2 + \cdots + \langle \mathbf{u}, \mathbf{v}_n \rangle \mathbf{v}_n \quad 。$$

---

45. 在例題 1 中，試驗證內積定義的公理 3 和 4。

46. 在例題 2 中，試驗證內積定義的公理 3 和 4。

47. 令 V 為一個有限維度的向量空間，且 B 為 B 的一個基底。對在 V 中的 $\mathbf{u}$ 和 $\mathbf{v}$，定義

$$\langle \mathbf{u}, \mathbf{v} \rangle = [\mathbf{u}]_B \cdot [\mathbf{v}]_B$$

試證明，此規則定義了在 V 上的一個內積。

48. 令 A 為一個 $n\times n$ 可逆矩陣。對在 R^n 中的 $\mathbf{u}$ 和 $\mathbf{v}$，定義

$$\langle \mathbf{u}, \mathbf{v} \rangle = (A\mathbf{u}) \cdot (A\mathbf{v})$$

試證明，此規則定義了在 R^n 上的一個內積。

49. 令 A 為一個 $n\times n$ 正定矩陣(定義在 6.6 節的習題中)。對在 R^n 中的 $\mathbf{u}$ 和 $\mathbf{v}$，定義

$$\langle \mathbf{u}, \mathbf{v} \rangle = (A\mathbf{u}) \cdot \mathbf{v}$$

試證明，此規則定義了在 R^n 上的一個內積。

在習題 50 至 57 中，給定一個向量空間 V 及一個規則。試決定此規則是否定義了在 V 上的一個內積。試辯證你的答案。

50. $V = R^n$ 且 $\langle \mathbf{u}, \mathbf{v} \rangle = |\mathbf{u} \cdot \mathbf{v}|$。

51. $V = R^n$ 且 $\langle \mathbf{u}, \mathbf{v} \rangle = 2(\mathbf{u} \cdot \mathbf{v})$。

52. $V = R^2$，$D = \begin{bmatrix} 3 & 0 \\ 0 & 2 \end{bmatrix}$，且 $\langle \mathbf{u}, \mathbf{v} \rangle = (D\mathbf{u}) \cdot \mathbf{v}$。

53. 令 $V = \mathrm{C}([0,2])$，且

$$\langle f, g \rangle = \int_0^1 f(t)g(t)dt$$

對在 V 中所有的 f 和 g。(注意，積分的上下限不為 0 和 2。)

54. $V = R^n$ 且 $\langle \mathbf{u}, \mathbf{v} \rangle = -2(\mathbf{u} \cdot \mathbf{v})$。

55. 令 V 為任意向量空間，對在 V 中的 $\mathbf{u}$ 和 $\mathbf{v}$，兩內積 $\langle \mathbf{u}, \mathbf{v} \rangle_1$ 和 $\langle \mathbf{u}, \mathbf{v} \rangle_2$ 已定義。定義 $\langle \mathbf{u}, \mathbf{v} \rangle$ 為

$$\langle \mathbf{u}, \mathbf{v} \rangle = \langle \mathbf{u}, \mathbf{v} \rangle_1 + \langle \mathbf{u}, \mathbf{v} \rangle_2$$

56. 令 V 為任意向量空間，對在 V 中的 $\mathbf{u}$ 和 $\mathbf{v}$，兩內積 $\langle \mathbf{u}, \mathbf{v} \rangle_1$ 和 $\langle \mathbf{u}, \mathbf{v} \rangle_2$ 已定義。定義 $\langle \mathbf{u}, \mathbf{v} \rangle$ 為

$$\langle \mathbf{u}, \mathbf{v} \rangle = \langle \mathbf{u}, \mathbf{v} \rangle_1 - \langle \mathbf{u}, \mathbf{v} \rangle_2$$

57. 令 V 為任意向量空間，對在 V 中的 $\mathbf{u}$ 和 $\mathbf{v}$，兩內積 $\langle \mathbf{u}, \mathbf{v} \rangle_1$ 和 $\langle \mathbf{u}, \mathbf{v} \rangle_2$ 已定義。定義 $\langle \mathbf{u}, \mathbf{v} \rangle$ 為

$$\langle \mathbf{u}, \mathbf{v} \rangle = a\langle \mathbf{u}, \mathbf{v} \rangle_1 + b\langle \mathbf{u}, \mathbf{v} \rangle_2$$

其中 a 和 b 為正實數。

58. 利用在例題 4 定義的內積來證明 $\sin mt$ 及 $\sin nt$ 為正交，m 和 n 為兩不同整數。**提示：**使用三角恆等式

$$\sin a \sin b = \frac{\cos(a+b) - \cos(a-b)}{2}$$

59. 利用在例題 4 定義的內積來證明 $\cos mt$ 及 $\cos nt$ 為正交，m 和 n 為兩不同整數。**提示：**使用三角恆等式

$$\cos a \cos b = \frac{\cos(a+b) + \cos(a-b)}{2}$$

60. (a) 利用在例題 5 中的方法來獲得 $p_3(x)$，次數為三的正規化勒壤得多項式。

(b) 根據(a)的結果，用次數小於等於 3 的多項式計算出在[−1, 1]上函數 $f(x) = \sqrt[3]{x}$ 的最小平方近似。。

61. 試求例題 1 之子空間 $C([0, 1])$的一個正交基底，具有產生集合 $\{1, e^t, e^{-t}\}$。

62. 假設$\langle \mathbf{u},\mathbf{v}\rangle$爲一向量空間$V$的一個內積。對任意純量$r>0$，定義$\langle\langle \mathbf{u},\mathbf{v}\rangle\rangle = r\langle \mathbf{u},\mathbf{v}\rangle$。
    (a) 試證明$\langle\langle \mathbf{u},\mathbf{v}\rangle\rangle$爲在$V$上的一個內積。
    (b) 若$r\le 0$，爲何$\langle\langle \mathbf{u},\mathbf{v}\rangle\rangle$不是一個內積？

在習題63至70中，令$\mathbf{u}$、$\mathbf{v}$及$\mathbf{w}$為在一內積空間V中的向量，且令c為一個純量。

63. 試證明$\|\mathbf{v}\|=0$若且唯若$\mathbf{v}=\mathbf{0}$。
64. 試證明$\|c\mathbf{v}\|=|c|\,\|\mathbf{v}\|$。
65. 試證明$\langle \mathbf{0},\mathbf{u}\rangle = \langle \mathbf{u},\mathbf{0}\rangle = 0$。
66. 試證明$\langle \mathbf{u}-\mathbf{w},\mathbf{v}\rangle = \langle \mathbf{u},\mathbf{v}\rangle - \langle \mathbf{w},\mathbf{v}\rangle$。
67. 試證明$\langle \mathbf{v},\mathbf{u}-\mathbf{w}\rangle = \langle \mathbf{v},\mathbf{u}\rangle - \langle \mathbf{v},\mathbf{w}\rangle$。
68. 試證明$\langle \mathbf{u},c\mathbf{v}\rangle = c\langle \mathbf{u},\mathbf{v}\rangle$。
69. 試證明若對在V中的所有$\mathbf{u}$均使得$\langle \mathbf{u},\mathbf{w}\rangle = 0$，則$\mathbf{w}=\mathbf{0}$。
70. 試證明若對在V中的所有$\mathbf{u}$均使得$\langle \mathbf{u},\mathbf{v}\rangle = \langle \mathbf{u},\mathbf{w}\rangle$，則$\mathbf{v}=\mathbf{w}$。
71. 令V爲一個有限維度的內積空間，且假設B爲V的一個正規正交基底。試證明，對在V中的任意向量$\mathbf{u}$和$\mathbf{v}$，

$$\langle \mathbf{u},\mathbf{v}\rangle = [\mathbf{u}]_B \cdot [\mathbf{v}]_B$$

72. 試證明，若A爲一個$n\times n$對稱矩陣且B爲一個$n\times n$斜對稱矩陣，則A和B對於費氏內積爲正交。
73. 試證明，若A和B爲2×2矩陣，則費氏內積$\langle A, b\rangle$可計算爲

$$\langle A,B\rangle = a_{11}b_{11} + a_{12}b_{12} + a_{21}b_{21} + a_{22}b_{22}$$

74. 延伸習題73至一般情況。也就是說，試證明若A和B爲$n\times n$矩陣，則費氏內積$\langle A, b\rangle$可計算爲

$$\langle A,B\rangle = a_{11}b_{11} + a_{12}b_{12} + \cdots + a_{nn}b_{nn}$$

75. 考慮具有費氏內積的內積空間$M_{2\times 2}$。
    (a) 試爲2×2對稱矩陣形成的子空間，求一個正規正交基底。
    (b) 利用(a)求出一個2×2對稱矩陣最接近於以下矩陣

$$\begin{bmatrix} 1 & 2 \\ 4 & 8 \end{bmatrix}$$

76. 試證明，若B爲在一內積空間V中非零向量形成的一個無限正交子集合，則B爲V的一個線性獨立子集合。
77. 試證明，若$\{\mathbf{u},\mathbf{v}\}$爲一內積空間的一個線性相依子集合，則$\langle \mathbf{u},\mathbf{v}\rangle^2 = \langle \mathbf{u},\mathbf{u}\rangle\langle \mathbf{v},\mathbf{v}\rangle$。
78. 試證明習題77的反向敘述：若$\mathbf{u}$和$\mathbf{v}$爲在一個內積空間中的向量，且$\langle \mathbf{u},\mathbf{v}\rangle^2 = \langle \mathbf{u},\mathbf{u}\rangle\langle \mathbf{v},\mathbf{v}\rangle$，則$\{\mathbf{u},\mathbf{v}\}$爲一個線性相依集合。
    提示：假設$\mathbf{u}$和$\mathbf{v}$爲非零向量。試證明

$$\left\| \mathbf{v} - \frac{\langle \mathbf{u},\mathbf{v}\rangle}{\langle \mathbf{u},\mathbf{u}\rangle}\mathbf{u} \right\| = 0$$

79. 令V爲一個內積空間且$\mathbf{u}$爲在V中的一個向量。定義$F_{\mathbf{u}}: V \to R$爲

$$F_{\mathbf{u}}(\mathbf{v}) = \langle \mathbf{v},\mathbf{u}\rangle$$

    對在V中的所有$\mathbf{v}$。試證明$F_{\mathbf{u}}$爲一個線性轉換。
80. 試證明習題79的反向敘述，對有限維度的內積空間：若V爲一個有限維度的內積空間，且$T: V\to W$爲一個線性轉換，則在V中存在一個唯一的向量$\mathbf{u}$，使得$T=F_{\mathbf{u}}$。*提示*：令$\{\mathbf{v}_1, \mathbf{v}_2, \cdots, \mathbf{v}_n\}$爲$V$的一個正規正交基底，且令

$$\mathbf{u} = T(\mathbf{v}_1)\mathbf{v}_1 + T(\mathbf{v}_2)\mathbf{v}_2 + \cdots + T(\mathbf{v}_n)\mathbf{v}_n$$

81. (a) 試證明對任意可逆矩陣B，B^TB爲正定(定義在6.6節的習題)。
    (b) 利用(a)與習題71來證明習題49的反向命題：對在R^n上的任意內積，存在一個正定矩陣A，使得

$$\langle \mathbf{u},\mathbf{v}\rangle = (A\mathbf{u})\cdot\mathbf{v}$$

    對在R^n中所有的向量$\mathbf{u}$和$\mathbf{v}$

以下的定義將用在習題82和83中：

定義　一個線性轉換$T: V\to W$稱為一個線性保距映射(linearisometry)，若T為一個同構轉換且$\langle T(\mathbf{u}),T(\mathbf{v})\rangle = \langle \mathbf{u},\mathbf{v}\rangle$對在$V$中的每個$\mathbf{u}$和$\mathbf{v}$。內積空間$V$和$W$稱為保距的(isometric)，若存在一個從$V$到$W$的線性保距映射。

82. 令V、W及Z爲內積空間。試證明以下陳述：
    (a) V和其本身保距。
    (b) 若V和W保距，則W和V保距。
    (c) 若V和W保距，且W和Z保距，則V和Z保距。

83. 令 V 為一個 n 維內積空間。

(a) 試證明，對 V 的任意正規正交基底 B，線性轉換 $\Phi_B : V \to R^n$ 定義為 $\Phi_B(\mathbf{v}) = [\mathbf{v}]_B$ 是一個線性保距映射。因此，每個 n 維內積空間保距映射至 R^n。

(b) 考慮具有費氏內積的內積空間 $M_{n\times n}$。對在 $M_{n\times n}$ 中的 A，定義

$$T(A) = \begin{bmatrix} a_{11} \\ a_{12} \\ \vdots \\ a_{1n} \\ \vdots \\ a_{n1} \\ \vdots \\ a_{nn} \end{bmatrix}$$

利用(a)來證明 $T : M_{n\times n} \to R^{n^2}$ 為一個線性保距映射。

84. 令 $\{\mathbf{w}_1, \mathbf{w}_2, \cdots, \mathbf{w}_n\}$ 為一內積空間其子空間 W 的一個正規正交基底。試證明，對在 W 中的任意向量 $\mathbf{v}$，

$$\mathbf{v} = \langle \mathbf{v}, \mathbf{w}_1 \rangle \mathbf{w}_1 + \langle \mathbf{v}, \mathbf{w}_2 \rangle \mathbf{w}_2 + \cdots + \langle \mathbf{v}, \mathbf{w}_n \rangle \mathbf{w}_n$$

85. 令 $\{\mathbf{w}_1, \mathbf{w}_2, \cdots, \mathbf{w}_n\}$ 為一內積空間其子空間 W 的一個正規正交基底。試證明，對在 W 中的任意向量 $\mathbf{u}$ 和 $\mathbf{v}$，我們有

$$\mathbf{u}+\mathbf{v} = (\langle \mathbf{u}, \mathbf{w}_1 \rangle + \langle \mathbf{v}, \mathbf{w}_1 \rangle)\mathbf{w}_1 + \cdots + (\langle \mathbf{u}, \mathbf{w}_n \rangle + \langle \mathbf{v}, \mathbf{w}_n \rangle)\mathbf{w}_n$$

86. 令 $\{\mathbf{w}_1, \mathbf{w}_2, \cdots, \mathbf{w}_n\}$ 為一內積空間其子空間 W 的一個正規正交基底。試證明，對在 W 中的任意向量 $\mathbf{u}$ 和 $\mathbf{v}$，我們有

$$\langle \mathbf{u}, \mathbf{v} \rangle = \langle \mathbf{u}, \mathbf{w}_1 \rangle \langle \mathbf{v}, \mathbf{w}_1 \rangle + \langle \mathbf{u}, \mathbf{w}_2 \rangle \langle \mathbf{v}, \mathbf{w}_2 \rangle + \cdots + \langle \mathbf{u}, \mathbf{w}_n \rangle \langle \mathbf{v}, \mathbf{w}_n \rangle$$

87. 令 W 為 $M_{n\times n}$ 的 1 維子空間 Span$\{I_n\}$。也就是說，W 為所有 $n\times n$ 純量矩陣所形成的集合。(參見 2.4 節的習題 85(c)。)試證明，對任意 $n\times n$ 矩陣 A，在 W 中最靠近 A 的矩陣為 $\left(\dfrac{\text{trace}(A)}{n}\right)I_n$，其中距離的定義是使用在 $M_{n\times n}$ 上的費氏內積。

在習題 88 中，使用具有矩陣運算能力之計算機或是電腦軟體如 MATLAB 來解題。

88. 令

$$A = \begin{bmatrix} 25 & 24 & 23 & 22 & 21 \\ 20 & 19 & 18 & 17 & 16 \\ 15 & 14 & 13 & 12 & 11 \\ 10 & 9 & 8 & 7 & 6 \\ 5 & 4 & 3 & 2 & 1 \end{bmatrix}$$

$$B = \begin{bmatrix} 1 & 2 & 3 & 4 & 5 \\ 6 & 7 & 8 & 9 & 10 \\ 11 & 12 & 13 & 14 & 15 \\ 16 & 17 & 18 & 19 & 20 \\ 21 & 22 & 23 & 24 & 25 \end{bmatrix}$$

試求在 1 維子空間 Span $\{A\}$ 中最接近於 B 的矩陣，其中距離的定義是使用在 $M_{5\times 5}$ 上的費氏內積。

練習題解答

1. $$\|A\|^2 = \text{trace}(AA^T) = \text{trace}\left(\begin{bmatrix} 2 & 1 \\ 0 & 3 \end{bmatrix}\begin{bmatrix} 2 & 1 \\ 0 & 3 \end{bmatrix}^T\right) = \text{trace}\left(\begin{bmatrix} 2 & 1 \\ 0 & 3 \end{bmatrix}\begin{bmatrix} 2 & 0 \\ 1 & 3 \end{bmatrix}\right) = \text{trace}\left(\begin{bmatrix} 5 & 3 \\ 3 & 9 \end{bmatrix}\right) = 14$$

$$\|B\|^2 = \text{trace}(BB^T) = \text{trace}\left(\begin{bmatrix} 1 & 1 \\ 2 & 0 \end{bmatrix}\begin{bmatrix} 1 & 1 \\ 2 & 0 \end{bmatrix}^T\right) = \text{trace}\left(\begin{bmatrix} 1 & 1 \\ 2 & 0 \end{bmatrix}\begin{bmatrix} 1 & 2 \\ 1 & 0 \end{bmatrix}\right) = \text{trace}\left(\begin{bmatrix} 2 & 2 \\ 2 & 4 \end{bmatrix}\right) = 6$$

$$\langle A, B \rangle = \text{trace}(AB^T) = \text{trace}\left(\begin{bmatrix} 2 & 1 \\ 0 & 3 \end{bmatrix}\begin{bmatrix} 1 & 1 \\ 2 & 0 \end{bmatrix}^T\right) = \text{trace}\left(\begin{bmatrix} 2 & 1 \\ 0 & 3 \end{bmatrix}\begin{bmatrix} 1 & 2 \\ 1 & 0 \end{bmatrix}\right) = \text{trace}\left(\begin{bmatrix} 3 & 4 \\ 3 & 0 \end{bmatrix}\right) = 3$$

2. (a) $$\|f\|^2 = \langle f, f \rangle = \int_0^1 f(t)\cdot f(t)dt = \int_0^1 t^2 dt = \tfrac{1}{3}t^3\Big|_0^1 = \tfrac{1}{3}$$

$$\|g\|^2 = \langle g, g \rangle = \int_0^1 g(t)\cdot g(t)dt = \int_0^1 t^5 dt = \tfrac{1}{5}t^5\Big|_0^1 = \tfrac{1}{5}$$

$$\langle f, g \rangle = \int_0^1 t\cdot t^2 dt = \int_0^1 t^3 dt = \tfrac{1}{4}t^4\Big|_0^1 = \tfrac{1}{4}$$

(b) 觀察到 $\frac{1}{4} \le \frac{1}{\sqrt{3}}\cdot\frac{1}{\sqrt{5}}$。

3. 根據 7.1 節例題 6，集合 W 爲 $M_{2\times 2}$ 的一個子空間。因此，所求矩陣 A 爲 B 在 W 上的正交投影。因

$$\{A_1, A_2, A_3\} = \left\{\frac{1}{\sqrt{2}}\begin{bmatrix}1 & 0\\0 & -1\end{bmatrix}, \begin{bmatrix}0 & 1\\0 & 0\end{bmatrix}, \begin{bmatrix}0 & 0\\1 & 0\end{bmatrix}\right\}$$

爲 W 的一個正規正交基底，我們可應用方程式(2)來獲得該正交投影。爲此目的，求出

$$\langle B, A_1\rangle = \text{trace}(BA_1^T) = \text{trace}\left(\begin{bmatrix}1 & 2\\3 & 5\end{bmatrix}\frac{1}{\sqrt{2}}\begin{bmatrix}1 & 0\\0 & -1\end{bmatrix}^T\right)$$
$$= -\frac{4}{\sqrt{2}}$$

類似地，

$$\langle B, A_2\rangle = 2 \quad 且 \quad \langle B, A_3\rangle = 3$$

所以

$$A = \langle B, A_1\rangle A_1 + \langle B, A_2\rangle A_2 + \langle B, A_3\rangle A_3$$
$$= -\frac{4}{\sqrt{2}}\left(\frac{1}{\sqrt{2}}\right)\begin{bmatrix}1 & 0\\0 & -1\end{bmatrix} + 2\begin{bmatrix}0 & 1\\0 & 0\end{bmatrix} + 3\begin{bmatrix}0 & 0\\1 & 0\end{bmatrix}$$
$$= \begin{bmatrix}-2 & 2\\3 & 2\end{bmatrix}$$

本章複習題

是非題

在習題 1 至 7 中，決定該陳述為真確或謬誤。

1. 一個向量空間的每個子空間爲 R^n 的一個子集合，n 爲某正整數。
2. 每個 $m\times n$ 矩陣爲在向量空間 $M_{m\times n}$ 中的一個向量。
3. $\dim M_{m\times n} = m+n$
4. 在 $M_{m\times n}$ 上的一個線性運算子的一個矩陣表示，爲一個 $m\times n$ 矩陣。
5. 兩矩陣的費氏內積爲一個純量。
6. 假設 **u**、**v** 和 **w** 爲在一個內積空間中的向量。若 **u** 正交於 **v** 且 **v** 正交於 **w**，則 **u** 正交於 **w**。
7. 假設 **u**、**v** 和 **w** 爲在一個內積空間中的向量。若 **u** 同時正交於 **v** 和 **w**，則 **u** 正交於 **v+w**。

在習題 8 至 11 中，試決定集合 V 對於指定的運算是否為一個向量空間。試辯證你的解答。

8. V 爲所有實數數列 $\{a_n\}$ 所組成的集合。對在 V 中任意數列 $\{a_n\}$ 及 $\{b_n\}$ 和任意純量 c，定義和 $\{a_n\}+\{b_n\}$ 及乘積 $\{c_n\}$ 爲

$$\{a_n\} + \{b_n\} = \{a_n + b_n\} \quad 且 \quad c\{a_n\} = \{ca_n\}$$

9. V 爲所有實數形成的集合，具有定義如下的向量加法，⊕，及純量乘法，⊙：

$$a \oplus b = a + b + ab \quad 且 \quad c \odot a = ca$$

其中 a 和 b 在 V 中，且 c 爲任意純量。

10. V 爲所有 2×2 矩陣形成的集合，具有定義如下的向量加法，⊕，及純量乘法，⊙：

$$A \oplus B = A + B \quad 且 \quad t \odot \begin{bmatrix}a & b\\c & d\end{bmatrix} = \begin{bmatrix}ta & tb\\c & d\end{bmatrix}$$

對所有 2×2 矩陣 A 和 B，及純量 t。

11. V 爲從 R 到 R 的所有恆正函數形成的集合，即對在 R 中所有的 x 使得 $f(x) > 0$。向量加法⊕及純量乘法⊙的定義如下

$$(f \oplus g)(x) = f(x)g(x) \quad 且 \quad (c \odot f)(x) = [f(x)]^c$$

對所有在 V 中的 f 和 g，在 R 中的 x，及純量 c。

在習題 12 至 15 中，試決定子集合 W 是否為向量空間 V 的一個子空間。試辯證你的解答。

12. $V=F(R)$，而 W 爲在 V 中所有使得 $f(x) \geq 0$，對在 R 中的所有 x，之函數 f 所形成的集合，。
13. $V=P$，而 W 爲包含零多項式與具有偶數次數多項式所形成的集合。
14. 給定在 R^n 中的一個非零向量 **v**，令 W 爲所有使得 **v** 爲 A 的一個特徵向量之 $n\times n$ 矩陣 A 所形成的集合，而 $V = M_{n\times n}$。
15. 給定一個非零純量 λ，令爲所有使得 λ 爲 A 的一個特徵值之 $n\times n$ 矩陣 A 所形成的集合，而 $V=M_{n\times n}$。

在習題16至19中，試決定矩陣是否為在以下集合中的矩陣的一個線性組合。

$$\left\{\begin{bmatrix}1 & 2\\1 & -1\end{bmatrix},\begin{bmatrix}0 & 1\\2 & 0\end{bmatrix},\begin{bmatrix}-1 & 3\\1 & 1\end{bmatrix}\right\}$$

16. $\begin{bmatrix}1 & 10\\9 & -1\end{bmatrix}$。

17. $\begin{bmatrix}2 & 8\\1 & -5\end{bmatrix}$。

18. $\begin{bmatrix}3 & 1\\-2 & -4\end{bmatrix}$。

19. $\begin{bmatrix}4 & 1\\-2 & -4\end{bmatrix}$。

在習題20和21中，令S為P如下的子集合：

$$S=\{x^3-x^2+x+1, 3x^2+x+2, x-1\}$$

20. 試說明多項式x^3+2x^2+5爲在S中多項式的一個線性組合。
21. 試求一個常數c,使得$f(x)=2x^3+x^2+2x+c$爲在S中多項式的一個線性組合。

在習題22和23中,試求向量空間V其子空間W的一個基底。然後試求W的維度。

22. $V=M_{n\times n}$。且

$$W=\left\{A\in V:\begin{bmatrix}1 & 2\\1 & 2\end{bmatrix}A=\begin{bmatrix}0 & 0\\0 & 0\end{bmatrix}\right\}$$

23. $V=P_3$且

$$W=\{f(x)\in V: f(0)+f'(0)+f''(0)=0\}$$

在習題24至27中，試決定函數T是否為線性。若T為線性，試決定是否其為一個同構轉換。

24. $T:R^3\to P_2$定義爲

$$T\left(\begin{bmatrix}a\\b\\c\end{bmatrix}\right)=(a+b)+(a-b)x+cx^2 \text{ 。}$$

25. $T:M_{2\times 2}\to R$定義爲　$T(A)=\text{trace}(A^2)$ 。
26. $T:R^3\to M_{2\times 2}$定義爲

$$T\left(\begin{bmatrix}a\\b\\c\end{bmatrix}\right)=\begin{bmatrix}a & b\\c & a+b+c\end{bmatrix}$$

27. $T:P_2\to R^3$定義爲

$$T(f(x))=\begin{bmatrix}f(0)\\f'(0)\\\int_0^1 f(t)dt\end{bmatrix}$$

在習題28至31中，給定一個向量空間V，V的一個基底B，及在V上的一個線性運算子T。試求$[T]_B$。

28. $V=P_2$，$T(p(x))=p(1)+2p'(1)x-p''(1)x^2$對在$V$中所有的$p(x)$，且$B=\{1,x,x^2\}$。
29. $V=\text{Span } B$，其中$B=\{e^{at}\cos bt, e^{at}\sin bt\}$對某些非零純量$a$和$b$，且$T$爲微分運算子。
30. $V=\text{Span } B$，其中$B=\{e^t\cos t, e^t\sin t\}$，且$T=D^2+2D$，其中$D$爲微分運算子。
31. $V=M_{n\times n}$。

$$B=\left\{\begin{bmatrix}1 & 0\\0 & 0\end{bmatrix},\begin{bmatrix}0 & 1\\0 & 0\end{bmatrix},\begin{bmatrix}0 & 0\\1 & 0\end{bmatrix},\begin{bmatrix}0 & 0\\0 & 1\end{bmatrix}\right\}$$

且T定義爲$T(A)=2A+A^T$，對在V中所有的A。

32. 試求$T^{-1}(a+bx+cx^2)$的一個表示式，其中T爲習題28的線性運算子。
33. 試求$T^{-1}(c_1e^{at}\cos bt+c_2e^{at}\sin bt)$的一個表示式，其中$T$爲習題29的線性運算子。
34. 試求$T^{-1}(c_1e^t\cos t+c_2e^t\sin t)$的一個表示式，其中$T$爲習題30的線性運算子。
35. 試求以下的一個表示式

$$T^{-1}\left(\begin{bmatrix}a & b\\c & d\end{bmatrix}\right)$$

其中T爲習題31的一個線性運算子。

36. 試求在習題28中的線性運算子之特徵值及其每個特徵空間的一個基底。
37. 試求在習題29中的線性運算子之特徵值及其每個特徵空間的一個基底。
38. 試求在習題30中的線性運算子之特徵值及其每個特徵空間的一個基底。
39. 試求在習題31中的線性運算子之特徵值及其每個特徵空間的一個基底。

在習題40至43中，$V=M_{n\times n}$。具有費氏內積，且W為V的子空間，定義為

$$W=\left\{A\in M_{2\times 2}:\text{trace}\left(\begin{bmatrix}0 & 1\\1 & 0\end{bmatrix}A\right)=0\right\}$$

40. $A=\begin{bmatrix}1 & 2\\-1 & 3\end{bmatrix}$且$B=\begin{bmatrix}2 & -1\\1 & 1\end{bmatrix}$，試求$\langle A,B\rangle$。

41. 試求 V 的子空間的一個基底，該子空間由所有正交於

$$\begin{bmatrix} 1 & 3 \\ 4 & 2 \end{bmatrix}$$

的矩陣所構成。

42. 試求 W 的一個正規正交基底。

43. 試求 $\begin{bmatrix} 2 & 5 \\ 9 & -3 \end{bmatrix}$ 在 W 上的正交投影。

在習題 44 至 47 中，令 $V = C([0,1])$ 具有內積定義為

$$\langle f, g \rangle = \int_0^1 f(t)g(t)dt$$

且令 W 為 V 的子空間，由具有次數小或等於 2，且定義域限制在[0, 1]的所有多項式所構成。

44. 令 f 和 g 爲在 V 上的函數，$f(t) = \cos 2\pi t$ 及 $g(t) = \sin 2\pi t$。試證明 f 和 g 爲正交。

45. 試求 W 的一個正規正交基底。

46. 首先，在不做任何計算的前提下，試決定函數 $f(t) = t$ 在 W 上的正交投影。現在，試計算 f 的正交投影來驗證你的解答。

47. 試求函數 $f(t) = \sqrt{t}$ 在 W 上的正交投影。

48. 試證明對任意 $n \times n$ 矩陣 A，$\langle A, I_n \rangle = \text{trace}(A)$，其中內積爲費氏內積。

令 $T: V_1 \to V_2$ 為從一個向量空間 V_1 到另一個向量空間 V_2 的線性轉換。對 V_1 的任意非空子集合 W，令 $T(W)$ 表示由 W 中每個 $\mathbf{w}$ 之映射 $T(\mathbf{w})$ 所形成的集合。習題 49 和 50 使用此符號。

49. 試證明若 W 爲 V_1 的一個子空間，則 $T(W)$ 爲 V_2 的一個子空間。

50. 令 V 爲一個 n 維內積空間，且 $T: V \to R^n$ 爲一個線性保距映射(isometry)。(參見在 7.5 節習題中的定義。)令 W 爲 V 的一個子空間，且 $Z=T(W)$，其爲 R^n 的一個子空間。試證明，對在 V 中的任意向量 $\mathbf{v}$，$\mathbf{v}$ 在 W 上的正交投影 $\mathbf{p}$ 給定爲

$$\mathbf{p} = T^{-1}(P_Z T(\mathbf{v}))$$

其中 P_Z 爲對 Z 的正交投影矩陣。

本章 Matlab 習題

對下列習題，使用 *MATLAB*(或是相當的軟體)或一個具有矩陣運算能力之計算機。附錄 D 的表 D.1、D.2、D.3、D.4 及 D.5 中的 *MATLAB* 函式可參考使用。

在習題 1 和 2 中，試決定集合是否為線性相依。在集合為線性相依的情況中，試將在該集合中的某向量寫為其它向量的線性組合。

1. $\{1+2x+x^2-x^3+x^4, 2+x+x^3+x^4,$
   $1-x+x^2+2x^3+2x^4,$
   $1+2x+2x^2-x^3-2x^4\}$

2. $\left\{\begin{bmatrix} 1 & -1 \\ 3 & 1 \end{bmatrix}, \begin{bmatrix} 1 & 2 \\ 1 & 2 \end{bmatrix}, \begin{bmatrix} 0 & 1 \\ -1 & 1 \end{bmatrix}, \begin{bmatrix} 1 & -3 \\ 4 & 1 \end{bmatrix}\right\}$

3. (a) 使用 7.3 節的習題 76，來證明存在唯一一組純量 $c_0, c_1, \cdots, c_n$，使得

   $$f(-1) + f(-2) = c_0 f(0) + c_1 f(1) + \cdots + c_n f(n)$$

   對在 P_n 中的每個多項式 $f(x)$。

   (b) 試求純量 c_0, c_1, c_2, c_3, c_4 使得

   $$f(-1) + f(-2)$$
   $$= c_0 f(0) + c_1 f(1) + c_2 f(2) + c_3 f(3) + c_4 f(4)$$

   對在 P_4 中的每個多項式 $f(x)$。

4. 令

   $$B = \{\cos t, \sin t, t\cos t, t\sin t, t^2\cos t, t^2\sin t\}$$

   及 $V = \text{Span}B$，其爲 C^∞ 的一個子空間。定義 $T: V \to V$ 爲

   $$T(f) = f'' - 3f' + 2f$$

   對在 V 中的所有 f。

   (a) 試證明 T 爲在 V 上的一個可逆線性運算子。

   (b) 試將 $T^{-1}(t^2 \sin t)$ 表示爲 B 中函數的線性組合。

提示：先求$[D]_B$較為容易(其中 D 為微分運算子)，然後再用此矩陣來計算$[T]_B$。

5. 令 T 為在 $M_{2\times3}$ 中的線性運算子，定義為

$$T(A)=\begin{bmatrix}1 & 3\\ 1 & -1\end{bmatrix}A\begin{bmatrix}4 & -2 & 0\\ 3 & -1 & 3\\ -3 & 3 & 1\end{bmatrix}$$

對在 $M_{2\times3}$ 中的所有 A。

(a) 試決定 T 的特徵值。

(b) 試求 $M_{2\times3}$ 的一個基底，由 T 的特徵向量所構成。*提示*：為了避免產生一個混亂的答案，使用在附錄 D 中解說的 MATLAB 函數 null(A，′r′)。

以下的習題使用第 7 章複習題的第 49 和 50 題前面的定義。

6. 應用第 7 章複習題之習題 50，求任意 3×3 矩陣在 3×3 魔方陣子空間上的正交投影。(參見 7.3 節習題的定義。)特別是，令 $T: M_{3\times3}\to R^9$，如在 7.5 節中的習題 83。試求一個 9×9 矩陣 P，使得對在 $M_{3\times3}$ 中的任意矩陣 A，$T^{-1}(PT(A))$ 為 A 在 3×3 魔方陣子空間上的正交投影。

提示：利用 7.3 節的習題 60 和 61 來執行下列步驟：

(i) 令 $Z=T(W_3)$。試求一個秩為 7 的 7×9 矩陣 B，使得 Z=Null B。

(ii) 應用 6.3 節的習題 79 來獲得正交投影矩陣 P_Z。

(iii) 試證明 C_3 正交於在 W_3 中的每個向量，且 $\|C_3\|=1$。

(iv) 應用(i)、(ii)、(iii)、6.3 節的習題 74、及第 7 章複習題的習題 50，來獲得想要的矩陣。

附 錄

附錄 A 集合

在線性代數的研究中，我們經常將相似物件收集在一起來考慮，例如，收集許多的向量或矩陣。集合理論的術語和符號就是用來描述這類的收集。

在本書範疇之內，一個**集合(Set)**被視為是一組收集在一起的物件，而對任意物件，我們能夠決定它屬於或不屬於此一收集。在一個集合中的物件稱為其**元素(elements)**。例如，彙集所有小於 7 的正整數為一個集合，其元素為數字 1、2、3、4、5，及 6。指定一集合中元素的一個方法為把這些元素列出在**集合大括號{ }**之中。因此，前述集合為$\{1,2,3,4,5,6\}$。

如果兩個集合包含的元素完全相同，則稱這兩個集合為**相等**。我們使用一個一般的等號來表示集合的相等。因此，若 X 表示絕對值小於 3 的整數的集合，則我們可以寫成

$$X=\{-2,-1,0,1,2\}$$

注意，由於一集合的元素沒有先後關係，我們也有

$$X=\{0,1,-1,2,-2\}$$

若集合 S 和 T 不相等，則我們可寫成 $S\neq T$ 。例如， $X\neq\{0,1,2\}$ 。

為了表示一物件 x 是 S 的一個元素，我們寫成 $x\in S$ 。在另一方面，若一物件 y 不是 S 的一個元素，則我們寫成 $y\notin S$。所以，對在前段文章中的集合 X，我們有 $0\in X$ ，但 $3\notin X$ 。

範例 1

令 P 表示所有美國總統形成的集合。則

Abraham Lincoln $\in P$，但　Benjamin Franklin $\notin P$ 。

一元素只可以是在某一集合中或是不在該集合中；在一集合中的某元素重複多次並無多大意義。因此，當一集合的元素被列出在集合的大括號間，若一元素出現超過一次，該集合並無不同。例如，

$$\{1,2\}=\{1,1,2,2\}=\{1,2,2,1,1\}$$

相似地，在範例 1 中，P 的元素列表只會包含 Franklin Roosevelt 一次，即使他

曾獲選爲美國總統四次。

若S的每個元素也都是集合T的元素，則我們稱S爲T的一個子**集合(subset)**且寫成$S \subseteq T$。例如，令 E 表示曾當選爲美國總統的人所形成的集合。則 $E \subseteq P$。在P中有些元素，並不在E中；所以 $E \neq P$。例如，在 Richard Nixon 離職之後，Gerald Ford 繼任爲總統，但他從未被選爲總統。所以

$$\text{Gerald Ford} \in P, \quad 但 \quad \text{Gerald Ford} \notin E$$

注意，兩集合S和T相等若且唯若它們爲彼此的一個子集合。此事實可以用來驗證兩個集合是否相等；只要先證明S是T的一個子集合，再證明T是S的一個子集合即可。

當一個集合包含大量的元素，可能不方便列出全部的元素。爲了描述這樣的集合，我們可以用一個或多個可描述它的特性，來指出任意一個元素是否屬於該集合。例如，正整數 1，2，…，19 形成的集合，可寫成

$$\{x : x \text{ 爲一個整數且 } 0 < x < 20\}$$

此寫法讀爲「所有滿足$0 < x < 20$之整數x所成的集合」。同樣的，P的子集合E可以定義爲

$$E = \{x \in P : x \text{ 爲曾被選爲美國總統的人}\}$$

此寫法讀爲「在P中所有曾當選爲美國總統的人x所形成的集合」。

範例 2

試寫出以下集合的兩個元素

$$S = \{(x, y) : x \text{ 和 } y \text{ 爲實數，且 } xy > 0\}$$

解 集合S由實數的有序對組成，且兩座標值的乘積爲正。因此

$$(3,7) \in S \quad 且 \quad (-5,-2) \in S$$

由於 3、7、–5，和–2 爲實數，且$3 \cdot 7 = 21 > 0$及$(-5) \cdot (-2) = 10 > 0$。另一方面，

$$(3,-2) \notin S \quad 且 \quad (-5,0) \notin S$$

由於$3 \cdot (-2) = -6 < 0$且$(-5) \cdot 0 = 0 \leq 0$。

對範例 1 的集合 P，集合

$$W=\{x\in P: x \text{ 為一女性}\}$$

為 P 的一子集合，由曾當過美國總統的女性所構成。在出版本書時，並沒有女性曾當過美國總統。因此，集合 W 不包含任何元素。如此一個集合，稱為**空集合**且表示為∅。

在數學研究中，從既有集合來構成新集合是很常見的。我們在此定義兩最常用之方法。

定義 若 S 和 T 為集合，S 和 T 的**聯集(union)**是由在集合 S 和 T 中最少一個其所有的元素所形成的集合；且 S 和 T 的**交集(intersection)**是由同時在 S 和 T 中兩者都有的元素所形成的集合。S 和 T 的聯集和交集可分別以 $S\cup T$ 和 $S\cap T$ 來表示。

例如，若

$$X=\{1,3,5,7,9\}, \quad Y=\{5,6,7,8,9\}, \quad \text{且} \quad Z=\{2,4,6,8\}$$

則

$$X\cup Y=\{1,3,5,6,7,8,9\} \quad \text{且} \quad X\cap Y=\{5,7,9\}$$

而

$$X\cup Z=\{1,2,3,4,5,6,7,8,9\} \quad \text{且} \quad X\cap Z=\varnothing$$

若兩集合的交集等於∅，則該兩集合稱為**不相交(disjoint)**。因此，在之前的範例中，集合 X 和 Z 為不相交。

聯集和交集的定義可以延伸來處理無限多個的集合。在此情形中，集合的**聯集**是由至少在其中一個集合內所有元素所形成的集合；且集合的**交集**是由同時在每個集合內的所有元素所形成的集合。例如，對每個正整數 n，定義

$$A_n=\{01,2,\cdots,n\}$$

所以，$A_5=\{0,1,2,3,4,5\}$。集合 $A_1, A_2, A_3,\cdots$的聯集為所有非負整數形成的集合(因為每個非負整數會在某集合 A_n 中)，且集合 A_1 , A_2 , A_3 ,⋯的交集為集合$\{0,1\}$(因為只有 0 和 1 同時為每個集合 A_n 的元素)。

附錄 B 函數

在大學代數和微積分課程中，函數(function)的概念經常出現。然而在大多數的情況下，函數的輸入和輸出值爲實數。在線性代數的領域中，函數的輸入及輸出通常爲向量(*vectors*)，所以，我們必須對函數的概念做更爲一般化的描述。在本附錄中，我們提供一函數定義，在此定義下，函數的輸出和輸入可以是來自任意集合的元素。

定義 令 X 和 Y 爲集合。一個**函數(或映射或變換)** f 從 X 到 Y，以 $f: X \to Y$ 來表示，它是一個指派，對 X 中的每個元素 x，在 Y 中都有獨一無二的元素 $f(x)$ 分配給它。元素 $f(x)$ 稱爲 x(在 f 之下)的**映像(image)**，X 稱爲 f 的**定義域(domain)**，且 Y 稱爲 f 的**對應域(codomain)**。

直覺上，我們視定義域中的元素爲輸入(*inputs*)且對應域中的元素爲函數可能的輸出(*outputs*)。本書中所考慮的函數爲輸入和輸出間的關係可用一代數方程式來表示。例如，函數 $h: R \to R$ 以 $h(x) = x^2$ 來定義，對每個實數 x 指派其本身的平方爲映像，所以–2 的映像爲 $h(-2) = (-2)^2 = 4$ 且 3 的映像爲 $h(3) = 3^2 = 9$。

一個函數 $f: X \to Y$ 的**值域(range)**是 X 中 x 所有的映像 $f(x)$ 所形成的集合。因此，之前函數 h 的值域爲

$$\{y \in Y : y = h(x) \text{ 對在 } R \text{ 中某 } x\} = \{x^2 : x \text{ 爲一個實數}\}$$

其爲所有非負實數形成的集合。注意，函數的值域一定是其對應域的子集合。

兩函數 f 和 g 稱爲**相等**，若他們具有相同的定義域和相同的對應域，且對其定義域中的每個元素 x，$f(x) = g(x)$；亦即，他們的映像相等。若函數 f 和 g 相等，我們寫爲 $f = g$。

若 f 和 g 爲函數，且 g 的定義域等於 f 的對應域，則 g 和 f 可以使用**合成(composition)**的方式將兩函數組合在一起，來產生一個新的函數 $g \circ f$。由函數合成所產生的函數，稱爲 g 和 f 的合成。明確地說，若 $f: X \to Y$ 且 $g: Y \to Z$ 爲函數，則合成 $g \circ f: X \to Y$ 定義爲

$$(g \circ f)(x) = g(f(x)) \qquad \text{對在 } X \text{ 中的每個 } x$$

如圖 B.1 所示，我們一開始對在 X 中的 x 應用 f，且再對映像 $f(x)$(其爲 Y 的一個元素)應用 g 來產生 Z 的元素 $g(f(x))$，來獲得函數合成 $g \circ f$。

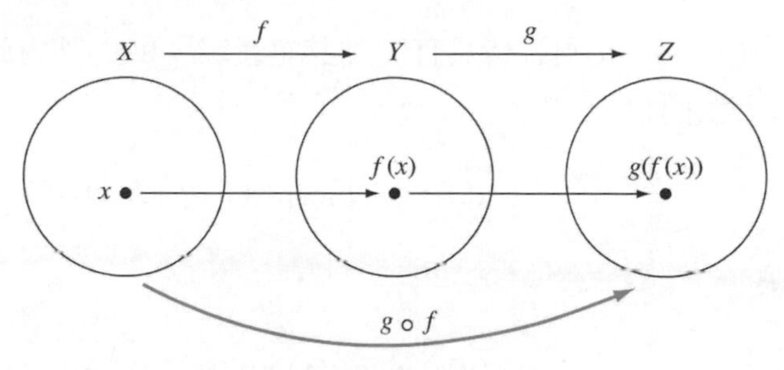

圖 B.1 函數的合成

範例 1

令 R 爲實數所形成的集合，且令 $f: R \to R$ 和 $g: R \to R$ 爲定義如下的函數

$$f(x) = 3x - 7 \quad 且 \quad g(x) = x^2 + 1$$

由於 f 的對應域等於 g 的定義域，合成 $g \circ f$ 是可定義的。其定義域和對應域同爲 R，且對每個實數 x，

$$(g \circ f)(x) = g(f(x)) = (3x-7)^2 + 1 = 9x^2 - 42x + 50$$

在此情況下，合成 $g \circ f$ 也是有定義的，對每個實數 x，

$$(f \circ g)(x) = 3(x^2+1) - 7 = 3x^2 - 4$$

所以 $g \circ f \neq f \circ g$。

範例 2

令 X 表示正實數所形成的集合，Y 表示實數所形成的集合，且 $Z = \{x \in X : x > -2\}$。定義 $f: X \to Y$ 爲 $f(x) = \ln x$，且 $g: Y \to Z$ 爲 $g(x) = x^2 - 2$。則合成 $g \circ f$ 可定義，且

$$(g \circ f)(x) = (\ln x)^2 - 2$$

在此情況下，合成 $f \circ g$ 沒有定義，由於 f 的定義域並不等於 g 的對應域。(例如，$(f \circ g)(1) = \ln(-1)$ 爲沒有定義的。)

如範例 1 所闡述，即使兩個合成 $g \circ f$ 和 $f \circ g$ 都有定義，但 $g \circ f = f \circ g$ 卻很少爲眞。然而，函數的合成具有一重要特性：函數的合成有結合律。也就是說，若 $f: Z \to W$，$g: Y \to Z$，且 $h: X \to Y$ 爲三個函數，則 $(f \circ g) \circ h$ 和 $f \circ (g \circ h)$ 有定義，且 $(f \circ g) \circ h = f \circ (g \circ h)$。爲了解其原因，注意 $(f \circ g) \circ h$

和$(f \circ (g \circ h)$兩者皆具有 X 爲其定義域，W 爲其對應域，且對每個 X 中的元素 x，我們有

$$((f \circ g) \circ h)(x) = (f \circ g)(h(x)) = f(g(h(x)))$$

及

$$(f \circ (g \circ h))(x) = f((g \circ h)(x)) = f(g(h(x)))$$

所以

$$((f \circ g) \circ h)(x) = (f \circ (g \circ h))(x)$$

因爲$(f \circ g) \circ h$和$f \circ (g \circ h)$具有相同的定義域和對應域，且對定義域中的每個元素皆有相同映像，故$(f \circ g) \circ h = f \circ (g \circ h)$。

一個函數 $f: X \to Y$ 稱爲**可逆(invertible)的條件是**，若存在有函數 $g: Y \to X$ 使得

$$(g \circ f)(x) = x \text{ 對每個在 } X \text{ 中的 } x\text{，且 } (f \circ g)(y) = y \text{ 對每個在 } Y \text{ 中的 } y \qquad (1)$$

若存在這樣的一個函數 g，則由前述件可得

$$y = f(x) \quad \text{若且唯若} \quad g(y) = x$$

由此可知 g 爲唯一的。若 f 是可逆的，則滿足(1)式之唯一的函數 g，稱爲 f 的**反函數(inverse function)**，通常以 f^{-1} 來表示。

令 $f: X \to Y$ 爲一個函數。則 f 稱爲**一對一(one-to-one)**的條件是，在 X 中的任兩相異元素，在 Y 中有相異的映像。函數 f 稱爲**映成(onto)**，若其值域爲 Y 的全部。

不難證明，由(1)式可得 f 爲一對一且映成。若 x_1 和 x_2 爲 X 中的不同元素，則 $x_1 = (g \circ f)(x_1) = g(f(x_1))$ 且 $x_2 = (g \circ f)(x_2) = g(f(x_2))$，因此 $f(x_1) \neq f(x_2)$。則 f 爲一對一。再者，對在 Y 中的每個 y，$(f \circ g)(y) = f(g(y)) = y$，且因此 f 爲映成。因此，若 f 爲可逆，則其爲一對一及映成。

反向來說，假設 f 爲一對一及映成。對 Y 中的每個元素 y，令 $g(y)$爲 X 中使得 $f(x)=y$ 的唯一元素 x。此定義了一個函數 $g: Y \to X$，且 f 和 g 滿足(1)。所以，f 爲可逆，且有反函數 g。

因此，我們得到以下結果：

定理 B.1

一函數爲可逆若且唯若其同時爲一對一和映成。

例題 3

令 R 表示實數形成的集合，且令 $f: R \to R$ 定義爲 $f(x) = x^3 - 7$。則 f 爲可逆，且 $f^{-1}(x) = \sqrt[3]{x+7}$，由於

$$(f^{-1} \circ f)(x) = \sqrt[3]{(x^3 - 7) + 7} = \sqrt[3]{x^3} = x$$

及

$$(f \circ f^{-1})(x) = \left(\sqrt[3]{x+7}\right)^3 - 7 = (x+7) - 7 = x$$

對在 R 中的所有 x。

附錄 C　複數

在本書中，*純量*(*scalar*)一詞幾乎就等同於*實數*(*real number*)。然而，當我們允許一個純量可以是*複數*(*complex numbers*)時，大多數原來的結果可加以改寫而且該結果仍然成立。

定義　一個**複數** z 可表示爲以下形式

$$z = a + bi$$

其中 a 和 b 爲實數。實數 a 和 b 分別稱爲 z 的**實部(real part)**和**虛部(imaginary part)**。我們以 C 表示所有複數所形成的集合。

因此，$z = 3 + (-2)i$ 爲一個複數，它可寫爲 $3 - 2i$。z 的實部爲 3，且其虛部爲−2。當一個複數的虛部爲 0 時，我們以其實部來指出該數值。因此 $4 + 0i$ 會被視爲是實數 4。在此方式下，R 可視爲是 C 的一個子集合。

兩複數稱爲**相等**，若其實部相等且其虛部也相等。因此，兩複數 $a + bi$ 和 $c + di$，其中 a、b、c，和 d 爲實數，爲相等的若且唯若 $a = c$ 且 $b = d$。

在 R 上的算數運算可延伸至 C 上。兩複數 $z = a + bi$ 和 $w = c + di$ 的**和(sum)**，其中 a、b、c，和 d 爲實數，定義爲

$$z + w = (a + bi) + (c + di) = (a + c) + (b + d)i$$

且其**乘積(product)**定義爲

$$zw = (a + bi)(c + di) = (ac - bd) + (bc + ad)i$$

範例 1

試計算 $z=2+3i$ 和 $w=\mathrm{b}-5i$ 之和及乘積。

解 根據定義，

$$z+w=(2+3i)+(4-5i)=(2+4)+[3+(-5)]i=6+(-2)i=6-2i$$

且

$$zw=(2+3i)(4-5i)=[2(4)-3(-5)]+[3(4)+2(-5)]i=23+2i$$

注意，複數 $I=0+1i$ 具有以下性質

$$i^2=(0+1i)(0+1i)=[0(0)-1(1)]+[1(0)+0(1)]i=-1+0i=-1$$

此對複數相乘提供一簡單的方法：將它們視爲代數式相乘，再將 i^2 換成-1。因此，在範例 1 中的計算可以如下進行：

$$\begin{aligned} zw &= (2+3i)(4-5i) \\ &= 8+(12-10)i-15i^2 \\ &= 8+2i-15(-1) \\ &= 23+2i \end{aligned}$$

複數的和與乘積正如實數的和與乘積，他們分享許多相同的特性。特別的是，以下定理可被證明：

定理 C.1

對所有複數 x、y，和 z，以下陳述爲眞確：

(a) $x+y=y+x$ 且 $xy=yx$。　(加法和乘法的可交換律)

(b) $x+(y+z)=(x+y)+z$ 且 $x(yz)=(xy)z$。　(加法和乘法的可結合律)

(c) $0+x=x$。　(0 對加法爲一個單位元)

(d) $1\cdot x=x$。　(1 對乘法爲一個單位元)

(e) $x+(-1)x=0$。　(加法逆元素的存在性)

(f) 若 $x\neq 0$，存在一個 u 在 C 中，使得 $xu=1$。　(乘法逆元素的存在性)

(g) $x(y+z)=xy+xz$。　(乘法對加法的分配律)

複數 z 和 w 的差(**difference**)定義爲 $z-w=z+(-1)w$。因此，

$$(2+3i)-(4-5i)=(2+3i)+(-4+5i)=-2+8i$$

由於有定理 1(f)，對複數定義除法是可能的。爲了發展一更有效率的方法來計算複數的商，我們需要以下觀念：

定義　複數 $z=a+bi$，其中 a 和 b 爲實數，的**共軛(複)數**爲複數 $a-bi$。其以 $\overline{z}$ 來表示。

因此，$z=4+3i$ 的共軛數爲 $\overline{z}=4-(-3)i=4+3i$。以下結果列出共軛數的一些有用特性：

定理 C.2

對所有複數 z 和 w，以下陳述爲眞確：

(a) $\overline{\overline{z}}=z$

(b) $\overline{z+w}=\overline{z}+\overline{w}$

(c) $\overline{zw}=\overline{z}\cdot\overline{w}$

(d) z 爲一個實數若且唯若 $z=\overline{z}$。

複數可視爲是在一個具有兩軸的平面上之向量。此兩軸爲**實數軸(real axis)**及**虛數軸(imaginary axis)**。(參見圖 C.1。)在此解釋下，複數 $z=a+bi$ 及 $w=c+di$ 的和，其中 a、b、c，和 d 爲實數，對應於在 R2 中以下兩向量的和

$$\begin{bmatrix} a \\ b \end{bmatrix} \quad 與 \quad \begin{bmatrix} c \\ d \end{bmatrix}$$

z 的**絕對值(absolute value)**(或**模數**)，以 $|z|$ 來表示，對應於在 R^2 中的一向量的長度，且定義爲非負實數

$$|z|=\sqrt{a^2+b^2}$$

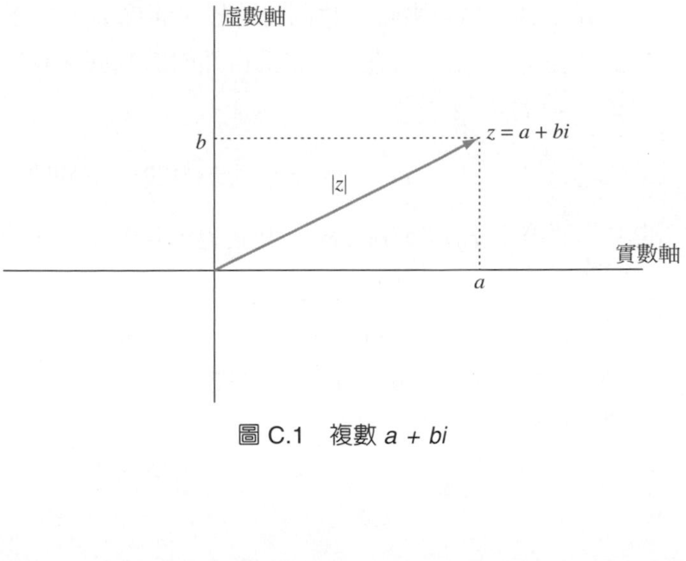

圖 C.1　複數 $a+bi$

我們可以很容易地驗證絕對值有下列的特性：

定理 C.3

對所有複數 z 和 w，以下陳述為真確：

(a) $|z| \geq 0$，且 $|z| = 0$，若且唯若 $z = 0$。

(b) $z\overline{z} = |z|^2$

(c) $|zw| = |z||w|$

(d) $\left|\dfrac{z}{w}\right| = \dfrac{|z|}{|w|}$ 若 $w \neq 0$

(e) $|z + w| \leq |z| + |w|$

注意，定理 C.3(b)告訴我們，一複數和其共軛數的乘積為一個實數。此事實提供一簡單方法來計算兩複數的商。假設 $z = a + bi$ 且 $w = c + di$，其中 a、b、c，及 d 為實數，且 $w \neq 0$。我們希望將 z/w 表示為 $r + si$ 的形式，其中 r 和 s 為實數。因 $w\overline{w} = |w|^2$ 為實數，我們將 z/w 的分子和分母同乘以分母的共軛數，可得到 $r + si$ 的形式如下：

$$\frac{z}{w} = \frac{z}{w}\frac{\overline{w}}{\overline{w}} = \frac{z\overline{w}}{|w|^2} = \frac{(a+bi)\cdot(c-di)}{c^2+d^2} = \frac{ac+bd}{c^2+d^2} + \frac{bc-ad}{c^2+d^2}i$$

範例 2

試計算 $\dfrac{9+8i}{2-i}$。

解 將分子和分母同乘以分母的共軛數，我們可獲得

$$\frac{9+8i}{2-i} = \frac{9+8i}{2-i}\cdot\frac{2+i}{2+i} = \frac{10+25i}{5} = 2+5i$$

當 z 為一個複數時，我們也可以定義出 e^z，並在 z 為實數的時候它會化簡成我們熟悉的情況。(在此，e 為自然對數基底。)若 $z = a + bi$，其中 a 和 b 為實數，我們定義

$$e^z = e^{a+ib} = e^a(\cos b + i\sin b)$$

其中 b 的單位為弳度(radian)。此定義稱為歐拉公式[1](*Euler's formula*)。注意，

---

[1] Lenohard Euler (1707-1783)，一個瑞士數學家，在他一生中，他撰寫超過 500 本書和論文。他對我們今日所用的數學符號，包括符號 e (自然對數的基底)與 i(虛數，其平方為−1)，有重大的貢獻。

若 $b=0$ 則 z 爲實數，此表示法化簡爲 e^a。此外，此定義保留了指數的所有特性。例如，方程式

$$e^z e^w = e^{z+w} \qquad 及 \qquad \frac{e^z}{e^w} = e^{z-w}$$

對所有複數 z 和 w 爲眞確。

憶及，有些實係數多項式沒有根，例如，t^2+1。複數系統的重要性主要就是在以下由高斯(Gauss)[2] 所提出的結果，它說明了沒有根的情形是不可能發生在 C 中的：

代數基本定理

任何具有複數係數正次數的多項式，必有一(複數)根。

此定理的一重要結果爲，每個具有複數係數正次數的多項式可以因式分解爲線性因式的乘積。例如，多項式 t^3-2t^2+t-2 可因式分解爲

$$t^3-2t^2+t-2=(t-2)(t^2+1)=(t-2)(t+i)(t-i)$$

此事實對我們在第五章中特徵值的討論是很有用的。

我們利用證明定理 6.15 來總結附錄 C。但此需要一預備結果。

定理 C.4

具有實數元素的對稱矩陣其每個特徵值均爲實數

證明　令 A 爲一個具有實數元素的對稱矩陣，且 $\mathbf{v}$ 爲 A 的一個特徵向量，有對應的特徵值λ。如在 5.2 節例題 5 後所述，若λ爲 A 的一個特徵值，則$\overline{\lambda}$也爲其一個特徵值。且 A 對應於$\overline{\lambda}$的一個特徵向量爲向量

$$\mathbf{w}=\begin{bmatrix}\overline{v_1}\\ \overline{v_2}\\ \vdots\\ \overline{v_n}\end{bmatrix}$$

其元素爲 $\mathbf{v}$ 的元素之共軛複數。因此，$A\mathbf{v}=\lambda\mathbf{v}$ 且 $A\mathbf{w}=\overline{\lambda}\mathbf{w}$。注意

---

[2] Karl Friedrich Gauss (1777 - 1885)被很多人視爲是歷史上最偉大的數學家。雖然代數的基本定理早已被其他人所陳述，Gauss 在 University of Helmstädt 的博士論文中給了第一個成功的證明。

$$\mathbf{v}^T\mathbf{w} = [v_1 \quad v_2 \quad \cdots \quad v_n]\begin{bmatrix}\overline{v_1}\\ \overline{v_2}\\ \vdots \\ \overline{v_n}\end{bmatrix}$$

$$= v_1\overline{v_1} + v_2\overline{v_2} + \cdots + v_n\overline{v_n}$$

$$= |v_1|^2 + |v_2|^2 + \cdots + |v_n|^2 > 0$$

因爲 $\mathbf{v} \neq \mathbf{0}$。我們以下面兩種方式來計算純量 $\mathbf{v}^T A\mathbf{w}$ ：

$$\mathbf{v}^T A\mathbf{w} = \mathbf{v}^T(A\mathbf{w}) = \mathbf{v}^T\overline{\lambda}\mathbf{w} = \overline{\lambda}\mathbf{v}^T\mathbf{w}$$

及

$$\mathbf{v}^T A\mathbf{w} = (\mathbf{v}^T A)\mathbf{w} = (\mathbf{v}^T A^T)\mathbf{w} = (A\mathbf{v})^T\mathbf{w} = (\lambda\mathbf{v})^T\mathbf{w} = \lambda\mathbf{v}^T\mathbf{w}$$

因爲此兩個數值相等且 $\mathbf{v}^T\mathbf{w} \neq 0$，則 $\overline{\lambda} = \lambda$；亦即，$\lambda$ 爲一個實數。

定理 6.15

一個 $n\times n$ 矩陣 A 爲對稱若且唯若存在一組由 A 的特徵向量所構成之 R^n 的正規正交基底。在此情況中，存在一個正交矩陣 P 與一個對角矩陣 D，可使得 $P^TAP=D$。

證明 在 6.6 節初已證明了，若存在一組由 A 的特徵向量所構成之 R^n 的正規正交基底，則 A 爲對稱矩陣。

爲了證明其反向敘述，假設 A 爲一個對稱的 $n\times n$ 矩陣。根據代數基本定理，A 具有一個特徵值λ，且λ根據定理 C.4 爲實數。令 $\mathbf{v}_1$ 爲 A 對應於λ的一個特徵向量，且 $\mathbf{v}_1$ 爲一個單位向量。擴展$\{\mathbf{v}_1\}$爲 R^n 的一組基底，然後再應用葛雷-史密特程序來將此基底轉換爲 v 的一組正規正交基底 $\{\mathbf{v}_1, \mathbf{v}_2, \cdots, \mathbf{v}_n\}$。令 $Q=[\mathbf{v}_1 \quad \mathbf{v}_2 \quad \cdots \quad \mathbf{v}_n]$。則 Q 爲正交矩陣，且

$$(Q^T AQ)^T = Q^T A^T (Q^T)^T = Q^T AQ$$

因爲 A 爲對稱。所以 Q^TAQ 爲對稱。再者，由於 $Q\mathbf{e}_1 = \mathbf{v}_1$，根據定理 6.9，我們有 $\mathbf{e}_1 = Q^{-1}\mathbf{v}_1 = Q^T\mathbf{v}_1$。因此，$Q^TAQ$ 的第一行爲

$$(Q^T AQ)\mathbf{e}_1 = (Q^T A)(Q\mathbf{e}_1) = (Q^T A)\mathbf{v}_1 = Q^T(A\mathbf{v}_1) = Q^T(\lambda\mathbf{v}_1) = \lambda(Q^T\mathbf{v}_1) = \lambda\mathbf{e}_1$$

所以，Q^TAQ 具有形式

$$\begin{bmatrix}\lambda & O\\ O & B\end{bmatrix}$$

其中 B 爲一個$(n-1)\times(n-1)$對稱矩陣。重複此論述 $n-1$ 次，我們可見存在一個$(n-1)\times(n-1)$正交矩陣 R 及一個$(n-1)\times(n-1)$對角矩陣 E，使得 $R^TBR=E$。因 $n\times n$ 矩陣

$$S=\begin{bmatrix}1 & O\\ O & R\end{bmatrix}$$

爲正交，根據定理 6.10，$P=QS$ 爲正交。此外，

$$\begin{aligned}P^TAP &= (QS)^TA(QS)=(S^TQ^T)A(QS)=S^T(Q^TAQ)S\\ &=\begin{bmatrix}1 & O\\ O & R^T\end{bmatrix}\begin{bmatrix}\lambda & O\\ O & B\end{bmatrix}\begin{bmatrix}1 & O\\ O & R\end{bmatrix}=\begin{bmatrix}\lambda & O\\ O & R^TBR\end{bmatrix}=\begin{bmatrix}\lambda & O\\ O & E\end{bmatrix}\end{aligned}$$

因此，存在一個正交矩陣 P 使得 P^TAP 等於對角矩陣

$$D=\begin{bmatrix}\lambda & O\\ O & E\end{bmatrix}$$

完成了此證明。...■

附錄 D　MATLAB

在許多章節的習題以及每章複習題的最後，都有些題目要求你**使用具有矩陣運算能力之計算機或是電腦軟體如 MATLAB**，來求解。本附錄提供對 MATLAB 的一個初步介紹，其適合用來解這些問題。除了描述 MATLAB 的原有運算和函數之外，我們還描述了一些不是 Matlab 原有的有用函數，其可從我們網站的 M-files 中獲得。

輸入和儲存資料

爲了解出數值問題，我們必須使用不同的運算和函數來輸入、儲存，及操作數值資料。每個動作都需要在提示符號後鍵入一陳述。在鍵入一陳述後，按下 *enter* 鍵(對一個微軟視窗作業系統)，或 *return* 或 *enter* 鍵(對一個麥金塔作業系統)來執行該陳述。

假設我們希望輸入和儲存 5 爲變數 c。陳述

$c=5$

回傳如下：

$c=$

5

假設我們希望輸入和儲存矩陣$\begin{bmatrix} 1 & 2 & 3 \\ 4 & 5 & 6 \end{bmatrix}$爲變數 A。陳述

$A=[\,1\;2\;3\,;\,4\;5\;6\,]$

回傳如下：

```
A =
     1  2  3
     4  5  6
```

注意，我們將這些輸入元素包在方括號中，將一行中的元素以空白鍵(*spaces*)隔開，而列之間以分號隔開。多出的空白會被忽略。直到我們離開 MATLAB 或鍵入一個新的矩陣 A 之前，此 2×3 矩陣將用在 A 所有未來的運算中。例如，陳述

$c*A$

回傳如下：

```
ans =
     5   10   15
    20   25   30
```

對矩陣計算的語法給定在表 D.1 中。

除了使用這些方法來輸入數據外，你也可以使用我們網站上所提供的特殊數據檔案來載入數據。此可節省需要輸入大量來自於本書習題中數據的工作。我們將在本附錄的結尾解釋如何使用這些檔案。

顯示數據

將數值在 MATLAB 上的顯示方式取決於*格式*(*format*)。例如，鍵入陳述 $c=7/9$。若該結果顯示如 0.7778，則 MATLAB 在 *short* 格式中。輸入陳述 format long 來改變其格式，且之後輸入 c。MATLAB 現在會顯示數值到小數點後 14 位。(當然，沒有一個格式可以提供完全正確之 c 的數值。)

當我們知道某一純量或矩陣元素爲有理數時，通常會希望將它們精確的數值表示成整數的比例。例如，我們或許希望獲得線性方程組的有理數解，方程組的係數和常數項爲有理數。爲了此目的，在這裡有一格式可要求 MATLAB 將數值表示爲整數的比率。鍵入陳述 format rat 來切換至比率格式。現在輸入 c，該結果顯示爲 7/9。爲了回復到原來格式，鍵入 format short。

雖然不同的 MATLAB 格式用不同的精確度顯示一數值，但眞正儲存在 MATLAB 中的數值並不受所選擇格式的影響。

變數

如我們所見，變數被用做爲純量和矩陣的名字，其被儲存來做往後之使用。一個*變數*(*variable*)是一個由大小寫字母、數字、及底線符號_，所構成的字串，而該字串的起始字元必須爲字母。大小寫字母在此視爲不同。例如，a 和 A 爲不同變數。字串 cD_2 和 $a33$ 爲變數名字的另一些範例。請避免使用 i、j、pi，和 ans 爲變數，因爲這些將保留給特殊用途。例如，pi 一開始就已經儲存了 π 的數值。所以使用 pi 做爲一個變數名稱，將會影響某些在計算中會使用到 π 的函數，因而影響所得到的結果。類似的，i 和 j 兩者皆儲存複數，其平方爲 -1。因此，任意複數 $a+bi$ 可由鍵入一個陳述如 $a+b*i$ 來輸入。

一個新的變數，可利用將其等於一個純量、一個矩陣，或一個使用之前已定義的變數和算數數據的有效表示，來定義之。例如，鍵入陳述 $B=3*A$ 可產生一個新的矩陣，等於 3 和 A 的純量積(參見表 D.1)，再被儲存於變數 B 中。一個已被指定數值的變數，可令其等於一個新的表示式，而被賦予新的數值。注意，此新的表示式可使用將被重新定義的變數。例如，鍵入陳述 $A=2*A$，將原本存在變數 A 中的矩陣乘以 2，再存入 A 中。

對數據的運算和函數

運算可被執行在包含數據的變數上。例如，若兩個 $m \times n$ 矩陣分別存在變數 A 和 B 中。鍵入陳述 $A+B$，將顯示這兩個矩陣的和。鍵入 $C=A+B$，除了顯示其和之外，會將此存入變數 C 中。純量也可以用類似方法來求和。

表 D.1、D.2、D.3、和 D.4，雖然並未列出所有的運算，但有列出一些可用於純量和矩陣的運算和函數。對於解出在本書中需要使用一個計算機或電腦的數值問題，這些是非常有用的。

表 D.1

純量運算	矩陣運算	描述
$a+b$	$A+B$	加法
$a-b$	$A-B$	減法
$a*b$	$A*B$	乘法
a/b		除法
sqrt(a)	sqrt(A)	元素爲 A 的元素平方根的矩陣
a^n	A^n	a 或 A 的 n 冪次
	A'	矩陣的(i,j)元素爲 a_{ij} 的複數共軛。因此，若 A 僅有實數元素，則 $A'=A^T$
	$a*A$	純量與矩陣的乘積

例如，若 A 和 B 爲相同大小的方陣變數，且 B 爲可逆，則鍵入 `A*inv(B)` 將顯示矩陣 AB^{-1} 的結果。若輸入 `C=A*inv(B)`，則矩陣 AB^{-1} 的結果將存爲變數 C。

在某些習題中，會要求你使用隨機矩陣來做實驗。這些可以使用在表 D.2 中的 MATLAB 函數 `rand(m,n)`來產生。

在表 D.3 中，變數 P、D、Q、R、U、S，和 V 被建立(若它們在之前並未被定義)且被給定如表中所述之值。

表 D.2

函數	描述
det(A)	A 的行列式
inv(A)	A 的逆矩陣
norm(**v**)	$1\times n$ 或 $n\times 1$ 的向量 **v** 的範數
null(A)	一矩陣之行構成 Null$A$ 的正規正交基底
null(A,'r')	利用最簡列梯形計算之一矩陣，其行構成 Null$A$ 的基底。因此，若 A 之元素爲有理數，該矩陣之元素也爲有理數
orth(A)	一矩陣之行構成 Col$A$ 的正規正交基底
pinv(A)	A 的僞逆矩陣
rand(m, n)	一 $m\times n$ 矩陣其元素是從 0 與 1 之間隨機選取
rank(A)	A 之秩
rref(A)	A 的最簡列梯形
trace(A)	A 之跡數

表 D.3

函數	描述
[P　D]=eig(A)	D 爲對角矩陣，其對角元素爲 A 的特徵值，且重複次數爲重根數，而 P 的行是具有單位長度的特徵向量(對應 D 之對角線上的特徵值。)若 A 爲可對角化，則 $PDP^{-1}=A$。(參考 5.3 節) 若 A 爲對稱，則 P 的行爲正規正交，因而 P 爲正交矩陣且 $PDP^T=A$。(參考 6.5 及 6.6 節)(注意到，MATLAB 會將 A 之特徵多項式的任意根，實數或複數，均視爲 A 的特徵值。參考 5.2 節。)
[Q　R]=qr(A, 0)	其中 $A=QR$ 爲 A 的 QR 分解。Q 的行構成 Col$A$ 的正規正交基底。
[U　S　V]=svd(A)	其中 $A=USV^T$ 爲 A 的奇異值分解

表 D.4

矩陣運算	描述
eye(n)	$n\times n$ 單位矩陣
zeros(m, n)	$m\times n$ 零矩陣
ones(m, n)	$m\times n$ 矩陣且元素均爲 1
$A(i, j)$	A 的(i,j)元素(此運算可用於回傳 A 的(i,j)元素或改變之。)
$A(:, j)$	A 的第 j 行
$A(i, :)$	A 的第 i 列
$A(:, [c_1\ c_2\ \cdots\ c_k])$	取 A 中行數爲 $c_1,c_2,\ldots,c_k$ 之行，且依此順序構成一矩陣之行
A($[r_1\ r_2\ \cdots\ r_k]$, :)	取 A 中列數爲 $r_1,r_2,\ldots,r_k$ 之列，且依此順序構成一矩陣之列
$[A\ B]$	一矩陣之行爲 A 之行接著 B 之行所構成，若 A 及 B 有相同列數
$[A; B]$	一矩陣之列爲 A 之列接著 B 之列所構成，若 A 及 B 有相同行數
diag(A)	$n\times n$ 對角矩陣之對角元素爲 $1\times n$ 或 $n\times 1$ 的矩陣 A 的元素
$[m: n]$	一個列矩陣其元素爲從 m 到 n 的連續整數

符號變數

在很多情況下，一純量的值不爲有理數，若將其表示爲符號形式的(*symbolically*)，我們還是可以得到正確數值。例如，方程式 $x^2=2$ 的解之正確數值爲無理數，因此不能以小數或整數比例來精確表示。然而，正確的解，符號的表示爲 $\sqrt{2}$ 和 $-\sqrt{2}$，或以 MATLAB 的符號表示，sqrt(2)和−sqrt(2)。爲了此目的，MATLAB 允許使用**符號變數**，使用 sym 函數將會以符號的形式儲存正確的數值(當可能時)。在此我們並不抽象地描述如何使用此函數，而使用下面的範例說明其使用方法：

範例 1

令 $A=\begin{bmatrix}0 & 1\\ 2 & 0\end{bmatrix}$。儲存此矩陣爲變數 A，且鍵入陳述$[PD]$=eig(A)，如之前所示，來獲得一個對角矩陣 D 其對角線上元素爲 A 的特徵值，及一個矩陣 P 其各行爲對應的特徵向量。假設 MATLAB 在 short format，P 和 D 將顯示如下

$$P=\begin{bmatrix}0.5775 & -0.5774\\ 0.8165 & 0.8165\end{bmatrix} \quad 及 \quad D=\begin{bmatrix}1.4142 & 0\\ 0 & -1.4142\end{bmatrix}$$

由經驗，我們可猜出 D 的對角線上元素爲近似於 $\pm\sqrt{2}$ 的小數。然而，不明顯的是 P 的元素是何者的近似。爲了獲得更深入的了解，我們可利用鍵入如下陳述，其使用 sym 函數，來獲得 P 和 D 元素的符號表示：

$$P1 = \text{sym}(P) \qquad \text{且} \qquad D1 = \text{sym}(D)$$

$P1$ 和 $D1$ 在此顯示為

$$P1 = \begin{bmatrix} \texttt{sqrt(1/3),} & \texttt{-sqrt(1/3)} \\ \texttt{sqrt(2/3),} & \texttt{sqrt(2/3)} \end{bmatrix} \qquad \text{及} \qquad D1 = \begin{bmatrix} \texttt{sqrt(2),} & 0 \\ 0, & \texttt{-sqrt(2)} \end{bmatrix}$$

雖然 $P1$ 之各行是 A 的特徵向量，且 $P1$ 的元素已給定精確的符號值，還有其它具更簡單元素的特徵向量可用來取代它。例如，將 $P1$ 乘以 $\sqrt{3}$ 將產生另一個矩陣，其行為 A 的特徵向量，但其元素將較不複雜：

$$\sqrt{3}P1 = \begin{bmatrix} 1 & -1 \\ \sqrt{2} & \sqrt{2} \end{bmatrix}$$

現在嘗試以下實驗：輸入 `sqrt (3)*P1`，並檢視其結果。之後鍵入 `sym (sqrt(3)*P)`，並檢視結果。比較此兩顯示。兩者皆為 $\sqrt{3}P1$ 的符號表示，但第一個顯示，其僅顯示符號的運算操作，並不是很好看。而在對比下，第二個顯示使用數值計算，再接著轉換為符號形式。在這裡我們要說的是，MATLAB 的演算法並不總是產生最簡形式的解答。然而，一旦解答是以符號的形式顯示，如何來化簡通常是很清楚地。

以下的範例將使用表 D.1、D.2，和 D.4 中的運算和函數來做計算。第一個範例用到 1.2 節的教材。

範例 2

令 $A = \begin{bmatrix} .85 & .03 \\ .15 & .97 \end{bmatrix}$ 和 $\mathbf{p} = \begin{bmatrix} 500 \\ 700 \end{bmatrix}$ 為在 1.2 節例題 3 中給定的機率矩陣和人口分佈向量。為了使用 MATLAB 來計算數年後的人口分佈，首先分別儲存該矩陣及人口分佈向量為變數 A 和 p。現在輸入

$$p = A * P$$

來顯示顯示下一年的人口分佈，並儲存該結果為變數 p。再次鍵入 $p = A * P$ 來產生接著一年的人口分佈，且將此結果存在變數 p。每次鍵入陳述 $p = A * P$ 後，存在 p 中的向量將乘以 A，且該結果將被顯示並存在變數 p 中。繼續這樣的過程，我們可獲得以初始的人口數開始，連續幾年後的人口分佈列表。

為了求初始人口在經過 n 年之後的人口分佈，陳述 $p = A * P$ 需被鍵入 n 次。在 2.1 節中，定義了矩陣的乘法運算。此運算也可用來在一步驟內計算未來某一年的人口分佈，也就是，利用輸入陳述$(A\,\hat{}\,n) * p$ 。(參見 2.1 節中的例題 6。)

以下的範例需要用到 2.4 節的教材內容：

範例 3

假設 A 為 3×4 矩陣

$$A=\begin{bmatrix}1&1&3&4\\4&5&6&8\\2&3&0&0\end{bmatrix}$$

使用 MATLAB 來獲得一個 3×3 可逆矩陣 P，使得 PA 為 A 的最簡列梯型。

解 我們首先建構一個 3×7 的矩陣$[A \quad I_3]$。

陳述

```
B=[A eye(3)]
```

回傳如下：

$$B=\begin{matrix}1&1&3&4&1&0&0\\4&5&6&8&0&1&0\\2&3&0&0&0&0&1\end{matrix}$$

現在，我們尋求 B 的最簡列梯型 C。陳述

```
C=rref(B)
```

回傳如下：

$$C=\begin{matrix}1.0000&0&9.0000&12.0000&0&1.5000&-2.5000\\0&1.0000&-6.0000&-8.0000&0&-1.0000&2.0000\\0&0&0&0&1.0000&-0.5000&0.5000\end{matrix}$$

根據所選擇的格式(如在附錄 D 初所述)，矩陣 C 可能與在此顯示的不同。注意，C 的前四行建構了 A 的最簡列梯型，且 C 的後三行建構了所需的矩陣 P。你可以驗證這些聲明嗎？最後，我們希望產生矩陣 P。陳述

```
P=C(:,[5 6 7])
```

回傳如下：

$$P=\begin{matrix}0&1.5000&-2.5000\\0&-1.0000&2.0000\\1.0000&-0.5000&0.5000\end{matrix}$$

匯入函數

表 D.5 所列並非 MATLAB 原有的函數。這些函數的計算是使用一些如文字檔案的小程式，稱爲 M-files，其可從序言結尾所給的網站 **http://www.cas.ilstu.edu/math/matrix** 下載。M-files 和其對應的函數有相同的名稱，且以.m 做結尾。例如，檔案 cpoly.m 包含函數 cpoly。在你的電腦上，將下載的 M-files 移至包含 MATLAB 應用程式的資料夾。在表 D.5 中，A 爲一個矩陣，**b** 爲一個行向量，c 和 t 爲純量，且 i 和 j 爲正整數。這些字母或許可爲任意變數，或它們可爲實際的數值。

表 D.5 匯入函數

函數	描述
grfig(V, E)	產生一圖形，且頂點由 V 的行所指定，邊則由 E 的列所指定。完整描述可參考第 6 章末的 MATLAB 習題 18。
rotdeg(t)	2×2 的轉 t 度旋轉矩陣(參考 1.2 節定義的 A_θ)
Pdeg(t)	3×3 的繞 x 軸轉 t 度旋轉矩陣(參考 6.9 節定義的 P_θ)
Qdeg(t)	3×3 的繞 y 軸轉 t 度旋轉矩陣(參考 6.9 節定義的 Q_θ)
Rdeg(t)	3×3 的繞 z 軸轉 t 度旋轉矩陣(參考 6.9 節定義的 R_θ)
pvtcol(A)	一矩陣之行是 A 的樞軸行，且順序相同
gs(A)	一矩陣之行構成 A 的行空間的正交基底(利用 Gram-Schmidt 程序處理 A 之行所得)，假若 A 之行是線性獨立
[L U]=elu(A)	A 的 LU 分解中的矩陣 L 及 U(參考 2.6 節)
[L U P]=elu2(A)	矩陣 L，U 及 P，其中 P 爲置換矩陣，使得 PA 的 LU 分解爲矩陣 L 及 U(參考 2.6 節)
cpoly(A)	$1\times(n+1)$矩陣之元素爲 $n\times n$ 矩陣 A 的特徵多項式的係數，且從第 n 階項的係數開始

你可使用這些函數如使用其他 MATLAB 函數一般，如同使用在表 D.1、D.2、D.3，或 D.4 的一個函數。例如，輸入陳述

$$C = \text{pvtcol}(A)$$

產生一個矩陣，其行爲 A 的樞軸行，且存爲變數 C。

也有 MATLAB 的原有函數，如 lu 和 poly，相似於在表 D.5 中的函數 elu 和 cpoly。雖然函式 lu 將一個方陣分解爲(當可能時)一下三角和上三角矩陣的乘積，但其所得的下三角矩陣並不一定具有 1 爲其對角線上元素，及乘數爲其次對角線上元素。函數 poly 把矩陣 A 的特徵多項式計算爲 $\det(tI_n - A)$，而非如在第五章中定義的 $\det(A - tI_n)$。

數據檔案

有一組數據檔案可供下載。這些檔案包含需要使用 MATLAB 的習題所用的數據。爲了獲得這些檔案，請到給定於序言結尾的網站上，選擇連結「Download MATLAB datafiles」。該說明讓你將這些檔案下載到你的電腦中。

用於第 P 章，第 Q 節，習題 R 的數據檔案，命名爲

cPsQeRa.dat

例如，使用在第一章第 4 節習題 97 中的矩陣，包含在檔名爲 c1s4e97a.dat 的檔案中。(對於各章節複習題中的 MATLAB 習題，使用 M 做爲其節的代碼。所以 c3sMe.dat 爲一檔案名稱，該檔案包含使用在第三章 MATLAB 習題 1 中的矩陣。)若第 P 章，第 Q 節，習題 R 中有數個數據檔，它們則以 cPsQeRa.dat，cPsQeRb.dat，cPsQeRc.dat，諸如此類的表示。例如，第一章第 6 節習題 79 所需的數據，分別包含在兩個檔案中，檔名爲 c1s6e79a.dat 和 c1s6e79b.dat。

爲了獲得在檔名爲 *filename.dat* 檔案中的數據，鍵入指令如下

```
load  filename.dat
```

該數據將儲存爲一變數，以其檔名(不具有附加檔名.dat)爲名。

例如，第一章，第 2 節，習題 91 的數據，包含在以下的檔案中：

c1s2e91a.dat,　c1s2e91b.dat,　c1s2e91c.dat, 和 c1s3e91d.dat

鍵入如下四個指令。

```
load  Cls2e91a.dat
load  Cls2e91b.dat
load  Cls2e91c.dat
load  Cls2e91d.dat
```

現在，變數 c1s2e91a，c1s2e91b，c1s2e91c，和 c1s2e91d 包含使用在此習題中的數據。顯示這四個變數，你將看到它們依序包含矩陣 A 和 B 及向量 $\mathbf{u}$ 和 $\mathbf{v}$。所以，指令

$$A = \text{c1s2e91a}$$
$$B = \text{c1s2e91b}$$
$$u = \text{c1s2e91c}$$
$$v = \text{c1s2e91d}$$

將數據儲存爲變數 A、B、u，和 v。因此，爲了計算矩陣-向量乘積 $A\mathbf{u}$，你現在可輸入指令 `A*u`。

附加範例

最後，我們用幾個範例來說明，如何在本書各章中使用 MATLAB。

以下的範例需要熟悉 1.7 節的內容：

範例 4

試決定以下集合

$$S=\left\{\begin{bmatrix}1\\2\\-1\\1\\0\\1\end{bmatrix},\begin{bmatrix}2\\1\\0\\1\\1\\-2\end{bmatrix},\begin{bmatrix}3\\-1\\1\\2\\1\\0\end{bmatrix},\begin{bmatrix}3\\2\\-1\\3\\0\\4\end{bmatrix}\right\}$$

爲線性相依或線性獨立。

解 令 A 爲一矩陣，其行爲在 S 中相同順序的向量。輸入 `rref(A)`以計算 A 的最簡列梯型，傳回矩陣

$$\begin{bmatrix}1&0&0&2\\0&1&0&-1\\0&0&1&1\\0&0&0&0\\0&0&0&0\\0&0&0&0\end{bmatrix}$$

由於此矩陣有一行不是標準向量，根據定理 1.8，A 之各行是線性相依的。所以，S 爲線性相依。

以下的範例需要熟習 2.1 節的教材：

範例 5

在鎮上有三個超市，編號爲 1、2，和 3。若一人本週在超市 j 購物，下週在超市 i 購物的機率爲 a_{ij}，爲矩陣第(i, j)個元素

$$A=\begin{bmatrix}.1&.2&.4\\.3&.5&.2\\.6&.3&.4\end{bmatrix}$$

假設本週在超市 1、2，和 3 購物的人數，分別爲 350、200，和 150。試決定下週及從今算起的十週後在不同超市購物人數的近似值。

解 令

$$\mathbf{p}=\begin{bmatrix}350\\200\\150\end{bmatrix}$$

爲了回答這兩個問題，下週的分佈我們必須計算 $A\mathbf{p}$，從今算起十週後購物人數的分佈必須計算 $A^{10}\mathbf{p}$。在儲存 A 和 $\mathbf{p}$ 的數值於變數 A 和 p 後，輸入 $A*p$，回傳一個 3×1 的向量

$$\begin{bmatrix}135\\235\\330\end{bmatrix}$$

其告訴我們下週在超市 1、2，和 3，的購物人數分別爲 135、235，和 330。這些數字是根據機率所得，因此或許不爲眞確。現在，輸入 $A\hat{}10*p$ 來獲得一個 3×1 向量

$$\begin{bmatrix}180.6454\\225.8064\\293.5481\end{bmatrix}$$

其告訴我們在十週後，在超市爲 1、2，和 3 的近似購物人數分別爲 181、226，和 294。

以下的範例需要熟習 2.3 節的教材：

範例 6

試決定以下矩陣的樞軸行

$$A=\begin{bmatrix}1&1&1&1&3&2&1\\2&-1&5&2&3&1&2\\-1&2&-4&0&1&0&-2\\3&4&2&-1&6&1&4\\2&1&3&3&6&-1&5\end{bmatrix}$$

並將 A 的非樞軸行表示爲 A 的樞軸行的線性組合。

解 在輸入 A 後，鍵入 R= `rref` (A)來計算 A 的最簡列梯型，其傳回矩陣

$$R=\begin{bmatrix}1&0&2&0&1&0&0\\0&1&-1&0&1&0&0\\0&0&0&1&1&0&0\\0&0&0&0&0&1&0\\0&0&0&0&0&0&1\end{bmatrix}$$

存在 R 中。因 $\mathbf{r}_1$、$\mathbf{r}_2$、$\mathbf{r}_4$、$\mathbf{r}_6$，及 $\mathbf{r}_7$ 是相異的標準向量，它們是 R 的樞軸行，且因此 $\mathbf{a}_1$、$\mathbf{a}_2$、$\mathbf{a}_4$、$\mathbf{a}_6$，及 $\mathbf{a}_7$ 是 A 的樞軸行。很清楚地，我們有 $\mathbf{r}_3 = 2\mathbf{r}_1 - \mathbf{r}_2$ 和 $\mathbf{r}_5 = \mathbf{r}_1 + \mathbf{r}_2 + \mathbf{r}_4$。所以，根據行對應性質，

$$\mathbf{a}_3 = 2\mathbf{a}_1 - \mathbf{a}_2 \qquad 且 \qquad \mathbf{a}_5 = \mathbf{a}_1 + \mathbf{a}_2 + \mathbf{a}_4$$

回到範例 4，我們可將行對應性質用於該範例中矩陣 A 的最簡列梯型，以得到 $\mathbf{v}_4 = 2\mathbf{v}_1 + (-1)\mathbf{v}_2 + \mathbf{v}_3$，其中 $\mathbf{v}_1$、$\mathbf{v}_2$、$\mathbf{v}_3$，和 $\mathbf{v}_4$ 爲在 S 中的向量。

以下的範例需要熟習 2.8 節的教材：

範例 7

令 $T: R^5 \to R^5$ 爲線性變換，定義爲

$$T(\mathbf{x}) = T\left(\begin{bmatrix} x_1 \\ x_2 \\ x_3 \\ x_4 \\ x_5 \end{bmatrix}\right) = \begin{bmatrix} x_1 + 2x_2 + x_3 + 3x_5 \\ 2x_1 + x_2 - 5x_3 + x_4 + 2x_5 \\ 3x_1 - 2x_2 + 2x_3 - 5x_4 + 6x_5 \\ x_1 + x_3 - 2x_4 + x_5 \\ x_2 + 3x_3 - 2x_4 - x_5 \end{bmatrix}$$

試說明 T 爲可逆，並決定 $T^{-1}(\mathbf{x})$ 的規則。

解 首先，觀察 T 的標準矩陣爲

$$A = \begin{bmatrix} 1 & 2 & 1 & 0 & 3 \\ 2 & 1 & -5 & 1 & 2 \\ 3 & -2 & 2 & -5 & 6 \\ 1 & 0 & 1 & -2 & 1 \\ 0 & 1 & 3 & -2 & -1 \end{bmatrix}$$

在儲存 A 後，輸入陳述 `rank` (A)得到回傳值 5。其指出 A 爲可逆，因此 T 爲可逆。輸入陳述 `inv` (A)來計算 A^{-1}，其爲 T^{-1} 的標準矩陣。回傳矩陣爲

$$\begin{bmatrix} 2.5000 & -4.6000 & -6.4000 & 26.9000 & -13.2000 \\ -0.5000 & 1.4000 & 1.6000 & -7.1000 & 3.8000 \\ 1.0000 & -1.8000 & -2.2000 & 9.2000 & -4.6000 \\ 1.5000 & -2.6000 & -3.4000 & 13.9000 & -7.2000 \\ -0.5000 & 1.2000 & 1.8000 & -7.3000 & 3.4000 \end{bmatrix}$$

利用這個矩陣，我們可以寫下 $T^{-1}(\mathbf{x})$ 的規則(在十進位展開中省略不需要的零)爲

$$T^{-1}(\mathbf{x}) = A^{-1}\begin{bmatrix} x_1 \\ x_2 \\ x_3 \\ x_4 \\ x_5 \end{bmatrix} = \begin{bmatrix} 2.5x_1 - 4.6x_2 - 6.4x_3 + 26.9x_4 - 13.2x_5 \\ -0.5x_1 + 1.4x_2 + 1.6x_3 - 7.1x_4 + 3.8x_5 \\ 1.0x_1 - 1.8x_2 - 2.2x_3 + 9.2x_4 - 4.6x_5 \\ 1.5x_1 - 2.6x_2 - 3.4x_3 + 13.9x_4 - 7.2x_5 \\ -0.5x_1 + 1.2x_2 + 1.8x_3 - 7.3x_4 + 3.4x_5 \end{bmatrix}$$

以下的範例需要熟習 3.1 節的教材：

範例 8

試計算以下矩陣的行列式

$$\begin{bmatrix} 1.1 & 3.1 & -4.2 & 3.7 \\ 5.1 & 2.5 & -3.3 & -2.4 \\ 4.0 & -0.6 & 0.9 & 3.1 \\ 1.2 & 2.4 & -2.5 & 3.1 \end{bmatrix}$$

解 在儲存該矩陣為 A 後，輸入陳述 `det (A)`來計算 A 的行列式。回傳值為(以 `format short` 顯示) 89.4424。

以下的範例需要熟習 4.2 節的教材：

範例 9

試求以下矩陣的行空間和零空間之基底

$$A = \begin{bmatrix} 1 & -1 & 1 & 3 & 3 & 4 \\ 2 & 1 & 5 & -1 & 2 & 1 \\ 1 & 1 & 3 & 1 & 3 & 0 \\ 3 & -2 & 4 & 2 & 3 & 1 \\ 0 & 1 & 1 & -3 & -2 & 2 \end{bmatrix}$$

解 在儲存 A 後，利用表 D.5 中所述的匯入函數 `pvtcol` 產生一矩陣，其各行是 A 的樞軸行。輸入陳述 `pvtcol (A)`，傳回以下矩陣：

$$\begin{bmatrix} 1 & -1 & 3 & 4 \\ 2 & 1 & -1 & 1 \\ 1 & 1 & 1 & 0 \\ 3 & -2 & 2 & 1 \\ 0 & 1 & -3 & 2 \end{bmatrix}$$

根據定理 2.4，此矩陣的行構成 A 之行空間的一組基底。我們可以使用表 D.2 中所述的函數 `null` 以獲得一矩陣，其行構成 A 之零空間的一組正規正交基底。輸入陳述 `null (A)`回傳如下矩陣：

$$\begin{bmatrix} -0.1515 & -0.8023 \\ -0.3865 & -0.3425 \\ -0.2350 & 0.4598 \\ -0.6215 & 0.1173 \\ 0.6215 & -0.1173 \\ -0.0000 & 0.0000 \end{bmatrix}$$

另外一種方法爲使用函數 `null(A,'r')`，其傳回一矩陣，此矩陣的行構成 A 的零空間的一組基底。雖然這些行通常不爲正交，但它們傾向有較簡單的元素。輸入陳述 `null(A,'r')`傳回以下矩陣：

$$\begin{bmatrix} -2 & -1 \\ -1 & -1 \\ 1 & 0 \\ 0 & -1 \\ 0 & 1 \\ 0 & 0 \end{bmatrix}$$

在第 5 章，你經常需要求矩陣 A 之特徵空間的一組基底。雖然，我們已見到使用陳述`[P D]=eig(A)`，傳回的 P 其行可用來產生如此的一個基底。以此方法所找到的基底向量通常爲無理數，因此它們的小數表示爲近似的(不是十分精確)。若一個矩陣 A 具有有理數元素，它有一個有理數特徵値λ，爲了獲得其對應特徵空間的一「較友善」的基底，我們將函式 `null(A,'r')`應用至矩陣$(A-\lambda I)$。所以，若 A 爲一個 $n\times n$ 矩陣，且特徵値λ儲存在變數 c 中，則陳述

```
null (A-c*eye(n),'r')
```

傳回一個矩陣，其行構成看起來比較好看的一個基底。

範例 10

給定矩陣

$$A=\begin{bmatrix} 3 & -5 & 10 & 3 & -7 \\ 5 & -12 & 19 & 6 & -15 \\ 3 & -7 & 10 & 3 & -7 \\ -2 & 6 & -10 & -2 & 8 \\ -1 & 4 & -7 & -2 & 7 \end{bmatrix}$$

具有特徵値 $\lambda=2$。試求對應特徵空間的一個基底。如之前所解釋，MATLAB 陳述 `null(A-2*eye(5),'r')`產生基底，其行爲如下矩陣所給定

$$\begin{bmatrix} -3 & 2 \\ -2 & 1 \\ -1 & 1 \\ 1 & 0 \\ 0 & 1 \end{bmatrix}$$

以下的範例需要熟習 5.3 節的教材：

範例 11

假設 A 爲一個 4×4 矩陣，且

$$B = \left\{ \begin{bmatrix} 1 \\ -1 \\ 2 \\ 4 \end{bmatrix}, \begin{bmatrix} 2 \\ 1 \\ -1 \\ 1 \end{bmatrix}, \begin{bmatrix} -2 \\ 3 \\ 1 \\ 1 \end{bmatrix}, \begin{bmatrix} 0 \\ 2 \\ -3 \\ 1 \end{bmatrix} \right\}$$

是由 A 對應於特徵值(以在 B 中向量的順序列出)2、−1、1、3 之特徵向量所構成的一組 R^4 的基底。試求 A。

解　令 P 表示 4×4 矩陣，其行爲在 B 中的向量，以給定次序排列；且令 D 爲對角矩陣，其對角線元素爲特徵值，以相同順序列出。則 $A=PDP^{-1}$。

儲存矩陣 P 且輸入陳述 `D=diag([2 -1 1 3])` 來獲得 4×4 對角矩陣 D，其對角線元素爲 A 的特徵值。現在，輸入 `A=P*D*inv(P)`來計算 A。回傳矩陣爲

$$\begin{bmatrix} -2.1250 & -1.8750 & -2.3750 & 1.7500 \\ -2.2750 & -0.1250 & -2.4250 & 1.2500 \\ 2.7500 & 1.2500 & 4.2500 & -1.5000 \\ -2.1000 & -1.5000 & -1.7000 & 3.0000 \end{bmatrix}$$

以下的範例需要熟習 6.3 節的教材：

範例 12

令

$$B = \left\{ \begin{bmatrix} 1 \\ 2 \\ 1 \\ -1 \\ 3 \end{bmatrix}, \begin{bmatrix} 1 \\ 0 \\ 1 \\ 1 \\ -2 \end{bmatrix}, \begin{bmatrix} 2 \\ 1 \\ -3 \\ 1 \\ 1 \end{bmatrix} \right\} \quad 且 \quad \mathbf{v} = \begin{bmatrix} 1 \\ -3 \\ 4 \\ 2 \\ 1 \end{bmatrix}$$

試求在 $W = \text{Span}B$ 中最接近 $\mathbf{v}$ 的向量，且試求從 $\mathbf{v}$ 到 W 的距離。

解 在 W 中最接近 $\mathbf{v}$ 的向量爲 $\mathbf{v}$ 在 W 上的正交投影。令 C 爲 5×3 矩陣，其行爲在 B 中的向量。在儲存 C 和 $\mathbf{v}$ 後，輸入陳述 rank(C)。回傳值爲 3，指出 B 是 W 的一組基底。所以，我們可應用 6.3 節中的定理 6.8 來獲得 $\mathbf{v}$ 在 W 上的正交投影 $\mathbf{w}=C(C^TC)^{-1}C^T\mathbf{v}$。輸入陳述

$$w = C * \mathtt{inv}(C' * C) * C' * v$$

來計算 $\mathbf{w}$。回傳向量(表示到小數點後四位)爲

$$\mathbf{w}=\begin{bmatrix} -0.0189 \\ 0.1321 \\ 2.9434 \\ -0.1509 \\ -1.1132 \end{bmatrix}$$

從 $\mathbf{v}$ 到 W 的距離等於介於 $\mathbf{v}$ 和 $\mathbf{w}$ 間的距離，也就是，$\|\mathbf{v}-\mathbf{w}\|$。爲了計算此距離，輸入陳述 $\mathtt{norm}(v-w)$。回傳值(表示到小數點後四位)爲 4.5887。

附錄 E　矩陣最簡列梯型的唯一性

在本附錄中，我們將更深入地研究行對應性質(*column correspondence property*)及其影響。除了此性質的正式證明之外，我們還將證明定理 2.4，以及證明定理 1.4 中唯一性的部份。定理 1.4 聲稱任何矩陣只有一個最簡列型。而該結果是很重要的，因爲矩陣 A 的許多特性，如秩(*rank*)，零消次數(*nullity*)，及樞軸行(*pivot column*)，都是用 A 的最簡列梯型來定義的。

定理 E.1

(行相符特性)具有最簡列梯型 R。則以下陳述爲眞：

(a) 若 A 的第 j 行爲 A 的其他行的一個線性組合，則 R 的第 j 行也是 R 對應各行的線性組合，並具有相同的係數。

(b) 若 R 的第 j 行爲 R 的其他行的一個線性組合，則 A 的第 j 行也是 A 對應各行的線性組合，且具有相同的係數。

證明 (a)根據定理 2.3，存在一個可逆矩陣 P，使得 $PA=R$。因此 $P\mathbf{a}_i=\mathbf{r}_i$，對所有 i。假設 A 的第 j 行爲 A 的其它行的一個線性組合。則存在數値 $c_1, c_2, \cdots, c_k$ 使得

$$\mathbf{a}_j = c_1\mathbf{a}_1 + c_2\mathbf{a}_2 + \cdots + c_k\mathbf{a}_k$$

所以，

$$\begin{aligned}\mathbf{r}_j = P\mathbf{a}_j &= P(c_1\mathbf{a}_1 + c_2\mathbf{a}_2 + \cdots + c_k\mathbf{a}_k) \\ &= c_1P\mathbf{a}_1 + c_2P\mathbf{a}_2 + \cdots + c_kP\mathbf{a}_k \\ &= c_1\mathbf{r}_1 + c_2\mathbf{r}_2 + \cdots + c_k\mathbf{r}_k\end{aligned}$$

(b)的證明也相似，只要應用方程式 $\mathbf{r}_i = P^{-1}\mathbf{a}_i$ 即可。 ....■

由於有行對應性質，一個矩陣 A 之最簡列梯型 R 各行之間的線性相依、線性獨立，及線性組合的條件，可直接轉移到 A 對應之各行的條件。其中特別重要的爲一個矩陣其樞軸行與非樞軸行之間的關係。

爲了幫助我們了解這些關係，考慮矩陣

$$R = [\mathbf{r}_1\ \mathbf{r}_2 \cdots \mathbf{r}_7] = \begin{bmatrix} 0 & 1 & 2 & 0 & 3 & 0 & 2 \\ 0 & 0 & 0 & 1 & 4 & 0 & 5 \\ 0 & 0 & 0 & 0 & 0 & 1 & 3 \\ 0 & 0 & 0 & 0 & 0 & 0 & 0 \end{bmatrix}$$

它是最簡列梯型。注意 $\mathbf{r}_2$、$\mathbf{r}_4$ 及 $\mathbf{r}_6$ 爲 R 的樞軸行。且注意這些行，其爲 R^4 的前三個標準向量。因此它們爲線性獨立。還有，第一個樞軸行 $\mathbf{r}_2$ 爲 R 的第一個非零行，且沒有一個樞軸行是它左側各行的線性組合。除了第一行，爲零行，之外，R 其它不爲樞軸行的任意行，爲前面樞軸行的線性組合。例如，第五行，其不爲樞軸行，可寫爲前面兩個樞軸行的線性組合。也就是，$\mathbf{r}_5 = 3\mathbf{r}_2 + 4\mathbf{r}_4$。注意，在此線性組合中的係數 3 和 4，爲 $\mathbf{r}_5$ 的前兩個元素。再者，$\mathbf{r}_5$ 的其餘元素爲零。正如此一結果，R 的每一行爲 R 樞軸行的線性組合。

這些性質對最簡列梯型的矩陣，明顯爲眞。我們在此對它們做一總結。

最簡列梯型矩陣的性質

令 R 爲一個 $m \times n$ 矩陣，爲最簡列梯型。則以下陳述爲眞：

(a) R 的一行爲樞軸行若且唯若其爲非零且不爲該行左側各行的線性組合。

(b) R 的第 j 個樞軸行爲 $\mathbf{e}_j$，即 R^m 的第 j 個標準向量，因此 R 的樞軸行爲線性獨立。

(c) 假設 $\mathbf{r}_j$ 不爲 R 的樞軸行，且在它前面 R 有 k 個樞軸行。則 $\mathbf{r}_j$ 爲該 k 個樞軸行的線性組合，且線性組合的係數爲 $\mathbf{r}_j$ 的前 k 個元素。再者，$\mathbf{r}_j$ 的其它元素爲零。

以下的結果列出了這些性質中的兩個。我們用行對應性質，將其轉換到任意矩陣 A 之相對應的性質：

定理 2.4

以下陳述對任意矩陣 A 爲眞：

(a) A 的樞軸行爲線性獨立。

(b) A 的每個樞軸行爲 A 的之前樞軸行的一個線性組合。其中該線性組合的係數爲 A 的簡約列梯形矩陣形式之對應行的元素。

以下結果完成了對定理 1.4 的證明：

定理 1.4

(最簡列梯型的唯一性)矩陣的最簡列梯型是唯一的

證明　接下來，我們參照之前的方框內容。

令 A 爲一個矩陣，且令 R 爲 A 的最簡列梯型。利用性質(a)，R 的一個行是 R 的樞軸行若且唯若其爲非零且其不爲該行左側樞軸行的一個線性組合。這兩個條件可以和行對應性質結合而產生 A 的樞軸行測試，只利用 A 的各行來做測試：**A 的一個行爲一個樞軸行，若且唯若，其爲非零且其不爲該行左側各行的一個線性組合**。因此 R 的樞軸行的位置，是由 A 的各行來唯一決定的。再者，因 R 的第 j 個樞軸行爲 R^m 的第 j 個標準向量，R 的樞軸行完全決定於 A 的行。

我們可證明 R 的其它各行，也由 A 的行來決定。假設 $\mathbf{r}_j$ 不爲 R 的樞軸行。若 $\mathbf{r}_j=\mathbf{0}$，則根據行對應性質，$\mathbf{a}_j=\mathbf{0}$。(參見 2.3 節中的習題 85。) 現在假設 $\mathbf{r}_j\neq\mathbf{0}$。則根據性質(c)，$\mathbf{r}_j$ 爲 R 的前面樞軸行的一個線性組合，那些樞軸行爲線性獨立。再者，此線性組合的係數爲 $\mathbf{r}_j$ 的前幾個元素，前面的樞軸行每行分配一個，而 $\mathbf{r}_j$ 的其它元素爲零。根據行對應性質，$\mathbf{a}_j$ 爲 A 前面樞軸行的一個線性組合，那些樞軸行爲線性獨立，具有相同的對應係數。由於 A 的樞軸行線性獨立，這些係數是唯一的，且完全由 A 的各行來決定。因此 $\mathbf{r}_j$ 完全由 A 來決定。我們得到結論，R 是唯一的。

■

參考文獻

[1] Abbot, Stephen D. and Matt Richey. "Take a Walk on the Boardwalk." *The College Mathematics Journal*, 28 (1997), pp. 162-171.

[2] Ash, Robert and Richard Bishop. "Monopoly as a Markov Process." *Mathematics Magazine*, 45 (1972), pp. 26-29.

[3] Bourne, Larry S. " Physical Adjustment Process and Land Use Succession:A Conceptual Review and Central City Example." *Economic Geography*, 47 (1971), pp. 1-15.

[4] Friedberg, Stephen H., Arnold J. Insel, and Lawrence E. Spence. *Linear Algebra*, 4th ed. Prentice-Hall, Inc., 2003.

[5] Gabriel, K. R. and J. Neumann. "A Markov Chain Model for Daily Rainfall Occurrence at Tel Aviv." *Quarterly Journal of the Royal Meteorological Society*, 88 (1962), pp. 90-95.

[6] Hampton, P. "Regional Economic Development in New Zealand." *Journal of Regional Science*, 8 (1968), pp. 41-51.

[7] Hotelling, H. "Analysis of Statistical Variables into Principal Components." *Journal of Educational Psychology*, 24 (1933), pp. 417-441, 498-520.

[8] Hunter, Albert. "Community Change:A Stochastic Analysis of Chicago's Local Communities, 1930-1960." *American Journal of Sociology*, vol. 79 (January 1974), pp. 923-947.

[9] Larsen, R. and L. Marx. *An Introduction to Mathematical Statistics and Its Applications*, 3rd ed. Prentice-Hall, Inc., 2001.

[10] Morrison, Donald F. *Multivariate Statistical Methods*, 4th ed. Pacific Grove, CA:Brooks/Cole, 2005.

[11] Pearson, K. "On Lines and Planes of Closest Fit to Systems of Points in Space." *Philosophical Magazine*, 6(2) (1901), 559-572.

[12] Vogt, W. Paul. *Quantitative Research Methods for Professionals in Education and Other Fields*. Allyn & Bacon, 2005.

部份習題解答

Chapter 1

Section 1.1

1. $\begin{bmatrix} 8 & -4 & 20 \\ 12 & 16 & 4 \end{bmatrix}$ 3. $\begin{bmatrix} 6 & -4 & 24 \\ 8 & 10 & -4 \end{bmatrix}$

5. $\begin{bmatrix} 2 & 4 \\ 0 & 6 \\ -4 & 8 \end{bmatrix}$ 7. $\begin{bmatrix} 3 & -1 & 3 \\ 5 & 7 & 5 \end{bmatrix}$

9. $\begin{bmatrix} 2 & 3 \\ -1 & 4 \\ 5 & 1 \end{bmatrix}$ 11. $\begin{bmatrix} -1 & -2 \\ 0 & -3 \\ 2 & -4 \end{bmatrix}$

13. $\begin{bmatrix} -3 & 1 & -2 & -4 \\ -1 & -5 & 6 & 2 \end{bmatrix}$ 15. $\begin{bmatrix} -6 & 2 & -4 & -8 \\ -2 & -10 & 12 & 4 \end{bmatrix}$

17. not possible 19. $\begin{bmatrix} 7 & 1 \\ -3 & 0 \\ 3 & -3 \\ 4 & -4 \end{bmatrix}$

21. not possible 23. $\begin{bmatrix} -7 & -1 \\ 3 & 0 \\ -3 & 3 \\ -4 & 4 \end{bmatrix}$

25. -2 27. $\begin{bmatrix} 3 \\ 0 \\ 2\pi \end{bmatrix}$

29. $\begin{bmatrix} 2 \\ 2e \end{bmatrix}$ 31. $[2 \ \ -3 \ \ 0.4]$ 33. $\begin{bmatrix} 150 \\ 150\sqrt{3} \\ 10 \end{bmatrix}$ mph

35. (a) $\begin{bmatrix} 150\sqrt{2}+50 \\ 150\sqrt{2} \end{bmatrix}$ mph

(b) $50\sqrt{37+6\sqrt{2}} \approx 337.21$ mph

37. T 38. T 39. T 40. F 41. F
42. T 43. F 44. F 45. T 46. F
47. T 48. T 49. T 50. F 51. T
52. T 53. T 54. T 55. T 56. T

71. $\begin{bmatrix} 2 & 5 \\ 5 & 8 \end{bmatrix}$ and $\begin{bmatrix} 2 & 5 & 6 \\ 5 & 7 & 8 \\ 6 & 8 & 4 \end{bmatrix}$

77. No. Consider $\begin{bmatrix} 2 & 5 & 6 \\ 5 & 7 & 8 \\ 6 & 8 & 4 \end{bmatrix}$ and $\begin{bmatrix} 2 & 6 \\ 5 & 8 \end{bmatrix}$.

79. They must equal 0.

Section 1.2

1. $\begin{bmatrix} 12 \\ 14 \end{bmatrix}$ 3. $\begin{bmatrix} 9 \\ 0 \\ 10 \end{bmatrix}$ 5. $\begin{bmatrix} a \\ b \end{bmatrix}$ 7. $\begin{bmatrix} 22 \\ 5 \end{bmatrix}$

9. $\begin{bmatrix} sa \\ tb \\ uc \end{bmatrix}$ 11. $\begin{bmatrix} 2 \\ -6 \\ 10 \end{bmatrix}$ 13. $\begin{bmatrix} -1 \\ 6 \end{bmatrix}$ 15. $\begin{bmatrix} 21 \\ 13 \end{bmatrix}$

17. $\frac{1}{2}\begin{bmatrix} \sqrt{2} & -\sqrt{2} \\ \sqrt{2} & \sqrt{2} \end{bmatrix}$, $\frac{1}{2}\begin{bmatrix} -\sqrt{2} \\ \sqrt{2} \end{bmatrix}$

19. $\frac{1}{2}\begin{bmatrix} 1 & -\sqrt{3} \\ \sqrt{3} & 1 \end{bmatrix}$, $\frac{1}{2}\begin{bmatrix} 3-\sqrt{3} \\ 3\sqrt{3}+1 \end{bmatrix}$

21. $\frac{1}{2}\begin{bmatrix} -\sqrt{3} & 1 \\ -1 & -\sqrt{3} \end{bmatrix}$, $\frac{1}{2}\begin{bmatrix} \sqrt{3}-3 \\ 3\sqrt{3}+1 \end{bmatrix}$

23. $\begin{bmatrix} 3 \\ 2 \end{bmatrix}$ 25. $\frac{1}{2}\begin{bmatrix} 3-\sqrt{3} \\ 3\sqrt{3}+1 \end{bmatrix}$

27. $\frac{1}{2}\begin{bmatrix} 3 \\ -3\sqrt{3} \end{bmatrix}$ 29. $\begin{bmatrix} 1 \\ 1 \end{bmatrix} = (1)\begin{bmatrix} 1 \\ 0 \end{bmatrix} + (1)\begin{bmatrix} 0 \\ 1 \end{bmatrix}$

31. not possible 33. not possible

35. $\begin{bmatrix} -1 \\ 11 \end{bmatrix} = 3\begin{bmatrix} 1 \\ 3 \end{bmatrix} - 2\begin{bmatrix} 2 \\ -1 \end{bmatrix}$

37. $\begin{bmatrix} 3 \\ 8 \end{bmatrix} = 7\begin{bmatrix} 1 \\ 2 \end{bmatrix} - 2\begin{bmatrix} 2 \\ 3 \end{bmatrix} + 0\begin{bmatrix} -2 \\ -5 \end{bmatrix}$

39. not possible

41. $\begin{bmatrix} 3 \\ -2 \\ 1 \end{bmatrix} = 0\begin{bmatrix} 2 \\ -1 \\ 2 \end{bmatrix} + 1\begin{bmatrix} 3 \\ -2 \\ 1 \end{bmatrix} + 0\begin{bmatrix} -4 \\ 1 \\ 3 \end{bmatrix}$

43. $\begin{bmatrix} -4 \\ -5 \\ -6 \end{bmatrix} = -4\begin{bmatrix} 1 \\ 0 \\ 0 \end{bmatrix} - 5\begin{bmatrix} 0 \\ 1 \\ 0 \end{bmatrix} - 6\begin{bmatrix} 0 \\ 0 \\ 1 \end{bmatrix}$

45. T 46. F 47. T 48. T 49. T
50. F 51. F 52. F 53. T 54. F
55. F 56. T 57. F 58. T 59. F
60. T 61. F 62. F 63. T 64. T

69. (a) 349,000 in the city and 351,000 in the suburbs
(b) 307,180 in the city and 392,820 in the suburbs

73. $B = \begin{bmatrix} 1 & 0 \\ 0 & -1 \end{bmatrix}$

91. (a) $\begin{bmatrix} 24.6 \\ 45.0 \\ 26.0 \\ -41.4 \end{bmatrix}$ (b) $\begin{bmatrix} 134.1 \\ 44.4 \\ 7.6 \\ 104.8 \end{bmatrix}$

(c) $\begin{bmatrix} 128.4 \\ 80.6 \\ 63.5 \\ 25.8 \end{bmatrix}$ (d) $\begin{bmatrix} 653.09 \\ 399.77 \\ 528.23 \\ -394.52 \end{bmatrix}$

Section 1.3

1. (a) $\begin{bmatrix} 0 & -1 & 2 \\ 1 & 3 & 0 \end{bmatrix}$ (b) $\begin{bmatrix} 0 & -1 & 2 & 0 \\ 1 & 3 & 0 & -1 \end{bmatrix}$

3. (a) $\begin{bmatrix} 1 & 2 \\ -1 & 3 \\ -3 & 4 \end{bmatrix}$ (b) $\begin{bmatrix} 1 & 2 & 3 \\ -1 & 3 & 2 \\ -3 & 4 & 1 \end{bmatrix}$

5. (a) $\begin{bmatrix} 0 & 2 & -3 \\ -1 & 1 & 2 \\ 2 & 0 & 1 \end{bmatrix}$ (b) $\begin{bmatrix} 0 & 2 & -3 & 4 \\ -1 & 1 & 2 & -6 \\ 2 & 0 & 1 & 0 \end{bmatrix}$

7. $\begin{bmatrix} 0 & 2 & -4 & 4 & 2 \\ -2 & 6 & 3 & -1 & 1 \\ 1 & -1 & 0 & 2 & -3 \end{bmatrix}$

9. $\begin{bmatrix} 1 & -1 & 0 & 2 & -3 \\ 0 & 4 & 3 & 3 & -5 \\ 0 & 2 & -4 & 4 & 2 \end{bmatrix}$

11. $\begin{bmatrix} 1 & -1 & 0 & 2 & -3 \\ -2 & 6 & 3 & -1 & 1 \\ 0 & 1 & -2 & 2 & 1 \end{bmatrix}$

13. $\begin{bmatrix} 1 & -1 & 0 & 2 & -3 \\ -2 & 6 & 3 & -1 & 1 \\ -8 & 26 & 8 & 0 & 6 \end{bmatrix}$

15. $\begin{bmatrix} -2 & 4 & 0 \\ -1 & 1 & -1 \\ 2 & -4 & 6 \\ -3 & 2 & 1 \end{bmatrix}$ 17. $\begin{bmatrix} 1 & -2 & 0 \\ -1 & 1 & -1 \\ 0 & 0 & 6 \\ -3 & 2 & 1 \end{bmatrix}$

19. $\begin{bmatrix} 1 & -2 & 0 \\ 2 & -4 & 6 \\ -1 & 1 & -1 \\ -3 & 2 & 1 \end{bmatrix}$ 21. $\begin{bmatrix} 1 & -2 & 0 \\ -1 & 1 & -1 \\ 2 & -4 & 6 \\ -1 & 0 & 3 \end{bmatrix}$

23. yes 25. no 27. no 29. yes
31. yes 33. yes 35. no 37. no

39. $x_1 = 2 + x_2$, x_2 free 41. $x_1 = 6 + 2x_2$, x_2 free

43. not consistent 45. $x_1 = 4 + 2x_2$, x_2 free, $x_3 = 3$

47. $\begin{aligned} x_1 &= 3x_4 \\ x_2 &= 4x_4 \\ x_3 &= -5x_4 \\ x_4 &\ \text{free} \end{aligned}$, $\begin{bmatrix} x_1 \\ x_2 \\ x_3 \\ x_4 \end{bmatrix} = x_4 \begin{bmatrix} 3 \\ 4 \\ -5 \\ 1 \end{bmatrix}$

49. $\begin{aligned} x_1 &\ \text{free} \\ x_2 &= -3 \\ x_3 &= -4 \\ x_4 &= 5 \end{aligned}$, $\begin{bmatrix} x_1 \\ x_2 \\ x_3 \\ x_4 \end{bmatrix} = x_1 \begin{bmatrix} 1 \\ 0 \\ 0 \\ 0 \end{bmatrix} + \begin{bmatrix} 0 \\ -3 \\ -4 \\ 5 \end{bmatrix}$

51. $\begin{aligned} x_1 &= 6 - 3x_2 + 2x_4 \\ x_2 &\ \text{free} \\ x_3 &= 7 - 4x_4 \\ x_4 &\ \text{free} \end{aligned}$, $\begin{bmatrix} x_1 \\ x_2 \\ x_3 \\ x_4 \end{bmatrix} = \begin{bmatrix} 6 \\ 0 \\ 7 \\ 0 \end{bmatrix} + x_2 \begin{bmatrix} -3 \\ 1 \\ 0 \\ 0 \end{bmatrix} + x_4 \begin{bmatrix} 2 \\ 0 \\ -4 \\ 1 \end{bmatrix}$

53. not consistent 55. $n - k$

57. F 58. F 59. T 60. F 61. T
62. T 63. F 64. T 65. T 66. F
67. T 68. T 69. F 70. T 71. T
72. T 73. F 74. T 75. F 76. T
81. 7

Section 1.4

1. $x_1 = -2 - 3x_2$, x_2 free 3. $x_1 = 4$, $x_2 = 5$

5. not consistent 7. $x_1 = -1 + 2x_2$, x_2 free, $x_3 = 2$

9. $x_1 = 1 + 2x_3$, $x_2 = -2 - x_3$, x_3 free, $x_4 = -3$ 11. $x_1 = -4 - 3x_2 + x_4$, x_2 free, $x_3 = 3 - 2x_4$, x_4 free

13. not consistent 15. $x_1 = -2 + x_5$, x_2 free, $x_3 = 3 - 3x_5$, $x_4 = -1 - 2x_5$, x_5 free

17. -12 19. $r \neq 0$ 21. no r

23. $r = 3$

25. no r

27. (a) $r = 2$, $s \neq 15$ (b) $r \neq 2$ (c) $r = 2$, $s = 15$

29. (a) $r = -8$, $s \neq -2$ (b) $r \neq -8$ (c) $r = -8$, $s = -2$

31. (a) $r = \frac{5}{2}$, $s \neq -6$ (b) $r \neq \frac{5}{2}$ (c) $r = \frac{5}{2}$, $s = -6$

33. (a) $r = 3$, $s \neq \frac{2}{3}$ (b) $r \neq 3$ (c) $r = 3$, $s = \frac{2}{3}$

35. 3, 1 37. 2, 3 39. 3, 1 41. 2, 3
43. (a) 10, 20, and 25 days, respectively (b) no
45. (a) 15 units (b) no
47. $2x^2 - 5x + 7$ 49. $4x^2 - 7x + 2$ 51. It is $\mathbf{e}_3$.
53. T 54. F 55. T 56. T 57. T
58. T 59. F 60. F 61. T 62. T
63. T 64. F 65. F 66. T 67. T
68. F 69. T 70. T 71. F 72. T
73. the $m \times n$ zero matrix
75. 4 77. 3
79. the minimum of m and n
81. no 93. no

95.
$$\begin{aligned} x_1 &= 2.32 + 0.32x_5 \\ x_2 &= -6.44 + 0.56x_5 \\ x_3 &= 0.72 - 0.28x_5 \\ x_4 &= 5.92 + 0.92x_5 \\ x_5 & \quad \text{free} \end{aligned}$$

97. 3, 2 99. 4, 1

Section 1.5

1. T 2. T 3. F 4. F 5. T 6. T
7. \$11 million 9. services 11. entertainment
13. \$16.1 million of agriculture, \$17.8 million of manufacturing, \$18 million of services, and \$10.1 million of entertainment
15. \$13.9 million of agriculture, \$22.2 million of manufacturing, \$12 million of services, and \$9.9 million of entertainment.
17. (a) \$15.5 million of transportation, \$1.5 million of food, and \$9 million of oil
(b) \$128 million of transportation, \$160 million of food, and \$128 million of oil
19. (a) $\begin{bmatrix} .1 & .4 \\ .3 & .2 \end{bmatrix}$
(b) \$34 million of electricity and \$22 million of oil
(c) \$128 million of electricity and \$138 million of oil
21. (a) \$49 million of finance, \$10 million of goods, and \$18 million of services
(b) \$75 million of finance, \$125 million of goods, and \$100 million of services
(c) \$75 million of finance, \$104 million of goods, and \$114 million of services
25. $I_1 = 9, I_2 = 4, I_3 = 5$
27. $I_1 = 21, I_2 = 18, I_3 = 3$
29. $I_1 = I_4 = 12.5, I_2 = I_6 = 7.5, I_3 = I_5 = 5$

Section 1.6

1. yes 3. no 5. yes 7. no
9. no 11. yes 13. yes 15. no
17. 3 19. −6 21. no 23. yes
25. yes 27. no 29. yes 31. no
33. no 35. yes

37. $\left\{\begin{bmatrix} 1 \\ 3 \end{bmatrix}, \begin{bmatrix} 0 \\ 1 \end{bmatrix}\right\}$ 39. $\left\{\begin{bmatrix} 1 \\ 0 \\ -1 \end{bmatrix}, \begin{bmatrix} 0 \\ 1 \\ 0 \end{bmatrix}\right\}$

41. $\left\{\begin{bmatrix} 1 \\ -2 \\ 1 \end{bmatrix}\right\}$ 43. $\left\{\begin{bmatrix} -1 \\ 0 \\ 1 \end{bmatrix}, \begin{bmatrix} 0 \\ 1 \\ 2 \end{bmatrix}\right\}$

45. T 46. T 47. T 48. F 49. T
50. T 51. T 52. F 53. F 54. F
55. T 56. T 57. T 58. T 59. T
60. T 61. T 62. T 63. T 64. T
65. (a) 2 (b) infinitely many
73. no 79. yes 81. no

Section 1.7

1. yes 3. yes 5. no
7. yes 9. no 11. yes

13. $\left\{\begin{bmatrix} 1 \\ -2 \\ 3 \end{bmatrix}\right\}$ 15. $\left\{\begin{bmatrix} -3 \\ 2 \\ 0 \end{bmatrix}, \begin{bmatrix} 1 \\ 6 \\ 0 \end{bmatrix}\right\}$

17. $\left\{\begin{bmatrix} 2 \\ -3 \\ 5 \end{bmatrix}, \begin{bmatrix} 1 \\ 0 \\ 2 \end{bmatrix}\right\}$ 19. $\left\{\begin{bmatrix} 4 \\ 3 \end{bmatrix}, \begin{bmatrix} -2 \\ 5 \end{bmatrix}\right\}$

21. $\left\{\begin{bmatrix} -2 \\ 0 \\ 3 \end{bmatrix}, \begin{bmatrix} 0 \\ 4 \\ 0 \end{bmatrix}\right\}$

23. no 25. yes 27. yes 29. no

31. $-3\begin{bmatrix} -1 \\ 1 \\ 2 \end{bmatrix} = \begin{bmatrix} 3 \\ -3 \\ -6 \end{bmatrix}$

33. $5\begin{bmatrix} 0 \\ 1 \\ 1 \end{bmatrix} + 4\begin{bmatrix} 1 \\ 0 \\ -1 \end{bmatrix} = \begin{bmatrix} 4 \\ 5 \\ 1 \end{bmatrix}$

35. $1\begin{bmatrix} 1 \\ -1 \end{bmatrix} + 5\begin{bmatrix} 0 \\ 1 \end{bmatrix} + 0\begin{bmatrix} 3 \\ -2 \end{bmatrix} = \begin{bmatrix} 1 \\ 4 \end{bmatrix}$

37. $5\begin{bmatrix} 1 \\ 2 \\ -1 \end{bmatrix} - 3\begin{bmatrix} 0 \\ 1 \\ -1 \end{bmatrix} + 3\begin{bmatrix} -1 \\ -2 \\ 0 \end{bmatrix} = \begin{bmatrix} 2 \\ 1 \\ -2 \end{bmatrix}$

39. all real numbers 41. −2

43. every real number 45. every real number

47. $r = 4$ 49. no r

51. $\begin{bmatrix} x_1 \\ x_2 \\ x_3 \end{bmatrix} = x_2 \begin{bmatrix} 4 \\ 1 \\ 0 \end{bmatrix} + x_3 \begin{bmatrix} -2 \\ 0 \\ 1 \end{bmatrix}$

53. $\begin{bmatrix} x_1 \\ x_2 \\ x_3 \\ x_4 \end{bmatrix} = x_2 \begin{bmatrix} -3 \\ 1 \\ 0 \\ 0 \end{bmatrix} + x_4 \begin{bmatrix} -2 \\ 0 \\ 6 \\ 1 \end{bmatrix}$

55. $\begin{bmatrix} x_1 \\ x_2 \\ x_3 \\ x_4 \end{bmatrix} = x_3 \begin{bmatrix} -4 \\ 3 \\ 1 \\ 0 \end{bmatrix} + x_4 \begin{bmatrix} 2 \\ -5 \\ 0 \\ 1 \end{bmatrix}$

57. $\begin{bmatrix} x_1 \\ x_2 \\ x_3 \\ x_4 \\ x_5 \\ x_6 \end{bmatrix} = x_2 \begin{bmatrix} 0 \\ 1 \\ 0 \\ 0 \\ 0 \\ 0 \end{bmatrix} + x_4 \begin{bmatrix} -1 \\ 0 \\ 2 \\ 1 \\ 0 \\ 0 \end{bmatrix} + x_6 \begin{bmatrix} -3 \\ 0 \\ -1 \\ 0 \\ 0 \\ 1 \end{bmatrix}$

59. $\begin{bmatrix} x_1 \\ x_2 \\ x_3 \\ x_4 \end{bmatrix} = x_3 \begin{bmatrix} 0 \\ 0 \\ 1 \\ 0 \end{bmatrix} + x_4 \begin{bmatrix} 2 \\ -3 \\ 0 \\ 1 \end{bmatrix}$

61. $\begin{bmatrix} x_1 \\ x_2 \\ x_3 \\ x_4 \\ x_5 \\ x_6 \end{bmatrix} = x_2 \begin{bmatrix} -2 \\ 1 \\ 0 \\ 0 \\ 0 \\ 0 \end{bmatrix} + x_3 \begin{bmatrix} 1 \\ 0 \\ 1 \\ 0 \\ 0 \\ 0 \end{bmatrix} + x_5 \begin{bmatrix} -2 \\ 0 \\ 0 \\ -4 \\ 1 \\ 0 \end{bmatrix} + x_6 \begin{bmatrix} 1 \\ 0 \\ 0 \\ -3 \\ 0 \\ 1 \end{bmatrix}$

63. T 64. F 65. F 66. T 67. T
68. T 69. F 70. T 71. F 72. F
73. F 74. T 75. T 76. T 77. F
78. T 79. F 80. T 81. T 82. T

83. $A = \begin{bmatrix} 1 & 0 \\ 0 & 1 \end{bmatrix}$

101. The set is linearly dependent, and $\mathrm{v}_5 = 2\mathrm{v}_1 - \mathrm{v}_3 + \mathrm{v}_4$, where v_j is the jth vector in the set.

103. The set is linearly independent.

Chapter 1 Review Exercises

1. F 2. T 3. T 4. T 5. T
6. T 7. T 8. F 9. F 10. T
11. T 12. T 13. F 14. T 15. T
16. F 17. F

19. (a) There is at most one solution.
(b) There is at least one solution.

21. $\begin{bmatrix} 3 & 2 \\ -2 & 7 \\ 4 & 3 \end{bmatrix}$

23. undefined because A has 2 columns and D^T has 3 rows

25. $\begin{bmatrix} 3 \\ 3 \end{bmatrix}$

27. undefined because C^T and D don't have the same number of columns

29. The components are the average values of sales for all stores during January of last year for produce, meats, dairy, and processed foods, respectively.

31. $\begin{bmatrix} 0 \\ -4 \\ 3 \\ -2 \end{bmatrix}$ 33. $\frac{1}{2}\begin{bmatrix} 2\sqrt{3} - 1 \\ -2 - \sqrt{3} \end{bmatrix}$

35. $\mathrm{v} = (-1) \begin{bmatrix} -1 \\ 5 \\ 2 \end{bmatrix} + 3 \begin{bmatrix} 1 \\ 3 \\ 4 \end{bmatrix} + 1 \begin{bmatrix} 1 \\ -1 \\ 1 \end{bmatrix}$

37. v is not in the span of $\mathcal{S}$.

39. $x_1 = 1 - 2x_2 + x_3$
x_2 free
x_3 free

41. inconsistent

43. $x_1 = 7 - 5x_3 - 4x_4$
$x_2 = -5 + 3x_3 + 3x_4$
x_3 free
x_4 free

45. The rank is 1, and the nullity is 4.

47. The rank is 3, and the nullity is 2.

49. 20 of the first pack, 10 of the second pack, 40 of the third pack

51. yes 53. no 55. yes

57. yes 59. no

61. linearly independent 63. linearly dependent

65. $\begin{bmatrix} 3 \\ 3 \\ 8 \end{bmatrix} = 2 \begin{bmatrix} 1 \\ 2 \\ 3 \end{bmatrix} + 1 \begin{bmatrix} 1 \\ -1 \\ 2 \end{bmatrix}$

67. $\begin{bmatrix} 1 \\ -1 \\ 1 \\ -1 \end{bmatrix} = 2 \begin{bmatrix} 1 \\ 0 \\ 1 \\ 0 \end{bmatrix} + (-1) \begin{bmatrix} 1 \\ 1 \\ 1 \\ 1 \end{bmatrix}$

69. $\begin{bmatrix} x_1 \\ x_2 \\ x_3 \end{bmatrix} = x_3 \begin{bmatrix} -3 \\ 2 \\ 1 \end{bmatrix}$ 71. $\begin{bmatrix} x_1 \\ x_2 \\ x_3 \\ x_4 \end{bmatrix} = x_4 \begin{bmatrix} -2 \\ 5 \\ 0 \\ 1 \end{bmatrix}$

Chapter 1 MATLAB Exercises

1. (a) $\begin{bmatrix} 3.38 \\ 8.86 \\ 16.11 \\ 32.32 \\ 15.13 \end{bmatrix}$ (b) $\begin{bmatrix} 13.45 \\ -4.30 \\ -1.89 \\ 7.78 \\ 10.69 \end{bmatrix}$ (c) $\begin{bmatrix} 20.18 \\ -11.79 \\ 7.71 \\ 8.52 \\ 0.28 \end{bmatrix}$

2. (a) $\begin{bmatrix} -0.3 & 8.5 & -12.3 & 3.9 \\ 27.5 & -9.0 & -22.3 & -2.7 \\ -11.6 & 4.9 & 16.2 & -2.1 \\ 8.0 & 12.7 & 34.2 & -24.7 \end{bmatrix}$

(b) $\begin{bmatrix} -7.1 & 20.5 & -13.3 & 6.9 \\ 10.5 & -30.0 & -22.1 & -14.3 \\ -7.0 & -31.7 & 16.4 & 27.3 \\ -14.6 & 19.3 & -9.6 & -23.9 \end{bmatrix}$

(c) $\begin{bmatrix} 1.30 & 4.1 & -2.75 & 3.15 \\ 4.10 & 2.4 & 1.90 & 1.50 \\ -2.75 & 1.9 & 3.20 & 4.65 \\ 3.15 & 1.5 & 4.65 & -5.10 \end{bmatrix}$

(d) $\begin{bmatrix} 0.00 & -2.00 & -.55 & .95 \\ 2.00 & 0.00 & -3.20 & -4.60 \\ .55 & 3.20 & 0.00 & -2.55 \\ -.95 & 4.60 & 2.55 & 0.00 \end{bmatrix}$

(e) $P^T = P$, $Q^T = -Q$, $P + Q = A$

(f) $\begin{bmatrix} 17.67 \\ -15.87 \\ -9.83 \\ -44.27 \end{bmatrix}$ (g) $\begin{bmatrix} -143.166 \\ -154.174 \\ -191.844 \\ -202.945 \end{bmatrix}$

(h) $\begin{bmatrix} -64.634 \\ 93.927 \\ -356.424 \\ -240.642 \end{bmatrix}$ (i) $\begin{bmatrix} -3.30 \\ 6.94 \\ 3.50 \\ 19.70 \end{bmatrix}$, $\mathbf{w} = \begin{bmatrix} 3.5 \\ -1.2 \\ 4.1 \\ 2.0 \end{bmatrix}$

(j) $M\mathbf{u} = B(A\mathbf{u})$ for every $\mathbf{u}$ in $\mathcal{R}^4$

3. (a) $\begin{bmatrix} -0.0864 \\ 3.1611 \end{bmatrix}$ (b) $\begin{bmatrix} -1.6553 \\ 2.6944 \end{bmatrix}$

(c) $\begin{bmatrix} -1.6553 \\ 2.6944 \end{bmatrix}$ (d) $\begin{bmatrix} 1.0000 \\ 3.0000 \end{bmatrix}$

4. (b) $\begin{bmatrix} 1 & 0 & 2.0000 & 0 & .1569 & 9.2140 \\ 0 & 1 & 1.0000 & 0 & .8819 & -.5997 \\ 0 & 0 & 0 & 1 & -.2727 & -3.2730 \\ 0 & 0 & 0 & 0 & 0 & 0 \end{bmatrix}$

5. Answers are given correct to 4 places after the decimal point.

(a) $\begin{bmatrix} x_1 \\ x_2 \\ x_3 \\ x_4 \\ x_5 \\ x_6 \end{bmatrix} = \begin{bmatrix} -8.2142 \\ -0.4003 \\ 0.0000 \\ 3.2727 \\ 0.0000 \\ 0.0000 \end{bmatrix} + x_3 \begin{bmatrix} -2.0000 \\ -1.0000 \\ 1.0000 \\ 0.0000 \\ 0.0000 \\ 0.0000 \end{bmatrix}$

$+ x_5 \begin{bmatrix} -0.1569 \\ -0.8819 \\ 0.0000 \\ 0.2727 \\ 1.0000 \\ 0.0000 \end{bmatrix} + x_6 \begin{bmatrix} -9.2142 \\ 0.5997 \\ 0.0000 \\ 3.2727 \\ 0.0000 \\ 1.0000 \end{bmatrix}$

(b) inconsistent

(c) $\begin{bmatrix} x_1 \\ x_2 \\ x_3 \\ x_4 \\ x_5 \\ x_6 \end{bmatrix} = \begin{bmatrix} -9.0573 \\ 1.4815 \\ 0.0000 \\ 4.0000 \\ 0.0000 \\ 0.0000 \end{bmatrix} + x_3 \begin{bmatrix} -2.0000 \\ -1.0000 \\ 1.0000 \\ 0.0000 \\ 0.0000 \\ 0.0000 \end{bmatrix}$

$+ x_5 \begin{bmatrix} -0.1569 \\ -0.8819 \\ 0.0000 \\ 0.2727 \\ 1.0000 \\ 0.0000 \end{bmatrix} + x_6 \begin{bmatrix} -9.2142 \\ 0.5997 \\ 0.0000 \\ 3.2727 \\ 0.0000 \\ 1.0000 \end{bmatrix}$

(d) inconsistent

6. The gross production for each of the respective sectors is \$264.2745 billion, \$265.7580 billion, \$327.9525 billion, \$226.1281 billion, and \$260.6357 billion.

7. (a) $\begin{bmatrix} 0 \\ 1 \\ 1 \\ 2 \\ 2 \\ 1 \end{bmatrix} = \begin{bmatrix} 1 \\ 2 \\ -1 \\ 3 \\ 2 \\ 1 \end{bmatrix} + \begin{bmatrix} 1 \\ 0 \\ 1 \\ 1 \\ 0 \\ 1 \end{bmatrix} - \begin{bmatrix} 2 \\ 1 \\ -1 \\ 2 \\ 0 \\ 1 \end{bmatrix}$

(b) linearly independent

8. Let $\mathbf{v}_1, \mathbf{v}_2, \ldots, \mathbf{v}_5$ denote the vectors in $\mathcal{S}_1$ in the order listed in Exercise 7(a).

(a) no

(b) yes, $2\mathbf{v}_1 - \mathbf{v}_2 + 0\mathbf{v}_3 + \mathbf{v}_4 + 0\mathbf{v}_5$

(c) yes, $2\mathbf{v}_1 - \mathbf{v}_2 + 0\mathbf{v}_3 + \mathbf{v}_4 + 0\mathbf{v}_5$

(d) no

Chapter 2

Section 2.1

1. AB is defined and has size 2×2.

3. undefined 5. $Cy = \begin{bmatrix} 22 \\ -18 \end{bmatrix}$

7. $xz = \begin{bmatrix} 14 & -2 \\ 21 & -3 \end{bmatrix}$ 9. $AC\mathbf{x}$ is undefined.

11. $AB = \begin{bmatrix} 5 & 0 \\ 25 & 20 \end{bmatrix}$ 13. $BC = \begin{bmatrix} 29 & 56 & 23 \\ 7 & 8 & 9 \end{bmatrix}$

15. CB^T is undefined. 17. $A^3 = \begin{bmatrix} -35 & -30 \\ 45 & 10 \end{bmatrix}$

19. C^2 is undefined. 25. -2 27. 24

29. $\begin{bmatrix} -4 \\ -9 \\ -2 \end{bmatrix}$ 31. $\begin{bmatrix} 7 \\ 16 \end{bmatrix}$

33. F 34. F 35. F 36. T 37. F
38. F 39. T 40. T 41. F 42. F
43. T 44. F 45. F 46. T 47. F
48. T 49. T 50. T

51. (a) $B = \begin{bmatrix} .70 & .95 \\ .30 & .05 \end{bmatrix}$

53. (a)

		Today Hot Lunch	Today Bag Lunch
Next Day	Hot Lunch	.3	.4
Next Day	Bag Lunch	.7	.6

$A = \begin{bmatrix} .3 & .4 \\ .7 & .6 \end{bmatrix}$

(b) $A^3 \begin{bmatrix} u_1 \\ u_2 \end{bmatrix} = \begin{bmatrix} 109.1 \\ 190.9 \end{bmatrix}$. Approximately 109 students will buy hot lunches and 191 students will bring bag lunches 3 school days from today.

(c) $A^{100} \begin{bmatrix} u_1 \\ u_2 \end{bmatrix} = \begin{bmatrix} 109.0909 \\ 190.9091 \end{bmatrix}$ (rounded to 4 places after the decimal)

63. $A = \begin{bmatrix} 1 & 0 \\ 1 & 0 \end{bmatrix}$, $B = \begin{bmatrix} 0 & 0 \\ 1 & 1 \end{bmatrix}$

69. (a), (b), and (c) have the same answer, namely, $\begin{bmatrix} -1 & 0 \\ 0 & -1 \end{bmatrix}$.

71. (b) The population of the city is 205,688. The population of the suburbs is 994,332.

(c) The population of the city is 200,015. The population of the suburbs is 999,985.

Section 2.2

1. F 2. F 3. F 4. T 5. T
6. F 7. T 8. F 9. F

11. (a) all of them

(b) 0 from the first and 1 from the second

(c) $\begin{bmatrix} a \\ b \end{bmatrix}$ in an even number of years after the current year and $\begin{bmatrix} b \\ a \end{bmatrix}$ in an odd number of years after the current year

13. (a) $\begin{bmatrix} 0 & 2 & 1 \\ q & 0 & 0 \\ 0 & .5 & 0 \end{bmatrix}$

(b) The population grows without bound.

(c) The population approaches 0.

(d) $q = .4$, $\begin{bmatrix} 400 \\ 160 \\ 80 \end{bmatrix}$

(e) Over time, it approaches $\begin{bmatrix} 450 \\ 180 \\ 90 \end{bmatrix}$.

(f) $q = .4$

(g) $\mathbf{x} = x_3 \begin{bmatrix} 5 \\ 2 \\ 1 \end{bmatrix}$. The stable distributions have this form.

15. (a) $\begin{bmatrix} 0 & 2 & b \\ .2 & 0 & 0 \\ 0 & .5 & 0 \end{bmatrix}$

(b) The population approaches 0.

(c) The population grows without bound.

(d) $b = 6$, $\begin{bmatrix} 1600 \\ 320 \\ 160 \end{bmatrix}$

(e) Over time, it approaches $\begin{bmatrix} 1500 \\ 300 \\ 150 \end{bmatrix}$.

(f) $b = 6$

(g) $\mathbf{q} = c \begin{bmatrix} 10 \\ 2 \\ 1 \end{bmatrix}$ where $c = \frac{1}{26}(p_1 + 5p_2 + 6p_3)$.

17. $\begin{bmatrix} 0.644 & 0.628 \\ 0.356 & 0.372 \end{bmatrix}$

19. (a) There are no nonstop flights from any of the cities 1, 2, and 3 to the cities 4 and 5, and vice versa.

(b) $A^2 = \begin{bmatrix} B^2 & O_1 \\ O_2 & C^2 \end{bmatrix}$, $A^3 = \begin{bmatrix} B^3 & O_1 \\ O_2 & C^3 \end{bmatrix}$, and

$A^k = \begin{bmatrix} B^k & O_1 \\ O_2 & C^k \end{bmatrix}$.

(c) There are no flights with any number of layovers from any of the cities 1, 2, and 3 to the cities 4 and 5, and vice versa.

21. (a) 1 and 2, 1 and 4, 2 and 3, 3 and 4

(c) $\begin{bmatrix} 0 & 1 & 0 & 1 \\ 1 & 0 & 1 & 0 \\ 0 & 1 & 0 & 1 \\ 1 & 0 & 1 & 0 \end{bmatrix}$, yes

23. (c) Students 1 and 2 have 1 common course preference, and students 1 and 9 have 3 common course preferences.

(d) For each i, the ith diagonal entry of AA^T represents the number of courses preferred by student i.

25. (a)

k	Sun	Noble	Honored	MMQ
1	100	300	500	7700
2	100	400	800	7300
3	100	500	1200	6800

(b)

k	Sun	Noble	Honored	MMQ
9	100	1100	5700	1700
10	100	1200	6800	500
11	100	1300	8000	−800

Section 2.3

1. no　3. yes　5. yes　7. no

9. $\begin{bmatrix} 1 & 2 & 1 \\ 2 & 0 & 1 \\ 3 & 1 & -1 \end{bmatrix}$　11. $\begin{bmatrix} 3 & 7 & 2 \\ 4 & 4 & -4 \\ 0 & 7 & 6 \end{bmatrix}$

13. $\begin{bmatrix} 5 & 7 & 3 \\ -3 & -4 & -1 \\ 12 & 7 & 12 \end{bmatrix}$　15. $\begin{bmatrix} 1 & 0 \\ -1 & 1 \end{bmatrix}$

17. $\begin{bmatrix} 1 & 0 & 0 \\ 2 & 1 & 0 \\ 0 & 0 & 1 \end{bmatrix}$　19. $\begin{bmatrix} 1 & 0 & 0 & 0 \\ 0 & .25 & 0 & 0 \\ 0 & 0 & 1 & 0 \\ 0 & 0 & 0 & 1 \end{bmatrix}$

21. $\begin{bmatrix} 1 & 0 & 0 & 0 \\ 0 & 0 & 0 & 1 \\ 0 & 0 & 1 & 0 \\ 0 & 1 & 0 & 0 \end{bmatrix}$　23. $\begin{bmatrix} -1 & 0 \\ 0 & 1 \end{bmatrix}$

25. $\begin{bmatrix} 0 & 1 \\ 1 & 0 \end{bmatrix}$　27. $\begin{bmatrix} 0 & 1 \\ 1 & 0 \end{bmatrix}$

29. $\begin{bmatrix} 1 & 0 & 0 \\ 0 & 1 & 0 \\ 0 & -5 & 1 \end{bmatrix}$　31. $\begin{bmatrix} 1 & 0 & 0 \\ 0 & 0 & 1 \\ 0 & 1 & 0 \end{bmatrix}$

33. F　34. T　35. T　36. F　37. T
38. T　39. F　40. T　41. T　42. T
43. F　44. F　45. T　46. F　47. T
48. T　49. T　50. T　51. F　52. T

67. $\begin{bmatrix} 3 & 2 & 7 \\ -1 & 5 & 9 \end{bmatrix}$

69. $\begin{bmatrix} -1 & 1 & 1 & 4 & 13 \\ 2 & -2 & -1 & 1 & 3 \\ -1 & 1 & 0 & 3 & 8 \end{bmatrix}$

71. $\begin{bmatrix} 1 & 2 & 3 & 13 \\ 2 & 4 & 5 & 23 \end{bmatrix}$

73. $\begin{bmatrix} 1 & -1 & 1 & 1 & 1 & -1 \\ 0 & 0 & 2 & 6 & 1 & -7 \\ 1 & -1 & 0 & 2 & 1 & 3 \end{bmatrix}$

75. $\mathbf{a}_2 = -2\mathbf{a}_1 + 0\mathbf{a}_3$

77. $\mathbf{a}_4 = 2\mathbf{a}_1 - 3\mathbf{a}_3$

79. $\mathbf{b}_3 = \mathbf{b}_1 + (-1)\mathbf{b}_2 + 0\mathbf{b}_5$

81. $\mathbf{b}_5 = 0\mathbf{b}_1 + 0\mathbf{b}_2 + \mathbf{b}_5$

83. $R = \begin{bmatrix} 1 & 2 & 0 & -1 \\ 0 & 0 & 1 & 1 \\ 0 & 0 & 0 & 0 \end{bmatrix}$

87. Every nonzero column is a standard vector.

95. (a) $A^{-1} = \begin{bmatrix} -7 & 2 & 3 & -2 \\ 5 & -1 & -2 & 1 \\ 1 & 0 & 0 & 1 \\ -3 & 1 & 1 & -1 \end{bmatrix}$

(b) $B^{-1} = \begin{bmatrix} 3 & 2 & -7 & -2 \\ -2 & -1 & 5 & 1 \\ 0 & 0 & 1 & 1 \\ 1 & 1 & -3 & -1 \end{bmatrix}$ and

$C^{-1} = \begin{bmatrix} -7 & -2 & 3 & 2 \\ 5 & 1 & -2 & -1 \\ 1 & 1 & 0 & 0 \\ -3 & -1 & 1 & 1 \end{bmatrix}$

(c) B^{-1} can be obtained by interchanging columns 1 and 3 of A^{-1}, and C^{-1} can be obtained by interchanging columns 2 and 4 of A^{-1}.

(d) B^{-1} can be obtained by interchanging columns i and j of A^{-1}.

97. (b) $(A^2)^{-1} = (A^{-1})^2 = \begin{bmatrix} 113 & -22 & -10 & -13 \\ -62 & 13 & 6 & 6 \\ -22 & 4 & 3 & 2 \\ 7 & -2 & -1 & 0 \end{bmatrix}$

99. $A^{-1} = \begin{bmatrix} 10 & -2 & -1 & -1 \\ -6 & 1 & -1 & 2 \\ -2 & 0 & 1 & 0 \\ 1 & 0 & 1 & -1 \end{bmatrix}$ For each i, the solution of $A\mathrm{x} = \mathbf{e}_i$ is the ith column of A^{-1}.

Section 2.4

1. $\begin{bmatrix} -2 & 3 \\ 1 & -1 \end{bmatrix}$

3. not invertible

5. $\begin{bmatrix} 5 & -3 \\ -3 & 2 \end{bmatrix}$

7. not invertible

9. $\frac{1}{3}\begin{bmatrix} -7 & 2 & 3 \\ -6 & 0 & 3 \\ 8 & -1 & -3 \end{bmatrix}$

11. not invertible

13. $\begin{bmatrix} -1 & -5 & 3 \\ 1 & 2 & -1 \\ 1 & 4 & -2 \end{bmatrix}$

15. not invertible

17. $\frac{1}{3}\begin{bmatrix} 1 & 1 & 1 & -2 \\ 1 & 1 & -2 & 1 \\ 1 & -2 & 1 & 1 \\ -2 & 1 & 1 & 1 \end{bmatrix}$

19. $A^{-1}B = \begin{bmatrix} -1 & 3 & -4 \\ 1 & -2 & 3 \end{bmatrix}$

21. $A^{-1}B = \begin{bmatrix} -1 & -4 & 7 & -7 \\ 2 & 6 & -6 & 10 \end{bmatrix}$

23. $A^{-1}B = \begin{bmatrix} 1.0 & -0.5 & 1.5 & 1.0 \\ 6.0 & 12.5 & -11.5 & 12.0 \\ -2.0 & -5.5 & 5.5 & -5.0 \end{bmatrix}$

25. $A^{-1}B = \begin{bmatrix} -5 & -1 & -6 \\ -1 & 1 & 0 \\ 4 & 1 & 3 \\ 3 & 1 & 2 \end{bmatrix}$

27. $R = \begin{bmatrix} 1 & 0 & -1 \\ 0 & 1 & -3 \end{bmatrix}, P = \begin{bmatrix} -1 & -1 \\ -2 & -1 \end{bmatrix}$

29. $R = \begin{bmatrix} 1 & 0 & -2 & -1 \\ 0 & 1 & 1 & -1 \\ 0 & 0 & 0 & 0 \end{bmatrix}$

One possibility is $P = \begin{bmatrix} -1 & 0 & 0 \\ 0 & 1 & 0 \\ 2 & -3 & 1 \end{bmatrix}$.

31. $R = \begin{bmatrix} 1 & 0 & 0 & 0 \\ 0 & 1 & 0 & 0 \\ 0 & 0 & 1 & 0 \\ 0 & 0 & 0 & 1 \end{bmatrix}, P = \begin{bmatrix} -4 & -15 & -8 & 1 \\ 1 & 4 & 2 & 0 \\ 1 & 3 & 2 & 0 \\ -4 & -13 & -7 & 1 \end{bmatrix}$

33. $R = \begin{bmatrix} 1 & 0 & 0 & 5 & 2.5 \\ 0 & 1 & 0 & -4 & -1.5 \\ 0 & 0 & 1 & -3 & -1.5 \\ 0 & 0 & 0 & 0 & 0 \end{bmatrix},$

$P = \frac{1}{6}\begin{bmatrix} 0 & -5 & 4 & 1 \\ 0 & 7 & -2 & 1 \\ 0 & 1 & -2 & 1 \\ 6 & 4 & -2 & -2 \end{bmatrix}$

35. T	36. F	37. T	38. T	39. T
40. T	41. T	42. T	43. T	44. T
45. T	46. T	47. T	48. F	49. T
50. F	51. F	52. T	53. T	54. T

57. (a) $\begin{bmatrix} -1 & -3 \\ 2 & 5 \end{bmatrix}\begin{bmatrix} x_1 \\ x_2 \end{bmatrix} = \begin{bmatrix} -6 \\ 4 \end{bmatrix}$

(b) $A^{-1} = \begin{bmatrix} 5 & 3 \\ -2 & -1 \end{bmatrix}$

(c) $\begin{bmatrix} x_1 \\ x_2 \end{bmatrix} = A^{-1}\mathbf{b} = \begin{bmatrix} -18 \\ 8 \end{bmatrix}$

59. (a) $\begin{bmatrix} -1 & 0 & 1 \\ 1 & 2 & -2 \\ 2 & -1 & 1 \end{bmatrix}\begin{bmatrix} x_1 \\ x_2 \\ x_3 \end{bmatrix} = \begin{bmatrix} -4 \\ 3 \\ 1 \end{bmatrix}$

(b) $A^{-1} = \frac{1}{5}\begin{bmatrix} 0 & 1 & 2 \\ 5 & 3 & 1 \\ 5 & 1 & 2 \end{bmatrix}$

(c) $\begin{bmatrix} x_1 \\ x_2 \\ x_3 \end{bmatrix} = A^{-1}\mathbf{b} = \begin{bmatrix} 1 \\ -2 \\ -3 \end{bmatrix}$

61. (a) $\begin{bmatrix} 2 & 3 & -4 \\ -1 & -1 & 2 \\ 0 & -1 & 1 \end{bmatrix}\begin{bmatrix} x_1 \\ x_2 \\ x_3 \end{bmatrix} = \begin{bmatrix} -6 \\ 5 \\ 3 \end{bmatrix}$

(b) $A^{-1} = \begin{bmatrix} 1 & 1 & 2 \\ 1 & 2 & 0 \\ 1 & 2 & 1 \end{bmatrix}$

(c) $\begin{bmatrix} x_1 \\ x_2 \\ x_3 \end{bmatrix} = A^{-1}\mathbf{b} = \begin{bmatrix} 5 \\ 4 \\ 7 \end{bmatrix}$

63. (a) $\begin{bmatrix} 1 & -2 & -1 & 1 \\ 1 & 1 & 0 & -1 \\ -1 & -1 & 1 & 1 \\ -3 & 1 & 2 & 0 \end{bmatrix}\begin{bmatrix} x_1 \\ x_2 \\ x_3 \\ x_4 \end{bmatrix} = \begin{bmatrix} 4 \\ -2 \\ 1 \\ 1 \end{bmatrix}$

(b) $A^{-1} = \begin{bmatrix} -1 & 0 & 1 & -1 \\ -3 & -2 & 1 & -2 \\ 0 & 1 & 1 & 0 \\ -4 & -3 & 2 & -3 \end{bmatrix}$

(c) $\begin{bmatrix} x_1 \\ x_2 \\ x_3 \\ x_4 \end{bmatrix} = A^{-1}\mathbf{b} = \begin{bmatrix} -2 \\ -5 \\ -1 \\ -5 \end{bmatrix}$

67. (b) $A^{-1} = A^{k-1}$

75. (a) $\begin{aligned} x_1 &= -3 + x_3 \\ x_2 &= 4 - 2x_3 \\ x_3 & \text{ free} \end{aligned}$ (b) No, A is not invertible.

77. \$2 million of electricity and \$4.5 million of oil

79. \$12.5 million of finance, \$15 million of goods, and \$65 million of services

89. The reduced row echelon form of A is I_4.

91. rank $A = 4$

Section 2.5

1. $[-4 \mid 2]$ 3. $\begin{bmatrix} -2 \\ 7 \end{bmatrix}$

5. $\left[\begin{array}{rr|rr} -2 & 4 & 6 & 0 \\ -1 & 8 & 8 & 2 \\ \hline 11 & 8 & -8 & 10 \\ 3 & 6 & 1 & 4 \end{array}\right]$

7. $\left[\begin{array}{r|rrr} -2 & 4 & 6 & 0 \\ \hline -1 & 8 & 8 & 2 \\ 11 & 8 & -8 & 10 \\ 3 & 6 & 1 & 4 \end{array}\right]$

9. $\left[\begin{array}{rr} 3 & 6 \\ 9 & 12 \\ \hline 2 & 4 \\ 6 & 8 \end{array}\right]$ 11. $\left[\begin{array}{rr|rr} 1 & 1 & 2 & 1 \\ \hline 1 & 0 & 1 & -1 \\ 0 & 1 & -1 & 1 \end{array}\right]$

13. $[16 \quad -4]$ 15. $[16 \quad 9 \quad 24]$

17. $[-2 \quad -3 \quad 1]$ 19. $[-12 \quad -3 \quad 2]$

29. T 30. T 31. F 32. T 33. F

34. F 35. $2I_n$

37. $\begin{bmatrix} O & AC \\ BD & O \end{bmatrix}$

39. $\begin{bmatrix} A^TA + C^TC & A^TB + C^TD \\ B^TA + D^TC & B^TB + D^TD \end{bmatrix}$

49. $\begin{bmatrix} A^k & A^{k-1}B \\ O & O \end{bmatrix}$

51. $\begin{bmatrix} A & O \\ I_n & B \end{bmatrix}^{-1} = \begin{bmatrix} A^{-1} & O \\ -B^{-1}A^{-1} & B^{-1} \end{bmatrix}$

53. (c) $A^k = \begin{bmatrix} B^k & * \\ 0 & D^k \end{bmatrix}$, where * represents some 2×2 matrix.

Section 2.6

1. $L = \begin{bmatrix} 1 & 0 & 0 \\ 3 & 1 & 0 \\ -1 & 1 & 1 \end{bmatrix}$, $U = \begin{bmatrix} 2 & 3 & 4 \\ 0 & -1 & -2 \\ 0 & 0 & 3 \end{bmatrix}$

3. $L = \begin{bmatrix} 1 & 0 & 0 \\ 2 & 1 & 0 \\ -3 & 1 & 1 \end{bmatrix}$, $U = \begin{bmatrix} 1 & -1 & 2 & 1 \\ 0 & -1 & 1 & 2 \\ 0 & 0 & 1 & 1 \end{bmatrix}$

5. $L = \begin{bmatrix} 1 & 0 & 0 \\ -1 & 1 & 0 \\ 2 & 1 & 1 \end{bmatrix}$, $U = \begin{bmatrix} 1 & -1 & 2 & 1 & 3 \\ 0 & 1 & 2 & -1 & 1 \\ 0 & 0 & 1 & -2 & -6 \end{bmatrix}$

7. $L = \begin{bmatrix} 1 & 0 & 0 & 0 \\ 2 & 1 & 0 & 0 \\ -1 & -1 & 1 & 0 \\ 0 & -1 & 0 & 1 \end{bmatrix}$,

$U = \begin{bmatrix} 1 & 0 & -3 & -1 & -2 & 1 \\ 0 & -1 & -2 & 1 & -1 & -2 \\ 0 & 0 & 0 & 1 & 1 & 1 \\ 0 & 0 & 0 & 2 & 2 & 2 \end{bmatrix}$

9. $\begin{bmatrix} x_1 \\ x_2 \\ x_3 \end{bmatrix} = \begin{bmatrix} 2 \\ -1 \\ 0 \end{bmatrix}$

11. $\begin{bmatrix} x_1 \\ x_2 \\ x_3 \\ x_4 \end{bmatrix} = \begin{bmatrix} -7 \\ -4 \\ 2 \\ 0 \end{bmatrix} + x_4 \begin{bmatrix} 2 \\ 1 \\ -1 \\ 1 \end{bmatrix}$

13. $\begin{bmatrix} x_1 \\ x_2 \\ x_3 \\ x_4 \\ x_5 \end{bmatrix} = \begin{bmatrix} -3 \\ 3 \\ 1 \\ 0 \\ 0 \end{bmatrix} + x_4 \begin{bmatrix} -8 \\ -3 \\ 2 \\ 1 \\ 0 \end{bmatrix} + x_5 \begin{bmatrix} -28 \\ -13 \\ 6 \\ 0 \\ 1 \end{bmatrix}$

15. $\begin{bmatrix} x_1 \\ x_2 \\ x_3 \\ x_4 \\ x_5 \\ x_6 \end{bmatrix} = \begin{bmatrix} 3 \\ -4 \\ 0 \\ 2 \\ 0 \\ 0 \end{bmatrix} + x_3 \begin{bmatrix} 3 \\ -2 \\ 1 \\ 0 \\ 0 \\ 0 \end{bmatrix} + x_5 \begin{bmatrix} 1 \\ -2 \\ 0 \\ -1 \\ 1 \\ 0 \end{bmatrix} + x_6 \begin{bmatrix} -2 \\ -3 \\ 0 \\ -1 \\ 0 \\ 1 \end{bmatrix}$

17. $P = \begin{bmatrix} 1 & 0 & 0 \\ 0 & 0 & 1 \\ 0 & 1 & 0 \end{bmatrix}$, $L = \begin{bmatrix} 1 & 0 & 0 \\ -1 & 1 & 0 \\ 2 & 0 & 1 \end{bmatrix}$, and

$U = \begin{bmatrix} 1 & -1 & 3 \\ 0 & 1 & 2 \\ 0 & 0 & -1 \end{bmatrix}$

19. $P = \begin{bmatrix} 1 & 0 & 0 \\ 0 & 0 & 1 \\ 0 & 1 & 0 \end{bmatrix}$, $L = \begin{bmatrix} 1 & 0 & 0 \\ -1 & 1 & 0 \\ 2 & 0 & 1 \end{bmatrix}$, and

$U = \begin{bmatrix} 1 & 1 & -2 & -1 \\ 0 & -1 & -3 & 0 \\ 0 & 0 & 1 & 1 \end{bmatrix}$

21. $P = \begin{bmatrix} 0 & 1 & 0 & 0 \\ 1 & 0 & 0 & 0 \\ 0 & 0 & 1 & 0 \\ 0 & 0 & 0 & 1 \end{bmatrix}$, $L = \begin{bmatrix} 1 & 0 & 0 & 0 \\ 0 & 1 & 0 & 0 \\ -2 & 0 & 1 & 0 \\ -1 & -1 & -1 & 0 \end{bmatrix}$,

and $U = \begin{bmatrix} -1 & 2 & -1 \\ 0 & 1 & -2 \\ 0 & 0 & 1 \\ 0 & 0 & 0 \end{bmatrix}$

23. $P = \begin{bmatrix} 1 & 0 & 0 & 0 \\ 0 & 0 & 0 & 1 \\ 0 & 1 & 0 & 0 \\ 0 & 0 & 1 & 0 \end{bmatrix}$, $L = \begin{bmatrix} 1 & 0 & 0 & 0 \\ 2 & 1 & 0 & 0 \\ 2 & 0 & 1 & 0 \\ 3 & -4 & 0 & 1 \end{bmatrix}$, and

$U = \begin{bmatrix} 1 & 2 & 1 & -1 \\ 0 & 1 & 1 & 2 \\ 0 & 0 & -1 & 3 \\ 0 & 0 & 0 & 9 \end{bmatrix}$

25. $\begin{bmatrix} x_1 \\ x_2 \\ x_3 \end{bmatrix} = \begin{bmatrix} -2 \\ 1 \\ 3 \end{bmatrix}$

27. $\begin{bmatrix} x_1 \\ x_2 \\ x_3 \\ x_4 \end{bmatrix} = \begin{bmatrix} 16 \\ -9 \\ 3 \\ 0 \end{bmatrix} + x_4 \begin{bmatrix} -4 \\ 3 \\ -1 \\ 1 \end{bmatrix}$

29. $\begin{bmatrix} x_1 \\ x_2 \\ x_3 \end{bmatrix} = \begin{bmatrix} 5 \\ 2 \\ 1 \end{bmatrix}$

31. $\begin{bmatrix} x_1 \\ x_2 \\ x_3 \\ x_4 \end{bmatrix} = \begin{bmatrix} -3 \\ 2 \\ 1 \\ -1 \end{bmatrix}$

33. F 34. T 35. F 36. F 37. F
38. T 39. F 40. T 41. T

49. $m(2n-1)p$

51. $L = \begin{bmatrix} 1 & 0 & 0 & 0 & 0 \\ -1 & 1 & 0 & 0 & 0 \\ 2 & 3 & 1 & 0 & 0 \\ 3 & -3 & 2 & 1 & 0 \\ 2 & 0 & 1 & -1 & 1 \end{bmatrix}$ and

$U = \begin{bmatrix} 2 & -1 & 3 & 2 & 1 \\ 0 & 1 & 2 & 3 & 5 \\ 0 & 0 & 3 & -1 & 2 \\ 0 & 0 & 0 & 1 & 8 \\ 0 & 0 & 0 & 0 & 13 \end{bmatrix}$

53. $P = \begin{bmatrix} 0 & 1 & 0 & 0 & 0 \\ 1 & 0 & 0 & 0 & 0 \\ 0 & 0 & 1 & 0 & 0 \\ 0 & 0 & 0 & 1 & 0 \\ 0 & 0 & 0 & 0 & 1 \end{bmatrix}$,

$L = \begin{bmatrix} 1.0 & 0 & 0 & 0 & 0 \\ 0.0 & 1 & 0 & 0 & 0 \\ 0.5 & 2 & 1 & 0 & 0 \\ -0.5 & -1 & -3 & 1 & 0 \\ 1.5 & 7 & 9 & -9 & 1 \end{bmatrix}$, and

$U = \begin{bmatrix} 2 & -2 & -1.0 & 3.0 & 4 \\ 0 & 1 & 2.0 & -1.0 & 1 \\ 0 & 0 & -1.5 & -0.5 & -2 \\ 0 & 0 & 0.0 & -1.0 & -2 \\ 0 & 0 & 0.0 & 0.0 & -9 \end{bmatrix}$

Section 2.7

1. The domain is $\mathcal{R}^3$, and the codomain is $\mathcal{R}^2$.
3. The domain is $\mathcal{R}^2$, and the codomain is $\mathcal{R}^3$.
5. The domain is $\mathcal{R}^3$, and the codomain is $\mathcal{R}^3$.

7. $\begin{bmatrix} 11 \\ 8 \end{bmatrix}$ 9. $\begin{bmatrix} 8 \\ -6 \\ 11 \end{bmatrix}$ 11. $\begin{bmatrix} 6 \\ -7 \\ 6 \end{bmatrix}$

13. $\begin{bmatrix} 5 \\ 22 \end{bmatrix}$ 15. $\begin{bmatrix} -1 \\ 6 \\ 17 \end{bmatrix}$ 17. $\begin{bmatrix} -3 \\ -9 \\ 2 \end{bmatrix}$

19. $T_{(A+C^T)}\left(\begin{bmatrix} 2 \\ 1 \\ 1 \end{bmatrix}\right) = T_A\left(\begin{bmatrix} 2 \\ 1 \\ 1 \end{bmatrix}\right) + T_{C^T}\left(\begin{bmatrix} 2 \\ 1 \\ 1 \end{bmatrix}\right) = \begin{bmatrix} 8 \\ 9 \end{bmatrix}$

21. $n = 3, \quad m = 2$ 23. $n = 2, \quad m = 4$

25. $\begin{bmatrix} 0 & 1 \\ 1 & 1 \end{bmatrix}$ 27. $\begin{bmatrix} 1 & 1 & 1 \\ 2 & 0 & 0 \end{bmatrix}$

29. $\begin{bmatrix} 1 & -1 \\ 2 & -3 \\ 0 & 0 \\ 0 & 1 \end{bmatrix}$ 31. $\begin{bmatrix} 1 & -1 \\ 0 & 0 \\ 3 & 0 \\ 0 & 1 \end{bmatrix}$

33. $\begin{bmatrix} 1 & 0 & 0 \\ 0 & 1 & 0 \\ 0 & 0 & 1 \end{bmatrix}$

35. F 36. T 37. F 38. T 39. F
40. T 41. F 42. T 43. F 44. F

45. F 46. T 47. T 48. T 49. T
50. T 51. T 52. F 53. F 54. T
55. They are equal.

57. $\begin{bmatrix} 4 \\ -8 \\ 12 \end{bmatrix}$ and $\begin{bmatrix} -1 \\ 2 \\ -3 \end{bmatrix}$

59. $\begin{bmatrix} -16 \\ 12 \\ 4 \end{bmatrix}$ and $\begin{bmatrix} 20 \\ -15 \\ -5 \end{bmatrix}$

61. $\begin{bmatrix} 16 \\ 2 \\ 0 \end{bmatrix}$ 63. $\begin{bmatrix} -4 \\ 3 \end{bmatrix}$

65. $T\left(\begin{bmatrix} x_1 \\ x_2 \end{bmatrix}\right) = \begin{bmatrix} 2x_1 + 4x_2 \\ 3x_1 + x_2 \end{bmatrix}$

67. $T\left(\begin{bmatrix} x_1 \\ x_2 \\ x_3 \end{bmatrix}\right) = \begin{bmatrix} -x_1 + 3x_2 \\ -x_2 - 3x_3 \\ 2x_1 + 2x_3 \end{bmatrix}$

69. $T\left(\begin{bmatrix} x_1 \\ x_2 \end{bmatrix}\right) = \begin{bmatrix} 12x_1 + 5x_2 \\ 3x_1 + x_2 \end{bmatrix}$

71. $T\left(\begin{bmatrix} x_1 \\ x_2 \\ x_3 \end{bmatrix}\right) = \begin{bmatrix} x_1 + 3x_2 - x_3 \\ 2x_1 + 3x_2 + x_3 \\ 2x_1 + 3x_2 + 2x_3 \end{bmatrix}$

73. linear 75. not linear
77. linear 79. not linear

89. (b) $\begin{bmatrix} 1 & 0 \\ 0 & 0 \end{bmatrix}$

91. $T = T_A$ for $A = \begin{bmatrix} -1 & 0 \\ 0 & 1 \end{bmatrix}$ (b) $\mathcal{R}^2$

93. (b) $\mathcal{R}^n$ 97. Both are v.

103. The given vector is in the range of T.

Section 2.8

1. $\left\{\begin{bmatrix} 2 \\ 4 \end{bmatrix}, \begin{bmatrix} 3 \\ 5 \end{bmatrix}\right\}$ 3. $\left\{\begin{bmatrix} 0 \\ 2 \\ 1 \end{bmatrix}, \begin{bmatrix} 3 \\ -1 \\ 1 \end{bmatrix}\right\}$

5. $\left\{\begin{bmatrix} 2 \\ 2 \\ 4 \end{bmatrix}, \begin{bmatrix} 1 \\ 2 \\ 1 \end{bmatrix}, \begin{bmatrix} 1 \\ 3 \\ 0 \end{bmatrix}\right\}$ 7. $\left\{\begin{bmatrix} 1 \\ 0 \end{bmatrix}\right\}$

9. $\left\{\begin{bmatrix} 1 \\ 0 \\ 0 \end{bmatrix}, \begin{bmatrix} 0 \\ 1 \\ 0 \end{bmatrix}\right\}$ 11. $\left\{\begin{bmatrix} 0 \\ 0 \end{bmatrix}\right\}$

13. $\{\mathbf{0}\}$, one-to-one 15. $\left\{\begin{bmatrix} 0 \\ -1 \\ 1 \end{bmatrix}\right\}$, not one-to-one

17. $\left\{\begin{bmatrix} 1 \\ -1 \\ 1 \end{bmatrix}\right\}$, not one-to-one 19. $\{\mathbf{0}\}$, one-to-one

21. $\{\mathbf{e}_2\}$, not one-to-one

23. $\left\{\begin{bmatrix} 1 \\ -3 \\ 1 \\ 0 \end{bmatrix}, \begin{bmatrix} 3 \\ -5 \\ 0 \\ 1 \end{bmatrix}\right\}$, not one-to-one

25. $\begin{bmatrix} 2 & 3 \\ 4 & 5 \end{bmatrix}$, one-to-one 27. $\begin{bmatrix} 0 & 3 \\ 2 & -1 \\ 1 & 1 \end{bmatrix}$, one-to-one

29. $\begin{bmatrix} 1 & -1 & 0 \\ 0 & 1 & -1 \\ 1 & 0 & -1 \end{bmatrix}$, not one-to-one

31. $\begin{bmatrix} 1 & 2 & 2 & 1 & 8 \\ 1 & 2 & 1 & 0 & 6 \\ 1 & 1 & 1 & 2 & 5 \\ 3 & 2 & 0 & 5 & 8 \end{bmatrix}$, not one-to-one

33. $\begin{bmatrix} 2 & 3 \\ 4 & 5 \end{bmatrix}$, onto

35. $\begin{bmatrix} 0 & 3 \\ 2 & -1 \\ 1 & 1 \end{bmatrix}$, not onto

37. $\begin{bmatrix} 0 & 1 & -2 \\ 1 & 0 & -1 \\ -1 & 2 & -3 \end{bmatrix}$, not one-to-one

39. $\begin{bmatrix} 1 & -2 & 2 & -1 \\ -1 & 1 & 3 & 2 \\ 1 & -1 & -6 & -1 \\ 1 & -2 & 5 & -5 \end{bmatrix}$, onto

41. T 42. F 43. F 44. T 45. T
46. T 47. F 48. T 49. F 50. T
51. F 52. F 53. T 54. F 55. F
56. T 57. T 58. F 59. T 60. T

61. (a) $\{\mathbf{0}\}$ (b) yes
(c) $\mathcal{R}^2$ (d) yes

63. (a) Span $\{\mathbf{e}_1\}$ (b) no
(c) Span $\{\mathbf{e}_2\}$ (d) no

65. (a) Span $\{\mathbf{e}_3\}$ (b) no
(c) Span $\{\mathbf{e}_1, \mathbf{e}_2\}$ (d) no

67. (a) one-to-one (b) onto

69. The domain and codomain are $\mathcal{R}^2$. The rule is
$$UT\left(\begin{bmatrix} x_1 \\ x_2 \end{bmatrix}\right) = \begin{bmatrix} 16x_1 + 4x_2 \\ 4x_1 - 8x_2 \end{bmatrix}.$$

71. $A = \begin{bmatrix} 1 & 1 \\ 1 & -3 \\ 4 & 0 \end{bmatrix}$ and $B = \begin{bmatrix} 1 & -1 & 4 \\ 1 & 3 & 0 \end{bmatrix}$

73. The domain and codomain are $\mathcal{R}^3$. The rule is

$$TU\left(\begin{bmatrix} x_1 \\ x_2 \\ x_3 \end{bmatrix}\right) = \begin{bmatrix} 2x_1 + 2x_2 + 4x_3 \\ -2x_1 - 10x_2 + 4x_3 \\ 4x_1 - 4x_2 + 16x_3 \end{bmatrix}.$$

75. $\begin{bmatrix} 2 & 2 & 4 \\ -2 & -10 & 4 \\ 4 & -4 & 16 \end{bmatrix}$ 77. $\begin{bmatrix} -1 & 5 \\ 15 & -5 \end{bmatrix}$

79. $\begin{bmatrix} -1 & 5 \\ 15 & -5 \end{bmatrix}$ 81. $\begin{bmatrix} 2 & 9 \\ 6 & -8 \end{bmatrix}$

83. $T^{-1}\left(\begin{bmatrix} x_1 \\ x_2 \end{bmatrix}\right) = \begin{bmatrix} \frac{1}{3}x_1 + \frac{1}{3}x_2 \\ -\frac{1}{3}x_1 + \frac{2}{3}x_2 \end{bmatrix}$

85. $T^{-1}\left(\begin{bmatrix} x_1 \\ x_2 \\ x_3 \end{bmatrix}\right) = \begin{bmatrix} 2x_1 + x_2 - x_3 \\ -9x_1 - 2x_2 + 5x_3 \\ 4x_1 + x_2 - 2x_3 \end{bmatrix}$

87. $T^{-1}\left(\begin{bmatrix} x_1 \\ x_2 \\ x_3 \end{bmatrix}\right) = \begin{bmatrix} x_1 - 2x_2 + x_3 \\ -x_1 + x_2 - x_3 \\ 2x_1 - 7x_2 + 3x_3 \end{bmatrix}$

89. $T^{-1}\left(\begin{bmatrix} x_1 \\ x_2 \\ x_3 \\ x_4 \end{bmatrix}\right) = \frac{1}{2}\begin{bmatrix} x_1 - 3x_2 - 6x_3 + 3x_4 \\ 3x_1 - 2x_2 - 3x_3 + 3x_4 \\ -3x_1 + 3x_2 + 4x_3 - 3x_4 \\ -3x_1 + 6x_2 + 9x_3 - 5x_4 \end{bmatrix}$

91. yes

99. (a) $A = \begin{bmatrix} 1 & 3 & -2 & 1 \\ 3 & 0 & 4 & 1 \\ 2 & -1 & 0 & 2 \\ 0 & 0 & 1 & 1 \end{bmatrix}$ and

$B = \begin{bmatrix} 0 & 1 & 0 & -3 \\ 2 & 0 & 1 & -1 \\ 1 & -2 & 0 & 4 \\ 0 & 5 & 1 & 0 \end{bmatrix}$

(b) $AB = \begin{bmatrix} 4 & 10 & 4 & -14 \\ 4 & 0 & 1 & 7 \\ -2 & 12 & 1 & -5 \\ 1 & 3 & 1 & 4 \end{bmatrix}$

(c) $TU\left(\begin{bmatrix} x_1 \\ x_2 \\ x_3 \\ x_4 \end{bmatrix}\right) = \begin{bmatrix} 4x_1 + 10x_2 + 4x_3 - 14x_4 \\ 4x_1 + x_3 + 7x_4 \\ -2x_1 + 12x_2 + x_3 - 5x_4 \\ x_1 + 3x_2 + x_3 + 4x_4 \end{bmatrix}$

Chapter 2 Review Exercises

1. T	2. F	3. F	4. T	5. F
6. F	7. T	8. T	9. T	10. F
11. T	12. F	13. T	14. F	15. T
16. T	17. F	18. T	19. F	20. F
21. T				

23. (a) BA is defined if and only if $q = m$. (b) $p \times n$

25. $\begin{bmatrix} 64 & -4 \\ 32 & -2 \end{bmatrix}$ 27. $\begin{bmatrix} 2 \\ 29 \\ 4 \end{bmatrix}$

29. incompatible dimensions

31. $\frac{1}{6}\begin{bmatrix} 5 & 10 \\ 2 & 4 \end{bmatrix}$ 33. $\begin{bmatrix} 30 \\ 42 \end{bmatrix}$

35. incompatible dimensions

37. $\begin{bmatrix} 1 \\ 3 \end{bmatrix} + \begin{bmatrix} 7 \\ 4 \end{bmatrix} = \begin{bmatrix} 8 \\ 7 \end{bmatrix}$ 39. $\frac{1}{50}\begin{bmatrix} 22 & 14 & -2 \\ -42 & -2 & 11 \\ -5 & -10 & 5 \end{bmatrix}$

43. $\begin{bmatrix} -2 \\ 7 \end{bmatrix}$ 45. $\begin{bmatrix} 3 & 6 & 2 & 2 & 2 \\ 5 & 10 & 0 & -1 & -11 \\ 2 & 4 & -1 & 3 & -4 \end{bmatrix}$

47. The codomain is $\mathcal{R}^3$, and the range is the span of the columns of B.

49. $\begin{bmatrix} 20 \\ -2 \\ 2 \end{bmatrix}$ 51. $\begin{bmatrix} 2 & 0 & -1 \\ 4 & 0 & 0 \end{bmatrix}$

53. The standard matrix is $\begin{bmatrix} 4 & 1 \\ 3 & 2 \end{bmatrix}$.

55. linear 57. linear

59. $\left\{\begin{bmatrix} 1 \\ 0 \end{bmatrix}, \begin{bmatrix} 2 \\ 1 \end{bmatrix}, \begin{bmatrix} 0 \\ -1 \end{bmatrix}\right\}$

61. $\left\{\begin{bmatrix} -2 \\ 1 \\ 1 \end{bmatrix}\right\}$ T is not one-to-one.

63. $\begin{bmatrix} 1 & 1 \\ 0 & 0 \\ 2 & -1 \end{bmatrix}$ The columns are linearly independent, so T is one-to-one.

65. $\begin{bmatrix} 3 & -1 \\ 0 & 1 \\ 1 & 1 \end{bmatrix}$ The rank is 2, so T is not onto.

67. $\begin{bmatrix} 5 & -1 & 4 \\ 1 & 1 & -1 \\ 3 & 1 & 0 \end{bmatrix}$ 69. $\begin{bmatrix} 5 & -1 & 4 \\ 1 & 1 & -1 \\ 3 & 1 & 0 \end{bmatrix}$

71. $\begin{bmatrix} 7 & -1 \\ 2 & -1 \end{bmatrix}$ 73. $T^{-1}\left(\begin{bmatrix} x_1 \\ x_2 \end{bmatrix}\right) = \frac{1}{5}\begin{bmatrix} 3x_1 - 2x_2 \\ x_1 + x_2 \end{bmatrix}$

Chapter 2 MATLAB Exercises

1. (a) $AD = \begin{bmatrix} 4 & 10 & 9 \\ 1 & 2 & 9 \\ 5 & 8 & 15 \\ 5 & 8 & -8 \\ -4 & -8 & 1 \end{bmatrix}$

(b) $DB = \begin{bmatrix} 6 & -2 & 5 & 11 & 9 \\ -3 & -1 & 10 & 7 & -3 \\ -3 & 1 & 2 & -1 & -3 \\ 2 & -2 & 7 & 9 & 3 \\ 0 & -1 & 10 & 10 & 2 \end{bmatrix}$

(c), (d) $(AB^T)C = A(B^TC) =$

$$\begin{bmatrix} 38 & -22 & 14 & 38 & 57 \\ 10 & -4 & 4 & 10 & 11 \\ -12 & -9 & -11 & -12 & 12 \\ 9 & -5 & 4 & 9 & 14 \\ 28 & 10 & 20 & 28 & -9 \end{bmatrix}$$

(e) $D(B - 2C) = \begin{bmatrix} -2 & 10 & 5 & 3 & -17 \\ -31 & -7 & -8 & -21 & -1 \\ -11 & -5 & -4 & -9 & 7 \\ -14 & 2 & -1 & -7 & -11 \\ -26 & -1 & -4 & -16 & -6 \end{bmatrix}$

(f) $\begin{bmatrix} 11 \\ 8 \\ 20 \\ -3 \\ -9 \end{bmatrix}$ (g), (h) $C(A\mathbf{v}) = (CA)\mathbf{v} = \begin{bmatrix} 1 \\ -18 \\ 81 \end{bmatrix}$

(i) $A^3 = \begin{bmatrix} 23 & 14 & 9 & -7 & 46 \\ 2 & 11 & 6 & -2 & 10 \\ 21 & 26 & -8 & -17 & 11 \\ -6 & 18 & 53 & 24 & -36 \\ -33 & -6 & 35 & 25 & -12 \end{bmatrix}$

2. (a) The entries of the following matrices are rounded to four places after the decimal:

$$A^{10} = \begin{bmatrix} 0.2056 & 0.2837 & 0.2240 & 0.1380 & 0.0589 & 0 \\ 0.1375 & 0.2056 & 0.1749 & 0.1101 & 0.0471 & 0 \\ 0.1414 & 0.1767 & 0.1584 & 0.1083 & 0.0475 & 0 \\ 0.1266 & 0.1616 & 0.1149 & 0.0793 & 0.0356 & 0 \\ 0.0356 & 0.0543 & 0.0420 & 0.0208 & 0.0081 & 0 \\ 0.0027 & 0.0051 & 0.0051 & 0.0036 & 0.0016 & 0 \end{bmatrix}$$

$$A^{100} = \begin{bmatrix} 0.0045 & 0.0062 & 0.0051 & 0.0033 & 0.0014 & 0 \\ 0.0033 & 0.0045 & 0.0037 & 0.0024 & 0.0010 & 0 \\ 0.0031 & 0.0043 & 0.0035 & 0.0023 & 0.0010 & 0 \\ 0.0026 & 0.0036 & 0.0029 & 0.0019 & 0.0008 & 0 \\ 0.0008 & 0.0011 & 0.0009 & 0.0006 & 0.0003 & 0 \\ 0.0001 & 0.0001 & 0.0001 & 0.0001 & 0.0000 & 0 \end{bmatrix}$$

$A^{500} =$

$$\frac{1}{10^9}\begin{bmatrix} 0.2126 & 0.2912 & 0.2393 & 0.1539 & 0.0665 & 0 \\ 0.1552 & 0.2126 & 0.1747 & 0.1124 & 0.0486 & 0 \\ 0.1457 & 0.1996 & 0.1640 & 0.1055 & 0.0456 & 0 \\ 0.1216 & 0.1665 & 0.1369 & 0.0880 & 0.0381 & 0 \\ 0.0381 & 0.0521 & 0.0428 & 0.0275 & 0.0119 & 0 \\ 0.0040 & 0.0054 & 0.0045 & 0.0029 & 0.0012 & 0 \end{bmatrix}$$

The colony will disappear.

(b) (ii) The entries of the following vectors are rounded to four places after the decimal:

$$\mathbf{x}_1 = \begin{bmatrix} 4.7900 \\ 3.2700 \\ 4.0800 \\ 3.4400 \\ 0.7200 \\ 0.1800 \end{bmatrix}, \quad \mathbf{x}_2 = \begin{bmatrix} 5.3010 \\ 4.4530 \\ 5.0430 \\ 3.2640 \\ 1.0320 \\ 0.0720 \end{bmatrix},$$

$$\mathbf{x}_3 = \begin{bmatrix} 6.1254 \\ 4.8107 \\ 6.1077 \\ 4.0344 \\ 0.9792 \\ 0.1032 \end{bmatrix}, \quad \mathbf{x}_4 = \begin{bmatrix} 7.2115 \\ 5.3878 \\ 6.4296 \\ 4.8862 \\ 1.2103 \\ 0.0979 \end{bmatrix},$$

and

$$\mathbf{x}_5 = \begin{bmatrix} 8.1259 \\ 6.1480 \\ 6.9490 \\ 5.1437 \\ 1.4658 \\ 0.1210 \end{bmatrix}$$

(iv) Assuming that $\mathbf{x}_{n+1} = \mathbf{x}_n$ we have that $\mathbf{x}_n = A\mathbf{x}_n + \mathbf{b}$, and hence

$$(I_6 - A)\mathbf{x}_n = \mathbf{x}_n - A\mathbf{x}_n = \mathbf{b}.$$

Therefore $\mathbf{x}_n = (I_6 - A)^{-1}\mathbf{b}$.

Using the given $\mathbf{b}$, we obtain (with entries rounded to four places after the decimal)

$$\mathbf{x}_n = \begin{bmatrix} 28.1412 \\ 20.7988 \\ 20.8189 \\ 16.6551 \\ 4.9965 \\ 0.4997 \end{bmatrix}.$$

3. The eight airports divide up into two sets: $\{1,2,6,8\}$ and $\{3,4,5,7\}$.

4. (a) $R = \begin{bmatrix} 1 & 2 & 0 & -1 & 0 & 0 & 0 \\ 0 & 0 & 1 & 1 & 0 & 0 & 1 \\ 0 & 0 & 0 & 0 & 1 & 0 & -1 \\ 0 & 0 & 0 & 0 & 0 & 1 & -1 \\ 0 & 0 & 0 & 0 & 0 & 0 & 0 \end{bmatrix}$

(b) $S = \begin{bmatrix} -2 & 1 & 0 \\ 1 & 0 & 0 \\ 0 & -1 & -1 \\ 0 & 1 & 0 \\ 0 & 0 & 1 \\ 0 & 0 & 1 \\ 0 & 0 & 1 \end{bmatrix}$

5. (b) $P = \begin{bmatrix} 0.0 & -0.8 & -2.2 & -1.8 & 1.0 \\ 0.0 & -0.8 & -1.2 & -1.8 & 1.0 \\ 0.0 & 0.4 & 1.6 & 2.4 & -1.0 \\ 0.0 & 1.0 & 2.0 & 2.0 & -1.0 \\ 1.0 & 0.0 & -1.0 & -1.0 & 0.0 \end{bmatrix}$

6. (a) $M = \begin{bmatrix} 1 & 2 & 1 & 2 \\ 2 & 0 & -1 & 3 \\ -1 & 1 & 0 & 0 \\ 2 & 1 & 1 & 2 \\ 4 & 4 & 1 & 6 \end{bmatrix}$

(b) $S = \begin{bmatrix} 1 & 0 & 1 & 0 & 1 & 0 \\ 0 & 1 & 1 & 0 & 0 & 0 \\ 0 & 0 & 0 & 1 & 2 & 0 \\ 0 & 0 & 0 & 0 & 0 & 1 \end{bmatrix}$

7. $A^{-1}B = \begin{bmatrix} 6 & -4 & 3 & 19 & 5 & -2 & -5 \\ -1 & 2 & -4 & -1 & 4 & -3 & -2 \\ -2 & 0 & 2 & 6 & -1 & 6 & 3 \\ 0 & 1 & -3 & -8 & 2 & -3 & 1 \\ -1 & 0 & 2 & -6 & -5 & 2 & 2 \end{bmatrix}$

8. (a) $L = \dfrac{1}{3}\begin{bmatrix} 3 & 0 & 0 & 0 \\ 6 & 3 & 0 & 0 \\ 3 & 1 & 3 & 0 \\ 6 & 1 & 3 & 3 \end{bmatrix}$ and

$$U = \frac{1}{3}\begin{bmatrix} 3 & -3 & 6 & 0 & -6 & 12 \\ 0 & 9 & -9 & -6 & 15 & -15 \\ 0 & 0 & -6 & 11 & -8 & -1 \\ 0 & 0 & 0 & -6 & 21 & -9 \end{bmatrix}$$

(b) $\mathbf{x} = \begin{bmatrix} \frac{17}{4} \\ -\frac{5}{4} \\ -\frac{1}{4} \\ \frac{3}{2} \\ 0 \\ 0 \end{bmatrix} + x_5 \begin{bmatrix} -\frac{29}{12} \\ \frac{23}{4} \\ \frac{61}{12} \\ \frac{7}{2} \\ 1 \\ 0 \end{bmatrix} + x_6 \begin{bmatrix} -\frac{5}{12} \\ -\frac{9}{4} \\ -\frac{35}{12} \\ -\frac{3}{2} \\ 0 \\ 1 \end{bmatrix}$

9. (a) $A = \begin{bmatrix} 1 & 2 & 0 & 1 & -3 & -2 \\ 0 & 1 & 0 & -1 & 0 & 0 \\ 1 & 0 & 1 & 0 & 0 & 3 \\ 2 & 4 & 0 & 3 & -6 & -4 \\ 3 & 2 & 2 & 1 & -2 & -4 \\ 4 & 4 & 2 & 2 & -5 & 3 \end{bmatrix}$

(b) $A^{-1} = \dfrac{1}{9}$

$$\times \begin{bmatrix} 10 & -18 & -54 & -27 & 1 & 26 \\ -18 & 9 & 0 & 9 & 0 & 0 \\ -7 & 18 & 63 & 27 & 2 & -29 \\ -18 & 0 & 0 & 9 & 0 & 0 \\ -17 & 0 & -18 & 0 & 1 & 8 \\ -1 & 0 & 0 & 0 & -1 & 1 \end{bmatrix}$$

(c) $T^{-1}\left(\begin{bmatrix} x_1 \\ x_2 \\ x_3 \\ x_4 \\ x_5 \\ x_6 \end{bmatrix}\right) =$

$$\begin{bmatrix} \frac{10}{9}x_1 + -2x_2 + -6x_3 + -3x_4 + \frac{1}{9}x_5 + \frac{26}{9}x_6 \\ -2x_1 + x_2 + x_4 \\ -\frac{7}{9}x_1 + 2x_2 + 7x_3 + 3x_4 + \frac{2}{9}x_5 - \frac{29}{9}x_6 \\ -2x_1 + x_4 \\ -\frac{17}{9}x_1 - 2x_3 + \frac{1}{9}x_5 + \frac{8}{9}x_6 \\ -\frac{1}{9}x_1 - \frac{1}{9}x_5 + \frac{1}{9}x_6 \end{bmatrix}$$

10. (a) $B = \begin{bmatrix} 1 & 0 & 2 & 0 & 0 & 1 \\ 2 & -1 & 0 & 1 & 0 & 0 \\ 0 & 3 & 0 & 0 & -1 & 0 \\ 2 & 1 & -1 & 0 & 0 & 1 \end{bmatrix}$

(b) The standard matrix of UT is

$$BA = \begin{bmatrix} 7 & 6 & 4 & 3 & -8 & 7 \\ 4 & 7 & 0 & 6 & -12 & -8 \\ -3 & 1 & -2 & -4 & 2 & 4 \\ 5 & 9 & 1 & 3 & -11 & -4 \end{bmatrix}.$$

(c) $UT\left(\begin{bmatrix}x_1\\x_2\\x_3\\x_4\\x_5\\x_6\end{bmatrix}\right) =$

$$\begin{bmatrix}7x_1+6x_2+4x_3+3x_4-8x_5+7x_6\\4x_1+7x_2+6x_4-12x_5-8x_6\\-3x_1+x_2-2x_3-4x_4+2x_5+4x_6\\5x_1+9x_2+x_3+3x_4-11x_5-4x_6\end{bmatrix}$$

(d) The standard matrix of UT^{-1} is

$$BA^{-1} = \begin{bmatrix}-\frac{5}{9} & 2 & 8 & 3 & \frac{4}{9} & -\frac{31}{9}\\ \frac{20}{9} & -5 & -12 & -6 & \frac{2}{9} & \frac{52}{9}\\ -\frac{37}{9} & 3 & 2 & 3 & -\frac{1}{9} & -\frac{8}{9}\\ \frac{8}{9} & -5 & -19 & -8 & -\frac{1}{9} & \frac{82}{9}\end{bmatrix},$$

and hence

$UT^{-1}\left(\begin{bmatrix}x_1\\x_2\\x_3\\x_4\\x_5\\x_6\end{bmatrix}\right) =$

$$\begin{bmatrix}-\frac{5}{9}x_1+2x_2+8x_3+3x_4+\frac{4}{9}x_5-\frac{31}{9}x_6\\ \frac{20}{9}x_1-5x_2-12x_3-6x_4+\frac{2}{9}x_5+\frac{52}{9}x_6\\ -\frac{37}{9}x_1+3x_2+2x_3+3x_4-\frac{1}{9}x_5-\frac{8}{9}x_6\\ \frac{8}{9}x_1-5x_2-19x_3-8x_4-\frac{1}{9}x_5+\frac{82}{9}x_6\end{bmatrix}.$$

Chapter 3

Section 3.1

1. 0　3. −25　5. 0　7. 2
9. 16　11. −30　13. 19　15. −2
17. 20　19. 2　21. 60　23. 180
25. −147　27. −24　29. 31　31. 0
33. 22　35. 22　37. 2　39. −9
41. ±4　43. no c
45. F　46. F　47. F　48. F　49. T
50. F　51. T　52. T　53. F　54. T
55. F　56. T　57. T　58. F　59. T
60. T　61. F　62. T　63. F　64. F
67. 2　79. $\frac{1}{2}|\det[\mathbf{u}\ \ \mathbf{v}]|$
81. (c) no　83. (c) yes

Section 3.2

1. −9　3. 19　5. 12　7. −2
9. −2　11. −60　13. −15　15. 30
17. −20　19. −3　21. 18　23. −95
25. −8　27. −6 and 2　29. 5　31. −14
33. −5 and 3　35. −1　37. $\frac{1}{2}$
39. F　40. T　41. F　42. T　43. F
44. T　45. F　46. F　47. T　48. F
49. T　50. T　51. F　52. F　53. T
54. T　55. T　56. F　57. T　58. F

59. $\begin{bmatrix}x_1\\x_2\end{bmatrix} = \begin{bmatrix}-15.0\\10.5\end{bmatrix}$　61. $\begin{bmatrix}x_1\\x_2\end{bmatrix} = \begin{bmatrix}11\\-6\end{bmatrix}$

63. $\begin{bmatrix}x_1\\x_2\\x_3\end{bmatrix} = \begin{bmatrix}2\\3\\-2\end{bmatrix}$　65. $\begin{bmatrix}x_1\\x_2\\x_3\end{bmatrix} = \begin{bmatrix}-0.4\\1.8\\-2.4\end{bmatrix}$

67. Take $k = 2$ and $A = I_2$.

83. (a)

$$A \longrightarrow \begin{bmatrix}2.4 & 3.0 & -6 & -9\\0.0 & -3.0 & -2 & -5\\-4.8 & 6.3 & 4 & -2\\9.6 & 1.5 & 5 & 9\end{bmatrix} \longrightarrow \begin{bmatrix}2.4 & 3.0 & -6 & 9\\0.0 & -3.0 & -2 & -5\\0.0 & 12.3 & -8 & 16\\0.0 & -10.5 & 29 & -27\end{bmatrix}$$

$$\longrightarrow \begin{bmatrix}2.4 & 3 & -6.0 & 9.0\\0.0 & -3 & -2.0 & -5.0\\0.0 & 0 & -16.2 & -4.5\\0.0 & 0 & 36.0 & -9.5\end{bmatrix} \longrightarrow \begin{bmatrix}2.4 & 3 & -6.0 & 9.0\\0.0 & -3 & -2.0 & -5.0\\0.0 & 0 & -16.2 & -4.5\\0.0 & 0 & 0.0 & -19.5\end{bmatrix}$$

(b) 2274.48

85. $\begin{bmatrix}13 & -8 & -3 & 6\\-10 & -16 & -10 & -12\\-17 & 8 & -1 & 2\\-12 & 0 & -12 & -8\end{bmatrix}$

Chapter 3 Review Exercises

1. F　2. F　3. T　4. F　5. T　6. F
7. F　8. T　9. F　10. F　11. F
13. 5　15. −3
17. $2(-3) + 1(-1) + 3(1)$　19. $1(7) + (-1)5 + 2(-3)$
21. 0　23. 3　25. −3 and 4
27. −3　29. 25　31. $x_1 = 2.1$, $x_2 = 0.8$
33. 5　35. 40　37. 5
39. 20　41. $\det B = 0$ or $\det B = 1$

Chapter 3 MATLAB Exercises

1. Matrix A can be transformed into an upper triangular matrix U by means of only row addition operations. The diagonal entries of U (rounded to 4 places after the decimal point) are $-0.8000, -30.4375, 1.7865, -0.3488, -1.0967$, and 0.3749. Thus

$$\det A = (-1)^0(-0.8000)(-30.4375)(1.7865)(-0.3488)(-1.0967)(0.3749) = 6.2400.$$

2. The following sequence of elementary row operations transforms A into an upper triangular matrix: $\mathbf{r}_1 \leftrightarrow \mathbf{r}_2$, $-2\mathbf{r}_1+\mathbf{r}_3 \to \mathbf{r}_3$, $-2\mathbf{r}_1+\mathbf{r}_4 \to \mathbf{r}_4$, $2\mathbf{r}_1+\mathbf{r}_5 \to \mathbf{r}_5$, $-\mathbf{r}_1+\mathbf{r}_6 \to \mathbf{r}_6$, $-\mathbf{r}_2+\mathbf{r}_4 \to \mathbf{r}_4$, $4\mathbf{r}_2+\mathbf{r}_5 \to \mathbf{r}_5$, $-2\mathbf{r}_2+\mathbf{r}_6 \to \mathbf{r}_6$, $\mathbf{r}_3 \leftrightarrow \mathbf{r}_6$, $17\mathbf{r}_3+\mathbf{r}_5 \to \mathbf{r}_5$, $\mathbf{r}_4 \leftrightarrow \mathbf{r}_6$, $\mathbf{r}_5 \leftrightarrow \mathbf{r}_6$, and $-\frac{152}{9}\mathbf{r}_5+\mathbf{r}_6 \to \mathbf{r}_6$.
(Other sequences are possible.) This matrix is

$$\begin{bmatrix} 1 & 1 & 2 & -2 & 1 & 2 \\ 0 & 1 & 2 & -2 & 3 & 1 \\ 0 & 0 & -1 & 1 & -10 & 2 \\ 0 & 0 & 0 & -1 & 4 & -1 \\ 0 & 0 & 0 & 0 & -9 & 0 \\ 0 & 0 & 0 & 0 & 0 & 46 \end{bmatrix}.$$

Thus

$$\det A = (-1)^4(1)(1)(-1)(-1)(-9)(46) = -414.$$

3. (a) $\det\begin{bmatrix}\mathbf{v}\\A\end{bmatrix} = 2$ and $\det\begin{bmatrix}\mathbf{w}\\A\end{bmatrix} = -10.$

(b) $\det\begin{bmatrix}\mathbf{v}+\mathbf{w}\\A\end{bmatrix} = \det\begin{bmatrix}\mathbf{v}\\A\end{bmatrix} + \det\begin{bmatrix}\mathbf{w}\\A\end{bmatrix} = -8.$

(c) $\det\begin{bmatrix}3\mathbf{v}-2\mathbf{w}\\A\end{bmatrix} = 3\det\begin{bmatrix}\mathbf{v}\\A\end{bmatrix} - 2\det\begin{bmatrix}\mathbf{w}\\A\end{bmatrix} = 26.$

(d) Any such function is a linear transformation.

(f) Any such function is a linear transformation.

(g) Any such function is a linear transformation.

Chapter 4

Section 4.1

1. $\{\mathbf{e}_2\}$ 3. $\left\{\begin{bmatrix}4\\-1\end{bmatrix}\right\}$

5. $\left\{\begin{bmatrix}-1\\2\\1\end{bmatrix}, \begin{bmatrix}1\\-1\\3\end{bmatrix}\right\}$ 7. $\left\{\begin{bmatrix}-1\\0\\0\\3\end{bmatrix}, \begin{bmatrix}1\\4\\0\\0\end{bmatrix}, \begin{bmatrix}0\\-3\\0\\-1\end{bmatrix}\right\}$

9. $\left\{\begin{bmatrix}0\\3\\1\\-1\end{bmatrix}, \begin{bmatrix}2\\1\\-4\\2\end{bmatrix}, \begin{bmatrix}-5\\-2\\3\\0\end{bmatrix}\right\}$

11. yes 13. no 15. yes 17. yes
19. no 21. yes 23. yes 25. yes

27. $\left\{\begin{bmatrix}7\\5\\1\end{bmatrix}\right\}$ 29. $\left\{\begin{bmatrix}2\\-1\\1\\0\end{bmatrix}, \begin{bmatrix}-1\\-3\\0\\1\end{bmatrix}\right\}$

31. $\left\{\begin{bmatrix}-5\\3\\1\\0\end{bmatrix}, \begin{bmatrix}3\\-4\\0\\1\end{bmatrix}\right\}$ 33. $\left\{\begin{bmatrix}3\\1\\0\\0\\0\\0\end{bmatrix}, \begin{bmatrix}-1\\0\\-2\\1\\0\\0\end{bmatrix}, \begin{bmatrix}-2\\0\\-3\\0\\-2\\1\end{bmatrix}\right\}$

35. $\{1, 2, -1\}$, $\left\{\begin{bmatrix}-2\\1\\0\end{bmatrix}, \begin{bmatrix}1\\0\\1\end{bmatrix}\right\}$

37. $\left\{\begin{bmatrix}1\\1\\1\\0\end{bmatrix}, \begin{bmatrix}1\\-1\\0\\1\end{bmatrix}\right\}$, $\left\{\begin{bmatrix}0\\0\end{bmatrix}\right\}$

39. $\left\{\begin{bmatrix}1\\0\\2\end{bmatrix}, \begin{bmatrix}1\\0\\0\end{bmatrix}, \begin{bmatrix}-1\\0\\-1\end{bmatrix}\right\}$, $\left\{\begin{bmatrix}1\\1\\2\end{bmatrix}\right\}$

41. $\left\{\begin{bmatrix}1\\-1\\2\\0\end{bmatrix}, \begin{bmatrix}-1\\2\\-1\\2\end{bmatrix}, \begin{bmatrix}-5\\7\\-8\\4\end{bmatrix}\right\}$, $\left\{\begin{bmatrix}3\\-2\\1\end{bmatrix}\right\}$

43. T 44. F 45. F 46. T 47. T
48. F 49. F 50. F 51. T 52. T
53. T 54. T 55. F 56. T 57. T
58. T 59. T 60. T 61. T 62. T

63. $\left\{\begin{bmatrix}-1\\1\end{bmatrix}, \begin{bmatrix}1\\-2\end{bmatrix}\right\}$

65. $\left\{\begin{bmatrix}1\\3\\0\end{bmatrix}, \begin{bmatrix}1\\2\\-1\end{bmatrix}, \begin{bmatrix}0\\1\\1\end{bmatrix}, \begin{bmatrix}2\\6\\-1\end{bmatrix}\right\}$

67. $\left\{\begin{bmatrix}1\\-2\end{bmatrix}, \begin{bmatrix}-3\\4\end{bmatrix}\right\}$

69. $\left\{\begin{bmatrix}-2\\4\\5\\-1\end{bmatrix}, \begin{bmatrix}-1\\1\\2\\0\end{bmatrix}, \begin{bmatrix}3\\-4\\-5\\1\end{bmatrix}\right\}$

71. $\mathcal{R}^n$, the zero subspace of $\mathcal{R}^m$, the zero subspace of $\mathcal{R}^n$

73. no 75. $\begin{bmatrix}1 & -1\\-1 & 1\end{bmatrix}$

81. $\begin{bmatrix}1\\0\end{bmatrix}$ and $\begin{bmatrix}0\\1\end{bmatrix}$ are in the set, but $\begin{bmatrix}1\\0\end{bmatrix}+\begin{bmatrix}0\\1\end{bmatrix}$ is not.

83. $\begin{bmatrix}0\\0\\0\end{bmatrix}$ is not in the set.

85. $\begin{bmatrix}1\\0\\-1\end{bmatrix}$ is in the set, but $(-2)\begin{bmatrix}1\\0\\-1\end{bmatrix}$ is not.

87. $\begin{bmatrix}6\\2\\3\end{bmatrix}$ is in the set, but $(-1)\begin{bmatrix}6\\2\\3\end{bmatrix}$ is not.

101. (a) yes (b) no 103. (a) yes (b) no

Section 4.2

1. (a) $\left\{\begin{bmatrix}1\\-1\end{bmatrix}\right\}$ (b) $\left\{\begin{bmatrix}3\\1\\0\\0\end{bmatrix},\begin{bmatrix}-4\\0\\1\\0\end{bmatrix},\begin{bmatrix}2\\0\\0\\1\end{bmatrix}\right\}$

3. (a) $\left\{\begin{bmatrix}1\\-1\\-1\end{bmatrix},\begin{bmatrix}2\\-1\\0\end{bmatrix}\right\}$ (b) $\left\{\begin{bmatrix}2\\-3\\1\end{bmatrix}\right\}$

5. (a) $\left\{\begin{bmatrix}1\\-1\\2\end{bmatrix},\begin{bmatrix}0\\1\\3\end{bmatrix}\right\}$ (b) $\left\{\begin{bmatrix}2\\1\\0\\0\end{bmatrix},\begin{bmatrix}-2\\0\\1\\1\end{bmatrix}\right\}$

7. (a) $\left\{\begin{bmatrix}-1\\2\\1\\0\end{bmatrix},\begin{bmatrix}1\\0\\-1\\1\end{bmatrix},\begin{bmatrix}2\\-5\\-1\\-2\end{bmatrix}\right\}$ (b) $\left\{\begin{bmatrix}-4\\-4\\-1\\1\end{bmatrix}\right\}$

9. (a) $\left\{\begin{bmatrix}1\\2\\1\end{bmatrix},\begin{bmatrix}2\\3\\2\end{bmatrix},\begin{bmatrix}1\\3\\4\end{bmatrix}\right\}$
(b) The null space of T is $\{\mathbf{0}\}$.

11. (a) $\left\{\begin{bmatrix}1\\2\\1\end{bmatrix},\begin{bmatrix}-2\\-5\\-3\end{bmatrix}\right\}$ (b) $\left\{\begin{bmatrix}-3\\-1\\1\\0\end{bmatrix},\begin{bmatrix}1\\1\\0\\1\end{bmatrix}\right\}$

13. (a) $\left\{\begin{bmatrix}1\\2\\0\\3\end{bmatrix},\begin{bmatrix}1\\1\\0\\1\end{bmatrix}\right\}$ (b) $\left\{\begin{bmatrix}1\\-3\\1\\0\end{bmatrix},\begin{bmatrix}-1\\2\\0\\1\end{bmatrix}\right\}$

15. (a) $\left\{\begin{bmatrix}1\\3\\7\end{bmatrix},\begin{bmatrix}2\\1\\4\end{bmatrix}\right\}$ (b) $\left\{\begin{bmatrix}1\\-2\\1\\0\\0\end{bmatrix},\begin{bmatrix}0\\0\\0\\1\\0\end{bmatrix},\begin{bmatrix}2\\-3\\0\\0\\1\end{bmatrix}\right\}$

17. $\left\{\begin{bmatrix}1\\-2\end{bmatrix}\right\}$ 19. $\left\{\begin{bmatrix}5\\2\\0\\0\end{bmatrix},\begin{bmatrix}-3\\0\\0\\-4\end{bmatrix}\right\}$

21. $\left\{\begin{bmatrix}3\\1\\0\end{bmatrix},\begin{bmatrix}-5\\0\\1\end{bmatrix}\right\}$ 23. $\left\{\begin{bmatrix}2\\1\\0\\0\end{bmatrix},\begin{bmatrix}-3\\0\\1\\0\end{bmatrix},\begin{bmatrix}4\\0\\0\\1\end{bmatrix}\right\}$

25. $\left\{\begin{bmatrix}1\\2\\1\end{bmatrix},\begin{bmatrix}2\\1\\3\end{bmatrix}\right\}$ 27. $\left\{\begin{bmatrix}1\\-1\\3\end{bmatrix},\begin{bmatrix}0\\-1\\1\end{bmatrix},\begin{bmatrix}1\\-2\\0\end{bmatrix}\right\}$

29. $\left\{\begin{bmatrix}1\\0\\-1\\2\end{bmatrix},\begin{bmatrix}1\\1\\-2\\1\end{bmatrix},\begin{bmatrix}0\\1\\-1\\2\end{bmatrix}\right\}$

31. $\left\{\begin{bmatrix}-2\\4\\5\\-1\end{bmatrix},\begin{bmatrix}3\\-4\\-5\\1\end{bmatrix},\begin{bmatrix}1\\5\\4\\-2\end{bmatrix}\right\}$

33. F	34. T	35. F	36. T	37. T
38. T	39. T	40. F	41. F	42. T
43. F	44. T	45. T	46. T	47. T
48. T	49. T	50. F	51. T	52. T

53. Because $\dim \mathcal{R}^4 = 4$, a generating set for $\mathcal{R}^4$ must contain at least 4 vectors.

55. A basis for $\mathcal{R}^3$ must contain exactly 3 vectors.

57. A subset of $\mathcal{R}^2$ containing more than 2 vectors is linearly dependent.

67. 1 69. $n-2$

79. $\left\{\begin{bmatrix}2\\3\\0\end{bmatrix},\begin{bmatrix}1\\0\\0\end{bmatrix},\begin{bmatrix}0\\0\\1\end{bmatrix}\right\}$ 81. $\left\{\begin{bmatrix}0\\2\\1\\0\end{bmatrix},\begin{bmatrix}1\\1\\0\\0\end{bmatrix},\begin{bmatrix}-1\\0\\0\\1\end{bmatrix}\right\}$

83. (c) No, $\mathcal{S}$ is not a subset of V.

85. (a) $\left\{\begin{bmatrix}0.1\\0.7\\-0.5\end{bmatrix},\begin{bmatrix}0.2\\0.9\\0.5\end{bmatrix},\begin{bmatrix}0.5\\-0.5\\-0.5\end{bmatrix}\right\}$
(b) $\left\{\begin{bmatrix}1.2\\-2.3\\1.0\\0.0\\0.0\end{bmatrix},\begin{bmatrix}-1.4\\2.9\\0.0\\-0.7\\1.0\end{bmatrix}\right\}$

Section 4.3

1.	(a) 2	(b) 2	(c) 2	(d) 1
3.	(a) 3	(b) 2	(c) 3	(d) 0
5.	(a) 1	(b) 3	(c) 1	(d) 0
7.	(a) 2	(b) 1	(c) 2	(d) 0
9.	(a) 2	(b) 2	(c) 2	(d) 1
11.	(a) 2	(b) 1	(c) 2	(d) 2

13. 1 15. 2

17. $\{[1\ \ 0\ \ 3],[0\ \ 1\ \ 2]\}$

19. $\{[1\ \ 0\ \ 0\ \ 1], [0\ \ 1\ \ 1\ \ -1]\}$
21. $\{[1\ \ 0\ \ 0\ \ -3\ \ 1\ \ 3], [0\ \ 1\ \ 0\ \ 2\ \ -1\ \ -2], [0\ \ 0\ \ 1\ \ 0\ \ 0\ \ -1]\}$
23. $\{[1\ \ 0\ \ 0\ \ 1\ \ 0], [0\ \ 1\ \ 0\ \ -1\ \ 0], [0\ \ 0\ \ 1\ \ 0\ \ 0], [0\ \ 0\ \ 0\ \ 0\ \ 1]\}$
25. $\{[1\ \ -1\ \ 1], [0\ \ 1\ \ 2]\}$
27. $\{[-1\ \ 1\ \ 1\ \ -2], [2\ \ -1\ \ -1\ \ 3]\}$
29. $\{[1\ \ 0\ \ -1\ \ -3\ \ 1\ \ 4], [2\ \ -1\ \ -1\ \ -8\ \ 3\ \ 9], [0\ \ 1\ \ 1\ \ 2\ \ -1\ \ -3]\}$
31. $\{[1\ \ 0\ \ -1\ \ 1\ \ 3], [2\ \ -1\ \ -1\ \ 3\ \ -8], [0\ \ 1\ \ -1\ \ -1\ \ 2], [-1\ \ 1\ \ 1\ \ -2\ \ 5]\}$
33. (a) 2 (b) 0 one-to-one and onto
35. (a) 1 (b) 2 neither one-to-one nor onto
37. (a) 2 (b) 0 one-to-one, not onto
39. (a) 2 (b) 1 onto, not one-to-one

41. F 42. T 43. T 44. F 45. F
46. T 47. T 48. F 49. T 50. F
51. F 52. F 53. T 54. T 55. F
56. F 57. T 58. T 59. T 60. T

69. (a) $\left\{\begin{bmatrix}1\\0\\6\\0\end{bmatrix}, \begin{bmatrix}0\\1\\-4\\1\end{bmatrix}\right\}, \left\{\begin{bmatrix}-6\\4\\1\\0\end{bmatrix}, \begin{bmatrix}0\\-1\\0\\1\end{bmatrix}\right\}$

79. Take $V = \text{Span}\,\{\mathbf{e}_1, \mathbf{e}_2\}$ and $W = \text{Span}\,\{\mathbf{e}_4, \mathbf{e}_5\}$.

85. (a) $\begin{bmatrix}1&2&0&0\\-1&1&0&0\\1&0&0&0\\0&1&0&0\end{bmatrix}$

87. (a) No, the first vector in $\mathcal{A}_1$ is not in W.
(b) yes
(c) $[\mathbf{e}_1\ \ \mathbf{e}_2\ \ \mathbf{e}_3]$, $[\mathbf{e}_1\ \ \mathbf{e}_2\ \ \mathbf{e}_3]$, $[\mathbf{e}_1\ \ \mathbf{e}_2\ \ \mathbf{e}_3]$,
$\begin{bmatrix}1&0&0&-.4&-.2\\0&1&0&.8&.4\\0&0&1&-.2&-.6\end{bmatrix}$, $\begin{bmatrix}1&0&0&-.4&-.2\\0&1&0&.8&.4\\0&0&1&-.2&-.5\end{bmatrix}$, $\begin{bmatrix}1&0&0&-.4&-.2\\0&1&0&.8&.4\\0&0&1&-.2&-.6\end{bmatrix}$

Section 4.4

1. $\begin{bmatrix}1\\2\end{bmatrix}$ 3. $\begin{bmatrix}-5\\11\end{bmatrix}$ 5. $\begin{bmatrix}-3\\8\end{bmatrix}$ 7. $\begin{bmatrix}4\\5\\4\end{bmatrix}$

9. $\begin{bmatrix}-7\\-3\\2\end{bmatrix}$ 11. (b) $\begin{bmatrix}5\\-3\end{bmatrix}$ 13. (b) $\begin{bmatrix}3\\0\\-1\end{bmatrix}$

15. $\begin{bmatrix}-5\\-1\end{bmatrix}$ 17. $\begin{bmatrix}7\\2\end{bmatrix}$ 19. $\begin{bmatrix}0\\-1\\3\end{bmatrix}$ 21. $\begin{bmatrix}-5\\1\\2\end{bmatrix}$

23. $(a+2b)\mathbf{b}_1 + (a+3b)\mathbf{b}_2 = \mathbf{u}$
25. $(-5a-3b)\mathbf{b}_1 + (-3a-2b)\mathbf{b}_2 = \mathbf{u}$
27. $(-4a-3b+2c)\mathbf{b}_1 + (-2a-b+c)\mathbf{b}_2 + (3a+2b-c)\mathbf{b}_3 = \mathbf{u}$
29. $(-a-b+2c)\mathbf{b}_1 + b\mathbf{b}_2 + (-a-b+c)\mathbf{b}_3 = \mathbf{u}$

31. F 32. T 33. T 34. T 35. T
36. T 37. T 38. T 39. T 40. T
41. T 42. T 43. T 44. F 45. T
46. T 47. T 48. F 49. T 50. T

51. (b) $\begin{bmatrix}-3&2\\2&-1\end{bmatrix}$ (c) $A = B^{-1}$

53. (b) $\begin{bmatrix}1&0&1\\1&1&3\\0&-1&-1\end{bmatrix}$ (c) $A = B^{-1}$

55. $\begin{aligned}x' &= \frac{\sqrt{3}}{2}x + \frac{1}{2}y\\ y' &= -\frac{1}{2}x + \frac{\sqrt{3}}{2}y\end{aligned}$
57. $\begin{aligned}x' &= -\frac{\sqrt{2}}{2}x + \frac{\sqrt{2}}{2}y\\ y' &= -\frac{\sqrt{2}}{2}x - \frac{\sqrt{2}}{2}y\end{aligned}$

59. $\begin{aligned}x' &= -5x - 3y\\ y' &= -2x - y\end{aligned}$
61. $\begin{aligned}x' &= -x - y\\ y' &= -2x - y\end{aligned}$

63. $\begin{aligned}x' &= -x + y + 2z\\ y' &= 2x - y - 2z\\ z' &= x - y - z\end{aligned}$
65. $\begin{aligned}x' &= x - y + z\\ y' &= -3x + 4y - 2z\\ z' &= x - 2y + z\end{aligned}$

67. $\begin{aligned}x &= \frac{1}{2}x' - \frac{\sqrt{3}}{2}y'\\ y &= \frac{\sqrt{3}}{2}x' + \frac{1}{2}y'\end{aligned}$
69. $\begin{aligned}x &= -\frac{\sqrt{2}}{2}x' - \frac{\sqrt{2}}{2}y'\\ y &= \frac{\sqrt{2}}{2}x' - \frac{\sqrt{2}}{2}y'\end{aligned}$

71. $\begin{aligned}x &= x' + 3y'\\ y &= 2x' + 4y'\end{aligned}$
73. $\begin{aligned}x &= -x' + 3y'\\ y &= 3x' + 5y'\end{aligned}$

75. $\begin{aligned}x &= x' - y'\\ y &= 3x' + y' - z'\\ z &= y' + z'\end{aligned}$
77. $\begin{aligned}x &= x' - y' - z'\\ y &= -x' + 3y' + z'\\ z &= x' + 2y' + z'\end{aligned}$

79. $73x^2 + 18\sqrt{3}xy + 91y^2 = 1600$
81. $8x^2 - 34xy + 8y^2 = 225$
83. $-23x^2 - 26\sqrt{3}xy + 3y^2 = 144$
85. $-11x^2 + 50\sqrt{3}xy + 39y^2 = 576$

87. $2(x')^2 - 5(y')^2 = 10$

89. $4(x')^2 + 3(y')^2 = 12$

91. $4(x')^2 - 3(y')^2 = 60$

93. $5(x')^2 + 2(y')^2 = 10$

95. $\begin{bmatrix} \frac{a_1}{c_1} \\ \frac{a_2}{c_2} \\ \vdots \\ \frac{a_n}{c_n} \end{bmatrix}$ 97. $\begin{bmatrix} a_1 \\ a_2 - a_1 \\ \vdots \\ a_n - a_1 \end{bmatrix}$ 99. no

109. (b) $\begin{bmatrix} 29 \\ 44 \\ -52 \\ 33 \\ 39 \end{bmatrix}$ 111. $\begin{bmatrix} 0 \\ 2 \\ -2 \\ 2 \\ 1 \end{bmatrix}$

Section 4.5

1. $\begin{bmatrix} 1 & 1 \\ 3 & 0 \end{bmatrix}$ 3. $\begin{bmatrix} 1 & 2 \\ 1 & 1 \end{bmatrix}$

5. $\begin{bmatrix} 10 & 19 & 16 \\ -5 & -8 & -8 \\ 2 & 2 & 3 \end{bmatrix}$ 7. $\begin{bmatrix} 0 & -19 & 28 \\ 3 & 34 & -47 \\ 3 & 23 & -31 \end{bmatrix}$

9. $\begin{bmatrix} -10 & -12 & -9 & 1 \\ 20 & 26 & 20 & -7 \\ -10 & -15 & -12 & 7 \\ 7 & 7 & 5 & 1 \end{bmatrix}$

11. $\begin{bmatrix} 10 & -19 \\ 3 & -4 \end{bmatrix}$ 13. $\begin{bmatrix} 45 & 25 \\ -79 & -44 \end{bmatrix}$

15. $\begin{bmatrix} 2 & 5 & 10 \\ -6 & 1 & -7 \\ 2 & -2 & 0 \end{bmatrix}$ 17. $\begin{bmatrix} -1 & -1 & 0 \\ 1 & 3 & -1 \\ -1 & 0 & 1 \end{bmatrix}$

19. F	20. T	21. T	22. F	23. T
24. F	25. F	26. T	27. F	28. F
29. F	30. T	31. F	32. F	33. T
34. T	35. T	36. T	37. F	38. T

39. $\begin{bmatrix} 1 & -3 \\ 4 & 0 \end{bmatrix}$ 41. $\begin{bmatrix} 3 & 2 \\ -5 & 4 \end{bmatrix}$

43. $\begin{bmatrix} 0 & 2 & 3 \\ -5 & 0 & 0 \\ 4 & -7 & 1 \end{bmatrix}$ 45. $\begin{bmatrix} 1 & 0 & -3 & 0 \\ -1 & 2 & 0 & 4 \\ 1 & 0 & 5 & -1 \\ -1 & -1 & 0 & 3 \end{bmatrix}$

47. (a) $\begin{bmatrix} 0 & 3 \\ 1 & 0 \end{bmatrix}$ (b) $\begin{bmatrix} -1 & 2 \\ 1 & 1 \end{bmatrix}$

(c) $T\left(\begin{bmatrix} x_1 \\ x_2 \end{bmatrix}\right) = \begin{bmatrix} -x_1 + 2x_2 \\ x_1 + x_2 \end{bmatrix}$

49. (a) $\begin{bmatrix} 3 & 2 \\ -1 & 0 \end{bmatrix}$ (b) $\begin{bmatrix} -8 & -6 \\ 15 & 11 \end{bmatrix}$

(c) $\begin{bmatrix} -8x_1 - 6x_2 \\ 15x_1 + 11x_2 \end{bmatrix}$

51. (a) $\begin{bmatrix} 0 & 0 & 1 \\ -1 & 0 & 2 \\ 0 & 2 & 0 \end{bmatrix}$ (b) $\begin{bmatrix} -1 & 2 & 1 \\ 0 & 2 & -1 \\ 1 & 0 & -1 \end{bmatrix}$

(c) $T\left(\begin{bmatrix} x_1 \\ x_2 \\ x_3 \end{bmatrix}\right) = \begin{bmatrix} -x_1 + 2x_2 + x_3 \\ 2x_2 - x_3 \\ x_1 - x_3 \end{bmatrix}$

53. (a) $\begin{bmatrix} 0 & -1 & 2 \\ 3 & 0 & 5 \\ -2 & 4 & 0 \end{bmatrix}$ (b) $\begin{bmatrix} 2 & -7 & -1 \\ -8 & -8 & 11 \\ -4 & -9 & 6 \end{bmatrix}$

(b) $\begin{bmatrix} 2x_1 - 7x_2 - x_3 \\ -8x_1 - 8x_2 + 11x_3 \\ -4x_1 - 9x_2 + 6x_3 \end{bmatrix}$

55. $9\mathbf{b}_1 + 12\mathbf{b}_2$ 57. $-3\mathbf{b}_1 - 17\mathbf{b}_2$

59. $-2\mathbf{b}_1 - 10\mathbf{b}_2 + 15\mathbf{b}_3$ 61. $8\mathbf{b}_1 + 5\mathbf{b}_2 - 16\mathbf{b}_3 - \mathbf{b}_4$

63. I_n 65. $T\left(\begin{bmatrix} x_1 \\ x_2 \end{bmatrix}\right) = \begin{bmatrix} .8x_1 + .6x_2 \\ .6x_1 - .8x_2 \end{bmatrix}$

67. $T\left(\begin{bmatrix} x_1 \\ x_2 \end{bmatrix}\right) = \begin{bmatrix} -.6x_1 - .8x_2 \\ -.8x_1 + .6x_2 \end{bmatrix}$

69. $U\left(\begin{bmatrix} x_1 \\ x_2 \end{bmatrix}\right) = \begin{bmatrix} .5x_1 + .5x_2 \\ .5x_1 + .5x_2 \end{bmatrix}$

71. $U\left(\begin{bmatrix} x_1 \\ x_2 \end{bmatrix}\right) = \begin{bmatrix} .1x_1 - .3x_2 \\ -.3x_1 + .9x_2 \end{bmatrix}$

73. (a) $T_W\left(\begin{bmatrix} -2 \\ 1 \\ 0 \end{bmatrix}\right) = \begin{bmatrix} -2 \\ 1 \\ 0 \end{bmatrix}$,

$T_W\left(\begin{bmatrix} 3 \\ 0 \\ 1 \end{bmatrix}\right) = \begin{bmatrix} 3 \\ 0 \\ 1 \end{bmatrix}$, and

$T_W\left(\begin{bmatrix} 1 \\ 2 \\ -3 \end{bmatrix}\right) = \begin{bmatrix} -1 \\ -2 \\ 3 \end{bmatrix}$

(c) $\begin{bmatrix} 1 & 0 & 0 \\ 0 & 1 & 0 \\ 0 & 0 & -1 \end{bmatrix}$

(d) $\frac{1}{7}\begin{bmatrix} 6 & -2 & 3 \\ -2 & 3 & 6 \\ 3 & 6 & -2 \end{bmatrix}$

(e) $T\left(\begin{bmatrix} x_1 \\ x_2 \\ x_3 \end{bmatrix}\right) = \frac{1}{7}\begin{bmatrix} 6x_1 - 2x_2 + 3x_3 \\ -2x_1 + 3x_2 + 6x_3 \\ 3x_1 + 6x_2 - 2x_3 \end{bmatrix}$

75. $T\left(\begin{bmatrix} x_1 \\ x_2 \\ x_3 \end{bmatrix}\right) = \frac{1}{13}\begin{bmatrix} 12x_1 + 4x_2 - 3x_3 \\ 4x_1 - 3x_2 + 12x_3 \\ -3x_1 + 12x_2 + 4x_3 \end{bmatrix}$

77. $T\left(\begin{bmatrix} x_1 \\ x_2 \\ x_3 \end{bmatrix}\right) = \frac{1}{41}\begin{bmatrix} 39x_1 - 12x_2 + 4x_3 \\ -12x_1 - 31x_2 + 24x_3 \\ 4x_1 + 24x_2 + 33x_3 \end{bmatrix}$

79. $T\left(\begin{bmatrix} x_1 \\ x_2 \\ x_3 \end{bmatrix}\right) = \frac{1}{21}\begin{bmatrix} 19x_1 + 4x_2 + 8x_3 \\ 4x_1 + 13x_2 - 16x_3 \\ 8x_1 - 16x_2 - 11x_3 \end{bmatrix}$

81. (a) $U_W\left(\begin{bmatrix} -2 \\ 1 \\ 0 \end{bmatrix}\right) = \begin{bmatrix} -2 \\ 1 \\ 0 \end{bmatrix}$,

$U_W\left(\begin{bmatrix} 3 \\ 0 \\ 1 \end{bmatrix}\right) = \begin{bmatrix} 3 \\ 0 \\ 1 \end{bmatrix}$, and

$U_W\left(\begin{bmatrix} 1 \\ 2 \\ -3 \end{bmatrix}\right) = \begin{bmatrix} 0 \\ 0 \\ 0 \end{bmatrix}$

(b) $\begin{bmatrix} 1 & 0 & 0 \\ 0 & 1 & 0 \\ 0 & 0 & 0 \end{bmatrix}$

(c) $\frac{1}{14}\begin{bmatrix} 13 & -2 & 3 \\ -2 & 10 & 6 \\ 3 & 6 & 5 \end{bmatrix}$

(d) $U\left(\begin{bmatrix} x_1 \\ x_2 \\ x_3 \end{bmatrix}\right) = \frac{1}{14}\begin{bmatrix} 13x_1 - 2x_2 + 3x_3 \\ -2x_1 + 10x_2 + 6x_3 \\ 3x_1 + 6x_2 + 5x_3 \end{bmatrix}$

83. $U\left(\begin{bmatrix} x_1 \\ x_2 \\ x_3 \end{bmatrix}\right) = \frac{1}{30}\begin{bmatrix} 29x_1 + 2x_2 - 5x_3 \\ 2x_1 + 26x_2 + 10x_3 \\ -5x_1 + 10x_2 + 5x_3 \end{bmatrix}$

85. $U\left(\begin{bmatrix} x_1 \\ x_2 \\ x_3 \end{bmatrix}\right) = \frac{1}{35}\begin{bmatrix} 34x_1 + 3x_2 + 5x_3 \\ 3x_1 + 26x_2 - 15x_3 \\ 5x_1 - 15x_2 + 10x_3 \end{bmatrix}$

87. $U\left(\begin{bmatrix} x_1 \\ x_2 \\ x_3 \end{bmatrix}\right) = \frac{1}{75}\begin{bmatrix} 74x_1 + 5x_2 - 7x_3 \\ 5x_1 + 50x_2 + 35x_3 \\ -7x_1 + 35x_2 + 26x_3 \end{bmatrix}$

101. (b) $\begin{bmatrix} -2 & 14 & -16 \\ 2 & -8 & 10 \end{bmatrix}$

103. (a) $\begin{bmatrix} 11 & 5 & 13 & 1 \\ -2 & 0 & -5 & -3 \\ -8 & -3 & -9 & 0 \\ 6 & 1 & 8 & 1 \end{bmatrix}$, $\begin{bmatrix} -5 & 10 & -38 & -31 \\ 2 & -3 & 9 & 6 \\ 6 & -10 & 27 & 17 \\ -4 & 7 & -25 & -19 \end{bmatrix}$, $\begin{bmatrix} 43 & 58 & -21 & -66 \\ -8 & -11 & 8 & 17 \\ -28 & -34 & 21 & 53 \\ 28 & 36 & -14 & -44 \end{bmatrix}$

105. (a) $\begin{bmatrix} 0 & 0 & 0 & 1 \\ 1 & 0 & 0 & 0 \\ 0 & 1 & 0 & 0 \\ 0 & 0 & 1 & 0 \end{bmatrix}$,

$T\left(\begin{bmatrix} x_1 \\ x_2 \\ x_3 \\ x_4 \end{bmatrix}\right) = \begin{bmatrix} 8x_1 - 4x_2 + 3x_3 + x_4 \\ -11x_1 + 7x_2 - 4x_3 - 2x_4 \\ -35x_1 + 20x_2 - 13x_3 - 5x_4 \\ -9x_1 + 4x_2 - 3x_3 - 2x_4 \end{bmatrix}$

107. $[T^{-1}]_B = ([T]_B)^{-1}$

Chapter 4 Review Exercises

1. T	2. T	3. F	4. F	5. F
6. T	7. T	8. F	9. F	10. F
11. T	12. T	13. T	14. T	15. T
16. T	17. F	18. T	19. F	20. F
21. T	22. T	23. F	24. T	25. T

27. (a) There are at most k vectors in a linearly independent subset of V.

(c) There are at least k vectors in a generating set for V.

29. No, $\begin{bmatrix} -1 \\ 0 \\ 1 \\ 0 \end{bmatrix}$ and $\begin{bmatrix} 1 \\ 0 \\ 1 \\ 0 \end{bmatrix}$ are in the set, but their sum is not.

31. (a) $\left\{\begin{bmatrix} -3 \\ 2 \\ 1 \end{bmatrix}\right\}$ (b) $\left\{\begin{bmatrix} 1 \\ -1 \\ 2 \\ 1 \end{bmatrix}, \begin{bmatrix} 2 \\ -1 \\ 1 \\ 4 \end{bmatrix}\right\}$

(c) $\left\{\begin{bmatrix} 1 \\ 0 \\ 3 \end{bmatrix}, \begin{bmatrix} 0 \\ 1 \\ -2 \end{bmatrix}\right\}$

33. (a) $\left\{\begin{bmatrix} 0 \\ -1 \\ 1 \\ 2 \end{bmatrix}, \begin{bmatrix} 1 \\ 3 \\ -4 \\ -1 \end{bmatrix}, \begin{bmatrix} -2 \\ 1 \\ 1 \\ 3 \end{bmatrix}\right\}$

(b) The null space of T is $\{\mathbf{0}\}$.

35. The given set is a linearly independent subset of the null space that contains 2 vectors.

37. (b) $\begin{bmatrix} -1 \\ -2 \\ 5 \end{bmatrix}$ (c) $\begin{bmatrix} 1 \\ -8 \\ -6 \end{bmatrix}$

39. (a) $\begin{bmatrix} -17 & 1 \\ -10 & 1 \end{bmatrix}$

(b) $\begin{bmatrix} -7 & -5 \\ -14 & -9 \end{bmatrix}$

(c) $T\left(\begin{bmatrix} x_1 \\ x_2 \end{bmatrix}\right) = \begin{bmatrix} -7x_1 - 5x_2 \\ -14x_1 - 9x_2 \end{bmatrix}$

41. $T\left(\begin{bmatrix} x_1 \\ x_2 \\ x_3 \end{bmatrix}\right) = \begin{bmatrix} x_1 + 6x_2 - 5x_3 \\ -4x_1 + 4x_2 + 5x_3 \\ -x_1 + 3x_2 + x_3 \end{bmatrix}$

43. $21x^2 - 10\sqrt{3}xy + 31y^2 = 144$

45. $50(x')^2 + 8(y')^2 = 200$

47. $T\left(\begin{bmatrix} x_1 \\ x_2 \end{bmatrix}\right) = \frac{1}{13}\begin{bmatrix} -5x_1 - 12x_2 \\ -12x_1 + 5x_2 \end{bmatrix}$

53. $\left\{\begin{bmatrix} 1 \\ -1 \\ 2 \end{bmatrix}, \begin{bmatrix} -2 \\ -1 \\ 1 \end{bmatrix}\right\}$

Chapter 4 MATLAB Exercises

1. (a) yes (b) no (c) no (d) yes
2. (a) yes (b) yes (c) no (d) yes

3. (a) $\left\{\begin{bmatrix} 1.2 \\ -1.1 \\ 2.3 \\ -1.2 \\ 1.1 \\ 0.1 \end{bmatrix}, \begin{bmatrix} 2.3 \\ 3.2 \\ 1.1 \\ 1.4 \\ -4.1 \\ -2.1 \end{bmatrix}, \begin{bmatrix} 1.2 \\ -3.1 \\ 2.1 \\ -1.4 \\ 5.1 \\ 1.2 \end{bmatrix}\right\}$

(b) $\left\{\begin{bmatrix} 1.2 \\ -1.1 \\ 2.3 \\ -1.2 \\ 1.1 \\ 0.1 \end{bmatrix}, \begin{bmatrix} 2.3 \\ 3.2 \\ 1.1 \\ 1.4 \\ -4.1 \\ -2.1 \end{bmatrix}, \begin{bmatrix} 1.2 \\ -3.1 \\ 2.1 \\ -1.4 \\ 5.1 \\ 1.2 \end{bmatrix}, \begin{bmatrix} 1 \\ 0 \\ 0 \\ 0 \\ 0 \\ 0 \end{bmatrix}, \mathbf{e}_1, \mathbf{e}_2, \mathbf{e}_3\right\}$

(c) $\left\{\begin{bmatrix} -1 \\ -1 \\ -1 \\ 1 \\ 0 \end{bmatrix}, \begin{bmatrix} 0 \\ 2 \\ 1 \\ 0 \\ 1 \end{bmatrix}\right\}$

(d) $\left\{\begin{bmatrix} 1.2 \\ 2.3 \\ 1.2 \\ 4.7 \\ -5.8 \end{bmatrix}, \begin{bmatrix} -1.1 \\ 3.2 \\ -3.1 \\ -1.0 \\ -3.3 \end{bmatrix}, \begin{bmatrix} 2.3 \\ 1.1 \\ 2.1 \\ 5.5 \\ -4.3 \end{bmatrix}\right\}$

4. (a) $\left\{\begin{bmatrix} 1.3 \\ 2.2 \\ -1.2 \\ 4.0 \\ 1.7 \\ -3.1 \end{bmatrix}, \begin{bmatrix} 2.1 \\ -1.4 \\ 1.3 \\ 2.7 \\ 4.1 \\ 1.0 \end{bmatrix}, \begin{bmatrix} 2.9 \\ -3.0 \\ 3.8 \\ 1.4 \\ 6.5 \\ 5.1 \end{bmatrix}\right\}$

(b) $\left\{\begin{bmatrix} 1.3 \\ 2.2 \\ -1.2 \\ 4.0 \\ 1.7 \\ -3.1 \end{bmatrix}, \begin{bmatrix} 2.1 \\ -1.4 \\ 1.3 \\ 2.7 \\ 4.1 \\ 1.0 \end{bmatrix}, \begin{bmatrix} 2.9 \\ -3.0 \\ 3.8 \\ 1.4 \\ 6.5 \\ 5.1 \end{bmatrix}, \mathbf{e}_1, \mathbf{e}_3, \mathbf{e}_4\right\}$

(c) $\left\{\begin{bmatrix} -2 \\ 1 \\ 1 \\ 0 \end{bmatrix}\right\}$

(d) $\left\{\begin{bmatrix} 1 \\ 0 \\ 2 \\ 0 \end{bmatrix}, \begin{bmatrix} 0 \\ 1 \\ -1 \\ 0 \end{bmatrix}, \begin{bmatrix} 0 \\ 0 \\ 0 \\ 1 \end{bmatrix}\right\}$

5. For simplicity, let $\mathbf{b}_i, 1 \leq i \leq 6$, denote the vectors in $\mathcal{B}$.

(a) $\mathcal{B}$ is a linearly independent set of 6 vectors from $\mathcal{R}^6$.

(b) (i) $2\mathbf{b}_1 - \mathbf{b}_2 - 3\mathbf{b}_3 + 2\mathbf{b}_5 - \mathbf{b}_6$

(ii) $\mathbf{b}_1 - \mathbf{b}_2 + \mathbf{b}_3 + 2\mathbf{b}_4 - 3\mathbf{b}_5 + \mathbf{b}_6$

(iii) $-3\mathbf{b}_2 + \mathbf{b}_3 + 2\mathbf{b}_4 - 4\mathbf{b}_5$

(c) (i) $\begin{bmatrix} 2 \\ -1 \\ -3 \\ 0 \\ 2 \\ -1 \end{bmatrix}$ (ii) $\begin{bmatrix} 1 \\ -1 \\ 1 \\ 2 \\ -3 \\ 1 \end{bmatrix}$ (iii) $\begin{bmatrix} 0 \\ -3 \\ 1 \\ 2 \\ -4 \\ 0 \end{bmatrix}$

6. $\begin{bmatrix} -47.6 & 0.6 & 3.4 & -44.6 & 23.5 \\ -30.9 & 1.4 & 2.1 & -28.9 & 12.5 \\ 22.2 & -0.2 & -1.8 & 21.2 & -10.5 \\ 0.7 & -1.2 & 1.7 & -0.3 & 0.0 \\ -38.5 & -1.0 & 4.5 & -38.5 & 21.5 \end{bmatrix}$

7. $\begin{bmatrix} -1 & 2 & 1 & 0 & -1 & -2 \\ -8 & -4 & -9 & 3 & 4 & -10 \\ 6 & 1 & 6 & 0 & -1 & 7 \\ 1 & 1 & -1 & -1 & -2 & 2 \end{bmatrix}$

9. $A = \begin{bmatrix} 1.00 & 0.00 & 0.00 & 0.75 & -0.50 \\ 0.00 & 0.00 & 0.00 & 0.00 & 0.00 \\ 0.00 & 0.00 & 1.00 & -0.75 & 0.50 \\ 0.00 & 0.00 & 0.00 & 0.00 & 0.00 \\ 0.00 & 0.00 & 0.00 & 0.00 & 0.00 \end{bmatrix}$

10. (b) $\left\{ \begin{bmatrix} -3 \\ 6 \\ 2 \\ 0 \end{bmatrix}, \begin{bmatrix} 0 \\ 1 \\ 0 \\ 1 \end{bmatrix} \right\}$

Chapter 5

Section 5.1

1. 6 3. 3 5. -2 7. -3

9. -4 11. 2 13. $\left\{ \begin{bmatrix} -1 \\ 1 \end{bmatrix} \right\}$ 15. $\left\{ \begin{bmatrix} -3 \\ 1 \end{bmatrix} \right\}$

17. $\left\{ \begin{bmatrix} -1 \\ 1 \\ 0 \end{bmatrix} \right\}$ 19. $\left\{ \begin{bmatrix} -2 \\ -1 \\ 1 \end{bmatrix} \right\}$

21. $\left\{ \begin{bmatrix} -1 \\ 3 \\ 0 \end{bmatrix}, \begin{bmatrix} 2 \\ 0 \\ 3 \end{bmatrix} \right\}$ 23. $\left\{ \begin{bmatrix} 1 \\ 1 \\ 0 \end{bmatrix}, \begin{bmatrix} 1 \\ 0 \\ 1 \end{bmatrix} \right\}$

25. 6 27. 4 29. -3 31. 5

33. $\left\{ \begin{bmatrix} 2 \\ 3 \end{bmatrix} \right\}$ 35. $\left\{ \begin{bmatrix} -2 \\ 3 \end{bmatrix} \right\}$

37. $\left\{ \begin{bmatrix} -1 \\ 1 \\ 0 \end{bmatrix}, \begin{bmatrix} -3 \\ 0 \\ 1 \end{bmatrix} \right\}$ 39. $\left\{ \begin{bmatrix} 1 \\ -2 \\ 2 \end{bmatrix} \right\}$

41. F 42. F 43. T 44. T 45. T
46. F 47. T 48. T 49. F 50. T
51. F 52. T 53. T 54. T 55. F
56. T 57. F 58. T 59. F 60. T

61. The only eigenvalue is 1; its eigenspace is $\mathcal{R}^n$.
65. Null A
71. Either $\mathbf{v} = \mathbf{0}$ or $\mathbf{v}$ is an eigenvector of A.
77. no
81. yes, $\begin{bmatrix} -1 \\ 1 \\ -2 \\ 1 \end{bmatrix}, \begin{bmatrix} 2 \\ 0 \\ 3 \\ 3 \end{bmatrix}, \begin{bmatrix} 1 \\ -1 \\ 2 \\ 0 \end{bmatrix}, \begin{bmatrix} 0 \\ -1 \\ 0 \\ 1 \end{bmatrix}$

Section 5.2

1. 5, $\left\{ \begin{bmatrix} -3 \\ 2 \end{bmatrix} \right\}$, 6, $\left\{ \begin{bmatrix} -1 \\ 1 \end{bmatrix} \right\}$

3. 0, $\left\{ \begin{bmatrix} 3 \\ 5 \end{bmatrix} \right\}$, -1, $\left\{ \begin{bmatrix} 2 \\ 3 \end{bmatrix} \right\}$

5. -3, $\left\{ \begin{bmatrix} 1 \\ 1 \\ 1 \end{bmatrix} \right\}$, 2, $\left\{ \begin{bmatrix} 1 \\ 0 \\ 1 \end{bmatrix} \right\}$

7. 6, $\left\{ \begin{bmatrix} 1 \\ -1 \\ 1 \end{bmatrix} \right\}$, -2, $\left\{ \begin{bmatrix} 1 \\ 2 \\ 0 \end{bmatrix}, \begin{bmatrix} 1 \\ 0 \\ 2 \end{bmatrix} \right\}$

9. -3, $\left\{ \begin{bmatrix} -1 \\ 1 \\ 1 \end{bmatrix} \right\}$, -2, $\left\{ \begin{bmatrix} -1 \\ 1 \\ 0 \end{bmatrix} \right\}$, 1, $\left\{ \begin{bmatrix} 1 \\ 0 \\ 1 \end{bmatrix} \right\}$

11. 3, $\left\{ \begin{bmatrix} 1 \\ 1 \\ 0 \\ 0 \end{bmatrix} \right\}$, 4, $\left\{ \begin{bmatrix} 0 \\ 1 \\ 0 \\ 1 \end{bmatrix} \right\}$, -1, $\left\{ \begin{bmatrix} 0 \\ 1 \\ 1 \\ 0 \end{bmatrix}, \begin{bmatrix} -1 \\ 1 \\ 0 \\ 1 \end{bmatrix} \right\}$

13. -4, $\left\{ \begin{bmatrix} -3 \\ 5 \end{bmatrix} \right\}$, 1, $\left\{ \begin{bmatrix} 1 \\ 0 \end{bmatrix} \right\}$

15. 3, $\left\{ \begin{bmatrix} -2 \\ 3 \end{bmatrix} \right\}$, 5, $\left\{ \begin{bmatrix} -1 \\ 2 \end{bmatrix} \right\}$

17. -3, $\left\{ \begin{bmatrix} 1 \\ 0 \\ 1 \end{bmatrix} \right\}$, 1, $\left\{ \begin{bmatrix} 1 \\ 0 \\ 2 \end{bmatrix} \right\}$

19. -1, $\left\{ \begin{bmatrix} 0 \\ 0 \\ 1 \end{bmatrix} \right\}$, 5, $\left\{ \begin{bmatrix} 0 \\ -3 \\ 1 \end{bmatrix} \right\}$

21. -6, $\left\{ \begin{bmatrix} -1 \\ 1 \\ 1 \end{bmatrix} \right\}$, -2, $\left\{ \begin{bmatrix} 1 \\ 1 \\ 1 \end{bmatrix} \right\}$, 4, $\left\{ \begin{bmatrix} 0 \\ 1 \\ 0 \end{bmatrix} \right\}$

23. -1, $\left\{ \begin{bmatrix} 1 \\ 0 \\ 0 \\ 0 \end{bmatrix} \right\}$, 1, $\left\{ \begin{bmatrix} -1 \\ 1 \\ 0 \\ 0 \end{bmatrix} \right\}$, -2, $\left\{ \begin{bmatrix} -1 \\ -2 \\ 3 \\ 0 \end{bmatrix} \right\}$, 2, $\left\{ \begin{bmatrix} 7 \\ -2 \\ -1 \\ 4 \end{bmatrix} \right\}$

25. 5, $\left\{ \begin{bmatrix} 1 \\ 1 \end{bmatrix} \right\}$, 7, $\left\{ \begin{bmatrix} 3 \\ 4 \end{bmatrix} \right\}$

27. 2, $\left\{ \begin{bmatrix} -2 \\ 1 \end{bmatrix} \right\}$, 6, $\left\{ \begin{bmatrix} -3 \\ 2 \end{bmatrix} \right\}$

29. -2, $\left\{ \begin{bmatrix} 1 \\ 1 \\ 0 \end{bmatrix} \right\}$, 4, $\left\{ \begin{bmatrix} 1 \\ 0 \\ 1 \end{bmatrix} \right\}$

31. 1, $\left\{ \begin{bmatrix} 1 \\ 2 \\ 3 \end{bmatrix} \right\}$, 2, $\left\{ \begin{bmatrix} -2 \\ 1 \\ 0 \end{bmatrix}, \begin{bmatrix} 2 \\ 0 \\ 1 \end{bmatrix} \right\}$

33. $-3, \left\{\begin{bmatrix}1\\1\end{bmatrix}\right\}, -2, \left\{\begin{bmatrix}1\\2\end{bmatrix}\right\}$

35. $5, \left\{\begin{bmatrix}2\\5\end{bmatrix}\right\}, 4, \left\{\begin{bmatrix}1\\2\end{bmatrix}\right\}$

37. $-3, \left\{\begin{bmatrix}1\\1\\0\end{bmatrix}\right\}, 2, \left\{\begin{bmatrix}0\\0\\1\end{bmatrix}\right\}$

39. $-3, \left\{\begin{bmatrix}1\\2\\3\end{bmatrix}\right\}, 1, \left\{\begin{bmatrix}0\\1\\0\end{bmatrix}, \begin{bmatrix}0\\0\\1\end{bmatrix}\right\}$

45. $1-2i, \left\{\begin{bmatrix}1\\-2\end{bmatrix}\right\}, 1+2i, \left\{\begin{bmatrix}-1\\3\end{bmatrix}\right\}$

47. $8-12i, \left\{\begin{bmatrix}1+4i\\1\end{bmatrix}\right\}, 8+12i, \left\{\begin{bmatrix}1-4i\\1\end{bmatrix}\right\}$

49. $2i, \left\{\begin{bmatrix}1\\0\\0\end{bmatrix}\right\}, 4, \left\{\begin{bmatrix}i\\2\\0\end{bmatrix}\right\}, 1, \left\{\begin{bmatrix}2\\1\\i\end{bmatrix}\right\}$

51. $i, \left\{\begin{bmatrix}1\\0\\0\end{bmatrix}\right\}, 1, \left\{\begin{bmatrix}0\\1\\0\end{bmatrix}\right\}, 2, \left\{\begin{bmatrix}1\\1\\2\end{bmatrix}\right\}$

53. F	54. T	55. T	56. F	57. F
58. F	59. F	60. T	61. F	62. T
63. F	64. F	65. T	66. F	67. T
68. F	69. T	70. T	71. F	72. T

73. c is not an eigenvalue of A.

77. (a) $(t-5)^3(t+9)$
(b) $(t-5)^3(t+9)$, $(t-5)^2(t+9)^2$, $(t-5)(t+9)^3$
(c) $(t-5)^2(t+9)^2$, $(t-5)^3(t+9)$

81. (a) $\left\{\begin{bmatrix}-1\\1\end{bmatrix}\right\}, \left\{\begin{bmatrix}-2\\1\end{bmatrix}\right\}$,
(b) $\left\{\begin{bmatrix}-1\\1\end{bmatrix}\right\}, \left\{\begin{bmatrix}-2\\1\end{bmatrix}\right\}$
(c) $\left\{\begin{bmatrix}-1\\1\end{bmatrix}\right\}, \left\{\begin{bmatrix}-2\\1\end{bmatrix}\right\}$
(d) $\mathbf{v}$ is an eigenvector of B if and only if $\mathbf{v}$ is an eigenvector of cB.
(e) λ is an eigenvalue of B if and only if $c\lambda$ is an eigenvalue of cB.

83. (a) $(t-6)(t-7)$
(b) The characteristic polynomials of B and B^T are equal.
(c) The eigenvalues of B and B^T are the same.
(d) no

87. $-t^3 + \frac{23}{15}t^2 - \frac{127}{720}t + \frac{1}{2160}$

89. $\begin{bmatrix}0&0&0&5\\1&0&0&-7\\0&1&0&-23\\0&0&1&11\end{bmatrix}$

91. (a) $3, \begin{bmatrix}1\\1\end{bmatrix}, -0.5, \begin{bmatrix}1\\2\end{bmatrix}$
(b) $\frac{1}{3}, \begin{bmatrix}1\\1\end{bmatrix}, -2, \begin{bmatrix}1\\2\end{bmatrix}$

Section 5.3

1. $P = \begin{bmatrix}-2&-3\\1&1\end{bmatrix}, D = \begin{bmatrix}4&0\\0&5\end{bmatrix}$

3. The eigenspace corresponding to 2 is 1-dimensional.

5. $P = \begin{bmatrix}0&-2&-1\\1&3&1\\1&2&1\end{bmatrix}, D = \begin{bmatrix}-5&0&0\\0&2&0\\0&0&3\end{bmatrix}$

7. There is only one real eigenvalue, and its multiplicity is one.

9. $P = \begin{bmatrix}-1&-1&1\\4&1&0\\2&0&1\end{bmatrix}, D = \begin{bmatrix}5&0&0\\0&3&0\\0&0&3\end{bmatrix}$

11. $P = \begin{bmatrix}0&-1&-1&1\\0&1&0&0\\1&0&1&0\\0&0&0&1\end{bmatrix}, D = \begin{bmatrix}4&0&0&0\\0&-1&0&0\\0&0&-1&0\\0&0&0&-1\end{bmatrix}$

13. The eigenspace corresponding to 1 is 1-dimensional.

15. $P = \begin{bmatrix}-2&-3\\1&2\end{bmatrix}, D = \begin{bmatrix}3&0\\0&2\end{bmatrix}$

17. $P = \begin{bmatrix}1&-1&-1\\0&1&1\\0&0&5\end{bmatrix}, D = \begin{bmatrix}-1&0&0\\0&-3&0\\0&0&2\end{bmatrix}$

19. The eigenspace corresponding to 0 is 1-dimensional.

21. $P = \begin{bmatrix}-i&i\\1&1\end{bmatrix}, D = \begin{bmatrix}2-i&0\\0&2+i\end{bmatrix}$

23. $P = \begin{bmatrix}-2i&2i\\1&1\end{bmatrix}, D = \begin{bmatrix}1-3i&0\\0&1+i\end{bmatrix}$

25. $P = \begin{bmatrix}-1&-1&1\\2+i&2-i&-1\\1&1&1\end{bmatrix}, D = \begin{bmatrix}1+i&0&0\\0&1-i&0\\0&0&2\end{bmatrix}$

27. $P = \begin{bmatrix}1&0&0\\0&1&i\\0&0&1\end{bmatrix}, D = \begin{bmatrix}2i&0&0\\0&1&0\\0&0&0\end{bmatrix}$

29. F	30. T	31. T	32. T	33. F

34. F 35. F 36. T 37. F 38. F
39. T 40. F 41. F 42. T 43. T
44. F 45. F 46. T 47. F 48. F

51. (a) the eigenspace corresponding to -1 is 2-dimensional
 (b) the eigenspace corresponding to -1 is 1-dimensional

53. (a) the eigenspace corresponding to -3 is 4-dimensional
 (b) the eigenspace corresponding to -3 is not 4-dimensional

55. (a) $-(t-4)^2(t-5)(t-8)^2$
 (b) There is insufficient information because the dimensions of W_1 and W_3 are not given. Therefore the multiplicities of the eigenvalues 4 and 8 are not determined.
 (c) $-(t-4)(t-5)^2(t-8)^2$

57. $\begin{bmatrix} -4^k+2\cdot 3^k & 2\cdot 4^k-2\cdot 3^k \\ -4^k+3^k & 2\cdot 4^k-3^k \end{bmatrix}$

59. $\begin{bmatrix} -2\cdot 2^k+3\cdot 3^k & -6\cdot 2^k+6\cdot 3^k \\ 2^k-3^k & 3\cdot 2^k-2\cdot 3^k \end{bmatrix}$

61. $\begin{bmatrix} -5^k+2 & -2\cdot 5^k+2 & 0 \\ 5^k-1 & 2\cdot 5^k-1 & 0 \\ 0 & 0 & 5^k \end{bmatrix}$

63. 3 65. all c 67. no c

69. -2 and -1 71. 2

73. $\begin{bmatrix} -7 & 4 \\ -12 & 9 \end{bmatrix}$ 75. $\begin{bmatrix} -1 & 5 & -4 \\ 0 & -2 & 0 \\ 2 & -5 & 5 \end{bmatrix}$

77. $\begin{bmatrix} 0 & 0 \\ 0 & 1 \end{bmatrix}$ and $\begin{bmatrix} 0 & -1 \\ 0 & -1 \end{bmatrix}$ 89. (c) $\lambda_1\lambda_2\cdots\lambda_n$

91. $P = \begin{bmatrix} -3 & -1 & -8 & -1 \\ -1 & -1 & -1 & -2 \\ 2 & 0 & 3 & 0 \\ 0 & 2 & 0 & 3 \end{bmatrix}$,
$D = \begin{bmatrix} -1 & 0 & 0 & 0 \\ 0 & -1 & 0 & 0 \\ 0 & 0 & -2 & 0 \\ 0 & 0 & 0 & -2 \end{bmatrix}$

93. The eigenspace corresponding to 1 has dimension 2.

Section 5.4

1. $\begin{bmatrix} 0 & 0 & 2 \\ 0 & 3 & 0 \\ 4 & 0 & 0 \end{bmatrix}$, no 3. $\begin{bmatrix} 2 & 1 & 0 \\ 0 & 2 & 0 \\ 0 & 0 & 1 \end{bmatrix}$, no

5. $\begin{bmatrix} 0 & 0 & 3 \\ 0 & -2 & 0 \\ -4 & 0 & 0 \end{bmatrix}$, no 7. $\begin{bmatrix} 2 & 0 & 0 \\ 0 & -1 & 0 \\ 0 & 0 & -3 \end{bmatrix}$, yes

9. There are no real eigenvalues.

11. $\left\{ \begin{bmatrix} 1 \\ 2 \end{bmatrix}, \begin{bmatrix} 1 \\ 1 \end{bmatrix} \right\}$ 13. $\left\{ \begin{bmatrix} 1 \\ -1 \\ 1 \end{bmatrix}, \begin{bmatrix} 0 \\ -1 \\ 1 \end{bmatrix}, \begin{bmatrix} 0 \\ 0 \\ 1 \end{bmatrix} \right\}$

15. The eigenspace corresponding to -1 is 1-dimensional.

17. $\left\{ \begin{bmatrix} 1 \\ 1 \\ 0 \end{bmatrix}, \begin{bmatrix} 0 \\ 1 \\ 1 \end{bmatrix}, \begin{bmatrix} 1 \\ 0 \\ 0 \end{bmatrix} \right\}$

19. $\left\{ \begin{bmatrix} 1 \\ 0 \\ 1 \\ 0 \end{bmatrix}, \begin{bmatrix} -1 \\ 2 \\ 0 \\ 0 \end{bmatrix}, \begin{bmatrix} 1 \\ 0 \\ 2 \\ 0 \end{bmatrix}, \begin{bmatrix} -1 \\ 0 \\ 0 \\ 2 \end{bmatrix} \right\}$

21. T has no real eigenvalues.

23. $\left\{ \begin{bmatrix} 1 \\ 1 \end{bmatrix}, \begin{bmatrix} -3 \\ 4 \end{bmatrix} \right\}$ 25. $\left\{ \begin{bmatrix} 0 \\ 1 \\ 0 \end{bmatrix}, \begin{bmatrix} -1 \\ 0 \\ 1 \end{bmatrix}, \begin{bmatrix} 0 \\ 1 \\ 1 \end{bmatrix} \right\}$

27. The eigenspace corresponding to 1 is 2-dimensional.

29. F 30. F 31. T 32. F 33. F
34. T 35. T 36. T 37. T 38. F
39. T 40. F 41. F 42. F 43. T
44. F 45. T 46. T 47. T 48. F

49. $c = 7$ 51. all scalars c 53. -3 and -1

55. all scalars c 57. no scalars c

59. $T_W\left(\begin{bmatrix} x_1 \\ x_2 \\ x_3 \end{bmatrix}\right) = \frac{1}{3}\begin{bmatrix} x_1-2x_2-2x_3 \\ -2x_1+x_2-2x_3 \\ -2x_1-2x_2+x_3 \end{bmatrix}$

61. $T_W\left(\begin{bmatrix} x_1 \\ x_2 \\ x_3 \end{bmatrix}\right) = \frac{1}{3}\begin{bmatrix} 2x_1-2x_2+x_3 \\ -2x_1-x_2+2x_3 \\ x_1+2x_2+2x_3 \end{bmatrix}$

63. $T_W\left(\begin{bmatrix} x_1 \\ x_2 \\ x_3 \end{bmatrix}\right) = \frac{1}{90}\begin{bmatrix} 88x_1-16x_2+10x_3 \\ -16x_1-38x_2+80x_3 \\ 10x_1+80x_2+40x_3 \end{bmatrix}$

65. $2x+2y+z=0$

67. $U_W\left(\begin{bmatrix} x_1 \\ x_2 \\ x_3 \end{bmatrix}\right) = \frac{1}{3}\begin{bmatrix} 2x_2-x_2-x_3 \\ -x_1+2x_2-x_3 \\ -x_1-x_2+2x_3 \end{bmatrix}$

69. $U_W\left(\begin{bmatrix} x_1 \\ x_2 \\ x_3 \end{bmatrix}\right) = \frac{1}{6}\begin{bmatrix} 5x_1-2x_2+x_3 \\ -2x_1+2x_2+2x_3 \\ x_1+2x_2+5x_3 \end{bmatrix}$

71. $U_W\left(\begin{bmatrix} x_1 \\ x_2 \\ x_3 \end{bmatrix}\right) = \dfrac{1}{90}\begin{bmatrix} 89x_1 - 8x_2 + 5x_3 \\ -8x_1 + 26x_2 + 40x_3 \\ 5x_1 + 40x_2 + 65x_3 \end{bmatrix}$

73. $U_W\left(\begin{bmatrix} x_1 \\ x_2 \\ x_3 \end{bmatrix}\right) = \dfrac{1}{9}\begin{bmatrix} 5x_1 - 4x_2 - 2x_3 \\ -4x_1 + 5x_2 - 2x_3 \\ -2x_1 - 2x_2 + 8x_3 \end{bmatrix}$

85. $\left\{\begin{bmatrix} 2 \\ -2 \\ -4 \\ 3 \\ 0 \end{bmatrix}, \begin{bmatrix} -1 \\ 1 \\ 2 \\ 0 \\ 3 \end{bmatrix}, \begin{bmatrix} -1 \\ 1 \\ -3 \\ 2 \\ 0 \end{bmatrix}, \begin{bmatrix} 1 \\ 1 \\ 3 \\ 0 \\ 2 \end{bmatrix}, \begin{bmatrix} 1 \\ 0 \\ 1 \\ 0 \\ 0 \end{bmatrix}\right\}$

Section 5.5

1. F 2. F 3. T 4. F 5. T
6. T 7. T 8. F 9. F 10. T
11. F 12. T

13. no 15. yes 17. no 19. yes

21. $\begin{bmatrix} .75 \\ .25 \end{bmatrix}$ 23. $\begin{bmatrix} .25 \\ .25 \\ .50 \end{bmatrix}$ 25. $\dfrac{1}{6}\begin{bmatrix} 1 \\ 3 \\ 2 \end{bmatrix}$

27. $\dfrac{1}{29}\begin{bmatrix} 3 \\ 4 \\ 10 \\ 12 \end{bmatrix}$

29. (a) $\begin{bmatrix} .25 & .5 \\ .75 & .5 \end{bmatrix}$
(b) .375
(c) .6

31. (a) $\begin{bmatrix} .7 & .1 & .1 \\ .1 & .6 & .1 \\ .2 & .3 & .8 \end{bmatrix}$
(b) .6
(c) .33
(d) .25 buy brand A, .20 buy brand B, and .55 buy brand C.

35. (a) $\begin{bmatrix} \frac{117}{195} & \frac{16}{123} \\ \frac{78}{195} & \frac{107}{123} \end{bmatrix}$
(b) $\dfrac{107}{123}$
(c) about .809
(d) about .676
(e) about .245

37. (a) .05 (b) .1 (c) .3 (d) $\begin{bmatrix} .6 \\ .3 \\ .1 \end{bmatrix}$

39. (a) $\mathbf{u}$
(b) 1 is an eigenvalue of A^T.
(d) 1 is an eigenvalue of A.

45. $\begin{aligned} y_1 &= -ae^{-3t} + 2be^{4t} \\ y_2 &= 3ae^{-3t} + be^{4t} \end{aligned}$

47. $\begin{aligned} y_1 &= -2ae^{-4t} - be^{-2t} \\ y_2 &= 3ae^{-4t} + be^{-2t} \end{aligned}$

49. $\begin{aligned} y_1 &= -ce^{2t} \\ y_2 &= -ae^{-t} + be^{2t} \\ y_3 &= ae^{-t} + ce^{2t} \end{aligned}$

51. $\begin{aligned} y_1 &= ae^{-2t} + be^{-t} \\ y_2 &= -ae^{-2t} - ce^{2t} \\ y_3 &= 2ae^{-2t} + 2be^{-t} + ce^{2t} \end{aligned}$

53. $\begin{aligned} y_1 &= 10ae^{-t} + 5e^{3t} \\ y_2 &= -20e^{-t} + 10e^{3t} \end{aligned}$

55. $\begin{aligned} y_1 &= -3e^{4t} + 5e^{6t} \\ y_2 &= 6e^{4t} - 5e^{6t} \end{aligned}$

57. $\begin{aligned} y_1 &= 4e^{-t} + 5e^{t} - 9e^{2t} \\ y_2 &= 5e^{t} - 3e^{2t} \\ y_3 &= 4e^{-t} - 3e^{2t} \end{aligned}$

59. $\begin{aligned} y_1 &= 6e^{-t} - 4e^{t} - 6e^{-2t} \\ y_2 &= 6e^{-t} - 8e^{t} - 3e^{-2t} \\ y_3 &= -6e^{-t} + 12e^{t} - 3e^{-2t} \end{aligned}$

61. $y = ae^{3t} + be^{-t}$

63. $y = 3e^{-t} - 2e^{t} + e^{2t}$

65. $y = e^{-t}(c\cos\sqrt{3}t + d\sin\sqrt{3}t)$

67. (a) $y_1 = 100e^{-2t} + 800e^{t}$, $y_2 = 100e^{-2t} + 200e^{t}$
(b) 2188 and 557 at time 1, 5913 and 1480 at time 2, and 16069 and 4017 at time 3
(c) .25, no

71. $r_n = 8(-3)^n$

73. $r_n = .6(-1)^n + .4(4)^n$, $r_6 = 1639$

75. $r_n = 3(-3)^n + 5(2^n)$, $r_6 = 2507$

77. $r_n = 6(-1)^n + 3(2^n)$, $r_6 = 198$

79. (a) $r_0 = 1$, $r_1 = 2$, $r_2 = 7$, $r_3 = 20$
(b) $r_n = 2r_{n-1} + 3r_{n-2}$
(c) $r_n = \left(\frac{3}{4}\right)3^n + \left(\frac{1}{4}\right)(-1)^n$

81. $\begin{bmatrix} r_n \\ r_{n+1} \\ r_{n+2} \end{bmatrix} = \begin{bmatrix} 0 & 1 & 0 \\ 0 & 0 & 1 \\ 5 & -2 & 4 \end{bmatrix}\begin{bmatrix} r_{n-1} \\ r_n \\ r_{n+1} \end{bmatrix}$

89. $$\begin{aligned} y_1 &= -6e^{-0.8t} - 2e^{-0.1t} + e^{0.3t} + 8e^t \\ y_2 &= \quad\quad\quad\ \ -2e^{-0.1t} + 2e^{0.3t} - 4e^t \\ y_3 &= \ \ 6e^{-0.8t} \quad\quad\quad\quad\quad\quad\quad\quad\ - 4e^t \\ y_4 &= -6e^{-0.8t} + 4e^{-0.1t} - 3e^{0.3t} + 8e^t. \end{aligned}$$

91. (a)

$$\begin{bmatrix} 0.0150 & 0.0150 & 0.1850 & 0.1 & 0.0150 & 0.0150 & 0.2275 & 0.0150 & 0.0150 & 0.1 \\ 0.2275 & 0.0150 & 0.0150 & 0.1 & 0.4400 & 0.0150 & 0.0150 & 0.0150 & 0.0150 & 0.1 \\ 0.0150 & 0.0150 & 0.0150 & 0.1 & 0.0150 & 0.0150 & 0.0150 & 0.0150 & 0.0150 & 0.1 \\ 0.0150 & 0.4400 & 0.1850 & 0.1 & 0.0150 & 0.0150 & 0.0150 & 0.4400 & 0.0150 & 0.1 \\ 0.0150 & 0.0150 & 0.1850 & 0.1 & 0.0150 & 0.4400 & 0.2275 & 0.0150 & 0.4400 & 0.1 \\ 0.2275 & 0.0150 & 0.0150 & 0.1 & 0.0150 & 0.0150 & 0.2275 & 0.0150 & 0.0150 & 0.1 \\ 0.0150 & 0.4400 & 0.0150 & 0.1 & 0.0150 & 0.0150 & 0.0150 & 0.0150 & 0.0150 & 0.1 \\ 0.2275 & 0.0150 & 0.1850 & 0.1 & 0.0150 & 0.0150 & 0.0150 & 0.4400 & 0.0150 & 0.1 \\ 0.2275 & 0.0150 & 0.0150 & 0.1 & 0.0150 & 0.4400 & 0.2275 & 0.0150 & 0.0150 & 0.1 \\ 0.0150 & 0.0150 & 0.1850 & 0.1 & 0.4400 & 0.0150 & 0.0150 & 0.0150 & 0.4400 & 0.1 \end{bmatrix}$$

(b) $\mathbf{v}^T = [0.0643 \quad 0.1114 \quad 0.0392 \quad 0.1372 \quad 0.1377 \quad 0.0712 \quad 0.0865 \quad 0.1035 \quad 0.1015 \quad 0.1475]^T$, which results in the rankings 10, 5, 4, 2, 8, 9, 7, 6, 1, 3.

Chapter 5 Review Exercises

1. T	2. F	3. T	4. T	5. T
6. T	7. F	8. F	9. F	10. F
11. T	12. T	13. F	14. T	15. T
16. T	17. T			

19. $\left\{\begin{bmatrix} -3 \\ 2 \end{bmatrix}\right\}$ for 1 and $\left\{\begin{bmatrix} -2 \\ 1 \end{bmatrix}\right\}$ for 2

21. $\left\{\begin{bmatrix} -1 \\ 1 \\ 0 \end{bmatrix}\right\}$ for -2 and $\left\{\begin{bmatrix} 0 \\ 1 \\ 0 \end{bmatrix}\right\}$ for -1

23. $P = \begin{bmatrix} 2 & 1 \\ 1 & 3 \end{bmatrix}$ and $D = \begin{bmatrix} 2 & 0 \\ 0 & 7 \end{bmatrix}$

25. The eigenspace corresponding to -1 has dimension 1.

27. $\left\{\begin{bmatrix} -2 \\ 1 \end{bmatrix}, \begin{bmatrix} -1 \\ 4 \end{bmatrix}\right\}$

29. $\left\{\begin{bmatrix} 0 \\ 0 \\ 1 \end{bmatrix}, \begin{bmatrix} 1 \\ 1 \\ 0 \end{bmatrix}, \begin{bmatrix} -1 \\ 0 \\ 1 \end{bmatrix},\right\}$

31. none

33. -2 and 2

35. $\begin{bmatrix} (-1)^{k+1} + 2^{k+1} & 2(-1)^k - 2^{k+1} \\ (-1)^{k+1} + 2^k & 2(-1)^k - 2^k \end{bmatrix}$

37. $\left\{\begin{bmatrix} -1 \\ 0 \\ 2 \end{bmatrix}, \begin{bmatrix} -1 \\ 1 \\ 0 \end{bmatrix}, \begin{bmatrix} -1 \\ 0 \\ 1 \end{bmatrix},\right\}$

Chapter 5 MATLAB Exercises

1. (a) $P = \begin{bmatrix} 1.00 & 0.80 & 0.75 & 1.00 & 1.00 \\ -0.50 & -0.40 & -0.50 & 1.00 & -1.00 \\ 0.00 & -0.20 & -0.25 & 0.00 & -0.50 \\ 0.50 & 0.40 & 0.50 & 0.00 & 0.00 \\ 1.00 & 1.00 & 1.00 & 1.00 & 1.00 \end{bmatrix}$

$$D = \begin{bmatrix} 3 & 0 & 0 & 0 & 0 \\ 0 & 1 & 0 & 0 & 0 \\ 0 & 0 & 0 & 0 & 0 \\ 0 & 0 & 0 & -1 & 0 \\ 0 & 0 & 0 & 0 & 2 \end{bmatrix}$$

(b) rank $(A - \frac{1}{2}I_4) = 3$, but eigenvalue $\frac{1}{2}$ has multiplicity 2

(c) $P = \begin{bmatrix} -1.25 & -1.00 & -0.50 & -1.00 \\ -0.25 & -0.50 & 0.50 & 0.00 \\ 0.75 & 0.50 & 1.00 & 0.00 \\ 1.00 & 1.00 & 0.00 & 1.00 \end{bmatrix}$

$$D = \begin{bmatrix} -1 & 0 & 0 & 0 \\ 0 & 2 & 0 & 0 \\ 0 & 0 & 1 & 0 \\ 0 & 0 & 0 & 1 \end{bmatrix}$$

(d) rank $(A - 0I_5) = 4$, but eigenvalue 0 has multiplicity 2

2. The eigenvalues of B and C are the same. Let J be the matrix obtained from I_n by interchanging columns i and j. If $\mathbf{v}$ is an eigenvector of B with corresponding eigenvalue λ, then $J\mathbf{v}$ is an eigenvector of C with corresponding eigenvalue λ. Similarly, if $\mathbf{w}$ is an eigenvector of C with corresponding eigenvalue λ, then $J^{-1}\mathbf{w}$ is an eigenvector of B with corresponding eigenvalue λ.

3. $\begin{bmatrix} -9 & 20 & -5 & -8 & 2 \\ -5 & 11 & -2 & -4 & 1 \\ 0 & 0 & 2 & 0 & 0 \\ -10 & 16 & -4 & -5 & 2 \\ -27 & 60 & -15 & -24 & 6 \end{bmatrix}$

4. (a)

$$\begin{bmatrix} 0.0150 & 0.2983 & 0.0150 & 0.0150 & 0.2275 & 0.0150 & 0.2275 & 0.1 & 0.0150 & 0.4400 \\ 0.2275 & 0.0150 & 0.0150 & 0.0150 & 0.0150 & 0.0150 & 0.0150 & 0.1 & 0.4400 & 0.0150 \\ 0.0150 & 0.0150 & 0.0150 & 0.0150 & 0.0150 & 0.0150 & 0.2275 & 0.1 & 0.0150 & 0.4400 \\ 0.0150 & 0.0150 & 0.0150 & 0.0150 & 0.2275 & 0.2983 & 0.0150 & 0.1 & 0.0150 & 0.0150 \\ 0.2275 & 0.0150 & 0.0150 & 0.4400 & 0.0150 & 0.0150 & 0.2275 & 0.1 & 0.4400 & 0.0150 \\ 0.0150 & 0.0150 & 0.0150 & 0.4400 & 0.0150 & 0.0150 & 0.2275 & 0.1 & 0.0150 & 0.0150 \\ 0.2275 & 0.0150 & 0.4400 & 0.0150 & 0.2275 & 0.2983 & 0.0150 & 0.1 & 0.0150 & 0.0150 \\ 0.0150 & 0.2983 & 0.0150 & 0.0150 & 0.0150 & 0.2983 & 0.0150 & 0.1 & 0.0150 & 0.0150 \\ 0.0150 & 0.2983 & 0.0150 & 0.0150 & 0.2275 & 0.0150 & 0.0150 & 0.1 & 0.0150 & 0.0150 \\ 0.2275 & 0.0150 & 0.4400 & 0.0150 & 0.0150 & 0.0150 & 0.0150 & 0.1 & 0.0150 & 0.0150 \end{bmatrix}$$

(b) $\begin{bmatrix} 0.1442 \\ 0.0835 \\ 0.0895 \\ 0.0756 \\ 0.1463 \\ 0.0835 \\ 0.1442 \\ 0.0681 \\ 0.0756 \\ 0.0895 \end{bmatrix}$, which results in the rankings 5, 1, 7, 3, 10, 2, 6, 4, 9, 8.

5. (a) A basis does not exist because the sum of the multiplicities of the eigenvalues of the standard matrix of T is not 4.

(b) $\left\{\begin{bmatrix}-1\\-1\\0\\1\\0\end{bmatrix}, \begin{bmatrix}0\\-1\\-1\\0\\1\end{bmatrix}, \begin{bmatrix}11\\10\\-3\\-13\\3\end{bmatrix}, \begin{bmatrix}15\\8\\-4\\-15\\1\end{bmatrix}, \begin{bmatrix}5\\10\\0\\-7\\1\end{bmatrix}\right\}$

6. (b) $T\left(\begin{bmatrix}x_1\\x_2\\x_3\\x_4\end{bmatrix}\right) = \begin{bmatrix}1.5x_1 - 3.5x_2 + 1.0x_3 + 0.5x_4\\ -3.0x_1 + 3.6x_2 - 0.2x_3 + 1.0x_4\\ -16.5x_1 + 22.3x_2 - 3.6x_3 + 5.5x_4\\ 4.5x_1 - 8.3x_2 + 1.6x_3 + 1.5x_4\end{bmatrix}.$

(c) T is not diagonalizable.

7. (a) $T\left(\begin{bmatrix}x_1\\x_2\\x_3\\x_4\end{bmatrix}\right) = \begin{bmatrix}11.5x_1 - 13.7x_2 + 3.4x_3 - 4.5x_4\\ 5.5x_1 - 5.9x_2 + 1.8x_3 - 2.5x_4\\ -6.0x_1 + 10.8x_2 - 1.6x_3\\ 5.0x_1 - 5.6x_2 + 1.2x_3 - 3.0x_4\end{bmatrix}$

(b) Answers are given correct to 4 places after the decimal point.

$\left\{\begin{bmatrix}3.0000\\2.0000\\1.0000\\1.0000\end{bmatrix}, \begin{bmatrix}2.0000\\1.0000\\-2.0000\\1.0000\end{bmatrix}, \begin{bmatrix}-2.4142\\-8.2426\\-24.7279\\1.0000\end{bmatrix}, \begin{bmatrix}0.4142\\0.2426\\0.7279\\1.0000\end{bmatrix}\right\}$

8. Answers are given correct to 4 places after the decimal point.

(b) $\begin{bmatrix}.2344\\.1934\\.1732\\.2325\\.1665\end{bmatrix},$

(c) $\begin{bmatrix}5.3\\5.2\\5.1\\6.1\\3.3\end{bmatrix}, \begin{bmatrix}5.8611\\4.8351\\4.3299\\5.8114\\4.1626\end{bmatrix}, \begin{bmatrix}5.8610\\4.8351\\4.3299\\5.8114\\4.1625\end{bmatrix}$

(d) $A^{100}\mathbf{p} \approx 25\mathbf{v}$

9. $r_n = (0.2)3^n - 2^n - (0.2)(-2)^n + 4 + 2(-1)^n$

Chapter 6

Section 6.1

1. $\|\mathbf{u}\| = \sqrt{34}$, $\|\mathbf{v}\| = \sqrt{20}$, and $d = \sqrt{58}$
3. $\|\mathbf{u}\| = \sqrt{2}$, $\|\mathbf{v}\| = \sqrt{5}$, and $d = \sqrt{5}$
5. $\|\mathbf{u}\| = \sqrt{11}$, $\|\mathbf{v}\| = \sqrt{5}$, and $d = \sqrt{14}$
7. $\|\mathbf{u}\| = \sqrt{7}$, $\|\mathbf{v}\| = \sqrt{15}$, and $d = \sqrt{26}$

9. 0, yes　11. 1, no　13. 0, yes　15. −2, no

17. $\|\mathbf{u}\|^2 = 20$, $\|\mathbf{v}\|^2 = 45$, $\|\mathbf{u}+\mathbf{v}\|^2 = 65$
19. $\|\mathbf{u}\|^2 = 13$, $\|\mathbf{v}\|^2 = 0$, $\|\mathbf{u}+\mathbf{v}\|^2 = 13$
21. $\|\mathbf{u}\|^2 = 14$, $\|\mathbf{v}\|^2 = 3$, $\|\mathbf{u}+\mathbf{v}\|^2 = 17$
23. $\|\mathbf{u}\|^2 = 14$, $\|\mathbf{v}\|^2 = 138$, $\|\mathbf{u}+\mathbf{v}\|^2 = 152$
25. $\|\mathbf{u}\| = \sqrt{13}$, $\|\mathbf{v}\| = \sqrt{44}$, $\|\mathbf{u}+\mathbf{v}\| = \sqrt{13}$
27. $\|\mathbf{u}\| = \sqrt{20}$, $\|\mathbf{v}\| = \sqrt{10}$, $\|\mathbf{u}+\mathbf{v}\| = \sqrt{50}$
29. $\|\mathbf{u}\| = \sqrt{21}$, $\|\mathbf{v}\| = \sqrt{11}$, $\|\mathbf{u}+\mathbf{v}\| = \sqrt{34}$
31. $\|\mathbf{u}\| = \sqrt{14}$, $\|\mathbf{v}\| = \sqrt{17}$, $\|\mathbf{u}+\mathbf{v}\| = \sqrt{53}$
33. $\|\mathbf{u}\| = \sqrt{13}$, $\|\mathbf{v}\| = \sqrt{34}$, $\mathbf{u}\cdot\mathbf{v} = -1$
35. $\|\mathbf{u}\| = \sqrt{17}$, $\|\mathbf{v}\| = 2$, $\mathbf{u}\cdot\mathbf{v} = -2$
37. $\|\mathbf{u}\| = \sqrt{41}$, $\|\mathbf{v}\| = \sqrt{18}$, $\mathbf{u}\cdot\mathbf{v} = 0$
39. $\|\mathbf{u}\| = \sqrt{21}$, $\|\mathbf{v}\| = \sqrt{6}$, $\mathbf{u}\cdot\mathbf{v} = 5$
41. $\mathbf{w} = \begin{bmatrix}5\\0\end{bmatrix}$ and $d = 0$
43. $\mathbf{w} = \frac{1}{2}\begin{bmatrix}-1\\1\end{bmatrix}$ and $d = \frac{7\sqrt{2}}{2}$
45. $\mathbf{w} = \begin{bmatrix}0.7\\2.1\end{bmatrix}$ and $d = 1.1\sqrt{10}$

49. −3　51. 11　53. 441　55. 21

57. 7　59. 49

61. T	62. F	63. F	64. F	65. F
66. T	67. T	68. T	69. T	70. F
71. F	72. T	73. T	74. T	75. T
76. F	77. T	78. F	79. T	80. T

99. 135°　101. 180°　103. 60°　105. 150°

121. $\overline{v} = \frac{26}{3} \approx 8.6667$ and $v^* = \frac{244}{26} \approx 9.3846$

123. $\overline{v} = v^* = 22$

Section 6.2

1. no　3. no　5. no　7. yes

9. (a) $\left\{\begin{bmatrix}1\\1\\1\end{bmatrix}, \begin{bmatrix}3\\-3\\0\end{bmatrix}\right\}$

(b) $\left\{\frac{1}{\sqrt{3}}\begin{bmatrix}1\\1\\1\end{bmatrix}, \frac{1}{\sqrt{2}}\begin{bmatrix}1\\-1\\0\end{bmatrix}\right\}$

11. (a) $\left\{\begin{bmatrix}1\\-2\\-1\end{bmatrix}, \begin{bmatrix}9\\3\\3\end{bmatrix}\right\}$

(b) $\left\{\frac{1}{\sqrt{6}}\begin{bmatrix}1\\-2\\-1\end{bmatrix}, \frac{1}{\sqrt{11}}\begin{bmatrix}3\\1\\1\end{bmatrix}\right\}$

13. (a) $\left\{\begin{bmatrix}0\\1\\1\\1\end{bmatrix}, \frac{1}{3}\begin{bmatrix}3\\-2\\1\\1\end{bmatrix}, \frac{1}{5}\begin{bmatrix}3\\3\\-4\\1\end{bmatrix}\right\}$

(b) $\left\{\frac{1}{\sqrt{3}}\begin{bmatrix}0\\1\\1\\1\end{bmatrix}, \frac{1}{\sqrt{15}}\begin{bmatrix}3\\-2\\1\\1\end{bmatrix}, \frac{1}{\sqrt{35}}\begin{bmatrix}3\\3\\-4\\1\end{bmatrix}\right\}$

15. (a) $\left\{\begin{bmatrix}1\\0\\-1\\1\end{bmatrix}, \begin{bmatrix}1\\1\\0\\-1\end{bmatrix}, \begin{bmatrix}2\\-1\\3\\1\end{bmatrix}\right\}$

(b) $\left\{\frac{1}{\sqrt{3}}\begin{bmatrix}1\\0\\-1\\1\end{bmatrix}, \frac{1}{\sqrt{3}}\begin{bmatrix}1\\1\\0\\-1\end{bmatrix}, \frac{1}{\sqrt{15}}\begin{bmatrix}2\\-1\\3\\1\end{bmatrix}\right\}$

17. $\mathbf{v} = 2\begin{bmatrix}2\\1\end{bmatrix} + 3\begin{bmatrix}-1\\2\end{bmatrix}$

19. $\mathbf{v} = (-1)\begin{bmatrix}-1\\3\\-2\end{bmatrix} + (-2)\begin{bmatrix}-1\\1\\2\end{bmatrix} + 4\begin{bmatrix}1\\1\\1\end{bmatrix}$

21. $\mathbf{v} = \frac{5}{2}\begin{bmatrix}1\\0\\1\end{bmatrix} + \frac{3}{6}\begin{bmatrix}1\\2\\-1\end{bmatrix} + 0\begin{bmatrix}1\\-1\\-1\end{bmatrix}$

23. $\mathbf{v} = (-4)\begin{bmatrix}1\\-1\\-1\\1\end{bmatrix} + 2\begin{bmatrix}2\\1\\1\\0\end{bmatrix} + (-1)\begin{bmatrix}-1\\1\\1\\3\end{bmatrix}$

25. $Q = \begin{bmatrix}\frac{1}{\sqrt{3}} & \frac{1}{\sqrt{2}}\\ \frac{1}{\sqrt{3}} & -\frac{1}{\sqrt{2}}\\ \frac{1}{\sqrt{3}} & 0\end{bmatrix}$ and $R = \begin{bmatrix}\sqrt{3} & 2\sqrt{3}\\ 0 & 3\sqrt{2}\end{bmatrix}$

27. $Q = \begin{bmatrix}\frac{1}{\sqrt{6}} & \frac{3}{\sqrt{11}}\\ -\frac{2}{\sqrt{6}} & \frac{1}{\sqrt{11}}\\ -\frac{1}{\sqrt{6}} & \frac{1}{\sqrt{11}}\end{bmatrix}$ and $R = \begin{bmatrix}\sqrt{6} & -2\sqrt{6}\\ 0 & 3\sqrt{11}\end{bmatrix}$

29. $Q = \begin{bmatrix}0 & \frac{3}{\sqrt{15}} & \frac{3}{\sqrt{35}}\\ \frac{1}{\sqrt{3}} & -\frac{2}{\sqrt{15}} & \frac{3}{\sqrt{35}}\\ \frac{1}{\sqrt{3}} & \frac{1}{\sqrt{15}} & -\frac{4}{\sqrt{35}}\\ \frac{1}{\sqrt{3}} & \frac{1}{\sqrt{15}} & \frac{1}{\sqrt{35}}\end{bmatrix}$ and

$$R = \begin{bmatrix}\sqrt{3} & \frac{2}{\sqrt{3}} & \frac{2}{\sqrt{3}}\\ 0 & \frac{\sqrt{15}}{3} & \frac{2}{\sqrt{15}}\\ 0 & 0 & \frac{7}{\sqrt{35}}\end{bmatrix}$$

31. $Q = \begin{bmatrix}\frac{1}{\sqrt{3}} & \frac{1}{\sqrt{3}} & \frac{2}{\sqrt{15}}\\ 0 & \frac{1}{\sqrt{3}} & -\frac{1}{\sqrt{15}}\\ -\frac{1}{\sqrt{3}} & 0 & \frac{3}{\sqrt{15}}\\ \frac{1}{\sqrt{3}} & -\frac{1}{\sqrt{3}} & \frac{1}{\sqrt{15}}\end{bmatrix}$ and

$$R = \begin{bmatrix}\sqrt{3} & \sqrt{3} & 2\sqrt{3}\\ 0 & \sqrt{3} & -\frac{2}{\sqrt{3}}\\ 0 & 0 & \frac{5}{\sqrt{15}}\end{bmatrix}$$

33. $\begin{bmatrix}2\\-1\end{bmatrix}$ 35. $\begin{bmatrix}3\\-2\end{bmatrix}$ 37. $\begin{bmatrix}-2\\1\\3\end{bmatrix}$ 39. $\begin{bmatrix}2\\-4\\3\end{bmatrix}$

41. F 42. T 43. T 44. T 45. T
46. T 47. T 48. T 49. F 50. F
51. T 52. F

67. (a) $\operatorname{rank} A = 3$

(b) $Q = \begin{bmatrix}-0.3172 & -0.4413 & -0.5587\\ 0.2633 & -0.4490 & -0.2951\\ 0.7182 & -0.4040 & -0.0570\\ -0.5386 & -0.5875 & 0.3130\\ -0.1556 & 0.3087 & -0.7068\end{bmatrix}$ and

$$R = \begin{bmatrix}-16.7096 & 6.4460 & 6.3700\\ 0.0000 & -20.7198 & -3.7958\\ 0.0000 & 0.0000 & -15.6523\end{bmatrix}$$

Section 6.3

1. $\left\{\begin{bmatrix}1\\1\\0\end{bmatrix}, \begin{bmatrix}-2\\0\\1\end{bmatrix}\right\}$ 3. $\left\{\begin{bmatrix}1\\1\\-1\end{bmatrix}\right\}$

5. $\left\{\begin{bmatrix}-5\\-2\\1\\0\end{bmatrix}, \begin{bmatrix}-3\\-1\\0\\1\end{bmatrix}\right\}$ 7. $\left\{\begin{bmatrix}1\\-2\\1\\0\end{bmatrix}, \begin{bmatrix}-3\\1\\0\\1\end{bmatrix}\right\}$

9. (a) $\mathbf{w} = \begin{bmatrix}-1\\1\end{bmatrix}$ and $\mathbf{z} = \begin{bmatrix}2\\2\end{bmatrix}$

(b) $\begin{bmatrix}-1\\1\end{bmatrix}$ (c) $\sqrt{8}$

11. (a) $\mathbf{w} = \mathbf{u}$ and $\mathbf{z} = \mathbf{0}$

(b) $\begin{bmatrix} 1 \\ 4 \\ -1 \end{bmatrix}$ (c) 0

13. (a) $\mathbf{w} = \begin{bmatrix} 2 \\ 2 \\ 3 \\ 1 \end{bmatrix}$ and $\mathbf{z} = \begin{bmatrix} 0 \\ 2 \\ -2 \\ 2 \end{bmatrix}$

(b) $\begin{bmatrix} 2 \\ 2 \\ 3 \\ 1 \end{bmatrix}$ (c) $\sqrt{12}$

15. (a) $\mathbf{w} = \begin{bmatrix} 3 \\ 4 \\ -2 \\ 3 \end{bmatrix}$ and $\mathbf{z} = \begin{bmatrix} -3 \\ 1 \\ -1 \\ 1 \end{bmatrix}$

(b) $\begin{bmatrix} 3 \\ 4 \\ -2 \\ 3 \end{bmatrix}$ (c) $\sqrt{12}$

17. (a) $P_W = \frac{1}{25}\begin{bmatrix} 9 & -12 \\ -12 & 16 \end{bmatrix}$

(b) $\mathbf{w} = \begin{bmatrix} -6 \\ 8 \end{bmatrix}$, $\mathbf{z} = \begin{bmatrix} -4 \\ -3 \end{bmatrix}$, (c) 5

19. (a) $P_W = \frac{1}{6}\begin{bmatrix} 1 & -2 & -1 \\ -2 & 4 & 2 \\ -1 & 2 & 1 \end{bmatrix}$

(b) $\mathbf{w} = \frac{1}{3}\begin{bmatrix} -1 \\ 2 \\ 1 \end{bmatrix}$, $\mathbf{z} = \frac{4}{3}\begin{bmatrix} 1 \\ 1 \\ -1 \end{bmatrix}$ (c) $\frac{4}{\sqrt{3}}$

21. (a) $P_W = \frac{1}{33}\begin{bmatrix} 22 & 11 & 0 & 11 \\ 11 & 19 & 9 & -8 \\ 0 & 9 & 6 & -9 \\ 11 & -8 & -9 & 19 \end{bmatrix}$

(b) $\mathbf{w} = \begin{bmatrix} 3 \\ 0 \\ -1 \\ 3 \end{bmatrix}$, $\mathbf{z} = \begin{bmatrix} -2 \\ 1 \\ 3 \\ 3 \end{bmatrix}$ (c) $\sqrt{23}$

23. (a) $P_W = \frac{1}{12}\begin{bmatrix} 11 & 1 & -3 & 1 \\ 1 & 11 & 3 & -1 \\ -3 & 3 & 3 & 3 \\ 1 & -1 & 3 & 11 \end{bmatrix}$

(b) $\mathbf{w} = \begin{bmatrix} 3 \\ -1 \\ 0 \\ 4 \end{bmatrix}$, $\mathbf{z} = \begin{bmatrix} -1 \\ 1 \\ -3 \\ 1 \end{bmatrix}$ (c) $\sqrt{12}$

25. (a) $P_W = \frac{1}{6}\begin{bmatrix} 5 & -2 & 1 \\ -2 & 2 & 2 \\ 1 & 2 & 5 \end{bmatrix}$

(b) $\mathbf{w} = \begin{bmatrix} 2 \\ -1 \\ 0 \end{bmatrix}$, $\mathbf{z} = \begin{bmatrix} 1 \\ 2 \\ -1 \end{bmatrix}$ (c) $\sqrt{6}$

27. (a) $P_W = \frac{1}{42}\begin{bmatrix} 25 & -20 & 5 \\ -20 & 16 & -4 \\ 5 & -4 & 1 \end{bmatrix}$

(b) $\mathbf{w} = \begin{bmatrix} 5 \\ -4 \\ 1 \end{bmatrix}$, $\mathbf{z} = \begin{bmatrix} 3 \\ 4 \\ 1 \end{bmatrix}$ (c) $\sqrt{26}$

29. (a) $P_W = \frac{1}{11}\begin{bmatrix} 6 & -2 & -1 & -5 \\ -2 & 8 & 4 & -2 \\ -1 & 4 & 2 & -1 \\ -5 & -2 & -1 & 6 \end{bmatrix}$

(b) $\mathbf{w} = \begin{bmatrix} 0 \\ 4 \\ 2 \\ -2 \end{bmatrix}$, $\mathbf{z} = \begin{bmatrix} 1 \\ 1 \\ -1 \\ 1 \end{bmatrix}$ (c) 2

31. (a) $P_W = \begin{bmatrix} 1 & 0 \\ 0 & 1 \end{bmatrix}$

(b) $\mathbf{w} = \begin{bmatrix} 2 \\ 3 \end{bmatrix}$, $\mathbf{z} = \begin{bmatrix} 0 \\ 0 \end{bmatrix}$ (c) 0

33. F 34. F 35. T 36. F 37. T
38. T 39. T 40. T 41. T 42. F
43. F 44. T 45. T 46. F 47. T
48. F 49. F 50. T 51. F 52. T
53. T 54. F 55. T 56. T

79. (b) $\frac{1}{6}\begin{bmatrix} 4 & 2 & 0 & -2 \\ 2 & 3 & 2 & 1 \\ 0 & 2 & 2 & 2 \\ -2 & 1 & 2 & 3 \end{bmatrix}$

81. $\frac{1}{3}\begin{bmatrix} 2 & -1 & 0 & 1 \\ -1 & 1 & -1 & 0 \\ 0 & -1 & 2 & -1 \\ 1 & 0 & -1 & 1 \end{bmatrix}$

85. (a) There is no unique answer. Using Q in the MATLAB command $[Q\ R] = \mathtt{qr}(A, 0)$ (see Table D.3 in Appendix D), where A is the matrix whose columns are the vectors in $\mathcal{S}$, we obtain

$$\left\{ \begin{bmatrix} 0 \\ 0.2914 \\ -0.8742 \\ 0 \\ 0.3885 \end{bmatrix}, \begin{bmatrix} 0.7808 \\ -0.5828 \\ -0.1059 \\ 0 \\ 0.1989 \end{bmatrix}, \begin{bmatrix} -0.0994 \\ -0.3243 \\ -0.4677 \\ 0.1082 \\ -0.8090 \end{bmatrix}, \begin{bmatrix} -0.1017 \\ -0.1360 \\ -0.0589 \\ -0.9832 \\ -0.0304 \end{bmatrix} \right\}.$$

(b) $\mathbf{w} = \begin{bmatrix} -6.3817 \\ 6.8925 \\ 7.2135 \\ 1.3687 \\ 2.3111 \end{bmatrix}$

(c) $\|\mathbf{u} - \mathbf{w}\| = 4.3033$

87. $P_W =$

$$\begin{bmatrix} 0.6298 & -0.4090 & -0.0302 & 0.0893 & 0.2388 \\ -0.4090 & 0.5482 & -0.0334 & 0.0986 & 0.2638 \\ -0.0302 & -0.0334 & 0.9975 & 0.0073 & 0.0195 \\ 0.0893 & 0.0986 & 0.0073 & 0.9785 & -0.0576 \\ 0.2388 & 0.2638 & 0.0195 & -0.0576 & 0.8460 \end{bmatrix}$$

Section 6.4

1. $y = 13.5 + x$ 3. $y = 3.2 + 1.6x$

5. $y = 44 - 3x$ 7. $y = 9.6 + 2.6x$

9. $y = -6.35 + 2.1x$, the estimates of k and L are 2.1 and 3.02, respectively.

11. $3 - x + x^2$ 13. $2 + 0.5x + 0.5x^2$

15. $-1 + x^2 + x^3$

17. $\frac{1}{3}\begin{bmatrix} 4 \\ -2 \\ 0 \end{bmatrix} + x_3\begin{bmatrix} -1 \\ 1 \\ 1 \end{bmatrix}$

19. $\frac{1}{19}\begin{bmatrix} -35 \\ -50 \\ 31 \\ 0 \end{bmatrix} + x_4\begin{bmatrix} 0 \\ 1 \\ -1 \\ 1 \end{bmatrix}$

21. $\frac{1}{3}\begin{bmatrix} 7 \\ -1 \\ 8 \end{bmatrix}$ 23. $\begin{bmatrix} 1 \\ -1 \\ 1 \\ 0 \end{bmatrix}$

25. $\frac{1}{3}\begin{bmatrix} 2 \\ 0 \\ 2 \end{bmatrix}$ 27. $\frac{1}{19}\begin{bmatrix} -35 \\ -23 \\ 4 \\ 27 \end{bmatrix}$

28. F 29. T 30. F 31. F 32. T

39. $y = 1.42 + 0.49x + 0.38x^2 + 0.73x^3$

41. $a = 3.0$ and $b = -2.0$

Section 6.5

1. no 3. no 5. yes 7. no

9. a reflection, $y = (\sqrt{2} - 1)x$

11. a rotation, $\theta = 30°$

13. a reflection, $y = \frac{2}{3}x$

15. a rotation, $\theta = 270°$

17. T 18. F 19. F 20. T 21. T

22. T 23. F 24. F 25. T 26. F

27. F 28. T 29. T 30. T 31. F

32. F 33. F 34. T 35. T 36. T

37. One possibility is to let $T = T_A$ for

$$A = \frac{1}{35}\begin{bmatrix} 10 & 33 & 6 \\ -30 & 6 & 17 \\ 15 & -10 & 30 \end{bmatrix}.$$

39. (b) The only eigenvalue is $\lambda = 1$, and the corresponding eigenspace is Span $\{\mathbf{e}_3\}$.

41. One possibility is to let $T = T_A$ for

$$A = \frac{1}{21}\begin{bmatrix} 20 & 4 & -5 \\ -5 & 20 & -4 \\ 4 & 5 & 20 \end{bmatrix}.$$

61. $Q = \begin{bmatrix} 1 & 0 \\ 0 & -1 \end{bmatrix}$ and $\mathbf{b} = \begin{bmatrix} 1 \\ 4 \end{bmatrix}$

63. $Q = \begin{bmatrix} .8 & -.6 \\ .6 & .8 \end{bmatrix}$ and $\mathbf{b} = \begin{bmatrix} 0 \\ 3 \end{bmatrix}$

67. (a) $A_2 = \begin{bmatrix} 0 & -1 \\ -1 & 0 \end{bmatrix}$, $A_3 = \frac{1}{3}\begin{bmatrix} 1 & -2 & -2 \\ -2 & 1 & -2 \\ -2 & -2 & 1 \end{bmatrix}$, and A_6 is the 6×6 matrix whose diagonal entries are $\frac{2}{3}$ and whose off diagonal entries are $-\frac{1}{3}$.

71. $\begin{bmatrix} 0.7833 & 0.6217 \\ 0.6217 & -0.7833 \end{bmatrix}$ (rounded to 4 places after the decimal)

73. 231°

Section 6.6

1. (a) $\begin{bmatrix} 2 & -7 \\ -7 & 50 \end{bmatrix}$

(b) about 8.1°

(c) $x = \frac{7}{\sqrt{50}}x' - \frac{1}{\sqrt{50}}y'$
$y = \frac{1}{\sqrt{50}}x' + \frac{7}{\sqrt{50}}y'$

(d) $(x')^2 + 51(y')^2 = 255$

(e) an ellipse

3. (a) $\begin{bmatrix} 1 & -6 \\ -6 & -4 \end{bmatrix}$

(b) about 56.3°

(c) $x = \frac{2}{\sqrt{13}}x' - \frac{3}{\sqrt{13}}y'$
$y = \frac{3}{\sqrt{13}}x' + \frac{2}{\sqrt{13}}y'$

(d) $-8(x')^2 + 5(y')^2 = 40$

(e) a hyperbola

5. (a) $\begin{bmatrix} 5 & 2 \\ 2 & 5 \end{bmatrix}$

(b) 45°

(c) $x = \dfrac{1}{\sqrt{2}}x' - \dfrac{1}{\sqrt{2}}y'$
$y = \dfrac{1}{\sqrt{2}}x' + \dfrac{1}{\sqrt{2}}y'$

(d) $7(x')^2 + 3(y')^2 = 9$

(e) an ellipse

7. (a) $\begin{bmatrix} 1 & 2 \\ 2 & 1 \end{bmatrix}$

(b) 45°

(c) $x = \dfrac{1}{\sqrt{2}}x' - \dfrac{1}{\sqrt{2}}y'$
$y = \dfrac{1}{\sqrt{2}}x' + \dfrac{1}{\sqrt{2}}y'$

(d) $3(x')^2 - (y')^2 = 7$

(e) a hyperbola

9. (a) $\begin{bmatrix} 2 & -6 \\ -6 & -7 \end{bmatrix}$

(b) about 63.4°

(c) $x = \dfrac{1}{\sqrt{5}}x' - \dfrac{2}{\sqrt{5}}y'$
$y = \dfrac{2}{\sqrt{5}}x' + \dfrac{1}{\sqrt{5}}y'$

(d) $-10(x')^2 + 5(y')^2 = 200$

(e) a hyperbola

11. (a) $\begin{bmatrix} 1 & 1 \\ 1 & 1 \end{bmatrix}$

(b) 45°

(c) $x = \dfrac{1}{\sqrt{2}}x' - \dfrac{1}{\sqrt{2}}y'$
$y = \dfrac{1}{\sqrt{2}}x' + \dfrac{1}{\sqrt{2}}y'$

(d) $2\sqrt{2}(x')^2 + 9x' - 7y' = 0$

(e) a parabola

13. $\left\{\dfrac{1}{\sqrt{2}}\begin{bmatrix} 1 \\ -1 \end{bmatrix}, \dfrac{1}{\sqrt{2}}\begin{bmatrix} 1 \\ 1 \end{bmatrix}\right\}$, 2 and 4,

$$A = 2\begin{bmatrix} 0.5 & -0.5 \\ -0.5 & 0.5 \end{bmatrix} + 4\begin{bmatrix} 0.5 & 0.5 \\ 0.5 & 0.5 \end{bmatrix}$$

15. $\left\{\dfrac{1}{\sqrt{2}}\begin{bmatrix} 1 \\ 1 \end{bmatrix}, \dfrac{1}{\sqrt{2}}\begin{bmatrix} 1 \\ -1 \end{bmatrix}\right\}$, 3 and -1,

$$A = 3\begin{bmatrix} 0.5 & 0.5 \\ 0.5 & 0.5 \end{bmatrix} + (-1)\begin{bmatrix} 0.5 & -0.5 \\ -0.5 & 0.5 \end{bmatrix}$$

17. $\left\{\dfrac{1}{3}\begin{bmatrix} -1 \\ -2 \\ 2 \end{bmatrix}, \dfrac{1}{3}\begin{bmatrix} 2 \\ 1 \\ 2 \end{bmatrix}, \dfrac{1}{3}\begin{bmatrix} -2 \\ 2 \\ 1 \end{bmatrix}\right\}$, 3, 6, and 0,

$$A = 3\begin{bmatrix} \frac{1}{9} & \frac{2}{9} & -\frac{2}{9} \\ \frac{2}{9} & \frac{4}{9} & -\frac{4}{9} \\ -\frac{2}{9} & -\frac{4}{9} & \frac{2}{9} \end{bmatrix} + 6\begin{bmatrix} \frac{4}{9} & \frac{2}{9} & \frac{4}{9} \\ \frac{2}{9} & \frac{1}{9} & \frac{2}{9} \\ \frac{4}{9} & \frac{2}{9} & \frac{4}{9} \end{bmatrix} + 0\begin{bmatrix} \frac{4}{9} & -\frac{4}{9} & -\frac{2}{9} \\ -\frac{4}{9} & \frac{4}{9} & \frac{2}{9} \\ -\frac{2}{9} & \frac{2}{9} & \frac{1}{9} \end{bmatrix}$$

19. $\left\{\begin{bmatrix} 1 \\ 0 \\ 0 \end{bmatrix}, \dfrac{1}{\sqrt{5}}\begin{bmatrix} 0 \\ -2 \\ 1 \end{bmatrix}, \dfrac{1}{\sqrt{5}}\begin{bmatrix} 0 \\ 1 \\ 2 \end{bmatrix}\right\}$ -1, -1, and 4,

$$A = (-1)\begin{bmatrix} 1 & 0 & 0 \\ 0 & 0 & 0 \\ 0 & 0 & 0 \end{bmatrix} + (-1)\begin{bmatrix} 0 & 0 & 0 \\ 0 & .8 & -.4 \\ 0 & -.4 & .2 \end{bmatrix} + 4\begin{bmatrix} 0 & 0 & 0 \\ 0 & .2 & .4 \\ 0 & .4 & .8 \end{bmatrix}$$

21. T	22. F	23. T	24. F	25. F
26. T	27. T	28. F	29. T	30. T
31. T	32. F	33. T	34. F	35. F
36. F	37. T	38. T	39. F	40. F

41. $2\begin{bmatrix} 1 & 0 \\ 0 & 0 \end{bmatrix} + 2\begin{bmatrix} 0 & 0 \\ 0 & 1 \end{bmatrix}$ and

$$2\begin{bmatrix} .5 & .5 \\ .5 & .5 \end{bmatrix} + 2\begin{bmatrix} .5 & -.5 \\ -.5 & .5 \end{bmatrix}$$

Section 6.7

1. $\begin{bmatrix} \frac{1}{\sqrt{2}} & -\frac{1}{\sqrt{2}} \\ \frac{1}{\sqrt{2}} & \frac{1}{\sqrt{2}} \end{bmatrix}\begin{bmatrix} \sqrt{2} & 0 \\ 0 & 0 \end{bmatrix}\begin{bmatrix} 1 & 0 \\ 0 & 1 \end{bmatrix}^T$

3. $\begin{bmatrix} \frac{1}{3} & \frac{2}{\sqrt{5}} & \frac{2}{3\sqrt{5}} \\ \frac{2}{3} & \frac{-1}{\sqrt{5}} & \frac{4}{3\sqrt{5}} \\ \frac{2}{3} & 0 & \frac{-5}{3\sqrt{5}} \end{bmatrix}\begin{bmatrix} 3 \\ 0 \\ 0 \end{bmatrix}[1]^T$

5. $\begin{bmatrix} \frac{3}{\sqrt{35}} & \frac{1}{\sqrt{10}} & \frac{-3}{\sqrt{14}} \\ \frac{-1}{\sqrt{35}} & \frac{3}{\sqrt{10}} & \frac{1}{\sqrt{14}} \\ \frac{5}{\sqrt{35}} & 0 & \frac{2}{\sqrt{14}} \end{bmatrix}\begin{bmatrix} \sqrt{7} & 0 \\ 0 & \sqrt{2} \\ 0 & 0 \end{bmatrix}\begin{bmatrix} \frac{1}{\sqrt{5}} & \frac{2}{\sqrt{5}} \\ \frac{2}{\sqrt{5}} & \frac{-1}{\sqrt{5}} \end{bmatrix}^T$

7. $\begin{bmatrix} \frac{1}{\sqrt{2}} & \frac{1}{\sqrt{2}} \\ \frac{-1}{\sqrt{2}} & \frac{1}{\sqrt{2}} \end{bmatrix} \begin{bmatrix} 2 & 0 & 0 \\ 0 & \sqrt{2} & 0 \end{bmatrix} \begin{bmatrix} 0 & 1 & 0 \\ \frac{1}{\sqrt{2}} & 0 & \frac{1}{\sqrt{2}} \\ \frac{1}{\sqrt{2}} & 0 & \frac{-1}{\sqrt{2}} \end{bmatrix}^T$

9. $\begin{bmatrix} \frac{1}{\sqrt{6}} & \frac{5}{\sqrt{30}} & 0 \\ \frac{2}{\sqrt{6}} & \frac{-2}{\sqrt{30}} & \frac{1}{\sqrt{5}} \\ \frac{1}{\sqrt{6}} & \frac{-1}{\sqrt{30}} & \frac{-2}{\sqrt{5}} \end{bmatrix} \begin{bmatrix} \sqrt{6} & 0 & 0 \\ 0 & \sqrt{6} & 0 \\ 0 & 0 & 1 \end{bmatrix} \begin{bmatrix} 1 & 0 & 0 \\ 0 & \frac{1}{\sqrt{5}} & \frac{2}{\sqrt{5}} \\ 0 & \frac{2}{\sqrt{5}} & \frac{-1}{\sqrt{5}} \end{bmatrix}^T$

11. $\begin{bmatrix} \frac{1}{\sqrt{5}} & \frac{2}{\sqrt{5}} \\ \frac{-2}{\sqrt{5}} & \frac{1}{\sqrt{5}} \end{bmatrix} \begin{bmatrix} \sqrt{30} & 0 & 0 \\ 0 & 0 & 0 \end{bmatrix} \begin{bmatrix} \frac{1}{\sqrt{6}} & \frac{1}{\sqrt{3}} & \frac{1}{\sqrt{2}} \\ \frac{-1}{\sqrt{6}} & \frac{-1}{\sqrt{3}} & \frac{1}{\sqrt{2}} \\ \frac{2}{\sqrt{6}} & \frac{-1}{\sqrt{3}} & 0 \end{bmatrix}^T$

13. $\begin{bmatrix} \frac{1}{\sqrt{5}} & \frac{2}{\sqrt{5}} \\ \frac{-2}{\sqrt{5}} & \frac{1}{\sqrt{5}} \end{bmatrix} \begin{bmatrix} \sqrt{7} & 0 & 0 \\ 0 & \sqrt{2} & 0 \end{bmatrix} \begin{bmatrix} \frac{3}{\sqrt{35}} & \frac{1}{\sqrt{10}} & \frac{3}{\sqrt{14}} \\ \frac{-5}{\sqrt{35}} & 0 & \frac{2}{\sqrt{14}} \\ \frac{-1}{\sqrt{35}} & \frac{3}{\sqrt{10}} & \frac{-1}{\sqrt{14}} \end{bmatrix}^T$

15. The singular value decomposition is $U\Sigma V^T$, where

$$U = \begin{bmatrix} \frac{2}{\sqrt{5}} & \frac{1}{\sqrt{5}} & 0 \\ \frac{1}{\sqrt{5}} & \frac{-2}{\sqrt{5}} & 0 \\ 0 & 0 & 1 \end{bmatrix}, \Sigma = \begin{bmatrix} \sqrt{60} & 0 & 0 & 0 \\ 0 & \sqrt{15} & 0 & 0 \\ 0 & 0 & 0 & 0 \end{bmatrix},$$

and $V = \begin{bmatrix} \frac{1}{\sqrt{3}} & \frac{-1}{\sqrt{3}} & \frac{1}{\sqrt{6}} & \frac{1}{\sqrt{6}} \\ \frac{1}{\sqrt{3}} & \frac{1}{\sqrt{3}} & \frac{1}{\sqrt{6}} & \frac{-1}{\sqrt{6}} \\ \frac{1}{\sqrt{3}} & 0 & \frac{-2}{\sqrt{6}} & 0 \\ 0 & \frac{1}{\sqrt{3}} & 0 & \frac{2}{\sqrt{6}} \end{bmatrix}$.

17. The singular value decomposition is $U\Sigma V^T$, where

$$U = \begin{bmatrix} \frac{1}{\sqrt{3}} & \frac{2}{\sqrt{6}} & 0 \\ \frac{1}{\sqrt{3}} & \frac{-1}{\sqrt{6}} & \frac{1}{\sqrt{2}} \\ \frac{-1}{\sqrt{3}} & \frac{1}{\sqrt{6}} & \frac{1}{\sqrt{2}} \end{bmatrix}, \Sigma = \begin{bmatrix} \sqrt{21} & 0 & 0 & 0 \\ 0 & \sqrt{18} & 0 & 0 \\ 0 & 0 & 0 & 0 \end{bmatrix},$$

and $V = \begin{bmatrix} \frac{1}{\sqrt{7}} & \frac{1}{\sqrt{3}} & \frac{1}{\sqrt{11}} & \frac{1}{\sqrt{2}} \\ \frac{2}{\sqrt{7}} & \frac{-1}{\sqrt{3}} & \frac{1}{\sqrt{11}} & 0 \\ \frac{1}{\sqrt{7}} & 0 & \frac{-3}{\sqrt{11}} & 0 \\ \frac{1}{\sqrt{7}} & \frac{1}{\sqrt{3}} & 0 & \frac{-1}{\sqrt{2}} \end{bmatrix}$.

19. In the accompanying figure, $\mathbf{u}_1 = \frac{1}{\sqrt{2}}\begin{bmatrix} 1 \\ -1 \end{bmatrix}$, $\mathbf{u}_2 = \frac{1}{\sqrt{2}}\begin{bmatrix} 1 \\ 1 \end{bmatrix}$, $OP = 2\sqrt{2}$, and $OQ = \sqrt{2}$.

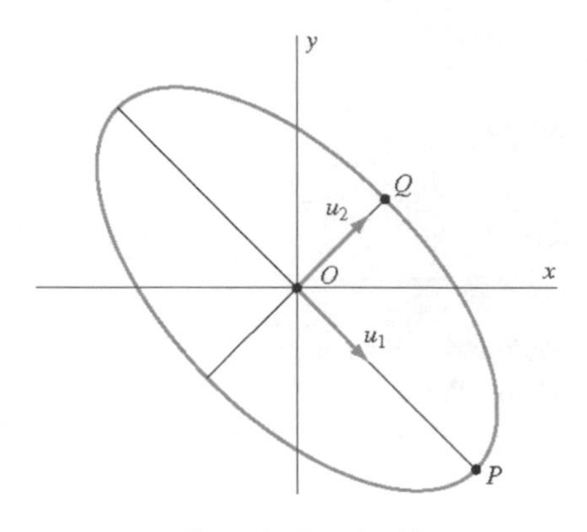

Figure for Exercise 19

21. $\begin{bmatrix} 1 \\ 1 \end{bmatrix}$ 23. $\begin{bmatrix} 3 \\ -4 \\ 1 \end{bmatrix}$ 25. $\frac{1}{35}\begin{bmatrix} 20 \\ -37 \\ 11 \end{bmatrix}$

27. $\begin{bmatrix} 3 \\ 1 \\ 1 \end{bmatrix}$ 29. $\begin{bmatrix} 0.04 \\ 0.08 \end{bmatrix}$ 31. $\frac{1}{7}\begin{bmatrix} 12 \\ 3 \end{bmatrix}$

33. $\frac{5}{6}\begin{bmatrix} 3 \\ 3 \\ 2 \end{bmatrix}$ 35. $\frac{1}{154}\begin{bmatrix} -11 \\ 30 \\ 27 \end{bmatrix}$ 37. $\frac{1}{9}[1 \ 2 \ 2]$

39. $\frac{1}{3}\begin{bmatrix} 2 & 1 \\ -1 & -2 \\ -1 & 1 \end{bmatrix}$ 41. $\frac{1}{14}\begin{bmatrix} 4 & 8 & 2 \\ 1 & -5 & 4 \end{bmatrix}$

43. $\frac{1}{4}\begin{bmatrix} 2 & 2 \\ 1 & -1 \\ 1 & -1 \end{bmatrix}$ 45. $\frac{1}{14}\begin{bmatrix} 4 & -1 \\ -2 & 4 \\ 8 & 5 \end{bmatrix}$

47. $\frac{1}{9}\begin{bmatrix} 1 & 2 & 2 \\ 2 & 4 & 4 \\ 2 & 4 & 4 \end{bmatrix}$ 49. $\frac{1}{3}\begin{bmatrix} 2 & 1 & 1 \\ 1 & 2 & -1 \\ 1 & -1 & 2 \end{bmatrix}$

51. $\frac{1}{75}\begin{bmatrix} 74 & 7 & 5 \\ 7 & 26 & -35 \\ 5 & -35 & 50 \end{bmatrix}$ 53. $\frac{1}{14}\begin{bmatrix} 5 & 3 & 6 \\ 3 & 13 & -2 \\ 6 & -2 & 10 \end{bmatrix}$

55. F 56. T 57. F 58. T 59. F
60. F 61. T 62. T 63. F 64. T
65. T 66. F 67. F 68. T 69. F
70. T 71. T 72. F 73. T 74. F
75. T

93. (rounded to 4 places after the decimal)

$$U = \begin{bmatrix} 0.5836 & 0.7289 & -0.3579 \\ 0.7531 & -0.6507 & -0.0970 \\ 0.3036 & 0.2129 & 0.9287 \end{bmatrix},$$

$$\Sigma = \begin{bmatrix} 5.9073 & 0 & 0 & 0 \\ 0 & 2.2688 & 0 & 0 \\ 0 & 0 & 1.7194 & 0 \end{bmatrix},$$

$$V = \begin{bmatrix} 0.3024 & -0.3462 & -0.8612 & -0.2170 \\ 0.0701 & 0.9293 & -0.3599 & 0.0434 \\ 0.2777 & 0.1283 & 0.2755 & -0.9113 \\ 0.9091 & 0.0043 & 0.2300 & 0.3472 \end{bmatrix},$$

and

$$A^{\dagger} = \begin{bmatrix} 0.0979 & 0.1864 & -0.4821 \\ 0.3804 & -0.2373 & -0.1036 \\ 0.0113 & -0.0169 & 0.1751 \\ 0.0433 & 0.1017 & 0.1714 \end{bmatrix}$$

Section 6.8

1. $\overline{\mathbf{x}} = 1$　3. $s_{\mathbf{x}}^2 = 13$

5. $\operatorname{cov}(\mathbf{x}, \mathbf{y}) = \frac{5}{2}$　7. $\begin{bmatrix} 13 & \frac{5}{2} \\ \frac{5}{2} & 1 \end{bmatrix}$

9. T	10. F	11. F	12. F	13. F
14. T	15. F	16. T	17. T	18. T
14. T	20. T			

Section 6.9

1. $\begin{bmatrix} 0 & 1 & 0 \\ 0 & 0 & -1 \\ -1 & 0 & 0 \end{bmatrix}$　3. $\frac{1}{\sqrt{2}}\begin{bmatrix} 1 & -1 & 0 \\ 0 & 0 & -\sqrt{2} \\ 1 & 1 & 0 \end{bmatrix}$

5. $\frac{1}{4}\begin{bmatrix} 2\sqrt{3} & 0 & 2 \\ 1 & 2\sqrt{3} & -\sqrt{3} \\ -\sqrt{3} & 2 & 3 \end{bmatrix}$

7. $\begin{bmatrix} 0 & 0 & 1 \\ 0 & -1 & 0 \\ 1 & 0 & 0 \end{bmatrix}$

9. $\frac{1}{2\sqrt{2}}\begin{bmatrix} \sqrt{2}+1 & \sqrt{2}-1 & -\sqrt{2} \\ \sqrt{2}-1 & \sqrt{2}+1 & \sqrt{2} \\ \sqrt{2} & -\sqrt{2} & 2 \end{bmatrix}$

11. $\frac{1}{4}\begin{bmatrix} \sqrt{3}+2 & \sqrt{3}-2 & -\sqrt{2} \\ \sqrt{3}-2 & \sqrt{3}+2 & -\sqrt{2} \\ \sqrt{2} & \sqrt{2} & 2\sqrt{3} \end{bmatrix}$

13. $\frac{1}{3}\begin{bmatrix} 2 & -2 & -1 \\ 1 & 2 & -2 \\ 2 & 1 & 2 \end{bmatrix}$

15. (a) $\begin{bmatrix} -1 \\ -1 \\ 1 \end{bmatrix}$　(b) $-\frac{1}{2}$

17. (a) $\begin{bmatrix} \sqrt{2}+1 \\ -1 \\ 1 \end{bmatrix}$　(b) $\frac{1-\sqrt{2}}{2\sqrt{2}}$

19. (a) $\begin{bmatrix} 1 \\ 1 \\ 2-\sqrt{3} \end{bmatrix}$　(b) $\frac{4\sqrt{3}-1}{8}$

21. (a) $\begin{bmatrix} \sqrt{3} \\ \sqrt{2}+1 \\ 1 \end{bmatrix}$　(b) $\frac{3\sqrt{2}-2}{8}$

23. $\frac{1}{3}\begin{bmatrix} 2 & 2 & -1 \\ 2 & -1 & 2 \\ -1 & 2 & 2 \end{bmatrix}$　25. $\frac{1}{3}\begin{bmatrix} 1 & -2 & -2 \\ -2 & 1 & -2 \\ -2 & -2 & 1 \end{bmatrix}$

27. $\frac{1}{9}\begin{bmatrix} 7 & -4 & 4 \\ -4 & 1 & 8 \\ 4 & 8 & 1 \end{bmatrix}$　29. $\frac{1}{25}\begin{bmatrix} 16 & 12 & -15 \\ 12 & 9 & 20 \\ -15 & 20 & 0 \end{bmatrix}$

31. $\frac{1}{3}\begin{bmatrix} 2 & -2 & 1 \\ -2 & -1 & 2 \\ 1 & 2 & 2 \end{bmatrix}$　33. $\frac{1}{5}\begin{bmatrix} 3 & 0 & -4 \\ 0 & 5 & 0 \\ -4 & 0 & 3 \end{bmatrix}$

35. $\frac{1}{25}\begin{bmatrix} 16 & -12 & -15 \\ -12 & 9 & -20 \\ -15 & -20 & 0 \end{bmatrix}$　37. $\frac{1}{9}\begin{bmatrix} 1 & 4 & -8 \\ 4 & 7 & 4 \\ -8 & 4 & 1 \end{bmatrix}$

39. (a) neither

41. (a) a rotation　(b) $\mathbf{e}_1$

43. (a) a rotation　(b) $\begin{bmatrix} 2 \\ 1 \\ -2 \end{bmatrix}$

45. (a) a reflection　(b) $\left\{\begin{bmatrix} 1 \\ 0 \\ \sqrt{2}-1 \end{bmatrix}, \begin{bmatrix} 0 \\ 1 \\ 0 \end{bmatrix}\right\}$

47. F	48. F	49. F	50. F	51. T
52. F	53. T	54. T	55. T	56. F
57. T	58. T	59. F	60. T	61. T
62. T	63. F	64. F	65. F	66. F
67. T				

79. $\begin{bmatrix} 0 & -1 & 0 \\ 1 & 0 & 0 \\ 0 & 0 & -1 \end{bmatrix}$

83. (rounded to 4 places after the decimal)

Span $\left\{\begin{bmatrix} .4609 \\ .1769 \\ .8696 \end{bmatrix}\right\}$, $48°$

Chapter 6 Review Exercises

1. T	2. T	3. F	4. T	5. T
6. T	7. T	8. T	9. F	10. F

11. T 12. F 13. F 14. F 15. F
16. T 17. T 18. F 19. T

21. (a) $\|\mathbf{u}\| = \sqrt{45}$, $\|\mathbf{v}\| = \sqrt{20}$
(b) $d = \sqrt{65}$
(c) $\mathbf{u} \cdot \mathbf{v} = 0$
(d) $\mathbf{u}$ and $\mathbf{v}$ are orthogonal.

23. (a) $\|\mathbf{u}\| = \sqrt{6}$, $\|\mathbf{v}\| = \sqrt{21}$
(b) $d = \sqrt{27}$
(c) $\mathbf{u} \cdot \mathbf{v} = 0$
(d) $\mathbf{u}$ and $\mathbf{v}$ are orthogonal.

25. $\mathbf{w} = \frac{1}{5}\begin{bmatrix}-1\\2\end{bmatrix}$, $d = 3.5777$

27. 1 29. 113

31. $\left\{\begin{bmatrix}1\\1\\-1\\0\end{bmatrix}, \frac{1}{3}\begin{bmatrix}1\\1\\2\\3\end{bmatrix}, \frac{1}{5}\begin{bmatrix}-2\\3\\1\\-1\end{bmatrix}\right\}$

33. $\left\{\begin{bmatrix}6\\-7\\5\\0\end{bmatrix}, \begin{bmatrix}-2\\4\\0\\5\end{bmatrix}\right\}$

35. $\mathbf{w} = \frac{1}{14}\begin{bmatrix}32\\19\\-27\end{bmatrix}$ and $\mathbf{z} = \frac{1}{14}\begin{bmatrix}-18\\9\\-15\end{bmatrix}$

37. $P_W = \frac{1}{6}\begin{bmatrix}1 & 2 & 0 & -1\\2 & 4 & 0 & -2\\0 & 0 & 0 & 0\\-1 & -2 & 0 & 1\end{bmatrix}$ and

$\mathbf{w} = \begin{bmatrix}2\\4\\0\\-2\end{bmatrix}$

39. $P_W = \frac{1}{3}\begin{bmatrix}1 & 1 & -1 & 0\\1 & 1 & -1 & 0\\-1 & -1 & 1 & 0\\0 & 0 & 0 & 3\end{bmatrix}$ and $\mathbf{w} = \begin{bmatrix}0\\0\\0\\2\end{bmatrix}$

41. $v \approx 2.05$ and $c \approx 1.05$

43. no 45. yes

47. a rotation, $\theta = -60°$

49. a reflection, $y = \frac{1}{\sqrt{3}}x$

53. $\left\{\frac{1}{\sqrt{2}}\begin{bmatrix}-1\\1\end{bmatrix}, \frac{1}{\sqrt{2}}\begin{bmatrix}1\\1\end{bmatrix}\right\}$, -1 and 5,

$A = (-1)\begin{bmatrix}0.5 & -0.5\\-0.5 & 0.5\end{bmatrix} + 5\begin{bmatrix}0.5 & 0.5\\0.5 & 0.5\end{bmatrix}$

55. $45°$, $\frac{(x')^2}{4} - \frac{(y')^2}{8} = 1$, a hyperbola

Chapter 6 MATLAB Exercises

1. (a) $\mathbf{u}_1 \cdot \mathbf{u}_2 = -2$, $\|\mathbf{u}_1\| = 4$,
$\|\mathbf{u}_2\| = \sqrt{23} \approx 4.7958$
(b) $\mathbf{u}_3 \cdot \mathbf{u}_4 = -56$, $\|\mathbf{u}_3\| = \sqrt{28} \approx 5.2915$,
$\|\mathbf{u}_4\| = \sqrt{112}$
(c) $|\mathbf{u}_1 \cdot \mathbf{u}_2| = 2 \leq 4\sqrt{23} = \|\mathbf{u}_1\| \cdot \|\mathbf{u}_2\|$
(d) $|\mathbf{u}_3 \cdot \mathbf{u}_4| = 56 = \sqrt{28} \cdot \sqrt{112} = \|\mathbf{u}_3\| \cdot \|\mathbf{u}_4\|$

2. (b) $\left\{\begin{bmatrix}-2.8\\-0.8\\1.0\\0.0\\0.0\end{bmatrix}, \begin{bmatrix}-1.6\\1.4\\0.0\\1.0\\0.0\end{bmatrix}, \begin{bmatrix}-0.8\\-0.8\\0.0\\0.0\\1.0\end{bmatrix}\right\}$

3. Answers are given correct to 4 places after the decimal point.

(a) $\left\{\begin{bmatrix}-0.1994\\0.1481\\-0.1361\\-0.6282\\-0.5316\\0.4924\end{bmatrix}, \begin{bmatrix}0.1153\\0.0919\\-0.5766\\0.6366\\-0.4565\\0.1790\end{bmatrix}, \begin{bmatrix}0.3639\\-0.5693\\0.5469\\0.1493\\-0.4271\\0.1992\end{bmatrix}\right\}$

(b) (i) $\begin{bmatrix}1.3980\\-1.5378\\1.4692\\2.7504\\1.4490\\-1.6574\end{bmatrix}$ (ii) $\begin{bmatrix}1\\-2\\2\\-1\\-3\\2\end{bmatrix}$ (iii) $\begin{bmatrix}0\\0\\0\\0\\0\end{bmatrix}$

(c) They are the same.

(d) If M is a matrix whose columns form an orthonormal basis for a subspace W of R^n, then $P_w = MM^T$; that is, MM^T is the orthogonal projection matrix for W.

4. Answers are given correct to 4 places after the decimal point.

(a) $V = \begin{bmatrix}1.1000 & 2.7581 & -2.6745 & -0.3438\\2.3000 & 5.8488 & 1.4345 & -1.0069\\3.1000 & 2.3093 & -0.2578 & 3.1109\\7.2000 & -1.9558 & 0.4004 & 1.5733\\8.0000 & -1.1954 & -0.3051 & -2.2847\end{bmatrix}$

(b) $D = \begin{bmatrix}131.9500 & 0.0000 & 0.0000 & 0.0000\\0.0000 & 52.4032 & 0.0000 & 0.0000\\0.0000 & 0.0000 & 9.5306 & 0.0000\\0.0000 & 0.0000 & 0.0000 & 18.5046\end{bmatrix}$

(c) $Q = \begin{bmatrix} 0.0958 & 0.3810 & -0.8663 & -0.0799 \\ 0.2002 & 0.8080 & 0.4647 & -0.2341 \\ 0.2699 & 0.3190 & -0.0835 & 0.7232 \\ 0.6268 & -0.2702 & 0.1297 & 0.3657 \\ 0.6964 & -0.1651 & -0.0988 & -0.5311 \end{bmatrix}$

(d) $R = \begin{bmatrix} 11.4869 & -3.7399 & 1.0804 & 13.1166 \\ 0.0000 & 7.2390 & -6.3751 & 2.6668 \\ 0.0000 & 0.0000 & 3.0872 & -5.9697 \\ 0.0000 & 0.0000 & 0.0000 & 4.3017 \end{bmatrix}$

(e) In this case, we have

$$Q = \begin{bmatrix} -0.0958 & -0.3810 & 0.8663 & -0.0799 \\ -0.2002 & -0.8080 & -0.4647 & -0.2341 \\ -0.2699 & -0.3190 & 0.0835 & 0.7232 \\ -0.6268 & 0.2702 & -0.1297 & 0.3657 \\ -0.6964 & 0.1651 & 0.0988 & -0.5311 \end{bmatrix}$$

$$R = \begin{bmatrix} -11.4869 & 3.7399 & -1.0804 & -13.1166 \\ 0.0000 & -7.2390 & 6.3751 & -2.6668 \\ 0.0000 & 0.0000 & -3.0872 & 5.9697 \\ 0.0000 & 0.0000 & 0.0000 & 4.3017 \end{bmatrix}$$

5. Answers are given correct to 4 places after the decimal point.

$$Q = \begin{bmatrix} 0.2041 & 0.4308 & 0.3072 & 0.3579 \\ 0.8165 & -0.1231 & 0.2861 & 0.2566 \\ -0.2041 & 0.3077 & 0.6264 & -0.1235 \\ 0.4082 & -0.2462 & -0.3222 & -0.2728 \\ 0.2041 & 0.8001 & -0.4849 & -0.1253 \\ 0.2041 & 0.0615 & 0.3042 & -0.8371 \end{bmatrix}$$

$$R = \begin{bmatrix} 4.8990 & 3.2660 & -1.4289 & 1.8371 \\ 0.0000 & 5.4160 & -0.0615 & 3.5081 \\ 0.0000 & 0.0000 & 7.5468 & -2.2737 \\ 0.0000 & 0.0000 & 0.0000 & 2.2690 \end{bmatrix}$$

6. Answers are given correct to 4 places after the decimal point.

(a) $\mathcal{B}_1 = \left\{ \begin{bmatrix} -0.1194 \\ 0.1481 \\ -0.1361 \\ -0.6282 \\ -0.5316 \\ 0.4924 \end{bmatrix}, \begin{bmatrix} 0.1153 \\ 0.0919 \\ -0.5766 \\ 0.6366 \\ -0.4565 \\ 0.1790 \end{bmatrix}, \begin{bmatrix} 0.3639 \\ -0.5693 \\ 0.5469 \\ 0.1493 \\ -0.4271 \\ 0.1992 \end{bmatrix} \right\}$

(b) $\mathcal{B}_2 = \left\{ \begin{bmatrix} 0.8986 \\ 0.3169 \\ -0.1250 \\ -0.2518 \\ 0.1096 \\ 0.0311 \end{bmatrix}, \begin{bmatrix} -0.0808 \\ 0.6205 \\ 0.5183 \\ 0.3372 \\ 0.1022 \\ 0.4644 \end{bmatrix}, \begin{bmatrix} 0.0214 \\ -0.4000 \\ -0.2562 \\ 0.0246 \\ 0.5514 \\ 0.6850 \end{bmatrix} \right\}$

(c) $PP^T = P^TP = I_6$

7. Answers are given correct to 4 places after the decimal point.

(a) $P_W =$

$$\begin{bmatrix} 0.3913 & 0.0730 & -0.1763 & -0.2716 & 0.2056 & -0.2929 \\ 0.0730 & 0.7180 & -0.1688 & -0.1481 & 0.1328 & 0.3593 \\ -0.1763 & -0.1688 & 0.8170 & -0.2042 & 0.1690 & 0.1405 \\ -0.2716 & -0.1481 & -0.2042 & 0.7594 & 0.1958 & 0.0836 \\ 0.2056 & 0.1328 & 0.1690 & 0.1958 & 0.8398 & -0.0879 \\ -0.2929 & 0.3593 & 0.1405 & 0.0836 & -0.0879 & 0.4744 \end{bmatrix}$$

(b) same as (a)

(c) $P_W\mathbf{v} = \mathbf{v}$ for all $\mathbf{v}$ in S.

(d) $\left\{ \begin{bmatrix} -1.75 \\ -0.50 \\ -1.00 \\ -1.25 \\ 1.00 \\ 0.00 \end{bmatrix}, \begin{bmatrix} 0.85 \\ -0.60 \\ -0.10 \\ 0.05 \\ 0.00 \\ 1.00 \end{bmatrix} \right\}$ In each case, $P_W\mathbf{v} = \mathbf{0}$.

8. Answers are given correct to 4 places after the decimal point.

(b) $y = 0.5404 + 0.4091x$

(c) $y = 0.2981 + 0.7279x - 0.0797x^2$

9. In the case of the least squares line, the ith entry of $C * a$ is $a_0 + a_1x_i$, where x_i is the second entry of the ith row of C. Similarly, for the best quadratic fit, the ith entry of $C * a$ is $a_0 + a_1x_i + a_2x_i^2$.

10. Answers are given correct to 4 places after the decimal point.

(a) $y = 1.1504x$

(b) $y = 9.5167x$

11. Answers are given correct to 4 places after the decimal point.

(a) $P =$

$$\begin{bmatrix} -0.5000 & -0.5477 & -0.5000 & -0.4472 & 0.0000 \\ 0.5000 & -0.5477 & 0.5000 & -0.4472 & 0.0000 \\ -0.5000 & 0.3651 & 0.5000 & -0.4472 & 0.4082 \\ 0.0000 & 0.3651 & 0.0000 & -0.4472 & -0.8165 \\ 0.5000 & 0.3651 & -0.5000 & -0.4472 & 0.4082 \end{bmatrix}$$

$$D = \begin{bmatrix} -4 & 0 & 0 & 0 & 0 \\ 0 & 0 & 0 & 0 & 0 \\ 0 & 0 & -8 & 0 & 0 \\ 0 & 0 & 0 & 5 & 0 \\ 0 & 0 & 0 & 0 & 12 \end{bmatrix}$$

(b) The columns of P form an orthonormal basis, and the diagonal entries of D (in the same order) are the corresponding eigenvalues.

(c) $A = -4 \begin{bmatrix} 0.25 & -0.25 & 0.25 & 0.00 & -0.25 \\ -0.25 & 0.25 & -0.25 & 0.00 & 0.25 \\ 0.25 & -0.25 & 0.25 & 0.00 & -0.25 \\ 0.00 & 0.00 & 0.00 & 0.00 & 0.00 \\ -0.25 & 0.25 & -0.25 & 0.00 & 0.25 \end{bmatrix}$

$$+0\begin{bmatrix} 0.3000 & 0.3000 & -0.2000 & -0.2000 & -0.2000 \\ 0.3000 & 0.3000 & -0.2000 & -0.2000 & -0.2000 \\ -0.2000 & -0.2000 & 0.1333 & 0.1333 & 0.1333 \\ -0.2000 & -0.2000 & 0.1333 & 0.1333 & 0.1333 \\ -0.2000 & -0.2000 & 0.1333 & 0.1333 & 0.1333 \end{bmatrix}$$

$$-8\begin{bmatrix} 0.25 & -0.25 & -0.25 & 0.00 & 0.25 \\ -0.2500 & 0.2500 & 0.2500 & 0.00 & -0.25 \\ -0.2500 & 0.2500 & 0.2500 & 0.00 & -0.25 \\ 0.00 & 0.00 & 0.00 & 0.00 & 0.00 \\ 0.2500 & -0.2500 & -0.2500 & 0.00 & 0.25 \end{bmatrix}$$

$$+5\begin{bmatrix} 0.2 & 0.2 & 0.2 & 0.2 & 0.2 \\ 0.2 & 0.2 & 0.2 & 0.2 & 0.2 \\ 0.2 & 0.2 & 0.2 & 0.2 & 0.2 \\ 0.2 & 0.2 & 0.2 & 0.2 & 0.2 \\ 0.2 & 0.2 & 0.2 & 0.2 & 0.2 \end{bmatrix}$$

$$+12\begin{bmatrix} 0.0000 & 0.0000 & 0.0000 & 0.0000 & 0.0000 \\ 0.0000 & 0.0000 & 0.0000 & 0.0000 & 0.0000 \\ 0.0000 & 0.0000 & 0.1667 & -0.3333 & 0.1667 \\ 0.0000 & 0.0000 & -0.3333 & 0.6667 & -0.3333 \\ 0.0000 & 0.0000 & 0.1667 & -0.3333 & 0.1667 \end{bmatrix}$$

(d) $A_2 = \begin{bmatrix} -2 & 2 & 2 & 0 & -2 \\ 2 & -2 & -2 & 0 & 2 \\ 2 & -2 & 0 & -4 & 4 \\ 0 & 0 & -4 & 8 & -4 \\ -2 & 2 & 4 & -4 & 0 \end{bmatrix}$

(e) $\|E_2\| = 6.4031$ $\|A\| = 15.7797$

(f) 40.58%

12. Answers are given correct to 4 places after the decimal point.

(a) $U = \begin{bmatrix} -0.5404 & 0.6121 & 0.2941 & 0.4968 \\ -0.6121 & -0.5404 & -0.4968 & 0.2941 \\ -0.5762 & 0.0359 & 0.2028 & -0.7909 \\ 0.0359 & 0.5762 & -0.7909 & -0.2028 \end{bmatrix}$

$S = \begin{bmatrix} 7.5622 & 0 & 0 & 0 & 0 & 0 \\ 0 & 2.9687 & 0 & 0 & 0 & 0 \\ 0 & 0 & 0 & 0 & 0 & 0 \\ 0 & 0 & 0 & 0 & 0 & 0 \end{bmatrix}$

$V =$

$$\begin{bmatrix} -0.2286 & 0.0363 & -0.8821 & -0.4036 & 0.0507 & -0.0528 \\ 0.0142 & 0.5823 & 0.3581 & -0.7024 & 0.1371 & -0.1429 \\ -0.7000 & -0.4735 & 0.2658 & -0.1473 & 0.3045 & -0.3172 \\ -0.2286 & 0.0363 & 0.0538 & -0.0529 & -0.9050 & -0.3488 \\ -0.4430 & 0.6548 & -0.0922 & 0.5550 & 0.1674 & -0.1744 \\ -0.4572 & 0.0725 & 0.1076 & -0.1058 & -0.1970 & 0.8510 \end{bmatrix}$$

(b) The last 4 columns of V are the columns of Null A.

(c) the first 2 columns of U are the columns of orth(A).

(d) Let $A = USV^T$ is a singular value decomposition of an $m \times n$ matrix A with k (not necessarily distinct) singular values. Then the first k columns of U form an orthonormal basis for Col A, and the last $n - k$ columns of V form an orthonormal basis for Null A.

13. Answers are given correct to 4 places after the decimal point.

$P_w =$

$$\begin{bmatrix} 0.3913 & 0.0730 & -0.1763 & -0.2716 & 0.2056 & -0.2929 \\ 0.0730 & 0.7180 & -0.1688 & -0.1481 & 0.1328 & 0.3593 \\ -0.1763 & -0.1688 & 0.8170 & -0.2042 & 0.1690 & 0.1405 \\ -0.2716 & -0.1481 & -0.2042 & 0.7594 & 0.1958 & 0.0836 \\ 0.2056 & 0.1328 & 0.1690 & 0.1958 & 0.8398 & -0.0879 \\ -0.2929 & 0.3593 & 0.1405 & 0.0836 & -0.0879 & 0.4744 \end{bmatrix}$$

14. Answers are given correct to 4 places after the decimal point.

$$\begin{bmatrix} 0.7550 \\ -0.0861 \\ 0.6556 \\ 0.9205 \\ -0.0795 \end{bmatrix}$$

15. Answers are given correct to 4 places after the decimal point.

(a) $A =$

$$\sigma_1\begin{bmatrix} 0.0618 & -0.1724 & 0.2088 & 0.0391 & -0.0597 \\ 0.1709 & -0.4769 & 0.5774 & 0.1082 & -0.1651 \\ -0.0867 & 0.2420 & -0.2930 & -0.0549 & 0.0838 \\ 0.0767 & -0.2141 & 0.2592 & 0.0486 & -0.0741 \end{bmatrix}$$

$$+\sigma_2\begin{bmatrix} 0.3163 & 0.1374 & -0.0541 & 0.5775 & 0.1199 \\ 0.0239 & 0.0104 & -0.0041 & 0.0436 & 0.0090 \\ 0.3291 & 0.1429 & -0.0563 & 0.6008 & 0.1247 \\ 0.0640 & 0.0278 & -0.0109 & 0.1168 & 0.0243 \end{bmatrix}$$

$$+\sigma_3\begin{bmatrix} 0.1316 & -0.2635 & -0.2041 & -0.0587 & 0.1452 \\ -0.2036 & 0.4076 & 0.3157 & 0.0908 & -0.2246 \\ -0.1470 & 0.2943 & 0.2280 & 0.0656 & -0.1622 \\ 0.1813 & -0.3630 & -0.2811 & -0.0808 & 0.2000 \end{bmatrix}$$

$$+\sigma_4\begin{bmatrix} -0.3747 & -0.2063 & -0.1482 & 0.2684 & -0.1345 \\ 0.0334 & 0.0184 & 0.0132 & -0.0239 & 0.0120 \\ 0.2571 & 0.1415 & 0.1016 & -0.1841 & 0.0922 \\ 0.5180 & 0.2852 & 0.2048 & -0.3710 & 0.1859 \end{bmatrix}$$

where $\sigma_1 = 205.2916$, $\sigma_2 = 123.3731$, $\sigma_3 = 50.3040$, and $\sigma_4 = 6.2391$

(b) $A_2 =$

$$\begin{bmatrix} 51.7157 & -18.4559 & 36.1913 & 79.2783 & 2.5334 \\ 38.0344 & -96.6198 & 118.0373 & 27.5824 & -32.7751 \\ 22.7926 & 67.3103 & -67.1013 & 62.8508 & 32.5841 \\ 23.6467 & -40.5194 & 51.8636 & 24.3814 & -12.2222 \end{bmatrix}$$

$E_2 =$

$$\begin{bmatrix} 4.2843 & -14.5441 & -11.1913 & -1.2783 & 6.4666 \\ -10.0344 & 20.6198 & 15.9627 & 4.4176 & -11.2249 \\ -5.7926 & 15.6897 & 12.1013 & 2.1492 & -7.5841 \\ 12.3533 & -16.4806 & -12.8636 & -6.3814 & 11.2222 \end{bmatrix}$$

(c) $\|E_2\| = 50.6894$ $\|A\| = 244.8163$

(d) $\frac{\|E_2\|}{\|A\|} = 0.2071$

16. Vector entries are given correct to 4 places after the decimal point.

(a) $\begin{bmatrix} 0.8298 \\ -0.1538 \\ 0.5364 \end{bmatrix}, \theta = 38°$ (b) $\begin{bmatrix} 0.8298 \\ 0.1538 \\ 0.5364 \end{bmatrix}, \theta = 38°$

17. (a) We use the rational format in MATLAB to obtain

$$A_W = \begin{bmatrix} 2/3 & -2/3 & 1/3 \\ -2/3 & -1/3 & 2/3 \\ 1/3 & 2/3 & 2/3 \end{bmatrix}.$$

(c) $\mathrm{v} = \begin{bmatrix} -2 \\ -1 \\ 2 \end{bmatrix}$ is a vector that lies on the axis of rotation, and the angle of rotation is 23°.

18. (b) Let $C = A_W V$, where A_W is the matrix in 17(a) and V is obtained in (a). Then apply the MATLAB command `grfig(C,E)`, where E is obtained in (a).

Chapter 7

Section 7.1

1. no 3. yes 5. no 7. no
9. yes 11. no 13. yes 15. yes
17. yes 19. no 21. yes 23. yes
25. yes 27. no

29. The coefficients are 3 and 5.

33. T 34. F 35. F 36. T 37. F
38. F 39. T 40. T 41. T 42. T
43. T 44. F 45. T 46. T 47. T
48. T 49. T 50. T 51. T 52. T
53. T 54. T

61. no 63. yes 65. yes 67. no
69. yes 71. yes

Section 7.2

1. yes 3. no 5. no 7. yes
9. yes 11. yes 13. no 15. no

25. $a + 3b + 2c + 4d$

27. $\begin{bmatrix} a + 2b + 3c \\ b + 4c \end{bmatrix}$ 29. $\begin{bmatrix} s & t \\ t & u \end{bmatrix}$

31. linear, not an isomorphism

33. not linear

35. linear, an isomorphism

37. linear, not an isomorphism

39. T 40. F 41. T 42. T 43. T
44. F 45. T 46. F 47. T 48. F

55. (d) the zero transformation T_0

Section 7.3

1. linearly dependent 3. linearly dependent
5. linearly independent 7. linearly independent
9. linearly dependent 11. linearly independent
13. linearly independent 15. linearly independent
17. linearly independent 19. linearly dependent
21. linearly independent 23. linearly independent

25. $2x^2 - 3x + 1$ 27. $-2x^2 + 6x - 3$

29. $x^3 - 4x + 2$

31. F 32. F 33. F 34. F 35. F
36. T 37. T 38. T 39. F 40. T
41. T 42. F 43. T 44. T 45. F
46. T 47. T 48. F

49. linearly dependent

51. $\left\{ \begin{bmatrix} 1 & 0 & 0 \\ 0 & 0 & 0 \\ 0 & 0 & 0 \end{bmatrix}, \begin{bmatrix} 0 & 0 & 0 \\ 0 & 1 & 0 \\ 0 & 0 & 0 \end{bmatrix}, \begin{bmatrix} 0 & 0 & 0 \\ 0 & 0 & 0 \\ 0 & 0 & 1 \end{bmatrix}, \begin{bmatrix} 0 & 1 & 0 \\ 1 & 0 & 0 \\ 0 & 0 & 0 \end{bmatrix}, \begin{bmatrix} 0 & 0 & 1 \\ 0 & 0 & 0 \\ 1 & 0 & 0 \end{bmatrix}, \begin{bmatrix} 0 & 0 & 0 \\ 0 & 0 & 1 \\ 0 & 1 & 0 \end{bmatrix} \right\}$

53. $\left\{ \begin{bmatrix} 1 & 0 \\ 0 & -1 \end{bmatrix}, \begin{bmatrix} 0 & 1 \\ 0 & 0 \end{bmatrix}, \begin{bmatrix} 0 & 0 \\ 1 & 0 \end{bmatrix} \right\}$

55. $\{1 - x^n, x - x^n, \ldots, x^{n-1} - x^n\}$ 57. $\{1, x\}$

79. The set is linearly independent.

81. The set is linearly dependent, and $M_3 = (-3)M_1 + 2M_2$, where M_j is the jth matrix in the set.

83. (rounded to 4 places after the decimal) $c_0 = 0.3486$, $c_1 = 0.8972$, $c_2 = -0.3667$, $c_3 = 0.1472$, $c_4 = -0.0264$

Section 7.4

1. $[A]_{\mathcal{B}} = \begin{bmatrix} 1 \\ 3 \\ 4 \\ 2 \end{bmatrix}$

3. $[\sin 2t - \cos 2t]_{\mathcal{B}} = [2 \sin t \cos t - \cos^2 t + \sin^2 t]_{\mathcal{B}} = \begin{bmatrix} -1 \\ 1 \\ 2 \end{bmatrix}$

5. $\begin{bmatrix} -3 \\ 2 \\ 1 \end{bmatrix}$ 7. $\begin{bmatrix} -3 \\ -2 \\ 1 \end{bmatrix}$ 9. $\begin{bmatrix} 1 & 0 & 0 \\ 0 & 2 & 0 \\ 0 & 0 & 3 \end{bmatrix}$

11. $\begin{bmatrix} 1 & 0 & 0 \\ 3 & 3 & 3 \\ 1 & 2 & 4 \end{bmatrix}$ 13. $\begin{bmatrix} 0 & 1 & -2 & 0 \\ 0 & 0 & 2 & -6 \\ 0 & 0 & 0 & 3 \\ 0 & 0 & 0 & 0 \end{bmatrix}$

15. $\begin{bmatrix} 1 & 0 & 0 & 0 \\ 0 & 0 & 1 & 0 \\ 0 & 1 & 0 & 0 \\ 0 & 0 & 0 & 1 \end{bmatrix}$

17. (a) $-8x$
(b) $3+10x$
(c) $3x^2$

19. (a) $-e^t + te^t$
(b) $2e^t - 2te^t + t^2e^t$
(c) $11e^t - 8te^t + 2t^2e^t$

21. 1, 2, 3, $\{e^t\}$, $\{e^{2t}\}$, $\{e^{3t}\}$

23. 1, 6, $\{3x-2x^2\}$, $\{x+x^2\}$ 25. 0, $\{1\}$

27. 1, −1, $\left\{\begin{bmatrix} 1 & 0 \\ 0 & 0 \end{bmatrix}, \begin{bmatrix} 0 & 1 \\ 1 & 0 \end{bmatrix}, \begin{bmatrix} 0 & 0 \\ 0 & 1 \end{bmatrix}\right\}$, $\left\{\begin{bmatrix} 0 & 1 \\ -1 & 0 \end{bmatrix}\right\}$

28. F 29. F 30. T 31. T 32. T
33. T 34. F 35. F 36. F 37. F
38. T 39. T

41. (a) $\lambda = 0$ (b) $\{1\}$

45. (b) $\begin{bmatrix} 1 & 0 & 0 & 1 \\ 2 & 0 & 0 & 2 \\ 3 & 0 & 0 & 3 \\ 4 & 0 & 0 & 4 \end{bmatrix}$

51. (b) $\begin{bmatrix} 1 & 3 & 0 & 0 \\ 0 & 0 & 1 & 3 \end{bmatrix}$
(c) $\begin{bmatrix} 2 & 6 & -1 & -3 \\ -1 & -3 & 1 & 3 \end{bmatrix}$

53. (b) $\begin{bmatrix} 1 & 1 & 1 \\ 1 & 2 & 4 \end{bmatrix}$
(c) $[T(f(x))]_{\mathcal{C}} = [T]_{\mathcal{B}}^{\mathcal{C}}[f(x)]_{\mathcal{B}} = \begin{bmatrix} a+b+c \\ a+2b+4c \end{bmatrix}$

55. (rounded to 4 places after the decimal)
(a) −1.6533, 2.6277, 6.6533, 8.3723
(b) $\left\{\begin{bmatrix} -0.1827 & -0.7905 \\ 0.5164 & 0.2740 \end{bmatrix}, \begin{bmatrix} 0.6799 & -0.4655 \\ -0.4655 & 0.3201 \end{bmatrix}, \begin{bmatrix} 0.4454 & 0.0772 \\ 0.5909 & -0.6681 \end{bmatrix}, \begin{bmatrix} 0.1730 & 0.3783 \\ 0.3783 & 0.8270 \end{bmatrix}\right\}$
(c) $\begin{bmatrix} 0.2438a - 0.1736b & -0.2603a - 0.2893b \\ 0.0124a + 0.3471b & -0.1116a + 0.1240b \end{bmatrix} + \begin{bmatrix} 0.0083c + 0.0496d & 0.3471c + 0.0826d \\ 0.0165c - 0.0992d & -0.1488c + 0.1074d \end{bmatrix}$

Section 7.5

1. $\frac{15}{4}$ 3. $\frac{21}{4}$ 5. $\frac{21}{2}$ 7. e^2
9. 25 11. 0 13. −3 15. −3
17. 12 19. $-\frac{50}{3}$ 21. 0 23. $-\frac{8}{3}$
25. F 26. T 27. F 28. F 29. T
30. F 31. T 32. T 33. T 34. T
35. F 36. T 37. T 38. F 39. F
40. F 41. T 42. T 43. F 44. F
51. yes 53. no 55. yes 57. yes

61. $\left\{1, e^t - e + 1, e^{-t} + \frac{e^2-2e-1}{e(e-3)} - \frac{2(e^2-3e+1)}{e(e-3)(e-1)}e^t\right\}$

75. (a) $\left\{\begin{bmatrix} 1 & 0 \\ 0 & 0 \end{bmatrix}, \frac{1}{\sqrt{2}}\begin{bmatrix} 0 & 1 \\ 1 & 0 \end{bmatrix}, \begin{bmatrix} 0 & 0 \\ 0 & 1 \end{bmatrix}\right\}$ (b) $\begin{bmatrix} 1 & 3 \\ 3 & 8 \end{bmatrix}$

Chapter 7 Review Exercises

1. F 2. T 3. F 4. F 5. T
6. F 7. T
9. no 11. yes 13. no 15. no
17. no 19. yes

21. $c = 5$

23. $\{-1+x, -2+x^2, x^3\}$, $\dim W = 3$

25. not linear

27. linear, an isomorphism

29. $\begin{bmatrix} a & b \\ -b & a \end{bmatrix}$ 31. $\begin{bmatrix} 3 & 0 & 0 & 0 \\ 0 & 2 & 1 & 0 \\ 0 & 1 & 2 & 0 \\ 0 & 0 & 0 & 3 \end{bmatrix}$

33. $\frac{1}{a^2+b^2}(ac_1 - bc_2)e^{at}\cos bt + \frac{1}{a^2+b^2}(bc_1 + ac_2)e^{at}\sin bt$

35. $\frac{1}{3}\begin{bmatrix} a & 2b-c \\ -b+2c & d \end{bmatrix}$

37. T has no (real) eigenvalues.

39. 3 and 1, with corresponding bases $\left\{\begin{bmatrix} 1 & 0 \\ 0 & 0 \end{bmatrix}, \begin{bmatrix} 0 & 1 \\ 1 & 0 \end{bmatrix}, \begin{bmatrix} 0 & 0 \\ 0 & 1 \end{bmatrix}\right\}$ and $\left\{\begin{bmatrix} 0 & 1 \\ -1 & 0 \end{bmatrix}\right\}$, respectively

41. $\left\{\begin{bmatrix} -3 & 1 \\ 0 & 0 \end{bmatrix}, \begin{bmatrix} -4 & 0 \\ 1 & 0 \end{bmatrix}, \begin{bmatrix} -2 & 0 \\ 0 & 1 \end{bmatrix}\right\}$

43. $\begin{bmatrix} 2 & -2 \\ 2 & -3 \end{bmatrix}$

45. $\left\{1, \sqrt{3}(2x-1), \sqrt{5}(6x^2-6x+1)\right\}$

47. $\frac{6}{35} + \frac{48}{35}x - \frac{4}{7}x^2$

Chapter 7 MATLAB Exercises

1. The set is linearly independent.
2. The set is linearly dependent.

$$\begin{bmatrix} 1 & -3 \\ 4 & 1 \end{bmatrix} = 2\begin{bmatrix} 1 & -1 \\ 3 & 1 \end{bmatrix} + (-1)\begin{bmatrix} 1 & 2 \\ 1 & 2 \end{bmatrix} + (1)\begin{bmatrix} 0 & 1 \\ -1 & 1 \end{bmatrix}$$

3. (b) $c_0 = 20,\ c_1 = -50,\ c_2 = 55,\ c_3 = -29,\ c_4 = 6$
4. (b) $T^{-1}(t^2 \sin t) = 0.324 \cos t - 0.532 \sin t + 0.680t \cos t - 0.240t \sin t + 0.300t^2 \cos t + 0.100t^s \sin t.$
5. (a) 8, 4, −4, −8

   (b) $\left\{\begin{bmatrix} -3 & 3 & 3 \\ -1 & 1 & 1 \end{bmatrix}, \begin{bmatrix} 3 & 0 & 3 \\ 0 & 1 & 0 \end{bmatrix}, \begin{bmatrix} 2 & 1 & 2 \\ 1 & 0 & 1 \end{bmatrix}, \begin{bmatrix} -3 & 2 & -3 \\ 0 & 1 & 0 \end{bmatrix}, \begin{bmatrix} 0 & -1 & 0 \\ 1 & 0 & 1 \end{bmatrix}, \begin{bmatrix} 1 & -1 & -1 \\ -1 & 1 & 1 \end{bmatrix}\right\}$

   Note that the first matrix in the basis has corresponding eigenvalue 8, the second and third have corresponding eigenvalue 4, the fourth and fifth have corresponding eigenvalue −4, and the sixth has corresponding eigenvalue −8.

6. $$P = \frac{1}{18}\begin{bmatrix} 5 & -1 & 2 & -1 & 2 & 5 & 2 & 5 & -1 \\ -1 & 8 & -1 & 2 & 2 & 2 & 5 & -4 & 5 \\ 2 & -1 & 5 & 5 & 2 & -1 & -1 & 5 & 2 \\ -1 & 2 & 5 & 8 & 2 & -4 & -1 & 2 & 5 \\ 2 & 2 & 2 & 2 & 2 & 2 & 2 & 2 & 2 \\ 5 & 2 & -1 & -4 & 2 & 8 & 5 & 2 & -1 \\ 2 & 5 & -1 & -1 & 2 & 5 & 5 & -1 & 2 \\ 5 & -4 & 5 & 2 & 2 & 2 & -1 & 8 & -1 \\ -1 & 5 & 2 & 5 & 2 & -1 & 2 & -1 & 5 \end{bmatrix}$$

[illegible]

國家圖書館出版品預行編目資料

線性代數 / Lawrence E. Spence, Arnold J. Insel, Stephen H. Friedberg 原著；江大成, 林俊昱, 陳常侃 編譯. -- 初版. -- 臺北市：臺灣培生教育出版；臺北縣土城市：全華圖書發行, 2009.10
面 ； 公分
參考書目：面
譯自：Elementary Linear Algebra : A Matrix Approach, 2nd Ed.
ISBN 978-986-154-811-1(平裝)
1.線性代數
313.3 97022227

線性代數－第二版

ELEMENTARY LINEAR ALGEBRA : A MATRIX APPROACH, 2nd Edition.

原著 / Lawrence E. Spence, Arnold J. Insel, Stephen H. Friedberg
編譯 / 江大成、林俊昱、陳常侃
發行人 / 陳本源
執行編輯 / 鄭祐珊
封面設計 / 楊昭琅
出版者 / 全華圖書股份有限公司
郵政帳號 / 0100836-1 號
印刷者 / 宏懋打字印刷股份有限公司
圖書編號 / 06068
初版二刷 / 2022 年 08 月
定價 / 新台幣 750 元
ISBN / 978-986-154-811-1(平裝)
全華圖書 / www.chwa.com.tw
全華網路書店 Open Tech / www.opentech.com.tw
若您對本書有任何問題，歡迎來信指導 book@chwa.com.tw

臺北總公司(北區營業處)
地址：23671 新北市土城區忠義路 21 號
電話：(02) 2262-5666
傳真：(02) 6637-3695、6637-3696

中區營業處
地址：40256 臺中市南區樹義一巷 26 號
電話：(04) 2261-8485
傳真：(04) 3600-9806(高中職)
(04) 3601-8600(大專)

南區營業處
地址：80769 高雄市三民區應安街 12 號
電話：(07) 381-1377
傳真：(07) 862-5562